DIE GRUNDLEHREN DER

MATHEMATISCHEN WISSENSCHAFTEN

IN EINZELDARSTELLUNGEN MIT BESONDERER BERÜCKSICHTIGUNG DER ANWENDUNGSGEBIETE

GEMEINSAM MIT

W. BLASCHKE
HAMBURG

M. BORN
GÖTTINGEN

C. RUNGE†
GÖTTINGEN

HERAUSGEGEBEN VON

R. COURANT
GÖTTINGEN

BAND XXX

GRUNDLAGEN DER HYDROMECHANIK

VON

LEON LICHTENSTEIN

Springer-Verlag Berlin Heidelberg GmbH

1929

GRUNDLAGEN DER HYDROMECHANIK

VON

LEON LICHTENSTEIN

O. Ö. PROFESSOR DER MATHEMATIK AN DER UNIVERSITÄT LEIPZIG

MIT 54 TEXTFIGUREN

NACHDRUCK 1968

Springer-Verlag Berlin Heidelberg GmbH

1929

ISBN 978-3-642-86893-1 ISBN 978-3-642-86892-4 (eBook)
DOI 10.1007/978-3-642-86892-4

Ursprünglich erschienen bei Julius Springer in Berlin 1929
Softcover reprint of the hardcover 1st edition 1929
Library of Congress Catalog Card Number 68-22981

Titel-Nr. 5013

MEINEN LIEBEN SCHWÄGERINNEN

FRAU HELENA ROZENTAL

UND

FRAU DR. PHIL. SALOMEA ABELIN

GEWIDMET

Il est rationnel que les choses demeurent, et non pas qu'elles changent.

ÉMILE MEYERSON, *Identité et Réalité*, Paris 1926, S. 55.

Jesteśmy otoczeni materją i nie rozumiemy jej zachowania. Powinniśmy dziwić się codzień, nieustannie ...

(Wir sind von Materie umgeben und begreifen ihr Verhalten nicht. Wir sollten uns wundern täglich, ständig ...)

W. NATANSON, *Oblicze Natury*, Kraków 1924, S. 51.

Vorwort.

Flüssigkeiten gehören in ihrer Beweglichkeit und geheimnisvollen Vielgestaltigkeit zu denjenigen Naturobjekten, die den forschenden Geist und die Phantasie seit Anbeginn des wissenschaftlichen Denkens unaufhörlich beschäftigen. Das mathematische Bild, das wir uns von ihnen entwerfen, geht, was die Feinheit und Beweglichkeit betrifft, noch erheblich über die Wirklichkeit hinaus, indem es den Idealbegriff endlos teilbarer, vollkommen reibungsloser, oder aber mit in bestimmter Weise mathematisch definierter „Reibung" behafteter Flüssigkeiten einführt. Für diese Gebilde, die man als „mathematische Flüssigkeiten" bezeichnen könnte, werden die Grundbegriffe der Bewegungslehre im engen Anschluß an die Beobachtung und das Experiment aufgestellt. Die Erfahrung lehrt, daß die Gesetzmäßigkeiten der mathematischen Hydromechanik in vielen Fällen brauchbare, oft sogar ausgezeichnet treffende Bilder der Wirklichkeit darbieten. Mit Recht wird daher die Hydromechanik als integrierender Bestandteil der Physik aufgefaßt. Mit gleicher Berechtigung nimmt sie aber einen Platz in dem großen Lehrgebäude der Mathematik ein. Der Natur ihrer Begriffsbildungen und ihrer Arbeitsmethoden nach gehört sie unzweifelhaft dahin. Zahlreich sind die mathematischen Disziplinen, die bei Behandlung hydromechanischer Fragen angewandt werden und die ihrerseits von der Hydromechanik fruchtbare Anregungen empfangen. So hängt die Kinematik der Flüssigkeiten eng mit der Analysis Situs zusammen. Die Hydrodynamik wird von der Potential- und der Funktionentheorie, der Lehre von den partiellen Differentialgleichungen zweiter Ordnung, der Theorie der Integral- und Integro-Differentialgleichungen sowie der Variationsrechnung beherrscht. Aber auch darüber hinaus hat die Beschäftigung mit der Hydromechanik für den Mathematiker einen hohen Reiz, da sie seinem Bedürfnis nach rechnerischer, zergliedernder Betätigung entgegenkommt und zugleich der Anschauung reichliche Nahrung gibt. Neben der mathematischen Analyse kommt ferner bei der Aufstellung der Grundbegriffe und Grundgleichungen die logische zur Geltung.

So sehen wir die Physik, die Mathematik und auch die Philosophie sich in der Hydromechanik begegnen. Aber auch der theoretische

Astronom ist an den Methoden und Ergebnissen der Hydromechanik auf das lebhafteste interessiert. Ein weites Gebiet der Himmelsmechanik, die Lehre von der Figur und der Entwicklung der Himmelskörper kann geradezu als ein Sonderkapitel der Hydrodynamik aufgefaßt werden. Es ist darum nicht verwunderlich, daß die Hydromechanik seit der Erfindung der Infinitesimalrechnung im Mittelpunkt der wissenschaftlichen Bemühungen einer Reihe führender Mathematiker, Physiker und Astronomen, vielfach in einer Person, steht. Wir nennen an dieser Stelle nur Newton, Clairaut, d'Alembert, Euler, Lagrange, Laplace, Poisson, Cauchy, Lejeune Dirichlet, Jacobi, Helmholtz, Riemann, von den Mathematikern der neueren Zeit Poincaré, Liapounoff, Hadamard und Levi-Civita.

Der vorliegende Band bildet eine wesentlich vermehrte und nach verschiedenen Richtungen ausgebaute Darstellung meiner im Sommersemester **1923** an der hiesigen Universität gehaltenen Vorlesungen über Hydromechanik. Ich habe mir als Ziel gestellt, eine mathematisch befriedigende, dem heutigen Stande unseres Wissens angepaßte Darstellung der Grundlagen dieser Disziplin zu geben, ohne die physikalischen Zusammenhänge in den Hintergrund treten zu lassen. Durch dieses Programm war die Gliederung des Werkes in großen Linien vorgezeichnet. Während sich die Hydrodynamik, von der die Hydrostatik ein spezielles Kapitel ist, mathematisch auf der Potentialtheorie aufbaut, sind die allgemeinsten Sätze der Kinematik der Flüssigkeiten, wie der kontinuierlich verteilten Medien überhaupt, zum Teil lediglich eine Interpretation gewisser fundamentalen Sätze der Analysis Situs. Um eine gesicherte Basis für die Entwicklungen der Hauptteile des Werkes zu gewinnen, ohne an Vorkenntnissen mehr als die Grundlagen der Differential- und der Integralrechnung voraussetzen zu müssen, beginne ich in dem ersten Kapitel mit den allgemeinen Begriffen der Lehre von den Punktmengen und gehe ausführlicher namentlich auf die topologischen Abbildungen beschränkter und unendlicher Bereiche in der Ebene und im Raume ein.

Die Aussagen der Hydromechanik gewinnen an Einfachheit, wenn man sich der vierdimensionalen Interpretation in den Raum-Zeit-Koordinaten bedient. So werden denn im ersten Kapitel einige Grundbegriffe der vierdimensionalen Differentialgeometrie behandelt. Des weiteren finden sich hier Darlegungen über Ortsfunktionen, Definition und Verhalten ihrer Ableitungen am Rande des zugrunde liegenden Bereiches u. dgl., lauter Dinge, die sowohl in der Potentialtheorie als auch bei strenger Behandlung hydrodynamischer Fragen sich allerorts als unentbehrlich erweisen.

Den Übergang zur Potentialtheorie bildet das zweite, dem Begriffe eines Vektorfeldes und im Anschluß daran dem Greenschen und dem Stokesschen Satze gewidmete Kapitel.

Das dritte Kapitel behandelt die Potentialtheorie, soweit sie später benötigt wird. Es werden die fundamentalen Greenschen Formeln, die Haupteigenschaften der Potentialfunktionen im Raume und in der Ebene, Existenz- und Unitätssätze betreffend die erste und die zweite Randwertaufgabe, die Hauptsätze über das Potential einer Volumladung sowie einer einfachen und doppelten Flächenbelegung gebracht. Im Gegensatz zu den üblichen Darstellungen liegen hier der Betrachtung zumeist Bereiche zugrunde, die von Flächen begrenzt sind, die ich Flächen der Klasse *Ah* nenne und die zwar eine stetige Normale, jedoch nicht notwendig stetige Hauptkrümmungen haben. Flächen dieser Art sind in die Potentialtheorie zuerst von O. Hölder, später unabhängig von ihm von A. Liapounoff eingeführt worden. Man muß von Bereichen dieser Art ausgehen, wenn man gewisse grundlegende Existenzsätze der Hydrodynamik beweisen will. Auch sonst trägt dieses Kapitel verschiedentlich neueren Ergebnissen Rechnung. Mit Rücksicht auf den beschränkten zur Verfügung stehenden Raum konnte nur ein Teil der vorgetragenen Sätze mit vollständigen Beweisen versehen werden.

Ausführlicher wird in diesem Kapitel namentlich die Bestimmung eines Vektorfeldes durch seine Rotation und Divergenz sowie die Randbedingungen behandelt. Hier wird alles im einzelnen durchgeführt. Im Gegensatz zu den üblichen Darstellungen, in denen es sich in der Regel um den Gesamtraum handelt, werden auch berandete Bereiche betrachtet.

Damit ist das mathematische Fundament für alles Weitere geschaffen. Das vierte Kapitel bringt einiges Grundsätzliche über die Einordnung der Mechanik in das System der exakten Wissenschaften. Ich schließe mich im wesentlichen der Auffassung von G. Kirchhoff an und versuche, seine vielleicht stellenweise allzu knappen Ausführungen durch eine Art Kommentar zur Schaffung eines physikalischen Begriffssystems, als Basis einer mathematisch scharf umrissenen Darstellung der Hydrodynamik, gefügiger zu machen.

Das folgende fünfte Kapitel bringt die Grundlagen der Kinematik. Gestützt auf die Ausführungen des ersten Kapitels gelingt es vor allem, die in den üblichen Darstellungen etwas vernachlässigten allgemeinen Sätze über stetige Bewegung, wie die Invarianz der Oberfläche u. dgl., streng zu begründen. Aber nicht nur diese, in das Gebiet der Analysis Situs hineinfallenden Sätze erheischen eine sorgfältige Durchbildung. Selbst für so elementare Sachen wie die Bestimmung der Ausflußmenge einer Flüssigkeit oder den Übergang von den Eulerschen zu den Lagrangeschen Variablen findet sich nirgends in der Literatur eine vollkommen befriedigende Darstellung.

Mit großer Ausführlichkeit wird im Anschluß an die Elemente im sechsten Kapitel die Ausbreitung von Unstetigkeitswellen vom Standpunkte der Kinematik aus behandelt. Bekanntlich ist diese Theorie in Verallgemeinerung gewisser Ergebnisse von Riemann und Hugoniot mit großem Erfolg von Hadamard ausgebaut worden. Hadamard benutzt bei seinen Untersuchungen in der Regel Lagrangesche Variable. Es erschien mir für die Zwecke dieses Buches demgegenüber bequemer, sich systematisch der Eulerschen Variablen zu bedienen, was eine Neubearbeitung des Stoffes notwendig machte. Wie bei Hadamard wird dabei vielfach in dem vierdimensionalen Raum-Zeit-Gebiete operiert.

Das siebente Kapitel ist den physikalischen Grundgesetzen der Hydrodynamik gewidmet. Von den Impulsgleichungen ausgehend, gelangen wir gleich für ein beliebiges kontinuierliches Medium zu dem fundamentalen Begriffe des Spannungstensors und zu den Bewegungsgleichungen einer nicht notwendig homogenen Flüssigkeit mit oder ohne Reibung. In bekannter Weise gelangt man von hier aus ohne Mühe zu dem Hamiltonschen Prinzip als dem kürzesten zusammenfassenden Ausdruck der hydrodynamischen Grundgesetze. Der umgekehrte Weg — die Ableitung der Differentialgleichungen der Hydrodynamik aus dem an die Spitze gestellten Hamiltonschen Prinzip — bietet bei inkompressiblen Flüssigkeiten demgegenüber einige Schwierigkeiten dar, die in der Literatur bisher nicht genügend beachtet worden sind. Man steht hier einem besonders einfachen Spezialfall des Lagrangeschen Variationsproblems in einem dreidimensionalen Gebiete gegenüber, einem Problem, das, wie man weiß, in voller Allgemeinheit bisher noch nicht gelöst ist. Der Gegenstand ist insofern nicht ohne Interesse, als den Variationsprinzipen vielfach, namentlich in der Relativitätstheorie, die Bedeutung der obersten Grundgesetze der Physik zuerkannt wird. Im neunten Kapitel werden demgemäß aus dem Hamiltonschen Prinzip die Bewegungsgleichungen der Hydrodynamik, übrigens mit Zemplén sogleich für den allgemeinsten Fall des Vorhandenseins von Unstetigkeitswellen, abgeleitet.

Viele Seiten sind in dem siebenten Kapitel, im Anschluß an die allgemeinen Betrachtungen des vierten Kapitels, den verschiedenen in der Hydrodynamik auftretenden Anfangs- und Randbedingungen und ihrer physikalischen Bedeutung, der Bedeutung eines mathematisch strengen Existenzbeweises, der stetigen Abhängigkeit der Lösung von den Anfangsdaten u. dgl. m. gewidmet.

Das achte Kapitel beschäftigt sich mit der Hydrostatik, und zwar unter Zugrundelegung einer beliebigen, nicht notwendig homogenen Flüssigkeit. Das Hamiltonsche Prinzip reduziert sich hier auf das Prinzip der virtuellen Verrückungen, dem eine ins einzelne gehende Behandlung zuteil wird. Zur Erläuterung der allgemeinen Sätze werden einige spezielle Gleichgewichtsverteilungen, die zumeist für die Himmelsmechanik von Interesse sind, betrachtet.

Das zehnte Kapitel ist der Transformation der hydrodynamischen Gleichungen gewidmet. Hier kommen die im dritten Kapitel entwickelten potentialtheoretischen Hilfsmittel vielfach zur Anwendung. Die Cauchy-Helmholtzsche Theorie ist in der allgemeinen Theorie als ein Spezialfall enthalten. Auf diese Ergebnisse gestützt, werden in dem umfangreichen elften Schlußkapitel Existenzsätze der Hydrodynamik inkompressibler Flüssigkeiten behandelt.

Erst in den letzten fünf Jahren ist man, von den neueren Ergebnissen der Potentialtheorie und der Theorie linearer Integralgleichungen ausgehend, in den Besitz einiger Existenzsätze allgemeineren Charakters in der Hydrodynamik gelangt. Es handelt sich dabei um inkompressible, nicht notwendig homogene Flüssigkeiten, die sich allseitig ins Unendliche ausbreiten oder in einem zwangläufig bewegten Gefäß eingeschlossen sind. Es gelingt, wenn die Anfangs- und die Grenzbedingungen in geeigneter Weise formuliert sind, übrigens auch wenn stationäre Unstetigkeiten zweiter Ordnung vorliegen, die Bewegung durch sukzessive Approximationen innerhalb eines hinreichend kurzen Zeitintervalls zu verfolgen. Die Problemstellung und die mathematischen Ansätze, die auf den eigenen Arbeiten des Verfassers beruhen[1], finden sich im elften Kapitel recht eingehend behandelt, während wegen der umfangreichen Konvergenzbeweise auf die Originalarbeiten verwiesen werden mußte. Neben diesen Existenzbeweisen „im kleinen" wird eine Reihe spezieller, permanenter Bewegungen von besonderem physikalischen Interesse, darunter verschiedene ebene Bewegungen betrachtet. Auch hierbei mußte ich mich häufig mit einer Beweisskizze begnügen und den Leser auf eigene ältere oder später erscheinende Arbeiten verweisen. An die zuletzt genannten Ergebnisse schließen sich Ausführungen über das sog. d'Alembertsche Paradoxon an. Im Zusammenhang damit stehen auch die Schlußbetrachtungen über langsame, jedoch nicht unendlich langsame permanente Bewegungen einer inkompressiblen zähen Flüssigkeit.

Der knappe zur Verfügung stehende Raum machte es unmöglich, auf vieles einzugehen, was man gewiß als zu den „Grundlagen" gehörig ansehen müßte. So mußte von einer etwas eingehenderen Betrachtung zweidimensionaler Flüssigkeitsbewegungen, insbesondere von einer Behandlung der bekannten Abhandlungen von Levi-Civita über permanente fortschreitende Wellen[2] sowie der hoffnungsreichen Arbeiten von A. Weinstein zur Theorie der Flüssigkeitsstrahlen und zur Kontinuitätsmethode in der Hydrodynamik[3] abgesehen werden. So ist der Hydrodynamik

---

[1] Über die parallel laufenden Untersuchungen von N. M. Günther vergleiche man die Bemerkungen der Fußnoten [27] und [81] auf S. 438 und 493.

[2] Vgl. T. Levi-Civita, Determination rigoureuse des ondes permanentes d'ampleur finie, Math. Annalen **93** (1925), S. 264—314.

[3] Vgl. A. Weinstein: Ein hydrodynamischer Unitätssatz. Math. Zeitschr. **19** (1924), S. 265—275; Sur les jets liquides à parois données, Rend. Acc. Lincei 1926, S. 119ff.; Sur le théorème d'existence des jets liquides, ebenda 1927,

kompressibler, ideeller Flüssigkeiten, insbesondere der Ausbreitung von Unstetigkeiten in diesen Gebilden mit keinem Worte Erwähnung getan. Hier bilden allgemeine Existenzsätze zur Zeit noch ein Desideratum, dem sich sowohl erhebliche mathematische wie thermodynamische Schwierigkeiten entgegenstellen[4]. Gleichfalls ein Desideratum bilden heute Existenzsätze inkompressibler Flüssigkeiten, sobald eine freie Oberfläche vorliegt. Desgleichen alles, was auf die Stabilität Bezug hat. Nicht aufgenommen wurden ferner in dieses Buch, das bei voller Anerkennung der überragenden physikalischen und erkenntnistheoretischen Bedeutung der Hydromechanik, wie der Mechanik überhaupt, dieses Wissensgebiet den exakten Methoden moderner Mathematik erschließen will, Betrachtungen, die mit den Hilfsmitteln approximativer Rechnung arbeiten.

Diesem Werk hat der Verfasser fast sechs Jahre intensiven Nachdenkens gewidmet. Möge es sich als ein nützlicher Beitrag in der Weiterentwicklung unserer Wissenschaft erweisen.

Es ist mir eine angenehme Pflicht, meinen Assistenten, Dr. E. Hölder und Dr. A. Wintner, sowie meinen Schülern, den Herren cand. phil. V. Garten und cand. phil. K. Maruhn, für die mir durch das Lesen der Korrekturen erwiesene Hilfe meinen herzlichsten Dank auszusprechen.

Der Verlagsbuchhandlung Julius Springer, mit der mich ein Jahrzehnt gemeinsamer Arbeit zum Nutzen unserer Wissenschaft verbindet, möchte ich auch an dieser Stelle Worte des Dankes und der Anerkennung widmen.

Leipzig, im Juni 1929.

Leon Lichtenstein.

S. 157ff., sowie die in der Mathematischen Zeitschrift (1929) erscheinende Abhandlung, Zur Theorie der Flüssigkeitsstrahlen.

[4] Im fünften Kapitel werden Unstetigkeitswellen vom rein kinematischen Standpunkte aus betrachtet.

Inhaltsverzeichnis.

Erstes Kapitel.

Vorbereitendes aus der Analysis Situs.

Zweites Kapitel.

Vektoranalytische Grundbegriffe.

Drittes Kapitel.

Vorbereitendes aus der Potentialtheorie.

Sechstes Kapitel.

Spezielle kinematische Betrachtungen über die Fortpflanzung von Unstetigkeiten in kontinuierlichen Medien.

Siebentes Kapitel.

Spannungstensor. Allgemeines zur Dynamik kontinuierlicher Medien, insbesondere ideeller und zäher Flüssigkeiten.

Achtes Kapitel.

Hydrostatik.

Neuntes Kapitel.

Das Hamiltonsche Prinzip.

Zehntes Kapitel.

Transformation der Bewegungsgleichungen.

Elftes Kapitel.

Existenzsätze.

Erstes Kapitel.

Vorbereitendes aus der Analysis Situs.

1. Punktmenge. Gebiet. Bereich. Kontinuum. Wir denken uns stets die Punkte des Raumes auf ein rechtwinkliges, kartesisches Koordinatensystem bezogen.

Jede endliche oder unendliche Gesamtheit von Punkten, d. h. von Wertetripeln (x, y, z) heißt eine *Punktmenge*. Liegen alle Punkte der Menge in einer Ebene bzw. auf einer Geraden, so spricht man von einer *ebenen* bzw. *linearen* Punktmenge.

Sind alle Punkte der Menge im Innern eines Kugelkörpers von hinreichend großem Radius um den Koordinatenursprung als Mittelpunkt enthalten, so heißt die Punktmenge *beschränkt*.

Es sei $P(x, y, z)$ irgendein Punkt. Die im Innern eines Kugelkörpers[1] von hinreichend kleinem Radius um P als Mittelpunkt befindlichen, von P selbst verschiedenen Punkte bilden eine *Umgebung* von P. Nimmt man P hinzu, so erhält man eine *vollständige Umgebung* von P. Sind in jeder (beliebig nahen) Umgebung von P unendlichviele Punkte einer Menge enthalten, so heißt P eine *Häufungsstelle* der Menge. Jede unendliche beschränkte Punktmenge hat mindestens eine Häufungsstelle.

Eine Folge von Punkten $Q_1, Q_2, \ldots, Q_k, \ldots$, unter denen es unendlichviele verschiedene gibt, kürzer die Folge $\{Q_k\}$, *konvergiert gegen einen Punkt* Q, wenn der Abstand QQ_k für $k \to \infty$ gegen Null konvergiert. Ist P eine Häufungsstelle einer Punktmenge, so läßt sich aus dieser in unendlich mannigfaltiger Weise eine Teilfolge aussondern, die gegen P konvergiert. Ist P die einzige Häufungsstelle einer Punktfolge $P_1, P_2, \ldots, P_k, \ldots$, so konvergiert diese gegen P, $\lim\limits_{k \to \infty} P_k = P$.

---

[1] Es sei bemerkt, daß wir die Benennung „Kugel" und „Kreis" für die Kugel*fläche* und Kreis*linie* vorbehalten. Der von einer Kugel (mit C, C_1, C', C^*, $\mathfrak{C}$ usw. bezeichnet) begrenzte endliche Raumteil, der Rand inbegriffen, heißt Kugel*körper* (mit K, K_1, K', K^*, $\mathfrak{K}$ usw. bezeichnet). In ähnlichem Sinne sprechen wir von einer Kreis*fläche*. Polyeder und Würfel sind für uns stets zweidimensionale Gebilde, — die von ihnen begrenzten räumlichen Gebilde heißen Polyederkörper und Kubus. Ellipsoid- und Kreisringkörper sind dreidimensionale Gebilde. Ihre Randflächen heißen Ellipsoid bzw. Oberfläche des Kreisringkörpers (des Torus).

In der Analysis und der mathematischen Physik wird der „unendlich ferne" Punkt als Häufungsstelle jeder Folge $P_k(x_k, y_k, z_k)$ mit $x_k^2 + y_k^2 + z_k^2 \to \infty$ eingeführt. Die Gesamtheit der außerhalb einer Kugel von hinreichend großem Radius liegenden Raumpunkte wird als Umgebung des unendlich fernen Punktes aufgefaßt.

Ein Punkt der Menge, der keine Häufungsstelle ist, heißt *isoliert*. In einer gewissen Umgebung eines isolierten Punktes gibt es also keine weiteren Punkte der Menge. Sind alle Häufungsstellen einer Menge selbst Punkte der Menge, so heißt diese *abgeschlossen*, andernfalls, d. h. wenn es Häufungsstellen gibt, die der Menge nicht angehören, ist sie *offen*. Die Punktmenge, bestehend aus dem unendlich fernen Punkte und allen Punkten (x, y, z), die der Ungleichheit $x^2 + y^2 + z^2 \geqq R^2$ genügen, ist offenbar abgeschlossen. Die Gesamtheit der Häufungsstellen einer Menge $\mathfrak{M}$ heißt *abgeleitete Menge*, $\mathfrak{M}'$. Die abgeleitete Menge ist, sofern sie überhaupt Häufungsstellen hat, immer abgeschlossen.

Die obere Grenze der Entfernung zweier Punkte einer beschränkten Menge heißt ihr *Durchmesser*. Ist eine unendliche Menge abgeschlossen, so enthält sie mindestens ein Paar von Punkten, deren Entfernung gleich dem Durchmesser ist. Bei einer abgeschlossenen Menge ist also der Durchmesser das Maximum der Entfernung zweier Punkte der Menge.

Besteht eine hinreichend nahe Umgebung eines Punktes P von $\mathfrak{M}$ aus lauter Punkten der Menge, so heißt P ein *innerer* Punkt von $\mathfrak{M}$. Offenbar sind dann alle Punkte einer gewissen Umgebung von P ebenfalls innere Punkte. Der unendlich ferne Punkt ist demnach innerer Punkt einer Menge, wenn er selbst sowie die Gesamtheit der Punkte außerhalb einer Kugel von hinreichend großem Radius der Menge angehören. Eine Punktmenge wird *Gebiet* genannt, wenn 1. alle ihre Punkte innere Punkte sind, 2. zwei beliebige ihrer Punkte durch einen geradlinigen Streckenzug (von endlicher Seitenzahl), dessen sämtliche Punkte der Menge angehören, verbunden werden können[2].

Es sei $\mathfrak{M}$ ein Gebiet, und es möge $\mathfrak{N}$ die Gesamtheit der Raumpunkte bezeichnen, die nicht zu $\mathfrak{M}$ gehören. Man nennt $\mathfrak{N}$ die zu $\mathfrak{M}$ *komplementäre* Menge. Es sei schließlich Q irgendein Punkt von $\mathfrak{N}$. Es wird nun eine der drei Möglichkeiten vorliegen: 1. Alle Punkte einer hinreichend nahen Umgebung von Q gehören zu $\mathfrak{N}$; 2. sie gehören ausnahmslos zu $\mathfrak{M}$; 3. Q ist gemeinsame Häufungsstelle der Punkte von $\mathfrak{M}$ und von $\mathfrak{N}$. In dem Falle 1. ist Q ein *äußerer* Punkt.

---

[2] Wir nennen also „Gebiet", was gelegentlich „offenes Gebiet" genannt wird. Die Begriffe „das Gebiet" und „das Innere eines Gebietes" sind völlig inhaltsgleich. Das gleiche gilt von den Ausdrücken „ein Punkt des Gebietes T", „ein Punkt im Innern von T", oder noch kürzer, „ein Punkt in T".

Liegt der Fall 2. oder 3. vor, so sagen wir, Q gehört dem *Rande* von $\mathfrak{M}$ an. Äußere Punkte sind augenscheinlich innere Punkte der Komplementärmenge. Offenbar sind darum alle Punkte einer gewissen Umgebung eines äußeren Punktes wieder äußere Punkte der Menge.

Es sei $\mathfrak{M}'$ die Ableitung von $\mathfrak{M}$. Da jeder Punkt von $\mathfrak{M}$, als innerer Punkt, Häufungsstelle der Menge ist, so gehören sämtliche Punkte von $\mathfrak{M}$ zu $\mathfrak{M}'$. Offenbar gehören aber auch alle Punkte des Randes zu $\mathfrak{M}'$. Der Rand wird demnach von denjenigen Punkten von $\mathfrak{M}'$ gebildet, die nicht zugleich Punkte von $\mathfrak{M}$ sind. Jedes Gebiet, das nicht sämtliche Raumpunkte mit Einschluß des unendlich fernen Punktes enthält, hat einen Rand. Der Rand ist stets eine abgeschlossene Menge. Im Gegensatz hierzu ist ein Gebiet eine offene Menge, da es Punkte des Randes, die doch Häufungsstellen der inneren Punkte sind, nicht enthält.

Die aus einem Gebiete T und seinem Rande S bestehende abgeschlossene Menge soll *Bereich* heißen. Wir sprechen ausführlicher von dem Bereich $T + S$ und nennen Punkte in T *innere* Punkte des Bereiches, S seinen *Rand*. Wird von den Punkten „in $T + S$" gesprochen, so sind damit ebensogut innere als auch Randpunkte gemeint.

Eine beschränkte, aus unendlichvielen Punkten bestehende Menge heißt *zusammenhängend*, wenn sie die folgende Eigenschaft hat: Zwischen zwei beliebige Punkte der Menge läßt sich eine endliche Folge weiterer Punkte der Menge einschalten, so daß der Abstand zweier konsekutiver Punkte kleiner als ε wird, unter ε eine beliebig kleine positive Zahl verstanden. Die Menge aller Punkte des Kugelkörpers $x^2 + y^2 + z^2 \leqq 1$ mit rationalen Koordinaten ist zusammenhängend. Diese Menge ist offen. Eine nicht beschränkte Menge $\mathfrak{M}$ heißt zusammenhängend, wenn jede im Endlichen liegende Teilmenge von $\mathfrak{M}$ zusammenhängend ist.

Eine zusammenhängende und abgeschlossene Punktmenge heißt *Kontinuum*. Jeder Bereich stellt ein (dreidimensionales) Kontinuum dar. Weitere Beispiele bieten eine Kugel und eine geradlinige Strecke dar. Das Kontinuum $a \leqq x \leqq b$ $(a < b)$ wird *abgeschlossenes Intervall* genannt und mit $\langle a, b\rangle$ bezeichnet. Die offene Punktmenge $a < x < b$ heißt *offenes Intervall*. Die abgekürzte Schreibweise ist (a, b). Die Punktmengen $a \leqq x < b$, $a < x \leqq b$ bezeichnen wir entsprechend mit $\langle a, b)$ und $(a, b\rangle$. Offenbar enthält jedes nicht beschränkte Kontinuum, das ja eine abgeschlossene Punktmenge ist, den unendlich fernen Punkt.

Wir werden im folgenden fast ausschließlich mit Gebieten zu tun haben, deren Rand aus einer endlichen Anzahl beschränkter Kontinua spezieller Art besteht. Der Kürze halber wollen wir, wenn der Rand aus einer endlichen Anzahl von Kontinuen besteht, diese Kontinua *Randkomponenten* nennen.

Durch die Transformation

$$(1)\quad \begin{cases} x' = \frac{x}{R^2}, & y' = \frac{y}{R^2}, & z' = \frac{z}{R^2}, & R^2 = x^2 + y^2 + z^2, \\ x = \frac{x'}{R'^2}, & y = \frac{y'}{R'^2}, & z = \frac{z'}{R'^2}, & R'^2 = x'^2 + y'^2 + z'^2 \end{cases}$$

wird die Umgebung des unendlich fernen Punktes in dem Raume der Variablen x, y, z in die Umgebung des Nullpunktes des Raumes x'-y'-z' übergeführt. Einer jeden gegen den unendlich fernen Punkt konvergierenden Punktfolge $\{x_n, y_n, z_n\}$ entspricht eine gegen den Nullpunkt konvergierende Folge $\{x'_n, y'_n, z'_n\}$. Wir ordnen dem unendlich fernen Punkte im Raume x-y-z, kürzer in $\{x, y, z\}$, den Nullpunkt des Raumes x'-y'-z' zu. Jeder abgeschlossenen, den Nullpunkt nicht enthaltenden Punktmenge in $\{x, y, z\}$ entspricht jetzt eine ebenfalls abgeschlossene, beschränkte Menge in $\{x', y', z'\}$. Jedes, auch unendliche, Gebiet T in $\{x, y, z\}$, das $(0, 0, 0)$ zum äußeren Punkte hat, geht in ein beschränktes Gebiet T' in $\{x', y', z'\}$ über. Innere Punkte gehen dabei in innere, Randpunkte in Randpunkte über. Ist der unendlich ferne Punkt Randpunkt von T, so wird der Nullpunkt Randpunkt von T'. Eine jede, nicht notwendig beschränkte, zu T gehörige, zusammenhängende Menge geht in eine beschränkte zusammenhängende Menge, ein, nicht notwendig beschränktes, aus Punkten von T bestehendes Kontinuum in ein beschränktes Kontinuum über.

2. Jordansche Raumkurven. Jordansche Flächen vom Typus einer Kugel. Es seien $x(t)$, $y(t)$, $z(t)$ drei in dem Intervalle $\langle 0, 2\pi\rangle$ erklärte stetige Funktionen, die so beschaffen sind, daß aus

$$x(t_1) = x(t_2), \qquad y(t_1) = y(t_2), \qquad z(t_1) = z(t_2)$$

allemal $t_1 = t_2$ folgt. Der geometrische Ort der Punkte

$$(2)\qquad x = x(t), \qquad y = y(t), \qquad z = z(t)$$

ist offenbar ein Kontinuum. Man nennt dieses Kontinuum ein *Jordansches Kurvenstück*. Erleiden die vorstehenden Festsetzungen eine Ausnahme für $t_1 = 0$, $t_2 = 2\pi$, ist also

$$x(0) = x(2\pi), \qquad y(0) = y(2\pi), \qquad z(0) = z(2\pi),$$

so sprechen wir von einer (geschlossenen) *Jordanschen Kurve*. Man kann diese als ein umkehrbar eindeutiges und stetiges Bild des Einheitskreises, als Trägers der Variablen t, auffassen. Jedem Punkte A des Einheitskreises C entspricht ein und nur ein Punkt P auf der Jordanschen Kurve Γ. Einer Folge von Punkten $A_1, \ldots, A_l, \ldots$ auf C, die gegen A konvergieren, entspricht offenbar eine Folge von Punkten $P_1, \ldots, P_l, \ldots$ auf Γ, die gegen P konvergieren. Es läßt sich ohne Schwierigkeiten zeigen, daß auch das Umgekehrte zutrifft.

Es sei Σ ein sich selbst nicht durchsetzendes Polyeder mit lauter dreieckigen Seiten Δ_k $(k = 1, 2, \ldots, 2n)$, das sich einer Kugel einbeschreiben läßt, dessen sämtliche Ecken also auf einer Kugel liegen. Auf jeder Seitenfläche Δ_k sei irgendein rechtwinkliges Koordinatensystem μ-ν festgelegt. Es seien ferner $\varphi_k(\mu, \nu)$, $\psi_k(\mu, \nu)$, $\chi_k(\mu, \nu)$ $6n$ Funktionen, die folgende Eigenschaften haben.

1. Sie sind entsprechend im Innern und auf dem Rande von Δ_k $(k = 1, 2, \ldots, 2n)$ stetig.

2. Sind Δ_{k-1} und Δ_k zwei längs einer Kante zusammenstoßende Polyederseiten, (μ', ν') und (μ'', ν'') die Koordinaten eines Punktes der Kante in Δ_{k-1} bzw. Δ_k, so ist

$$\varphi_{k-1}(\mu', \nu') = \varphi_k(\mu'', \nu''), \qquad \psi_{k-1}(\mu', \nu') = \psi_k(\mu'', \nu''),$$
$$\chi_{k-1}(\mu', \nu') = \chi_k(\mu'', \nu'').$$

3. Ist A ein Eckpunkt, in dem die Seiten $\Delta_1, \Delta_2, \ldots, \Delta_l$ zusammenstoßen, sind $(\mu', \nu'), \ldots, (\mu^{(l)}, \nu^{(l)})$ seine Koordinaten in $\Delta_1, \ldots, \Delta_l$, so gilt

$$\varphi_1(\mu', \nu') = \cdots = \varphi_l(\mu^{(l)}, \nu^{(l)}), \qquad \psi_1(\mu', \nu') = \cdots = \psi_l(\mu^{(l)}, \nu^{(l)}),$$
$$\chi_1(\mu', \nu') = \cdots = \chi_l(\mu^{(l)}, \nu^{(l)}).$$

Indem wir in Δ_k

$$\varphi = \varphi_k, \qquad \psi = \psi_k, \qquad \chi = \chi_k$$

setzen, sagen wir, durch die vorstehenden Festsetzungen seien auf Σ drei (stetige) Ortsfunktionen φ, ψ, χ erklärt.

4. Wenn von den in 2. und 3. genannten Fällen abgesehen wird, so folgt aus

$$\varphi_k(\mu', \nu') = \varphi_l(\mu'', \nu''), \quad \psi_k(\mu', \nu') = \psi_l(\mu'', \nu''), \quad \chi_k(\mu', \nu') = \chi_l(\mu'', \nu'')$$

allemal $k = l$, $\mu' = \mu''$, $\nu' = \nu''$.

Der geometrische Ort der Punkte

$$x = \varphi_k(\mu, \nu), \qquad y = \psi_k(\mu, \nu), \qquad z = \chi_k(\mu, \nu) \tag{3}$$

ist ein beschränktes räumliches Kontinuum S_k, das als ein umkehrbar eindeutiges und stetiges Bild der Dreiecksfläche Δ_k aufgefaßt werden kann. Jedem Punkte A von Δ_k entspricht ein und nur ein Punkt von S_k und umgekehrt. Einer Folge von Punkten $A_1, \ldots, A_l, \ldots$ von Δ_k, die gegen A konvergieren, $A_l \to A$, entspricht augenscheinlich eine Folge von Punkten $P_1, \ldots, P_l, \ldots$, die gegen P streben, $P_l \to P$. Es läßt sich ohne Mühe zeigen, daß auch das Umgekehrte der Fall ist, d. h. aus $P_l \to P$ wiederum $A_l \to A$ folgt.

Die n Kontinua S_k hängen längs der Bilder der Kanten von Σ aneinander und schließen sich zu einem beschränkten Kontinuum S zusammen, das ein umkehrbar eindeutiges und stetiges Bild von Σ

darstellt. Man nennt S eine *Jordansche Fläche*, und zwar eine solche vom *Kugeltypus*.

Eine Jordansche Fläche gestattet unendlichviele Darstellungen in der durch 1. bis 4. festgelegten Art. So kann man beispielsweise die Koordinaten μ, ν in jeder Dreiecksfläche Δ_k nach Belieben orthogonal transformieren. Es sei Σ' ein anderes Polyeder, und es möge dieses auf Σ irgendwie umkehrbar eindeutig und stetig bezogen sein, wobei dem Punkte A auf Σ der Punkt A' auf Σ' entspricht. Es ist klar, daß, wenn man dem Punkte P von S den Punkt A' von Σ' korrespondieren läßt, für die Jordansche Fläche S eine neue Darstellung von der soeben charakterisierten Art gegeben wird, wobei als Träger der Parameter μ, ν, der *Gaußschen Parameter* von S, nunmehr das Polyeder Σ' erscheint.

Es sei C eine Kugel, Σ ein dieser einbeschriebenes reguläres Oktaeder. Man erhält eine umkehrbar eindeutige und stetige Abbildung von Σ auf C, wenn man die zuerst genannte Fläche vom Kugelmittelpunkt aus auf die Kugel projiziert. Die Bilder von Δ_k sind diesmal lauter kongruente Kugeloktanten. Ist wie vorhin S eine auf Σ bezogene Jordansche Fläche, so kann man durch Vermittelung der soeben gewonnenen Abbildung von C auf Σ für die Fläche S eine Darstellung erhalten, bei der als Träger der Gaußschen Parameter die Kugel erscheint.

Betrachten wir irgendeine Seite des Polyeders Σ, etwa die Seite Δ_1, und zeichnen eine der beiden Umlaufsrichtungen dieses Dreiecks willkürlich als die positive aus. Hierdurch und durch die weitere Forderung, daß beim Umfahren zweier benachbarten Seiten von Σ die gemeinsame Kante zweimal in entgegengesetzten Richtungen durchlaufen wird, wird den übrigen Seiten des Polyeders, $\Delta_2, \ldots, \Delta_{2n}$, ein ganz bestimmter *positiver Umlaufssinn* zugeordnet. Man denke sich nunmehr das Polyeder Σ längs aller Kanten aufgeschnitten und in einer Ebene ausgebreitet. Die Gesamtheit der Dreiecksflächen Δ_k bildet ein *ideal geschlossenes* Polyeder, wenn man diejenigen Paare von Dreieckseiten, die vorhin die gleiche Kante von Σ bildeten, weiterhin als „zusammengehörig", gewissermaßen auch jetzt noch eine „Kante" bildend, auffaßt. Diesem „Polyeder" als Träger der Gaußschen Parameter μ, ν entspricht durch die Gl. (3) die Jordansche Fläche S.

Es mögen jetzt Δ_j und Δ_l irgendein Paar von Dreiecksflächen bezeichnen.

5. Es gibt gewiß Anordnungen $\Delta^{(1)}, \Delta^{(2)}, \ldots, \Delta^{(m)}$ aus $\Delta_1, \ldots, \Delta_{2n}$, so daß $\Delta^{(1)} = \Delta_j$, $\Delta^{(m)} = \Delta_l$ gilt und $\Delta^{(l)}$, $\Delta^{(l+1)}$ allemal eine Dreiecksseite gemeinsam haben.

3. Der Jordansche Satz. Allgemeine Definition einer Jordanschen Fläche. Wie in der Analysis Situs bewiesen wird, werden durch die

Jordansche Fläche S zwei Gebiete bestimmt, die S zur gemeinsamen Begrenzung haben und mit S zusammen den Raum erschöpfen. Eins dieser Gebiete ist beschränkt und heißt das *Innengebiet*, das andere, unendliche Gebiet enthält den unendlich fernen Punkt (als inneren Punkt) und soll *Außengebiet* heißen.

So bestimmt das Ellipsoid $\frac{x^2}{a^2} + \frac{y^2}{b^2} + \frac{z^2}{c^2} = 1$ die beiden Gebiete: das Innengebiet, die Gesamtheit der Punkte (x, y, z) mit $\frac{x^2}{a^2} + \frac{y^2}{b^2} + \frac{z^2}{c^2} < 1$, und das Außengebiet, bestehend aus der Menge der Punkte (x, y, z) mit $\frac{x^2}{a^2} + \frac{y^2}{b^2} + \frac{z^2}{c^2} > 1$ und dem unendlich fernen Punkte. Eine Jordansche Fläche vom Kugeltypus ist nicht immer ein so einfaches räumliches Gebilde. Es lassen sich im Gegenteil leicht Beispiele angeben, die sich einer geometrischen Anschauung entziehen.

Es sei T vorübergehend ein beliebiges beschränktes Gebiet. Wie sich durch Beispiele erhärten läßt, brauchen die Punkte von S nicht notwendig von einem Punkte von T aus *erreichbar* zu sein. Dies besagt, daß es nicht immer möglich ist, einen Punkt A des Randes mit einem Punkte B von T durch ein Jordansches Kurvenstück zu verbinden, das mit Ausnahme des Endpunktes A aus lauter Punkten von T besteht. Ein beschränktes Jordansches Gebiet, d. h. also ein von einer Jordanschen Fläche bestimmtes Innengebiet, hat nicht notwendig ein Volumen im Sinne von Peano und Jordan — eine Jordansche Fläche, oder auch das Jordansche Gebiet, ist nicht immer „integrierbar". Diese Tatsache illustriert die vorhin gemachte Bemerkung bezüglich der möglichen Kompliziertheit Jordanscher Flächen. Wir werden im folgenden zumeist mit Gebieten zu tun haben, die ein bestimmtes Volumen haben. Dieses ist zugleich das Volumen des nach Hinzunahme des Randes entstehenden Bereiches.

Bei den vorstehenden Festsetzungen sind wir von einem Polyeder ausgegangen, das sich einer Kugel einbeschreiben läßt. Zu ganz analogen Ergebnissen kommt man, wenn man als Träger der Gaußschen Parameter ein sich selbst nicht durchsetzendes Polyeder mit dreieckigen Seiten annimmt, das sich einem Torus einbeschreiben läßt. Schneidet man das Polyeder längs aller seiner Kanten auf und breitet es auf einer Ebene aus, so erhält man als Basis wieder ein System von Dreiecken mit vorgeschriebener Zusammengehörigkeit der Seitenpaare und Eckpunkte. Man gelangt so zu Jordanschen Flächen vom *Torustypus*. Sie bestimmen, wie vorhin, zwei Gebiete, von denen eins den unendlich fernen Punkt enthält. Die Punkte der neuen Jordanschen Flächen lassen sich *nicht* umkehrbar eindeutig und stetig auf diejenigen einer Jordanschen Fläche vom Kugeltypus abbilden. Als Beispiele seien der Torus und die Fläche genannt, die man erhält, wenn man den Torus längs eines Meridiankreises aufschneidet, mit einem Knoten versieht und wieder zusammenschweißt.

Man kommt zu allgemeineren Resultaten, wenn man von einem beliebigen System von $2n$ Dreiecksflächen $\Delta_1, \ldots, \Delta_{2n}$ in einer Ebene ausgeht, die mit einem bestimmten „positiven" Umlaufssinn versehen und überdies wie folgt beschaffen sind. Die $6n$ Eckpunkte lassen sich in Gruppen einordnen, die aus drei oder mehr zu verschiedenen Dreiecken gehörigen Punkten bestehen. Alle $6n$ Seiten von Δ_k $(k = 1, \ldots, 2n)$ lassen sich zu $3n$ Paaren gleich langer, verschiedenen Dreiecken angehörigen Strecken zusammenfassen, die, wenn man die Dreiecke im positiven Sinne umfährt, allemal in entgegengesetzter Richtung durchlaufen werden. Die zusammengehörigen Endpunkte korrespondierender Dreieckseiten gehören derselben Gruppe von Eckpunkten an. Sind in $\Delta_1, \ldots, \Delta_{2n}$, wie vorhin, $6n$ Funktionen φ_k, ψ_k, χ_k gegeben, die den Beziehungen 1. bis 4. (S. 5) genügen, und ist auch 5. (S. 6) erfüllt, so definieren diese Funktionen ein Kontinuum, das alle Eigenschaften der vorhin betrachteten Jordanschen Flächen vom Kugel- und Torustypus hat und als *Jordansche Fläche* schlechthin bezeichnet wird. Jede Jordansche Fläche ist die gemeinsame Begrenzung zweier Gebiete und erschöpft mit ihnen zusammen den Raum. Eins dieser Gebiete ist beschränkt und heißt *Innengebiet*, das andere enthält den unendlich fernen Punkt und wird als das *Außengebiet* bezeichnet. Es ist nicht möglich, einen Punkt des Innengebietes mit einem Punkte des Außengebietes durch ein Jordansches Kurvenstück zu verbinden, ohne die Fläche zu treffen.

Zwei Jordansche Flächen lassen sich nicht immer umkehrbar eindeutig und stetig aufeinander abbilden. Dies sieht man schon an dem Beispiel einer Kugel und eines Torus.

4. Gebiete in der Ebene und auf einer Jordanschen Fläche. Die in **1.** bis **3.** auseinandergesetzten Begriffe und Ergebnisse lassen sich in ganz analoger Weise auf ebene Punktmengen übertragen. Es ist einleuchtend, was man unter einem *Gebiet*, dem *Rand eines Gebietes*, einem *Bereich*, einer *zusammenhängenden Menge*, einem *Kontinuum in einer Ebene* $\mathfrak{E}$ zu verstehen hat. Ein ebenes Gebiet ist offenbar *nicht* zugleich ein Gebiet im Raume, wohl aber ist eine zusammenhängende Menge, ein Kontinuum in $\mathfrak{E}$ zugleich eine zusammenhängende Menge, ein Kontinuum nach unserer früheren Definition.

Eine *ebene Jordansche Kurve* (eine Jordansche Kurve in $\mathfrak{E}$) ist ein ebenes umkehrbar eindeutiges und stetiges Bild eines Kreises, — sie ist zugleich eine Jordansche Kurve nach unserer früheren Definition. Eine jede Jordansche Kurve bestimmt zwei ebene Gebiete, — ein *Innen-* und ein *Außengebiet.* Das letztere enthält den unendlich fernen Punkt (als inneren Punkt). Er läßt sich zeigen, daß jeder Punkt einer ebenen Jordanschen Kurve sowohl von einem Punkte des Innen- als auch von einem Punkte des Außengebietes erreichbar ist.

In analoger Weise lassen sich *Gebiete, die über einer Jordanschen Fläche S ausgebreitet sind,* definieren. Es bedarf hierzu nur einer neuen Definition, nämlich derjenigen der *Umgebung eines Punktes P auf S.*

Es möge zuerst A, das Bild von P auf Σ, im Innern einer der Dreiecksflächen Δ_k liegen. Eine Umgebung von P ist die Gesamtheit der Punkte, deren Bilder eine Kreisfläche in Δ_k erfüllen, um A als Mittelpunkt, P selbst ausgenommen. Liegt A auf einer Kante von Σ, oder, was dasselbe ist, auf den beiden zusammengehörigen Seiten zweier Dreiecksflächen von Σ, etwa Δ_{k-1} und Δ_k, so besteht eine Umgebung von P aus den Punkten, deren Bilder die Flächen von zwei Halbkreisen von gleichem Radius um die beiden Bilder von P als Mittelpunkt erfüllen, nach Ausschluß von P selbst. Liegt schließlich A in einem Eckpunkt, so zerfällt das Bild einer Umgebung von P in drei oder mehr Kreissektoren, deren Mittelpunkte entfernt worden sind. Es ist jetzt einleuchtend, was man unter einem *Gebiete auf S*, insbesondere unter einem von *einer Jordanschen Kurve begrenzten Gebiete auf S* zu verstehen hat. Das letztere kann als ein umkehrbar eindeutiges und stetiges Bild eines von einer Jordanschen Kurve begrenzten Teiles des Polyeders Σ aufgefaßt werden.

Es sei S^0 irgendeine Jordansche Fläche, nicht notwendig vom Typus einer Kugel oder eines Torus. In dem Innengebiet von S^0 sei eine endliche Anzahl weiterer Jordanscher Flächen $S^{(1)}, \ldots, S^{(n)}$ gegeben, die so verteilt sind, daß allemal $S^{(1)}, \ldots, S^{(k-1)}, S^{(k+1)}, \ldots, S^{(n)}$ in dem Außengebiet von $S^{(k)}$ liegen. Es läßt sich leicht zeigen, daß $S^0, S^{(1)}, \ldots, S^{(n)}$ die Gesamtbegrenzung eines beschränkten Gebietes T darstellen. Von dieser Art werden die Gebiete sein, die in der Regel im folgenden betrachtet werden sollen. Wir werden freilich über die Natur der betreffenden Jordanschen Flächen $S^0, \ldots, S^{(n)}$ meist weitere einschränkende Voraussetzungen machen.

5. Topologische Abbildung drei- und zweidimensionaler Bereiche. Im vorstehenden war bereits wiederholt von umkehrbar eindeutigen und stetigen Abbildungen die Rede. Wir sagen, eine Jordansche Fläche S sei auf eine Jordansche Fläche S' *umkehrbar eindeutig und stetig* (kürzer *topologisch*) abgebildet, wenn: 1. jedem Punkte A_0 von S ein und nur ein Punkt A_0' auf S' entspricht und umgekehrt, — wenn ferner 2. jeder gegen A_0 konvergierenden Folge von Punkten $A_1, A_2, \ldots$ auf S eine gegen A_0' konvergierende Folge von Punkten $A_1', A_2', \ldots$ auf S' entspricht. Wie sich leicht zeigen läßt, trifft 3. stets auch das Umgekehrte zu.

Es sei Σ der Träger der Gaußschen Parameter μ, ν von S, Σ' derjenige der Parameter μ', ν' von S'. Aus 1. und 2. folgt, daß die Koordinaten x', y', z' der Punkte von S' als stetige Funktionen von μ, ν auf Σ aufgefaßt werden können. Diese Funktionen genügen augenscheinlich den auf S. 5 angegebenen Bedingungen 1. bis 4., so daß Σ auch als Basis von S' gelten kann. Desgleichen sind x, y, z stetige Funktionen von μ', ν' auf Σ', das als Basis von S aufgefaßt werden kann.

Bei einer topologischen Abbildung einer Fläche S auf eine Fläche S' gehen augenscheinlich eine abgeschlossene, eine zusammenhängende Punktmenge, ein Kontinuum in eine abgeschlossene, eine zusammenhängende Menge, ein Kontinuum, — eine Jordansche Kurve in eine Jordansche Kurve über. Ein innerer Punkt einer Menge auf S geht in einen inneren Punkt, ein Jordansches Gebiet Θ auf S in ein ebensolches Gebiet Θ' auf S' über.

Zwei beschränkte Bereiche $T + S$ und $T' + S'$ sind umkehrbar eindeutig und stetig, kürzer, topologisch aufeinander bezogen, wenn jedem Punkte $A(x, y, z)$ von $T + S$ ein und nur ein Punkt $A'(x', y', z')$ von $T' + S'$ entspricht und umgekehrt, und wenn jeder Folge von Punkten in $T + S$, die gegen A konvergiert, eine gegen A' konvergierende Folge von Punkten in $T' + S'$ entspricht. Es ist leicht zu zeigen, daß dann auch umgekehrt jeder gegen A' konvergierenden Folge $\{A'_k\}$ von $T' + S'$ eine gegen A konvergierende Folge von Punkten $\{A_k\}$ von $T + S$ entspricht.

Zwischen den Koordinaten x, y, z und x', y', z' zusammengehöriger Punkte von $T + S$ und $T' + S'$ bestehen also die Beziehungen

$$(4) \qquad x' = x'(x, y, z), \quad y' = y'(x, y, z), \quad z' = z'(x, y, z)$$

und

$$(5) \qquad x = x(x', y', z'), \quad y = y(x', y', z'), \quad z = z(x', y', z').$$

Hier bezeichnen $x'(x, y, z)$, $y'(x, y, z)$, $z'(x, y, z)$ gewisse im Innern und auf dem Rande von T erklärte stetige Funktionen. Desgleichen sind $x(x', y', z')$, $y(x', y', z')$, $z(x', y', z')$ stetige im Innern und auf dem Rande von T' erklärte Funktionen. Die Funktionensysteme (4) und (5) sind zueinander invers.

Es sei $T + S$ ein beschränkter Bereich, dessen Begrenzung aus einer einzigen Jordanschen Fläche S besteht. Es mögen weiter

$$(6) \qquad x' = x'(x, y, z), \quad y' = y'(x, y, z), \quad z' = z'(x, y, z)$$

Funktionen bezeichnen, die im Innern und auf dem Rande von T erklärt sind, sich dort stetig verhalten und überdies die folgende charakteristische Eigenschaft haben. Aus

$$(7) \qquad x'(x_1, y_1, z_1) = x'(x_2, y_2, z_2), \quad y'(x_1, y_1, z_1) = y'(x_2, y_2, z_2), \quad z'(x_1, y_1, z_1) = z'(x_2, y_2, z_2)$$

folgt allemal

$$(8) \qquad x_1 = x_2, \quad y_1 = y_2, \quad z_1 = z_2.$$

Die Funktionen (6) *vermitteln eine topologische Abbildung des Bereiches* $T + S$ *auf einen von einer Jordanschen Fläche* S', *dem Bilde von* S, *begrenzten beschränkten Jordanschen Bereich* $T' + S'$. Die Gleichungen (6) lassen sich nach x, y, z auflösen. Die Lösungen

$$(9) \qquad x = x(x', y', z'), \qquad y = y(x', y', z'), \qquad z = z(x', y', z')$$

sind im Innern und auf dem Rande von T' erklärte stetige Funktionen, die inversen Funktionen des Systems (6).

Daß das durch (6) entworfene Bild von S eine Jordansche Fläche ist, ist einleuchtend. Die Fläche S ist umkehrbar eindeutig und stetig auf die Punkte eines Polyeders oder auf ein System von Dreiecksflächen $\Delta_1, \ldots, \Delta_{2n}$ als Träger der Gaußschen Parameter bezogen. Der Dreiecksfläche Δ_l entspricht dabei durch Formeln von der Form

$$(10) \qquad x = \varphi_l(\mu, \nu), \qquad y = \psi_l(\mu, \nu), \qquad z = \chi_l(\mu, \nu)$$

ein Stück S_l von S. Durch die Gleichungen

$$x' = x'(\varphi_l, \psi_l, \chi_l) = \varphi_l'(\mu, \nu), \quad y' = y'(\varphi_l, \psi_l, \chi_l) = \psi_l'(\mu, \nu),$$
$$z' = z'(\varphi_l, \psi_l, \chi_l) = \chi_l'(\mu, \nu)$$

wird Δ_l ein Kontinuum S_l' zugeordnet, das augenscheinlich das durch (6) entworfene Bild von S_l darstellt. Die Kontinua S_l' schließen sich zu einer Jordanschen Fläche S', dem Bilde von S, zusammen.

Dem Bereiche $T + S$ wird durch Vermittelung der Funktionen (6) eine Punktmenge $\mathfrak{M}'$ zugeordnet. Diese ist, wie an dieser Stelle nicht bewiesen werden kann, mit dem durch S' bestimmten beschränkten Jordanschen Bereiche $T' + S'$ identisch.

Wir gehen jetzt einen Schritt weiter und nehmen an, daß *die Funktionen* (6) *im Innern und auf dem Rande eines beliebigen beschränkten* (nicht notwendig Jordanschen) *Bereiches* $T + S$ *erklärt sind, sich daselbst stetig verhalten und die durch* (7) *und* (8) *charakterisierten Eigenschaften haben.* Es ist nicht schwer zu zeigen, daß *durch Vermittelung von* (6) *der Bereich* $T + S$ *auf einen (beschränkten) Bereich* $T' + S'$ *topologisch abgebildet wird.*

Besteht S aus einer endlichen Anzahl, $m + 1$, Komponenten, $S_0, S_1, \ldots, S_m$, so hat S' ebenfalls $(m + 1)$ Komponenten, $S_0', S_1', \ldots, S_m'$, die entsprechend $S_0, S_1, \ldots, S_m$ zugeordnet sind. Sind $S_0, \ldots, S_m$ Jordansche Flächen, so sind es auch $S_0', \ldots, S_m'$.

Die vorstehenden Betrachtungen lassen sich sinngemäß auf ebene Gebiete übertragen. Es sei $T + S$ irgendein beschränkter ebener Bereich, und es mögen

$$(11) \qquad x' = x'(x, y), \qquad y' = y'(x, y)$$

in $T+S$ erklärte stetige Funktionen bezeichnen, die so beschaffen sind, daß aus

$$(12)\qquad x'(x_1, y_1) = x'(x_2, y_2), \qquad y'(x_1, y_1) = y'(x_2, y_2)$$

allemal

$$(13)\qquad x_1 = x_2, \qquad y_1 = y_2$$

folgt. Die Bildpunkte (x', y') von $T+S$ erfüllen einen Bereich $T'+S'$. Dabei entspricht jeder Komponente des Randes S von T eine Randkomponente von T'. Die Gleichungen (11) lassen sich nach x und y auflösen. Die zu (11) inversen Funktionen

$$(14)\qquad x = x(x', y'), \qquad y = y(x', y')$$

sind in $T'+S'$ erklärt und stetig.

Ist insbesondere T ein von einer endlichen Anzahl Jordanscher Kurven begrenzter Bereich, so besteht die Begrenzung von T' aus ebenso vielen Jordanschen Kurven.

Im vorstehenden war von topologischen Abbildungen beschränkter Bereiche die Rede. Es sei jetzt ein unendlicher Bereich $T+S$ vorgelegt, dessen Rand aus einer endlichen Anzahl Kontinua, z. B. Jordanscher Flächen besteht, etwa der Außenbereich einer Jordanschen Fläche. Es mögen weiter $x'(x, y, z)$, $y'(x, y, z)$, $z'(x, y, z)$ Funktionen bezeichnen, die folgende Eigenschaften haben. 1. Sie sind im Innern und auf dem Rande eines jeden beschränkten, in $T+S$ enthaltenen Bereiches $T^* + S^*$ erklärt und stetig. 2. Aus

$$(15)\qquad \begin{gathered} x'(x_1, y_1, z_1) = x'(x_2, y_2, z_2), \qquad y'(x_1, y_1, z_1) = y'(x_2, y_2, z_2), \\ z'(x_1, y_1, z_1) = z'(x_2, y_2, z_2) \end{gathered}$$

folgt allemal

$$(16)\qquad x_1 = x_2, \qquad y_1 = y_2, \qquad z_1 = z_2.$$

3. Aus $x^2 + y^2 + z^2 \to \infty$ folgt $x'^2 + y'^2 + z'^2 \to \infty$.

Wendet man sowohl auf $T+S$ als auch auf sein Bild die auf S. 4 auseinandergesetzte Transformation an, so überzeugt man sich leicht, daß durch Vermittelung der Funktionen

$$(17)\qquad x' = x'(x, y, z), \qquad y' = y'(x, y, z), \qquad z' = z'(x, y, z)$$

der Bereich $T+S$ auf einen Bereich $T'+S'$ umkehrbar eindeutig und stetig abgebildet wird. Jedem Randkontinuum von T entspricht umkehrbar eindeutig und stetig ein Randkontinuum von T'. Einem etwa vorhandenen nicht beschränkten Kontinuum, das Bestandteil von S ist, entspricht ein ebensolcher Bestandteil von S'. Die Gleichungen (17) lassen sich nach (x, y, z) auflösen. Die inversen Funktionen

$$(18)\qquad x = x(x', y', z'), \qquad y = y(x', y', z'), \qquad z = z(x', y', z')$$

sind im Innern und auf dem Rande eines jeden in $T' + S'$ enthaltenen Bereiches $T^{*\prime} + S^{*\prime}$ erklärt und stetig. Aus $x'^2 + y'^2 + z'^2 \to \infty$ folgt $x^2 + y^2 + z^2 \to \infty$.

6. Jordansche Flächen mit stetiger Normale. Topologische Abbildung. Jordansche Kurven mit stetiger Tangente. Es sei S irgendeine Jordansche Fläche. Es sei etwa $P(x, y, z)$ der zu den Werten μ, ν der Gaußschen Parameter gehörige Punkt auf S, und es möge $P'(x', y', z')$ irgendeinen Punkt in der Umgebung von P bezeichnen; die zu P' gehörenden Parameterwerte heißen μ', ν'. Betrachten wir die Gerade PP', — ihre Richtungskosinus sind

$$\frac{x'-x}{r}, \quad \frac{y'-y}{r}, \quad \frac{z'-z}{r} \qquad (r^2 = (x'-x)^2 + (y'-y)^2 + (z'-z)^2).$$

Wir nehmen an, daß es eine durch P hindurchgehende Gerade (n) mit den Richtungskosinus $\cos\alpha$, $\cos\beta$, $\cos\gamma$ gibt, so daß für $\mu' \to \mu$, $\nu' \to \nu$

$$\frac{x'-x}{r}\cos\alpha + \frac{y'-y}{r}\cos\beta + \frac{z'-z}{r}\cos\gamma \to 0 \tag{19}$$

gilt. Wir sagen, *S habe in P eine Normale (n)*, oder auch, *die Ebene*

$$(X - x)\cos\alpha + (Y - y)\cos\beta + (Z - z)\cos\gamma = 0$$

berühre die Fläche S in P [3].

Wir machen jetzt die Annahme, in jedem Punkte von S sei eine bestimmte Normale vorhanden, ihre Richtungskosinus seien *stetige Funktionen von μ und ν*. Wir sagen, S sei eine *Jordansche Fläche mit stetiger Normale.*

Wie es sich zeigen läßt, gibt es *ein Paar von Zahlen* $\varrho_0 > 0$ und $\delta_0 > 0$, *so daß jede Parallele zu (n) im Abstande $\leqq \varrho_0$ die Fläche S in einem und nur einem Punkte $P(\bar\mu, \bar\nu)$ mit*

$$(\mu - \bar\mu)^2 + (\nu - \bar\nu)^2 \leqq \delta_0^2$$

trifft. Des weiteren wird bewiesen, daß *jede Jordansche Fläche S mit stetiger Normale sich von einer endlichen Anzahl Teilbereiche dachziegelartig überdecken läßt*[4], *so daß in jedem einzelnen dieser Bereiche entweder z eine nebst ihren partiellen Ableitungen erster Ordnung stetige Funktion von x und y ist, oder x eine ebensolche Funktion von y und z,*

---

[3] Wir bezeichnen vorübergehend die laufenden Koordinaten mit X, Y, Z. Offenbar ist der Ausdruck (19) linker Hand der Kosinus des von (n) mit der Halbgeraden PP' eingeschlossenen Winkels.

[4] Dies besagt, daß jeder Punkt auf S *im Innern* von mindestens einem Teilbereiche liegt.

oder schließlich y eine gleichgeartete Funktion von x und z darstellt,

$$z = z(x, y), \qquad x = x(y, z), \qquad y = y(x, z).\text{[5]} \tag{20}$$

Es können natürlich bei einzelnen Teilbereichen auch alle drei Möglichkeiten gleichzeitig auftreten. Dies trifft z. B. für jeden ganz im Innern des ersten Oktanten gelegenen Bereich auf der Kugel zu, nicht mehr aber für einen Bereich, der einen Bogen des Kreises $z = 0$ enthält.

Zur Abkürzung werden wir gelegentlich Flächen mit stetiger Normale *Flächen der Klasse A* nennen. Ein beschränktes Gebiet, dessen Rand aus einer endlichen Anzahl Flächen der Klasse A, die keinen Punkt miteinander gemeinsam haben, besteht, soll *Gebiet der Klasse A* heißen.

Wir haben auf S. 5 der Definition einer Jordanschen Fläche mit stetiger Normale eine Darstellung durch die Gleichungen von der Form

$$x = \varphi_k(\mu, \nu), \quad y = \psi_k(\mu, \nu), \quad z = \chi_k(\mu, \nu) \qquad (k = 1, \ldots, 2n), \tag{21}$$

wo $\varphi_k, \psi_k, \chi_k$ auf Δ_k erklärte, stetige, den Beziehungen 1. bis 4. (S. 5) genügende Funktionen bezeichnen, zugrunde gelegt. Die Forderung der Existenz einer stetigen Normale führt auf die Gleichungen (20).

Wie man sich leicht überzeugt, *gelangt man zu einer Fläche mit stetiger Normale, auch wenn man annimmt, daß die Funktionen* (21) *stetige Ableitungen erster Ordnung haben und die Ausdrücke*

$$\left[\frac{\partial(\varphi_k, \psi_k)}{\partial(\mu, \nu)}\right]^2 + \left[\frac{\partial(\varphi_k, \chi_k)}{\partial(\mu, \nu)}\right]^2 + \left[\frac{\partial(\psi_k, \chi_k)}{\partial(\mu, \nu)}\right]^2 \qquad (k = 1, \ldots, 2n) \tag{22}$$

nicht verschwinden[6]. Durch Elimination der Parameter μ, ν gelangt man in der Tat zu den Gleichungen von der Form (20), aus denen dann unmittelbar folgt, daß es sich um eine Fläche mit stetiger Normale handelt.

Es sei jetzt $T + S$ ein (beschränkter) Bereich der Klasse A. Der Rand S besteht also aus einer endlichen Anzahl Flächen mit stetiger Normale. Es möge weiter durch die Gleichungen (6) eine topologische Abbildung von $T + S$ auf einen Bereich $T' + S'$ gegeben sein. Wir nehmen diesmal an, daß *die Funktionen* (6) *stetige Ableitungen erster Ordnung haben und die Funktionaldeterminante* $\frac{\partial(x', y', z')}{\partial(x, y, z)}$ *nicht verschwindet.* (Vgl. 9).

[5] Vgl. bsp. L. Lichtenstein, Bemerkungen über die Flächen mit stetiger Normale, Bulletin international de l'Académie Polonaise des Sciences et des Lettres 1928, S. 7—13.

[6] Die Aussage, φ, ψ, χ hätten stetige Ableitungen erster Ordnung, bedarf einer näheren Erläuterung, wenn es sich um Punkte auf den Kanten und in den Ecken von Σ handelt. Aus Raummangel kann hier auf diese Einzelheiten nicht näher eingegangen werden.

Aus Gründen der Stetigkeit gibt es alsdann eine positive Zahl q, so daß für alle (x, y, z) in $T + S$

$$D = \frac{\partial(x', y', z')}{\partial(x, y, z)} \geqq q \tag{23}$$

ist. Wie sich leicht zeigen läßt, *entspricht jeder Fläche S^* der Klasse A in $T + S$ eine ebenso beschaffene Fläche in $T' + S'$ und umgekehrt. Insbesondere sind alle Randkomponenten von $T' + S'$ selbst Flächen mit stetiger Normale.*

Es ist leicht einzusehen, daß jede Gerade (g), die S^* nicht berührt, mit dieser Fläche nur eine *endliche Zahl von Punkten gemeinsam haben kann.*

Es mögen nunmehr

$$\bar{\xi}(x, y, z), \quad \bar{\eta}(x, y, z), \quad \bar{\zeta}(x, y, z)$$

drei in $T + S$ erklärte stetige Funktionen bezeichnen, die daselbst stetige, allenfalls abteilungsweise stetige (S. 25) Ableitungen erster Ordnung haben und den Ungleichheiten

$$\left|\frac{\partial \bar{\xi}}{\partial x}\right|, \quad \left|\frac{\partial \bar{\xi}}{\partial y}\right|, \quad \ldots, \quad \left|\frac{\partial \bar{\zeta}}{\partial z}\right| \leqq \Omega_0 \tag{24}$$

genügen. *Durch die Gleichungen*

$$\bar{x} = x + \bar{\xi}, \qquad \bar{y} = y + \bar{\eta}, \qquad \bar{z} = z + \bar{\zeta} \tag{25}$$

wird, wenn, wie vorausgesetzt werden soll, Ω_0 hinreichend klein ist, eine topologische Abbildung des Bereiches T auf einen Bereich $\bar{T}$ erklärt, dessen Begrenzung $\bar{S}$ sich ganz wie S verhält. Die einzelnen Randkomponenten von $\bar{S}$, d. h. die Bilder der Randkomponenten von S, sind, wie wir schon wissen, geschlossene doppelpunktfreie Flächen mit stetiger Normale. Auf einen Beweis dieses bei manchen Existenzbetrachtungen der Hydrodynamik sehr nützlichen Satzes kann aus Raummangel nicht näher eingegangen werden [7].

Betrachtungen, die den im vorstehenden entwickelten analog sind, lassen sich in der Ebene durchführen. Man gelangt hier zu dem Begriff einer *ebenen Jordanschen Kurve mit stetiger Tangente.* Eine solche Kurve läßt sich stets in eine endliche Anzahl Stücke zerlegen, so daß in jedem einzelnen dieser Stücke entweder y eine stetige Funktion von x ist, die stetige Ableitung hat, oder x eine ebensolche Funktion von y darstellt. In einzelnen Kurvenstücken kann beides gleichzeitig eintreten. Auch läßt sich eine ebene Jordansche Kurve mit stetiger Tangente, Γ, von einer endlichen Anzahl übereinandergreifender Bögen dieser Art bedecken, so daß jeder Punkt von Γ dem Innern von

---

[7] Vgl. L. Lichtenstein, Über einige Hilfssätze der Potentialtheorie. II. Sächsische Berichte 78 (1916), S. 147–212, insbes. S. 148–151.

mindestens einem Bogen angehört. Jede von einer Tangente verschiedene Gerade trifft Γ gewiß nur in endlichvielen Punkten. Wie man weiß, hat jeder Bogen von Γ eine bestimmte Länge, ist rektifizierbar. Es sei nun l die Gesamtlänge von Γ, und es seien A_0 irgendein fester, A ein variabler Punkt auf Γ. Ist s die Länge eines der beiden zwischen A_0 und A enthaltenen Bögen der Kurve, so ist $l - s$ diejenige des anderen. Für einen Punkt auf Γ, sagen wir $\bar{A}$, setzen wir nun willkürlich fest, welcher der beiden Bögen mit s bezeichnet werden soll. Darüber hinaus fordern wir, daß x und y stetige Funktionen von s sein sollen,

$$(26) \qquad x = x(s), \qquad y = y(s),$$

und zu jedem $s \leqq l$ nur ein Punkt der Kurve gehört. Hierdurch ist jetzt der zu jedem A auf Γ gehörige Wert von s vollkommen bestimmt. Die Funktionen (26) sind in $\langle 0, l \rangle$ stetig und haben stetige Ableitungen erster Ordnung. Offenbar ist

$$x(l) = x(0), \qquad y(l) = y(0), \qquad \left(\frac{dx}{ds}\right)^2 + \left(\frac{dy}{ds}\right)^2 = 1.$$

Der den wachsenden Werten von s entsprechende Umlaufssinn wird in der Regel so gewählt, daß der von Γ bestimmte beschränkte Bereich beim Umfahren von Γ links liegen bleibt.

Es sei $T + S$ ein nicht beschränkter Bereich, dessen Rand aus einem nicht beschränkten Kontinuum besteht. Wir sagen, der unendlich ferne Punkt liegt auf S, ist ein Randpunkt des Bereiches. Ohne Einschränkung der Allgemeinheit können wir annehmen, daß der Koordinatenursprung außerhalb von $T + S$ liegt. Durch die Transformation (1) wird $T + S$ ein beschränkter Bereich $T' + S'$ zugeordnet. Dem unendlich fernen Punkte auf S entspricht der auf S' gelegene Koordinatenursprung im Raume x'-y'-z'. Ist S' eine Fläche der Klasse A, so wollen wir auch S als eine *Fläche der Klasse A bezeichnen.*

Ein von einer endlichen Anzahl Kontinua begrenzter nicht beschränkter Bereich heißt *Bereich der Klasse A*, wenn alle seine Randkomponenten (auch die etwaigen nicht beschränkten) der Klasse A angehören.

Den bisherigen Betrachtungen lag ein System von Funktionen

$$(27) \qquad x = \varphi_k(\mu, \nu), \quad y = \psi_k(\mu, \nu), \quad z = \chi_k(\mu, \nu) \qquad (k = 1, \ldots, 2n),$$

die auf dem ideal geschlossenen Polyeder Σ erklärt waren, zugrunde. Die durch (27) entworfenen Bilder S_k $(k = 1, \ldots, 2n)$ schlossen sich zu einer Jordanschen Fläche zusammen. Sind die Funktionen (27) nur auf einem auf Σ gelegenen, von Jordanschen Kurven begrenzten Bereiche erklärt, so erfüllen die Bildpunkte (x, y, z) ein von Jordanschen Raumkurven begrenztes *Stück einer Jordanschen Fläche.* Wir haben bereits auf S. 9 von einem auf einer Jordanschen Fläche gelegenen Bereich gesprochen. Offenbar ist jeder solche Bereich, sofern er von Jordanschen Kurven begrenzt ist, ein Jordansches Flächenstück. Was unter einem *Stück einer Fläche mit stetiger Normale* zu verstehen ist, liegt auf der Hand. Seine Begrenzung kann aus beliebigen Jordanschen Raumkurven oder aber aus Kurven mit stetiger Tangente bestehen.

7. Zusammenhangszahl. Es sei $T + S$ irgendein Bereich der Klasse A, der beschränkt sein kann oder auch nicht. Es sei $Q + \Gamma$ ein S nirgends berührendes Stück einer Fläche mit stetiger Normale, das folgende Eigenschaften hat. Sein Rand Γ besteht aus Kurven mit stetiger Tangente und liegt auf S. Alle Punkte von Q gehören dem Innern von T an. Wir nennen $Q + \Gamma$ einen Querschnitt. Es kann vorkommen, daß, wenn man die Punkte von Q aus T entfernt, T in zwei Gebiete zerfällt. Trifft dies immer zu, wie auch Q sonst beschaffen sein mag, so nennen wir T sowie den zugehörigen Bereich *einfach zusammenhängend*. Gibt es im Gegensatz zu der vorstehenden Annahme Querschnitte, die T nicht zerstückeln, so ist T nicht einfach zusammenhängend. Es kann nunmehr vorkommen, daß T durch jedes Paar von Querschnitten zerstückelt wird[8]. Wir nennen dann T *zweifach zusammenhängend*. Sind Paare von Querschnitten vorhanden, die T nicht zerlegen, wird aber T durch ein jedes System von drei Querschnitten zerstückelt, so nennen wir T *dreifach zusammenhängend*. So geht man weiter.

Es möge speziell T beschränkt sein und S aus einer einzigen Fläche mit stetiger Normale bestehen. Es sei T etwa p-fach zusammenhängend ($p \geqq 1$). Durch p Querschnitte wird T allemal zerstückelt; durch weniger als p Querschnitte ist dies nicht immer zu erreichen. Wie man fast unmittelbar sieht, zerfällt S nach Entfernung von Punkten, die p einander nicht treffenden Kurven mit stetiger Tangente angehören, allemal in einzelne Gebiete, während dies durch weniger als p Kurven der angegebenen Art nicht immer gelingt. Wir sagen demgemäß, *auch S sei p-fach zusammenhängend.*

Die vorstehenden Betrachtungen lassen sich sinngemäß auf ebene Bereiche übertragen. Hier gelingt es übrigens leicht, jedem beschränkten oder nicht beschränkten Bereich, dessen Rand aus einer endlichen Anzahl von Komponenten besteht, eine *Zusammenhangszahl* zuzuordnen.

---

[8] Es sei $\hat{T}$ das aus T durch den ersten Querschnitt $Q + \Gamma$ gewonnene Gebiet. Sein Rand $\hat{S}$ besteht aus S und dem Querschnitt $Q + \Gamma$. Der Rand des zweiten Querschnittes kann beliebig auf $\hat{S}$, also nicht notwendig auf S allein liegen. Wie wir später sehen werden, empfiehlt es sich manchmal einen Querschnitt $\hat{S}$, als Rand, doppelt zu zählen und etwa von seiner positiven und negativen Seite zu sprechen.

Ist p die Anzahl der Randkomponenten, so ist T eben p-fach zusammenhängend[9].

Es sei $T + S$ irgendein p-fach zusammenhängender, beschränkter Bereich der Klasse A. Betrachten wir eine durch die Gleichungen (6) erklärte topologische Abbildung von $T + S$ auf einen Bereich $T' + S'$. Hat die Abbildung die auf S. 14 spezifizierten Eigenschaften, so ist auch $T' + S'$ ein Bereich der Klasse A. Es ist leicht zu sehen, daß die Zusammenhangszahlen von $T + S$ und $T' + S'$ einander gleich sind. *Die Zusammenhangszahl ist eine „Invariante" gegenüber einer jeden topologischen Abbildung von den zuletzt betrachteten Stetigkeitseigenschaften.* In der Tat wird jedem Querschnitt sowie jedem den Rand bzw. den Querschnitt nicht treffenden Weg in $T + S$ ein Querschnitt sowie ein den Querschnitt bzw. den Rand nicht treffender Weg in $T' + S'$ zugeordnet.

8. Stetig gekrümmte Flächen (Flächen der Klasse *B*). Nicht beschränkte Flächen der Klasse *A* und *B*. Bereiche der Klasse *A h* und *B h*. Es sei wieder einmal S eine Fläche mit stetiger Normale. Hat die seinerzeit eingeführte Funktion $z(x, y)$, oder, wenn es sich um eine Darstellung von der Form $x = x(y, z)$ bzw. $y = y(x, z)$ handelt, die Funktion $x(y, z)$ bzw. $y(x, z)$ stetige partielle Ableitungen zweiter Ordnung, so sagen wir, S sei *stetig gekrümmt*, kürzer, *gehöre der Klasse B an.* Die reziproken Werte der Hauptkrümmungsradien der Fläche ändern sich stetig mit dem Ort. Haben die Funktionen $\varphi_k(\mu, \nu)$, $\psi_k(\mu, \nu)$, $\chi_k(\mu, \nu)$, von denen auf S. 5 die Rede war, auch noch stetige Ableitungen zweiter Ordnung, so liegt eine stetig gekrümmte Fläche vor. Umgekehrt gestattet jede stetig gekrümmte Fläche analytische Darstellungen von der Form (21), wobei die $\varphi_k(\mu, \nu)$, $\psi_k(\mu, \nu)$, $\chi_k(\mu, \nu)$ stetige Ableitungen der beiden ersten Ordnungen haben und die Ausdrücke (22) nicht verschwinden[9a].

Sind die Funktionen $z(x, y)$ bzw. $x(y, z)$ oder $y(x, z)$ analytisch und regulär, so nennen wir auch S *analytisch und regulär.*

Ein den Koordinatenursprung nicht enthaltendes nicht beschränktes Kontinuum S nennen wir eine Fläche der Klasse B oder aber eine analytische und reguläre Fläche, wenn das beschränkte Kontinuum, das aus S durch die Transformation (1) gewonnen wird, der Klasse B angehört bzw. analytisch und regulär ist. Ein nicht notwendig beschränkter, von einer endlichen Anzahl Kontinua begrenzter Bereich, dessen sämtliche Randkomponenten der Klasse B angehören oder aber analytisch und regulär sind, soll *Bereich der Klasse B* oder aber *ein analytischer und regulärer Bereich* heißen.

---

[9] Man vergleiche etwa F. Hausdorff, Grundzüge der Mengenlehre, Leipzig 1914, S. 351.

[9a] Natürlich gelten jetzt wieder sinngemäß die Ausführungen der Fußnote 6.

Es möge sich speziell um einen beschränkten Bereich der Klasse B handeln. *Haben die Funktionen* (6), die eine topologische Abbildung von $T+S$ auf einen Bereich $T'+S'$ vermitteln, *stetige partielle Ableitungen der beiden ersten Ordnungen und ist,* wie bereits auf S. 14 vorausgesetzt worden ist, *die Jacobische Determinante* $D=\frac{\partial(x',y',z')}{\partial(x,y,z)}$ *in* $T+S$ *von Null verschieden, so gehört,* wie man fast unmittelbar sieht, *auch der Bereich* $T'+S'$ *der Klasse* B *an.* Sind entsprechend die Funktionen (6) analytisch und regulär, so wird, falls $T+S$ analytisch und regulär ist, auch $T'+S'$ denselben Charakter haben.

Von erheblicher Wichtigkeit in der Potentialtheorie sind Flächen mit stetiger Normale, die einer besonderen, zuerst von O. Hölder in die Potentialtheorie eingeführten Bedingung, der sogenannten *Hölderschen Bedingung*, genügen[10]. Ein Stück einer Fläche mit stetiger Normale möge eine analytische Darstellung von der Form $z=z(x,y)$ zulassen. Die Funktion $z(x,y)$ ist in einem Bereich $x_0-a\leqq x\leqq x_0+a$, $y_0-b\leqq y\leqq y_0+b$ erklärt und nebst ihren partiellen Ableitungen erster Ordnung stetig. Wir nehmen nun mit Hölder an, daß für alle in Betracht kommenden Punktepaare (x_1,y_1) und (x_2,y_2) die folgenden Ungleichheiten gelten:

$$(28)\qquad \left.\begin{array}{l}\left|\frac{\partial}{\partial x}z(x_1,y_1)-\frac{\partial}{\partial x}z(x_2,y_2)\right|,\\[2mm] \left|\frac{\partial}{\partial y}z(x_1,y_1)-\frac{\partial}{\partial y}z(x_2,y_2)\right|\end{array}\right\}\leqq A\{(x_1-x_2)^2+(y_1-y_2)^2\}^{\frac{\lambda}{2}},\quad 0<\lambda<1.$$

Die positive Konstante A nennen wir den *Hölderschen Koeffizienten*, die Größe λ den *Hölderschen Exponenten.* Zur Abkürzung werden wir öfter von einer *H-Bedingung* oder auch einer H-Bedingung mit dem Exponenten λ sprechen. Wie man sich leicht überzeugt, sind die Beziehungen (28) mit Ungleichheiten von der Form

$$(29)\qquad \left|\frac{\partial}{\partial x}z(x_1,y_1)-\frac{\partial}{\partial x}z(x_2,y_2)\right|\leqq B\{|x_1-x_2|^\lambda+|y_1-y_2|^\lambda\},\ \ldots$$

gleichbedeutend. Es möge vorübergehend $(x_1-x_2)^2+(y_1-y_2)^2\leqq 1$ sein. Sind dann die Ungleichheiten (28) oder (29) für ein bestimmtes λ erfüllt, so sind sie es auch für alle noch kleineren λ.

Sind $\alpha_1,\beta_1,\gamma_1;\ \alpha_2,\beta_2,\gamma_2$ die Winkel, welche die Normalen zu S in (x_1,y_1,z_1) und (x_2,y_2,z_2) mit den Koordinatenachsen einschließen, so folgt aus (28) ohne weiteres, daß

$$(30)\qquad \begin{array}{l}|\cos\alpha_1-\cos\alpha_2|,\ |\cos\beta_1-\cos\beta_2|,\ldots\leqq C\,\delta_{12}^{\lambda},\qquad (C \text{ konstant})\\[2mm] \delta_{12}^2=(x_1-x_2)^2+(y_1-y_2)^2+(z_1-z_2)^2\end{array}$$

ist. Ungleichheiten von der Form (30) gelten in jedem der endlich

[10] Vgl. O. Hölder, Beiträge zur Potentialtheorie, Stuttgart 1882.

vielen, S dachziegelartig überdeckenden Bereiche, die wir auf S. 13 eingeführt haben.

Wir nennen nun Flächen, die den vorstehenden Bedingungen genügen, (beschränkte) *Flächen der Klasse* Ah. Offenbar liegt eine beschränkte Fläche der Klasse Ah vor, wenn die Funktionen (27) stetige, der H-Bedingung genügende partielle Ableitungen erster Ordnung haben, d. h. wenn

$$\frac{\partial \varphi_k}{\partial \mu}, \frac{\partial \varphi_k}{\partial \nu}, \ldots, \frac{\partial \chi_k}{\partial \nu}$$

Ungleichheiten erfüllen, die zu (28) analog sind[10a]. Umgekehrt läßt jede beschränkte Fläche der Klasse Ah gewiß diese Bedingung erfüllende analytische Darstellungen von der Form (27) zu; eine Gleichung nach Art $z = z(x, y)$ ist bereits von dieser Art. Es ist nach vorstehendem einleuchtend, was unter einer nicht beschränkten Fläche der Klasse Ah, was unter einem beschränkten oder unendlichen Bereiche der Klasse Ah zu verstehen ist.

Es möge speziell ein beschränkter Bereich der Klasse Ah vorliegen. *Erfüllen die partiellen Ableitungen erster Ordnung der Funktionen* (6) *für alle* (x_1, y_1, z_1) *und* (x_2, y_2, z_2) *in* $T + S$ (vgl. 9) *die zu* (28) *analogen Ungleichheiten*

$$(31)\quad \begin{aligned} &\left|\frac{\partial}{\partial x} x'(x_1, y_1, z_1) - \frac{\partial}{\partial x} x'(x_2, y_2, z_2)\right|, \ldots \leqq C_* d_{12}^{\lambda}, \quad (C_* \text{ konstant}) \\ &d_{12}^2 = (x_1 - x_2)^2 + (y_1 - y_2)^2 + (z_1 - z_2)^2, \end{aligned}$$

und ist die Funktionaldeterminante $\dfrac{\partial(x', y', z')}{\partial(x, y, z)}$ *in* $T + S$ *von Null verschieden, so gehört auch der Bildbereich* $T' + S'$ *der Klasse* Ah *an.*

Und nun ein Schritt weiter in derselben Richtung. Ist S eine beschränkte, stetig gekrümmte Fläche, und erfüllen die partiellen Ableitungen zweiter Ordnung $\dfrac{\partial^2 z}{\partial x^2}, \dfrac{\partial^2 z}{\partial x \partial y}, \dfrac{\partial^2 z}{\partial y^2}$ Ungleichheiten von der Form

$$(32)\quad \left|\frac{\partial^2}{\partial x^2} z(x_1, y_1) - \frac{\partial^2}{\partial x^2} z(x_2, y_2)\right|, \ldots \leqq E\,\delta_{12}^{\lambda},$$

so sprechen wir von einer *Fläche der Klasse* Bh. Was unter einer nicht beschränkten Fläche der Klasse Bh, unter einem Bereich der Klasse Bh, zu verstehen ist, liegt auf der Hand.

An das Vorstehende schließen sich einige naheliegende Bemerkungen. Liegen Ungleichheiten (31) vor, so sagen wir, *die Funktionen* $x'(x, y, z)$, $y'(x, y, z)$, $z'(x, y, z)$ *erfüllen in* $T + S$ *eine* H*-Bedingung* oder auch eine H-Bedingung mit dem Exponenten λ. Es ist wesentlich, daß $\lambda < 1$ angenommen wird. Gewisse grundlegende Sätze der Potentialtheorie, derentwegen Ungleichheiten von der Form (31) betrachtet werden, gelten nicht mehr für $\lambda = 1$.

[10a] Vgl. die Fußnote 9a.

9. Verhalten partieller Ableitungen einer Ortsfunktion am Rande des Definitionsbereiches. Abteilungsweise stetige Funktionen. Nunmehr einige Worte über das Verhalten partieller Ableitungen einer in einem dreidimensionalen Bereiche erklärten Funktion[11] am Rande dieses Bereiches.

Es sei $T+S$ ein beliebiger beschränkter Bereich, und es sei $f(x, y, z)$ eine in $T+S$ definierte stetige Funktion, die im Innern von T, kürzer in T, stetige Ableitungen erster Ordnung, $\frac{\partial f}{\partial x}, \frac{\partial f}{\partial y}, \frac{\partial f}{\partial z}$ hat[12]. Die Ableitung der Funktion f im Punkte (x, y, z) in einer beliebigen Richtung (l) ist bekanntlich gleich

$$\frac{\partial f}{\partial l}=\frac{\partial f}{\partial x}\cos(l, x)+\frac{\partial f}{\partial y}\cos(l, y)+\frac{\partial f}{\partial z}\cos(l, z). \tag{33}$$

Betrachten wir speziell die Ableitung $\frac{\partial f}{\partial x}$. Gibt es eine in $T+S$ stetige Funktion $f_1(x, y, z)$, die sich in T mit $\frac{\partial f}{\partial x}$ deckt, so sagen wir, $\frac{\partial f}{\partial x}$ *sei auch noch auf S stetig und nehme* in einem Punkte (x, y, z) *auf S den Wert $f_1(x, y, z)$* an. Die gewöhnliche Definition der Ableitung $\frac{\partial f}{\partial x}$ wird im allgemeinen am Rande versagen.

Ist, wie vorhin, eine in $T+S$ stetige, sich in $T+S$ mit $\frac{\partial f}{\partial x}$ deckende Funktion $f_1(x, y, z)$ vorhanden, so konvergiert $\frac{\partial f}{\partial x}$ offenbar gegen seinen Randwert auf S *gleichmäßig*. Sind $\frac{\partial f}{\partial x}, \frac{\partial f}{\partial y}, \frac{\partial f}{\partial z}$ in $T+S$ stetig, so ist wegen (33) die Ableitung in einer beliebigen Richtung (l), $\frac{\partial f}{\partial l}$, in $T+S$ stetig. Die Formel (33) gilt augenscheinlich für alle (x, y, z) in $T+S$.

Es möge sich jetzt speziell um ein beschränktes Gebiet der Klasse A handeln. Es sei σ irgendein Punkt auf S. Wir bezeichnen mit (n) die *Innennormale*, d. h. diejenige „Halbnormale" in σ, die in das Innere von T hinweist.

Konvergiert $\frac{\partial f}{\partial l}$ bei der Annäherung an S längs der Innennormale gegen einen bestimmten Grenzwert und zwar für alle (x, y, z) auf S gleichmäßig, so ist, wie sich leicht zeigen läßt, $\frac{\partial f}{\partial l}$ in $T+S$ stetig.

---

[11] Man spricht gelegentlich von einer *Ortsfunktion*.

[12] Wir sagen, eine bestimmte Eigenschaft gelte in T, wenn sie in allen Punkten dieses Gebietes gilt. Wir sagen, sie gelte in $T+S$ oder im Bereiche $T+S$, wenn sie auch noch auf S ihre Gültigkeit behält.

Es möge jetzt weiter (x, y, z) einen Punkt in $T+S$ auf der Normale (n) zu S durch σ im Abstande h von diesem Punkte bezeichnen. Das Symbol $\frac{\partial}{\partial n} f(x, y, z)$ bedeutet nach vorstehendem die Ableitung der Ortsfunktion $f(x, y, z)$ in der Richtung (n). Konvergiert nun $\frac{\partial f(x, y, z)}{\partial n}$ für $h \to 0$ gegen einen bestimmten Grenzwert, so sagen wir, *in σ sei eine Normalableitung* $\frac{\partial f(\sigma)}{\partial n}$ *vorhanden.*

Es ist also

$$\frac{\partial f(\sigma)}{\partial n} = \lim_{h \to 0} \frac{\partial f(x, y, z)}{\partial n} \tag{34}$$

Übrigens ist

$$\frac{\partial f(\sigma)}{\partial n} = \lim_{h \to 0} \frac{f(x, y, z) - f(\sigma)}{h}. \tag{35}$$

Gilt die Beziehung (34) für alle σ auf S und zwar gleichmäßig, so ist $\frac{\partial f(\sigma)}{\partial n}$ auf S stetig. Wir sagen, $f(x, y, z)$ habe eine *stetige Normalableitung.*

Es sei nunmehr (x, y, z) ein Punkt im Innern eines geraden Kreiskegels um die Normale (n) als Achse mit einem beliebigen Öffnungswinkel $2\varphi < \pi$ im Abstande k von σ. Konvergieren $\frac{\partial f}{\partial x}, \frac{\partial f}{\partial y}, \frac{\partial f}{\partial z}$ für $k \to 0$ gegen einen bestimmten Grenzwert, so sagen wir, $f(x, y, z)$ *habe in σ partielle Ableitungen* $\frac{\partial f}{\partial x}, \frac{\partial f}{\partial y}, \frac{\partial f}{\partial z}$. Alsdann konvergiert auch $\frac{\partial f}{\partial l}$ für $k \to 0$ gegen einen bestimmten Grenzwert, und es gilt auch noch im Punkte σ die Beziehung (33). Auch wenn $\frac{\partial f(\sigma)}{\partial x}, \frac{\partial f(\sigma)}{\partial y}, \frac{\partial f(\sigma)}{\partial z}$ nicht alle existieren, kann $\frac{\partial f(\sigma)}{\partial n}$ vorhanden sein. Ist etwa $\frac{\partial f(\sigma)}{\partial x}$ für alle σ auf S vorhanden und ist der Grenzübergang für $k \to 0$ gleichmäßig, so ist natürlich $\frac{\partial f}{\partial x}$ in $T+S$ stetig.

Es möge $f(x, y, z)$ in $T+S$ stetige partielle Ableitungen erster Ordnung $\frac{\partial f}{\partial x}, \frac{\partial f}{\partial y}, \frac{\partial f}{\partial z}$ haben. Wir fassen den Randwert von $f(x, y, z)$ als Ortsfunktion auf S auf. In der Umgebung eines Punktes σ auf S möge diese Fläche etwa eine Darstellung von der Form $z = z(x, y)$ gestatten, wo $z(x, y)$ eine nebst ihren partiellen Ableitungen erster Ordnung stetige Funktion bezeichnet.

Offenbar kann man in der betrachteten Umgebung von σ auch den Randwert von $f(x, y, z)$ als Funktion von x und y auffassen:

$$f(x, y, z(x, y)) = F(x, y). \tag{36}$$

Diese Funktion hat, wie sich leicht zeigen läßt, *stetige partielle Ableitungen erster Ordnung,* $\frac{\partial F}{\partial x}, \frac{\partial F}{\partial y}$. Es ist ferner[13]

$$(37)\qquad \frac{\partial F}{\partial x} = \frac{\partial f(\sigma)}{\partial x} + \frac{\partial f(\sigma)}{\partial z}\,\frac{\partial z}{\partial x}, \qquad \frac{\partial F}{\partial y} = \frac{\partial f(\sigma)}{\partial y} + \frac{\partial f(\sigma)}{\partial z}\,\frac{\partial z}{\partial y}.$$

Es sei jetzt S_0 eine Fläche der Klasse A vom Kugeltypus, und es möge S eine ebenso beschaffene Fläche im Innern des von S_0 bestimmten beschränkten Gebietes T_0 bezeichnen. Das von S begrenzte endliche Gebiet heiße T_1, das von S und S_0 begrenzte T_2. Es sei weiter $f(x, y, z)$ eine in $T_0 + S_0$ erklärte stetige Funktion, die sowohl in $T_1 + S$ als auch in $T_2 + S + S_0$ stetige partielle Ableitungen erster Ordnung hat. Diese werden im allgemeinen beim Überschreiten von S sprungweise Änderungen erleiden. Es sei $P(\sigma)$ ein Punkt auf S, und es möge (l) irgendeine in die Tangentialebene von S hineinfallende Richtung in P bezeichnen. Nach Voraussetzung existieren in P, aufgefaßt als ein Randpunkt von T_1, sowohl die Ableitung in der Richtung der Innennormale (n_1), sie heiße in naheliegender Schreibweise $\frac{\partial f^{(1)}}{\partial n_1}$, als auch die Ableitung in der Richtung (l), *die Tangentialableitung* $\frac{\partial f^{(1)}}{\partial l}$. Ebenso existieren in P, diesmal aufgefaßt als ein Randpunkt von T_2, die partiellen Ableitungen $\frac{\partial f^{(2)}}{\partial n_2}$ und $\frac{\partial f^{(2)}}{\partial l}$. Es ist leicht einzusehen, daß allemal

$$\frac{\partial f^{(1)}}{\partial l} = \frac{\partial f^{(2)}}{\partial l}$$

ist. *Die Tangentialableitungen ändern sich beim Überschreiten der Fläche S stetig.*

In der Tat ist nach (37), wenn wir dort den mit $T + S$ bezeichneten Bereich mit dem Bereich $T_1 + S$ identifizieren und die z-Achse parallel zu (n_1) orientieren, wegen $\frac{\partial z}{\partial x} = \frac{\partial z}{\partial y} = 0$

$$\frac{\partial F}{\partial x} = \frac{\partial f^{(1)}(\sigma)}{\partial x}, \qquad \frac{\partial F}{\partial y} = \frac{\partial f^{(1)}(\sigma)}{\partial y}.$$

Hier bezeichnet $F(x, y) = f(x, y, z(x, y))$ den Wert der Funktion $f(x, y, z)$ auf S in der Umgebung von P; $\frac{\partial f^{(1)}(\sigma)}{\partial x}$ sowie $\frac{\partial f^{(1)}(\sigma)}{\partial y}$ sind Tangentialableitungen der Funktion $f(x, y, z)$ in σ.

Faßt man P als einen Randpunkt von T_2 auf, so erhält man wiederum

$$\frac{\partial F}{\partial x} = \frac{\partial f^{(2)}(\sigma)}{\partial x}, \qquad \frac{\partial F}{\partial y} = \frac{\partial f^{(2)}(\sigma)}{\partial y}.$$

---

[13] Vgl. J. Hadamard, Leçons sur la propagation des ondes et les équations de l'hydrodynamique, Paris 1903, S. 84—85.

Aus diesen und den zuletzt abgeleiteten Formeln sowie den Beziehungen

$$\frac{\partial f^{(1)}}{\partial l} = \frac{\partial f^{(1)}}{\partial x}\cos(l, x) + \frac{\partial f^{(1)}}{\partial y}\cos(l, y),$$

$$\frac{\partial f^{(2)}}{\partial l} = \frac{\partial f^{(2)}}{\partial x}\cos(l, x) + \frac{\partial f^{(2)}}{\partial y}\cos(l, y)$$

folgt unmittelbar unsere Behauptung.

Wir gehen jetzt einen Schritt weiter und nehmen an, $T + S$ sei ein Bereich der Klasse Ah[14]. Auch mögen die Ableitungen $\frac{\partial f}{\partial x}, \frac{\partial f}{\partial y}, \frac{\partial f}{\partial z}$ in $T + S$ stetig sein und in jedem ganz im Innern von T gelegenen Bereiche Bedingungen von der Form

$$(38)\qquad \left|\frac{\partial}{\partial x} f(x_1, y_1, z_1) - \frac{\partial}{\partial x} f(x_2, y_2, z_2)\right| \leqq C\left((x_1 - x_2)^2 + (y_1 - y_2)^2 + (z_1 - z_2)^2\right)^{\frac{\lambda}{2}},$$

. . . .

(C konstant)

genügen. Läßt man (x_1, y_1, z_1) und (x_2, y_2, z_2) gegen S konvergieren, so findet man augenscheinlich, daß die gleiche Beziehung für alle (x_1, y_1, z_1), (x_2, y_2, z_2) in $T + S$ gilt[15]. Auch die durch (37) erklärten Funktionen $\frac{\partial F}{\partial x}, \frac{\partial F}{\partial y}$ genügen einer H-Bedingung von der Form

$$\left|\frac{\partial}{\partial x} F(x_1, y_1) - \frac{\partial}{\partial x} F(x_2, y_2)\right|, \quad \left|\frac{\partial}{\partial y} F(x_1, y_1) - \frac{\partial}{\partial y} F(x_2, y_2)\right| \leqq C^*\left((x_1 - x_2)^2 + (y_1 - y_2)^2\right)^{\frac{\lambda}{2}}.$$

Es ist jetzt einleuchtend, was es bedeutet, $f(x, y, z)$ habe in einem Punkte auf S Ableitungen zweiter Ordnung $\frac{\partial^2 f}{\partial x^2}, \ldots, \frac{\partial^2 f}{\partial z^2}$; $f(x, y, z)$ habe in $T + S$ stetige partielle Ableitungen $\frac{\partial^2 f}{\partial x^2}, \ldots, \frac{\partial^2 f}{\partial z^2}$ u. dgl. Es ist weiter naheliegend, wie die vorstehenden Definitionen zu modifizieren sind, wenn ein zweidimensionaler Bereich vorliegt.

Es sei T ein beliebiges beschränktes, einfach zusammenhängendes Gebiet der Klasse A, und es möge T durch einen Querschnitt $Q + \Gamma$ in zwei Gebiete T_1 und T_2 zerfallen. Die zugehörigen Bereiche mögen $T_1 + S_1$ und $T_2 + S_2$ heißen[16]. Es sei $f(x, y, z)$ eine in $T + S$, außer in den Punkten von $Q + \Gamma$, erklärte Funktion, die folgende Eigenschaften

---

[14] Der zugehörige Höldersche Exponent möge den Wert $\lambda < 1$ haben.

[15] Wie sich mit Leichtigkeit zeigen läßt, zieht das Erfülltsein der Beziehung (38) in T die Stetigkeit von $\frac{\partial f}{\partial x}, \frac{\partial f}{\partial y}, \frac{\partial f}{\partial z}$ in $T + S$ nach sich.

[16] Offenbar gehört $Q + \Gamma$ sowohl zu S_1 als auch zu S_2. Man wird daher zweckmäßigerweise von den *beiden Seiten* von $Q + \Gamma$ sprechen.

hat. Es gibt eine in $T_1 + S_1$ erklärte stetige Funktion, die in T_1 mit f übereinstimmt. Desgleichen gibt es eine in $T_2 + S_2$ stetige, in T_2 mit f übereinstimmende Funktion f_2. Sind nun die Randwerte von f_1 und f_2 zu beiden Seiten von $Q + \Gamma$ einander gleich, so ist die Funktion $\bar{f} = f_1$ in $T_1 + S_1$ und $\bar{f} = f_2$ in $T_2 + S_2$ eine in $T + S$ stetige Ortsfunktion; f läßt sich also zu einer in $T + S$ erklärten stetigen Funktion $\bar{f}$ „ergänzen". Im anderen Falle, d. h. wenn die fraglichen Randwerte zu beiden Seiten von $Q + \Gamma$ nicht überall gleich sind, sagen wir, $\bar{f}$ sei in $T + S$ *abteilungsweise* oder *stückweise stetig*, der Querschnitt $Q + \Gamma$ sei die *Sprungfläche* der Funktion. Man kann auch von einer in T, außer auf Q, erklärten Funktion ausgehen und gelangt zu einer in T abteilungsweise stetigen Ortsfunktion. Die vorstehende Definition läßt sich in naheliegender Weise auf mehrfach zusammenhängende beschränkte oder unendliche Bereiche der Klasse A sowie Funktionen, die mehrere Sprungflächen darbieten, ausdehnen.

Es ist nach vorstehendem klar, was man unter einer in einem Bereiche der Klasse A erklärten stetigen Funktion, deren partielle Ableitungen daselbst abteilungsweise stetig sind, zu verstehen hat.

Wir werden im folgenden gelegentlich mit Gebieten zu tun haben, die von einer endlichen Anzahl Stücke von Flächen mit stetiger Normale begrenzt sind. In der Ebene werden Gebiete, deren Begrenzung aus einer endlichen Anzahl Stücke von Kurven mit stetiger Tangente besteht, vorkommen. Eine Ausdehnung der vorhin auseinandergesetzten Begriffe und Ergebnisse auf jene allgemeinere Klasse von Gebieten bietet keinerlei Schwierigkeiten dar.

10. Punktmengen im vierdimensionalen Raume. Hyperebene. Hyperkugel. Gerade. Koordinatentransformation. Manche Betrachtungen der Hydromechanik werden erheblich übersichtlicher, wenn man sich der Sprache der vierdimensionalen Geometrie bedient. In den folgenden Zeilen werden wir daher in Anlehnung an die vorausgegangenen ausführlichen Entwicklungen analoge Begriffsbildungen und Sätze im vierdimensionalen Raume besprechen. Wir werden uns kurz fassen können, da es sich um ganz ähnliche Aussagen handelt, auch wird es für die Zwecke dieses Buches genügen, sich auf einige Spezialfälle zu beschränken.

Wir verstehen unter einem *Punkte* ein System zusammengehöriger Werte x, y, z, t der vier Veränderlichen. In der Hydromechanik sind x, y, z stets kartesische Koordinaten, t ist die Zeit. Man spricht darum auch von Raum-Zeit-Koordinaten. Unter dem Abstande zweier Punkte (x_1, y_1, z_1, t_1) und (x_2, y_2, z_2, t_2) verstehen wir den Wert

$$(39) \quad r_{12} \geqq 0, \quad r_{12}^2 = (x_1 - x_2)^2 + (y_1 - y_2)^2 + (z_1 - z_2)^2 + (t_1 - t_2)^2.$$

Die Gesamtheit der von (x, y, z, t) verschiedenen Punkte, deren Abstand von (x, y, z, t) einen hinreichend kleinen Wert nicht übersteigt, bildet eine *Umgebung* von (x, y, z, t). Eine *vollständige Umgebung* liegt vor, wenn auch der Punkt (x, y, z, t) selbst mitbegriffen wird. Es ist einleuchtend, was unter einer *Punktmenge, Häufungsstelle, abgeschlossenen, zusammenhängenden Menge*, einem *vierdimensionalen Kontinuum*, einem ebensolchen *Gebiet* und *Bereich* zu verstehen ist. Eine Erklärung würde auf eine wortgetreue Wiederholung der früheren Ausführungen hinauslaufen. Eine vierdimensionale Kugel, eine *Hyperkugel*, ist der „geometrische Ort" der Punkte (x, y, z, t), die der Bedingung

$$(x - x_0)^2 + (y - y_0)^2 + (z - z_0)^2 + (t - t_0)^2 = \boldsymbol{R}^2 \tag{40}$$

genügen; (x_0, y_0, z_0, t_0) ist ihr Mittelpunkt, $\boldsymbol{R}$ ihr Radius. Von der Gesamtheit der Punkte, die der Beziehung

$$\begin{gathered} a(x - x_0) + b(y - y_0) + c(z - z_0) + d(t - t_0) = 0, \\ h^2 = a^2 + b^2 + c^2 + d^2 > 0 \end{gathered} \tag{41}$$

genügen, sagen wir, sie bilden eine *Hyperebene*, oder auch, sie „liegen" auf einer Hyperebene. Diese „geht durch (x_0, y_0, z_0, t_0) hindurch".

Es möge jetzt u einen stetig veränderlichen, nichtnegativen Parameter bezeichnen. Die Punkte

$$\begin{gathered} x = x_0 + \alpha u, \quad y = y_0 + \beta u, \quad z = z_0 + \gamma u, \quad t = t_0 + \delta u, \\ \alpha^2 + \beta^2 + \gamma^2 + \delta^2 = 1 \end{gathered} \tag{42}$$

bilden eine durch (x_0, y_0, z_0, t_0) hindurchgehende *Halbgerade* oder einen *Halbstrahl*. Die Werte $\alpha, \beta, \gamma, \delta$ bezeichnen wir als die Kosinus der von der Halbgeraden (42) mit den positiven Richtungen der Koordinatenachsen eingeschlossenen Winkel, kürzer als die *Richtungskosinus* des Halbstrahles (42). Die Werte $-\alpha, -\beta, -\gamma, -\delta$ sind die Richtungskosinus der zu (42) entgegengesetzt gerichteten Halbgeraden

$$x = x_0 - \alpha u, \quad y = y_0 - \beta u, \quad z = z_0 - \gamma u, \quad t = t_0 - \delta u; \quad u \geqq 0. \tag{43}$$

Augenscheinlich ist u der Abstand der beiden Punkte (x_0, y_0, z_0, t_0) und (x, y, z, t).

Die beiden Halbstrahlen (42) und (43) schließen sich zu einer beiderseits unbegrenzten Geraden zusammen. Ihre Gleichung kann nach Belieben in der Form (42) oder (43) mit unbeschränkt variablem u geschrieben werden. Wir sprechen von der durch $\alpha, \beta, \gamma, \delta$ bzw. $-\alpha, -\beta, -\gamma, -\delta$ gegebenen Fortschreitungsrichtung auf der betrachteten Geraden.

Zwei unbegrenzte Halbgeraden

$$x = x_0 + \alpha_1 u, \quad \ldots, \quad t = t_0 + \delta_1 u; \quad x = x_0 + \alpha_2 u, \quad \ldots, \quad t = t_0 + \delta_2 u \tag{44}$$

schließen per definitionem *den Winkel* θ mit

$$\cos\theta = \alpha_1 \alpha_2 + \beta_1 \beta_2 + \gamma_1 \gamma_2 + \delta_1 \delta_2 \qquad (0 \leqq \theta \leqq \pi) \tag{45}$$

miteinander ein. Ist $\theta = \frac{\pi}{2}$, mithin

(45a) $$\alpha_1 \alpha_2 + \beta_1 \beta_2 + \gamma_1 \gamma_2 + \delta_1 \delta_2 = 0,$$

so sagen wir, die Geraden (44) *stehen aufeinander senkrecht.* Die Gerade

(46) $$x = x_0 + \frac{a}{h} u, \quad y = y_0 + \frac{b}{h} u, \quad z = z_0 + \frac{c}{h} u, \quad t = t_0 + \frac{d}{h} u,$$
$$h^2 = a^2 + b^2 + c^2 + d^2, \quad h > 0$$

steht, wie man leicht sieht, auf jeder Geraden in (41) durch (x_0, y_0, z_0, t_0) senkrecht. Wir sagen, sie steht auf der Hyperebene (41) senkrecht.

Der Abstand des Punktes (x, y, z, t) von der Hyperebene (41), d. h. die Länge des von (x, y, z, t) auf (41) gefällten Lotes ist gleich

$$\left| \frac{a}{h}(x - x_0) + \frac{b}{h}(y - y_0) + \frac{c}{h}(z - z_0) + \frac{d}{h}(t - t_0) \right|.$$

Läßt man hier, wie wir es tun wollen, das Zeichen des absoluten Betrages weg, so bedeutet dies, daß man dem betrachteten Abstand, wie in der analytischen Geometrie zwei- und dreidimensionaler Räume, ein bestimmtes Vorzeichen beilegt. Der Abstand des Punktes (x, y, z, t) auf dem Halbstrahle

$$x = x_0 + \frac{a}{h} u, \quad y = y_0 + \frac{b}{h} u, \quad z = z_0 + \frac{c}{h} u, \quad t = t_0 + \frac{d}{h} u \qquad (u > 0)$$

von (41) hat dann, wie man leicht erkennt, den Wert u, ist also positiv. Die Punkte der entgegengesetzt gerichteten Halbgeraden haben von (41) einen negativen Abstand. Die und die anderen bilden je einen *vierdimensionalen Halbraum,* in die der Gesamtraum durch die Hyperebene (41) eingeteilt wird.

Es mögen jetzt (1′), (2′), (3′), (4′) vier vom Koordinatenursprung ausgehende, aufeinander orthogonale Halbstrahlen, deren Richtungskosinus in der folgenden Tabelle zusammengestellt sind, bezeichnen:

(47)

	x	y	z	t
(1′)	α_{11}	α_{12}	α_{13}	α_{14}
(2′)	α_{21}	α_{22}	α_{23}	α_{24}
(3′)	α_{31}	α_{32}	α_{33}	α_{34}
(4′)	α_{41}	α_{42}	α_{43}	α_{44}

Die Halbgerade (2′) ist beispielsweise durch die Gleichungen

(48) $$x = \alpha_{21} u, \quad y = \alpha_{22} u, \quad z = \alpha_{23} u, \quad t = \alpha_{24} u \qquad (u \geqq 0)$$

gegeben.

Augenscheinlich ist

(49) $$\alpha_{11}^2 + \alpha_{12}^2 + \alpha_{13}^2 + \alpha_{14}^2 = 1, \quad \alpha_{21}^2 + \alpha_{22}^2 + \alpha_{23}^2 + \alpha_{24}^2 = 1,$$
$$\alpha_{31}^2 + \alpha_{32}^2 + \alpha_{33}^2 + \alpha_{34}^2 = 1, \quad \alpha_{41}^2 + \alpha_{42}^2 + \alpha_{43}^2 + \alpha_{44}^2 = 1.$$

Da die Halbstrahlen (1'), (2'), (3'), (4') aufeinander orthogonal sind, so bestehen die folgenden sechs Beziehungen

$$(50)\qquad \begin{aligned} &\alpha_{11}\alpha_{21}+\alpha_{12}\alpha_{22}+\alpha_{13}\alpha_{23}+\alpha_{14}\alpha_{24}=0,\\ &\alpha_{11}\alpha_{31}+\alpha_{12}\alpha_{32}+\alpha_{13}\alpha_{33}+\alpha_{14}\alpha_{34}=0,\\ &\alpha_{11}\alpha_{41}+\alpha_{12}\alpha_{42}+\alpha_{13}\alpha_{43}+\alpha_{14}\alpha_{44}=0,\\ &\alpha_{21}\alpha_{31}+\alpha_{22}\alpha_{32}+\alpha_{23}\alpha_{33}+\alpha_{24}\alpha_{34}=0,\\ &\alpha_{21}\alpha_{41}+\alpha_{22}\alpha_{42}+\alpha_{23}\alpha_{43}+\alpha_{24}\alpha_{44}=0,\\ &\alpha_{31}\alpha_{41}+\alpha_{32}\alpha_{42}+\alpha_{33}\alpha_{43}+\alpha_{34}\alpha_{44}=0. \end{aligned}$$

Nach den bekannten Sätzen der Theorie orthogonaler Determinanten[17] sind die Gleichungen (49) und (50) den folgenden zehn Gleichungen äquivalent:

$$(51)\qquad \begin{aligned} &\alpha_{11}^2+\alpha_{21}^2+\alpha_{31}^2+\alpha_{41}^2=1, &&\alpha_{12}^2+\alpha_{22}^2+\alpha_{32}^2+\alpha_{42}^2=1,\\ &\alpha_{13}^2+\alpha_{23}^2+\alpha_{33}^2+\alpha_{43}^2=1, &&\alpha_{14}^2+\alpha_{24}^2+\alpha_{34}^2+\alpha_{44}^2=1, \end{aligned}$$

sowie

$$(52)\qquad \begin{aligned} &\alpha_{11}\alpha_{12}+\alpha_{21}\alpha_{22}+\alpha_{31}\alpha_{32}+\alpha_{41}\alpha_{42}=0,\\ &\alpha_{11}\alpha_{13}+\alpha_{21}\alpha_{23}+\alpha_{31}\alpha_{33}+\alpha_{41}\alpha_{43}=0,\\ &\alpha_{11}\alpha_{14}+\alpha_{21}\alpha_{24}+\alpha_{31}\alpha_{34}+\alpha_{41}\alpha_{44}=0,\\ &\alpha_{12}\alpha_{13}+\alpha_{22}\alpha_{23}+\alpha_{32}\alpha_{33}+\alpha_{42}\alpha_{43}=0,\\ &\alpha_{12}\alpha_{14}+\alpha_{22}\alpha_{24}+\alpha_{32}\alpha_{34}+\alpha_{42}\alpha_{44}=0,\\ &\alpha_{13}\alpha_{14}+\alpha_{23}\alpha_{24}+\alpha_{33}\alpha_{34}+\alpha_{43}\alpha_{44}=0. \end{aligned}$$

Aus (49) und (50) folgt leicht, daß die Determinante der Matrix (47) den Wert $+1$ oder -1 hat. Wir nehmen an, daß sie gleich $+1$ ist und sagen dann, das Achsenkreuz (1'), (2'), (3'), (4') habe denselben *Umlaufssinn* wie das Achsenkreuz x-y-z-t.

Der Abstand des Punktes (x, y, z, t) von der durch (2'), (3'), (4') bestimmten Hyperebene, kürzer der Hyperebene (2'), (3'), (4'), hat, wie sich leicht zeigen läßt, den Wert

$$(53)\qquad x'=\alpha_{11}x+\alpha_{12}y+\alpha_{13}z+\alpha_{14}t.$$

Das Vorzeichen ist dabei so gewählt, daß den Punkten auf dem Halbstrahle (1') positive Werte von x' entsprechen. Für die Abstände t', z', y' des Punktes (x, y, z, t) von den Hyperebenen (1'), (2'), (3'); (1'), (2'), (4'); (1'), (3'), (4') gelten entsprechend die Formeln

$$(54)\qquad \begin{aligned} t'&=\alpha_{41}x+\alpha_{42}y+\alpha_{43}z+\alpha_{44}t,\\ z'&=\alpha_{31}x+\alpha_{32}y+\alpha_{33}z+\alpha_{34}t,\\ y'&=\alpha_{21}x+\alpha_{22}y+\alpha_{23}z+\alpha_{24}t. \end{aligned}$$

[17] Vgl. beispielsweise G. Kowalewski, Einführung in die Determinantentheorie einschließlich der Fredholmschen Determinanten, Zweite Auflage, Berlin und Leipzig 1925, S. 145.

Man nennt x', y', z', t' *kartesische Koordinaten des Punktes* (x, y, z, t), *bezogen auf das Achsenkreuz* (1')-(2')-(3')-(4'), das jetzt zweckmäßigerweise als das Achsenkreuz x'-y'-z'-t' bezeichnet wird.

Löst man die Gleichungen (53) und (54) nach x, y, z, t auf, so erhält man die folgenden Formeln für den Übergang von dem Koordinatensystem x'-y'-z'-t' zu dem ursprünglichen Koordinatensystem x-y-z-t:

$$
\begin{aligned}
x &= \alpha_{11} x' + \alpha_{21} y' + \alpha_{31} z' + \alpha_{41} t',\\
y &= \alpha_{12} x' + \alpha_{22} y' + \alpha_{32} z' + \alpha_{42} t',\\
z &= \alpha_{13} x' + \alpha_{23} y' + \alpha_{33} z' + \alpha_{43} t',\\
t &= \alpha_{14} x' + \alpha_{24} y' + \alpha_{34} z' + \alpha_{44} t'.
\end{aligned} \tag{55}
$$

Wollten wir unsere Betrachtungen in systematischer Weise fortspinnen, so müßten wir jetzt den Begriff einer beliebigen Jordanschen Fläche des vierdimensionalen Raumes, eines Jordanschen Flächenstückes usw. entwickeln. Dies würde indessen zu weit führen, dies um so mehr, als, wie schon vorhin bemerkt, in der Hydromechanik in der Regel vierdimensionale Bereiche recht spezieller Art betrachtet werden. Wir begnügen uns darum mit einigen Bemerkungen über Jordansche Hyperflächen vom Typus einer Hyperkugel, betrachten sodann Jordansche Flächenstücke einer besonderen Art und gehen schließlich zu den soeben erwähnten Bereichen spezieller Natur (vierdimensionalen Zylinder- bzw. zylinderartigen Körpern) über.

11. Jordansche Hyperfläche vom Typus einer Hyperkugel. Hyperflächen mit stetiger Normale vom Hyperkugeltypus. Zylinder- und zylinderartige Körper. Ein Verzerrungssatz bei topologischen Abbildungen. Ein umkehrbar eindeutiges und stetiges Bild einer Hyperkugel ist eine *Jordansche Hyperfläche* (*vom Hyperkugeltypus*). Sie bestimmt nach einem tiefliegenden Satz von *L. E. J. Brouwer* zwei Gebiete, von denen eines den unendlich fernen Punkt enthält.

Es sei $P_0(x_0, y_0, z_0, t_0)$ ein Punkt auf einer Jordanschen Fläche Σ vom Hyperkugeltypus, $\bar{P}(\bar{x}, \bar{y}, \bar{z}, \bar{t})$ ein weiterer Punkt auf Σ in der Umgebung von (x_0, y_0, z_0, t_0), und es mögen $\bar{\alpha}, \bar{\beta}, \bar{\gamma}, \bar{\delta}$ die Richtungskosinus des Halbstrahles $P_0\bar{P}$ bezeichnen. Wie auf S. 13 bei der Einführung der Flächen mit stetiger Normale, nehmen wir an, daß es eine sich mit P_0 stetig ändernde Gerade.

$$x = x_0 + \alpha u, \quad y = y_0 + \beta u, \quad z = z_0 + \gamma u, \quad t = t_0 + \delta u \tag{56}$$

durch P_0 gibt, so daß

$$
\begin{gathered}
\lim (\alpha\bar{\alpha} + \beta\bar{\beta} + \gamma\bar{\gamma} + \delta\bar{\delta}) = 0\\
\text{für} \quad (\bar{x} - x)^2 + (\bar{y} - y)^2 + (\bar{z} - z)^2 + (\bar{t} - t)^2 \to 0
\end{gathered} \tag{57}
$$

gilt, und zwar für alle P_0 auf Σ gleichmäßig. Es ist nicht schwer zu zeigen, daß unsere Jordansche Fläche die folgenden Eigenschaften hat.

Es sei Σ_ε die Gesamtheit der Punkte von Σ, deren Entfernung von (x_0, y_0, z_0, t_0) den Wert ε nicht übertrifft.

Es sei ferner

$$(58) \qquad x = x_1 + \alpha u, \quad y = y_1 + \beta u, \quad z = z_1 + \gamma u, \quad t = t_1 + \delta u$$

eine Parallele zu der Geraden (56) im Abstande $\leqq \varepsilon_1 < \varepsilon$.

Man kann ε und ε_1 so klein wählen, daß, ganz gleich wie die Lage von P_0 auf Σ ist, die Gerade (58) *mit der Punktmenge Σ_ε einen und nur einen Punkt gemeinsam hat.*

Wir wählen P_0 zum Koordinatenursprung und die Gerade (56) zur t'-Achse eines neuen Koordinatensystems. Ein beliebiger Tripel von Halbgeraden durch P_0, die zueinander und zu t' orthogonal sind, nehmen wir weiter als neue Koordinatenachsen x', y', z' und sorgen dafür, daß die beiden Achsenkreuze denselben Umlaufssinn haben. In einer hinreichend nahen Umgebung von P_0 gestattet Σ eine analytische Darstellung von der Form

$$(59) \qquad t' = t'(x', y', z'),$$

unter $t'(x', y', z')$ eine nebst ihren partiellen Ableitungen erster Ordnung stetige Funktion verstanden.

Von hier aus gelangt man zu den folgenden endgültigen Feststellungen. Wir denken uns Σ wie zu Anfang auf ein beliebiges kartesisches Achsenkreuz bezogen. Man kann unter allen Σ_ε in unendlich mannigfaltiger Weise endlich viele, etwa $\Sigma_\varepsilon^{(1)}, \ldots, \Sigma_\varepsilon^{(k)}$ auswählen, so daß sie die Fläche Σ „dachziegelartig" überdecken, indem *jeder Punkt von Σ im Innern von mindestens einem $\Sigma_\varepsilon^{(l)}$ zu liegen kommt. In jedem $\Sigma_\varepsilon^{(l)}$ gestattet die Fläche Σ eine Darstellung von mindestens einer der vier Formen*

$$(60) \qquad x = x(y, z, t), \quad y = y(x, z, t), \quad z = z(x, y, t), \quad t = t(x, y, z).$$

In (60) bezeichnen $x(y, z, t), \ldots$ Funktionen, die nebst ihren partiellen Ableitungen erster Ordnung stetig sind.

In der Umgebung des Punktes P_0 möge etwa die Darstellung $t = t(x, y, z)$ gelten. Die Hyperebene

$$(61) \quad (x - x_0)\frac{\partial}{\partial x} t(x_0, y_0, z_0) + (y - y_0)\frac{\partial t}{\partial y} + (z - z_0)\frac{\partial t}{\partial z} - (t - t_0) = 0$$

heißt *Tangentialebene* im Punkte (x_0, y_0, z_0, t_0). Die auf (61) senkrecht stehende Gerade

$$(62) \qquad x = x_0 + \frac{u}{l}\frac{\partial t}{\partial x}, \quad y = y_0 + \frac{u}{l}\frac{\partial t}{\partial y}, \quad z = z_0 + \frac{u}{l}\frac{\partial t}{\partial z}, \quad t = t_0 - \frac{u}{l};$$

$$(63) \qquad l^2 = \left(\frac{\partial t}{\partial x}\right)^2 + \left(\frac{\partial t}{\partial y}\right)^2 + \left(\frac{\partial t}{\partial z}\right)^2 + 1 \qquad (l > 0)$$

ist die *Flächennormale.* Sie deckt sich mit der eingangs eingeführten Geraden (56). Es ist also

(64) $$\alpha = \frac{1}{l}\frac{\partial}{\partial x}t(x_0, y_0, z_0), \quad \beta = \frac{1}{l}\frac{\partial t}{\partial y}, \quad \gamma = \frac{1}{l}\frac{\partial t}{\partial z}, \quad \delta = -\frac{1}{l}.$$

Wie bereits erwähnt, bestimmt Σ zwei Gebiete des vierdimensionalen Raumes. Dasjenige Gebiet, das den unendlich fernen Punkt nicht enthält, heißt *Innengebiet.* Derjenige der beiden Halbstrahlen (62), der in das Innengebiet hineinführt, heißt *Innennormale* zu Σ in (x_0, y_0, z_0, t_0). Die entgegengesetzt gerichtete Halbgerade ist die Außennormale.

Eine Hyperfläche mit stetiger Normale (vom Hyperkugeltypus) gestattet in unendlich mannigfaltiger Weise Parameterdarstellungen von der Form

(65) $$x = x(\mu, \nu, \omega), \quad y = y(\mu, \nu, \omega), \quad z = z(\mu, \nu, \omega), \quad t = t(\mu, \nu, \omega),$$

wo die Funktionen x, y, z, t in geeigneten Bereichen des (dreidimensionalen) Raumes der Variablen μ, ν, ω erklärt und nebst ihren partiellen Ableitungen erster Ordnung stetig sind. Dabei ist allemal

$$\left(\frac{\partial(x, y, z)}{\partial(\mu, \nu, \omega)}\right)^2 + \left(\frac{\partial(x, y, t)}{\partial(\mu, \nu, \omega)}\right)^2 + \left(\frac{\partial(x, z, t)}{\partial(\mu, \nu, \omega)}\right)^2 + \left(\frac{\partial(y, z, t)}{\partial(\mu, \nu, \omega)}\right)^2 > 0.$$

Die vorhin eingeführte, einer dachziegelartigen Überdeckung von Σ durch $\Sigma_\varepsilon^{(1)}, \ldots, \Sigma_\varepsilon^{(k)}$ entsprechende Darstellung ist eine Darstellung der jetzt betrachteten Art. Gilt in $\Sigma_\varepsilon^{(l)}$ etwa die Gleichung $t = t(x, y, z)$, so kann daselbst $x = \mu$, $y = \nu$, $z = \omega$, $t = t(\mu, \nu, \omega)$ gesetzt werden.

Es sei $F(x, y, z, t)$ eine in dem vierdimensionalen Bereiche

$$x_0 - a \leqq x \leqq x_0 + a, \quad y_0 - b \leqq y \leqq y_0 + b,$$
$$z_0 - c \leqq z \leqq z_0 + c, \quad t_0 - d \leqq t \leqq t_0 + d$$

erklärte, nebst ihren partiellen Ableitungen erster Ordnung stetige Funktion, die so beschaffen ist, daß

$$F(x_0, y_0, z_0, t_0) = 0,$$
$$m^2 = \left(\frac{\partial}{\partial x}F(x_0, y_0, z_0, t_0)\right)^2 + \left(\frac{\partial F}{\partial y}\right)^2 + \left(\frac{\partial F}{\partial z}\right)^2 + \left(\frac{\partial F}{\partial t}\right)^2 > 0$$

gilt. Ist z. B. $\frac{\partial}{\partial t}F(x_0, y_0, z_0, t_0) \neq 0$, so läßt sich die Gleichung

(66) $$F(x, y, z, t) = 0$$

nach t auflösen,

$$t = t(x, y, z).$$

Die Funktion $t(x, y, z)$ ist in einer gewissen vollständigen Umgebung des Punktes (x_0, y_0, z_0) nebst ihren partiellen Ableitungen erster Ordnung stetig. Wir sagen: durch die Gleichung (66) ist ein in der Umgebung des Punktes (x_0, y_0, z_0, t_0) gelegenes *Flächenstück Σ^* mit stetiger*

Normale erklärt[18]. Betrachten wir die Normale $\mathfrak{v}$ zu Σ^* im Punkte $P_0(x_0, y_0, z_0, t_0)$. Ihre Richtungskosinus sind

$$(67)\quad \pm\frac{1}{m}\frac{\partial}{\partial x}F(x_0, y_0, z_0, t_0),\quad \pm\frac{1}{m}\frac{\partial F}{\partial y},\quad \pm\frac{1}{m}\frac{\partial F}{\partial z},\quad \pm\frac{1}{m}\frac{\partial F}{\partial t}\quad (m>0).$$

Die Koordinaten eines Punktes $P(x, y, z, t)$ auf $\mathfrak{v}$ können in der Form

$$(68)\quad x_0\pm\frac{1}{m}\frac{\partial F}{\partial x}u,\quad y_0\pm\frac{1}{m}\frac{\partial F}{\partial y}u,\quad z_0\pm\frac{1}{m}\frac{\partial F}{\partial z}u,\quad t_0\pm\frac{1}{m}\frac{\partial F}{\partial t}u\quad (u\geqq 0)$$

dargestellt werden, unter u die Entfernung der Punkte P_0 und P verstanden. Dem Mittelwertsatze der Differentialrechnung für Funktionen mehrerer Veränderlichen zufolge ist

$$F(x,y,z,t)=F(x_0,y_0,z_0,t_0)\pm\frac{u}{m}\left\{\frac{\partial\tilde F}{\partial x}\frac{\partial F}{\partial x}+\frac{\partial\tilde F}{\partial y}\frac{\partial F}{\partial y}+\frac{\partial\tilde F}{\partial z}\frac{\partial F}{\partial t}+\frac{\partial\tilde F}{\partial t}\frac{\partial F}{\partial t}\right\},$$

woselbst zur Abkürzung

$$\frac{\partial F}{\partial x}=\frac{\partial}{\partial x}F(x_0, y_0, z_0, t_0),\ldots;$$

$$\frac{\partial\tilde F}{\partial x}=\frac{\partial}{\partial x}F\{x_0+\vartheta(x-x_0),\ldots,\ t_0+\vartheta(t-t_0)\},\ldots\quad (0<\vartheta<1)$$

gesetzt worden ist; $\frac{\partial\tilde F}{\partial x}$ bezeichnet bsp. die partielle Ableitung in bezug auf x in einem gewissen zwischen (x_0, y_0, z_0, t_0) und (x, y, z, t) gelegenen Punkte auf $\mathfrak{v}$. Für $u\to 0$ konvergiert der Klammerausdruck gegen m^2, ist also für alle hinreichend kleinen $u>0$, etwa $u\leqq u_0$, aus Gründen der Stetigkeit positiv. Da $F(x_0, y_0, z_0, t_0)=0$ ist, so hat F für alle $u\leqq u_0$ auf $\mathfrak{v}$ das Vorzeichen $+$ oder $-$, je nachdem (x, y, z, t) auf der durch das Vorzeichen $+$ oder $-$ charakterisierten Halbgeraden (68) liegt.

Es sei Σ eine Fläche vom Hyperkugeltypus, und es möge $F(x, y, z, t)$ eine in allen Punkten, die von mindestens einem Punkte auf Σ einen u_0 nicht übersteigenden Abstand haben, erklärte und nebst ihren partiellen Ableitungen erster Ordnung stetige Funktion bezeichnen. Ist $P_0(x_0, y_0, z_0, t_0)$ irgendein Punkt auf Σ, so ist also F gewiß in allen Punkten eines vierdimensionalen Kugelkörpers vom Radius u_0 um (x_0, y_0, z_0, t_0) definiert. Es sei nun weiter für alle P_0 auf Σ

$$F(x_0, y_0, z_0, t_0)=0,$$

$$m^2=\left(\frac{\partial}{\partial x}F(x_0, y_0, z_0, t_0)\right)^2+\left(\frac{\partial F}{\partial y}\right)^2+\left(\frac{\partial F}{\partial z}\right)^2+\left(\frac{\partial F}{\partial t}\right)^2>0.$$

Nach vorstehendem ist auf der Normale $\mathfrak{v}$ in P_0 in einem Abstande von P_0, der $\leqq u_1\leqq u_0$ ist, gewiß $F\neq 0$. Dabei gilt die Schranke $u_1>0$ für alle P_0 auf Σ gleichmäßig. Ist weiter auf der Innennormale etwa $F>0$, so ist auf der nach außen gerichteten Normale $F<0$. Man kann sich gewiß so einrichten, daß auf der Innennormale $F>0$ ausfällt,

[18] Von einer allgemeinen Definition eines Jordanschen Flächenstückes, insbesondere eines Flächenstückes mit stetiger Normale, wird abgesehen.

indem man nötigenfalls $-F$ für F setzt. Wird nun gefragt, welches vierdimensionale geometrische Gebilde die Gleichung $F = 0$ im Sinne der analytischen Geometrie darstellt, so muß die Antwort darum lauten: jedenfalls die Fläche Σ, darüber hinaus möglicherweise irgendwelche weiteren Punktmengen. Diese bilden freilich, mit Σ zusammengefaßt, keine zusammenhängende Punktmenge mehr.

Im vorstehenden war lediglich von Hyperflächen mit stetiger Normale die Rede. Haben die Funktionen (65) auch noch stetige Ableitungen zweiter Ordnung, so werden wir sagen, die Hyperfläche Σ sei *stetig gekrümmt*. In analoger Weise lassen sich die Begriffe einer *Fläche der Klasse* Ah *bzw.* Bh auf den vierdimensionalen Raum übertragen.

Es sei $T_0 + S_0$ ein beschränkter Bereich der Klasse A in dem Raume der Variablen a, b, c. Die Begrenzung S_0 von T_0 besteht aus einer endlichen Anzahl Flächen mit stetiger Normale, die keinen Punkt miteinander gemeinsam haben. Die Gesamtheit der Punkte (a, b, c, t), die so beschaffen sind, daß (a, b, c) dem Bereiche $T_0 + S_0$ und t einem abgeschlossenen Intervalle $\langle t_0, t^*\rangle$ angehört, bildet augenscheinlich einen vierdimensionalen Bereich, einen *Zylinderkörper*. Wir bezeichnen ihn mit $\{T_0 + S_0; \langle t_0, t^*\rangle\}$. Die Punkte (a, b, c, t_0) und (a, b, c, t^*) mit (a, b, c) in $T_0 + S_0$ bilden seine *Basishyperflächen*, die Punkte (a, b, c, t) mit (a, b, c) auf S_0 und t in $\langle t_0, t^*\rangle$ seine *Mantelhyperfläche*. Die Begrenzung von $\{T_0 + S_0; \langle t_0, t^*\rangle\}$ hat in allen ihren Punkten, mit Ausnahme von denjenigen, die einer Basisfläche und der Mantelfläche zugleich angehören, d. h. mit Ausnahme der Punkte (a, b, c, t_0) und (a, b, c, t^*) mit (a, b, c) auf S_0, eine stetige Normale. Die Gesamtheit der inneren Punkte des Bereiches $\{T_0 + S_0; \langle t_0, t^*\rangle\}$ bildet ein vierdimensionales Gebiet, das wir sinngemäß mit $\{T_0; (t_0, t^*)\}$ bezeichnen. Die Mantelfläche des betrachteten Zylinderkörpers könnte entsprechend mit $\{S_0; \langle t_0, t^*\rangle\}$ bezeichnet werden.

Wie man leicht sieht, lassen sich die auf S. 29 ff. gegebenen Definitionen fast wortgetreu auf die Bereiche der Art $\{T_0 + S_0; \langle t_0, t^*\rangle\}$ übertragen. Es mögen jetzt

$$(69) \qquad x = x(a, b, c, t), \qquad y = y(a, b, c, t), \qquad z = z(a, b, c, t)$$

Funktionen bezeichnen, die in $\{T_0 + S_0; \langle t_0, t^*\rangle\}$ erklärt sind und sich daselbst nebst ihren partiellen Ableitungen erster Ordnung stetig verhalten. Darüber hinaus sei bekannt, daß die Jacobische Determinante $\frac{\partial(x, y, z)}{\partial(a, b, c)}$ in $\{T_0 + S_0; \langle t_0, t^*\rangle\}$ nicht verschwindet und die Funktionen (69) für alle t in $\langle t_0, t^*\rangle$ eine topologische Abbildung des Bereiches $T_0 + S_0$ auf einen Bereich $T + S$ des Raumes (x, y, z) vermitteln. Wie wir wissen (vgl. S. 15), ist $T + S$ gewiß ein Bereich der Klasse A. Die Gesamtheit der Punkte (x, y, z, t) bildet einen *vierdimensionalen zylinderartigen Bereich*, den wir mit $\{T + S; \langle t_0, t^*\rangle\}$

bezeichnen wollen. Auch jetzt könnte man von den Basishyperflächen, d. h. den Punktmengen

$$x(a, b, c, t_0), \quad y(a, b, c, t_0), \quad z(a, b, c, t_0), \quad t_0$$

und

$$x(a, b, c, t^*), \quad y(a, b, c, t^*); \quad z(a, b, c, t^*), \quad t^*$$

für alle (a, b, c) in $T_0 + S_0$, sowie der Mantelhyperfläche

$$x(a, b, c, t), \quad y(a, b, c, t), \quad z(a, b, c, t), \quad t$$

mit (a, b, c) auf S_0 sprechen. Außer in den Punkten, die zugleich einer der Basisflächen und der Mantelfläche von $\{T + S; \langle t_0, t^*\rangle\}$ angehören, hat der Rand dieses Bereiches eine stetige Normale. Das zu $\{T+S; \langle t_0, t^*\rangle\}$ gehörige Gebiet bezeichnen wir auch diesmal mit $\{T; (t_0, t^*)\}$, seine Mantelfläche mit $\{S; \langle t_0, t^*\rangle\}$.

Die Übertragung der auf S. 21ff. zusammengestellten Definitionen und Sätze auf vierdimensionale Bereiche der soeben betrachteten Art bietet nicht die geringsten Schwierigkeiten.

Wir schließen diese vorbereitenden elementaren topologischen Betrachtungen mit einem Verzerrungssatz ab, der uns später in dem elften Kapitel bei Behandlung gewisser Existenzsätze wiederholt nützliche Dienste leisten wird.

Es sei T_0+S_0 ein beschränkter dreidimensionaler Bereich der Klasse A, und es mögen $x(a, b, c, t)$, $y(a, b, c, t)$ und $z(a, b, c, t)$ drei in $\{T_0 + S_0; \langle t_0, t_1\rangle\}$ erklärte, nebst ihren partiellen Ableitungen erster Ordnung in bezug auf die Ortsvariablen stetige, einer Ungleichheit von der Form

$$\frac{\partial(x, y, z)}{\partial(a, b, c)} \geqq q_0 > 0 \tag{70}$$

genügende Funktionen bezeichnen. Es möge schließlich $T_0 + S_0$ durch die Gleichungen

$$x = x(a, b, c, t), \quad y = y(a, b, c, t), \quad z = z(a, b, c, t) \tag{71}$$

in dem Raume x-y-z ein (notwendigerweise der Klasse A angehörender) beschränkter Bereich $T+S$ umkehrbar eindeutig und stetig zugeordnet sein. Es sei d_{12} der Abstand zweier beliebiger Punkte (a_1, b_1, c_1), (a_2, b_2, c_2) in T_0+S_0, r_{12} sei der Abstand ihrer Bilder in $T+S$. *Es gibt gewiß eine Zahl $N > 0$, so daß für alle t in $\langle t_0, t_1\rangle$*

$$N \geqq \frac{r_{12}}{d_{12}} \geqq \frac{1}{N} \tag{72}$$

gilt[19]. Wie man leicht sieht, läßt sich nunmehr auch für die Verzerrung $\left|\frac{r_{12}-d_{12}}{d_{12}}\right|$ einer beliebigen Strecke d_{12} in T_0+S_0 eine für alle t in $\langle t_0, t_1\rangle$ geltende Schranke angeben.

[19] Vgl. L. Lichtenstein, Bemerkung über einen Verzerrungssatz bei topologischen Abbildungen in der Hydromechanik, Math. Zeitschr. **30** (1929), S. 321–324.

Zweites Kapitel.

Vektoranalytische Grundbegriffe.

1. Vektor. Gradient. Divergenz. Rotation. Wirbellinien. Es sei A irgendein Punkt im Raume. Wir denken uns seine Lage auf alle möglichen kartesischen Achsenkreuze[1] bezogen, ordnen jedem Koordinatensystem ein System von drei reellen Zahlen zu und treffen folgende Bestimmungen. 1. Wird von einem Koordinatensystem zu einem anderen durch Parallelverschiebung der Achsen übergegangen, so bleiben die Zahlwerte ungeändert. 2. Sind x-y-z und $\mathfrak{x}$-$\mathfrak{y}$-$\mathfrak{z}$ zwei Achsenkreuze, die durch eine Drehung auseinander hervorgehen, und hängen die Koordinaten desselben Punktes durch die Gleichungen

$$(1)\qquad \begin{aligned} \mathfrak{x} &= \alpha_{11}\, x + \alpha_{12} y + \alpha_{13}\, z, & x &= \alpha_{11}\, \mathfrak{x} + \alpha_{21}\, \mathfrak{y} + \alpha_{31}\, \mathfrak{z}, \\ \mathfrak{y} &= \alpha_{21}\, x + \alpha_{22} y + \alpha_{23}\, z, & y &= \alpha_{12}\, \mathfrak{x} + \alpha_{22}\, \mathfrak{y} + \alpha_{32}\, \mathfrak{z}, \\ \mathfrak{z} &= \alpha_{31}\, x + \alpha_{32} y + \alpha_{33}\, z, & z &= \alpha_{13}\, \mathfrak{x} + \alpha_{23}\, \mathfrak{y} + \alpha_{33}\, \mathfrak{z} \end{aligned}$$

zusammen, so sollen auch die zugehörigen Werte p, q, r und $\mathfrak{p}, \mathfrak{q}, \mathfrak{r}$ durch die Gleichungen

$$(2)\qquad \begin{aligned} \mathfrak{p} &= \alpha_{11}\, p + \alpha_{12}\, q + \alpha_{13}\, r, & p &= \alpha_{11}\, \mathfrak{p} + \alpha_{21}\, \mathfrak{q} + \alpha_{31}\, \mathfrak{r}, \\ \mathfrak{q} &= \alpha_{21}\, p + \alpha_{22}\, q + \alpha_{23}\, r, & q &= \alpha_{12}\, \mathfrak{p} + \alpha_{22}\, \mathfrak{q} + \alpha_{32}\, \mathfrak{r}, \\ \mathfrak{r} &= \alpha_{31}\, p + \alpha_{32}\, q + \alpha_{33}\, r, & r &= \alpha_{13}\, \mathfrak{p} + \alpha_{23}\, \mathfrak{q} + \alpha_{33}\, \mathfrak{r} \end{aligned}$$

verbunden sein. Wir nennen p, q, r *die Komponenten eines Vektors* in A in den Richtungen der Koordinatenachsen x, y, z. Die Komponenten in den Richtungen von $\mathfrak{x}, \mathfrak{y}, \mathfrak{z}$ sind $\mathfrak{p}, \mathfrak{q}, \mathfrak{r}$. *Bei einer Drehung des Achsenkreuzes transformieren sich also die Vektorkomponenten wie die Koordinaten.* Ist (ν) irgendeine Halbgerade, und sind α, β, γ die von (ν) mit den Koordinatenachsen x, y, z eingeschlossenen Winkel, so hat die

[1] Hier, wie überall in diesem Werke, handelt es sich um rechtwinklige Achsenkreuze. Von der positiven z-Achse aus betrachtet, erfolgt der Übergang von der positiven y-Achse zu der positiven x-Achse (Drehung durch den Winkel $\frac{\pi}{2}$) im Sinne der Uhrzeigerbewegung.

3*

Komponente des Vektors p, q, r, kürzer des Vektors $\boldsymbol{p}$, in der Richtung (ν), den Wert

(3) $$\boldsymbol{p}_\nu = p \cos\alpha + q\cos\beta + r\cos\gamma.$$

Die Komponenten des Vektors $\boldsymbol{p}$ in der Richtung der x, y, z-Achsen, d.h. die Größen p, q, r, könnten dementsprechend mit $\boldsymbol{p}_x, \boldsymbol{p}_y, \boldsymbol{p}_z$ bezeichnet werden. Der Übersichtlichkeit halber wird von dieser Schreibweise im folgenden kein Gebrauch gemacht. Wir bezeichnen den Vektor zumeist durch seine Komponenten, sprechen also von dem Vektor p, q, r oder $\mathfrak{p}, \mathfrak{q}, \mathfrak{r}$.

Da sich die Vektorkomponenten wie die Koordinaten transformieren, so kann man den Vektor p, q, r durch eine von A ausgehende Strecke $\overrightarrow{AB}$, deren Projektionen auf die x, y, z-Achsen die Werte p, q, r haben, darstellen. Die Länge von $\overrightarrow{AB}$, $\sqrt{p^2+q^2+r^2}$, nennt man den *Betrag* des Vektors. Die Projektion von $\overrightarrow{AB}$ auf eine beliebige Halbgerade gibt die Komponente des Vektors in dieser Richtung an.

Es sei T irgendein beschränktes räumliches Gebiet. Ist jedem Punkte in T ein Vektor zugeordnet, so sprechen wir von einem *Vektorfeld*. Jedem Koordinatensystem entspricht also jetzt ein System von drei, in der Regel stetigen oder mindestens abteilungsweise stetigen Ortsfunktionen. Die zu den Achsenkreuzen x-y-z und $\mathfrak{x}$-$\mathfrak{y}$-$\mathfrak{z}$ gehörigen Ortsfunktionen hängen durch die Gleichungen (2) zusammen. Ist ein Achsenkreuz aus einem anderen durch eine Parallelverschiebung hervorgegangen, so sind die zugehörigen Ortsfunktionen paarweise einander gleich. Beiläufig bemerkt, können die Komponenten des Vektorfeldes p, q, r ebensogut als Funktionen der unabhängigen Veränderlichen x, y, z wie $\mathfrak{x}, \mathfrak{y}, \mathfrak{z}$ aufgefaßt werden. Beispiele eines Vektorfeldes: das Geschwindigkeits- oder Beschleunigungsfeld eines starren Körpers.

Es sei φ eine in T erklärte stetige Ortsfunktion, die stetige oder mindestens abteilungsweise stetige partielle Ableitungen erster Ordnung hat. Wie man leicht sieht, ist

(4) $$\frac{\partial\varphi}{\partial\mathfrak{x}} = \frac{\partial\varphi}{\partial x}\frac{\partial x}{\partial\mathfrak{x}} + \frac{\partial\varphi}{\partial y}\frac{\partial y}{\partial\mathfrak{x}} + \frac{\partial\varphi}{\partial z}\frac{\partial z}{\partial\mathfrak{x}} = \alpha_{11}\frac{\partial\varphi}{\partial x} + \alpha_{12}\frac{\partial\varphi}{\partial y} + \alpha_{13}\frac{\partial\varphi}{\partial z},$$

und analog

(5) $$\frac{\partial\varphi}{\partial\mathfrak{y}} = \alpha_{21}\frac{\partial\varphi}{\partial x} + \alpha_{22}\frac{\partial\varphi}{\partial y} + \alpha_{23}\frac{\partial\varphi}{\partial z}, \quad \frac{\partial\varphi}{\partial\mathfrak{z}} = \alpha_{31}\frac{\partial\varphi}{\partial x} + \alpha_{32}\frac{\partial\varphi}{\partial y} + \alpha_{33}\frac{\partial\varphi}{\partial z}.$$

Die partiellen Ableitungen $\frac{\partial\varphi}{\partial x}, \frac{\partial\varphi}{\partial y}, \frac{\partial\varphi}{\partial z}$ transformieren sich bei einer Drehung des Koordinatensystems wie die Koordinaten und bleiben augenscheinlich bei einer Parallelverschiebung des Achsenkreuzes ungeändert. Wählt man $\frac{\partial\varphi}{\partial x}, \frac{\partial\varphi}{\partial y}, \frac{\partial\varphi}{\partial z}$ zu Komponenten eines Vektors in dem Achsenkreuz x-y-z, so sind $\frac{\partial\varphi}{\partial\mathfrak{x}}, \frac{\partial\varphi}{\partial\mathfrak{y}}, \frac{\partial\varphi}{\partial\mathfrak{z}}$ seine Komponenten in einem Achsenkreuz $\mathfrak{x}$-$\mathfrak{y}$-$\mathfrak{z}$.

Man nennt diesen Vektor den *Gradienten* von φ, in abgekürzter Schreibweise grad φ. Die Komponente des Gradienten in einer Richtung (ν), die mit den Koordinatenachsen die Winkel α, β, γ einschließt, ist offenbar gleich

$$\frac{\partial\varphi}{\partial x}\cos\alpha + \frac{\partial\varphi}{\partial y}\cos\beta + \frac{\partial\varphi}{\partial z}\cos\gamma = \frac{\partial\varphi}{\partial\nu}. \tag{6}$$

Da die Komponenten des Gradienten ihre Form bei einer Drehung des Achsenkreuzes behalten, so sagen wir, der Gradient sei in bezug auf eine beliebige orthogonale Transformation der Koordinaten *kovariant.*

Es sei p, q, r ein in einem beschränkten Gebiete T erklärtes stetiges Vektorfeld. Es sei weiter ganz im Innern von T ein auf einer Fläche mit stetiger Normale gelegenes Gebiet Σ gegeben. Der Übersichtlichkeit halber kann man bsp. annehmen, daß Σ von einer endlichen Anzahl Stücke von Kurven mit stetiger Tangente begrenzt ist. Es sei P_0 irgendein Punkt auf Σ; wir bezeichnen eine der beiden Richtungen der Normale zu Σ in P_0 willkürlich als positiv. Wird jetzt vorgeschrieben, daß bei einer stetigen Bewegung auf Σ die Richtungskosinus α, β, γ der positiven Normale (n) sich stetig ändern, so ist hierdurch die Richtung der positiven Normale überall auf Σ bestimmt. Das Integral

$$\int_\Sigma (p\cos\alpha + q\cos\beta + r\cos\gamma)\,d\sigma = \int_\Sigma \mathfrak{p}_n\,d\sigma \tag{7}$$

heißt *der Fluß des Vektors p, q, r durch Σ.* Der Name kommt daher, weil, wie sich später zeigen wird, bei der Bestimmung der Ausflußmenge einer bewegten Flüssigkeit in der Zeiteinheit Ausdrücke von der Form (7) auftreten.

Es sei Γ irgendeine mit einer bestimmten Umlaufsrichtung versehene Jordansche Kurve mit stetiger, allenfalls abteilungsweise stetiger Tangente in T; es ist also Γ entweder eine Kurve mit stetiger Tangente, oder aber es besteht Γ aus einer endlichen Anzahl Stücke von Kurven mit stetiger Tangente. Das Linienintegral

$$\int_\Gamma p\,dx + q\,dy + r\,dz$$

nennt man *Zirkulation des Vektors p, q, r längs Γ.*

Es sei p, q, r ein in einem beschränkten Gebiete T erklärtes stetiges Vektorfeld, und es mögen die Ortsfunktionen p, q, r in T stetige oder doch abteilungsweise stetige partielle Ableitungen erster Ordnung haben. Der Ausdruck $\frac{\partial p}{\partial x} + \frac{\partial q}{\partial y} + \frac{\partial r}{\partial z}$ wird *Divergenz* des Vektors p, q, r genannt. Ist in T überall $\frac{\partial p}{\partial x} + \frac{\partial q}{\partial y} + \frac{\partial r}{\partial z} = 0$, so heißt p, q, r

quellenfrei. Es ist nicht schwer zu zeigen, daß *die Divergenz von p, q, r bei einer Koordinatentransformation ungeändert (invariant) bleibt.* Führt man mit anderen Worten durch die Gleichungen (1) ein neues rechtwinkliges Koordinatensystem ein und bezeichnet man die neuen Komponenten des betrachteten Vektors mit $\mathfrak{p}, \mathfrak{q}, \mathfrak{r}$, so gilt

$$\frac{\partial p}{\partial x}+\frac{\partial q}{\partial y}+\frac{\partial r}{\partial z}=\frac{\partial \mathfrak{p}}{\partial \mathfrak{x}}+\frac{\partial \mathfrak{q}}{\partial \mathfrak{y}}+\frac{\partial \mathfrak{r}}{\partial \mathfrak{z}}. \tag{8}$$

Betrachten wir jetzt die Ortsfunktionen

$$l=\frac{\partial r}{\partial y}-\frac{\partial q}{\partial z},\qquad m=\frac{\partial p}{\partial z}-\frac{\partial r}{\partial x},\qquad n=\frac{\partial q}{\partial x}-\frac{\partial p}{\partial y}. \tag{9}$$

Man kann sie natürlich, wie jedes System von drei Ortsfunktionen, als Komponenten eines Vektors im Koordinatensystem x-y-z auffassen. Bei dem Übergang zu einem anderen Koordinatensystem $\mathfrak{x}$-$\mathfrak{y}$-$\mathfrak{z}$ ergeben sich die neuen Komponenten $\mathfrak{l}, \mathfrak{m}, \mathfrak{n}$ des Vektors l, m, n aus den Formeln

$$\begin{gathered}\mathfrak{l}=\alpha_{11}l+\alpha_{12}m+\alpha_{13}n,\qquad \mathfrak{m}=\alpha_{21}l+\alpha_{22}m+\alpha_{23}n,\\ \mathfrak{n}=\alpha_{31}l+\alpha_{32}m+\alpha_{33}n.\end{gathered} \tag{10}$$

Im Koordinatensystem $\mathfrak{x}$-$\mathfrak{y}$-$\mathfrak{z}$ hat aber der Vektor p, q, r zu Komponenten

$$\begin{gathered}\mathfrak{p}=\alpha_{11}p+\alpha_{12}q+\alpha_{13}r,\qquad \mathfrak{q}=\alpha_{21}p+\alpha_{22}q+\alpha_{23}r,\\ \mathfrak{r}=\alpha_{31}p+\alpha_{32}q+\alpha_{33}r,\end{gathered} \tag{11}$$

und es liegt nahe, die zu (9) analogen Ausdrücke

$$\frac{\partial \mathfrak{r}}{\partial \mathfrak{y}}-\frac{\partial \mathfrak{q}}{\partial \mathfrak{z}},\qquad \frac{\partial \mathfrak{p}}{\partial \mathfrak{z}}-\frac{\partial \mathfrak{r}}{\partial \mathfrak{x}},\qquad \frac{\partial \mathfrak{q}}{\partial \mathfrak{x}}-\frac{\partial \mathfrak{p}}{\partial \mathfrak{y}} \tag{12}$$

zu bilden. Wie es sich leicht verifizieren läßt, sind *diese Ausdrücke mit den Komponenten $\mathfrak{l}, \mathfrak{m}, \mathfrak{n}$ des Vektors l, m, n identisch.* Wir nennen den Vektor l, m, n die *Rotation* oder den *Curl* des Vektors p, q, r. Da demnach die Komponenten der Rotation ihre Form bei einer orthogonalen Transformation behalten, so werden wir ähnlich wie auf S. 37 sagen, die Rotation eines Vektorfeldes sei in bezug auf eine beliebige orthogonale Transformation der Koordinaten *kovariant.*

Im Zusammenhang mit den vorstehenden Betrachtungen wollen wir jetzt noch kurz einen Begriff einführen, der von großer Wichtigkeit für das Folgende sein wird. Es handelt sich um den Begriff der *Wirbellinien.* Man versteht darunter Kurven mit stetiger, allenfalls abteilungsweise stetiger Tangente, deren Tangente allemal die Richtung der Rotation hat. Sind $x = x(s)$, $y = y(s)$, $z = z(s)$ die Gleichungen einer Wirbellinie, so ist in der Umgebung eines Punktes, in dem $l^2 + m^2 + n^2 > 0$ ist,

$$\frac{dx}{ds} = \frac{l}{\sqrt{l^2+m^2+n^2}}, \quad \frac{dy}{ds} = \frac{m}{\sqrt{l^2+m^2+n^2}}, \quad \frac{dz}{ds} = \frac{n}{\sqrt{l^2+m^2+n^2}},$$

$$\left(\frac{dx}{ds}\right)^2 + \left(\frac{dy}{ds}\right)^2 + \left(\frac{dz}{ds}\right)^2 = 1.$$

Diese Beziehungen sind *Differentialgleichungen der Wirbellinien.*

2. Die Gaußsche Formel. Die Greenschen Formeln. Es sei T ein beschränktes, einfach oder mehrfach zusammenhängendes Gebiet in der Ebene der Variablen x und y, dessen Rand S aus *einer endlichen Anzahl Stücke von Kurven mit stetiger Tangente* besteht. Die von zwei Nachbarseiten von S eingeschlossenen Winkel können alle Werte zwischen 0 und 2π, die Grenzen inbegriffen, haben. Es mögen P und Q zwei in $T + S$ erklärte Funktionen bezeichnen, die daselbst *stetige oder zum mindesten abteilungsweise stetige partielle Ableitungen erster Ordnung haben.* Es gilt die auf Gauß zurückgehende *fundamentale Transformationsformel*

$$(13) \qquad \int_T \left(\frac{\partial P}{\partial x} + \frac{\partial Q}{\partial y}\right) dx\, dy = \int_S P\, dy - Q\, dx.$$

Bei der Auswertung des Linienintegrals rechts hat man sich vorzustellen, daß die Randkurve im *positiven* Sinne umfahren wird. Das Gebiet selbst bleibt dabei links liegen (vgl. S. 16).

Es sei jetzt (s) ein Punkt auf S, ds das Bogenelement in (s); (n) die in das Innere von T gerichtete Normale zu S in (s); α und β mögen die von (n) mit den Koordinatenachsen eingeschlossenen Winkel bezeichnen. Offenbar ist

$$\frac{dx}{ds} = \cos\beta, \quad \frac{dy}{ds} = -\cos\alpha.$$

Für (13) kann man darum auch schreiben

$$(14) \qquad \int_T \left(\frac{\partial P}{\partial x} + \frac{\partial Q}{\partial y}\right) dx\, dy = -\int_S (P\cos\alpha + Q\cos\beta)\, ds.$$

Das Integral rechterhand, in dem ds allemal als positiv gilt, ist natürlich über alle Randkomponenten erstreckt zu denken. Diese Fassung hat vor der früheren den Vorzug, daß auf eine bestimmte Fortschreitungsrichtung auf S nicht mehr geachtet zu werden braucht[2].

---

[2] Der Beweis der Formel (13) wird meist unter der einschränkenden Annahme geführt, daß die Randkurve mit einer jeden Parallele zu der x- bzw. y-Achse, die sie trifft, nur eine endliche Anzahl Punkte gemeinsam hat. Einen Beweis unter den Voraussetzungen des Textes findet man bsp. in der Arbeit von H. Tietze, Über die Gauß-Green-Stokesschen Integralsätze, Journal für Mathematik **158** (1924), S. 141—157.

Eine ganz analoge Formel gilt im Raume. Es sei also T ein einfach oder mehrfach zusammenhängendes Gebiet, dessen Begrenzung *aus einer endlichen Anzahl Stücke von Flächen mit stetiger Normale besteht,* die also eine endliche Anzahl Kanten oder körperlicher Ecken haben kann. Es seien weiter P, Q, R drei in $T+S$ erklärte *stetige Funktionen, die daselbst stetige oder zum mindesten abteilungsweise stetige Ableitungen erster Ordnung haben.* Es seien ferner: σ ein Punkt auf S, $d\sigma$ das Flächenelement in σ, (n) die in das Innere von T gerichtete Normale zu S in σ, endlich α, β, γ die von (n) mit den Koordinatenachsen eingeschlossenen Winkel. *Es gilt die Transformationsformel*

$$(15)\qquad \int\limits_T \left(\frac{\partial P}{\partial x} + \frac{\partial Q}{\partial y} + \frac{\partial R}{\partial z}\right) d\tau = -\int\limits_S (P\cos\alpha + Q\cos\beta + R\cos\gamma)\, d\sigma$$

$$(d\tau = dx\, dy\, dz).$$

Faßt man P, Q, R als Komponenten eines in T und auf S erklärten Vektorfeldes auf, so kann man der Formel (15) wie folgt eine andere Gestalt geben. Offenbar ist jetzt $P\cos\alpha + Q\cos\beta + R\cos\gamma$ die Komponente des betrachteten Vektors in σ in der Richtung der Innennormale. Bezeichnen wir diese mit $\mathbf{P}_n$, so gilt also

$$(16)\qquad \int\limits_T \left(\frac{\partial P}{\partial x} + \frac{\partial Q}{\partial y} + \frac{\partial R}{\partial z}\right) d\tau = -\int\limits_S \mathbf{P}_n\, d\sigma.$$

Das Volumintegral der Divergenz des Vektors (P, Q, R) über T und sein Fluß durch S sind also entgegengesetzt gleich.

Man kann in analoger Weise in der Formel (14) P und Q als die x- und die y-Komponente eines in der Ebene x-y gelegenen Vektors ansehen. Wir finden

$$(17)\qquad \int\limits_T \left(\frac{\partial P}{\partial x} + \frac{\partial Q}{\partial y}\right) dx\, dy = -\int\limits_S \mathbf{P}_n\, ds,$$

unter ds das Bogenelement der Randkurve, unter $\mathbf{P}_n$ die Komponente von $P, Q, 0$ in der Richtung der Innennormale (n) zu S in s verstanden.

Es sei K eine in $T+S$ nebst ihren partiellen Ableitungen erster Ordnung stetige Funktion. Ersetzt man in (15) P, Q, R entsprechend durch KP, KQ, KR, so erhält man

$$\int\limits_T \left\{\frac{\partial}{\partial x}(KP) + \frac{\partial}{\partial y}(KQ) + \frac{\partial}{\partial z}(KR)\right\} d\tau$$

$$= -\int\limits_S K(P\cos\alpha + Q\cos\beta + R\cos\gamma)\, d\sigma,$$

oder, was dasselbe ist,

$$(18)\quad \int_T K\left(\frac{\partial P}{\partial x}+\frac{\partial Q}{\partial y}+\frac{\partial R}{\partial z}\right)d\tau=-\int_T\left(P\frac{\partial K}{\partial x}+Q\frac{\partial K}{\partial y}+R\frac{\partial K}{\partial z}\right)d\tau$$
$$-\int_S K(P\cos\alpha+Q\cos\beta+R\cos\gamma)\,d\sigma.$$

Diese Formel der teilweisen Integration werden wir im folgenden vielfach verwenden.

Es sei jetzt U eine nebst ihren partiellen Ableitungen erster Ordnung in $T+S$ stetige Funktion, und es möge V eine Funktion bezeichnen, die daselbst nebst ihren Ableitungen der beiden ersten Ordnungen stetig ist. Es steht nichts im Wege, in (15)

$$P=U\frac{\partial V}{\partial x},\qquad Q=U\frac{\partial V}{\partial y},\qquad R=U\frac{\partial V}{\partial z}$$

zu setzen. Man erhält so nach Ausführung der Differentiation, wenn man zur Abkürzung *das Laplacesche Symbol*

$$(19)\qquad \Delta V=\frac{\partial^2 V}{\partial x^2}+\frac{\partial^2 V}{\partial y^2}+\frac{\partial^2 V}{\partial z^2}$$

verwendet,

$$(20)\qquad \int_T U\Delta V\,d\tau+\int_T\left(\frac{\partial U}{\partial x}\frac{\partial V}{\partial x}+\frac{\partial U}{\partial y}\frac{\partial V}{\partial y}+\frac{\partial U}{\partial z}\frac{\partial V}{\partial z}\right)d\tau$$
$$=-\int_S U\left(\frac{\partial V}{\partial x}\cos\alpha+\frac{\partial V}{\partial y}\cos\beta+\frac{\partial V}{\partial z}\cos\gamma\right)d\sigma=-\int_S U\frac{\partial V}{\partial n}\,d\sigma.$$

Hat auch die Funktion U stetige partielle Ableitungen zweiter Ordnung in $T+S$, so kann man U mit V vertauschen. Man erhält so

$$(21)\quad \int_T V\Delta U\,d\tau+\int_T\left(\frac{\partial U}{\partial x}\frac{\partial V}{\partial x}+\frac{\partial U}{\partial y}\frac{\partial V}{\partial y}+\frac{\partial U}{\partial z}\frac{\partial V}{\partial z}\right)d\tau=-\int_S V\frac{\partial U}{\partial n}\,d\sigma.$$

Aus (20) und (21) folgt

$$(22)\qquad \int_T\left(U\Delta V-V\Delta U\right)d\tau=-\int_S\left(U\frac{\partial V}{\partial n}-V\frac{\partial U}{\partial n}\right)d\sigma.$$

Es möge jetzt speziell der Rand S von T aus *stetig gekrümmten* Flächen bestehen; T ist also ein beschränktes Gebiet der Klasse B. *Die Formel* (22), *„die Greensche Formel", gilt nunmehr, auch wenn man* bezüglich U und V lediglich *folgende Voraussetzungen macht.* 1. *Die Funktionen U und V sind im Innern und auf dem Rande von T stetig und haben* 2. *im Innern von T stetige Ableitungen erster und zweiter Ordnung. Außerdem existieren* 3. *stetige Normalableitungen $\frac{\partial U}{\partial n}$ und $\frac{\partial V}{\partial n}$ auf S.*

Das Volumintegral linkerhand ist dabei als eine Art „inneres Integral“

$$\lim_{h\to 0}\int_{T_1}(U\Delta V - V\Delta U)\,d\tau \tag{23}$$

erklärt. In (23) bezeichnet T_1 das Gebiet, das entsteht, wenn man aus T die Gesamtheit der Punkte, deren Abstand von S kleiner als h ist, entfernt. Eine direkte Integration über T im üblichen Sinne ist nicht ohne weiteres möglich, da die Ausdrücke ΔU, ΔV nur im Innern von T existieren und bei der Annäherung an S auch unendlich werden könnten[3].

Wir kehren noch einmal zu dem vorhin betrachteten Gebiete T zurück. Seine Begrenzung S besteht also wieder *aus einer endlichen Anzahl Stücke von Flächen mit stetiger Normale.* Bezüglich der Funktionen U und V machen wir nunmehr die folgenden Voraussetzungen: U und V *sind nebst ihren partiellen Ableitungen erster Ordnung in* $T+S$ *stetig, die partiellen Ableitungen zweiter Ordnung* $\frac{\partial^2 V}{\partial x^2}, \frac{\partial^2 V}{\partial y^2}, \frac{\partial^2 V}{\partial z^2}$ *sind im Innern von T vorhanden und stetig. Der Laplacesche Ausdruck ΔV ist in T beschränkt. Die Formel* (20) *gilt auch jetzt noch.* Hat auch U in T stetige partielle Ableitungen zweiter Ordnung, und ist ΔU in T beschränkt, so gilt offenbar die Formel (22). Die Voraussetzungen bezüglich der Natur der Begrenzung sind jetzt weniger einschränkend als bei Liapounoff, dafür wird diesmal statt der Existenz und Stetigkeit der Normalableitungen $\frac{\partial U}{\partial n}, \frac{\partial V}{\partial n}$ auf S diejenige der sechs partiellen Ableitungen erster Ordnung $\frac{\partial U}{\partial x}, \frac{\partial U}{\partial y}, \frac{\partial U}{\partial z}, \frac{\partial V}{\partial x}, \frac{\partial V}{\partial y}, \frac{\partial V}{\partial z}$ vorausgesetzt. Auch die auf ΔU und ΔV bezügliche Annahme ist neu hinzugetreten.

Bei den potentialtheoretischen Anwendungen der Greenschen Formel (22) sind ΔU und ΔV nicht nur beschränkt, sondern es ist zumeist sogar $\Delta U = \Delta V = 0$.

3. Der Satz von Stokes. Folgerungen. Potential eines Vektors. Es sei Θ ein beschränktes räumliches Gebiet, und es mögen P, Q, R in Θ erklärte stetige Ortsfunktionen bezeichnen, die stetige, allenfalls abteilungsweise stetige partielle Ableitungen erster Ordnung haben. Wir fassen P, Q, R als Komponenten eines Vektors auf und betrachten das stetige, oder zum mindesten abteilungsweise stetige Feld des Wirbelvektors

$$L = \frac{\partial R}{\partial y} - \frac{\partial Q}{\partial z}, \qquad M = \frac{\partial P}{\partial z} - \frac{\partial R}{\partial x}, \qquad N = \frac{\partial Q}{\partial x} - \frac{\partial P}{\partial y}. \tag{24}$$

[3] Die zuletzt zusammengestellten Voraussetzungen für die Gültigkeit der Formel (22) sind von A. Liapounoff gegeben worden. Vgl. A. Liapounoff, Journ. de Math. (5) **4** (1898), S. 241—311, insbes. S. 285—286.

Es sei Σ ein einfach oder mehrfach zusammenhängendes, auf einer stetig gekrümmten Fläche gelegenes Gebiet im Innern von Θ; seine Begrenzung Γ möge aus einer endlichen Anzahl Stücke stetig gekrümmter Raumkurven bestehen. Der von zwei Nachbarseiten von Γ eingeschlossene Winkel kann alle Werte zwischen 0 und 2π, die Grenzen inbegriffen, haben.

Es möge zunächst Γ aus einer einzigen (geschlossenen, stetig gekrümmten) Kurve bestehen. Wir bezeichnen eine der beiden möglichen Umlaufsrichtungen auf Γ willkürlich als *positiv* und ordnen dieser wie folgt eine bestimmte Richtung der Normale zu Σ als die *positive Richtung* zu. Es sei A_0 ein Punkt auf Γ. Man denke sich aus Σ durch einen Kreiszylinder, dessen Achse in die Normale zu Σ in A_0 fällt, in der Umgebung von A_0 ein Flächenstück Σ^* herausgeschnitten. Auf dem halbkreisförmigen Rande Γ^* von Σ^* wird durch den angenommenen Umlaufssinn ein positiver Umlaufssinn „induziert". Man denke sich jetzt einen Beobachter in A_0 senkrecht auf Σ und so orientiert stehen, daß für ihn die positive Umlaufsrichtung auf Γ^* der Uhrzeigerbewegung entgegengesetzt erscheint. Die Richtung der positiven Normale ist für unseren Beobachter diejenige von unten nach oben. So wird die positive Normale in dem Punkte A_0 auf Γ festgesetzt. In allen übrigen Punkten von Σ ist sie alsdann durch die Vorschrift bestimmt, daß beim stetigen Fortschreiten auf Σ auch die von der positiven Normale mit den Koordinatenachsen eingeschlossenen Winkel α, β, γ sich stetig ändern. Besteht der Rand Γ von Σ aus mehreren Komponenten, so setzen wir den Umlaufssinn auf einer der Komponenten willkürlich fest, bestimmen wie vorhin die Richtung der positiven Normale und gewinnen zugleich die positive Umlaufsrichtung auf den übrigen Komponenten von Γ.

Betrachten wir den Fluß des Wirbelvektors L, M, N von P, Q, R durch Σ, d. h. den Ausdruck

$$\int_{\Sigma} (L\cos\alpha + M\cos\beta + N\cos\gamma)\, d\sigma$$

$$= \int_{\Sigma} \left\{ \left(\frac{\partial R}{\partial y} - \frac{\partial Q}{\partial z}\right)\cos\alpha + \left(\frac{\partial P}{\partial z} - \frac{\partial R}{\partial x}\right)\cos\beta + \left(\frac{\partial Q}{\partial x} - \frac{\partial P}{\partial y}\right)\cos\gamma \right\} d\sigma .$$

Nach Stokes ist

$$(25)\quad \int_{\Sigma} (L\cos\alpha + M\cos\beta + N\cos\gamma)\, d\sigma = \int_{\Gamma} P\,dx + Q\,dy + R\,dz .$$

Das Integral rechter Hand ist die Zirkulation des Vektors P, Q, R längs Γ.

Durch den Stokesschen Satz wird also ein über ein Flächenstück erstrecktes Integral in ein Linienintegral umgeformt: *der Fluß der Ro-*

tation eines Vektors durch ein Flächenstück ist gleich der Zirkulation eben dieses Vektors längs des Randes des Flächenstückes.

Die vorstehenden, in der Literatur in der Regel angegebenen Voraussetzungen lassen sich durch andere, weniger einschränkende ersetzen. Es genügen zunächst die folgenden Annahmen: 1. *Σ ist ein auf einer Fläche mit stetiger Normale ausgebreitetes Gebiet.* 2. *Die Begrenzung Γ von Σ besteht aus einer endlichen Anzahl Stücke von Raumkurven mit stetiger Tangente.*

Der Stokessche Satz gilt weiter, auch wenn Σ aus einer endlichen Anzahl Stücke einander nicht berührender Flächen mit stetiger Normale besteht, die also eine endliche Anzahl von Kanten und körperlichen Ecken miteinander einschließen können. Auch konische Punkte können zugelassen werden. Auch darf der Rand Γ von Σ aus einer endlichen Anzahl von Komponenten bestehen, von denen jede in endlich viele Stücke von Kurven mit stetiger Tangente zerfällt. Übrigens darf Σ sich selbst durchsetzen, sofern es sich nur in eine endliche Anzahl Flächenstücke des soeben beschriebenen Charakters zerlegen läßt.

Wir haben vorhin vorausgesetzt, daß die Funktionen P, Q, R in einem Gebiete erklärt sind, das $\Sigma + \Gamma$ in seinem Innern enthält. Auch diese Voraussetzung, die sich in manchen Fällen als unbequem erweist, läßt sich durch die folgende, weniger einschränkende ersetzen. Es genügt, wenn die Funktionen P, Q, R in einem Bereiche $\mathfrak{T} + \mathfrak{S}$, dessen Rand Σ als einen Teil enthält, definiert und stetig sind und stetige, allenfalls abteilungsweise stetige Ableitungen erster Ordnung haben[4].

Aus der Stokesschen Formel (25) wollen wir jetzt eine Anzahl wichtiger Folgerungen ziehen.

1. *Der Fluß der Rotation des Vektors P, Q, R durch eine beliebige geschlossene Fläche, die aus einer endlichen Anzahl einander nicht berührender Stücke mit stetiger Normale besteht, ist gleich Null.*

Man überzeugt sich hiervon leicht, wenn man die gegebene Fläche durch einen geeigneten auf ihr gezogenen Linienzug in zwei berandete Teile zerlegt, die Formel (25) auf jeden dieser Teile anwendet und die beiden Gleichungen durch Addition zusammenfaßt[5]. Da die Trennlinie beide Male in entgegengesetzter Richtung durchlaufen wird, so erhalten wir so, in der Tat, die gewünschte Relation.

---

[4] Man vergleiche bsp. L. Lichtenstein, Bemerkungen über den Stokesschen Satz, Bulletin International de l'Académie Polonaise des Sciences et des Lettres 1928, S. 1—6. Siehe auch W. H. Young, On Stokes's theorem, Proceedings of the London Mathematical Society (2) **24**, (1925) S. 21—61. An der zuletzt genannten Stelle wird von den schärferen Mitteln der modernen Analysis Gebrauch gemacht; dementsprechend werden die Voraussetzungen weiter reduziert.

[5] Es sei A ein Punkt auf S, (n) die Normale zu S in A. Ein gerader Kreiszylinder um (n) als Achse trifft S, wenn der Radius des Basiskreises hinreichend klein ist, in einer Kurve mit stetiger Tangente, die S in gewünschter Weise zerschneidet.

2. *Eine notwendige Bedingung dafür, daß die Zirkulation des Vektors P, Q, R längs einer beliebigen geschlossenen Kurve mit abteilungsweise stetiger Tangente in Θ, in die sich ein Flächenstück Σ einspannen läßt, verschwindet, ist, daß seine Rotation in Θ verschwindet,*

$$\frac{\partial R}{\partial y} - \frac{\partial Q}{\partial z} = 0, \quad \frac{\partial P}{\partial z} - \frac{\partial R}{\partial x} = 0, \quad \frac{\partial Q}{\partial x} - \frac{\partial P}{\partial y} = 0. \tag{26}$$

In der Tat ist nach dem vorhin Bewiesenen für ein jedes Flächenstück Σ in Θ gewiß

$$\int\limits_{\Sigma}\left\{\left(\frac{\partial R}{\partial y} - \frac{\partial Q}{\partial z}\right)\cos\alpha + \left(\frac{\partial P}{\partial z} - \frac{\partial R}{\partial x}\right)\cos\beta + \left(\frac{\partial Q}{\partial x} - \frac{\partial P}{\partial y}\right)\cos\gamma\right\} d\sigma = 0. \tag{27}$$

Es möge nunmehr im Gegensatz zu unserer Behauptung in einem Punkte (x^0, y^0, z^0) in Θ etwa

$$\frac{\partial P}{\partial y} - \frac{\partial Q}{\partial x} > 0 \tag{28}$$

sein. Wir beschreiben um (x^0, y^0, z^0) als Mittelpunkt in der Ebene $z = z^0$ eine kleine Kreisfläche $\mathfrak{K}$ vom Halbmesser $\mathfrak{r}^0$, der so klein ist, daß im Innern und auf dem Rande von $\mathfrak{K}$ immer noch (28) gilt. Wir finden dann, im Gegensatz zu der Voraussetzung,

$$\int\limits_{\mathfrak{K}}\left(\frac{\partial P}{\partial y} - \frac{\partial Q}{\partial x}\right) dx\,dy > 0,$$

womit also unsere Behauptung bewiesen ist.

Die für das Verschwinden der Zirkulation notwendige Bedingung (26) *ist augenscheinlich auch hinreichend.* Es möge jetzt insbesondere Θ ein einfach zusammenhängendes Gebiet der Klasse A sein. Durch eine beliebige geschlossene Kurve Γ in Θ mit abteilungsweise stetiger Tangente läßt sich gewiß ein ganz in Θ enthaltenes Flächenstück Σ von dem im vorstehenden präzisierten Charakter legen, dessen Gesamtrand Γ bildet. Aus (25) und (26) folgt, daß die Zirkulation längs Γ den Wert Null hat.

Es sei (x_0, y_0, z_0) irgendein fester, (x, y, z) ein beliebiger Punkt im Innern des immer noch als einfach zusammenhängend vorausgesetzten Gebietes Θ (der Klasse A). *Der Wert des Integrals*

$$\int\limits_{(x_0, y_0, z_0)}^{(x, y, z)} P\,dx + Q\,dy + R\,dz, \tag{29}$$

erstreckt über ein beliebiges im Innern von Θ zwischen (x_0, y_0, z_0) und (x, y, z) verlaufendes Linienstück mit abteilungsweise stetiger Tangente, ist von der speziellen Wahl des Integrationsweges unabhängig. Sind, in der Tat, Γ_1 und Γ_2 zwei verschiedene Integrationswege, und bezeichnen J_1 und J_2 die zugehörigen Werte des Integrals, so gilt, da die Zirkulation auf dem geschlossenen Wege $\Gamma_1 - \Gamma_2$ verschwindet,

$$J_1 - J_2 = 0, \quad J_1 = J_2.$$

Wir setzen

$$\int_{(x_0, y_0, z_0)}^{(x, y, z)} P\,dx + Q\,dy + R\,dz = \varphi(x, y, z). \tag{30}$$

Man sieht fast unmittelbar ein, daß $\varphi(x, y, z)$ im Innern von Θ stetige partielle Ableitungen erster Ordnung

$$\frac{\partial\varphi}{\partial x} = P, \quad \frac{\partial\varphi}{\partial y} = Q, \quad \frac{\partial\varphi}{\partial z} = R \tag{31}$$

hat.

Der Vektor P, Q, R ist Gradient der Ortsfunktion φ. Wir nennen P, Q, R einen *Potentialvektor* und φ sein *Potential*. Dieses ist augenscheinlich nur bis auf eine additive Konstante bestimmt.

Ist insbesondere $R = 0$ und sind P und Q von z unabhängig, so reduzieren sich die drei Bedingungsgleichungen (26) auf die eine Gleichung

$$\frac{\partial P}{\partial y} - \frac{\partial Q}{\partial x} = 0. \tag{32}$$

Die Funktion φ ist jetzt von z unabhängig, und es gilt

$$P = \frac{\partial\varphi}{\partial x}, \quad Q = \frac{\partial\varphi}{\partial y}. \tag{33}$$

4. Unendlichvieldeutige Potentiale. Periodizitätsmoduln. Die vorstehenden Ergebnisse bedürfen einer Modifikation, wenn Θ mehrfach zusammenhängend ist, da man dann durch Γ nicht immer, wie vorhin, ein ganz im Innern von Θ enthaltenes Flächenstück Σ legen kann, dessen vollständige Begrenzung die Kurve Γ wäre.

Es sei beispielsweise $\Theta + \Sigma$ ein Bereich, der sich auf einen Kreisringkörper topologisch abbilden läßt, und es möge F einen Querschnitt mit stetiger Normale bezeichnen, der Θ in einen einfach zusammenhängenden Bereich $\Theta^* + \Sigma^*$ verwandelt (Fig. 1). Es sei $\hat{A}$ ein beliebiger Punkt auf F. Eine der beiden Richtungen der Normale zu F in $\hat{A}$ wollen wir willkürlich als positiv auffassen. In allen übrigen Punkten des Querschnittes ist alsdann die positive Normalrichtung durch die Vorschrift bestimmt, daß beim stetigen Fortschreiten auf F die von der positiven Normale mit den Koordinatenachsen eingeschlossenen Winkel sich stetig ändern sollen. Es sei jetzt Γ_1 ein Kurvenstück mit abteilungsweise stetiger Tangente, das, wenn man von seinen „Randpunkten" absieht, im Innern von Θ^* liegt. Es wird weiter angenommen, daß die beiden Randpunkte von Γ_1 in einem Punkte des Querschnittes, der nicht auf Σ liegt, zusammenfallen, während ihre Umgebungen sich in Θ^* auf verschiedenen Seiten von F befinden, und daß Γ_1 das Flächenstück F nicht berührt. Wir bezeichnen den auf der negativen Seite von F befindlichen Randpunkt von Γ_1 als den *Anfangs-*, den anderen als den *Endpunkt*. Diejenige Fortschreitungsrichtung auf Γ_1, die von dem Anfang nach dem Ende führt, soll *positiv* heißen. Wir wollen jetzt unter Γ_1 das vorgenannte, im positiven Sinne durchlaufene Kurvenstück verstehen; $-\Gamma_1$ soll den gleichen, jedoch in entgegengesetzter Richtung durchlaufenen Bogen bezeichnen. Es sei Γ_2 irgendein anderer Kurvenbogen desselben Charakters wie Γ_1, der mit diesem keinen Punkt gemeinsam hat. Wir verbinden den Endpunkt von Γ_1 mit dem Endpunkt von Γ_2 durch einen ganz auf F verlaufenden Bogen mit stetiger Tangente, Γ_0. Betrachten wir jetzt den geschlossenen Linienzug $\dot{\Gamma}$, den man erhält, wenn man nacheinander $\Gamma_1, \Gamma_0, -\Gamma_2, -\Gamma_0$

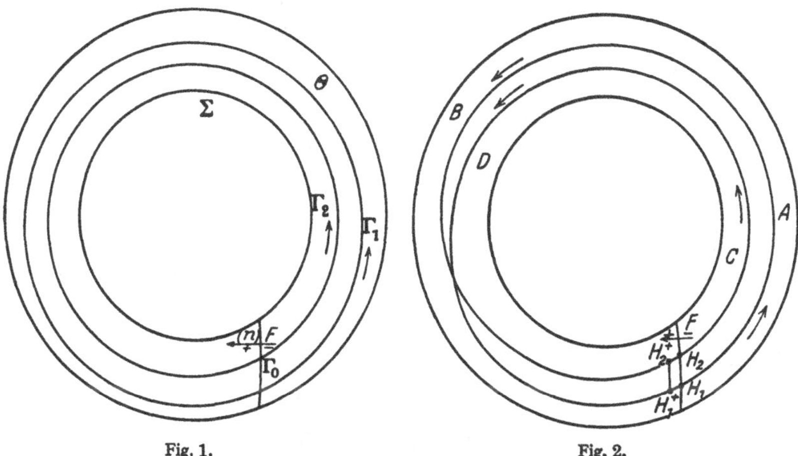

Fig. 1. Fig. 2.

durchläuft; $\dot{\Gamma}$ liegt teils im Innern, teils auf dem Rande von Θ^*. Es gilt unter der Bedingung (26)

$$\int_{\Gamma_1} P\,dx + Q\,dy + R\,dz + \int_{\Gamma_0} - \int_{\Gamma_2} - \int_{\Gamma_0} = 0,$$

mithin

$$\int_{\Gamma_1} P\,dx + Q\,dy + R\,dz = \int_{\Gamma_2} P\,dx + Q\,dy + R\,dz.$$

Augenscheinlich ist zugleich $\int_{-\Gamma_1} = \int_{-\Gamma_2}$.

Unser Resultat kann man nun wie folgt deuten. *Sind Γ_1 und Γ_2 zwei (geschlossene) Kurven im Innern von Θ, die den Querschnitt F einmal, und zwar in demselben Sinne, etwa von der positiven nach der negativen Seite hin, durchdringen, so hat die Zirkulation des Vektors P, Q, R längs Γ_1 und Γ_2 denselben Wert.*

Es sei jetzt allgemein $c \neq 0$ die Zirkulation des Vektors P, Q, R längs einer der Kurven Γ_1 oder Γ_2 (Fig. 1). Es möge weiter Γ eine geschlossene Kurve mit abteilungsweise stetiger Tangente im Innern von Θ bezeichnen, die mit dem Querschnitt F zwei Punkte H_1 und H_2

gemeinsam hat, diesen nicht berührt, vielmehr zweimal von der positiven nach der negativen Seite hin durchsetzt. Wir verbinden (Fig. 2) zwei Punkte H_1^+ und H_2^+ in der Nachbarschaft von H_1 und H_2 auf der positiven Seite von F durch einen F nicht treffenden Bogen mit stetiger Tangente, $H_1^+ H_2^+$. Augenscheinlich ist

$$\int_\Gamma P\,dx + Q\,dx + R\,dz = \int_{H_1^+ A B H_2^+ H_1^+} + \int_{H_1^+ H_2^+ C D H_1^+} = 2c. \tag{34}$$

Es sei jetzt allgemeiner Γ irgendeine (geschlossene) Kurve mit abteilungsweise stetiger Tangente, die den Querschnitt F nicht berührt. Sie kann nur eine endliche Anzahl Punkte mit ihm gemeinsam haben (vgl. S. 15). *Es möge Γ den Querschnitt n_1-mal von der positiven nach der negativen Seite sowie n_2-mal von der negativen nach der positiven Seite hin durchsetzen. Die Zirkulation des Vektors P, Q, R längs Γ hat,* wie man sich in ähnlicher Weise überzeugt, *den Wert*

$$\int_\Gamma P\,dx + Q\,dy + R\,dz = (n_1 - n_2)\,c. \tag{35}$$

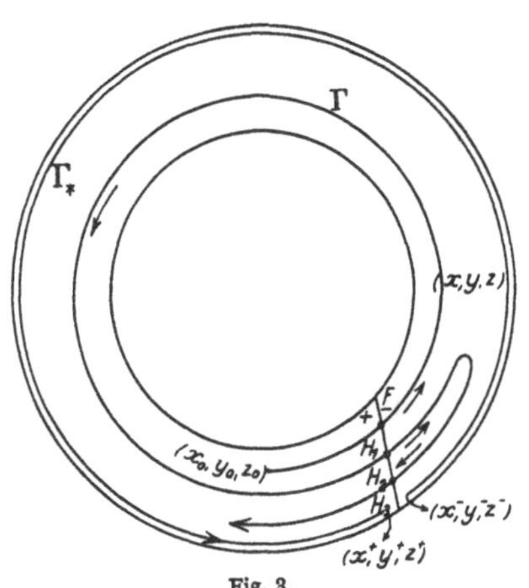

Fig. 3.

Ist F' ein anderer (Γ nicht berührender) Querschnitt und sind n_1', n_2' die zugehörigen Durchsetzungszahlen, so ist offenbar

$$n_1' - n_2' = n_1 - n_2. \tag{36}$$

Im Innern des einfach zusammenhängenden Gebietes Θ^* sind, den früheren Ergebnissen zufolge, P, Q, R partielle Ableitungen erster Ordnung einer daselbst stetigen Funktion,

$$P = \frac{\partial \varphi}{\partial x}, \quad Q = \frac{\partial \varphi}{\partial y}, \quad R = \frac{\partial \varphi}{\partial z}. \tag{37}$$

Die Funktion φ verhält sich stetig, auch wenn man sich F, sei es von der positiven sei es von der negativen Seite her, nähert, dabei aber in endlichem Abstande von S bleibt, dies, weil wir die Funktionen P, Q, R immer als nur im Innern von Θ definiert ansehen.

Es sei (x, y, z) irgendein Punkt auf F. Wir nehmen die beiden Punkte (x^+, y^+, z^+), (x^-, y^-, z^-) auf der Normale zu F in (x, y, z) im Abstande h von (x, y, z) und verbinden sie durch einen Bogen mit stetiger Tangente Γ_* in Θ^* (Fig. 3). Offenbar ist

$$\int_{(x^-, y^-, z^-)}^{(x^+, y^+, z^+)} P\,dx + Q\,dy + R\,dz = \varphi(x^+, y^+, z^+) - \varphi(x^-, y^-, z^-). \tag{38}$$

Für gegen Null konvergierendes h konvergiert die linke Seite gegen c.

Beim Überschreiten des Querschnittes erfährt also φ eine sprungweise Änderung. Es gilt in naheliegender abgekürzter Schreibweise

$$\varphi(+0) - \varphi(-0) = c. \tag{39}$$

Es sei jetzt Γ irgendein von einem Punkte (x_0, y_0, z_0) in Θ^* ausgehender Linienzug mit abteilungsweise stetiger Tangente ganz im Innern von Θ, der F in den Punkten $H_1, H_2, \ldots, H_n$ trifft (Fig. 3). Schreitet man Γ entlang und verfolgt die zugehörigen Werte der Funktion φ, so wird man, den bisherigen Festsetzungen gemäß, jedesmal beim Durchschreiten des Querschnittes F einen Sprung gleich $-c$ oder $+c$ beobachten, je nachdem man von der positiven Seite nach der negativen, oder von der negativen Seite nach der positiven übergeht.

Man kann nun die Unstetigkeit des Potentials φ vermeiden, wenn man die folgende Festsetzung trifft.

Es möge Γ den Querschnitt F im Punkte H_1 von der positiven nach der negativen Seite hin durchschreiten. Wir erteilen dem betrachteten Potential, das jetzt Φ heißen soll, auf der negativen Seite von F den Wert $\varphi(-0) + c$, in einem beliebigen Punkte (x, y, z) auf H_1H_2 den Wert $\varphi(x, y, z) + c$. Wird F in H_2 in derselben Richtung wie in H_1 durchsetzt, so erteilen wir Φ auf H_2H_3 den Wert $\varphi + 2c$, im entgegengesetzten Falle den Wert $(\varphi + c) - c = \varphi$. Es möge der zuerst genannte Fall vorliegen. Dann kommen auf H_3H_4 die Werte $\varphi + 3c$ oder $(\varphi + 2c) - c = \varphi + c$ in Betracht usw. Wie ersichtlich, kommt bei jedesmaligem Durchschreiten des Querschnittes zu den Werten φ in $\Theta^* + \Sigma^*$ ein neuer Summand c oder $-c$ hinzu, je nachdem F von der positiven Seite nach der negativen oder in der umgekehrten Richtung durchsetzt wird. Die Änderung von Φ erfolgt durchaus stetig, indessen kann Φ in jedem einzelnen Punkte von Θ unendlichviele verschiedene Werte annehmen, die sich um ganzzahlige Vielfache einer festen Zahl unterscheiden. Wir sprechen jetzt von einem *unendlichvieldeutigen Potential* des Vektors P, Q, R. Die Zahl c heißt sein *Periodizitätsmodul.* In einfach zusammenhängenden Gebieten können, wie es sich zeigen läßt, solche unendlichvieldeutige, mit ihren partiellen Ableitungen erster Ordnung stetige Funktionen nicht existieren.

Es macht keine Schwierigkeiten, unendlichvieldeutige Potentiale in einem beliebigen dem Kreisringkörper topologisch äquivalenten Gebiete (der Klasse A) zu konstruieren.

Es sei K ein Kreisgebiet in der Ebene x-z um den Koordinatenursprung als Mittelpunkt vom Durchmesser d_0. Betrachten wir den Ausdruck (Fig. 4)

$$\begin{gathered} W^{(1)}(x, y, z) = \int\limits_K \frac{\partial}{\partial y'}\left(\frac{1}{r}\right) dx'\,dz' = \int\limits_K \frac{\cos \chi'}{r^2}\, dx'\,dz', \\ r^2 = (x - x')^2 + (y - y')^2 + (z - z')^2. \end{gathered} \tag{40}$$

Es sei $\mathfrak{T} + \mathfrak{S}$ irgendein beschränkter Bereich, der keinen Punkt mit $K + C$ (C ist die Kreislinie $x^2 + z^2 = \frac{1}{4} d_0^2$) gemeinsam hat.

In $\mathfrak{T}$ stellt sowohl $\frac{1}{r}$ als auch $\frac{\partial}{\partial y'}\left(\frac{1}{r}\right)$, darum auch $W^{(1)}$ eine nebst ihren partiellen Ableitungen erster und zweiter Ordnung stetige Funktion dar. Wie es sich leicht zeigen läßt, ist, beiläufig bemerkt,

$$\Delta W^{(1)} = \frac{\partial^2 W^{(1)}}{\partial x^2} + \frac{\partial^2 W^{(1)}}{\partial y^2} + \frac{\partial^2 W^{(1)}}{\partial z^2} = 0.$$

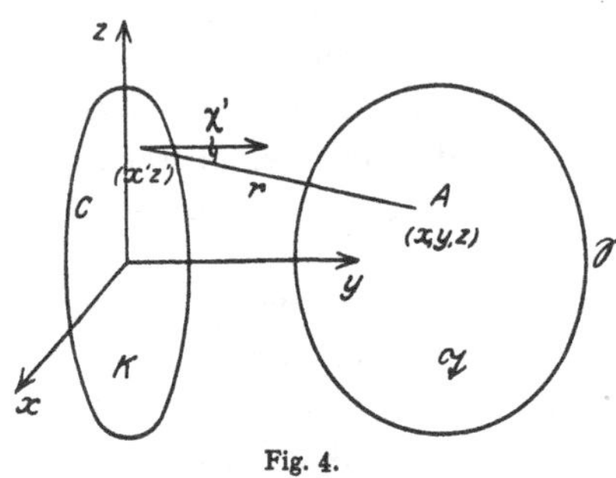

Fig. 4.

Wir sagen (vgl. S. 53), $W^{(1)}$ sei eine in $\mathfrak{T}$ reguläre Potentialfunktion. Offenbar ist $\cos\chi' dx' dz'$ die Projektion des Flächenelements $dx' dz'$ auf die Kugel vom Radius r um den Punkt $A\,(x, y, z)$ von A aus. Darum stellt $\frac{\cos\chi'}{r^2} dx' dz'$ seine Projektion auf die Einheitskugel um A, mithin $W^{(1)}$ den räumlichen Winkel, unter dem $K + C$ von A aus erscheint, dar. Dieser Winkel ist positiv für $y > 0$, negativ für $y < 0$.

Läßt man jetzt (x, y, z) gegen einen (inneren) Punkt von K konvergieren, so konvergiert $W^{(1)}(x, y, z)$, wie man sich leicht überzeugt, gegen 2π oder -2π, je nachdem man sich K von der Seite der positiven oder negativen y-Werte her nähert. Am Rande von K liegen die Dinge anders.

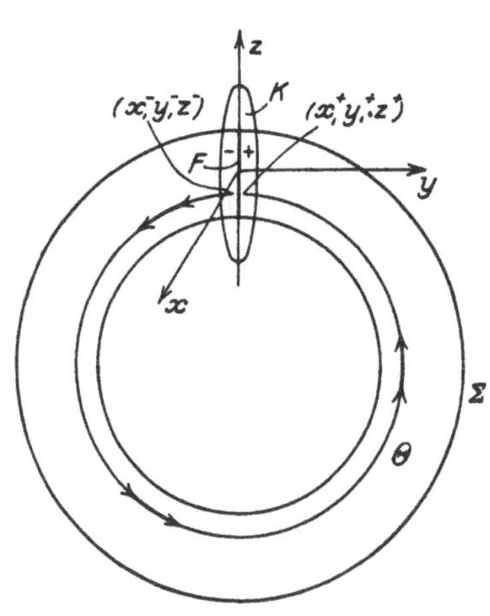

Fig. 5.

Es sei jetzt wieder $\Theta + \Sigma$ ein beliebiger beschränkter Bereich der Klasse A, der einem Kreisringkörper topologisch äquivalent ist (Fig. 5). Wir nehmen an, daß der Koordinatenursprung in Θ liegt und durch diesen ein Θ nicht zerstückelnder ebener Querschnitt F gelegt werden kann. Wir denken uns das Achsenkreuz so orientiert, daß F in die Ebene $y = 0$ hineinfällt. Der Durchmesser von F heiße d. Es ist einleuchtend, daß, wenn $d_0 > 2\,d$ gewählt wird, $W^{(1)}$ eine in Θ unendlichvieldeutige Potentialfunktion darstellt und einen Periodizitätsmodul 4π hat[6].

[6] In der Figur ist durch die Zeichen + und — angedeutet, welche Seite von F als positiv bzw. negativ angesehen werden soll.

Es möge nunmehr $\Psi(x, y, z)$ irgendeine in Θ erklärte unendlichvieldeutige stetige Funktion mit dem Periodizitätsmodul c bezeichnen. Insbesondere könnte Ψ mit dem vorhin eingeführten Potential Φ des Vektors P, Q, R übereinstimmen. Die Funktion

$$\Pi(x, y, z) = \Psi(x, y, z) - \frac{c}{4\pi} W^{(1)}(x, y, z) \tag{41}$$

ist in Θ eindeutig. Aus (41) folgt

$$\Psi(x, y, z) = \Pi(x, y, z) + \frac{c}{4\pi} W^{(1)}(x, y, z). \tag{42}$$

In dieser allgemeinen Form läßt sich u. a. unser Potential Φ darstellen.

Es ist jetzt nicht schwer einzusehen, wie die Verhältnisse in Räumen höherer Zusammenhangszahl liegen werden. Wir begnügen uns mit der Betrachtung eines dreifach zusammenhängenden Bereiches (Fig. 6), der aus dem vorhin betrachteten Bereich durch Anheftung eines handgriffartigen Stückes entsteht. Es seien F_1 und F_2 irgendein Paar ebener Querschnitte, die $\Theta + \Sigma$ in einen einfach zusammenhängenden Bereich verwandeln und Σ nicht berühren. Es seien c_1 und c_2 die Werte der Zirkulation des die Relationen (31) erfüllenden Vektors P, Q, R längs der beiden F_1 bzw. F_2 einmal durchsetzenden Wege Γ_1 und Γ_2. *Die Zirkulation längs des Weges* Γ_3 *hat,* wie man sich leicht überzeugt, *den Wert* $c_1 + c_2$.

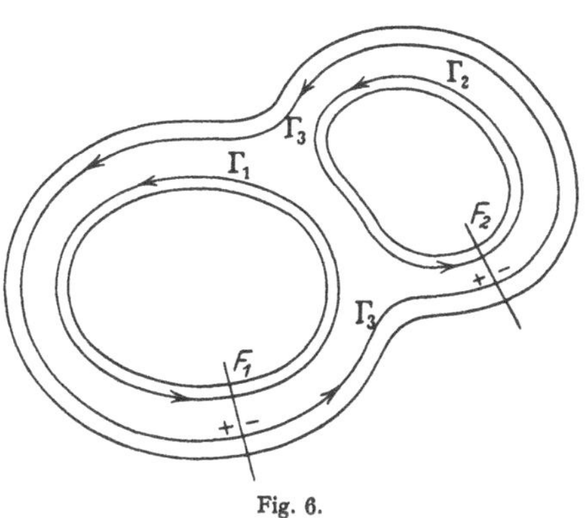

Fig. 6.

Es sei (x_0, y_0, z_0) irgendein nicht auf F_1 oder F_2 gelegener Punkt in Θ. Ist, ähnlich wie auf S. 46,

$$\varphi = \int_{(x_0, y_0, z_0)}^{(x, y, z)} P\,dx + Q\,dy + R\,dz$$

der wohlbestimmte Wert der Zirkulation für alle (x, y, z) in $\Theta^* + \Sigma^*$ und alle daselbst gelegenen Integrationswege, so ist durch

$$\Phi(x, y, z) = \varphi(x, y, z) + n_1 c_1 + n_2 c_2$$

der Wert der Zirkulation beim Durchlaufen eines beliebigen Weges in Θ, der F_1 insgesamt n_1-, F_2 aber n_2-mal durchsetzt, gegeben; Φ *ist ein unendlichvieldeutiges Potential des Vektors* P, Q, R *mit den beiden Periodizitätsmoduln* c_1 *und* c_2.

Es sei jetzt d_1 der Durchmesser von F_1, d_2 derjenige von F_2, und es möge $d_0 > d_1$, $d_0 > d_2$ sein. Wir denken uns in der Ebene von F_1 einen Kreisbereich $K_1 + C_1$ vom Durchmesser d_0 so untergebracht, daß F_1 mit Einschluß des Randes ganz im Innern von K_1 zu liegen kommt, und bezeichnen mit $W^{(1)}$ den Ausdruck

$$(43)\qquad W^{(1)} = \int\limits_{K_1} \frac{\partial}{\partial n'}\left(\frac{1}{r}\right) d\sigma', \qquad r^2 = (x-x')^2 + (y-y')^2 + (z-z')^2,$$

unter $d\sigma'$ das Flächenelement in (x', y', z'), unter (n') die nach der positiven Seite von F_1 gerichtete Normale verstanden. In ähnlicher Weise sei

$$(44)\qquad W^{(2)} = \int\limits_{K_2} \frac{\partial}{\partial n'}\left(\frac{1}{r}\right) d\sigma'$$

gesetzt. Dann ist, ähnlich wie auf S. 51

$$(45)\qquad \Phi(x, y, z) = \frac{c_1}{4\pi} W^{(1)} + \frac{c_2}{4\pi} W^{(2)} + \Pi,$$

unter Π eine in Θ eindeutige Funktion verstanden.

Drittes Kapitel.

Vorbereitendes aus der Potentialtheorie.

1. Definitionen. Greensche Formeln. Der Gaußsche Mittelwertsatz. Es sei T irgendein einfach oder mehrfach zusammenhängendes räumliches Gebiet. Eine Funktion $U(x, y, z)$, die sich in T nebst ihren partiellen Ableitungen erster und zweiter Ordnung stetig verhält und der Differentialgleichung

$$\Delta U = \frac{\partial^2 U}{\partial x^2} + \frac{\partial^2 U}{\partial y^2} + \frac{\partial^2 U}{\partial z^2} = 0, \tag{1}$$

der *Laplaceschen Differentialgleichung*, genügt, nennen wir eine *in T reguläre Potentialfunktion*. Ist speziell U von z unabhängig, während zugleich T einen Zylinder darstellt, dessen Mantelfläche der z-Achse parallel verläuft, so erhalten wir

$$\frac{\partial^2 U}{\partial x^2} + \frac{\partial^2 U}{\partial y^2} = 0. \tag{2}$$

Es steht im letzteren Falle natürlich nichts im Wege, U als eine in einem ebenen Gebiete T nebst ihren partiellen Ableitungen erster und zweiter Ordnung stetige, der Differentialgleichung (2) genügende Funktion zu definieren.

Aus den im zweiten Kapitel angegebenen Greenschen Formeln fließt eine Anzahl für die Potentialtheorie grundlegender Folgerungen. Es sei T ein von einer Anzahl (geschlossener) stetig gekrümmter Flächen S (in der Ebene — Kurven) begrenztes Gebiet. Sind U und V zwei in $T + S$ stetige, im Innern von T reguläre Potentialfunktionen, die auf S stetige Normalableitungen haben, so ist der Formel (22) (Kap. II) gemäß, die jetzt anwendbar ist, wegen $\Delta U = 0$, $\Delta V = 0$ augenscheinlich

$$\int_S \left(U \frac{\partial V}{\partial n} - V \frac{\partial U}{\partial n}\right) d\sigma = 0, \tag{3}$$

in der Ebene entsprechend

$$\int_S \left(U \frac{\partial V}{\partial n} - V \frac{\partial U}{\partial n}\right) ds = 0. \tag{4}$$

Es sei noch einmal darauf hingewiesen, daß die im Innern und auf dem Rande von T stetigen Funktionen U und V nur im Innern von T als reguläre Potentialfunktionen aufzufassen sind; $\frac{\partial U}{\partial x}, \frac{\partial U}{\partial y}, \frac{\partial U}{\partial z}$, $\frac{\partial V}{\partial x}, \frac{\partial V}{\partial y}, \frac{\partial V}{\partial z}$ und erst recht die partiellen Ableitungen zweiter Ordnung $\frac{\partial^2 U}{\partial x^2}, \frac{\partial^2 U}{\partial x \partial y}, \frac{\partial^2 U}{\partial y^2}, \ldots, \frac{\partial^2 V}{\partial z^2}$ brauchen auf S nicht einmal zu existieren.

Setzt man in (3) und (4) speziell $V = 1$, so findet man wegen $\frac{\partial V}{\partial n} = 0$:

$$\int\limits_S \frac{\partial U}{\partial n} d\sigma = 0, \qquad \int\limits_S \frac{\partial U}{\partial n} ds = 0. \tag{5}$$

Es sei jetzt wieder T ein ganz beliebiges räumliches oder ebenes Gebiet, und es möge U eine im Sinne unserer allgemeinen Definition im Innern von T reguläre Potentialfunktion bezeichnen. Es sei C eine Kugel mit dem Radius $\mathfrak{r}$ um (x_0, y_0, z_0) ganz im Innern von T. Es gilt (der Gaußsche Mittelwertsatz)

$$U(x_0, y_0, z_0) = \frac{1}{4\pi \mathfrak{r}^2} \int\limits_C U\, d\sigma. \tag{6}$$

In der Ebene erhält man ganz analog, wenn man mit C einen Kreis um (x_0, y_0) vom Radius $\mathfrak{r}$ ganz im Innern von T bezeichnet,

$$U(x_0, y_0) = \frac{1}{2\pi \mathfrak{r}} \int\limits_C U\, ds. \tag{7}$$

Die Formeln (6) und (7) gelten übrigens, auch wenn C mit dem Rande von T Punkte gemeinsam hat, oder selbst mit diesem ganz zusammenfällt, sofern nur U im Innern und auf dem Rande des von C begrenzten Kugelkörpers (in der Ebene — der Kreisfläche) stetig ist. Die Existenz einer stetigen Normalableitung $\frac{\partial U}{\partial n}$ auf C braucht dabei nicht vorausgesetzt zu werden.

Wir kehren zu dem speziellen, der Formel (3) zugrunde liegenden Gebiete T zurück. Es sei (x_0, y_0, z_0) ein Punkt im Innern von T. Wir beschreiben um ihn eine Kugel C vom Radius $\mathfrak{r}$ und wenden die Formel (3) auf das von S und C begrenzte Gebiet $\tilde{T}$ an, indem wir für V die Funktion

$$V = \frac{1}{r}, \qquad r^2 = (x - x_0)^2 + (y - y_0)^2 + (z - z_0)^2 \tag{8}$$

einsetzen. Man überzeugt sich leicht, daß V für alle von Null verschiedenen r die Laplacesche Differentialgleichung erfüllt, mithin gewiß den für die Gültigkeit der Formel (3) vorhin angegebenen Bedingungen genügt.

Läßt man nachher $\mathfrak{r}$ gegen Null konvergieren, so findet man die Greensche Formel

$$U(x_0, y_0, z_0) = \frac{1}{4\pi}\int\limits_S \left(U\frac{\partial}{\partial n}\left(\frac{1}{r}\right) - \frac{1}{r}\frac{\partial U}{\partial n}\right) d\sigma. \tag{9}$$

In der Ebene erhält man in ähnlicher Weise, wenn man $V = \log\frac{1}{r}$ setzt,

$$U(x_0, y_0) = \frac{1}{2\pi}\int\limits_S \left(U\frac{\partial}{\partial n}\left(\log\frac{1}{r}\right) - \frac{\partial U}{\partial n}\log\frac{1}{r}\right) ds. \tag{10}$$

Wir haben vorhin vorausgesetzt, daß $U(x, y, z)$ im Innern von T der Laplaceschen Differentialgleichung $\Delta U = 0$ genügt. Es möge nunmehr allgemeiner $U(x, y, z)$ in $T + S$ stetig sein, im Innern von T stetige partielle Ableitungen erster und zweiter Ordnung und auf S stetige Normalableitung $\frac{\partial U}{\partial n}$ haben, es möge weiter U in T die (Poissonsche) Differentialgleichung

$$\Delta U = p(x, y, z)$$

befriedigen, unter p eine in $T + S$ stetige Funktion verstanden. Geht man jetzt von der Formel

$$\int\limits_T (U\Delta V - V\Delta U)\, d\tau = -\int\limits_S \left(U\frac{\partial V}{\partial n} - V\frac{\partial U}{\partial n}\right) d\sigma \tag{11}$$

aus, schließt den Punkt (x_0, y_0, z_0) wie vorhin durch eine kleine Kugel aus und setzt $V = \frac{1}{r}$, so erhält man nach dem Übergang zur Grenze, $\mathfrak{r} \to 0$,

$$U(x_0, y_0, z_0) = -\frac{1}{4\pi}\int\limits_T \frac{1}{r} p(x,y,z)\, d\tau + \frac{1}{4\pi}\int\limits_S \left(U\frac{\partial}{\partial n}\left(\frac{1}{r}\right) - \frac{1}{r}\frac{\partial U}{\partial n}\right) d\sigma. \tag{12}$$

Aus (9) und (10) werden wir zunächst den folgenden naheliegenden Schluß ziehen. *Ist von einer im Innern von T regulären Potentialfunktion bekannt, daß sie auch noch auf S mitsamt ihrer Normalableitung stetig ist, und sind ihre Randwerte sowie die Werte ihrer Normalableitung auf S gegeben, so ist hiermit die fragliche Potentialfunktion vollkommen bestimmt.* Die Formeln (9) bzw. (10) geben ihren Wert in einem beliebigen Punkte im Innern von T. Es folgt hieraus freilich keinesfalls, daß man die Werte von U und $\frac{\partial U}{\partial n}$ auf S beliebig vorschreiben darf. Es wird sich im Gegenteil bald zeigen, daß man entweder die Werte von U allein oder diejenigen von $\frac{\partial U}{\partial n}$, die letzteren der Bedingung $\int\limits_S \frac{\partial U}{\partial n} d\sigma = 0$ gemäß, als eine stetige Ortsfunktion auf S vorgeben darf.

Die Frage, ob es eine in T reguläre Potentialfunktion gibt, die den vorgenannten Randbedingungen genügt (*die erste bzw. zweite Randwertaufgabe der Potentialtheorie*), ist, sofern es sich um Gebiete von der zuletzt betrachteten speziellen Natur handelt, bejahend zu beantworten. Die erste Randwertaufgabe hat eine und nur eine Lösung, das zweite Randwertproblem hat eine bis auf eine willkürliche additive Konstante bestimmte Lösung[1].

2. Der analytische Charakter regulärer Potentialfunktionen. Nichtexistenz von Extremen im Innern des Regularitätsgebietes. Aus (9) folgt, wie sich leicht zeigen läßt, daß *eine in einem beliebigen Gebiete T reguläre Potentialfunktion $U(x, y, z)$ daselbst analytisch und regulär ist.*

Dies hat folgendes zu bedeuten. Ist (x_0, y_0, z_0) irgendein Punkt im Innern von T, so gilt eine Entwicklung von der Form

$$U(x, y, z) = \sum_{i, j, k}^{0 \cdots \infty} a_{ijk}(x - x_0)^i (y - y_0)^j (z - z_0)^k. \tag{13}$$

Die Potenzreihe (13) ist in einem ganz im Innern von T gelegenen Bereiche

$$|x - x_0| \leqq h, \quad |y - y_0| \leqq h, \quad |z - z_0| \leqq h \tag{14}$$

unbedingt und gleichmäßig konvergent.

Natürlich ist nicht etwa eine jede unbedingt und gleichmäßig konvergente Potenzreihe von der Form (13) eine in dem Gebiete $|x - x_0| < h$, $|y - y_0| < h$, $|z - z_0| < h$ reguläre Potentialfunktion. Hierzu ist vielmehr notwendig und hinreichend, daß die Koeffizienten a_{ijk} gewisse Bedingungen erfüllen. In der Ebene hat die Entwicklung einer jeden in einer Umgebung des Punktes (x_0, y_0) regulären Potentialfunktion die Form

$$\begin{gathered} U(x, y) = \sum_{n=0}^{\infty} r^n (a_n \cos n\varphi + b_n \sin n\varphi), \\ r^2 = (x - x_0)^2 + (y - y_0)^2, \quad x - x_0 = r\cos\varphi, \quad y - y_0 = r\sin\varphi. \end{gathered} \tag{15}$$

Hier sind r und φ Polarkoordinaten mit dem Ursprung in (x_0, y_0) und der Halbgeraden $y = y_0$, $x \geqq x_0$ als Achse. Die Reihe (15) konvergiert für $0 \leqq r \leqq \bar{r}$ ($\bar{r}$ hinreichend klein) und alle φ unbedingt und gleichmäßig. Im Raume gilt eine analoge, nach allgemeinen Kugelfunktionen fortschreitende Entwicklung.

Aus der Existenz einer Potenzreihenentwicklung folgt unmittelbar, daß *eine in einem Gebiete T reguläre Potentialfunktion stetige Ableitungen beliebig hoher Ordnung hat.*

---

[1] Man vergleiche des näheren die Ausführungen auf S. 57–59.

An die Reihenentwicklung (15) und die analoge Entwicklung im Raume schließt sich die Frage der Fortsetzbarkeit einer in einem Gebiete erklärten (regulären) Potentialfunktion an. Näheres hierüber findet sich in den Lehrbüchern der Analysis[2].

Aus

$$\Delta U = \frac{\partial^2 U}{\partial x^2} + \frac{\partial^2 U}{\partial y^2} + \frac{\partial^2 U}{\partial z^2} = 0$$

folgt durch Differentiation

$$\frac{\partial}{\partial x}(\Delta U) = \frac{\partial^2}{\partial x^2}\left(\frac{\partial U}{\partial x}\right) + \frac{\partial^2}{\partial y^2}\left(\frac{\partial U}{\partial x}\right) + \frac{\partial^2}{\partial z^2}\left(\frac{\partial U}{\partial x}\right) = \Delta\left(\frac{\partial U}{\partial x}\right) = 0$$

und analog

$$\Delta\left(\frac{\partial U}{\partial y}\right) = 0, \qquad \Delta\left(\frac{\partial U}{\partial z}\right) = 0.$$

Auch $\frac{\partial U}{\partial x}, \frac{\partial U}{\partial y}, \frac{\partial U}{\partial z}$ *sind im Innern von T reguläre Potentialfunktionen.* Die gleiche Eigenschaft haben partielle Ableitungen zweiter und höherer Ordnung $\frac{\partial^2 U}{\partial x^2}, \frac{\partial^3 U}{\partial x^3}$ usw.

Aus (6) wird gefolgert, daß *eine in einem Gebiete T reguläre Potentialfunktion U, wenn sie nicht identisch gleich einer Konstanten ist, im Innern von T weder (relative) Maxima noch Minima, selbst nicht in dem weiteren, durch die Zeichen $\geqq$ bzw. $\leqq$ charakterisierten Sinne, haben kann.* Ein ganz analoger Satz gilt in der Ebene. *Ist eine in einem beliebigen Gebiete T reguläre Potentialfunktion in einem noch so kleinen ganz im Innern von T gelegenen Kugelkörper (einer Kreisfläche) konstant, so hat sie überall in T denselben Wert.*

Es sei T ein beliebiges beschränktes Gebiet, und es möge $U(x, y, z)$ eine im Innern von T reguläre, auch noch auf dem Rande S von T stetige Potentialfunktion bezeichnen. Eine in dem Bereiche $T + S$ stetige Funktion erreicht daselbst ihre obere und untere Grenze (ihr absolutes Maximum bzw. Minimum). *Diese müssen den vorstehenden Entwicklungen gemäß auf S liegen.*

3. Die beiden ersten Randwertaufgaben. Unitäts- und Existenzsätze. Es möge nunmehr U auf S konstant sein, $U = c$. Der Höchstwert von U in $T + S$ ist jetzt gleich c, genau so groß ist aber auch der kleinste Wert, den U in $T + S$ annimmt. Also ist U in $T + S$ konstant und zwar gleich c. Ist insbesondere U auf S durchweg gleich Null, so verschwindet U in T identisch.

---

[2] Siehe bsp. E. Picard, Traité d'Analyse, Bd. II. Zweite Auflage, Paris **1905**, S. 10—**23**; **51**—**65**; Die Differential- und Integralgleichungen der Mechanik und Physik. Erster (mathematischer) Teil. Herausgegeben von R. v. Mises, Braunschweig **1925**, S. 530—585. Man vergleiche auch die klassischen Arbeiten von H. A. Schwarz, Berl. Monatsber. **1870**, S. 767—**795**; Gesammelte Abhandlungen, Bd. II, S. 144—171. Berlin: Julius Springer **1890**; Journ. f. Mathematik **74 (1872)**, S. 218—**253**; Ges. Abh. Bd. II, S. 175—**210**.

Es sei jetzt auf S irgendeine stetige Wertfolge gegeben. *Es gibt gewiß nicht mehr als eine im Innern von T reguläre, auch noch auf S stetige Potentialfunktion $U(x, y, z)$, die auf S diese Werte annimmt.* Es sei im Gegensatz zu unserer Behauptung $U_1(x, y, z)$ eine weitere Potentialfunktion, welche die gleichen Eigenschaften hat. Die Differenz $U - U_1$ ist gewiß eine im Innern von T reguläre, auch noch auf S stetige Potentialfunktion. Ferner ist auf S überall $U_1 - U = 0$. Also ist in $T + S$ identisch

$$U_1 = U.$$

Damit ist der Unitätssatz in der Theorie der ersten Randwertaufgabe bewiesen. *Es kann nicht mehr als eine in $T + S$ stetige, in T reguläre Potentialfunktion geben, die am Rande eine vorgeschriebene, stetige Wertfolge annimmt.* Was die bereits früher einmal (S. 56) berührte Frage betrifft, ob es allemal eine in $T + S$ stetige, in T reguläre Potentialfunktion gibt, die auf S beliebig vorgegebene stetige Randwerte annimmt, so würde ihre lückenlose Beantwortung Betrachtungen erfordern, die jenseits des Rahmens dieser einleitenden Darstellung liegen. Wir müssen uns damit begnügen, die folgenden, den Gegenstand keinesfalls erschöpfenden Ergebnisse ohne Beweis mitzuteilen.

In der Ebene hat das erste Randwertproblem in einem jeden beschränkten einfach oder mehrfach zusammenhängenden, von Jordanschen Kurven begrenzten integrierbaren Bereiche eine (und nur eine) Lösung. Im Raume gilt das gleiche, wenn die Randflächen gewissen weiteren Einschränkungen genügen, beispielsweise wenn sie aus endlich vielen Flächenstücken mit stetiger Normale, die einander nicht berühren, bestehen. Am Rande S von T werden dabei die partiellen Ableitungen erster Ordnung der Lösung, insbesondere die Normalableitung, im allgemeinen nicht existieren.

Sind freilich alle Randkomponenten Flächen der Klasse B, sind ferner die Randwerte, als Funktionen geeigneter Gaußscher Parameter aufgefaßt, stetig und haben sie stetige, der H-Bedingung genügende partielle Ableitungen erster Ordnung, so sind die partiellen Ableitungen erster Ordnung der Lösung in $T + S$ (also insbesondere auf S) vorhanden und stetig und erfüllen daselbst eine H-Bedingung mit dem gleichen Exponenten. Ganz ähnlich liegen die Verhältnisse, wenn die Randkomponenten Flächen der Klasse Bh sind und die Randwerte auch noch stetige, der H-Bedingung genügende Ableitungen zweiter Ordnung haben. Alsdann existieren in $T + S$ auch noch alle partiellen Ableitungen zweiter Ordnung der Lösung. Sie sind stetig und erfüllen in $T + S$ eine H-Bedingung. Die gleichen Sätze gelten in der Ebene[3].

[3] Vgl. die in der Fußnote [22] genannte Abhandlung von A. Korn. Weitere Literatur findet sich in meinem Referat (abgeschlossen 1918), Neuere Entwicklung der Potentialtheorie. Konforme Abbildung, Encyklopädie der Mathematischen Wissenschaften II C 3, S. 177—377, insbes. S. 243—244. Siehe ferner das Referat

Es ist klar, daß die Frage (vgl. S. 56), ob es eine in einem Gebiete etwa der Klasse B reguläre Potentialfunktion gibt, die auf S vorgeschriebene stetige Randwerte und zugleich vorgegebene (stetige) Werte der Normalableitung besitzt, im allgemeinen keine Lösung hat.

Handelt es sich jetzt um das zweite Randwertproblem, das, wie sich später zeigen wird, in der Hydrodynamik von besonderer Wichtigkeit ist, so sieht man sich veranlaßt, auch in der Ebene der Betrachtung Gebiete von etwas speziellerem Charakter zugrunde zu legen. Es gilt der Satz:

Eine in einem Bereiche $T + S$ der Klasse B stetige, in T reguläre Potentialfunktion, die auf S überdies eine stetige Normalableitung hat, ist durch die Werte dieser Ableitung nur bis auf eine willkürliche additive Konstante bestimmt. Insbesondere ist, wenn die Normalableitung überall auf dem Rande verschwindet, die Potentialfunktion gleich einer Konstanten.

Was die Lösung des zweiten Randwertproblems betrifft, so *ist*, was an dieser Stelle nicht bewiesen werden kann, *die Lösung, sofern die Bedingung*

$$\int\limits_S \frac{\partial U}{\partial n} d\sigma = 0 \quad \text{bzw.} \quad \int\limits_S \frac{\partial U}{\partial n} ds = 0$$

erfüllt ist, und es sich um beschränkte Gebiete der Klasse B, allenfalls der Klasse Ah handelt, vorhanden und bis auf eine willkürliche additive Konstante bestimmt.

Sind alle Randkomponenten von T Flächen der Klasse Ah, und erfüllen die vorgeschriebenen Werte der Normalableitung, als Funktion der Gaußschen Parameter aufgefaßt, die H-Bedingung mit dem gleichen Exponenten, so sind die partiellen Ableitungen erster Ordnung der Lösung in $T + S$ vorhanden und stetig und erfüllen daselbst die H-Bedingung. Ähnlich verhält es sich, wenn alle Randkomponenten von T der Klasse Bh angehören und die Normalableitung, als Ortsfunktion auf S aufgefaßt, stetige, der H-Bedingung genügende Ableitungen erster Ordnung hat. Alsdann sind auch noch die partiellen Ableitungen zweiter Ordnung der Lösung in $T + S$ vorhanden und stetig und befriedigen daselbst eine H-Bedingung. Ganz analoge Sätze gelten in der Ebene[4].

---

von G. Bouligand, Fonctions harmoniques. Principes de Picard et de Dirichlet. Mémorial des Sciences Mathématiques. Fascicule XI. Paris 1926. 52 S., insbes. die Ausführungen über die Arbeiten von N. Wiener S. 34—36 u. ff. Die Voraussetzungen des Textes lassen sich übrigens durch andere, weniger einschränkende ersetzen. So gilt die Behauptung bezüglich des Verhaltens der partiellen Ableitungen erster Ordnung der Lösung am Rande in der Ebene gewiß, wenn S der Klasse Ah angehört.

[4] Der Beweis läßt sich auf Grund der loc. cit. [3] zusammengestellten Sätze ohne Schwierigkeiten erbringen.

4. Die zu einem beschränkten Gebiete der Klasse B gehörige Greensche Funktion. Die F. Neumannsche charakteristische Funktion. Wir kehren für einen Augenblick zu der ersten Randwertaufgabe zurück. Es möge ein beschränktes Gebiet T der Klasse B vorliegen, und es sei (x, y, z) irgendein Punkt im Innern von T. Es sei $g(x, y, z;\, x', y', z')$, aufgefaßt als Funktion von x', y', z', diejenige, nach vorstehendem vollkommen bestimmte, im Innern von T reguläre, auch noch auf S stetige Potentialfunktion, die auf S dieselben Werte wie $-\frac{1}{r}$ (mit $r^2 = (x-x')^2 + (y-y')^2 + (z-z')^2$) annimmt. Die Funktion

$$G(x, y, z;\, x', y', z') = \frac{1}{r} + g(x, y, z;\, x', y', z') \tag{16}$$

ist, als Funktion von x', y', z' aufgefaßt, eine in jedem den Punkt (x, y, z) nicht enthaltenden Teilgebiet von T reguläre, auf S verschwindende Potentialfunktion. Die Differenz $G - \frac{1}{r}$ ist eine auch noch in einer vollständigen Umgebung von (x, y, z) reguläre Potentialfunktion. Man nennt G die *zu dem ersten Randwertproblem gehörige Greensche Funktion des Gebietes* T und sagt, sie werde in (x, y, z), ihrem *Pol*, wie $\frac{1}{r}$ unendlich. Einem auf S. 58 angegebenen Satze gemäß hat G auf S eine stetige Normalableitung.

Es sei (x_1, y_1, z_1) irgendein von (x, y, z) verschiedener Punkt im Innern von T. Es gilt dann

$$G(x, y, z;\, x_1, y_1, z_1) = G(x_1, y_1, z_1;\, x, y, z), \tag{17}$$

der *Reziprozitätssatz der Greenschen Funktion.*

Aus (17) folgt augenscheinlich, daß, wenn bei festgehaltenem (x_1, y_1, z_1) im Innern von T der Pol (x, y, z) gegen einen Punkt auf S konvergiert, G gegen Null konvergiert.

Es möge jetzt U eine im Innern von T reguläre Potentialfunktion bezeichnen, die nebst ihrer Normalableitung auch noch auf S stetig ist. Wiederholt man die Überlegung, die uns zu der Formel (9) führte, indem man für V diesmal $G(x, y, z;\, x', y', z')$ einsetzt, so erhält man die *Greensche Formel*

$$U(x, y, z) = \frac{1}{4\pi} \int\limits_S \frac{\partial}{\partial n'} G(x, y, z;\, \sigma')\, U(\sigma')\, d\sigma'. \tag{18}$$

Die Integrationsvariablen sind jetzt x', y', z'. In (18) bezeichnet zur Abkürzung $\frac{\partial}{\partial n'} G(x, y, z; \sigma')$ den Wert der Normalableitung der Greenschen Funktion im Punkte $(x', y', z') = (\sigma')$ auf S.

Es läßt sich zeigen, daß *diese Formel allemal gilt, wenn es sich um eine in $T+S$ stetige, in T reguläre Potentialfunktion handelt,* also auch dann, wenn eine Normalableitung $\frac{\partial U}{\partial n}$ gar nicht existiert.

In der Ebene gelten ganz analoge Beziehungen. Hier ist

$$G(x, y; x', y') = \log\frac{1}{r} + g(x, y; x', y'), \quad r^2 = (x-x')^2 + (y-y')^2; \tag{19}$$

$g(x, y; x', y')$ bezeichnet dabei diejenige in T reguläre, auch noch auf S stetige Potentialfunktion, die daselbst die gleichen Werte wie $-\log\frac{1}{r}$ annimmt. Ferner ist

$$U(x, y) = \frac{1}{2\pi}\int\limits_S \frac{\partial}{\partial n'} G(x, y; s')\, U(s')\, ds'. \tag{20}$$

Man darf natürlich nicht annehmen, durch die Formeln (18) und (20) sei das erste Randwertproblem erledigt. Es ist vielmehr zu beachten, daß diese Relationen, wie s. Z. die Beziehungen (9) und (10), unter der ausdrücklichen Voraussetzung abgeleitet worden sind, daß die Existenz der Lösung bereits feststeht und übrigens auch $\frac{\partial U}{\partial n}$ auf S vorhanden und stetig ist. Auch bietet der Existenzbeweis der Greenschen Funktion im wesentlichen die gleichen Schwierigkeiten dar wie derjenige einer beliebigen durch ihre Randwerte gegebenen Potentialfunktion. Nichtsdestoweniger sind die Formeln (18) und (20) für viele Zwecke von dem größten Nutzen.

Betrachten wir jetzt das zweite Randwertproblem. Hier gibt es verschiedene Funktionen, die zu G analog sind und Beziehungen von der Art der Formel (18) liefern. So gibt es, wie in der Potentialtheorie gezeigt wird, eine Funktion $H(x, y, z; x', y', z')$, die F. Neumannsche *charakteristische Funktion,* die folgende Eigenschaften hat:

Die Differenz

$$H(x, y, z; x', y', z') - \frac{1}{r} = h(x, y, z; x', y', z') \tag{21}$$

ist eine im Innern von G reguläre, auf S nebst ihrer Normalableitung stetige Potentialfunktion. Es gilt

$$\frac{\partial H}{\partial n} = \frac{4\pi}{D}, \tag{22}$$

unter D den Gesamtflächeninhalt aller Komponenten von S verstanden. Schließlich ist

$$\int\limits_S H(x, y, z; \sigma')\, d\sigma' = 0. \tag{23}$$

Durch die obigen Forderungen ist die F. Neumannsche charakteristische Funktion vollkommen bestimmt[5].

In der Ebene gelten die analogen Formeln:

$$H(x, y; x', y') = \log\frac{1}{r} + h(x, y; x', y'), \qquad \frac{\partial H}{\partial n} = \frac{2\pi}{l},$$

$$(24) \qquad \int\limits_S H(x, y; s')\,ds' = 0 \qquad (l = \text{Gesamtlänge von } S).$$

Wie sich ohne Mühe zeigen läßt, ist, wenn (x_1, y_1, z_1) einen von (x, y, z) verschiedenen Punkt im Innern von T bezeichnet,

$$(25) \qquad H(x, y, z; x_1, y_1, z_1) = H(x_1, y_1, z_1; x, y, z).$$

Für die Lösung der zweiten Randwertaufgabe liefert die Formel (3), wenn man wie auf S. 60 vorgeht, jedoch für V diesmal $H(x, y, z; x', y', z')$ einsetzt, und beachtet, daß jedenfalls $\int\limits_S \frac{\partial}{\partial n'} U(\sigma')\,d\sigma' = 0$ ist, den Ausdruck

$$(26) \qquad U(x, y, z) = -\frac{1}{4\pi}\int\limits_S H(x, y, z; \sigma')\frac{\partial U}{\partial n'}\,d\sigma' + \frac{1}{D}\int\limits_S U(\sigma')\,d\sigma'.$$

In der Ebene gilt die analoge Formel

$$(27) \qquad U(x, y) = -\frac{1}{2\pi}\int\limits_S H(x, y; s')\frac{\partial U}{\partial n'}\,ds' + \frac{1}{l}\int\limits_S U(s')\,ds'.$$

Da U nur bis auf eine willkürliche additive Konstante bestimmt ist, so kann also $\int\limits_S U(\sigma)\,d\sigma$ bzw. $\int\limits_S U(s)\,ds$ einen beliebigen Wert haben. Man kann darum für (26) und (27) auch schreiben

$$(28) \qquad U(x, y, z) = -\frac{1}{4\pi}\int\limits_S H(x, y, z; \sigma')\frac{\partial U}{\partial n'}\,d\sigma' + C$$

bzw.

$$(29) \qquad U(x, y) = -\frac{1}{2\pi}\int\limits_S H(x, y; s')\frac{\partial U}{\partial n'}\,ds' + C,$$

unter C eine willkürliche Konstante verstanden; sie hat allemal die Bedeutung

$$\frac{1}{D}\int\limits_S U(\sigma')\,d\sigma' \quad \text{bzw.} \quad \frac{1}{l}\int\limits_S U(s')\,ds'.$$

[5] Die Existenz der Funktion $H(x, y, z; x', y', z')$ steht übrigens für alle von Flächen der Klasse Ah (mit dem Exponenten $\lambda < 1$) begrenzten beschränkten Gebiete fest. Die partiellen Ableitungen erster Ordnung von H in bezug auf x', y', z' erfüllen in jedem Teilbereich von $T + S$, der den Punkt (x, y, z) nicht enthält, eine H-Bedingung mit dem Exponenten λ.

Nun noch ohne Beweis einige für das Folgende wichtige Eigenschaften regulärer Potentialfunktionen.

Es sei $U(x, y, z)$ eine in dem ganzen Raume erklärte, in jedem endlichen Gebiete reguläre Potentialfunktion, die sich im Unendlichen wie R^{ν} $(0 < \nu < 1)$ verhält, für $R \to \infty$ also möglicherweise unendlich groß wird, dann aber freilich von einer Ordnung $\nu < 1$ in bezug auf R. *Diese Potentialfunktion ist gleich einer Konstanten.*

Die Voraussetzungen des vorstehenden Satzes sind offenbar erfüllt, wenn $U(x, y, z)$ beschränkt ist. *Eine beschränkte, im Endlichen überall reguläre Potentialfunktion ist eine Konstante.*

Eine in dem Gebiete

$$(30) \qquad 0 < x^2 + y^2 + z^2 < a^2,$$

dem „punktierten Kugelkörper“ vom Radius a um den Koordinatenursprung, reguläre Potentialfunktion $U(x, y, z)$, die sich für $R \to 0$ $(R^2 = x^2 + y^2 + z^2)$ wie $R^{-\nu}$ $(0 < \nu < 1)$ verhält, *ist in dem Gebiete*

$$0 \leqq x^2 + y^2 + z^2 < a^2$$

regulär. Der Koordinatenursprung gehört also einem Regularitätsgebiete (als innerer Punkt) an. Weiß man ferner von einer in (30) regulären Potentialfunktion $U(x, y, z)$, daß sie dort höchstens wie $R^{-m-\nu}$ $(0 \leqq \nu < 1,\ m > 0$ ganz) unendlich wird, so ist tatsächlich bereits $R^m U(x, y, z)$ in der Umgebung des Koordinatenursprungs beschränkt, d. h. $U(x, y, z)$ wird für $R \to 0$ höchstens wie R^{-m} unendlich. Ist insbesondere $m = 1$, so ist $U(x, y, z) = \frac{c}{R} +$ reguläre Potentialfunktion (c konstant).

5. Nichtbeschränkte Gebiete. Greensche Formeln. Bei den bisherigen Betrachtungen handelte es sich zumeist um beschränkte Gebiete. Es möge jetzt ein unendliches Gebiet T im Raume vorliegen. Wir nehmen an, daß seine Berandung ganz im Endlichen liegt, d. h. beschränkt ist, demnach der unendlich ferne Punkt einen inneren Punkt darstellt. Es sei $U(x, y, z)$ eine in jedem beschränkten Teilgebiete von T reguläre Potentialfunktion. Wir sagen, *die Funktion U verhalte sich in dem unendlich fernen Punkte regulär* (ist daselbst regulär), wenn sie für $R \to \infty$ gegen einen bestimmten (endlichen) Wert konvergiert,

$$(31) \qquad U \to c \quad \text{für} \quad R \to \infty,$$

während ihre partiellen Ableitungen erster Ordnung daselbst in der durch die folgende Formel näher charakterisierten Weise verschwinden:

$$(32) \qquad D_1 U = o(R^{-2}) \quad \text{für} \quad R \to \infty \qquad (R^2 = x^2 + y^2 + z^2).$$ [6]

[6] Zur Vereinfachung bezeichnen wir hier, wie an mancher späteren Stelle mit $D_1 U$ bzw. $D_2 U$ irgendeine partielle Ableitung erster oder zweiter Ordnung von U.

Die Formel (32) besagt, daß

$$R^2\frac{\partial U}{\partial x}\to 0,\qquad R^2\frac{\partial U}{\partial y}\to 0,\qquad R^2\frac{\partial U}{\partial z}\to 0 \tag{33}$$

für $R\to\infty$ [7]. Demnach ist beispielsweise $\frac{1}{R}$ keine im Unendlichen reguläre Potentialfunktion.

In der Ebene lauten die entsprechenden Bedingungen

$$U\to c,\qquad D_1 U = o(R^{-1})\quad \text{für}\quad R\to\infty\qquad (R^2 = x^2+y^2). \tag{34}$$

Durch die Formeln

$$x_1 = \frac{x}{R^2},\qquad y_1 = \frac{y}{R^2},\qquad z_1 = \frac{z}{R^2}\qquad (R^2 = x^2+y^2+z^2) \tag{35}$$

und die nach Auflösung in bezug auf x, y, z sich ergebenden Gleichungen

$$x = \frac{x_1}{R_1^2},\qquad y = \frac{y_1}{R_1^2},\qquad z = \frac{z_1}{R_1^2}\qquad (R_1^2 = x_1^2+y_1^2+z_1^2) \tag{36}$$

wird der gesamte Raum auf sich selbst umkehrbar eindeutig und stetig abgebildet. Dem unendlich fernen Punkte des x-y-z-Raumes entspricht der Koordinatenursprung des Raumes x_1-y_1-z_1, der Koordinatenursprung des Raumes x-y-z geht in den unendlich fernen Punkt des x_1-y_1-z_1-Raumes über. Die Punkte der Einheitskugel behalten ihre Lage. Der Übergang vom (x, y, z)- zum (x_1, y_1, z_1)-Raum heißt *Transformation mittels reziproker Radien* (vgl. S. 4).

Es sei $U(x, y, z)$ eine in der Umgebung des Punktes (x, y, z) $(x^2+y^2+z^2 \neq 0)$ reguläre Potentialfunktion. Nach W. Thomson (Lord Kelvin) ist die Funktion

$$U_1(x_1, y_1, z_1) = R\,U(x, y, z) \tag{37}$$

eine in der Umgebung von (x_1, y_1, z_1) *reguläre Potentialfunktion.* In der Ebene lauten die Transformationsgleichungen entsprechend

$$\begin{gathered} x_1 = \frac{x}{R^2},\qquad y_1 = \frac{y}{R^2},\qquad (R^2 = x^2+y^2),\\ x = \frac{x_1}{R_1^2},\qquad y = \frac{y_1}{R_1^2},\qquad (R_1^2 = x_1^2+y_1^2),\\ U(x_1, y_1) = U(x, y). \end{gathered} \tag{38}$$

---

[7] Die im Text gegebene Definition der Regularität im Unendlichen rührt von J. Plemelj her. Vgl. J. Plemelj, Potentialtheoretische Untersuchungen, Leipzig 1911, S. 3—5.

Wir werden uns öfter der folgenden, in der analytischen Zahlentheorie üblichen Bezeichnungsweise bedienen. Wir schreiben $f(x) = o(x)$, um anzudeuten, daß $\frac{1}{x}f(x)$ für $x\to\infty$ oder $x\to 0$, gegen 0 konvergiert. Des weiteren soll $f(x) = O(x)$ bedeuten, daß $\left|\frac{1}{x}f(x)\right|$ für $x\to\infty$ oder $x\to 0$ unterhalb einer festen Schranke bleibt.

Es ist schließlich nicht schwer zu zeigen, daß *in der Ebene* durch die Thomsonsche Transformation jede im unendlich fernen Punkte reguläre Potentialfunktion in eine in der Umgebung des Koordinatenursprunges reguläre Potentialfunktion übergeführt wird. Im Raume geht eine reguläre, im *Koordinatenursprunge verschwindende* Potentialfunktion in eine im unendlich fernen Punkte verschwindende, reguläre Potentialfunktion über und umgekehrt.

Es ist leicht zu zeigen, daß *eine außerhalb einer hinreichend großen Kugel im Endlichen reguläre Potentialfunktion, die sich für* $R \to \infty$ *wie* R^{ν} $(\nu < 1)$ *verhält, tatsächlich beschränkt ist, genauer in der Form* $U(x, y, z) = c_0 + \frac{c_1}{R} +$ *eine im Unendlichen verschwindende reguläre Potentialfunktion dargestellt werden kann.* In der Tat ist dem Thomsonschen Satze zufolge die Funktion $U_1(x_1, y_1, z_1) = R\,U(x, y, z)$ eine in einem Gebiete $0 < x_1^2 + y_1^2 + z_1^2 < a^2$ reguläre Potentialfunktion, die sich für kleine $R_1^2 = x_1^2 + y_1^2 + z_1^2$ wie $R_1^{-1-\nu}$ verhält. Nach dem auf S. 63 angegebenen Satze ist $U_1(x_1, y_1, z_1) = \frac{c_0}{R_1} + c_1 +$ eine reguläre, für $R_1 = 0$ verschwindende Potentialfunktion. Hieraus folgt aber ohne weiteres unsere Behauptung.

Die Formeln (3) und (4) gelten unverändert für unendliche, einfach oder mehrfach zusammenhängende Gebiete, deren sämtliche Randkomponenten geschlossene, stetig gekrümmte Flächen (bzw. Kurven) darstellen (mithin auch beschränkt sind), sofern U und V im Unendlichen regulär und auf S nebst ihrer Normalableitung stetig sind. Man kann, den unendlich fernen Punkt als einen inneren Punkt von T auffassend, auch kürzer sagen, die Formeln (3) und (4) gelten, wenn die Funktionen U und V in dem gesamten Innern von T regulär und auf S nebst ihrer Normalableitung stetig sind.

Ist U im Unendlichen regulär, so ist jetzt wieder, wie man durch Einsetzen der im Unendlichen regulären Potentialfunktion $V = 1$ in (3) findet,

$$\int\limits_S \frac{\partial U}{\partial n}\, d\sigma = 0\,. \tag{39}$$

Die Formeln (9) und (10) bedürfen jetzt einer Modifikation.

Man findet

$$U(x, y, z) - U(\infty) = \frac{1}{4\pi}\int\limits_S \left(U' \frac{\partial}{\partial n'}\left(\frac{1}{r}\right) - \frac{1}{r}\frac{\partial U}{\partial n'}\right) d\sigma' \tag{40}$$

und in der Ebene entsprechend

$$U(x, y) - U(\infty) = \frac{1}{2\pi}\int\limits_S \left(U' \frac{\partial}{\partial n'}\left(\log\frac{1}{r}\right) - \frac{\partial U}{\partial n'}\log\frac{1}{r}\right) ds'. \tag{41}$$

Aus (40) ergibt sich durch Differentiation, worauf an dieser Stelle nicht näher eingegangen werden kann,

$$\frac{\partial U}{\partial x}=O(R^{-3}),\quad \frac{\partial U}{\partial y}=O(R^{-3}),\quad \frac{\partial U}{\partial z}=O(R^{-3}). \tag{42}$$

In der Ebene erhalten wir entsprechend

$$\frac{\partial U}{\partial x}=O(R^{-2}),\quad \frac{\partial U}{\partial y}=O(R^{-2}). \tag{43}$$

Diesen Beziehungen, die augenscheinlich mehr als die Definitionsgleichungen (32) und (34) besagen, *genügen* also *alle im Unendlichen regulären Potentialfunktionen.*

6. Nichtbeschränkte Gebiete. Die erste und die zweite Randwertaufgabe. Nun noch einige Bemerkungen über die beiden Randwertaufgaben.

Es sei T ein beliebiges unendliches, dreidimensionales Gebiet mit einem ganz im Endlichen gelegenen Rand. Wie bei beschränkten Gebieten, kann *es nicht mehr als eine in T mit Einschluß des unendlich fernen Punktes reguläre Potentialfunktion geben, die auf S eine vorgeschriebene stetige Wertfolge annimmt.*

Was den Existenzsatz betrifft, so gilt hierüber alles, was auf S. 58 über beschränkte Bereiche gesagt worden ist. Sind insbesondere alle Randkomponenten Flächen der Klasse B, und haben die vorgeschriebenen Randwerte, als Funktion geeigneter Gaußscher Parameter aufgefaßt, stetige, der H-Bedingung genügende Ableitungen erster Ordnung, so gibt es stets eine und nur eine, in T, mit Einschluß des unendlich fernen Punktes, reguläre Potentialfunktion U, die jene Werte annimmt. In jedem beschränkten Teilbereiche von $T+S$ hat U stetige, der H-Bedingung genügende Ableitungen erster Ordnung[8].

Vorhin war ausdrücklich von Potentialfunktionen die Rede, die sich im Unendlichen regulär verhalten. Im Raume gilt noch ein anderer Unitätssatz. Es gibt gewiß nicht mehr als eine in T, höchstens mit Ausnahme des unendlich fernen Punktes, reguläre Potentialfunktion, die auf S eine vorgeschriebene stetige Wertfolge annimmt und im Unendlichen einen vorgegebenen Wert hat. Handelt es sich insbesondere um Gebiete der Klasse B und haben die Randwerte, wie vorher, stetige der H-Bedingung genügende Ableitungen erster Ordnung, so ist die Lösung in der Tat vorhanden und hat die vorhin angegebenen Stetigkeitseigenschaften. Sie wird im Unendlichen im allgemeinen nicht regulär sein.

---

[8] Also sind $\frac{\partial U}{\partial x}, \frac{\partial U}{\partial y}, \frac{\partial U}{\partial z}$ gewiß auch noch auf S vorhanden und stetig.

Wir gehen jetzt zu dem zweiten Randwertproblem über. Es möge sich diesmal um ein Gebiet handeln, das von stetig gekrümmten, ganz im Endlichen gelegenen Flächen begrenzt ist.

Hier gilt der *Unitätssatz* in derselben Fassung wie auf S. 59 bei beschränkten Gebieten. Es gibt, wenn von einer willkürlichen additiven Konstanten abgesehen wird, nicht mehr als eine in $T + S$ stetige, in T, mit Einschluß des unendlich fernen Punktes, reguläre Potentialfunktion, deren Normalableitung auf S eine vorgeschriebene stetige Wertfolge annimmt. Der Satz gilt unverändert in der Ebene.

Übrigens kann im Raume die Voraussetzung, U sei auch in dem unendlich fernen Punkte regulär, durch die weniger einschränkende Voraussetzung, U sei beschränkt, ersetzt werden.

Was nun den Existenzsatz betrifft (man braucht diesmal lediglich vorauszusetzen, daß S der Klasse Ah angehört), so wären die früheren Ausführungen auf S. 59 wortgetreu zu wiederholen. Wohlbemerkt handelt es sich dabei um Potentialfunktionen, die im Unendlichen regulär sind und der Bedingung

$$\int\limits_S \frac{\partial U}{\partial n}\, d\sigma = 0 \quad \text{bzw.} \quad \int\limits_S \frac{\partial U}{\partial n}\, ds = 0$$

genügen.

Im Raume kann man übrigens die Voraussetzung $\int\limits_S \frac{\partial U}{\partial n}\, d\sigma = 0$ fallen lassen, sofern man zugleich die Forderung, U sei im Unendlichen regulär, durch die weniger einschränkende Voraussetzung, U sei beschränkt, ersetzt.

Auch wenn *unendliche* Gebiete vorliegen, deren sämtliche Randkomponenten beschränkte Flächen (Kurven) der Klasse B sind[9], lassen sich für die Lösungen der beiden Randwertaufgaben, unter Benutzung geeigneter in einem Punkte unstetiger Potentialfunktionen, einfache Integralausdrücke angeben.

Es sei (x, y, z) ein Punkt im Innern von T, und es sei $g(x, y, z;\, x', y', z')$ diejenige in T, mit Einschluß des unendlich fernen Punktes, reguläre Potentialfunktion, die auf S die Werte $\frac{1}{R'} - \frac{1}{r}$,

$$r^2 = (x - x')^2 + (y - y')^2 + (z - z')^2, \qquad R'^2 = x'^2 + y'^2 + z'^2\ [10]$$

annimmt;

$$G(x, y, z;\, x', y', z') = \frac{1}{r} + g(x, y, z;\, x', y', z') - \frac{1}{R'}$$

---

[9] Bei der zweiten Randwertaufgabe genügt es vorauszusetzen, daß S der Klasse Ah angehört.

[10] Wir nehmen, was keine Einschränkung der Allgemeinheit bedeutet, an, daß der Koordinatenursprung dem Bereiche $T + S$ nicht angehört.

heißt *die Greensche Funktion von T*. Sie hat auf S stetige partielle Ableitungen erster Ordnung. In jedem (x, y, z) nicht enthaltenden Teilbereiche von $T + S$ genügen $\frac{\partial G}{\partial x'}, \frac{\partial G}{\partial y'}, \frac{\partial G}{\partial z'}$ einer H-Bedingung. Dem Hölderschen Exponenten kann hierbei jeder Wert $\lambda < 1$ erteilt werden. Es besteht jetzt wieder der Reziprozitätssatz

$$G(x, y, z;\ x_1, y_1, z_1) = G(x_1, y_1, z_1;\ x, y, z).$$

Für die Lösung der ersten Randwertaufgabe erhalten wir die *Greensche Formel*

$$U = \frac{1}{4\pi}\int\limits_S \frac{\partial}{\partial n'} G(x, y, z;\ \sigma')\, U(\sigma')\, d\sigma'. \tag{44}$$

In der Ebene ist entsprechend

$$\begin{gathered} G(x, y;\ x', y') = \log\frac{R'}{r} + g(x, y;\ x', y'), \\ r^2 = (x - x')^2 + (y - y')^2, \quad R'^2 = x'^2 + y'^2, \\ U = \frac{1}{2\pi}\int\limits_S \frac{\partial}{\partial n'} G(x, y;\ s')\, U(s')\, ds'. \end{gathered} \tag{45}$$

Auch hier ist

$$G(x, y;\ x_1, y_1) = G(x_1, y_1;\ x, y).$$

Die Formeln (44) und (45) gelten, wie auch die stetigen Wertfolgen $U(\sigma)$, $U(s)$ sonst beschaffen sein mögen[10a].

Nun das zweite Randwertproblem. Wir führen diejenige in T, außer in (x, y, z) und im Unendlichen, reguläre Potentialfunktion $H(x, y, z;\ x', y', z')$ ein, die im Unendlichen verschwindet, auf S der Randbedingung

$$\frac{\partial H}{\partial n'} = 0$$

genügt und überdies so beschaffen ist, daß

$$H(x, y, z;\ x', y', z') - \frac{1}{r} = h(x, y, z;\ x', y', z')$$

sich in T, mit Einschluß des unendlich fernen Punktes, regulär verhält. Durch die vorstehenden Forderungen ist H vollkommen bestimmt. In der Tat ist in h noch eine additive Konstante verfügbar; sie wird der Forderung $H \to 0$ für $x'^2 + y'^2 + z'^2 \to \infty$ gemäß bestimmt. Für die Lösung des zweiten Randwertproblems erhalten wir den Ausdruck

$$U - U(\infty) = -\frac{1}{4\pi}\int\limits_S H(x, y, z;\ \sigma')\frac{\partial U'}{\partial n'}\, d\sigma'. \tag{46}$$

[10a] Es sei noch einmal ausdrücklich darauf hingewiesen, daß es sich hier um die *im Unendlichen regulären* Potentialfunktionen handelt.

Hierbei ist stillschweigend vorausgesetzt worden, daß U sich im Unendlichen regulär verhält, mithin

$$\int_S \frac{\partial U'}{\partial n'}\, d\sigma' = 0 \tag{47}$$

ist. Der Wert $U(\infty)$ kann beliebig angenommen werden.

Man braucht im übrigen bezüglich der Natur der Werte $\frac{\partial U'}{\partial n'}$ auf S nichts weiter vorauszusetzen, als daß sie stetig sind.

Ist die Bedingung (47) nicht erfüllt, so gibt es (vgl. die Ausführungen auf S. 67) auch dann noch eine und nur eine in T, außer im unendlich fernen Punkte, reguläre Potentialfunktion, die für $R \to \infty$ gegen einen vorgegebenen Wert $U(\infty)$ konvergiert und deren Normalableitung auf S eine vorgeschriebene Wertfolge annimmt. Sie ist auch jetzt noch durch den Ausdruck (46) gegeben.

7. Das Newtonsche Potential einer Volumladung. Das logarithmische Potential einer ebenen Flächenbelegung. Es sei $T+S$ irgendein beschränkter, integrierbarer dreidimensionaler Bereich, und es möge $\mu(x, y, z)$ eine in $T+S$ erklärte beschränkte, integrierbare Funktion bezeichnen. Das Volumintegral

$$W(x, y, z) = \int_T \mu' \frac{1}{r}\, d\tau', \qquad \mu' = \mu(x', y', z'), \qquad d\tau' = dx'\, dy'\, dz', \tag{48}$$

$$r^2 = (x-x')^2 + (y-y')^2 + (z-z')^2$$

stellt eine überall, auch im unendlich fernen Punkte, stetige, für $R^2 = x^2 + y^2 + z^2 \to \infty$ verschwindende Funktion dar. Die partiellen Ableitungen erster Ordnung von W sind ebenfalls überall stetig. Im Unendlichen ist

$$D_1 W = O(R^{-2}). \tag{49}$$

In allen außerhalb von $T+S$ (im Endlichen) gelegenen Punkten sind auch noch partielle Ableitungen zweiter Ordnung vorhanden und stetig, und es ist

$$\frac{\partial^2 W}{\partial x^2} + \frac{\partial^2 W}{\partial y^2} + \frac{\partial^2 W}{\partial z^2} = 0. \tag{50}$$

In jedem außerhalb von $T+S$ gelegenen beschränkten Gebiet ist also W eine reguläre Potentialfunktion.

Wir führen vorübergehend das Polarkoordinatensystem R, φ, ψ,

$$x = R \sin\varphi \cos\psi, \qquad y = R \sin\varphi \sin\psi, \qquad z = R\cos\varphi$$

$$0 \leqq \varphi \leqq \pi, \qquad 0 \leqq \psi < 2\pi$$

ein. In der Umgebung des unendlich fernen Punktes gestattet W eine

Entwicklung von der Form

(51) $$W = \frac{M}{R} + \frac{a_2}{R^2} + \frac{a_3}{R^3} + \cdots, \qquad M = \int_T \mu' d\tau'.$$

Die Koeffizienten $a_2, a_3, \ldots$ sind explizite angebbare allgemeine Kugelfunktionen von φ und ψ. Die unendliche Reihe (51) konvergiert für alle hinreichend kleinen Werte von $\frac{1}{R}$ unbedingt und gleichmäßig. Ist $M = \int_T \mu' d\tau' = 0$, so ist W auch noch in dem unendlich fernen Punkte regulär.

Man nennt *W das Newtonsche Potential einer über T ausgebreiteten Volumladung der Dichte μ*. Denkt man sich, unter Zugrundelegung des CGS-Systems, T mit einer gravitierenden Masse erfüllt, deren Dichte in (x', y', z') den Wert $\frac{\mu'}{\varkappa}$ hat ($\varkappa$ die Gaußsche Gravitationskonstante, $\mu' \geqq 0$), so ist W ihr Gravitationspotential im Punkte (x, y, z). Die partiellen Ableitungen $\frac{\partial W}{\partial x}, \frac{\partial W}{\partial y}, \frac{\partial W}{\partial z}$ sind die Komponenten der Feldintensität, d. h. der Einheitskraft in (x, y, z).

Es sei jetzt (x, y, z) irgendein Punkt im Innern von T, in dem die Dichte sich stetig verhält. Wie sich durch Beispiele belegen läßt, brauchen in (x, y, z) partielle Ableitungen zweiter Ordnung von W nicht notwendig zu existieren. *Sie sind freilich sicher vorhanden, wenn μ in (x, y, z)* geeigneten weiteren Bedingungen, z. B. für alle hinreichend kleinen $|h|, |k|, |l|$ *der zuerst von O. Hölder angegebenen Bedingung*

(52) $$|\mu(x+h, y+k, z+l) - \mu(x, y, z)| \leqq \alpha^{(1)}(|h| + |k| + |l|)^{\lambda}, \quad (0 < \lambda < 1, \quad \alpha^{(1)} \text{ konstant})$$

genügt (vgl. S. 19). Diese Ungleichheit kann man ebenso gut in der Form

(53) $$|\mu(x+h, y+k, z+l) - \mu(x, y, z)| \leqq \alpha^{(2)} |h^2 + k^2 + l^2|^{\frac{\lambda}{2}} \quad (\alpha^{(2)} \text{ konstant})$$

oder, was dasselbe ist,

(54) $$|\mu(x_1, y_1, z_1) - \mu(x, y, z)| \leqq \alpha^{(2)} d_1^{\lambda}, \quad d_1^2 = (x_1 - x)^2 + (y_1 - y)^2 + (z_1 - z)^2$$

schreiben. Die Bedingung (54) ist gewiß erfüllt, wenn μ in einer vollständigen Umgebung des Punktes (x, y, z) stetige partielle Ableitungen erster Ordnung hat (die Voraussetzungen von Gauß). Augenscheinlich sind alsdann $\frac{\partial^2 W}{\partial x^2}, \frac{\partial^2 W}{\partial x \partial y}, \ldots, \frac{\partial^2 W}{\partial z^2}$ in allen Punkten einer gewissen vollständigen Umgebung von (x, y, z) vorhanden und übrigens, wie sich weiter zeigen läßt, stetig. Auch wenn die Höldersche Bedingung (52) für alle (x, y, z) in einem ganz im Innern von T gelegenen Bereiche

$\bar{T} + \bar{S}$ mit überall demselben $\alpha^{(1)}$ erfüllt ist, sind in $\bar{T}$ die Ableitungen $\frac{\partial^2 W}{\partial x^2}, \ldots, \frac{\partial^2 W}{\partial z^2}$ vorhanden und stetig. Aber mehr als dies; es läßt sich zeigen, daß in jedem ganz in $\bar{T}$ enthaltenen Bereiche $\bar{\bar{T}} + \bar{\bar{S}}$ folgende Ungleichheiten gelten:

$$(55)\quad \begin{aligned} &\left|\frac{\partial^2 W(x_1, y_1, z_1)}{\partial x^2} - \frac{\partial^2 W(x, y, z)}{\partial x^2}\right| \leqq \alpha^{(3)} d_1^\lambda \qquad (\alpha^{(3)} \text{ konstant}), \\ &\cdots\cdots\cdots\cdots \\ &\left|\frac{\partial^2 W(x_1, y_1, z_1)}{\partial z^2} - \frac{\partial^2 W(x, y, z)}{\partial z^2}\right| \leqq \alpha^{(3)} d_1^\lambda. \end{aligned}$$

Die partiellen Ableitungen zweiter Ordnung des Potentials W erfüllen also ihrerseits eine Höldersche Bedingung mit dem Exponenten λ. Offenbar bestehen die Beziehungen (55) (für jeden Wert $\lambda < 1$), wenn $\frac{\partial \mu}{\partial x}, \frac{\partial \mu}{\partial y}, \frac{\partial \mu}{\partial z}$ in T vorhanden und stetig sind[10b].

Ist die Gaußsche oder auch nur die Höldersche Bedingung (54) in einem Punkte (x, y, z) im Innern von T erfüllt, so gilt ferner *die Poissonsche Differentialgleichung*

$$(56)\qquad \frac{\partial^2 W}{\partial x^2} + \frac{\partial^2 W}{\partial y^2} + \frac{\partial^2 W}{\partial z^2} = -4\pi\mu.$$

Was das Verhalten der partiellen Ableitungen zweiter Ordnung in der Umgebung des Randes von T betrifft, so sei hierüber zunächst der folgende Satz angeführt. *Es mögen alle Komponenten von S stetig gekrümmt sein, und es möge die Dichte im Innern und auf dem Rande von T einer Bedingung von der Form* (52) *genügen. Dann verhalten sich die partiellen Ableitungen $\frac{\partial^2 W}{\partial x^2}, \ldots, \frac{\partial^2 W}{\partial z^2}$ auch noch bei der Annäherung an S,* und zwar sowohl von dem Innern von T als auch von dem Außenraume her, *stetig.* Sie werden freilich auf S im allgemeinen eine sprungweise Unstetigkeit erleiden, stellen also Funktionen dar, die in dem Gesamtraume nur abteilungsweise stetig sind. *Übrigens sind jetzt die Ungleichheiten* (55) *sowohl in $T + S$ als auch in jedem Außenbereiche erfüllt.*

Die vorstehenden Sätze bleiben unverändert in Kraft, wenn die Begrenzung des Bereiches $T + S$ aus Flächen der Klasse *Ah* besteht. Die Hölderschen Exponenten der Funktion μ und der Fläche S haben dabei, worauf besonders hingewiesen sei, denselben Wert $\lambda < 1$. Ist in $T + S$

$$(57)\qquad |\mu| \leqq \alpha^{(0)} \qquad (\alpha^{(0)} \text{ konstant}),$$

[10b] Was den (unter Umständen allein vorhandenen) unendlichen Außenbereich betrifft, so gelten die Beziehungen (55) in jedem beschränkten Bereiche, der dem unendlichen Außenbereiche angehört, demnach auch Punkte des Randes mit ihm gemeinsam haben kann.

und ist, wir wiederholen es, in $T+S$

(58) $$|\mu(x_1, y_1, z_1) - \mu(x, y, z)| \leqq \alpha^{(2)} d_1^\lambda, \quad d_1^2 = (x_1 - x)^2 + (y_1 - y)^2 + (z_1 - z)^2,$$

so sind $\frac{\partial^2 W}{\partial x^2}, \ldots, \frac{\partial^2 W}{\partial z^2}$ sowohl in dem Bereiche $T+S$ als auch in jedem Außenbereiche (die Randfläche allemal eingeschlossen) stetig[10b]. Beim Durchgang durch S werden sich $\frac{\partial^2 W}{\partial x^2}, \ldots, \frac{\partial^2 W}{\partial z^2}$ im allgemeinen sprungweise ändern.

Ferner ist für alle (x, y, z) und (x_1, y_1, z_1) in $T+S$

(59) $$\left|\frac{\partial^2 W}{\partial x^2}\right|, \ldots, \left|\frac{\partial^2 W}{\partial z^2}\right| \leqq c_1 \alpha^{(0)} + c_2 \alpha^{(2)},$$

(60) $$\left|\frac{\partial^2 W(x_1, y_1, z_1)}{\partial x^2} - \frac{\partial^2 W(x, y, z)}{\partial x^2}\right|, \ldots, \\ \left|\frac{\partial^2 W(x_1, y_1, z_1)}{\partial z^2} - \frac{\partial^2 W(x, y, z)}{\partial z^2}\right| \leqq (c_3 \alpha^{(0)} + c_4 \alpha^{(2)}) d_1^\lambda.$$

Hier bezeichnen c_1, c_2, c_3, c_4 Konstanten, die wohl von dem Bereiche $T+S$, nicht aber von der speziellen Wahl der Funktion μ abhängen. Offenbar kann kürzer: $c_3 \alpha^{(0)} + c_4 \alpha^{(2)} = \alpha^{(3)}$ gesetzt werden. Die gleichen Beziehungen gelten in jedem Außenbereiche (der Rand allemal eingeschlossen)[10b].

Für $R \to \infty$ verhalten sich $\frac{\partial^2 W}{\partial x^2}, \ldots, \frac{\partial^2 W}{\partial z^2}$ wie $O(R^{-3})$.

Allgemeiner könnte man annehmen, daß der Bereich $T+S$ in eine Anzahl Bereiche zerfällt, die von geschlossenen, stetig gekrümmten Flächen oder von Flächen der zuletzt betrachteten Art (Klasse $A\,h$) begrenzt sind und daß in jedem Teilbereiche μ stetig ist und Beziehungen von der Form (57), (58) genügt, sich aber beim Durchgange durch die Begrenzungsflächen sprungweise ändert. Die partiellen Ableitungen zweiter Ordnung $\frac{\partial^2 W}{\partial x^2}, \ldots, \frac{\partial^2 W}{\partial z^2}$ sind diesmal im Innern und auf dem Rande eines jeden Teilbereiches stetig und erfüllen daselbst Beziehungen, die zu (59), (60) analog sind, werden sich aber beim Durchgang durch die Unstetigkeitsflächen von μ sprungweise ändern.

Besteht S aus Flächen der Klasse Bh (vgl. S. 20), liegt also ein beschränkter Bereich der Klasse Bh vor, hat ferner μ in $T+S$ stetige partielle Ableitungen erster Ordnung und genügen $\frac{\partial \mu}{\partial x}, \frac{\partial \mu}{\partial y}, \frac{\partial \mu}{\partial z}$ daselbst der Hölderschen Bedingung[11]

(61) $$\left|\frac{\partial \mu(x_1, y_1, z_1)}{\partial x} - \frac{\partial \mu(x, y, z)}{\partial x}\right|, \ldots, \left|\frac{\partial \mu(x_1, y_1, z_1)}{\partial z} - \frac{\partial \mu(x, y, z)}{\partial z}\right| \leqq \alpha^{(4)} d_1^\lambda,$$

[11] Der Höldersche Exponent der auf S bezüglichen Ungleichheiten (S. 20) hat den Wert λ.

so hat W sowohl in $T+S$ als auch in jedem Außenbereiche[10b] stetige Ableitungen der drei ersten Ordnungen. Überdies genügen daselbst $\frac{\partial^3 W}{\partial x^3}$, $\frac{\partial^3 W}{\partial x^2 \partial y}, \ldots, \frac{\partial^3 W}{\partial z^3}$ der H-Bedingung mit dem Exponenten λ, d. h. also Beziehungen von der Form (55).

Noch ein Wort über die partiellen Ableitungen erster Ordnung von W. Auch wenn μ, wie eingangs vorausgesetzt worden ist, lediglich beschränkt und integrierbar ist und ein beliebiges beschränktes, integrierbares Gebiet vorliegt, gelten für alle (x_1, y_1, z_1) und (x, y, z) in $T+S$ Ungleichheiten von der Form

$$(62)\qquad |D_1 W(x_1, y_1, z_1) - D_1 W(x, y, z)| \leqq \{\mu\}(A_1 |\log d_1| + A_2) d_1,$$

unter $\{\mu\}$ die obere Grenze von $|\mu|$, unter A_1 und A_2 Konstanten verstanden. Offenbar erfüllt $D_1 W$ in $T+S$ eine Höldersche Bedingung mit jedem Exponenten $\lambda < 1$[12].

Es sei jetzt $T+S$ irgendein beschränkter Bereich in der Ebene x-y. Das zweidimensionale Analogon des Integralausdruckes (48) stellt das *logarithmische Potential einer ebenen Flächenbelegung*

$$W(x, y) = \int_T \mu' \log \frac{1}{r} d\tau', \qquad \mu' = \mu(x', y'), \qquad d\tau' = dx'\,dy',$$
$$r^2 = (x-x')^2 + (y-y')^2$$

dar. Man kann W als das Gravitationspotential einer über T ausgebreiteten Masse der (Flächen-) Dichte μ auffassen, wenn man annimmt, daß sich zwei punktartige Massen m_1 und m_2 im Abstande d_{12} allemal mit der Kraft $\frac{m_1 m_2}{d_{12}}$ anziehen. Die Komponenten der Feldintensität sind dann $\frac{\partial W}{\partial x}$, $\frac{\partial W}{\partial y}$.

Wie sich leicht zeigen läßt, gelangt man zu demselben Ausdrucke für die Kraftkomponenten, wenn man sich einen über T errichteten, beiderseits unbegrenzten Zylinder, dessen Mantellinien zu der z-Achse parallel sind, mit Masse der Dichte $\frac{\mu}{2\pi}$ auf Längeneinheit erfüllt denkt und der Betrachtung das Newtonsche Anziehungsgesetz zugrunde legt.

Bis auf zwei sogleich zu besprechende Abweichungen ist das Verhalten des logarithmischen Potentials demjenigen des Newtonschen

---

[12] Was den Beweis der in **7.** angegebenen Sätze betrifft, vergleiche die in meinem Encyklopädieartikel II C 3, S. 206—209 zusammengestellte Literatur, insbes. A. Korn, Sur les équations de l'élasticité, Annales de l'École Normale (3) **24** (1907), S. 12—42; siehe ferner L. Lichtenstein, Über einige Hilfssätze der Potentialtheorie I. Math. Zeitschr. **23** (1925), S. 72—88, sowie die beiden letzten in der Fußnote [27] des elften Kapitels genannten Arbeiten von N. M. Günther.

Potentials (48) ganz analog. Die Entwicklung im Unendlichen hat jetzt die Form

$$W = \int_T \mu' d\tau' \cdot \log \frac{1}{R} + \frac{a_1}{R} + \frac{a_2}{R^2} + \cdots. \tag{63}$$

Die *Poissonsche Differentialgleichung* lautet

$$\frac{\partial^2 W}{\partial x^2} + \frac{\partial^2 W}{\partial y^2} = -2\pi\mu.$$

8. Die Poissonsche Differentialgleichung. Randwertaufgaben. Die im vorstehenden genannten Eigenschaften des Potentials einer Volumladung bzw. einer ebenen Flächenbelegung legen nunmehr die Behandlung der folgenden Randwertaufgabe nahe. Es sei T ein beschränktes Gebiet der Klasse B, und es möge μ eine in $T+S$ erklärte stetige Funktion bezeichnen, die in jedem ganz im Innern von T enthaltenen Bereiche einer H-Bedingung von der Form (58) genügt[13]. *Es ist diejenige* möglicherweise vorhandene, *im Innern von T nebst ihren partiellen Ableitungen erster und zweiter Ordnung stetige Funktion $\mathfrak{W}(x, y, z)$ zu bestimmen, die dort der Differentialgleichung*

$$\frac{\partial^2 \mathfrak{W}}{\partial x^2} + \frac{\partial^2 \mathfrak{W}}{\partial y^2} + \frac{\partial^2 \mathfrak{W}}{\partial z^2} = -4\pi\mu \tag{64}$$

genügt und auf S eine vorgeschriebene stetige Folge von Werten annimmt.

Es möge eine Funktion $\mathfrak{W}$ dieser Art wirklich existieren, und es möge W das Newtonsche Potential der über T ausgebreiteten Belegung der Dichte μ bezeichnen. Betrachten wir die Funktion

$$U = \mathfrak{W} - W.$$

Sie ist im Innern und auf dem Rande von T stetig, hat im Innern von T gewiß stetige Ableitungen erster und zweiter Ordnung und genügt der Differentialgleichung

$$\frac{\partial^2 U}{\partial x^2} + \frac{\partial^2 U}{\partial y^2} + \frac{\partial^2 U}{\partial z^2} = 0.$$

Ihre Werte auf S sind durch die vorgeschriebenen Randwerte $\mathfrak{W}(\sigma)$ und die Randwerte von W vollkommen bestimmt und natürlich auf S stetig. Durch alle diese Eigenschaften ist den früheren Ergebnissen gemäß die Funktion U restlos bestimmt. Wenn also das vorliegende Problem eine Lösung hat, so lautet diese

$$\mathfrak{W} = U + W.$$

Es gibt darum jedenfalls nicht mehr als eine Lösung.

[13] Sie braucht darum nicht notwendig in dem ganzen Bereiche $T+S$ eine H-Bedingung zu erfüllen.

Es ist nunmehr aber auch leicht zu sehen, daß $\mathfrak{W} = U + W$ tatsächlich die gesuchte Lösung ist. Im Innern von T ist nämlich zunächst

$$\Delta \mathfrak{W} = \Delta U + \Delta W = \Delta W = -4\pi\mu .$$

Anderseits sind die Werte, die $\mathfrak{W}$ auf S annimmt, wie man unmittelbar sieht, gerade diejenigen, die vorgeschrieben waren.

Nachdem die Existenz der Lösung feststeht, macht es keine Schwierigkeiten, einen analytischen Ausdruck für diese mit Hilfe der Greenschen Funktion zu gewinnen. Es mögen zunächst die vorgeschriebenen Randwerte, als Ortsfunktion auf S aufgefaßt, stetige, der H-Bedingung genügende Ableitungen erster Ordnung haben. Wie wir wissen (vgl. S. 73), sind $\frac{\partial W}{\partial x}$, $\frac{\partial W}{\partial y}$, $\frac{\partial W}{\partial z}$ in $T + S$ stetig und erfüllen daselbst eine H-Bedingung mit dem Exponenten λ. Also haben die Randwerte von U, als Funktion geeigneter Gaußscher Parameter aufgefaßt, stetige der H-Bedingung genügende Ableitungen erster Ordnung. Den in **3.** formulierten Sätzen zufolge sind $\frac{\partial U}{\partial x}$, $\frac{\partial U}{\partial y}$, $\frac{\partial U}{\partial z}$ in $T + S$ stetig und erfüllen daselbst eine H-Bedingung. Offenbar haben die partiellen Ableitungen erster Ordnung von $\mathfrak{W}$ die gleiche Eigenschaft. Insbesondere ist also $\frac{\partial \mathfrak{W}}{\partial n}$ vorhanden und stetig. Da auch die partiellen Ableitungen erster Ordnung der Greenschen Funktion sich ähnlich verhalten, so können wir von der Formel (11), nach Abtrennung eines kleinen Kugelkörpers vom Radius $\mathfrak{r}$ um (x, y, z), Gebrauch machen. Setzt man also für U und V entsprechend $\mathfrak{W}(x', y', z')$ und $G(x, y, z; x', y', z')$ ein und geht zur Grenze $\mathfrak{r} \to 0$ über, so findet man

$$(65)\qquad \begin{aligned} \mathfrak{W}(x, y, z) = \int_T G(x, y, z; x', y', z')\,\mu'\,d\tau' \\ + \frac{1}{4\pi}\int_S \frac{\partial}{\partial n'} G(x, y, z; \sigma')\,\mathfrak{W}(\sigma')\,d\sigma' . \end{aligned}$$

Diese Formel gilt, wie es sich zeigen läßt, *allemal, wenn die Randwerte* $\mathfrak{W}(\sigma)$ *stetig sind,* also auch dann, wenn auf S die Normalableitung $\frac{\partial \mathfrak{W}}{\partial n}$ möglicherweise gar nicht existiert.

Von besonderer Wichtigkeit ist der Spezialfall verschwindender Randwerte. Jetzt ist

$$(66)\qquad \mathfrak{W}(x, y, z) = \int_T G(x, y, z; x', y', z')\,\mu'\,d\tau' .$$

In der Ebene lauten die entsprechenden Formeln mit $\Delta \mathfrak{W} = -2\pi\mu$ (übrigens auch wenn S der Klasse Ah angehört)

$$(67)\qquad \mathfrak{W}(x, y) = \int_T G(x, y; x', y')\,\mu'\,d\tau' + \frac{1}{2\pi}\int_S \frac{\partial}{\partial n'} G(x, y; s')\,\mathfrak{W}(s')\,ds'$$

und

$$(68)\qquad \mathfrak{W}(x, y) = \int_T G(x, y; x', y')\,\mu'\,d\tau' .$$

Sind statt der Randwerte die (stetigen) Werte der Normalableitung vorgeschrieben, so gibt es eine Lösung (für alle Bereiche der Klasse $A\,h$) nur, wenn

$$4\pi\int_T \mu' d\tau' = \int_S \frac{\partial \mathfrak{W}}{\partial n'}\, d\sigma'$$

ist. Sie ist bis auf eine willkürliche additive Konstante bestimmt und läßt sich durch die Formel

$$\begin{aligned} \mathfrak{W}(x, y, z) &= \int_T H(x, y, z; x', y', z')\, \mu' d\tau' \\ &\quad - \frac{1}{4\pi}\int_S H(x, y, z; \sigma')\frac{\partial \mathfrak{W}}{\partial n'}\, d\sigma' + \frac{1}{D}\int_S \mathfrak{W}(\sigma')\, d\sigma' \end{aligned} \tag{69}$$

(D = Gesamtflächeninhalt von S)

ausdrücken.

In dem besonderen Falle identisch verschwindender Normalableitung erhalten wir

$$\begin{aligned} &\int_T \mu' d\tau' = 0, \\ &\mathfrak{W}(x, y, z) = \int_T H(x, y, z;\; x', y', z')\, \mu' d\tau' + \frac{1}{D}\int_S \mathfrak{W}(\sigma')\, d\sigma'. \end{aligned} \tag{70}$$

In der Ebene gelten die analogen Formeln

$$\begin{aligned} &\mathfrak{W}(x, y) = \int_T H(x, y; x', y')\, \mu' d\tau' - \frac{1}{2\pi}\int_S H(x\, y; s')\frac{\partial \mathfrak{W}}{\partial n'}\, ds' + \frac{1}{l}\int_S \mathfrak{W}(s') \\ &2\pi\int_T \mu' d\tau' = \int_S \frac{\partial \mathfrak{W}}{\partial n'}\, ds' \quad (l = \text{Gesamtlänge vo} \end{aligned} \tag{71}$$

und

$$\int_T \mu' d\tau' = 0, \quad \mathfrak{W}(x, y) = \int_T H(x, y; x', y')\, \mu' d\tau' + \frac{1}{l}\int_S \mathfrak{W}(s')\, ds'. \tag{72}$$

9. Potential eines homogenen Kugelkörpers. Das logarithmische Potential einer homogenen Kreisscheibe. Potential eines homogenen Ellipsoidkörpers. Nunmehr einige Beispiele:

1. *Das Newtonsche Potential eines homogenen Kugelkörpers der Dichte* 1 *vom Radius a um den Koordinatenursprung,*

$$W = \int_{\mathfrak{K}} \frac{1}{r}\, d\tau', \quad d\tau' = dx'\, dy'\, dz', \quad r^2 = (x - x')^2 + (y - y')^2 + (z - z')^2.$$

Man findet

$$W(x, y, z) = \begin{cases} \dfrac{4\pi}{3} a^3 \dfrac{1}{R} & \text{für} \quad R \geqq a, \quad R^2 = x^2 + y^2 + z^2, \\ 2\pi a^2 - \dfrac{2}{3}\pi R^2 & \text{für} \quad R \leqq a. \end{cases}$$

Betrachten wir die partiellen Ableitungen erster Ordnung von W. Man errechnet vor allem unmittelbar

$$\frac{\partial W}{\partial R} = \begin{cases} -\frac{4\pi}{3} a^3 \frac{1}{R^2} & \text{für} \quad R \geqq a, \\ -\frac{4}{3}\pi R = -\frac{4\pi}{3} R^3 \frac{1}{R^2} & \text{für} \quad R \leqq a. \end{cases} \tag{73}$$

Die partiellen Ableitungen in den Richtungen, die auf dem vom Koordinatenursprung nach (x, y, z) führenden Radiusvektor senkrecht stehen, sind, wie sich des weiteren leicht zeigt, gleich Null.

Dieses Ergebnis kann man wie folgt deuten. *Die Anziehung, die ein homogener Kugelkörper der Dichte* $\frac{1}{\varkappa}$ *auf einen im Außenraume oder auf der Kugeloberfläche liegenden Punkt P ausübt, ist gerade so groß, wie wenn die Gesamtmasse im Mittelpunkt konzentriert wäre.*

Es sei $P_0\ (x_0, y_0, z_0)$ ein Punkt im Innern von $\mathfrak{K}$, und es möge $\mathfrak{C}_{P_0}$ die durch P_0 hindurchgehende, mit $\mathfrak{C}$ konzentrische Kugel bezeichnen. Der von $\mathfrak{C}_{P_0}$ begrenzte Kugelkörper heiße $\mathfrak{K}_{P_0}$. Die Kraft, mit der P_0 von $\mathfrak{K}_{P_0}$ angezogen wird, ist nach (73) gleich

$$-\frac{4\pi}{3} R_0^3 \frac{1}{R_0^2} = \frac{\partial W}{\partial R_0} \qquad (R_0^2 = x_0^2 + y_0^2 + z_0^2). \tag{74}$$

Die Anziehung der homogenen Kugelschale mit den Radien $R_0 < a$ *und a auf einen auf ihrer Innenfläche befindlichen Punkt ist also gleich Null.* Es ist leicht zu sehen, daß überhaupt *die Anziehung der betrachteten homogenen Kugelschale auf einen beliebigen Punkt im Innern von* $\mathfrak{K}_{P_0}$ *gleich Null ist.*

2. In ähnlicher Weise bestimmt sich das *logarithmische Potential einer homogenen Kreisscheibe vom Radius a um den Koordinatenursprung,*

$$W(x, y) = \int_{\mathfrak{K}} \log \frac{1}{r}\, d\tau', \quad d\tau' = dx'\, dy', \quad r^2 = (x - x')^2 + (y - y')^2. \tag{75}$$

Hier ist

$$W(x, y) = \begin{cases} \pi a^2 \log \frac{1}{r} & \text{für} \quad R \geqq a, \\ \pi \left(\frac{a^2}{2} + a^2 \log \frac{1}{a} - \frac{R^2}{2}\right) & \text{für} \quad R \leqq a. \end{cases} \tag{76}$$

Die physikalische Deutung ist der vorhin angegebenen ganz analog.

3. Ein weiteres Beispiel von der größten Wichtigkeit bildet die Bestimmung des *Potentials eines homogenen dreiachsigen Ellipsoidkörpers*

$$T: \qquad \frac{x^2}{a^2} + \frac{y^2}{b^2} + \frac{z^2}{c^2} \leqq 1 \qquad (a \geqq b \geqq c). \tag{77}$$

Es sei (x, y, z) irgendein Punkt außerhalb von T. Die Gleichung

$$\frac{x^2}{a^2+\nu}+\frac{y^2}{b^2+\nu}+\frac{z^2}{c^2+\nu}-1=0 \tag{78}$$

hat, wie man leicht zeigt, eine und nur eine positive Wurzel.

Als Funktion von x, y, z aufgefaßt, ist ν in dem Außenbereiche T_a+S stetig und hat daselbst stetige Ableitungen erster Ordnung. Konvergiert (x, y, z) gegen die Oberfläche S von T, so geht ν gegen Null. Entfernt sich der Punkt (x, y, z) ins Unendliche, so wird auch ν unendlich.

Nach Lejeune Dirichlet hat nun das Potential

$$W=\int\limits_T \frac{1}{r}\,d\tau' \tag{79}$$

auf dem Rande S von T und außerhalb von T, d. h. für

$$\frac{x^2}{a^2}+\frac{y^2}{b^2}+\frac{z^2}{c^2}\geqq 1 \tag{80}$$

den Wert

$$W=\pi a b c\int\limits_\nu^\infty\left(1-\frac{x^2}{a^2+\lambda}-\frac{y^2}{b^2+\lambda}-\frac{z^2}{c^2+\lambda}\right)\frac{d\lambda}{\sqrt{\varphi(\lambda)}}, \tag{81}$$

$$\varphi(\lambda)=(a^2+\lambda)(b^2+\lambda)(c^2+\lambda),$$

im Innern und auf dem Rande von T den Wert

$$W=\pi a b c\int\limits_0^\infty\left(1-\frac{x^2}{a^2+\lambda}-\frac{y^2}{b^2+\lambda}-\frac{z^2}{c^2+\lambda}\right)\frac{d\lambda}{\sqrt{\varphi(\lambda)}}. \tag{82}$$

Auf einen Beweis dieses in der Theorie der Gleichgewichtsfiguren rotierender Flüssigkeiten fundamentalen Satzes kann an dieser Stelle nicht eingegangen werden.

Betrachten wir den wichtigen Spezialfall $a=b$. Es handelt sich jetzt also um den von dem Rotationsellipsoid

$$\frac{x^2+y^2}{b^2}+\frac{z^2}{c^2}=1 \qquad (b>c)$$

begrenzten Körper.

Die Meridiankurve in der Ebene $x=0$ ist die Ellipse

$$\frac{y^2}{b^2}+\frac{z^2}{c^2}=1.$$

Die Integralausdrücke (81), (82) lassen sich nunmehr durch elementare Funktionen ausdrücken. Nach (81) finden wir für das Potential

$$W=\int\limits_T \frac{1}{r}\,d\tau'$$

in einem Punkte (x, y, z) des Außengebietes den Wert

$$
(83)\qquad \begin{gathered}
W = \pi b^2 c \int_{\nu}^{\infty} \left(1 - \frac{x^2 + y^2}{b^2 + \lambda} - \frac{z^2}{c^2 + \lambda}\right) \frac{d\lambda}{(b^2 + \lambda)(c^2 + \lambda)^{\frac{1}{2}}}, \\
\frac{x^2 + y^2}{b^2 + \nu} + \frac{z^2}{c^2 + \nu} = 1.
\end{gathered}
$$

In einem im Innern des Ellipsoidkörpers gelegenen Punkte ist nach (82)

$$
(84)\qquad W = \pi b^2 c \int_{0}^{\infty} \left(1 - \frac{x^2 + y^2}{b^2 + \lambda} - \frac{z^2}{c^2 + \lambda}\right) \frac{d\lambda}{(b^2 + \lambda)(c^2 + \lambda)^{\frac{1}{2}}}.
$$

Wie man sich durch die Substitution

$$
c^2 + \lambda = t^2
$$

leicht überzeugt, gelten mit

$$
\mathfrak{c}^2 = b^2 - c^2 \quad (\mathfrak{c} > 0), \quad k = \frac{\mathfrak{c}}{c}, \quad b^2 = c^2(1 + k^2)
$$

die Formeln

$$
\int_0^{\infty} \frac{d\lambda}{(b^2 + \lambda)(c^2 + \lambda)^{\frac{1}{2}}} = \frac{2}{\mathfrak{c}}\left(\frac{\pi}{2} - \operatorname{Arctg}\frac{c}{\mathfrak{c}}\right) = \frac{2}{\mathfrak{c}} \operatorname{Arctg}\frac{\mathfrak{c}}{c},
$$

$$
\int_0^{\infty} \frac{d\lambda}{(b^2 + \lambda)^2 (c^2 + \lambda)^{\frac{1}{2}}} = -\frac{1}{\mathfrak{c}^2}\frac{c}{\mathfrak{c}^2 + c^2} + \frac{1}{\mathfrak{c}^3} \operatorname{Arctg}\frac{\mathfrak{c}}{c},
$$

$$
\int_0^{\infty} \frac{d\lambda}{(b^2 + \lambda)(c^2 + \lambda)^{\frac{3}{2}}} = \frac{2}{\mathfrak{c}^2 c} - \frac{2}{\mathfrak{c}^3} \operatorname{Arctg}\frac{\mathfrak{c}}{c},
$$

und damit für die Innenpunkte endgültig

$$
(85)\qquad \begin{aligned}
W &= \pi b^2 c \left[\frac{2}{\mathfrak{c}} \operatorname{Arctg}\frac{\mathfrak{c}}{c} - (x^2 + y^2)\left(-\frac{1}{\mathfrak{c}^2}\frac{c}{c^2 + \mathfrak{c}^2} + \frac{1}{\mathfrak{c}^3}\operatorname{Arctg}\frac{\mathfrak{c}}{c}\right)\right. \\
&\qquad \left. - \frac{2z^2}{\mathfrak{c}^2}\left(\frac{1}{c} - \frac{1}{\mathfrak{c}}\operatorname{Arctg}\frac{\mathfrak{c}}{c}\right)\right] \\
&= 2\pi \frac{1 + k^2}{k^3}\left[k^2 c^2 \operatorname{Arctg} k - \frac{1}{2}(x^2 + y^2)\left(\operatorname{Arctg} k - \frac{k}{1 + k^2}\right)\right. \\
&\qquad \left. - z^2 (k - \operatorname{Arctg} k)\right].
\end{aligned}
$$ [14]

Aus Gründen der Stetigkeit gilt diese Formel auch noch für alle Punkte auf dem Ellipsoid selbst.

---

[14] In (85) bezeichnet $\operatorname{Arctg} k$ denjenigen Zweig der unendlich vieldeutigen Funktion $\operatorname{arctg} k$, der für $k = 0$ verschwindet.

10. Eine über den gesamten dreidimensionalen Raum ausgebreitete Massenbelegung. Es möge jetzt die Ortsfunktion μ in dem gesamten unendlichen Raume erklärt und stetig oder zum mindesten abteilungsweise stetig sein. In vielen Fällen müssen Integrale von der Form (48), erstreckt über den Gesamtraum, betrachtet werden. Es sei (x, y, z) irgendein Punkt und es sei $\mathfrak{K}_n$ ein (x, y, z) umschließender Kugelkörper um den Koordinatenursprung vom Radius d_n. Nähert sich der Ausdruck $\int\limits_{\mathfrak{K}_n} \frac{|\mu'|\,d\tau'}{r}$, wie wir annehmen wollen, für $d_n \to \infty$ einem endlichen Grenzwert, so konvergiert das Integral $\int\limits_{\infty} \frac{\mu'\,d\tau'}{r}$ absolut. Den Limeswert fassen wir per definitionem als das über den ganzen Raum erstreckte Integral von $\frac{\mu'\,d\tau'}{r}$ auf und schreiben

$$(86) \qquad \lim_{d_n \to \infty} \int\limits_{\mathfrak{K}_n} \frac{\mu'\,d\tau'}{r} = \int\limits_{\infty} \frac{\mu'\,d\tau'}{r} = W_\infty .$$

Das Volumpotential W_∞ existiert gewiß, wenn, wie wir jetzt voraussetzen wollen, μ sich im Unendlichen wie $R^{-2-\nu}$ $(0<\nu<1)$ verhält, genauer, wenn μ in dem ganzen Raum einer Ungleichheit von der Form $|\mu| \leqq \beta^{(1)}(1+R)^{-2-\nu}$ ($\beta^{(1)}$ konstant) genügt.

Es sei zunächst $R^2 = x^2 + y^2 + z^2 \geqq 1$. Wir führen durch

$$(87) \qquad \begin{aligned} x &= R\bar{x}, \quad y = R\bar{y}, \quad z = R\bar{z}; \qquad \bar{x}^2 + \bar{y}^2 + \bar{z}^2 = 1;\\ x' &= R\bar{x}', \quad y' = R\bar{y}', \quad z' = R\bar{z}' \end{aligned}$$

neue Variablen ein und setzen

$$(88) \qquad \begin{aligned} &\mu(x', y', z') = \bar{\mu}(\bar{x}', \bar{y}', \bar{z}'), \quad d\bar{\tau}' = d\bar{x}'\,d\bar{y}'\,d\bar{z}',\\ &r^2 = (x'-x)^2 + (y'-y)^2 + (z'-z)^2\\ &\quad = R^2\{(\bar{x}'-\bar{x})^2 + (\bar{y}'-\bar{y})^2 + (\bar{z}'-\bar{z})^2\} = R^2\bar{r}^2.\end{aligned}$$ [15]

Alsdann ist

$$(89) \qquad \int\limits_{\mathfrak{K}_n} \frac{\mu'\,d\tau'}{r} = R^2 \int\limits_{\bar{\mathfrak{K}}_n} \frac{\bar{\mu}'\,d\bar{\tau}'}{\bar{r}},$$

unter $\bar{\mathfrak{K}}_n$ einen Kugelkörper vom Radius $\frac{d_n}{R}$ um den Koordinatenursprung verstanden. Nun ist

$$\begin{aligned} |\bar{\mu}(\bar{x}', \bar{y}', \bar{z}')| &< c_0 (x'^2 + y'^2 + z'^2)^{-\frac{2+\nu}{2}}\\ &= c_0 R^{-2-\nu} (\bar{x}'^2 + \bar{y}'^2 + \bar{z}'^2)^{-\frac{2+\nu}{2}} \end{aligned} \qquad (c_0 \text{ konstant})$$

[15] Transformationen dieser Art sind in der Theorie des Newtonschen und logarithmischen Potentials mit Erfolg von H. Petrini vielfach benutzt worden. Vgl. H. Petrini, Acta Mathematica **31** (1908), S. 127—332; Journal de Mathématiques (6) **5** (1909), S. 127—223.

und wegen (89)

$$\int\limits_{\mathfrak{K}_n} \frac{|\mu'|\,d\tau'}{r} < c_0 R^{-\nu} \int\limits_{\bar{\mathfrak{K}}_n} \frac{d\bar{\tau}'}{\bar{r}\left(\bar{x}'^2+\bar{y}'^2+\bar{z}'^2\right)^{1+\frac{\nu}{2}}}. \tag{90}$$

Das Integral rechterhand konvergiert augenscheinlich für $d_n \to \infty$. Also ist $\int\limits_{\infty} \frac{\mu'\,d\tau'}{r}$ tatsächlich vorhanden.

Es sei weiter $x^2 + y^2 + z^2 \leqq 1$, und es möge $\mathfrak{K}^0$ einen Kugelkörper vom Radius 2 um den Koordinatenursprung bezeichnen. In $\mathfrak{K}_n - \mathfrak{K}^0$ ist gewiß $r \geqq R$, $\frac{1}{r} \leqq \frac{1}{R}$. Wegen $|\mu| \leqq \beta^{(1)}$ ist

$$\int\limits_{\mathfrak{K}_n} \frac{|\mu'|\,d\tau'}{r} = \int\limits_{\mathfrak{K}^0} + \int\limits_{\mathfrak{K}_n - \mathfrak{K}^0} \leqq \int\limits_{\mathfrak{K}^0} \frac{\beta^{(1)}\,d\tau'}{r} + \int\limits_{\mathfrak{K}_n - \mathfrak{K}^0} \frac{\beta^{(1)}\,d\tau'}{R^{3+\nu}} \leqq \beta^{(2)} \qquad (\beta^{(2)} \text{ konstant}).$$

Also konvergiert auch jetzt $\int\limits_{\infty} \frac{\mu'\,d\tau'}{r}$, und zwar absolut.

Wir überzeugen uns ferner wegen (90), daß

$$\int\limits_{\infty} \frac{\mu'\,d\tau'}{r} = O(R^{-\nu}) \tag{91}$$

gesetzt werden kann. In einer ganz ähnlichen Weise läßt sich zeigen, daß auch die partiellen Ableitungen erster Ordnung $\frac{\partial W_\infty}{\partial x}$, $\frac{\partial W_\infty}{\partial y}$, $\frac{\partial W_\infty}{\partial z}$ existieren und ebenso wie W_∞ überall stetig sind. Im Unendlichen verhalten sich $\frac{\partial W_\infty}{\partial x}$, $\frac{\partial W_\infty}{\partial y}$, $\frac{\partial W_\infty}{\partial z}$ wie $R^{-1-\nu}$.

Es ist, wie man ohne Schwierigkeiten zeigen kann, bsp.

$$\frac{\partial W_\infty}{\partial x} = \int\limits_{\infty} \mu' \frac{\partial}{\partial x}\left(\frac{1}{r}\right) d\tau' = \lim_{d_n \to \infty} \int\limits_{\mathfrak{K}_n} \mu' \frac{\partial}{\partial x}\left(\frac{1}{r}\right) d\tau'. \tag{92}$$

Genügt die Dichte μ in einem jeden endlichen Bereiche der Hölderschen Bedingung (und ist also dort auch stetig), so sind $\frac{\partial^2 W_\infty}{\partial x^2}, \ldots,$ wie sich ohne Mühe zeigen läßt, vorhanden und stetig, genügen ihrerseits einer Hölderschen Bedingung und erfüllen die Poissonsche Differentialgleichung

$$\frac{\partial^2 W_\infty}{\partial x^2} + \frac{\partial^2 W_\infty}{\partial y^2} + \frac{\partial^2 W_\infty}{\partial z^2} = -4\pi\mu. \tag{93}$$

Die Ausdrücke

$$W_{(1)} = \int\limits_{\infty} \mu' \frac{\partial}{\partial x}\left(\frac{1}{r}\right) d\tau',\quad W_{(2)} = \int\limits_{\infty} \mu' \frac{\partial}{\partial y}\left(\frac{1}{r}\right) d\tau',\quad W_{(3)} = \int\limits_{\infty} \mu' \frac{\partial}{\partial z}\left(\frac{1}{r}\right) d\tau' \tag{94}$$

haben eine bestimmte Bedeutung, auch wenn $\nu = 0$, d. h. $\mu = O(R^{-2})$ ist, sind überall stetig und verschwinden im Unendlichen wie R^{-1} [15a]. Es ist aber diesmal unstatthaft, sie mit $\frac{\partial W_\infty}{\partial x}$, $\frac{\partial W_\infty}{\partial y}$, $\frac{\partial W_\infty}{\partial z}$ zu bezeichnen, da der Ausdruck $\int\limits_{\mathfrak{R}_n} \frac{\mu' d\tau'}{r}$ für $d_n \to \infty$ nicht notwendig konvergiert.

Es möge nunmehr die Dichte μ den Ungleichheiten

$$(95)\quad \begin{gathered} |\mu(x, y, z) - \mu(x_1, y_1, z_1)| \leqq \mathfrak{c}\{(1+R)^{-2-\lambda} + (1+R_1)^{-2-\lambda}\} d_1^\lambda, \\ |\mu| \leqq \mathfrak{c}(1+R)^{-2} \quad (\mathfrak{c} \text{ konstant}, \; R_1^2 = x_1^2 + y_1^2 + z_1^2, \; 0 < \lambda < 1) \\ d_1^2 = (x_1 - x)^2 + (y_1 - y)^2 + (z_1 - z)^2 \end{gathered}$$

genügen. Augenscheinlich verschwindet jetzt μ im Unendlichen wie R^{-2}, demnach ist $\nu = 0$. Des weiteren erfüllt μ eine Höldersche Bedingung mit dem Exponenten λ. Der Höldersche Koeffizient verschwindet für $R \to \infty$, $R_1 \to \infty$ wie $R^{-2-\lambda} + R_1^{-2-\lambda}$. Wie wir an dieser Stelle nicht näher ausführen können[16], sind die partiellen Ableitungen

$$\frac{\partial W_{(1)}}{\partial x}, \; \frac{\partial W_{(1)}}{\partial y} = \frac{\partial W_{(2)}}{\partial x}, \; \frac{\partial W_{(1)}}{\partial z}, \ldots, \frac{\partial W_{(3)}}{\partial z}$$

überall vorhanden und stetig. Sie verschwinden im Unendlichen wie R^{-2} und genügen einer H-Bedingung mit dem Exponenten λ. Der Höldersche Koeffizient verschwindet im Unendlichen wie $R^{-2-\lambda} + R_1^{-2-\lambda}$.

Es ist also bsp.

$$(96)\quad \frac{\partial W_{(1)}}{\partial x} = O(R^{-2}), \quad \left|\frac{\partial}{\partial x} W_{(1)}(x, y, z) - \frac{\partial}{\partial x} W_{(1)}(x_1, y_1, z_1)\right| \leqq \mathfrak{c}_1\{(1+R)^{-2-\lambda} + (1+R_1)^{-2-\lambda}\} d_1^\lambda.$$

In der Ebene liegen die Verhältnisse analog; W_∞ existiert gewiß, wenn $\mu = O(R^{-2-\nu})$ $(0 < \nu < 1)$ ist. Die Ausdrücke

$$\int\limits_\infty \mu' \frac{\partial}{\partial x}\left(\log\frac{1}{r}\right) d\tau', \quad \int\limits_\infty \mu' \frac{\partial}{\partial y}\left(\log\frac{1}{r}\right) d\tau'$$

haben eine bestimmte Bedeutung, auch wenn nur $\mu = O(R^{-1-\nu})$ $(0 < \nu \leqq 1)$ gilt. Sie sind überall stetig und verhalten sich im Unendlichen wie $R^{-\nu}$.

Wir leiten hier noch eine Formel ab, die sich für uns alsbald als notwendig erweisen wird. Es sei $\chi(x, y, z)$ eine nebst ihren partiellen Ableitungen erster und zweiter Ordnung überall stetige Funktion, die sich im Unendlichen wie $R^{-\nu}$ $(0 < \nu < 1)$ verhält, während ihre par-

---

[15a] Ja, selbst wenn μ sich im Unendlichen wie $R^{-1-\nu}$ $(0 < \nu \leqq 1)$ verhält, sind $W_{(1)}$, $W_{(2)}$, $W_{(3)}$ vorhanden. Sie verschwinden im Unendlichen wie $R^{-\nu}$.

[16] Vgl. L. Lichtenstein, Über einige Hilfssätze der Potentialtheorie. III. Berichte der Sächsischen Akademie **58** (1926), S. 213—239, insbes. S. 231.

tiellen Ableitungen erster und zweiter Ordnung dort wie $R^{-1-\nu}$ und $R^{-2-\nu}$ verschwinden. Wir wenden, wie in **1.**, die Formel (11) auf denjenigen Bereich an, der sich ergibt, wenn man aus $\mathfrak{K}_n$ einen kleinen Kugelkörper vom Radius h um den Punkt (x, y, z) als Mittelpunkt entfernt, und setzen

$$U = \chi(x', y', z'), \quad V = \frac{1}{r}.$$

Nach dem Übergang zur Grenze, $h \to 0$, erhält man[17]

$$\chi(x, y, z) = -\frac{1}{4\pi}\int\limits_{\mathfrak{K}_n} \frac{1}{r}\left(\frac{\partial^2\chi}{\partial x'^2} + \frac{\partial^2\chi}{\partial y'^2} + \frac{\partial^2\chi}{\partial z'^2}\right) d\tau' + \frac{1}{4\pi}\int\limits_{\mathfrak{C}_n} \chi(\sigma')\frac{\partial}{\partial n'}\left(\frac{1}{r}\right) d\sigma' - \frac{1}{4\pi}\int\limits_{\mathfrak{C}_n} \frac{1}{r}\frac{\partial \chi}{\partial n'}\, d\sigma'. \tag{97}$$

Wir lassen jetzt d_n gegen ∞ konvergieren. In den Oberflächenintegralen ist

$$\frac{\partial}{\partial n'}\frac{1}{r} = O\left(\frac{1}{d_n^2}\right), \quad \frac{1}{r} = O\left(\frac{1}{d_n}\right), \quad d\sigma' = d_n^2\, d\omega', \tag{98}$$

wo $d\omega'$ den zu $d\sigma'$ gehörigen körperlichen Winkel im Koordinatenursprung bezeichnet. Augenscheinlich konvergieren in (97) die beiden letzten Summanden rechterhand gegen Null. Das Volumintegral konvergiert unbedingt, und es gilt

$$\chi(x, y, z) = -\frac{1}{4\pi}\int\limits_{\infty} \frac{1}{r}\left(\frac{\partial^2\chi}{\partial x'^2} + \frac{\partial^2\chi}{\partial y'^2} + \frac{\partial^2\chi}{\partial z'^2}\right) d\tau'. \tag{99}$$

Dies ist die Formel, die wir im Sinne hatten. Offenbar genügt es für die Gültigkeit unserer Überlegungen, wenn bezüglich des Verhaltens der partiellen Ableitungen zweiter Ordnung von χ im Unendlichen nur feststeht, daß $\Delta\chi = O(R^{-2-\nu})$ ist. Auch dann konvergiert das Integral (99) unbedingt. Aber, auch wenn bezüglich des Verhaltens von $\frac{\partial^2\chi}{\partial x^2}$, $\frac{\partial^2\chi}{\partial y^2}$, $\frac{\partial^2\chi}{\partial z^2}$ im Unendlichen überhaupt nichts vorausgesetzt wird, folgt aus (97) und (98), daß $\lim\limits_{d_n\to\infty} \int\limits_{\mathfrak{K}_n} \frac{1}{r}\Delta\chi'\, d\tau'$ existiert und den Wert $\chi(x, y, z)$ hat,

$$\chi(x, y, z) = -\frac{1}{4\pi}\int\limits_{\infty} \frac{1}{r}\Delta\chi'\, d\tau' = -\frac{1}{4\pi}\lim_{d_n\to\infty}\int\limits_{\mathfrak{K}_n} \frac{1}{r}\Delta\chi'\, d\tau'. \tag{100}$$

Die Formel (99) wird bald zur Verwendung kommen.

[17] Die Integrationsvariablen sind x', y', z'; $d\sigma'$ bezeichnet das Flächenelement in dem Punkte (x', y', z') der Kugel $\mathfrak{C}_n$.

11. Potentiale einfacher und doppelter Flächen- und Linienbelegungen. Es sei S irgendeine Fläche der Klasse Ah (vgl. S. 20), und es möge $\mu(\sigma)$ eine auf S erklärte stetige Ortsfunktion bezeichnen. In der Potentialtheorie spielen die für alle nicht auf S gelegenen (x, y, z) durch die Gleichungen

$$W_1(x, y, z) = \int\limits_S \mu(\sigma') \frac{1}{r} d\sigma', \quad W_2(x, y, z) = \int\limits_S \mu(\sigma') \frac{\partial}{\partial n'} \frac{1}{r} d\sigma', \tag{101}$$
$$r^2 = (x - x')^2 + (y - y')^2 + (z - z')^2$$

definierten *Potentialfunktionen einer einfachen und einer doppelten Belegung* der Dichte μ eine grundlegende Rolle. Ein Blick auf die Formel (12) lehrt, daß jede in $T + S$ nebst ihren partiellen Ableitungen erster Ordnung stetige Funktion U, die in T stetige Ableitungen zweiter Ordnung hat und die überdies so beschaffen ist, daß der Ausdruck $\Delta U = p$ sich auch noch auf S stetig verhält, sich in T als Summe aus dem Newtonschen Potential einer über T verteilten Massenladung und den Potentialen gewisser auf S ausgebreiteter einfacher und doppelter Belegungen darstellen läßt[17a]. Die Theorie der Potentiale (101) bildet den Ausgangspunkt für diejenige auf C. Neumann und I. Fredholm zurückgehende Lösung der ersten und zweiten Randwertaufgabe der Potentialtheorie, die heute als die wichtigste bezeichnet werden muß. Wir begnügen uns mit der Aufzählung einiger grundlegender Eigenschaften der Funktionen (101), von denen wir später Gebrauch machen werden[18].

Das Potential der einfachen Belegung W_1 ist eine sowohl in T als auch in dem Außengebiete T_a, mit Ausschluß des unendlich fernen Punktes, reguläre Potentialfunktion. In der Umgebung des unendlich fernen Punktes kann

$$\begin{aligned} W_1 &= M_1 \frac{1}{R} + \text{eine reguläre Potentialfunktion}, \\ M_1 &= \int\limits_S \mu(\sigma')\, d\sigma', \quad R^2 = x^2 + y^2 + z^2 \end{aligned} \tag{102}$$

gesetzt werden. Die Funktion W_1 ist auch noch auf S stetig. Geht (x, y, z) gegen einen Punkt (x_0, y_0, z_0) auf S, so gilt

$$\begin{aligned} W_1(x, y, z) &\to \int\limits_S \mu(\sigma') \frac{1}{r_0} d\sigma', \\ r_0^2 &= (x_0 - x')^2 + (y_0 - y')^2 + (z_0 - z')^2. \end{aligned} \tag{103}$$

Was die partiellen Ableitungen erster Ordnung von W_1 betrifft, so brauchen diese auf S nicht notwendig zu existieren. Gleichwohl hat W_1

[17a] Man vergleiche die Ausführungen auf S. 42.

[18] Man vergleiche hierzu meinen in der Fußnote [12] genannten Encyklopädieartikel, woselbst sich S. 199—206 auch genaue Literaturangaben finden.

sowohl in $T+S$ als auch in T_a+S eine stetige Normalableitung. Wir bezeichnen diese beiden, im allgemeinen voneinander verschiedenen Werte der Normalableitung in einem Punkte σ_0 von S mit

$$\frac{\partial W_1^+(\sigma_0)}{\partial n_0} \quad \text{und} \quad \frac{\partial W_1^-(\sigma_0)}{\partial n_0}.$$

Sie sind stetige Ortsfunktionen auf S. Es ist

$$(104)\qquad \begin{aligned} \frac{\partial W_1^+}{\partial n_0} - \frac{\partial W_1^-}{\partial n_0} &= -4\pi\mu(\sigma_0), \\ \frac{\partial W_1^+}{\partial n_0} + \frac{\partial W_1^-}{\partial n_0} &= 2\int\limits_S \mu(\sigma')\frac{\partial}{\partial n_0}\left(\frac{1}{r_0}\right) d\sigma'. \end{aligned}$$

Wie gesagt, brauchen die Ableitungen erster Ordnung von W_1 in einer beliebigen Richtung auf S nicht notwendig zu existieren. Desgleichen hat

$$W_1(x_0, y_0, z_0) = \int\limits_S \mu(\sigma')\frac{1}{r_0}\,d\sigma',$$

als Ortsfunktion auf S aufgefaßt, nicht notwendig partielle Ableitungen erster Ordnung. Indessen erfüllt[19] $W_1(x_0, y_0, z_0)$ eine Höldersche Bedingung mit dem Exponenten λ. Sind (x_1, y_1, z_1) und (x_2, y_2, z_2) zwei Punkte auf S und bezeichnet r_{12} ihren Abstand, so ist

$$(105)\qquad |W_1(x_1, y_1, z_1) - W_1(x_2, y_2, z_2)| \leqq A_0 \operatorname{Max}|\mu(\sigma)|\, r_{12}^\lambda \qquad (A_0 \text{ konstant}).$$

Liegt ein Gebiet der Klasse B, d. h. ein stetig gekrümmtes Gebiet vor, so tritt für (105) die Ungleichheit

$$|W_1(x_1, y_1, z_1) - W_1(x_2, y_2, z_2)| \leqq \operatorname{Max}|\mu(\sigma)|\,(A\,|\log r_{12}| + A')\, r_{12} \qquad (A, A' \text{ konstant})$$

ein. Erfüllt die Belegungsdichte μ eine H-Bedingung mit dem Exponenten λ, so existieren die partiellen Ableitungen erster Ordnung sowohl in $T+S$ als auch in T_a+S und erfüllen daselbst eine H-Bedingung mit dem gleichen Exponenten[20]. Ist

$$(106)\qquad |\mu(\sigma_1) - \mu(\sigma_2)| \leqq B\, r_{12}^\lambda \qquad (B \text{ konstant}),$$

so gelten beispielsweise für alle Punkte (x, y, z) und $(\bar{x}, \bar{y}, \bar{z})$ in $T+S$ die Beziehungen

$$(107)\qquad \begin{aligned} |D_1 W_1(x, y, z)| &\leqq c_1(\lambda) B + c_2(\lambda) \operatorname{Max}|\mu|, \\ |D_1 W_1(x, y, z) - D_1 W_1(\bar{x}, \bar{y}, \bar{z})| &\leqq [c_3(\lambda) B + c_4(\lambda) \operatorname{Max}|\mu|]\, \bar{d}^\lambda. \end{aligned}$$

---

[19] Es handelt sich jetzt wieder um ein Gebiet der Klasse Ah.

[20] Wir verstehen unter λ den zu S gehörenden H-Exponenten. In dem unendlichen Außenbereiche gilt die Aussage des Textes genauer in jedem beschränkten Teilbereiche, der auch Punkte des Randes mit T_a+S gemeinsam haben könnte.

In (107) bezeichnet das Symbol D_1 die Ableitung erster Ordnung in einer beliebigen Richtung, $\bar{d}$ ist der Abstand der beiden Punkte (x, y, z) und $(\bar{x}, \bar{y}, \bar{z})$. Die Größen $c_1(\lambda), \ldots, c_4(\lambda)$ hängen, wenn S gegeben ist, nur noch von λ ab[21].

Gehört S der Klasse Bh an, hat ferner μ auf S stetige, der H-Bedingung genügende Ableitungen erster Ordnung, so hat W_1 sowohl in $T+S$ als auch in T_a+S stetige, der H-Bedingung genügende Ableitungen zweiter Ordnung. Beim Passieren von S erfahren diese Ableitungen, wie auch schon die Ableitungen erster Ordnung, im allgemeinen sprungweise Änderungen. Doch ändern sich die Ableitungen in der Richtung einer Tangente an S in (x_0, y_0, z_0) in diesem Punkte stetig[22].

Wir gehen jetzt zu dem Potential der Doppelbelegung W_2 über. Auch diese Funktion ist eine sowohl in T als auch in T_a: diesmal mit Einschluß des unendlich fernen Punktes, reguläre Potentialfunktion. Sie verhält sich sowohl in $T+S$ als auch in T_a+S stetig, ändert sich aber beim Durchgang durch S in allen Punkten, in denen $\mu \neq 0$ ist, sprungweise. Es ist

$$
\begin{aligned}
&W_2^+(\sigma_0) - W_2^-(\sigma_0) = 4\pi\mu(\sigma_0), \\
(108)\qquad &W_2^+(\sigma_0) + W_2^-(\sigma_0) = 2\int\limits_S \mu(\sigma') \frac{\partial}{\partial n'}\left(\frac{1}{r_0}\right) d\sigma'.
\end{aligned}
$$

Hat μ, als Ortsfunktion auf der diesmal als stetig gekrümmt vorausgesetzten Fläche S aufgefaßt, stetige der H-Bedingung mit dem Exponenten λ genügende Ableitungen erster Ordnung, so existieren sowohl in $T+S$ als auch in T_a+S stetige Ableitungen erster Ordnung der Funktion W_2 und erfüllen eine H-Bedingung mit dem gleichen Exponenten. Gehört S der Klasse Bh an und hat μ stetige, der H-Bedingung genügende Ableitungen zweiter Ordnung, so sind die

---

[21] Man beachte (vgl. S. 19), daß λ durch jeden (positiven) kleineren Wert ersetzt werden darf, wenn man den Hölderschen Koeffizienten passend abändert.

[22] Die zuletzt angeführten Sätze, die sich bei Behandlung mancher Existenzprobleme der Hydrodynamik als fundamental erweisen, sind in der endgültigen Fassung von A. Korn (für Bereiche der Klasse B und Bh) angegeben worden. Man vergleiche A. Korn, Sur les équations de l'élasticité, Annales de l'École Normale (3) **24** (1907), S. 9—75, insbes. S. 12—42 und die Bemerkungen am Schluß der §§ 2 und 3 des I. Kapitels. Ein vollständiger Beweis findet sich an der bezeichneten Stelle, den speziellen Zwecken der Abhandlung entsprechend, für Bereiche der Klasse B durchgeführt. Ein ins einzelne gehender Beweis der zweiten Ungleichheit (107) (in der Ebene) findet sich im Rahmen gewisser weitergehender Betrachtungen bei L. Lichtenstein, Über einige Hilfssätze der Potentialtheorie, I. Math. Zeitschr. **23** (1925), S. 72 bis 88, insbes. S. 83—88. Man vergleiche ferner N. M. Günther, Über ein Hauptproblem der Hydrodynamik, Math. Zeitschr. **24** (1925), S. 448—499, insbes. S. 480—499, sowie die in der Fußnote [17] des elften Kapitels an letzter Stelle genannte Arbeit, woselbst räumliche Bereiche der Klasse Ah betrachtet werden. Ältere Literatur siehe loc. cit. [12].

Ableitungen $\frac{\partial^2 W_2}{\partial x^2}, \ldots, \frac{\partial^2 W_2}{\partial z^2}$ sowohl in $T + S$ als auch in $T_a + S$ vorhanden und stetig und erfüllen daselbst eine H-Bedingung mit dem Exponenten λ.

Analoge Sätze gelten in der Ebene. Hier handelt es sich um das logarithmische Potential einer einfachen bzw. doppelten Belegung

$$W_1(x, y) = \int_S \mu(s') \log \frac{1}{r} \, ds',$$

(109)

$$W_2(x, y) = \int_S \mu(s') \frac{\partial}{\partial n'} \left(\log \frac{1}{r}\right) ds', \qquad r^2 = (x - x')^2 + (y - y')^2.$$

Das Verhalten der einfachen Belegung im Unendlichen ist jetzt durch die Gleichung

(109) $W_1 = M_1 \log \frac{1}{R} +$ eine reg. Potentialfunktion, $M_1 = \int_S \mu(s') \, ds'$

gekennzeichnet. In den Formeln (104) und (108) ist der Koeffizient 4π durch 2π zu ersetzen. Es gilt bsp.

$$\frac{\partial W_1^+}{\partial n_0} - \frac{\partial W_1^-}{\partial n_0} = -2\pi \mu(s_0),$$

(110)

$$\frac{\partial W_1^+}{\partial n_0} + \frac{\partial W_1^-}{\partial n_0} = 2 \int_S \mu(s') \frac{\partial}{\partial n_0} \left(\log \frac{1}{r_0}\right) ds'.$$

Noch eine letzte Bemerkung. Wir haben die Existenzsätze betreffend die erste und die zweite Randwertaufgabe der Potentialtheorie der Übersichtlichkeit halber bereits auf S. 58—59 besprochen, dagegen die Sätze über die einfache und doppelte Belegung erst im Anschluß an diejenigen über die Volum- und die Flächenladung gebracht. Diese Sätze bilden nun in der Regel die Grundlage, auf der sich jene Existenzsätze aufbauen. Bei einer systematischen Darstellung der Potentialtheorie wird man darum die Theorie der einfachen und doppelten Flächen- und Linienbelegung an die Spitze stellen.

12. Bestimmung eines quellenfreien Vektorfeldes durch seine Rotation. Es seien L, M, N drei im gesamten Raum erklärte, nebst ihren partiellen Ableitungen erster Ordnung stetige Funktionen, die der Bedingung

$$\frac{\partial L}{\partial x} + \frac{\partial M}{\partial y} + \frac{\partial N}{\partial z} = 0 \tag{111}$$

genügen und im Unendlichen wie $R^{-1-\nu}$ $(0 < \nu \leqq 1)$ verschwinden. Wir nehmen darüber hinaus an, daß $\frac{\partial L}{\partial x}, \frac{\partial L}{\partial y}, \ldots, \frac{\partial N}{\partial z}$ sich für $R \to \infty$ wie $R^{-2-\nu}$ verhalten, und versuchen die folgende Aufgabe zu lösen.

Es sind drei nebst ihren partiellen Ableitungen erster Ordnung stetige Funktionen $\boldsymbol{P}, \boldsymbol{Q}, \boldsymbol{R}$ zu bestimmen, die den Differentialgleichungen

$$(112) \qquad L = \frac{\partial \boldsymbol{R}}{\partial y} - \frac{\partial \boldsymbol{Q}}{\partial z}, \qquad M = \frac{\partial \boldsymbol{P}}{\partial z} - \frac{\partial \boldsymbol{R}}{\partial x}, \qquad N = \frac{\partial \boldsymbol{Q}}{\partial x} - \frac{\partial \boldsymbol{P}}{\partial y};$$

$$(113) \qquad \frac{\partial \boldsymbol{P}}{\partial x} + \frac{\partial \boldsymbol{Q}}{\partial y} + \frac{\partial \boldsymbol{R}}{\partial z} = 0$$

genügen und im Unendlichen wie $R^{-\nu}$ verschwinden, während ihre partiellen Ableitungen sich daselbst wie $R^{-1-\nu}$ verhalten. Aus den Gleichungen (112) folgt, falls $\boldsymbol{P}, \boldsymbol{Q}, \boldsymbol{R}$ auch noch stetige partielle Ableitungen zweiter Ordnung haben, nach Differentiation in bezug auf x, y und z und Zusammenfassung die Beziehung (111). Sie ist also in diesem Falle eine für die Lösbarkeit der Aufgabe notwendige Bedingung.

Wir zeigen zuerst, daß unsere Aufgabe jedenfalls *nicht mehr als eine Lösung* haben kann. Es mögen im Gegensatz zu dieser Behauptung $\boldsymbol{P}_1, \boldsymbol{Q}_1, \boldsymbol{R}_1$ und $\boldsymbol{P}_2, \boldsymbol{Q}_2, \boldsymbol{R}_2$ zwei verschiedene Systeme von Lösungen sein. Die Funktionen

$$\boldsymbol{P}_3 = \boldsymbol{P}_1 - \boldsymbol{P}_2, \qquad \boldsymbol{Q}_3 = \boldsymbol{Q}_1 - \boldsymbol{Q}_2, \qquad \boldsymbol{R}_3 = \boldsymbol{R}_1 - \boldsymbol{R}_2$$

sind nebst ihren partiellen Ableitungen erster Ordnung stetig, genügen den Differentialgleichungen

$$(114) \qquad \frac{\partial \boldsymbol{R}_3}{\partial y} - \frac{\partial \boldsymbol{Q}_3}{\partial z} = 0, \qquad \frac{\partial \boldsymbol{P}_3}{\partial z} - \frac{\partial \boldsymbol{R}_3}{\partial x} = 0, \qquad \frac{\partial \boldsymbol{Q}_3}{\partial x} - \frac{\partial \boldsymbol{P}_3}{\partial y} = 0$$

und verschwinden im Unendlichen wie $R^{-\nu}$. Wegen (114) sind $\boldsymbol{P}_3, \boldsymbol{Q}_3, \boldsymbol{R}_3$ partielle Ableitungen erster Ordnung einer nebst ihren partiellen Ableitungen der beiden ersten Ordnungen stetigen Ortsfunktion

$$(115) \qquad \psi_3(x, y, z) = \int_{(x_0, y_0, z_0)}^{(x, y, z)} \boldsymbol{P}_3\, dx + \boldsymbol{Q}_3\, dy + \boldsymbol{R}_3\, dz,$$

$$(116) \qquad \boldsymbol{P}_3 = \frac{\partial \psi_3}{\partial x}, \qquad \boldsymbol{Q}_3 = \frac{\partial \psi_3}{\partial y}, \qquad \boldsymbol{R}_3 = \frac{\partial \psi_3}{\partial z}.$$

Da die Divergenz des Vektors $\boldsymbol{P}_3, \boldsymbol{Q}_3, \boldsymbol{R}_3$ verschwindet, so gilt die Beziehung

$$(117) \qquad \Delta \psi_3 = 0.$$

Im Unendlichen verhält sich ψ_3 wie $R^{1-\nu}$, da $\boldsymbol{P}_3, \boldsymbol{Q}_3, \boldsymbol{R}_3$ dort wie $R^{-\nu}$ verschwinden. Einem in **4.** angegebenen Satze gemäß ist ψ_3 eine Konstante. Es ist mithin identisch

$$\boldsymbol{P}_3 = \boldsymbol{Q}_3 = \boldsymbol{R}_3 = 0, \qquad \boldsymbol{P}_1 = \boldsymbol{P}_2, \qquad \boldsymbol{Q}_1 = \boldsymbol{Q}_2, \qquad \boldsymbol{R}_1 = \boldsymbol{R}_2.$$

Nun aber die Existenz der Lösung. Wir legen unseren Betrachtungen gleich das folgende allgemeinere Problem zugrunde.

Es sei T ein einfach oder mehrfach zusammenhängendes Gebiet, das entweder beschränkt oder *unendlich* sein kann. Im letzteren Falle kann der Rand von T sich ins Unendliche erstrecken, der unendlich ferne Punkt also auf dem Rande von T liegen. Die Randflächen mögen in allen Fällen stetig gekrümmt sein oder allgemeiner der Klasse Ah (vgl. S. 20) angehören.

Im Innern und auf dem Rande von T sind drei nebst ihren partiellen Ableitungen erster Ordnung stetige Ortsfunktionen L, M, N erklärt. Erstreckt sich T ins Unendliche, so verhalten sich L, M, N; $\frac{\partial L}{\partial x}, \ldots, \frac{\partial N}{\partial z}$ für große R entsprechend wie $R^{-1-\nu}$ und $R^{-2-\nu}$ $(0 < \nu \leqq 1)$.

Des weiteren ist wie vorhin

$$\frac{\partial L}{\partial x} + \frac{\partial M}{\partial y} + \frac{\partial N}{\partial z} = 0. \tag{118}$$

Darüber hinaus wird vorausgesetzt, daß *in jedem Punkte des Randes der Vektor L, M, N in die Tangentialebene von S hineinfällt.*

Wir stellen uns jetzt die Aufgabe, ein System von Funktionen $\boldsymbol{P}, \boldsymbol{Q}, \boldsymbol{R}$ zu bestimmen, die folgenden Bedingungen genügen. *Sie sind überall stetig, ihre partiellen Ableitungen erster Ordnung sind in jedem endlichen Bereiche, der keinen Punkt von S in seinem Innern enthält, stetig. Beim Passieren von S können $\frac{\partial \boldsymbol{P}}{\partial x}, \ldots, \frac{\partial \boldsymbol{R}}{\partial z}$ sprungweise Unstetigkeiten erleiden. Im Unendlichen ist $\boldsymbol{P} = O(R^{-\nu}), \ldots; \frac{\partial \boldsymbol{P}}{\partial x} = O(R^{-1-\nu}), \ldots$. Die Funktionen $\boldsymbol{P}, \boldsymbol{Q}, \boldsymbol{R}$ genügen im Innern von T den Differentialgleichungen*

$$\begin{gathered} \frac{\partial \boldsymbol{R}}{\partial y} - \frac{\partial \boldsymbol{Q}}{\partial z} = L, \quad \frac{\partial \boldsymbol{P}}{\partial z} - \frac{\partial \boldsymbol{R}}{\partial x} = M, \quad \frac{\partial \boldsymbol{Q}}{\partial x} - \frac{\partial \boldsymbol{P}}{\partial y} = N, \\ \frac{\partial \boldsymbol{P}}{\partial x} + \frac{\partial \boldsymbol{Q}}{\partial y} + \frac{\partial \boldsymbol{R}}{\partial z} = 0, \end{gathered} \tag{119}$$

im Innern eines jeden Außengebietes dagegen den Gleichungen

$$\begin{gathered} \frac{\partial \boldsymbol{R}}{\partial y} - \frac{\partial \boldsymbol{Q}}{\partial z} = 0, \quad \frac{\partial \boldsymbol{P}}{\partial z} - \frac{\partial \boldsymbol{R}}{\partial x} = 0, \quad \frac{\partial \boldsymbol{Q}}{\partial x} - \frac{\partial \boldsymbol{P}}{\partial y} = 0, \\ \frac{\partial \boldsymbol{P}}{\partial x} + \frac{\partial \boldsymbol{Q}}{\partial y} + \frac{\partial \boldsymbol{R}}{\partial z} = 0. \end{gathered} \tag{120}$$

In einem Außengebiete sind wegen (120) $\boldsymbol{P}, \boldsymbol{Q}, \boldsymbol{R}$ partielle Ableitungen einer daselbst nicht notwendig eindeutigen Potentialfunktion,

$$\boldsymbol{P} = \frac{\partial \psi}{\partial x}, \quad \boldsymbol{Q} = \frac{\partial \psi}{\partial y}, \quad \boldsymbol{R} = \frac{\partial \psi}{\partial z}; \quad \Delta \psi = 0. \tag{121}$$

Denkt man sich die, zunächst nur in T definierten, Funktionen L, M, N außerhalb von T den Beziehungen

$$L = 0, \quad M = 0, \quad N = 0 \tag{122}$$

gemäß erklärt, so wird das jetzt vorliegende Problem offenbar mit dem vorhin betrachteten identisch sein. Während aber dort L, M, N sowie ihre partiellen Ableitungen erster Ordnung überall stetig waren, können alle diese Funktionen nunmehr auf S sprungweise Unstetigkeiten erleiden. Man beachte, daß die Normalkomponente des Vektors L, M, N auch noch auf S stetig bleibt.

Wir beweisen, daß *die Lösung durch die Formeln*

$$\begin{aligned}
\boldsymbol{P}(x, y, z) &= -\frac{1}{4\pi}\int_T \frac{\partial}{\partial z}\left(\frac{1}{r}\right) M'\,d\tau' + \frac{1}{4\pi}\int_T \frac{\partial}{\partial y}\left(\frac{1}{r}\right) N'\,d\tau',\\
\boldsymbol{Q}(x, y, z) &= -\frac{1}{4\pi}\int_T \frac{\partial}{\partial x}\left(\frac{1}{r}\right) N'\,d\tau' + \frac{1}{4\pi}\int_T \frac{\partial}{\partial z}\left(\frac{1}{r}\right) L'\,d\tau',\\
\boldsymbol{R}(x, y, z) &= -\frac{1}{4\pi}\int_T \frac{\partial}{\partial y}\left(\frac{1}{r}\right) L'\,d\tau' + \frac{1}{4\pi}\int_T \frac{\partial}{\partial x}\left(\frac{1}{r}\right) M'\,d\tau'
\end{aligned} \tag{123}$$

geliefert wird.

Das Gebiet T möge zunächst beschränkt sein. Seine Berandung S besteht also aus einer Anzahl geschlossener stetig gekrümmter Flächen, allgemeiner Flächen der Klasse Ah. Man sieht vor allem, daß die Funktionen $\boldsymbol{P}, \boldsymbol{Q}, \boldsymbol{R}$ überall stetig sind und im Unendlichen wie R^{-2} verschwinden. Die partiellen Ableitungen $\frac{\partial \boldsymbol{P}}{\partial x}, \ldots, \frac{\partial \boldsymbol{R}}{\partial z}$ sind sowohl in $T + S$ als auch im Innern und auf dem Rande eines jeden Außengebietes stetig, können sich aber auf S sprungweise ändern. Sie verhalten sich im Unendlichen wie R^{-3}. Da L, M, N augenscheinlich der Hölderschen Bedingung mit jedem Exponenten $\lambda < 1$ genügen, so erfüllen $\frac{\partial \boldsymbol{P}}{\partial x}, \ldots, \frac{\partial \boldsymbol{R}}{\partial z}$ den in **7.** angegebenen Ergebnissen zufolge sowohl in $T + S$ als auch in jedem endlichen Teile eines der Komplementärbereiche, der auch Punkte von S enthalten kann, die Höldersche Bedingung. Man sieht ferner unmittelbar (vgl. S. 70), daß in jedem Stetigkeitsbereiche der partiellen Ableitungen $\frac{\partial \boldsymbol{P}}{\partial x}, \ldots, \frac{\partial \boldsymbol{R}}{\partial z}$

$$\frac{\partial \boldsymbol{P}}{\partial x} + \frac{\partial \boldsymbol{Q}}{\partial y} + \frac{\partial \boldsymbol{R}}{\partial z} = 0 \tag{124}$$

ist.

Es sei jetzt Θ irgendein beschränktes Gebiet außerhalb von T, dessen Rand keinen Punkt mit S gemeinsam hat. Für alle (x, y, z) in Θ ist wegen

$$\Delta\frac{1}{r} = 0, \quad \frac{\partial^2}{\partial x^2}\left(\frac{1}{r}\right) + \frac{\partial^2}{\partial y^2}\left(\frac{1}{r}\right) = -\frac{\partial^2}{\partial z^2}\left(\frac{1}{r}\right); \quad \frac{\partial \frac{1}{r}}{\partial x} = -\frac{\partial \frac{1}{r}}{\partial x'}, \ldots$$

augenscheinlich

$$\frac{\partial \boldsymbol{P}}{\partial y}-\frac{\partial \boldsymbol{Q}}{\partial x}=-\frac{1}{4\pi}\frac{\partial^2}{\partial z\,\partial y}\int\limits_T \frac{1}{r} M' d\tau' + \frac{1}{4\pi}\frac{\partial^2}{\partial y^2}\int\limits_T \frac{1}{r} N' d\tau' + \frac{1}{4\pi}\frac{\partial^2}{\partial x^2}\int\limits_T \frac{1}{r} N' d\tau'$$

$$-\frac{1}{4\pi}\frac{\partial^2}{\partial x\,\partial z}\int\limits_T \frac{1}{r} L' d\tau' = -\frac{1}{4\pi}\frac{\partial^2}{\partial z\,\partial y}\int\limits_T \frac{1}{r} M' d\tau' - \frac{1}{4\pi}\frac{\partial^2}{\partial x\,\partial z}\int\limits_T \frac{1}{r} L' d\tau'$$

$$-\frac{1}{4\pi}\frac{\partial^2}{\partial z^2}\int\limits_T \frac{1}{r} N' d\tau' = -\frac{1}{4\pi}\frac{\partial}{\partial z}\int\limits_T \left(\frac{\partial}{\partial x}\left(\frac{1}{r}\right) L' + \frac{\partial}{\partial y}\left(\frac{1}{r}\right) M' + \frac{\partial}{\partial z}\left(\frac{1}{r}\right) N'\right) d\tau'$$

$$=\frac{1}{4\pi}\frac{\partial}{\partial z}\int\limits_T \left(\frac{\partial}{\partial x'}\left(\frac{1}{r}\right) L' + \frac{\partial}{\partial y'}\left(\frac{1}{r}\right) M' + \frac{\partial}{\partial z'}\left(\frac{1}{r}\right) N'\right) d\tau'$$

und nach einer schon früher mehrmals ausgeführten teilweisen Integration

(125) $$\frac{\partial \boldsymbol{P}}{\partial y}-\frac{\partial \boldsymbol{Q}}{\partial x}=-\frac{1}{4\pi}\frac{\partial}{\partial z}\int\limits_T \frac{1}{r}\left(\frac{\partial L'}{\partial x'}+\frac{\partial M'}{\partial y'}+\frac{\partial N'}{\partial z'}\right) d\tau'$$

$$-\frac{1}{4\pi}\frac{\partial}{\partial z}\int\limits_S \frac{1}{r}(L'\cos\alpha' + M'\cos\beta' + N'\cos\gamma')\, d\sigma'.$$

Nach (118), und zufolge der weiteren Voraussetzung, daß der Vektor L, M, N in die Tangentialebene von S fällt, d. h.

(126) $$L'\cos\alpha' + M'\cos\beta' + N'\cos\gamma' = 0$$

gilt, ist

(127) $$\frac{\partial \boldsymbol{P}}{\partial y}-\frac{\partial \boldsymbol{Q}}{\partial x}=0.$$

In ähnlicher Weise beweist man die beiden anderen analogen Formeln (120). Übrigens sind $\boldsymbol{P}, \boldsymbol{Q}, \boldsymbol{R}$ in dem Außenraume reguläre Potentialfunktionen. In der Tat ist

$$\Delta \boldsymbol{P} = -\frac{1}{4\pi}\Delta\frac{\partial}{\partial z}\int\limits_T \frac{1}{r} M' d\tau' + \frac{1}{4\pi}\Delta\frac{\partial}{\partial y}\int\limits_T N' d\tau'$$

$$= -\frac{1}{4\pi}\frac{\partial}{\partial z}\int\limits_T \left(\Delta\frac{1}{r}\right) M' d\tau' + \frac{1}{4\pi}\frac{\partial}{\partial y}\int\limits_T \left(\Delta\frac{1}{r}\right) N' d\tau'$$

und, wegen $\Delta\frac{1}{r}=0$,

(128) $$\Delta \boldsymbol{P} = 0$$

sowie analog

(129) $$\Delta \boldsymbol{Q} = 0, \qquad \Delta \boldsymbol{R} = 0.$$

Es sei endlich (x, y, z) ein Punkt im Innern von T. Jetzt gilt wegen

$$\int\limits_T \frac{\partial}{\partial y'}\left(\frac{1}{r}\right) M'\,d\tau' = -\int\limits_S \frac{1}{r} M' \cos\beta'\,d\sigma' - \int\limits_T \frac{1}{r}\frac{\partial M'}{\partial y'}\,d\tau'$$

die Formel

$$(130) \qquad -\frac{1}{4\pi}\frac{\partial^2}{\partial y\,\partial z}\int\limits_T \frac{1}{r} M'\,d\tau' = \frac{1}{4\pi}\frac{\partial}{\partial z}\int\limits_T \frac{\partial}{\partial y'}\left(\frac{1}{r}\right) M'\,d\tau'$$

$$= -\frac{1}{4\pi}\int\limits_S \frac{\partial}{\partial z}\left(\frac{1}{r}\right) M'\cos\beta'\,d\sigma' - \frac{1}{4\pi}\int\limits_T \frac{\partial}{\partial z}\left(\frac{1}{r}\right)\frac{\partial M'}{\partial y'}\,d\tau'.$$

In ähnlicher Weise findet man

$$\frac{1}{4\pi}\frac{\partial^2}{\partial y^2}\int\limits_T \frac{1}{r} N'\,d\tau' = \frac{1}{4\pi}\int\limits_S \frac{\partial}{\partial y}\left(\frac{1}{r}\right) N'\cos\beta'\,d\sigma' + \frac{1}{4\pi}\int\limits_T \frac{\partial}{\partial y}\left(\frac{1}{r}\right)\frac{\partial N'}{\partial y'}\,d\tau',$$

$$) \qquad \frac{1}{4\pi}\frac{\partial^2}{\partial x^2}\int\limits_T \frac{1}{r} N'\,d\tau' = \frac{1}{4\pi}\int\limits_S \frac{\partial}{\partial x}\left(\frac{1}{r}\right) N'\cos\alpha'\,d\sigma' + \frac{1}{4\pi}\int\limits_T \frac{\partial}{\partial x}\left(\frac{1}{r}\right)\frac{\partial N'}{\partial x'}\,d\tau',$$

$$-\frac{1}{4\pi}\frac{\partial^2}{\partial x\,\partial z}\int\limits_T \frac{1}{r} L'\,d\tau' = -\frac{1}{4\pi}\int\limits_S \frac{\partial}{\partial z}\left(\frac{1}{r}\right) L'\cos\alpha'\,d\sigma' - \frac{1}{4\pi}\int\limits_T \frac{\partial}{\partial z}\left(\frac{1}{r}\right)\frac{\partial L'}{\partial x'}\,d\tau'$$

Wir bilden den Ausdruck

$$\frac{\partial \mathbf{P}}{\partial y} - \frac{\partial \mathbf{Q}}{\partial x} = -\frac{1}{4\pi}\frac{\partial^2}{\partial z\,\partial y}\int\limits_T \frac{1}{r} M'\,d\tau' + \frac{1}{4\pi}\frac{\partial^2}{\partial y^2}\int\limits_T \frac{1}{r} N'\,d\tau'$$

$$+\frac{1}{4\pi}\frac{\partial^2}{\partial x^2}\int\limits_T \frac{1}{r} N'\,d\tau' - \frac{1}{4\pi}\frac{\partial^2}{\partial x\,\partial z}\int\limits_T \frac{1}{r} L'\,d\tau',$$

indem wir uns der Formeln (130) und (131) bedienen.

Wegen (126) ergeben die vier Oberflächenintegrale zusammengefaßt den Wert

$$(132) \quad \frac{1}{4\pi}\int\limits_S \left(\frac{\partial}{\partial x}\left(\frac{1}{r}\right)\cos\alpha' + \frac{\partial}{\partial y}\left(\frac{1}{r}\right)\cos\beta' + \frac{\partial}{\partial z}\left(\frac{1}{r}\right)\cos\gamma'\right) N'\,d\sigma'$$

$$= -\frac{1}{4\pi}\int\limits_S \left(\frac{\partial}{\partial x'}\left(\frac{1}{r}\right)\cos\alpha' + \frac{\partial}{\partial y'}\left(\frac{1}{r}\right)\cos\beta' + \frac{\partial}{\partial z'}\left(\frac{1}{r}\right)\cos\gamma'\right) N'\,d\sigma'$$

$$= -\frac{1}{4\pi}\int\limits_S \frac{\partial}{\partial n'}\left(\frac{1}{r}\right) N'\,d\sigma'.$$

Die Volumintegrale ergeben wegen (118)

$$(133) \quad \frac{1}{4\pi}\int\limits_T \left(\frac{\partial}{\partial x}\left(\frac{1}{r}\right)\frac{\partial N'}{\partial x'} + \frac{\partial}{\partial y}\left(\frac{1}{r}\right)\frac{\partial N'}{\partial y'} + \frac{\partial}{\partial z}\left(\frac{1}{r}\right)\frac{\partial N'}{\partial z'}\right) d\tau'$$

$$= -\frac{1}{4\pi}\int\limits_T \left(\frac{\partial}{\partial x'}\left(\frac{1}{r}\right)\frac{\partial N'}{\partial x'} + \frac{\partial}{\partial y'}\left(\frac{1}{r}\right)\frac{\partial N'}{\partial y'} + \frac{\partial}{\partial z'}\left(\frac{1}{r}\right)\frac{\partial N'}{\partial z'}\right) d\tau'.$$

Dieser Integralausdruck läßt sich in bekannter Weise durch teilweise Integration umformen. Man beschreibe wie in **1.** um (x, y, z) eine kleine Kugel $\mathfrak{C}$ vom Halbmesser $\mathfrak{r}$ und wende auf das Gebiet $T-\mathfrak{K}$ die Formel (20) des zweiten Kapitels mit

$$U = N, \qquad V = \frac{1}{r}$$

an. Man erhält so wegen $\Delta V = 0$

$$(134) \quad \int\limits_{T-\mathfrak{K}} \left(\frac{\partial}{\partial x'}\left(\frac{1}{r}\right)\frac{\partial N'}{\partial x'} + \frac{\partial}{\partial y'}\left(\frac{1}{r}\right)\frac{\partial N'}{\partial y'} + \frac{\partial}{\partial z'}\left(\frac{1}{r}\right)\frac{\partial N'}{\partial z'}\right) d\tau'$$
$$= -\int\limits_S N' \frac{\partial}{\partial n'}\left(\frac{1}{r}\right) d\sigma' - \int\limits_{\mathfrak{C}} N' \frac{\partial}{\partial n'}\left(\frac{1}{r}\right) d\sigma'.$$

und für $\mathfrak{r} \to 0$

$$(135) \quad -\int\limits_T \left(\frac{\partial}{\partial x'}\left(\frac{1}{r}\right)\frac{\partial N'}{\partial x'} + \frac{\partial}{\partial y'}\left(\frac{1}{r}\right)\frac{\partial N'}{\partial y'} + \frac{\partial}{\partial z'}\left(\frac{1}{r}\right)\frac{\partial N'}{\partial z'}\right) d\tau'$$
$$-\int\limits_S N' \frac{\partial}{\partial n'}\left(\frac{1}{r}\right) d\sigma' = -4\pi N.$$

Man findet alles in allem

$$(136) \qquad \frac{\partial \boldsymbol{P}}{\partial y} - \frac{\partial \boldsymbol{Q}}{\partial x} = -N.$$

In ähnlicher Weise überzeugt man sich von der Richtigkeit der beiden anderen analogen Formeln (119).

Wir haben unseren letzten Betrachtungen ein beschränktes Gebiet T zugrunde gelegt. Reicht das Gebiet ins Unendliche, so bedarf der Beweis einer geringfügigen Modifikation, bedingt durch das Auftreten des unendlich fernen Punktes. Bei den vorhin mehrmals ausgeführten teilweisen Integrationen wird man diesmal den Integrationsbereich nach außen durch eine Kugel vom hinreichend großen Radius $\mathfrak{R}$ abschließen, teilweise integrieren und zur Grenze $\mathfrak{R} \to \infty$ übergehen. Unsere Ergebnisse bleiben dabei ohne jede Änderung in Kraft. Dies gilt sowohl wenn der Rand S beschränkt ist, als auch wenn er ins Unendliche reicht. Übrigens auch wenn T den gesamten dreidimensionalen Raum erfüllt[22a]. Im letzteren Falle, wenn es sich also um das eingangs

[22a] Bezüglich der Unität der Lösung vergleiche man die Ausführungen auf S. 88 sowie 97—98.

betrachtete Problem handelt, gewinnen wir die Formeln

$$
(137)\quad
\begin{aligned}
\boldsymbol{P}(x, y, z) &= -\frac{1}{4\pi}\int\limits_{\infty}\frac{\partial}{\partial z}\left(\frac{1}{r}\right)M'\,d\tau' + \frac{1}{4\pi}\int\limits_{\infty}\frac{\partial}{\partial y}\left(\frac{1}{r}\right)N'\,d\tau' \\
&= -\frac{1}{4\pi}\int\limits_{\infty}\frac{1}{r}\left(\frac{\partial M'}{\partial z'} - \frac{\partial N'}{\partial y'}\right)d\tau', \\
\boldsymbol{Q}(x, y, z) &= -\frac{1}{4\pi}\int\limits_{\infty}\frac{\partial}{\partial x}\left(\frac{1}{r}\right)N'\,d\tau' + \frac{1}{4\pi}\int\limits_{\infty}\frac{\partial}{\partial z}\left(\frac{1}{r}\right)L'\,d\tau' \\
&= -\frac{1}{4\pi}\int\limits_{\infty}\frac{1}{r}\left(\frac{\partial N'}{\partial x'} - \frac{\partial L'}{\partial z'}\right)d\tau', \\
\boldsymbol{R}(x, y, z) &= -\frac{1}{4\pi}\int\limits_{\infty}\frac{\partial}{\partial y}\left(\frac{1}{r}\right)L'\,d\tau' + \frac{1}{4\pi}\int\limits_{\infty}\frac{\partial}{\partial x}\left(\frac{1}{r}\right)M'\,d\tau' \\
&= -\frac{1}{4\pi}\int\limits_{\infty}\frac{1}{r}\left(\frac{\partial L'}{\partial y'} - \frac{\partial M'}{\partial x'}\right)d\tau'.
\end{aligned}
$$

Die Funktionen $\boldsymbol{P}, \boldsymbol{Q}, \boldsymbol{R}$ verschwinden im Unendlichen wie $R^{-\nu}$ (vgl. S. 81).

Wir haben vorhin angenommen, daß $L, M, N; \frac{\partial L}{\partial x}, \ldots, \frac{\partial N}{\partial z}$ sich im Innern und auf dem Rande von T stetig verhalten. Der auf S. 90 angegebene Satz gilt, bis auf eine sogleich anzugebende Abweichung, auch wenn diese Funktionen im Innern von T abteilungsweise stetig sind, *sofern die Normalkomponente des Vektors L, M, N sich auf der Unstetigkeitsfläche stetig verhält*, die Unstetigkeit also lediglich seine Tangentialkomponente betrifft. Um die Vorstellungen zu fixieren, nehmen wir an, daß T beschränkt ist und durch eine ganz in seinem Innern verlaufende geschlossene Fläche $\bar{S}$ der Klasse Ah in zwei Gebiete T_1 und T_2 zerlegt wird. Sowohl in T_1 als auch in T_2, der Rand allemal eingeschlossen, sind $L, M, N; \frac{\partial L}{\partial x}, \ldots, \frac{\partial N}{\partial z}$ stetig, sie können sich aber auf $\bar{S}$ sprungweise ändern. Doch soll, wenn $\bar{\alpha}, \bar{\beta}, \bar{\gamma}$ die Richtungskosinus der in das Innere von T_2 weisenden Normale $(\bar{n})$ im Punkte $(\bar{x}, \bar{y}, \bar{z})$ auf $\bar{S}$ bezeichnen, $L\cos\bar{\alpha} + M\cos\bar{\beta} + N\cos\bar{\gamma}$ denselben Wert haben, ganz gleich, ob man für L, M, N ihre Grenzwerte bei der Annäherung an $(\bar{x}, \bar{y}, \bar{z})$ von T_1 oder von T_2 aus einsetzt.

Geht man die Betrachtungen auf S. 90ff. noch einmal durch, so findet man, daß auf der rechten Seite der Formel (125) das Oberflächenintegral

$$
-\frac{1}{4\pi}\frac{\partial}{\partial z}\int\limits_{\bar{S}}\frac{1}{\bar{r}}\left([\bar{L}]\cos\bar{\alpha} + [\bar{M}]\cos\bar{\beta} + [\bar{N}]\cos\bar{\gamma}\right)d\bar{\sigma},
$$

$$
\bar{r}^2 = (x-\bar{x})^2 + (y-\bar{y})^2 + z - \bar{z})^2
$$

hinzutritt. Hier bezeichnet bsp. $[\bar{L}]$ den Sprung, den L beim Übergang durch $\bar{S}$ von T_1 nach T_2 hin in dem Punkte $(\bar{x}, \bar{y}, \bar{z})$ erleidet. Nach Voraussetzung ist aber

$$[\bar{L}]\cos\bar{\alpha} + [\bar{M}]\cos\bar{\beta} + [\bar{N}]\cos\bar{\gamma} = 0, \tag{138}$$

so daß wir wieder zu der Formel (127) gelangen. Die Formeln (130) und (131) sind entsprechend durch die Glieder $-\frac{1}{4\pi}\int\limits_{\bar{S}} \frac{\partial}{\partial z}\left(\frac{1}{r}\right)[\bar{M}]\cos\bar{\beta}\, d\bar{\sigma}$, $\frac{1}{4\pi}\int\limits_{\bar{S}} \frac{\partial}{\partial y}\left(\frac{1}{r}\right)[\bar{N}]\cos\bar{\beta}\, d\bar{\sigma}, \ldots$ zu ergänzen. Diese ergeben zusammengefaßt, da bsp. $\frac{\partial}{\partial z}\left(\frac{1}{r}\right) = -\frac{\partial}{\partial \bar{z}}\left(\frac{1}{r}\right)$ ist, wegen (138) den Ausdruck

$$-\frac{1}{4\pi}\int\limits_{\bar{S}} \frac{\partial}{\partial \bar{n}}\left(\frac{1}{r}\right)[\bar{N}]\, d\bar{\sigma}.$$

Auf der rechten Seite von (134) sowie in (135) links erscheint schließlich das neue Glied $-\int\limits_{\bar{S}} [\bar{N}]\frac{\partial}{\partial \bar{n}}\left(\frac{1}{r}\right) d\bar{\sigma}$. Alles in allem erhält man die Formel (136) wieder.

Es ist aber zu beachten, daß die partiellen Ableitungen $\frac{\partial \boldsymbol{P}}{\partial x}, \ldots, \frac{\partial \boldsymbol{R}}{\partial z}$ sich jetzt im allgemeinen auch noch auf $\bar{S}$ sprungweise ändern werden. Dies ist die einzige Abweichung, die unser Satz im vorliegenden Falle erfährt.

Es mögen L, M, N noch einmal Funktionen bezeichnen, die den zuletzt angegebenen allgemeineren Bedingungen genügen, und es sei $\varphi(x, y, z)$ eine in dem Gesamtraume erklärte stetige oder höchstens auf S und $\bar{S}$ sprungweise unstetige Funktion, die im Unendlichen wie $R^{-1-\nu}$ $(\nu > 0)$ verschwindet. Darüber hinaus soll φ in jedem beschränkten Bereiche, der Punkte von S und $\bar{S}$ höchstens auf dem Rande enthält, einer H-Bedingung genügen. Wir stellen uns die Aufgabe, ein System von Funktionen $\hat{\boldsymbol{P}}, \hat{\boldsymbol{Q}}, \hat{\boldsymbol{R}}$ zu bestimmen, *die, was ihre Stetigkeitseigenschaften betrifft, sich wie* $\boldsymbol{P}, \boldsymbol{Q}, \boldsymbol{R}$ *verhalten und die Differentialgleichungen*

$$\frac{\partial \hat{\boldsymbol{R}}}{\partial y} - \frac{\partial \hat{\boldsymbol{Q}}}{\partial z} = L, \quad \frac{\partial \hat{\boldsymbol{P}}}{\partial z} - \frac{\partial \hat{\boldsymbol{R}}}{\partial x} = M, \quad \frac{\partial \hat{\boldsymbol{Q}}}{\partial x} - \frac{\partial \hat{\boldsymbol{P}}}{\partial y} = N, \tag{139}$$

$$\frac{\partial \hat{\boldsymbol{P}}}{\partial x} + \frac{\partial \hat{\boldsymbol{Q}}}{\partial y} + \frac{\partial \hat{\boldsymbol{R}}}{\partial z} = -4\pi\varphi \tag{140}$$

erfüllen.

Wie sich nach vorstehendem leicht zeigen läßt, hat das Problem gewiß eine, aber auch nur eine Lösung. Es gilt

$$
\begin{aligned}
\hat{\boldsymbol{P}}(x, y, z) &= \int\limits_{\infty} \varphi' \frac{\partial}{\partial x}\left(\frac{1}{r}\right) d\tau' - \frac{1}{4\pi}\frac{\partial}{\partial z}\int\limits_{T} \frac{1}{r} M' d\tau' + \frac{1}{4\pi}\frac{\partial}{\partial y}\int\limits_{T} \frac{1}{r} N' d\tau', \\
\hat{\boldsymbol{Q}}(x, y, z) &= \int\limits_{\infty} \varphi' \frac{\partial}{\partial y}\left(\frac{1}{r}\right) d\tau' - \frac{1}{4\pi}\frac{\partial}{\partial x}\int\limits_{T} \frac{1}{r} N' d\tau' + \frac{1}{4\pi}\frac{\partial}{\partial z}\int\limits_{T} \frac{1}{r} L' d\tau', \qquad (141) \\
\hat{\boldsymbol{R}}(x, y, z) &= \int\limits_{\infty} \varphi' \frac{\partial}{\partial z}\left(\frac{1}{r}\right) d\tau' - \frac{1}{4\pi}\frac{\partial}{\partial y}\int\limits_{T} \frac{1}{r} L' d\tau' + \frac{1}{4\pi}\frac{\partial}{\partial x}\int\limits_{T} \frac{1}{r} M' d\tau'.
\end{aligned}
$$
[22a]

Wir haben vorhin vorausgesetzt, daß die Randflächen S von T und die etwaigen Unstetigkeitsflächen $\overline{S}$ stetig gekrümmt sind oder mindestens der Klasse Ah angehören. Sie mögen jetzt Flächen der Klasse Bh sein (vgl. S. 20), und es möge $\lambda\,(<1)$ den in Betracht kommenden Hölderschen Exponenten bezeichnen. Darüber hinaus nehmen wir an, daß die Funktion φ partielle Ableitungen erster Ordnung hat und daß $\frac{\partial\varphi}{\partial x}, \frac{\partial\varphi}{\partial y}, \frac{\partial\varphi}{\partial z}$ sowie $\frac{\partial L}{\partial x}, \ldots, \frac{\partial N}{\partial z}$ in jedem beschränkten Stetigkeitsbereiche der Hölderschen Bedingung mit dem Exponenten λ genügen. Alsdann sind die partiellen Ableitungen zweiter Ordnung von $\hat{\boldsymbol{P}}, \hat{\boldsymbol{Q}}, \hat{\boldsymbol{R}}$ im Innern und auf dem Rande eines jeden beschränkten Stetigkeitsbereiches vorhanden und erfüllen daselbst die gleiche Bedingung. — Dies alles geht ohne weiteres aus den in **7.** zusammengestellten Aussagen (vgl. S. 72—73) hervor.

13. Fortsetzung. Verallgemeinerungen des Problems. Wir gehen jetzt einen Schritt weiter. Es mögen L, M, N nur im Innern eines von stetig gekrümmten Flächen oder doch von Flächen der Klasse Ah begrenzten endlichen Bereiches $T+S$ von Null verschieden sein. Sie sind dort stetig oder haben allenfalls längs einer ganz wie S beschaffenen Fläche $\overline{S}$ sprungweise Unstetigkeiten. Die partiellen Ableitungen erster Ordnung $\frac{\partial L}{\partial x}, \ldots, \frac{\partial N}{\partial z}$ sind vorhanden und stetig, bzw. auf $\overline{S}$ sprungweise unstetig. Die Normalkomponente des Vektors L, M, N ist auf $\overline{S}$ stetig, auf S gleich Null. Es sei jetzt weiter $\mathring{S}$ eine wie S beschaffene, den Bereich $T+S$ umschließende einfach zusammenhängende Fläche; T liegt also ganz im Innern des von $\mathring{S}$ begrenzten endlichen Gebietes $\mathring{T}$ [23]. Es sei schließlich φ eine in $\mathring{T}+\mathring{S}$ erklärte

[22a] Es sei daran erinnert, daß den Formeln (141) ein beschränktes Gebiet zugrunde liegt. Ist T unendlich, so sind die über T erstreckten Integralausdrücke entsprechend durch die in (123) auftretenden Integralausdrücke zu ersetzen.

[23] Es könnte übrigens $\mathring{S}$ sich mit S decken (vgl. weiter unten). Dann ist natürlich auch $\mathring{T} = T$.

stetige oder lediglich auf S und $\overline{S}$ sprungweise unstetige Funktion, die in jedem Stetigkeitsbereiche einer H-Bedingung genügt.

Wir stellen uns die Aufgabe, ein System in $\mathring{T}+\mathring{S}$ stetiger Funktionen $\tilde{\boldsymbol{P}}, \tilde{\boldsymbol{Q}}, \tilde{\boldsymbol{R}}$ zu bestimmen, die in jedem Stetigkeitsbereiche von L, M, N; $\frac{\partial L}{\partial x}, \ldots, \frac{\partial N}{\partial z}$ und φ stetige partielle Ableitungen erster Ordnung haben, im Innern von T den Gleichungen

$$\text{(142)} \quad \frac{\partial \tilde{\boldsymbol{R}}}{\partial y} - \frac{\partial \tilde{\boldsymbol{Q}}}{\partial z} = L, \quad \frac{\partial \tilde{\boldsymbol{P}}}{\partial z} - \frac{\partial \tilde{\boldsymbol{R}}}{\partial x} = M, \quad \frac{\partial \tilde{\boldsymbol{Q}}}{\partial x} - \frac{\partial \tilde{\boldsymbol{P}}}{\partial y} = N,$$

$$\text{(143)} \quad \frac{\partial \tilde{\boldsymbol{P}}}{\partial x} + \frac{\partial \tilde{\boldsymbol{Q}}}{\partial y} + \frac{\partial \tilde{\boldsymbol{R}}}{\partial z} = -4\pi\varphi,$$

in dem zu T in bezug auf $\mathring{T}$ komplementären Gebiete[23a] den Gleichungen

$$\text{(144)} \quad \frac{\partial \tilde{\boldsymbol{R}}}{\partial y} - \frac{\partial \tilde{\boldsymbol{Q}}}{\partial z} = 0, \quad \frac{\partial \tilde{\boldsymbol{P}}}{\partial z} - \frac{\partial \tilde{\boldsymbol{R}}}{\partial x} = 0, \quad \frac{\partial \tilde{\boldsymbol{Q}}}{\partial x} - \frac{\partial \tilde{\boldsymbol{P}}}{\partial y} = 0,$$

$$\text{(145)} \quad \frac{\partial \tilde{\boldsymbol{P}}}{\partial x} + \frac{\partial \tilde{\boldsymbol{Q}}}{\partial y} + \frac{\partial \tilde{\boldsymbol{R}}}{\partial z} = -4\pi\varphi$$

genügen und auf $\mathring{S}$ die Randbedingung

$$\text{(146)} \quad \tilde{\boldsymbol{P}} \cos\mathring{\alpha} + \tilde{\boldsymbol{Q}} \cos\mathring{\beta} + \tilde{\boldsymbol{R}} \cos\mathring{\gamma} = \mathring{h}$$

erfüllen. In (146) bezeichnen $\mathring{\alpha}, \mathring{\beta}, \mathring{\gamma}$ die von der Innennormale zu $\mathring{S}$ mit den Koordinatenachsen eingeschlossenen Winkel; $\mathring{h}$ ist eine auf $\mathring{S}$ erklärte, der H-Bedingung[24] sowie der Beziehung

$$\text{(147)} \quad \int_{\mathring{S}} \mathring{h}\, d\mathring{o} = 4\pi \int_{\mathring{T}} \varphi\, d\tau$$

genügende stetige Funktion.

Im übrigen können sich die Flächen $\mathring{S}$ und S decken. Alsdann fallen die Beziehungen (144) und (145) fort. Das Problem kann gewiß nicht mehr als eine Lösung haben. Wären im Gegensatz hierzu $\tilde{\boldsymbol{P}}_1, \tilde{\boldsymbol{Q}}_1, \tilde{\boldsymbol{R}}_1$; $\tilde{\boldsymbol{P}}_2, \tilde{\boldsymbol{Q}}_2, \tilde{\boldsymbol{R}}_2$ zwei verschiedene Lösungen, so müßten $\tilde{\boldsymbol{P}}_3 = \tilde{\boldsymbol{P}}_1 - \tilde{\boldsymbol{P}}_2$, $\tilde{\boldsymbol{Q}}_3 = \tilde{\boldsymbol{Q}}_1 - \tilde{\boldsymbol{Q}}_2$, $\tilde{\boldsymbol{R}}_3 = \tilde{\boldsymbol{R}}_1 - \tilde{\boldsymbol{R}}_2$ Gleichungen erfüllen, die sich aus (142) bis (146) ergeben, indem man rechts Null setzt. Insbesondere ist also auf $\mathring{S}$

$$\text{(148)} \quad \tilde{\boldsymbol{P}}_3 \cos\mathring{\alpha} + \tilde{\boldsymbol{Q}}_3 \cos\mathring{\beta} + \tilde{\boldsymbol{R}}_3 \cos\mathring{\gamma} = 0.$$

Wie auf S. 88 sieht man leicht, daß $\tilde{\boldsymbol{P}}_3, \tilde{\boldsymbol{Q}}_3, \tilde{\boldsymbol{R}}_3$ partielle Ableitungen einer in $\mathring{T}$ regulären, auf $\mathring{S}$ nebst ihren partiellen Ableitungen erster

[23a] Oder Gebieten, wenn es deren mehrere geben sollte.

[24] Mit dem Hölderschen Exponenten λ der Flächen S, $\overline{S}$ und $\mathring{S}$.

Ordnung stetigen Potentialfunktion $\tilde{\psi}_3$ darstellen:

$$(149)\qquad \tilde{\boldsymbol{P}}_3 = \frac{\partial\tilde{\psi}_3}{\partial x}, \quad \tilde{\boldsymbol{Q}}_3 = \frac{\partial\tilde{\psi}_3}{\partial y}, \quad \tilde{\boldsymbol{R}}_3 = \frac{\partial\tilde{\psi}_3}{\partial z}, \quad \Delta\tilde{\psi}_3 = 0.$$

Auf $\mathring{S}$ ist wegen (149)

$$\frac{\partial\tilde{\psi}_3}{\partial \mathring{n}} = \frac{\partial\tilde{\psi}_3}{\partial x}\cos\mathring{\alpha} + \frac{\partial\tilde{\psi}_3}{\partial y}\cos\mathring{\beta} + \frac{\partial\tilde{\psi}_3}{\partial z}\cos\mathring{\gamma}$$
$$= \tilde{\boldsymbol{P}}_3\cos\mathring{\alpha} + \tilde{\boldsymbol{Q}}_3\cos\mathring{\beta} + \tilde{\boldsymbol{R}}_3\cos\mathring{\gamma} = 0.$$

Hieraus folgt aber,

$$(150)\qquad \tilde{\psi}_3 \text{ konstant}, \quad \tilde{\boldsymbol{P}}_3 = \tilde{\boldsymbol{Q}}_3 = \tilde{\boldsymbol{R}}_3 = 0, \quad \tilde{\boldsymbol{P}}_1 = \tilde{\boldsymbol{P}}_2, \quad \tilde{\boldsymbol{Q}}_1 = \tilde{\boldsymbol{Q}}_2, \quad \tilde{\boldsymbol{R}}_1 = \tilde{\boldsymbol{R}}_2$$

Es ist nicht schwer, die Lösung zu finden. Es mögen $\hat{\boldsymbol{P}}, \hat{\boldsymbol{Q}}, \hat{\boldsymbol{R}}$ die durch die Formeln (141) gegebenen Funktionen bezeichnen[25]. Wir setzen, indem wir die Existenz der Lösung zunächst als feststehend annehmen,

$$(151)\qquad \tilde{\boldsymbol{P}}_4 = \tilde{\boldsymbol{P}} - \hat{\boldsymbol{P}}, \quad \tilde{\boldsymbol{Q}}_4 = \tilde{\boldsymbol{Q}} - \hat{\boldsymbol{Q}}, \quad \tilde{\boldsymbol{R}}_4 = \tilde{\boldsymbol{R}} - \hat{\boldsymbol{R}},$$

und finden für alle nicht auf S und $\bar{S}$ gelegenen (x, y, z) im Innern von $\mathring{T}$

$$(152)\qquad \frac{\partial\tilde{\boldsymbol{R}}_4}{\partial y} - \frac{\partial\tilde{\boldsymbol{Q}}_4}{\partial z} = 0, \quad \frac{\partial\tilde{\boldsymbol{P}}_4}{\partial z} - \frac{\partial\tilde{\boldsymbol{R}}_4}{\partial x} = 0, \quad \frac{\partial\tilde{\boldsymbol{Q}}_4}{\partial x} - \frac{\partial\tilde{\boldsymbol{P}}_4}{\partial y} = 0,$$

$$(153)\qquad \frac{\partial\tilde{\boldsymbol{P}}_4}{\partial x} + \frac{\partial\tilde{\boldsymbol{Q}}_4}{\partial y} + \frac{\partial\tilde{\boldsymbol{R}}_4}{\partial z} = 0.$$

Hieraus folgt wieder, daß $\tilde{\boldsymbol{P}}_4, \tilde{\boldsymbol{Q}}_4, \tilde{\boldsymbol{R}}_4$ als partielle Ableitungen erster Ordnung einer in $\mathring{T}$ regulären, auf $\mathring{S}$ nebst ihrer Ableitungen erster Ordnung stetigen Potentialfunktion aufgefaßt werden können,

$$(154)\qquad \tilde{\boldsymbol{P}}_4 = \frac{\partial\tilde{\psi}_4}{\partial x}, \quad \tilde{\boldsymbol{Q}}_4 = \frac{\partial\tilde{\psi}_4}{\partial y}, \quad \tilde{\boldsymbol{R}}_4 = \frac{\partial\tilde{\psi}_4}{\partial z}, \quad \Delta\tilde{\psi}_4 = 0.$$

Auf $\mathring{S}$ ist, wenn man zur Abkürzung die Normalkomponente des Vektors $\hat{\boldsymbol{P}}, \hat{\boldsymbol{Q}}, \hat{\boldsymbol{R}}$ mit $\hat{\mathfrak{P}}_n$ bezeichnet,

$$(155)\qquad \frac{\partial\tilde{\psi}_4}{\partial n} = \tilde{\boldsymbol{P}}_4\cos\mathring{\alpha} + \tilde{\boldsymbol{Q}}_4\cos\mathring{\beta} + \tilde{\boldsymbol{R}}_4\cos\mathring{\gamma}$$
$$= \mathring{h} - (\hat{\boldsymbol{P}}\cos\mathring{\alpha} + \hat{\boldsymbol{Q}}\cos\mathring{\beta} + \hat{\boldsymbol{R}}\cos\mathring{\gamma}) = \mathring{h} - \hat{\mathfrak{P}}_n.$$

---

[25] In (141) ist φ in dem gesamten Raume erklärt zu denken. Dementsprechend nehmen wir jetzt φ außerhalb von $\mathring{T}$ gleich Null an. Für $\int\limits_{\infty} \varphi' \frac{\partial}{\partial x}\left(\frac{1}{r}\right) d\tau', \ldots$ kann man offenbar einfacher $\frac{\partial}{\partial x}\int\limits_{\mathring{T}} \varphi' \frac{1}{r}\, d\tau', \ldots$ schreiben.

Wegen (140) ist, wie eine teilweise Integration lehrt,

$$\int\limits_{\mathring{S}} \frac{\partial \tilde{\psi}_4}{\partial n} d\mathring{\sigma} = \int\limits_{\mathring{S}} \mathring{h}\, d\mathring{\sigma} + \int\limits_{\mathring{T}} \left(\frac{\partial \hat{P}}{\partial x} + \frac{\partial \hat{Q}}{\partial y} + \frac{\partial \hat{R}}{\partial z} \right) d\tau \tag{156}$$
$$= \int\limits_{\mathring{S}} \mathring{h}\, d\mathring{\sigma} - 4\pi \int\limits_{\mathring{T}} \varphi\, d\tau = 0 .$$

Den Ergebnissen von **3.** und **4.** zufolge gibt es tatsächlich eine bis auf eine additive Konstante bestimmte, in $\mathring{T}$ reguläre, auf $\mathring{S}$ nebst ihren partiellen Ableitungen erster Ordnung stetige Potentialfunktion $\tilde{\psi}_4$, die auf $\mathring{S}$ der Randbedingung (155) Genüge leistet. Wir können

$$\tilde{\psi}_4(x, y, z) = -\frac{1}{4\pi} \int\limits_{\mathring{S}} \mathring{H}(x, y, z; \mathring{\sigma}) [\mathring{h}(\mathring{\sigma}) - \hat{\mathfrak{P}}_n(\mathring{\sigma})]\, d\mathring{\sigma} + C \tag{157}$$
$$(C \text{ konstant})$$

setzen, unter $\mathring{H}$ die zu $\mathring{T}$ gehörige F. Neumannsche charakteristische Funktion verstanden. Geht man die zuletzt durchgeführten Betrachtungen in der umgekehrten Richtung durch, so findet man ohne Mühe, daß die durch die Formeln (141), (151), (154), (157) gegebenen Funktionen wirklich die Lösung unseres Problems darstellen.

Die Potentialfunktion $\tilde{\psi}_4$ hat in $\mathring{T}$ natürlich stetige Ableitungen aller Ordnungen. Was nun das Verhalten dieser Ableitungen auf $\mathring{S}$ betrifft, so existieren dort mit Bestimmtheit nur $\frac{\partial \tilde{\psi}_4}{\partial x}, \frac{\partial \tilde{\psi}_4}{\partial y}, \frac{\partial \tilde{\psi}_4}{\partial z}$; diese Funktionen erfüllen überdies in $\mathring{T} + \mathring{S}$ eine H-Bedingung. Bezüglich der Funktionen $\tilde{P}, \tilde{Q}, \tilde{R}$ ist also zu beachten, daß sie zwar in $\mathring{T}$ (abteilungsweise) stetige partielle Ableitungen erster Ordnung haben, diese Ableitungen aber auf $\mathring{S}$ nicht notwendig zu existieren brauchen.

Wird angenommen, daß die Flächen $\mathring{S}, S, \bar{S}$ der Klasse Bh angehören, wird ferner vorausgesetzt, daß $\frac{\partial \varphi}{\partial x}, \frac{\partial \varphi}{\partial y}, \frac{\partial \varphi}{\partial z}$ in jedem Stetigkeitsbereiche existieren, sowie daß $\frac{\partial L}{\partial x}, \ldots, \frac{\partial N}{\partial z}; \frac{\partial \varphi}{\partial x}, \frac{\partial \varphi}{\partial y}, \frac{\partial \varphi}{\partial z}$ daselbst der H-Bedingung genügen, wird endlich gefordert, daß $\mathring{h}$ stetige, die H-Bedingung erfüllende Ableitungen erster Ordnung hat, so existieren, wie aus den in **3.** zusammengestellten Sätzen folgt, $\frac{\partial \tilde{P}}{\partial x}, \ldots, \frac{\partial \tilde{R}}{\partial z}$ auch noch auf $\mathring{S}$ und erfüllen in $\mathring{T} + \mathring{S}$ eine H-Bedingung. Überdies sind in $\mathring{T}$ partielle Ableitungen $\frac{\partial^2 \tilde{P}}{\partial x^2}, \ldots, \frac{\partial^2 \tilde{R}}{\partial z^2}$ vorhanden und abteilungsweise stetig. In jedem ganz im Innern von $\mathring{T}$ gelegenen Bereiche, der Punkte von S und $\bar{S}$ nur auf seinem Rande enthalten kann, genügen $\frac{\partial^2 \tilde{P}}{\partial x^2}, \ldots, \frac{\partial^2 \tilde{R}}{\partial z^2}$ einer H-Bedingung.

Ganz analog liegen die Verhältnisse, wenn es sich um unendliche berandete Gebiete handelt. Um die Vorstellungen zu fixieren, betrachten wir das folgende spezielle Problem. Die Funktionen L, M, N sind wie zuletzt in einem beschränkten Bereich $T+S$ erklärt. Der Rand S von T, die etwaige Unstetigkeitsfläche $\bar{S}$ und die Funktionen L, M, N behalten unverändert die vorhin angegebenen Eigenschaften. Ganz außerhalb von T sei jetzt eine Anzahl einfach zusammenhängender Flächen der Klasse Ah, deren Gesamtheit mit $\mathring{S}$ bezeichnet werden mag, gegeben (Fig. 7). In dem unendlichen, von $\mathring{S}$ begrenzten Gebiete $\mathring{T}$ sei weiter eine sowohl in jedem Stetigkeitsbereiche von L, M, N als auch in $\mathring{T}-T$ stetige, der H-Bedingung genügende, im Unendlichen wie $R^{-1-\nu}$ verschwindende Funktion φ gegeben. Wir suchen die in T den Gleichungen (142), (143), in $\mathring{T}-T$ den Gleichungen (144), (145), auf $\mathring{S}$ der Beziehung (146)[25a] genügenden Funktionen $\tilde{\boldsymbol{P}}, \tilde{\boldsymbol{Q}}, \tilde{\boldsymbol{R}}$ zu bestimmen, die im Unendlichen wie $R^{-\nu}$ verschwinden, während ihre partiellen Ableitungen erster Ordnung sich daselbst wie $R^{-1-\nu}$ verhalten. Was die Unität der Lösung betrifft, so findet man, indem man die Betrachtungen auf S. 97—98 unter Aufrechterhaltung der Bezeichnungen sinngemäß wiederholt, daß die in $\mathring{T}$ reguläre Potentialfunktion $\tilde{\psi}_3$ auf $\mathring{S}$ der Bedingung $\frac{\partial \tilde{\psi}_3}{\partial n}=0$ genügt und im Unendlichen höchstens wie $R^{1-\nu}$ unendlich wird. Den auf S. 65 angegebenen Resultaten gemäß ist $\tilde{\psi}_3$ tatsächlich beschränkt, $\frac{\partial \tilde{\psi}_3}{\partial x}, \frac{\partial \tilde{\psi}_3}{\partial y}, \frac{\partial \tilde{\psi}_3}{\partial z}$ verhalten sich wie R^{-2}. Wie wir wissen (vgl. S. 67), folgt aber hieraus: $\tilde{\psi}_3$ konstant, $\tilde{\boldsymbol{P}}_1=\tilde{\boldsymbol{P}}_2$, $\tilde{\boldsymbol{Q}}_1=\tilde{\boldsymbol{Q}}_2$, $\tilde{\boldsymbol{R}}_1=\tilde{\boldsymbol{R}}_2$.

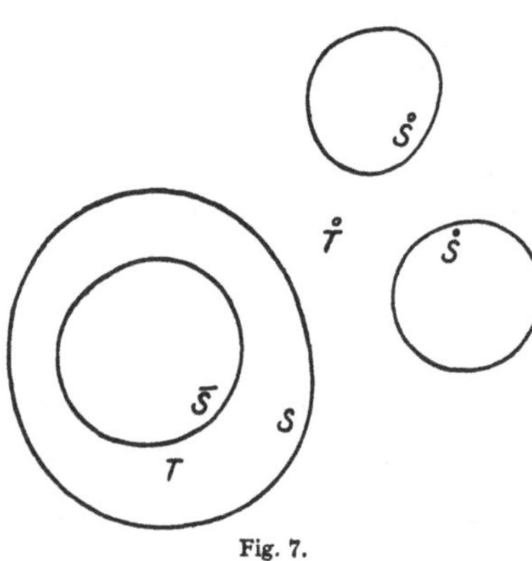

Fig. 7.

Nun der Existenzsatz. Wir setzen diesmal

$$(158)\quad \hat{\boldsymbol{P}}(x, y, z)=\int\limits_{\mathring{T}} \varphi' \frac{\partial}{\partial x}\left(\frac{1}{r}\right) d\tau' - \frac{1}{4\pi}\frac{\partial}{\partial z}\int\limits_{T}\frac{1}{r} M' d\tau' + \frac{1}{4\pi}\frac{\partial}{\partial y}\int\limits_{T}\frac{1}{r} N' d\tau',$$

. . . .

und finden, daß $\tilde{\boldsymbol{P}}_4=\tilde{\boldsymbol{P}}-\hat{\boldsymbol{P}}$, $\tilde{\boldsymbol{Q}}_4=\tilde{\boldsymbol{Q}}-\hat{\boldsymbol{Q}}$, $\tilde{\boldsymbol{R}}_4=\tilde{\boldsymbol{R}}-\hat{\boldsymbol{R}}$ als partielle Ableitungen erster Ordnung einer in $\mathring{T}$ regulären, auf $\mathring{S}$ nebst

[25a] Die Beziehung (147) gilt jetzt freilich nicht mehr.

ihrer Normalableitung stetigen Potentialfunktion $\tilde{\psi}_4$ aufgefaßt werden können, die sich für $R \to \infty$ wie $R^{1-\nu}$ verhält. Auf $\mathring{S}$ ist schließlich

$$\frac{\partial \tilde{\psi}_4}{\partial n} = \mathring{h} - \hat{\mathfrak{P}}_n. \tag{159}$$

Nach dem Satze, den wir soeben in Erinnerung gebracht haben, gestattet also $\tilde{\psi}_4$ im Unendlichen eine Darstellung von der Form

$$\tilde{\psi}_4 = c_0 + \frac{c_1}{R} + \text{eine reg., für } R \to \infty \text{ verschwindende Potentialfunktion.}$$

Durch die Gesamtheit der vorstehenden Rand- und Stetigkeitsbedingungen ist, wie wir wissen (vgl. S. 67), $\tilde{\psi}_4$ bis auf eine belanglose additive Konstante bestimmt.

14. Beschränkte Gebiete. Aufhebung einer einschränkenden Voraussetzung. Definitive Ergebnisse. Wir kehren zur Betrachtung eines beschränkten Gebietes T zurück und nehmen an, daß sein Rand aus Flächen der Klasse Bh besteht. Dagegen *wollen wir diesmal die Voraussetzung, der Vektor L, M, N falle auf S in die Tangentialebene der Fläche hinein, aufgeben*; S braucht also nicht mehr aus lauter Wirbellinien des unbekannten Vektors $\boldsymbol{P}, \boldsymbol{Q}, \boldsymbol{R}$ zu bestehen. Verfolgt man, von einem Punkte im Innern von T ausgehend, eine Wirbellinie, so kann sie sehr wohl *auf S endigen*. Im übrigen sollen der Einfachheit halber L, M, N sich nebst ihren partiellen Ableitungen erster Ordnung in $T + S$ stetig verhalten und $\frac{\partial L}{\partial x}, \ldots, \frac{\partial N}{\partial z}$ daselbst der H-Bedingung genügen. Nach wie vor sollen schließlich L, M, N die Gleichung

$$\frac{\partial L}{\partial x} + \frac{\partial M}{\partial y} + \frac{\partial N}{\partial z} = 0 \tag{160}$$

erfüllen.

Es handelt sich jetzt um die Bestimmung derjenigen in $T + S$ nebst ihren partiellen Ableitungen erster Ordnung stetigen Funktionen $\boldsymbol{P}, \boldsymbol{Q}, \boldsymbol{R}$, die in T den Differentialgleichungen

$$\frac{\partial \boldsymbol{R}}{\partial y} - \frac{\partial \boldsymbol{Q}}{\partial z} = L, \quad \frac{\partial \boldsymbol{P}}{\partial z} - \frac{\partial \boldsymbol{R}}{\partial x} = M, \quad \frac{\partial \boldsymbol{Q}}{\partial x} - \frac{\partial \boldsymbol{P}}{\partial y} = N, \tag{161}$$

$$\frac{\partial \boldsymbol{P}}{\partial x} + \frac{\partial \boldsymbol{Q}}{\partial y} + \frac{\partial \boldsymbol{R}}{\partial z} = 0 \tag{162}$$

und auf S der Randbedingung

$$\boldsymbol{P} \cos \alpha + \boldsymbol{Q} \cos \beta + \boldsymbol{R} \cos \gamma = h \tag{163}$$

genügen. In (163) *bezeichnet h irgendeine auf S der Gleichung*

$$\int_S h \, d\sigma = 0 \tag{164}$$

gemäß erklärte stetige Ortsfunktion, die stetige, der H-Bedingung genügende partielle Ableitungen erster Ordnung hat.

Der Einfachheit halber möge zunächst der Rand S von T aus einer einzigen Fläche bestehen. Es gibt dann nur ein Außengebiet, T_a, dieses enthält natürlich den unendlich fernen Punkt. Es sei $\theta(x, y, z)$ diejenige im Innern von T_a (insbesondere in dem unendlich fernen Punkte) reguläre, auf S nebst ihrer Normalableitung stetige Potentialfunktion, die auf S der Bedingung

$$\frac{\partial \theta}{\partial n} = -(L \cos \alpha + M \cos \beta + N \cos \gamma) \tag{165}$$

genügt. Wie üblich, bezeichnet in (165) das Symbol $\frac{\partial}{\partial n}$ die Ableitung in der Richtung der Innennormale zu S in T_a, d. h. in der (α, β, γ) entgegengesetzten Richtung. Wegen

$$\int_S (L \cos\alpha + M \cos\beta + N \cos\gamma)\, d\sigma = -\int_T \left(\frac{\partial L}{\partial x} + \frac{\partial M}{\partial y} + \frac{\partial N}{\partial z}\right) d\tau = 0 \tag{166}$$

ist die Funktion θ vorhanden und bis auf eine willkürliche additive Konstante bestimmt[26]. Die partiellen Ableitungen $\frac{\partial \theta}{\partial x}, \frac{\partial \theta}{\partial y}, \frac{\partial \theta}{\partial z}; \frac{\partial^2 \theta}{\partial x^2}, \ldots, \frac{\partial^2 \theta}{\partial z^2}$ sind auch noch auf S stetig; sie verhalten sich für $R \to \infty$ wie R^{-3} bzw. R^{-4}. Wir denken uns die Funktionen L, M, N den Gleichungen

$$L = \frac{\partial \theta}{\partial x}, \quad M = \frac{\partial \theta}{\partial y}, \quad N = \frac{\partial \theta}{\partial z} \tag{167}$$

gemäß in den Raum T_a hinein fortgesetzt. Die nunmehr in dem Gesamtraume erklärten Funktionen L, M, N sind sowohl in T als auch in T_a, der Rand S beide Male inbegriffen, nebst ihren partiellen Ableitungen erster Ordnung stetig und erfüllen daselbst die Bedingung

$$\frac{\partial L}{\partial x} + \frac{\partial M}{\partial y} + \frac{\partial N}{\partial z} = 0. \tag{168}$$

Auf S erleiden L, M, N sprungweise Unstetigkeiten, doch geht wegen (165) die Normalkomponente des Vektors L, M, N *stetig* hindurch. Im Unendlichen ist $L = O(R^{-3}), \ldots$. Wir führen nunmehr durch die Formeln

$$\begin{aligned} \boldsymbol{P}^* &= -\frac{1}{4\pi}\frac{\partial}{\partial z}\int_\infty \frac{1}{r} M'\, d\tau' + \frac{1}{4\pi}\frac{\partial}{\partial y}\int_\infty \frac{1}{r} N'\, d\tau', \\ \boldsymbol{Q}^* &= -\frac{1}{4\pi}\frac{\partial}{\partial x}\int_\infty \frac{1}{r} N'\, d\tau' + \frac{1}{4\pi}\frac{\partial}{\partial z}\int_\infty \frac{1}{r} L'\, d\tau', \\ \boldsymbol{R}^* &= -\frac{1}{4\pi}\frac{\partial}{\partial y}\int_\infty \frac{1}{r} L'\, d\tau' + \frac{1}{4\pi}\frac{\partial}{\partial x}\int_\infty \frac{1}{r} M'\, d\tau' \end{aligned} \tag{169}$$

[26] Den Ausführungen auf S. 67 gemäß ist eine im Unendlichen beschränkte Potentialfunktion, die (165) erfüllt, stets vorhanden. Wegen (166) ist θ, wie vorgeschrieben, tatsächlich im Unendlichen regulär.

drei neue Funktionen ein. Den in **10.** bis **12.** gewonnenen Ergebnissen gemäß sind $\boldsymbol{P}^*, \boldsymbol{Q}^*, \boldsymbol{R}^*$ in dem Gesamtraume stetig und im Unendlichen gleich Null[26a]. Sie haben sowohl in $T+S$ als auch in jedem beschränkten Teile des Komplementärgebietes, der Rand allemal eingeschlossen, stetige, der H-Bedingung genügende partielle Ableitungen erster Ordnung; $\frac{\partial \boldsymbol{P}^*}{\partial x}, \ldots, \frac{\partial \boldsymbol{R}^*}{\partial z}$ verschwinden im Unendlichen. Schließlich genügen $\boldsymbol{P}^*, \boldsymbol{Q}^*, \boldsymbol{R}^*$ den Differentialgleichungen

$$(170)\qquad \frac{\partial \boldsymbol{R}^*}{\partial y} - \frac{\partial \boldsymbol{Q}^*}{\partial z} = L, \quad \frac{\partial \boldsymbol{P}^*}{\partial z} - \frac{\partial \boldsymbol{R}^*}{\partial x} = M, \quad \frac{\partial \boldsymbol{Q}^*}{\partial x} - \frac{\partial \boldsymbol{P}^*}{\partial y} = N,$$

$$(171)\qquad \frac{\partial \boldsymbol{P}^*}{\partial x} + \frac{\partial \boldsymbol{Q}^*}{\partial y} + \frac{\partial \boldsymbol{R}^*}{\partial z} = 0.$$

Wegen (171) ist

$$(172)\qquad \int\limits_S (\boldsymbol{P}^* \cos\alpha + \boldsymbol{Q}^* \cos\beta + \boldsymbol{R}^* \cos\gamma)\, d\sigma = 0.$$

Von unmittelbarem Interesse ist für uns nur das Verhalten von $\boldsymbol{P}^*, \boldsymbol{Q}^*, \boldsymbol{R}^*$ in dem Bereiche $T+S$. Es sei jetzt

$$(173)\qquad \boldsymbol{P} - \boldsymbol{P}^* = \boldsymbol{P}_*, \quad \boldsymbol{Q} - \boldsymbol{Q}^* = \boldsymbol{Q}_*, \quad \boldsymbol{R} - \boldsymbol{R}^* = \boldsymbol{R}_*.$$

Die Funktionen $\boldsymbol{P}_*, \boldsymbol{Q}_*, \boldsymbol{R}_*$ müssen offenbar in $T+S$ den Differentialgleichungen

$$(174)\qquad \frac{\partial \boldsymbol{R}_*}{\partial y} - \frac{\partial \boldsymbol{Q}_*}{\partial z} = 0, \quad \frac{\partial \boldsymbol{P}_*}{\partial z} - \frac{\partial \boldsymbol{R}_*}{\partial x} = 0, \quad \frac{\partial \boldsymbol{Q}_*}{\partial x} - \frac{\partial \boldsymbol{P}_*}{\partial y} = 0,$$

$$(175)\qquad \frac{\partial \boldsymbol{P}_*}{\partial x} + \frac{\partial \boldsymbol{Q}_*}{\partial y} + \frac{\partial \boldsymbol{R}_*}{\partial z} = 0,$$

sowie auf S der Bedingung

$$(176)\qquad \boldsymbol{P}_* \cos\alpha + \boldsymbol{Q}_* \cos\beta + \boldsymbol{R}_* \cos\gamma = h - (\boldsymbol{P}^* \cos\alpha + \boldsymbol{Q}^* \cos\beta + \boldsymbol{R}^* \cos\gamma)$$

genügen. Wegen (164) und (172) ist

$$(177)\qquad \int\limits_S \{h - (\boldsymbol{P}^* \cos\alpha + \boldsymbol{Q}^* \cos\beta + \boldsymbol{R}^* \cos\gamma)\}\, d\sigma = 0.$$

Wegen (177) gibt es in T reguläre, auch noch auf S nebst ihrer Normalableitung stetige Potentialfunktionen ψ_*, die daselbst der Bedingung

$$(178)\qquad \frac{\partial \psi_*}{\partial n} = h - (\boldsymbol{P}^* \cos\alpha + \boldsymbol{Q}^* \cos\beta + \boldsymbol{R}^* \cos\gamma)$$

genügen. Ist ψ_* irgendeine Funktion dieser Art, so läßt sich eine beliebige andere in der Form $\psi_* + C$ (C konstant) darstellen. Augenscheinlich erfüllen die Funktionen

$$\boldsymbol{P}_* = \frac{\partial \psi_*}{\partial x}, \quad \boldsymbol{Q}_* = \frac{\partial \psi_*}{\partial y}, \quad \boldsymbol{R}_* = \frac{\partial \psi_*}{d z}$$

die Bedingungen (174), (175) und (176).

[26a] Vgl. die Ausführungen auf S. 80–82.

Wir haben vorhin angenommen, daß S der Klasse Bh angehört. Die Funktion (178) rechts hat auf S stetige, der H-Bedingung genügende Ableitungen erster Ordnung. Daraus folgt aber (vgl. S. 59), daß ψ_* in $T+S$ stetige, der H-Bedingung genügende Ableitungen zweiter Ordnung hat. Die Funktionen $\boldsymbol{P}_*, \boldsymbol{Q}_*, \boldsymbol{R}_*$, mithin auch $\boldsymbol{P}, \boldsymbol{Q}, \boldsymbol{R}$ haben in $T+S$ stetige, die H-Bedingung erfüllende partielle Ableitungen erster Ordnung.

Gibt es also Lösungen des eingangs gestellten Problems, so sind diese durch die Formeln

$$
\begin{aligned}
\boldsymbol{P} &= -\frac{1}{4\pi}\frac{\partial}{\partial z}\int\limits_{\infty}\frac{1}{r}M'\,d\tau' + \frac{1}{4\pi}\frac{\partial}{\partial y}\int\limits_{\infty}\frac{1}{r}N'\,d\tau' + \frac{\partial\psi_*}{\partial x},\\
\boldsymbol{Q} &= -\frac{1}{4\pi}\frac{\partial}{\partial x}\int\limits_{\infty}\frac{1}{r}N'\,d\tau' + \frac{1}{4\pi}\frac{\partial}{\partial z}\int\limits_{\infty}\frac{1}{r}L'\,d\tau' + \frac{\partial\psi_*}{\partial y},\\
\boldsymbol{R} &= -\frac{1}{4\pi}\frac{\partial}{\partial y}\int\limits_{\infty}\frac{1}{r}L'\,d\tau' + \frac{1}{4\pi}\frac{\partial}{\partial x}\int\limits_{\infty}\frac{1}{r}M'\,d\tau' + \frac{\partial\psi_*}{\partial z}
\end{aligned}
\tag{179}
$$

gegeben. Also gibt es gewiß nicht mehr als eine Lösung. Geht man die zuletzt durchgeführten Betrachtungen in der umgekehrten Reihenfolge noch einmal durch, so sieht man leicht, daß $\boldsymbol{P}, \boldsymbol{Q}, \boldsymbol{R}$ in der Tat allen Forderungen des Problems genügen.

Es sei $\mathfrak{K}$ ein Kugelkörper, der den Bereich T ganz in seinem Innern enthält. Man gelangt zu einer Lösung unseres Problems, auch wenn man für θ eine in $\mathfrak{K} - T$ reguläre Potentialfunktion wählt, die auf S der Bedingung (165), auf dem Rande $\mathfrak{C}$ von $\mathfrak{K}$ der Bedingung $\frac{\partial\theta}{\partial n} = 0$ genügt. In den Formeln (179) für $\boldsymbol{P}, \boldsymbol{Q}, \boldsymbol{R}$ ist natürlich die Integration diesmal nur über den Raum $\mathfrak{K}$ zu erstrecken.

Wir hatten vorhin vorausgesetzt, daß der Rand S von T aus einer einzigen Fläche besteht. Es möge jetzt im Gegensatz hierzu die Berandung von T aus k Flächen $S_1, S_2, \ldots, S_k$ der Klasse Bh bestehen, die keinen Punkt miteinander gemeinsam haben. Dann gibt es k Außenbereiche, von denen einer den unendlich fernen Punkt enthält. Damit das uns interessierende Problem einer Lösung fähig sei, *müssen jetzt* L, M, N, wie wir sogleich sehen werden, $(k-1)$ *Integralbeziehungen erfüllen.*

Betrachten wir eine der Grenzflächen S_l $(l = 1, \ldots, k)$ und es möge $\bar{S}_l$ eine zu S_l im Abstande ε parallele Fläche im Innern von T bezeichnen. Dem Stokesschen Satze zufolge muß der Gesamtfluß der Rotation des Vektors $\boldsymbol{P}, \boldsymbol{Q}, \boldsymbol{R}$ durch $\bar{S}_l$ verschwinden, d. h.

$$
\int\limits_{\bar{S}_l}(L\cos\bar{\alpha} + M\cos\bar{\beta} + N\cos\bar{\gamma})\,d\bar{\sigma} = 0 \tag{180}
$$

sein. Für $\varepsilon \to 0$ folgt hieraus

(181) $$\int_{S_l} (L\cos\alpha + M\cos\beta + N\cos\gamma)\,d\sigma = 0 \quad (l = 1, 2, \ldots, k).$$

Wegen (160) ist gewiß

(182) $$\sum_{l=1}^{k} \int_{S_l} (L\cos\alpha + M\cos\beta + N\cos\gamma)\,d\sigma = 0.$$

Unter den Beziehungen (181) gibt es also höchstens $(k-1)$ voneinander unabhängige. Sie bilden die für die Lösbarkeit des Problems notwendigen Bedingungen. Sind sie erfüllt, so steht es nichts im Wege, in jedem Außenbereiche T_l eine reguläre, auf dem Rande nebst ihrer Normalableitung stetige Potentialfunktion θ_l, die auf S_l der Bedingung[27]

(183) $$\frac{\partial \theta_l}{\partial n} = -(L\cos\alpha + M\cos\beta + N\cos\gamma)$$

genügt, zu bestimmen. Die partiellen Ableitungen $\frac{\partial\theta_l}{\partial x}, \ldots; \frac{\partial^2\theta_l}{\partial x^2}, \ldots, \frac{\partial^2\theta_l}{\partial z^2}$ sind dabei auch noch auf S_l stetig. Jetzt werden L, M, N in die Außenbereiche T_l hinein den Gleichungen

(184) $$L = \frac{\partial\theta_l}{\partial x} \qquad M = \frac{\partial\theta_l}{\partial y}, \qquad N = \frac{\partial\theta_l}{\partial z}$$

gemäß fortgesetzt. Schließlich wird, wie vorhin, ψ_* als diejenige in T reguläre Potentialfunktion bestimmt, die auf S der Bedingung

(185) $$\frac{\partial\psi_*}{\partial n} = h - (\boldsymbol{P}^*\cos\alpha + \boldsymbol{Q}^*\cos\beta + \boldsymbol{R}^*\cos\gamma)$$

genügt. Die Lösung des Problems ist durch die Formeln (179) gegeben.

Natürlich hätte man auch jetzt demjenigen Außenbereich, der den unendlich fernen Punkt enthält, nach außen eine Begrenzung durch eine Kugel $\mathfrak{C}$ geben können.

Übrigens kann man für $\boldsymbol{P}^*, \boldsymbol{Q}^*, \boldsymbol{R}^*$ leicht Ausdrücke angeben, in denen nur über T und S erstreckte Integrale auftreten. In der Tat ist, wenn wir zunächst annehmen, daß T von einer einzigen Fläche begrenzt ist,

(186) $$-\frac{\partial}{\partial z}\int_{\infty} \frac{1}{r} M'\,d\tau' = -\frac{\partial}{\partial z}\int_{T} \frac{1}{r} M'\,d\tau' - \frac{\partial}{\partial z}\int_{\infty - T} \frac{1}{r} M'\,d\tau' = -\frac{\partial}{\partial z}\int_{T} \frac{1}{r} M'\,d\tau'$$
$$+ \int_{\infty - T} \frac{\partial}{\partial z'}\left(\frac{1}{r}\right) M'\,d\tau' = -\frac{\partial}{\partial z}\int_{T} \frac{1}{r} M'\,d\tau' - \int_{\infty - T} \frac{1}{r}\frac{\partial M'}{\partial z'}\,d\tau' + \int_{S} \frac{1}{r} M'\cos\gamma'\,d\sigma'$$

---

[27] In (183) bezeichnet das Symbol $\frac{\partial}{\partial n}$ die Ableitung in der Richtung der Innennormale zu S_l in T_l, d. h. in der (α, β, γ) entgegengesetzten Richtung.

und analog

$$(187)\quad \frac{\partial}{\partial y}\int\limits_{\infty}\frac{1}{r}N'd\tau' = \frac{\partial}{\partial y}\int\limits_{T}\frac{1}{r}N'd\tau' + \int\limits_{\infty - T}\frac{1}{r}\frac{\partial N'}{\partial y'}d\tau' - \int\limits_{S}\frac{1}{r}N'\cos\beta' d\sigma'.$$

Wegen (167) ist in $\infty - T$

$$\frac{\partial M'}{\partial z'} = \frac{\partial N'}{\partial y'},$$

demnach

$$(188)\quad \boldsymbol{P}^* = -\frac{1}{4\pi}\frac{\partial}{\partial z}\int\limits_{T}\frac{1}{r}M'd\tau' + \frac{1}{4\pi}\frac{\partial}{\partial y}\int\limits_{T}\frac{1}{r}N'd\tau' + \frac{1}{4\pi}\int\limits_{S}\frac{1}{r}(M'\cos\gamma' - N'\cos\beta')\,d\sigma'$$

und entsprechend

$$(189)\quad \begin{aligned} \boldsymbol{Q}^* &= -\frac{1}{4\pi}\frac{\partial}{\partial x}\int\limits_{T}\frac{1}{r}N'd\tau' + \frac{1}{4\pi}\frac{\partial}{\partial z}\int\limits_{T}\frac{1}{r}L'd\tau' + \frac{1}{4\pi}\int\limits_{S}\frac{1}{r}(N'\cos\alpha' - L'\cos\gamma')\,d\sigma', \\ \boldsymbol{R}^* &= -\frac{1}{4\pi}\frac{\partial}{\partial y}\int\limits_{T}\frac{1}{r}L'd\tau' + \frac{1}{4\pi}\frac{\partial}{\partial x}\int\limits_{T}\frac{1}{r}M'd\tau' + \frac{1}{4\pi}\int\limits_{S}\frac{1}{r}(L'\cos\beta' - M'\cos\alpha')\,d\sigma'. \end{aligned}$$

Man beachte, daß in den Flächenintegralen L, M, N die Werte von $\frac{\partial\theta}{\partial x}, \frac{\partial\theta}{\partial y}, \frac{\partial\theta}{\partial z}$ auf S bezeichnen.

Man überzeugt sich leicht, daß die gleichen Formeln auch dann gelten, wenn die Berandung von T aus mehreren Einzelflächen besteht. Die Flächenintegrale in (188), (189) sind diesmal über die Gesamtberandung von T zu erstrecken[28].

15. Unendlichvieldeutige Potentialfunktionen. Es sei wie auf S. 46 $\Theta + \Sigma$ irgendein Bereich der Klasse B oder Ah, der sich auf den Kreisringkörper topologisch abbilden läßt. Wie an jener Stelle möge F einen ebenen Querschnitt bezeichnen, der $\Theta + \Sigma$ in einen einfach zusammenhängenden Bereich $\Theta^* + \Sigma^*$ verwandelt. Bei allen Betrachtungen dieses Kapitels handelte es sich bisher stets um in Θ eindeutige stetige Funktionen, allenfalls um Funktionen, die in einzelnen Punkten unendlich werden. Diese Funktionen nehmen auf den beiden Seiten von F die gleichen Werte an. Auf S. 49 haben wir nun gesehen,

[28] Die Ausführungen dieser Nummer reproduzieren den Inhalt einer von mir vor einiger Zeit veröffentlichten Note „Bemerkung zur Vektoranalysis", Bulletin de l'Académie Polonaise des Sciences et des Lettres, Série A (1926), S. 1—9. Sie enthalten die erste Lösung des betrachteten Problems. Eine im wesentlichen inhaltsgleiche Lösung hat etwas später N. M. Günther in der in der Fußnote [21] XI genannten Arbeit, S. 1349—1532 angegeben. Die älteren Ergebnisse von W. Stekloff, Sur la théorie de tourbillons, Annales de Toulouse (2) **10**, S. 271—334, haben nur eine formale Bedeutung.

daß es in $\Theta + \Sigma$ Vektoren P, Q, R gibt, deren Potential Φ,

$$P = \frac{\partial \Phi}{\partial x}, \quad Q = \frac{\partial \Phi}{\partial y}, \quad R = \frac{\partial \Phi}{\partial z}, \tag{190}$$

einen von Null verschiedenen Periodizitätsmodul hat, also unendlichvieldeutig ist. Ist die Divergenz des Vektors P, Q, R gleich Null,

$$\frac{\partial P}{\partial x} + \frac{\partial Q}{\partial y} + \frac{\partial R}{\partial z} = 0, \tag{191}$$

so finden wir wegen (190)

$$\frac{\partial^2 \Phi}{\partial x^2} + \frac{\partial^2 \Phi}{\partial y^2} + \frac{\partial^2 \Phi}{\partial z^2} = 0. \tag{192}$$

Wir werden so auf in Θ reguläre, unendlichvieldeutige Potentialfunktionen geführt. Es bietet sich hier nun die folgende Aufgabe. Auf der durch F zerschnittenen und einfach zusammenhängend gemachten Randfläche von Θ (Fig. 5) sei eine beliebige stetige Wertfolge $U(\sigma)$ gegeben. Die Ortsfunktion $U(\sigma)$ ist so beschaffen, daß die auf Σ auf den beiden Seiten des Schnittes einander gegenüberstehenden Randwerte allemal die Differenz c haben,

$$U(\sigma + 0) - U(\sigma - 0) = c. \tag{193}$$

Verlangt wird die Bestimmung derjenigen möglicherweise vorhandenen, in Θ regulären Potentialfunktion $U(x, y, z)$ *mit dem Periodizitätsmodul* c, die auf Σ die vorgeschriebenen Werte annimmt. Augenscheinlich kann es nicht mehr als eine Lösung geben. Wären nämlich, im Gegensatz hierzu, U_1 und U_2 zwei verschiedene Lösungen unseres Problems, so wäre $U_1 - U_2$ eine in Θ reguläre, eindeutige Potentialfunktion, die auf dem Rande verschwindet, darum identisch gleich Null sein müßte.

Die Formel (18) führt diesmal nicht zum Ziele. Sie gibt nämlich diejenige beschränkte, in Θ reguläre, *eindeutige* Potentialfunktion, die auf Σ die (längs der Schnittlinie von Σ und F sprungweise unstetigen) Werte $U(\sigma)$ annimmt. Um zu der Lösung des Problems zu kommen, knüpfen wir an die auf S. 50—51 durchgeführten Überlegungen an. Es sei $K + C$ ein in der Ebene von F befindlicher Kreisbereich mit dem Durchmesser $d_0 > 2d$ (d = Durchmesser von F), und es möge F nebst seinem Rand ganz im Innern von K liegen (Fig. 5). Es sei $U(x, y, z)$ die gesuchte Lösung und $W^{(1)}$ das auf S. 50 benutzte Potential einer über $K + C$ ausgebreiteten Doppelbelegung der Dichte 1. Offenbar ist

$$\overline{U} = U - \frac{c}{4\pi} W^{(1)} \tag{194}$$

eine eindeutige, in $\Theta + \Sigma$ stetige, in Θ reguläre Potentialfunktion. Ihre Randwerte $\overline{U}(\sigma)$ auf Σ sind als bekannt anzusehen, da sowohl die Randwerte von U als auch diejenigen von $W^{(1)}$ bekannt sind. Offenbar ist

$$\overline{U}(x, y, z) = \frac{1}{4\pi}\int\limits_{\Sigma} \overline{U}(\sigma') \frac{\partial}{\partial n'} G(x, y, z; \sigma')\, d\sigma', \tag{195}$$

unter G die zu Θ gehörige Greensche Funktion verstanden, darum

$$U(x, y, z) = \frac{1}{4\pi}\int\limits_{\Sigma} \overline{U}(\sigma') \frac{\partial}{\partial n'} G(x, y, z; \sigma')\, d\sigma' + \frac{c}{4\pi} W^{(1)}. \tag{196}$$

Man sieht jetzt leicht ein, wie in Bereichen der Klasse Ah, deren Zusammenhangszahl > 2 ist, Potentialfunktionen zu bestimmen sind, die vorgegebene, auf der zerschnittenen Randfläche stetige Randwerte und vorgeschriebene Periodizitätsmoduln haben.

Bemerkungen ganz ähnlicher Natur lassen sich bezüglich der zweiten Randwertaufgabe machen. Es sei wieder $\Theta + \Sigma$ der soeben betrachtete zweifach zusammenhängende Bereich, und es sei auf Σ eine durchaus stetige Wertfolge, die wir mit $\frac{\partial U(\sigma)}{\partial n}$ bezeichnen und die der Beziehung $\int\limits_{\Sigma} \frac{\partial U}{\partial n} d\sigma = 0$ genügt, gegeben. Zu bestimmen ist diejenige in Θ reguläre Potentialfunktion mit dem Periodizitätsmodul $c \neq 0$, deren Normalableitung gleich $\frac{\partial U(\sigma)}{\partial n}$ ist. Die Lösung ist bis auf eine willkürliche additive Konstante bestimmt und durch die Formel

$$U(x, y, z) = -\frac{1}{4\pi}\int\limits_{\Sigma} H(x, y, z; \sigma') \frac{\partial \overline{\overline{U}}(\sigma')}{\partial n'}\, d\sigma' + \frac{c}{4\pi} W^{(1)} + C, \tag{197}$$

$$\frac{\partial}{\partial n}\overline{\overline{U}}(\sigma) = \frac{\partial}{\partial n} U(\sigma) - \frac{c}{4\pi}\frac{\partial W^{(1)}}{\partial n} \qquad (C \text{ konstant})^{30}$$

gegeben. Wenn wir im folgenden kurzerhand von einer in einem Gebiete regulären Potentialfunktion sprechen, so werden wir darunter, wie bisher, stets eine eindeutige Potentialfunktion verstehen.

[30] Die partiellen Ableitungen $\frac{\partial W^{(1)}}{\partial x}$, $\frac{\partial W^{(1)}}{\partial y}$ sind in $\Theta^* + \Sigma^*$ stetig und nehmen auf den beiden Seiten von F die gleichen Werte an. Sie sind also sogar in $\Theta + \Sigma$ stetig.

Viertes Kapitel.

Zur Mechanik der Massenpunktsysteme und der starren Körper.

Nachdem wir in den drei ersten vorbereitenden Kapiteln verschiedene mathematische Hilfsmittel zusammengestellt haben, gehen wir jetzt zu dem Hauptteil des Werkes über und beginnen mit einigen einleitenden Bemerkungen über die Mechanik überhaupt, insbesondere über die Mechanik der Massenpunkte und der starren Körper. Nach der Auffassung Kirchhoffs, der sich die in diesem Buche vertretenen Anschauungen nähern, hat die Mechanik die Aufgabe, „die in der Natur vor sich gehenden Bewegungen *vollständig* und *auf die einfachste Weise* zu beschreiben.

Bewegung ist Änderung des Ortes mit der Zeit; was sich bewegt, ist Materie. Zur Auffassung einer Bewegung sind die Vorstellungen von Raum, Zeit und Materie nötig, aber auch hinreichend. Mit diesen Mitteln muß die Mechanik suchen, ihr Ziel zu erreichen, und mit ihnen muß sie die Hilfsbegriffe konstruieren, die sie dabei nötig hat, z. B. die Begriffe der Kraft und der Masse.

Es soll die Beschreibung der Bewegungen eine *vollständige* sein. Die Bedeutung dieser Forderung ist vollkommen klar: es soll eben keine Frage, die in Betreff der Bewegungen gestellt werden kann, unbeantwortet bleiben. Nicht so klar ist die Bedeutung der zweiten Forderung, daß die Beschreibung die *einfachste* sei“[1].

Betrachten wir mit Kirchhoff die Bewegung eines Massenpunktsystems, d. h. eines Systems sehr kleiner, praktisch starrer Körper. Eine Möglichkeit, die Bewegung zu beschreiben, wäre die Angabe aller $3n$ Koordinaten in bezug auf ein beliebiges, im Raume festes rechtwinkliges Koordinatensystem in Abhängigkeit von der Zeit,

$$x_k = x_k(t), \qquad y_k = y_k(t), \qquad z_k = z_k(t) \qquad (k = 1, \ldots, n). \tag{1}$$

Hat jeder unserer Massenpunkte eine stetige, allenfalls abteilungs-

---

[1] G. Kirchhoff, Vorlesungen über mathematische Physik. I. Mechanik. Dritte Auflage, Leipzig 1883, S. 1.

weise stetige Geschwindigkeit, so kann man die Bewegung auch durch Differentialgleichungen von der Form

$$(2)\quad \frac{dx_k}{dt} = u_k(x_1, \ldots, z_n; t), \quad \frac{dy_k}{dt} = v_k(x_1, \ldots, z_n; t), \quad \frac{dz_k}{dt} = w_k(x_1, \ldots, z_n; t)$$
$$(k = 1, \ldots, n)$$

und die Bedingung, daß für $t = t_0$ etwa

$$(3)\qquad x_k = x_{k0}, \quad y_k = y_{k0}, \quad z_k = z_{k0}$$

sein soll, beschreiben. Die Funktionen u_k, v_k, w_k sind stetig, allenfalls abteilungsweise stetig.

Sind die Geschwindigkeitskomponenten $\frac{dx_k}{dt}, \frac{dy_k}{dt}, \frac{dz_k}{dt}$ durchweg stetig, und wird darüber hinaus angenommen, daß die Ableitungen zweiter Ordnung $\frac{d^2x_k}{dt^2}, \frac{d^2y_k}{dt^2}, \frac{d^2z_k}{dt^2}$ vorhanden und stetig, oder zum mindesten abteilungsweise stetig sind, d. h. daß die Massenpunkte sich mit einer stetigen Geschwindigkeit und einer stetigen, allenfalls abteilungsweise stetigen Beschleunigung bewegen, so gibt es eine weitere Möglichkeit, die Bewegung zu beschreiben. Sie ist durch Differentialgleichungen von der Form

$$(4)\qquad \begin{aligned} m_k \frac{d^2x_k}{dt^2} &= X_k\left(x_1, \ldots, z_n; \frac{dx_1}{dt}, \ldots, \frac{dz_n}{dt}; t\right), \\ &\cdots\cdots\cdots\cdots\cdots \\ m_k \frac{d^2z_k}{dt^2} &= Z_k\left(x_1, \ldots, z_n; \frac{dx_1}{dt}, \ldots, \frac{dz_n}{dt}; t\right) \qquad (k = 1, \ldots, n) \end{aligned}$$

und die Anfangsbedingungen

$$(5)\qquad x_k = x_{k0}, \ \ldots, \ \frac{dz_k}{dt} = w_{k0} \quad \text{für} \quad t = t_0 \qquad (k = 1, \ldots, n)$$

gegeben; X_k, Y_k, Z_k sind stetige, allenfalls abteilungsweise stetige Funktionen. Sind, entgegen unserer Annahme, die Geschwindigkeitskomponenten mit sprungweisen Unstetigkeiten behaftet, so kann man Differentialgleichungen von der Form (4) in jedem Stetigkeitsintervalle benutzen. Zur Charakterisierung der Bewegung gehören alsdann noch die Sprungwerte der Geschwindigkeitskomponenten.

Handelt es sich um Gleichungen von der Form (1), so ist die Bewegung unserer Massenpunkte als restlos bekannt anzusehen. Liegen demgegenüber Differentialgleichungen (2) oder (4) vor, so müssen, bevor eine erschöpfende Diskussion der Bewegung einsetzen kann, die Gleichungen aufgelöst, d. h. auf die Form (1) gebracht werden. Die Erfahrung lehrt, daß gerade die dritte Darstellungsart am häufigsten gelingt: sind die „äußeren Begleitumstände" bekannt, so lassen sich in vielen Fällen Bewegungsgleichungen von der Form (4) unmittelbar anschreiben. Die Ausdrücke X_k, Y_k, Z_k sind dabei in der Regel elementare Funktionen ihrer Argumente, übrigens oft von $\frac{dx_1}{dt}, \ldots, \frac{dz_n}{dt}$ und t unabhängig. Demgegenüber sind die durch Auflösung von (4) gewonnenen Funktionen (1) meist sehr verwickelt. Es ist nicht anzunehmen, daß sie, selbst in den einfachsten bekannten Fällen, auf Grund direkter Beobachtungen hingeschrieben werden könnten.

Betrachten wir als Beispiel das sogenannte *n-Körperproblem*. Hier handelt es sich um die Bewegung von n praktisch starren, angenähert kugelförmigen „gravitierenden" Körpern, deren Entfernungen voneinander und von dem Beobachter gegenüber ihren eigenen Dimensionen so groß sind, daß es genügt, sie als Massenpunkte zu betrachten, und die überdies von größeren Ansammlungen der Materie im Weltall weit entfernt liegen. Die Sonne nebst allen Planeten und ihren Trabanten stellt ein solches Massenpunktsystem dar.

Die Erfahrung lehrt, daß die Bewegung mit einer sehr großen Genauigkeit durch das System der Differentialgleichungen

$$m_k \frac{d^2 x_k}{dt^2} = \varkappa \sum_{j\,(\neq k)} \frac{m_k m_j}{r_{kj}^3} (x_j - x_k), \qquad m_k \frac{d^2 y_k}{dt^2} = \varkappa \sum_{j\,(\neq k)} \frac{m_k m_j}{r_{kj}^3} (y_j - y_k),$$

$$(6) \qquad m_k \frac{d^2 z_k}{dt^2} = \varkappa \sum_{j\,(\neq k)} \frac{m_k m_j}{r_{kj}^3} (z_j - z_k)$$

$$r_{kj}^2 = (x_k - x_j)^2 + (y_k - y_j)^2 + (z_k - z_j)^2 \qquad (k = 1, \ldots, n)$$

beschrieben werden kann. In (6) bezeichnen $m_1, \ldots, m_n$ gewisse Konstanten, die *Massen* der Punkte, $\varkappa$ ist die Gaußsche Gravitationskonstante. Es wäre ein ganz aussichtsloses Beginnen, wollte man aus den Beobachtungsergebnissen analytische Ausdrücke für x_k, y_k, z_k, d. h. Gleichungen von der Form

$$(7) \qquad x_k = x_k(t), \quad y_k = y_k(t), \quad z_k = z_k(t) \quad (k = 1, \ldots, n)$$

zur Beschreibung der fraglichen Bewegung ableiten[2]. Ja, es kostet bereits außerordentliche Mühe, Lösungen der Gleichungen (6) mit einer der Schärfe astronomischer Beobachtungen angepaßten Genauigkeit zu berechnen. Und doch stimmen die Beobachtungen mit der Rechnung so schön überein, daß „astronomische Genauigkeit" sprichwörtlich geworden ist. Die Differentialgleichungen (6) und nicht etwa die Gleichungen (7) sind als der einfachste Ausdruck des die Bewegung der n Himmelskörper beherrschenden Naturgesetzes aufzufassen.

---

[2] Natürlich lassen sich durch Interpolation Formeln aufstellen, die alle bekannten Beobachtungen mit hinreichender Genauigkeit darstellen. Diese „empirischen" Formeln würden freilich ungeheuer kompliziert ausfallen; sie wären überdies kaum geeignet, die Bewegung in einem über die Beobachtungen hinaus sich erstreckenden Zeitintervalle darzustellen.

Die Gleichungen (6) haben ihren Lösungen gegenüber den weiteren großen Vorteil, daß sie für alle Anfangslagen der Punkte und alle Werte der Anfangsgeschwindigkeiten unverändert gelten, während jene wiederum in äußerst komplizierter Weise von den Anfangsparametern abhängen. Sie behalten ferner ihre Form für alle möglichen individuellen Körpersysteme: sie gelten z. B. geradeso für unser Sonnensystem wie für Doppel- und Mehrfachsternsysteme, während die Lösungen (7) in höchst unübersichtlicher Weise von den die einzelnen Körper charakterisierenden Konstanten $m_1, m_2, \ldots$ abhängen[3]. Mehr als dies: es zeigte sich, daß Gleichungen ähnlichen Charakters wie (6) gelten, auch wenn es sich um stetig verteilte Materie handelt. Für die in (6) rechts vorkommenden Summen erscheinen in diesem Falle gewisse Integralausdrücke. Es gelingt so, die Bewegung einzelner Himmelskörper um ihren Schwerpunkt mit großer Genauigkeit zu beschreiben.

Wir sehen also, daß Gleichungen von der Form (6) einen einheitlichen Ausdruck für ausgedehnte Klassen von Bewegungsvorgängen der Natur darstellen. Diese Bemerkung läßt sich verallgemeinern. Wir sind in vielen Fällen in der Lage, sobald die „äußeren Begleitumstände" bekannt sind, Gleichungen von der Gestalt (4) aufzustellen, die für umfangreiche Klassen von Bewegungsvorgängen in gleicher Weise gelten. Wir erkennen in den Gleichungen (4) einen angemessenen Ausdruck der Naturgesetze und sind geneigt, diesen Naturgesetzen einen um so höheren Rang zuzuschreiben, je umfassender die Klasse der Bewegungsvorgänge ist, die sie zu beschreiben gestatten.

Wie ist man zur Kenntnis der in einzelnen Fällen in Betracht kommenden Differentialgleichungen gelangt? Wir haben uns vorhin auf die Erfahrung berufen. Sie lehrt uns aus der verwirrenden Fülle der Naturerscheinungen je nach der erstrebten Genauigkeit die oder die anderen „Begleitumstände" als die wesentlichen herauszuheben und darauf die Bewegungsgleichungen von der Form (4) aufzustellen. In dem Wörtchen „Erfahrung" steckt die geistige Arbeit von Jahrtausenden. Von den einfachsten Beobachtungen ausgehend, vielfach von antropomorphen und metaphysischen Vorstellungen geleitet, ist man in zäher Gedankenarbeit ganz allmählich zur Erkenntnis der fraglichen Gesetzmäßigkeiten gekommen[4]. Die Geschichte der Mechanik ist eins

---

[3] Wollte man diese latente Abhängigkeit zum Ausdruck bringen, so müßte man für (7) setzen $x_k = x_k(t; x_{10}, \ldots, z_{n0}; u_{10}, \ldots, w_{n0}; m_1, \ldots, m_n)$.

[4] Daß gewisse unserem Geiste innewohnenden Tendenzen dabei eine wesentliche Rolle spielen, zeigt in überzeugender Weise Émile Meyerson in seinem grundlegenden Werke „Identité et réalité", Paris 1926 (dritte Auflage). (Eine von K. Grelling besorgte deutsche Übertragung wird demnächst bei der Akademischen Verlagsgesellschaft in Leipzig erscheinen.) Wir werden im folgenden wiederholt Gelegenheit haben, auf dieses Werk sowie die beiden anderen bahnbrechenden Werke desselben Verfassers, „De l'explication dans les sciences", Paris 1927 (zweite Auflage) und „La déduction relativiste", Paris 1925, zurückzukommen.

der reizvollsten Kapitel der Entwicklungsgeschichte der exakten Wissenschaften überhaupt. Man lernt einiges davon in einem jeden Lehrgange der Mechanik kennen. Dieser Lehrgang, der von dem speziellen zu dem allgemeineren aufsteigt, erscheint besonders geeignet, den inneren Zusammenhang der Tatsachen klarzustellen und dürfte darum dem ersten Unterricht am besten angemessen sein. Leider pflegt er auch heute noch häufig durch antropomorphe Vorstellungen belastet zu sein. Nur selten findet man den Begriff der Kraft und den damit zusammenhängenden Begriff der Masse klar und frei von Zirkelschlüssen herausgearbeitet und von der Vorstellung eines den materiellen Systemen innewohnenden „Wollens" oder „Strebens" befreit.

Wie werden diese Begriffe bei Kirchhoff eingeführt? Wie in dem speziellen Beispiele des n-Körperproblems lassen sich die Bewegungsgleichungen in vielen Fällen auf die Form

$$
\begin{aligned}
& m_k \frac{d^2 x_k}{dt^2} = X_k^{(1)} + \cdots + X_k^{(p)}, \\
(8) \qquad & m_k \frac{d^2 y_k}{dt^2} = Y_k^{(1)} + \cdots + Y_k^{(p)}, \\
& m_k \frac{d^2 z_k}{dt^2} = Z_k^{(1)} + \cdots + Z_k^{(p)} \qquad (k = 1, \ldots, n)
\end{aligned}
$$

bringen, unter $m_1, \ldots, m_n$ gewisse, den einzelnen materiellen Punkten zugeordnete positive Konstanten, unter $X_1^{(1)}, \ldots, Z_n^{(p)}$ gewisse einfache Funktionen der $3n$ Koordinaten der Punkte verstanden. Die Konstante m_k ist die *Masse* des Punktes (x_k, y_k, z_k); die Wertetripel $X_k^{(h)}, Y_k^{(h)}, Z_k^{(h)}$ $(h = 1, \ldots, p)$ stellen Vektoren dar, sie sind die auf den Punkt (x_k, y_k, z_k) wirkenden *Kräfte*. Natürlich könnte man für (8) auch einfacher (4) setzen. Dann wäre X_k, Y_k, Z_k die auf (x_k, y_k, z_k) wirkende Kraft, die „Resultierende" der p Einzelkräfte $X_k^{(h)}, Y_k^{(h)}, Z_k^{(h)}$. Es ist aber nicht gleichgültig, ob man (8) oder (4) schreibt, denn in der Schreibweise (8) gelangen in konkreten Fällen bestimmte Naturgesetze zum Ausdruck. So ist in der Gleichung (6), wenn man jeden Wertetripel

$$\varkappa \frac{m_k m_j}{r_{kj}^3}(x_j - x_k), \quad \varkappa \frac{m_k m_j}{r_{kj}^3}(y_j - y_k), \quad \varkappa \frac{m_k m_j}{r_{jk}^3}(z_j - z_k) \text{ als eine Kraft}$$

für sich betrachtet, zum Ausdruck gebracht, daß der Massenpunkt (x_k, y_k, z_k) von dem Massenpunkte (x_j, y_j, z_j) $(j \neq k)$ mit einer Kraft „angezogen" wird, die dem Produkt ihrer Massen direkt und dem Quadrate der Entfernung umgekehrt proportional und von (x_k, y_k, z_k) nach (x_j, y_j, z_j) hin gerichtet ist. Diese Auffassung ist von der größten Wichtigkeit, da sie sich, wie vorhin erwähnt, auf beliebige, auch kontinuierlich verteilte Massen verallgemeinern ließ und als das Newtonsche Gesetz der allgemeinen Gravitation eine universelle Bedeutung erlangte.

Im übrigen bildet die vorstehende Aussage nur eine Umschreibung des in den Gleichungen (6) liegenden Sachverhalts und enthält nichts von dem Begriffe eines „Strebens" der Punkte gegeneinander, aber auch nichts von demjenigen einer „Ursache" der Bewegung. Natürlich steht es nichts im Wege, als „Ursache" der gesamten so und nicht anders verlaufenden Bewegung des Punktes (x_k, y_k, z_k) die Anwesenheit der $n-1$ übrigen Massenpunkte anzusehen. Allgemein ist eine bestimmte Form der Bewegungsgleichungen, d. h. der Kräfte $X_k^{(h)}$, $Y_k^{(h)}$, $Z_k^{(h)}$, durch die „äußeren Umstände", etwa die in einer näheren oder ferneren Umgebung des betrachteten Punktes anwesende Materie, die dem System selbst angehören kann oder auch nicht, und ihren physikalischen Zustand, durch elektrische und magnetische Vorgänge usw. bedingt. Man könnte diese äußeren Umstände als „Ursache der Bewegung" oder auch mit Hamel als „Ursache der Kräfte" bezeichnen. Wenn also auch von Kräften als Ursachen der Bewegung nicht gesprochen werden kann, so könnte man, wenn man wollte, gewiß von Ursachen der Kräfte sprechen[5].

Die Kirchhoffsche Mechanik ist durchaus phänomenologisch, sie befriedigt nicht immer den nach einer „Erklärung" strebenden Geist. Kirchhoff begnügt sich eben mit der Feststellung der Gesetzmäßigkeit, des „wie" der Bewegungserscheinungen. Eine Erklärung wird freilich nicht grundsätzlich abgelehnt, sie wird vielmehr in andere Gebiete der Physik verwiesen. Daß aber überhaupt Gesetzmäßigkeiten bestehen, daß also eine exakte Wissenschaft möglich ist, ist nicht selbstverständlich, ist keinerlei „Denknotwendigkeit". Daß diese Gesetzmäßigkeiten bestehen und beispielsweise in dem besonderen Falle des n-Körperproblems die so einfache Form (6) haben, ist vielmehr ein großes Mysterium. Diese Tatsache stellt, um ein die Sachlage treffend charakterisierendes Wort von Meyerson zu gebrauchen, etwas „Irrationales" dar.

Wie eingangs ausgeführt, handelt es sich für Kirchhoff in der Mechanik lediglich um eine Beschreibung der Naturbewegungen. Massen sind bestimmte, den einzelnen Punkten zugeordnete Werte, Kräfte sind analytische Ausdrücke, keine „Ursachen" der Bewegung. Folgt hieraus etwa, daß die Aufgabe der Mechanik mit derjenigen der Auflösung der Differentialgleichungen von der Form (4) gleichbedeutend ist? Keinesfalls. Mit dem Studium allgemeiner Differentialgleichungen dieser Art beschäftigt sich die Lehre von den Differentialgleichungen der Mechanik, ein Spezialkapitel der Mechanik oder, wenn man will, der Analysis. Die eigentliche Mechanik interessiert sich in erster Linie

---

[5] Vgl. G. Hamel, Elementare Mechanik, zweite Auflage, Leipzig 1922. Man vergleiche hierzu die tiefsinnigen Erörterungen über den Begriff der Ursache (cause scientifique) und der „Erklärung" in den vorhin genannten Werken von Meyerson.

für diejenigen speziellen Differentialgleichungen von der Form (4), die besonders wichtigen Klassen von Bewegungserscheinungen der Natur entsprechen, und bemüht sich hier die Diskussion, namentlich nach der geometrischen Seite hin, möglichst weit zu treiben. Dann aber ist es die Aufgabe der Mechanik, allgemeine Prinzipien auszuarbeiten, die zur Aufstellung der Bewegungsgleichungen führen. Diese Prinzipien, wie z. B. das Hamiltonsche Prinzip, stellen, wie auch die aus ihnen fließenden Bewegungsgleichungen selbst, allgemeine Rahmen, gleichsam Schemata dar, in denen leere, mit Inhalt erst auszufüllende Stellen, eben die Kräfte, vorkommen. Wie in den einzelnen konkreten Fällen diese Leerstellen auszufüllen sind, mit anderen Worten, wie die Kräfte beschaffen sind, die in bestimmten Fällen „wirken", dies ist eine Frage für sich. Darüber erfahren wir Näheres in der Physik: in der Theorie der Gravitation, der Kapillarität, der Lehre von der Elektrizität und dem Magnetismus usw. Ob man übrigens bsp. die Theorie des Potentials, die den mathematischen Ausdruck für die Newtonschen Anziehungskräfte in wichtigen speziellen Fällen liefert, zu der Mechanik, der allgemeinen Physik oder auch zur Analysis rechnen will, ist zum Teil eine Geschmacksache. Natürlich spielen hierbei auch Gründe historischer oder didaktischer Natur eine Rolle.

Indem wir uns jetzt speziell der Hydromechanik zuwenden, bemerken wir, daß es im Prinzip auch hier verschiedene Möglichkeiten gibt, die in der Natur sich abspielenden Flüssigkeitsbewegungen zu beschreiben. Ist es einmal gelungen, die Koordinaten der einzelnen Flüssigkeitsteilchen als Funktionen der Zeit anzugeben, so ist damit die fragliche Bewegung lückenlos erkannt. Es ist nicht anzunehmen, daß dies für eine Flüssigkeitsbewegung der Natur auf direktem Wege, d. h. als Ergebnis direkter Beobachtungen möglich sein wird. Die Sache liegt vielmehr, wie in der Mechanik der Massenpunktsysteme, in der Regel so, daß sich für Koordinaten der Flüssigkeitsteilchen Differentialgleichungen zweiter Ordnung, sogenannte Differentialgleichungen der Bewegung, aufstellen lassen, die erst aufgelöst werden müssen, bevor eine erschöpfende Diskussion des Bewegungsvorganges einsetzen kann.

Wiewohl die Bewegungsgleichungen einer Flüssigkeit in der expliziten Form erst durch Auflösung der unmittelbar vorliegenden Differentialgleichungen gewonnen werden können, so pflegt eine systematische Darstellung der Hydromechanik doch mit dem Studium jener von Differentialquotienten freien Form der Bewegungsgleichungen zu beginnen. Anders wie in der Mechanik der Massenpunktsysteme, ist es hier nämlich nicht ganz klar, was man überhaupt unter der Bewegung einer Flüssigkeit, allgemeiner eines beliebigen stetig verteilten Mediums, verstehen soll. Die Vorstellung, die man durch direkte Anschauung gewinnt, ist zu unbestimmt und bedarf erst einer mathematischen Präzisierung. Diese wird in der Kinematik der Flüssigkeiten, die sich mit dem Studium einer im Sinne unserer obigen Ausführungen explizit gegebenen Bewegung beschäftigt, geboten. Auf die Sätze der Kinematik gestützt, gelingt es dann in der Dynamik Differentialgleichungen der Bewegung reibungsloser sowie mit Reibung behafteter Flüssigkeiten aufzustellen. So beschäftigen wir uns denn auch in dem fünften und dem sechsten Kapitel mit der Kinematik, in dem siebenten mit den Grundlehren der Dynamik. Vorausgeschickt werden Betrachtungen über die Grundbegriffe: Zeit, Raum, Masse, Bewegung.

Fünftes Kapitel.

Allgemeine Ausführungen zur Kinematik der Kontinua.

1. Mathematische und physikalische Flüssigkeiten. Definition einer Flüssigkeitsbewegung. Ebene Bewegungen. Im Sinne der Schlußausführungen des vierten Kapitels legen wir den folgenden Betrachtungen dieses Werkes Gebilde zugrunde, die wir *mathematische Flüssigkeiten* nennen und die als Bilder gewisser in der Natur beobachteten Objekte, der „physikalischen Flüssigkeiten" aufzufassen sind. Wo Verwechselungen nicht zu befürchten sind, werden wir auch den kürzeren Ausdruck „Flüssigkeiten" statt „mathematische Flüssigkeiten" gebrauchen. Das vorliegende fünfte Kapitel beschäftigt sich eingehend mit dem allgemeinen Begriff einer Flüssigkeitsbewegung, zunächst im Sinne der Analysis Situs, dann unter Heranziehung der Begriffe Geschwindigkeit und Beschleunigung. Noch etwas weiter unten führen wir den Begriff der Masse und Dichte ein. Das sechste Kapitel ist im Anschluß daran der Behandlung der Unstetigkeitswellen gewidmet.

Wir stellen uns in diesem Werk grundsätzlich auf den Standpunkt der klassischen Mechanik und verstehen unter der Zeit die Newtonsche absolute Zeit. Die von der speziellen und der allgemeinen Relativitätstheorie geforderten Modifikationen der Grundbegriffe der Hydromechanik, sowohl der Zeit als auch der Masse, werden in der Relativitätstheorie behandelt.

Es sei $T_0 + S_0$ irgendein, nicht notwendig beschränkter, von einer „mathematischen Flüssigkeit" erfüllter Bereich, und es mögen (a, b, c) kartesische Koordinaten eines beliebigen Punktes in $T_0 + S_0$ bezeichnen. Durch die Transformation[1]

$$x = x(a, b, c, t), \qquad y = y(a, b, c, t), \qquad z = z(a, b, c, t) \tag{1}$$

wird eine in dem Zeitintervall

$$t_0 \leqq t \leqq t_1 \tag{2}$$

[1] Wir setzen stillschweigend voraus, daß es sich um eindeutige Funktionen handelt, d. h. daß jedem Wertsystem (a, b, c, t) nur ein Wertsystem (x, y, z) entspricht.

vor sich gehende stetige *Bewegung* der Flüssigkeit erklärt, wenn folgende Bedingungen erfüllt sind:

1. *Die Funktionen* (1) *sind für alle* t *in dem Intervalle* $\langle t_0, t_1\rangle$ *und alle* (a, b, c) *in* $T+S$, *kürzer in dem vierdimensionalen Bereiche* $\{T_0+S_0; \langle t_0, t_1\rangle\}$, *stetig*[2].

2. *Zwei verschiedenen Punkten* (a, b, c) *entsprechen bei festgehaltenem* t *stets zwei verschiedene Wertsysteme* (x, y, z). Ist $\mathfrak{M}$ die (abgeschlossene) Punktmenge, die T_0+S_0 durch (1) für irgendeinen Wert von t in $\langle t_0, t_1\rangle$ zugeordnet wird, so lassen sich demnach die Gleichungen (1) für alle (x, y, z) in $\mathfrak{M}$ auflösen,

$$(3)\qquad a = a(x, y, z, t),\qquad b = b(x, y, z, t),\qquad c = c(x, y, z, t).$$

Wie wir in dem ersten Kapitel gesehen haben (vgl. S. 11), ist $\mathfrak{M}$ stets wiederum ein Bereich, $T+S$; die in $T+S$ erklärten Funktionen (3) sind daselbst (als Funktionen von x, y, z aufgefaßt) stetig. Die Gleichungen (1) und (3) definieren für jeden Wert von t in $\langle t_0, t_1\rangle$ eine umkehrbar eindeutige und stetige, kürzer topologische Abbildung des Bereiches T_0+S_0 auf den Bereich $T+S$.

3. *Es ist*

$$(4)\qquad x(a, b, c, t_0) = a,\qquad y(a, b, c, t_0) = b,\qquad z(a, b, c, t_0) = c.$$

Es ist leicht einzusehen, daß die inversen Funktionen (3) sich auch als Funktionen ihrer vier Argumente in dem vierdimensionalen Bereiche $\{T+S; \langle t_0, t_1\rangle\}$ stetig verhalten. In der Tat ist durch die Gleichungen

$$(5)\qquad x = x(a, b, c, t),\qquad y = y(a, b, c, t),\qquad z = z(a, b, c, t),\qquad \mathbf{t} = t$$

eine umkehrbar eindeutige und stetige Abbildung des Bereiches $\{T_0+S_0; \langle t_0, t_1\rangle\}$ auf den Bereich $\{T+S; \langle \mathbf{t}_0, \mathbf{t}_1\rangle\}$ erklärt. Es ist nicht schwer, z. B. durch eine Zurückführung ad absurdum, zu zeigen, daß die inversen Funktionen

$$(6)\qquad a = a(x, y, z, \mathbf{t}),\qquad b = b(x, y, z, \mathbf{t}),\qquad c = c(x, y, z, \mathbf{t}),\qquad t = \mathbf{t}$$

sich in $\{T+S; \langle \mathbf{t}_0, \mathbf{t}_1\rangle\}$ stetig verhalten.

Wir sagen, das Teilchen der Flüssigkeit, das zur Zeit t_0 die Lage (a, b, c) hatte, nimmt zur Zeit t die Lage (x, y, z) ein. Die Gleichungen

---

[2] Ist T_0+S_0 nicht beschränkt, so ist darunter folgendes zu verstehen. Es sei $T_0^*+S_0^*$ irgendein beschränkter Bereich in T_0+S_0. Die Funktionen (1) sind in $\{T_0^*+S_0^*; \langle t_0, t_1\rangle\}$ stetig. Es sei $\{a_n, b_n, c_n\}$ irgendeine der Beziehung $a_n^2+b_n^2+c_n^2\to\infty$ für $n\to\infty$ genügende Punktfolge in T_0+S_0, und es möge $\{t_n\}$ eine beliebige konvergente Folge in $\langle t_0, t_1\rangle$ bezeichnen. Jede Folge

$$x_n = x(a_n, b_n, c_n, t_n),\quad y_n = y(a_n, b_n, c_n, t_n),\quad z_n = z(a_n, b_n, c_n, t_n)$$

erfüllt die Bedingung

$$x_n^2+y_n^2+z_n^2\to\infty.$$

(1) definieren bei festgehaltenem (a, b, c) und variablem t ein stetiges Kurvenstück, die *Bahn* des Teilchens (a, b, c) in dem Zeitintervall $\langle t_0, t_1\rangle$. Die Bahn ist im allgemeinen kein Jordansches Kurvenstück, da sie nicht notwendig doppelpunktfrei ist. Das Teilchen (a, b, c) kann ja zu verschiedenen Zeiten dieselbe räumliche Lage haben.

Unter den stetigen Flüssigkeitsbewegungen zeichnet sich die Klasse der sogenannten *ebenen Bewegungen* durch besondere Eigenschaften, die, wie wir später sehen werden, manche Vereinfachungen darbieten, aus. Hier ist bei einer geeigneten Festsetzung des Achsenkreuzes die Bahn eines jeden Punktes der x-y-Ebene parallel und von der z-Koordinate unabhängig, der Bereich $T + S$ ist für einen jeden Wert von t in $\langle t_0, t_1\rangle$ ein gerader Zylinderkörper, dessen Mantellinien der z-Achse parallel sind. Die Gleichungen (1) nehmen die Gestalt

$$x = x(a, b, t), \qquad y = y(a, b, t), \qquad z = c \tag{7}$$

an. Die Zahl der unabhängigen räumlichen Veränderlichen reduziert sich auf zwei. Ohne Einschränkung der Allgemeinheit darf man annehmen, daß die x-y-Ebene einen[2a] Zylinderkörper trifft. Es genügt augenscheinlich die Bewegung der in der x-y-Ebene gelegenen Teilchen zu kennen, um den gesamten Bewegungsvorgang zu beherrschen. Handelt es sich um eine ebene Bewegung, so verstehen wir künftig unter T den Schnitt des vorerwähnten Zylinderkörpers mit der Ebene x-y, also den zweidimensionalen Bereich der Punkte (x, y).

Eine Ausdehnung unserer Festsetzungen auf den Fall, daß die Flüssigkeit mehrere Bereiche, die auch Punkte des Randes gemeinsam haben können, erfüllt, ist naheliegend. Wenn nichts anderes vermerkt ist, verstehen wir im folgenden der Kürze halber unter einer Flüssigkeitsbewegung schlechthin stets eine wie vorhin definierte stetige Flüssigkeitsbewegung.

Das Studium stetiger Bewegungen einer mathematischen Flüssigkeit und die Untersuchung der von einem Parameter stetig abhängenden topologischen Abbildungen sind augenscheinlich zwei völlig äquivalente Probleme.

Es ist nicht schwer einzusehen, in welchem Sinne die vorstehende Definition der Bewegung einer mathematischen Flüssigkeit anschaulich gegebene Eigenschaften der Bewegung einer physikalischen Flüssigkeit idealisiert.

Betrachten wir eine in Bewegung begriffene physikalische Flüssigkeit, und es möge Θ_0 einen von dieser erfüllten Raumteil zur Zeit t_0 bezeichnen. Für alle t in $\langle t_0, t_1\rangle$ läßt sich Θ_0 angenähert ein „von denselben Teilchen erfüllter" anderer Raumteil Θ zuweisen, *solange* Θ_0 *nicht zu klein ist.* Je länger das Zeitintervall $\langle t_0, t_1\rangle$ ist, um so größer

[2a] Und darum auch alle.

muß Θ_0 ausfallen, wenn diese Identifizierung mit praktisch ausreichender Genauigkeit möglich sein soll. Bei der durch die Gleichungen (1) und (3) definierten Bewegung unserer mathematischen Flüssigkeit ist demgegenüber jedem noch so kleinen Bereich $T_0 + S_0$ für jedes t in $\langle t_0, t_1\rangle$ ein völlig bestimmter Bereich $T + S$ zugeordnet. Für die nur innerhalb gewisser zeitlicher und räumlicher Grenzen, und auch da nur angenähert, möglichen Bestimmungen an physikalischen Flüssigkeiten treten von diesen Einschränkungen freie, scharfe Begriffsfestsetzungen unserer mathematischen Flüssigkeiten, die als idealisierte Bilder jener realen Flüssigkeiten anzunehmen sind, ein. Als eine Grundeigenschaft der Materie wird die „Undurchdringlichkeit" aufgefaßt, der zufolge zwei verschiedene Körper nicht zugleich denselben Raum einnehmen können. Der Forderung der Undurchdringlichkeit ist durch die Eigenschaft der Abbildung, umkehrbar eindeutig zu sein, Genüge geleistet.

Daß nicht einem beliebig kleinen Bereich unseres Bildes ein von einer physikalischen Flüssigkeit erfüllter Raumteil zugeordnet werden kann, liegt nicht allein an der Unvollkommenheit unserer Meßapparate und Meßmethoden. Es gibt Gründe, die uns veranlassen, anzunehmen, daß bei hinreichend weit getriebener Teilung physikalischer Flüssigkeiten Erscheinungen auftreten, die sich durch Gleichungen von der Form (1) und (3) nicht in zufriedenstellender Weise darstellen lassen. Zur mathematischen Erfassung mancher von diesen sog. „molekularen" Erscheinungen bedient man sich heute mit mehr oder weniger Erfolg Bilder, die auf eine kontinuierliche Erfüllung des Raumes mit „Materie" ganz oder teilweise verzichten.

Aber auch aus einem anderen Grunde können Bewegungsvorgänge realer Flüssigkeiten nicht in allen Fällen durch Bilder, wie wir sie in den Gleichungen (1) und (3) vor uns haben, angenähert dargestellt werden. Die durch die Forderungen 1., 2. und 3. erklärten Bewegungen sind „stetig", — sie haben Eigenschaften, die wir in der Wirklichkeit nicht immer wiederfinden. Um einzusehen, welche Klassen realer Bewegungsvorgänge durch Gleichungen von der Form (1) und (3) mit hinreichender Annäherung beschrieben werden können, müssen wir einige Grundeigenschaften der topologischen Abbildungen kennenlernen. Dieser Aufgabe wenden wir uns jetzt zu.

2. Topologische Abbildungen. Fundamentalsatz. Wir beginnen mit einer Bemerkung. Der soeben gegebenen Definition einer Flüssigkeitsbewegung haben wir einen beliebigen Bereich $T_0 + S_0$ zugrunde gelegt. Mit Rücksicht auf die physikalische Interpretation unserer mathematischen Bilder erweist es sich als erwünscht, eine Einschränkung einzuführen, diejenige nämlich, daß jeder Punkt von S_0 *von* T_0 *aus erreichbar sein soll.* Dies bedeutet, daß es, wenn A_0 einen Punkt auf

S_0 bezeichnet, mindestens ein Jordansches Kurvenstück B_0A_0 in T_0 gibt, dessen einer Endpunkt sich in A_0 befindet und dessen alle übrigen Punkte in T_0 liegen.

Es sei $T + S$ das Bild von $T_0 + S_0$ zur Zeit t, und es möge BA das zugehörige Bild von B_0A_0 bezeichnen. Offenbar ist BA ein Jordansches Kurvenstück, dessen sämtliche Punkte, außer dem Endpunkte A, in T gelegen sind. Also sind auch alle Punkte von S von T aus erreichbar. Bei den später zumeist betrachteten Bereichen der Klasse A ist die Erreichbarkeitsbedingung ohne weiteres erfüllt, — sie ist es auch bei beliebigen Jordanschen Bereichen in der Ebene[3]. Wenn wir im folgenden von einem Bereiche sprechen, so wollen wir, wenn nicht ausdrücklich das Gegenteil vermerkt ist, stets stillschweigend die Erreichbarkeitsbedingung als erfüllt annehmen.

Nunmehr einige Bemerkungen über den fundamentalen Abbildungssatz, dem zufolge das durch (1) entworfene Bild eines beliebigen beschränkten Bereiches wieder ein Bereich ist. Der Satz gilt, wie wir von früher her wissen, auch wenn die Punkte des Randes S_0 von T_0 aus nicht erreichbar sind.

Es sei T_0 ein ganz beliebiges beschränktes, von einer Jordanschen Fläche S_0 begrenztes Gebiet. Über die Erreichbarkeit der Fläche S_0 von T_0 aus machen wir keinerlei Voraussetzungen. Es sei ferner $\dot{t}$ irgendein Zeitpunkt in $\langle t_0, t_1\rangle$. Das Bild von S_0 zur Zeit $\dot{t}$ ist eine Jordansche Fläche $\dot{S}$. Wie an dieser Stelle nicht näher erläutert werden kann, ist der Fundamentalsatz in seiner vollen Allgemeinheit bewiesen, sobald gezeigt ist, daß die Menge $\dot{\mathfrak{M}}$, das Bild von $T_0 + S_0$ zur Zeit $\dot{t}$, mit dem beschränkten Jordanschen Bereiche $\dot{T} + \dot{S}$ identisch ist. Dies ist wiederum bewiesen, sobald gezeigt ist, daß das Bild $\dot{P}$ eines beliebigen Punktes P_0 in T_0 gewiß dem Innern von $\dot{T}$ angehört. Für diesen Satz wollen wir jetzt einen Beweis erbringen, bei dem von der Tatsache Gebrauch gemacht wird, daß tatsächlich eine stetige Schar von Abbildungen, eben eine Bewegung, vorliegt.

Es sei $\dot{T}_a + \dot{S}$ der zu $\dot{S}$ gehörige Außenbereich. Da die Abbildung umkehrbar eindeutig ist, also die Punkte von S_0 und $\dot{S}$ einander entsprechen, so kann $\dot{P}$ nur entweder im Innern von $\dot{T}$ oder von $\dot{T}_a$ liegen. Wir beweisen, daß $\dot{P}$ dem Innern von $\dot{T}$ angehört.

---

[3] Vgl. bsp. B. v. Kerékjártó, Vorlesungen über Topologie. I. Berlin 1923, S. 65. Übrigens ist ein jeder Punkt einer ebenen Jordanschen Kurve auch von außen her erreichbar. Es gilt ferner eine Umkehrung des vorstehenden Satzes. Ein beschränktes, einfach zusammenhängendes (d. h. von einem einzigen Kontinuum begrenztes) ebenes Gebiet, dessen sämtliche Punkte sowohl von innen als auch von außen erreichbar sind, ist ein Jordansches Gebiet. Punkte einer Jordanschen Fläche brauchen demgegenüber nicht notwendig erreichbar zu sein.

Es möge im Gegensatz hierzu $\dot{P}$ im Innern von $\dot{T}_a$ liegen. Alle Punkte des Zeitintervalls $\langle t_0, \dot{t}\rangle$ lassen sich wie folgt in zwei Klassen A und B einordnen. Ein Zeitpunkt t gehört der Klasse A an, wenn für diesen und alle kleineren Werte der Zeit in $\langle t_0, t_1\rangle$ das Bild P von P_0 im Innern des beschränkten Jordanschen Gebietes T liegt, das von dem zugehörigen Bilde S von S_0 bestimmt ist. Ein Zeitpunkt t fällt in B hinein, wenn P im Außenbereiche von S liegt, oder wenn dies wenigstens in irgendeinem früheren Zeitpunkte der Fall war. Der Wert t_0 gehört offenbar der Klasse A, der Wert $\dot{t}$ der Klasse B an. Wir ordnen schließlich alle Zeitmomente $< t_0$ der Klasse A, diejenigen $> \dot{t}$ der Klasse B zu. Es sei $\hat{t}$ der durch den Dedekindschen Schnitt A|B bestimmte Zeitmoment[4]. Er ist eine (übrigens die einzige) gemeinsame Häufungsstelle der Zeitpunkte der beiden Klassen. Das Bild $\hat{P}$ von P_0 zur Zeit $\hat{t}$ müßte nun, wie sich gleich zeigen wird, auf dem zugehörigen Bilde $\hat{S}$ von S liegen. Sollte nämlich $\hat{P}$ im Innern von $\hat{T}$ liegen, so würde aus Gründen der Stetigkeit für alle hinreichend kleinen $\delta > 0$ das Bild von P_0 zur Zeit $\hat{t} + \delta$ im Innern des zugehörigen Gebietes, das wir mit $\hat{T}_\delta$ bezeichnen, liegen müssen. Alle jene Werte der Zeit würden also der Klasse A angehören, was nicht angeht. Sollte wiederum $\hat{P}$ im Innern von $\hat{T}_a$ liegen, so würde in analoger Weise geschlossen werden können, daß die Zeitpunkte $\hat{t} - \delta$ für hinreichend kleine $\delta > 0$ in die Klasse B hineingehören, was ebenfalls nicht möglich ist. Es bleibt also, in der Tat, als die einzige Möglichkeit übrig, daß $\hat{P}$ zur Zeit $\hat{t}$ auf $\hat{S}$ liegt. Wie eingangs bemerkt, ist aber auch dies ausgeschlossen. Also war die Voraussetzung, von der wir ausgegangen sind, unzutreffend; $\dot{P}$ liegt, wie behauptet, im Innern von $\dot{T}$.

Die vorstehende Überlegung bringt die folgende, für die Anschauung „evidente" Tatsache in arithmetischem Gewande zum Ausdruck. Ein in stetiger Bewegung begriffener Punkt, der sich einmal im Innern eines endlichen Bereiches befand, kann nicht in den Außenbereich gelangen, ohne den Rand mindestens einmal zu passieren. Unser Beweis gestattet eine Deutung durch die Anschauung, dennoch wird an diese nirgends appelliert, die Überlegungen sind völlig arithmetisiert. Anschauliche Deutung aller Gedankenoperationen bei vollkommener arithmetischer Schärfe aller Glieder der logischen Kette geben derartigen Schlußweisen einen besonderen Reiz.

---

[4] Näheres über den Dedekindschen Schnitt findet sich bsp. bei C. Jordan, Cours d'Analyse de l'École Polytechnique, Tome premier. Calcul différentiel. Zweite Auflage. Paris 1893, S. 1—8. Man vergleiche ferner G. Kowalewski, Grundzüge der Differential- und Integralrechnung. Vierte Auflage. Leipzig 1928, S. 1—10.

Es sei weiter $T_0^{(k)} + S_0^{(k)}$ $(k = 1, 2, \ldots)$ irgendeine Folge ineinandergeschachtelter Jordanscher Bereiche in $T_0 + S_0$, die gegen einen Punkt P_0 in T_0 konvergieren. Nach vorhergehendem leuchtet unmittelbar ein, daß $T_0^{(k)} + S_0^{(k)}$ zur Zeit t eine Folge ineinandergeschachtelter Jordanscher Bereiche $T^{(k)} + S^{(k)}$ $(k = 1, 2, \ldots)$ entspricht, die gegen das Bild P von P_0 konvergieren.

3. Topologische Invarianten. Topologische Grundeigenschaften einer stetigen Flüssigkeitsbewegung. Erzeugung topologischer Abbildungen durch stetige Bewegungen. Wir wollen jetzt aus dem Hauptsatz über topologische Abbildungen einige Folgerungen ziehen und legen den weiteren Betrachtungen einen beschränkten Bereich der Klasse A zugrunde. Der Rand S_0 von T_0 besteht also aus einer endlichen Anzahl von Flächen mit stetiger Normale. Des weiteren nehmen wir an, daß für alle t in $\langle t_0, t_1 \rangle$ die Funktionen (1) stetige Ableitungen erster Ordnung in bezug auf die Ortsvariablen a, b, c haben und die Jacobische Determinante $\frac{\partial(x, y, z)}{\partial(a, b, c)}$ nicht verschwindet. Es gibt also eine positive Zahl q_0, so daß für alle (a, b, c, t) in $\{T_0 + S_0; \langle t_0, t_1 \rangle\}$

$$\frac{\partial(x, y, z)}{\partial(a, b, c)} \geqq q_0$$

ist. Wie auf S. 15 vermerkt worden ist, entspricht jeder Fläche $\mathfrak{S}$ der Klasse A in $T_0 + S_0$ eine ebenso beschaffene Fläche in $T + S$. Insbesondere sind alle Randkomponenten von $T + S$ selbst Flächen mit stetiger Normale.

Wir haben in dem ersten Kapitel auseinandergesetzt, was unter der Zusammenhangszahl eines Bereiches der Klasse A zu verstehen ist. Wie an jener Stelle bereits hervorgehoben wurde, sind die Zusammenhangszahlen der Bereiche $T_0 + S_0$ und $T + S$ einander gleich, — die Zusammenhangszahl ist eine *Invariante* gegenüber einer jeden topologischen Abbildung von den zuletzt betrachteten Stetigkeitseigenschaften. Jedem Querschnitt sowie jedem den Rand bzw. den Querschnitt nicht treffenden Wege in $T_0 + S_0$ entspricht ein Querschnitt sowie ein den Rand bzw. den Querschnitt nicht treffender Weg in $T + S$.

Wir werden sogleich eine weitere Invariante der Transformation (1) kennenlernen.

Es sei Σ_0 eine beliebige Fläche mit stetiger Normale in $T_0 + S_0$, und es möge Γ_0 irgendeine Kurve mit stetiger Tangente auf Σ_0, die Σ_0 zerstückelt, bezeichnen. Zur Zeit t entspricht Γ_0 einer Kurve Γ mit stetiger Tangente auf dem Bilde Σ von Σ_0. Die Fläche Σ hat, wie wir wissen, eine stetige Normale; sie wird durch Γ zerstückelt. Es sei $\Pi_0 + \Gamma_0$ eines der Bereiche, in die Σ_0 zerfällt. Der $\Pi_0 + \Gamma_0$ entsprechende Bereich auf Σ heiße $\Pi + \Gamma$. Es sei schließlich P_0 irgendein Punkt auf Γ_0. Wir bezeichnen mit (τ_0) irgendeine der beiden Richtungen der Tangente an Γ_0 in P_0, mit (n_0) diejenige in das Innere von Π_0 gerichtete Normale in P_0 an Γ_0, die in die Tangentialebene von Σ_0 in P_0 hineinfällt, mit (N_0) die nach außen gerichtete Normale zu Σ_0 in dem gleichen Punkte. Der durch (τ_0) gegebenen Fortschreitungsrichtung auf Γ_0 wird durch (1) eine ganz bestimmte Fortschreitungsrichtung auf Γ, mithin eine ganz bestimmte Richtung der Tangente (τ) an Γ in P zugeordnet. Es seien (n) und (N) die von P ausgehenden zu (n_0) und (N_0) analogen Halbgeraden. *Der Umlaufssinn* $(\tau), (n), (N)$ *ist stets mit dem Umlaufssinn* $(\tau_0), (n_0), (N_0)$ *identisch und stellt also eine Invariante der Transformation* (1) *dar.*

Wir sagen, zwei rechtwinklige Achsenkreuze $(\tau_0), (n_0), (N_0)$ und $(\tau), (n), (N)$ haben den gleichen Umlaufssinn, wenn sie durch eine geeignete Translation und Drehung miteinander zur Deckung gebracht werden können.

Ein Beweis unserer Behauptung ergibt sich leicht durch folgende Überlegungen. Betrachten wir dasjenige Tetraeder, dessen ein Eckpunkt in P liegt und dessen drei in P zusammenlaufenden Kanten $PP^{(\tau)}$, $PP^{(n)}$, $PP^{(N)}$ in (τ), (n) und (N) hineinfallen und die Länge 1 haben. Sind (x, y, z), $(x^{(\tau)}, y^{(\tau)}, z^{(\tau)})$, $(x^{(n)}, y^{(n)}, z^{(n)})$, $(x^{(N)}, y^{(N)}, z^{(N)})$ die Koordinaten der Punkte P, $P^{(\tau)}$, $P^{(n)}$, $P^{(N)}$, so hat die Determinante

$$(8) \qquad 6\,\mathfrak{v} = \begin{vmatrix} x^{(\tau)} - x & y^{(\tau)} - y & z^{(\tau)} - z \\ x^{(n)} - x & y^{(n)} - y & z^{(n)} - z \\ x^{(N)} - x & y^{(N)} - y & z^{(N)} - z \end{vmatrix}$$

nach einem bekannten Satze der analytischen Geometrie den Wert $+1$ oder -1, je nachdem der Umlaufssinn $(\tau), (n), (N)$ mit demjenigen des Achsenkreuzes x-y-z übereinstimmt oder nicht[5]. Wie sich ohne Mühe zeigen läßt, sind alle Elemente der Determinante (8), also auch ihr Wert, stetige Funktionen der Zeit. Da $6\mathfrak{v}$ sich demnach in dem Intervall $\langle t_0, t_1\rangle$ nicht sprungweise ändern kann, so bleibt es, wie behauptet, völlig ungeändert.

Betrachten wir noch kurz den besonderen Fall einer ebenen Bewegung. Es sei Γ_0 irgendeine Kurve mit stetiger Tangente in dem ebenen Bereich $T_0 + S_0$, und es möge Γ die zugehörige Kurve in $T + S$ bezeichnen. Der Innenbereich von Γ_0 heiße $\Pi_0 + \Gamma_0$, der Innenbereich von Γ dementsprechend $\Pi + \Gamma$. Wir führen wie vorhin die Richtungen (τ_0) und (τ) ein und bezeichnen mit (n_0) und (n) die in das Innere von Π_0 bzw. Π gerichteten Normalen zu Γ_0 und Γ. Durch Betrachtungen, die zu den vorstehenden ganz analog verlaufen, überzeugen wir uns, daß der Umlaufssinn $(\tau_0), (n_0)$ mit demjenigen von $(\tau), (n)$ identisch ist.

---

[5] Man vergleiche bsp. G. Kowalewski, Einführung in die Determinantentheorie, zweite Auflage, Berlin 1925, S. 239—241.

Wir sagen kurz: bei der topologischen Abbildung

$$x = x(a, b, t), \qquad y = y(a, b, t)$$

bleibt der Umlaufssinn *invariant*. Vorausgesetzt wurde hierbei natürlich, daß die partiellen Ableitungen $\frac{\partial x}{\partial a}, \ldots, \frac{\partial y}{\partial b}$ in $\{T_0 + S_0; \langle t_0, t_1\rangle\}$ vorhanden und stetig sind und die Jacobische Determinante $\frac{\partial(x, y)}{\partial(a, b)}$ nicht verschwindet.

Wir lassen nunmehr diese Voraussetzung fallen und nehmen zugleich an, $T_0 + S_0$ sei irgendein beschränkter oder nicht beschränkter Bereich[6] in der Ebene a-b. Die früheren Betrachtungen sind nicht mehr anwendbar, und wir müssen uns nach einer anderen Fassung der Invarianz des Umlaufssinnes umsehen. Wir wählen die folgende.

Es sei $\mathfrak{S}_0$ irgendeine Jordansche Kurve in $T_0 + S_0$, und es möge $\mathfrak{S}$ die ihr in $T + S$ entsprechende Kurve bezeichnen. Die zugehörigen Innenbereiche heißen $\mathfrak{T}_0 + \mathfrak{S}_0$ und $\mathfrak{T} + \mathfrak{S}$; wir nehmen an, daß sie ganz im Innern von $T_0 + S_0$ und $T + S$ gelegen sind. Es sei P_0 irgendein Punkt im Innern von $\mathfrak{T}_0$, A_0 ein Punkt auf $\mathfrak{S}_0$. Wir verbinden P_0 mit A_0 durch eine geradlinige Strecke und bezeichnen den von P_0A_0 mit der positiven Richtung der a-Achse eingeschlossenen Winkel (Amplitude des Vektors P_0A_0) mit α_0. Läßt man jetzt A_0 die Kurve $\mathfrak{S}_0$ stetig durchlaufen, so wird sich α_0 stetig, wenn auch nicht notwendig monoton ändern. Hat A_0 die Ausgangslage wieder erreicht, so ist der absolute Betrag der Gesamtänderung von α_0 gleich 2π,

$$\left| \int_{\circlearrowleft} d\alpha_0 \right| = 2\pi \tag{9}$$

Wie bei dem Beweise des Jordanschen Satzes gezeigt zu werden pflegt[7], hat die Gesamtänderung von α_0 für die eine der beiden möglichen Fortschreitungsrichtungen von A_0, wie auch P_0 im Innern von $\mathfrak{T}_0$ gewählt sein mag, den Wert 2π, für die andere Fortschreitungsrichtung den Wert -2π.

Dieser Punkt bedarf einiger Erläuterungen. Es seien $a = a_0(\tau)$, $b = b_0(\tau)$ $(0 \leqq \tau \leqq 2\pi)$ die Gleichungen der Jordanschen Kurve $\mathfrak{S}_0$. Die Funktionen $a_0(\tau), b_0(\tau)$ sind stetig, auch die Amplitude α_0 ist eine in $\langle 0, 2\pi\rangle$ erklärte stetige Funktion von τ. Es sei $\tau_1, \ldots, \tau_n$ irgendeine monoton wachsende Folge von Werten in dem Intervall $\langle 0, 2\pi\rangle$,

$$0 = \tau_0 < \tau_1 < \tau_2 < \cdots < \tau_n = 2\pi, \tag{10}$$

---

[6] Die folgenden Betrachtungen gelten, auch wenn nicht alle Punkte auf S_0 von T_0 aus erreichbar sind.

[7] Vgl. bsp. eine Note von J. Hadamard zu der „Introduction à la théorie des fonctions d'une variable“ von J. Tannery, Bd. II. Paris 1910.

und es möge $f(\tau)$ eine in $\langle 0, 2\pi\rangle$ erklärte stetige Funktion bezeichnen. Hat die Summe

$$f(\xi_1)(\alpha_0(\tau_1)-\alpha_0(\tau_0))+f(\xi_2)(\alpha_0(\tau_2)-\alpha_0(\tau_1))+\cdots+f(\xi_n)(\alpha_0(\tau_n)-\alpha_0(\tau_{n-1})),$$

$$\tau_{k-1}\leqq\xi_k\leqq\tau_k \qquad (k=1,\ldots,n) \tag{11}$$

bei einer jeden Wahl von $\tau_1,\ldots,\tau_{n-1};\ \xi_1,\ldots,\xi_n$, sobald $\mathrm{Max}(\tau_k-\tau_{k-1})\to 0$ geht, einen Grenzwert, so hängt dieser Grenzwert, wie man fast unmittelbar sieht, von jener Wahl nicht ab. Man setzt dann

$$\int_0^{2\pi} f(\tau)\,d\alpha_0(\tau)=\lim\sum_{k=1}^{n} f(\xi_k)(\alpha_0(\tau_k)-\alpha_0(\tau_{k-1})) \tag{12}$$

und nennt den Ausdruck linkerhand ein *Stieltjessches Integral.* Im vorliegenden Falle ist $f=1$, die Stieltjessche Summe (11) hat für alle n den Wert 2π oder aber -2π, das Stieltjessche Integral $\int\limits_{\mathfrak{S}} d\alpha_0$ ist vorhanden und hat den gleichen Wert.

Es sei jetzt P der P_0 korrespondierende Punkt im Innern von $\mathfrak{T}$. Während A_0 die Kurve $\mathfrak{S}_0$ beschreibt, durchwandert der zu A_0 gehörige Punkt A stetig die Kurve $\mathfrak{S}$. Es sei α der von dem Vektor PA mit der x-Achse eingeschlossene Winkel. Offenbar ist[8]

$$\left|\int\limits_{\mathfrak{S}} d\alpha\right|=\left|\int\limits_{\mathfrak{S}} d\alpha(\tau)\right|=2\pi. \tag{13}$$

Es ist nun leicht zu sehen, daß stets

$$\int\limits_{\mathfrak{S}} d\alpha=\int\limits_{\mathfrak{S}} d\alpha_0 \tag{14}$$

gilt. Diese Formel stellt den gewünschten Ausdruck für die Invarianz des Umlaufssinnes dar.

Zum Beweise bemerken wir, daß die Amplitude α, darum auch die Stieltjesschen Summen $\sum\limits_{k=1}^{n}[\alpha(\tau_k)-\alpha(\tau_{k-1})]$, also auch die Gesamtänderung $\int\limits_{\mathfrak{S}} d\alpha$ von der Zeit t stetig abhängen, also sich in $\langle t_0, t_1\rangle$ nirgends sprungweise ändern können. Da das Integral $\int\limits_{\mathfrak{S}} d\alpha$ nur zwei verschiedene Werte annehmen kann, so bleibt es ungeändert, w. z. b. w.

Nach vorstehendem braucht man übrigens bei der Bildung von $\int\limits_{\mathfrak{S}} d\alpha_0$ und $\int\limits_{\mathfrak{S}} d\alpha$ nicht notwendig von korrespondierenden Punkten P_0 und P auszugehen. Es ist ferner einleuchtend, daß unsere Ergebnisse unverändert gelten, auch wenn $\mathfrak{T}_0+\mathfrak{S}_0$ nicht ganz dem Innern von T_0+S_0 angehört.

---

[8] In (13) erscheint α als eine stetige Funktion von τ.

Liegt statt einer stetigen Schar umkehrbar eindeutiger Abbildungen

$$x = x(a, b, t), \quad y = y(a, b, t), \tag{15}$$

welche die identische Abbildung, für $t = t_0$, enthält, eine bestimmte umkehrbar eindeutige und stetige Abbildung

$$x = x(a, b), \quad y = y(a, b) \tag{16}$$

vor, so ist der Umlaufssinn zusammengehöriger Jordanscher Kurven in T_0 und T nicht mehr notwendig derselbe. Statt (14) kann hier auch $\oint d\alpha = -\oint d\alpha_0$ gelten. Daß dem so sein kann, sieht man sogleich, wenn man $x = a$, $y = -b$ annimmt, d. h. wenn man von T_0 zu dem in bezug auf die x-Achse symmetrischen Gebiete übergeht. Ist aber für irgendein Paar zusammengehöriger Jordanscher Kurven $\oint d\alpha = \oint d\alpha_0$ oder aber $\oint d\alpha = -\oint d\alpha_0$, so gilt, wie sogleich gezeigt werden wird, die gleiche Beziehung für jedes Paar korrespondierender Kurven. Gilt die Beziehung (14), so sagen wir, der Umlaufssinn sei in den beiden Bereichen der gleiche, sonst der entgegengesetzte.

Es seien $\mathfrak{S}_0^{(1)}$ und $\mathfrak{S}_0^{(2)}$ zwei beliebige Jordansche Kurven in T_0. Wir nehmen der Einfachheit halber an, daß die von ihnen begrenzten endlichen Bereiche ganz im Innern von T_0 liegen. Man kann dann, wie sich zeigen läßt, $\mathfrak{S}_0^{(1)}$ und $\mathfrak{S}_0^{(2)}$ durch eine von einem Parameter γ stetig abhängende Schar Jordanscher Kurven $\mathfrak{S}_0$ in T_0,

$$\mathfrak{S}_0\colon \quad a = f(\tau, \gamma), \quad b = \varphi(\tau, \gamma) \quad (0 \leqq \tau \leqq 2\pi,\ 0 \leqq \gamma \leqq 1),$$

$$\begin{aligned} &\mathfrak{S}_0^{(1)}\colon \quad a = f(\tau, 0), \quad b = \varphi(\tau, 0), \\ &\mathfrak{S}_0^{(2)}\colon \quad a = f(\tau, 1), \quad b = \varphi(\tau, 1), \end{aligned} \tag{17}$$

verbinden. Die korrespondierenden Kurven in T heißen $\mathfrak{S}^{(1)}$, $\mathfrak{S}^{(2)}$, $\mathfrak{S}$. Von den beiden auf $\mathfrak{S}_0^{(1)}$ möglichen Umlaufsrichtungen sei willkürlich die eine bevorzugt. Es sei dies die den wachsenden τ entsprechende Richtung. Durch die Formeln (17) wird allen Kurven $\mathfrak{S}_0$ sowie den zugehörigen Kurven $\mathfrak{S}$ eine bestimmte Umlaufsrichtung aufgeprägt. Das Integral $\oint d\alpha_0$ hängt von γ stetig ab, ändert sich also beim Übergang von $\mathfrak{S}_0^{(1)}$ zu $\mathfrak{S}_0^{(2)}$ nicht. Desgleichen bleibt $\oint d\alpha$ beim Übergang von $\mathfrak{S}^{(1)}$ zu $\mathfrak{S}^{(2)}$ ungeändert. Ist also auf $\mathfrak{S}^{(1)}$ bzw. $\mathfrak{S}_0^{(1)}$ etwa $\oint d\alpha = \oint d\alpha_0$, so gilt die gleiche Beziehung für jedes Paar korrespondierender Kurven in T_0 und T, w. z. b. w.

Wir fassen die Resultate unserer Betrachtungen in den folgenden Aussagen über die stetigen Flüssigkeitsbewegungen zusammen.

Es möge der von einer Flüssigkeit erfüllte Raum zur Zeit t_0 einen einzigen, von einem oder mehreren Kontinuen, insbesondere Jordanschen

Flächen S_0 *begrenzten Bereich* T_0+S_0 *bilden. Alsdann bildet die Flüssigkeit während der ganzen Dauer,* $t_0 \leqq t \leqq t_1$, *der als stetig vorausgesetzten Bewegung einen einzigen, von einem oder mehreren Kontinuen, insbesondere Jordanschen Flächen* S *begrenzten Bereich* $T+S$. *Die einzelnen Komponenten von* S *und* S_0 *sind einander umkehrbar eindeutig und stetig zugeordnet.*

Es sei $\mathfrak{T}_0+\mathfrak{S}_0$ irgendein Bereich (insbesondere ein Jordanscher Bereich) in T_0+S_0. Zur Zeit t erfüllen die $\mathfrak{T}_0+\mathfrak{S}_0$ bildenden Teilchen einen Bereich (einen Jordanschen Bereich) $\mathfrak{T}+\mathfrak{S}$ in $T+S$, wobei $\mathfrak{S}_0$ stets $\mathfrak{S}$ entspricht; *Gebiet bleibt Gebiet, Rand bleibt Rand. Insbesondere bleiben die Teilchen, die sich einmal auf der Oberfläche von* T_0 *befanden, dauernd auf der Oberfläche der Flüssigkeit.* Einer Folge ineinandergeschachtelter Jordanscher Flächen entspricht dauernd eine ebensolche Folge von Flächen. Die gegenseitige Lage der Flüssigkeitsteilchen bleibt in einem gewissen, durch die vorstehenden Aussagen näher präzisierten Sinne im Laufe der Bewegung ungeändert. Das materielle System T_0+S_0 erleidet wohl im Verlauf einer gegebenen stetigen Bewegung eine Deformation, *bleibt aber sich selbst im Sinne der Analysis Situs äquivalent.*

Es sei T_0+S_0 ein beliebiger Bereich und es sei T_1+S_1 der Bereich, der T_0+S_0 durch eine umkehrbar eindeutige und stetige Abbildung

$$x = x_1(a, b, c), \qquad y = y_1(a, b, c), \qquad z = z_1(a, b, c) \tag{18}$$

zugeordnet wird. Wir erinnern daran, daß wir, wenn nicht das Gegenteil ausdrücklich vermerkt wird, annehmen, die Begrenzung eines Bereiches bestehe aus endlich vielen Kontinuen, die wir Komponenten nennen. Jeder Punkt des Randes ist von dem Innern des Bereiches aus erreichbar. Durch die vorstehenden Betrachtungen wird die Frage nahegelegt, ob der Übergang von T_0+S_0 zu T_1+S_1 stets durch eine Bewegung erfolgen kann, in Formeln, ob es eine Transformation von der Form (1) gibt, so daß für alle (a, b, c) in T_0+S_0

$$\begin{gathered} x(a, b, c, t_1) = x_1(a, b, c), \quad y(a, b, c, t_1) = y_1(a, b, c), \\ z(a, b, c, t_1) = z_1(a, b, c) \end{gathered} \tag{19}$$

gilt.

Es möge sich zunächst um ebene Bewegungen handeln. Es seien T_0+S_0 und T_1+S_1 zwei beschränkte, je von einer Jordanschen Kurve begrenzte Bereiche, die aufeinander topologisch abgebildet sind. Ist der Umlaufssinn in T_0+S_0 und T_1+S_1 derselbe, so ist die vorhin aufgeworfene Frage den Ergebnissen von H. Tietze zufolge bejahend zu beantworten. Tietze bewies durch eine längere Kette von Schlüssen, daß jede umkehrbar eindeutige und stetige Abbildung der Fläche eines Quadrats auf sich selbst, die den Umlaufssinn aufrecht erhält, durch eine Bewegung erzeugt werden kann[9]. Hier sind also die Bereiche $T_0 + S_0$ und $T_1 + S_1$ als Ganzes genommen identisch, die einzelnen Punktepaare (a, b) und (x, y) sind freilich im allgemeinen voneinander verschieden. Das Tietzesche Resultat ist wiederholt unter Zugrundelegung einer Kreisscheibe auf einfacherem Wege gewonnen worden[10]. Aus diesem Ergebnis läßt sich der vorhin genannte allgemeine Satz ohne Schwierigkeiten erschließen. Seine Bedeutung für die Hydromechanik besteht darin, daß er ein Urteil darüber gestattet, wie weitreichend die Deformationen sein können, die sich durch eine stetige Bewegung herstellen lassen. In dieser Hinsicht ist zu beachten, daß ebene Jordansche Kurven außerordentlich mannigfaltige gestaltliche Bilder darbieten können.

4. Masse als eine Bereichfunktion. Mengenfunktionen. Volumen als eine Bereichfunktion. Dichte. Wir gehen von einem beliebigen beschränkten dreidimensionalen Bereich $T + S$ aus, dessen Rand aus einer endlichen Anzahl von Komponenten besteht und integrierbar ist. Der Bereich $T + S$ hat also ein bestimmtes Volumen. Demgegenüber braucht nicht angenommen zu werden, daß jeder Punkt auf S von T aus erreichbar ist.

Es möge $\mathfrak{M}$ irgendein System von Bereichen $T_k + S_k$ $(k = 1, \ldots, n)$ in $T + S$, von denen keine zwei einen inneren Punkt gemeinsam haben, bezeichnen[11]. Insbesondere kann $\mathfrak{M}$ (für $n = 1$) mit $T + S$ selbst identisch sein. Jedem Bereich oder Bereichsystem $\mathfrak{M}$ ordnen wir einen positiven Wert $\mathfrak{m}$ zu, den wir *die Masse der* $\mathfrak{M}$ *erfüllenden Flüssigkeit*, kürzer die *Masse in* $\mathfrak{M}$ bezeichnen. Die Masse ist, wie man sich auszudrücken pflegt, eine „Bereichfunktion"[12] in T. Die Bereichfunktion $\mathfrak{m}$ hat nun die folgenden Eigenschaften:

1. *Besteht die Menge* $\mathfrak{M}$, *wie vorhin, aus der Zusammenfassung* (*Summe*) *von endlichvielen Bereichen* $T_k + S_k$ $(k = 1, \ldots, n)$, *von denen keine zwei einen inneren Punkt gemeinsam haben, und ist* $\mathfrak{m}$ *die Masse in* $\mathfrak{M}$, m_k *die Masse in* T_k, *so ist*

$$\mathfrak{m} = \sum_{k=1}^{n} m_k. \tag{20}$$

Wir sagen, die Masse sei eine „additive Bereichfunktion" in T.

---

[9] Vgl. H. Tietze, Über stetige Abbildungen einer Quadratfläche auf sich selbst, Rendiconti del Circolo Matematico di Palermo **38** (1914), S. **247—304**.

[10] Vgl. bsp. B. v. Kerékjártó, Vorlesungen über Topologie. I. Berlin **1923**, S. **186—189**.

[11] Auch von den Bereichen $T_k + S_k$ wird vorausgesetzt, daß sie ein bestimmtes Volumen haben. Der Rand S_k besteht aus einer endlichen Anzahl von Kontinuen, deren Punkte von T_k aus nicht notwendig erreichbar zu sein brauchen.

[12] Speziell (s. weiter unten) eine „additive, totalstetige Bereichfunktion". Über additive, totalstetige Bereichfunktionen vergleiche man die in der Fußnote [13] angegebene Literatur.

Ist m die Masse in $T + S$, so ist für alle $\mathfrak{M}$ in $T + S$

$$\mathfrak{m} = \sum_{k=1}^{n} m_k \leqq m, \tag{21}$$

wobei das Gleichheitszeichen nur für $\mathfrak{M} = T + S$ gilt.

Der Beweis bietet keinerlei Schwierigkeiten dar. Es möge $\mathfrak{M}$ von $T + S$ verschieden sein. Betrachten wir die Gesamtheit der Punkte von T, die nicht zu $\mathfrak{M}$ gehören. Diese Menge bildet ein oder mehrere integrierbare Gebiete. Fügt man die Ränder hinzu, so erhält man einen oder mehrere Bereiche $\mathfrak{N}$, die übrigens Punkte des Randes gemeinsam haben können. Die in $\mathfrak{N}$ enthaltene Masse sei $\mathfrak{n}$ (> 0). Dann ist

$$\mathfrak{M} + \mathfrak{N} = T + S, \qquad \mathfrak{m} + \mathfrak{n} = m,$$

also

$$\mathfrak{m} < m.$$

Es sei jetzt $T_k + S_k$ ($k = 1, 2, \ldots$) irgendeine Folge von endlich oder (abzählbar) unendlichvielen wie vorhin beschaffenen Bereichen in $T + S$, von denen keine zwei einen inneren Punkt gemeinsam haben, und es sei $\mathfrak{v}_k$ das Volumen von T_k, m_k die Masse in $T_k + S_k$, $\mathfrak{v}$ das Volumen von $T + S$, m die Masse in $T + S$. Offenbar ist für alle n

$$\sum_{k=1}^{n} \mathfrak{v}_k \leqq \mathfrak{v}, \qquad \sum_{k=1}^{n} m_k \leqq m.$$

Ist die betrachtete Folge unendlich, so sind also die unendlichen Reihen $\sum_{k=1}^{\infty} \mathfrak{v}_k$ und $\sum_{k=1}^{\infty} m_k$ (unbedingt) konvergent.

Eine weitere Definitionseigenschaft der Bereichfunktion $\mathfrak{m}$ ist:

2. *Die Masse $\sum m_k$ konvergiert mit $\sum \mathfrak{v}_k$ gleichmäßig gegen Null.*

Einer jeden Zahl $\varepsilon > 0$ läßt sich mithin eine Zahl $\delta(\varepsilon) > 0$ zuordnen, so daß $\delta(\varepsilon) \to 0$ für $\varepsilon \to 0$ und $\sum m_k < \delta(\varepsilon)$ ausfällt, so oft $\sum \mathfrak{v}_k < \varepsilon$ gilt, ganz gleich wie die Bereiche $T_k + S_k$ sonst in $T + S$ gewählt sind. Insbesondere folgt hieraus, daß die Masse eines jeden Bereiches in T mit seinem Volumen zugleich gegen Null konvergiert. Wir sagen, die Masse ist eine „totalstetige" Bereichfunktion.

Der Begriff einer Bereichfunktion ordnet sich dem allgemeinen Begriffe einer „Mengenfunktion" unter, wobei jeder „meßbaren" Punktmenge in T ein Wert, der nicht notwendig positiv zu sein braucht, zugeordnet wird[13]. Wir werden diesen allgemeinen Begriff bei unseren Betrachtungen, die sich im wesentlichen auf stetige Bewegungen beschränken, nicht benötigen. Er könnte indessen bei Behandlung gewisser unstetiger Bewegungsvorgänge, z. B. der Vorgänge der Diffusion, möglicherweise von Nutzen sein[14].

---

[13] Vgl. bsp. A. Rosenthal, Neuere Untersuchungen über Funktionen reeller Veränderlichen, Encyklopädie der mathematischen Wissenschaften II C 9, S. 1009—1011. Dort findet sich auch die einschlägige Literatur angegeben.

[14] Man vergleiche in diesem Zusammenhang die Bemerkungen von É. Borel, Molecular theories and mathematics, The Rice Institute Pamphlets, Vol. I, No. 2 (1915), S. 163—193.

Die beiden vorhin postulierten Eigenschaften der Bereichfunktion „Masse" sind durch eine naheliegende Idealisierung der Eigenschaften des geläufigen anschaulichen Begriffes „Masse" abgeleitet worden. Eine Idealisierung dieser Art ist für eine erfolgreiche mathematische Behandlung physikalischer Probleme unentbehrlich, denn nur scharf umgrenzte Begriffe können Objekte einer mathematischen Analyse bilden. Der mit mathematischer Flüssigkeit erfüllte Bereich $T+S$ ist, wenn es sich um mathematische Bearbeitung eines bestimmten physikalischen Problems handelt, ein idealisiertes Bild eines wirklichen Flüssigkeitskörpers Θ. Jedem einfach gestalteten, bsp. kugelförmigen Bereich $T'+S'$ in $T+S$, dessen Volumen eine gewisse Schranke nicht unterschreitet, kann man einen gewissen Teil Θ' jenes Flüssigkeitskörpers zuordnen. Durch geeignete an Θ' auszuführende Messungen[15] läßt sich die Masse bestimmen, die man $T'+S'$ zuschreiben muß, damit die an $T+S$ errechneten Bewegungen hinreichend genaue Bilder der an Θ beobachteten Bewegungsvorgänge ergeben.

Es sei P irgendein Punkt in $T+S$ und es sei T^d+S^d irgendein Bereich in $T+S$, der P in seinem Innern oder auf dem Rande enthält. Sein Durchmesser heiße d, sein Volumen $\mathfrak{v}_d$. Läßt man d gegen Null konvergieren, so konvergiert auch $\mathfrak{v}_d$ sowie die in T^d+S^d enthaltene Masse m_d gegen Null. Wir nehmen $\frac{\mathfrak{v}_d}{\frac{1}{6}\pi d^3} > l$ an, unter l einen beliebigen echten Bruch verstanden. Wie in der Theorie der „additiven, totalstetigen Mengenfunktionen" bewiesen wird, konvergiert der Quotient $\frac{m_d}{\mathfrak{v}_d}$, wenn man nötigenfalls von einer gewissen Menge von Ausnahmepunkten absieht, ganz gleich wie die Bereiche T^d+S^d sonst beschaffen sein mögen, für $d\to 0$ gegen einen bestimmten (endlichen) Grenzwert. Die Ausnahmepunkte sind in einem gewissen, näher präzisierbaren Sinne in $T+S$, sozusagen, unendlich dünn gesät, und können bei manchen Betrachtungen außer acht gelassen werden. Man sagt, die Ausnahmemenge sei „vom Maße Null". Der Grenzwert

$$\lim_{d\to 0}\frac{m_d}{\mathfrak{v}_d}=\varrho,$$

den man die *Massendichte* im Punkte P nennt, ist in T „fast überall" vorhanden[16]. (Man vergleiche hierzu die Ausführungen auf S. 132—133.)

Wir nehmen nun darüber hinaus ein für allemal an, *daß ϱ eine stetige, allenfalls eine abteilungsweise stetige, augenscheinlich nicht negative Funktion in $T+S$ ist.* Ist ϱ abteilungsweise stetig, so heißt dies,

[15] Durch Wägungen.

[16] Siehe bsp. Ch. de la Vallée Poussin, Intégrales de Lebesgue, fonctions d'ensemble, classes de Baire, Collection de monographies sur la théorie des fonctions publiée sous la direction de M. Émile Borel, Paris 1916, S. 73.

wie wir wissen, daß sich der Bereich $T+S$ in eine endliche Anzahl Bereiche $T_1+S_1, \ldots, T_n+S_n$, die paarweise nur Teile ihres Randes gemeinsam haben, zerlegen läßt, so daß in einem jeden dieser Bereiche $\lim\limits_{d\to 0} \frac{m_d}{\mathfrak{v}_d} = \varrho$ existiert und eine stetige Ortsfunktion darstellt. Bei dem Übergang durch die gemeinsamen Randteile von zwei oder mehr Bereichen T_k+S_k kann ϱ sich sprungweise ändern[17].

Ist m' die in $T'+S'$ enthaltene Masse, so gilt, wie sich zeigen läßt, die Beziehung[18, 19]

$$m' = \int_{T'} \varrho\, d\tau \qquad (d\tau = dx\,dy\,dz). \tag{22}$$

Ist ϱ in T konstant und ist zugleich eine weitere Ortsfunktion in T, nämlich die Temperatur konstant, so nennt man die Flüssigkeit *homogen*, andernfalls ist sie *inhomogen* (heterogen). Eine sprungweise Änderung der Dichte tritt insbesondere ein, wenn die Bereiche $T_1+S_1, \ldots, T_n+S_n$ von *verschiedenen* homogenen, gleich temperierten Flüssigkeiten (ungleicher Dichte) erfüllt sind[19a].

Es sei $T'+S'$ ein beliebiger Bereich in $T+S$, und es möge T_k+S_k $(k=1,2,\ldots)$ irgendeine endliche oder (abzählbar) unendliche Folge von Bereichen, die paarweise keinen inneren Punkt gemeinsam haben, bezeichnen, so daß $\sum\limits_{k=1}^{\infty}(T_k+S_k) = T'$ gilt[20]. Wird mit $\mathfrak{v}'$ das Volumen von $T'+S'$, mit m' die Masse in $T'+S'$ bezeichnet, so konvergiert $m' - \sum\limits_{k=1}^{n} m_k$ für $n\to\infty$ gegen Null, da ja $\mathfrak{v}' - \sum\limits_{k=1}^{n}\mathfrak{v}_k$ gegen Null geht. Also ist

$$m' = \sum_{k=1}^{\infty} m_k. \tag{23}$$

Da sich jeder Bereich durch eine geeignete (abzählbar) unendliche Folge von Bereichen von der Form

$$x_0 - h \leqq x \leqq x_0 + h, \quad y_0 - l \leqq y \leqq y_0 + l, \quad z_0 - k \leqq z \leqq z_0 + k$$

---

17 Hier bildet die Gesamtheit der Sprungstellen der Funktion ϱ eben die vorhin erwähnte Ausnahmemenge vom „Maße Null".

18 Man beachte, daß es gleichgültig ist, ob man die Integration über T' oder $T'+S'$ erstreckt.

19 Vgl. die Ausführungen auf S. 133. Der Beweis bietet keine Schwierigkeiten, wenn bsp. bekannt ist, daß der Grenzübergang $\lim\limits_{d\to 0}\frac{m_d}{\mathfrak{v}_d}$ in jedem Bereiche T_k+S_k gleichmäßig ist.

19a Es handelt sich im Augenblick um inkompressible Flüssigkeiten (S. 135).

20 Es sei daran erinnert, daß $T+S$, $T'+S'$ wie auch alle T_k+S_k als integrierbar vorausgesetzt werden. Durch die Beziehung $\sum\limits_{k=1}^{\infty}(T_k+S_k) = T'$ wird zum Ausdruck gebracht, daß jeder Punkt in T' von einem gewissen n an allen Bereichsystemen $\sum\limits_{k=1}^{n}(T_k+S_k)$ angehört.

(von „Quadern") ausschöpfen läßt, so genügt es, wenn der Wert der Masse zunächst nur für alle Bereiche dieser Art gegeben ist. Die Beziehung (23) ergibt alsdann ihren Wert für alle übrigen Bereiche in T.

Es gibt ferner, wie die allgemeine Theorie der Mengenfunktionen lehrt, eine vollkommen bestimmte additive, totalstetige Mengenfunktion $\mathfrak{m}$, die in allen Bereichen in $T+S$ mit unserer Bereichfunktion „Masse" übereinstimmt[21].

Ein weiterer Hauptsatz der Theorie besagt, daß es eine in $T+S$, außer möglicherweise auf einer Punktmenge vom Lebesgueschen Maße Null erklärte, im Lebesgueschen Sinne integrierbare Funktion ϱ gibt, so daß

$$\mathfrak{m} = \int_E \varrho \, d\tau \tag{24}$$

gesetzt werden kann. In (24) bezeichnet E irgendeine meßbare Punktmenge in $T+S$. Das Integral ist als ein Integral im Lebesgueschen Sinne aufzufassen. Insbesondere erhält man für die in dem Bereiche $T+S$ enthaltene Masse den Ausdruck

$$m = \int_T \varrho \, d\tau \, . \tag{25}$$

Außer höchstens in einer Menge von Punkten vom Maße Null, ist

$$\varrho = \lim_{d \to 0} \frac{m_d}{\mathfrak{v}_d} \, . \tag{26}$$

Es wird dabei, wie vorhin, angenommen, daß $\frac{\mathfrak{v}_d}{\frac{1}{6}\pi d^3} > l$ ist, wo l irgendeinen positiven echten Bruch bezeichnet.

Bisher ist der Vorgang einer stetigen Flüssigkeitsbewegung ausschließlich vom Standpunkte der Analysis Situs aus betrachtet worden. Wir ziehen jetzt den zuletzt eingeführten Begriff der Masse heran.

Es sei $\mathfrak{T}_0 + \mathfrak{S}_0$ irgendein Bereich in $T_0 + S_0$ und es sei $\mathfrak{T} + \mathfrak{S}$ der ihm zur Zeit t entsprechende Bereich. Wenn es sich um Flüssigkeitsbewegungen handelt, so betrachten wir, wie bereits wiederholt bemerkt, in der Regel nur integrierbare Bereiche, deren alle Randkomponenten von innen aus erreichbar sind. Dies soll insbesondere für $\mathfrak{T}_0 + \mathfrak{S}_0$ und $\mathfrak{T} + \mathfrak{S}$ gelten. Die Erreichbarkeitsbedingung ist für $\mathfrak{T} + \mathfrak{S}$ erfüllt, sofern sie für $\mathfrak{T}_0 + \mathfrak{S}_0$ erfüllt ist (vgl. S. 121). Aus der Existenz eines bestimmten Volumens des Bereiches $\mathfrak{T}_0 + \mathfrak{S}_0$ folgt indessen im allgemeinen nicht, daß auch $\mathfrak{T} + \mathfrak{S}$ ein Volumen hat. Unsere Forderung bedeutet also eine der Abbildung (1) auferlegte Bedingung. Sie ist u. a. erfüllt, wie wir weiter unten (S. 136ff.) sehen werden, wenn x, y, z stetige partielle Ableitungen in bezug auf a, b, c haben.

Wir fassen jetzt $T_0 + S_0$ als die Anfangslage (Lage zur Zeit t_0) der Flüssigkeit auf, nehmen an, daß die Verteilung der Masse und Dichte zur Zeit t_0 bekannt ist, und ordnen $\mathfrak{T} + \mathfrak{S}$ dieselbe Masse zu, die $\mathfrak{T}_0 + \mathfrak{S}_0$ zur Zeit t_0 erfüllte, etwa

$$\mathfrak{m} = \mathfrak{m}_0 \, . \tag{27}$$

---

[21] Man vergleiche bsp. de la Vallée Poussin, loc. cit.[16] passim; J. Radon, Theorie und Anwendungen der absolut additiven Mengenfunktionen, Sitzungsberichte der Akademie der Wissenschaften zu Wien **122** (1913), S. 1295—1438.

Diese Festsetzung stellt einen mathematischen Ausdruck für die Erfahrungstatsache der *Invarianz der Masse* dar[22].

Es sei ϱ_0 die Dichte der Flüssigkeit im Punkte (a, b, c). Nach Voraussetzung ist ϱ_0 eine in $T_0 + S_0$ stetige, allenfalls abteilungsweise stetige, nicht negative Funktion. Für die in $\mathfrak{T}_0 + \mathfrak{S}_0$ und damit auch in $\mathfrak{T} + \mathfrak{S}$ enthaltene Masse $\mathfrak{m}_0 = \mathfrak{m}$ gilt, wie sich ohne Mühe zeigen läßt, die Darstellung

$$\mathfrak{m}_0 = \int_{\mathfrak{T}_0} \varrho_0 \, d\tau_0 \qquad (d\tau_0 = da\,db\,dc). \tag{28}$$

Es sei $\mathfrak{v}_0$ das Volumen des Bereiches $\mathfrak{T}_0 + \mathfrak{S}_0$, $\mathfrak{v}$ dasjenige seines Bildes $\mathfrak{T} + \mathfrak{S}$. Die Erfahrung legt die Annahme nahe, daß das Verhältnis $\frac{\mathfrak{v}}{\mathfrak{v}_0}$ für alle $\mathfrak{T}_0 + \mathfrak{S}_0$ in $T_0 + S_0$ und alle t in $\langle t_0, t_1\rangle$ zwischen zwei Schranken $\delta^{(1)} > 0$ und $\delta^{(2)} > \delta^{(1)}$ eingeschlossen bleibt,

$$0 < \delta^{(1)} < \frac{\mathfrak{v}}{\mathfrak{v}_0} < \delta^{(2)}. \tag{29}$$

Auch das Volumen $\mathfrak{v}$ ist eine additive, totalstetige Bereichfunktion in $T_0 + S_0$. Die Bereichfunktion $\mathfrak{v}$ besitzt wegen (29) in der Tat die zu 1. und 2. analogen Eigenschaften.

Es sei P_0 irgendein Punkt in $T_0 + S_0$, und es möge $T_0^d + S_0^d$ irgendeinen Bereich in $T_0 + S_0$, der P_0 enthält, bezeichnen. Sein Durchmesser heiße d, sein Volumen $\mathfrak{v}_0^d$. Wir nehmen

$$\frac{\mathfrak{v}_0^d}{\frac{1}{6}\pi d^3} > l, \tag{30}$$

unter l einen beliebigen echten Bruch verstanden, an. Es sei P das Bild von P_0 zur Zeit t, es seien weiter $T^d + S^d$ das Bild von $T_0^d + S_0^d$ und $\mathfrak{v}^d$ das Volumen von $T^d + S^d$. Wie aus der Theorie der additiven, totalstetigen Mengenfunktionen hervorgeht, konvergiert der Quotient $\frac{\mathfrak{v}^d}{\mathfrak{v}_0^d}$, wenn man nötigenfalls von einer gewissen Menge von Ausnahmepunkten „vom Maße Null" absieht, ganz gleich wie die Bereiche $T_0^d + S_0^d$ der Bedingung (30) gemäß beschaffen sein mögen, für $d \to 0$ gegen einen bestimmten endlichen Grenzwert[23]. Offenbar ist wegen (29)

$$0 < \delta^{(1)} \leqq \lim_{d\to 0} \frac{\mathfrak{v}^d}{\mathfrak{v}_0^d} \leqq \delta^{(2)}. \tag{31}$$

---

[22] Es handelt sich im vorliegenden Falle um eine Beschreibung von Bewegungsvorgängen, bei denen eine merkliche Verdampfung nicht stattfindet.

[23] Man vergleiche die Ausführungen auf S. 131 u. 133.

5. Volumdilatation. Inkompressible Flüssigkeiten. Haben die Funktionen $x(a, b, c, t)$, $y(a, b, c, t)$, $z(a, b, c, t)$ in $T_0 + S_0$ für alle t in $\langle t_0, t_1\rangle$ stetige partielle Ableitungen in bezug auf a, b, c, so ist, wie wir weiter unten zeigen werden, der Grenzwert (31) für alle t in $\langle t_0, t_1\rangle$ und *alle* (a, b, c) in $T_0 + S_0$ ohne Ausnahme vorhanden und in bezug auf a, b, c stetig. Wir setzen

$$\lim \frac{\mathfrak{v}^d}{\mathfrak{v}_0^d} = \delta \tag{32}$$

und nennen die Differenz $\delta - 1$ die *Volumdilatation des Massenteilchens* P_0 *zur Zeit* t. Nach (31) ist

$$0 < \delta^{(1)} \leqq \delta \leqq \delta^{(2)}. \tag{33}$$

Wie schon einmal bemerkt, handelt es sich bei den durch die Gleichungen (1) und (27) (Invarianz der Masse) erklärten Bewegungen um idealisierte Bilder solcher Bewegungsvorgänge physikalischer Flüssigkeiten, in deren Verlauf eine merkliche Verdampfung nicht stattfindet. Die Erfahrung lehrt, daß es eine umfangreiche Klasse physikalischer Flüssigkeiten gibt, bei denen in den meisten Fällen auch das Volumen mit hinreichender Annäherung als invariant aufgefaßt werden kann. Dementsprechend führt die Hydromechanik den Begriff einer *unzusammendrückbaren* oder *inkompressiblen* Flüssigkeit durch die Festsetzung

$$\mathfrak{v} = \mathfrak{v}_0, \quad \text{darum} \quad \delta = 1 \tag{34}$$

ein[24]. Nach dem vorhin Ausgeführten haben wir zwischen homogenen und inhomogenen unzusammendrückbaren Flüssigkeiten zu unterscheiden. Die Unterscheidung zwischen reibungslosen und zähen Flüssigkeiten kommt an dieser Stelle, wo es sich um eine rein kinematische Betrachtungsweise handelt, noch nicht in Betracht.

Es möge jetzt die $T_0 + S_0$ erfüllende Flüssigkeit unzusammendrückbar sein. Es sei ϱ_0 die Dichte im Punkte P_0 in $T_0 + S_0$. Wie in **4.** wiederholt erwähnt, werden wir ϱ_0 stets als eine stetige, allenfalls abteilungsweise stetige Ortsfunktion in $T_0 + S_0$ voraussetzen. Es sei $\mathfrak{v}_0$ das Volumen irgendeines Bereiches $\mathfrak{T}_0 + S_0$, der P_0 in seinem Innern enthält, $\mathfrak{v}$ das Volumen des zugehörigen Bereiches $\mathfrak{T} + \mathfrak{S}$ zur Zeit t; $\mathfrak{T} + \mathfrak{S}$ enthält das Bild P des Punktes P_0 in seinem Innern und ist von all den Flüssigkeitsteilchen erfüllt, die zur Zeit t_0 den Bereich $\mathfrak{T}_0 + \mathfrak{S}_0$ erfüllten. Sind $\mathfrak{m}_0$ und $\mathfrak{m}$ die zugehörigen Massen, so gilt jetzt

$$\mathfrak{v} = \mathfrak{v}_0, \qquad \mathfrak{m} = \mathfrak{m}_0, \tag{35}$$

[24] Diese Auffassung kommt nur bei Beschreibung von Bewegungsvorgängen in Betracht, bei denen sich die Temperatur nicht merklich ändert. (Man vergleiche hierzu die Ausführungen auf S. 308.) Sie ist auch sonst nicht immer zulässig, so zum Beispiel in der Theorie der Piëzometerversuche, bei denen es sich gerade um die Bestimmung der Zusammendrückbarkeit tropfbarer Flüssigkeiten handelt.

darum, wenn man $\mathfrak{T}_0 + \mathfrak{S}_0$ gegen P_0, mithin auch $\mathfrak{T} + \mathfrak{S}$ gegen P konvergieren läßt,

$$\varrho = \varrho_0. \tag{36}$$

Auch die Dichte bleibt demnach invariant. Wir können diese Eigenschaft wie folgt anschaulich, wenn auch weniger präzis ausdrücken: *die Dichte haftet am Massenelement.*

Ein Gegenstück zu den inkompressiblen Flüssigkeiten bilden die Gase. Hier kann sich das Verhältnis $\frac{\mathfrak{v}}{\mathfrak{v}_0}$ mit der Zeit merklich, ja sehr stark ändern.

Wir kehren nach diesen allgemeinen Erläuterungen zur Betrachtung der durch die Gleichungen (1) und (27) definierten Bewegung zurück.

6. Grundlegende kinematische Festsetzungen. Was die für alle (a, b, c) in $T_0 + S_0$ und alle t in $\langle t_0, t_1\rangle$ erklärten Funktionen (1) betrifft, so ist hierüber bis jetzt folgendes vorausgesetzt worden. I. Die Funktionen (1) sind in dem vierdimensionalen Bereiche $\{T_0 + S_0; \langle t_0, t_1\rangle\}$ stetig. II. Sie vermitteln für jedes t in $\langle t_0, t_1\rangle$ eine umkehrbar eindeutige (und stetige) Abbildung, die für $t = t_0$ in die identische Abbildung übergeht. III. Das Bild eines jeden integrierbaren Bereiches in $T_0 + S_0$ hat ein bestimmtes Volumen im Sinne von Peano und Jordan, ist also ein integrierbarer Bereich. IV. Das Verhältnis zusammengehöriger Volumina liegt zwischen zwei positiven Schranken,

$$0 < \delta^{(1)} < \frac{\mathfrak{v}}{\mathfrak{v}_0} < \delta^{(2)}. \tag{37}$$

Wie wir schon wissen, ist „fast überall" ein bestimmter Wert der Volumdilatation

$$\delta - 1 = \lim \frac{\mathfrak{v}^d}{\mathfrak{v}_0^d} - 1$$

vorhanden.

Wir machen jetzt die weitere Annahme V., daß für jeden Wert t in $\langle t_0, t_1\rangle$ die partiellen Ableitungen

$$\frac{\partial x}{\partial a}, \frac{\partial x}{\partial b}, \ldots, \frac{\partial z}{\partial c} \tag{38}$$

vorhanden und, als Funktionen von a, b, c aufgefaßt, stetig sind. Handelt es sich um die Beschreibung von „ruhig", ohne „Turbulenz" verlaufenden Bewegungen, so kann die vorstehende Bedingung, oder doch die allgemeinere Voraussetzung, daß die partiellen Ableitungen (38) in $T_0 + S_0$ abteilungsweise stetig sind, unbedenklich eingeführt werden, ohne daß hieraus eine wesentliche Einschränkung der Tragweite unserer Betrachtungen resultiert. Wir gewinnen so die Möglichkeit, manche unserer früheren Aussagen in eine handliche mathematische Form zu kleiden. Wir nehmen ferner an, daß $T_0 + S_0$ ein Bereich der Klasse A

ist. Es wird sich alsbald zeigen, daß dann auch $T + S$ der Klasse A angehört. Den Ergebnissen auf S. 14—15 gemäß genügt es, zu beweisen, daß die Funktionaldeterminante

$$\begin{vmatrix} \frac{\partial x}{\partial a} & \frac{\partial y}{\partial a} & \frac{\partial z}{\partial a} \\ \frac{\partial x}{\partial b} & \frac{\partial y}{\partial b} & \frac{\partial z}{\partial b} \\ \frac{\partial x}{\partial c} & \frac{\partial y}{\partial c} & \frac{\partial z}{\partial c} \end{vmatrix} = \frac{\partial(x, y, z)}{\partial(a, b, c)}$$

im Innern und auf dem Rande von T größer als Null ist,

$$\frac{\partial(x, y, z)}{\partial(a, b, c)} \geqq q > 0.$$

Dies wollen wir jetzt vor allem zeigen.

Es sei $P_0(a, b, c)$ ein Punkt im Innern von T_0, es sei weiter $\mathfrak{S}_0$ ein Würfel, dessen Kanten den Koordinatenachsen parallel sind und von dem ein Eckpunkt in P_0 liegt. Die Kantenlänge, h, nehmen wir so klein an, daß der ganze Würfel im Innern von T_0 Platz findet. Das Volumen des von $\mathfrak{S}_0$ begrenzten Bereiches $\mathfrak{T}_0 + \mathfrak{S}_0$ ist h^3. Wir beweisen, daß das Volumen des Bildbereiches $\mathfrak{T} + \mathfrak{S}$ von $\mathfrak{T}_0 + \mathfrak{S}_0$ den Wert

$$h^3 \frac{\partial(x, y, z)}{\partial(a, b, c)} + o(h^3) \tag{39}$$

hat.

Die Endpunkte der von P_0 ausgehenden Kanten des Würfels sind $(a + h, b, c)$, $(a, b + h, c)$, $(a, b, c + h)$; die ihnen in T entsprechenden Punkte sind

$$\begin{array}{lll} x + \frac{\partial x}{\partial a} h + o(h), & y + \frac{\partial y}{\partial a} h + o(h), & z + \frac{\partial z}{\partial a} h + o(h), \\ x + \frac{\partial x}{\partial b} h + o(h), & y + \frac{\partial y}{\partial b} h + o(h), & z + \frac{\partial z}{\partial b} h + o(h), \\ x + \frac{\partial x}{\partial c} h + o(h), & y + \frac{\partial y}{\partial c} h + o(h), & z + \frac{\partial z}{\partial c} h + o(h). \end{array} \tag{40}$$

Dem Punkte $(a + k,\ b + l,\ c)$ $(0 \leqq k,\ l \leqq h)$ auf einer der in P_0 zusammenstoßenden Seiten des Würfels entspricht der Punkt[25]

$$\begin{array}{ll} x + \frac{\partial x}{\partial a} k + \frac{\partial x}{\partial b} l + o(\mathfrak{r}), & y + \frac{\partial y}{\partial a} k + \frac{\partial y}{\partial b} l + o(\mathfrak{r}), \\ z + \frac{\partial z}{\partial a} k + \frac{\partial z}{\partial b} l + o(\mathfrak{r}) & (\mathfrak{r}^2 = k^2 + l^2) \end{array} \tag{41}$$

auf $\mathfrak{S}$. Analoge Formeln gelten für die Bilder der fünf anderen Seiten des Würfels. Betrachten wir das Parallelepiped Π_*, dessen ein Eck-

[25] Die Formeln (41) bringen den Satz vom vollständigen Differential zum Ausdruck.

punkt in P liegt und dessen daselbst zusammenlaufende Kanten die Punkte

$$(42)\qquad \begin{array}{lll} x+\frac{\partial x}{\partial a}h, & y+\frac{\partial y}{\partial a}h, & z+\frac{\partial z}{\partial a}h, \\ x+\frac{\partial x}{\partial b}h, & y+\frac{\partial y}{\partial b}h, & z+\frac{\partial z}{\partial b}h, \\ x+\frac{\partial x}{\partial c}h, & y+\frac{\partial y}{\partial c}h, & z+\frac{\partial z}{\partial c}h \end{array}$$

zu Endpunkten haben.

Es ist leicht einzusehen, daß es sich hierbei um ein wirkliches Parallelepiped handelt, d. h. daß der Punkt (x, y, z) und die drei Punkte (42) nicht in einer Ebene liegen. Es möge im Gegensatz hierzu Π_* die Fläche eines ebenen „Sechsseits“ darstellen. Es sei $\mathfrak{f}$ sein Flächeninhalt, $\mathfrak{p}$ sein Umfang, Θ das (dreidimensionale) Gebiet, das aus Punkten besteht, die von irgendeinem Punkte von Π_* höchstens den Abstand $h\varepsilon$ haben, unter $\varepsilon > 0$ eine beliebig kleine Zahl verstanden. Das Volumen von Θ ist, wie man leicht sieht, gewiß kleiner als

$$2(\mathfrak{f}+\varepsilon\mathfrak{p}h+6\pi\varepsilon^2h^2)\varepsilon h.$$

Da die Restglieder in (40) und (41) die Form $o(h)$ haben, so liegt für alle hinreichend kleinen h der Bereich $\mathfrak{T}+\mathfrak{S}$ ganz im Innern von Θ. Also ist

$$\mathfrak{v} < 2(\mathfrak{f}+\varepsilon\mathfrak{p}h+6\pi\varepsilon^2h^2)\varepsilon h.$$

Augenscheinlich ist

$$\mathfrak{f} < \alpha_1 h^2, \qquad \mathfrak{p} < \alpha_2 h \qquad (\alpha_1, \alpha_2 \text{ konstant}),$$

darum

$$\frac{\mathfrak{v}}{h^3} < 2(\alpha_1+\varepsilon\alpha_2+6\pi\varepsilon^2)\varepsilon, \qquad \overline{\lim}\,\frac{\mathfrak{v}}{h^3} \leqq 2(\alpha_1+\varepsilon\alpha_2+6\pi\varepsilon^2)\varepsilon.$$

Da nun ε beliebig klein angenommen werden kann, so steht diese Beziehung mit der Voraussetzung IV. in Widerspruch. Also ist Π_* in der Tat ein wirkliches Parallelepiped. Für sein Volumen $\mathfrak{v}_*$ erhalten wir nach bekannten Formeln der analytischen Geometrie den Ausdruck

$$(43)\qquad \mathfrak{v}_* = h^3\left|\frac{\partial(x, y, z)}{\partial(a, b, c)}\right|.$$

Also ist in jedem Punkte (a, b, c) im Innern von T

$$(44)\qquad \frac{\partial(x, y, z)}{\partial(a, b, c)} \neq 0.$$

Liegt P_0 auf S_0, so bedürfen die vorstehenden Betrachtungen einer kleinen Modifikation. Man wird jetzt den Würfel so orientieren, daß

[25a] Liegen alle Eckpunkte von Π_* in einer Ebene $\mathfrak{E}$, so ist Π_* augenscheinscheinlich nichts anderes als ein von einem Sechsseit begrenztes doppelt bedeckt zu denkendes Stück von $\mathfrak{E}$.

die von P_0 ausgehende Hauptdiagonale in die Normale zu S_0 hineinfällt. Für hinreichend kleine h liegt der Würfel gewiß in $T_0 + S_0$. Nunmehr führen wir vorübergehend ein Achsenkreuz parallel zu den Würfelkanten ein. Die neuen Koordinaten mögen $(\bar{a}, \bar{b}, \bar{c})$ und $(\bar{x}, \bar{y}, \bar{z})$ heißen. Wie vorhin finden wir

$$\frac{\partial(\bar{x}, \bar{y}, \bar{z})}{\partial(\bar{a}, \bar{b}, \bar{c})} \neq 0. \tag{45}$$

Nach bekannten Sätzen ist aber[26]

$$\frac{\partial(\bar{x}, \bar{y}, \bar{z})}{\partial(\bar{a}, \bar{b}, \bar{c})} = \frac{\partial(\bar{x}, \bar{y}, \bar{z})}{\partial(x, y, z)} \cdot \frac{\partial(x, y, z)}{\partial(a, b, c)} \cdot \frac{\partial(a, b, c)}{\partial(\bar{a}, \bar{b}, \bar{c})}, \tag{46}$$

und, da es sich bei einer Drehung des Achsenkreuzes um eine orthogonale, den Umlaufssinn erhaltende Transformation handelt,

$$\frac{\partial(\bar{x}\ \bar{y}, \bar{z})}{\partial(x, y, z)} = 1, \qquad \frac{\partial(a, b, c)}{\partial(\bar{a}, \bar{b}, \bar{c})} = 1. \tag{47}$$

Aus (45), (46) und (47) folgt, wie behauptet, wieder

$$\frac{\partial(x, y, z)}{\partial(a, b, c)} \neq 0. \tag{48}$$

Aus Gründen der Stetigkeit hat die Determinante (48) in $T_0 + S_0$ ein positives Minimum q,

$$\frac{\partial(x, y, z)}{\partial(a, b, c)} \geqq q > 0. \tag{49}$$

In der Tat ist $\frac{\partial(x, y, z)}{\partial(a, b, c)}$ bei festgehaltenen a, b, c, als Funktion von t aufgefaßt, stetig. Für $t = t_0$ ist ferner $\frac{\partial(x, y, z)}{\partial(a, b, c)} = 1$. Da nun der Ausdruck $\frac{\partial(x, y, z)}{\partial(a, b, c)}$ nach (48) nicht verschwinden kann, so ist er tatsächlich dauernd positiv.

Wir führen nunmehr die beiden Parallelepipede Π' und Π'' ein, die aus Π_* durch eine Ähnlichkeitstransformation mit dem Mittelpunkt von Π_* als Ähnlichkeitszentrum und dem Ähnlichkeitsverhältnis $1 \pm \varepsilon$ $(0 < \varepsilon < 1)$ gewonnen werden können. Da die Restglieder in (40) und (41) von der Form $o(h)$ sind, so läßt sich, wie klein auch ε sei, h so klein wählen, daß $\mathfrak{S}$ in dem von Π' und Π'' begrenzten schalenförmigen Gebiete liegt. Das Volumen $\mathfrak{v}$ von $\mathfrak{T} + \mathfrak{S}$ ist offenbar größer als das Volumen $\mathfrak{v}''$ des von Π'' begrenzten Bereiches, jedoch kleiner als das Volumen $\mathfrak{v}'$ des beschränkten Bereiches, der Π' zum Rande hat,

$$\mathfrak{v}' < \mathfrak{v} < \mathfrak{v}''. \tag{50}$$

---

[26] Man vergleiche bsp. G. Kowalewski, Einführung in die Determinantentheorie einschließlich der Fredholmschen Determinanten. Zweite Auflage, Berlin 1925, S. 207—208.

Es ist nun weiter

$$\mathfrak{v}' = (1-\varepsilon)^3 \mathfrak{v}_*, \qquad \mathfrak{v}'' = (1+\varepsilon)^3 \mathfrak{v}_*, \tag{51}$$

unter $\mathfrak{v}_*$ wie auf S. 138 das Volumen des zu Π_* gehörenden endlichen Bereiches verstanden. Aus (51) und (43) folgt jetzt zunächst

$$\frac{1}{h^3}\,|\,\mathfrak{v} - \mathfrak{v}_*\,| < \alpha_3\,\varepsilon \qquad (\alpha_3 \text{ konstant}).$$

Also ist $\lim\limits_{h=0} \frac{\mathfrak{v}}{h^3}$ vorhanden, und es ist

$$\left|\lim_{h=0} \frac{\mathfrak{v}}{h^3} - \frac{\partial(x,y,z)}{\partial(a,b,c)}\right| \leqq \alpha_3\,\varepsilon.$$

Da diese Beziehung für alle hinreichend kleinen $\varepsilon > 0$ gelten soll, so ist

$$\lim_{h=0} \frac{\mathfrak{v}}{h^3} = \frac{\partial(x,y,z)}{\partial(a,b,c)}. \tag{52}$$

Wegen (37) ergibt sich jetzt

$$0 < \delta^{(1)} \leqq \frac{\partial(x,y,z)}{\partial(a,b,c)} \leqq \delta^{(2)}.$$

Wir haben vorhin die Funktionen (1) den auf S. 136 zusammengestellten Forderungen I. bis V. unterworfen und gefunden, daß aus diesen die Ungleichheit

$$\text{VI.:} \qquad \frac{\partial(x,y,z)}{\partial(a,b,c)} \geqq q > 0.$$

hervorgeht.

Wir wollen jetzt zusehen, was sich aus den Aussagen I., V. und VI. erschließen läßt. Können nicht vielleicht II., III. und IV. als einfache Folgerungen der Aussagen I., V. und VI. aufgefaßt werden?

7. Fortsetzung. Wir bringen vor allem den folgenden Satz über implizite Funktionen in Erinnerung[27]:

Es seien

$$\Phi_k(a,b,c;\,x,y,z) \qquad (k = 1, 2, 3)$$

drei Funktionen, die in einer Umgebung des Wertsystems, kürzer des Punktes $(\bar{a},\bar{b},\bar{c};\,\bar{x},\bar{y},\bar{z})$ stetig sind, stetige partielle Ableitungen erster Ordnung haben und in diesem Punkte verschwinden. Ist die Funktionaldeterminante $\frac{\partial(\Phi_1,\Phi_2,\Phi_3)}{\partial(a,b,c)}$ in $(\bar{a},\bar{b},\bar{c};\,\bar{x},\bar{y},\bar{z})$, und darum auch in einer Umgebung dieses Punktes, von Null verschieden, so haben die Gleichungen

$$\Phi_k(a,b,c;\,x,y,z) = 0 \qquad (k = 1, 2, 3) \tag{53}$$

für alle (x,y,z) in einer gewissen Umgebung des Punktes $(\bar{x},\bar{y},\bar{z})$ ein und nur ein System von Lösungen,

$$a = A(x,y,z), \qquad b = B(x,y,z), \qquad c = C(x,y,z). \tag{54}$$

[27] Man vergleiche bsp. C. Jordan, loc. cit.[4] S. 80—85.

Die Funktionen A, B, C sind stetig und haben stetige partielle Ableitungen erster Ordnung. Es gelten die Formeln

$$(55)\quad \begin{aligned} &\Delta \frac{\partial a}{\partial x} = -\frac{\partial(\Phi_1, \Phi_2, \Phi_3)}{\partial(x, b, c)}, \quad \Delta \frac{\partial a}{\partial y} = -\frac{\partial(\Phi_1, \Phi_2, \Phi_3)}{\partial(y, b, c)}, \ \ldots, \\ &\Delta \frac{\partial c}{\partial z} = -\frac{\partial(\Phi_1, \Phi_2, \Phi_3)}{\partial(a, b, z)}; \qquad \Delta = \frac{\partial(\Phi_1, \Phi_2, \Phi_3)}{\partial(a, b, c)}. \end{aligned}$$

Wir wenden den vorstehenden Satz auf die Gleichungen

$$(56)\quad \begin{aligned} &\Phi_1 \equiv x - x(a, b, c, t) = 0, \qquad \Phi_2 \equiv y - y(a, b, c, t) = 0, \\ &\Phi_3 \equiv z - z(a, b, c, t) = 0, \end{aligned}$$

in denen t diesmal nur die Rolle eines Parameters spielt, an. Jetzt ist

$$\frac{\partial \Phi_1}{\partial a} = -\frac{\partial x}{\partial a}, \quad \frac{\partial \Phi_1}{\partial b} = -\frac{\partial x}{\partial b}, \quad \ldots, \quad \frac{\partial \Phi_3}{\partial c} = -\frac{\partial z}{\partial c},$$

demnach

$$(57)\qquad \Delta = \frac{\partial(\Phi_1, \Phi_2, \Phi_3)}{\partial(a, b, c)} = -\frac{\partial(x, y, z)}{\partial(a, b, c)} \neq 0.$$

Wir finden darum zunächst, daß es in der Umgebung eines jeden Punktes im Innern von T ein ganz bestimmtes System zu (1) inverser Funktionen

$$(58)\qquad a = a(x, y, z, t), \qquad b = b(x, y, z, t), \qquad c = c(x, y, z, t)$$

gibt, die stetige partielle Ableitungen erster Ordnung in bezug auf x, y und z haben. Aus (55) folgt nunmehr leicht, da jetzt bsp.

$$(59)\qquad \frac{\partial \Phi_1}{\partial x} = 1, \qquad \frac{\partial \Phi_2}{\partial x} = \frac{\partial \Phi_3}{\partial x} = 0$$

ist, mit

$$(60)\qquad D = \frac{\partial(x, y, z)}{\partial(a, b, c)} = \begin{vmatrix} \frac{\partial x}{\partial a} & \frac{\partial x}{\partial b} & \frac{\partial x}{\partial c} \\ \frac{\partial y}{\partial a} & \frac{\partial y}{\partial b} & \frac{\partial y}{\partial c} \\ \frac{\partial z}{\partial a} & \frac{\partial z}{\partial b} & \frac{\partial z}{\partial c} \end{vmatrix}$$

einfach

$$(61)\qquad D\frac{\partial a}{\partial x} = \frac{\partial(y, z)}{\partial(b, c)}, \quad \ldots, \quad D\frac{\partial c}{\partial z} = \frac{\partial(x, y)}{\partial(a, b)}.$$

Wird mit D_{ik} das algebraische Komplement des in der i-ten Zeile und der k-ten Spalte befindlichen Elementes der Determinante D bezeichnet, so läßt sich für (61) auch einfacher schreiben

$$(62)\quad D\frac{\partial a}{\partial x} = D_{11}, \quad D\frac{\partial a}{\partial y} = D_{21}, \quad D\frac{\partial a}{\partial z} = D_{31}, \quad \ldots, \quad D\frac{\partial c}{\partial z} = D_{33}.$$

Wie sich zeigen läßt, gelten die vorstehenden Aussagen unverändert[28] auch noch für Punkte auf S_0. Die durch die Gleichungen (1) und (58) vermittelte Abbildung ist umkehrbar eindeutig (und stetig) „im kleinen". Sie braucht darum nicht notwendigerweise in dem ganzen Bereiche $T_0 + S_0$, „im großen" umkehrbar eindeutig zu sein. Als Beispiel möge die durch die Gleichungen

$$x = a^2 - b^2, \quad y = 2ab, \quad z = c \tag{63}$$

erklärte Abbildung dienen. Hier ist für $a^2 + b^2 > 0$ gewiß

$$\frac{\partial(x, y, z)}{\partial(a, b, c)} = 4(a^2 + b^2) > 0.$$

Die Abbildung ist darum in jedem hinreichend kleinen, Punkte der z-Achse nicht enthaltenden Bereiche gewiß umkehrbar eindeutig (und stetig). Trotzdem ist sie nicht „im großen" umkehrbar eindeutig, da sie, wie sich ohne Mühe zeigen läßt, jeder Kreislinie $a^2 + b^2 = r^2$, $c = c^*$ (r, c^* konstant) die zweimal durchlaufene Kreislinie $x^2 + y^2 = r^4$, $z = c^*$ entsprechen läßt.

Besteht die Begrenzung von T_0 aus einer einzigen Jordanschen Fläche S_0 vom Kugeltypus und läßt (1) dieser wieder eine Jordansche Fläche S vom gleichen topologischen Typus entsprechen, so folgt freilich nach einem Satze von Carathéodory und Rademacher, daß die Abbildung auch im großen umkehrbar eindeutig ist[29].

Da sich aus I., V. und VI. die Aussage II. nicht vollständig erschließen läßt, *so nehmen wir diese als eine besondere Voraussetzung an und legen unseren weiteren Betrachtungen endgültig das System der Voraussetzungen* I., II., V. *und* VI. *zugrunde.* Die Tatsachen III. und IV. sind, wie wir sogleich sehen werden, unmittelbare Folgen jener Annahmen.

8. Grundlegende Formeln. Verschiedene Formen der Kontinuitätsgleichung. Eulersche und Lagrangesche Variablen. Aus (62) folgt unmittelbar, daß die partiellen Ableitungen $\frac{\partial a}{\partial x}, \ldots, \frac{\partial c}{\partial z}$ auch noch auf S, mithin in dem ganzen Bereich $T + S$ stetig sind. Wie sich ohne Schwierigkeiten verifizieren läßt, ist

$$\frac{\partial(a, b, c)}{\partial(x, y, z)} = \frac{1}{\dfrac{\partial(x, y, z)}{\partial(a, b, c)}}. \tag{64}$$

---

[28] Wie sich zeigen läßt, lassen sich die Funktionen (1) gewiß für jeden Wert von t in $\langle t_0, t_1 \rangle$ derart über ein Stück von S_0 hinaus fortsetzen, daß sie in dem erweiterten Gebiet nebst ihren partiellen Ableitungen erster Ordnung in bezug auf die Ortsvariablen stetig sind. Vgl. L. Lichtenstein, Eine elementare Bemerkung zur reellen Analysis. Math. Zeitschr. **30** (1929).

[29] Vgl. C. Carathéodory und H. Rademacher, Über die Eineindeutigkeit im Kleinen und im Großen stetiger Abbildungen von Gebieten, Arch. d. Math. u. Phys. (3) **26** (1917), S. 1—9. An der bezeichneten Stelle handelt es sich um zweidimensionale Bereiche.

Es sei $\overline{P}_0(\overline{a}, \overline{b}, \overline{c})$ ein Punkt in $T_0 + S_0$ und es sei $\mathfrak{T}_0 + \mathfrak{S}_0$ irgendein Bereich der Klasse A[29a] in $T_0 + S_0$, der $\overline{P}_0$ in seinem Innern oder auf dem Rande enthält. Sein Durchmesser heiße d. Das Volumen $\mathfrak{v}_0$ von $\mathfrak{T}_0 + \mathfrak{S}_0$ ist

$$\mathfrak{v}_0 = \int\limits_{\mathfrak{T}_0} d\tau_0 \qquad (d\tau_0 = da\,db\,dc). \tag{65}$$

Wie sich nun durch eine naheliegende weitere Ausgestaltung der vorhin (S. 137ff.) durchgeführten Betrachtungen zeigen läßt, hat der $\mathfrak{T}_0 + \mathfrak{S}_0$ entsprechende Bereich $\mathfrak{T} + \mathfrak{S}$, der, wie wir wissen, gleichfalls der Klasse A angehört, ein bestimmtes Volumen $\mathfrak{v}$, und es gilt

$$\mathfrak{v} = \int\limits_{\mathfrak{T}} d\tau = \int\limits_{\mathfrak{T}_0} \frac{\partial(x, y, z)}{\partial(a, b, c)} d\tau_0 \qquad (d\tau = dx\,dy\,dz). \tag{66}$$

Es sei $f(x, y, z)$ irgendeine in $T + S$ erklärte stetige, allenfalls abteilungsweise stetige Funktion. Auch als Ortsfunktion in $T_0 + S_0$ aufgefaßt, ist f stetig, allenfalls abteilungsweise stetig. Wir setzen etwa

$$f(x, y, z) = f_*(a, b, c). \tag{67}$$

Es gelten dann, wie sich auf dem gleichen Wege zeigen ließe, die Transformationsformeln[30]

$$\int\limits_{\mathfrak{T}} f(x, y, z)\,d\tau = \int\limits_{\mathfrak{T}_0} f(x, y, z) \frac{\partial(x, y, z)}{\partial(a, b, c)} d\tau_0 = \int\limits_{\mathfrak{T}_0} f_*(a, b, c) \frac{\partial(x, y, z)}{\partial(a, b, c)} d\tau_0 \tag{68}$$

und

$$\int\limits_{\mathfrak{T}_0} f_*(a, b, c)\,d\tau_0 = \int\limits_{\mathfrak{T}} f_*(a, b, c) \frac{\partial(a, b, c)}{\partial(x, y, z)} d\tau = \int\limits_{\mathfrak{T}} f(x, y, z) \frac{\partial(a, b, c)}{\partial(x, y, z)} d\tau. \tag{69}$$

Aus (66) folgt, wie sich leicht zeigen läßt,

$$\lim_{d \to 0} \frac{\mathfrak{v}}{\mathfrak{v}_0} = \frac{\partial(\overline{x}, \overline{y}, \overline{z})}{\partial(\overline{a}, \overline{b}, \overline{c})}. \tag{70}$$

In der Tat ist in $\mathfrak{T}_0 + \mathfrak{S}_0$ aus Gründen der Stetigkeit gewiß

$$\frac{\partial(x, y, z)}{\partial(a, b, c)} = \frac{\partial(\overline{x}, \overline{y}, \overline{z})}{\partial(\overline{a}, \overline{b}, \overline{c})} + R_0 \quad \text{mit} \quad R_0 \to 0 \quad \text{für} \quad d \to 0, \tag{71}$$

und zwar für alle (a, b, c) in $\mathfrak{T}_0 + \mathfrak{S}_0$ gleichmäßig, darum

$$\frac{\mathfrak{v}}{\mathfrak{v}_0} = \frac{\partial(\overline{x}, \overline{y}, \overline{z})}{\partial(\overline{a}, \overline{b}, \overline{c})} + \overline{R}, \qquad \overline{R} = \frac{\int\limits_{\mathfrak{T}_0} R_0\,d\tau_0}{\int\limits_{\mathfrak{T}_0} d\tau_0}. \tag{72}$$

[29a] Allgemeiner ein Bereich, der von endlichen vielen Flächenstücken der Klasse A begrenzt ist.

[30] Wir denken uns dabei t als festgehalten. Der Einfachheit halber wird in den Formeln (64) bis (80) der Parameter t nicht ausdrücklich genannt.

Wegen $R_0 \to 0$ für $d \to 0$ ist $\lim\limits_{d \to 0} \overline{R} = 0$, mithin, wie behauptet,

$$\lim_{d \to 0} \frac{\mathfrak{v}}{\mathfrak{v}_0} = \frac{\partial(\bar{x}, \bar{y}, \bar{z})}{\partial(\bar{a}, \bar{b}\,\bar{c})}.$$[31]

Wir setzen im folgenden zur Abkürzung ein für allemal

$$\frac{\partial(x, y, z)}{\partial(a, b, c)} = D. \tag{73}$$

In T_0 und auf S_0 ist also $D > 0$. Die Volumdilatation ist gleich

$$D - 1 = \frac{\partial(x, y, z)}{\partial(a, b, c)} - 1. \tag{74}$$

Die in $\mathfrak{T}_0 + \mathfrak{S}_0$ enthaltene Masse ist, wenn ϱ_0 die Dichte in (a, b, c) bezeichnet[32],

$$\mathfrak{m}_0 = \int_{\mathfrak{T}_0} \varrho_0 \, d\tau_0. \tag{75}$$

Nach (69) läßt sich dafür auch setzen

$$\mathfrak{m}_0 = \int_{\mathfrak{T}} \varrho_0 \frac{\partial(a, b, c)}{\partial(x, y, z)} d\tau. \tag{76}$$

Nun ist $\mathfrak{m}_0 = \mathfrak{m}$ gleich der in $\mathfrak{T} + \mathfrak{S}$ enthaltenen Masse. Wir finden also

$$\mathfrak{m} = \int_{\mathfrak{T}} \varrho_0 \frac{\partial(a, b, c)}{\partial(x, y, z)} d\tau. \tag{77}$$

Ebenso wie aus (66) die Beziehung (70) erschlossen wurde, läßt sich aus (77) die Folgerung ziehen, daß

$$\lim_{d \to 0} \frac{\mathfrak{m}}{\mathfrak{v}} = \varrho_0(\bar{a}, \bar{b}, \bar{c}) \frac{\partial(\bar{a}, \bar{b}, \bar{c})}{\partial(\bar{x}, \bar{y}, \bar{z})}$$

ist. Der Grenzwert linkerhand ist die Dichte im Punkte (x, y, z), die wir mit $\bar{\varrho}$ zu bezeichnen haben.

Wir haben vorhin angenommen, daß zur Zeit t_0 die Masse unserer Flüssigkeit mit einer stetigen, allenfalls abteilungsweise stetigen Dichte über $T_0 + S_0$ verteilt war, sowie daß die in einem jeden Teilbereiche von $T_0 + S_0$ enthaltene Masse im Laufe der Bewegung ungeändert bleibt. Wir finden jetzt, daß *für alle t in $\langle t_0, t_1 \rangle$ die Masse eine stetige*

---

[31] Einen Spezialfall dieser Formel haben wir augenscheinlich schon früher abgeleitet. Man vergleiche die Formel (52).

[32] Man vergleiche die Formel (28).

oder doch abteilungsweise stetige Dichte ϱ hat und daß

$$\varrho = \varrho_0 \frac{\partial(a, b, c)}{\partial(x, y, z)} = \frac{\varrho_0}{\frac{\partial(x, y, z)}{\partial(a, b, c)}} = \frac{\varrho_0}{D},$$

mithin

(78) $$\varrho_0 = \varrho D$$

gilt.

Die Gleichung (78) nennt man die *Kontinuitätsgleichung* der Flüssigkeit. Sie ist ein Ausdruck für die Invarianz der Masse. In der Tat folgt aus (78) leicht rückwärts für alle $\mathfrak{T}_0 + \mathfrak{S}_0$ in $T_0 + S_0$

(79) $$\mathfrak{m} = \int\limits_{\mathfrak{T}} \varrho\, d\tau = \int\limits_{\mathfrak{T}_0} \varrho \frac{\partial(x, y, z)}{\partial(a, b, c)}\, d\tau_0 = \int\limits_{\mathfrak{T}_0} \varrho_0\, d\tau_0 = \mathfrak{m}_0 .$$

Handelt es sich um eine inkompressible Flüssigkeit, so ist $\mathfrak{v} = \mathfrak{v}_0$, *mithin nach* (70)

(80) $$D = \frac{\partial(x, y, z)}{\partial(a, b, c)} = 1 .$$

Aus (78) folgt dann unmittelbar $\varrho_0 = \varrho$. Die Dichte haftet am Massenelement. Dieses Resultat ist uns schon aus den früheren Betrachtungen bekannt.

Wir haben vorhin vorausgesetzt, daß für jeden Wert von t in $\langle t_0, t_1\rangle$ die partiellen Ableitungen $\frac{\partial x}{\partial a}, \ldots, \frac{\partial z}{\partial c}$ existieren und, als Funktionen von a, b, c aufgefaßt, sich stetig verhalten. Wir nehmen jetzt darüber hinaus an, daß *alle* partiellen Ableitungen erster Ordnung der Funktionen (1) in dem vierdimensionalen Bereiche $\{T_0 + S_0;\ \langle t_0, t_1\rangle\}$ vorhanden und stetig sind. Die partiellen Ableitungen

(81) $$\frac{\partial}{\partial t} x(a, b, c, t) = u, \quad \frac{\partial}{\partial t} y(a, b, c, t) = v, \quad \frac{\partial}{\partial t} z(a, b, c, t) = w$$

fassen wir als Geschwindigkeitskomponenten des Punktes oder Massenteilchens (a, b, c) zur Zeit t auf.

Bei der Bewegung einer physikalischen Flüssigkeit kann, wie wir auf S. 119 gesehen haben, immer nur einem endlichen Bereiche in der Anfangslage ein anderer (endlicher) Bereich zur Zeit t zugewiesen werden derart, daß die beiden „dieselben Flüssigkeitsteilchen" enthalten. Was die Geschwindigkeit betrifft, so kann hier aus gleichen Gründen streng genommen nur von einer Art mittlerer Geschwindigkeit die Rede sein.

Wir nehmen schließlich an, daß auch die Funktionen (81) stetige partielle Ableitungen in bezug auf a, b, c und t haben.

Alles in allem haben wir also die Existenz und Stetigkeit der partiellen Ableitungen

(82) $$\frac{\partial x}{\partial a}, \frac{\partial x}{\partial b}, \frac{\partial x}{\partial c}, \frac{\partial x}{\partial t}; \frac{\partial^2 x}{\partial a\, \partial t}, \frac{\partial^2 x}{\partial b\, \partial t}, \frac{\partial^2 x}{\partial c\, \partial t}, \frac{\partial^2 x}{\partial t^2}$$

sowie der analogen Ableitungen der Funktionen y und z in $\{T_0 + S_0;\ \langle t_0, t_1\rangle\}$ vorausgesetzt.

Es steht nun nichts im Wege, die Geschwindigkeitskomponenten u, v, w als Funktionen von x, y, z und t anzusehen. Es genügt hierzu in (81) für a, b, c die Ausdrücke (58) einzuführen. Es sei also

$$u = u(x, y, z, t), \quad v = v(x, y, z, t), \quad w = w(x, y, z, t). \tag{83}$$

Die in $T + S$ durch (83) erklärten Funktionen sind offenbar daselbst stetig und haben stetige partielle Ableitungen erster Ordnung in bezug auf x, y, z,

$$\frac{\partial u}{\partial x}, \frac{\partial u}{\partial y}, \ldots, \frac{\partial w}{\partial z}. \tag{84}$$

In (83) erscheinen u, v, w als Komponenten zur Zeit t der Geschwindigkeit desjenigen Flüssigkeitsteilchens, das sich augenblicklich gerade in (x, y, z) befindet. Werden u, v, w demgegenüber gemäß (81) als Funktionen von a, b, c und t aufgefaßt, so bezeichnen $\frac{\partial u}{\partial a}, \ldots, \frac{\partial w}{\partial c}$ die partiellen Ableitungen der Geschwindigkeitskomponenten desjenigen Teilchens, das sich zur Zeit t_0 in (a, b, c) befand, in bezug auf a, b, c und zwar im Zeitpunkt t. Das fragliche Flüssigkeitsteilchen nahm in dem betrachteten Augenblick die Lage (x, y, z) mit

$$x = x(a, b, c, t), \quad y = y(a, b, c, t), \quad z = z(a, b, c, t) \tag{85}$$

ein. Übrigens sind u, v, w, als Funktionen von x, y, z, t aufgefaßt, in dem vierdimensionalen Bereiche $\{T + S;\ \langle t_0, t_1\rangle\}$ stetig und haben daselbst stetige partielle Ableitungen erster Ordnung

$$\frac{\partial u}{\partial x}, \ldots, \frac{\partial w}{\partial z};\ \frac{\partial u}{\partial t}, \frac{\partial v}{\partial t}, \frac{\partial w}{\partial t}.$$

(Vgl. die Ausführungen auf S. 149 und 158.) Man beachte, daß $T + S$ sich im allgemeinen mit t ändert.

Es sei $f_*(a, b, c, t)$ irgendeine in $\{T_0 + S_0;\ \langle t_0, t_1\rangle\}$ erklärte, nebst ihren partiellen Ableitungen erster Ordnung stetige Funktion. Wir setzen

$$f_*(a, b, c, t) = f(x, y, z, t). \tag{86}$$

Hier ist die Funktion $f(x, y, z, t)$ in dem vierdimensionalen Bereiche $\{T + S;\ \langle t_0, t_1\rangle\}$ erklärt und nebst ihren partiellen Ableitungen erster Ordnung stetig. Die Funktion $f_*(a, b, c, t)$ erscheint an ein bestimmtes Flüssigkeitsteilchen, nämlich dasjenige Teilchen, das zur Zeit t_0 die Lage (a, b, c) hatte, gebunden. Die Funktion $f(x, y, z, t)$ ist demgegenüber eine Ortsfunktion im Bereiche $T + S$, der sich im allgemeinen selbst mit der Zeit ändert, und darüber hinaus natürlich eine Funktion der Zeit. Gehört ein Punkt (x, y, z) dem Bereiche $T + S$ für alle t in $\langle t_0, t_1\rangle$ an, so ist $f(x, y, z, t)$ bei festgehaltenem (x, y, z) natürlich nur noch eine Funktion der Zeit. Dabei befindet sich in (x, y, z) in jedem Augenblick ein anderes Massenteilchen der Flüssigkeit, und zwar allemal dasjenige Teilchen, das sich zur Zeit t_0 in (a, b, c) befand,

$$a = a(x, y, z, t), \quad b = b(x, y, z, t), \quad c = c(x, y, z, t),$$

kürzer das Teilchen (a, b, c).

In der Hydromechanik pflegt man zur Bezeichnung der beiden Funktionen (86) dasselbe Zeichen zu gebrauchen, also $f(a, b, c, t)$ für $f_*(a, b, c, t)$ zu schreiben. Die partiellen Ableitungen in bezug auf die Ortsvariablen sind dann $\frac{\partial f}{\partial x}, \frac{\partial f}{\partial y}, \frac{\partial f}{\partial z}; \frac{\partial f}{\partial a}, \frac{\partial f}{\partial b}, \frac{\partial f}{\partial c}$. Eine Unklarheit darüber, welches System der unabhängigen Variablen, x, y, z, t oder a, b, c, t gerade benutzt wird, ist bei dieser Schreibweise nicht zu befürchten. Verwechslungen könnten demgegenüber bei einer Differentiation in bezug auf t eintreten. Um diese zu vermeiden, wollen wir die partielle Ableitung in bezug auf t im System a, b, c, t mit $\frac{d}{dt}$, im System x, y, z, t mit $\frac{\partial}{\partial t}$ bezeichnen. In der Literatur wird statt $\frac{d}{dt}$ gelegentlich das Symbol $\frac{\delta}{\delta t}$ oder $\frac{D}{Dt}$ benutzt. *Das Zeichen* $\frac{d}{dt}$ *bedeutet demnach eine Differentiation in bezug auf t bei festgehaltenen a, b, c, also bezogen auf ein bestimmtes Flüssigkeitsteilchen.* Demgegenüber bezieht sich die Operation $\frac{\partial}{\partial t}$ auf einen bestimmten Raumpunkt (festgehaltene x, y, z).

Im Einklang mit diesen Festsetzungen werden wir fortan die Geschwindigkeitskomponenten des Punktes (a, b, c) zur Zeit t mit

$$(87)\quad \begin{gathered} u = \frac{dx}{dt} = \frac{d}{dt}\, x(a, b, c, t), \qquad v = \frac{dy}{dt} = \frac{d}{dt}\, y(a, b, c, t), \\ w = \frac{dz}{dt} = \frac{d}{dt}\, z(a, b, c, t) \end{gathered}$$

bezeichnen. Die partiellen Ableitungen, deren Existenz und Stetigkeit bei (82) vorausgesetzt worden ist, heißen darum jetzt

$$(82')\quad \begin{gathered} \frac{\partial x}{\partial a}, \frac{\partial x}{\partial b}, \ldots, \frac{\partial z}{\partial c}; \quad \frac{dx}{dt} = u, \quad \frac{dy}{dt} = v, \quad \frac{dz}{dt} = w; \\ \frac{\partial}{\partial a}\frac{dx}{dt} = \frac{\partial u}{\partial a}, \ldots, \frac{\partial}{\partial c}\frac{dz}{dt} = \frac{\partial w}{\partial c}; \quad \frac{d^2x}{dt^2}, \frac{d^2y}{dt^2}, \frac{d^2z}{dt^2}. \end{gathered}$$

Zwischen den Differentialquotienten $\frac{\partial f}{\partial t}$ und $\frac{df}{dt}$ besteht ein einfacher Zusammenhang. Man erhält $\frac{\partial f}{\partial t}$, wenn man unter Zugrundelegung von x, y, z, t als unabhängigen Variablen t allein variieren läßt. Man erhält statt dessen $\frac{df}{dt}$, wenn man hierbei x, y, z erst noch als Funktionen von a, b, c, t auffaßt und nunmehr[32a] t ändert. Nach der Regel über die Differentiation zusammengesetzter Funktionen erhält man darum

$$\frac{df}{dt} = \frac{\partial f}{\partial t} + \frac{\partial f}{\partial x}\frac{dx}{dt} + \frac{\partial f}{\partial y}\frac{dy}{dt} + \frac{\partial f}{\partial z}\frac{dz}{dt},$$

oder wegen (87)

$$\frac{df}{dt} = \frac{\partial f}{\partial t} + \frac{\partial f}{\partial x}u + \frac{\partial f}{\partial y}v + \frac{\partial f}{\partial z}w. \tag{88}$$

Insbesondere ist

$$\begin{aligned} \frac{du}{dt} &= \frac{\partial u}{\partial t} + u\frac{\partial u}{\partial x} + v\frac{\partial u}{\partial y} + w\frac{\partial u}{\partial z}, \\ \frac{dv}{dt} &= \frac{\partial v}{\partial t} + u\frac{\partial v}{\partial x} + v\frac{\partial v}{\partial y} + w\frac{\partial v}{\partial z}, \\ \frac{dw}{dt} &= \frac{\partial w}{\partial t} + u\frac{\partial w}{\partial x} + v\frac{\partial w}{\partial y} + w\frac{\partial w}{\partial z}. \end{aligned} \tag{89}$$

Wie läßt sich der Bewegungszustand der Flüssigkeit unter Zugrundelegung der unabhängigen Variablen x, y, z, t charakterisieren? Es bieten sich hierzu verschiedene Möglichkeiten. Es genügt z. B., a, b, c als Funktionen von x, y, z und t anzugeben,

$$a = a(x, y, z, t), \quad b = b(x, y, z, t), \quad c = c(x, y, z, t),$$

d. h. festzustellen, welches Teilchen in einem jeden Zeitpunkt des Intervalls $\langle t_0, t_1\rangle$ sich in einem bestimmten Punkte des Bereiches $T + S$ befindet. Durch Auflösung der zuletzt hingeschriebenen Gleichungen wird man zu den Beziehungen

$$x = x(a, b, c\ t), \quad y = y(a, b, c, t), \quad z = z(a, b, c, t), \tag{90}$$

die ein vollständiges Bild der Bewegung liefern, gelangen.

Ein anderer, nicht so nahe liegender Weg, der sich aber im Verlauf unserer Untersuchungen als besonders wichtig erweisen wird, ist dieser: Man bestimme die Geschwindigkeitskomponenten der Flüssigkeitsteilchen für alle t in $\langle t_0, t_1\rangle$ und alle (x, y, z) in $T + S$, kürzer das *Geschwindigkeitsfeld* in Abhängigkeit von der Zeit,

$$u = u(x, y, z, t), \quad v = v(x, y, z, t), \quad w = w(x, y, z, t). \tag{91}$$

Hier ist nicht von vornherein bekannt, welches Teilchen sich in dem Punkte (x, y, z) zur Zeit t befindet. Es wird später gezeigt werden, wie man von den Gleichungen (91) zu den Gleichungen (90) gelangt. Man pflegt das System der Variablen $x, y, z, t; u, v, w$, das sich bei Behandlung hydrodynamischer Probleme oft darbietet, als das *Eulersche* zu bezeichnen, während das zuerst eingeführte System $a, b, c, t; x, y, z$ nach *Lagrange* benannt wird. Sie sind freilich alle beide zuerst von Euler benutzt worden.

[32a] Bei festgehaltenen a, b, c.

Es leuchtet ein, daß u, v, w, auch als Funktionen von x, y, z, t aufgefaßt, stetige Ableitungen erster Ordnung haben. In der Tat ist, ausführlich geschrieben, bsp.

$$u(x, y, z, t) = u(a(x, y, z, t),\ b(x, y, z, t),\ c(x, y, z, t),\ t).$$

Da nun sowohl $u(a, b, c, t)$ stetige Ableitungen erster Ordnung hat, als auch die Funktionen $a(x, y, z, t), \ldots$ stetige Differentialquotienten in bezug auf ihre vier Argumente haben (vgl. die Ausführungen auf S. 141), so liefert die Kettenregel bsp.

$$\frac{\partial u}{\partial t} = \frac{\partial u}{\partial a}\frac{\partial a}{\partial t} + \frac{\partial u}{\partial b}\frac{\partial b}{\partial t} + \frac{\partial u}{\partial c}\frac{\partial c}{\partial t} + \frac{du}{dt}.$$

Wir können jetzt die Kontinuitätsgleichung auf eine andere Form bringen. Nach (78) gilt für jeden Wert von t in $\langle t_0, t_1\rangle$ die Beziehung

$$\varrho D = \varrho_0, \tag{92}$$

unter ϱ die Dichte zur Zeit t desjenigen Teilchens verstanden, das zur Zeit t_0 die Lage (a, b, c) hatte. Aus (92) folgern wir zunächst, daß ϱ für alle t in $\langle t_0, t_1\rangle$ stetig ist und eine stetige Ableitung in bezug auf t hat. Es gilt weiter

$$\frac{d}{dt}(\varrho D) = D\frac{d\varrho}{dt} + \varrho\frac{dD}{dt} = 0 \tag{93}$$

sowie

$$D = \begin{vmatrix} \frac{\partial x}{\partial a} & \frac{\partial x}{\partial b} & \frac{\partial x}{\partial c} \\ \frac{\partial y}{\partial a} & \frac{\partial y}{\partial b} & \frac{\partial y}{\partial c} \\ \frac{\partial z}{\partial a} & \frac{\partial z}{\partial b} & \frac{\partial z}{\partial c} \end{vmatrix}, \quad \frac{dD}{dt} = \begin{vmatrix} \frac{\partial u}{\partial a} & \frac{\partial u}{\partial b} & \frac{\partial u}{\partial c} \\ \frac{\partial y}{\partial a} & \frac{\partial y}{\partial b} & \frac{\partial y}{\partial c} \\ \frac{\partial z}{\partial a} & \frac{\partial z}{\partial b} & \frac{\partial z}{\partial c} \end{vmatrix} + \begin{vmatrix} \frac{\partial x}{\partial a} & \frac{\partial x}{\partial b} & \frac{\partial x}{\partial c} \\ \frac{\partial v}{\partial a} & \frac{\partial v}{\partial b} & \frac{\partial v}{\partial c} \\ \frac{\partial z}{\partial a} & \frac{\partial z}{\partial b} & \frac{\partial z}{\partial c} \end{vmatrix} + \begin{vmatrix} \frac{\partial x}{\partial a} & \frac{\partial x}{\partial b} & \frac{\partial x}{\partial c} \\ \frac{\partial y}{\partial a} & \frac{\partial y}{\partial b} & \frac{\partial y}{\partial c} \\ \frac{\partial w}{\partial a} & \frac{\partial w}{\partial b} & \frac{\partial w}{\partial c} \end{vmatrix}.$$

Wir wenden diese Formeln speziell auf den Zeitpunkt t_0 an. Jetzt ist $\varrho = \varrho_0$ und

$$\frac{\partial x}{\partial a} = 1, \quad \frac{\partial x}{\partial b} = 0, \quad \frac{\partial x}{\partial c} = 0; \quad \frac{\partial y}{\partial a} = 0, \quad \frac{\partial y}{\partial b} = 1, \quad \frac{\partial y}{\partial c} = 0;$$

$$\frac{\partial z}{\partial a} = 0, \quad \frac{\partial z}{\partial b} = 0, \quad \frac{\partial z}{\partial c} = 1,$$

darum

$$D = \begin{vmatrix} 1 & 0 & 0 \\ 0 & 1 & 0 \\ 0 & 0 & 1 \end{vmatrix} = 1,$$

$$\frac{dD}{dt} = \begin{vmatrix} \frac{\partial u}{\partial a} & \frac{\partial u}{\partial b} & \frac{\partial u}{\partial c} \\ 0 & 1 & 0 \\ 0 & 0 & 1 \end{vmatrix} + \begin{vmatrix} 1 & 0 & 0 \\ \frac{\partial v}{\partial a} & \frac{\partial v}{\partial b} & \frac{\partial v}{\partial c} \\ 0 & 0 & 1 \end{vmatrix} + \begin{vmatrix} 1 & 0 & 0 \\ 0 & 1 & 0 \\ \frac{\partial w}{\partial a} & \frac{\partial w}{\partial b} & \frac{\partial w}{\partial c} \end{vmatrix} = \frac{\partial u}{\partial a} + \frac{\partial v}{\partial b} + \frac{\partial w}{\partial c}.$$

Wir finden demnach wegen (93) für alle (a, b, c) in $T_0 + S_0$ in dem Zeitpunkt t_0

$$\frac{d\varrho}{dt} + \varrho_0\left(\frac{\partial u}{\partial a} + \frac{\partial v}{\partial b} + \frac{\partial w}{\partial c}\right) = 0.$$

Es steht nun nichts im Wege, jeden beliebigen Zeitpunkt t $(t_0 \leqq t < t_1)$ als den Ausgangspunkt der Zeitmessung aufzufassen. Die Rolle der Variablen a, b, c übernehmen dabei offenbar die Eulerschen Variablen x, y, z. Für alle (x, y, z) in $T + S$ und $t_0 \leqq t < t_1$ ist also

$$\frac{d\varrho}{dt} + \varrho\left(\frac{\partial u}{\partial x} + \frac{\partial v}{\partial y} + \frac{\partial w}{\partial z}\right) = 0. \tag{94}$$

Diese Beziehung gilt aus Gründen der Stetigkeit auch noch für $t = t_1$, mithin für alle t in $\langle t_0, t_1\rangle$.

Dies ist jene andere Form der Kontinuitätsgleichung, die wir suchten. Ihr liegen die Eulerschen Variablen zugrunde.

Handelt es sich insbesondere um eine *inkompressible* (homogene oder heterogene) Flüssigkeit, *so ist* ϱ *konstant*, $\frac{d\varrho}{dt} = 0$, *mithin*

$$\frac{\partial u}{\partial x} + \frac{\partial v}{\partial y} + \frac{\partial w}{\partial z} = 0. \tag{95}$$

Man überzeugt sich ohne Mühe, daß aus der Gleichung (94), die für alle t in $\langle t_0, t_1\rangle$ gilt, wiederum (92) folgt. In der Tat ist zunächst für alle (a, b, c) in $T_0 + S_0$ und dementsprechend alle (x, y, z) in $T + S$

$$\frac{\partial u}{\partial x} = \frac{\partial u}{\partial a}\frac{\partial a}{\partial x} + \frac{\partial u}{\partial b}\frac{\partial b}{\partial x} + \frac{\partial u}{\partial c}\frac{\partial c}{\partial x},$$

$$\frac{\partial v}{\partial y} = \frac{\partial v}{\partial a}\frac{\partial a}{\partial y} + \frac{\partial v}{\partial b}\frac{\partial b}{\partial y} + \frac{\partial v}{\partial c}\frac{\partial c}{\partial y},$$

$$\frac{\partial w}{\partial z} = \frac{\partial w}{\partial a}\frac{\partial a}{\partial z} + \frac{\partial w}{\partial b}\frac{\partial b}{\partial z} + \frac{\partial w}{\partial c}\frac{\partial c}{\partial z}.$$

Setzt man hierin rechterhand die Ausdrücke (62) ein, so findet man

$$\frac{\partial u}{\partial x} + \frac{\partial v}{\partial y} + \frac{\partial w}{\partial z} = \frac{1}{D}\left[D_{11}\frac{\partial u}{\partial a} + D_{12}\frac{\partial u}{\partial b} + D_{13}\frac{\partial u}{\partial c} + D_{21}\frac{\partial v}{\partial a} + D_{22}\frac{\partial v}{\partial b}\right.$$
$$\left. + D_{23}\frac{\partial v}{\partial c} + D_{31}\frac{\partial w}{\partial a} + D_{32}\frac{\partial w}{\partial b} + D_{33}\frac{\partial w}{\partial c}\right] = \frac{1}{D}\frac{dD}{dt},$$

mithin mit Rücksicht auf (94)

$$D\frac{d\varrho}{dt} + \varrho\frac{dD}{dt} = 0$$

und nach einer Integration zwischen t_0 und t wegen $D = 1$ für $t = t_0$, wie behauptet,

$$\varrho D = \varrho_0.$$

Hat, wie wir jetzt voraussetzen wollen, die Dichte ϱ, als Funktion von x, y, z, t aufgefaßt, stetige Ableitungen erster Ordnung, so läßt sich die Kontinuitätsgleichung (94) leicht auf eine andere oft gebrauchte Form bringen. Man beachte, daß nach (88)

$$\frac{d\varrho}{dt} = \frac{\partial \varrho}{\partial t} + \frac{\partial \varrho}{\partial x} u + \frac{\partial \varrho}{\partial y} v + \frac{\partial \varrho}{\partial z} w \tag{96}$$

ist. Aus (94) und (96) folgt unmittelbar

$$\frac{\partial \varrho}{\partial t} + \frac{\partial}{\partial x}(\varrho u) + \frac{\partial}{\partial y}(\varrho v) + \frac{\partial}{\partial z}(\varrho w) = 0. \tag{97}$$

9. Ein neuer Beweis der Kontinuitätsgleichung. Beschleunigung[32a]. Um die Bedeutung der Kontinuitätsgleichung (97) besser zu erkennen, werden wir im folgenden diese Formel noch auf einem anderen Wege ableiten.

Es sei $T + S$, wie stets bis jetzt, der von der Flüssigkeit zur Zeit t erfüllte Bereich. Wir nehmen $t_0 \leqq t < t_1$ an. Es sei $\mathfrak{T} + \mathfrak{S}$ irgendein von einer Fläche $\mathfrak{S}$ mit stetiger Normale begrenzter Bereich, z. B. ein Kugelkörper, ganz im Innern von T. Es sei $\bar{t} > t$ irgendein auf t folgender Zeitpunkt in dem Intervalle $\langle t_0, t_1\rangle$. Man kann $\delta t = \bar{t} - t$ gewiß so klein wählen, daß alle Bildbereiche von $\mathfrak{T} + \mathfrak{S}$ in dem Zeitintervalle $\langle t, \bar{t}\rangle$ und insbesondere $\bar{\mathfrak{T}} + \bar{\mathfrak{S}}$, der geometrische Ort aller Teilchen $(\bar{x}, \bar{y}, \bar{z})$, die sich zur Zeit t in $\mathfrak{T} + \mathfrak{S}$ befanden, in dem Zeitpunkt $\bar{t}$, ganz im Innern von T liegen. Wir suchen einen Ausdruck dafür, daß die in $\mathfrak{T} + \mathfrak{S}$ enthaltene Masse $\mathfrak{m}$ der Masse $\bar{\mathfrak{m}}$ in $\bar{\mathfrak{T}} + \bar{\mathfrak{S}}$ gleich ist.

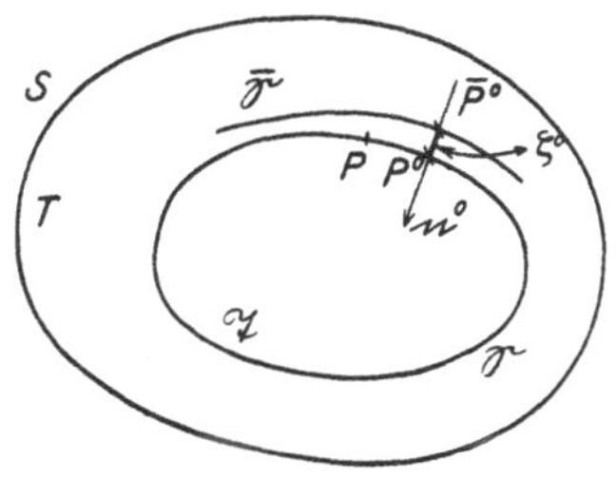

Fig. 8.

Es sei $P^0 = (x^0, y^0, z^0)$ ein Punkt auf $\mathfrak{S}$, $(\mathfrak{n}^0)$ die Innennormale in P^0 zu $\mathfrak{S}$, $\bar{P}^0$ derjenige Schnittpunkt von $(\mathfrak{n}^0)$ mit $\bar{\mathfrak{S}}$, der für $\delta t \to 0$ gegen P^0 konvergiert, ζ^0 der Abstand $P^0 \bar{P}^0$, positiv in der Richtung von $(\mathfrak{n}^0)$ gerechnet (Fig. 8). Um ζ^0 zu bestimmen, beziehen wir die Lage der Flüssigkeitsteilchen zur Zeit $\bar{t} = t + \delta t$ vorübergehend auf den Zustand zur Zeit t als einen Anfangszustand und setzen demgemäß

$$\bar{x} = \bar{x}(x, y, z, \bar{t}), \quad \bar{y} = \bar{y}(x, y, z, \bar{t}), \quad \bar{z} = \bar{z}(x, y, z, \bar{t}). \tag{98}$$

Offenbar ist

$$\bar{x}(x, y, z, t) = x, \quad \bar{y}(x, y, z, t) = y, \quad \bar{z}(x, y, z, t) = z, \tag{99}$$

darum

$$\frac{\partial}{\partial x} \bar{x}(x, y, z, t) = 1, \quad \frac{\partial \bar{x}}{\partial y} = 0, \quad \frac{\partial \bar{x}}{\partial z} = 0, \quad \frac{\partial \bar{x}}{\partial t} = u, \; \ldots \, . \tag{100}$$

Die Koordinaten des Bildpunktes eines beliebigen Punktes

[32a] Dem vorwiegend physikalisch interessierten Leser wird empfohlen, bei der ersten Lektüre die Ausführungen auf S. 151 bis Mitte S. 156 zu überschlagen.

$P(x^0+\delta x^0,\ y^0+\delta y^0,\ z^0+\delta z^0)$ auf $\mathfrak{S}$ in der Nachbarschaft von P^0 zur Zeit $t+\delta t$ sind

$$\bar{x}(x^0+\delta x^0,\ y^0+\delta y^0,\ z^0+\delta z^0,\ t+\delta t),$$
$$\bar{y}(x^0+\delta x^0,\ y^0+\delta y^0,\ z^0+\delta z^0,\ t+\delta t),$$
$$\bar{z}(x^0+\delta x^0,\ y^0+\delta y^0,\ z^0+\delta z^0,\ t+\delta t).$$

Die Funktionen (98) haben gewiß stetige Ableitungen erster Ordnung. Nach bekannten Sätzen[33] ist wegen (99) und (100), unter u^0, v^0, w^0 die Komponenten der Geschwindigkeit des Punktes P^0 zur Zeit t verstanden, bsp.

$$\bar{x}(x^0+\delta x^0,\ y^0+\delta y^0,\ z^0+\delta z^0,\ t+\delta t)$$

(101) $$= x^0+\delta x^0+u^0\delta t+R^{(1)}\delta x^0+R^{(2)}\delta y^0+R^{(3)}\delta z^0+R^{(4)}\delta t,$$

$$R^{(1)},\ldots,R^{(4)}\to 0 \text{ für } h^2=(\delta x^0)^2+(\delta y^0)^2+(\delta z^0)^2+(\delta t)^2\to 0.$$

Wie man leicht sieht, kann man für (101) einfacher schreiben

(102) $$x^0+\delta x^0+u^0\delta t+o(h).$$

Für die beiden anderen Koordinaten erhält man entsprechend

(103) $$y^0+\delta y^0+v^0\delta t+o(h) \quad\text{und}\quad z^0+\delta z^0+w^0\delta t+o(h).$$

Die Koordinaten des Punktes $\bar{P}^0$ sind offenbar

$$x^0+\zeta^0\cos\alpha^0,\quad y^0+\zeta^0\cos\beta^0,\quad z^0+\zeta^0\cos\gamma^0,$$

wo $\alpha^0, \beta^0, \gamma^0$ die von $(\mathfrak{n}^0)$ mit den Koordinatenachsen eingeschlossenen Winkel bezeichnen. Es gilt also, wenn speziell $x^0+\delta x^0$, $y^0+\delta y^0$, $z^0+\delta z^0$ die Koordinaten desjenigen Punktes auf $\mathfrak{S}$ darstellen sollen, der zur Zeit $t+\delta t$ in $\bar{P}^0$ übergeht[34],

(104) $$\begin{aligned}\zeta^0\cos\alpha^0 &= \delta x^0+u^0\delta t+o(h),\\ \zeta^0\cos\beta^0 &= \delta y^0+v^0\delta t+o(h),\\ \zeta^0\cos\gamma^0 &= \delta z^0+w^0\delta t+o(h).\end{aligned}$$

Nun ist, da ja $(\mathfrak{n}^0)$ auf $\mathfrak{S}$ senkrecht steht,

$$\delta x^0\cos\alpha^0+\delta y^0\cos\beta^0+\delta z^0\cos\gamma^0 = o(h)\ ^{35},$$

---

[33] Es handelt sich hier einfach um den Satz über das vollständige Differential. Vgl. bsp. C. Jordan, loc. cit. [4] S. 75.

[34] Man beachte, daß auch die zu (98) inversen Funktionen stetige Funktionen ihrer vier Argumente sind, darum δx^0, δy^0, δz^0 mit δt gegen Null konvergieren, und zwar für alle P^0 auf $\mathfrak{S}$ und alle hinreichend kleinen $|\delta t|$ gleichmäßig. (Man vergleiche hierzu die Ausführungen auf S. 118.)

[35] Setzt man vorübergehend $(\delta x^0)^2+(\delta y^0)^2+(\delta z^0)^2=\mathfrak{r}^2$, so ist

$$\frac{\delta x^0}{\mathfrak{r}}\cos\alpha^0+\frac{\delta y^0}{\mathfrak{r}}\cos\beta^0+\frac{\delta z^0}{\mathfrak{r}}\cos\gamma^0$$

der Richtungskosinus des von der Sekante P^0P mit $\mathfrak{n}$ eingeschlossenen Winkels. Nach bekannten Sätzen (vgl. S. 13) konvergiert dieser Ausdruck für $\mathfrak{r}\to 0$

darum (vgl. (104))

$$\zeta^0 = \zeta^0(\cos^2\alpha^0 + \cos^2\beta^0 + \cos^2\gamma^0)$$
$$= (u^0\cos\alpha^0 + v^0\cos\beta^0 + w^0\cos\gamma^0)\,\delta t + o(h),$$

oder mit $\mathfrak{u}_n^0$ die Komponente der Geschwindigkeit in der Richtung der Innennormale in P^0 verstanden,

$$\zeta^0 = \mathfrak{u}_n^0\,\delta t + o(h). \tag{105}$$

Aus (104) und (105) erhält man

$$\delta x^0 = \mathfrak{u}_n^0\,\delta t\cos\alpha^0 - u^0\delta t + o(h),$$

sowie zwei analoge Formeln für δy^0 und δz^0. Aus diesen Formeln ersieht man ohne Schwierigkeit, daß die Quotienten $\frac{\delta x^0}{\delta t}, \frac{\delta y^0}{\delta t}, \frac{\delta z^0}{\delta t}$ beschränkt sind, d. h.

$$\delta x^0 = O(\delta t),\quad \delta y^0 = O(\delta t),\quad \delta z^0 = O(\delta t),\quad \text{also auch}\quad h = O(\delta t)$$

gesetzt werden kann.

In der Tat kann man für die vorhin angegebene Gleichung auch schreiben

$$\delta x^0 = (\mathfrak{u}_n^0\cos\alpha^0 - u^0)\,\delta t + Rh \quad\text{mit}\quad R\to 0 \quad\text{für}\quad h\to 0,$$

und zwar für alle P^0 auf $\mathfrak{S}$ und alle hinreichend kleinen $|\delta t|$ gleichmäßig. Hieraus folgt wegen $|\delta t| \leqq h$ durch Quadrieren

$$(\delta x^0)^2 = (\mathfrak{u}_n^0\cos\alpha^0 - u^0)^2\,\delta t^2 + R_1 h^2,\quad R_1\to 0 \text{ für } h\to 0.$$

Aus dieser und den beiden hierzu analogen Gleichungen für $(\delta y^0)^2$ und $(\delta z^0)^2$ ergibt sich, wie man leicht sieht, durch Zusammenfassung

$$(\delta x^0)^2 + (\delta y^0)^2 + (\delta z^0)^2 = [-(\mathfrak{u}_n^0)^2 + (u^0)^2 + (v^0)^2 + (w^0)^2]\,\delta t^2 + R_2 h^2,$$
$$R_2\to 0 \quad\text{für}\quad h\to 0,$$

oder, unter $\mathfrak{u}_\tau^0$ die Tangentialkomponente der Geschwindigkeit in P^0 verstehend,

$$(\delta x^0)^2 + (\delta y^0)^2 + (\delta z^0)^2 = ((\mathfrak{u}_\tau^0)^2 + R_2)\,\delta t^2 + R_2((\delta x^0)^2 + (\delta y^0)^2 + (\delta z^0)^2),$$

demnach

$$\frac{1}{\delta t^2}((\delta x^0)^2 + (\delta y^0)^2 + (\delta z^0)^2) = \frac{(\mathfrak{u}_\tau^0)^2 + R_2}{1 - R_2},$$

womit unsere Behauptung bewiesen ist.

---

gegen Null, und zwar für alle P^0 auf S gleichmäßig. Es ist also

$$\delta x^0\cos\alpha^0 + \delta y^0\cos\beta^0 + \delta z^0\cos\gamma^0 = \overline{R}\,\mathfrak{r} \qquad (\overline{R}\to 0 \text{ für } \mathfrak{r}\to 0),$$

somit wegen $\mathfrak{r}\leqq h$ auch

$$\delta x^0\cos\alpha^0 + \delta y^0\cos\beta^0 + \delta z^0\cos\gamma^0 = o(h).$$

Für (105) kann man wegen $h = O\,(\delta t)$ auch setzen

$$\zeta^0 = \mathfrak{u}_n^0\,\delta t + o(\delta t).$$

Ist allgemein P irgendein Punkt auf $\mathfrak{S}$, $(\mathfrak{n})$ die Innennormale zu $\mathfrak{S}$ in P, $\overline{P}$ ihr Schnittpunkt mit $\overline{\mathfrak{S}}$, ζ der Abstand $P\overline{P}$, so ist

$$\zeta = \mathfrak{u}_n\,\delta t + o(\delta t). \tag{106}$$

In (106) bezeichnet $\mathfrak{u}_n$ die Normalkomponente der Geschwindigkeit von P. Die Abschätzung des Restgliedes $o\,(\delta t)$ gilt für alle P auf $\mathfrak{S}$ gleichmäßig.

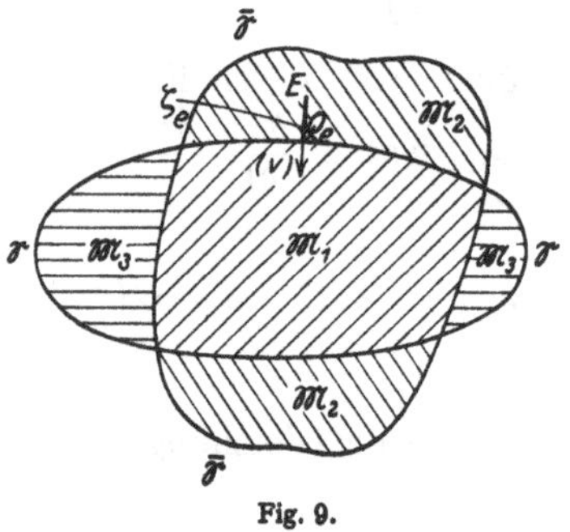

Fig. 9.

Die Punkte des Gebietes $\overline{\mathfrak{T}}$ liegen entweder 1. im Innern von $\mathfrak{T}$, oder 2. auf $\mathfrak{S}$, oder aber sie gehören 3. dem Außengebiet von $\mathfrak{T}$ an. Die unter 1. genannte Punktmenge, die aus endlich oder abzählbar unendlich vielen Gebieten besteht, heiße $\mathfrak{M}_1$, die in die Kategorie 3. fallende Punktmenge heiße $\mathfrak{M}_2$ (Fig. 9). Auch $\mathfrak{M}_2$ besteht aus endlich oder abzählbar unendlich vielen Gebieten. Sowohl $\mathfrak{M}_1$ als auch $\mathfrak{M}_2$ hat ein bestimmtes Volumen (ist integrierbar)[36].

In analoger Weise zerfallen die Punkte des Gebietes $\mathfrak{T}$, die nicht auf $\overline{\mathfrak{S}}$ liegen, in die beiden Mengen $\mathfrak{M}_1$ und $\mathfrak{M}_3$; $\mathfrak{M}_3$ besteht aus den Punkten von $\mathfrak{T}$, die außerhalb von $\overline{\mathfrak{T}}$ liegen. Auch $\mathfrak{M}_3$ besteht aus endlich oder unendlich vielen Gebieten und hat ein bestimmtes Volumen.

Die in $\mathfrak{T}$ zur Zeit t enthaltene Masse hat den Wert[37]

$$\int_{\mathfrak{M}_1} \varrho\,d\tau + \int_{\mathfrak{M}_3} \varrho\,d\tau. \tag{107}$$

Für die Masse in $\overline{\mathfrak{T}} + \overline{\mathfrak{S}}$ zur Zeit $t + \delta t$ findet man entsprechend den Ausdruck

$$\int_{\mathfrak{M}_1} \varrho^*\,d\tau + \int_{\mathfrak{M}_2} \varrho^*\,d\tau. \tag{108}$$

Hier bezeichnet ϱ^* den Wert der Dichte in einem Punkte von $\mathfrak{M}_1$ bzw. $\mathfrak{M}_2$ zur Zeit $t + \delta t$. Augenscheinlich ist $\varrho^* = \varrho + \frac{\partial \varrho}{\partial t}\,\delta t + o\,(\delta t)$.

---

[36] Denn bsp. der Rand von $\mathfrak{M}_1$ hat als eine Teilmenge von $\mathfrak{S} + \overline{\mathfrak{S}}$ gewiß den Inhalt Null.

[37] Man beachte, daß die auf $\mathfrak{S}$ oder $\overline{\mathfrak{S}}$ liegenden Punkte von $\mathfrak{T} + \mathfrak{S}$ außer Betracht bleiben. Es ist offenbar gleichgültig, ob man über $\mathfrak{T} + \mathfrak{S}$ oder über $\mathfrak{M}_1 + \mathfrak{M}_3$ integriert.

Aus (107) und (108) folgt, da ja die Masse im Laufe der Bewegung ungeändert bleibt,

(109) $$\int_{\mathfrak{M}_1}(\varrho^* - \varrho)\,d\tau - \int_{\mathfrak{M}_3}\varrho\,d\tau + \int_{\mathfrak{M}_2}\varrho^*\,d\tau = 0.$$

Es sei jetzt E irgendein Punkt in $\mathfrak{M}_2$ oder $\mathfrak{M}_3$, und es möge Q_e den Fußpunkt des von E auf $\mathfrak{S}$ gefällten Lotes (ν), ζ_e den Abstand EQ_e bezeichnen; in $\mathfrak{M}_3$ ist ζ_e positiv, in $\mathfrak{M}_2$ negativ. Da ϱ in $\mathfrak{T} + \mathfrak{S}$, und ebenso ϱ^* in $\overline{\mathfrak{T}} + \overline{\mathfrak{S}}$, stetige Ableitungen erster Ordnung in bezug auf die Ortsvariablen hat, so ist in $\mathfrak{M}_3$

(110) $$\varrho = \varrho_e + O(\zeta_e) = \varrho_e + O(\delta t),$$

wo ϱ_e die Dichte in Q_e zur Zeit t bezeichnet [38].

Analog findet man in $\mathfrak{M}_2$

(111) $$\varrho^* = \varrho_e^* + O(\zeta_e) = \varrho_e^* + O(\delta t).$$

In (111) bezeichnet ϱ_e^* die Dichte in Q_e zur Zeit $t + \delta t$. Sie unterscheidet sich von ϱ_e, der Dichte im gleichen Punkte zur Zeit t, wie man unmittelbar sieht, um Größen von der Ordnung $O(\delta t)$. Für (111) kann man darum auch schreiben

(112) $$\varrho^* = \varrho_e + O(\delta t).$$

Des weiteren ist wegen $\varrho^* - \varrho = \frac{\partial\varrho}{\partial t}\delta t + o(\delta t)$

(113) $$\int_{\mathfrak{M}_1}(\varrho^* - \varrho)\,d\tau = \int_{\mathfrak{M}_1}\left(\delta t\frac{\partial\varrho}{\partial t} + o(\delta t)\right)d\tau = \delta t\int_{\mathfrak{T}}\frac{\partial\varrho}{\partial t}\,d\tau + o(\delta t)\ {}^{39}.$$

Kehren wir jetzt noch einmal zu der Gleichung (109) zurück. Aus (110) und (112) folgt ohne Schwierigkeiten

(114) $$\begin{aligned}\int_{\mathfrak{M}_2}\varrho^*\,d\tau - \int_{\mathfrak{M}_3}\varrho\,d\tau &= \int_{\mathfrak{M}_2}\varrho_e\,d\tau - \int_{\mathfrak{M}_3}\varrho_e\,d\tau + \int_{\mathfrak{M}_2}O(\delta t)\,d\tau - \int_{\mathfrak{M}_3}O(\delta t)\,d\tau\\ &= -\int_{\mathfrak{S}}\varrho_e\zeta_e\,d\sigma + o(\delta t)\ {}^{40}\end{aligned}$$

[38] In der Tat ist nach dem Mittelwertsatz der Differentialrechnung
$$\varrho = \varrho_e + \zeta_e\frac{\partial\tilde{\varrho}}{\partial\nu},$$
unter $\frac{\partial\tilde{\varrho}}{\partial\nu}$ die Ableitung in der Richtung (ν) in einem gewissen zwischen E und Q_e gelegenen Punkte verstanden. Ferner ist wegen (106) augenscheinlich $\zeta_e = O(\delta t)$.

[39] Man beachte, daß $\left|\int_{\mathfrak{T}-\mathfrak{M}_1}\frac{\partial\varrho}{\partial t}\,d\tau\right| \leqq \text{Max}\left|\frac{\partial\varrho}{\partial t}\right|\int_{\mathfrak{T}-\mathfrak{M}_1}d\tau = \text{Max}\left|\frac{\partial\varrho}{\partial t}\right|O(\delta t)$ gilt.

[40] Man beachte, daß einerseits
$$\int_{\mathfrak{M}_2}d\tau = O(\delta t), \qquad \int_{\mathfrak{M}_3}d\tau = O(\delta t),$$
andererseits
$$\int_{\mathfrak{M}_2}\varrho_e\,d\tau - \int_{\mathfrak{M}_3}\varrho_e\,d\tau = -\int_{\mathfrak{S}}\varrho_e\zeta_e\,d\sigma + o(\delta t)$$
gilt. Es sei ferner daran erinnert, daß ζ_e in $\mathfrak{M}_2$ negativ, in $\mathfrak{M}_3$ hingegen positiv ist

und wegen (106)

$$\int_{\mathfrak{M}_2} \varrho^* d\tau - \int_{\mathfrak{M}_3} \varrho\, d\tau = -\delta t \int_{\mathfrak{S}} \varrho \mathfrak{u}_n\, d\sigma + o(\delta t). \tag{115}$$

Wir haben hier rechts für ϱ_e einfacher ϱ geschrieben, weil eine Verwechselung nicht mehr zu befürchten ist.

Aus (109), (113), (115) ergibt sich nunmehr

$$\delta t \int_{\mathfrak{T}} \frac{\partial \varrho}{\partial t}\, d\tau - \delta t \int_{\mathfrak{S}} \varrho \mathfrak{u}_n\, d\sigma + o(\delta t) = 0. \tag{116}$$

Nach Division mit δt und Übergang zur Grenze, $\delta t \to 0$, erhält man endgültig

$$\int_{\mathfrak{T}} \frac{\partial \varrho}{\partial t}\, d\tau = \int_{\mathfrak{S}} \varrho \mathfrak{u}_n\, d\sigma = \int_{\mathfrak{S}} \varrho (u \cos\alpha + v \cos\beta + w \cos\gamma)\, d\sigma. \tag{117}$$

Das Oberflächenintegral rechterhand läßt sich, wie wir wissen (vgl. S. 40), in ein Volumintegral transformieren. Man erhält

$$\int_{\mathfrak{T}} \left\{ \frac{\partial \varrho}{\partial t} + \frac{\partial}{\partial x}(\varrho u) + \frac{\partial}{\partial y}(\varrho v) + \frac{\partial}{\partial z}(\varrho w) \right\} d\tau = 0. \tag{118}$$

Diese Beziehung gilt für jeden ganz im Innern von T gelegenen, von einer Fläche mit stetiger Normale begrenzten Bereich, zum Beispiel für jeden innerhalb von T beliebig gewählten Kugelkörper. Augenscheinlich muß darum im Innern von T

$$\frac{\partial \varrho}{\partial t} + \frac{\partial}{\partial x}(\varrho u) + \frac{\partial}{\partial y}(\varrho v) + \frac{\partial}{\partial z}(\varrho w) = 0 \tag{119}$$

sein. Wäre nämlich in einem Punkte Q in T die linke Seite von (119), sagen wir, positiv, so könnte man um Q als Mittelpunkt gewiß einen Kugelkörper beschreiben, in dem der fragliche Ausdruck lauter positive Werte hätte. Für diesen Kugelkörper könnte das Integral (118) unmöglich verschwinden.

Aus Gründen der Stetigkeit gilt die Beziehung (119) auch noch auf S. Wir sind zu dem Ausdruck (97) der Kontinuitätsgleichung gelangt. Handelt es sich insbesondere um eine homogene inkompressible Flüssigkeit, so nimmt die Gleichung (117) die Gestalt

$$\int_{\mathfrak{S}} \mathfrak{u}_n\, d\sigma = \int_{\mathfrak{S}} (u \cos\alpha + v \cos\beta + w \cos\gamma)\, d\sigma = 0, \tag{120}$$

die Gleichung (119) die Form

$$\frac{\partial u}{\partial x} + \frac{\partial v}{\partial y} + \frac{\partial w}{\partial z} = 0 \tag{121}$$

an. Diese Beziehung gilt übrigens, wie auf S. 150 gezeigt worden ist, auch in dem allgemeineren Falle einer nichthomogenen inkompressiblen Flüssigkeit.

Man pflegt den Ausdruck $dt\,\mathfrak{u}_n\,d\sigma$ als das Volumen der Flüssigkeit aufzufassen, die durch das Flächenelement $d\sigma$ in der Zeit dt in den Bereich $\mathfrak{T} + \mathfrak{S}$ hineinfließt; $-\,dt\int\limits_{\mathfrak{S}}\mathfrak{u}_n\,d\sigma$ ist dann das Gesamtvolumen der Flüssigkeit, die aus $\mathfrak{T}$ in der gleichen Zeit nach außen fließt. In analoger Weise wäre $dt\int\limits_{\mathfrak{S}}\varrho\,\mathfrak{u}_n\,d\sigma$ als die Gesamtmasse der Flüssigkeit, die in dem Zeitintervall dt in $\mathfrak{T}$ hineinfließt, zu bezeichnen. Die präzise Fassung dieser Aussage ist aus vorstehendem leicht zu ersehen.

Es sei $h > 0$ ein Wert, der so klein ist, daß der Bereich $\mathfrak{T} + \mathfrak{S}$ für alle Zeitpunkte des Intervalls $\langle t, t+h\rangle$ ganz im Innern von T liegt. Es möge weiter $\mathfrak{m}_h$ die in $\mathfrak{T} + \mathfrak{S}$ enthaltene Masse zur Zeit $t+h$, $\mathfrak{m}$ diejenige zur Zeit t bezeichnen. Wie sich durch einen geeigneten Grenzübergang jetzt zeigen läßt, ist

$$\mathfrak{m}_h - \mathfrak{m} = \int\limits_t^{t+h} dt \int\limits_{\mathfrak{S}} \varrho\,\mathfrak{u}_n\,d\sigma .$$

Diese Formel gilt übrigens auch noch, wenn $\mathfrak{S}$ etwa aus einer endlichen Anzahl von Flächenstücken mit stetiger Normale, die einander nirgends berühren, besteht[41].

Die zuletzt hingeschriebene Formel sowie die Formel (120), diese als Ausdruck für die Unveränderlichkeit des Volumens einer inkompressiblen Flüssigkeit, findet man zumeist als anschaulich evident hingestellt.

Betrachten wir jetzt die partiellen Ableitungen $\frac{d^2x}{dt^2}, \frac{d^2y}{dt^2}, \frac{d^2z}{dt^2}$ oder, ausführlicher geschrieben,

$$\frac{d^2}{dt^2}x(a, b, c, t), \qquad \frac{d^2}{dt^2}y(a, b, c, t), \qquad \frac{d^2}{dt^2}z(a, b, c, t).$$

Sie sind die *Komponenten der Beschleunigung* desjenigen Punktes, der sich zur Zeit t_0 in (a, b, c) befand, im Zeitpunkt t.

Nach (88) ist

$$\begin{aligned}
\frac{d^2x}{dt^2} &= \frac{du}{dt} = \frac{\partial u}{\partial t} + \frac{\partial u}{\partial x}u + \frac{\partial u}{\partial y}v + \frac{\partial u}{\partial z}w, \\
\frac{d^2y}{dt^2} &= \frac{dv}{dt} = \frac{\partial v}{\partial t} + \frac{\partial v}{\partial x}u + \frac{\partial v}{\partial y}v + \frac{\partial v}{\partial z}w, \qquad (122)\\
\frac{d^2z}{dt^2} &= \frac{dw}{dt} = \frac{\partial w}{\partial t} + \frac{\partial w}{\partial x}u + \frac{\partial w}{\partial y}v + \frac{\partial w}{\partial z}w.
\end{aligned}$$

Diese Formeln geben die Beschleunigungskomponenten desjenigen Flüssigkeitsteilchens an, das sich zur Zeit t im Punkte (x, y, z) befindet.

---

[41] Der Beweis wäre mit Leichtigkeit durch eine „Abrundung der Kanten" zu erbringen.

Sie sind dem System der Eulerschen Variablen angepaßt. Bezüglich ihrer physikalischen Bedeutung gilt alles das unverändert, was wir seinerzeit bei der Einführung des Begriffes der Geschwindigkeit sagten.

10. Übergang von dem Lagrangeschen zu dem Eulerschen System der Variablen und umgekehrt. Es möge sich zunächst um den Übergang von den Lagrangeschen zu den Eulerschen Variablen handeln. Hier liegen keinerlei grundsätzliche Schwierigkeiten vor. Aus den Gleichungen

$$(123)\quad x = x(a, b, c, t), \quad y = y(a, b, c, t), \quad z = z(a, b, c, t), \quad \mathbf{t} = t$$

gewinnt man durch Umkehrung, die ja nach Voraussetzung stets möglich ist, die weiteren Beziehungen

$$(124)\quad a = a(x, y, z, \mathbf{t}), \quad b = b(x, y, z, \mathbf{t}), \quad c = c(x, y, z, \mathbf{t}), \quad t = \mathbf{t}.$$

Die Funktionen (124) haben, da in $\{T_0 + S_0; \langle t_0, t_1\rangle\}$

$$\frac{\partial(x, y, z, \mathbf{t})}{\partial(a, b, c, t)} = \frac{\partial(x, y, z)}{\partial(a, b, c)} \geqq q > 0$$

ist, in dem vierdimensionalen Bereiche $\{T + S; \langle t_0, t_1\rangle\}$ stetige partielle Ableitungen erster Ordnung in bezug auf die Gesamtheit ihrer Argumente[42]. Setzt man jetzt in den Ausdrücken

$$\frac{dx}{dt} = u, \quad \frac{dy}{dt} = v, \quad \frac{dz}{dt} = w,$$

d. h. den partiellen Ableitungen der Funktionen $x(a, b, c, t), \ldots$ nach t, für a, b, c die Werte aus (124) ein, so erhält man die gesuchten Gleichungen des Eulerschen Systems,

$$(125)\quad u = u(x, y, z, t), \quad v = v(x, y, z, t), \quad w = w(x, y, z, t).$$

Haben, wie zuletzt vorausgesetzt wurde, die Funktionen (123) in $\{T_0 + S_0; \langle t_0, t_1\rangle\}$ stetige partielle Ableitungen erster und zweiter Ordnung (82), so haben, wie man leicht sieht, die Funktionen (125) in $\{T + S; \langle t_0, t_1\rangle\}$ stetige partielle Ableitungen erster Ordnung.

Wir sind bei dem Übergang von den Gleichungen (123) zu den Gleichungen (125) tatsächlich grundsätzlichen Schwierigkeiten nicht begegnet. Dies darf nicht wundernehmen, — man beachte, daß die Gleichungen (123) die vollständige und unmittelbare Beschreibung der Flüssigkeitsbewegung darstellen.

Natürlich kann dennoch die wirkliche Ausführung der angedeuteten Eliminationsprozesse mit umständlichen, ja praktisch nicht vollziehbaren Rechnungen verbunden sein.

---

[42] Man vergleiche die Ausführungen auf S. 140 u. 141. Der an der zuletzt genannten Stelle gebrauchte Fundamentalsatz über unentwickelte Funktionen ist im vorliegenden Falle auf das System der vier Gleichungen (123) anzuwenden.

Nunmehr aber der Übergang von den Eulerschen zu den Lagrangeschen Variablen. Bekannt ist jetzt das Geschwindigkeitsfeld für alle t in $\langle t_0, t_1\rangle$,

$$u = u(x, y, z, t), \qquad v = v(x, y, z, t), \qquad w = w(x, y, z, t), \tag{126}$$

oder, anders geschrieben,

$$\frac{dx}{dt} = u(x, y, z, t), \quad \frac{dy}{dt} = v(x, y, z, t), \quad \frac{dz}{dt} = w(x, y, z, t). \tag{127}$$

Die in dem vierdimensionalen Bereiche $\{T + S\,; \langle t_0, t_1\rangle\}$ erklärten Funktionen $u(x, y, z, t)$, $v(x, y, z, t)$, $w(x, y, z, t)$ sind stetig und haben stetige Ableitungen erster Ordnung. Handelt es sich speziell um eine inkompressible Flüssigkeit, so ist

$$\frac{\partial u}{\partial x} + \frac{\partial v}{\partial y} + \frac{\partial w}{\partial z} = 0. \tag{128}$$

Die Beziehungen (127) bilden ein System gewöhnlicher Differentialgleichungen erster Ordnung. Der formalen Theorie gewöhnlicher Differentialgleichungen zufolge lassen sich aus (127) die Variablen x, y, z im allgemeinen als Funktionen von t und von drei willkürlichen Parametern, den „Integrationskonstanten", bestimmen. Man kann diese Parameter insbesondere den Werten a, b, c, die x, y, z etwa für $t = t_0$ annehmen, gleich setzen. Dann ergibt also die Auflösung der Differentialgleichungen (127) drei Gleichungen von der Form

$$x = x(a, b, c, t), \qquad y = y(a, b, c, t), \qquad z = (a, b, c, t), \tag{129}$$

und dies wären die gesuchten Formeln.

Betrachten wir unser Problem etwas näher. Der Einfachheit halber nehmen wir zunächst an, daß sowohl der vierdimensionale Bereich $\{T + S; \langle t_0, t_1\rangle\}$ als auch die Funktionen $u(x, y, z, t)$, $v(x, y, z, t)$, ... analytisch und regulär sind. Es ist fast unmittelbar einleuchtend, daß der mit t variable Bereich $T + S$ nicht beliebig vorgeschrieben werden darf. Wie wir wissen, ist bei einer stetigen Flüssigkeitsbewegung das Bild einer Randkomponente von $T_0 + S_0$ stets eine Randkomponente von $T + S$. Es muß demnach S für alle t in $\langle t_0, t_1\rangle$ aus gleichviel Komponenten (im vorliegenden Falle geschlossenen, doppelpunktfreien, analytischen und regulären Flächen) bestehen. Die zusammengehörigen Flächenschalen sind einander (für alle t in $\langle t_0, t_1\rangle$) umkehrbar eindeutig und stetig und, wie wir diesmal vorausgesetzt haben, auch analytisch und regulär zugeordnet. Es möge etwa die Gleichung einer Komponente, sagen wir $S^{(1)}$, von S in der Form $\Phi(x, y, z, t) = 0$ vorliegen, unter Φ eine für alle t in $\langle t_0, t_1\rangle$ und alle (x, y, z) auf $S^{(1)}$ analytische und reguläre Funktion verstanden. Wir nehmen an, daß auf $S^{(1)}$

$$\left(\frac{\partial \Phi}{\partial x}\right)^2 + \left(\frac{\partial \Phi}{\partial y}\right)^2 + \left(\frac{\partial \Phi}{\partial z}\right)^2 \neq 0$$

ist. Offenbar läßt sich die Gleichung $\Phi(x, y, z, t) = 0$ in der Umgebung eines beliebigen diese Gleichung erfüllenden Wertsystems x, y, z, t entweder nach x oder nach y oder aber nach z auflösen, demnach auf die Form

$$x = x(y, z, t) \quad \text{oder} \quad y = y(x, z, t) \quad \text{oder} \quad z = z(x, y, t)$$

bringen. Natürlich können auch alle drei Möglichkeiten gleichzeitig vorliegen[43].

Für ein Flüssigkeitsteilchen auf $S^{(1)}$ ist die Gleichung $\Phi(x, y, z, t) = 0$ für alle t in $\langle t_0, t_1\rangle$ erfüllt. Also ist

$$\frac{d\Phi}{dt} = \frac{\partial\Phi}{\partial t} + \frac{\partial\Phi}{\partial x}\frac{dx}{dt} + \frac{\partial\Phi}{\partial y}\frac{dy}{dt} + \frac{\partial\Phi}{\partial z}\frac{dz}{dt} = 0.$$

Hieraus und aus (127) folgt

$$\frac{\partial\Phi}{\partial t} + \frac{\partial\Phi}{\partial x}u + \frac{\partial\Phi}{\partial y}v + \frac{\partial\Phi}{\partial z}w = 0. \tag{130}$$

Es seien $\cos\alpha$, $\cos\beta$, $\cos\gamma$ die Kosinus der von der einen oder der anderen Richtung der Normale zu $S^{(1)}$ in (x, y, z) mit den Koordinatenachsen eingeschlossenen Winkel,

$$\cos\alpha = \pm\frac{\partial\Phi}{\partial x}\cdot P^{-1}, \quad \cos\beta = \pm\frac{\partial\Phi}{\partial y}\cdot P^{-1}, \quad \cos\gamma = \pm\frac{\partial\Phi}{\partial z}\cdot P^{-1}, \tag{131}$$

$$P^2 = \left(\frac{\partial\Phi}{\partial x}\right)^2 + \left(\frac{\partial\Phi}{\partial y}\right)^2 + \left(\frac{\partial\Phi}{\partial z}\right)^2 \qquad (P > 0).$$

Die Ableitung der Funktion $\Phi(x, y, z, t)$ in der durch das positive Vorzeichen in (131) charakterisierten Richtung ist augenscheinlich

$$P^{-1}\left(\frac{\partial\Phi}{\partial x}\frac{\partial\Phi}{\partial x} + \frac{\partial\Phi}{\partial y}\frac{\partial\Phi}{\partial y} + \frac{\partial\Phi}{\partial z}\frac{\partial\Phi}{\partial z}\right) = P > 0.$$

Die Richtungskosinus $\frac{\partial\Phi}{\partial x}\cdot P^{-1}, \ldots$ entsprechen also derjenigen Richtung der Normale zu $S^{(1)}$ in (x, y, z), die nach der Seite der positiven Φ hinweist[44]; sie sei mit (n) bezeichnet. Offenbar ist

$$\frac{\partial\Phi}{\partial x}\cdot P^{-1}u + \frac{\partial\Phi}{\partial y}\cdot P^{-1}v + \frac{\partial\Phi}{\partial z}\cdot P^{-1}w = \mathfrak{u}_n, \tag{132}$$

unter $\mathfrak{u}_n$ die Normalkomponente der Geschwindigkeit in (x, y, z) verstanden. Aus (130) und (132) folgt demnach für alle t und alle (x, y, z) auf $S^{(1)}$

$$\mathfrak{u}_n = -\frac{\partial\Phi}{\partial t}\left\{\left(\frac{\partial\Phi}{\partial x}\right)^2 + \left(\frac{\partial\Phi}{\partial y}\right)^2 + \left(\frac{\partial\Phi}{\partial z}\right)^2\right\}^{-\frac{1}{2}}. \tag{133}$$

Diese Gleichung muß für alle (x, y, z) auf $S^{(1)}$ erfüllt sein.

---

[43] Augenscheinlich spielt jetzt t lediglich die Rolle eines Parameters.

[44] Man vergleiche hierzu die Ausführungen auf S. 32. Dort handelt es sich um analoge Betrachtungen in dem vierdimensionalen Raume der Variablen x, y, z, t.

Die Gleichung (130) gestattet noch eine andere naheliegende Deutung. Betrachten wir einen Augenblick die Hyperfläche $\Phi(x, y, z, t) = 0$. Die Hyperebene, die sie im Punkte (x, y, z, t) berührt, ist, wenn man die laufenden Koordinaten vorübergehend mit $\mathbf{x}, \mathbf{y}, \mathbf{z}, \mathbf{t}$ bezeichnet,

$$(134)\qquad (\mathbf{x} - x)\frac{\partial\Phi}{\partial x} + (\mathbf{y} - y)\frac{\partial\Phi}{\partial y} + (\mathbf{z} - z)\frac{\partial\Phi}{\partial z} + (\mathbf{t} - t)\frac{\partial\Phi}{\partial t} = 0.$$

Die Richtungskosinus der Weltlinie des Flüssigkeitsteilchens (a, b, c) zur Zeit t sind proportional zu $u, v, w, 1$. Nach (130) liegt offenbar die Tangente an die Weltlinie im Punkte (x, y, z, t) in der Hyperebene (134).

Allgemeiner könnte die Gleichung von $S^{(1)}$ in einer Parameterdarstellung vorliegen,

$$(135)\qquad x = \mathfrak{X}(t, p, q), \qquad y = \mathfrak{Y}(t, p, q), \qquad z = \mathfrak{Z}(t, p, q),$$

unter $\mathfrak{X}, \mathfrak{Y}, \mathfrak{Z}$ Funktionen verstanden, die für alle t in $\langle t_0, t_1\rangle$ und alle p, q etwa auf einer Kugel, einem Torus oder einer anderen analytischen und regulären „Normalfläche" S^*, die umkehrbar eindeutig und stetig auf $S^{(1)}$ abgebildet werden kann, sich analytisch und regulär verhalten und überdies so beschaffen sind, daß die drei Jacobischen Determinanten

$$\frac{\partial(\mathfrak{X}, \mathfrak{Y})}{\partial(p, q)}, \qquad \frac{\partial(\mathfrak{X}, \mathfrak{Z})}{\partial(p, q)}, \qquad \frac{\partial(\mathfrak{Y}, \mathfrak{Z})}{\partial(p, q)}$$

nicht gleichzeitig verschwinden [45]. Jetzt gilt

$$\frac{dx}{dt} = \frac{\partial\mathfrak{X}}{\partial t} + \frac{\partial\mathfrak{X}}{\partial p}\frac{dp}{dt} + \frac{\partial\mathfrak{X}}{\partial q}\frac{dq}{dt}, \qquad \frac{dy}{dt} = \frac{\partial\mathfrak{Y}}{\partial t} + \frac{\partial\mathfrak{Y}}{\partial p}\frac{dp}{dt} + \frac{\partial\mathfrak{Y}}{\partial q}\frac{dq}{dt},$$

$$\frac{dz}{dt} = \frac{\partial\mathfrak{Z}}{\partial t} + \frac{\partial\mathfrak{Z}}{\partial p}\frac{dp}{dt} + \frac{\partial\mathfrak{Z}}{\partial q}\frac{dq}{dt}.$$

Nach Elimination von $\frac{dp}{dt}, \frac{dq}{dt}$ erhält man die zu erfüllende Bedingung in der Form

$$\begin{vmatrix} u - \frac{\partial\mathfrak{X}}{\partial t} & \frac{\partial\mathfrak{X}}{\partial p} & \frac{\partial\mathfrak{X}}{\partial q} \\ v - \frac{\partial\mathfrak{Y}}{\partial t} & \frac{\partial\mathfrak{Y}}{\partial p} & \frac{\partial\mathfrak{Y}}{\partial q} \\ w - \frac{\partial\mathfrak{Z}}{\partial t} & \frac{\partial\mathfrak{Z}}{\partial p} & \frac{\partial\mathfrak{Z}}{\partial q} \end{vmatrix} = 0.$$

[45] Im Sinne der Ausführungen auf S. 13—14 können wir uns S^* etwa im Raume der kartesischen Koordinaten x^*, y^*, z^* von einer endlichen Anzahl dachziegelartig übereinandergreifender Flächenstücke überdeckt denken, so daß in einem jeden dieser Stücke entweder z^* eine analytische und reguläre Funktion von x^* und y^* darstellt, oder y^* bzw. x^* als eine ebensolche Funktion von x^*, z^* bzw. y^*, z^* erscheint. Man wird dann einfach $p = x^*$, $q = y^*$ bzw. $p = x^*$, $q = z^*$ oder aber $p = y^*$, $q = z^*$ wählen.

Entwickelt man die Determinante nach den Elementen der ersten Spalte, so findet man

$$\left(u - \frac{\partial \mathfrak{X}}{\partial t}\right)\left(\frac{\partial \mathfrak{Y}}{\partial p}\frac{\partial \mathfrak{Z}}{\partial q} - \frac{\partial \mathfrak{Z}}{\partial p}\frac{\partial \mathfrak{Y}}{\partial q}\right) + \left(v - \frac{\partial \mathfrak{Y}}{\partial t}\right)\left(\frac{\partial \mathfrak{Z}}{\partial p}\frac{\partial \mathfrak{X}}{\partial q} - \frac{\partial \mathfrak{X}}{\partial p}\frac{\partial \mathfrak{Z}}{\partial q}\right) + \cdots = 0.$$

Beachtet man, daß die Größen, mit denen hier $u - \frac{\partial \mathfrak{X}}{\partial t}$, $v - \frac{\partial \mathfrak{Y}}{\partial t}$, $w - \frac{\partial \mathfrak{Z}}{\partial t}$ multipliziert erscheinen, den Richtungskosinus der Normale zu $S^{(1)}$ in (x, y, z) proportional sind, so erhält man endgültig

$$(136) \qquad \mathfrak{u}_n = u \cos(n, x) + v \cos(n, y) + w \cos(n, z)$$
$$= \frac{\partial \mathfrak{X}}{\partial t} \cos(n, x) + \frac{\partial \mathfrak{Y}}{\partial t} \cos(n, y) + \frac{\partial \mathfrak{Z}}{\partial t} \cos(n, z).$$

Wir wollen jetzt zeigen, daß dann, wenn die vorstehenden Bedingungen erfüllt sind, insbesondere die Gleichungen (133) oder (136) gelten, tatsächlich durch die Gleichungen (127) eine ganz bestimmte stetige Flüssigkeitsbewegung gegeben ist. Wir nehmen, wie vorhin erwähnt, an, daß die Funktionen $u(x, y, z, t)$, $v(x, y, z, t), \ldots$ analytisch und regulär sind, und stützen uns auf den folgenden fundamentalen Existenzsatz von Cauchy[46].

Es mögen $f_1(x, y, z, t)$, $f_2(x, y, z, t)$, $f_3(x, y, z, t)$ Funktionen bezeichnen, die in der Umgebung des Wertsystems x^*, y^*, z^*, t^0 ihrer Argumente analytisch und regulär sind. Dann läßt sich ein Wert $\delta^0 > 0$ angeben, so daß die Differentialgleichungen

$$\frac{dx}{dt} = f_1(x, y, z, t), \qquad \frac{dy}{dt} = f_2(x, y, z, t), \qquad \frac{dz}{dt} = f_3(x, y, z, t)$$

ein und nur ein System von Lösungen

$$x = x(x^0, y^0, z^0, t), \qquad y = y(x^0, y^0, z^0, t), \qquad z = z(x^0, y^0, z^0, t)$$

haben, die für alle x^0, y^0, z^0, t in dem vierdimensionalen Bereiche

$$|t - t^0| \leqq \delta^0, \quad |x^0 - x^*| \leqq \delta^0, \quad |y^0 - y^*| \leqq \delta^0, \quad |z^0 - z^*| \leqq \delta^0$$

analytisch und regulär sind und den Anfangsbedingungen

$$x(x^0, y^0, z^0, t^0) = x^0, \qquad y(x^0, y^0, z^0, t^0) = y^0, \qquad z(x^0, y^0, z^0, t^0) = z^0$$

genügen.

Die Geschwindigkeitskomponenten u, v, w sind in $\{T + S;\ \langle t_0, t_1\rangle\}$ analytisch und regulär; sie sind es also auch in einem vierdimensionalen

---

[46] Vgl. bsp. C. Jordan, loc. cit.[4] t. III, S. 93—101; H. Poincaré, Les méthodes nouvelles de la mécanique céleste, t. I. Paris 1892, S. 51—61; É. Picard, Traité d'Analyse, t. III. Paris 1908 (zweite Auflage), S. 159—165.

Bereiche, der $\{T+S; \langle t_0, t_1\rangle\}$ ganz in seinem Innern enthält[47]. Ist jetzt x', y', z', t' irgendein System von Werten in $\{T+S; \langle t_0, t_1\rangle\}$, so gibt es gewiß ein System von Lösungen der Gleichungen (127),

$$(137) \quad x = x(x', y', z', t), \quad y = y(x', y', z', t), \quad z = z(x', y', z', t),$$

das für alle $|t - t'| \leqq \delta'$ analytisch und regulär ist und den Anfangsbedingungen

$$x(x', y', z', t') = x', \quad y(x', y', z', t') = y', \quad z(x', y', z', t') = z'$$

genügt. Durch diese Gleichungen ist die Bahn desjenigen Flüssigkeitsteilchens bestimmt, das sich zur Zeit t' in (x', y', z') befand. Der Fundamentalsatz sichert die Existenz dieser Bahn für ein Zeitintervall $t' - \delta' \leqq t \leqq t' + \delta'$. Übrigens läßt sich eine für alle x', y', z', t' in $\{T+S; \langle t_0, t_1\rangle\}$ gleichmäßig geltende Schranke δ' angeben.

Es sei jetzt $t' = t_0$ gesetzt, und es sei x', y', z' irgendein Punkt (a, b, c) in $T_0 + S_0$. Durch die vorstehenden Betrachtungen ist für alle t in dem Intervalle $t_0 \leqq t \leqq t_0 + \delta'$ die Existenz einer dreiparametrigen Schar von Bahnkurven

$$(138) \quad x = x(a, b, c, t), \quad y = y(a, b, c, t), \quad z = z(a, b, c, t)$$

erwiesen, so daß

$$x(a, b, c, t_0) = a, \quad y(a, b, c, t_0) = b, \quad z(a, b, c, t_0) = c$$

gilt.

Es ist klar, daß durch die Gleichungen (138) für $t_0 \leqq t \leqq t_0 + \delta'$ eine umkehrbar eindeutige und stetige Transformation, d. h. eine (stetige) Bewegung dargestellt wird. Sollte nämlich zwei Punkten (a_1, b_1, c_1) und (a_2, b_2, c_2) in $T_0 + S_0$ durch die Gleichungen (138) derselbe Punkt (x^*, y^*, z^*) für einen Wert t^* in $(t_0, t_0 + \delta'\rangle$ zugeordnet sein, so gebe es in dem Intervalle $\langle t_0, t^*)$ zwei verschiedene Lösungssysteme der Gleichungen (127), nämlich

$$x = x(a_1, b_1, c_1, t), \ldots; \qquad x = x(a_2, b_2, c_2, t), \ldots,$$

die beide der Bedingung genügen, für $t = t^*$ die Werte x^*, y^*, z^* anzunehmen. Dies wäre aber im Widerspruch mit dem Fundamentalsatz von Cauchy.

---

[47] Es ist wesentlich, daß, wie oben erwähnt, u, v, w in einem Bereiche erklärt sind, der $\{T+S; \langle t_0, t_1\rangle\}$ in seinem Innern enthält. Bei dem Existenzbeweise der Lösungen der Gleichungen (127) wird von dieser Voraussetzung Gebrauch gemacht, ganz gleich, ob es sich um analytische und reguläre Funktionen handelt, oder ob die Voraussetzungen von Cauchy und Lipschitz zugrunde gelegt werden. (Man vergleiche loc. cit. [46].) Es ist zunächst auch nicht sicher, ob die Lösungen (137), wenn man x', y', z', t' in $\{T+S; \langle t_0, t_1\rangle\}$ beliebig wählt, diesen Bereich nicht verlassen.

Den in dem ersten Kapitel entwickelten Sätzen zufolge (vgl. S. 15) füllen die Flüssigkeitsteilchen, die sich zur Zeit t_0 in $T_0 + S_0$ befanden, für alle t in $\langle t_0, t_0 + \delta' \rangle$ einen Bereich $\dot{T} + \dot{S}$ einfach und lückenlos aus. Durch die Gleichungen (138) ist wirklich eine (stetige) Bewegung erklärt. Wir wollen jetzt zeigen, daß $\dot{T} + \dot{S}$ mit dem ursprünglich gegebenen Bereiche $T + S$ identisch ist, d. h. daß die Bilder der Randflächen von $T_0 + S_0$ mit den Randflächen S von $T + S$ übereinstimmen.

Es sei $c = C(a, b)$ irgendein, etwa von einer analytischen und regulären Jordanschen Randkurve begrenztes Stück einer analytischen und regulären Fläche Σ in $T_0 + S_0$[48]. Die Flüssigkeitsteilchen, die sich zur Zeit t_0 auf Σ befinden, bilden zur Zeit t ein Flächenstück, dessen Normale für hinreichend kleine Werte von $t - t_0$ mit der z-Achse einen von $\frac{\pi}{2}$ verschiedenen Winkel einschließt[49] und dessen Gleichung darum in der Form $z = Z(x, y, t)$ dargestellt werden kann. Der Formel (88) gemäß ist, da jetzt

$$f(x, y, z, t) \equiv z - Z(x, y, t) = 0$$

gilt,

$$-\frac{\partial Z}{\partial x} u - \frac{\partial Z}{\partial y} v + w - \frac{\partial Z}{\partial t} = 0$$

oder, ausführlicher geschrieben,

$$(139) \qquad -\frac{\partial Z}{\partial x} u(x, y, Z) - \frac{\partial Z}{\partial y} v(x, y, Z) + w(x, y, Z) - \frac{\partial Z}{\partial t} = 0 .$$

Die Funktion $Z(x, y, t)$ genügt also der partiellen Differentialgleichung erster Ordnung (139) mit x, y und t als unabhängigen Variablen. Sie ist nach bekannten Sätzen hierdurch und durch die Anfangsbedingung

$$Z(a, b, t_0) = C(a, b)$$

für alle t in einem Intervalle $\langle t_0, t_0 + \delta^{(2)} \rangle$, $\delta^{(2)} \leqq \delta'$ vollkommen bestimmt[50].

Es sei speziell $c = C^{(1)}(a, b)$ ein Stück $\Sigma_0^{(1)}$ der Randfläche $S_0^{(1)}$ von $T_0 + S_0$. Nach vorstehendem erfüllen die $\Sigma^{(1)}$ bildenden Teilchen für alle hinreichend kleinen $t - t_0$ ein Flächenstück $z = Z^{(1)}(x, y, t)$, unter $Z^{(1)}$ eine Lösung der Differentialgleichung (139) verstanden, die für $t = t_0$ in $C^{(1)}(a, b)$ übergeht.

---

[48] Wir bezeichnen die kartesischen Koordinaten in dem Zeitpunkt t_0 mit a, b, c.

[49] Da dies in dem Zeitpunkt t_0 gewiß der Fall ist.

[50] Es handelt sich um den fundamentalen Existenzsatz von Cauchy und Frau S. Kowalewsky in der Theorie der partiellen Differentialgleichungen. Vgl. bsp. C. Jordan, loc. cit.[4] t. III, S. 305—313; É. Picard, loc. cit.[46] t. II, Paris 1905 (zweite Auflage), S. 360—366.

Betrachten wir jetzt dasjenige Flächenstück auf einer der Randkomponenten von T, das $\Sigma_0^{(1)}$ zugeordnet ist. Seine Normale schließt mit der z-Achse aus Gründen der Stetigkeit für hinreichend kleine $t - t_0$ einen von $\frac{\pi}{2}$ verschiedenen Winkel ein, seine Gleichung kann demnach auf die Form $z = \bar{Z}(x, y, t)$ gebracht werden. Nach Voraussetzung ist, da jetzt

$$\Phi(x, y, z, t) \equiv z - \bar{Z}(x, y, t) = 0$$

gilt,

$$-\frac{\partial \bar{Z}}{\partial x} u - \frac{\partial \bar{Z}}{\partial y} v + w - \frac{\partial \bar{Z}}{\partial t} = 0. \tag{140}$$

Die Funktion $\bar{Z}$ genügt demnach ebenfalls der Differentialgleichung (139) und, da sie für $t = t_0$ in $C^{(1)}(a, b)$ übergeht, so muß sie mit $Z^{(1)}(x, y, t)$ identisch sein,

$$Z^{(1)}(x, y, t) = \bar{Z}(x, y, t).$$

Analoge Schlüsse gelten, wenn die Gleichung einzelner Teile von $S^{(1)}$ in der Form

$$a = A(b, c) \quad \text{oder} \quad b = B(a, c)$$

vorliegt. Das Endresultat ist, daß für alle t in $\langle t_0, t_0 + \delta^{(2)}\rangle$ mit $\delta^{(2)} \leqq \delta'$ bei der durch (138) dargestellten Bewegung der Rand von T_0 in den Rand von T übergeht, also $\dot{T} + \dot{S}$ in der Tat mit $T + S$ identisch ist.

Die gleiche Überlegung kann man jetzt wiederholen, indem man für t_0 nacheinander $t_0 + \delta^{(2)}$, $t_0 + 2\,\delta^{(2)}, \ldots$ setzt[51]. Nach einer endlichen Anzahl von Schritten wird das ganze Intervall $\langle t_0, t_1\rangle$ ausgeschöpft sein; unser Problem ist damit endgültig erledigt.

Bei den vorhergehenden Betrachtungen haben wir der Einfachheit halber angenommen, die Funktionen Φ, u, v, w seien analytisch und regulär. Man kommt ohne Schwierigkeiten zum Ziele, auch wenn man diese Voraussetzung fallen läßt[51a].

Der mit t variable Bereich $T + S$ möge ein beschränkter Bereich der Klasse A sein. Wir denken uns die Gleichung einer Randkomponente $S^{(1)}$ von S in der Form $\Phi(x, y, z, t) = 0$ vorgelegt, unter Φ eine für alle t in $\langle t_0, t_1\rangle$ und alle (x, y, z) in einem Bereich, der $S^{(1)}$ in seinem Innern enthält, nebst ihren partiellen Ableitungen erster Ordnung stetige Funktion, die überdies so beschaffen ist, daß

---

[51] Die vorhin für $t - t'$ gefundene Schranke δ' gilt für alle (x', y', z', t') in $\{T + S; \langle t_0, t_1\rangle\}$ gleichmäßig. Das gleiche läßt sich bezüglich der Schranke $\delta^{(2)} \leqq \delta'$ sagen, wenn man den Zeitpunkt, auf den sich die Überlegungen auf S. 164 beziehen, und der dort gleich t_0 gesetzt wurde, beliebig in $\langle t_0, t_1\rangle$ annimmt.

[51a] Der vorwiegend physikalisch interessierte Leser wird vielleicht gut tun, bei der ersten Lektüre die Ausführungen auf S. 166—169 zu überschlagen.

$\left(\frac{\partial \Phi}{\partial x}\right)^2 + \left(\frac{\partial \Phi}{\partial y}\right)^2 + \left(\frac{\partial \Phi}{\partial z}\right)^2 > 0$ ist, verstanden[52]. Es mögen weiter die in $\{T + S; \langle t_0, t_1\rangle\}$ erklärten Funktionen u, v, w stetig sein und stetige Ableitungen erster Ordnung

$$\frac{\partial u}{\partial x}, \frac{\partial u}{\partial y}, \ldots, \frac{\partial w}{\partial z}, \frac{\partial w}{\partial t}$$

haben. Es ist dies offenbar keine Einschränkung der Allgemeinheit, wenn wir annehmen, daß Φ positiv wird, wenn man sich von einem Punkte auf $S^{(1)}$ aus in das Innere von T begibt.

Es sei $\boldsymbol{P}^0 = (x^0, y^0, z^0, t^0)$ ein Punkt der Hyperfläche $\Phi(x, y, z, t) = 0$, die wir $\boldsymbol{H}$ nennen wollen. Betrachten wir die Normale in $\boldsymbol{P}^0$ zu $\boldsymbol{H}$. Wie man leicht sieht, wird Φ auf dieser Normale auf der einen Seite von $\boldsymbol{P}^0$ in einer gewissen Umgebung dieses Punktes positive, auf der anderen Seite negative Werte annehmen. Wir bezeichnen speziell mit $(\boldsymbol{\nu}^0)$ diejenige Richtung auf der betrachteten Normale, die zu den positiven Φ führt.

Wie wir wissen, läßt sich um $\boldsymbol{P}^0$ als Mittelpunkt gewiß eine Hyperkugel $\boldsymbol{C}$ vom Radius ϱ^0 beschreiben, so daß derjenige Teil von $\boldsymbol{H}$, der ganz im Innern von $\boldsymbol{C}$ enthalten ist, von einer jeden Parallele zu unserer Normale in einem einzigen Punkte getroffen wird (vgl. S. 29—30). Betrachten wir diejenige Strecke auf einer bestimmten dieser Parallelen, die zwischen $\boldsymbol{H}$ und $\boldsymbol{C}$ liegt und außerhalb von $\{T + S; \langle t_0, t_1\rangle\}$ enthalten ist. Sie ist, wie man leicht sieht, entgegengesetzt zu $(\boldsymbol{\nu}^0)$ gerichtet. Wir können nun die Funktionen u, v, w dadurch über $\boldsymbol{H}$ hinaus in den vierdimensionalen, von $\boldsymbol{C}$ begrenzten Kugelkörper fortsetzen, daß wir ihnen auf einer jeden der soeben betrachteten Strecken denjenigen Wert erteilen, den sie in dem Ausgangspunkte auf $\boldsymbol{H}$ haben. Die in dem erweiterten Bereiche erklärten Funktionen u, v, w sind stetig und haben abteilungsweise stetige Ableitungen erster Ordnung. Beim Durchgang durch $\boldsymbol{H}$ können $\frac{\partial u}{\partial x}, \ldots, \frac{\partial w}{\partial t}$ sprungweise Unstetigkeiten erleiden[53].

Es ist einleuchtend, daß u, v, w in ihrem erweiterten Definitionsbereich der Lipschitzschen Bedingung

$$\begin{aligned}
&| u(x_1, y_1, z_1, t^{(1)}) - u(x_2, y_2, z_2, t^{(2)}) | \\
&\qquad \leqq \boldsymbol{M}[\,| x_1 - x_2 | + | y_1 - y_2 | + | z_1 - z_2 | + | t^{(1)} - t^{(2)} |\,], \\
&\qquad \cdots\cdots\cdots\cdots\cdots\cdots \qquad (\boldsymbol{M} \text{ konstant}) \\
&| w(x_1, y_1, z_1, t^{(1)}) - w(x_2, y_2, z_2, t^{(2)}) | \\
&\qquad \leqq \boldsymbol{M}[\,| x_1 - x_2 | + y_1 - y_2 | + | z_1 - z_2 | + | t^{(1)} - t^{(2)} |\,]
\end{aligned} \tag{141}$$

genügen.

[52] Ebensogut könnte man natürlich von der Parameterdarstellung (135) ausgehen.

[53] Wie man unmittelbar sieht, bleiben hierbei die Tangentialableitungen stetig.

Es sei C^* eine um P^0 beschriebene Hyperkugel vom Radius $\frac{1}{2}\varrho^0$, und es möge $P' = (x', y', z', t')$ irgendeinen Punkt bezeichnen, der dem Durchschnitt des von C^* begrenzten vierdimensionalen Kugelkörpers und des Bereiches $\{T + S; \langle t_0, t_1\rangle\}$ angehört[54]. Insbesondere kann P' auf H in einem Abstande

$$(141') \qquad \{(x' - x^0)^2 + (y' - y^0)^2 + (z' - z^0)^2 + (t' - t^0)^2\}^{\frac{1}{2}} \leqq \frac{\varrho^0}{2}$$

von P^0 liegen. Nach dem bekannten Existenzsatze von Cauchy und Lipschitz in der Theorie der gewöhnlichen Differentialgleichungen gibt es eine und nur eine Lösung (137) der Gleichungen (127), die den Bedingungen

$$x(x', y', z', t') = x', \qquad y(x', y', z', t') = y', \qquad z(x', y', z', t') = z'$$

genügt[55]. Die Existenz dieser Lösung ist für alle soeben betrachteten Ausgangspunkte P' und alle t in einem Intervalle $0 \leqq t - t' \leqq \delta^{(1)}$ gesichert.

Wir haben bereits früher (vgl. die Fußnote [47]) auf die Gründe hingewiesen, die eine Fortsetzung der Funktionen u, v, w über H hinaus notwendig machen. Während aber in dem vorhin betrachteten Falle diese Funktionen in einem gewissen Bereich erklärt werden konnten, der $\{T + S; \langle t_0, t_1\rangle\}$ ganz in seinem Innern enthält, haben wir es jetzt lediglich mit einer Fortsetzung über einen Teil von H hinaus zu tun.

Es möge nun (x', y', z', t') ein Punkt von H sein, $\Phi(x', y', z', t') = 0$. Wir zeigen, daß für alle t in $\langle t', t' + \delta'\rangle$ $(\delta' \leqq \delta^{(1)})$ die Beziehung $\Phi(x, y, z, t) = 0$ gilt, d. h. das ganze Kurvenstück

$$x = x(x', y', z', t), \quad y = y(x', y', z', t), \quad z = z(x', y', z', t), \quad (t' \leqq t \leqq t' + \delta')$$

auf H liegt.

Nach dem Mittelwertsatze der Differentialrechnung ist

$$(142) \quad \Phi(x, y, z, t) = (x - x')\frac{\partial \tilde{\Phi}}{\partial x} + (y - y')\frac{\partial \tilde{\Phi}}{\partial y} + (z - z')\frac{\partial \tilde{\Phi}}{\partial z} + (t - t')\frac{\partial \tilde{\Phi}}{\partial t},$$

$$\frac{\partial \tilde{\Phi}}{\partial x} = \frac{\partial}{\partial x}\Phi\left(x' + \vartheta(x - x'), y' + \vartheta(y - y'), z' + \vartheta(z - z'), t' + \vartheta(t - t')\right), \ldots$$
$$(0 < \vartheta < 1).$$

Die Funktion Φ ist in dem Bereiche

$$(143) \qquad |x - x'|, |y - y'|, |z - z'|, |t - t'| \leqq \frac{\varrho^0}{4}$$

gewiß erklärt und nebst ihren partiellen Ableitungen erster Ordnung

[54] Das heißt derjenigen Punktmenge, die diese beiden Bereiche gemeinsam haben.

[55] Vgl. bsp. C. Jordan, loc. cit.[4] t. III, S. 87—93.

[55a] Wie sich leicht zeigen läßt, folgt aus (141') und (143), daß (x, y, z, t) tatsächlich in dem von C begrenzten Bereiche liegt.

stetig. Es sei $\frac{1}{4}N$ der Höchstwert von $\left|\frac{\partial \Phi}{\partial x}\right|, \ldots, \left|\frac{\partial \Phi}{\partial t}\right|$ in (143). Aus (142) folgt, wenn die Ungleichheiten

(144) $$|x-x'|, |y-y'|, |z-z'|, |t-t'| \leqq k \leqq \frac{\varrho^0}{4}$$

erfüllt sind,

(145) $$|\Phi(x, y, z, t)| \leqq Nk.$$

Es sei $M = \mathrm{Max}\,\{|u|, |v|, |w|\}$ für alle x, y, z, t in (143). Aus

$$x(x', y', z', t) - x' = \int_{t'}^{t} u\,dt, \qquad y(x', y', z', t) - y' = \int_{t'}^{t} v\,dt,$$

$$z(x', y', z', t) - z' = \int_{t'}^{t} w\,dt$$

folgt, daß, wenn man

$$|t-t'| \leqq \mathrm{Min}\left\{k, \frac{k}{M}, \delta^{(1)}\right\}$$

annimmt, der Punkt (x, y, z, t) gewiß in dem Bereiche (143) liegt.

Es sei jetzt der Abstand des Punktes (x, y, z, t) von $\boldsymbol{H}$ mit $\boldsymbol{d}$ bezeichnet. Der Fußpunkt des von (x, y, z, t) auf $\boldsymbol{H}$ gefällten Lotes heiße $(\bar{x}, \bar{y}, \bar{z}, \bar{t})$. Auf $\boldsymbol{H}$ ist Φ gleich Null, mithin ist

(146) $$\Phi(x, y, z, t) = \boldsymbol{d}\frac{\partial \hat{\Phi}}{\partial \boldsymbol{\nu}},$$

unter $\frac{\partial \hat{\Phi}}{\partial \boldsymbol{\nu}}$ die Ableitung in der Richtung $(\bar{x}, \bar{y}, \bar{z}, \bar{t}) \to (x, y, z, t)$ in einem gewissen zwischen diesen beiden Punkten gelegenen Punkte verstanden. Auf $\boldsymbol{H}$ ist nach Voraussetzung $\left(\frac{\partial \Phi}{\partial x}\right)^2 + \left(\frac{\partial \Phi}{\partial y}\right)^2 + \left(\frac{\partial \Phi}{\partial z}\right)^2 > 0$. Aus Gründen der Stetigkeit ist für alle hinreichend kleinen k, etwa $k \leqq k_1$, gewiß

(147) $$\left|\frac{\partial \Phi}{\partial \boldsymbol{\nu}}\right| \geqq q > 0 \qquad (q \text{ konstant})^{55\mathrm{b}}.$$

Aus (145) und (146) folgt jetzt

(148) $$\boldsymbol{d} \leqq \frac{N}{q}k.$$

Aus dem Mittelwertsatz der Differentialrechnung schließen wir, daß für alle (143) genügenden Werte von x, y, z, t gleichmäßig

(149) $$|u-\bar{u}|, |v-\bar{v}|, |w-\bar{w}| \leqq \alpha_* \boldsymbol{d}; \quad \bar{u} = u(\bar{x}, \bar{y}, \bar{z}, \bar{t}), \ldots \quad (\alpha_* \text{ konstant})$$

gesetzt werden kann.

[55b] Es ist nämlich (vgl. S. 32)

$$\left(\frac{\partial \Phi}{\partial \boldsymbol{\nu}}\right)^2 = \left(\frac{\partial \Phi}{\partial x}\right)^2 + \left(\frac{\partial \Phi}{\partial y}\right)^2 + \left(\frac{\partial \Phi}{\partial z}\right)^2 + \left(\frac{\partial \Phi}{\partial t}\right)^2.$$

Wir nehmen nunmehr an, daß Φ auch noch stetige partielle Ableitungen zweiter Ordnung hat. Alsdann gelten die weiteren Ungleichheitsbeziehungen

$$
\begin{aligned}
&\left|\frac{\partial}{\partial x}\Phi(x,y,z,t)-\frac{\partial}{\partial x}\Phi(\bar{x},\bar{y},\bar{z},\bar{t})\right|,\ \ldots,\\
&\left|\frac{\partial}{\partial t}\Phi(x,y,z,t)-\frac{\partial}{\partial t}\Phi(\bar{x},\bar{y},\bar{z},\bar{t})\right|\leqq\alpha^{*}\boldsymbol{d}\qquad(\alpha^{*}\text{ konstant}).
\end{aligned}
\tag{150}
$$

Wir gehen jetzt von der Formel

$$
\Phi(x,y,z,t)=\int_{t'}^{t}\frac{d\Phi}{dt}\,dt=\int_{t'}^{t}\left(\frac{\partial\Phi}{\partial t}+\frac{\partial\Phi}{\partial x}u+\frac{\partial\Phi}{\partial y}v+\frac{\partial\Phi}{\partial z}w\right)dt
\tag{151}
$$

$$
=\int_{t'}^{t}\left(\frac{\partial\bar{\Phi}}{\partial t}+\frac{\partial\bar{\Phi}}{\partial x}\bar{u}+\frac{\partial\bar{\Phi}}{\partial y}\bar{v}+\frac{\partial\bar{\Phi}}{\partial z}\bar{w}\right)dt+R_{*},\qquad\frac{\partial\bar{\Phi}}{\partial t}=\frac{\partial}{\partial t}\Phi(\bar{x},\bar{y},\bar{z},\bar{t}),\ldots
$$

aus. Für das Korrektionsglied R_* erhält man wegen (141) und (150) eine für alle (143) genügenden x, y, z, t gleichmäßig geltende Abschätzung

$$|R_*|\leqq\beta_*\boldsymbol{d}(t-t')\qquad(\beta_*\text{ konstant}).$$

Da nun in (151) der Integralausdruck rechts verschwindet, so ist

$$\Phi(x,y,z,t)|\leqq\beta_*\boldsymbol{d}(t-t'),$$

mithin wegen (148)

$$|\Phi(x,y,z,t)|\leqq\beta_*\frac{Nk}{q}(t-t').$$

Eine Wiederholung der vorstehenden Überlegung liefert

$$\boldsymbol{d}\leqq\beta_*\frac{Nk}{q^2}(t-t'),\quad\text{mithin}\quad|\Phi(x,y,z,t)|\leqq\beta_*^2\frac{Nk}{q^2}(t-t')^2.$$

Eine nochmalige Wiederholung gibt

$$|\Phi(x,y,z,t)|\leqq\beta_*^3\frac{Nk}{q^3}(t-t')^3.$$

Nach einer m-maligen Durchführung desselben Gedankenganges findet man also

$$|\Phi(x,y,z,t)|\leqq\beta_*^m\frac{Nk}{q^m}(t-t')^m.$$

Wird jetzt

$$t-t'\leqq\delta'=\operatorname{Min}\left\{k,\ \frac{k}{M},\ \delta^{(1)},\ \gamma\frac{q}{\beta^*}\right\}\qquad(\gamma<1)$$

gewählt, so gilt

$$|\Phi(x,y,z,t)|\leqq\gamma^m Nk.$$

Für $m\to\infty$ folgt hieraus augenscheinlich

$$\Phi(x,y,z,t)=0.\tag{152}$$

Diese Beziehung ist also in der Tat erfüllt und zwar für $t' \leqq t \leqq t' + \delta'$ und alle (x', y', z', t') auf $\boldsymbol{H}$, die sich im Innern des von $\boldsymbol{C}^*$ begrenzten vierdimensionalen Kugelkörpers befinden. Von hier aus werden die Betrachtungen wie in dem zuerst behandelten analytischen Falle zu Ende geführt.

Es sei noch darauf hingewiesen, daß im vorstehenden der Existenzbeweis der Lösung (137) lediglich unter Zugrundelegung der Existenz stetiger partieller Ableitungen erster Ordnung der Funktionen Φ, u, v, w geführt worden ist. Erst zum Beweise der Beziehung (152) ist die Existenz und Stetigkeit der partiellen Ableitungen zweiter Ordnung von Φ herangezogen worden.

11. Stromlinien. Permanente Bewegungen. In manchen Fällen interessiert man sich nicht so sehr für das Schicksal eines individuellen Flüssigkeitsteilchens, als vielmehr um den Geschwindigkeitszustand in einem bestimmten Raumpunkte. In diesem Falle sind natürlich die Eulerschen Variablen diejenigen, die in erster Linie in Betracht kommen. Aber auch sonst erweist sich vielfach die Benutzung der Eulerschen Variablen als vorteilhaft.

Wir nehmen an, daß die Geschwindigkeitskomponenten u, v, w gewisse in $\{T + S; \langle t_0, t_1 \rangle\}$ erklärte, nebst ihren partiellen Ableitungen erster Ordnung stetige Funktionen darstellen. Die Übersicht über das Geschwindigkeitsfeld zu einer gegebenen Zeit t wird erleichtert durch die Betrachtung der sog. *Stromlinien*. Stromlinien sind Kurven mit stetiger Tangente, deren Tangente in jedem Punkte die Richtung der daselbst herrschenden Geschwindigkeit hat. Eine solche Richtung ist freilich in denjenigen Punkten nicht vorhanden, in denen die Geschwindigkeit augenblicklich verschwindet. Nimmt man diese „singulären" Punkte aus, so geht, wie sogleich gezeigt werden wird, durch jeden Punkt in T eine und nur eine Stromlinie hindurch.

Es sei Γ ein Stück einer Stromlinie, und es sei $\mathfrak{s}$ der zwischen einem variablen Punkte $P(\mathfrak{x}, \mathfrak{y}, \mathfrak{z})$ und einem festen Punkte $P_*(\mathfrak{x}_*, \mathfrak{y}_*, \mathfrak{z}_*)$ auf Γ enthaltene Bogen[56]. Die Richtungskosinus der Tangente von Γ in P sind zu u, v, w proportional,

$$\frac{d\mathfrak{x}}{d\mathfrak{s}} = p(\mathfrak{s})\,u, \quad \frac{d\mathfrak{y}}{d\mathfrak{s}} = p(\mathfrak{s})\,v, \quad \frac{d\mathfrak{z}}{d\mathfrak{s}} = p(\mathfrak{s})\,w. \tag{153}$$

Der Proportionalitätsfaktor $p(\mathfrak{s})$ bestimmt sich aus der Gleichung

$$\left(\frac{d\mathfrak{x}}{d\mathfrak{s}}\right)^2 + \left(\frac{d\mathfrak{y}}{d\mathfrak{s}}\right)^2 + \left(\frac{d\mathfrak{z}}{d\mathfrak{s}}\right)^2 = 1 = [p(\mathfrak{s})]^2 (u^2 + v^2 + w^2)$$

zu

$$p(\mathfrak{s}) = \pm (u^2 + v^2 + w^2)^{-\frac{1}{2}}. \tag{154}$$

---

[56] Um Verwechslungen zu vermeiden, schreiben wir jetzt $\mathfrak{x}, \mathfrak{y}, \mathfrak{z}$ für x, y, z; u, v, w sind demnach bekannte Funktionen von $\mathfrak{x}, \mathfrak{y}, \mathfrak{z}$ und t. Zuerst wird t festgehalten; wir schreiben dann einfacher $u = u(\mathfrak{x}, \mathfrak{y}, \mathfrak{z})$ u. dgl.

Hier gilt das positive Vorzeichen, wenn die Richtung des wachsenden $\mathfrak{s}$ mit derjenigen der Geschwindigkeit im Punkte $\mathfrak{s}$ oder, was dasselbe ist, im Punkte $(\mathfrak{x}, \mathfrak{y}, \mathfrak{z})$ übereinstimmt, das negative in dem entgegengesetzten Falle. Aus (153) und (154) folgt jetzt

$$(155)\quad \frac{d\mathfrak{x}}{d\mathfrak{s}} = \frac{u}{\pm\sqrt{u^2+v^2+w^2}} = \varphi(\mathfrak{x}, \mathfrak{y}, \mathfrak{z}), \quad \frac{d\mathfrak{y}}{d\mathfrak{s}} = \frac{v}{\pm\sqrt{\ }} = \psi(\mathfrak{x}, \mathfrak{y}, \mathfrak{z}),$$
$$\frac{d\mathfrak{z}}{d\mathfrak{s}} = \frac{w}{\pm\sqrt{\ }} = \chi(\mathfrak{x}, \mathfrak{y}, \mathfrak{z}).$$

Man schreibt diese Gleichungen nicht selten in der einfacheren Form

$$d\mathfrak{x} : d\mathfrak{y} : d\mathfrak{z} = u : v : w.$$

Die Differentialgleichungen (155) besitzen eine dreiparametrige Schar von Lösungen

$$(156)\quad \mathfrak{x} = \mathfrak{x}(\mathfrak{s}; \mathfrak{x}_*, \mathfrak{y}_*, \mathfrak{z}_*), \quad \mathfrak{y} = \mathfrak{y}(\mathfrak{s}; \mathfrak{x}_*, \mathfrak{y}_*, \mathfrak{z}_*), \quad \mathfrak{z} = \mathfrak{z}(\mathfrak{s}; \mathfrak{x}_*, \mathfrak{y}_*, \mathfrak{z}_*).$$

Es gilt dabei

$$\mathfrak{x}_* = \mathfrak{x}(0; \mathfrak{x}_*, \mathfrak{y}_*, \mathfrak{z}_*), \quad \mathfrak{y}_* = \mathfrak{y}(0; \mathfrak{x}_*, \mathfrak{y}_*, \mathfrak{z}_*), \quad \mathfrak{z}_* = \mathfrak{z}(0; \mathfrak{x}_*, \mathfrak{y}_*, \mathfrak{z}_*).$$

Dies sind die Gleichungen der Stromlinien. Durch jeden nicht singulären Punkt in T geht eine und nur eine Stromlinie (156) hindurch. Natürlich gibt es nur ∞^2 Stromlinien, denn allen auf einer Stromlinie Γ gelegenen ∞^1 Systemen $(\mathfrak{x}_*, \mathfrak{y}_*, \mathfrak{z}_*)$ entspricht diese *eine* Stromlinie. Einem bestimmten Punkte $(\mathfrak{x}, \mathfrak{y}, \mathfrak{z})$ auf Γ entsprechen bei wechselnder Festsetzung des Punktes $(\mathfrak{x}_*, \mathfrak{y}_*, \mathfrak{z}_*)$ eben verschiedene Werte von $\mathfrak{s}$.

Punkte, in denen $u^2 + v^2 + w^2 = 0$ ist, sind, wie bereits erwähnt, als singulär zu betrachten. In diesen Punkten können die vorstehenden Sätze ihre Gültigkeit verlieren. Mit der Gestalt der Lösungskurven einer gewöhnlichen Differentialgleichung von der Form

$$\frac{d\mathfrak{y}}{d\mathfrak{x}} = \frac{\bar{\psi}(\mathfrak{x}, \mathfrak{y})}{\bar{\varphi}(\mathfrak{x}, \mathfrak{y})}$$

in der Nähe der Punkte, in denen $\bar{\varphi}(\mathfrak{x}, \mathfrak{y}) = 0$, $\bar{\psi}(\mathfrak{x}, \mathfrak{y}) = 0$ ist, beschäftigen sich zahlreiche Arbeiten[57]. Hier können durch einen isolierten singulären Punkt mehr als eine, ja unendlichviele verschiedene Stromlinien hindurchgehen, oder es kann eine Stromlinie um einen solchen Punkt unendlichviele Windungen beschreiben, ohne ihn jemals zu erreichen u. dgl.

Bei Systemen von Differentialgleichungen von der Form (155) ist eine noch größere Mannigfaltigkeit von Möglichkeiten zu erwarten, dies

[57] Vgl. bsp. O. Perron, Über die Gestalt der Integralkurven einer Differentialgleichung erster Ordnung in der Umgebung eines singulären Punktes. Math. Zeitschr. **15** (1922), S. 121—164; **16** (1923), S. 273—295; L. Bieberbach, Theorie der Differentialgleichungen, erste Auflage, Berlin 1923, S. 124–139; P. Painlevé, Gewöhnliche Differentialgleichungen; Existenz der Lösungen, Enc. d. math. Wissenschaften II A 4a, S. 189—229.

um so mehr als singuläre Punkte auch Linien oder Flächen in T erfüllen könnten.

Die Stromlinien sind nicht mit den Bahnen einzelner Flüssigkeitsteilchen zu verwechseln. Daß die Stromlinien von den Bahnkurven im allgemeinen verschieden sind, zeigt das folgende Beispiel[58]. Eine Flüssigkeitsmasse bewege sich wie ein starrer Körper. Nach bekannten Sätzen kann dann ihre Elementarbewegung, d. h. die Bewegung innerhalb eines kleinen Zeitintervalls δt, bis auf kleine Größen höherer Ordnung in bezug auf δt durch eine Schraubung um eine ganz bestimmte Achse ersetzt werden. Das augenblickliche Geschwindigkeitsfeld der Flüssigkeit ist mit dem Geschwindigkeitsfeld jener Schraubung identisch. Die Stromlinien sind Schraubenlinien gleicher Ganghöhe um die Achse der Schraubung als Mittellinie. Sowohl die Translations- als auch die Rotationskomponente der Momentanschraubung ändern sich im allgemeinen mit der Zeit und zwar stetig. Dementsprechend brauchen die Bahnen der Flüssigkeitsteilchen keinesfalls Schraubenlinien darzustellen, — die Bahn eines Massenpunktes kann sogar ganz willkürlich sein[59].

Übrigens ersieht man, daß die Bahnkurven und Stromlinien im allgemeinen voneinander verschieden sind, auch daraus, daß es ∞^3 Bahnkurven, jedoch nur ∞^2 Stromlinien gibt, mit anderen Worten: das erste System dreiparametrig, das andere aber in Wirklichkeit nur zweiparametrig ist.

Es gibt indessen eine wichtige Klasse von Flüssigkeitsbewegungen, die sogenannten *permanenten Bewegungen*, bei denen die beiden Liniensysteme zusammenfallen.

Wir sagen, in einem von einer Flüssigkeit erfüllten Bereiche $T+S$ [59a] sei der Bewegungszustand in dem Zeitintervalle $\langle t_0, t_1\rangle$ permanent, wenn die Geschwindigkeit und die Dichte für alle t in $\langle t_0, t_1\rangle$ von der Zeit unabhängig sind, sich also mit der Zeit nicht ändern. In dem vierdimensionalen Bereiche $\{T+S; \langle t_0, t_1\rangle\}$ sind die Funktionen u, v, w, ϱ tatsächlich von t unabhängig. Die Differentialgleichungen der Bahnkurven lauten jetzt

$$\frac{dx}{dt} = u(x,y,z), \quad \frac{dy}{dt} = v(x,y,z), \quad \frac{dz}{dt} = w(x,y,z). \tag{157}$$

Es wird dabei vorausgesetzt, daß die Geschwindigkeit höchstens in einer Anzahl isolierter Punkte, oder längs isolierter Linien- oder Flächen stücke[60], die sich freilich am Rande von T häufen könnten, verschwindet.

---

[58] Vgl. P. Appell, Traité de Mécanique rationelle, t. III. Équilibre et mouvement des milieux continus. Troisième édition, Paris 1921, S. 291—292.

[59] Da die Flüssigkeitsmasse sich wie ein starrer Körper bewegt, so sind die Bahnen der einzelnen Teilchen natürlich nicht unabhängig voneinander.

[59a] Dessen Gestalt und Lage sich mit der Zeit nicht ändern.

[60] Etwa Stücke Jordanscher Kurven oder Flächen (vgl. S. 4ff.).

Es sei $\hat{T} + \hat{S}$ irgendein Bereich in T, in dem $u^2 + v^2 + w^2$ nicht verschwindet. In $\hat{T}$ sind die Stromlinien gewiß frei von Singularitäten. Ihre Gleichungen sind

$$(158)\qquad \frac{d\mathfrak{x}}{d\mathfrak{s}} = \frac{u}{\sqrt{u^2+v^2+w^2}}, \quad \frac{d\mathfrak{y}}{d\mathfrak{s}} = \frac{v}{\sqrt{u^2+v^2+w^2}}, \quad \frac{d\mathfrak{z}}{d\mathfrak{s}} = \frac{w}{\sqrt{u^2+v^2+w^2}}.$$

Beachtet man, daß

$$\frac{d\mathfrak{s}}{dt} = \sqrt{u^2 + v^2 + w^2}$$

ist, so sieht man sogleich, daß die Differentialgleichungen (157) und (158) in $\hat{T}$, darum überall in T dasselbe Kurvensystem definieren.

Das Geschwindigkeitsfeld in $\{T + S;\ \langle t_0, t_1\rangle\}$ ist wohl von der Zeit unabhängig, doch befindet sich in einem Punkte (x, y, z) in $T + S$, in dem die Geschwindigkeit von Null verschieden ist, in jedem Augenblick ein anderes Flüssigkeitsteilchen. Nach Voraussetzung ist die Dichte in jedem Raumpunkte zeitlich unveränderlich. Handelt es sich speziell um eine unzusammendrückbare Flüssigkeit, so hat die Dichte auch längs einer jeden Stromlinie denselben Wert. In der Tat ist die Stromlinie zugleich eine Bahnkurve, und die Dichte haftet am Massenteilchen.

Offenbar ist in diesem Falle überall in T

$$\frac{\partial u}{\partial x} + \frac{\partial v}{\partial y} + \frac{\partial w}{\partial z} = 0.$$

Allgemeiner, also wenn die betrachtete Flüssigkeit im Gegensatz zu der vorstehenden Annahme kompressibel ist, lautet die Kontinuitätsgleichung wegen $\frac{\partial \varrho}{\partial t} = 0$ nach (97)

$$(159)\qquad \frac{\partial}{\partial x}(\varrho u) + \frac{\partial}{\partial y}(\varrho v) + \frac{\partial}{\partial z}(\varrho w) = 0.$$ [61]

Es sei Γ ein Stück einer Stromlinie, auf der der Betrag der Geschwindigkeit $\mathfrak{u} = \frac{d\mathfrak{s}}{dt} = (u^2 + v^2 + w^2)^{\frac{1}{2}} \neq 0$ ist. Die andere Form der Kontinuitätsgleichung,

$$\frac{d\varrho}{dt} + \varrho\left(\frac{\partial u}{\partial x} + \frac{\partial v}{\partial y} + \frac{\partial w}{\partial z}\right) = 0,$$

ergibt jetzt nach einer naheliegenden Umformung

$$(160)\qquad \frac{d}{d\mathfrak{s}}\log\varrho + \frac{1}{\mathfrak{u}}\left(\frac{\partial u}{\partial x} + \frac{\partial v}{\partial y} + \frac{\partial w}{\partial z}\right) = 0.$$

Auf Γ ist $\frac{1}{\mathfrak{u}}\left(\frac{\partial u}{\partial x} + \frac{\partial v}{\partial y} + \frac{\partial w}{\partial z}\right)$ eine bekannte Funktion der Bogenlänge $\mathfrak{s}$.

---

[61] Man beachte, daß nach Voraussetzung (vgl. die Ausführungen am Anfang von **11.**) u, v, w stetige Ableitungen erster Ordnung haben.

Ist ϱ_0 die Dichte in einem Punkte $\mathfrak{s}_0$ der betrachteten Stromlinie, so folgt aus (160) durch Integration

$$\log\frac{\varrho}{\varrho_0} = -\int\limits_{\mathfrak{s}_0}^{\mathfrak{s}} \frac{1}{\mathfrak{u}}\left(\frac{\partial u}{\partial x} + \frac{\partial v}{\partial y} + \frac{\partial w}{\partial z}\right) d\mathfrak{s}. \tag{161}$$

Die Dichte ist also auf Γ überall bekannt, sobald sie in einem einzigen Punkte vorgegeben ist. Da die Stromlinie zugleich Bahnkurve ist, so war dieses Resultat natürlich zu erwarten.

Es mag an dieser Stelle besonders darauf hingewiesen werden, daß wir uns im Augenblick mit permanenten Bewegungen ausschließlich vom Standpunkte der Kinematik beschäftigen und es vollkommen dahingestellt sein lassen, unter welchen Bedingungen solche Bewegungen zustande kommen, durch welche „Begleitumstände", durch welche „Kräfte" sie hervorgerufen werden können. Diese Fragen sowie die damit eng zusammenhängende Frage nach der Verteilung des Flüssigkeitsdruckes werden erst später in der Dynamik behandelt.

12. Beispiele permanenter Flüssigkeitsbewegungen. 1. Ein mit homogener Flüssigkeit erfüllter Kreisringkörper, der um seine Achse gleichförmig rotiert. Hier ist das Zeitintervall $\langle t_0, t_1\rangle$ beliebig. Die Stromlinien sind konzentrische Kreise um die Achse des Torus, die Geschwindigkeit ist nirgends gleich Null.

2. Ein in gleichförmiger Rotation um einen bestimmten Durchmesser begriffener mit homogener Flüssigkeit erfüllter Kugelkörper. Alle Punkte der Rotationsachse befinden sich dauernd in Ruhe. Auch hier sind alle Stromlinien geschlossen.

3. Es sei $T + S$ ein von einer Flüssigkeit erfüllter Jordanscher Bereich der Klasse B[59a]. Es seien weiter u, v, w beliebige, in T und auf S nebst ihren partiellen Ableitungen erster und zweiter Ordnung stetige Funktionen von x, y, z, die auf S verschwinden.

Wir nehmen an, daß in T

$$u^2 + v^2 + w^2 \neq 0 \tag{162}$$

ist, und fassen u, v, w als Komponenten der Geschwindigkeit im Punkte (x, y, z) auf. Ist $\frac{\partial u}{\partial x} + \frac{\partial v}{\partial y} + \frac{\partial w}{\partial z} = 0$, d. h. liegt eine inkompressible Flüssigkeit vor, so verhält sich die Komponente in der Richtung der Normale in der Nachbarschaft des Randes wie $\mathfrak{r}^2$, unter $\mathfrak{r}$ den Abstand von S verstanden. Wir führen, um dies zu zeigen, vorübergehend ein neues kartesisches Achsenkreuz $\bar{x}, \bar{y}, \bar{z}$ ein und legen seinen Ursprung in einen Punkt P^0 auf S, die $\bar{z}$-Achse in die Innennormale zu S in P^0. Jetzt ist, da $\bar{u}, \bar{v}, \bar{w}$ auf S verschwinden, in P_0

$$\frac{\partial \bar{u}}{\partial \bar{x}} = 0, \quad \frac{\partial \bar{v}}{\partial \bar{y}} = 0,$$

also wegen

$$\frac{\partial \bar{u}}{\partial \bar{x}} + \frac{\partial \bar{v}}{\partial \bar{y}} + \frac{\partial \bar{w}}{\partial \bar{z}} = 0$$

auch

(163) $$\frac{\partial \bar{w}}{\partial \bar{z}} = 0.$$

Im Punkte $(0, 0, \mathfrak{r})$ ist jetzt offenbar

$$\bar{w} = \frac{1}{2}\mathfrak{r}^2 \frac{\partial^2}{\partial \bar{z}^2} \bar{w}(0, 0, \vartheta\mathfrak{r}) \qquad (0 < \vartheta < 1)$$

mithin in der Tat, und zwar für alle P^0 auf S gleichmäßig,

(164) $$\bar{w} = O(\mathfrak{r}^2).$$

Ist die Flüssigkeit kompressibel und ist auf S

$$\frac{\partial \bar{u}}{\partial \bar{x}} + \frac{\partial \bar{v}}{\partial \bar{y}} + \frac{\partial \bar{w}}{\partial \bar{z}} \neq 0,$$

so ist $\frac{\partial \bar{w}}{\partial \bar{z}} \neq 0$, $\bar{w} = O(\mathfrak{r})$. Offenbar ist also in allen Fällen

$$|\mathfrak{u}_n| < \alpha\mathfrak{r} \quad (\alpha \text{ konstant}).$$

Betrachten wir jetzt diejenige zweiparametrige Schar von Bahnkurven, die durch die Gleichungen

(165) $$\frac{dx}{dt} = u, \quad \frac{dy}{dt} = v, \quad \frac{dz}{dt} = w$$

und die Anfangsbedingungen $x = x_0$, $y = y_0$, $z = z_0$ für $t = t_0$ definiert ist, unter (x_0, y_0, z_0) einen beliebigen Punkt in $T + S$ verstanden[62]. Durch einen jeden Punkt des betrachteten Bereiches geht eine und nur eine Bahnkurve hindurch. Nach dem Fundamentalsatze von Cauchy-Lipschitz sind die betrachteten Bahnkurven zunächst nur für ein kleines Zeitintervall, etwa $\langle t_0, t_0 + t'\rangle$, bestimmt, und zwar für alle Lagen des Punktes (x_0, y_0, z_0) in $T + S$ gleichmäßig[63]. Die Punkte auf S beharren augenscheinlich in Ruhe, die zugehörigen Bahnkurven sind als auf einen Punkt zusammengeschrumpft aufzufassen. Augenscheinlich kann keiner der zur Zeit t_0 in T befindlichen Massenpunkte in der Zeitspanne $\langle t_0, t_0 + t'\rangle$ das Gebiet T verlassen, er würde sonst nämlich S passieren und darum sich dort die ganze Zeit $\langle t_0, t_0 + t'\rangle$ aufgehalten haben müssen. Punkte, die sich zur Zeit t_0 im Innern von T befanden, bleiben

[62] Wir sprechen von einer Bahnkurve, auch wenn es sich um ein Lösungssystem der Gleichungen (165) von der Form $x = x_0$, $y = y_0$, $z = z_0$ handelt. In diesem Falle, der für die Punkte auf S tatsächlich zutrifft, bleibt der Punkt (x, y, z) in Ruhe, die Bahnkurve reduziert sich auf einen Punkt.

[63] Um diesen Satz anwenden zu können, muß man sich die Funktionen u, v, w über S hinaus derart stetig fortgesetzt denken, daß sie auch noch in dem erweiterten Gebiete der Lipschitzschen Bedingung genügen. Wir setzen außerhalb von T einfach $u = v = w = 0$.

also während des gesamten Zeitintervalls $\langle t_0, t_0 + t'\rangle$ im Innern von T enthalten.

Das gleiche gilt offenbar für alle t in $\langle t + t', t + 2t'\rangle$ usw. Die Schar (165) bestimmt für alle Zeitintervalle $\langle t_0, t_1\rangle$ (übrigens auch mit $t_1 < t_0$) eine permanente Flüssigkeitsbewegung.

Es sei S^* eine zu S im Abstande $\mathfrak{r}$ parallele Fläche im Innern von T. Aus (159) folgt in bekannter Weise

$$\int_{S^*} \varrho\, \mathfrak{u}_n\, d\sigma = 0.$$

Da $\varrho > 0$ ist, so muß die Normalkomponente der Geschwindigkeit, sofern sie nicht identisch verschwindet, auf S^* Werte beiderlei Vorzeichens haben.

Es sei etwa

$$u = a^2 - x^2, \quad v = 0, \quad w = 0 \tag{166}$$

gesetzt, und es möge $T + S$ den Kubus

$$-a \leqq x \leqq a, \quad -a \leqq y \leqq a, \quad -a \leqq z \leqq a$$

bezeichnen[64]. Die Stromlinien sind Geraden parallel zur x-Achse. Die Gleichung

$$\frac{dx}{dt} = a^2 - x^2$$

gibt

$$t - t_0 = \int_{x_0}^{x} \frac{dx}{a^2 - x^2} = \frac{1}{2a} \log\left(\frac{x+a}{x-a} \cdot \frac{x_0 - a}{x_0 + a}\right), \tag{167}$$

darum $t \to +\infty$ für $x \to a$, $t \to -\infty$ für $x \to -a$. Aus (161) folgt jetzt weiter, wenn unter ϱ_0 die Dichte in (x_0, y_0, z_0) verstanden wird,

$$\log\frac{\varrho}{\varrho_0} = \int_{x_0}^{x} \frac{2x\,dx}{a^2 - x^2} = -\log\frac{x^2 - a^2}{x_0^2 - a^2}, \qquad \varrho = \varrho_0 \frac{a^2 - x_0^2}{a^2 - x^2}. \tag{168}$$

Die Dichte wird für $x \to a$, bzw. $x \to -a$ unendlich. Das Feld wird in den Randebenen $x = \pm a$ singulär. Eine physikalische Deutung gestattet der zuletzt betrachtete permanente Bewegungszustand also doch nur in einem beliebigen Teilbereich von T, der keinen Punkt der Ebenen $x = \pm a$ enthält, z. B. in einem Bereich

$$-aq \leqq x \leqq aq, \quad -a \leqq y \leqq a, \quad -a \leqq z \leqq a, \quad q < 1.$$

Um die permanente Bewegung (166) aufrechtzuerhalten, muß man durch die Wand $x = -aq$ dauernd Flüssigkeit mit den Geschwindig-

[64] Im vorliegenden Falle gehört also T nicht der Klasse B an.

keitskomponenten $a^2(1-q^2)$, 0, 0 und der Dichte $\varrho_0 \frac{a^2-x_0^2}{a^2(1-q^2)}$ hineinströmen und durch die gegenüberliegende Wand, $x=aq$, mit derselben Geschwindigkeit und Dichte wieder herausströmen lassen. Bei den beiden zuerst betrachteten Beispielen war im Gegensatz hierzu das Strömungsfeld als „abgeschlossen" zu betrachten. Weitere Beispiele permanenter Strömungsfelder mit Singularitäten werden wir bei der Behandlung wirbelfreier Bewegungen kennenlernen (vgl. **19.**).

13. Bewegung eines Volumelementes der Flüssigkeit. Wirbelvektor. Deformation. Hauptdilatationen. Deformationstensor. Es sei $f(t)$ irgendeine in einem Intervalle $\langle t_0, t_0+t'\rangle$ erklärte stetige Funktion, die daselbst stetige Ableitungen erster und zweiter Ordnung hat. Betrachten wir vorübergehend die durch die Gleichungen $x=f(t)$, $y=0$, $z=0$ bestimmte geradlinige Bewegung des Punktes (x, y, z). Nach bekannten Sätzen ist für $t_0 \leqq t \leqq t_0+t'$

$$x = x_0 + f'(t_0)(t-t_0) + \frac{1}{2} R_0 (t-t_0)^2, \tag{169}$$
$$x_0 = f(t_0), \quad R_0 = f''(t_0 + \vartheta(t-t_0)) \quad (0<\vartheta<1)^{65}.$$

Für alle t in $\langle t_0, t_0+t'\rangle$ kann man darum die betrachtete Bewegung in einer ersten Näherung durch die gleichförmige Bewegung

$$x = x_0 + f'(t_0)(t-t_0), \quad y=0, \quad z=0 \tag{170}$$

ersetzen. Der Fehler ist eine Größe zweiter Ordnung in bezug auf $t-t_0$ oder t'. Die Einführung der Bewegung (170) an Stelle des zu untersuchenden Bewegungsvorganges $x=f(t)$, $y=0$, $z=0$ bringt diesen der Anschauung näher und ist, wie man weiß, die Quelle, aus welcher der Begriff der Geschwindigkeit einer ungleichförmigen Bewegung geschöpft worden ist[66].

Ebenso gelangt man zu einer guten Übersicht über den kinematischen Charakter einer stetigen Flüssigkeitsbewegung, wenn man sich auf die Betrachtung eines kleinen von der Flüssigkeit erfüllten Bereiches und eines kleinen Zeitintervalls beschränkt und die wirkliche Bewegung durch eine geeignete Bewegung einfacher Natur approximiert. Man wird auch hier auf gewisse neue, für die ganze Theorie grundlegende Begriffe geführt.

Wir leiten unsere Untersuchungen durch eine aus der Kinematik eines Massenpunktsystems wohlbekannte elementare Betrachtung ein.

---

[65] Es handelt sich um die Taylorsche Formel mit dem Restglied von Lagrange. Vgl. bsp. C. Jordan, loc. cit. [4] t. I, S. 245—247.

[66] Bei der Erklärung des Begriffes der Geschwindigkeit genügt es natürlich, wie der Vollständigkeit halber erwähnt sein mag, die Existenz der Ableitung $f'(t)$ lediglich in einem bestimmten Zeitpunkte vorauszusetzen.

Es sei irgendein starres System vorgelegt, und es möge dieses in dem Zeitintervall $\langle t, t+t'\rangle$ um die x-Achse gleichförmig rotieren. Die Winkelgeschwindigkeit sei p. Die Bahn des Punktes (x, y, z) ist zu der y-z-Ebene parallel, die y- und z-Komponente des von (x, y, z) nach $(x, y+y', z+z')$, der Endlage des Punktes, weisenden Vektors sind, wie aus der Fig. 10 hervorgeht,

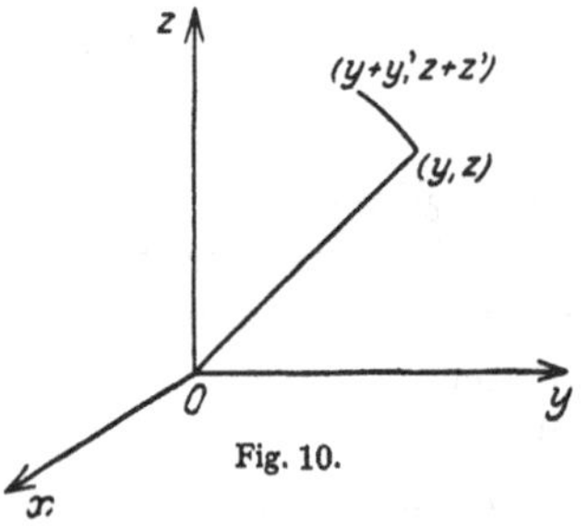

$$0, \quad -z p t' + O(t'^2), \quad y p t' + O(t'^2).$$

Fig. 10.

Läßt man das System, nachdem es die angegebene „Elementardrehung“ vollzogen hat, in dem Intervall $\langle t+t', t+2t'\rangle$ um die y-Achse mit der Winkelgeschwindigkeit q gleichförmig rotieren, so beschreibt der Punkt $x, y+y', z+z'$ einen neuen Kreisbogen. Seine Projektionen auf die Koordinatenachsen haben die Werte

$$z q t' + O(t'^2), \quad 0, \quad -x q t' + O(t'^2).$$

Bei der darauffolgenden Rotation um die z-Achse (Winkelgeschwindigkeit r, Dauer t') kommt schließlich ein dritter Kreisbogen zustande. Seine Projektionen sind

$$-y r t' + O(t'^2), \quad x r t' + O(t'^2), \quad 0.$$

Die Komponenten der Gesamtverrückung des Punktes (x, y, z) sind augenscheinlich

$$(171)\qquad \begin{gathered}(-r y + q z)t' + O(t'^2), \quad (-p z + r x)t' + O(t'^2),\\ (-q x + p y)t' + O(t'^2).\end{gathered}$$

Genau denselben Ausdruck erhält man, wenn man die Reihenfolge der Elementardrehungen vertauscht. Bis auf kleine Größen zweiter Ordnung stimmen also die sechs so gewonnenen Verrückungen überein. Man drückt die in den Ausdrücken (171) enthaltene Tatsache nur anders aus, wenn man sagt: Führt ein starres System eine Momentandrehung mit den Komponenten p, q, r aus, so hat die Momentangeschwindigkeit des Punktes (x, y, z) zu Komponenten

$$(172)\qquad -r y + q z, \quad -p z + r x, \quad -q x + p y.$$[67]

Mitunter erweist es sich als notwendig, auch den Abstand d des Punktes (x, y, z) von dem Koordinatenursprung $(d^2 = x^2 + y^2 + z^2)$ als eine kleine Größe aufzufassen. Die Hauptglieder in den Formeln (171) sind alsdann kleine Größen von der Form $O(t'd)$. Für die Restglieder

[67] Statt, wie vorhin, von einer Aufeinanderfolge von drei Drehungen auszugehen, kann man auch ein System betrachten, das an drei zu gleicher Zeit erfolgenden Drehungen teilnimmt.

ergibt sich diesmal, wie man ohne Schwierigkeiten findet, eine Abschätzung von der Form $O(t'^2 d)$.

Wir gehen jetzt zu unserem eigentlichen Gegenstand über und nehmen an, daß die Funktionen $x(a,b,c,t)$, $y(a,b,c,t)$, $z(a,b,c,t)$ in einer Umgebung des Wertequadrupels a, b, c, t stetige Ableitungen der drei ersten Ordnungen haben. Die Funktionen $u(x,y,z,t)$, $v(x,y,z,t)$, $w(x,y,z,t)$ haben dementsprechend in einer Umgebung von x,y,z,t gewiß stetige Ableitungen erster und zweiter Ordnung. Die Koordinaten des Flüssigkeitsteilchens (a, b, c) zur Zeit t sind x, y, z. Betrachten wir ferner das Flüssigkeitsteilchen $(a+a', b+b', c+c')$. Seine Koordinaten sind zur Zeit t gleich

$$\begin{gathered} x+x'=x(a+a',b+b',c+c',t), \quad y+y'=y(a+a',b+b',c+c',t), \\ z+z'=z(a+a',b+b',c+c',t), \end{gathered} \tag{172'}$$

zur Zeit $t+t'$ gleich

$$\begin{gathered} x(a+a',b+b',c+c',t+t'), \quad y(a+a',b+b',c+c',t+t'), \\ z(a+a',b+b',c+c',t+t'). \end{gathered}$$

Die x-Komponente der Verrückung in dem Zeitintervall $\langle t, t+t'\rangle$ ist also

$$x(a+a',b+b',c+c',t+t') - x(a+a',b+b',c+c',t).$$

Der entsprechende Wert für das Teilchen (a, b, c) ist

$$x(a,b,c,t+t') - x(a,b,c,t).$$

Die x-Komponente der relativen Verschiebung des Teilchens $(a+a', b+b', c+c')$ gegen das Teilchen (a, b, c) hat mithin den Wert

$$\begin{aligned} &\{x(a+a',b+b',c+c',t+t') - x(a+a',b+b',c+c',t)\} \\ &\qquad - \{x(a,b,c,t+t') - x(a,b,c,t)\} \\ &= \{x(a+a',b+b',c+c',t+t') - x(a,b,c,t+t')\} \\ &\qquad - \{x(a+a',b+b',c+c',t) - x(a,b,c,t)\} \\ &= t'\{u(a+a',b+b',c+c',t) - u(a,b,c,t)\} \\ &+ \frac{1}{2}t'^2\left\{\frac{d}{dt}u(a+a',b+b',c+c',t+\theta t') - \frac{d}{dt}u(a,b,c,t+\theta t')\right\}, \\ &\qquad (0<\theta<1). \end{aligned} \tag{173}$$

Für (173) kann man auch setzen

$$\begin{aligned} &t'\left(\frac{\partial u}{\partial a}a' + \frac{\partial u}{\partial b}b' + \frac{\partial u}{\partial c}c'\right) + \frac{1}{2}t'\left\{\frac{\partial^2 \hat{u}}{\partial a^2}a'^2 + 2\frac{\partial^2 \hat{u}}{\partial a\,\partial b}a'b' + \cdots + \frac{\partial^2 \hat{u}}{\partial c^2}c'^2\right\} \\ &\qquad + \frac{1}{2}t'^2\left\{\frac{\partial}{\partial a}\frac{d\check{u}}{dt}a' + \frac{\partial}{\partial b}\frac{d\check{u}}{dt}b' + \frac{\partial}{\partial c}\frac{d\check{u}}{dt}c'\right\}, \end{aligned} \tag{174}$$

unter $\frac{\partial^2 \hat{u}}{\partial a^2}, \ldots; \frac{\partial}{\partial a}\frac{d\breve{u}}{dt}, \ldots$ den Wert der fraglichen Ableitungen in gewissen auf der Strecke $(a, b, c) \to (a + a', b + b', c + c')$ liegenden Punkten zur Zeit t bzw. $t + \theta t'$ verstanden. Die betrachtete Komponente der Relativverschiebung können wir jetzt einfacher in der Form

$$\left(\frac{\partial u}{\partial a} a' + \frac{\partial u}{\partial b} b' + \frac{\partial u}{\partial c} c'\right) t' + t' O(\varrho_0^2) + t'^2 O(\varrho_0) \tag{175}$$

$$(\varrho_0^2 = a'^2 + b'^2 + c'^2)$$

darstellen. Nun ist aber

$$u(a + a', b + b', c + c', t) - u(a, b, c, t) = \frac{\partial u}{\partial a} a' + \frac{\partial u}{\partial b} b' + \frac{\partial u}{\partial c} c' + O(\varrho_0^2).$$

Denselben Wert kann man nach (172') unter Zugrundelegung der Eulerschen Variablen offenbar in der Form

$$u(x + x', y + y', z + z', t) - u(x, y, z, t) = \frac{\partial u}{\partial x} x' + \frac{\partial u}{\partial y} y' + \frac{\partial u}{\partial z} z' + O(\varrho^2)$$

$$(\varrho^2 = x'^2 + y'^2 + z'^2)$$

schreiben. Augenscheinlich ist ferner $\varrho_0 = O(\varrho)$, mithin

$$\frac{\partial u}{\partial a} a' + \frac{\partial u}{\partial b} b' + \frac{\partial u}{\partial c} c' = \frac{\partial u}{\partial x} x' + \frac{\partial u}{\partial y} y' + \frac{\partial u}{\partial z} z' + O(\varrho^2),$$

so daß für (175) auch

$$\left(\frac{\partial u}{\partial x} x' + \frac{\partial u}{\partial y} y' + \frac{\partial u}{\partial z} z'\right) t' + t' O(\varrho^2) + t'^2 O(\varrho) \tag{176}$$

gesetzt werden kann. Ganz ähnliche Ausdrücke ergeben sich für die y- und die z-Komponente der betrachteten Relativverschiebung. Die Verschiebung des Teilchens $(x + x', y + y', z + z', t)$, d. h. desjenigen Teilchens, das sich zur Zeit t im Punkte $(x + x', y + y', z + z')$ befand, setzt sich, bis auf kleine Größen von der Ordnung $O(t' \varrho^2) + O(t'^2 \varrho)$, aus derjenigen des Teilchens (x, y, z, t) und dem Vektor

$$\begin{gathered}\left(\frac{\partial u}{\partial x} x' + \frac{\partial u}{\partial y} y' + \frac{\partial u}{\partial z} z'\right) t', \quad \left(\frac{\partial v}{\partial x} x' + \frac{\partial v}{\partial y} y' + \frac{\partial v}{\partial z} z'\right) t', \\ \left(\frac{\partial w}{\partial x} x' + \frac{\partial w}{\partial y} y' + \frac{\partial w}{\partial z} z'\right) t'\end{gathered} \tag{177}$$

additiv zusammen. Dieselbe Tatsache kann man auch so fassen. Die Ortsänderung der Punkte eines Volumelementes in der Umgebung des Punktes (x, y, z) setzt sich, bis auf Korrektionsglieder von der Ordnung $O(t' \varrho^2) + O(t'^2 \varrho)$, aus der Translation

$$\begin{gathered}x(a, b, c, t + t') - x(a, b, c, t), \quad y(a, b, c, t + t') - y(a, b, c, t), \\ z(a, b, c, t + t') - z(a, b, c, t)\end{gathered} \tag{178}$$

und der Bewegung (177) additiv zusammen. Die letztere läßt sich, wie wir sogleich sehen werden, mit der gleichen Annäherung als eine Rotation, begleitet von Dehnungen in drei aufeinander senkrecht stehenden Richtungen auffassen. Man kommt so zu der folgenden anschaulichen Interpretation unserer Gleichungen. *Die Bewegung des Volumelementes der Flüssigkeit im Punkte* (x, y, z) *setzt sich, bis auf Größen von der Ordnung* $O(t'\varrho^2) + O(t'^2\varrho)$, *aus einer Translation, einer Rotation und drei Dehnungen in drei aufeinander senkrechten Richtungen zusammen.*

Zum Beweise schreiben wir die Ausdrücke (177) in der Form

$$\tag{179}\begin{aligned}
&\left\{\frac{\partial u}{\partial x}x' + \frac{1}{2}\left(\frac{\partial u}{\partial y} + \frac{\partial v}{\partial x}\right)y' + \frac{1}{2}\left(\frac{\partial u}{\partial z} + \frac{\partial w}{\partial x}\right)z' - \zeta y' + \eta z'\right\}t',\\
&\left\{\frac{1}{2}\left(\frac{\partial u}{\partial y} + \frac{\partial v}{\partial x}\right)x' + \frac{\partial v}{\partial y}y' + \frac{1}{2}\left(\frac{\partial w}{\partial y} + \frac{\partial v}{\partial z}\right)z' - \xi z' + \zeta x'\right\}t',\\
&\left\{\frac{1}{2}\left(\frac{\partial u}{\partial z} + \frac{\partial w}{\partial x}\right)x' + \frac{1}{2}\left(\frac{\partial v}{\partial z} + \frac{\partial w}{\partial y}\right)y' + \frac{\partial w}{\partial z}z' - \eta x' + \xi y'\right\}t';
\end{aligned}$$

$$\tag{180} 2\xi = \frac{\partial w}{\partial y} - \frac{\partial v}{\partial z}, \qquad 2\eta = \frac{\partial u}{\partial z} - \frac{\partial w}{\partial x}, \qquad 2\zeta = \frac{\partial v}{\partial x} - \frac{\partial u}{\partial y}.$$

Offenbar sind 2ξ, 2η, 2ζ die Komponenten der Rotation des Vektors u, v, w (vgl. S. 38). Wir nennen den Vektor ξ, η, ζ den *Wirbelvektor*, ξ, η, ζ die *Wirbelkomponenten.*

Nach (172) sind

$$\tag{181} (-\zeta y' + \eta z')t', \qquad (-\xi z' + \zeta x')t', \qquad (-\eta x' + \xi y')t',$$

bis auf Größen von der Ordnung $O(t'^2\varrho)$, die Verrückungen, die der Punkt (x', y', z') bei einer Drehung um den Koordinatenursprung mit einer Winkelgeschwindigkeit, deren Komponenten die Werte ξ, η, ζ haben, innerhalb der Zeit t' erfährt[68].

Läßt man ein Volumelement der Flüssigkeit in der Umgebung des Punktes (x, y, z) um drei durch diesen parallel zu den Koordinatenachsen gelegte Achsen wie einen starren Körper mit den Winkelgeschwindigkeiten ξ, η, ζ während der Zeit t' rotieren, so vollführt der Punkt $x + x'$, $y + y'$, $z + z'$ (bis auf Größen von der Ordnung $O(t'^2\varrho)$) die Verrückungen (181). Damit ist bereits ein Teil unserer Behauptung bewiesen.

Die Komponenten der Winkelgeschwindigkeit der momentanen Drehung im Punkte (x, y, z) sind halb so groß wie die Komponenten der Rotation des Vektors (u, v, w). Wie wir in dem zweiten Kapitel gesehen haben, ist die Rotation eines Vektors selbst ein Vektor, seine Komponenten transformieren sich beim Übergang zu einem anderen Koordinatensystem wie die Koordinaten selbst (vgl. S. 38). Geht man also zu einem neuen Koordinatensystem über und bildet mit den neuen

---

[68] Man vergleiche die an die Formeln (171) sich anschließende Bemerkung.

Werten von u, v, w die neuen Ausdrücke für ξ, η, ζ, so erhält man gerade die Projektionen derjenigen Strecke auf die neuen Achsen, deren Projektionen auf die alten Achsen die ursprünglichen Werte von ξ, η, ζ waren. Die Richtung und der Betrag der Winkelgeschwindigkeit der Momentandrehung im Punkte (x, y, z) zur Zeit t ist also, was keinesfalls selbstverständlich ist, von der Wahl der Koordinatenachsen unabhängig. Insbesondere ist demnach der Wert $\xi^2 + \eta^2 + \zeta^2$ gegenüber einer orthogonalen Koordinatentransformation invariant.

Nun der andere Teil der relativen Verrückung (179), den wir als *Deformation* des Volumelementes bezeichnen und zur Vereinfachung in der Form

$$\text{(182)}\quad \begin{gathered} X't' = (a_{11}x' + a_{12}y' + a_{13}z')t', \quad Y't' = (a_{21}x' + a_{22}y' + a_{23}z')t', \\ Z't' = (a_{31}x' + a_{32}y' + a_{33}z')t', \end{gathered}$$

$$\text{(183)}\quad \begin{gathered} a_{11} = \frac{\partial u}{\partial x}, \quad a_{22} = \frac{\partial v}{\partial y}, \quad a_{33} = \frac{\partial w}{\partial z}, \quad 2a_{12} = 2a_{21} = \frac{\partial v}{\partial x} + \frac{\partial u}{\partial y}, \\ 2a_{13} = 2a_{31} = \frac{\partial w}{\partial x} + \frac{\partial u}{\partial z}, \quad 2a_{23} = 2a_{32} = \frac{\partial w}{\partial y} + \frac{\partial v}{\partial z} \end{gathered}$$

schreiben wollen. In den folgenden Ausführungen wird vorausgesetzt, daß nicht alle a_{ik} verschwinden. Wir führen neue Koordinaten $\mathfrak{x}$, $\mathfrak{y}$, $\mathfrak{z}$ durch eine Drehung der Koordinatenachsen

$$\text{(184)}\quad \begin{aligned} \mathfrak{x} &= \alpha_{11}x + \alpha_{12}y + \alpha_{13}z, & x &= \alpha_{11}\mathfrak{x} + \alpha_{21}\mathfrak{y} + \alpha_{31}\mathfrak{z}, \\ \mathfrak{y} &= \alpha_{21}x + \alpha_{22}y + \alpha_{23}z, & y &= \alpha_{12}\mathfrak{x} + \alpha_{22}\mathfrak{y} + \alpha_{32}\mathfrak{z}, \\ \mathfrak{z} &= \alpha_{31}x + \alpha_{32}y + \alpha_{33}z, & z &= \alpha_{13}\mathfrak{x} + \alpha_{23}\mathfrak{y} + \alpha_{33}\mathfrak{z} \end{aligned}$$

ein und bemerken vorerst, daß der Wertetripel $X't'$, $Y't'$, $Z't'$, bei festgehaltenen x', y' z', t', einen Vektor darstellt, daß mithin auch dieser Bestandteil der Elementarverrückung von der Wahl der Koordinatenachsen unabhängig ist. Dies ist fast selbstverständlich. In der Tat ist sowohl die Relativverschiebung selbst als auch ihr Bestandteil (179) ein Vektor[69]. Das gleiche gilt, wie vorhin ausgeführt, für die momentane Drehung in (x, y, z), also auch für die durch (182) gegebene Deformation.

---

[69] Es sei allgemein $f^{(1)}(x', y', z', t')$, $f^{(2)}(x', y', z', t')$, $f^{(3)}(x', y', z', t')$ ein für hinreichend kleine x', y', z', t' erklärtes Vektorfeld, und es sei etwa

$$f^{(1)} = f_0^{(1)} + f_1^{(1)} + f_2^{(1)} + f_3^{(1)}, \ldots,$$

unter $f_0^{(1)}, f_0^{(2)}, f_0^{(3)}; \ldots; f_3^{(1)}, f_3^{(2)}, f_3^{(3)}$ entsprechend Glieder nullter bis dritter Ordnung in bezug auf x', y', z', t' verstanden. Geht man zu einem neuen Koordinatensystem über, so sieht man sofort, daß sich $f_0^{(1)}, f_0^{(2)}, f_0^{(3)}; \ldots; f_3^{(1)}, f_3^{(2)}, f_3^{(3)}$ wie die Koordinaten transformieren, also je einen Vektor darstellen.

In dem neuen Koordinatensystem ist also

$$
(185)\qquad
\begin{aligned}
\mathfrak{X}' &= \alpha_{11} X' + \alpha_{12} Y' + \alpha_{13} Z' = \mathfrak{a}_{11}\mathfrak{x}' + \mathfrak{a}_{12}\mathfrak{y}' + \mathfrak{a}_{13}\mathfrak{z}',\\
\mathfrak{Y}' &= \alpha_{21} X' + \alpha_{22} Y' + \alpha_{23} Z' = \mathfrak{a}_{21}\mathfrak{x}' + \mathfrak{a}_{22}\mathfrak{y}' + \mathfrak{a}_{23}\mathfrak{z}',\\
\mathfrak{Z}' &= \alpha_{31} X' + \alpha_{32} Y' + \alpha_{33} Z' = \mathfrak{a}_{31}\mathfrak{x}' + \mathfrak{a}_{32}\mathfrak{y}' + \mathfrak{a}_{33}\mathfrak{z}'
\end{aligned}
$$

mit

$$
(186)\qquad \mathfrak{a}_{11} = \frac{\partial\mathfrak{u}}{\partial\mathfrak{x}}, \quad \mathfrak{a}_{12} = \frac{1}{2}\left(\frac{\partial\mathfrak{v}}{\partial\mathfrak{x}} + \frac{\partial\mathfrak{u}}{\partial\mathfrak{y}}\right), \ldots,
$$

unter $\mathfrak{u}, \mathfrak{v}, \mathfrak{w}$ die neuen Geschwindigkeitskomponenten verstanden. Nun wollen wir die Drehung des Achsenkreuzes so wählen, daß

$$
(187)\qquad \mathfrak{X}' = \mathfrak{a}_{11}\mathfrak{x}', \qquad \mathfrak{Y}' = \mathfrak{a}_{22}\mathfrak{y}', \qquad \mathfrak{Z}' = \mathfrak{a}_{33}\mathfrak{z}'
$$

wird. Betrachten wir zunächst die erste dieser drei Gleichungen. Sie gibt wegen (185), (182), und weil nach (184) natürlich

$$
\mathfrak{x}' = \alpha_{11} x' + \alpha_{12} y' + \alpha_{13} z', \qquad \mathfrak{y}' = \alpha_{21} x' + \alpha_{22} y' + \alpha_{23} z',
$$
$$
\mathfrak{z}' = \alpha_{31} x' + \alpha_{32} y' + \alpha_{33} z'
$$

ist,

$$
\begin{aligned}
\alpha_{11}(a_{11} x' + a_{12} y' + a_{13} z') &+ \alpha_{12}(a_{21} x' + a_{22} y' + a_{23} z')\\
&+ \alpha_{13}(a_{31} x' + a_{32} y' + a_{33} z') = \mathfrak{a}_{11}(\alpha_{11} x' + \alpha_{12} y' + \alpha_{13} z'),
\end{aligned}
$$

mithin

$$
(188)\qquad
\begin{aligned}
\alpha_{11}\mathfrak{a}_{11} &= \alpha_{11} a_{11} + \alpha_{12} a_{21} + \alpha_{13} a_{31},\\
\alpha_{12}\mathfrak{a}_{11} &= \alpha_{11} a_{12} + \alpha_{12} a_{22} + \alpha_{13} a_{32},\\
\alpha_{13}\mathfrak{a}_{11} &= \alpha_{11} a_{13} + \alpha_{12} a_{23} + \alpha_{13} a_{33} \qquad (a_{ki} = a_{ik}).
\end{aligned}
$$

Es muß also $\mathfrak{a}_{11}$ der Gleichung

$$
(189)\qquad
\begin{vmatrix}
a_{11} - \lambda & a_{12} & a_{13}\\
a_{21} & a_{22} - \lambda & a_{23}\\
a_{31} & a_{32} & a_{33} - \lambda
\end{vmatrix} = 0,
$$

die unter dem Namen „Säkulargleichung" bekannt ist, genügen. Auf dieselbe Gleichung führen die beiden übrigen Beziehungen (187). Man erhält

$$
(190)\qquad
\begin{aligned}
\alpha_{21}\mathfrak{a}_{22} &= \alpha_{21} a_{11} + \alpha_{22} a_{21} + \alpha_{23} a_{31},\\
\alpha_{22}\mathfrak{a}_{22} &= \alpha_{21} a_{12} + \alpha_{22} a_{22} + \alpha_{23} a_{32},\\
\alpha_{23}\mathfrak{a}_{22} &= \alpha_{21} a_{13} + \alpha_{22} a_{23} + \alpha_{23} a_{33},
\end{aligned}
$$

$$
(191)\qquad \alpha_{31}\mathfrak{a}_{33} = \alpha_{31} a_{11} + \alpha_{32} a_{21} + \alpha_{33} a_{31}, \ldots.
$$

Bekanntlich hat die Säkulargleichung (189) wegen $a_{ik} = a_{ki} \left(\gtreqless 0\right)$ lauter reelle Wurzeln $\lambda_1, \lambda_2, \lambda_3$[70]. Sie mögen etwa voneinander verschieden sein.

---

[70] Vgl. bsp. G. Kowalewski, Einführung in die Determinantentheorie. Zweite Auflage, Berlin 1925, S. 114—118.

Wir setzen $\mathfrak{a}_{11} = \lambda_1$, $\mathfrak{a}_{22} = \lambda_2$, $\mathfrak{a}_{33} = \lambda_3$ und bestimmen aus (188), bzw. (190) oder (191) je ein System von Werten

$$\alpha_{11},\ \alpha_{12},\ \alpha_{13};\quad \alpha_{21},\ \alpha_{22},\ \alpha_{23};\quad \alpha_{31},\ \alpha_{32},\ \alpha_{33}$$

den Beziehungen

$$(192)\qquad \alpha_{11}^2 + \alpha_{12}^2 + \alpha_{13}^2 = 1,\quad \alpha_{21}^2 + \alpha_{22}^2 + \alpha_{23}^2 = 1,\quad \alpha_{31}^2 + \alpha_{32}^2 + \alpha_{33}^2 = 1$$

gemäß. Es läßt sich dann weiter leicht zeigen, daß die Matrix

$$(193)\qquad \begin{pmatrix} \alpha_{11} & \alpha_{12} & \alpha_{13} \\ \alpha_{21} & \alpha_{22} & \alpha_{23} \\ \alpha_{31} & \alpha_{32} & \alpha_{33} \end{pmatrix}$$

orthogonal ist,

$$(194)\qquad \sum_l \alpha_{jl}\alpha_{kl} = \begin{cases} 0 & (k \neq j), \\ 1 & (k = j), \end{cases}\qquad \sum_l \alpha_{lj}\alpha_{lk} = \begin{cases} 0 & (k \neq j), \\ 1 & (k = j). \end{cases}$$

Führt man des weiteren die durch (184) bestimmte Drehung der Koordinatenachsen aus, so gelangt man wie verlangt zu den Formeln (187).

Die Diskussion läßt sich abkürzen, wenn man beachtet, daß man auf dieselben Gleichungen (188) geführt wird, wenn man die Hauptachsen der Fläche zweiter Ordnung

$$(195)\qquad a_{11}\boldsymbol{x}^2 + a_{22}\boldsymbol{y}^2 + a_{33}\boldsymbol{z}^2 + 2\,a_{12}\,\boldsymbol{x}\,\boldsymbol{y} + 2\,a_{13}\,\boldsymbol{x}\,\boldsymbol{z} + 2\,a_{23}\,\boldsymbol{y}\,\boldsymbol{z} = 1$$

zu bestimmen sucht[71].

Es möge zunächst die Determinante

$$\begin{vmatrix} a_{11} & a_{12} & a_{13} \\ a_{21} & a_{22} & a_{23} \\ a_{31} & a_{32} & a_{33} \end{vmatrix} \neq 0$$

sein. Die Fläche (195) hat *einen* im Koordinatenursprung gelegenen Mittelpunkt. Sind die drei Wurzeln $\lambda_1, \lambda_2, \lambda_3$ der Gleichung (189) voneinander verschieden, so gibt es drei und nur drei ganz bestimmte Richtungen, so daß, wenn man diese zu den Richtungen $\mathfrak{x}$, $\mathfrak{y}$, $\mathfrak{z}$ wählt, die Gleichungen (187) erfüllt sind. Die Formeln (187) besagen, daß ein Kubus um den Punkt (x, y, z) als Mittelpunkt, dessen Kanten zu den Koordinatenachsen $\mathfrak{x}$, $\mathfrak{y}$, $\mathfrak{z}$ parallel sind und die Länge h haben, in einen Quader mit ebenso gerichteten Kanten übergeht. Die neuen Kantenlängen sind $h(1 + \mathfrak{a}_{11}t')$, $h(1 + \mathfrak{a}_{22}t')$, $h(1 + \mathfrak{a}_{33}t')$. Die Deformation (187) kann, wie man sieht, als eine Aufeinanderfolge (Übereinander-

[71] Wir bezeichnen vorübergehend die laufenden Koordinaten, bezogen auf ein durch (x, y, z) parallel zu den ursprünglichen Koordinatenachsen gelegtes Achsenkreuz, mit $\boldsymbol{x}$, $\boldsymbol{y}$, $\boldsymbol{z}$.

lagerung) von drei Dilatationen in der $\mathfrak{x}$-, $\mathfrak{y}$- und $\mathfrak{z}$-Richtung aufgefaßt werden. Die Dilatationen sind

$$\mathfrak{a}_{11}\,t' = \frac{\partial \mathfrak{u}}{\partial \mathfrak{x}}\,t', \qquad \mathfrak{a}_{22}\,t' = \frac{\partial \mathfrak{v}}{\partial \mathfrak{y}}\,t', \qquad \mathfrak{a}_{33}\,t' = \frac{\partial \mathfrak{w}}{\partial \mathfrak{z}}\,t', \tag{196}$$

die Dilatationsgeschwindigkeiten

$$\frac{\partial \mathfrak{u}}{\partial \mathfrak{x}}, \qquad \frac{\partial \mathfrak{v}}{\partial \mathfrak{y}}, \qquad \frac{\partial \mathfrak{w}}{\partial \mathfrak{z}}. \tag{197}$$

Wir sprechen von den *Hauptdilatationen* (196) und der *Geschwindigkeit der Hauptdilatationen* (197).

Sind zwei Wurzeln der Gleichung (189) einander gleich, so gibt es unendlich viele Koordinatensysteme $\mathfrak{x}$, $\mathfrak{y}$, $\mathfrak{z}$, die das Gewünschte leisten. Sie werden aus einem von ihnen durch eine beliebige Drehung um *eine* der Koordinatenachsen gewonnen. Die Deformation hat eine Rotationssymmetrie in bezug auf eine der Achsen. Ist etwa $\frac{\partial \mathfrak{u}}{\partial \mathfrak{x}} = \frac{\partial \mathfrak{v}}{\partial \mathfrak{y}}$, so ist diese Achse die $\mathfrak{z}$-Achse. Jede die $\mathfrak{z}$-Achse unter einem rechten Winkel treffende Strecke erfährt eine Dilatation $\frac{\partial \mathfrak{u}}{\partial \mathfrak{x}}\,t'$ in ihrer eigenen Richtung.

Ist schließlich $\lambda_1 = \lambda_2 = \lambda_3$, so kann man die Koordinatenachsen $\mathfrak{x}$, $\mathfrak{y}$, $\mathfrak{z}$ beliebig wählen. Die Beziehungen (187) sind stets erfüllt, insbesondere auch schon bei dem ursprünglichen Koordinatensystem. Allemal ist dabei

$$\frac{\partial \mathfrak{u}}{\partial \mathfrak{x}} = \frac{\partial \mathfrak{v}}{\partial \mathfrak{y}} = \frac{\partial \mathfrak{w}}{\partial \mathfrak{z}} = \frac{\partial u}{\partial x} = \frac{\partial v}{\partial y} = \frac{\partial w}{\partial z}. \tag{198}$$

Die Deformation ist eine Ähnlichkeitstransformation mit dem Ähnlichkeitsverhältnis $1 : 1 + \frac{\partial \mathfrak{u}}{\partial \mathfrak{x}}\,t'$ um (x, y, z) als Mittelpunkt.

Ist

$$\begin{vmatrix} a_{11} & a_{12} & a_{13} \\ a_{21} & a_{22} & a_{23} \\ a_{31} & a_{32} & a_{33} \end{vmatrix} = 0, \tag{199}$$

so hat (195) unendlichviele Mittelpunkte, die eine Gerade oder eine Ebene erfüllen. Auch jetzt gibt es mindestens drei Richtungen mit den gewünschten Eigenschaften (Richtungen der Hauptdilatationen), wobei mindestens eine Hauptdilatation verschwindet.

Es liegt jetzt die Frage nahe, wie groß die Geschwindigkeit der Volumdilatation im Punkte (x, y, z), d. h. der Wert $\frac{1}{D}\frac{dD}{dt}$, sein wird (vgl. S. 149). Gehen wir von dem zuletzt betrachteten Flüssigkeitskubus aus. Die Gesamtverrückung der Flüssigkeitsteilchen in der Umgebung des Punktes (x, y, z) setzt sich, wenn man von Größen dritter Ordnung absieht, wie vorhin bewiesen, aus den drei Einzelverrückungen zusammen, die wir uns diesmal in dieser Reihenfolge ausgeführt denken: 1. Deformation (182), 2. Rotation (181), 3. Translation (178). Die wahre Lage einzelner Flüssigkeitsteilchen weicht von der so gewonnenen Lage höchstens um Größen dritter Ordnung ab. Das Volumen h^3 des Kubus geht nach Ausführung von 1. über in

$$\begin{aligned} &h^3(1+\mathfrak{a}_{11}t')(1+\mathfrak{a}_{22}t')(1+\mathfrak{a}_{33}t') \\ &=h^3\{1+(\mathfrak{a}_{11}+\mathfrak{a}_{22}+\mathfrak{a}_{33})t'\}+O(h^3t'^2). \end{aligned}$$

Durch die darauf folgende Rotation und Translation wird das Volumen natürlich nicht beeinflußt. Aber auch die noch anzubringende Korrektur beim Übergang zu der wahren Lage einzelner Teilchen zur Zeit $t+t'$ ergibt, wenn man die einzelnen Posten daraufhin sorgfältig prüft, nur Glieder von dem Charakter $O(h^3t'^2)$ oder $O(h^4t')$, so daß wir für das wahre Volumen zur Zeit $t+t'$ den Ausdruck

$$h^3\{1+(\mathfrak{a}_{11}+\mathfrak{a}_{22}+\mathfrak{a}_{33})t'\}+O(h^3t'^2)+O(h^4t')$$

erhalten. Für die Volumzunahme finden wir dementsprechend den Wert

$$h^3(\mathfrak{a}_{11}+\mathfrak{a}_{22}+\mathfrak{a}_{33})t'+O(h^3t'^2)+O(h^4t').$$

Nach Division durch h^3 und Übergang zur Grenze, $h\to 0$, finden wir für die Volumdilatation in dem Zeitintervall $\langle 0, t'\rangle$ den Ausdruck

$$(\mathfrak{a}_{11}+\mathfrak{a}_{22}+\mathfrak{a}_{33})t'+O(t'^2).$$

Die Geschwindigkeit der Volumdilatation, $\frac{1}{D}\frac{dD}{dt}$, erhält man, wenn man den vorstehenden Ausdruck durch t' dividiert und $t'\to 0$ gehen läßt. Man findet

$$\mathfrak{a}_{11}+\mathfrak{a}_{22}+\mathfrak{a}_{33}=\frac{\partial\mathfrak{u}}{\partial\mathfrak{x}}+\frac{\partial\mathfrak{v}}{\partial\mathfrak{y}}+\frac{\partial\mathfrak{w}}{\partial\mathfrak{z}}. \tag{200}$$

Wie wir wissen, ist aber die Divergenz eines Vektorfeldes eine Invariante gegenüber einer orthogonalen Transformation der unabhängigen Variablen, d. h. es ist

$$\frac{\partial\mathfrak{u}}{\partial\mathfrak{x}}+\frac{\partial\mathfrak{v}}{\partial\mathfrak{y}}+\frac{\partial\mathfrak{w}}{\partial\mathfrak{z}}=\frac{\partial u}{\partial x}+\frac{\partial v}{\partial y}+\frac{\partial w}{\partial z}.$$

Wir erhalten demnach

$$\frac{1}{D}\frac{dD}{dt}=\frac{\partial u}{\partial x}+\frac{\partial v}{\partial y}+\frac{\partial w}{\partial z}. \tag{201}$$

Nun ist, wie wir wissen,

$$\frac{d}{dt}(\varrho D)=\varrho\frac{dD}{dt}+D\frac{d\varrho}{dt}=0,$$

mithin

$$\frac{1}{D}\frac{dD}{dt}=-\frac{1}{\varrho}\frac{d\varrho}{dt}. \tag{202}$$

Aus (201) und (202) folgt jetzt fast unmittelbar

$$\frac{d\varrho}{dt} + \varrho\left(\frac{\partial u}{\partial x} + \frac{\partial v}{\partial y} + \frac{\partial w}{\partial z}\right) = 0 .$$

Wir finden so die Kontinuitätsgleichung (94) wieder.

Es ist von Interesse einmal festzustellen, wie sich die Größen $a_{11}, \ldots, a_{33}$ bei dem Übergang zu einem neuen Koordinatensystem $\dot{x}, \dot{y}, \dot{z}$ transformieren. Eine Parallelverschiebung des Achsenkreuzes ist belanglos, es handelt sich also um eine Drehung der Achsen.

Die Kosinus der neun von den sechs Achsen paarweise eingeschlossenen Winkel mögen die orthogonale Matrix

	x	y	z
$\dot{x}$	α_{11}	α_{12}	α_{13}
$\dot{y}$	α_{21}	α_{22}	α_{23}
$\dot{z}$	α_{31}	α_{32}	α_{33}

bilden[72]. Es gelten die Beziehungen

$$\text{(203)} \qquad \sum_k \alpha_{ik}\alpha_{jk} = \begin{cases} 1 & (i = j), \\ 0 & (i \neq j), \end{cases} \qquad \sum_k \alpha_{ki}\alpha_{kj} = \begin{cases} 1 & (i = j), \\ 0 & (i \neq j). \end{cases}$$

Aus der ersten der Gleichungen (185)[73] folgt mit Rücksicht auf (182) und (184)

$$\begin{aligned} \text{(204)} \qquad & \alpha_{11}(a_{11}x' + a_{12}y' + a_{13}z') + \alpha_{12}(a_{21}x' + a_{22}y' + a_{23}z') \\ & \quad + \alpha_{13}(a_{31}x' + a_{32}y' + a_{33}z') = \dot{a}_{11}\dot{x}' + \dot{a}_{12}\dot{y}' + \dot{a}_{13}\dot{z}' \\ & = \dot{a}_{11}(\alpha_{11}x' + \alpha_{12}y' + \alpha_{13}z') + \dot{a}_{12}(\alpha_{21}x' + \alpha_{22}y' + \alpha_{23}z') \\ & \quad + \dot{a}_{13}(\alpha_{31}x' + \alpha_{32}y' + \alpha_{33}z') . \end{aligned}$$

Da diese Beziehung für alle x', y', z' gilt, so muß

$$\text{(205)} \qquad \begin{aligned} \alpha_{11}a_{11} + \alpha_{12}a_{21} + \alpha_{13}a_{31} &= \alpha_{11}\dot{a}_{11} + \alpha_{21}\dot{a}_{12} + \alpha_{31}\dot{a}_{13} , \\ \alpha_{11}a_{12} + \alpha_{12}a_{22} + \alpha_{13}a_{32} &= \alpha_{12}\dot{a}_{11} + \alpha_{22}\dot{a}_{12} + \alpha_{32}\dot{a}_{13} , \\ \alpha_{11}a_{13} + \alpha_{12}a_{23} + \alpha_{13}a_{33} &= \alpha_{13}\dot{a}_{11} + \alpha_{23}\dot{a}_{12} + \alpha_{33}\dot{a}_{13} \end{aligned}$$

sein. Sechs weitere analoge Gleichungen ergeben sich, wenn man von der zweiten und der dritten der Gleichungen (185) ausgeht. Aus (205)

---

[72] Das Achsenkreuz $\dot{x}, \dot{y}, \dot{z}$ braucht sich nicht notwendig mit dem vorhin eingeführten Achsenkreuz $\mathfrak{x}, \mathfrak{y}, \mathfrak{z}$ zu decken.

[73] Beim Gebrauch dieser Formeln sind überall die Fraktur gedruckten Buchstaben durch die mit einem Punkt versehenen zu ersetzen.

folgt durch Multiplikation mit α_{11}, α_{12}, α_{13} und Zusammenfassung mit Rücksicht auf (203)

$$\dot{a}_{11} = \alpha_{11}(\alpha_{11} a_{11} + \alpha_{12} a_{12} + \alpha_{13} a_{13}) + \alpha_{12}(\alpha_{11} a_{21} + \alpha_{12} a_{22} + \alpha_{13} a_{23}) + \alpha_{13}(\alpha_{11} a_{31} + \alpha_{12} a_{32} + \alpha_{13} a_{33}),$$

kürzer

$$\dot{a}_{11} = \sum_{i,k} \alpha_{1i}\alpha_{1k} a_{ik}. \tag{206}$$

Ebenso findet man

$$\begin{gathered} \dot{a}_{22} = \sum_{i,k} \alpha_{2i}\alpha_{2k} a_{ik}, \quad \dot{a}_{33} = \sum_{i,k} \alpha_{3i}\alpha_{3k} a_{ik}, \\ \dot{a}_{12} = \dot{a}_{21} = \sum \alpha_{1i}\alpha_{2k} a_{ik}, \quad \dot{a}_{13} = \dot{a}_{31} = \sum \alpha_{1i}\alpha_{3k} a_{ik}, \\ \dot{a}_{23} = \dot{a}_{32} = \sum \alpha_{2i}\alpha_{3k} a_{ik}. \end{gathered} \tag{207}$$

Man erhält die Formeln für den Übergang von den $\dot{x}, \dot{y}, \dot{z}$-Koordinaten zu den Koordinaten x, y, z, indem man in den Formeln, die von x, y, z zu $\dot{x}, \dot{y}, \dot{z}$ überzugehen gestatten, die ersten Indizes mit den zweiten vertauscht. Die gleiche Operation führt darauf wegen $a_{ik} = a_{ki}$ von (206) und (207) zu den Formeln

$$a_{11} = \sum \alpha_{i1}\alpha_{k1} \dot{a}_{ik}, \quad a_{22} = \sum \alpha_{i2}\alpha_{k2} \dot{a}_{ik}, \ldots, \quad a_{23} = \sum \alpha_{i2}\alpha_{k3} \dot{a}_{ik}. \tag{208}$$

Man könnte die Formeln (206) bis (208) natürlich auch leicht auf direktem Wege gewinnen. Wir finden, in der Tat, beispielsweise

$$\begin{aligned} \dot{a}_{11} &= \frac{\partial \dot{u}}{\partial \dot{x}} = \frac{\partial \dot{u}}{\partial x}\frac{\partial x}{\partial \dot{x}} + \frac{\partial \dot{u}}{\partial y}\frac{\partial y}{\partial \dot{x}} + \frac{\partial \dot{u}}{\partial z}\frac{\partial z}{\partial \dot{x}} \\ &= \alpha_{11}\frac{\partial \dot{u}}{\partial x} + \alpha_{12}\frac{\partial \dot{u}}{\partial y} + \alpha_{13}\frac{\partial \dot{u}}{\partial z}. \end{aligned} \tag{209}$$

Da nun aber

$$\dot{u} = \alpha_{11} u + \alpha_{12} v + \alpha_{13} w$$

gilt, so ist weiter

$$\begin{aligned} \dot{a}_{11} &= \alpha_{11}\left(\alpha_{11}\frac{\partial u}{\partial x} + \alpha_{12}\frac{\partial v}{\partial x} + \alpha_{13}\frac{\partial w}{\partial x}\right) \\ &\quad + \alpha_{12}\left(\alpha_{11}\frac{\partial u}{\partial y} + \alpha_{12}\frac{\partial v}{\partial y} + \alpha_{13}\frac{\partial w}{\partial y}\right) + \alpha_{13}\left(\alpha_{11}\frac{\partial u}{\partial z} + \alpha_{12}\frac{\partial v}{\partial z} + \alpha_{13}\frac{\partial w}{\partial z}\right) \\ &= \alpha_{11}^2\frac{\partial u}{\partial x} + \alpha_{11}\alpha_{12}\left(\frac{\partial v}{\partial x} + \frac{\partial u}{\partial y}\right) + \alpha_{11}\alpha_{13}\left(\frac{\partial w}{\partial x} + \frac{\partial u}{\partial z}\right) \\ &\quad + \alpha_{12}\alpha_{13}\left(\frac{\partial w}{\partial y} + \frac{\partial v}{\partial z}\right) + \alpha_{12}^2\frac{\partial v}{\partial y} + \alpha_{13}^2\frac{\partial w}{\partial z}, \end{aligned}$$

und diese Formel ist, wie man wegen (183) leicht sieht, mit der Formel (206) identisch.

Die Größen $\dot{a}_{ik}$ sind lineare Funktionen von $a_{11}, \ldots, a_{33}$, jedoch quadratische Funktionen der Richtungskosinus $\alpha_{11}, \ldots, \alpha_{33}$.

Neun Größen a_{11}, a_{22}, a_{33}, $a_{12} = a_{21}$, $a_{13} = a_{31}$, $a_{23} = a_{32}$, die sich den Formeln (206), (207) gemäß transformieren, nennt man *Komponenten eines* (symmetrischen) *Tensors* (zweiten Ranges)[74]. Im vorliegenden Falle wird speziell von einem *Deformationstensor* gesprochen.

Tensoren spielen in der mathematischen Physik eine beherrschende Rolle. Wir werden diesen Bildungen bei der Behandlung des Spannungszustandes eines kontinuierlichen Mediums alsbald wieder begegnen.

Wir sind jetzt in der Lage, uns ein anschauliches Bild der Bewegung eines kleinen Flüssigkeitsbereiches in einem endlichen Zeitintervall $\langle t_0, t_1\rangle$ zu verschaffen. Es sei Γ die Bahn irgendeines der betrachteten Flüssigkeitsteilchen, etwa des Teilchens (a, b, c), und es möge d_0 der Durchmesser unseres Bereiches zur Zeit t_0 bezeichnen. Ein erstes, grobes Bild des untersuchten Bewegungsvorganges erhält man augenscheinlich, wenn man annimmt, daß der Bereich sich wie ein starrer Körper bewegt und alle Flüssigkeitsteilchen Bahnen beschreiben, die aus Γ durch geeignete Verschiebungen entstehen. Dies bedeutet analytisch, daß man für die Koordinaten des Teilchens

$$(a + a', b + b', c + c') \quad \text{zur Zeit } t \quad (t_0 < t \leqq t_1), \quad \text{nämlich}$$

$$x(a + a', b + b', c + c', t) = x + \frac{\partial x}{\partial a} a' + \frac{\partial x}{\partial b} b' + \frac{\partial x}{\partial c} c' + O(d_0^2),$$

$$y(a + a', b + b', c + c', t), \qquad z(a + a', b + b', c + c', t),$$

die Werte

$$x + a' = x + \left[\frac{\partial x}{\partial a}\right]_{t_0} a' + \left[\frac{\partial x}{\partial b}\right]_{t_0} b' + \left[\frac{\partial x}{\partial c}\right]_{t_0} c', \quad y + b', \quad z + c'$$

substituiert.

Ein verfeinertes Bild gewähren die soeben durchgeführten Betrachtungen. Man hat sich jetzt vorzustellen, daß unser Flüssigkeitsbereich wie vorhin der Kurve Γ entlang gleitet, sich dabei mit einer ganz bestimmten momentanen Winkelgeschwindigkeit um eine bestimmte Momentanachse dreht und zugleich drei ebenfalls wohldefinierten momentanen Dehnungen unterliegt.

14. Wirbellinien. Potentialbewegungen. Geschwindigkeitspotential. Periodizitätsmoduln des Geschwindigkeitspotentials. Ein Gegenstück zu den Stromlinien bilden die von Helmholtz zuerst betrachteten Wirbellinien.

Es mögen die in dem Bereiche $\{T + S; \langle t_0, t_1\rangle\}$ erklärten Funktionen $u(x, y, z, t)$, $v(x, y, z, t)$, $w(x, y, z, t)$ stetige partielle Ab-

---

[74] Vgl. bsp. W. Pauli jun., Relativitätstheorie, Encyklopädie der mathematischen Wissenschaften V 19, S. 570ff.

leitungen erster und zweiter Ordnung haben, und es möge darüber hinaus, unter ξ, η, ζ die Wirbelkomponenten

$$(210)\quad \xi = \frac{1}{2}\left(\frac{\partial w}{\partial y} - \frac{\partial v}{\partial z}\right), \qquad \eta = \frac{1}{2}\left(\frac{\partial u}{\partial z} - \frac{\partial w}{\partial x}\right), \qquad \zeta = \frac{1}{2}\left(\frac{\partial v}{\partial x} - \frac{\partial u}{\partial y}\right)$$

verstanden, in $T + S$

$$\xi^2 + \eta^2 + \zeta^2 > 0$$

sein. Wir verstehen unter *Wirbellinien* Kurven, deren Tangenten allemal die Richtung des Wirbelvektors in dem Berührungspunkte haben. Die Differentialgleichungen der Wirbellinien lauten augenscheinlich

$$(211)\qquad dx : dy : dz = \xi : \eta : \zeta,$$

oder auch, wenn s die von einem willkürlichen Anfangspunkte in der Richtung des Wirbels gemessene Bogenlänge bezeichnet,

$$(212)\quad \frac{dx}{ds} = \frac{\xi}{\sqrt{\xi^2 + \eta^2 + \zeta^2}}, \qquad \frac{dy}{ds} = \frac{\eta}{\sqrt{\xi^2 + \eta^2 + \zeta^2}}, \qquad \frac{dz}{ds} = \frac{\zeta}{\sqrt{\xi^2 + \eta^2 + \zeta^2}}.$$

In (212) ist die Quadratwurzel mit dem positiven Vorzeichen zu nehmen.

Es sei (x^0, y^0, z^0) irgendein Punkt in T. Dem Cauchy-Lipschitzschen Existenzsatze in der Theorie gewöhnlicher Differentialgleichungen zufolge (vgl. die Fußnote [55]) haben die Differentialgleichungen (212) ein und nur ein System von Lösungen, die den Beziehungen $x = x^0$, $y = y^0$, $z = z^0$ für $s = 0$ genügen. Durch jeden Punkt in T geht eine und nur eine Wirbellinie. Die Gesamtheit der Wirbellinien bildet dennoch, und zwar aus demselben Grunde wie bei den Stromlinien, eine nur zweiparametrige Schar von Raumkurven. Augenscheinlich hängt das Wirbelfeld in stetiger Weise von der Zeit ab. Die Wirbellinien ändern darum im allgemeinen ihre Lage und Gestalt mit fortschreitender Zeit.

Wird $\xi^2 + \eta^2 + \zeta^2$ in T in isolierten Punkten, auf einzelnen Linien- oder Flächenstücken gleich Null, so können, ähnlich wie bei Stromkurven (vgl. S. 171), Singularitäten auftreten[75].

Es möge sich insbesondere um eine permanente Bewegung handeln. Die Funktionen u, v, w, darum auch die Wirbelkomponenten ξ, η, ζ

---

[75] Um den Cauchy-Lipschitzschen Existenzsatz anwenden zu können, haben wir vorhin angenommen, daß die Funktionen u, v, w stetige partielle Ableitungen der beiden ersten Ordnungen haben. Die auf der rechten Seite der Gleichungen (212) befindlichen Funktionen haben alsdann stetige partielle Ableitungen erster Ordnung. Die *Existenz* der Lösung ist indessen gesichert, sobald feststeht, daß die Funktionen $\xi(\xi^2 + \eta^2 + \zeta^2)^{-\frac{1}{2}}, \ldots$ schlechthin stetig sind, die Unität der Lösung mit der Anfangsbedingung $x = x^0$, $y = y^0$, $z = z^0$ für $s = 0$ freilich erst, sobald darüber hinaus bsp. bekannt ist, daß ξ, η, ζ stetige partielle Ableitungen erster Ordnung haben (vgl. bsp. P. Painlevé, Encyklopädie der math. Wissenschaften II A 4a, S. 197—198).

sind nunmehr von der Zeit unabhängig. Das Wirbelfeld liegt im Raume fest.

Es mögen jetzt die in $\{T+S;\ \langle t_0, t_1\rangle\}$ erklärten stetigen Funktionen $u(x, y, z, t)$, v, w daselbst lediglich stetige partielle Ableitungen erster Ordnung haben. Der Einfachheit halber nehmen wir zunächst an, das Gebiet T_0 sei beschränkt und gehöre der Klasse A an; alle Komponenten von S_0 sind also geschlossene Flächen mit stetiger Normale. Des weiteren soll $T_0 + S_0$ einfach zusammenhängend sein. Wie wir wissen (vgl. die Ausführungen auf S. 14), ist alsdann auch $T + S$ beschränkt, gehört der Klasse A an und ist einfach zusammenhängend. Im direkten Gegensatz zu den vorhin durchgeführten Überlegungen möge jetzt in $\{T + S;\ \langle t_0, t_1\rangle\}$ durchweg

$$\text{(213)}\qquad \begin{gathered} \xi = \frac{1}{2}\left(\frac{\partial w}{\partial y} - \frac{\partial v}{\partial z}\right) = 0, \qquad \eta = \frac{1}{2}\left(\frac{\partial u}{\partial z} - \frac{\partial w}{\partial x}\right) = 0, \\ \zeta = \frac{1}{2}\left(\frac{\partial v}{\partial x} - \frac{\partial u}{\partial y}\right) = 0 \end{gathered}$$

sein. Halten wir zunächst t fest. Aus den in **3.** II durchgeführten Betrachtungen folgt, daß u, v, w als partielle Ableitungen einer bis auf eine willkürliche additive Funktion der Zeit erklärten, nebst ihren partiellen Ableitungen erster und zweiter Ordnung stetigen Funktion φ aufgefaßt werden können,

$$\text{(214)}\qquad u = \frac{\partial \varphi}{\partial x}, \qquad v = \frac{\partial \varphi}{\partial y}, \qquad w = \frac{\partial \varphi}{\partial z}.$$

Als Funktion von x, y, z, t aufgefaßt, ist φ in $\{T + S;\ \langle t_0, t_1\rangle\}$ stetig und hat stetige partielle Ableitungen

$$\text{(215)}\qquad \frac{\partial \varphi}{\partial x}, \quad \frac{\partial^2 \varphi}{\partial x^2}, \quad \frac{\partial^2 \varphi}{\partial y\, \partial x}, \quad \frac{\partial^2 \varphi}{\partial z\, \partial x}, \quad \frac{\partial^2 \varphi}{\partial t\, \partial x}; \quad \frac{\partial \varphi}{\partial y}, \quad \ldots, \quad \frac{\partial^2 \varphi}{\partial t\, \partial z}.$$

Wir nennen φ mit Helmholtz das *Geschwindigkeitspotential*, die Flüssigkeitsbewegung selbst in naheliegendem Sinne *wirbelfrei*. Man spricht auch von einer *Potentialbewegung*. Ist, im Gegensatz zu den vorstehenden Annahmen, $T_0 + S_0$ und damit auch $T + S$ zweifach zusammenhängend, etwa von dem topologischen Typus eines Kreisringkörpers, so braucht φ nach einem Umlauf längs einer beliebigen geschlossenen Kurve in T (bei festgehaltenem t) nicht notwendig zu dem Ausgangswert zurückzukehren. Wie wir in **4.** II gesehen haben, gibt es vielmehr geschlossene Kurven Γ mit stetiger oder abteilungsweise stetiger Tangente, so daß

$$\text{(216)}\qquad \int_{\Gamma} d\varphi = \int_{\Gamma} u\,dx + v\,dy + w\,dz = c$$

nicht notwendig verschwindet (Fig. 11)[76]. Es möge c, das von der Zeit stetig abhängt, jedoch für alle Kurven Γ, die durch eine stetige Deformation ineinander übergeführt werden können, den gleichen Wert hat, von Null verschieden sein. Die *Zirkulation* der Geschwindigkeit längs Γ hat also einen von Null verschiedenen Wert. Wir sagen, im Einklang mit den auf S. 49 eingeführten Bezeichnungen, *das Geschwindigkeitspotential* φ *sei unendlichvieldeutig und habe den Periodizitätsmodul* c.

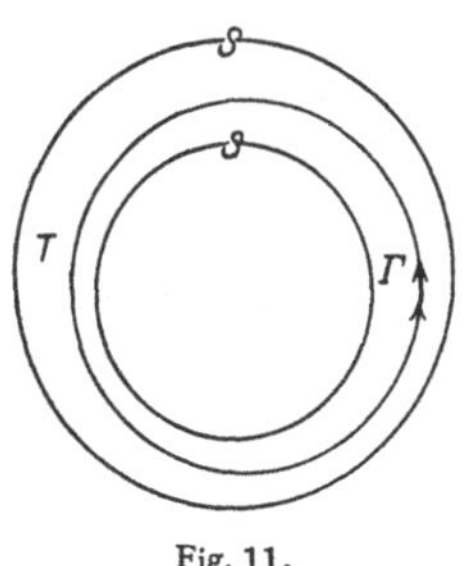

Fig. 11.

Handelt es sich in ähnlicher Weise um dreifach zusammenhängende Gebiete (Fig. 6) und wird

$$
\begin{aligned}
\int_{\Gamma_1} d\varphi &= \int_{\Gamma_1} u\,dx + v\,dy + w\,dz = c_1, \\
\int_{\Gamma_2} d\varphi &= \int_{\Gamma_2} u\,dx + v\,dy + w\,dz = c_2
\end{aligned}
\tag{217}
$$

gesetzt, so liegt, falls $c_1 \neq 0$, $c_2 \neq 0$ ist, ein unendlichvieldeutiges *Geschwindigkeitspotential mit zwei Periodizitätsmoduln* vor. Die Zirkulation des Geschwindigkeitsvektors u, v, w längs einer beliebigen geschlossenen Kurve, oder, was dasselbe bedeutet, die Zunahme von φ längs einer beliebigen geschlossenen Kurve ist gleich $n_1 c_1 + n_2 c_2$, unter n_1 und n_2 ganzzahlige positive, negative oder auch verschwindende Werte verstanden.

Ist die Zusammenhangszahl von $T_0 + S_0$ größer als drei, so gelangt man entsprechend zu Geschwindigkeitspotentialen mit drei und mehr Periodizitätsmoduln. Ist die Zirkulation der Geschwindigkeit nicht durchweg gleich Null, so nennen wir die Potentialbewegung *zyklisch*, sonst *azyklisch*. *Zyklische* Bewegungen sind wohlbemerkt nur in mehrfach zusammenhängenden Räumen möglich.

Potentialbewegungen spielen in der Hydromechanik, da sie sich durch besondere Einfachheit auszeichnen, eine wichtige Rolle. Handelt es sich um eine Potentialbewegung, so nimmt die Kontinuitätsgleichung (94) augenscheinlich die Form

$$\frac{d\varrho}{dt} + \varrho\,\Delta\varphi = 0 \tag{218}$$

an. Ist die Flüssigkeit inkompressibel, so erhalten wir noch einfacher

$$\Delta\varphi = 0. \tag{219}$$

Hiermit ist ein Zusammenhang zwischen der Hydromechanik der Potentialbewegungen inkompressibler Flüssigkeiten und der Potentialtheorie hergestellt. Viele Sätze der Potentialtheorie gestatten eine an-

[76] Wie auf S. 46—47 des näheren ausgeführt worden ist, wird dabei der Umlaufssinn auf Γ mit Hilfe eines Querschnittes, der $T + S$ einfach zusammenhängend macht, festgelegt.

schauliche hydromechanische Deutung. Wir werden uns weiter unten mit diesem Gegenstand beschäftigen, — für den Augenblick begnügen wir uns mit einer interessanten Anwendung des auf S. 59 angegebenen Unitätssatzes.

Es möge sich um eine ein ruhendes, starres Gefäß T lückenlos ausfüllende Masse inkompressibler, in einer azyklischen Potentialbewegung begriffener Flüssigkeit handeln. Die Innenwandung S des Gefäßes sei stetig gekrümmt. Da die Flüssigkeitsmasse das Gefäß lückenlos ausfüllt, so ist ihre Oberfläche mit S identisch. Wie wir wissen, bleiben Teilchen, die sich einmal auf der Oberfläche befanden, während der ganzen Dauer einer stetigen Bewegung auf der Oberfläche. Ihre Geschwindigkeit fällt also in die Tangentialebene von S hinein, die Normalkomponente der Geschwindigkeit verschwindet,

$$u \cos(n, x) + v \cos(n, y) + w \cos(n, z) = 0. \tag{220}$$

Im vorliegenden Falle bedeutet dies

$$\frac{\partial \varphi}{\partial x} \cos(n, x) + \frac{\partial \varphi}{\partial y} \cos(n, y) + \frac{\partial \varphi}{\partial z} \cos(n, z) = \frac{\partial \varphi}{\partial n} = 0. \tag{221}$$

Da aber überall in T

$$\Delta \varphi = 0$$

ist und $\frac{\partial \varphi}{\partial x}, \frac{\partial \varphi}{\partial y}, \frac{\partial \varphi}{\partial z}$ sich auch noch auf S stetig verhalten, so gilt den Ergebnissen auf S. 59 gemäß in $T + S$

$$\varphi = \text{konst.}, \qquad u = v = w = 0. \tag{222}$$

Die Flüssigkeit ruht. *Eine azyklische Potentialbewegung einer inkompressiblen Flüssigkeit in einem starren, ruhenden Gefäß, das sie vollkommen ausfüllt, ist also nicht möglich.* Wohlbemerkt handelt es sich ausdrücklich um azyklische Bewegungen. Die durch das Potential $\varphi = \operatorname{Arctg} \frac{y}{x}$ erklärte Potentialbewegung könnte sehr wohl in einem mit inkompressibler Flüssigkeit voll erfüllten Kreisringkörper um die z-Achse als Mittellinie vor sich gehen. Sie ist eben zyklisch. Die Zirkulation längs einer Kreislinie Γ um die z-Achse als Mittelachse hat, je nach dem Umlaufssinn, den Wert

$$\int_{\Gamma} d\varphi = \pm 2\pi.$$

Die vorstehenden Betrachtungen sind rein kinematischen Charakters. Sie zeigen, daß azyklische Potentialströmungen in einem mehrfach zusammenhängenden Gefäß möglich sind. Die Entscheidung darüber, ob sie gegebenenfalls zustande kommen werden, hängt von Erwägungen dynamischer Natur ab. Hat die Flüssigkeit „innere Reibung“ (vgl. S. 285), so haften die Flüssigkeitsteilchen an den Randflächen fest (S. 300).

Die Periodizitätsmoduln sind sämtlich gleich Null, φ ist konstant. Potentialströmungen (in einem mehrfach zusammenhängenden Gefäß) sind nur bei „reibungslosen" oder „ideellen" Flüssigkeiten möglich, — sie sind zyklisch.

Wir haben im vorstehenden angenommen, daß in $\{T+S; \langle t_0, t_1\rangle\}$, außer höchstens in isolierten Punkten, Linien oder Flächen. $\xi^2+\eta^2+\zeta^2>0$ ist, oder aber daß ξ, η, ζ identisch verschwinden. Es kann aber sehr wohl in einem Zeitpunkt t in einem oder mehreren in $T+S$ gelegenen Bereichen T_k+S_k $(k=1, \ldots, n)$ der Wirbelvektor von Null verschieden sein, außerhalb dieser aber eine wirbellose Bewegung vorliegen (vgl. Fig. 12, dort ist $n=2$). Um die Vorstellungen zu fixieren, nehmen wir an, daß die Flüssigkeit ein geschlossenes Gefäß, dessen Innenwand stetig gekrümmt ist, vollkommen erfüllt. Es mögen zunächst die Funktionen u, v, w in $T+S$ stetig sein und stetige Ableitungen erster Ordnung in bezug auf die Ortsvariablen haben. Auf $S_1, \ldots, S_n$ gehen jetzt die Wirbelkomponenten ξ, η, ζ stetig in Null über. Die Potentialbewegung außerhalb von $T_1, \ldots, T_n$ kann zyklisch oder azyklisch sein. Ist der fragliche Raum einfach zusammenhängend, was stets der Fall ist, wenn T und $T_1, \ldots, T_n$ einfach zusammenhängend sind, so ist sie gewiß azyklisch.

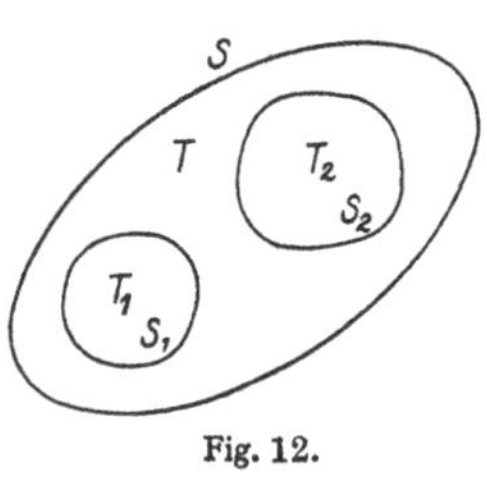

Fig. 12.

Soeben hatten wir angenommen, daß die partiellen Ableitungen $\frac{\partial u}{\partial x}, \frac{\partial u}{\partial y}, \frac{\partial u}{\partial z}; \frac{\partial v}{\partial x}, \ldots, \frac{\partial w}{\partial z}$ in $T+S$ stetig sind. Es mögen jetzt u, v, w nach wie vor in $T+S$ stetig sein, während $\frac{\partial u}{\partial x}, \ldots, \frac{\partial w}{\partial z}$ auf $S_1, \ldots, S_n$ sprungweise Änderungen erfahren können. Wie wir wissen, bleiben die Tangentialableitungen von u, v, w auf $S_1, \ldots, S_n$ gewiß stetig (vgl. S. 23). Hieraus folgt, wie man leicht sieht, daß die Normalkomponente des Wirbelvektors sich beim Passieren von $S_1, \ldots, S_n$ stetig verhält. Da indessen die Normalableitungen von u, v, w sich auf dem Rande von $T_1, \ldots, T_n$ im allgemeinen sprungweise ändern werden, so gilt für die Tangentialkomponenten des Wirbelvektors das gleiche.

Ein *Beispiel*. Es sei $n=1$; T_1 sei ein Kreisringkörper um die z-Achse als Mittellinie, die Wirbellinien mögen lauter konzentrische Kreise parallel zu der x-y-Ebene mit dem Mittelpunkt auf der z-Achse darstellen. Schließlich sei $\zeta=0$, $\xi^2+\eta^2=h^2$ (h konstant). Außerhalb von T_1 ist die Bewegung wirbelfrei. Wie wir, unter Benutzung der Ergebnisse des dritten Kapitels, alsbald zeigen werden, ist, sofern es sich um eine inkompressible, ideelle Flüssigkeit handelt, das gesamte Geschwindigkeitsfeld zur Zeit t durch die vorstehenden Angaben nach

Vorgabe des Periodizitätsmoduls des Geschwindigkeitspotentials[77] vollkommen bestimmt. Auf S_1 werden sich im vorliegenden Falle gewiß die Normalableitungen von u, v, w im allgemeinen sprungweise ändern. Wie in dem sechsten Kapitel des näheren ausgeführt werden wird, haben wir es hier[77a] mit einer speziellen „stationären Unstetigkeit zweiter Ordnung" zu tun. Solche können selbstverständlich gerade so gut in einer ganz oder teilweise ins Unendliche sich erstreckenden, ganz oder teilweise freien Flüssigkeitsmasse auftreten[78].

15. Bestimmung des Geschwindigkeitsfeldes aus bekanntem Wirbelfeld. Den Ausführungen in **1.** gemäß gilt die Bewegung einer Flüssigkeitsmasse als bekannt, sobald die Koordinaten eines jeden Flüssigkeitsteilchens als Funktionen der Zeit bekannt sind, d. h. sobald ein System von Gleichungen von der Form

$$x = x(a, b, c, t), \qquad y = y(a, b, c, t), \qquad z = z(a, b, c, t) \tag{223}$$

vorliegt. Wie wir in **10.** gesehen haben, kann man (223) unter Zugrundelegung der Eulerschen Variablen durch Gleichungen von der Form

$$u = u(x, y, z, t), \qquad v = v(x, y, z, t), \qquad w = w(x, y, z, t) \tag{224}$$

ersetzen. Sind gewisse Stetigkeits- und Grenzbedingungen erfüllt, so kann man durch Auflösung des Systems gewöhnlicher Differentialgleichungen (224) zu (223) zurückgelangen.

In der Hydrodynamik sind es nicht immer Gleichungen von der Form (224), zu denen man, ausgehend von den allgemeinen Euler-Lagrangeschen Bewegungsgleichungen (vgl. S. 280), zunächst kommt. Oft ist es das Feld des Wirbels der Geschwindigkeit, ξ, η, ζ, das sich zunächst ermitteln läßt. Es entsteht dann die weitere Aufgabe, aus bekanntem Wirbelfeld bei geeigneten Grenzbedingungen das Geschwindigkeitsfeld, also die Funktionen $u(x, y, z, t)$, $v(x, y, z, t)$, $w(x, y, z, t)$ zu ermitteln. Zur definitiven Erledigung des Bewegungsproblems hat man alsdann natürlich wie vorhin zu den Gleichungen (223) überzugehen. Namentlich bei der Durchführung der Existenzbeweise erweist es sich als zweckmäßig, als Zwischenvariable ξ, η, ζ einzuführen. Hierüber wird später Näheres ausgeführt werden. Die Ermittelung des Geschwindigkeitsfeldes aus bekanntem Wirbelfeld hat also nicht nur mathematisches Interesse. Für den Augenblick handelt es sich für uns freilich um Betrachtungen von mehr mathematischem Charakter, dies um so mehr als die physikalische Bedeutung der Grenzbedingungen erst in der Dynamik (vgl. S. 297 ff.) schärfer hervortreten wird. Die folgenden

[77] Dieser kann natürlich auch gleich Null sein.

[77a] Wenn die wirkenden Kräfte konservativ sind.

[78] Wir wollen damit sagen, daß die Flüssigkeitsoberfläche ganz oder teilweise an das Vakuum angrenzt.

Überlegungen sind wie alle Erörterungen dieses Kapitels rein kinematischer Natur. Es wird nicht untersucht, unter welchen äußeren Bedingungen eine bestimmte Flüssigkeitsbewegung zustande kommt, sondern nur, wie sie sich im einzelnen abspielt.

Was die mathematische Behandlung des jetzt vorliegenden Problems betrifft, so liefert uns das dritte Kapitel alles hierzu Notwendige.

Wir beginnen mit dem einfachsten Problem einer den Gesamtraum lückenlos ausfüllenden inkompressiblen Flüssigkeit. Es wird angenommen, daß die Geschwindigkeitskomponenten u, v, w stetig sind und stetige Ableitungen erster und zweiter Ordnung in bezug auf die Ortsvariablen haben, daß weiter die Komponenten des Wirbelvektors, ξ, η, ζ, die wir als bekannt ansehen, nebst ihren partiellen Ableitungen erster Ordnung stetige, im Unendlichen wie $R^{-1-\nu}$ $(0 < \nu \leqq 1)$ verschwindende, der Gleichung

$$\frac{\partial \xi}{\partial x} + \frac{\partial \eta}{\partial y} + \frac{\partial \zeta}{\partial z} = 0 \tag{225}$$

genügende Funktionen darstellen[78a]. Hierdurch und durch die weitere Voraussetzung, die unbekannten Komponenten der Geschwindigkeit u, v, w mögen sich im Unendlichen wie $R^{-\nu}$ verhalten, sind diese Funktionen vollkommen bestimmt.

Wie wir in dem dritten Kapitel bewiesen haben (vgl. S. 94), gelten die Formeln

$$\begin{aligned}
u &= -\frac{1}{2\pi}\int\limits_{\infty} \frac{\partial}{\partial z}\left(\frac{1}{r}\right)\eta'\,d\tau' + \frac{1}{2\pi}\int\limits_{\infty} \frac{\partial}{\partial y}\left(\frac{1}{r}\right)\zeta'\,d\tau',\\
v &= -\frac{1}{2\pi}\int\limits_{\infty} \frac{\partial}{\partial x}\left(\frac{1}{r}\right)\zeta'\,d\tau' + \frac{1}{2\pi}\int\limits_{\infty} \frac{\partial}{\partial z}\left(\frac{1}{r}\right)\xi'\,d\tau',\\
w &= -\frac{1}{2\pi}\int\limits_{\infty} \frac{\partial}{\partial y}\left(\frac{1}{r}\right)\xi'\,d\tau' + \frac{1}{2\pi}\int\limits_{\infty} \frac{\partial}{\partial x}\left(\frac{1}{r}\right)\eta'\,d\tau',\\
&\frac{\partial u}{\partial x} + \frac{\partial v}{\partial y} + \frac{\partial w}{\partial z} = 0,
\end{aligned} \tag{226}$$

wo die Integrationen über den Gesamtraum der Variablen x', y', z' erstreckt zu denken sind, was durch das Zeichen ∞ angedeutet wird[79]. Die gleichen Formeln gelten, wenn, entgegen den ursprünglichen Festsetzungen, die Funktionen ξ, η, ζ, sowie ihre partiellen Ableitungen erster Ordnung in bezug auf die Ortsvariablen, längs gewisser beschränkter oder sich ins Unendliche erstreckender stetig gekrümmter Flächen (allgemeiner Flächen der Klasse Ah) sprungweise Änderungen erfahren. Doch soll dabei die Normalkomponente des Wirbelvektors

[78a] Die partiellen Ableitungen $\frac{\partial \xi}{\partial x}, \ldots$ verhalten sich für $R \to \infty$ wie $R^{-2-\nu}$.

[79] Vgl. die Formeln (137) auf S. 94. Es ist dabei zu beachten, daß die Komponenten der Rotation des Geschwindigkeitsvektors die Werte 2ξ, 2η, 2ζ haben. — Von der Abhängigkeit von der Zeit wird im Augenblick abgesehen.

beim Passieren der Unstetigkeitsflächen durchaus stetig bleiben. Während u, v, w sich immer noch überall stetig verhalten, wird bezüglich $\frac{\partial u}{\partial x}, \frac{\partial u}{\partial y}, \frac{\partial u}{\partial z}; \frac{\partial v}{\partial x}, \ldots, \frac{\partial w}{\partial z}$ zugelassen, daß sie auf den Unstetigkeitsflächen Sprünge erleiden können.

Es möge insbesondere außerhalb eines beschränkten Gebietes T der Klasse Ah überall $\xi = \eta = \zeta = 0$ sein. Bei der Annäherung an den Rand S von T vom Innern her brauchen nach dem, was soeben auseinandergesetzt worden ist, ξ, η, ζ nicht notwendig gegen Null zu konvergieren. Doch muß auf der „Innenseite von S" der Wirbelvektor überall in die Tangentialebene von S fallen, da die Normalkomponente, die in T_a offenbar verschwindet, auch in T den Wert Null haben muß. Ein besonders einfaches Beispiel für die jetzt in Frage kommende Wirbelverteilung haben wir auf S. 194 betrachtet. Man könnte allgemeiner annehmen, daß alle Wirbellinien geschlossen sind und ein beschränktes, einfach zusammenhängendes Gebiet der Klasse B (oder Ah) lückenlos ausfüllen. Die Bedingung, ξ, η, ζ verhalten sich im Unendlichen wie $R^{-1-\nu}$, ist jetzt natürlich von selbst erfüllt. Da die Integrationen in (226) sich diesmal tatsächlich nur über T erstrecken, so gehen die Formeln über in[80]

(227)
$$\begin{aligned}
u &= -\frac{1}{2\pi}\frac{\partial}{\partial z}\int\limits_T \frac{1}{r}\eta'\,d\tau' + \frac{1}{2\pi}\frac{\partial}{\partial y}\int\limits_T \frac{1}{r}\zeta'\,d\tau',\\
v &= -\frac{1}{2\pi}\frac{\partial}{\partial x}\int\limits_T \frac{1}{r}\zeta'\,d\tau' + \frac{1}{2\pi}\frac{\partial}{\partial z}\int\limits_T \frac{1}{r}\xi'\,d\tau',\\
w &= -\frac{1}{2\pi}\frac{\partial}{\partial y}\int\limits_T \frac{1}{r}\xi'\,d\tau' + \frac{1}{2\pi}\frac{\partial}{\partial x}\int\limits_T \frac{1}{r}\eta'\,d\tau',\\
&\frac{\partial u}{\partial x} + \frac{\partial v}{\partial y} + \frac{\partial w}{\partial z} = 0.
\end{aligned}$$

Den Formeln (226) und (227) liegt, wie aus den Betrachtungen des dritten Kapitels (vgl. S. 87ff.) hervorgeht, die Voraussetzung zugrunde, daß u, v, w im Unendlichen wie $R^{-\nu}$ $(0<\nu\leqq 1)$ verschwinden. Tatsächlich verhalten sich diesmal, wie man unmittelbar findet, u, v, w im Unendlichen wie R^{-2}. Auf S erleiden die partiellen Ableitungen $\frac{\partial u}{\partial x}, \frac{\partial u}{\partial y}, \frac{\partial u}{\partial z}; \frac{\partial v}{\partial x}, \ldots, \frac{\partial w}{\partial z}$ im allgemeinen sprungweise Änderungen.

Die Formeln (226) und (227) gelten für eine unzusammendrückbare Flüssigkeit. Es möge sich jetzt um eine kompressible, wie vorhin den Gesamtraum der Variablen x', y', z' lückenlos erfüllende Flüssigkeitsmasse handeln. Es wird wieder einmal angenommen, daß die zu be-

[80] Augenscheinlich ist jetzt $\int\limits_T \frac{\partial}{\partial x}\left(\frac{1}{r}\right)\zeta'\,d\tau' = \frac{\partial}{\partial x}\int\limits_T \frac{1}{r}\zeta'\,d\tau'$ usw.

stimmenden Geschwindigkeitskomponenten u, v, w überall stetig sind, stetige Ableitungen erster Ordnung in bezug auf die Ortsvariablen haben und sich im Unendlichen wie $R^{-\nu}$ $(0<\nu\leqq 1)$ verhalten, während die als bekannt anzusehenden Wirbelkomponenten ξ, η, ζ nebst ihren partiellen Ableitungen erster Ordnung stetig sind, der Gleichung

$$\frac{\partial \xi}{\partial x}+\frac{\partial \eta}{\partial y}+\frac{\partial \zeta}{\partial z}=0 \tag{228}$$

genügen und im Unendlichen wie $R^{-1-\nu}$ verschwinden[78a]. Soweit decken sich unsere Voraussetzungen mit den S. 196 getroffenen Annahmen. Nunmehr wird darüber hinaus festgesetzt, daß der Ausdruck $\frac{1}{\varrho}\frac{d\varrho}{dt}$ ($\varrho=$ Flüssigkeitsdichte) in jedem endlichen Bereiche einer H-Bedingung genügt, mithin sich gewiß auch stetig verhält und im Unendlichen wie $R^{-1-\nu}$ verschwindet. Wie in dem dritten Kapitel (vgl. S. 95—96) gezeigt worden ist, ist durch die vorstehenden Bedingungen und die Kontinuitätsgleichung

$$\frac{\partial u}{\partial x}+\frac{\partial v}{\partial y}+\frac{\partial w}{\partial z}=-\frac{1}{\varrho}\frac{d\varrho}{dt} \tag{229}$$

das Geschwindigkeitsfeld vollkommen bestimmt. Es gelten die Formeln

$$\begin{aligned}
u&=-\frac{1}{2\pi}\int\limits_{\infty}\frac{\partial}{\partial z}\left(\frac{1}{r}\right)\eta'\,d\tau'+\frac{1}{2\pi}\int\limits_{\infty}\frac{\partial}{\partial y}\left(\frac{1}{r}\right)\zeta'\,d\tau'+\frac{1}{4\pi}\int\limits_{\infty}\frac{\partial}{\partial x}\left(\frac{1}{r}\right)\frac{1}{\varrho'}\frac{d\varrho'}{dt}\,d\tau',\\
v&=-\frac{1}{2\pi}\int\limits_{\infty}\frac{\partial}{\partial x}\left(\frac{1}{r}\right)\zeta'\,d\tau'+\frac{1}{2\pi}\int\limits_{\infty}\frac{\partial}{\partial z}\left(\frac{1}{r}\right)\xi'\,d\tau'+\frac{1}{4\pi}\int\limits_{\infty}\frac{\partial}{\partial y}\left(\frac{1}{r}\right)\frac{1}{\varrho'}\frac{d\varrho'}{dt}\,d\tau',\\
w&=-\frac{1}{2\pi}\int\limits_{\infty}\frac{\partial}{\partial y}\left(\frac{1}{r}\right)\xi'\,d\tau'+\frac{1}{2\pi}\int\limits_{\infty}\frac{\partial}{\partial x}\left(\frac{1}{r}\right)\eta'\,d\tau'+\frac{1}{4\pi}\int\limits_{\infty}\frac{\partial}{\partial z}\left(\frac{1}{r}\right)\frac{1}{\varrho'}\frac{d\varrho'}{dt}\,d\tau',\\
&\frac{\partial u}{\partial x}+\frac{\partial v}{\partial y}+\frac{\partial w}{\partial z}=-\frac{1}{\varrho}\frac{d\varrho}{dt}.
\end{aligned} \tag{230}$$

In (230) bezeichnet $\frac{1}{\varrho'}\frac{d\varrho'}{dt}$ den Wert der Funktion $\frac{1}{\varrho}\frac{d\varrho}{dt}$ im Punkte (x', y', z'). Wie ersichtlich, genügt diesmal die Kenntnis des Wirbelfeldes zur Zeit t allein nicht, um das Geschwindigkeitsfeld festzulegen. Ist ξ, η, ζ nur im Gebiete T von Null verschieden, so sind jeweils die beiden ersten Integrale natürlich über T erstreckt zu denken.

Bei den vorstehenden Ausführungen handelte es sich um eine den Gesamtraum der Variablen x, y, z lückenlos erfüllende Flüssigkeitsmasse. Im folgenden betrachten wir zunächst eine in einem geschlossenen, ruhenden, starren Gefäß befindliche und dieses voll erfüllende Masse einer inkompressiblen Flüssigkeit. Der Einfachheit halber setzen wir voraus, die Innenwand $\mathfrak{S}$ des Gefäßes sei stetig gekrümmt (allgemeiner von der Klasse Ah), das von der Flüssigkeit besetzte Gebiet $\mathfrak{T}$ sei einfach zusammenhängend[81]. Des weiteren wird fürs erste angenommen, daß die als bekannt anzusehenden Wirbelkomponenten ξ, η, ζ nur in einem ganz im Innern von $\mathfrak{T}$ befindlichen, von stetig gekrümmten Flächen S begrenzten Bereiche $T+S$ (allgemeiner einem Bereiche der Klasse Ah) von Null verschieden sind. Die zu bestimmenden Komponenten der Geschwindigkeit, u, v, w, sollen in $\mathfrak{T}+\mathfrak{S}$ stetig sein, ihre partiellen Ableitungen erster Ordnung sollen sich, außer etwa auf dem Rande S von T, wo sie sprungweise Änderungen erleiden könnten, in $\mathfrak{T}$ stetig verhalten. Wie wir wissen, folgt aus der Stetigkeit von u, v, w, daß die Normalkomponente des Wirbelvektors auf der Innenseite von S verschwinden muß. Des weiteren ist die Normalkomponente der Geschwindigkeit auf $\mathfrak{S}$ gleich Null[82]. Ist die Tangentialkomponente des Wirbelvektors auf der Innenseite von S von Null verschieden, so liegt[77a] wieder eine stationäre Unstetigkeit zweiter Ordnung vor.

Durch die vorstehenden Angaben ist das Geschwindigkeitsfeld vollkommen bestimmt. Es sei zur Vereinfachung

$$(231)\quad \begin{aligned} u^* &= -\frac{1}{2\pi}\frac{\partial}{\partial z}\int\limits_T \frac{1}{r}\eta'\,d\tau' + \frac{1}{2\pi}\frac{\partial}{\partial y}\int\limits_T \frac{1}{r}\zeta'\,d\tau', \\ v^* &= -\frac{1}{2\pi}\frac{\partial}{\partial x}\int\limits_T \frac{1}{r}\zeta'\,d\tau' + \frac{1}{2\pi}\frac{\partial}{\partial z}\int\limits_T \frac{1}{r}\xi'\,d\tau', \\ w^* &= -\frac{1}{2\pi}\frac{\partial}{\partial y}\int\limits_T \frac{1}{r}\xi'\,d\tau' + \frac{1}{2\pi}\frac{\partial}{\partial x}\int\limits_T \frac{1}{r}\eta'\,d\tau' \end{aligned}$$

gesetzt. Wie wir wissen, sind u^*, v^*, w^* in $\mathfrak{T}+\mathfrak{S}$ stetig und haben sowohl in $T+S$, als auch in dem in bezug auf $\mathfrak{T}$ komplementären Gebiete, der Rand eingeschlossen, stetige partielle Ableitungen erster Ordnung. Beim Passieren von S können sich diese freilich sprungweise ändern. Im Innern des Komplementärgebietes sind übrigens u^*, v^*, w^* reguläre Potentialfunktionen, das Geschwindigkeitsfeld u^*, v^*, w^* ist wirbelfrei. Aus (231) folgt weiter durch Differentiation für alle (x, y, z) in $\mathfrak{T}$

$$(232)\quad \frac{\partial u^*}{\partial x} + \frac{\partial v^*}{\partial y} + \frac{\partial w^*}{\partial z} = 0,$$

mithin in der üblichen Schreibweise

$$(232)\quad \int\limits_{\mathfrak{S}} (u^* \cos(n,x) + v^* \cos(n,y) + w^* \cos(n,z))\,d\sigma = 0\,.$$

---

[81] Der Rand $\mathfrak{S}$ von $\mathfrak{T}$ kann dabei sehr wohl aus mehreren geschlossenen Flächen bestehen.

[82] Vgl. die Ausführungen auf S. 193. Ist die betrachtete Flüssigkeit mit Reibung behaftet, so ist die Geschwindigkeit auf $\mathfrak{S}$ durchweg gleich Null.

Es sei jetzt Φ eine in $\mathfrak{T} + \mathfrak{S}$ stetige, in $\mathfrak{T}$ reguläre Potentialfunktion, die auf $\mathfrak{S}$ die Bedingung

$$(233) \qquad \frac{\partial \Phi}{\partial n} = -(u^* \cos(n, x) + v^* \cos(n, y) + w^* \cos(n, z))$$

erfüllt. Da nach (232)

$$\int_{\mathfrak{S}} \frac{\partial \Phi}{\partial n} d\sigma = 0$$

ist, so ist, wie wir wissen (vgl. S. 59), Φ tatsächlich vorhanden und bis auf eine, für alles Weitere belanglose, additive Konstante bestimmt. Da $\frac{\partial \Phi}{\partial n}$ wegen (233) gewiß auf $\mathfrak{S}$ eine H-Bedingung erfüllt, so sind die partiellen Ableitungen erster Ordnung $\frac{\partial \Phi}{\partial x}$, $\frac{\partial \Phi}{\partial y}$, $\frac{\partial \Phi}{\partial z}$ in $\mathfrak{T} + \mathfrak{S}$ stetig und erfüllen daselbst eine H-Bedingung (vgl. S. 56).

Es ist jetzt leicht zu sehen, daß die Lösung unseres Problems in den Formeln

$$(234) \qquad u = u^* + \frac{\partial \Phi}{\partial x}, \qquad v = v^* + \frac{\partial \Phi}{\partial y}, \qquad w = w^* + \frac{\partial \Phi}{\partial z}$$

enthalten ist. In der Tat ist in T bsp.

$$\frac{\partial v}{\partial x} - \frac{\partial u}{\partial y} = \frac{\partial v^*}{\partial x} - \frac{\partial u^*}{\partial y} = 2\zeta,$$

in dem Komplementärgebiete aber, wie verlangt, gleich Null. Auf $\mathfrak{S}$ gilt ferner wegen (233) und (234)

$$u \cos(n, x) + v \cos(n, y) + w \cos(n, z)$$
$$= u^* \cos(n, x) + v^* \cos(n, y) + w^* \cos(n, z) + \frac{\partial \Phi}{\partial n} = 0.$$

Daß das Problem aber auch nur diese eine Lösung hat, läßt sich ganz wie bei den analogen Betrachtungen auf S. 97—98 zeigen.

Die vorhin angegebenen Formeln (234) gelten unverändert, *auch wenn die Wirbelkomponenten* längs geschlossener stetig gekrümmter Flächen in T (allgemeiner Flächen der Klasse Ah) *sprungweise Änderungen erfahren.* Doch muß dabei stets angenommen werden, daß die Normalkomponente des Wirbelvektors stetig bleibt. Auf den neuen Unstetigkeitsflächen werden $\frac{\partial u}{\partial x}, \ldots, \frac{\partial w}{\partial z}$ sich im allgemeinen sprungweise ändern.

Ist ξ, η, ζ in $\mathfrak{T} + \mathfrak{S}$ identisch gleich Null, so ist $u^* = v^* = w^* = 0$, Φ konstant, darum, wie wir bereits früher gesehen haben, $u = v = w = 0$ (vgl. S. 193). Die Flüssigkeit ruht. Dieses Resultat gilt, wie die Formeln (231) und (234), zunächst nur, wenn das Gebiet $\mathfrak{T}$ einfach zusammenhängend ist.

16. Fortsetzung. Mehrfach zusammenhängende Räume. Bewegte Gefäße. Die Normalkomponente des Wirbelvektors verschwindet an der Gefäßwand. Starre Körper in einer allseitig unendlich ausgedehnten inkompressiblen ideellen Flüssigkeit. Spezialfall eines Kugelkörpers. Wie wir wissen, ist die Zirkulation des Geschwindigkeitsvektors längs einer beliebigen Jordanschen Kurve Γ in $\mathfrak{T}$ mit abteilungsweise stetiger Tangente als bekannt anzusehen, sobald das Wirbelfeld bekannt ist. Läßt sich insbesondere in Γ ein Stück einer ganz in $\mathfrak{T}$ gelegenen Fläche mit stetiger Normale, Σ, einspannen, so ist, bei passender Wahl der Fortschreitungsrichtung längs Γ und der Richtung der Normale zu Σ, die Zirkulation gleich dem Fluß des Vektors 2ξ, 2η, 2ζ durch Σ.

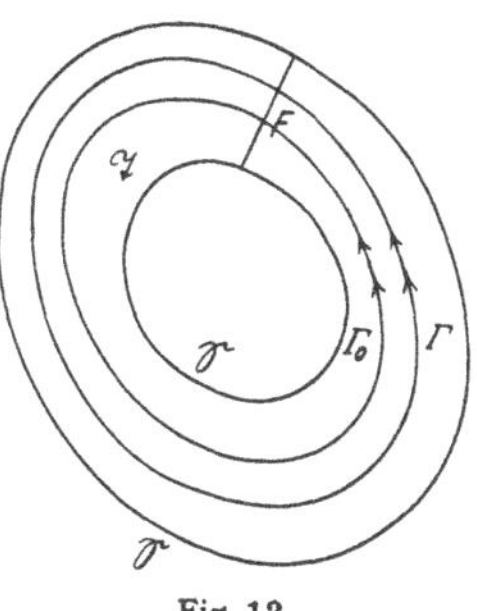

Fig. 13.

Die Verhältnisse liegen ein wenig anders, wenn $\mathfrak{T}$ mehrfachen Zusammenhang hat. Es möge zunächst $\mathfrak{T}$ zweifach zusammenhängend sein, etwa von dem topologischen Charakter eines Kreisringkörpers. Der Stokessche Satz liefert jetzt nicht ohne weiteres den Wert der Zirkulation längs einer beliebigen Jordanschen Kurve Γ in $\mathfrak{T}$ mit abteilungsweise stetiger Tangente. Wohl aber kann man diesen Wert als bekannt ansehen, sobald der Wert des Integrals

$$\int_{\Gamma_0} u\,dx + v\,dy + w\,dz,$$

auch nur für eine geschlossene Kurve Γ_0 mit stetiger oder abteilungsweise stetiger Tangente (Fig. 13), die sich durch eine stetige, ganz in $\mathfrak{T}$ verlaufende Bewegung nicht auf einen Punkt zusammenziehen läßt, bekannt ist. Man kann den topologischen Charakter der Kurve Γ_0 auch wie folgt kennzeichnen. Sie liegt ganz in $\mathfrak{T}$, ist geschlossen und hat mit einem Querschnitt F, der $\mathfrak{T} + \mathfrak{S}$ einfach zusammenhängend macht, nur einen Punkt gemeinsam, ohne ihn zu berühren. Daß sich jetzt die Zirkulation aus den bekannten ξ, η, ζ berechnen läßt, folgt aus den Betrachtungen des zweiten Kapitels. Es sei, in der Tat, Γ eine andere Kurve von gleichem Charakter wie Γ_0, und es möge sich in Γ_0 und Γ als Randlinien ein ganz in $\mathfrak{T}$ gelegenes Flächenstück Σ mit stetiger Normale einspannen lassen. Jetzt ist bei der in der Figur 13 getroffenen Wahl der Fortschreitungsrichtungen auf Γ_0 und Γ und geeigneter Festsetzung der Richtung der Normale zu Σ

$$\begin{aligned}(235)\qquad &\int_{\Gamma} u\,dx + v\,dy + w\,dz \\ &= \int_{\Gamma_0} + 2\int_{\Sigma} (\xi \cos(n, x) + \eta \cos(n, y) + \zeta \cos(n, z))\, d\sigma.\end{aligned}$$

Es sei

$$(236)\qquad \int_{\Gamma_0} u\,dx + v\,dy + w\,dz = c_0.$$

Es ist leicht zu zeigen, daß das Geschwindigkeitsfeld vollkommen bestimmt ist, sobald ξ, η, ζ sowie c_0 bekannt sind. Vor allem die Frage der Unität. Gäbe es zwei Geschwindigkeitsfelder $u^{(1)}, v^{(1)}, w^{(1)}$ und $u^{(2)}, v^{(2)}, w^{(2)}$, die den vorhin präzisierten Stetigkeitsbedingungen genügen und zu ξ, η, ζ, c_0 gehören, so würde das Geschwindigkeitsfeld

$$\boldsymbol{u} = u^{(1)} - u^{(2)}, \qquad \boldsymbol{v} = v^{(1)} - v^{(2)}, \qquad \boldsymbol{w} = w^{(1)} - w^{(2)}$$

augenscheinlich sowohl in T als auch in dem Komplementärgebiete wirbelfrei sein, das zugehörige Geschwindigkeitspotential wäre eindeutig, und da die Normalkomponente des Vektors $\boldsymbol{u}, \boldsymbol{v}, \boldsymbol{w}$ auf $\mathfrak{S}$ verschwindet, so wäre $\boldsymbol{u} = \boldsymbol{v} = \boldsymbol{w} = 0$.

Das gesuchte Geschwindigkeitsfeld ist auch diesmal durch die zu (231), (234) vollkommen analogen Formeln

$$(237) \quad \begin{aligned} u^* &= -\frac{1}{2\pi}\frac{\partial}{\partial z}\int\limits_T \frac{1}{r}\eta' \, d\tau' + \frac{1}{2\pi}\frac{\partial}{\partial y}\int\limits_T \frac{1}{r}\zeta' \, d\tau, \\ &\ldots\ldots\ldots\ldots\ldots\ldots\ldots\ldots \\ u &= u^* + \frac{\partial \Phi}{\partial x}, \qquad v = v^* + \frac{\partial \Phi}{\partial y}, \qquad w = w^* + \frac{\partial \Phi}{\partial z} \end{aligned}$$

gegeben. Unter Φ ist jetzt freilich diejenige in $\mathfrak{T} + \mathfrak{S}$ stetige, in $\mathfrak{T}$ reguläre Potentialfunktion zu verstehen, die auf $\mathfrak{S}$ der Bedingung

$$\frac{\partial \Phi}{\partial n} = -(u^* \cos(n, x) + v^* \cos(n, y) + w^* \cos(n, z))$$

genügt und den Periodizitätsmodul

$$\begin{aligned} \int\limits_{\Gamma_0} d\Phi &= \int\limits_{\Gamma_0} u\,dx + v\,dy + w\,dz - \int\limits_{\Gamma_0} u^*\,dx + v^*\,dy + w^*\,dz \\ &= c_0 - \int\limits_{\Gamma_0} u^*\,dx + v^*\,dy + w^*\,dz \end{aligned}$$

hat. Daß Φ existiert und, bis auf eine, für alles Weitere belanglose, additive Konstante bestimmt ist, ist in **15.** III gezeigt worden. Daß die Geschwindigkeit u, v, w allen Forderungen der Aufgabe genügt, sieht man ohne jede Schwierigkeit.

Ist die Zusammenhangszahl des Gebietes $\mathfrak{T}$, die k heißen möge, größer als zwei, so bedarf es zur vollkommenen Bestimmung des Geschwindigkeitsfeldes der Kenntnis der Zirkulation längs $k-1$ geeigneter geschlossener Kurven $\Gamma_1, \ldots, \Gamma_{k-1}$. Die Potentialfunktion Φ hat jetzt $k-1$ Periodizitätsmoduln $c^{(1)}, \ldots, c^{(k-1)}$.

Dieses Resultat gilt insbesondere, wenn in $\mathfrak{T} + \mathfrak{S}$ durchweg $\xi = \eta = \zeta = 0$ ist, d. h. wenn es sich um eine Potentialbewegung handelt. In diesem besonderen Falle ist

$$(238) \quad \begin{aligned} &u = \frac{\partial \Phi}{\partial x}, \qquad v = \frac{\partial \Phi}{\partial y}, \qquad w = \frac{\partial \Phi}{\partial z}, \\ &\int\limits_{\Gamma_l} d\Phi = c_l \quad (l = 1, \ldots, k-1), \qquad \frac{\partial \Phi}{\partial n} = 0 \text{ auf } \mathfrak{S}. \end{aligned}$$

Das Geschwindigkeitsfeld ist durch die Periodizitätsmoduln vollkommen bestimmt. Sind nicht alle $c_1, \ldots c_{k-1}$ gleich Null, so ist Φ gewiß nicht gleich einer Konstanten, u, v, w verschwinden nicht identisch.

Bei den vorstehenden Betrachtungen (S. 198ff.) handelte es sich um eine zusammenhängende Masse einer inkompressiblen Flüssigkeit, die in einem starren, ruhenden Gefäß, das sie vollkommen erfüllte, enthalten war. Die vorhin gewonnenen Formeln erfahren nur eine geringfügige Änderung, *wenn das Gefäß sich in bekannter Weise bewegt* und sich möglicherweise dabei ohne Volumänderung deformiert. In präziser, etwas allgemeinerer Fassung: es handelt sich um den Bewegungszustand einer zusammenhängenden, ganz im Endlichen befindlichen Flüssigkeitsmasse $\mathfrak{T}$. Die Lage der Oberfläche $\mathfrak{S}$ von $\mathfrak{T}$ in einer Umgebung des gerade betrachteten Augenblicks, er heiße t^*, gilt als bekannt und möge etwa durch eine Gleichung von der Form

$$\Phi(x, y, z, t) = 0 \tag{239}$$

gegeben sein. Hierin bezeichnet Φ eine für alle t in einer Umgebung von t^* und alle (x, y, z) in einer Umgebung von $\mathfrak{S}^*$ (die Lage von $\mathfrak{S}$ zur Zeit t^*) erklärte und nebst ihren partiellen Ableitungen erster Ordnung in bezug auf die Ortsvariablen stetige Funktion, die überdies so beschaffen ist, daß

$$\left(\frac{\partial \Phi}{\partial x}\right)^2 + \left(\frac{\partial \Phi}{\partial y}\right)^2 + \left(\frac{\partial \Phi}{\partial z}\right)^2 > 0$$

ist und $\frac{\partial \Phi}{\partial x}$, $\frac{\partial \Phi}{\partial y}$, $\frac{\partial \Phi}{\partial z}$ einer H-Bedingung genügen. Im übrigen wird wie in **15.** vorausgesetzt, daß $u, v; w$ in $\mathfrak{T} + \mathfrak{S}$ stetig sind und in $\mathfrak{T}$ stetige, allenfalls auf Flächen S, an denen der Wirbelvektor sich sprungweise ändert, sprungweise unstetige Ableitungen erster Ordnung in bezug auf die Ortsvariablen haben. Wie a. a. O. wird angenommen, daß der Wirbelvektor bekannt und nur in dem Gebiet T, das ganz im Innern von $\mathfrak{T}$ liegt, von Null verschieden ist. Auf der Innenseite von S ist die Normalkomponente des Wirbelvektors gleich Null. Ist $\mathfrak{T}$ mehrfach zusammenhängend, so gilt auch die Zirkulation $c_1, \ldots, c_{k-1}$ längs der Kurven $\Gamma_1, \ldots, \Gamma_{k-1}$ als bekannt.

Wie in **10.** ausführlich auseinandergesetzt worden ist, folgt aus der topologischen Tatsache, daß die Flüssigkeitsteilchen, die sich einmal auf der Oberfläche befanden, diese nicht verlassen können, daß die Normalkomponente der Geschwindigkeit auf $\mathfrak{S}$ den Wert

$$\begin{aligned} \mathfrak{u}_n &= u \cos(n, x) + v \cos(n, y) + w \cos(n, z) \\ &= -\frac{\partial \Phi}{\partial t}\left\{\left(\frac{\partial \Phi}{\partial x}\right)^2 + \left(\frac{\partial \Phi}{\partial y}\right)^2 + \left(\frac{\partial \Phi}{\partial z}\right)^2\right\}^{-\frac{1}{2}} \end{aligned} \tag{240}$$

hat. Eine analoge Beziehung erhält man, wenn die Oberfläche $\mathfrak{S}$ in der Form

$$(241) \qquad x = \mathfrak{X}(t, p, q), \qquad y = \mathfrak{Y}(t, p, q), \qquad z = \mathfrak{Z}(t, p, q)$$

gegeben ist (vgl. S. 161). Es gilt jetzt

$$(242) \qquad \mathfrak{u}_n = u \cos(n, x) + v \cos(n, y) + w \cos(n, z)$$
$$= \frac{\partial \mathfrak{X}}{\partial t} \cos(n, x) + \frac{\partial \mathfrak{Y}}{\partial t} \cos(n, y) + \frac{\partial \mathfrak{Z}}{\partial t} \cos(n, z).$$

Die Gleichung der Flüssigkeitsoberfläche ist insbesondere dann als bekannt anzusehen, wenn die Flüssigkeit sich in einem geschlossenen starren, oder bei unverändertem Gesamtvolumen deformierbaren Gefäße befindet, das sie vollständig erfüllt[83]. Die Gleichungen (240) und (242) besagen, daß die Normalkomponente der Geschwindigkeit desjenigen Flüssigkeitsteilchens, das zur Zeit t einen Punkt der Gefäßwandung berührt, der Normalkomponente der Geschwindigkeit dieses Punktes der Wandung selbst gleich ist. Ruht das Gefäß, so ist, im Einklang mit den früheren Betrachtungen,

$$\mathfrak{u}_n = 0 .$$

Es möge sich weiter um ein nicht notwendig ruhendes, starres Gefäß handeln, und es mögen $\boldsymbol{u}, \boldsymbol{v}, \boldsymbol{w}; \boldsymbol{p}, \boldsymbol{q}, \boldsymbol{r}$ die Komponenten der momentanen Translation und der momentanen Drehung des Gefäßes zur Zeit t in bezug auf ein im Raume ruhendes Achsenkreuz bezeichnen. Die Geschwindigkeitskomponenten eines Punktes (x, y, z) der Innenwand des Gefäßes sind dann[84]

$$\boldsymbol{u} + \boldsymbol{q} z - \boldsymbol{r} y, \qquad \boldsymbol{v} + \boldsymbol{r} x - \boldsymbol{p} z, \qquad \boldsymbol{w} + \boldsymbol{p} y - \boldsymbol{q} x,$$

und wir erhalten

$$(243) \qquad \mathfrak{u}_n = (\boldsymbol{u} + \boldsymbol{q} z - \boldsymbol{r} y) \cos(n, x) + (\boldsymbol{v} + \boldsymbol{r} x - \boldsymbol{p} z) \cos(n, y)$$
$$+ (\boldsymbol{w} + \boldsymbol{p} y - \boldsymbol{q} x) \cos(n, z).$$

Die vorhin abgeleiteten Formeln bedürfen jetzt, wo das Gefäß selbst in einer Bewegung begriffen ist, nur insofern einer Modifikation, als die Randbedingung $\mathfrak{u}_n = 0$ durch die allgemeinere Randbedingung (240) oder

---

[83] Jetzt ist $\Phi(x, y, z, t) = 0$ einfach die Gleichung der Innenwand des Gefäßes. Die obigen Annahmen bezüglich Φ genügen, um die Existenz der Potentialfunktion Φ sicherzustellen. Soll später zu den Lagrangeschen Variablen übergegangen werden, so muß freilich darüber hinaus die Existens stetiger Ableitungen erster und zweiter Ordnung $\frac{\partial \Phi}{\partial x}, \ldots, \frac{\partial^2 \Phi}{\partial t^2}$ vorausgesetzt werden (vgl. S. 169).

[84] Vgl. bsp. P. Appell, loc. cit. [58] t. I. Dritte Auflage, Paris 1909, S. 69.

(242) ersetzt wird, und darum an Stelle der Formel (233) die Beziehung

$$\frac{\partial \Phi}{\partial n} = -(u^* \cos(n, x) + v^* \cos(n, y) + w^* \cos(n, z)) + \mathfrak{u}_n,$$

$$(244) \qquad \mathfrak{u}_n = -\frac{\partial \Phi}{\partial t}\left\{\left(\frac{\partial \Phi}{\partial x}\right)^2 + \left(\frac{\partial \Phi}{d y}\right)^2 + \left(\frac{\partial \Phi}{\partial z}\right)^2\right\}^{-\frac{1}{2}},$$

bzw.

$$\mathfrak{u}_n = \frac{\partial \mathfrak{X}}{\partial t}\cos(n, y) + \frac{\partial \mathfrak{Y}}{\partial t}\cos(n, y) + \frac{\partial \mathfrak{Z}}{\partial t}\cos(n, z)$$

tritt. Da nach Voraussetzung das Gesamtvolumen des Gefäßes unverändert bleibt, so ist den Betrachtungen auf S. 151ff. gemäß

$$\int_{\mathfrak{S}} \mathfrak{u}_n \, d\sigma = 0, \quad \text{mithin auch} \quad \int_{\mathfrak{S}} \frac{\partial \Phi}{\partial n} \, d\sigma = 0 .$$

Wie schon auf S. 202 hervorgehoben worden ist, gelten unsere Formeln insbesondere, wenn in $\mathfrak{T}$ durchweg $\xi = \eta = \zeta = 0$ ist, d. h. wenn die Flüssigkeitsbewegung überall wirbelfrei ist. Sie gelten aber auch, wenn in $\mathfrak{T}$ überall $\xi^2 + \eta^2 + \zeta^2 > 0$ ist, sofern die Normalkomponente des Wirbelvektors auf $\mathfrak{S}$ verschwindet, d. h. auf $\mathfrak{S}$ der Wirbelvektor allemal in die Tangentialebene fällt.

Hier wie in dem auf S. 198ff. betrachteten speziellen Falle ist das Geschwindigkeitsfeld durch das Wirbelfeld und die Randbedingung $\mathfrak{u}_n = 0$ oder die Beziehung (240) bzw. (242) vollkommen bestimmt. Man darf nicht darüber hinaus etwa die Werte der Geschwindigkeitskomponenten u, v, w auf $\mathfrak{S}$ beliebig vorschreiben, — diese ergeben sich vielmehr von selbst. Wie wiederholt erwähnt und im siebenten Kapitel des näheren ausgeführt werden wird, ist bei Betrachtung der Bewegung „ideeller", d. h. von einer „inneren Reibung" freien Flüssigkeiten angenommen, daß sie an der als „vollkommen glatt" vorausgesetzten Wandung eines sie einschließenden Gefäßes lediglich die aus topologischen Gründen stets bestehende Beziehung (240) bzw. (242) erfüllen. Anders bei Flüssigkeiten mit „innerer Reibung" und „rauhen" Wänden. Hier wird angenommen, daß die Flüssigkeit an der Wandung haftet, d. h. daß die Relativgeschwindigkeit des Flüssigkeitsteilchens in A auf $\mathfrak{S}$ und des Punktes A, aufgefaßt als Punkt der Gefäßwand, gleich Null ist, demnach, unter Zugrundelegung der Formeln (241), die Beziehungen

$$u = \frac{\partial \mathfrak{X}}{\partial t}, \qquad v = \frac{\partial \mathfrak{Y}}{\partial t}, \qquad w = \frac{\partial \mathfrak{Z}}{\partial t}$$

gelten. Das Wirbelfeld kann diesmal nicht den vorhin zugrunde gelegten Stetigkeitsvoraussetzungen gemäß, im übrigen jedoch willkürlich angenommen werden.

Es sei hier noch einmal darauf hingewiesen, daß wir uns im Augenblick bei Betrachtung der Flüssigkeitsbewegungen auf einen rein kinematischen Standpunkt stellen. Erst später, im siebenten Kapitel wird die Frage behandelt, welche Flüssigkeitsbewegungen sich unter gegebenen äußeren Bedingungen tatsächlich ausbilden. Dann erst kommt die Frage zur Diskussion, wie weit die kinematisch möglichen Bewegungen auch physikalisch realisierbar sind. Es möge sich speziell um eine wirbelfreie Bewegung einer inkompressiblen, ideellen Flüssigkeit in einem starren bewegten Gefäß handeln. Jetzt ist in $\mathfrak{T}$ überall $\xi = \eta = \zeta = 0$, darum

$$(245)\qquad \begin{gathered} u = \frac{\partial \Phi}{\partial x}, \qquad v = \frac{\partial \Phi}{\partial y}, \qquad w = \frac{\partial \Phi}{\partial z}, \\ \Delta \Phi = 0, \qquad \frac{\partial \Phi}{\partial n} = \frac{\partial \mathfrak{X}}{\partial t} \cos(n, x) + \frac{\partial \mathfrak{Y}}{\partial t} \cos(n, y) + \frac{\partial \mathfrak{Z}}{\partial t} \cos(n, z). \end{gathered}$$

Ist die Zusammenhangszahl k von $\mathfrak{T}$ größer als 1, so ist darüber hinaus

$$(246)\qquad \int\limits_{\Gamma_1} d\Phi = c_1, \ldots, \int\limits_{\Gamma_{k-1}} d\Phi = c_{k-1}.$$

Durch (245) und (246) ist Φ bis auf eine für das Weitere belanglose additive Konstante bestimmt (vgl. **15.**). Sind u, v, w gewonnen, so findet man die Funktionen $x(a, b, c, t)$, $y(a, b, c, t)$, $z(a, b, c, t)$ und damit definitiv die Bewegung jedes Flüssigkeitsteilchens (a, b, c), wie in **10.** ausführlich auseinandergesetzt worden ist, durch Auflösung eines Systems gewöhnlicher Differentialgleichungen erster Ordnung.

Die Entwicklungen auf S. 196 gelten mutatis mutandis für eine den Gesamtraum lückenlos erfüllende inkompressible, ideelle Flüssigkeitsmasse, in die eine Anzahl starrer Körper $\mathfrak{T}_1, \mathfrak{T}_2, \ldots, \mathfrak{T}_m$ eingetaucht sind. Wir nehmen an, daß jeder Körper von einer stetig gekrümmten Fläche (allgemeiner einer Fläche der Klasse Ah) begrenzt ist, die einfach oder mehrfach zusammenhängend sein kann. Wie a. a. O. wird vorausgesetzt, daß die Wirbelkomponenten ξ, η, ζ stetig bzw. längs gewisser beschränkter oder sich ins Unendliche erstreckender stetig gekrümmter Flächen (Flächen der Klasse Ah) sprungweise unstetig sind und im Unendlichen wie $R^{-1-\nu}$ $(0 < \nu \leqq 1)$ verschwinden. Auf den Sprungflächen bleibt freilich die Normalkomponente des Wirbelvektors stetig. Auch die partiellen Ableitungen $\frac{\partial \xi}{\partial x}, \ldots, \frac{\partial \zeta}{\partial z}$ gelten als stetig, oder doch abteilungsweise stetig[78a]. Des weiteren wird angenommen, daß auf den Randflächen der eingetauchten Körper, $\mathfrak{S}_1, \ldots, \mathfrak{S}_m$, die Normalkomponente des Wirbelvektors verschwindet. Entweder fällt also der Wirbelvektor in die Tangentialebene hinein oder aber ist das Feld in einer gewissen Umgebung von $\mathfrak{T}_1, \ldots, \mathfrak{T}_m$ wirbelfrei. Sind die einzelnen Körper mehrfach zusammenhängend, so ist ferner die Zirkulation längs geeigneter geschlossener Kurven Γ_l $(l = 1, \ldots, N)$ als gegeben anzusehen. Schließlich gilt der Geschwindigkeitszustand der Körper $\mathfrak{T}_1, \ldots, \mathfrak{T}_m$ im betrachteten Augenblick als bekannt. Es möge etwa die Lage von $\mathfrak{S}_j$ $(j = 1, \ldots, m)$ durch die Gleichungen

$$x = \mathfrak{X}_j(t, p, q), \qquad z = \mathfrak{Y}_j(t, p, q), \qquad z = \mathfrak{Z}_j(t, p, q)$$

gegeben sein. Wird, wie stets bis jetzt, angenommen, daß u, v, w in dem ganzen von der Flüssigkeit erfüllten Gebiete stetig sind und im Unendlichen wie $R^{-\nu}$ verschwinden, während $\frac{\partial u}{\partial x}, \ldots, \frac{\partial w}{\partial z}$ stetig oder abteilungsweise stetig sind, so gelten, wie man sich leicht überzeugt, auch jetzt noch sinngemäß die Formeln (237). Natürlich erstrecken sich diesmal die Integrationen über ein nicht beschränktes Gebiet. Demgemäß sind die Differentiationen unter dem Integralzeichen ausgeführt zu denken.

Die Funktion Φ ist diesmal diejenige in dem von der Flüssigkeit erfüllten Gebiete reguläre Potentialfunktion mit den Periodizitätsmoduln

$$\int_{\Gamma_l} d\Phi = c_l - \int_{\Gamma_l} u^* dx + v^* dy + w^* dz \qquad (l = 1, \ldots, N), \tag{247}$$

die überdies folgenden Bedingungen genügt. Auf $\mathfrak{S}_j$ $(j = 1, \ldots, m)$ ist

$$\begin{aligned} \frac{\partial \Phi}{\partial n} = \frac{\partial \mathfrak{X}_j}{\partial t} \cos(n, x) + \frac{\partial \mathfrak{Y}_j}{\partial t} \cos(n, y) + \frac{\partial \mathfrak{Z}_j}{\partial t} \cos(u, z) \\ - (u^* \cos(n, x) + v^* \cos(n, y) + w^* \cos(n, z)), \end{aligned} \tag{248}$$

unter (n) die in das Innere der Flüssigkeit hinein gerichtete Normale zu $\mathfrak{S}_j$ verstanden. Es ist nicht schwer zu zeigen, daß Φ im unendlich fernen Punkte ebenfalls regulär ist. Aus den Formeln (237) folgt, daß $\frac{\partial \Phi}{\partial x}, \frac{\partial \Phi}{\partial y}, \frac{\partial \Phi}{\partial z}$ im Unendlichen wie $R^{-\nu}$ verschwinden[85], darum Φ selbst sich dort wie $R^{1-\nu}$ verhält[86]. Dem auf S. 65 angegebenen Satze zufolge ist also Φ gewiß beschränkt. Des weiteren ist $\int_{\mathfrak{S}} \frac{\partial \Phi}{\partial n} d\sigma$, erstreckt über eine beliebige Kugel von hinreichend großem Radius um den Koordinatenursprung, gleich

$$\begin{aligned} -\sum_{j=1}^{m} \int_{\mathfrak{S}_j} \frac{\partial \Phi}{\partial n} d\sigma = -\sum_{j=1}^{m} \int_{\mathfrak{S}_j} \left(\frac{\partial \mathfrak{X}_j}{\partial t} \cos(n, x) + \frac{\partial \mathfrak{Y}_j}{\partial t} \cos(n, y) + \frac{\partial \mathfrak{Z}_j}{\partial t} \cos(n, z)\right) d\sigma \\ + \sum_{j=1}^{m} \int_{\mathfrak{S}_j} (u^* \cos(n, x) + v^* \cos(n, y) + w^* \cos(n, z))\, d\sigma = 0. \end{aligned}$$

---

[85] In der Tat ist einerseits, wie sich ohne Schwierigkeiten zeigen läßt (S. 80ff.), $u^*, v^*, w^* = O(R^{-\nu})$, anderseits verhalten sich nach Voraussetzung u, v, w im Unendlichen wie $R^{-\nu}$.

[86] Ist $\nu = 1$, so wird Φ für $R \to \infty$ logarithmisch unendlich.

Hieraus folgt aber (vgl. S. 65), daß Φ im Unendlichen regulär ist[86a], demnach $R^2 D_1 \Phi \to 0$ für $R^2 = x^2 + y^2 + z^2 \to \infty$. Übrigens ist sogar $R^3 D_1 \Phi$ beschränkt, Φ konvergiert für $R \to \infty$ natürlich gegen einen festen Wert.

Ist insbesondere $\xi^2 + \eta^2 + \zeta^2$ außerhalb einer hinreichend großen Kugel identisch gleich Null, so ist gewiß $u^*, v^*, w^* = O(R^{-2})$, mithin auch $u, v, w = O(R^{-2})$. Wird also vorausgesetzt, daß die Geschwindigkeit im Unendlichen wie $R^{-\nu}$ $(1 \geqq \nu > 0)$ verschwindet, so verschwindet sie im vorliegenden Falle doch wie R^{-2}.

Betrachten wir nunmehr einen besonderen Fall ein wenig näher. Die eingetauchten Körper seien sämtlich einfach zusammenhängend, die Bewegung sei wirbelfrei. Es wird weiter vorausgesetzt, daß u, v, w durchweg stetig sind und im Unendlichen wie $R^{-\nu}$ $(0 < \nu \leqq 1)$ verschwinden. Jetzt ist Φ diejenige in dem ganzen von der Flüssigkeit besetzten Raume, der unendlich ferne Punkt eingeschlossen, reguläre eindeutige Potentialfunktion, die auf $\mathfrak{S}_j$ $(j = 1, \ldots, m)$ der Bedingung

$$(249) \qquad \frac{\partial \Phi}{\partial n} = \frac{\partial \mathfrak{X}_j}{\partial t} \cos(n, x) + \frac{\partial \mathfrak{Y}_j}{\partial t} \cos(n, y) + \frac{\partial \mathfrak{Z}_j}{\partial t} \cos(n, z)$$

genügt. Es gilt

$$(250) \qquad u = \frac{\partial \Phi}{\partial x}, \qquad v = \frac{\partial \Phi}{\partial y}, \qquad w = \frac{\partial \Phi}{\partial z}; \qquad u, v, w = O(R^{-3}).$$

Es sei speziell $m = 1$. In der Flüssigkeit ist also nur ein einziger (starrer) Körper $\mathfrak{T}$ eingetaucht. Sind wie auf S. 204 $\mathbf{u}, \mathbf{v}, \mathbf{w}$; $\mathbf{p}, \mathbf{q}, \mathbf{r}$ die Komponenten der momentanen Translation und der momentanen Drehung von $\mathfrak{T}$ in bezug auf ein im Raume festes Koordinatensystem x-y-z, so kann man für (249) auch setzen

$$(251) \qquad \begin{aligned} \frac{\partial \Phi}{\partial n} = (\mathbf{u} + \mathbf{q} z - \mathbf{r} y) \cos(n, x) + (\mathbf{v} + \mathbf{r} x - \mathbf{p} z) \cos(n, y) \\ + (\mathbf{w} + \mathbf{p} y - \mathbf{q} x) \cos(n, z). \end{aligned}$$

Es mögen jetzt Φ_1, Φ_2, Φ_3; Φ_4, Φ_5, Φ_6 Potentialfunktionen bezeichnen, die, wie Φ, in dem Komplementärgebiet von $\mathfrak{T}$, mit Einschluß des unendlich fernen Punktes, regulär sind und auf seinem Rande $\mathfrak{S}$ entsprechend den Bedingungen

$$(252) \qquad \begin{gathered} \frac{\partial \Phi_1}{\partial n} = \cos(n, x), \qquad \frac{\partial \Phi_2}{\partial n} = \cos(n, y), \qquad \frac{\partial \Phi_3}{\partial n} = \cos(n, z); \\ \frac{\partial \Phi_4}{\partial n} = y \cos(n, z) - z \cos(n, y), \qquad \frac{\partial \Phi_5}{\partial n} = z \cos(n, x) - x \cos(n, z), \\ \frac{\partial \Phi_6}{\partial n} = x \cos(n, y) - y \cos(n, x) \end{gathered}$$

genügen. Die Funktionen Φ_1, Φ_2, Φ_2 entsprechen den drei Momentanschiebungen von $\mathfrak{T}$ in der Richtung der drei Koordinatenachsen mit

---

[86a] Die a. a. O. eingeführte Größe c_1 ist wegen $\int\limits_{\mathfrak{S}} \frac{\partial \Phi}{\partial n} d\sigma = 0$ diesmal gleich 0.

der Geschwindigkeit 1, die Funktionen Φ_4, Φ_5, Φ_6 den Momentandrehungen um die Koordinatenachsen mit der Winkelgeschwindigkeit 1. Augenscheinlich ist

$$\Phi = u\,\Phi_1 + v\,\Phi_2 + w\,\Phi_3 + p\,\Phi_4 + q\,\Phi_5 + r\,\Phi_6. \tag{253}$$

Von erheblichem prinzipiellen Interesse ist die wirbelfreie Bewegung einer allseitig unendlich ausgedehnten Masse ideeller Flüssigkeit, in die ein starrer Kugelkörper eingetaucht ist. Wir denken uns die Bewegung auf ein im Raume festes Achsenkreuz bezogen, legen den Ursprung in denjenigen Punkt, in dem sich augenblicklich der Kugelmittelpunkt befindet, und setzen, unseren bisherigen Annahmen gemäß, fest, daß die Komponenten u, v, w der Geschwindigkeit im Unendlichen wie $R^{-\nu}$ $(0 < \nu \leqq 1)$ verschwinden. Wie wir wissen, ist dann $u, v, w = O(R^{-3})$. Nach vorstehendem gilt die Bewegung als bekannt, sobald die Funktionen $\Phi_1, \ldots, \Phi_6$ bestimmt sind. Da im vorliegenden Falle

$$y\cos(n,z) - z\cos(n,y) = z\cos(n,x) - x\cos(n,z) = x\cos(n,y) - y\cos(n,x) = 0$$

ist, so ist

$$\Phi_4 = \Phi_5 = \Phi_6 = C \qquad (C \text{ konstant}). \tag{254}$$

Des weiteren ist, wie man leicht verifiziert,

$$\Phi_1 = -\frac{1}{2}\frac{a^3 x}{R^3}, \quad \Phi_2 = -\frac{1}{2}\frac{a^3 y}{R^3}, \quad \Phi_3 = -\frac{1}{2}\frac{a^3 z}{R^3} \tag{255}$$
$$(R^2 = x^2 + y^2 + z^2),$$

unter a den Radius der Kugel verstanden. In der Tat ist bsp.

$$\Phi_3 = \frac{a^3}{2}\frac{\partial}{\partial z}\left(\frac{1}{R}\right)$$

gewiß eine im Außengebiet der Kugel, mit Einschluß des unendlich fernen Punktes, reguläre Potentialfunktion. Schreibt man aber

$$\Phi_3 = -\frac{1}{2}a^3\frac{\cos\gamma}{R^2}, \qquad \cos\gamma = \frac{z}{R} = \cos(n,z),$$

so findet man in dem Flüssigkeitsteilchen (x, y, z) auf $\mathfrak{S}$

$$\frac{\partial\Phi_3}{\partial n} = \left[\frac{\partial\Phi_3}{\partial R}\right]_{R=a} = -\frac{a^3}{2}\left[\frac{\partial}{\partial R}\left(\frac{\cos\gamma}{R^2}\right)\right]_{R=a} = a^3\left[\frac{\cos\gamma}{R^3}\right]_{R=a} = \cos\gamma,$$

d. h., wie verlangt, gleich der Normalkomponente der Geschwindigkeit desjenigen Punktes des Kugelkörpers, der mit dem Punkte (x, y, z) koinzidiert.

Durch die vorstehenden Formeln ist der augenblickliche Geschwindigkeitszustand der Flüssigkeit bei vorgeschriebener Geschwindigkeit des Kugelmittelpunktes gegeben. Sind die Geschwindigkeitskomponenten des Kugelmittelpunktes als Funktionen der Zeit bekannt, so gewinnt man durch Integration eines Systems gewöhnlicher Differentialgleichungen, indem man zu Lagrangeschen Variablen übergeht, die Bahn der einzelnen Flüssigkeitsteilchen. Ist insbesondere $w = w_0$ konstant, $u = v = 0$, so ist die Bewegung, bezogen auf ein in dem Kugelkörper festes Achsenkreuz $\mathfrak{x}$-$\mathfrak{y}$-$\mathfrak{z}$, das in dem gerade betrachteten Augenblick mit dem Achsenkreuz x-y-z zusammenfallen mag, permanent. Das Geschwindigkeitsfeld ist in bezug auf die z-Achse symmetrisch. Die Stromlinien in der $\mathfrak{x}$-$\mathfrak{z}$-Ebene, die zugleich (relative) Bahnkurven der in der $\mathfrak{x}$-$\mathfrak{z}$-Ebene befindlichen Flüssigkeitsteilchen sind, erhält man durch Auflösung der Differentialgleichungen

$$d\mathfrak{x} : d\mathfrak{z} = \frac{\partial \Phi_3}{\partial \mathfrak{x}} : \frac{\partial \Phi_3}{\partial \mathfrak{z}} - 1 = \frac{1}{2} a^3 \frac{3\mathfrak{x}\mathfrak{z}}{R^5} : -\frac{1}{2} a^3 \frac{\mathfrak{x}^2 - 2\mathfrak{z}^2}{R^5} - 1 \quad (R^2 = \mathfrak{x}^2 + \mathfrak{z}^2).$$

Wir kommen auf das soeben betrachtete Problem in einem anderen Zusammenhang alsbald wieder zurück (vgl. S. 223).

17. Bestimmung des Geschwindigkeitsfeldes aus bekanntem Wirbelfeld. Eine in einem Gefäß eingeschlossene Flüssigkeitsmasse. Der allgemeine Fall. Die Wirbellinien können an der Gefäßwand endigen. Wir kehren jetzt zu den allgemeinen Betrachtungen der beiden letzten Abschnitte zurück. Es handelte sich dort u. a. um eine in einem starren ruhenden Gefäß befindliche Masse ideeller, inkompressibler Flüssigkeit, die dieses Gefäß lückenlos erfüllt. Das Wirbelfeld ξ, η, ζ war bekannt, — es galt das Geschwindigkeitsfeld zu bestimmen. Während aber a. a. O. angenommen wurde, daß die Normalkomponente des Wirbelvektors auf $\mathfrak{S}$ verschwindet, sei es darum, weil in einer gewissen Umgebung von $\mathfrak{S}$ identisch $\xi^2 + \eta^2 + \zeta^2 = 0$ ist, oder darum, weil auf $\mathfrak{S}$ der Wirbelvektor, ohne notwendigerweise zu verschwinden, in die Tangentialebene fällt, soll diesmal jene Voraussetzung nicht notwendig gelten. Es wird also lediglich vorausgesetzt, daß ξ, η, ζ in $\mathfrak{T} + \mathfrak{S}$ stetige oder doch auf stetig gekrümmten Flächen (Flächen der Klasse Ah) in $\mathfrak{T}$ sprungweise unstetige Funktionen bezeichnen, die stetige oder abteilungsweise stetige, der Hölderschen Bedingung und der Bedingung

(256) $$\frac{\partial \xi}{\partial x} + \frac{\partial \eta}{\partial y} + \frac{\partial \zeta}{\partial z} = 0$$

genügende partielle Ableitungen erster Ordnung haben. Auf etwaigen Sprungflächen bleibt die Normalkomponente des Wirbelvektors stetig. Hingegen braucht nicht notwendig auf $\mathfrak{S}$ die Bedingung $\xi \cos(n, x) + \eta \cos(n, y) + \zeta \cos(n, z) = 0$ erfüllt zu sein; *die einzelnen Wirbellinien können ganz gut auf $\mathfrak{S}$ endigen.* Was die Funktionen u, v, w anlangt, so wird wie auf S. 199 gefordert, daß sie sich in $\mathfrak{T} + \mathfrak{S}$ stetig verhalten und stetige, evtl. in $\mathfrak{T}$ sprungweise unstetige Ableitungen erster Ordnung $\frac{\partial u}{\partial x}, \ldots, \frac{\partial w}{\partial z}$ haben. Auf $\mathfrak{S}$ gilt

$$u \cos(n, x) + v \cos(n, y) + w \cos(n, z) = 0. \tag{257}$$

Was nun aber den Stetigkeitscharakter der Innenwand $\mathfrak{S}$ des Gefäßes $\mathfrak{T}$ betrifft, so nehmen wir an, daß $\mathfrak{S}$ aus einer oder mehreren einfach oder mehrfach zusammenhängenden Flächen der Klasse Bh besteht[87]. Auch der Fall, wenn in der Flüssigkeit ruhende feste Körper eingetaucht sind, ist in den folgenden Betrachtungen inbegriffen. Wir rechnen eben die Oberfläche der eingetauchten Körper zur Gefäßwandung.

Der Einfachheit halber möge $\mathfrak{S}$ zunächst aus einer einzigen einfach zusammenhängenden Fläche bestehen. Den Betrachtungen auf S. 102 gemäß führen wir die in dem zu $\mathfrak{T}$ komplementären Gebiete $\mathfrak{T}_a$ reguläre, im Unendlichen verschwindende Potentialfunktion $\psi(x, y, z)$ ein, die auf $\mathfrak{S}$ der Bedingung

$$\frac{\partial \psi}{\partial n} = \xi \cos(n, x) + \eta \cos(n, y) + \zeta \cos(n, z) \tag{258}$$

genügt, unter (n) die in das Innere von $\mathfrak{T}$ gerichtete Normale zu $\mathfrak{S}$ verstanden. Da wegen (256) gewiß $\int\limits_{\mathfrak{S}} \frac{\partial \psi}{\partial n} d\sigma = 0$ ist, so ist ψ (vgl. S. 67) auch noch im unendlich fernen Punkte regulär. Die partiellen Ableitungen erster Ordnung der Normalableitung $\frac{\partial \psi}{\partial n}$ genügen auf $\mathfrak{S}$, als Funktionen geeigneter Gaußscher Parameter aufgefaßt, gewiß einer H-Bedingung, da doch ξ, η, ζ diese Eigenschaft haben, also sind, wie wir wissen (vgl. S. 59), $\frac{\partial \psi}{\partial x}, \ldots, \frac{\partial^2 \psi}{\partial z^2}$ auch noch auf $\mathfrak{S}$ vorhanden; $\frac{\partial^2 \psi}{\partial x^2}, \ldots, \frac{\partial^2 \psi}{\partial z^2}$ erfüllen in jedem in $\mathfrak{T}_a + \mathfrak{S}$ gelegenen Bereiche, der Rand eingeschlossen, eine H-Bedingung. Wir setzen nun die ursprünglich nur in $\mathfrak{T} + \mathfrak{S}$ erklärten Funktionen ξ, η, ζ den Bedingungen

$$\xi = \frac{\partial \psi}{\partial x}, \quad \eta = \frac{\partial \psi}{\partial y}, \quad \zeta = \frac{\partial \psi}{\partial z} \tag{259}$$

gemäß in $\mathfrak{T}_a$ hinein fort. Aus $\Delta \psi = 0$ folgt augenscheinlich, daß in $\mathfrak{T}_a$

$$\frac{\partial \xi}{\partial x} + \frac{\partial \eta}{\partial y} + \frac{\partial \zeta}{\partial z} = 0 \tag{260}$$

ist. Im Unendlichen ist $\xi, \eta, \zeta = O(R^{-3})$.

---

[87] Auf S. 198 haben wir demgegenüber vorausgesetzt, daß $\mathfrak{S}$ stetig gekrümmt ist, allgemeiner der Klasse Ah angehört.

Es sei jetzt

$$(261)\qquad \begin{aligned} \hat{u} &= -\frac{1}{2\pi}\int\limits_{\infty}\frac{\partial}{\partial z}\left(\frac{1}{r}\right)\eta'\,d\tau' + \frac{1}{2\pi}\int\limits_{\infty}\frac{\partial}{\partial y}\left(\frac{1}{r}\right)\zeta'\,d\tau', \\ \hat{v} &= -\frac{1}{2\pi}\int\limits_{\infty}\frac{\partial}{\partial x}\left(\frac{1}{r}\right)\zeta'\,d\tau' + \frac{1}{2\pi}\int\limits_{\infty}\frac{\partial}{\partial z}\left(\frac{1}{r}\right)\xi'\,d\tau', \\ \hat{w} &= -\frac{1}{2\pi}\int\limits_{\infty}\frac{\partial}{\partial y}\left(\frac{1}{r}\right)\xi'\,d\tau' + \frac{1}{2\pi}\int\limits_{\infty}\frac{\partial}{\partial x}\left(\frac{1}{r}\right)\eta'\,d\tau' \end{aligned}$$

gesetzt, und es möge $\tilde{\Phi}(x, y, z)$ eine in $\mathfrak{T} + \mathfrak{S}$ stetige, in $\mathfrak{T}$ reguläre Potentialfunktion bezeichnen, die auf $\mathfrak{S}$ der Bedingung

$$(262)\qquad \frac{\partial\tilde{\Phi}}{\partial n} = -\left(\hat{u}\cos(n,x) + \hat{v}\cos(n,y) + \hat{w}\cos(n,z)\right)$$

genügt.

Es gilt

$$(263)\qquad u = \hat{u} + \frac{\partial\tilde{\Phi}}{\partial x},\quad v = \hat{v} + \frac{\partial\tilde{\Phi}}{\partial y},\quad w = \hat{w} + \frac{\partial\tilde{\Phi}}{\partial z}.$$

Aus (261) folgt

$$(264)\qquad \frac{\partial\hat{u}}{\partial x} + \frac{\partial\hat{v}}{\partial y} + \frac{\partial\hat{w}}{\partial z} = 0;$$

mithin ist

$$(265)\qquad \int\limits_{\mathfrak{S}}\left(\hat{u}\cos(n,x) + \hat{v}\cos(n,y) + \hat{w}\cos(n,z)\right)d\sigma = -\int\limits_{\mathfrak{S}}\frac{\partial\tilde{\Phi}}{\partial n}\,d\sigma = 0.$$

Die Funktion $\tilde{\Phi}$ ist also vorhanden und, bis auf eine willkürliche additive Konstante, bestimmt. Wie man sich leicht überzeugt (vgl. S. 69ff.), sind die Funktionen $\hat{u}, \hat{v}, \hat{w}$ in $\mathfrak{T} + \mathfrak{S}$ stetig, ihre partiellen Ableitungen erster Ordnung sind stetig, allenfalls abteilungsweise stetig, $\frac{\partial\hat{u}}{\partial x}, \ldots, \frac{\partial\hat{w}}{\partial z}$ erfüllen in jedem Stetigkeitsbereiche, die Randflächen allemal inbegriffen, eine H-Bedingung; $\frac{\partial\tilde{\Phi}}{\partial n}$ hat darum, als Funktion geeigneter Gaußscher Parameter[88] auf $\mathfrak{S}$ aufgefaßt, stetige, der H-Bedingung genügende Ableitungen erster Ordnung. Man überzeugt sich leicht, daß u, v, w sich in $\mathfrak{T} + \mathfrak{S}$ wie $\hat{u}, \hat{v}, \hat{w}$ verhalten.

Ist $\mathfrak{T}$ von mehreren einfach zusammenhängenden Flächen begrenzt, so gibt es mehrere Außengebiete $\mathfrak{T}_a^{(1)}, \ldots, \mathfrak{T}_a^{(p)}$. Die Funktion $\psi(x, y, z)$ ist jetzt eine in $\mathfrak{T}_a^{(1)}, \ldots, \mathfrak{T}_a^{(p)}$ erklärte Potentialfunktion, die auf dem Rande der Bedingung (258) genügt[89]. Da wegen (260)

[88] Vgl. die Fußnote [45].

[89] Wir sprechen zur Abkürzung von einer Potentialfunktion $\psi(x, y, z)$; tatsächlich handelt es sich natürlich um p verschiedene, entsprechend in $\mathfrak{T}_a^{(1)}, \ldots, \mathfrak{T}_a^{(p)}$ erklärte Potentialfunktionen.

das Integral $\int\{\xi\cos(n,x)+\eta\cos(n,y)+\zeta\cos(n,z)\}\,d\sigma$, erstreckt über jede einzelne Randkomponente von $\mathfrak{S}$, verschwindet, so ist $\boldsymbol{\psi}(x,y,z)$ vorhanden und hat alle vorhin auseinandergesetzten Stetigkeitseigenschaften. Im übrigen bleiben alle Formeln auf S. 212 unverändert in Kraft. Ist die Zusammenhangszahl von $\mathfrak{T}$ größer als 1, so sind zur vollständigen Bestimmung des Geschwindigkeitsfeldes noch die Werte $c_1,\ldots,c_{k-1}$ der Zirkulation $\int u\,dx+v\,dy+w\,dz$ längs passend gewählter geschlossener Kurven $\Gamma_1,\ldots,\Gamma_{k-1}$ erforderlich. Auch diesmal behalten die Formeln (261), (263) ihre Gültigkeit, doch bezeichnet jetzt $\tilde{\Phi}$ diejenige in $\mathfrak{T}$ reguläre Potentialfunktion mit den Periodizitätsmoduln

$$\int_{\Gamma_l} d\tilde{\Phi}=c_l-\int_{\Gamma_l}\hat{u}\,dx+\hat{v}\,dy+\hat{w}\,dz \qquad (l=1,\ldots,k-1),$$

die auf $\mathfrak{S}$ der Bedingung (262) genügt.

Die vorstehenden Entwicklungen bedürfen nur einer unwesentlichen Modifikation, wenn das Gefäß und die eingetauchten Körper nicht, wie vorhin vorausgesetzt wurde, ruhen, sondern sich bewegen und sich sogar, unter Aufrechterhaltung des gesamten von der Flüssigkeit eingenommenen Volumens, deformieren können. Nur die von $\tilde{\Phi}$ zu erfüllende Randbedingung wird jetzt anders. Für die Beziehung (262) tritt jetzt die Gleichung

$$\frac{\partial\tilde{\Phi}}{\partial n}=\frac{\partial\mathfrak{X}_j}{\partial t}\cos(n,x)+\frac{\partial\mathfrak{Y}_j}{\partial t}\cos(n,y)+\frac{\partial\mathfrak{Z}_j}{\partial t}\cos(n,z)$$
$$-(\hat{u}\cos(n,x)+\hat{v}\cos(n,y)+\hat{w}\cos(n,z))$$

ein, die uns bereits auf S. 207 begegnet ist. Dabei sind

$$x=\mathfrak{X}_j(t,p,q),\quad y=\mathfrak{Y}_j(t,p,q),\quad z=\mathfrak{Z}_j(t,p,q)$$

die Gleichungen der Randkomponente $\mathfrak{S}_j$ von $\mathfrak{T}$. Übrigens ist $\frac{\partial\mathfrak{X}_j}{\partial t}\cos(n,x)+\frac{\partial\mathfrak{Y}_j}{\partial t}\cos(n,y)+\frac{\partial\mathfrak{Z}_j}{\partial t}\cos(n,z)$ die Normalkomponente der Momentangeschwindigkeit des Punktes (x,y,z) auf $\mathfrak{S}_j$, als Punkt der Gefäßwand oder eines der eingetauchten Körper aufgefaßt.

Einer ebenfalls nur geringfügigen Modifikation bedürfen die vorstehenden Betrachtungen, wenn es sich um eine den Gesamtraum der Variablen x,y,z erfüllende Flüssigkeitsmasse handelt, in die starre oder unter Aufrechterhaltung ihres Volumens deformierbare Körper eingetaucht sind, deren momentaner Geschwindigkeitszustand bekannt ist. Zu den vorhin angegebenen Voraussetzungen treten jetzt, wie auf S. 196, bestimmte Annahmen im Unendlichen. Wir nehmen an, daß ξ,η,ζ im Unendlichen wie $R^{-1-\nu}$ $(0<\nu\leqq 1)$ verschwinden und u,v,w sich daselbst wie $R^{-\nu}$ verhalten[78b]. Jetzt sind alle Außengebiete von $\mathfrak{T}$ beschränkt, hingegen ist das Definitionsgebiet von $\tilde{\Phi}$ unendlich, $\tilde{\Phi}$ ist auch im unendlich fernen Punkte regulär. Im übrigen bleiben alle vorhin aufgestellten Formeln in Kraft.

18. Zweidimensionale Bewegung. Potentialbewegung. Strömungsfunktion. Zusammenhang mit der Funktionentheorie. Die Formeln zur Bestimmung des Geschwindigkeitsfeldes aus bekanntem Wirbelfeld vereinfachen sich wesentlich, wenn es sich um eine zweidimensionale Flüssigkeitsbewegung (vgl. S. 119) handelt. Die bewegte Flüssigkeitsmasse erfülle in jedem Augenblick einen geraden Zylinderkörper, dessen Mantellinien der z-Achse parallel sind und der sich auch, evtl. sogar beiderseits, ins Unendliche erstrecken kann. Trifft dies nicht zu, so sei die Flüssigkeit zwischen zwei festen auf der z-Achse senkrecht stehenden Ebenen enthalten. Die Bewegung des Ganzen ist bekannt, sobald die Bewegung eines jeden Teilchens in der x-y-Ebene, die wir ohne Einschränkung der Allgemeinheit den Flüssigkeitszylinder treffend annehmen können, bekannt ist. Es ist dauernd

$$w = 0, \tag{266}$$

weiter sind u und v von z unabhängig,

$$u = u(x, y), \quad v = v(x, y). \tag{267}$$

Die Kontinuitätsgleichung (94) nimmt jetzt die Form

$$\frac{\partial u}{\partial x} + \frac{\partial v}{\partial y} = -\frac{1}{\varrho}\frac{d\varrho}{dt} \tag{268}$$

an. Ist die Flüssigkeit, wie jetzt vorausgesetzt werden soll, inkompressibel, so ist demnach

$$\frac{\partial u}{\partial x} + \frac{\partial v}{\partial y} = 0. \tag{269}$$

Das von der Flüssigkeit in der Ebene x-y besetzte Gebiet $\mathfrak{T}$ möge zunächst beschränkt und einfach zusammenhängend sein. Wir nehmen an, daß die Komponenten der Geschwindigkeit u und v stetig sind und stetige, allenfalls längs gewisser stetig gekrümmter Kurven (Kurven der Klasse Ah) sprungweise unstetige partielle Ableitungen erster Ordnung $\frac{\partial u}{\partial x}, \ldots, \frac{\partial v}{\partial y}$ haben. Aus der Kontinuitätsgleichung (269) folgt die Existenz einer stetigen, eindeutigen Funktion

$$\psi(x, y) = \int\limits_{(0,0)}^{(x,y)} - v\,dx + u\,dy \; ^{90}. \tag{270}$$

Aus dem Stokesschen Satze folgt nämlich, daß das Integral $\int -v\,dx + u\,dy$, erstreckt über eine beliebige geschlossene Kurve Γ in $\mathfrak{T}$ mit abteilungs-

---

[90] Es wird, was keine Einschränkung der Allgemeinheit bedeutet, angenommen, daß der Koordinatenursprung (0, 0) in T liegt.

weise stetiger Tangente, die ein Gebiet Θ begrenzt, den Wert

(271) $$\iint_{\Theta}\left(\frac{\partial v}{\partial y}+\frac{\partial u}{\partial x}\right)dx\,dy=0$$

hat. Da $\mathfrak{T}$ einfach zusammenhängend vorausgesetzt worden ist, so ist $\psi(x, y)$ eindeutig. Es möge in $\mathfrak{T}$ durchweg $u^2+v^2>0$ sein. Die Kurvenschar

$$\psi(x,y)=C \qquad (C \text{ konstant})$$

stellt das System der Stromlinien dar. In der Tat ist die Differentialgleichung der Stromlinien (vgl. S. 171)

$$dx:dy=u:v.$$

Aus (270) folgt

$$-\frac{\partial\psi}{\partial x}=v, \qquad \frac{\partial\psi}{\partial y}=u,$$

mithin auf einer Stromlinie

$$d\psi=\frac{\partial\psi}{\partial x}dx+\frac{\partial\psi}{\partial y}dy=-v\,dx+u\,dy=0.$$

Man nennt die, übrigens nur bis auf eine willkürliche additive Konstante bestimmte, Funktion $\psi(x, y)$ die *Strömungsfunktion.*

Da nach Voraussetzung

$$u^2+v^2=\left(\frac{\partial\psi}{\partial x}\right)^2+\left(\frac{\partial\psi}{\partial y}\right)^2>0$$

ist, so läßt sich die Gleichung $\psi(x, y)=C$ entweder nach y oder nach x auflösen, — durch jeden Punkt (x_*, y_*) von T geht eine einzige, ganz bestimmte Stromlinie $\psi(x, y)=\psi(x_*, y_*)$ hindurch. Ist etwa $\frac{\partial}{\partial y}\psi(x_*, y_*)\neq 0$, so kann die Gleichung der Stromlinie durch (x_*, y_*) auf die Form $y=y(x)$ gebracht werden. Die Funktion $y(x)$ ist stetig und hat stetige Ableitung. Ist auf einer Punktmenge in $\mathfrak{T}$, die auch aus isolierten Punkten bestehen kann, $u^2+v^2=0$, so können Singularitäten auftreten.

Wie man leicht sieht, steht der Wirbelvektor überall auf der Ebene der Bewegung senkrecht. In der Tat ist

(272) $$2\xi=\frac{\partial w}{\partial y}-\frac{\partial v}{\partial z}=0, \qquad 2\eta=\frac{\partial u}{\partial z}-\frac{\partial w}{\partial x}=0.$$

Des weiteren ist

(273) $$2\zeta=\frac{\partial v}{\partial x}-\frac{\partial u}{\partial y}=-\frac{\partial^2\psi}{\partial x^2}-\frac{\partial^2\psi}{\partial y^2}=-\Delta\psi.$$

Alle vorstehenden Ergebnisse gelten, auch wenn $\mathfrak{T}$ nicht beschränkt oder mehrfach zusammenhängend ist. Im letzteren Falle kann ψ freilich von Null verschiedene Periodizitätsmoduln haben.

Die Formeln zur Bestimmung des Geschwindigkeitsfeldes aus bekanntem Wirbelfeld nehmen jetzt eine sehr einfache und übersichtliche Gestalt an. Es möge zunächst $\mathfrak{T}$ beschränkt und einfach oder mehrfach zusammenhängend sein. Die Begrenzung $\mathfrak{S}$ von $\mathfrak{T}$ besteht demgemäß aus einer oder mehreren geschlossenen, stetig gekrümmten Kurven (allgemeiner Kurven der Klasse Ah). Es handelt sich demnach um die ebene Bewegung einer in einer zylindrischen Hülle eingeschlossenen Flüssigkeitsmasse, in die gegebenenfalls zylindrische feste oder unter Aufrechterhaltung des Flächeninhaltes des Flüssigkeitsquerschnittes deformierbare Körper eingetaucht sind. Aus dem Umstande, daß die Oberfläche der Flüssigkeit dauernd aus den gleichen Teilchen besteht, folgt, ähnlich wie auf S. 204, daß auf $\mathfrak{S}$

$$(274)\quad u\cos(n,x)+v\cos(n,y)=\frac{\partial\mathfrak{X}_j}{\partial t}\cos(n,x)+\frac{\partial\mathfrak{Y}_j}{\partial t}\cos(n,y)\quad(j=1,\ldots,k)$$

gilt. Dabei sind

$$(275)\qquad x=\mathfrak{X}_j(t,p),\qquad y=\mathfrak{Y}_j(t,p)$$

die Gleichungen der j-ten Randkomponente von $\mathfrak{T}$. Die rechte Seite der Beziehung (274) stellt die Normalkomponente der Momentangeschwindigkeit des Punktes (x, y), aufgefaßt als ein Punkt von $\mathfrak{S}_j$, dar. Liegen alle Hüllen im Raume fest, so geht (274) über in

$$(276)\qquad u\cos(n,x)+v\cos(n,y)=0.$$

In allen Fällen ist wegen der Unveränderlichkeit des Flächeninhaltes des Normalquerschnittes unseres Flüssigkeitszylinders

$$(277)\qquad \int_{\mathfrak{S}}(u\cos(n,x)+v\cos(n,y))\,ds=0.$$

Wir nehmen im folgenden an, der Wirbelvektor ζ sei eine stetige oder längs stetig gekrümmter Kurven (Kurven der Klasse Ah) sprungweise unstetige Funktion von x und y, die in jedem Stetigkeitsbereiche (der Rand eingeschlossen) einer H-Bedingung genügt. Ist die Zusammenhangszahl k von $\mathfrak{T}$ größer als 1, so benötigt man zur vollkommenen Bestimmung des Geschwindigkeitsfeldes der Kenntnis der Zirkulation $\int u\,dx+v\,dy$ längs $k-1$ passend gewählter geschlossener Kurven mit abteilungsweise stetiger Tangente. Es sei etwa

$$(278)\qquad \int_{\Gamma_l}u\,dx+v\,dy=c_l\qquad(l=1,\ldots,k-1).$$

Wir setzen zur Vereinfachung

$$(279)\qquad \hat{\psi}(x,y)=-\frac{1}{\pi}\int_{\mathfrak{T}}\frac{1}{r}\,\zeta'\,d\tau',\qquad d\tau'=dx'\,dy'.$$

Offenbar ist die Funktion $\hat{\psi}$ (vgl. S. 69 ff.) nebst ihren partiellen Ableitungen erster Ordnung in $\mathfrak{T}+\mathfrak{S}$ stetig, die partiellen Ableitungen zweiter Ordnung $\frac{\partial^2\hat{\psi}}{\partial x^2}, \frac{\partial^2\hat{\psi}}{\partial x\partial y}, \frac{\partial^2\hat{\psi}}{\partial y^2}$ sind in jedem Stetigkeitsbereiche von ζ, der Rand eingeschlossen, stetig und erfüllen daselbst eine H-Bedingung, können sich aber beim Passieren der Unstetigkeitslinien sprungweise ändern. Schließlich ist

$$\Delta\hat{\psi} = 2\zeta. \tag{280}$$

Es sei jetzt $\dot{\Phi}(x, y)$ diejenige in $\mathfrak{T}+\mathfrak{S}$ stetige, in $\mathfrak{T}$ reguläre Potentialfunktion mit den Periodizitätsmoduln

$$\int_{\Gamma_l} d\dot{\Phi} = c_l + \int_{\Gamma_l} \frac{\partial\hat{\psi}}{\partial y}dx - \frac{\partial\hat{\psi}}{\partial x}dy \qquad (l = 1, \ldots, k-1), \tag{281}$$

die darüber hinaus auf $\mathfrak{S}_j$ der Bedingung

$$\frac{\partial\dot{\Phi}}{\partial n} = \left(\frac{\partial\mathfrak{X}_j}{\partial t} + \frac{\partial\hat{\psi}}{\partial y}\right)\cos(n, x) + \left(\frac{\partial\mathfrak{Y}_j}{\partial t} - \frac{\partial\hat{\psi}}{\partial x}\right)\cos(n, y) \tag{282}$$

genügt[90a]. Man sieht leicht, daß

$$\int_{\mathfrak{S}_j}\left(\frac{\partial\hat{\psi}}{\partial y}\cos(n, x) - \frac{\partial\hat{\psi}}{\partial x}\cos(n, y)\right)ds = -\int_{\mathfrak{S}_j}\frac{\partial\hat{\psi}}{\partial s}ds = 0 \qquad (j = 1, \ldots, k)$$

gilt. Aus der Invarianzforderung des Flächeninhaltes von $\mathfrak{T}$ folgt jetzt

$$\int_{\mathfrak{S}}\frac{\partial\dot{\Phi}}{\partial n}ds = 0. \tag{283}$$

Die Funktion $\dot{\Phi}$ ist also vorhanden und bis auf eine für das Weitere belanglose additive Konstante bestimmt. Übrigens sind $\frac{\partial\dot{\Phi}}{\partial x}, \frac{\partial\dot{\Phi}}{\partial y}$ in $\mathfrak{T}+\mathfrak{S}$ stetig und erfüllen daselbst eine H-Bedingung. Es ist nicht schwer zu verifizieren, daß die Lösung unseres Problems in den Formeln

$$\begin{aligned} u &= -\frac{\partial\hat{\psi}}{\partial y} + \frac{\partial\dot{\Phi}}{\partial x} = \frac{1}{\pi}\int_{\mathfrak{T}}\frac{\partial}{\partial y}\left(\frac{1}{r}\right)\zeta' d\tau' + \frac{\partial\dot{\Phi}}{\partial x}, \\ v &= \frac{\partial\hat{\psi}}{\partial x} + \frac{\partial\dot{\Phi}}{\partial y} = -\frac{1}{\pi}\int_{\mathfrak{T}}\frac{\partial}{\partial x}\left(\frac{1}{r}\right)\zeta' d\tau' + \frac{\partial\dot{\Phi}}{\partial y} \end{aligned} \tag{284}$$

enthalten ist. Die Komponenten der Geschwindigkeit u und v sind in $\mathfrak{T}+\mathfrak{S}$ stetig und erfüllen daselbst eine H-Bedingung; $\frac{\partial u}{\partial x}, \ldots, \frac{\partial v}{\partial y}$

[90a] Es würde übrigens genügen, vorauszusetzen, daß $\dot{\Phi}$ in jedem Stetigkeitsgebiete von ζ regulär ist und $\frac{\partial\dot{\Phi}}{\partial x}, \frac{\partial\dot{\Phi}}{\partial y}$ auch noch auf den Unstetigkeitslinien von ζ sich stetig verhalten.

sind in jedem Stetigkeitsgebiete von ζ stetig. Es sei $\dot{\Psi}$ eine zu $\dot{\Phi}$ konjugierte Potentialfunktion, $\frac{\partial \dot{\Phi}}{\partial x} = \frac{\partial \dot{\Psi}}{\partial y}$, $\frac{\partial \dot{\Phi}}{\partial y} = -\frac{\partial \dot{\Psi}}{\partial x}$. Augenscheinlich ist $\psi = -\hat{\psi} + \dot{\Psi}$ eine Strömungsfunktion.

Liegen die Hülle und die eingeschlossenen Körper im Raume fest, so sind alle Randkomponenten $\mathfrak{S}_j$ von $\mathfrak{T}$ Stromlinien. Auf jeder Kurve $\mathfrak{S}_j$ nimmt ψ einen konstanten Wert an.

Die vorstehenden Ergebnisse sind nur unwesentlich zu modifizieren, wenn das Gebiet $\mathfrak{T}$ unendlich ist. Es handelt sich dann um eine in einer ebenen Bewegung begriffene, sich ins Unendliche erstreckende Flüssigkeitsmasse, in die feste oder unter Aufrechterhaltung des Flächeninhaltes ihres Gesamtquerschnittes deformierbare Zylinderkörper eingetaucht sind[91]. Es sind diesmal nur geeignete zusätzliche Festsetzungen bezüglich des Verhaltens im Unendlichen zu treffen. Wir nehmen an, daß ζ im Unendlichen wie $R^{-1-\nu}$ $(0<\nu\leqq 1)$ verschwindet und u, v, w sich daselbst wie $R^{-\nu}$ verhalten. Die Potentialfunktion $\dot{\Phi}$ ist auch noch im unendlich fernen Punkte regulär. Die Formeln (284) bleiben ohne jede Änderung in Kraft.

Es möge nun in einem in $\mathfrak{T}$ enthaltenen Gebiete $\mathfrak{T}^*$, das sich auch mit $\mathfrak{T}$ decken kann, die Bewegung wirbelfrei, $\zeta = 0$ sein. Jetzt ist also

$$2\zeta = \frac{\partial v}{\partial x} - \frac{\partial u}{\partial y} = 0 \tag{285}$$

sowie, da es sich um eine inkompressible Flüssigkeit handelt,

$$\frac{\partial u}{\partial x} + \frac{\partial v}{\partial y} = 0. \tag{286}$$

Betrachten wir die komplexe Funktion

$$\mathfrak{w} = u(x, y) - i\, v(x, y). \tag{287}$$

Wie man unmittelbar sieht, bilden die Beziehungen (285) und (286) das zu den Funktionen $u\,(x, y)$ und $-v\,(x, y)$ gehörige System der Cauchy-Riemannschen Differentialgleichungen. *Also stellt $\mathfrak{w} = \mathfrak{w}(z)$ eine in $\mathfrak{T}^*$ reguläre Funktion des komplexen Argumentes $z = x + i\,y$ dar.* Augenscheinlich ist

$$|\mathfrak{w}| = (u^2 + v^2)^{\frac{1}{2}} \tag{288}$$

der absolute Betrag der Geschwindigkeit im Punkte (x, y). Es sei $\varphi\,(x, y)$ das, falls $\mathfrak{T}^*$ einfach zusammenhängend ist, gewiß eindeutige Geschwindigkeitspotential,

$$u = \frac{\partial \varphi}{\partial x}, \quad v = \frac{\partial \varphi}{\partial y}. \tag{289}$$

---

[91] Die Forderung der Invarianz des Gesamtquerschnittes der eingetauchten Körper ist übrigens entbehrlich. Ist sie nicht erfüllt, so ist $\dot{\Phi}$ in dem unendlich fernen Punkte nicht regulär.

Wie wir wissen, ist zugleich

(290) $$u = \frac{\partial \psi}{\partial y}, \quad v = -\frac{\partial \psi}{\partial x},$$

unter $\psi(x, y)$ die auf S. 215 eingeführte Strömungsfunktion verstanden. Aus (289) und (290) folgt

(291) $$\frac{\partial \varphi}{\partial x} = \frac{\partial \psi}{\partial y}, \quad \frac{\partial \varphi}{\partial y} = -\frac{\partial \psi}{\partial x}.$$

Diese Gleichungen besagen, daß auch $f(z) = \varphi + i\psi$ eine in $\mathfrak{T}^*$ reguläre Funktion des komplexen Argumentes z ist. Aus (289) ergibt sich weiter

(292) $$w = u - iv = \frac{\partial \varphi}{\partial x} - i\frac{\partial \varphi}{\partial y} = \frac{\partial \varphi}{\partial x} + i\frac{\partial \psi}{\partial x} = \frac{df}{dz}.$$

Es möge in einem in $\mathfrak{T}^*$ gelegenen Gebiete $\mathfrak{T}_*$, das auch mit $\mathfrak{T}^*$ zusammenfallen kann, $u^2 + v^2 \neq 0$, darum auch $w \neq 0$ sein. Durch einen jeden Punkt (x_0, y_0) in $\mathfrak{T}_*$ geht eine ganz bestimmte (analytische und reguläre) Stromlinie

(293) $$\psi(x, y) = \psi(x_0, y_0)$$

hindurch (vgl. S. 170). Auch die Schar der „Niveaulinien"

(294) $$\varphi(x, y) = \varphi(x_0, y_0)$$

besteht aus lauter analytischen und regulären Linien. Die beiden Scharen (293) und (294) sind zueinander orthogonal.

Es mögen speziell alle Randkomponenten von $\mathfrak{T}$ von festen ruhenden Körpern (der Hülle sowie den etwa eingetauchten Körpern) gebildet sein. Wie wir schon früher sahen (vgl. S. 218), hat ψ auf einer jeden Randkomponente von $\mathfrak{T}$ einen festen Wert, alle Randkomponenten sind von Stromlinien gebildet. Dieser Satz gilt, ganz gleich ob die Bewegung wirbellos ist oder nicht. Im allgemeinen werden natürlich φ und ψ auch noch von der Zeit abhängen. Liegt speziell, wie wir jetzt annehmen wollen, eine permanente Bewegung vor, so sind φ, ψ, f, w lediglich Funktionen von x und y.

Im Gegensatz zu der soeben gemachten Annahme möge jetzt der Rand des von der Flüssigkeit in der Ebene x-y besetzten Gebietes $\mathfrak{T}$, das beschränkt oder unendlich sein kann, teils von ruhenden festen Körpern gebildet, teils frei sein, die Bewegung selbst diesmal aber permanent sein. Es möge $\mathfrak{S}_0$ eine „freie" Randkomponente von $\mathfrak{S}$ bezeichnen. Sie besteht dauernd aus denselben Flüssigkeitsteilchen; da die Bewegung permanent ist, so muß die Geschwindigkeit allemal in die Richtung der Tangente an $\mathfrak{S}_0$ fallen. Also ist auch $\mathfrak{S}_0$ von einer Stromlinie gebildet, auf $\mathfrak{S}_0$ ist $\psi(x, y)$ konstant. Auch dieser Satz gilt offenbar unabhängig davon, ob $\zeta \neq 0$ oder $= 0$ ist[92].

[92] Augenscheinlich besteht eine frei Randkomponente bei einer *jeden*, nicht notwendig zweidimensionalen, permanenten Flüssigkeitsbewegung aus lauter Stromlinien.

19. Achsensymmetrische Bewegung einer inkompressiblen Flüssigkeit. Stokessche Strömungsfunktion. Ein Kugelkörper in einer allseitig unendlich ausgedehnten Flüssigkeitsmasse. Quellen und Senken. Wir sind in **18.** bei Behandlung zweidimensionaler wirbelfreier Bewegungen dadurch zu sehr einfachen, übersichtlichen Formeln gelangt, daß wir den Begriff einer Strömungsfunktion eingeführt haben. Zu einer ähnlichen Vereinfachung kann man in einem weiteren wichtigen Spezialfalle, demjenigen einer „achsensymmetrischen" Bewegung, kommen. Es möge etwa die z-Achse eines im Raume festen Achsensystems die „Symmetrielinie" sein. Die Geschwindigkeit und die Beschleunigung liegen allemal in einer Meridianebene. Das gleiche gilt für eine jede Stromlinie. Alle Meridianebenen zeigen genau dasselbe Strömungsbild. In den Punkten der Symmetrielinie selbst ist, sofern sie dem von der Flüssigkeit erfüllten Gebiete angehören[98],

$$u = v = 0.$$

Alle Randkomponenten, insbesondere die etwa vorhandenen Gefäßwandungen und die freie Oberfläche, sind Rotationsflächen um die z-Achse.

Es möge sich zunächst um eine Potentialströmung handeln, und es sei $\varphi(x, y, z)$ das Potential der Geschwindigkeit,

$$u = \frac{\partial \varphi}{\partial x}, \quad v = \frac{\partial \varphi}{\partial y}, \quad w = \frac{\partial \varphi}{\partial z}.$$

Die Kontinuitätsgleichung liefert, wie wir wissen, die Beziehung

$$\frac{\partial^2 \varphi}{\partial x^2} + \frac{\partial^2 \varphi}{\partial y^2} + \frac{\partial^2 \varphi}{\partial z^2} = 0.$$

Wir setzen

$$\Phi(x, z) = \varphi(x, 0, z) \tag{295}$$

und erhalten, da augenscheinlich die Ortsfunktion $\varphi(x, y, z)$ auf einem jeden Parallelkreise einen konstanten Wert hat,

$$\varphi(x, y, z) = \varphi(r, 0, z) = \Phi(r, z) \qquad (r^2 = x^2 + y^2),$$

mithin nach einer leichten Umrechnung

$$\frac{\partial^2 \varphi}{\partial x^2} + \frac{\partial^2 \varphi}{\partial y^2} + \frac{\partial^2 \varphi}{\partial z^2} = \frac{\partial^2 \Phi}{\partial r^2} + \frac{\partial^2 \Phi}{\partial z^2} + \frac{1}{r}\frac{\partial \Phi}{\partial r} = 0 \qquad (r > 0).$$

Die Funktion $\Phi(x, z)$ genügt also der partiellen Differentialgleichung

$$\frac{\partial^2 \Phi}{\partial x^2} + \frac{\partial^2 \Phi}{\partial z^2} + \frac{1}{x}\frac{\partial \Phi}{\partial x} = 0 \qquad (x \neq 0). \tag{296}$$

---

[98] Wir nehmen an, daß die Bewegung auch in den Punkten der Geraden $x = y = 0$ den üblichen Stetigkeitsbedingungen genügt.

Wir behaupten nun, daß es eine, bis auf eine belanglose additive Konstante bestimmte, nebst ihren partiellen Ableitungen erster und zweiter Ordnung stetige Funktion $\Psi(x, z)$ gibt, die den Gleichungen

$$\frac{\partial \Psi}{\partial z} = x\frac{\partial \Phi}{\partial x}, \quad \frac{\partial \Psi}{\partial x} = -x\frac{\partial \Phi}{\partial z} \tag{297}$$

genügt. In der Tat lautet die Integrabilitätsbedingung

$$\frac{\partial}{\partial x}\left(x\frac{\partial \Phi}{\partial x}\right) = \frac{\partial}{\partial z}\left(-x\frac{\partial \Phi}{\partial z}\right),$$

oder nach Ausführung der Differentiation

$$x\frac{\partial^2 \Phi}{\partial x^2} + \frac{\partial \Phi}{\partial x} + x\frac{\partial^2 \Phi}{\partial z^2} = 0.$$

Sie ist wegen (296) erfüllt. Die Funktion Ψ, die von Stokes eingeführt worden ist und darum *Stokessche Strömungsfunktion* genannt wird, hat wegen (297) den Wert

$$\Psi(x, z) = \int_{(x_0, z_0)}^{(x, z)} x\left(-\frac{\partial \Phi}{\partial z}dx + \frac{\partial \Phi}{\partial x}dz\right), \tag{297'}$$

unter (x_0, z_0) irgendeinen Punkt in dem Definitionsgebiet der Funktion $\Phi(x, z)$, d. h. irgendeinen auf der Ebene $y = 0$ gelegenen Regularitätspunkt von $\varphi(x, y, z)$ verstanden[94]. Aus (295) und (297) folgt in der Ebene $y = 0$

$$u = \frac{\partial \varphi}{\partial x} = \frac{\partial \Phi}{\partial x} = \frac{1}{x}\frac{\partial \Psi}{\partial z}, \quad v = 0, \quad w = \frac{\partial \Phi}{\partial z} = -\frac{1}{x}\frac{\partial \Psi}{\partial x} \quad (x \neq 0). \tag{298}$$

Führt man in die Beziehungen $\frac{\partial}{\partial z}\left(\frac{\partial \Phi}{\partial x}\right) = \frac{\partial}{\partial x}\left(\frac{\partial \Phi}{\partial z}\right)$ die sich aus (297) ergebenden Ausdrücke hinein, so findet man nach einer leichten Umformung

$$\frac{\partial^2 \Psi}{\partial x^2} + \frac{\partial^2 \Psi}{\partial z^2} - \frac{1}{x}\frac{\partial \Psi}{\partial x} = 0. \tag{298'}$$

Eine Stokessche Strömungsfunktion $\Psi(x, z)$ existiert, wie wir jetzt zeigen wollen, auch wenn es kein Geschwindigkeitspotential gibt. Sie genügt freilich nicht mehr der Differentialgleichung (298').

Sind die Komponenten der Geschwindigkeit im Punkte $(x, 0, z)$:

$$u(x, 0, z) = U(x, z), \quad v(x, 0, z) = 0, \quad w(x, 0, z) = W(x, z),$$

so ist augenscheinlich

$$u(x,y,z) = U(r,z)\frac{x}{r}, \quad v(x,y,z) = U(r,z)\frac{y}{r}, \quad w(x,y,z) = W(r,z), \quad (r^2 = x^2 + y^2).$$

---

[94] Wir nehmen stillschweigend an, daß der von der Flüssigkeit erfüllte Raum zusammenhängend ist.

Die Kontinuitätsgleichung $\frac{\partial u}{\partial x} + \frac{\partial v}{\partial y} + \frac{\partial w}{\partial z} = 0$ liefert jetzt nach einer leichten Umrechnung

$$\frac{\partial U}{\partial r} + U\frac{1}{r} + \frac{\partial W}{\partial z} = 0,$$

mithin für $y = 0$, $r = x$

$$\frac{\partial U(x, z)}{\partial x} + U\frac{1}{x} + \frac{\partial W(x, z)}{\partial z} = 0,$$

oder nach einer Multiplikation mit x

$$\frac{\partial}{\partial x}(xU) + \frac{\partial}{\partial z}(xW) = 0.$$

Diese Beziehung ist eine notwendige und hinreichende Bedingung dafür, daß der Integralausdruck

$$\Psi(x, z) = \int_{(x_0, z_0)}^{(x, z)} x(U\,dz - W\,dx) \tag{298''}$$

einen von dem Integrationswege unabhängigen Wert hat. Aus (298'') folgt

$$U(x, z) = \frac{1}{x}\frac{\partial\Psi}{\partial z}, \qquad W(x, z) = -\frac{1}{x}\frac{\partial\Psi}{\partial x}.$$

Diese Gleichungen sind mit den Formeln (298) gleichbedeutend.

Ist ein Geschwindigkeitspotential Φ vorhanden, so ist

$$U = \frac{\partial\Phi}{\partial x}, \qquad W = \frac{\partial\Phi}{\partial z},$$

und wir gelangen wieder zu der Formel (297').

Auf einer jeden Stromlinie Γ in der Ebene $y = 0$ ist $\Psi(x, z)$ konstant. In der Tat ist auf Γ, sofern wir $u^2 + w^2 \neq 0$ voraussetzen,

$$dz : dx = w : u = -\frac{\partial\Psi}{\partial x} : \frac{\partial\Psi}{\partial z} \qquad (x \neq 0),$$

also

$$d\Psi = \frac{\partial\Psi}{\partial x}dx + \frac{\partial\Psi}{\partial z}dz = 0.$$

Es sei speziell Γ die Meridianlinie einer starren ruhenden Hülle in der Ebene $y = 0$. Augenscheinlich hat Ψ auf Γ einen konstanten Wert.

Im allgemeinen hängt Ψ auch von der Zeit ab. Handelt es sich um eine permanente Bewegung und ist Γ_0 die Meridiankurve einer freien Randkomponente mit $y = 0$, so ist Ψ auf Γ_0 konstant. In der Tat fällt in jedem Punkte auf Γ_0 die Geschwindigkeit in die Richtung der Tangente hinein.

Hat die Bewegung einer Flüssigkeitsmasse, bezogen auf ein mit konstanter Geschwindigkeit u_0, v_0, w_0 fortschreitendes Achsenkreuz

x-y-z, die Gerade $x = y = 0$ zur „Symmetrielinie“, so behalten die vorstehenden Formeln, unter u, v, w diesmal die Komponenten der Relativgeschwindigkeit verstanden, unverändert ihre Gültigkeit. In der Tat lautet die Kontinuitätsgleichung jetzt wieder

$$\frac{\partial u}{\partial x} + \frac{\partial v}{\partial y} + \frac{\partial w}{\partial z} = 0.$$

Ist die Bewegung wirbellos, so ist auch die Relativbewegung wirbellos, so daß wir

$$u = \frac{\partial \varphi}{\partial x}, \quad v = \frac{\partial \varphi}{\partial y}, \quad w = \frac{\partial \varphi}{\partial z}$$

mit

$$\frac{\partial^2 \varphi}{\partial x^2} + \frac{\partial^2 \varphi}{\partial y^2} + \frac{\partial^2 \varphi}{\partial z^2} = 0$$

setzen können. Die durch (297′) oder (298″) erklärte Funktion Ψ werden wir sinngemäß als relative Stokessche Funktion bezeichnen.

Wir wenden die vorstehenden Ergebnisse auf die Potentialbewegung einer allseitig unbegrenzten Masse inkompressibler Flüssigkeit, in die eine starre, mit der Geschwindigkeit 1 parallel zu der z-Achse fortschreitende Kugel vom Radius a eingetaucht ist, an (vgl. S. 209). Man verifiziert leicht, daß

$$(299) \quad u = \frac{1}{x}\frac{\partial \Psi_*}{\partial z}, \quad w = -\frac{1}{x}\frac{\partial \Psi_*}{\partial x}; \quad \Psi_*(x, z) = -\frac{a^3}{2}\frac{x^2}{R^3} \quad (R^2 = x^2 + z^2)$$

gesetzt werden kann[94a]. Die auf ein in der Kugel festes Achsenkreuz $\mathfrak{x}$-$\mathfrak{y}$-$\mathfrak{z}$, das in dem gerade betrachteten Augenblick mit x-y-z zusammenfällt, bezogene (relative) Strömungsfunktion ist

$$(300) \qquad \overline{\Psi}_*(\mathfrak{x}, \mathfrak{z}) = \Psi_*(\mathfrak{x}, \mathfrak{z}) + \frac{\mathfrak{x}^2}{2} = -\frac{a^3}{2}\frac{\mathfrak{x}^2}{\mathfrak{R}^3} + \frac{\mathfrak{x}^2}{2} \quad (\mathfrak{R}^2 = \mathfrak{x}^2 + \mathfrak{z}^2).$$

Die Gleichung der relativen Stromlinien ist demnach

$$(301) \qquad -a^3\frac{\mathfrak{x}^2}{\mathfrak{R}^3} + \mathfrak{x}^2 = C \qquad (C \text{ konstant}).$$

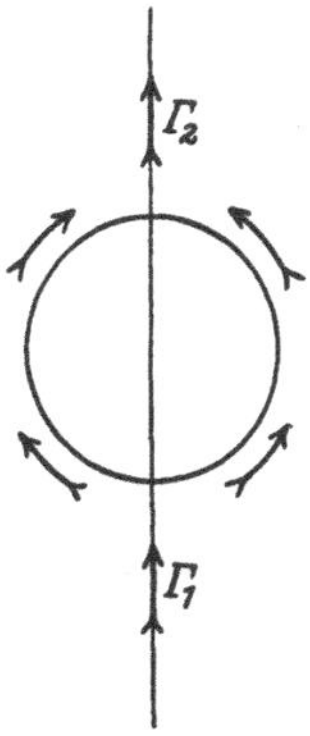

Wie zu erwarten war, sind die beiden Kugelhalbkreise

$$\mathfrak{y} = 0, \quad \mathfrak{x}^2 + \mathfrak{z}^2 = a^2$$

(relative) Stromlinien. Sie gehören zu dem Werte $C = 0$. Ihre Endpunkte $(0, 0, \pm a)$ sind singuläre Punkte, da daselbst

$$u = 0, \quad v = 0, \quad w = 1$$

ist, so daß die relative Geschwindigkeit verschwindet. Selbstverständlich bilden alle Meridianhalbkreise der Kugel Stromlinien. Die beiden außerhalb der Kugel gelegenen Stücke der $\mathfrak{z}$-Achse, Γ_1 und Γ_2 (Fig. 14), sind ebenfalls (rela-

Fig. 14.

[94a] In (299) bezeichnen u, v, w die Komponenten der Geschwindigkeit in bezug auf ein im Raume festes Achsenkreuz, dessen Ursprung sich mit dem Mittelpunkt der Kugel deckt.

tive) zu dem Werte $C = 0$ gehörende Stromlinien. In der Tat ist daselbst

$$u = 0, \quad v = 0, \quad w = a^3 \frac{z^2}{R^5}.$$

Die Komponenten der relativen Geschwindigkeit sind

$$0, \quad 0, \quad \frac{a^3 \mathfrak{z}^2}{\mathfrak{R}^5} - 1,$$

sie verschwinden in den beiden, vorhin als singulär erkannten Punkten. Dort verzweigen sich die Stromlinien Γ_1 und Γ_2 in den vorhin betrachteten Büschel von Meridianhalbkreisen.

Es sei $T + S$ ein beschränkter Bereich der Klasse Ah; (x_1, y_1, z_1), (x_2, y_2, z_2) seien zwei beliebige Punkte im Innern des Gebietes, und es mögen $H\ (x_1, y_1, z_1;\ x, y, z)$ sowie $H\ (x_2, y_2, z_2;\ x, y, z)$ die in dem dritten Kapitel S. 61 eingeführten F. Neumannschen charakteristischen Funktionen bezeichnen. Die Funktion

$$\varphi(x, y, z) = -H(x_1, y_1, z_1;\ x, y, z) + H(x_2, y_2, z_2;\ x, y, z) \tag{302}$$

ist augenscheinlich eine in T, außer in (x_1, y_1, z_1) und (x_2, y_2, z_2), wo sie sich entsprechend wie

$$-\frac{1}{r_1} \quad \text{und} \quad \frac{1}{r_2}$$

$$\left(r_1^2 = (x_1 - x)^2 + (y_1 - y)^2 + (z_1 - z)^2,\ r_2^2 = (x_2 - x)^2 + (y_2 - y)^2 + (z_2 - z)^2\right)$$

verhält, reguläre Potentialfunktion, die auch noch auf S nebst ihrer Normalableitung stetig ist und der Bedingung $\frac{\partial \varphi}{\partial n} = 0$ genügt. Es sei $T_1 + S_1$ irgendein Bereich der Klasse Ah in T, der (x_1, y_1, z_1) in seinem Innern enthält, und es möge $T_2 + S_2$ einen analogen Bereich um (x_2, y_2, z_2) ganz im Innern von $T - T_1$ darstellen. In $T - T_1 - T_2$ ist durch die Formeln

$$u = \frac{\partial \varphi}{\partial x}, \quad v = \frac{\partial \varphi}{\partial y}, \quad w = \frac{\partial \varphi}{\partial z} \tag{303}$$

eine permanente Potentialströmung einer homogenen, inkompressiblen Flüssigkeit gegeben. Auf S ist die Normalkomponente der Geschwindigkeit gleich Null, man könnte darum S als die Wandung eines ruhenden, starren Gefäßes auffassen. Auf S_1 und S_2 ist indessen $\frac{\partial \varphi}{\partial n}$ gewiß nicht überall gleich Null, denn es gilt

$$\int_{S_1} \frac{\partial \varphi}{\partial n} d\sigma = -\int_{S_1} \frac{\partial}{\partial n}\left(\frac{1}{r_1}\right) d\sigma = 4\pi, \quad \int_{S_2} \frac{\partial \varphi}{\partial n} d\sigma = -4\pi. \tag{304}$$

Die betrachtete permanente Bewegung könnte also nur durch geeigneten Zufluß bzw. Abfluß der Flüssigkeit durch S_1 und S_2 hindurch aufrechterhalten bleiben. Nach (304) beträgt die in der Zeiteinheit durch S_1 eingeführte Menge der Flüssigkeit $4\pi\varrho$, ebenso groß ist die durch S_2 abgeleitete Flüssigkeitsmenge. Es liegt nunmehr nahe, von einer durch φ in $T+S$ bestimmten permanenten Potentialströmung zu sprechen. Die Punkte (x_1, y_1, z_1) und (x_2, y_2, z_2), die man entsprechend als eine *Quelle* und eine *Senke* von der Ergiebigkeit $4\pi\varrho$ bezeichnet, sind singuläre Stellen der Strömung[95]. Man kann sie dadurch angenähert realisieren, daß man den Durchmesser von S_1 und S_2 hinreichend klein wählt. Allgemeiner stellt, wenn (x_k, y_k, z_k) $(k = 1, 2, \ldots, n)$ beliebige Punkte in T bezeichnen, die Funktion

$$\sum_{k=1}^{n} \alpha_k H(x_k, y_k, z_k; x, y, z) \qquad \left(\sum_{k=1}^{n} \alpha_k = 0\right) \tag{305}$$

ein Strömungspotential mit n Quellen der Ergiebigkeit $-4\pi\alpha_1\varrho, \ldots, -4\pi\alpha_n\varrho$ dar. In ähnlicher Weise stellt die Funktion

$$\sum_{k=1}^{n} \alpha_k \frac{1}{r_k}, \qquad \sum_{k=1}^{n} \alpha_k = 0 \qquad (r_k^2 = (x_k - x)^2 + (y_k - y)^2 + (z_k - z)^2) \tag{306}$$

in dem Gesamtraume der Variablen x, y, z ein Strömungspotential mit n Quellen der Ergiebigkeit $-4\pi\alpha_1\varrho, \ldots, -4\pi\alpha_n\varrho$ dar. Durch eine beliebige, alle Quellen umschließende Kugel strömt insgesamt die Masse Null hindurch. Wäre im Gegensatz zu den vorstehenden Annahmen $\sum_{k=1}^{n} \alpha_k \neq 0$, so wäre die jene Kugel von innen nach außen in der Zeiteinheit durchströmende Flüssigkeitsmenge gleich $-4\pi\sum_{k=1}^{n}\alpha_k\varrho$. Wir würden in diesem Falle sagen, der unendlich ferne Punkt sei eine Quelle der Ergiebigkeit $4\pi\sum_{k=1}^{n}\alpha_k\varrho$.

Es sei l_1 eine beliebige von (x_1, y_1, z_1) ausgehende Richtung. Die Funktion

$$\alpha_1 \frac{\partial}{\partial l_1}\left(\frac{1}{r_1}\right) \qquad (\alpha_1 \text{ konstant}, \quad r_1^2 = (x - x_1)^2 + (y - y_1)^2 + (z - z_1)^2) \tag{307}$$

kann als Potential einer in dem Gesamtraume x-y-z permanenten Strömung, für die (x_1, y_1, z_1) einen singulären Punkt darstellt, aufgefaßt werden. Diesmal ist die eine beliebige, (x_1, y_1, z_1) umschließende Fläche der Klasse A in der Zeiteinheit durchströmende Flüssigkeitsmenge, wie sich leicht zeigen läßt, gleich Null. Man spricht im vorliegenden Falle von einer *Doppelquelle*, da das Potential $\alpha_1 \frac{\partial}{\partial l_1}\left(\frac{1}{r_1}\right)$ aus dem Potential von der Form (306) mit einer Quelle und einer

[95] Eine Senke kann natürlich auch als eine Quelle der Ergiebigkeit $-4\pi\varrho$ aufgefaßt werden.

Senke in (x_1, y_1, z_1) bzw. in dem Punkte

$$(x_1 + h\cos(l_1, x),\ y_1 + h\cos(l_1, y),\ z_1 + h\cos(l_1, z))$$

gleicher Ergiebigkeit $\frac{4\pi\alpha_1}{h}$ durch den Grenzübergang $h \to 0$ gewonnen werden kann. Im Unendlichen verhält sich das Potential unserer Doppelquelle wie R^{-2}, seine partiellen Ableitungen erster Ordnung wie R^{-3}, der unendlichferne Punkt ist also ein regulärer Punkt.

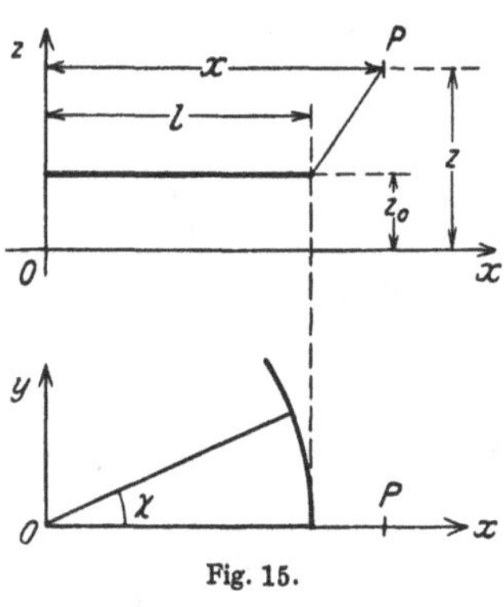

Fig. 15.

Mit Rücksicht auf eine spätere Verwendung wollen wir zum Schluß die Stokessche Strömungsfunktion eines ganz speziellen axialsymmetrischen Geschwindigkeitsfeldes hinschreiben. Wir nehmen an, daß die von uns betrachtete Flüssigkeit den Gesamtraum erfüllt, und das Geschwindigkeitsfeld von einem einzigen Kreiswirbel konstanter Stärke J in der Ebene $z = z_0$ um den Punkt $(0, 0, z_0)$ als Mittelpunkt mit dem Radius l herrührt (Fig. 15). Außer auf dem Kreise $z = z_0$, $x^2 + y^2 = l^2$, der eine singuläre Linie darstellt, ist die Bewegung wirbellos. Die Stokessche Strömungsfunktion hat den Wert[96]

$$(308) \qquad \Psi(x, z) = -\frac{J l x}{2\pi}\int_0^{2\pi}\frac{\cos\chi\, d\chi}{\sqrt{\bar{z}^2 + (x - l\cos\chi)^2 + l^2\sin^2\chi}}, \qquad \bar{z} = z - z_0.$$

---

[96] Vgl. bsp. H. Lamb, Hydrodynamics. Fünfte Auflage, Cambridge 1924. S. 219. Die a. a. O. vorkommende Größe $\varkappa$ hat im vorliegenden Falle den Wert $2J$.

Die Formel (308) hat folgendes zu bedeuten. Man denke sich den Kreis $z = z_0$, $x^2 + y^2 = l^2$ als Leitlinie eines Wirbelfadens (S. 404) etwa vom kreisförmigen Querschnitt mit dem Flächeninhalt q; es möge $\mathfrak{J}$ die als konstant vorausgesetzte Wirbelstärke bezeichnen. Jenseits des Wirbelfadens sei das Feld wirbellos. Läßt man $q \to 0$ gehen und zugleich $\mathfrak{J}q \to J$ konvergieren, so konvergiert das Geschwindigkeitsfeld in jedem nicht auf dem Kreis $z = z_0$, $x^2 + y^2 = l^2$ gelegenen Punkte gegen das zu $\Psi(x, z)$ gehörige Feld.

Sechstes Kapitel.

Spezielle kinematische Betrachtungen über die Fortpflanzung von Unstetigkeiten in kontinuierlichen Medien.

1. Grundbegriffe. Wir haben zuletzt (vgl. S. 145) vorausgesetzt, daß die auf S. 117 eingeführten umkehrbar eindeutigen Funktionen[1]

$$(1) \qquad x(a, b, c, t), \quad y(a, b, c, t), \quad z(a, b, c, t)$$

sich nebst ihren partiellen Ableitungen erster und zweiter Ordnung stetig verhalten. Diese Voraussetzungen erweisen sich zur Darstellung der beobachteten Bewegungserscheinungen, vor allem in der Aerodynamik, vielfach als zu eng und müssen durch andere Annahmen ersetzt werden.

Wir behalten bei den zunächst folgenden Betrachtungen die Annahme bei, die Funktionen $x(a, b, c, t)$, $y(a, b, c, t)$, $z(a, b, c, t)$ seien umkehrbar eindeutig und stetig. Eine sprungweise Unstetigkeit dieser Funktionen in Abhängigkeit von der Zeit würde eine sprungweise Änderung der räumlichen Lage gewisser Flüssigkeitsmassen bedeuten[2]. Die Beobachtung lehrt indessen keinerlei Erscheinungen dieser Art kennen. Die Erfahrung zeigt wohl, daß zusammenhängende Massen im Laufe einer Bewegung in mehrere (zusammenhängende) Einzelmassen zerfallen können, Teilchen, die sich ursprünglich im Innern der Flüssigkeitsmasse befanden, können an die Oberfläche gelangen. Die Abbildung (1) hört hierbei für einen bestimmten Wert t_* von t auf,

[1] Durch die Aussage, die Funktionen (1) seien umkehrbar eindeutig, soll zum Ausdruck gebracht werden, daß eindeutige inverse Funktionen $a(x, y, z, t)$, $b(x, y, z, t)$, $c(x, y, z, t)$ existieren. Wie wir wissen, sind diese Funktionen gewiß stetig (vgl. S. 118).

[2] Hält man die räumlichen Variablen a, b, c fest, so erscheinen $x(a, b, c, t)$, $y(a, b, c, t)$, $z(a, b, c, t)$ als Funktionen von t allein. Die Gleichungen (1) stellen die Bahn des Teilchens (a, b, c) dar. Wenn nun die Funktionen (1) für $t = t^{(1)}$ sich sprungweise ändern, so erleiden die Koordinaten des Teilchens (a, b, c) im Zeitpunkt $t^{(1)}$ sprungweise Änderungen

$$x(t^{(1)} + 0) - x(t^{(1)} - 0), \quad y(t^{(1)} + 0) - y(t^{(1)} - 0), \quad z(t^{(1)} + 0) - z(t^{(1)} - 0).$$

durchweg umkehrbar eindeutig und stetig zu sein. Für $t > t_*$ werden x, y, z, als Funktionen von a, b, c aufgefaßt, sprungweise unstetig. In der Fig. 16 ist ein zweidimensionales Beispiel für Vorkommnisse dieser Art dargestellt. Den Gebieten $\overline{T}_*$, $\overline{\overline{T}}_*$ entsprechen zu einer Zeit $t > t_*$ die Gebiete $\overline{T}$, $\overline{\overline{T}}$. Dem Kurvenstück $A_* B_*$ entspricht das Kurvenstück AB, während dem Bogen $B_* C_*$ *zwei* Bögen $B\overline{C}$ und $B\overline{\overline{C}}$ zugeordnet sind. Jedem auf $B_* C_*$ gelegenen Punkte im Innern von T_* entsprechen also zwei verschiedene Punkte auf dem Rande von T. Eine physikalische Interpretation dieses Sachverhaltes bietet keinerlei Schwierigkeiten dar, wenn man bedenkt, daß mathematische Flüssigkeiten lediglich als idealisierte Bilder aufzufassen sind. Wie auf S. 119—120 auseinandergesetzt worden ist, handelt es sich bei einem Bewegungsvorgang einer physikalischen Flüssigkeit allemal um gegenseitige Zuordnung dreidimensional ausgedehnter Flüssigkeitsmassen. Gewissen, ein Stück von $B_* C_*$ enthaltenden Bereichen entsprechen im vorliegenden Falle zur Zeit t zwei (getrennte) Bereiche.

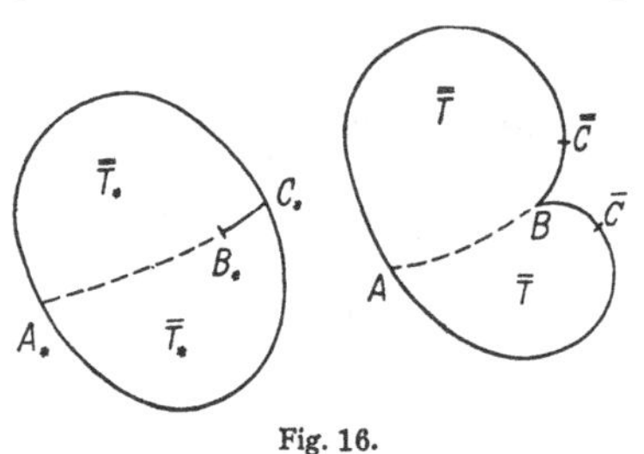

Fig. 16.

Es kann sich ferner ereignen, daß Teilchen im Innern einer Flüssigkeitsmasse, die zur Zeit t_0 koinzidierten, für $t > t_0$ einen von Null verschiedenen Abstand haben, ohne daß der Flüssigkeitskörper in mehrere zusammenhängende Massen zerfällt. Ein einfaches Beispiel bildet die Bewegung einer Flüssigkeitskugel vom Radius R um den Koordinatenursprung, wenn die Teilchen (x, y, z) mit $x^2 + y^2 + z^2 \leqq \frac{R^2}{4}$ ruhen, während alle übrigen Massenpunkte mit konstanter Winkelgeschwindigkeit $\omega > 0$ um die z-Achse rotieren. Hier erleiden $x(a, b, c, t)$, $y(a, b, c, t)$, $z(a, b, c, t)$ für alle $t > t_0$ auf der Kugel $a^2 + b^2 + c^2 = \frac{R^2}{4}$ sprungweise Unstetigkeiten. Ein kleiner Kugelkörper um den Punkt $\left(\frac{R}{2}, 0, 0\right)$ zur Zeit t_0 wird freilich nach einiger Zeit in zwei Einzelmassen zerfallen.

Da wir vorhin die Funktionen (1) als umkehrbar eindeutig und stetig vorausgesetzt haben, so bleiben Bewegungen der soeben betrachteten besonderen Art bei den folgenden Untersuchungen ausgeschlossen. Die topologischen Ergebnisse des fünften Kapitels (vgl. **3** V) bleiben auch fernerhin in Kraft, insbesondere bleibt eine zur Zeit t_0 zusammenhängende Flüssigkeitsmasse während der ganzen Dauer der Bewegung zusammenhängend. Neu gegenüber den früheren Entwicklungen ist aber dieses.

Es möge sich um eine zur Zeit t_0 einen beschränkten oder unendlichen Bereich $\mathfrak{T}_0 + \mathfrak{S}_0$ des Raumes (a, b, c) erfüllende Flüssigkeitsmasse handeln. Es gibt in $\mathfrak{T}_0$ eine, im allgemeinen mit der Zeit sich ändernde, stetig gekrümmte Fläche S_0, die $\mathfrak{T}_0$ in zwei im allgemeinen mit der Zeit veränderliche Gebiete $\mathfrak{T}_0^{(1)}$ und $\mathfrak{T}_0^{(2)}$ zerlegt. Diese definieren mit der Zeit als der vierten Veränderlichen zwei vierdimensionale Gebiete $\Theta_0^{(1)}$ und $\Theta_0^{(2)}$; $\Theta_0^{(1)}$ besteht aus allen Wertsystemen a, b, c, t, die so beschaffen sind, daß (a, b, c) dem Innern von $\mathfrak{T}_0^{(1)}$, t dem Innern des offenen Intervalls (t_*, t^*) mit $t_* < t_0 < t^*$ angehört. In der auf S. 33 eingeführten Schreibweise ist $\Theta_0^{(1)} = \{\mathfrak{T}_0^{(1)};\ (t_*, t^*)\}$ und analog $\Theta_0^{(2)} = \{\mathfrak{T}_0^{(2)};\ (t_*, t^*)\}$. Neben $\Theta_0^{(1)}$ und $\Theta_0^{(2)}$ betrachten wir das Gebiet $\Theta_0 = \{\mathfrak{T}_0;\ (t_*, t^*)\}$. Der zugehörige Bereich $\{\mathfrak{T}_0 + \mathfrak{S}_0;\ \langle t_*, t^*\rangle\}$ ist ein vierdimensionaler Zylinderkörper. Die den beiden Gebieten $\Theta_0^{(1)}$ und $\Theta_0^{(2)}$ gemeinsamen Randpunkte bestehen aus allen Wertsystemen a, b, c, t mit (a, b, c) auf S_0 oder, in der auf S. 33 gebrauchten Schreibweise, aus der Punktmenge $\Sigma_0 = \{S_0;\ (t_*, t^*)\}$. Offenbar ist S_0 der Schnitt von Σ_0 mit der Hyperebene $t = \text{const}$. Das Hyperflächenstück Σ_0 „trennt" die Gebiete $\Theta_0^{(1)}$ und $\Theta_0^{(2)}$ voneinander.

Es wird nunmehr angenommen, daß die Funktionen $x(a, b, c, t)$, $y(a, b, c, t)$, $z(a, b, c, t)$, die sich in $\{\mathfrak{T}_0 + \mathfrak{S}_0;\ \langle t_*, t^*\rangle\}$ stetig verhalten, sowohl im Innern und auf dem Rande von $\Theta_0^{(1)}$, als auch im Innern und auf dem Rande von $\Theta_0^{(2)}$ stetige partielle Ableitungen der beiden ersten Ordnungen haben. Diese partiellen Ableitungen können sich jedoch beim Übergang von $\Theta_0^{(1)}$ zu $\Theta_0^{(2)}$ sprungweise ändern. Es gibt allemal auch Ableitungen, die dieses Verhalten tatsächlich zeigen. Der Übergang von $\Theta_0^{(1)}$ zu $\Theta_0^{(2)}$ kann dadurch erfolgen, daß man beim unveränderten t die Fläche S_0 durchschreitet. Es kann sich aber, außer wenn S_0 seine Lage im Raume a-b-c gar nicht ändert, ereignen, daß man durch eine Änderung von t allein von $\Theta_0^{(1)}$ zu $\Theta_0^{(2)}$ gelangt. Ähnlich wie in dem fünften Kapitel nehmen wir ferner an, daß die Jacobische Determinante $\frac{\partial(x, y, z)}{\partial(a, b, c)}$ in $\{\mathfrak{T}_0 + \mathfrak{S}_0;\ \langle t_*, t^*\rangle\}$ durchweg $\geqq q_0 > 0$ ist.

Durch Vermittlung der Funktionen

$$x = x(a, b, c, t), \qquad y = y(a, b, c, t), \qquad z = z(a, b, c, t)$$

wird bei unverändertem t der Bereich $\{\mathfrak{T}_0 + \mathfrak{S}_0;\ \langle t_*, t^*\rangle\}$ des Raumes a, b, c, t auf einen Bereich $\{\mathfrak{T} + \mathfrak{S};\ \langle t_*, t^*\rangle\}$ des Raumes x, y, z, t topologisch abgebildet. Zu gleicher Zeit werden den Gebieten $\Theta_0^{(1)}$, $\Theta_0^{(2)}$ die Gebiete $\Theta^{(1)} = \{\mathfrak{T}^{(1)};\ (t_*, t^*)\}$, $\Theta^{(2)} = \{\mathfrak{T}^{(2)};\ (t_*, t^*)\}$ umkehrbar eindeutig und stetig zugeordnet. Das Gebiet $\{\mathfrak{T};\ (t_*, t^*)\}$ heiße Θ.

Dem Hyperflächenstück Σ_0 entspricht bei der betrachteten Abbildung ein $\Theta^{(1)}$ von $\Theta^{(2)}$ trennendes, wie wir voraussetzen wollen, stetig gekrümmtes Hyperflächenstück Σ. Es sei S der Schnitt von Σ mit der Hyperebene $t = \text{const.}$; S, als das Bild der Fläche S_0 zur Zeit t, wird von der Gesamtheit derjenigen Flüssigkeitsteilchen gebildet, über welche die Unstetigkeit zur Zeit t gerade hinweggleitet. Der geometrische Ort der Lagen, welche die fraglichen Teilchen zur Zeit t_0 innehatten, ist die Fläche S_0. Im Zeitpunkt t_0 ist S mit S_0 identisch. Die Fläche S zerlegt $\mathfrak{T}$, das Bild von $\mathfrak{T}_0$ zur Zeit t, in die beiden längs S zusammenhängenden Gebiete $\mathfrak{T}^{(1)}$ und $\mathfrak{T}^{(2)}$, die Bilder von $\mathfrak{T}_0^{(1)}$ und $\mathfrak{T}_0^{(2)}$.

Im allgemeinen ändert sich die Gestalt und Lage der Fläche S_0 mit der Zeit. Die Unstetigkeit ergreift in jedem Augenblick neue Flüssigkeitsteilchen, während diejenigen Teilchen, die soeben noch sich auf der Unstetigkeitsfläche befanden, in das eine oder das andere Stetigkeitsgebiet gelangen. Ist S_0 von t unabhängig, so nennen wir die Unstetigkeit „stationär", andernfalls sprechen wir von einer Unstetigkeitswelle. Bei einer stationären Unstetigkeit enthalten die beiden Stetigkeitsgebiete dauernd die gleichen Flüssigkeitsteilchen.

Die durch die Umkehrung der Funktionen

$$x = x(a, b, c, t), \qquad y = y(a, b, c, t), \qquad z = z(a, b, c, t) \tag{2}$$

gewonnenen, im Innern und auf dem Rande von Θ erklärten Funktionen

$$a = a(x, y, z, t), \qquad b = b(x, y, z, t), \qquad c = c(x, y, z, t) \tag{3}$$

sind, wie wir wissen, daselbst stetige Funktionen ihrer vier Argumente (vgl. S. 118). Sie haben in jedem der beiden Gebiete $\Theta^{(1)}$ und $\Theta^{(2)}$, der Rand eingeschlossen, stetige partielle Ableitungen erster und zweiter Ordnung. Beim Passieren von Σ können sich diese Ableitungen sprungweise ändern; es gibt allemal welche, die dieses Verhalten tatsächlich zeigen. Offenbar sind auch die Geschwindigkeitskomponenten u, v, w sowie ihre partiellen Ableitungen erster Ordnung

$$\frac{\partial u}{\partial x}, \ldots, \frac{\partial w}{\partial z}, \frac{\partial u}{\partial t}, \frac{\partial v}{\partial t}, \frac{\partial w}{\partial t} \tag{4}$$

im Innern und auf dem Rande von $\Theta^{(1)}$ und $\Theta^{(2)}$ stetig, können sich aber auf Σ sprungweise ändern. Natürlich sind (4), als Funktionen von x, y, z allein aufgefaßt, im Innern und auf dem Rande von $\mathfrak{T}^{(1)}$ und $\mathfrak{T}^{(2)}$ stetig.

Die Gleichung des stetig gekrümmten Hyperflächenstückes Σ oder, was auf dasselbe hinauskommt, der im allgemeinen mit der Zeit variablen Fläche S denken wir uns, wie auf S. 31—32 auseinandergesetzt worden ist, in der Form $F(x, y, z, t) = 0$ gegeben. Diesmal bezeichnet $F(x, y, z, t)$ eine in einem vierdimensionalen Gebiete, das Σ enthält, erklärte, nebst ihren partiellen Ableitungen erster und zweiter Ordnung stetige Funktion, die überdies so beschaffen ist, daß auf Σ

$$p^2 = \left(\frac{\partial F}{\partial x}\right)^2 + \left(\frac{\partial F}{\partial y}\right)^2 + \left(\frac{\partial F}{\partial z}\right)^2 > 0 \qquad (p > 0) \tag{5}$$

gilt[2a]. Ist im Punkte $P(x, y, z, t)$ auf Σ etwa $\frac{\partial F}{\partial z} \neq 0$, so läßt sich die Gleichung $F(x, y, z, t) = 0$ in einer dreidimensionalen Umgebung von x, y, t nach z auflösen,

$$z = f(x, y, t). \tag{6}$$

Die Funktion f ist nebst allen ihren partiellen Ableitungen erster und zweiter Ordnung stetig.

Es sei $P = (x, y, z)$ ein Punkt auf S zur Zeit t, und es möge (n) eine zunächst noch willkürliche Richtung der Normale zu S in P bezeichnen. Aus den früheren Entwicklungen folgt, daß die Funktion F beim Passieren von S ihr Vorzeichen wechselt[3]. Dies kann man leicht auch so sehen. Sollte, entgegen unserer Behauptung, F das Vorzeichen nicht wechseln, so müßte F als Ortsfunktion auf (n) in P ein Extremum (möglicherweise im weiteren, durch die Zeichen $\geqq$ oder $\leqq$ charakterisierten Sinne) haben. Also müßte $\frac{\partial F}{\partial n} = 0$ sein. Da aber F auf S durchweg verschwindet, so würden in P die partiellen Ableitungen erster Ordnung von F in drei aufeinander senkrecht stehenden Richtungen gleich Null sein, was $\frac{\partial F}{\partial x} = \frac{\partial F}{\partial y} = \frac{\partial F}{\partial z} = 0$ zur Folge hätte. Dies steht aber mit der Ungleichheit (5) im Widerspruch.

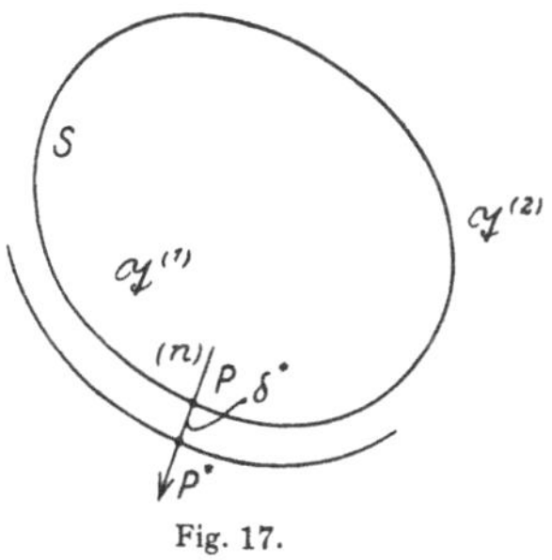

Fig. 17.

Es sei $\mathfrak{T}^{(2)}$ dasjenige der beiden durch S getrennten Teilgebiete von $\mathfrak{T}$, in dem F in der Nachbarschaft von S positive Werte hat (Fig. 17). Wir nehmen die von $\mathfrak{T}^{(1)}$ nach $\mathfrak{T}^{(2)}$ führende Richtung der Normale als positiv an und bezeichnen sie nunmehr mit (n). Die Richtungskosinus von (n) sind nach bekannten Sätzen der Flächentheorie gleich

$$\frac{1}{p}\frac{\partial F}{\partial x}, \quad \frac{1}{p}\frac{\partial F}{\partial y}, \quad \frac{1}{p}\frac{\partial F}{\partial z} \tag{7}$$

oder gleich diesen Werten multipliziert mit -1. Es ist leicht zu sehen, daß sie tatsächlich gleich (7) sind. Es sei P^* ein Punkt auf (n) im Abstande $\delta^* > 0$ von P. Sind, wie vorhin, x, y, z die Koordinaten von P, so sind, falls unsere Behauptung zutrifft, diejenigen von P^*

$$x + \frac{\delta^*}{p}\frac{\partial F}{\partial x}, \quad y + \frac{\delta^*}{p}\frac{\partial F}{\partial y}, \quad z + \frac{\delta^*}{p}\frac{\partial F}{\partial z}.$$

[2a] Eine Gefahr der Verwechselung mit dem in späteren Kapiteln ebenfalls mit p bezeichneten Flüssigkeitsdruck liegt nicht vor.

[3] Vgl. S. 32. Dort handelt es sich um Hyperflächen und vierdimensionale Bereiche.

Wir finden weiter

$$F\left(x+\frac{\delta^*}{p}\frac{\partial F}{\partial x},\ y+\frac{\delta^*}{p}\frac{\partial F}{\partial y},\ z+\frac{\delta^*}{p}\frac{\partial F}{\partial z},\ t\right)$$
$$=\frac{\delta^*}{p}\left\{\left(\frac{\partial F}{\partial x}\right)^2+\left(\frac{\partial F}{\partial y}\right)^2+\left(\frac{\partial F}{\partial z}\right)^2\right\}+O(\delta^{*2}),$$

und dieser Ausdruck ist für hinreichend kleine $\delta^* > 0$ gewiß > 0.

Die zunächst folgenden Betrachtungen spielen sich in dem gewöhnlichen Raume der Koordinaten a, b, c ab; der Wert t der Zeit wird festgehalten. Wir haben eingangs vorausgesetzt, die Fläche S_0 sei stetig gekrümmt. *Wir werden jetzt zeigen, daß dies als eine Folge der Annahme, S sei stetig gekrümmt, aufgefaßt werden kann.*

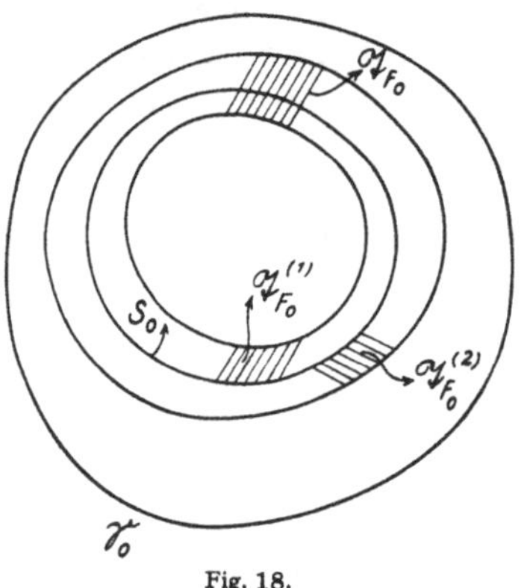

Fig. 18.

Die Funktion

$$F_0(a, b, c, t) = F\{x(a, b, c, t),\ y(a, b, c, t),\ z(a, b, c, t),\ t\} \tag{8}$$

ist in einem Gebiete $\mathfrak{T}_{F_0}$ des Raumes a-b-c, das S_0 ganz in seinem Innern enthält, erklärt und stetig (Fig. 18). Ihre partiellen Ableitungen erster und zweiter Ordnung

$$\frac{\partial F_0}{\partial a},\quad \frac{\partial F_0}{\partial b},\quad \frac{\partial F_0}{\partial c},\quad \frac{\partial^2 F_0}{\partial a^2},\ \ldots,\ \frac{\partial^2 F_0}{\partial c^2} \tag{9}$$

sind in den beiden Gebieten, in die $\mathfrak{T}_{F_0}$ durch S_0 zerlegt wird, sie heißen $\mathfrak{T}^{(1)}_{F_0}$ und $\mathfrak{T}^{(2)}_{F_0}$, mit Einschluß von S_0, stetig, können sich aber auf S_0 sprungweise ändern. Dies gilt ja für $\frac{\partial x}{\partial a}, \ldots, \frac{\partial^2 z}{\partial c^2}$ und wegen

$$\begin{aligned}
\frac{\partial F_0}{\partial a} &= \frac{\partial F}{\partial x}\frac{\partial x}{\partial a}+\frac{\partial F}{\partial y}\frac{\partial y}{\partial a}+\frac{\partial F}{\partial z}\frac{\partial z}{\partial a},\\
\frac{\partial F_0}{\partial b} &= \frac{\partial F}{\partial x}\frac{\partial x}{\partial b}+\frac{\partial F}{\partial y}\frac{\partial y}{\partial b}+\frac{\partial F}{\partial z}\frac{\partial z}{\partial b},\\
\frac{\partial F_0}{\partial c} &= \frac{\partial F}{\partial x}\frac{\partial x}{\partial c}+\frac{\partial F}{\partial y}\frac{\partial y}{\partial c}+\frac{\partial F}{\partial z}\frac{\partial z}{\partial c},
\end{aligned} \tag{10}$$

sowie den analogen Formeln für $\frac{\partial^2 F_0}{\partial a^2}, \ldots,$ wie behauptet, für die Funktionen (9).

Aus (10) ergibt sich vor allem, daß $\left(\frac{\partial F_0}{\partial a}\right)^2+\left(\frac{\partial F_0}{\partial b}\right)^2+\left(\frac{\partial F_0}{\partial c}\right)^2$ auf S_0 weder in $\mathfrak{T}^{(1)}_{F_0}$ noch in $\mathfrak{T}^{(2)}_{F_0}$ verschwinden kann. Die Determinante der linearen Gleichungen (10) ist nämlich gleich $\frac{\partial(x, y, z)}{\partial(a, b, c)} \geqq q_0 > 0$. Das Verschwinden der linken Seiten in (10) würde mithin das gleichzeitige

Verschwinden von $\frac{\partial F}{\partial x}$, $\frac{\partial F}{\partial y}$, $\frac{\partial F}{\partial z}$ zur Folge haben, was ausgeschlossen wurde.

Für alle (a, b, c) in $\mathfrak{T}_{F_0}^{(1)}$, mithin alle (x, y, z) in dem korrespondierenden Gebiete $\mathfrak{T}_F^{(1)}$ (Fig. 19) ist, wie vorhin,

$$F_0(a, b, c, t) = F(x, y, z, t). \tag{11}$$

Wir denken uns jetzt die Funktionen $a(x, y, z, t)$, $b(x, y, z, t)$, ... über S hinaus in das Gebiet $\mathfrak{T}_F^{(2)}$, das Bild von $\mathfrak{T}_{F_0}^{(2)}$, irgendwie stetig fortgesetzt, so daß auch $\frac{\partial a}{\partial x}, \ldots, \frac{\partial c}{\partial z}$ noch stetig bleiben. Dies läßt sich, wenn S, wie vorausgesetzt wurde, stetig gekrümmt ist, in unendlich mannigfaltiger Weise bewerkstelligen. Es sei etwa $P(x, y, z)$ ein Punkt auf S, P^* ein Punkt auf der Normale zu S in P im Abstande $\delta^* > 0$ in $\mathfrak{T}_F^{(2)}$. Man setze in P^*

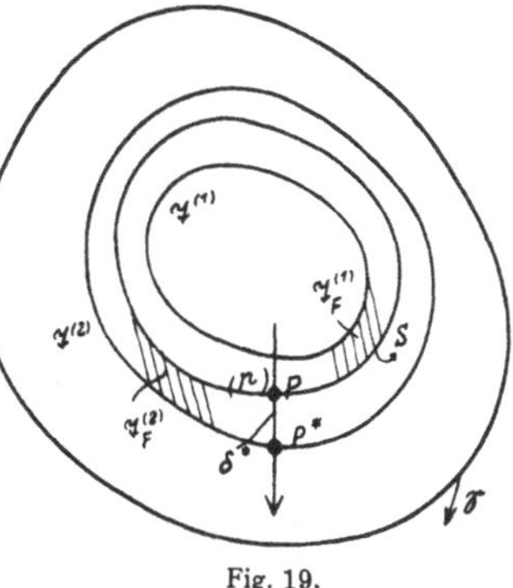

Fig. 19.

$$\begin{aligned} a(x^*, y^*, z^*, t) &= a(x, y, z, t) + \delta^* \frac{\partial a}{\partial n}, \\ b(x^*, y^*, z^*, t) &= b(x, y, z, t) + \delta^* \frac{\partial b}{\partial n}, \\ c(x^*, y^*, z^*, t) &= c(x, y, z, t) + \delta^* \frac{\partial c}{\partial n}. \end{aligned} \tag{12}$$

Hierin bezeichnet bsp. $\frac{\partial a}{\partial n}$ die Ableitung von $a(x, y, z, t)$ in dem Randpunkte P von $\mathfrak{T}_F^{(1)}$ in der Richtung der nach $\mathfrak{T}_F^{(2)}$ hin weisenden Normale[4]. Jetzt sind $a(x, y, z, t)$, $b(x, y, z, t)$, $c(x, y, z, t)$ in $\mathfrak{T}_F^{(1)}$ und einem längs der ganzen Ausdehnung von S sich anschließenden Teile von $\mathfrak{T}_F^{(2)}$ (möglicherweise in dem ganzen Gebiete $\mathfrak{T}_F^{(2)}$) erklärt, — in $\mathfrak{T}_F^{(2)}$ freilich anders als ursprünglich, — und haben dort stetige Ableitungen erster Ordnung. Durch die Gleichungen

$$a = a(x, y, z, t), \quad b = b(x, y, z, t), \quad c = c(x, y, z, t)\,^{5} \tag{13}$$

ist gewiß eine topologische Abbildung einer vollständigen Umgebung des Punktes P auf ein ein Stück von S_0 in seinem Innern enthaltendes Gebiet in dem Raume a-b-c definiert[6,7]. Die daselbst erklärten in-

[4] Wir fassen, wie bereits erwähnt, diejenige Richtung der betrachteten Normale, die von $\mathfrak{T}^{(1)}$ nach $\mathfrak{T}^{(2)}$ führt, als positiv auf.

[5] Die Funktionen $a(x, y, z, t)$, ... sind, es sei dies der Deutlichkeit halber noch einmal wiederholt, in $\mathfrak{T}^{(1)}$ mit den eingangs ebenso bezeichneten Funktionen identisch, über S hinaus aber den Formeln (12) gemäß erklärt.

[6] Die Zeit t spielt jetzt die Rolle eines Parameters.

[7] Man beachte, daß $\frac{\partial(x, y, z)}{\partial(a, b, c)} \neq 0$ ist.

versen Funktionen

$$(14)\qquad x = x(a, b, c, t), \quad y = y(a, b, c, t), \quad z = z(a, b, c, t)$$

sind stetig und haben stetige Ableitungen erster Ordnung in bezug auf die Ortsvariablen. In dem betrachteten Gebiet kann man sich $F_0(a, b, c, t)$ nach (11) und (14) definiert denken. Da $\frac{\partial F_0}{\partial a}, \frac{\partial F_0}{\partial b}, \frac{\partial F_0}{\partial c}$ wegen (10) stetig sind und $\left(\frac{\partial F_0}{\partial a}\right)^2 + \left(\frac{\partial F_0}{\partial b}\right)^2 + \left(\frac{\partial F_0}{\partial c}\right)^2$ nicht verschwindet[7], so hat F_0 gewiß eine stetige Normale. Ist in dem Bilde P_0 von P etwa $\frac{\partial F_0}{\partial c} \neq 0$, so läßt sich die Gleichung von S_0 in einer Umgebung des betrachteten Punktes auf die Form

$$(15)\qquad c = f_0(a, b, t)$$

bringen. Es gilt ferner

$$(16)\qquad \frac{\partial f_0}{\partial a} = -\frac{\frac{\partial F_0}{\partial a}}{\frac{\partial F_0}{\partial c}}, \qquad \frac{\partial f_0}{\partial b} = -\frac{\frac{\partial F_0}{\partial b}}{\frac{\partial F_0}{\partial c}}.$$

Da $F_0(a, b, c, t)$ im Innern und auf dem Rande von $\mathfrak{T}_{F_0}^{(1)}$ auch noch stetige Ableitungen zweiter Ordnung hat, so hat nach (16) $f_0(a, b, t)$ gewiß stetige Ableitungen zweiter Ordnung in bezug auf a und b[8]; *die Fläche S_0 ist*, wie behauptet, *stetig gekrümmt*.

Zu demselben Ergebnis kommt man natürlich, wenn man von F_0 als einer Ortsfunktion in $\mathfrak{T}_F^{(2)}$ ausgeht.

Durch eine ganz analoge, vierdimensional angelegte Betrachtung wird bewiesen, daß Σ_0 ein Stück einer stetig gekrümmten Hyperfläche darstellt.

2. Fortpflanzungsgeschwindigkeit der Welle im Raume der Variablen x, y, z. Stationäre Unstetigkeiten. Klassifikation der Unstetigkeiten. Wir nennen *Fortpflanzungsgeschwindigkeit der Welle im Raume x-y-z im Punkte P auf S* („vitesse de déplacement de l'onde") die Geschwindigkeit, mit der sich die Fläche S von P entfernt, gemessen längs der Normale (n) zu S in P.

Wir nehmen wie zu Anfang die Gleichung der Unstetigkeitsfläche S in der Form $F(x, y, z, t) = 0$ an, unter $F(x, y, z, t)$ eine nebst ihren partiellen Ableitungen erster und zweiter Ordnung stetige Funktion verstanden. Die Gleichung der Unstetigkeitsfläche zur Zeit $t + t'$ ist

$$(17)\qquad F(x, y, z, t + t') = 0.$$

Die Normale (n) möge die Fläche (17) in einem Punkte P^* treffen,

[8] Wir machen an dieser Stelle von dem auf S. 23 angegebenen Satze Gebrauch (vgl. die Formeln (37) I).

dessen Abstand von P den Wert δ^* hat (Fig. 17). Wir nehmen, wie üblich, $\delta^* > 0$ an, falls sich P^* in $\mathfrak{T}^{(2)}$, negativ, falls es sich in $\mathfrak{T}^{(1)}$ befindet. Die Koordinaten des Schnittpunktes sind

$$x + \frac{1}{p}\frac{\partial F}{\partial x}\delta^*, \qquad y + \frac{1}{p}\frac{\partial F}{\partial y}\delta^*, \qquad z + \frac{1}{p}\frac{\partial F}{\partial z}\delta^*;$$

es muß darum

$$F\left(x + \frac{1}{p}\frac{\partial F}{\partial x}\delta^*, y + \frac{1}{p}\frac{\partial F}{\partial y}\delta^*, z + \frac{1}{p}\frac{\partial F}{\partial z}\delta^*, t + t'\right) = 0,$$

mithin auch

$$\left\{\left(\frac{\partial F}{\partial x}\right)^2 + \left(\frac{\partial F}{\partial y}\right)^2 + \left(\frac{\partial F}{\partial z}\right)^2\right\}\frac{\delta^*}{p} + \frac{\partial F}{\partial t}t' + o(\delta^*) + o(t') = 0 \tag{18}$$

sein. Aus (18) folgt, wie man ohne Schwierigkeiten sieht,

$$\lim_{t' \to 0}\frac{\delta^*}{t'} = -\frac{1}{p}\frac{\partial F}{\partial t}. \tag{19}$$

Wir fassen die Fortpflanzungsgeschwindigkeit G als positiv auf, wenn sich die Welle in P von $\mathfrak{T}^{(1)}$ nach $\mathfrak{T}^{(2)}$ hin bewegt, als negativ im entgegengesetzten Falle. Aus (19) folgt

$$G = -\frac{1}{p}\frac{\partial F}{\partial t}. \tag{20}$$

Ist $\frac{\partial F}{\partial t} < 0$, so bewegt sich die Welle in P augenscheinlich von $\mathfrak{T}^{(1)}$ nach $\mathfrak{T}^{(2)}$ hin.

Hat die Gleichung der Fläche S in einer Umgebung des Punktes P die spezielle Form

$$z - f(x, y, t) = 0, \tag{21}$$

so finden wir

$$G = \frac{\partial f}{\partial t}\left\{1 + \left(\frac{\partial f}{\partial x}\right)^2 + \left(\frac{\partial f}{\partial y}\right)^2\right\}^{-\frac{1}{2}}. \tag{22}$$

Dabei ist im Einklang mit unseren früheren Festsetzungen mit $\mathfrak{T}^{(1)}$ dasjenige Gebiet zu bezeichnen, in dem in einer Nachbarschaft von P

$$z - f(x, y, t) < 0$$

ist.

Ist auf Σ überall $\frac{\partial F}{\partial t} = 0$, so ist die Fortpflanzungsgeschwindigkeit im Raume x-y-z gleich Null, $G = 0$. Die Unstetigkeitsfläche S, deren Gleichung diesmal einfacher $F(x, y, z) = 0$ heißt, liegt im Raume x-y-z fest. Die Hyperfläche Σ ist der Mantel eines geraden Zylinders parallel zu der t-Achse. Ein Gegenstück hierzu bilden die bereits auf S. 230 betrachteten *stationären* Unstetigkeiten, bei denen F_0

von t unabhängig ist, mithin die Unstetigkeitsfläche S_0 im Raume a-b-c festliegt. Die beiden Stetigkeitsgebiete $\mathfrak{T}^{(1)}$ und $\mathfrak{T}^{(2)}$ werden für alle t in $\langle t_*, t^*\rangle$ von denselben Teilchen gebildet.

Liegt eine stationäre Unstetigkeit vor, so sind gewiß $u, v, w, \frac{du}{dt}, \frac{dv}{dt}, \frac{dw}{dt}$ *als Funktionen von* a, b, c, t *im Innern und auf dem Rande von* Θ_0, *darum auch als Funktionen von* x, y, z, t *im Innern und auf dem Rande von* Θ *stetig.*

Es möge nämlich vorübergehend ein Punkt auf Σ_0 als Randpunkt von $\Theta_0^{(1)}$ mit $(a^{(1)}, b^{(1)}, c^{(1)}, t)$, als Randpunkt von $\Theta_0^{(2)}$ mit $(a^{(2)}, b^{(2)}, c^{(2)}, t)$ bezeichnet werden. Dann ist für alle t in $\langle t_*, t^*\rangle$ nach Voraussetzung (vgl. S. 229)

$$x(a^{(1)}, b^{(1)}, c^{(1)}, t) = x(a^{(2)}, b^{(2)}, c^{(2)}, t),$$

darum auch

$$\frac{d}{dt} x(a^{(1)}, b^{(1)}, c^{(1)}, t) = \frac{d}{dt} x(a^{(2)}, b^{(2)}, c^{(2)}, t). \tag{23}$$

Die beiden Randwerte von u auf Σ_0 sind einander gleich. Da nach Voraussetzung u sich im Innern und auf dem Rande sowohl von $\Theta_0^{(1)}$ als auch von $\Theta_0^{(2)}$ stetig verhält, so ist es überhaupt in Θ_0 und auf seinem Rande stetig.

Ebenso überzeugt man sich, daß auch v, w; $\frac{du}{dt}, \frac{dv}{dt}, \frac{dw}{dt}$ sich in Θ_0 mit Einschluß des Randes stetig verhalten[9].

Den weiteren Betrachtungen legen wir jetzt eine sich an das Eulersche System der Variablen anschließende Klassifikation verschiedener Unstetigkeiten zugrunde. Sie ist von der durch Herrn Hadamard gegebenen Klassifikation, die sich der Lagrangeschen Veränderlichen bedient, ein wenig verschieden[10]. Wir nehmen an, daß die Funktionen $u(x, y, z, t)$, $v(x, y, z, t)$, $w(x, y, z, t)$ sich nebst ihren partiellen Ableitungen erster Ordnung im Innern und auf dem Rande von $\Theta^{(1)}$ und $\Theta^{(2)}$ stetig verhalten, auf dem gemeinsamen Rande Σ dieser beiden Gebiete jedoch sprungweise Unstetigkeiten erleiden können. Sind die Funktionen u, v, w nicht alle drei in Θ und auf seinem Rande schlechthin stetig, so sagen wir, es liege eine *Unstetigkeit erster Ordnung* vor. Sind u, v, w in Θ mit Einschluß des Randes stetig, während mindestens eine ihrer partiellen Ableitungen erster Ordnung sich auf Σ sprungweise ändert, so sprechen wir von einer *Unstetigkeit zweiter Ordnung*.

---

9 Die Beziehung (23) bringt einfach die Stetigkeit der Ableitung der Funktion $x(a, b, c, t)$ in der Richtung parallel zu der t-Achse beim Übergang von $\Theta_0^{(1)}$ zu $\Theta_0^{(2)}$ zum Ausdruck (vgl. die Ausführungen auf S. 23. Dort handelt es sich um dreidimensionale Bereiche).

10 Vgl. J. Hadamard, Leçons sur la propagation des ondes et les équations de l'hydrodynamique, Paris 1903, S. 58—128, insbes. S. 87.

Es mögen jetzt auch noch Ableitungen zweiter Ordnung von u, v, w in $\Theta^{(1)}$ und $\Theta^{(2)}$, der Rand eingeschlossen, vorhanden und stetig sein, und es möge die Funktion $F(x, y, z, t)$ in ihrem Definitionsbereich stetige Ableitungen dritter Ordnung haben. Sind u, v, w und ihre partiellen Ableitungen erster Ordnung stetig, während mindestens eine Ableitung zweiter Ordnung sich auf Σ sprungweise ändert, so liegt eine *Unstetigkeit dritter Ordnung* vor, usw.

Liegt eine stationäre Unstetigkeit vor, so sind, wie wir vorhin gesehen haben, u, v, w $\left(\text{wie übrigens auch } \frac{du}{dt}, \frac{dv}{dt}, \frac{dw}{dt}\right)$ stetig. *Stationäre Unstetigkeiten sind also mindestens von zweiter Ordnung*[10a].

3. Unstetigkeiten zweiter Ordnung. Wir wollen uns zunächst mit Unstetigkeiten zweiter Ordnung beschäftigen. Hier sind also u, v, w in Θ und auf seinem Rande stetig. Wir nehmen wie vorhin an, daß die Funktion $F(x, y, z, t)$, die gleich Null gesetzt die Gleichung der Unstetigkeitsfläche Σ liefert, sich nebst ihren partiellen Ableitungen erster und zweiter Ordnung stetig verhält.

Vor allem die naheliegende Frage, ob die Sprungwerte der Funktionen $\frac{\partial u}{\partial x}, \frac{\partial u}{\partial y}, \frac{\partial u}{\partial z}, \frac{\partial u}{\partial t}, \ldots, \frac{\partial w}{\partial t}$ voneinander unabhängig sind. Wir werden sogleich sehen, daß dies keineswegs der Fall ist. Betrachten wir etwa die Funktion u. Es sei P ein Punkt auf Σ, und es möge (λ) einen von P ausgehenden Halbstrahl in der Tangentialhyperebene an Σ in P bedeuten. Wir bezeichnen die Werte der Ableitungen von u in P, aufgefaßt als ein Punkt der Randhyperfläche von $\Theta^{(1)}$, wie schon einmal früher, mit einem Index $^{(1)}$ oben. Die entsprechenden Werte für einen Punkt P der Randhyperfläche von $\Theta^{(2)}$ werden wir mit dem Index $^{(2)}$ versehen. Wie wir wissen, sind die Tangentialableitungen auf Σ allemal stetig,

$$\frac{\partial u^{(1)}}{\partial \lambda} = \frac{\partial u^{(2)}}{\partial \lambda},$$

oder, was das gleiche bedeutet,

$$\begin{aligned}(24)\qquad &\frac{\partial u^{(1)}}{\partial x}\frac{\partial x}{\partial \lambda} + \frac{\partial u^{(1)}}{\partial y}\frac{\partial y}{\partial \lambda} + \frac{\partial u^{(1)}}{\partial z}\frac{\partial z}{\partial \lambda} + \frac{\partial u^{(1)}}{\partial t}\frac{\partial t}{\partial \lambda} \\ &= \frac{\partial u^{(2)}}{\partial x}\frac{\partial x}{\partial \lambda} + \frac{\partial u^{(2)}}{\partial y}\frac{\partial y}{\partial \lambda} + \frac{\partial u^{(2)}}{\partial z}\frac{\partial z}{\partial \lambda} + \frac{\partial u^{(2)}}{\partial t}\frac{\partial t}{\partial \lambda}.\end{aligned}$$

Hier sind $\frac{\partial x}{\partial \lambda}, \frac{\partial y}{\partial \lambda}, \frac{\partial z}{\partial \lambda}, \frac{\partial t}{\partial \lambda}$ Kosinus der Winkel, die der Halbstrahl (λ) mit den Koordinatenachsen einschließt. Da (λ) die Hyperfläche Σ berührt, so ist (vgl. S. 30)

$$(25)\qquad \frac{\partial x}{\partial \lambda}\frac{\partial F}{\partial x} + \frac{\partial y}{\partial \lambda}\frac{\partial F}{\partial y} + \frac{\partial z}{\partial \lambda}\frac{\partial F}{\partial z} + \frac{\partial t}{\partial \lambda}\frac{\partial F}{\partial t} = 0\,^{10\text{b}}.$$

[10a] Sie könnten freilich auch nullter Ordnung sein (vgl. S. 261).

[10b] A. a. O. ist den Betrachtungen die Gleichung der Fläche in einer speziellen Form zugrunde gelegt worden.

Die Gleichung (24), für die wir auch einfacher in der Bezeichnungsweise von Herrn Hadamard

$$(26)\qquad \begin{gathered}\left[\frac{\partial u}{\partial x}\right]\frac{\partial x}{\partial \lambda}+\left[\frac{\partial u}{\partial y}\right]\frac{\partial y}{\partial \lambda}+\left[\frac{\partial u}{\partial z}\right]\frac{\partial z}{\partial \lambda}+\left[\frac{\partial u}{\partial t}\right]\frac{\partial t}{\partial \lambda}=0,\\ \left[\frac{\partial u}{\partial x}\right]=\frac{\partial u^{(2)}}{\partial x}-\frac{\partial u^{(1)}}{\partial x},\ldots\end{gathered}$$

schreiben wollen, ist für alle der Gleichung (25) genügenden $\frac{\partial x}{\partial \lambda},\ldots,\frac{\partial t}{\partial \lambda}$ erfüllt. Nach Voraussetzung ist in P

$$\left(\frac{\partial F}{\partial x}\right)^2+\left(\frac{\partial F}{\partial y}\right)^2+\left(\frac{\partial F}{\partial z}\right)^2>0.$$

Es möge etwa $\frac{\partial F}{\partial z}>0$ sein. Aus (25) folgt

$$\frac{\partial z}{\partial \lambda}=-\left(\frac{\partial x}{\partial \lambda}\frac{\partial F}{\partial x}+\frac{\partial y}{\partial \lambda}\frac{\partial F}{\partial y}+\frac{\partial t}{\partial \lambda}\frac{\partial F}{\partial t}\right)\left(\frac{\partial F}{\partial z}\right)^{-1}.$$

Dies gibt, in (26) eingesetzt,

$$\frac{\partial x}{\partial \lambda}\left\{\left[\frac{\partial u}{\partial x}\right]\frac{\partial F}{\partial z}-\left[\frac{\partial u}{\partial z}\right]\frac{\partial F}{\partial x}\right\}+\frac{\partial y}{\partial \lambda}\left\{\left[\frac{\partial u}{\partial y}\right]\frac{\partial F}{\partial z}-\left[\frac{\partial u}{\partial z}\right]\frac{\partial F}{\partial y}\right\}+\frac{\partial t}{\partial \lambda}\left\{\left[\frac{\partial u}{\partial t}\right]\frac{\partial F}{\partial z}-\left[\frac{\partial u}{\partial z}\right]\frac{\partial F}{\partial t}\right\}=0.$$

Da diese Beziehung für alle $\frac{\partial x}{\partial \lambda}$, $\frac{\partial y}{\partial \lambda}$, $\frac{\partial t}{\partial \lambda}$ erfüllt sein muß, so müssen die zugehörigen Koeffizienten verschwinden, mithin

$$(27)\qquad \left[\frac{\partial u}{\partial x}\right]:\left[\frac{\partial u}{\partial y}\right]:\left[\frac{\partial u}{\partial z}\right]:\left[\frac{\partial u}{\partial t}\right]=\frac{\partial F}{\partial x}:\frac{\partial F}{\partial y}:\frac{\partial F}{\partial z}:\frac{\partial F}{\partial t}$$

sein. *Der vierdimensionale Vektor mit den Komponenten* $\left[\frac{\partial u}{\partial x}\right]$, $\left[\frac{\partial u}{\partial y}\right]$, $\left[\frac{\partial u}{\partial z}\right]$, $\left[\frac{\partial u}{\partial t}\right]$ *fällt in die Normale* (ν) *zu* Σ *in* P *hinein.*

Ebenso finden wir die weiteren Formeln

$$(28)\qquad \left[\frac{\partial v}{\partial x}\right]:\left[\frac{\partial v}{\partial y}\right]:\left[\frac{\partial v}{\partial z}\right]:\left[\frac{\partial v}{\partial t}\right]=\frac{\partial F}{\partial x}:\frac{\partial F}{\partial y}:\frac{\partial F}{\partial z}:\frac{\partial F}{\partial t}$$

und

$$(29)\qquad \left[\frac{\partial w}{\partial x}\right]:\left[\frac{\partial w}{\partial y}\right]:\left[\frac{\partial w}{\partial z}\right]:\left[\frac{\partial w}{\partial t}\right]=\frac{\partial F}{\partial x}:\frac{\partial F}{\partial y}:\frac{\partial F}{\partial z}:\frac{\partial F}{\partial t}.$$

Das Verhalten der zwölf partiellen Ableitungen erster Ordnung von u, v, w in P ist also durch *drei* Größen, etwa die drei Quotienten $\left[\frac{\partial u}{\partial z}\right]:\frac{\partial F}{\partial z}$, $\left[\frac{\partial v}{\partial z}\right]:\frac{\partial F}{\partial z}$, $\left[\frac{\partial w}{\partial z}\right]:\frac{\partial F}{\partial z}$ vollkommen bestimmt.

Wir setzen

$$(30)\qquad \begin{gathered}\left[\frac{\partial u}{\partial z}\right]:\frac{\partial F}{\partial z}=\lambda_1 p^{-1},\quad \left[\frac{\partial v}{\partial z}\right]:\frac{\partial F}{\partial z}=\lambda_2 p^{-1},\quad \left[\frac{\partial w}{\partial z}\right]:\frac{\partial F}{\partial z}=\lambda_3 p^{-1},\\ p^2=\left(\frac{\partial F}{\partial x}\right)^2+\left(\frac{\partial F}{\partial y}\right)^2+\left(\frac{\partial F}{\partial z}\right)^2,\qquad p>0,\end{gathered}$$

bezeichnen zur Abkürzung die Richtungskosinus der Normale (n) zu S in P mit α, β, γ und erhalten wegen

$$(31)\qquad \alpha = \frac{\partial F}{\partial x} p^{-1}, \quad \beta = \frac{\partial F}{\partial y} p^{-1}, \quad \gamma = \frac{\partial F}{\partial z} p^{-1},$$

wie man leicht sieht,

$$(32)\qquad \begin{aligned} &\left[\frac{\partial u}{\partial x}\right] = \lambda_1 \alpha, \ \left[\frac{\partial u}{\partial y}\right] = \lambda_1 \beta, \ \left[\frac{\partial u}{\partial z}\right] = \lambda_1 \gamma, \ \left[\frac{\partial u}{\partial t}\right] = \lambda_1 \frac{\partial F}{\partial t} p^{-1} = -\lambda_1 G \\ &\left[\frac{\partial v}{\partial x}\right] = \lambda_2 \alpha, \ \left[\frac{\partial v}{\partial y}\right] = \lambda_2 \beta, \ \left[\frac{\partial v}{\partial z}\right] = \lambda_2 \gamma, \ \left[\frac{\partial v}{\partial t}\right] = -\lambda_2 G, \\ &\left[\frac{\partial w}{\partial x}\right] = \lambda_3 \alpha, \ \left[\frac{\partial w}{\partial y}\right] = \lambda_3 \beta, \ \left[\frac{\partial w}{\partial z}\right] = \lambda_3 \gamma, \ \left[\frac{\partial w}{\partial t}\right] = -\lambda_3 G. \end{aligned}$$

Offenbar ist

$$\lambda_1^2 + \lambda_2^2 + \lambda_3^2 \neq 0.$$

Aus (32) und den weiteren Beziehungen

$$(33)\qquad \frac{du}{dt} = \frac{\partial u}{\partial t} + u \frac{\partial u}{\partial x} + v \frac{\partial u}{\partial y} + w \frac{\partial u}{\partial z}, \ldots$$

folgt

$$(34)\qquad \left[\frac{du}{dt}\right] = \lambda_1 \{-G + \alpha u + \beta v + \gamma w\} = -\lambda_1 (G - \mathfrak{u}_n)$$

und analog

$$(35)\qquad \left[\frac{dv}{dt}\right] = -\lambda_2 (G - \mathfrak{u}_n), \quad \left[\frac{dw}{dt}\right] = -\lambda_3 (G - \mathfrak{u}_n),$$

unter $\mathfrak{u}_n$ die Normalkomponente der Geschwindigkeit im Punkte P auf S verstanden.

Wir betrachten nunmehr die Bahn Γ des Teilchens (a, b, c) in dem Zeitintervall $\langle t_*, t^* \rangle$ und nehmen an, daß sie die Unstetigkeitsfläche S in einem einzigen Punkte $\bar{P}$ zur Zeit $\bar{t}$ $(t_* < \bar{t} < t^*)$ trifft, ohne sie zu berühren. In dem Zeitintervall $\langle t_*, \bar{t})$ möge etwa das betrachtete Teilchen der Unstetigkeitsfläche vorauseilen, für $\bar{t} < t \leqq t^*$ ihr aber nacheilen. Man sieht leicht ein, daß alle Teilchen in hinreichender Nähe des Punktes (a, b, c) in $\langle t_*, t^* \rangle$ die Unstetigkeitsfläche nur einmal passieren. Dies kann man wie folgt zeigen. Es sei $\hat{t}$ der Zeitpunkt, in dem die Bahn eines Teilchens $(\hat{a}, \hat{b}, \hat{c})$ in der Nachbarschaft von (a, b, c) die Unstetigkeitsfläche trifft. Es gilt dann

$$(36)\quad F(x(\hat{a}, \hat{b}, \hat{c}, \hat{t}), y(\hat{a}, \hat{b}, \hat{c}, \hat{t}), z(\hat{a}, \hat{b}, \hat{c}, \hat{t}), \hat{t}) = F_0(\hat{a}, \hat{b}, \hat{c}, \hat{t}) = 0.$$

Die Gleichung $F_0(\hat{a}\hat{b}\hat{c}\hat{t}) = 0$ stellt ein Stück einer stetig gekrümmten Hyperfläche dar (vgl. die Schlußausführungen von **1.**). Wir nehmen $\frac{\partial}{\partial t} F_0(a, b, c, \bar{t}) \neq 0$ an, so daß die Unstetigkeit gewiß nicht stationär ist.

Wie sich ohne Mühe zeigen läßt, läßt sich die Gleichung (36) nach $\hat{t}$ auflösen. Wir finden $\hat{t} = \hat{t}\,(\hat{a}\,,\hat{b}\,,\hat{c})$, und diese Funktion hat gewiß stetige Ableitungen erster und zweiter Ordnung[10c].

Es ist jetzt nicht schwer, sich zu überzeugen, *daß die partiellen Ableitungen* $\frac{\partial x}{\partial a}, \frac{\partial y}{\partial a}, \frac{\partial z}{\partial a}; \frac{\partial x}{\partial b}, \ldots, \frac{\partial z}{\partial c}$, die nach Voraussetzung im Innern und auf dem Rande von $\Theta_0^{(1)}$ und von $\Theta_0^{(2)}$ stetig sind, *für alle Teilchen in der Nachbarschaft des Teilchens* (a, b, c) *und für alle* t *in* $\langle t_*, t^*\rangle$ *stetig sind.*

In der Tat ist für $t < \bar{t}$ bsp.

$$(37) \qquad x = a + \int_{t_0}^{t} u\,dt\,, \qquad \frac{\partial x}{\partial a} = 1 + \int_{t_0}^{t}\left(\frac{\partial u}{\partial x}\frac{\partial x}{\partial a} + \frac{\partial u}{\partial y}\frac{\partial y}{\partial a} + \frac{\partial u}{\partial z}\frac{\partial z}{\partial a}\right)dt\,,$$

für $t > \bar{t}$ aber gilt

$$x = a + \int_{t_0}^{\bar{t}} u\,dt + \int_{\bar{t}}^{t} u\,dt$$

und

$$\frac{\partial x}{\partial a} = 1 + \int_{t_0}^{\bar{t}}\left(\frac{\partial u}{\partial x}\frac{\partial x}{\partial a} + \frac{\partial u}{\partial y}\frac{\partial y}{\partial a} + \frac{\partial u}{\partial z}\frac{\partial z}{\partial a}\right)dt$$

$$+ \left(u\frac{\partial \hat{t}}{\partial \hat{a}}\right)_{(a,\,b,\,c,\,\bar{t}-0)} - \left(u\frac{\partial \hat{t}}{\partial \hat{a}}\right)_{(a,\,b,\,c,\,\bar{t}+0)} + \int_{\bar{t}}^{t}\left(\frac{\partial u}{\partial x}\frac{\partial x}{\partial a} + \frac{\partial u}{\partial y}\frac{\partial y}{\partial a} + \frac{\partial u}{\partial z}\frac{\partial z}{\partial a}\right)dt,$$

und, da sowohl u als natürlich auch $\frac{\partial \hat{t}}{\partial \hat{a}}$ sich stetig verhalten, wiederum

$$(38) \qquad \frac{\partial x}{\partial a} = 1 + \int_{t_0}^{t}\left(\frac{\partial u}{\partial x}\frac{\partial x}{\partial a} + \frac{\partial u}{\partial y}\frac{\partial y}{\partial a} + \frac{\partial u}{\partial z}\frac{\partial z}{\partial a}\right)dt\,.$$

Trotz der vorliegenden Unstetigkeit darf also unter dem Integralzeichen differentiiert werden. Da in (38) die zu integrierende Funktion nur für $t = \bar{t}$ eine Unterbrechung der Stetigkeit erleidet, so ist $\frac{\partial x}{\partial a}$, wie sich leicht zeigen läßt, durchaus stetig, wie bewiesen werden sollte.

In ähnlicher Weise überzeugt man sich, daß auch die partiellen Ableitungen $\frac{\partial x}{\partial b}, \frac{\partial x}{\partial c}; \frac{\partial y}{\partial a}, \ldots, \frac{\partial z}{\partial c}$ sich stetig verhalten. Das vorstehende Resultat gilt auch, wenn die Bahnkurve Γ die Unstetigkeitsfläche S in endlich vielen Punkten trifft, ohne sie zu berühren.

Liegt aber eine stationäre Unstetigkeit vor, so können $\frac{\partial x}{\partial a}, \frac{\partial x}{\partial b}, \ldots, \frac{\partial z}{\partial c}$, wie sich durch Beispiele belegen läßt, sehr wohl auf S_0 sprungweise Unstetigkeiten haben.

[10c] Der Beweis ist, wie auf S. 233—234, diesmal freilich vierdimensional zu führen.

4. Fortpflanzungsgeschwindigkeit der Welle im Raume der Variablen a, b, c. Unstetigkeiten dritter Ordnung. Wir nennen *Fortpflanzungsgeschwindigkeit der Welle im Raume a-b-c im Punkte P_0 auf S_0* („vitesse de la propagation de l'onde") die Geschwindigkeit, mit der sich die Fläche S_0 von P_0 entfernt, gemessen längs der Normale (n_0) zu S_0 in P_0.

Betrachten wir die Funktion

$$F_0(a, b, c, t) = F(x(a, b, c, t),\ y(a, b, c, t),\ z(a, b, c, t), t).$$

Wie wir wissen, stellt Σ_0: $F_0(a, b, c, t) = 0$ ein Stück einer stetig gekrümmten Hyperfläche dar (vgl. die Schlußbemerkungen von **1.**). Liegt eine Unstetigkeit zweiter Ordnung vor und sind, wie wir voraussetzen wollen, die partiellen Ableitungen $\frac{\partial x}{\partial a}, \frac{\partial x}{\partial b}, \frac{\partial x}{\partial c}; \frac{\partial y}{\partial a}, \ldots, \frac{\partial z}{\partial c}$ stetig[10d], so hat F_0 in einem Gebiet, das Σ_0 ganz in seinem Innern enthält, stetige partielle Ableitungen erster Ordnung

$$(39)\qquad \begin{aligned} \frac{\partial F_0}{\partial a} &= \frac{\partial F}{\partial x}\frac{\partial x}{\partial a} + \frac{\partial F}{\partial y}\frac{\partial y}{\partial a} + \frac{\partial F}{\partial z}\frac{\partial z}{\partial a}, \\ \frac{\partial F_0}{\partial b} &= \frac{\partial F}{\partial x}\frac{\partial x}{\partial b} + \frac{\partial F}{\partial y}\frac{\partial y}{\partial b} + \frac{\partial F}{\partial z}\frac{\partial z}{\partial b}, \\ \frac{\partial F_0}{\partial c} &= \frac{\partial F}{\partial x}\frac{\partial x}{\partial c} + \frac{\partial F}{\partial y}\frac{\partial y}{\partial c} + \frac{\partial F}{\partial z}\frac{\partial z}{\partial c}, \end{aligned}$$

$$(40)\qquad \frac{\partial F_0}{\partial t} = \frac{\partial F}{\partial x}u + \frac{\partial F}{\partial y}v + \frac{\partial F}{\partial z}w + \frac{\partial F}{\partial t}.$$

Der Ausdruck $\left(\frac{\partial F_0}{\partial a}\right)^2 + \left(\frac{\partial F_0}{\partial b}\right)^2 + \left(\frac{\partial F_0}{\partial c}\right)^2$ ist gewiß von Null verschieden, da andernfalls wegen $\frac{\partial(x, y, z)}{\partial(a, b, c)} \geqq q_0 > 0$ aus (39) sofort

$$\left(\frac{\partial F}{\partial x}\right)^2 + \left(\frac{\partial F}{\partial y}\right)^2 + \left(\frac{\partial F}{\partial z}\right)^2 = 0$$

folgen würde, was nicht angeht.

Dieselben Überlegungen, die auf S. 235 zu der Formel (20) für G führten, ergeben für die Fortpflanzungsgeschwindigkeit der Welle im Raume a-b-c den Wert

$$(41)\qquad G_0 = -\frac{1}{p_0}\frac{\partial F_0}{\partial t} = -\frac{\partial F_0}{\partial t}\left\{\left(\frac{\partial F_0}{\partial a}\right)^2 + \left(\frac{\partial F_0}{\partial b}\right)^2 + \left(\frac{\partial F_0}{\partial c}\right)^2\right\}^{-\frac{1}{2}}.$$

Die Fortpflanzungsgeschwindigkeit G_0 gilt hierbei als positiv, wenn sich die Welle in P_0 von $\mathfrak{T}_0^{(1)}$ nach $\mathfrak{T}_0^{(2)}$ hin bewegt, als negativ im entgegengesetzten Falle. Ist $\frac{\partial F_0}{\partial t} < 0$, so bewegt sich die Welle augenscheinlich von $\mathfrak{T}_0^{(1)}$ nach $\mathfrak{T}_0^{(2)}$ hin.

[10d] Man beachte, daß auf S. 240 die Stetigkeit der fraglichen Ableitungen nur unter gewissen einschränkenden Annahmen bewiesen worden ist.

Wir kehren jetzt zu den Formeln (34) und (35) zurück. Der Ausdruck $G - \mathfrak{u}_n$ hat eine naheliegende physikalische Bedeutung.

Aus

$$F_0(a, b, c, t) = F(x(a, b, c, t),\ y(a, b, c, t),\ z(a, b, c, t), t)$$

folgt augenscheinlich

$$\frac{\partial F_0}{\partial t} = \frac{\partial F}{\partial x}\frac{dx}{dt} + \frac{\partial F}{\partial y}\frac{dy}{dt} + \frac{\partial F}{\partial z}\frac{dz}{dt} + \frac{\partial F}{\partial t} = \frac{\partial F}{\partial x}u + \frac{\partial F}{\partial y}v + \frac{\partial F}{\partial z}w + \frac{\partial F}{\partial t},$$

mithin wegen (20)

$$\frac{\partial F_0}{\partial t}p^{-1} = u\alpha + v\beta + w\gamma - G,$$

oder

$$-\frac{\partial F_0}{\partial t}p^{-1} = G - \mathfrak{u}_n. \tag{42}$$

Fassen wir den augenblicklichen Zustand der Flüssigkeit als den Anfangszustand auf, legen wir also den Anfangspunkt der Zeitzählung in den gerade betrachteten Augenblick, so wird $p = p_0$, mithin

$$-\frac{\partial F_0}{\partial t}p^{-1} = -\frac{\partial F_0}{\partial t}p_0^{-1} = G_0 = G - \mathfrak{u}_n. \tag{43}$$

Die Fortpflanzungsgeschwindigkeit im Raume a-b-c ist im vorliegenden Falle $G - \mathfrak{u}_n$. Dies ist die physikalische Bedeutung der Größe $G - \mathfrak{u}_n$. Handelt es sich speziell um eine stationäre Unstetigkeit, so ist $G_0 = 0$, mithin $G - \mathfrak{u}_n = 0$.

Was vorhin für u bewiesen worden ist, gilt allgemeiner für jede beliebige in $\{\mathfrak{T} + \mathfrak{S};\ \langle t_*, t^*\rangle\}$ stetige Funktion $f(x, y, z, t)$, die im Innern und auf dem Rande sowohl von $\Theta^{(1)}$ als auch von $\Theta^{(2)}$ stetige partielle Ableitungen erster Ordnung hat. Wir finden

$$\left[\frac{\partial f}{\partial x}\right] : \left[\frac{\partial f}{\partial y}\right] : \left[\frac{\partial f}{\partial z}\right] : \left[\frac{\partial f}{\partial t}\right] = \frac{\partial F}{\partial x} : \frac{\partial F}{\partial y} : \frac{\partial F}{\partial z} : \frac{\partial F}{\partial t}, \qquad \left[\frac{\partial f}{\partial x}\right] = \frac{\partial f^{(2)}}{\partial x} - \frac{\partial f^{(1)}}{\partial x}, \ldots \tag{44}$$

Die Beziehungen (44) sind notwendige Bedingungen dafür, daß eine nebst ihren partiellen Ableitungen erster Ordnung sowohl in $\Theta^{(1)}$ und auf seinem Rande als auch in $\Theta^{(2)}$ und auf seinem Rande stetige Funktion f in Θ stetig sei. Sie sind hierzu auch hinreichend, sofern die beiden Randwerte von f auch nur in einem Punkte von Σ miteinander übereinstimmen.

Es sei dieser Punkt P^+, und es möge P einen beliebigen Punkt auf Σ bezeichnen. Es sei schließlich Γ irgendein P^+ mit P verbindendes, etwa stetig gekrümmtes Kurvenstück auf Σ. Wir finden

$$f^{(1)} = f^+ + \int\limits_\Gamma \frac{\partial f^{(1)}}{\partial \lambda} d\lambda, \qquad f^{(2)} = f^+ + \int\limits_\Gamma \frac{\partial f^{(2)}}{\partial \lambda} d\lambda, \tag{45}$$

unter $d\lambda$ ein Linienelement von Γ, unter $\frac{\partial}{\partial \lambda}$ die Ableitung in der Richtung von $d\lambda$ verstanden. Aus (45) folgt

$$f^{(2)} - f^{(1)} = \int_{\Gamma} \left(\frac{\partial f^{(2)}}{\partial \lambda} - \frac{\partial f^{(1)}}{\partial \lambda} \right) d\lambda$$

$$= \int_{\Gamma} \left\{ \left[\frac{\partial f}{\partial x}\right] \frac{\partial x}{\partial \lambda} + \left[\frac{\partial f}{\partial y}\right] \frac{\partial y}{\partial \lambda} + \left[\frac{\partial f}{\partial z}\right] \frac{\partial z}{\partial \lambda} + \left[\frac{\partial f}{\partial t}\right] \frac{\partial t}{\partial \lambda} \right\} d\lambda .$$

Wegen (44) ist, da doch

$$\frac{\partial F}{\partial x}\frac{\partial x}{\partial \lambda} + \frac{\partial F}{\partial y}\frac{\partial y}{\partial \lambda} + \frac{\partial F}{\partial z}\frac{\partial z}{\partial \lambda} + \frac{\partial F}{\partial t}\frac{\partial t}{\partial \lambda} = 0$$

gilt, wie behauptet,

$$f^{(1)} - f^{(2)} = 0 .$$

Es möge sich jetzt um eine *Unstetigkeit dritter Ordnung* handeln. Jetzt sind $\frac{\partial u}{\partial x}, \frac{\partial u}{\partial y}, \ldots, \frac{\partial w}{\partial t}$ in $\{\mathfrak{T} + \mathfrak{S};\ \langle t_*, t^* \rangle\}$ stetig und wir können die Formeln (44) auf jede einzelne dieser zwölf Funktionen anwenden. Wir finden, wenn wir mit $\frac{\partial u}{\partial x}, \ldots, \frac{\partial u}{\partial t}$ beginnen, die Beziehungen

$$(46)\qquad \begin{gathered} \left[\frac{\partial^2 u}{\partial x^2}\right] : \left[\frac{\partial^2 u}{\partial y\,\partial x}\right] : \left[\frac{\partial^2 u}{\partial z\,\partial x}\right] : \left[\frac{\partial^2 u}{\partial t\,\partial x}\right] = \frac{\partial F}{\partial x} : \frac{\partial F}{\partial y} : \frac{\partial F}{\partial z} : \frac{\partial F}{\partial t}, \\ \cdots\cdots\cdots\cdots\cdots\cdots \\ \left[\frac{\partial^2 u}{\partial x\,\partial t}\right] : \left[\frac{\partial^2 u}{\partial y\,\partial t}\right] : \left[\frac{\partial^2 u}{\partial z\,\partial t}\right] : \left[\frac{\partial^2 u}{\partial t^2}\right] = \frac{\partial F}{\partial x} : \frac{\partial F}{\partial y} : \frac{\partial F}{\partial z} : \frac{\partial F}{\partial t}, \end{gathered}$$

die sich, wie leicht ersichtlich, auch symmetrisch in der Form

$$(47)\qquad \begin{aligned} &\left[\frac{\partial^2 u}{\partial x^2}\right] : \left[\frac{\partial^2 u}{\partial y^2}\right] : \left[\frac{\partial^2 u}{\partial z^2}\right] : \left[\frac{\partial^2 u}{\partial t^2}\right] : \left[\frac{\partial^2 u}{\partial x\,\partial y}\right] : \cdots : \left[\frac{\partial^2 u}{\partial z\,\partial t}\right] \\ &= \left(\frac{\partial F}{\partial x}\right)^2 : \left(\frac{\partial F}{\partial y}\right)^2 : \left(\frac{\partial F}{\partial z}\right)^2 : \left(\frac{\partial F}{\partial t}\right)^2 : \frac{\partial F}{\partial x}\frac{\partial F}{\partial y} : \cdots : \frac{\partial F}{\partial z}\frac{\partial F}{\partial t} \end{aligned}$$

oder auch in der Form

$$(48)\qquad \begin{gathered} \left[\frac{\partial^2 u}{\partial x^2}\right] = \mu_1 \alpha^2, \quad \left[\frac{\partial^2 u}{\partial y^2}\right] = \mu_1 \beta^2, \quad \left[\frac{\partial^2 u}{\partial z^2}\right] = \mu_1 \gamma^2, \quad \left[\frac{\partial^2 u}{\partial t^2}\right] = \mu_1 G^2, \\ \left[\frac{\partial^2 u}{\partial x\,\partial y}\right] = \mu_1 \alpha\beta, \quad \left[\frac{\partial^2 u}{\partial x\,\partial z}\right] = \mu_1 \alpha\gamma, \quad \left[\frac{\partial^2 u}{\partial y\,\partial z}\right] = \mu_1 \beta\gamma, \\ \left[\frac{\partial^2 u}{\partial x\,\partial t}\right] = -\mu_1 \alpha G, \quad \left[\frac{\partial^2 u}{\partial y\,\partial t}\right] = -\mu_1 \beta G, \quad \left[\frac{\partial^2 u}{\partial z\,\partial t}\right] = -\mu_1 \gamma G \end{gathered}$$

schreiben lassen. Ganz analoge Formeln gelten für die Sprungwerte der partiellen Ableitungen zweiter Ordnung von v und w. Für μ_1 sind dort entsprechend μ_2 und μ_3 einzusetzen. Ist $G_0 \neq 0$ und trifft die Bahn des Flüssigkeitsteilchens (a, b, c), wie auf S. 239 vorausgesetzt worden ist, die Unstetigkeitsfläche nur in einer endlichen Anzahl von Punkten[10e], so sind diesmal, wie sich durch eine Weiterführung der a. a. O.

[10e] Ohne sie zu berühren.

durchgeführten Überlegung leicht zeigen läßt, auch die partiellen Ableitungen zweiter Ordnung

$$\frac{\partial^2 x}{\partial a^2}, \quad \frac{\partial^2 x}{\partial a\,\partial b}, \ldots, \frac{\partial^2 x}{\partial c^2}; \quad \frac{\partial^2 y}{\partial a^2}, \ldots, \frac{\partial^2 z}{\partial c^2}$$

stetig. Die partiellen Ableitungen

$$\frac{\partial}{\partial a}\frac{dx}{dt} = \frac{\partial u}{\partial a}, \ldots, \frac{\partial}{\partial c}\frac{dz}{dt}$$

haben augenscheinlich die gleiche Eigenschaft.

Die Behandlung von Unstetigkeiten vierter und höherer Ordnung bietet nicht die geringsten Schwierigkeiten dar.

5. Unstetigkeiten zweiter Ordnung. Verhalten der Dichte. Wir kehren jetzt zur Betrachtung der Unstetigkeiten zweiter Ordnung zurück und wollen das Verhalten der Dichte in der Nachbarschaft von Σ studieren. Es kann sich dabei natürlich nur um kompressible Flüssigkeiten, insbesondere Gase, handeln. Betrachtungen thermodynamischer Natur, auf die an dieser Stelle nicht näher eingegangen werden kann (vgl. S. 297), führen zu dem Ergebnis, daß Unstetigkeiten zweiter wie übrigens auch höherer Ordnung keinerlei Unstetigkeiten der Temperatur zur Folge haben können. Ist die Temperatur zur Zeit t_0 stetig, so ist sie es auch für alle in Betracht kommenden späteren Werte der Zeit. Diese Annahme legen wir den folgenden Betrachtungen zugrunde.

Wie wir später sehen werden, ist auch der Flüssigkeitsdruck eine in $\{\mathfrak{T} + \mathfrak{S};\ \langle t_*, t^*\rangle\}$ durchweg stetige Funktion (vgl. S. 296). Aus der Zustandsgleichung (S. 306 ff.) folgt, daß auch ϱ stetig ist. Es wird hierbei stillschweigend vorausgesetzt, daß in die zwischen dem Druck, der Temperatur und der Dichte bestehende Beziehung, die *Zustandsgleichung*, die Koordinaten a, b, c, die zur individuellen Kennzeichnung der Flüssigkeitsteilchen dienen, nicht eingehen, daß es sich also um eine homogene kompressible Flüssigkeit handelt. Da der Druck und die Temperatur mit dem Ort wechseln, so kann freilich die Dichte in verschiedenen Punkten verschieden ausfallen.

Auf Σ können also nur die partiellen Ableitungen erster Ordnung von ϱ (sprungweise) Änderungen erfahren. Um diese zu bestimmen, gehen wir von der Kontinuitätsgleichung in der Form

$$(49) \qquad \frac{\partial \varrho}{\partial t} + u\frac{\partial \varrho}{\partial x} + v\frac{\partial \varrho}{\partial y} + w\frac{\partial \varrho}{\partial z} + \varrho\left(\frac{\partial u}{\partial x} + \frac{\partial v}{\partial y} + \frac{\partial w}{\partial z}\right) = 0$$

oder,

$$\log \varrho = \mathsf{P}$$

gesetzt,

$$(50) \qquad \frac{\partial \mathsf{P}}{\partial t} + u\frac{\partial \mathsf{P}}{\partial x} + v\frac{\partial \mathsf{P}}{\partial y} + w\frac{\partial \mathsf{P}}{\partial z} + \frac{\partial u}{\partial x} + \frac{\partial v}{\partial y} + \frac{\partial w}{\partial z} = 0$$

aus. Da die Gleichung (50) auf beiden Seiten von Σ gilt, so ist auch

$$(51)\quad \left[\frac{\partial \mathsf{P}}{\partial t}\right]+u\left[\frac{\partial \mathsf{P}}{\partial x}\right]+v\left[\frac{\partial \mathsf{P}}{\partial y}\right]+w\left[\frac{\partial \mathsf{P}}{\partial z}\right]+\left[\frac{\partial u}{\partial x}+\frac{\partial v}{\partial y}+\frac{\partial w}{\partial z}\right]=0.$$

Aus den Formeln (44), in denen P für f zu setzen ist, folgt, wenn etwa $\frac{\partial F}{\partial z} \neq 0$ ist,

$$\left[\frac{\partial \mathsf{P}}{\partial t}\right]=\left[\frac{\partial \mathsf{P}}{\partial z}\right]\frac{\partial F}{\partial t}\left(\frac{\partial F}{\partial z}\right)^{-1}, \qquad \left[\frac{\partial \mathsf{P}}{\partial x}\right]=\left[\frac{\partial \mathsf{P}}{\partial z}\right]\frac{\partial F}{\partial x}\left(\frac{\partial F}{\partial z}\right)^{-1}, \ldots,$$

darum wegen (51)

$$\left[\frac{\partial \mathsf{P}}{\partial z}\right]\left\{\frac{\partial F}{\partial t}+u\frac{\partial F}{\partial x}+v\frac{\partial F}{\partial y}+w\frac{\partial F}{\partial z}\right\}\left(\frac{\partial F}{\partial z}\right)^{-1}+\left[\frac{\partial u}{\partial x}+\frac{\partial v}{\partial y}+\frac{\partial w}{\partial z}\right]=0$$

oder mit

$$p^2=\left(\frac{\partial F}{\partial x}\right)^2+\left(\frac{\partial F}{\partial y}\right)^2+\left(\frac{\partial F}{\partial z}\right)^2, \qquad (p>0)$$

offenbar

$$(52)\quad \left[\frac{\partial \mathsf{P}}{\partial z}\right]\left\{-\frac{\partial F}{\partial t}p^{-1}-\left(u\frac{\partial F}{\partial x}p^{-1}+v\frac{\partial F}{\partial y}p^{-1}+w\frac{\partial F}{\partial z}p^{-1}\right)\right\}$$
$$=\left[\frac{\partial u}{\partial x}+\frac{\partial v}{\partial y}+\frac{\partial w}{\partial z}\right]\frac{\partial F}{\partial z}p^{-1}.$$

Der erste Summand in dem Klammerausdruck links ist die Fortpflanzungsgeschwindigkeit G im Raume x-y-z, der zweite die mit -1 multiplizierte Komponente der Geschwindigkeit im Punkte P auf S in der Richtung von (n), also $\mathfrak{u}_n$. Schließlich ist

$$\frac{\partial F}{\partial z}p^{-1}=\cos(z,n)=\gamma.$$

Wir finden also wegen (32) und (43)

$$(53)\quad (G-\mathfrak{u}_n)\left[\frac{\partial \mathsf{P}}{\partial z}\right]=G_0\left[\frac{\partial \mathsf{P}}{\partial z}\right]=\left[\frac{\partial u}{\partial x}+\frac{\partial v}{\partial y}+\frac{\partial w}{\partial z}\right]\gamma=(\lambda_1\alpha+\lambda_2\beta+\lambda_3\gamma)\gamma$$

und analog

$$(54)\quad \begin{gathered} G_0\left[\frac{\partial \mathsf{P}}{\partial x}\right]=(\lambda_1\alpha+\lambda_2\beta+\lambda_3\gamma)\alpha, \quad G_0\left[\frac{\partial \mathsf{P}}{\partial y}\right]=(\lambda_1\alpha+\lambda_2\beta+\lambda_3\gamma)\beta, \\ G_0\left[\frac{\partial \mathsf{P}}{\partial t}\right]=-(\lambda_1\alpha+\lambda_2\beta+\lambda_3\gamma)G. \end{gathered}$$

Wohlbemerkt bezeichnet hier G_0 die Fortpflanzungsgeschwindigkeit der Unstetigkeit im Raume a-b-c, wenn der augenblickliche Zustand als der Anfangszustand aufgefaßt wird, $t_0=t$.

Die Formeln (53) und (54) sind zuerst auf einem etwas anderen Wege von Herrn Hadamard abgeleitet worden[11].

---

[11] Vgl. J. Hadamard, loc. cit. [10] S. 110—114.

Liegt eine *stationäre* Unstetigkeit vor, so ist $G - \mathfrak{u}_n = 0$, mithin wegen (53), da γ nach Voraussetzung nicht verschwindet,

$$\left[\frac{\partial u}{\partial x} + \frac{\partial v}{\partial y} + \frac{\partial w}{\partial z}\right] = 0. \tag{55}$$

Die Divergenz erleidet beim Durchgang durch Σ keinen Sprung.

Nun aber *inkompressible* Flüssigkeiten. Hier haftet die Dichte am Flüssigkeitsteilchen[12].

Wir betrachten zunächst den allgemeinen Fall einer beliebigen inhomogenen Flüssigkeit. Ist, wie vorausgesetzt werden soll, die Dichte zur Zeit t_0 in $\mathfrak{T}_0 + \mathfrak{S}_0$ stetig, so ist sie es also auch für alle in Betracht kommenden Zeiten in $\mathfrak{T} + \mathfrak{S}$. Jetzt ist $\frac{d\varrho}{dt} = 0$, darum auch

$$\left[\frac{d\varrho}{dt}\right] = \left[\frac{\partial\varrho}{\partial t}\right] + u\left[\frac{\partial\varrho}{\partial x}\right] + v\left[\frac{\partial\varrho}{\partial y}\right] + w\left[\frac{\partial\varrho}{\partial z}\right] = 0$$

und wegen (44)[13] und (20), wie man leicht sieht,

$$\left[\frac{\partial\varrho}{\partial z}\right]\left(\frac{\partial F}{\partial z}\right)^{-1}\left\{\frac{\partial F}{\partial t} + u\frac{\partial F}{\partial x} + v\frac{\partial F}{\partial y} + w\frac{\partial F}{\partial z}\right\}$$
$$= -\left[\frac{\partial\varrho}{\partial z}\right]\left(\frac{\partial F}{\partial z}\right)^{-1} p(G - \mathfrak{u}_n) = 0.$$

Es sind nun zwei Fälle zu unterscheiden. Entweder ist $G - \mathfrak{u}_n = 0$, die Unstetigkeit ist stationär, oder es ist $\left[\frac{\partial\varrho}{\partial z}\right] = 0$, darum wegen (44)[13] auch

$$\left[\frac{\partial\varrho}{\partial x}\right] = \left[\frac{\partial\varrho}{\partial y}\right] = \left[\frac{\partial\varrho}{\partial t}\right] = 0; \tag{56}$$

die partiellen Ableitungen erster Ordnung von ϱ sind auf Σ stetig. Aber auch wenn $G - \mathfrak{u}_n = 0$ ist, kann, da doch ϱ in $\mathfrak{T} + \mathfrak{S}$ stetig ist, wie wir wissen, nur die Normalableitung von ϱ auf S einen Sprung erleiden.

Aus der Kontinuitätsgleichung, die jetzt, ganz gleich, ob ϱ konstant oder von a, b, c abhängig ist, die Form

$$\frac{\partial u}{\partial x} + \frac{\partial v}{\partial y} + \frac{\partial w}{\partial z} = 0 \tag{57}$$

---

[12] Bei inkompressiblen Flüssigkeiten handelt es sich um den Grenzfall einer Flüssigkeit, deren Dichte vom Druck unabhängig ist. Die Zustandsgleichung stellt dann einen Zusammenhang zwischen der Dichte und der Temperatur dar, in den, falls man mit einer inhomogenen Flüssigkeit zu tun hat, auch die Koordinaten a, b, c eingehen können. Ist die Temperatur überall gleich, oder ist der thermische Ausdehnungskoeffizient gleich Null, so wird die Dichte eine Funktion von a, b, c allein, sie haftet am Flüssigkeitsteilchen. Natürlich kann man auch hier nur von einem Grenzfall sprechen.

[13] In (44) ist diesmal ϱ für f zu setzen. Es wird im übrigen angenommen, daß $\frac{\partial F}{\partial z}$ nicht verschwindet.

annimmt (vgl. S. 150), folgt

$$\left[\frac{\partial u}{\partial x} + \frac{\partial v}{\partial y} + \frac{\partial w}{\partial z}\right] = 0, \tag{58}$$

mithin wegen (32)

$$\lambda_1 \alpha + \lambda_2 \beta + \lambda_3 \gamma = 0. \tag{59}$$

Nach (34) und (35) ist also

$$\left[\alpha \frac{du}{dt} + \beta \frac{dv}{dt} + \gamma \frac{dw}{dt}\right] = -(G - \mathfrak{u}_n)(\lambda_1 \alpha + \lambda_2 \beta + \lambda_3 \gamma) = 0. \tag{60}$$

Der Ausdruck in der Klammer links ist die Normalkomponente der Beschleunigung. Sie ändert sich also in den beiden vorhin betrachteten Fällen[13a] beim Durchgang durch Σ stetig. *Nur die Tangentialkomponenten der Beschleunigung können eine (sprungweise) Unstetigkeit erleiden.*

Es wird sich später zeigen, daß bei inkompressiblen, ideellen (d. h. reibungslosen) Flüssigkeiten die Beschleunigung sich überhaupt auf Σ stetig verhält. Daraus wird dann der Schluß gezogen werden (vgl. S. 292), *daß bei diesen Flüssigkeiten nur stationäre Unstetigkeiten zweiter und höherer Ordnung möglich sind*[13b].

6. Unstetigkeiten zweiter Ordnung. Ein Approximationssatz[13c]**.** Bevor wir zur Betrachtung der Unstetigkeiten erster Ordnung übergehen, wollen wir kurz einen Approximationssatz beweisen, der übrigens in ähnlicher Form auch bei Unstetigkeiten erster Ordnung gilt (vgl. weiter unten S. 252). Es möge sich zunächst um ein beschränktes Gebiet $\mathfrak{T}_0$ und um eine *nichtstationäre* Unstetigkeit handeln, und es mögen die partiellen Ableitungen $\frac{\partial x}{\partial a}, \frac{\partial x}{\partial b}, \frac{\partial x}{\partial c}; \frac{\partial y}{\partial a}, \ldots, \frac{\partial z}{\partial c}$ in Θ_0 und auf seinem Rande stetig sein. Nach einem allgemeinen Satze der Theorie reeller Funktionen kann man in unendlich mannigfaltiger Weise eine Folge im Innern und auf dem Rande von Θ_0 erklärter analytischer und regulärer Funktionen $x_n(a, b, c, t)$, $y_n(a, b, c, t)$, $z_n(a, b, c, t)$ $(n = 1, 2, \ldots)$ angeben, die folgende Eigenschaften haben:

1. Sie konvergieren für $n \to \infty$ gleichmäßig gegen $x(a, b, c, t)$, $y(a, b, c, t)$, $z(a, b, c, t)$.

2. Die partiellen Ableitungen $\frac{\partial x_n}{\partial a}, \frac{\partial x_n}{\partial b}, \frac{\partial x_n}{\partial c}, \frac{d x_n}{dt}; \frac{\partial y_n}{\partial a}, \ldots, \frac{d z_n}{dt}$ konvergieren in jedem ganz im Innern von Θ_0 enthaltenen Bereiche $\overline{\Theta}_0 + \overline{\Sigma}_0$ gleichmäßig gegen $\frac{\partial x}{\partial a}, \frac{\partial x}{\partial b}, \frac{\partial x}{\partial c}, \frac{dx}{dt} = u; \frac{\partial y}{\partial a}, \ldots, w$.

[13a] D. h. wenn es sich um stationäre Unstetigkeit oder um eine inkompressible Flüssigkeit handelt.

[13b] Freilich auch diejenigen nullter Ordnung (vgl. S. 261).

[13c] Dem vorwiegend physikalisch interessierten Leser wird empfohlen, bei der ersten Lektüre die Ausführungen auf S. 247—252 zu überschlagen.

3. In jedem in Θ_0 gelegenen Bereiche, der Punkte auf Σ nicht enthält, konvergieren die partiellen Ableitungen zweiter Ordnung $\frac{\partial^2 x_n}{\partial a^2}, \frac{\partial^2 x_n}{\partial a \partial b}, \ldots, \frac{d}{dt}\frac{\partial x_n}{\partial a}, \ldots, \frac{d^2 x_n}{dt^2}; \frac{\partial^2 y_n}{\partial a^2}, \ldots, \frac{d^2 z_n}{dt^2}$ gleichmäßig gegen $\frac{\partial^2 x}{\partial a^2}, \ldots, \frac{d^2 z}{dt^2}$.[14]

Offenbar läßt sich in $\overline{\Theta}_0 + \overline{\Sigma}_0$ für alle $\left|\frac{\partial x_n}{\partial a}\right|, \ldots, \left|\frac{d z_n}{dt}\right|$ eine gemeinsame obere Schranke angeben,

$$\left|\frac{\partial x_n}{\partial a}\right|, \ldots, \left|\frac{d z_n}{dt}\right| \leqq M^* \qquad (n = 1, 2, \ldots). \tag{61}$$

Da $\frac{\partial(x_n, y_n, z_n)}{\partial(a, b, c)}$ für $n \to \infty$ gegen $\frac{\partial(x, y, z)}{\partial(a, b, c)}$ konvergiert, so ist für alle hinreichend großen n, etwa $n \geqq N$,

$$\frac{\partial(x_n, y_n, z_n)}{\partial(a, b, c)} \geqq q_1 > 0. \tag{62}$$

Durch Vermittlung der Funktionen x_n, y_n, z_n wird für hinreichend große n, etwa $n \geqq N_1 \geqq N$, und alle t in $\langle t_+, t^+\rangle$ mit $t_* < t_+ < t^+ < t^*$ jeder ganz im Innern von $\mathfrak{T}_0$ gelegene Bereich $\overline{\mathfrak{T}}_0 + \overline{\mathfrak{S}}_0$ umkehrbar eindeutig und stetig auf einen Bereich im Raume der Variablen x_n, y_n, z_n abgebildet.

In der Tat ist zunächst wegen 2. und (62) die Abbildung sicher topologisch im kleinen. Präziser: es sei ${}_0P$ ein beliebiger Punkt in $\overline{\mathfrak{T}}_0 + \overline{\mathfrak{S}}_0$, und es möge ${}_0\mathfrak{K}$ einen Kugelkörper vom Radius ${}_0\mathfrak{r}$ um ${}_0P$ als Mittelpunkt bezeichnen. Man kann einen Wert $\mathfrak{r}_0 <$ als das Minimum des Abstandes eines Punktes auf $\overline{\mathfrak{S}}_0$ von $\mathfrak{S}$ angeben, so daß, sofern ${}_0\mathfrak{r} \leqq \mathfrak{r}_0$ gewählt wird, ${}_0\mathfrak{K} + {}_0\mathfrak{C}$ durch $x_n(a, b, c, t)$, y_n, z_n $(n \geqq N)$ auf einen Bereich des Raumes x_n-y_n-z_n topologisch abgebildet wird. Daß die Abbildung für $n \geqq N_1 \geqq N$ auch im großen topologisch ist, ersieht man wie folgt. Es möge im Gegensatz zu unserer Behauptung immer wieder ein n geben, so daß Punktepaare (a_n, b_n, c_n), $(\bar{a}_n, \bar{b}_n, \bar{c}_n)$ mit $(\bar{a}_n - a_n)^2 + (\bar{b}_n - b_n)^2 + (\bar{c}_n - c_n)^2 > 0$ existieren, deren Bilder im Raume x_n-y_n-z_n für $t = t_n$ mit $t_+ \leqq t_n \leqq t^+$ koinzidieren,

$$x_n(a_n, b_n, c_n, t_n) = x_n(\bar{a}_n, \bar{b}_n, \bar{c}_n, t_n),$$
$$y_n(a_n, b_n, c_n, t_n) = y_n(\bar{a}_n, \bar{b}_n, \bar{c}_n, t_n), \ldots.$$

Es seien $(\boldsymbol{a}, \boldsymbol{b}, \boldsymbol{c})$ und $(\bar{\boldsymbol{a}}, \bar{\boldsymbol{b}}, \bar{\boldsymbol{c}})$ je eine Häufungsstelle der Folgen (a_n, b_n, c_n) und $(\bar{a}_n, \bar{b}_n, \bar{c}_n)$, die zur Abkürzung $\mathfrak{M}$ und $\overline{\mathfrak{M}}$ heißen mögen. Es seien weiter $(a_{n_i}, b_{n_i}, c_{n_i})$, $(\bar{a}_{n_i}, \bar{b}_{n_i}, \bar{c}_{n_i})$ $(i = 1, 2, \ldots)$ zwei Teil-

[14] Vgl. L. Tonelli, Sulla rappresentazione analitica delle funzioni di piú variabili reali, Rendiconti del Circolo Matematico di Palermo **29** (1910), S. 1—36.

folgen aus $\mathfrak{M}$ und $\overline{\mathfrak{M}}$, die für $i \to \infty$ entsprechend gegen $(\boldsymbol{a}, \boldsymbol{b}, \boldsymbol{c})$ und $(\bar{\boldsymbol{a}}, \bar{\boldsymbol{b}}, \bar{\boldsymbol{c}})$ konvergieren und überdies so beschaffen sind, daß auch die Werte t_{n_i} konvergieren. Aus

$$x_{n_i}(a_{n_i}, b_{n_i}, c_{n_i}, t_{n_i}) = x_{n_i}(\bar{a}_{n_i}, \bar{b}_{n_i}, \bar{c}_{n_i}, t_{n_i})$$

folgt für $n_i \to \infty$ wegen der Eigenschaft 1.

$$x(\boldsymbol{a}, \boldsymbol{b}, \boldsymbol{c}, \hat{t}) = x(\bar{\boldsymbol{a}}, \bar{\boldsymbol{b}}, \bar{\boldsymbol{c}}, \hat{t}), \qquad \hat{t} = \lim t_{n_i}.$$

In ähnlicher Weise finden wir

$$y(\boldsymbol{a}, \boldsymbol{b}, \boldsymbol{c}, \hat{t}) = y(\bar{\boldsymbol{a}}, \bar{\boldsymbol{b}}, \bar{\boldsymbol{c}}, \hat{t}), \qquad z(\boldsymbol{a}, \boldsymbol{b}, \boldsymbol{c}, \hat{t}) = z(\bar{\boldsymbol{a}}, \bar{\boldsymbol{b}}, \bar{\boldsymbol{c}}, \hat{t}).$$

Da weiter die durch $x(a, b, c, t)$, y, z vermittelte Abbildung topologisch ist, so ist offensichtlich $\boldsymbol{a} = \bar{\boldsymbol{a}}$, $\boldsymbol{b} = \bar{\boldsymbol{b}}$, $\boldsymbol{c} = \bar{\boldsymbol{c}}$. In beliebiger Nähe des Punktes $(\boldsymbol{a}, \boldsymbol{b}, \boldsymbol{c})$ gäbe es daher Punktepaare $(a_{n_i}, b_{n_i}, c_{n_i})$, $(\bar{a}_{n_i}, \bar{b}_{n_i}, \bar{c}_{n_i})$, deren Bilder im Raume x_{n_i}-y_{n_i}-z_{n_i} zur Zeit t_{n_i} zusammenfallen. Dies ist aber für

$$(a_{n_i} - \boldsymbol{a})^2 + (b_{n_i} - \boldsymbol{b})^2 + (c_{n_i} - \boldsymbol{c})^2 \leqq {}_0\mathfrak{r}^2,$$
$$(\bar{a}_{n_i} - \boldsymbol{a})^2 + (\bar{b}_{n_i} - \boldsymbol{b})^2 + (\bar{c}_{n_i} - \boldsymbol{c})^2 \leqq {}_0\mathfrak{r}^2$$

nicht möglich. Damit ist unsere Behauptung bewiesen.

Es sei ϱ_0 die Dichte des Flüssigkeitsteilchens (a, b, c) zur Zeit t_0, ϱ seine Dichte zur Zeit t,

$$\varrho = \varrho_0 : \frac{\partial(x, y, z)}{\partial(a, b, c)}.$$

Wir setzen

(63) $$\varrho_n = \varrho_0 : \frac{\partial(x_n, y_n, z_n)}{\partial(a, b, c)}.$$

Offenbar konvergiert ϱ_n für $n \to \infty$ gegen ϱ.

Neben der gegebenen Flüssigkeitsbewegung betrachten wir jetzt die unendliche Folge der durch die Gleichungen

(64) $$x = x_n(a, b, c, t), \quad y = y_n(a, b, c, t), \quad z = z_n(a, b, c, t); \quad \varrho_n = \varrho_0 : \frac{\partial(x_n, y_n, z_n)}{\partial(a, b, c)}$$

charakterisierten Bewegungen. Die Ergebnisse der vorstehenden Überlegungen lassen sich kurz wie folgt zusammenfassen. Unter den eingangs angegebenen Voraussetzungen *läßt sich eine mit einer Unstetigkeit zweiter Ordnung behaftete Flüssigkeitsbewegung durch eine Folge analytischer und regulärer Flüssigkeitsbewegungen in dem vorhin präzisierten Sinne gleichmäßig approximieren.*

Es ist zu beachten, daß die „approximierenden Flüssigkeiten“ sich nicht notwendig als unzusammendrückbar erweisen, auch wenn die Flüssigkeit, von der wir ausgegangen sind, diese Eigenschaft hat.

Es möge sich jetzt um *stationäre* Unstetigkeiten handeln. Hier können die partiellen Ableitungen $\frac{\partial x}{\partial a}, \frac{\partial x}{\partial b}, \frac{\partial x}{\partial c}; \frac{\partial y}{\partial a}, \ldots, \frac{\partial z}{\partial c}$ sich sehr wohl auf S_0 sprungweise ändern. Nach bekannten Sätzen (vgl. S. 23) sind die Tangentialableitungen der Funktionen $x(a,b,c,t)$, y, z auf S_0 stetig, während die Normalableitungen $\frac{\partial x}{\partial n_0}$, $\frac{\partial y}{\partial n_0}$, $\frac{\partial z}{\partial n_0}$ tatsächlich sprungweise Änderungen erleiden können. Für $t = t_0$ fallen x, y, z mit a, b, c zusammen,

$$\begin{gathered} x(a, b, c, t_0) = a, \quad y(a, b, c, t_0) = b, \quad z(a, b, c, t_0) = c, \\ \frac{\partial}{\partial a} x(a, b, c, t_0) = 1, \quad \frac{\partial x}{\partial b} = 0, \ldots, \frac{\partial z}{\partial c} = 1. \end{gathered} \tag{65}$$

Aus den Gleichungen

$$x = a + \int_{t_0}^{t} u\,dt, \quad y = b + \int_{t_0}^{t} v\,dt, \quad z = c + \int_{t_0}^{t} w\,dt$$

folgt für alle (a, b, c) sowohl im Innern und auf dem Rande von $\Theta_0^{(1)}$ als auch im Innern und auf dem Rande von $\Theta_0^{(2)}$

$$\frac{\partial x}{\partial a} = 1 + \int_{t_0}^{t} \frac{\partial u}{\partial a}\,dt, \ldots. \tag{66}$$

Für die Sprungwerte $\left[\frac{\partial x}{\partial a}\right], \ldots$ folgt hieraus

$$\left[\frac{\partial x}{\partial a}\right] = \int_{t_0}^{t} \left[\frac{\partial u}{\partial a}\right] dt, \ldots.$$

Für $t \to t_0$ gilt also

$$\left[\frac{\partial x}{\partial a}\right] \to 0, \quad \left[\frac{\partial x}{\partial b}\right] \to 0, \quad \left[\frac{\partial x}{\partial c}\right] \to 0, \quad \left[\frac{\partial y}{\partial a}\right] \to 0, \ldots.$$

Ist $|t - t_0| \leqq t'$, unter t' einen hinreichend kleinen Wert verstanden, so ist wegen (66) sowohl im Innern und auf dem Rande von $\mathfrak{T}^{(1)}$ als auch von $\mathfrak{T}^{(2)}$

$$\left|1 - \frac{\partial x}{\partial a}\right|, \quad \left|\frac{\partial x}{\partial b}\right|, \ldots, \left|1 - \frac{\partial z}{\partial c}\right| \leqq q_1, \tag{67}$$

unter q_1 eine beliebig kleine Zahl verstanden.

Man kann auch jetzt in unendlich mannigfaltiger Weise analytische und reguläre Funktionen $x_n(a, b, c, t)$, $y_n(a, b, c, t)$, $z_n(a, b, c, t)$ $(n = 1, 2, \ldots)$ angeben, die folgende Eigenschaften haben.

1. Sie konvergieren für alle (a, b, c) in jedem ganz in $\mathfrak{T}_0$ enthaltenen Bereiche $\overline{\mathfrak{T}}_0 + \overline{\mathfrak{S}}_0$ und alle t in $t_0 - t'' \leqq t \leqq t_0 + t''$ $(t'' < t')$ gleichmäßig gegen x, y, z.

Auch die partiellen Ableitungen $\frac{dx_n}{dt}$, $\frac{dy_n}{dt}$, $\frac{dz_n}{dt}$; $\frac{d^2x_n}{dt^2}$, $\frac{d^2y_n}{dt^2}$, $\frac{d^2z_n}{dt^2}$ konvergieren gleichmäßig gegen $\frac{dx}{dt}$, $\frac{dy}{dt}$, $\frac{dz}{dt}$; $\frac{d^2x}{dt^2}$, $\frac{d^2y}{dt^2}$, $\frac{d^2z}{dt^2}$.

2. Für alle (a, b, c) in jedem Bereiche in $\overline{\overline{\mathfrak{T}}}_0 + \overline{\overline{\mathfrak{S}}}_0$, der Punkte von S_0 nicht enthält, und alle t mit $|t - t_0| \leqq t''$ konvergieren $\frac{\partial x_n}{\partial a}, \frac{\partial x_n}{\partial b}, \frac{\partial x_n}{\partial c}$; $\frac{\partial y_n}{\partial a}, \ldots, \frac{\partial z_n}{\partial c}$; $\frac{\partial^2 x_n}{\partial a^2}, \frac{\partial^2 x_n}{\partial a \partial b}, \ldots, \frac{\partial^2 x_n}{\partial c^2}$; $\frac{d}{dt}\frac{\partial x_n}{\partial a}, \frac{d}{dt}\frac{\partial x_n}{\partial b}, \frac{d}{dt}\frac{\partial x_n}{\partial c}$; $\frac{\partial^2 y_n}{\partial a^2}, \ldots, \frac{d}{dt}\frac{\partial z_n}{\partial c}$ gleichmäßig gegen $\frac{\partial x}{\partial a}, \frac{\partial x}{\partial b}, \frac{\partial x}{\partial c}$; $\frac{\partial y}{\partial a}, \ldots, \frac{\partial z}{\partial c}$; $\frac{\partial^2 x}{\partial a^2}, \frac{\partial^2 x}{\partial a \partial b}, \ldots, \frac{\partial^2 x}{\partial c^2}$; $\frac{d}{dt}\frac{\partial x}{\partial a}, \frac{d}{dt}\frac{\partial x}{\partial b}, \frac{d}{dt}\frac{\partial x}{\partial c}$; $\frac{\partial^2 y}{\partial a^2}, \ldots, \frac{d}{dt}\frac{\partial z}{\partial c}$. Übrigens konvergieren die tangentiellen Ableitungen der Funktionen x_n, y_n, z_n auf S_0 gleichmäßig gegen die entsprechenden Tangentialableitungen der Funktionen x, y, z.

3. Für alle (a, b, c) in $\overline{\mathfrak{T}}_0 + \overline{\mathfrak{S}}_0$ und alle t mit $|t - t_0| \leqq t''$ ist

$$\left|1 - \frac{\partial x_n}{\partial a}\right|, \left|\frac{\partial x_n}{\partial b}\right|, \ldots, \left|1 - \frac{\partial z_n}{\partial c}\right| \leqq q_1 \qquad (n = 1, 2, \ldots). \tag{68}$$

Durch Vermittlung der Funktionen $x_n(a, b, c, t)$, $y_n(a, b, c, t)$ $z_n(a, b, c, t)$ wird der Bereich $\overline{\mathfrak{T}}_0 + \overline{\mathfrak{S}}_0$ umkehrbar eindeutig und stetig auf einen Bereich im Raume der Variablen x_n, y_n, z_n abgebildet. Dies folgt unmittelbar aus dem Bestehen der Ungleichheiten (68) (vgl. S. 15). Der vorhin aufgestellte Approximationssatz gilt also unverändert für stationäre Unstetigkeiten zweiter Ordnung in einem hinreichend kleinen Zeitintervall um den Zeitpunkt t_0 herum. Da natürlich jeder Zeitpunkt zum Zeitpunkt t_0 gewählt werden kann, so gilt der Approximationssatz allgemeiner in jedem hinreichend kleinen Zeitintervall in (t_*, t^*).

Soviel über Unstetigkeiten zweiter Ordnung.

7. Unstetigkeiten erster Ordnung. Ein Approximationssatz. Es möge sich nunmehr um eine Unstetigkeit *erster* Ordnung handeln. Jetzt sind $x(a,b,c,t)$, $y(a,b,c,t)$, $z(a,b,c,t)$ immer noch in Θ_0 mit Einschluß des Randes stetig, auch sind $u(x,y,z,t)$, $v(x,y,z,t)$, $w(x,y,z,t)$ und ihre partiellen Ableitungen erster Ordnung sowohl in $\Theta^{(1)}$ als auch in $\Theta^{(2)}$, der Rand beide Male eingeschlossen, stetig, während beim Übergang durch Σ mindestens eine dieser drei Funktionen sich sprungweise ändert. Wie auf S. 236 gezeigt worden ist, sind u, v, w, wie übrigens auch $\frac{du}{dt}, \frac{dv}{dt}, \frac{dw}{dt}$, im Innern und auf dem Rande von Θ_0 stetig, sobald eine stationäre Unstetigkeit vorliegt. *Stationäre Unstetigkeiten erster Ordnung sind also nicht möglich.*

Auch bei Vorhandensein von (nicht stationären) Unstetigkeiten erster Ordnung gilt ein zu dem auf S. 247 ff. betrachteten ganz analoger Approximationssatz.

Für $t = t_0$ fallen die Funktionen $x(a, b, c, t)$, $y(a, b, c, t)$, $z(a, b, c, t)$ mit a, b, c zusammen. Es ist jetzt wieder

$$x(a, b, c, t_0) = a, \quad y(a, b, c, t_0) = b, \quad z(a, b, c, t_0) = c,$$
$$(69) \qquad \frac{\partial}{\partial a} x(a, b, c, t_0) = 1, \quad \frac{\partial x}{\partial b} = 0, \quad \ldots, \quad \frac{\partial z}{\partial c} = 1.$$

Die in (69) zusammengestellten partiellen Ableitungen sind sowohl im Innern und auf dem Rande von $\Theta_0^{(1)}$ als auch von $\Theta_0^{(2)}$ stetig. Für hinreichend kleine Werte von $|t - t_0|$, etwa $|t - t_0| \leqq t'$ ist also gewiß sowohl in $\mathfrak{T}_0^{(1)}$ als auch in $\mathfrak{T}_0^{(2)}$

$$(70) \qquad \left|1 - \frac{\partial x}{\partial a}\right|, \left|\frac{\partial x}{\partial b}\right|, \ldots, \left|1 - \frac{\partial z}{\partial c}\right| \leqq q_2,$$

unter q_2 eine beliebig kleine Zahl verstanden.

Nunmehr kann man in unendlich mannigfacher Weise eine Folge von analytischen und regulären Funktionen $x_n(a, b, c, t)$, $y_n(a, b, c, t)$, $z_n(a, b, c, t)$ angeben, die folgende Eigenschaften haben.

1. Sie konvergieren für alle (a, b, c) in jedem ganz in $\mathfrak{T}_0$ enthaltenen Bereiche $\overline{\mathfrak{T}}_0 + \overline{\mathfrak{S}}_0$ und alle t in $\langle t_0 - t'', t_0 + t''\rangle$ $(t'' < t')$ gleichmäßig gegen x, y, z.

2. Für alle (a, b, c) in jedem Bereiche in $\overline{\overline{\mathfrak{T}}}_0 + \overline{\overline{\mathfrak{S}}}_0$, der Punkte von S_0 nicht enthält, und alle $|t - t_0| \leqq t''$ konvergieren $\frac{\partial x_n}{\partial a}, \frac{\partial x_n}{\partial b}, \frac{\partial x_n}{\partial c}, \frac{d x_n}{d t}$; $\ldots, \frac{d z_n}{d t}$ gleichmäßig gegen $\frac{\partial x}{\partial a}, \frac{\partial x}{\partial b}, \frac{\partial x}{\partial c}, \frac{d x}{d t}; \ldots, \frac{d z}{d t}$.

3. Für alle (a, b, c) in $\overline{\mathfrak{T}}_0 + \overline{\mathfrak{S}}_0$ und alle t mit $|t - t_0| \leqq t''$ ist

$$(71) \qquad \left|1 - \frac{\partial x_n}{\partial a}\right|, \ldots, \left|1 - \frac{\partial z_n}{\partial c}\right| \leqq q_2.$$

Durch Vermittlung der Funktionen $x_n(a, b, c, t)$, $y_n(a, b, c, t)$, $z_n(a, b, c, t)$ wird der Bereich $\overline{\mathfrak{T}}_0 + \overline{\mathfrak{S}}_0$ topologisch auf einen Bereich des Raumes x_n, y_n, z_n abgebildet. Dies folgt unmittelbar aus den Beziehungen (71) (vgl. S. 15).

Wie Ph. Franklin und N. Wiener neuerdings gezeigt haben, läßt sich eine ganz beliebige topologische Abbildung eines einfach oder mehrfach zusammenhängenden ebenen Bereiches durch analytische und reguläre topologische Abbildungen gleichmäßig approximieren[15]. In den von uns vorhin betrachteten Fällen werden allerdings auch noch die partiellen Ableitungen $\frac{\partial x}{\partial a}, \frac{\partial x}{\partial b}, \frac{\partial x}{\partial c}; \ldots$ durch die entsprechenden Ableitungen der Funktionen x_n, y_n, z_n angenähert.

[15] Vgl. Ph. Franklin and N. Wiener, Analytic approximations to topological transformations, Transactions of the American Mathematical Society **28** (**1926**), S. 762—785.

Es sei ϱ_0 die Dichte des Flüssigkeitsteilchens (a, b, c) zur Zeit t_0. Wir setzen

$$\varrho_n = \varrho_0 : \frac{\partial(x_n, y_n, z_n)}{\partial(a, b, c)}. \tag{72}$$

Offenbar konvergiert ϱ_n für $n \to \infty$ in jedem Bereiche $\overline{\overline{\mathfrak{T}}}_0 + \overline{\overline{\mathfrak{S}}}_0$ gleichmäßig gegen

$$\varrho = \varrho_0 : \frac{\partial(x, y, z)}{\partial(a, b, c)},$$

die Dichte des Teilchens (a, b, c) zur Zeit t. Neben der gegebenen Flüssigkeitsbewegung betrachten wir die unendliche Folge der durch die Gleichungen

$$x = x_n(a, b, c, t), \quad y = y_n(a, b, c, t), \quad z = z_n(a, b, c, t); \quad \varrho_n = \varrho_0 : \frac{\partial(x_n, y_n, z_n)}{\partial(a, b, c)}$$

charakterisierten Bewegungen. Die Resultate der zuletzt durchgeführten Betrachtungen lassen sich wie folgt zusammenfassen. *Eine mit einer Unstetigkeit erster Ordnung behaftete Flüssigkeitsbewegung läßt sich durch eine Folge analytischer und regulärer Flüssigkeitsbewegungen in dem vorhin näher präzisierten Sinne gleichmäßig approximieren.*

8. Unstetigkeiten erster Ordnung. Fortpflanzungsgeschwindigkeit der Welle in dem Raume a-b-c. Wir gehen jetzt zu der wichtigen Frage nach der Fortpflanzungsgeschwindigkeit der Welle in dem Raume der Variablen a, b, c über und beginnen mit einem Beispiel. Es möge sich um eine eindimensionale Bewegung einer den Gesamtraum lückenlos erfüllenden (zusammendrückbaren) Flüssigkeitsmasse parallel zu der x-Achse handeln. Die Unstetigkeitsfläche S sei die Ebene $x = 0$; sie liegt im Raume x-y-z fest, $G = 0$. Die auf S. 229 eingeführten Gebiete $\mathfrak{T}^{(1)}$ und $\mathfrak{T}^{(2)}$ (Fig. 20) sind entsprechend durch die Ungleichheiten $x < 0$ und $x > 0$ charakterisiert.

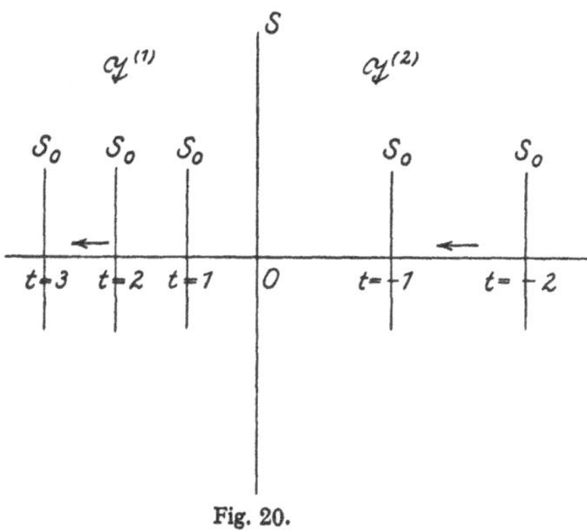

Fig. 20.

Die Komponenten der Geschwindigkeit seien

$$\begin{aligned} &\text{in } \mathfrak{T}^{(1)}: \; u(x, y, z, t) = u_1 = 1, \quad v_1 = w_1 = 0, \\ &\text{in } \mathfrak{T}^{(2)}: \; u(x, y, z, t) = u_2 = 2, \quad v_2 = w_2 = 0. \end{aligned} \tag{73}$$

Auf S ändert sich die Geschwindigkeit sprungweise um den Betrag $[u] = u_2 - u_1 = 1$. Wo liegen nun zur Zeit t_0 die Teilchen, die im Zeitpunkt t die Sprungfläche S passieren?

Sie erfüllen gewiß eine Ebene $x=\xi$. Es sei zunächst $t_0<t$. In dem Zeitintervall $\langle t_0, t)$ befanden sich die fraglichen Flüssigkeitsteilchen in dem Raume $\mathfrak{T}^{(1)}$, hatten also die Geschwindigkeit u_1, so daß $\xi=-u_1(t-t_0)=-(t-t_0)$ gilt. Ist aber $t<t_0$, so bewegen sich die betrachteten Teilchen in dem Zeitintervall $(t, t_0\rangle$ im Gebiete $\mathfrak{T}^{(2)}$, haben mithin die Geschwindigkeit u_2, so daß $\xi=u_2(t_0-t)=-2(t-t_0)$ ist. Die Fortpflanzungsgeschwindigkeit der Welle im Raume a-b-c ist also

$$G_0=\frac{d\xi}{dt}=-2 \text{ für } t<t_0 \quad \text{und} \quad =-1 \text{ für } t>t_0,$$

sie erleidet demnach im Augenblick t_0 einen Sprung. In der Figur 20 ist die Lage der Unstetigkeitsfläche S_0 für einige Werte der Zeit angegeben. Übrigens ist dort $t_0=0$ angenommen worden.

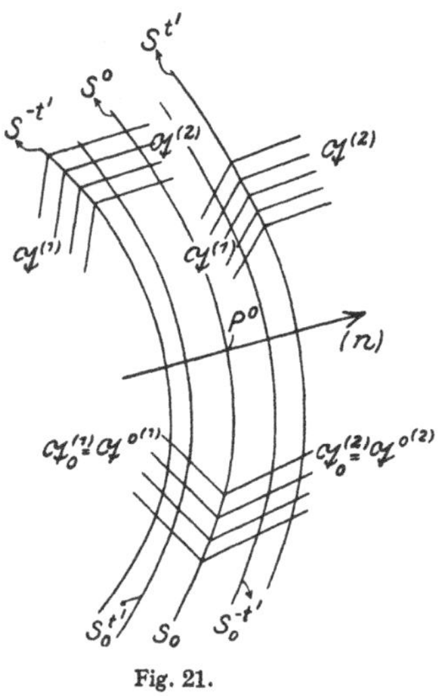

Fig. 21.

Wir werden sogleich sehen, daß *bei Unstetigkeiten erster Ordnung die Fortpflanzungsgeschwindigkeit im Raume a-b-c sich im Augenblick t_0 stets sprungweise ändert.*

Es möge sich also um eine beliebige mit einer (nicht stationären) Unstetigkeit erster Ordnung behaftete Bewegung handeln. Es sei S^0 die Lage der Unstetigkeitsfläche im Raume x-y-z zur Zeit t_0; sie deckt sich mit S_0, ihrem Bilde im Raume a-b-c.

Es sei weiter $S^{-t'}$ bzw. $S^{t'}$ die Lage von S zur Zeit t_0-t' bzw. t_0+t' $(t'>0)$. Die Fortpflanzungsgeschwindigkeit im Raume x-y-z heiße entsprechend G^0, $G^{t'}$, $G^{-t'}$. Der Übersichtlichkeit halber nehmen wir (Fig. 21) $G^0, G^{t'}, G^{-t'}$ durchweg >0 an. Es sei $P^0(x, y, z)$ ein Punkt auf $S^0=S_0$ und es sei

$$\begin{aligned} u_1^0&=u(x, y, z, t_0-0), & v_1^0&=v(x, y, z, t_0-0), \ldots;\\ u_2^0&=u(x, y, z, t_0+0), & v_2^0&=v(x, y, z, t_0+0), \ldots;\\ \mathfrak{u}_{n1}^0&=\mathfrak{u}_n(x, y, z, t_0-0), & \mathfrak{u}_{n2}^0&=\mathfrak{u}_n(x, y, z, t_0+0). \end{aligned}$$

Wie weiter unten (vgl. S. 260) gezeigt werden wird, sind die Größen

$$G^0-\mathfrak{u}_{n1}^0 \quad \text{und} \quad G^0-\mathfrak{u}_{n2}^0 \tag{74}$$

vom gleichen Vorzeichen. Es möge etwa auf S^0 durchweg $G^0-\mathfrak{u}_{n1}^0<0$ und darum $G^0-\mathfrak{u}_{n2}^0<0$ sein. Aus Gründen der Stetigkeit ist für alle hinreichend kleinen t' in naheliegender Schreibweise

$$G^{-t'}-\mathfrak{u}_{n1}^{-t'}<0, \quad G^{-t'}-\mathfrak{u}_{n2}^{-t'}<0; \quad G^{t'}-\mathfrak{u}_{n1}^{t'}<0, \quad G^{t'}-\mathfrak{u}_{n2}^{t'}<0. \tag{75}$$

Es ist einleuchtend, daß Teilchen (a, b, c), die sich zur Zeit $t_0 - t'$ auf $S^{-t'}$ befanden, für alle t in $(t_0 - t', t_0\rangle$ dem Gebiete $\mathfrak{T}^{(2)}$ angehören. Insbesondere liegt die Unstetigkeitsfläche $S_0^{-t'}$, das Bild von $S^{-t'}$ im Raume a-b-c, (für alle hinreichend kleinen $t' > 0$) im Gebiete $\mathfrak{T}^{0(2)}$. (Mit $\mathfrak{T}^{0(1)}$ und $\mathfrak{T}^{0(2)}$ bezeichnen wir die Gebiete $\mathfrak{T}^{(1)}$ und $\mathfrak{T}^{(2)}$ zur Zeit t_0. Da S^0 mit S_0 zusammenfällt, so ist $\mathfrak{T}^{0(1)} = \mathfrak{T}_0^{(1)}$, $\mathfrak{T}^{0(2)} = \mathfrak{T}_0^{(2)}$.) Betrachten wir jetzt die Gleichung der Unstetigkeitsfläche

$$F_0(a, b, c, t) = F(x(a, b, c, t),\; y(a, b, c, t),\; z(a, b, c, t),\; t) = 0\,.$$

Für alle (a, b, c) in einer Umgebung von $S_0^{-t'}$ und alle t in einer Umgebung von $t_0 - t'$ $(t' > 0)$, kürzer in einem gewissen vierdimensionalen Gebiet, das ganz in $\Theta_0^{(2)}$ enthalten ist und die Wertsysteme $\{S_0^{-t'}; t_0 - t'\}$ enthält, haben die Funktionen $x(a, b, c, t)$, $y(a, b, c, t)$, $z(a, b, c, t)$ stetige partielle Ableitungen

$$\frac{\partial x}{\partial a}, \frac{\partial x}{\partial b}, \frac{\partial x}{\partial c}, \frac{dx}{dt} = u; \qquad \frac{\partial y}{\partial a}, \ldots, \frac{dz}{dt} = w\,.$$

Für die Fortpflanzungsgeschwindigkeit im Raume a-b-c, sie heiße $G_0^{-t'}$, erhalten wir für $t' > 0$ durch Überlegungen, die den auf S. 235 durchgeführten ganz analog verlaufen, den Wert

$$G_0^{-t'} = -\frac{\partial F_0}{\partial t}\left\{\left(\frac{\partial F_0}{\partial a}\right)^2 + \left(\frac{\partial F_0}{\partial b}\right)^2 + \left(\frac{\partial F_0}{\partial c}\right)^2\right\}^{-\frac{1}{2}} \tag{76}$$

mit

$$\begin{aligned}\frac{\partial F_0}{\partial a} &= \frac{\partial F}{\partial x}\frac{\partial x}{\partial a} + \frac{\partial F}{\partial y}\frac{\partial y}{\partial a} + \frac{\partial F}{\partial z}\frac{\partial z}{\partial a},\\ &\cdots\cdots\cdots\\ \frac{\partial F_0}{\partial t} &= \frac{\partial F}{\partial x}u + \frac{\partial F}{\partial y}v + \frac{\partial F}{\partial z}w + \frac{\partial F}{\partial t} = \frac{dF}{dt}\,.\end{aligned} \tag{77}$$

Für $t' \to 0$ konvergiert $G_0^{-t'}$ gegen einen Wert G_0^{-0}, den man erhält, wenn man in (76)

$$\begin{aligned}\frac{\partial F_0}{\partial a} &= \frac{\partial F}{\partial x}\left(\frac{\partial x}{\partial a}\right)^{(2)} + \frac{\partial F}{\partial y}\left(\frac{\partial y}{\partial a}\right)^{(2)} + \frac{\partial F}{\partial z}\left(\frac{\partial z}{\partial a}\right)^{(2)},\\ &\cdots\cdots\cdots\\ \frac{\partial F_0}{\partial t} &= \frac{\partial F}{\partial x}u_2^0 + \frac{\partial F}{\partial y}v_2^0 + \frac{\partial F}{\partial z}w_2^0 + \frac{\partial F}{\partial t} = \left(\frac{dF}{dt}\right)^{(2)}\end{aligned} \tag{78}$$

einsetzt, unter $\left(\frac{\partial x}{\partial a}\right)^{(2)}, \ldots$ die Randwerte der fraglichen Ableitungen in $\Theta_0^{(2)}$ verstanden. Augenscheinlich ist $\left(\frac{\partial x}{\partial a}\right)^{(2)} = \left(\frac{\partial y}{\partial b}\right)^{(2)} = \left(\frac{\partial z}{\partial c}\right)^{(2)} = 1$, $\left(\frac{\partial x}{\partial b}\right)^{(2)} = \cdots = \left(\frac{\partial z}{\partial b}\right)^{(2)} = 0$, mithin wegen (76), (77) und (78), da überdies $p_0 \to p$ konvergiert.

$$G_0^{-0} = -\left(\frac{\partial F}{\partial x}u_2^0 + \frac{\partial F}{\partial y}v_2^0 + \frac{\partial F}{\partial z}w_2^0 + \frac{\partial F}{\partial t}\right)p^{-\frac{1}{2}} = -\mathfrak{u}_{n2}^0 + G\,. \tag{79}$$

Durch ganz ähnliche Betrachtungen finden wir, daß die Flüssigkeitsteilchen, die sich zur Zeit $t_0 + t'$ auf $S^{t'}$ befinden, für alle t in $\langle t_0, t_0 + t'\rangle$ dem Gebiete $\mathfrak{T}^{(1)}$ angehören. Insbesondere liegt die Unstetigkeitsfläche $S_0^{t'}$, das Bild von $S^{t'}$ im Raume a-b-c, (für alle hinreichend kleinen $t' > 0$) im Gebiete $\mathfrak{T}^{0(1)}$. Für die Fortpflanzungsgeschwindigkeit im Raume a-b-c erhalten wir den Wert

$$G_0^{t'} = -\frac{\partial F_0}{\partial t}\left\{\left(\frac{\partial F_0}{\partial a}\right)^2 + \left(\frac{\partial F_0}{\partial b}\right)^2 + \left(\frac{\partial F_0}{\partial c}\right)^2\right\}^{-\frac{1}{2}}, \tag{80}$$

wo $\frac{\partial F_0}{\partial a}, \frac{\partial F_0}{\partial b}, \frac{\partial F}{\partial c}$ durch die Formeln (77) erklärt sind. Für $t' \to 0$ konvergiert $G_0^{t'}$ gegen den Wert G_0^{+0}, den man erhält, wenn man in (77) für $\frac{\partial F_0}{\partial t}, \frac{\partial F}{\partial a}, \ldots$

$$\begin{aligned} &\frac{\partial F_0}{\partial a} = \frac{\partial F}{\partial x}\left(\frac{\partial x}{\partial a}\right)^{(1)} + \frac{\partial F}{\partial y}\left(\frac{\partial y}{\partial a}\right)^{(1)} + \frac{\partial F}{\partial z}\left(\frac{\partial z}{\partial a}\right)^{(1)}, \\ &\ldots\ldots\ldots\ldots\ldots\ldots\ldots\ldots \\ &\frac{\partial F_0}{\partial t} = \frac{\partial F}{\partial x} u_1^0 + \frac{\partial F}{\partial y} v_1^0 + \frac{\partial F}{\partial z} w_1^0 + \frac{\partial F}{\partial t} = \left(\frac{dF}{dt}\right)^{(1)} \end{aligned} \tag{81}$$

einsetzt, unter $\left(\frac{\partial x}{\partial a}\right)^{(1)}, \ldots$ die Randwerte der in Betracht kommenden Ableitungen in $\Theta_0^{(1)}$ verstanden. Man findet jetzt

$$G_0^{+0} = -\left(\frac{\partial F}{\partial x} u_1^0 + \frac{\partial F}{\partial y} v_1^0 + \frac{\partial F}{\partial z} w_1^0 + \frac{\partial F}{\partial t}\right) p^{-\frac{1}{2}} = -\mathfrak{u}_{n1}^0 + G. \tag{82}$$

Offenbar ist

$$G_0^{+0} - G_0^{-0} = \mathfrak{u}_{n2}^0 - \mathfrak{u}_{n1}^0 = [\mathfrak{u}_n^0]. \tag{83}$$

Wir haben vorhin $G^0 - \mathfrak{u}_{n1} < 0$, $G^0 - \mathfrak{u}_{n2} < 0$ vorausgesetzt. Es sei jetzt auf S^0 durchweg

$$G^0 - \mathfrak{u}_{n1}^0 > 0 \quad \text{und darum auch} \quad G^0 - \mathfrak{u}_{n2}^0 > 0. \tag{84}$$

Man überzeugt sich jetzt leicht durch eine sinngemäße Abänderung der vorhin durchgeführten Überlegungen, daß $S_0^{-t'}$ für alle hinreichend kleinen $t' > 0$ in $\mathfrak{T}^{0(1)}$, $S_0^{t'}$ aber in $\mathfrak{T}^{0(2)}$ liegt. Die Fortpflanzungsgeschwindigkeit im Raume a-b-c bestimmt sich für alle hinreichend kleinen Werte von $|t - t_0| > 0$ aus der Formel

$$G_0 = -\frac{\partial F_0}{\partial t}\left\{\left(\frac{\partial F_0}{\partial a}\right)^2 + \left(\frac{\partial F_0}{\partial b}\right)^2 + \left(\frac{\partial F_0}{\partial c}\right)^2\right\}^{-\frac{1}{2}}. \tag{85}$$

Im Punkte $t = t_0$ ändert sich G_0 sprungweise. Wir finden jetzt

$$G_0^{+0} - G_0^{-0} = \mathfrak{u}_{n1}^0 - \mathfrak{u}_{n2}^0 = -[\mathfrak{u}_n^0]. \tag{86}$$

Unseren bisherigen Betrachtungen lag die Annahme, es sei durchweg $G^0 > 0$, $G^{-t'} > 0$, $G^{t'} > 0$, zugrunde. Ist auf S^0 demgegenüber überall $G^0 < 0$, was $G^{-t'} < 0$, $G^{t'} < 0$ für alle hinreichend kleinen t' zur Folge hat, so genügt es, die Gleichung der Unstetigkeitsfläche S in der Form $-F(x, y, z, t) = 0$ anzusetzen, um zu dem soeben betrachteten Fall zurückzukehren. In der Tat wird nunmehr das Gebiet, das vorher $\mathfrak{T}^{(1)}$ hieß, mit $\mathfrak{T}^{(2)}$, das Gebiet $\mathfrak{T}^{(2)}$ mit $\mathfrak{T}^{(1)}$ zu bezeichnen sein. Die Fortpflanzungsgeschwindigkeiten G^0, $G^{-t'}$, $G^{t'}$ ändern dabei ihr Vorzeichen. In allen Fällen, auch wenn G^0 sowie die Differenzen $G^0 - \mathfrak{u}^0_{n1}$, $G^0 - \mathfrak{u}^0_{n2}$ auf S^0 das Zeichen wechseln können, ist G_0 für $t \neq t_0$ stetig und ändert sich für $t = t_0$ sprungweise. Es gilt stets

(87) $$|G_0^{+0} - G_0^{-0}| = |[\mathfrak{u}_n^0]|.$$

9. Unstetigkeiten erster Ordnung. Verhalten der Dichte. Diskontinuierliche Flüssigkeitsbewegungen. Betrachten wir wieder einmal die Bahn eines Flüssigkeitsteilchens (a, b, c), das zur Zeit t die Unstetigkeitsfläche S im Raume x-y-z passiert. Da die partiellen Ableitungen $\frac{\partial x}{\partial a}, \frac{\partial x}{\partial b}, \frac{\partial x}{\partial c}, \frac{\partial y}{\partial a}, \ldots, \frac{\partial z}{\partial c}$ sich auf Σ im allgemeinen sprungweise ändern, so gilt für

$$\varrho = \varrho_0 : \frac{\partial(x, y, z)}{\partial(a, b, c)}$$

das gleiche. Wir stellen es uns zur Aufgabe, von dem Prinzip der Unveränderlichkeit der Masse ausgehend, den Sprung $[\varrho]$ zu bestimmen.

Es sei P ein Punkt auf S, in dem $G \neq 0$ ist, — es möge etwa dort $G > 0$ sein. Es sei weiter $\mathfrak{C}$ eine (ruhende) Kugel um P als Mittelpunkt von einem so kleinen Radius, daß in allen Punkten von S, die sich im Innern oder auf dem Rande des von $\mathfrak{C}$ begrenzten Kugelkörpers $\mathfrak{K}$ befinden, gewiß $G > 0$ ausfällt. Für die Masse, die in dem Zeitintervall $\langle t, t + \delta t\rangle$ in $\mathfrak{K}$ hineinfließt, haben wir auf S. 157 den Ausdruck

(88) $$\int_t^{t+\delta t} dt \int_{\mathfrak{C}} \varrho\, \mathfrak{u}_n\, d\sigma$$

abgeleitet. An der bezeichneten Stelle ist freilich vorausgesetzt worden, daß die Komponenten der Geschwindigkeit sowie ϱ sich stetig verhalten. Der Ausdruck (88) gilt indessen auch noch in dem uns jetzt interessierenden Falle, wenn u, v, w, ϱ sprungweise Änderungen erleiden können. Der Beweis kann wie folgt geführt werden.

Den Ausführungen auf S. 252 gemäß kann man eine Folge analytischer und regulärer Bewegungen

(89) $$x = x^{(k)}(a, b, c, t), \quad y = y^{(k)}(a, b, c, t), \quad z = z^{(k)}(a, b, c, t)$$

angeben, die in einem ganz in $\mathfrak{T}_0$ enthaltenen Bereiche des Raumes

a-b-c und für alle t in $t_0 - t' \leqq t \leqq t_0 + t'$ im Sinne des Approximationssatzes gegen die gegebene Bewegung konvergieren. Bezeichnet man die in $\mathfrak{K}$ enthaltene Gesamtmasse der Flüssigkeit zur Zeit t bzw. $t + \delta t$ ($\delta t < t'$) bei der durch (89) charakterisierten Bewegung mit $M_t^{(k)}$ und $M_{t+\delta t}^{(k)}$, so gilt augenscheinlich

$$M_{t+\delta t}^{(k)} - M_t^{(k)} = \int_t^{t+\delta t} dt \int_{\mathfrak{C}} \varrho^{(k)} \mathfrak{u}_n^{(k)} d\sigma, \tag{90}$$

unter $\varrho^{(k)}$ die Dichte, unter $\mathfrak{u}_n^{(k)}$ die Komponente der Geschwindigkeit in der Richtung der Innennormale zu $\mathfrak{C}$ verstanden. Für $k \to \infty$ konvergiert, wie sich ohne Mühe zeigen läßt, $M_t^{(k)}$ gegen M_t, die bei der wahren Bewegung in $\mathfrak{K}$ enthaltene Masse der Flüssigkeit zur Zeit t. Desgleichen konvergiert $M_{t+\delta t}^{(k)}$ gegen $M_{t+\delta t}$, die Flüssigkeitsmasse in $\mathfrak{K}$ im Zeitpunkt $t + \delta t$. Da zugleich

$$\int_t^{t+\delta t} dt \int_{\mathfrak{C}} \varrho^{(k)} \mathfrak{u}_n^{(k)} d\sigma \to \int_t^{t+\delta t} dt \int_{\mathfrak{C}} \varrho\, \mathfrak{u}_n d\sigma$$

gilt, so folgt aus (90) in der Tat die zu beweisende Formel

$$M_{t+\delta t} - M_t = \int_t^{t+\delta t} dt \int_{\mathfrak{C}} \varrho\, \mathfrak{u}_n d\sigma. \tag{91}$$

Es mögen $\mathfrak{K}^{(1)}$ und $\mathfrak{K}^{(2)}$ die Gebiete bezeichnen, die $\mathfrak{K}$ mit $\mathfrak{T}^{(1)}$ bzw. $\mathfrak{T}^{(2)}$ gemeinsam hat (Durchschnitte von $\mathfrak{K}$ mit $\mathfrak{T}^{(1)}$ bzw. $\mathfrak{T}^{(2)}$)[16]. Es sei S^* dasjenige Gebiet auf S, das sich im Innern von $\mathfrak{K}$ befindet; S^* gehört sowohl dem Rande von $\mathfrak{K}^{(1)}$ als auch dem Rande von $\mathfrak{K}^{(2)}$ an. Die betrachteten Berandungen seien dementsprechend mit $S^* + \mathfrak{C}^{(1)}$ und $S^* + \mathfrak{C}^{(2)}$ bezeichnet. Eine teilweise Integration ergibt

$$\int_{\mathfrak{C}^{(1)}} \varrho\, \mathfrak{u}_n d\sigma - \int_{S^*} \varrho\, \mathfrak{u}_n d\sigma = -\int_{\mathfrak{K}^{(1)}} \left\{\frac{\partial}{\partial x}(\varrho u) + \frac{\partial}{\partial y}(\varrho v) + \frac{\partial}{\partial z}(\varrho w)\right\} d\tau, \tag{92}$$

$$\int_{\mathfrak{C}^{(2)}} \varrho\, \mathfrak{u}_n d\sigma + \int_{S^*} \varrho\, \mathfrak{u}_n d\sigma = -\int_{\mathfrak{K}^{(2)}} \left\{\frac{\partial}{\partial x}(\varrho u) + \frac{\partial}{\partial y}(\varrho v) + \frac{\partial}{\partial z}(\varrho w)\right\} d\tau, \tag{93}$$

also zusammengefaßt

$$\int_{\mathfrak{C}} \varrho\, \mathfrak{u}_n d\sigma + \int_{S^*} [\varrho\, \mathfrak{u}_n] d\sigma = -\int_{\mathfrak{K}} \left\{\frac{\partial}{\partial x}(\varrho u) + \frac{\partial}{\partial y}(\varrho v) + \frac{\partial}{\partial z}(\varrho w)\right\} d\tau. \tag{94}$$

Für die Zunahme der Masse in $\mathfrak{K}$ während des Zeitintervalls

---

[16] Die Kugel $\mathfrak{C}$ ist festgehalten zu denken. Ihr Mittelpunkt P wird in den auf t folgenden Zeitpunkten in $\langle t, t + \delta t\rangle$ im allgemeinen nicht mehr auf der Unstetigkeitsfläche liegen.

$\langle t, t+\delta t\rangle$ finden wir wegen (91) und (94) ohne Mühe den Ausdruck

$$-\delta t \int\limits_{\mathfrak{K}} \left\{\frac{\partial}{\partial x}(\varrho u) + \frac{\partial}{\partial y}(\varrho v) + \frac{\partial}{\partial z}(\varrho w)\right\} d\tau - \delta t \int\limits_{S^*} [\varrho\, \mathfrak{u}_n]\, d\sigma + o(\delta t),$$

mithin, der Kontinuitätsgleichung zufolge, den Wert

$$M_{t+\delta t} - M_t = \delta t \int\limits_{\mathfrak{K}} \frac{\partial \varrho}{\partial t}\, d\tau - \delta t \int\limits_{S^*} [\varrho\, \mathfrak{u}_n]\, d\sigma + o(\delta t).\ ^{17} \tag{95}$$

Innerhalb der gleichen Zeit überstreicht die Unstetigkeitsfläche im Raume der Variablen x, y, z ein Gebiet $\dot{\mathfrak{T}}$, dessen Volumen $\delta t \int\limits_{S^*} G\, d\sigma + o(\delta t)$ beträgt. Es sei $\varrho^{(1)}$ die Dichte in dem Punkte $P(x, y, z)$ zur Zeit t, d. h. in dem Punkte (x, y, z, t) der Unstetigkeitshyperfläche Σ, aufgefaßt als Randfläche von $\Theta^{(1)}$; $\varrho^{(2)}$ sei die Dichte im gleichen Punkte, aufgefaßt als Randpunkt von $\Theta^{(2)}$. Mit anderen Worten, es sei

$$\varrho^{(1)} = \varrho(x, y, z, t+0), \qquad \varrho^{(2)} = \varrho(x, y, z, t-0). \tag{96}$$

Die Dichte der Flüssigkeit in $\dot{\mathfrak{T}}$ zur Zeit t hat den Wert $\varrho^{(2)} + O(\delta t)$, zur Zeit $t + \delta t$ ist sie gleich $\varrho^{(1)} + O(\delta t)$. Für die soeben betrachtete Zunahme der Masse gewinnt man, wie man leicht sieht, den Ausdruck

$$M_{t+\delta t} - M_t = \delta t \int\limits_{\mathfrak{K}} \frac{\partial \varrho}{\partial t}\, d\tau - \delta t \int\limits_{S^*} [\varrho]\, G\, d\sigma + o(\delta t). \tag{97}$$

Aus (95) und (97) folgt

$$\delta t \int\limits_{S^*} [\varrho\, \mathfrak{u}_n]\, d\sigma = \delta t \int\limits_{S^*} [\varrho]\, G\, d\sigma + o(\delta t),$$

und nach einer Division durch δt und dem Übergang zur Grenze, $\delta t \to 0$,

$$\int\limits_{S^*} [\varrho(G - \mathfrak{u}_n)]\, d\sigma = 0.$$

Diese Integralbeziehung gilt für alle $\mathfrak{C}$ in hinreichender Nähe von P. Es muß also in P

$$[\varrho(G - \mathfrak{u}_n)] = 0,$$

d. h.

$$(G - \mathfrak{u}_n^{(1)})\, \varrho^{(1)} = (G - \mathfrak{u}_n^{(2)})\, \varrho^{(2)} \tag{98}$$

sein. Diese Beziehung ist zunächst nur für Punkte, in denen $G \neq 0$ ist, bewiesen. Es sei jetzt P ein Punkt von S, in dem $G = 0$ ist, und es mögen sich in einer beliebigen Nähe von P Punkte auf S finden, in denen G nicht verschwindet. In jenen Punkten besteht (98) gewiß zu Recht.

[17] In (95) sowie in der unmittelbar vorhergehenden Formel, wie auch später in (97), beziehen sich die Werte ϱ, u, v, w, $\mathfrak{u}_n$ auf den Zeitpunkt t, im Gegensatz zu den Formeln (92) bis (94), denen ein beliebiger Augenblick in $\langle t, t+\delta t\rangle$ zugrunde liegt.

Aus Gründen der Stetigkeit muß diese Relation also auch in P erfüllt sein. Zweifel könnte nur bestehen bezüglich etwa vorhandener Punkte, in deren allseitiger vierdimensionalen Umgebung $G=0$ ist. Hier würde aber ein Stück der Unstetigkeitsfläche S innerhalb eines Zeitintervalls $\langle t, t+\delta t\rangle$ im Raume x-y-z festliegen. Für die Zunahme der Masse in $\mathfrak{K}$ ergibt die vorhin durchgeführte Betrachtung einerseits den Ausdruck

$$\delta t \int\limits_{\mathfrak{K}} \frac{\partial \varrho}{\partial t} d\tau - \delta t \int\limits_{S^*} [\varrho \mathfrak{u}_n] d\sigma + o(\delta t),$$

anderseits den Wert

$$\delta t \int\limits_{\mathfrak{K}} \frac{\partial \varrho}{\partial t} d\tau + o(\delta t).$$

Es gilt jetzt darum

$$\delta t \int\limits_{S^*} [\varrho \mathfrak{u}_n] d\sigma = o(\delta t),$$

mithin

$$\int\limits_{S^*} [\varrho \mathfrak{u}_n] d\sigma = 0, \qquad [\varrho \mathfrak{u}_n] = 0, \qquad u_n^{(1)} \varrho^{(1)} = u_n^{(2)} \varrho^{(2)},$$

was wegen $G=0$ auf (98) zurückführt.

Die vorstehenden Betrachtungen gelten augenscheinlich, auch wenn in einem Punkte von Σ oder in einem Gebiete $\hat{\Sigma}$ auf Σ sich u, v, w stetig verhalten. Im letzteren Falle liegt auf $\hat{\Sigma}$ eine Unstetigkeit erster Ordnung in Wirklichkeit gar nicht vor.

Aus der Gleichung

$$(G - \mathfrak{u}_n^{(1)})\varrho^{(1)} = (G - \mathfrak{u}_n^{(2)})\varrho^{(2)}$$

folgt, daß die Dichte allemal einen Sprung erleidet, wenn $\mathfrak{u}_n^{(1)}$ *von* $\mathfrak{u}_n^{(2)}$ *verschieden ist.* Wie wir bald sehen werden[17a], kann auf Σ nur die Normalkomponente der Geschwindigkeit, $\mathfrak{u}_n$, einen Sprung erleiden. Eine sprungweise Änderung der Geschwindigkeit auf Σ hat also allemal eine, der Beziehung (98) gemäß bestimmte, sprungweise Änderung der Dichte zur Folge. Da sowohl $\varrho^{(1)}$ als auch $\varrho^{(2)}$ positiv sind, so haben $G - \mathfrak{u}_n^{(1)}$ und $G - \mathfrak{u}_n^{(2)}$, sofern sie nicht verschwinden, das gleiche Vorzeichen. Von diesem Ergebnis ist schon früher einmal (vgl. S. 254) Gebrauch gemacht worden.

Ist in P

$$G - \mathfrak{u}_n^{(1)} = 0,$$

so folgt aus (98), daß auch

$$G - \mathfrak{u}_n^{(2)} = 0,$$

mithin

$$\mathfrak{u}_n^{(1)} = \mathfrak{u}_n^{(2)} = \mathfrak{u}_n$$

ist. Ist in einem Gebiete $\hat{\Sigma}$ auf Σ überall $G - \mathfrak{u}_n^{(1)} = 0$, so liegt also auf $\hat{\Sigma}$ eine Unstetigkeit erster Ordnung gar nicht vor. Wie man sich

[17a] Vgl. die Ausführungen auf S. 296.

fast unmittelbar überzeugt, ist auf $\hat{\Sigma}$ die Unstetigkeit stationär. Daß auf $\hat{\Sigma}'$ tatsächlich eine Unstetigkeit erster Ordnung gar nicht vorliegt, bestätigt das vorhin gefundene Ergebnis, daß es stationäre Unstetigkeiten erster Ordnung gar nicht geben kann.

Es möge sich nun um eine inkompressible Flüssigkeit handeln. In einem Punkte mit $G - \mathfrak{u}_n^{(1)} \neq 0$ würde, wie man unmittelbar sieht, beim Passieren der Unstetigkeitshyperfläche ein Flüssigkeitsteilchen aus $\mathfrak{T}^{(1)}$ nach $\mathfrak{T}^{(2)}$ oder umgekehrt gelangen, die Dichte sich also (sprungweise) ändern müssen. Dies ist aber, da die Dichte am Teilchen haftet, unmöglich. *Bei inkompressiblen Flüssigkeiten sind Unstetigkeiten erster Ordnung ausgeschlossen, während sie bei kompressiblen Flüssigkeiten (Gasen) mit sprungweisen Änderungen der Dichte verbunden sind.*

Nun noch einige Worte über die Unstetigkeiten „nullter Ordnung", die *diskontinuierlichen Flüssigkeitsbewegungen* nach Helmholtz.

Darunter ist folgendes zu verstehen. Das von der Flüssigkeit erfüllte, sagen wir einfach zusammenhängende Gebiet $\mathfrak{T}$ wird durch eine stetig gekrümmte Fläche S, $F(x, y, z, t) = 0$, in zwei, im allgemeinen mit der Zeit veränderliche, dauernd von denselben Flüssigkeitsteilchen erfüllte Gebiete $\mathfrak{T}^{(1)}$ und $\mathfrak{T}^{(2)}$ zerlegt. Die Flüssigkeitsbewegung ist sowohl in $\mathfrak{T}^{(1)}$ als auch in $\mathfrak{T}^{(2)}$ stetig. Ein Teilchen von $\mathfrak{T}^{(1)}$, das sich einmal auf S befand, liegt offenbar während der ganzen Dauer der Bewegung auf S. Das gleiche gilt für die auf S befindlichen Teilchen von $\mathfrak{T}^{(2)}$. Die Unstetigkeit ist stationär. Die Funktionen $x(a, b, c, t)$, $y(a, b, c, t)$, $z(a, b, c, t)$ sind jetzt sowohl im Innern und auf dem Rande von $\Theta_0^{(1)}$ als auch von $\Theta_0^{(2)}$ nebst ihren partiellen Ableitungen der beiden ersten Ordnungen stetig. Wie wir wissen (S. 33), ist diesmal Σ_0 ein vierdimensionaler Zylinder, dessen Erzeugende der t-Achse parallel sind.

Es sei P ein Punkt auf S. Es gilt, wie man fast unmittelbar sieht,

$$\mathfrak{u}_n^{(1)} = \mathfrak{u}_n^{(2)} = -\frac{\partial F}{\partial t}\left\{\left(\frac{\partial F}{\partial x}\right)^2 + \left(\frac{\partial F}{\partial y}\right)^2 + \left(\frac{\partial F}{\partial z}\right)^2\right\}^{-\frac{1}{2}} = G. \tag{99}$$

Dagegen sind die Tangentialkomponenten der Geschwindigkeit in P in $\mathfrak{T}^{(1)}$ und $\mathfrak{T}^{(2)}$ im allgemeinen voneinander verschieden. Die beiden Flüssigkeitskörper gleiten aneinander längs S. Insbesondere kann die Fläche S eine im Raume x-y-z feste Lage haben, in welchem Falle ihre Gleichung die Form $F(x, y, z) = 0$ erhält.

Das Vorstehende gilt in gleicher Weise für zusammendrückbare und inkompressible, homogene oder heterogene Flüssigkeiten. Auch darf die Dichte auf S eine sprungweise Unstetigkeit erleiden. Hat man es mit inkompressiblen Gebilden zu tun und ist die Dichte in $\mathfrak{T}^{(1)}$ wie in $\mathfrak{T}^{(2)}$ konstant, $\varrho_1 \neq \varrho_2$, so kann man wohl auch von zwei verschiedenen homogenen Flüssigkeiten, die aneinander gleiten, sprechen.

Siebentes Kapitel.

Spannungstensor. Allgemeines zur Dynamik kontinuierlicher Medien, insbesondere ideeller und zäher Flüssigkeiten.

1. Massenkräfte. Beschleunigungskräfte. Spannkräfte. Grundfestsetzungen der Dynamik kontinuierlicher Medien. Bewegungsgleichungen. Grundlegend in der Hydromechanik, wie in der Mechanik der Kontinua überhaupt, ist der Begriff der *Spannung*. Wir beginnen mit einigen Vorbemerkungen.

In der Mechanik materieller Punkte und starrer Systeme wird, angesichts der in der Regel nur geringfügigen Formänderungen sogenannter fester Körper, von den Deformationen gänzlich abgesehen und auf dieser Grundlage das klassische Lehrgebäude der analytischen Mechanik aufgerichtet. In der Mechanik der Kontinua werden demgegenüber alle Körper der Natur grundsätzlich als deformierbar aufgefaßt; starre Systeme bilden nur noch Grenzfälle.

Wir haben unserer Behandlung der Flüssigkeitsbewegungen Gebilde zugrunde gelegt, die wir mathematische Flüssigkeiten nannten und für die wir im fünften Kapitel die Begriffe der Masse, Dichte, Bewegung sorgfältig definierten. Bewegungen mathematischer Flüssigkeiten können als Bilder gewisser an physikalischen Flüssigkeiten beobachteter Erscheinungen aufgefaßt werden. Genau so verfährt man bei Behandlung beliebiger physikalischer Medien. Auch für diese werden (mathematische) Kontinua substituiert[1]. Masse, Dichte, Bewegung werden ganz genau so wie bei den Flüssigkeiten definiert. Überhaupt ist die Kinematik aller Kontinua im wesentlichen identisch; zwischen der Kinematik der Flüssigkeiten und derjenigen elastischer Körper bsp. besteht nur der Unterschied, daß es sich bei den Flüssigkeiten meist um endliche Bewegungen, also endliche umkehrbar eindeutige und stetige Abbildungen handelt, während in der Elastizitätstheorie in der Regel

[1] Wie wir für „mathematische Flüssigkeiten" kurz „Flüssigkeiten" sagen, so wird im folgenden für „mathematische Kontinua" der Kürze halber stets die Bezeichnung „Kontinua" gebraucht.

„kleine", d. h. unendlich kleine[2] Verschiebungen in den Vordergrund treten. Auch den im sechsten Kapitel behandelten Bewegungsvorgängen können beliebige Medien zugrunde gelegt werden.

Es möge sich jetzt um ein ruhendes oder in einer stetigen Bewegung begriffenes System handeln, das aus beliebigen Kontinuen besteht und dessen Weltlinien den vierdimensionalen Bereich $\{\boldsymbol{T}+\boldsymbol{S};\langle t_0, t_1\rangle\}$ erfüllen. Die Bewegung braucht nicht „regulär" zu sein; es können vielmehr in $\{\boldsymbol{T}+\boldsymbol{S};\langle t_0, t_1\rangle\}$ Unstetigkeitshyperflächen erster oder höherer Ordnung vorliegen. Wie in der Mechanik der Massenpunktsysteme *Kräfte* als Orts- und Zeitfunktionen eingeführt werden, die einen bestimmten Platz in dem Schema der Bewegungsgleichungen ausfüllen, so werden in der Mechanik der Kontinua Orts- und Zeitfunktionen eingeführt, die als *Einheitskräfte*, d. h. Kräfte bezogen auf die Masseneinheit, eine hierzu analoge Rolle spielen. Jedem Punkte (x, y, z, t) in $\{\boldsymbol{T}+\boldsymbol{S};\langle t_0, t_1\rangle\}$ wird ein Wertetripel X, Y, Z als Vektor der im Punkte (x, y, z) zur Zeit t, kürzer in (x, y, z, t) wirkenden Einheitskraft zugeordnet. Man sagt, unter ϱ die Dichte in (x, y, z), unter $d\tau$ ein Volumelement um (x, y, z) verstehend, $\varrho X\,d\tau$, $\varrho Y\,d\tau$, $\varrho Z\,d\tau$ seien die *Komponenten der auf das Massenelement* $dm=\varrho\,d\tau$ *in* (x, y, z) *wirkenden Kraft*. Die daselbst wirkende *Beschleunigungskraft* ist $\varrho\frac{d^2x}{dt^2}d\tau$, $\varrho\frac{d^2y}{dt^2}d\tau$, $\varrho\frac{d^2z}{dt^2}d\tau$. Wo Verwechselung nicht zu befürchten ist, werden wir künftig statt „Einheitskräfte" oft einfacher „Kräfte" oder auch (im Gegensatz zu „Oberflächenkräften") „Massenkräfte" sagen.

Wir nehmen an, daß X, Y, Z stetige Funktionen von x, y, z, t bezeichnen, die stetige, allenfalls abteilungsweise stetige Ableitungen erster Ordnung haben[2a]. Was die Dichte ϱ betrifft, so kann sie längs gewisser Hyperflächen sprungweise Änderungen erfahren, sie soll aber in jedem Stetigkeitsbereiche stetige partielle Ableitungen erster Ordnung haben. Wie wir im sechsten Kapitel gesehen haben, sind Unstetigkeiten erster Ordnung mit sprungweisen Änderungen der Dichte der (in diesem Falle kompressiblen) Flüssigkeit verbunden. Stationäre, d. h. an bestimmte Flüssigkeitsteilchen gebundene Unstetigkeiten der Dichte liegen vor, wenn es sich um ein System handelt, das aus verschiedenen inkompressiblen Flüssigkeiten besteht, die sich nicht miteinander mischen.

Es sei A (x, y, z) irgendein Punkt im Innern von $\boldsymbol{T}$, (l) irgendeine Halbgerade (Richtung) durch A, $d\sigma_l$ ein Flächenelement in A normal zu (l). Dem Punkte A und der Richtung (l) durch A ordnen wir einen

---

[2] Dies bedeutet nichts anderes, als daß in den Formeln nach Bedarf Glieder höheren Grades vernachlässigt werden.

[2a] Meist genügt es übrigens, X, Y, Z als schlechthin stetig vorauszusetzen. Von der Existenz der Ableitungen $\frac{\partial X}{\partial x}$, wird erst auf S. 315 Gebrauch gemacht.

Vektor $p_l(x, y, z)$ zu oder, was auf dasselbe hinausläuft, einen Tripel sich wie die Koordinaten transformierender Werte $X_l(x, y, z)$, $Y_l(x, y, z)$, $Z_l(x, y, z)$, die Komponenten von $p_l(x, y, z)$, und nennen $p_l d\sigma_l$ die auf das Element $d\sigma_l$ in der Richtung (l) ausgeübte Spannkraft, p_l selbst die *Spannung*, d. h. die Spannkraft für die Flächeneinheit[3]. Insbesondere sind also

$$X_x, Y_x, Z_x;\; X_y, Y_y, Z_y;\; X_z, Y_z, Z_z \tag{1}$$

die Komponenten der auf die Flächenelemente $dy\,dz$, $dx\,dz$, $dx\,dy$ und zwar in der Richtung der wachsenden x, y oder z ausgeübten Spannkräfte für die Flächeneinheit. Es gibt offenbar so viel Vektoren p_l in A als es Richtungen durch A gibt; insbesondere gehören zu jedem Paar entgegengesetzter Richtungen (l) und $(-l)$ in A zwei wohl zu unterscheidende Vektoren p_l und p_{-l}.

Wir treffen nunmehr folgende Festsetzungen:

1. Die Größen X_l, Y_l, Z_l sind stetige, allenfalls abteilungsweise stetige Funktionen der sieben Variablen $x, y, z, t, \alpha = \cos(l, x)$, $\beta = \cos(l, y)$, $\gamma = \cos(l, z)$, und zwar für alle α, β, γ (mit $\alpha^2 + \beta^2 + \gamma^2 = 1$) und alle (x, y, z, t) in $\{\boldsymbol{T} + \boldsymbol{S}; \langle t_0, t_1\rangle\}$. Sie haben überdies stetige, oder mindestens abteilungsweise stetige partielle Ableitungen erster Ordnung

$$\frac{\partial X_l}{\partial x}, \frac{\partial X_l}{\partial y}, \frac{\partial X_l}{\partial z}; \ldots, \frac{\partial Z_l}{\partial z}. \tag{2}$$ [3a]

Die Werte X_l, Y_l, Z_l sowie die Ableitungen (2) sind in bezug auf α, β, γ stetig, können aber auf einer oder mehreren, etwa stetig gekrümmten Hyperflächen des vierdimensionalen Raumes x, y, z, t sprungweise Änderungen erleiden.

Wir verfolgen einen ganz in $\boldsymbol{T}_0$ dem Bilde von $\boldsymbol{T}$, gelegenen Flüssigkeitsbereich $\mathfrak{T}_0 + \mathfrak{S}_0$ des Raumes a-b-c, dessen Begrenzung aus einer endlichen Anzahl von Flächenstücken mit stetiger Normale bestehen mag, im Laufe seiner Bewegung. Es sei $\mathfrak{S}$ das Bild von $\mathfrak{S}_0$ zur Zeit t, es sei $\sigma(x, y, z)$ ein Punkt auf $\mathfrak{S}$, (n) die Innennormale in σ; X_n, Y_n, Z_n die Komponenten der Spannung in σ in der Richtung (n).

Wir nehmen an, daß

2. die Massen- und die auf $\mathfrak{S}$ wirkenden Spannkräfte zusammengenommen die sechs Impulsgleichungen

---

[3] Dies ist freilich nicht so zu verstehen, als hätte p_l selbst notwendigerweise die Richtung (l).

[3a] Die Spannungskomponenten X_l, Y_l, Z_l, die zunächst nur in $\boldsymbol{T}$ definiert waren, sind hierbei im Sinne der Ausführungen von **9.** I in $\boldsymbol{T}+\boldsymbol{S}$ erklärt zu denken.

$$(3)\quad \begin{aligned}
&\int_t^{t+t'} dt \left(\int_{\mathfrak{T}} X\,dm + \int_{\mathfrak{S}} X_n\,d\sigma\right) = \int_{\mathfrak{T}_0} (u_{t+t'} - u_t)\,dm,\\
&\int_t^{t+t'} dt \left(\int_{\mathfrak{T}} Y\,dm + \int_{\mathfrak{S}} Y_n\,d\sigma\right) = \int_{\mathfrak{T}_0} (v_{t+t'} - v_t)\,dm,\\
&\int_t^{t+t'} dt \left(\int_{\mathfrak{T}} Z\,dm + \int_{\mathfrak{S}} Z_n\,d\sigma\right) = \int_{\mathfrak{T}_0} (w_{t+t'} - w_t)\,dm;
\end{aligned}$$

$$(4)\quad \begin{aligned}
&\int_t^{t+t'} dt \left(\int_{\mathfrak{T}} (Xy - Yx)\,dm + \int_{\mathfrak{S}} (X_n y - Y_n x)\,d\sigma\right)\\
&\qquad = \int_{\mathfrak{T}_0} \{(uy - vx)_{t+t'} - (uy - vx)_t\}\,dm,\\
&\int_t^{t+t'} dt \left(\int_{\mathfrak{T}} (Xz - Zx)\,dm + \int_{\mathfrak{S}} (X_n z - Z_n x)\,d\sigma\right)\\
&\qquad = \int_{\mathfrak{T}_0} \{(uz - wx)_{t+t'} - (uz - wx)_t\}\,dm,\\
&\int_t^{t+t'} dt \left(\int_{\mathfrak{T}} (Yz - Zy)\,dm + \int_{\mathfrak{S}} (Y_n z - Z_n y)\,d\sigma\right)\\
&\qquad = \int_{\mathfrak{T}_0} \{(vz - wy)_{t+t'} - (vz - wy)_t\}\,dm.
\end{aligned}$$

befriedigen. In (3) und (4) bezeichnen

$$u_t,\ u_{t+t'},\ (uy - vx)_t,\ (uy - vx)_{t+t'},\ \ldots$$

die Werte von u, $uy - vx, \ldots$ zur Zeit t bzw. $t + t'$. Bis auf die Größen höherer Ordnung ist $\varrho\,d\tau = \varrho_0\,d\tau_0 = dm$, der in dem Volumelement der bewegten Flüssigkeit enthaltenen Masse.

Was den Stetigkeitscharakter der Bewegung betrifft, so wird hierbei lediglich vorausgesetzt, daß die Funktionen $x\,(a, b, c, t)$, $y\,(a, b, c, t)$, $z\,(a, b, c, t)$ stetig sind und stetige oder abteilungsweise stetige Ableitungen erster Ordnung haben. Sind darüber hinaus auch noch die partiellen Ableitungen $\frac{du}{dt} = \frac{d^2x}{dt^2}$, $\frac{dv}{dt} = \frac{d^2y}{dt^2}$, $\frac{dw}{dt} = \frac{d^2z}{dt^2}$ vorhanden und stetig, allenfalls abteilungsweise stetig, so kann man in (3) und (4) beiderseits durch t' dividieren und zur Grenze $t' \to 0$ übergehen[3b]. Man findet dann in *jedem Stetigkeitsbereich* $\mathfrak{T} + \mathfrak{S}$

$$(5)\quad \begin{aligned}
&\int_{\mathfrak{T}} \varrho\left(X - \frac{du}{dt}\right) d\tau + \int_{\mathfrak{S}} X_n\,d\sigma = 0, \quad \int_{\mathfrak{T}} \varrho\left(Y - \frac{dv}{dt}\right) d\tau + \int_{\mathfrak{S}} Y_n\,d\sigma = 0,\\
&\int_{\mathfrak{T}} \varrho\left(Z - \frac{dw}{dt}\right) d\tau + \int_{\mathfrak{S}} Z_n\,d\sigma = 0,
\end{aligned}$$

[3b] Es hätte sogar genügt, lediglich die Existenz stetiger (abteilungsweise stetiger) Ableitungen erster und zweiter Ordnung in bezug auf t (Komponenten der Geschwindigkeit und der Beschleunigung) vorauszusetzen.

$$\int\limits_{\mathfrak{T}} \varrho\left\{\left(X - \frac{du}{dt}\right)y - \left(Y - \frac{dv}{dt}\right)x\right\}d\tau + \int\limits_{\mathfrak{S}} (X_n y - Y_n x)\,d\sigma = 0,$$

$$(6)\qquad \int\limits_{\mathfrak{T}} \varrho\left\{\left(X - \frac{du}{dt}\right)z - \left(Z - \frac{dw}{dt}\right)x\right\}d\tau + \int\limits_{\mathfrak{S}} \left(X_n z - Z_n x\right)d\sigma = 0,$$

$$\int\limits_{\mathfrak{T}} \varrho\left\{\left(Y - \frac{dv}{dt}\right)z - \left(Z - \frac{dw}{dt}\right)y\right\}d\tau + \int\limits_{\mathfrak{S}} \left(Y_n z - Z_n y\right)d\sigma = 0.$$

Die Massenkräfte, die negativ genommenen Beschleunigungskräfte in $\mathfrak{T}$ und die auf $\mathfrak{S}$ wirkenden Spannkräfte erfüllen zusammengenommen die sechs Gleichgewichtsbedingungen an einem starren Körper.

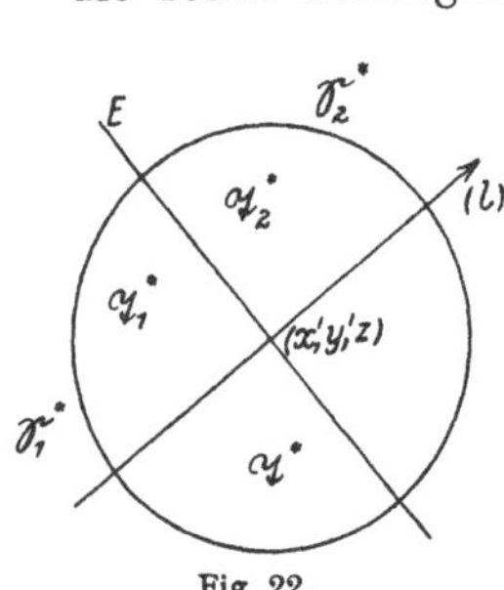

Fig. 22.

Systeme solcher Gleichungen gibt es so viele, als es verschiedene Gebiete $\mathfrak{T}$ in $\boldsymbol{T}$ gibt. Lassen sie sich aber auch wirklich alle gleichzeitig erfüllen?

Beschäftigen wir uns einstweilen mit der ersten der drei Gleichungen (5). Es sei (x', y', z') irgendein Punkt in $\boldsymbol{T}$, $\mathfrak{T}^*$ ein Kugelkörper um diesen Punkt als Mittelpunkt, (l) eine beliebige Richtung durch (x', y', z'), E die Ebene durch (x', y', z') senkrecht auf (l) (Fig. 22)[3c].

Betrachten wir die beiden längs E aneinandergrenzenden Halbkugelkörper $\mathfrak{T}_1^*$ und $\mathfrak{T}_2^*$. Ihr Gesamtrand möge entsprechend $\mathfrak{S}_1^*$ und $\mathfrak{S}_2^*$ heißen. Für $\mathfrak{T}_1^*$ wie für $\mathfrak{T}_2^*$ gelten Gleichungen, die zu (5) analog sind. Aus diesen folgt zunächst

$$(7)\qquad \int\limits_{\mathfrak{T}_1^*} \varrho\left(X - \frac{du}{dt}\right)d\tau + \int\limits_{\mathfrak{S}_1^*} X_n\,d\sigma + \int\limits_{\mathfrak{T}_2^*} + \int\limits_{\mathfrak{S}_2^*} = 0,$$

und weiter wegen

$$(8)\qquad \int\limits_{\mathfrak{T}^*} \varrho\left(X - \frac{du}{dt}\right)d\tau + \int\limits_{\mathfrak{S}^*} X_n\,d\sigma = 0 \quad (\mathfrak{S}^* = \text{Oberfläche von } \mathfrak{T}^*),$$

wie leicht zu sehen ist,

$$(9)\qquad \int\limits_{E^*} (X_l + X_{-l})\,d\sigma = 0,$$

unter E^* den in $\mathfrak{T}^*$ enthaltenen Teil von E verstanden. Da (9) für jede (x', y', z') enthaltende Kreisfläche E^* in $\mathfrak{T}^*$ gilt, so ist

$$(10)\qquad X_{-l}(x', y', z') = -X_l(x', y', z').$$

Wäre nämlich $X_{-l} + X_l$ in (x', y', z') etwa positiv, so könnte man $\mathfrak{T}^*$

[3c] Es wird dabei stillschweigend vorausgesetzt, daß (x', y', z') dem Stetigkeitsbereich der Funktionen X_l, Y_l, Z_l und ihrer Ableitungen angehört.

so klein wählen, daß in E^* durchweg $X_{-l} + X_l$ positiv ausfiele, also $\int\limits_{E_*} (X_{-l} + X_l)\, d\sigma$ gewiß nicht verschwinden könnte. Es gilt also allgemein

(11) $$X_{-l} = -X_l$$

und analog

(12) $$Y_{-l} = -Y_l, \quad Z_{-l} = -Z_l.$$

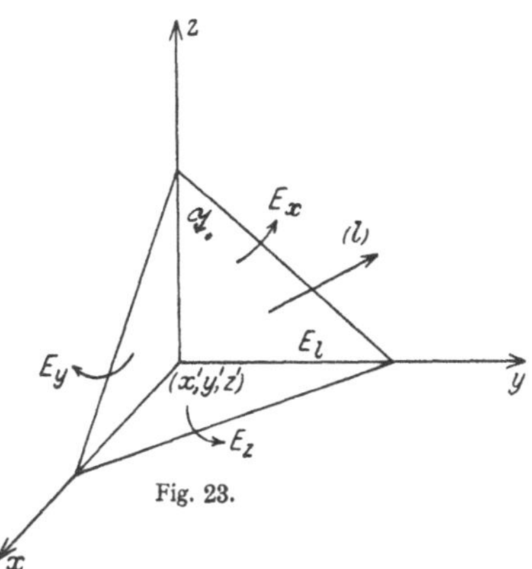

Fig. 23.

Wir nehmen an, daß (l) zu keiner der drei Koordinatenachsen parallel ist, und bezeichnen mit E' die zu E im Abstande h parallele Ebene (Fig. 23)[3d]. Es seien ferner E_x, E_y, E_z Ebenen durch (x', y', z') senkrecht zur x-, y- und z-Achse. Betrachten wir das von E_x, E_y, E_z und einem Teil E_l der Ebene E' begrenzte Vierflach $\mathfrak{T}_*$. Der Einfachheit halber möge speziell

(13) $$\cos(l, x) > 0, \quad \cos(l, y) > 0, \quad \cos(l, z) > 0$$

vorausgesetzt werden.

Nach der ersten der Formeln (5) ist

(14) $$\begin{aligned} \int\limits_{\mathfrak{T}_*} \varrho \left(X - \frac{du}{dt}\right) d\tau + \int\limits_{E_x} X_x\, dy\, dz + \int\limits_{E_y} X_y\, dx\, dz \\ + \int\limits_{E_z} X_z\, dx\, dy - \int\limits_{E_l} X_l\, d\sigma = 0. \end{aligned}$$

Augenscheinlich haben die drei in (x', y', z') zusammenlaufenden Kanten von $\mathfrak{T}_*$ die Länge $h \cos^{-1}(l, x)$, $h \cos^{-1}(l, y)$, $h \cos^{-1}(l, z)$[3e]. Der Flächeninhalt der zugehörigen Tetraederseiten ist

$$F_x = \frac{1}{2} h^2 \cos^{-1}(l, y) \cos^{-1}(l, z), \qquad F_y = \frac{1}{2} h^2 \cos^{-1}(l, x) \cos^{-1}(l, z),$$
$$F_z = \frac{1}{2} h^2 \cos^{-1}(l, x) \cos^{-1}(l, y),$$

derjenige der vierten Seite berechnet sich aus

$$F_l = (F_x^2 + F_y^2 + F_z^2)^{\frac{1}{2}}$$

zu

$$F_l = \frac{1}{2} h^2 \cos^{-1}(l, x) \cos^{-1}(l, y) \cos^{-1}(l, z).$$

Nach Voraussetzung haben X_x, X_y, X_z, X_l stetige, allenfalls abteilungsweise stetige partielle Ableitungen erster Ordnung in bezug auf

---

[3d] In der Fig. 23 sind die mit x, y, z bezeichneten Halbgeraden *Parallelen zu den Koordinatenachsen* durch (x', y', z').

[3e] Wir schreiben zur Abkürzung bsp. $\cos^{-1}(l, y)$ für $(\cos(l, y))^{-1}$.

x, y, z. Versieht man zur Vereinfachung die Werte der einzelnen Größen im Punkte (x', y', z') mit einem Strich oben, so kann man darum, wie man leicht sieht, schreiben

$$\int_{\mathfrak{T}_*} \varrho \left(X - \frac{du}{dt}\right) d\tau = O(h^3),$$

$$\int_{E_x} X_x\, dy\, dz = \frac{1}{2} h^2 X_x' \cos^{-1}(l, y) \cos^{-1}(l, z) + O(h^3),$$

$$\int_{E_y} X_y\, dx\, dz = \frac{1}{2} h^2 X_y' \cos^{-1}(l, x) \cos^{-1}(l, z) + O(h^3), \tag{15}$$

$$\int_{E_z} X_z\, dx\, dy = \frac{1}{2} h^2 X_z' \cos^{-1}(l, x) \cos^{-1}(l, y) + O(h^3).$$

$$\int_{E_l} X_l\, d\sigma = \frac{1}{2} h^2 X_l' \cos^{-1}(l, x) \cos^{-1}(l, y) \cos^{-1}(l, z) + O(h^3).$$

Aus (14) und (15) folgt jetzt nach einem Übergang zur Grenze, $h \to 0$,

$$X_x' \cos^{-1}(l, y) \cos^{-1}(l, z) + X_y' \cos^{-1}(l, x) \cos^{-1}(l, z) + X_z' \cos^{-1}(l, x) \cos^{-1}(l, y) = X_l' \cos^{-1}(l, x) \cos^{-1}(l, y) \cos^{-1}(l, z),$$

oder einfacher

$$X_l' = X_x' \cos(l, x) + X_y' \cos(l, y) + X_z' \cos(l, z). \tag{16}$$

Ebenso ist

$$\begin{aligned} Y_l' &= Y_x' \cos(l, x) + Y_y' \cos(l, y) + Y_z' \cos(l, z), \\ Z_l' &= Z_x' \cos(l, x) + Z_y' \cos(l, y) + Z_z' \cos(l, z). \end{aligned} \tag{17}$$

Die gleichen Formeln gelten, wie man sich leicht überzeugt, auch wenn unter den Größen (13) negative vorkommen.

Bei der Ableitung der Ausdrücke (16) und (17) ist vorausgesetzt worden, daß (l) zu keiner der drei Koordinatenebenen parallel ist. Es möge jetzt im Gegensatz hierzu (l) etwa der x-y-Ebene parallel sein. Es sei (l_0) eine beliebige Halbgerade, so daß die Winkel (x, l_0), (y, l_0), (z, l_0) von $\frac{\pi}{2}$ verschieden sind. Nach (16) ist gewiß

$$X_{l_0}' = X_x' \cos(l_0, x) + X_y' \cos(l_0, y) + X_z' \cos(l_0, z).$$

Lassen wir jetzt (l_0) gegen (l) konvergieren und beachten wir die Stetigkeitseigenschaften der Spannungskomponenten, so finden wir die Formel (16) wieder. Sie gilt also allgemein.

Aus (16) folgt wegen $\cos(x, -l) = -\cos(x, l)$ abermals

$$X_{-l} = -X_l. \tag{18}$$

Es sei jetzt $\mathfrak{T}+\mathfrak{S}$ irgendein Bereich ganz im Innern von $\boldsymbol{T}$, dessen Begrenzung $\mathfrak{S}$ aus einer endlichen Anzahl geschlossener Flächen mit stetiger Normale besteht. Es ist dann wegen (16), der Formel (15) des zweiten Kapitels gemäß

$$\int\limits_{\mathfrak{S}} X_n\,d\sigma = \int\limits_{\mathfrak{S}} (X_x \cos(n,x) + X_y \cos(n,y) + X_z \cos(n,z))\,d\sigma$$
$$= -\int\limits_{\mathfrak{T}} \left(\frac{\partial X_x}{\partial x} + \frac{\partial X_y}{\partial y} + \frac{\partial X_z}{\partial z}\right) d\tau\,,$$

mithin nach (5)

$$\int\limits_{\mathfrak{T}} \left\{\varrho\left(X - \frac{du}{dt}\right) - \left(\frac{\partial X_x}{\partial x} + \frac{\partial X_y}{\partial y} + \frac{\partial X_z}{\partial z}\right)\right\} d\tau = 0\,. \tag{19}$$

Diese Relation gilt für jeden Bereich $\mathfrak{T}+\mathfrak{S}$ in $\boldsymbol{T}$. Also muß die Funktion unter dem Integralzeichen in (19) verschwinden,

$$\varrho\left(X - \frac{du}{dt}\right) = \frac{\partial X_x}{\partial x} + \frac{\partial X_y}{\partial y} + \frac{\partial X_z}{\partial z} \tag{20}$$

sein[4]. Wäre nämlich der fragliche Ausdruck in einem Stetigkeitspunkte (x^0, y^0, z^0) in $\boldsymbol{T}$ sagen wir positiv, so würde er auch noch in allen Punkten einer gewissen Umgebung $\mathfrak{T}$ von (x^0, y^0, z^0) positiv sein. Das über $\mathfrak{T}$ erstreckte Integral würde dann positiv ausfallen.

Geht man von den beiden anderen Gleichungen (5) aus, so gelangt man zu den analogen Formeln

$$\begin{aligned} \varrho\left(Y - \frac{dv}{dt}\right) &= \frac{\partial Y_x}{\partial x} + \frac{\partial Y_y}{\partial y} + \frac{\partial Y_z}{\partial z}\,,\\ \varrho\left(Z - \frac{dw}{dt}\right) &= \frac{\partial Z_x}{\partial x} + \frac{\partial Z_y}{\partial y} + \frac{\partial Z_z}{\partial z}\,. \end{aligned} \tag{21}$$

Man sieht leicht ein, daß aus (20) und (21) umgekehrt die Gleichungen (5) folgen.

Nunmehr die Gleichungen (6). Vor allem ist

$$\int\limits_{\mathfrak{S}} (X_n y - Y_n x)\,d\sigma = \int\limits_{\mathfrak{S}} \{[X_x \cos(n,x) + X_y \cos(n,y) + X_z \cos(n,z)]\,y$$
$$- [Y_x \cos(n,x) + Y_y \cos(n,y) + Y_z \cos(n,z)]\,x\}\,d\sigma$$
$$= -\int\limits_{\mathfrak{T}} \left\{\frac{\partial}{\partial x}(X_x y - Y_x x) + \frac{\partial}{\partial y}(X_y y - Y_y x) + \frac{\partial}{\partial z}(X_z y - Y_z x)\right\} d\tau$$
$$= \int\limits_{\mathfrak{T}} \left\{x\left(\frac{\partial Y_x}{\partial x} + \frac{\partial Y_y}{\partial y} + \frac{\partial Y_z}{\partial z}\right) - y\left(\frac{\partial X_x}{\partial x} + \frac{\partial X_y}{\partial y} + \frac{\partial X_z}{\partial z}\right)\right\} d\tau - \int\limits_{\mathfrak{T}} (X_y - Y_x)\,d\tau\,.$$

---

[4] Die Flächen mit stetiger Normale, auf denen $\varrho;\ \frac{du}{dt}, \ldots;\ \frac{\partial X_x}{\partial x}, \ldots, \frac{\partial Z_z}{\partial z}$ sich möglicherweise sprungweise ändern, bleiben hierbei außer Betracht, überall sonst gilt aber (20).

Die erste der Gleichungen (6) gibt jetzt mit Rücksicht auf (20) und (21)

$$\int_{\mathfrak{T}} (Y_x - X_y)\, d\tau = 0,$$

mithin $X_y = Y_x$. Analog ist $X_z = Z_x$, $Y_z = Z_y$. Es ist leicht einzusehen, daß, wenn diese Gleichungen erfüllt sind, auch die Gleichungen (6) gelten.

Wir fassen jetzt die bisherigen Ergebnisse wie folgt zusammen. Im Bereiche $\boldsymbol{T} + \boldsymbol{S}$, den wir uns mit beliebigen Kontinuen erfüllt zu denken haben, sind neun stetige, allenfalls abteilungsweise stetige Ortsfunktionen

$$X_x, Y_x, Z_x;\quad X_y, Y_y, Z_y;\quad X_z, Y_z, Z_z; \tag{22}$$

$$X_y = Y_x,\quad X_z = Z_x,\quad Y_z = Z_y \tag{23}$$

erklärt, die stetige, allenfalls abteilungsweise stetige partielle Ableitungen erster Ordnung haben. Die Matrix der Größen (22) ist wegen (23) symmetrisch. Es sei (l) eine vom Punkte (x, y, z) im Innern von $\boldsymbol{T}$ ausgehende Richtung (Halbegrade), und es sei $d\sigma_l$ ein Flächenelement durch (x, y, z) senkrecht zu (l). Die Größen

$$\begin{aligned} X_l &= X_x \cos(l, x) + X_y \cos(l, y) + X_z \cos(l, z), \\ Y_l &= Y_x \cos(l, x) + Y_y \cos(l, y) + Y_z \cos(l, z), \\ Z_l &= Z_x \cos(l, x) + Z_y \cos(l, y) + Z_z \cos(l, z) \end{aligned} \tag{24}$$

sind die Komponenten eines Vektors, der auf das Flächenelement $d\sigma_l$ im Sinne der Normale (l) wirkenden Spannung[5]. Die $\boldsymbol{T} + \boldsymbol{S}$ erfüllenden Kontinua mögen ruhen oder in Bewegung begriffen sein. Gelten, wie wir weiter annehmen wollen, für alle (x, y, z) in $\boldsymbol{T}$ die Gleichungen

$$\begin{aligned} \varrho\left(X - \frac{du}{dt}\right) &= \frac{\partial X_x}{\partial x} + \frac{\partial Y_x}{\partial y} + \frac{\partial Z_x}{\partial z}, \\ \varrho\left(Y - \frac{dv}{dt}\right) &= \frac{\partial X_y}{\partial x} + \frac{\partial Y_y}{\partial y} + \frac{\partial Z_y}{\partial z}, \\ \varrho\left(Z - \frac{dw}{dt}\right) &= \frac{\partial X_z}{\partial x} + \frac{\partial Y_z}{\partial y} + \frac{\partial Z_z}{\partial z}, \end{aligned} \tag{25}$$

so gelten auch in jedem Stetigkeitsbereiche $\mathfrak{T} + \mathfrak{S}$ in $\boldsymbol{T}$ die Gleichungen (5) und (6); die Massenkräfte, die negativ genommenen Beschleunigungskräfte in $\mathfrak{T}$ und die Spannkräfte auf $\mathfrak{S}$ genügen den sechs Gleichgewichtsbedingungen der Kräfte an einem starren Körper.

---

[5] Durch die Ebene E, die (x, y, z) enthält und auf (l) senkrecht steht, wird $\boldsymbol{T}$ in zwei, möglicherweise aus mehreren (oder selbst abzählbar unendlich vielen) Gebieten bestehende Teile zerlegt. Derjenige Teil, in den (l) hineinfällt, heiße $\boldsymbol{T}^+$, der andere $\boldsymbol{T}^-$. Man bezeichnet oft $X_l\, d\sigma_l$, $Y_l\, d\sigma_l$, $Z_l\, d\sigma_l$ als Komponenten derjenigen Spannkraft, die auf $d\sigma_l$ „von seiten der in $\boldsymbol{T}^-$ liegenden Massenteilchen" ausgeübt wird.

Die eingangs aufgeworfene Frage, ob die Gleichungen (5) und (6) tatsächlich für *alle* $\mathfrak{T}$ in $\boldsymbol{T}$ erfüllt sein können, ist jetzt auf die Frage zurückgeführt, ob die Gleichungen (25) Lösungen haben.

2. Koordinatentransformation. Spannungstensor. Hauptspannungen. Den vorstehenden Betrachtungen liegt ein bestimmtes rechtwinkliges Koordinatensystem x-y-z zugrunde. Es sei $\dot{x}$-$\dot{y}$-$\dot{z}$ irgendein anderes orthogonales Koordinatensystem. Die Kosinus der neun von den sechs Halbgeraden paarweise eingeschlossenen Winkel bilden eine orthogonale Matrix

(26)

	x	y	z
$\dot{x}$	α_{11}	α_{12}	α_{13}
$\dot{y}$	α_{21}	α_{22}	α_{23}
$\dot{z}$	α_{31}	α_{32}	α_{33}

mit

$$\alpha_{11} = \cos(\dot{x}, x), \quad \alpha_{12} = \cos(\dot{x}, y), \ldots$$

$$\alpha_{11}^2 + \alpha_{12}^2 + \alpha_{13}^2 = 1, \quad \alpha_{11}\alpha_{21} + \alpha_{12}\alpha_{22} + \alpha_{13}\alpha_{23} = 0, \ldots,$$

$$\alpha_{11}^2 + \alpha_{21}^2 + \alpha_{31}^2 = 1, \quad \alpha_{11}\alpha_{12} + \alpha_{21}\alpha_{22} + \alpha_{31}\alpha_{32} = 0, \ldots.$$

Es gelten jetzt sechs zu (5) und (6) analogen Gleichungen

$$\int_{\mathfrak{T}} \varrho\left(\dot{X} - \frac{d\dot{u}}{dt}\right) d\tau + \int_{\mathfrak{S}} \dot{X}_n \, d\sigma = 0, \ldots, \tag{27}$$

unter $\dot{X}, \ldots; \dot{X}_n, \ldots; \frac{d\dot{u}}{dt}, \ldots$ die neuen Komponenten der Massenkräfte, der Spannungen und der Beschleunigung verstanden,

$$\begin{aligned} \dot{X} &= X\alpha_{11} + Y\alpha_{12} + Z\alpha_{13}, \ldots, \\ \dot{X}_n &= X_n\alpha_{11} + Y_n\alpha_{12} + Z_n\alpha_{13}, \ldots, \\ \frac{d\dot{u}}{dt} &= \frac{du}{dt}\alpha_{11} + \frac{dv}{dt}\alpha_{12} + \frac{dw}{dt}\alpha_{13}, \ldots. \end{aligned} \tag{28}$$

Die Gleichungen (27) sind gewiß für alle $\mathfrak{T}$ erfüllt, sofern, wie wir voraussetzen wollen, die Differentialgleichungen (25) Lösungen haben[6]. Durch Überlegungen, die den im vorstehenden durchgeführten ganz analog sind, gewinnt man die Formeln

$$\begin{aligned} \dot{X}_l &= \dot{X}_{\dot{x}}\cos(l, \dot{x}) + \dot{X}_{\dot{y}}\cos(l, \dot{y}) + \dot{X}_{\dot{z}}\cos(l, \dot{z}), \\ \dot{Y}_l &= \dot{Y}_{\dot{x}}\cos(l, \dot{x}) + \dot{Y}_{\dot{y}}\cos(l, \dot{y}) + Y_{\dot{z}}\cos(l, \dot{z}), \\ \dot{Z}_l &= \dot{Z}_{\dot{x}}\cos(l, \dot{x}) + \dot{Z}_{\dot{y}}\cos(l, \dot{y}) + \dot{Z}_{\dot{z}}\cos(l, \dot{z}), \end{aligned} \tag{29}$$

[6] Man gelangt bsp. zu der ersten der Formeln (27), indem man die Gleichungen (5) entsprechend mit $\alpha_{11}, \alpha_{12}, \alpha_{13}$ multipliziert und zusammenfaßt.

insbesondere also

$$
(30)\quad
\begin{aligned}
&\dot X_x = \dot X_{\dot x}\alpha_{11} + \dot X_{\dot y}\alpha_{21} + \dot X_{\dot z}\alpha_{31}, \quad \dot X_y = \dot X_{\dot x}\alpha_{12} + \dot X_{\dot y}\alpha_{22} + \dot X_{\dot z}\alpha_{32}, \\
&\qquad \dot X_z = \dot X_{\dot x}\alpha_{13} + \dot X_{\dot y}\alpha_{23} + \dot X_{\dot z}\alpha_{33}; \\
&\dot Y_x = \dot Y_{\dot x}\alpha_{11} + \dot Y_{\dot y}\alpha_{21} + \dot Y_{\dot z}\alpha_{31}, \quad \dot Y_y = \dot Y_{\dot x}\alpha_{12} + \dot Y_{\dot y}\alpha_{22} + \dot Y_{\dot z}\alpha_{32}, \\
&\qquad \dot Y_z = \dot Y_{\dot x}\alpha_{13} + \dot Y_{\dot y}\alpha_{23} + \dot Y_{\dot z}\alpha_{33}; \\
&\dot Z_x = \dot Z_{\dot x}\alpha_{11} + \dot Z_{\dot y}\alpha_{21} + \dot Z_{\dot z}\alpha_{31}, \quad \dot Z_y = \dot Z_{\dot x}\alpha_{12} + \dot Z_{\dot y}\alpha_{22} + \dot Z_{\dot z}\alpha_{32}, \\
&\qquad \dot Z_z = \dot Z_{\dot x}\alpha_{13} + \dot Z_{\dot y}\alpha_{23} + \dot Z_{\dot z}\alpha_{33}.
\end{aligned}
$$

Es ist jetzt leicht, $\dot X_{\dot x}, \ldots, \dot Z_{\dot z}$ durch $X_x, \ldots, Z_z$ auszudrücken. In der Tat folgt aus den Ausdrücken für $\dot X_x$, $\dot X_y$, $\dot X_z$ in (30) durch Multiplikation mit $\alpha_{11}, \alpha_{12}, \alpha_{13}; \alpha_{21}, \alpha_{22}, \alpha_{23}; \alpha_{31}, \alpha_{32}, \alpha_{33}$ und Zusammenfassung entsprechend

$$
\begin{aligned}
\dot X_{\dot x} &= \dot X_x\alpha_{11} + \dot X_y\alpha_{12} + \dot X_z\alpha_{13}, \\
\dot X_{\dot y} &= \dot X_x\alpha_{21} + \dot X_y\alpha_{22} + \dot X_z\alpha_{23}, \\
\dot X_{\dot z} &= \dot X_x\alpha_{31} + \dot X_y\alpha_{32} + \dot X_z\alpha_{33},
\end{aligned}
$$

mithin wegen (28)

$$
(31)\quad
\begin{aligned}
\dot X_{\dot x} &= \alpha_{11}(X_x\alpha_{11} + Y_x\alpha_{12} + Z_x\alpha_{13}) + \alpha_{12}(X_y\alpha_{11} + Y_y\alpha_{12} + Z_y\alpha_{13}) \\
&\quad + \alpha_{13}(X_z\alpha_{11} + Y_z\alpha_{12} + Z_z\alpha_{13}), \\
\dot X_{\dot y} &= \alpha_{21}(X_x\alpha_{11} + Y_x\alpha_{12} + Z_x\alpha_{13}) + \alpha_{22}(X_y\alpha_{11} + Y_y\alpha_{12} + Z_y\alpha_{13}) \\
&\quad + \alpha_{23}(X_z\alpha_{11} + Y_z\alpha_{12} + Z_z\alpha_{13}), \\
\dot X_{\dot z} &= \alpha_{31}(X_x\alpha_{11} + Y_x\alpha_{12} + Z_x\alpha_{13}) + \alpha_{32}(X_y\alpha_{11} + Y_y\alpha_{12} + Z_y\alpha_{13}) \\
&\quad + \alpha_{33}(X_z\alpha_{11} + Y_z\alpha_{12} + Z_z\alpha_{13}).
\end{aligned}
$$

Analoge Formeln gelten für die übrigen Spannungskomponenten $\dot Y_{\dot x}, \ldots, \dot Z_{\dot z}$. Die Ausdrücke (31) sind lineare Funktionen der Größen $X_x, \ldots, Z_z$ und quadratische Formen der neun Richtungskosinus $\alpha_{11}, \ldots, \alpha_{33}$. Man gelangt zu einem einfachen zusammenfassenden Ausdrucke für die Transformationsformeln (31) durch die folgende Betrachtung. Es seien p, q, r; $\dot p, \dot q, \dot r$ die Komponenten eines beliebigen Vektors in den beiden Koordinatensystemen,

$$
(32)\quad
\begin{aligned}
&\dot p = p\alpha_{11} + q\alpha_{12} + r\alpha_{13}, \quad \dot q = p\alpha_{21} + q\alpha_{22} + r\alpha_{23}, \\
&\qquad \dot r = p\alpha_{31} + q\alpha_{32} + r\alpha_{33}; \\
&p = \dot p\alpha_{11} + \dot q\alpha_{21} + \dot r\alpha_{31}, \quad q = \dot p\alpha_{12} + \dot q\alpha_{22} + \dot r\alpha_{32}, \\
&\qquad r = \dot p\alpha_{13} + \dot q\alpha_{23} + \dot r\alpha_{33}.
\end{aligned}
$$

Es gilt bekanntlich

$$
(33)\quad X_l p + Y_l q + Z_l r = \dot X_l \dot p + \dot Y_l \dot q + \dot Z_l \dot r. \text{[7]}
$$

[7] Der Ausdruck (33) stellt ja das Produkt der Beträge der beiden Vektoren in den Kosinus des eingeschlossenen Winkels dar.

Wir bezeichnen jetzt denjenigen Vektor, der die Richtung (l) und den Betrag 1 hat, mit $\mathbf{p}, \mathbf{q}, \mathbf{r}$; $\dot{\mathbf{p}}, \dot{\mathbf{q}}, \dot{\mathbf{r}}$,

$$
(34)\quad
\begin{aligned}
&\mathbf{p} = \cos(l, x), \quad \mathbf{q} = \cos(l, y), \quad \mathbf{r} = \cos(l, z),\\
&\dot{\mathbf{p}} = \cos(l, \dot x), \quad \dot{\mathbf{q}} = \cos(l, \dot y), \quad \dot{\mathbf{r}} = \cos(l, \dot z);\\
&\dot{\mathbf{p}} = \mathbf{p}\,\alpha_{11} + \mathbf{q}\,\alpha_{12} + \mathbf{r}\,\alpha_{13}, \quad \dot{\mathbf{q}} = \mathbf{p}\,\alpha_{21} + \mathbf{q}\,\alpha_{22} + \mathbf{r}\,\alpha_{23}, \ldots,\\
&\mathbf{p} = \dot{\mathbf{p}}\,\alpha_{11} + \dot{\mathbf{q}}\,\alpha_{21} + \dot{\mathbf{r}}\,\alpha_{31}, \quad \mathbf{q} = \dot{\mathbf{p}}\,\alpha_{12} + \dot{\mathbf{q}}\,\alpha_{22} + \dot{\mathbf{r}}\,\alpha_{32}, \ldots.
\end{aligned}
$$

Dann gibt (33) wegen (24) und (29) nach einer leichten Umformung

$$
\begin{aligned}
&X_x p\mathbf{p} + X_y p\mathbf{q} + X_z p\mathbf{r} + Y_x q\mathbf{p} + Y_y q\mathbf{q} + Y_z q\mathbf{r} + Z_x r\mathbf{p} + Z_y r\mathbf{q} + Z_z r\mathbf{r}\\
&= \dot X_{\dot x}\dot p\dot{\mathbf{p}} + \dot X_{\dot y}\dot p\dot{\mathbf{q}} + \dot X_{\dot z}\dot p\dot{\mathbf{r}} + Y_{\dot x}\dot q\dot{\mathbf{p}} + Y_{\dot y}\dot q\dot{\mathbf{q}} + Y_{\dot z}\dot q\dot{\mathbf{r}} + \dot Z_{\dot x}\dot r\dot{\mathbf{p}} + \dot Z_{\dot y}\dot r\dot{\mathbf{q}} + \dot Z_{\dot z}\dot r\dot{\mathbf{r}},
\end{aligned}
$$

oder in einer leicht ersichtlichen symbolischen Schreibweise

$$
(35)\qquad \sum X_x p\mathbf{p} = \sum \dot X_{\dot x}\dot p\dot{\mathbf{p}}.
$$

Aus dieser Beziehung, die für *alle* p, q, r; $\mathbf{p}, \mathbf{q}, \mathbf{r}$ gilt[8], erhält man wegen (32) und (34) sogleich die gesuchten Transformationsformeln.

Setzt man bsp. $\dot p = 1$, $\dot{\mathbf{p}} = 1$, $\dot q = \dot r = \dot{\mathbf{q}} = \dot{\mathbf{r}} = 0$, darum $p = \alpha_{11}$, $q = \alpha_{12}$, $r = \alpha_{13}$, $\mathbf{p} = \alpha_{11}$, $\mathbf{q} = \alpha_{12}$, $\mathbf{r} = \alpha_{13}$, so erhält man im Einklang mit der ersten der Formeln (31)

$$
\begin{aligned}
\dot X_{\dot x} = {} & X_x\alpha_{11}^2 + X_y\alpha_{11}\alpha_{12} + X_z\alpha_{11}\alpha_{13} + Y_x\alpha_{12}\alpha_{11} + Y_y\alpha_{12}^2 + Y_z\alpha_{12}\alpha_{13}\\
& + Z_x\alpha_{13}\alpha_{11} + Z_y\alpha_{13}\alpha_{12} + Z_z\alpha_{13}^2.
\end{aligned}
$$

Will man die Formeln für den Übergang von $\dot X_{\dot x}, \ldots$ zu $X_x, \ldots$ haben, so vertausche man bei den Größen α_{ik} die Indizes. Man findet so bsp.

$$
(36)\qquad
\begin{aligned}
X_x = {} & \dot X_{\dot x}\alpha_{11}^2 + \dot X_{\dot y}\alpha_{11}\alpha_{21} + \dot X_{\dot z}\alpha_{11}\alpha_{31}\\
& + \dot Y_{\dot x}\alpha_{21}\alpha_{11} + \dot Y_{\dot y}\alpha_{21}^2 + \dot Y_{\dot z}\alpha_{21}\alpha_{31} + \dot Z_{\dot x}\alpha_{31}\alpha_{11} + \dot Z_{\dot y}\alpha_{31}\alpha_{21} + \dot Z_{\dot z}\alpha_{31}^2.
\end{aligned}
$$

Neun Größen $X_x, \ldots, Z_z$, die sich der Gleichung (35) gemäß transformieren, nennt man Komponenten eines Tensors.

Im vorliegenden Falle wird man speziell von einem *Spannungstensor* sprechen. Dieser ist wegen (23) symmetrisch[9]. Den Tensoren sind wir bereits in dem fünften Kapitel (S. 189) begegnet.

Durch die Festsetzungen 1. und 2. (S. 264), deren analytischen Ausdruck die Formeln (5) und (6), bzw. (23) und (25) darstellen, sind die Spannungskomponenten nicht eindeutig bestimmt. Die Formeln (25) gelten bei unveränderten Werten von X, Y, Z, $\frac{du}{dt}$, $\frac{dv}{dt}$, $\frac{dw}{dt}$, wenn

[8] Offenbar braucht $\mathbf{p}^2 + \mathbf{q}^2 + \mathbf{r}^2$ nicht notwendig, wie ursprünglich angenommen, den Wert 1 zu haben.

[9] Die bei beliebigen schiefwinkligen Koordinatensystemen übliche Unterscheidung zwischen kovarianten und kontravarianten Tensorkomponenten fällt im vorliegenden Falle, wo stets nur rechtwinklige Koordinatenachsen in Betracht kommen, fort. Vgl. bsp. W. Pauli jun., loc. cit. [74] V S. 574.

man für $X_x, X_y, \ldots, Z_z$ entsprechend einsetzt

$$X_x + \bar{p},\ X_y,\ X_z;\quad Y_x,\ Y_y + \bar{p},\ Y_z;\quad Z_x,\ Z_y,\ Z_z + \bar{p}\quad (\bar{p}\ \text{konstant})$$

und dementsprechend allgemein X_l, Y_l, Z_l durch

$$X_l + \bar{p}\cos(l,x),\quad Y_l + \bar{p}\cos(l,y),\quad Z_l + \bar{p}\cos(l,z)$$

ersetzt. Der Spannungstensor

$$\begin{matrix} \bar{p}, & 0, & 0 \\ 0, & \bar{p}, & 0 \\ 0, & 0, & \bar{p} \end{matrix}$$

entspricht einem konstanten „allseitigen Druck" vom Betrage $\bar{p}$ in der Richtung der Normale zum jeweils betrachteten Flächenelement[10]. Wir setzen willkürlich fest, daß *in den Randflächen des Systems, die an das Vakuum angrenzen (die „vollkommen frei" sind), die Spannungskomponenten verschwinden.* Wie wir weiter unten sehen werden, ist in der Hydrostatik der Spannungszustand des Systems durch die Gleichungen (23) und (25) und durch die neue Festsetzung vollkommen bestimmt[11]. Wir werden auch sehen, durch welche Messungen er tatsächlich ermittelt werden kann.

Wir nehmen an, daß $X_x, X_y, \ldots, Z_z$ im Punkte A in $\boldsymbol{T}$ nicht gleichzeitig verschwinden, und fragen, ob es Richtungen (l) gibt, die so beschaffen sind, daß die Spannung auf $d\sigma_l$ in (l) oder $(-l)$ hineinfällt, also auf $d\sigma_l$ senkrecht steht? Die Richtungskosinus von (l) müssen nach (24), wenn $|B_l|$ den Betrag des Vektors X_l, Y_l, Z_l bezeichnet $(B_l^2 = X_l^2 + Y_l^2 + Z_l^2)$, da jetzt

$$X_l = B_l\cos(l,x),\qquad Y_l = B_l\cos(l,y),\qquad Z_l = B_l\cos(l,z) \tag{37}$$

ist[12], die Gleichungen

$$\begin{aligned} (X_x - B_l)\cos(l,x) + X_y\cos(l,y) + X_z\cos(l,z) &= 0, \\ Y_x\cos(l,x) + (Y_y - B_l)\cos(l,y) + Y_z\cos(l,z) &= 0, \\ Z_x\cos(l,x) + Z_y\cos(l,y) + (Z_z - B_l)\cos(l,z) &= 0 \end{aligned} \tag{38}$$

erfüllen. Da $\cos(l,x)$, $\cos(l,y)$, $\cos(l,z)$, der Beziehung

$$\cos^2(l,x) + \cos^2(l,y) + \cos^2(l,z) = 1 \tag{39}$$

---

[10] Falls $\bar{p} > 0$ ist; für $\bar{p} < 0$ dagegen einem Zuge.

[11] Nötigenfalls sind noch geeignete Randbedingungen heranzuziehen (vgl. die Ausführungen des elften Kapitels).

[12] In (37) bezeichnet B_l den Betrag des Vektors X_l, Y_l, Z_l oder den hierzu entgegengesetzten Wert, je nachdem die Spannung auf $d\sigma_l$ in (l) oder in $(-l)$ hineinfällt.

gemäß, nicht gleichzeitig verschwinden können, so muß die Determinante der Gleichungen (38),

$$(40)\qquad \begin{vmatrix} X_x - B_l & X_y & X_z \\ Y_x & Y_y - B_l & Y_z \\ Z_x & Z_y & Z_z - B_l \end{vmatrix} = 0$$

sein. Wegen $X_y = Y_x$, $Z_x = X_z$, $Y_z = Z_y$ ist diese Determinante symmetrisch, darum hat, wie man weiß, die „Säkulargleichung" (40) drei reelle Wurzeln, die nicht notwendig voneinander verschieden zu sein brauchen[13]. Sind einmal die Wurzeln $N^{(1)}$, $N^{(2)}$, $N^{(3)}$ von (40) gefunden, so sind zur Bestimmung der Richtungskosinus $\cos(l, x)$, $\cos(l, y)$, $\cos(l, z)$ die Gleichungen (38), die diesmal nicht voneinander unabhängig sind, und die Beziehung (39) heranzuziehen. Je nach der Anzahl der voneinander verschiedenen Wurzeln sind dabei verschiedene Fälle zu unterscheiden. Die sich hier darbietende Diskussion läßt sich abkürzen, wenn man beachtet, daß man auf genau dieselben Gleichungen geführt wird, wenn man die Hauptachsen der beiden Flächen zweiter Ordnung

$$(41)\qquad X_x \mathfrak{x}^2 + Y_y \mathfrak{y}^2 + Z_z \mathfrak{z}^2 + 2 X_y \mathfrak{x}\mathfrak{y} + 2 X_z \mathfrak{x}\mathfrak{z} + 2 Y_z \mathfrak{y}\mathfrak{z} = \pm 1$$

zu bestimmen sucht[14]. Jeder Strahl durch den Koordinatenursprung, der dem Asymptotenkegel von (41) nicht angehört, trifft eine der beiden Flächen (41) in zwei im Endlichen gelegenen, in bezug auf den Koordinatenursprung symmetrischen reellen Punkten; die beiden Schnittpunkte mit der anderen Fläche sind imaginär.

Es möge zunächst die Determinante

$$(42)\qquad \begin{vmatrix} X_x & X_y & X_z \\ Y_x & Y_y & Y_z \\ Z_x & Z_y & Z_z \end{vmatrix} \neq 0$$

sein. Die Flächen (41) haben *einen* im Koordinatenursprung gelegenen Mittelpunkt. Die gesuchten Halbgeraden (l) fallen in die Hauptachsen von (41) hinein. Sind $N^{(1)}, N^{(2)}, N^{(3)}$ voneinander verschieden, so gibt es sechs und nur sechs paarweise einander entgegengesetzte, wohlbestimmte Richtungen (l), so daß die Spannung auf σ_l in (l) oder $(-l)$ hineinfällt. Man nennt $N^{(1)}$, $N^{(2)}$, $N^{(3)}$ *Hauptspannungen*. Ist $N^{(1)} = N^{(2)} \neq N^{(3)}$, so sind (41) Rotationsflächen. Die Umdrehungsachse sowie alle auf ihr senkrecht stehenden Richtungen haben diesmal die verlangte Eigenschaft. Für $N^{(1)} = N^{(2)} = N^{(3)}$ erhalten wir eine reelle und eine imaginäre Kugel. Jetzt steht die Spannung allemal auf dem zugehörigen

---

[13] Vgl. bsp. G. Kowalewski, loc. cit. [70] V S. 114—118.

[14] Wir bezeichnen die laufenden Koordinaten, bezogen auf das durch A parallel zu dem Achsenkreuz x-y-z gelegte Achsenkreuz, mit $\mathfrak{x}$, $\mathfrak{y}$, $\mathfrak{z}$.

Flächenelement senkrecht. Ihr Betrag ist von der Richtung unabhängig. In der Tat ist nunmehr, da ja (41) Kugeln sein sollen, $X_x = Y_y = Z_z = p$, $X_y = X_z = Y_z = 0$, darum nach (24) bei beliebigen (l)

$$(43) \qquad X_l = p\cos(l,x), \quad Y_l = p\cos(l,y), \quad Z_l = p\cos(l,z),$$

somit, wie behauptet, $X_l^2 + Y_l^2 + Z_l^2 = p^2$. Die Spannung fällt in (l) oder in $(-l)$ hinein, je nachdem p größer oder kleiner als 0 ist.

Die Mittelpunktsflächen (41) stehen in einer weiteren naheliegenden Beziehung zu den Spannungen im Punkte A. Der Vektor X_l, Y_l, Z_l steht bei beliebigem (l) allemal auf derjenigen Durchmesserebene von (41) senkrecht, die zu (l) konjugiert ist. Die Richtungskosinus der Normale zur fraglichen Ebene sind nämlich durch die Formeln

$$(44) \qquad \cos\alpha : \cos\beta : \cos\gamma = X_x\cos(l,x) + X_y\cos(l,y) + X_z\cos(l,z)$$
$$: Y_x\cos(l,x) + Y_y\cos(l,y) + Y_z\cos(l,z) : Z_x\cos(l,x) + Z_y\cos(l,y) + Z_z\cos(l,z)$$

gegeben. Es hat weiter für alle (l) die Komponente des Spannungsvektors X_l, Y_l, Z_l in der Richtung von (l) wegen (24) den Wert

$$(45) \qquad N_l = X_l\cos(l,x) + Y_l\cos(l,y) + Z_l\cos(l,z)$$
$$= X_x\cos^2(l,x) + 2\,X_y\cos(l,x)\cos(l,y) + \cdots + Z_z\cos^2(l,z).$$

Ist etwa $N_l < 0$, so heißt dies natürlich, daß die betrachtete Vektorkomponente tatsächlich die Richtung von $(-l)$ hat. Es sei B der reelle Punkt, in dem der Halbstrahl (l) die Flächen (41) trifft. Seine Koordinaten sind $\overline{AB}\cos(l,x)$, $\overline{AB}\cos(l,y)$, $\overline{AB}\cos(l,z)$. Nach Einsetzen in (41) erhalten wir

$$(46) \qquad \overline{AB}^2\left(X_x\cos^2(l,x) + \cdots + Z_z\cos^2(l,z)\right) = \pm 1,$$

wo das Vorzeichen rechterhand mit demjenigen des Klammerausdruckes übereinstimmen muß. Aus (45) und (46) folgt jetzt

$$(47) \qquad N_l = \frac{1}{\overline{AB}^2} \quad \text{oder} \quad -\frac{1}{\overline{AB}^2},$$

je nachdem welche der beiden Flächen (41) von (l) in einem reellen Punkte getroffen wird.

Haben die Flächen (41) einen reellen Asymptotenkegel, so entspricht allen in diesen hineinfallenden Richtungen der Wert $N_l = 0$. Auf σ_l ist die Normalkomponente der Spannung gleich Null, die Spannung selbst liegt in σ_l.

Durch die Formel (45) wird die Normalkomponente des Spannungsvektors X_l, Y_l, Z_l für alle (l) bestimmt. Da auch seine Richtung nach vorstehendem als bekannt angesehen werden kann, so gestattet demnach eine Diskussion der Flächen (41) die Ermittelung von X_l, Y_l, Z_l selbst.

Ist

$$\begin{vmatrix} X_x & X_y & X_z \\ Y_x & Y_y & Y_z \\ Z_x & Z_y & Z_z \end{vmatrix} = 0,$$

so haben (41) *unendlichviele* Mittelpunkte, die eine Gerade oder eine Ebene erfüllen. Auch jetzt gibt es mindestens drei Richtungen von den eingangs genannten Eigenschaften, während mindestens eine Hauptspannung verschwindet. In der Tat hat diesmal die Gleichung (40) gewiß eine Wurzel gleich Null. Die weiteren sich an die Flächen (41) anschließenden Überlegungen lassen sich sinngemäß übertragen.

3. Ideelle Flüssigkeiten. Gleichungen der Bewegung. Energieprinzip. Die Gleichungen (3), (4) gelten, wie die mit ihnen im wesentlichen gleichwertigen Beziehungen (5) und (6), für alle möglichen kontinuierlichen Medien. Sie bilden das allgemeine Schema, in das sich sowohl die Hydrodynamik als auch die Dynamik elastischer Medien usw. einordnen lassen. Die besondere Natur eines bestimmten Kontinuums kommt durch geeignete spezielle Ansätze bezüglich der Komponenten des Spannungstensors zum Ausdruck. Wie in der Mechanik materieller Punktsysteme die Kräfte Leerstellen in einem allgemeinen Schema (dem Hamiltonschen Prinzip oder den Lagrangeschen Bewegungsgleichungen) darstellen, so sind in der Dynamik der Kontinua neben den Massen- und Oberflächenkräften die Spannungen Leerstellen in dem allgemeinen Schema der Gleichungen (3), (4) oder (5), (6). Wie dort sowohl das allgemeine Schema als auch die speziellen Ansätze für die Kräfte bei Behandlung einzelner mechanischer Probleme mathematische Ausdrücke für tatsächlich vorliegende Gesetzmäßigkeiten der Natur sind, so stellen jetzt sowohl das allgemeine Schema (5), (6) als auch die sogleich zu erörternden speziellen Ansätze für $X_x, \ldots, Z_z$ Naturgesetze dar.

Es ist von erheblichem Interesse die Wege zu verfolgen, auf denen die exakten Naturwissenschaften zu ihren Gesetzmäßigkeiten gelangt sind. In den Gleichungen (5), (6) erscheinen Spannkräfte als eine Art Reaktionskräfte, den Stützkräften vergleichbar, die in der Mechanik der Punktsysteme und Systeme starrer Körper auftreten. Bleiben wir einen Augenblick speziell bei der Hydromechanik stehen. Das in dem fünften Kapitel auseinandergesetzte und seitdem stets gebrauchte Bild einer mathematischen Flüssigkeit ist nicht anschaulich. Mit mathematischen Flüssigkeiten läßt sich bequem rechnen, doch kann man sich stetige Bewegungen, wie sie in der Kinematik (vgl. insbesondere S. 118) erklärt worden sind, nicht in dem Sinne vorstellen wie etwa stetige Ortsänderungen eines Systems starrer Körper. Nicht ohne Wichtigkeit erscheint nun ein Modell, mit dessen Hilfe sich die augenfällige Tatsache der ungehinderten Beweglichkeit der Flüssigkeit der Vorstellung näher bringen ließe. Dies um so mehr, als zu erwarten ist, daß, wenn erst einmal ein passendes Modell gefunden worden ist, es dann auch gelingen dürfte, Gesetze, denen umfassende Klassen von Bewegungen physikalischer Flüssigkeiten angenähert folgen, eben die Bewegungsgleichungen der Hydrodynamik, zu finden. Beschränken wir uns zuerst auf den einfachsten Fall einer unzusammendrückbaren Flüssigkeit. Hier drängt sich uns von selbst das Bild eines Haufens sehr kleiner, starrer, vollkommen glatter kongruenter Kugeln auf. Wie diese Kugeln aneinander vorbeigleiten, so bewegen sich einzelne Teilchen der Flüssigkeit gegeneinander, — dieses war ungefähr die Vorstellung, der sich gelegentlich Newton bediente. Die Betrachtung der Gesamtheit der zwischen den einzelnen Kugeln auftretenden Stützkräfte in Verknüpfung mit dem d'Alembertschen Prinzip führt bei weiterer Idealisierung zu den in **1.** angegebenen Postulaten. Freilich war der Begriff des Flüssigkeitsdruckes, in der Hauptsache auf tropfbare Flüssigkeiten beschränkt, die der Wirkung der Schwerkraft allein unterworfen sind, und hier im wesentlichen als Stützkraft aufgefaßt, den Physikern seit alters her geläufig. Auch spielen Molekularhypothesen mit ihren zwischen den einzelnen Molekeln wirkenden „Attraktions- bzw. Repulsionskräften", des „Strebens" materieller Teilchen gegeneinander bzw. voneinander fort, bei der Ausbildung des mathematischen Begriffes des Spannungszustandes eine erhebliche Rolle. Die mathematische Präzisierung des Begriffes der Spannungskräfte bei beliebigen kontinuierlichen Medien verdankt man Cauchy. Die auf die Dynamik ideeller Flüssigkeiten bezüglichen Entwicklungen hat schon viel früher Euler gegeben[14a].

Wir gehen auf die vorhin angedeuteten heuristischen Betrachtungen nicht näher ein; das Ziel unserer letzten Ausführungen war lediglich, die Grundgleichungen (5), (6) der Vorstellung näherzubringen. Ihre überzeugende Rechtfertigung finden diese Gleichungen tatsächlich erst in der innerhalb gewisser Grenzen vorhandenen Übereinstimmung zwischen manchen, zum Teil weit entfernten Schlußfolgerungen mit den Ergebnissen der Beobachtung und des Experiments. Dieser Satz ist freilich nicht so zu verstehen, als hätten heuristische Erwägungen nach Art derjenigen, die einst die Forschung auf die Bewegungsgleichungen der Hydrodynamik geführt haben, keinen Wert. Ganz im Gegenteil sind Arbeitshypothesen, getragen von feiner physikalischer Intuition, auch heute noch vom höchsten Wert. In manchen liegt eine erhebliche Dosis Wirklichkeit.

[14a] Historische Einzelheiten und weitere Literatur finden sich in den Encyklopädieartikeln von A. E. H. Love, IV, 3., Art. 15—16, Hydrodynamik: I. Physikalische Grundlegung; II. Theoretische Ausführungen, S. 50—85, 86—149 angegeben.

Auch in diesem Zusammenhang sei nachdrücklich auf die bahnbrechenden Untersuchungen von Émile Meyerson hingewiesen[15].

Wir kehren zu den vorhin unterbrochenen Betrachtungen zurück. Die Gleichungen (5), (6) bilden, wie bereits bemerkt, ein allgemeines Schema, das für umfangreiche Klassen kontinuierlicher Medien in gleicher Weise gilt. In der Physik tropfbarer Flüssigkeiten lagen seit alters her Erfahrungen vor, die darauf hinwiesen, daß die Spannung auf dem Flächenelement senkrecht steht und den Sinn eines Druckes hat. Diese Erfahrungen bezogen sich zwar im wesentlichen auf Flüssigkeiten, die der alleinigen Wirkung der Schwere unterworfen waren und sich im Ruhezustande befanden (S. 323ff). Doch lag es nahe, auf bewegte Flüssigkeiten und beliebige Kräfte, d. h. beliebige äußere Begleitumstände zu extrapolieren, mit der Einschränkung, daß es sich um Vorgänge handelt, bei denen „Kapillarerscheinungen" keine merkliche Rolle spielen[16].

Es zeigt sich, daß die Ergebnisse der auf dieser Grundlage ausgeführten Rechnungen von den Ergebnissen der Beobachtung und des Experiments stets mehr oder weniger abweichen. Die Abweichungen sind im allgemeinen um so kleiner, je geringer die Deformation der Volumelemente der Flüssigkeit ist. Ist diese Abweichung so geringfügig, daß sie vernachlässigt werden kann, so sagen wir, daß sich *eine Reibung* (Flüssigkeitsreibung, innere Reibung), *nicht bemerkbar macht.* Eine Flüssigkeit ganz ohne innere Reibung stellt einen Grenzfall dar; sie wird als eine „ideelle" Flüssigkeit bezeichnet.

Wir beginnen mit den Bewegungsgleichungen der Flüssigkeiten ohne innere Reibung. *Zähe,* d. h. mit innerer Reibung behaftete Flüssigkeiten werden weiter unten (S. 285ff.) behandelt.

Lassen wir (l) zunächst mit der x-Achse zusammenfallen,

$$\cos(l,x)=1, \quad \cos(l,y)=0, \quad \cos(l,z)=0.$$

Aus (24) folgt

$$X_l = X_x, \quad Y_l = Y_x, \quad Z_l = Z_x; \tag{48}$$

da aber diesmal $Y_l = Z_l = 0$ sein soll, so sehen wir, daß Y_x und Z_x verschwinden müssen. Ebenso zeigt es sich, daß $Y_z = 0$ sein muß. Aus (24) ergibt sich jetzt für beliebige (l)

$$X_l = X_x \cos(l,x), \quad Y_l = Y_y \cos(l,y), \quad Z_l = Z_z \cos(l,z).$$

Offenbar fällt der Vektor X_l, Y_l, Z_l dann und nur dann stets in die

---

[15] É. Meyerson, Identité et Réalité, Dritte Auflage, XIX u. 571 S., Paris: F. Alcan 1926; De l'explication dans les sciences, Zweite Auflage, 784 S., Paris: Payot 1927.

[16] Kapillarerscheinungen machen sich mehr oder weniger bemerkbar, wenn das System zwei oder mehr verschiedene, einander berührende Flüssigkeiten (z. B. Wasser und Luft) enthält und mindestens eine von diesen einen Bereich erfüllt, dessen Ausdehnung in einer oder mehreren Richtungen sehr klein ist.

Richtung von (l) hinein, wenn

$$X_x = Y_y = Z_z = p \tag{49}$$

ist. *Dabei soll im allgemeinen $p > 0$ sein.* Als Grenzfall wird aber auch $p = 0$ zugelassen. Man nennt p den *Flüssigkeitsdruck*; p ist in $\boldsymbol{T} + \boldsymbol{S}$ stetig oder zum mindesten abteilungsweise stetig und hat stetige, allenfalls abteilungsweise stetige partielle Ableitungen erster Ordnung $\frac{\partial p}{\partial x}, \frac{\partial p}{\partial y}, \frac{\partial p}{\partial z}$.

Die Bewegungsgleichungen ideeller Flüssigkeiten sind nach (25), da $X_y = Y_x = Z_x = X_z = Y_z = Z_y = 0$ gilt,

$$\frac{du}{dt} - X = -\frac{1}{\varrho}\frac{\partial p}{\partial x}, \quad \frac{dv}{dt} - Y = -\frac{1}{\varrho}\frac{\partial p}{\partial y}, \quad \frac{dw}{dt} - Z = -\frac{1}{\varrho}\frac{\partial p}{\partial z}. \tag{50}$$

Sie sind zuerst von Euler angegeben worden.

Es sei daran erinnert, daß bezüglich der Funktionen $x(a, b, c, t)$, $y(a, b, c, t)$, $z(a, b, c, t)$ bisher lediglich vorausgesetzt worden ist, daß sie stetige, allenfalls abteilungsweise stetige partielle Ableitungen erster Ordnung haben, sowie daß die Beschleunigungskomponenten $\frac{du}{dt} = \frac{d^2x}{dt^2}$, $\frac{dv}{dt}, \frac{dw}{dt}$ vorhanden und stetig (abteilungsweise stetig) sind[16a]. Ist darüber hinaus bekannt, daß die Funktionen $u(x, y, z, t)$, $v(x, y, z, t)$, $w(x, y, z, t)$ stetige oder doch abteilungsweise stetige Ableitungen erster Ordnung haben, so kann man für (50) mit Rücksicht auf die Formeln (89) des fünften Kapitels auch setzen:

$$\begin{aligned} \frac{\partial u}{\partial t} + u\frac{\partial u}{\partial x} + v\frac{\partial u}{\partial y} + w\frac{\partial u}{\partial z} &= X - \frac{1}{\varrho}\frac{\partial p}{\partial x}, \\ \frac{\partial v}{\partial t} + u\frac{\partial v}{\partial x} + v\frac{\partial v}{\partial y} + w\frac{\partial v}{\partial z} &= Y - \frac{1}{\varrho}\frac{\partial p}{\partial y}, \\ \frac{\partial w}{\partial t} + u\frac{\partial w}{\partial x} + v\frac{\partial w}{\partial y} + w\frac{\partial w}{\partial z} &= Z - \frac{1}{\varrho}\frac{\partial p}{\partial z}. \end{aligned} \tag{51}$$

Die Voraussetzungen, von denen soeben die Rede war, sind gewiß erfüllt, wenn die Funktionen $x(a, b, c, t)$, $y(a, b, c, t)$, $z(a, b, c, t)$ stetig sind und stetige oder höchstens längs gewisser Hyperflächen sprungweise unstetige partielle Ableitungen erster und zweiter Ordnung $\frac{\partial x}{\partial a}, \frac{\partial x}{\partial b}, \frac{\partial x}{\partial c}, \frac{dx}{dt}, \frac{\partial}{\partial a}\left(\frac{dx}{dt}\right), \frac{\partial}{\partial b}\left(\frac{dx}{dt}\right), \frac{\partial}{\partial c}\left(\frac{dx}{\partial t}\right), \frac{d^2x}{dt^2}; \frac{\partial y}{\partial a}, \ldots, \frac{d^2z}{dt^2}$ haben.

Augenscheinlich haben wir hier es mit dem Eulerschen System der Variablen zu tun. Zu (51) kommt vor allem noch die Kontinuitätsgleichung hinzu, etwa in der Form

$$\frac{\partial \varrho}{\partial t} + \frac{\partial}{\partial x}(\varrho u) + \frac{\partial}{\partial y}(\varrho v) + \frac{\partial}{\partial z}(\varrho w) = 0 \tag{52}$$

[16a] Vgl. die Fußnote [3b].

oder, wenn es sich speziell um inkompressible Flüssigkeiten handelt, in der Form

$$\frac{\partial u}{\partial x} + \frac{\partial v}{\partial y} + \frac{\partial w}{\partial z} = 0.$$

Die Gleichungen (50), (51) gelten in jedem Stetigkeitsbereiche. Von etwaigen an Unstetigkeitsflächen hinzutretenden Ergänzungsrelationen wird später (S. 291 ff.) die Rede sein.

Multipliziert man die beiden Seiten der Gleichungen (50) entsprechend mit $\frac{\partial x}{\partial a}, \frac{\partial y}{\partial a}, \frac{\partial z}{\partial a}$ und faßt sie zusammen, so erhält man wegen

$$\frac{\partial p}{\partial x}\frac{\partial x}{\partial a} + \frac{\partial p}{\partial y}\frac{\partial y}{\partial a} + \frac{\partial p}{\partial z}\frac{\partial z}{\partial a} = \frac{\partial p}{\partial a},$$

$$\frac{du}{dt} = \frac{d^2x}{dt^2}, \qquad \frac{dv}{dt} = \frac{d^2y}{dt^2}, \qquad \frac{dw}{dt} = \frac{d^2z}{dt^2}$$

offenbar

$$(53) \qquad \left(\frac{d^2x}{dt^2} - X\right)\frac{\partial x}{\partial a} + \left(\frac{d^2y}{dt^2} - Y\right)\frac{\partial y}{\partial a} + \left(\frac{d^2z}{dt^2} - Z\right)\frac{\partial z}{\partial a} = -\frac{1}{\varrho}\frac{\partial p}{\partial a}.$$

In analoger Weise gelangt man zu den weiteren Gleichungen

$$(54) \qquad \begin{cases} \left(\frac{d^2x}{dt^2} - X\right)\frac{\partial x}{\partial b} + \left(\frac{d^2y}{dt^2} - Y\right)\frac{\partial y}{\partial b} + \left(\frac{d^2z}{dt^2} - Z\right)\frac{\partial z}{\partial b} = -\frac{1}{\varrho}\frac{\partial p}{\partial b}, \\ \left(\frac{d^2x}{dt^2} - X\right)\frac{\partial x}{\partial c} + \left(\frac{d^2y}{dt^2} - Y\right)\frac{\partial y}{\partial c} + \left(\frac{d^2z}{dt^2} - Z\right)\frac{\partial z}{\partial c} = -\frac{1}{\varrho}\frac{\partial p}{\partial c}. \end{cases}$$

Den Gleichungen (53) und (54) liegt das Lagrangesche System der unabhängigen Veränderlichen a, b, c, t zugrunde. Demgemäß wird die Kontinuitätsgleichung jetzt in der Form

$$(55) \qquad \varrho\frac{\partial(x, y, z)}{\partial(a, b, c)} = \varrho_0$$

oder, falls es sich um eine inkompressible Flüssigkeit handelt, einfacher in der Form

$$\frac{\partial(x, y, z)}{\partial(a, b, c)} = 1$$

geschrieben.

Die Gleichungen (53), (54) werden als die Lagrangeschen hydrodynamischen Gleichungen bezeichnet, obwohl auch sie zuerst von Euler angegeben worden sind.

Die Einheitskräfte X, Y, Z pflegt man zumeist als bekannte Funktionen von x, y, z und möglicherweise auch von t aufzufassen. So gilt z. B., wenn es sich um eine lediglich der Schwerkraft unterworfene Flüssigkeitsmasse handelt und etwa die z-Achse vertikal nach oben gerichtet ist, einfach

$$X = Y = 0, \qquad Z = -g.$$

In manchen Fällen sind freilich X, Y, Z nicht kurzerhand im voraus bekannte Orts- und Zeitfunktionen. Es möge sich z. B. um eine inkompressible, gleich temperierte Flüssigkeitsmasse T handeln, deren Teilchen einander nach dem Newtonschen Gesetze anziehen (gravitierende Flüssigkeit). Hier ist

$$X = \varkappa \int_T \bar{\varrho} \frac{\bar{x}-x}{\mathfrak{r}^3} d\bar{\tau}, \quad Y = \varkappa \int_T \bar{\varrho} \frac{\bar{y}-y}{\mathfrak{r}^3} d\bar{\tau}, \quad Z = \varkappa \int_T \bar{\varrho} \frac{\bar{z}-z}{\mathfrak{r}^3} d\bar{\tau},$$

$$\mathfrak{r}^2 = (\bar{x}-x)^2 + (\bar{y}-y)^2 + (\bar{z}-z)^2, \quad \bar{\varrho} = \bar{\varrho}(\bar{x}, \bar{y}, \bar{z}), \quad d\bar{\tau} = d\bar{x}\, d\bar{y}\, d\bar{z}.$$

($\varkappa$ = Gaußsche Gravitationskonstante).

Ist die Dichte ϱ in Abhängigkeit von x, y, z und t bekannt, so liefern die vorstehenden Formeln nach vollzogener Integration natürlich X, Y, Z als Funktionen von x, y, z und t. So liegen beispielsweise die Verhältnisse, wenn man es mit einer homogenen Flüssigkeit zu tun hat und die jeweilige Lage ihres Randes S gegeben ist, wenn die Flüssigkeit z. B. ein starres, geschlossenes, in bekannter Weise bewegtes Gefäß voll ausfüllt. Ist aber der Rand, und dies ist die Regel, ganz oder teilweise frei, so lassen sich X, Y, Z nicht im voraus als Funktionen von x, y, z und t bestimmen. Ist ferner die (inkompressible) Flüssigkeit nicht homogen, so sind ϱ und damit auch X, Y, Z gewiß bekannt, sobald man die Bewegung der Flüssigkeit kennt, da ja die Dichte an den Flüssigkeitsteilchen haftet, jedoch in der Regel nicht schon früher.

Es möge sich speziell um eine homogene Flüssigkeitsmasse handeln, deren Rand vollkommen frei ist, und es möge der Einfachheit halber angenommen werden, daß dieser Rand aus einer einzigen stetig gekrümmten, einfach zusammenhängenden Fläche besteht. Jeder einfach zusammenhängenden, stetig gekrümmten Fläche $\hat{S}$ in einer Nachbarschaft von S, die einen Bereich $\hat{T}$ einschließt, dessen Volumen demjenigen unserer Flüssigkeit gleich ist, entsprechen vermöge der Gleichungen

$$\hat{X} = \varkappa \int_{\hat{T}} \bar{\varrho} \frac{\bar{x}-x}{\mathfrak{r}^3} d\bar{\tau}, \quad \hat{Y} = \varkappa \int_{\hat{T}} \bar{\varrho} \frac{\bar{y}-y}{\mathfrak{r}^3} d\bar{\tau}, \quad \hat{Z} = \varkappa \int_{\hat{T}} \bar{\varrho} \frac{\bar{z}-z}{\mathfrak{r}^3} d\bar{\tau}$$

ganz bestimmte, in $\hat{T}$ erklärte Funktionen $\hat{X}$, $\hat{Y}$, $\hat{Z}$. Man sagt, $\hat{X}$ (und ebenso $\hat{Y}$ und $\hat{Z}$) sei ein *Funktional* (une fonctionnelle) von $\hat{S}$. Unter allen möglichen Funktionensystemen $\hat{X}, \hat{Y}, \hat{Z}$ befindet sich auch die einparametrige Schar der Funktionen $X(x, y, z; t)$, $Y(x, y, z; t)$, $Z(x, y, z; t)$, die unserer Flüssigkeitsmasse im Laufe ihrer Bewegung in dem Zeitintervall $\langle t_0, t_1 \rangle$ entspricht. Die wirkenden Kräfte sind nicht unmittelbar als Orts- und Zeitfunktionen, sondern in Form gewisser Funktionale gegeben.

Dieser Fall liegt, wie wir später sehen werden, bei zahlreichen wichtigen Problemen der Hydrodynamik, so z. B. in der Theorie der Gleichgewichtsfiguren rotierender Flüssigkeiten, in der Theorie der Gezeiten usw. vor. Für die Existenz- und Unitätsbetrachtungen entspringen aus dieser Tatsache oft besondere Schwierigkeiten.

Bevor wir zu einer Betrachtung zäher Flüssigkeiten übergehen, wollen wir aus (50) eine Beziehung ableiten, die sich später als sehr nützlich erweisen wird. Das den beschränkten Bereich $\boldsymbol{T}+\boldsymbol{S}$, den wir diesmal der Klasse A angehörig annehmen, erfüllende Medium möge aus einer oder mehreren, nicht notwendig homogenen, inkompressiblen Flüssigkeiten bestehen. Die Bewegung braucht nicht „regulär" zu sein, in $\boldsymbol{T}+\boldsymbol{S}$ können auch Unstetigkeitsflächen vorliegen. Es seien u_0, v_0, w_0 die Geschwindigkeitskomponenten des Teilchens (a, b, c) zur Zeit t_0; seine Dichte zur selben Zeit, ϱ_0, ist, da die Dichte am Teilchen haftet, gleich ϱ, der Dichte zur Zeit t. Multipliziert man die beiden Seiten der Gleichungen (50) entsprechend mit $\varrho u\, d\tau\, dt$, $\varrho v\, d\tau\, dt$, $\varrho w\, d\tau\, dt$, faßt zusammen und integriert in bezug auf x, y, z über $\boldsymbol{T}+\boldsymbol{S}$, in bezug auf die Zeit von t_0 bis t, so erhält man wegen

$$\int_{t_0}^{t}\left(u\frac{du}{dt}+v\frac{dv}{dt}+w\frac{dw}{dt}\right)dt=\frac{1}{2}(u^2+v^2+w^2)-\frac{1}{2}(u_0^2+v_0^2+w_0^2),$$ [16b]

wenn mit $\boldsymbol{T}_0$ das Bild von $\boldsymbol{T}$ zur Zeit t_0 bezeichnet wird, wie man leicht sieht,

$$\frac{1}{2}\int_{\boldsymbol{T}}\varrho(u^2+v^2+w^2)\,d\tau-\frac{1}{2}\int_{\boldsymbol{T}_0}\varrho_0(u_0^2+v_0^2+w_0^2)\,d\tau_0$$

$$-\int_{t_0}^{t}dt\int_{\boldsymbol{T}}\varrho(Xu+Yv+Zw)\,d\tau=-\int_{t_0}^{t}dt\int_{\boldsymbol{T}}\left(\frac{\partial p}{\partial x}u+\frac{\partial p}{\partial y}v+\frac{\partial p}{\partial z}w\right)d\tau,$$

wofür man nach einer teilweisen Integration mit Rücksicht auf die Kontinuitätsgleichung auch

$$\int_{t_0}^{t}dt\int_{\boldsymbol{T}}p\left(\frac{\partial u}{\partial x}+\frac{\partial v}{\partial y}+\frac{\partial w}{\partial z}\right)d\tau$$

$$+\int_{t_0}^{t}dt\int_{\boldsymbol{S}}p\,(u\cos(n,x)+v\cos(n,y)+w\cos(n,z))\,d\sigma$$

$$=\int_{t_0}^{t}dt\int_{\boldsymbol{S}}p\,(u\cos(n,x)+v\cos(n,y)+w\cos(n,z))\,d\sigma$$

[16b] Wir lassen im folgenden Unstetigkeiten zweiter oder höherer Ordnung sowie diejenigen nullter Ordnung, die „diskontinuierlichen" Bewegungen nach Helmholtz zu. Handelt es sich um eine Unstetigkeit zweiter oder höherer Ordnung, so sind u, v, w stetig. Unstetigkeiten nullter Ordnung sind wiederum stationär. In allen Fällen gilt also die Formel des Textes.

schreiben kann; (n) ist die Innennormale zu $\boldsymbol{S}$. Diese Formel gilt, auch wenn Unstetigkeiten zweiter oder selbst nullter Ordnung vorliegen, denn auf den Unstetigkeitsflächen verhalten sich sowohl p als auch die Normalkomponente $u\cos(n,x)+v\cos(n,y)+w\cos(n,z)$ der Geschwindigkeit stetig[16c]. Setzt man

$$\mathsf{T}=\frac{1}{2}\int\limits_{\boldsymbol{T}}\varrho\,(u^2+v^2+w^2)\,d\tau,\qquad \mathsf{T}_0=\frac{1}{2}\int\limits_{\boldsymbol{T}_0}\varrho_0\,(u_0^2+v_0^2+w_0^2)\,d\tau_0,$$

$$A=\int\limits_{t_0}^{t}dt\int\limits_{\boldsymbol{T}}\varrho\,(Xu+Yv+Zw)\,d\tau,$$

$$A_{\boldsymbol{S}}=\int\limits_{t_0}^{t}dt\int\limits_{\boldsymbol{S}}p\,(u\cos(n,x)+v\cos(n,y)+w\cos(n,z))\,d\sigma,$$

so findet man also

$$\mathsf{T}-\mathsf{T}_0=A+A_{\boldsymbol{S}}. \tag{56}$$

Augenscheinlich ist $\mathsf{T}-\mathsf{T}_0$ die Zunahme der kinetischen Energie der Flüssigkeit in dem Zeitintervall $\langle t_0,\,t\rangle$, A ist die während derselben Zeit geleistete Arbeit der äußeren Kräfte, $A_{\boldsymbol{S}}$ diejenige des Flüssigkeitsdruckes an $\boldsymbol{S}$. Die Gleichung (56) faßt man als einen Ausdruck für das *Energieprinzip* bei dem uns interessierenden ideellen Bewegungsvorgang auf.

Es möge sich wie vorhin um ein aus einer oder mehreren, nicht notwendig homogenen, unzusammendrückbaren ideellen Flüssigkeiten bestehendes Medium handeln, in das aber nunmehr starre Körper $T^{(1)}, T^{(2)}, \ldots, T^{(n)}$ voll eingetaucht sind. Die Bewegung braucht nicht wirbellos zu sein, auch können Unstetigkeiten zweiter oder selbst nullter Ordnung vorliegen. Der Rand $\boldsymbol{S}$ des Bereiches $\boldsymbol{T}$ besteht, wie wir weiter voraussetzen wollen, aus den folgenden Komponenten: der freien Oberfläche S^0 und den Begrenzungen $S^{(1)}, \ldots, S^{(n)}$ aller eingetauchten Körper. Nach (56) ist dann

$$\mathsf{T}^f-\mathsf{T}_0^f=A^f+A_{S^0}+\bar{A}, \tag{57}$$

unter $\mathsf{T}^f-\mathsf{T}_0^f$ die Zunahme der kinetischen Energie der Flüssigkeit, unter A^f die Arbeit der auf diese wirkenden Massenkräfte, unter A_{S^0} und $\bar{A}$ aber die Ausdrücke

$$A_{S^0}=\int\limits_{t_0}^{t}dt\int\limits_{S^0}p\,(u\cos(n,x)+v\cos(n,y)+w\cos(n,z))\,d\sigma,$$

$$\bar{A}=\sum_{k}^{1\ldots n}\int\limits_{t_0}^{t}dt\int\limits_{S^{(k)}}p\,(u\cos(n_k,x)+v\cos(n_k,y)+w\cos(n_k,z))\,d\sigma$$

[16c] Man vergleiche **5**, woselbst das Verhalten des Druckes an den Unstetigkeitsflächen des näheren untersucht wird. Was die Normalkomponente der Geschwindigkeit betrifft vergleiche die Ausführungen auf S. 261.

verstanden (n_k ist die in das Innere von $\boldsymbol{T}$ hinein gerichtete Normale zu S_k). Die Körper $T^{(1)}, \ldots, T^{(n)}$ bewegen sich nun unter der Einwirkung der sie affizierenden äußeren Kräfte und der von der Flüssigkeit ausgeübten Druckkräfte wie freie starre Körper (vgl. die näheren Ausführungen auf S. 204). In naheliegender Bezeichnungsweise ist mithin

$$\mathsf{T}^k - \mathsf{T}_0^k = A^k + \bar{\bar{A}},$$

(58)
$$\bar{\bar{A}} = -\sum_l^{1\ldots n} \int_{t_0}^{t} dt \int_{S^{(l)}} p\,(u \cos(n_l, x) + v \cos(n_l, y) + w \cos(n_l, z))\, d\sigma.$$

Aus (57) und (58) folgt endgültig

(59) $\mathsf{T} - \mathsf{T}_0 = A + A_{S^0}, \quad \mathsf{T} = \mathsf{T}^f + \mathsf{T}^k, \quad \mathsf{T}_0 = \mathsf{T}_0^f + \mathsf{T}_0^k, \quad A = A^f + A^k.$

Die Zunahme der gesamten kinetischen Energie des Systems ist gleich der Arbeit des auf die Flüssigkeit und die eingeschlossenen Körper wirkenden äußeren Kräfte sowie der die freie Oberfläche affizierenden Druckkräfte. Der Summand A_{S^0} fällt fort, wenn, im Gegensatz zu den vorstehenden Annahmen, die Flüssigkeiten in ein starres oder unter Aufrechterhaltung seines Volumens deformierbares Gefäß, das als zum System gehörig aufgefaßt wird, eingeschlossen sind. Bei der Bestimmung von T und A ist diesmal das Gefäß mit zu berücksichtigen. Ist ein Teil der von $S^{(1)}, \ldots, S^{(n)}$ verschiedenen Randkomponenten von $\boldsymbol{T}$ frei, der andere aber von Gefäßwänden gebildet, so ist unter A_{S^0} die Arbeit der auf die freien Randbestandteile wirkenden Druckkräfte zu verstehen.

4. Zähe Flüssigkeiten. Gleichungen der Bewegung. So viel fürs erste über die ideellen Flüssigkeiten. Wir wenden uns den mit Reibung behafteten, „zähen" Flüssigkeiten zu. Wie bereits erwähnt, bedeutet die Betrachtung dieser Gebilde eine Vervollkommnung des Bildes, das wir in der Hydrodynamik von dem Vorgang einer Flüssigkeitsbewegung entwerfen. Ihre eigentliche Rechtfertigung finden die weiter unten angegebenen Differentialgleichungen der Bewegung in der weitgehenden Übereinstimmung, die sich in manchen Fällen zwischen den Ergebnissen der Rechnung und denen des Experiments zeigt. Die mehr oder weniger heuristischen Erwägungen, die zur Aufstellung der besagten Bewegungsgleichungen führten, sind darum, wie überhaupt in ähnlichen Fällen in der Physik, keinesfalls als gleichgültig zu betrachten. Gehen die fraglichen Betrachtungen von mathematisch scharf formulierten Aussagen aus, so bilden diese nicht selten eine recht übersichtliche, prägnante Fassung der supponierten Gesetzmäßigkeiten. Es handelt sich dann um eine geeignete „axiomatische" Begründung einer Klasse von Erscheinungen.

Was die Bewegungsgleichungen zäher Flüssigkeiten im besonderen betrifft, so sind dafür im Laufe der Zeit verschiedene Begründungen gegeben worden. Eine Ableitung von sehr umfassender Bedeutung werden wir später im Zusammenhang mit dem Hamiltonschen Prinzip kennenlernen. Im Augenblick gehen wir von der Erfahrungstatsache aus, daß im Ruhezustand, oder wenn das ganze, Flüssigkeiten und starre Körper enthaltende System sich wie ein starrer Körper bewegt, die Gleichungen ideeller Flüssigkeiten eine vorzügliche Übereinstimmung mit der Beobachtung und dem Experiment zeigen, d.h. „die Reibung sich nicht bemerkbar macht“. Es bedeutet eine weitgehende, letzten Endes durch die Erfolge gerechtfertigte Extrapolation, wenn man daraus den Schluß zieht, die „innere Reibung“ hänge nur von den „Deformationsgeschwindigkeiten“

$$(60)\qquad \begin{gathered} a_{11}=\frac{\partial u}{\partial x}, \quad a_{22}=\frac{\partial v}{\partial y}, \quad a_{33}=\frac{\partial w}{\partial z}, \\ a_{12}=\frac{1}{2}\left(\frac{\partial u}{\partial y}+\frac{\partial v}{\partial x}\right), \quad a_{13}=\frac{1}{2}\left(\frac{\partial u}{\partial z}+\frac{\partial w}{\partial x}\right), \quad a_{23}=\frac{1}{2}\left(\frac{\partial v}{\partial z}+\frac{\partial w}{\partial y}\right) \end{gathered}$$

ab[17]. Dort insbesondere, wo die letzteren verschwinden, wo die Bewegung eines Volumelementes in einem Zeitelement bis auf Größen höherer Ordnung in einer Translation und einer Rotation besteht, ist die Spannung augenblicklich wie bei einer ideellen Flüssigkeit von der Richtung des Flächenelementes unabhängig. Ihren analytischen Ausdruck findet diese Aussage in den Formeln

$$(61)\qquad \begin{gathered} X_x = p + \pi_1(a_{11}, a_{12}, \ldots, a_{33}), \quad Y_y = p + \pi_2, \quad Z_z = p + \pi_3, \\ X_y = Y_x = \pi_4, \quad X_z = Z_x = \pi_5, \quad Y_z = Z_y = \pi_6, \end{gathered}$$

in denen $\pi_1, \ldots, \pi_6$ gewisse, zunächst noch nicht bekannte, analytische und reguläre, für $a_{11} = a_{12} = \cdots = a_{33} = 0$ verschwindende Funktionen ihrer sechs Argumente bezeichnen. Bei kleinen Deformationsgeschwindigkeiten dürften die linearen Glieder der Maclaurinschen Entwicklung von $\pi_1, \ldots, \pi_6$ eine hinreichende Annäherung geben. Beschränkt man sich auf diese Glieder, so bleiben in den Formeln für $X_x, \ldots, Z_z$ zunächst noch 36 konstante Koeffizienten zu bestimmen. Diese Zahl läßt sich, wie wir gleich sehen werden, auf zwei herabsetzen, wenn man, wie wir es tun wollen, fordert, daß bei den von uns betrachteten Flüssigkeiten alle von einem Punkte ausgehenden Richtungen als gleichwertig gelten sollen[18].

Nehmen wir vorübergehend an, daß die Koordinatenachsen die Richtung der Hauptdilatationen (in dem Punkt, den wir betrachten) haben (Achsenkreuz $\dot{x}$-$\dot{y}$-$\dot{z}$). Aus Gründen der Symmetrie liegt es

---

[17] Es wird diesmal vorausgesetzt, daß die Funktionen $u(x, y, z, t)$, $v(x, y, z, t)$, $w(x, y, z, t)$ stetig sind und stetige Ableitungen der beiden ersten Ordnungen haben.

[18] Wir sagen, die betrachteten Flüssigkeiten seien „isotrop“, sie brauchen darum nicht notwendig homogen zu sein. Die nicht isotropen Flüssigkeiten werden „anisotrop“ genannt. Die Anisotropie äußert sich u. a. im optischen Verhalten (Doppelbrechung, Polarisation u. dgl.).

nahe anzunehmen, daß die Hauptspannungen $N^{(1)}$, $N^{(2)}$, $N^{(3)}$ entsprechend in die $\dot{x}$-, $\dot{y}$- und $\dot{z}$-Achse hineinfallen. Jetzt sind nur drei Deformationsgeschwindigkeiten, nämlich

$$\dot{a}_{11} = \frac{\partial \dot{u}}{\partial \dot{x}}, \qquad \dot{a}_{22} = \frac{\partial \dot{v}}{\partial \dot{y}}, \qquad \dot{a}_{33} = \frac{\partial \dot{w}}{\partial \dot{z}},$$

von Null verschieden. Die Größen $\dot{a}_{22}$ und $\dot{a}_{33}$ sind $N^{(1)}$ gegenüber als gleichwertig anzusehen. Dies führt zu dem Ansatz

$$N^{(1)} = p + \beta_1 \dot{a}_{11} + \beta_2 (\dot{a}_{22} + \dot{a}_{33}) \tag{62}$$

und analog

$$\begin{aligned} N^{(2)} &= p + \beta_1 \dot{a}_{22} + \beta_2 (\dot{a}_{11} + \dot{a}_{33}), \\ N^{(3)} &= p + \beta_1 \dot{a}_{33} + \beta_2 (\dot{a}_{11} + \dot{a}_{22}). \end{aligned} \tag{63}$$

Für (62) und (63) schreiben wir, unter leicht ersichtlicher Änderung der Bezeichnung,

$$\begin{aligned} N^{(1)} &= p - \lambda\left(\frac{\partial \dot{u}}{\partial \dot{x}} + \frac{\partial \dot{v}}{\partial \dot{y}} + \frac{\partial \dot{w}}{\partial \dot{z}}\right) - 2\mu \frac{\partial \dot{u}}{\partial \dot{x}}, \\ N^{(2)} &= p - \lambda\left(\frac{\partial \dot{u}}{\partial \dot{x}} + \frac{\partial \dot{v}}{\partial \dot{y}} + \frac{\partial \dot{w}}{\partial \dot{z}}\right) - 2\mu \frac{\partial \dot{v}}{\partial \dot{y}}, \\ N^{(3)} &= p - \lambda\left(\frac{\partial \dot{u}}{\partial \dot{x}} + \frac{\partial \dot{v}}{\partial \dot{y}} + \frac{\partial \dot{w}}{\partial \dot{z}}\right) - 2\mu \frac{\partial \dot{w}}{\partial \dot{z}}. \end{aligned} \tag{64}$$

Jetzt kehren wir zu dem Koordinatensystem x-y-z zurück. Die Transformationsformeln (208) des fünften Kapitels ergeben, wenn man beachtet, daß $\dot{a}_{12} = \dot{a}_{13} = \dot{a}_{23} = 0$ ist,

$$\begin{aligned} a_{11} &= \alpha_{11}^2 \dot{a}_{11} + \alpha_{21}^2 \dot{a}_{22} + \alpha_{31}^2 \dot{a}_{33}, \\ a_{22} &= \alpha_{12}^2 \dot{a}_{11} + \alpha_{22}^2 \dot{a}_{22} + \alpha_{32}^2 \dot{a}_{33}, \\ a_{33} &= \alpha_{13}^2 \dot{a}_{11} + \alpha_{23}^2 \dot{a}_{22} + \alpha_{33}^2 \dot{a}_{33}, \\ a_{12} &= \alpha_{11}\alpha_{12} \dot{a}_{11} + \alpha_{21}\alpha_{22} \dot{a}_{22} + \alpha_{31}\alpha_{32} \dot{a}_{33}, \\ a_{13} &= \alpha_{11}\alpha_{13} \dot{a}_{11} + \alpha_{21}\alpha_{23} \dot{a}_{22} + \alpha_{31}\alpha_{33} \dot{a}_{33}, \\ a_{23} &= \alpha_{12}\alpha_{13} \dot{a}_{11} + \alpha_{22}\alpha_{23} \dot{a}_{22} + \alpha_{32}\alpha_{33} \dot{a}_{33}. \end{aligned} \tag{65}$$

Genau die gleichen Beziehungen bestehen zwischen $X_x, X_y, \ldots, Z_z$ und $N^{(1)}, N^{(2)}, N^{(3)}$ (vgl. die Formel (36)),

$$\begin{aligned} X_x &= \alpha_{11}^2 N^{(1)} + \alpha_{21}^2 N^{(2)} + \alpha_{31}^2 N^{(3)}, \\ Y_y &= \alpha_{12}^2 N^{(1)} + \alpha_{22}^2 N^{(2)} + \alpha_{32}^2 N^{(3)}, \\ Z_z &= \alpha_{13}^2 N^{(1)} + \alpha_{23}^2 N^{(2)} + \alpha_{33}^2 N^{(3)}, \\ X_y &= \alpha_{11}\alpha_{12} N^{(1)} + \alpha_{21}\alpha_{22} N^{(2)} + \alpha_{31}\alpha_{32} N^{(3)}, \\ X_z &= \alpha_{11}\alpha_{13} N^{(1)} + \alpha_{21}\alpha_{23} N^{(2)} + \alpha_{31}\alpha_{33} N^{(3)}, \\ Z_z &= \alpha_{12}\alpha_{13} N^{(1)} + \alpha_{22}\alpha_{23} N^{(2)} + \alpha_{32}\alpha_{33} N^{(3)}. \end{aligned} \tag{66}$$

Setzt man in X_x für $N^{(1)}$, $N^{(2)}$, $N^{(3)}$ die Werte (64) ein, berücksichtigt die Orthogonalitätsbeziehung $\alpha_{11}^2 + \alpha_{21}^2 + \alpha_{31}^2 = 1$ sowie die erste der Formeln (65), so findet man

$$X_x = p - \lambda\left(\frac{\partial \dot{u}}{\partial \dot{x}} + \frac{\partial \dot{v}}{\partial \dot{y}} + \frac{\partial \dot{w}}{\partial \dot{z}}\right) - 2\mu\frac{\partial u}{\partial x}$$

und wegen

$$\frac{\partial \dot{u}}{\partial \dot{x}} + \frac{\partial \dot{v}}{\partial \dot{y}} + \frac{\partial \dot{w}}{\partial \dot{z}} = \frac{\partial u}{\partial x} + \frac{\partial v}{\partial y} + \frac{\partial w}{\partial z}$$

endgültig

$$X_x = p - \lambda\left(\frac{\partial u}{\partial x} + \frac{\partial v}{\partial y} + \frac{\partial w}{\partial z}\right) - 2\mu\frac{\partial u}{\partial x}. \tag{67}$$

Ebenso ergeben sich die analogen Gleichungen

$$\begin{aligned} Y_y &= p - \lambda\left(\frac{\partial u}{\partial x} + \frac{\partial v}{\partial y} + \frac{\partial w}{\partial z}\right) - 2\mu\frac{\partial v}{\partial y}, \\ Z_z &= p - \lambda\left(\frac{\partial u}{\partial x} + \frac{\partial v}{\partial y} + \frac{\partial w}{\partial z}\right) - 2\mu\frac{\partial w}{\partial z}. \end{aligned} \tag{68}$$

Andererseits gilt wegen $\alpha_{11}\alpha_{12} + \alpha_{21}\alpha_{22} + \alpha_{31}\alpha_{32} = 0$ mit Rücksicht auf die vierte der Formeln (65)

$$\begin{aligned} X_y &= -2\mu\left(\alpha_{11}\alpha_{12}\frac{\partial \dot{u}}{\partial \dot{x}} + \alpha_{21}\alpha_{22}\frac{\partial \dot{v}}{\partial \dot{y}} + \alpha_{31}\alpha_{32}\frac{\partial \dot{w}}{\partial \dot{z}}\right) \\ &= -2\mu a_{12} = -\mu\left(\frac{\partial u}{\partial y} + \frac{\partial v}{\partial x}\right) = Y_x \end{aligned} \tag{69}$$

und ebenso

$$X_z = Z_x = -\mu\left(\frac{\partial u}{\partial z} + \frac{\partial w}{\partial x}\right), \quad Y_z = Z_y = -\mu\left(\frac{\partial v}{\partial z} + \frac{\partial w}{\partial y}\right). \tag{70}$$

Handelt es sich speziell um eine *inkompressible* Flüssigkeit, so ist

$$\frac{\partial u}{\partial x} + \frac{\partial v}{\partial y} + \frac{\partial w}{\partial z} = \frac{\partial \dot{u}}{\partial \dot{x}} + \frac{\partial \dot{v}}{\partial \dot{y}} + \frac{\partial \dot{w}}{\partial \dot{z}} = 0, \tag{71}$$

darum

$$N^{(1)} = p - 2\mu\frac{\partial \dot{u}}{\partial \dot{x}}, \quad N^{(2)} = p - 2\mu\frac{\partial \dot{v}}{\partial \dot{y}}, \quad N^{(3)} = p - 2\mu\frac{\partial \dot{w}}{\partial \dot{z}}, \tag{72}$$

$$\begin{aligned} &X_x = p - 2\mu\frac{\partial u}{\partial x}, \quad Y_y = p - 2\mu\frac{\partial v}{\partial y}, \quad Z_z = p - 2\mu\frac{\partial w}{\partial z}, \\ &X_y = Y_x = -\mu\left(\frac{\partial u}{\partial y} + \frac{\partial v}{\partial x}\right), \quad X_z = Z_x = -\mu\left(\frac{\partial u}{\partial z} + \frac{\partial w}{\partial x}\right), \\ &Y_z = Z_y = -\mu\left(\frac{\partial v}{\partial z} + \frac{\partial w}{\partial y}\right). \end{aligned} \tag{73}$$

Aus (66) und (72) folgt weiter wegen (71)

$$\frac{1}{3}(X_x + Y_y + Z_z) = \frac{1}{3}(N^{(1)} + N^{(2)} + N^{(3)}) = p. \tag{74}$$

Nun sind X_x, Y_y, Z_z die Normalkomponenten der Spannung auf die drei aufeinander senkrecht stehenden Flächenelemente σ_x, σ_y, σ_z.

Nach (74) ist der Mittelwert von X_x, Y_y, Z_z von der speziellen Wahl der Koordinatenachsen unabhängig und zwar gleich p. Da überdies bei verschwindenden Deformationsgrößen $a_{11}, \ldots, a_{33}$ offenbar $X_x = Y_y = Z_z = p$, $X_y = Y_z = Z_x = 0$ wird, so liegt es nahe, p als den *Flüssigkeitsdruck* anzusprechen. Die Formeln (73) enthalten nur einen Koeffizienten μ, den *Reibungskoeffizienten*. Der Quotient $\nu = \frac{\mu}{\varrho}$ wird gelegentlich als „kinematischer Reibungskoeffizient" bezeichnet. Beide erweisen sich als von der Temperatur abhängig.

Es möge sich jetzt weiter um eine *kompressible* tropfbare Flüssigkeit oder um ein Gas handeln. Wegen

$$\frac{\partial \dot{u}}{\partial \dot{x}} + \frac{\partial \dot{v}}{\partial \dot{y}} + \frac{\partial \dot{w}}{\partial \dot{z}} = \frac{\partial u}{\partial x} + \frac{\partial v}{\partial y} + \frac{\partial w}{\partial z}$$

folgt jetzt aus (64) und (66)

$$(75)\qquad \begin{aligned} X_x + Y_y + Z_z &= N^{(1)} + N^{(2)} + N^{(3)} \\ &= 3p - (3\lambda + 2\mu)\left(\frac{\partial u}{\partial x} + \frac{\partial v}{\partial y} + \frac{\partial w}{\partial z}\right). \end{aligned}$$

Man nimmt nun $3\lambda + 2\mu = 0$ an und erhält

$$(76)\qquad \begin{aligned} X_x &= p + \frac{2}{3}\mu\left(\frac{\partial u}{\partial x} + \frac{\partial v}{\partial y} + \frac{\partial w}{\partial z}\right) - 2\mu\frac{\partial u}{\partial x}, \\ Y_y &= p + \frac{2}{3}\mu\left(\frac{\partial u}{\partial x} + \frac{\partial v}{\partial y} + \frac{\partial w}{\partial z}\right) - 2\mu\frac{\partial v}{\partial y}, \\ Z_z &= p + \frac{2}{3}\mu\left(\frac{\partial u}{\partial x} + \frac{\partial v}{\partial y} + \frac{\partial w}{\partial z}\right) - 2\mu\frac{\partial w}{\partial z}, \\ X_y &= Y_x = -\mu\left(\frac{\partial u}{\partial y} + \frac{\partial v}{\partial x}\right), \\ X_z &= Z_x = -\mu\left(\frac{\partial u}{\partial z} + \frac{\partial w}{\partial x}\right), \\ Y_z &= Z_y = -\mu\left(\frac{\partial v}{\partial z} + \frac{\partial w}{\partial y}\right) \end{aligned}$$

und nach (75) wieder

$$(77)\qquad p = \frac{1}{3}(X_x + Y_y + Z_z) = \frac{1}{3}(N^{(1)} + N^{(2)} + N^{(3)}).$$

Auch hier wird μ als *Reibungskoeffizient*, $\nu = \frac{\mu}{\varrho}$ als „kinematischer Reibungskoeffizient" bezeichnet. Beide erweisen sich als von der Temperatur abhängig. Die in (76) eingehende Größe p ist nach (77), wie vorhin bei unzusammendrückbaren Flüssigkeiten, gleich dem Mittelwert der Normalkomponenten der Spannung in drei beliebigen aufeinander senkrechten Flächenelementen. Sie wird als *Flüssigkeitsdruck* (Gasdruck) in die Zustandsgleichung (vgl. S. 306ff.) eingeführt. Natürlich haben die zuletzt gemachten Annahmen zunächst nur einen heuristischen Wert. Sie werden indessen durch die Ergebnisse der kinetischen Gastheorie gestützt. Dort erhält der Begriff des Gasdruckes eine kinetische Deutung.

Die Bewegungsgleichungen zäher Flüssigkeiten sind nach (25) und (76), wenn wir zur Abkürzung

$$\Theta = \frac{\partial u}{\partial x} + \frac{\partial v}{\partial y} + \frac{\partial w}{\partial z}$$

setzen,

$$\frac{du}{dt} - X = -\frac{1}{\varrho}\left(\frac{\partial X_x}{\partial x} + \frac{\partial Y_x}{\partial y} + \frac{\partial Z_x}{\partial z}\right)$$

$$= -\frac{1}{\varrho}\frac{\partial p}{\partial x} - \frac{2}{3}\frac{\mu}{\varrho}\frac{\partial \Theta}{\partial x} + \frac{\mu}{\varrho}\left(2\frac{\partial^2 u}{\partial x^2} + \frac{\partial^2 u}{\partial y^2} + \frac{\partial^2 v}{\partial x \partial y} + \frac{\partial^2 u}{\partial z^2} + \frac{\partial^2 w}{\partial x \partial z}\right)$$

$$= -\frac{1}{\varrho}\frac{\partial p}{\partial x} - \frac{2}{3}\frac{\mu}{\varrho}\frac{\partial \Theta}{\partial x} + \frac{\mu}{\varrho}\left(\Delta u + \frac{\partial \Theta}{\partial x}\right),$$

darum einfacher

$$\frac{du}{dt} - X = -\frac{1}{\varrho}\frac{\partial p}{\partial x} + \frac{1}{3}\frac{\mu}{\varrho}\frac{\partial \Theta}{\partial x} + \frac{\mu}{\varrho}\Delta u \tag{78}$$

und analog

$$\begin{aligned} \frac{dv}{dt} - Y &= -\frac{1}{\varrho}\frac{\partial p}{\partial y} + \frac{1}{3}\frac{\mu}{\varrho}\frac{\partial \Theta}{\partial y} + \frac{\mu}{\varrho}\Delta v, \\ \frac{dw}{dt} - Z &= -\frac{1}{\varrho}\frac{\partial p}{\partial z} + \frac{1}{3}\frac{\mu}{\varrho}\frac{\partial \Theta}{\partial z} + \frac{\mu}{\varrho}\Delta w. \end{aligned} \tag{79}$$

Dazu kommt die Kontinuitätsgleichung, etwa in der Form

$$\frac{\partial \varrho}{\partial t} + \frac{\partial}{\partial x}(\varrho u) + \frac{\partial}{\partial y}(\varrho v) + \frac{\partial}{\partial z}(\varrho w) = 0. \tag{80}$$

Handelt es sich speziell um inkompressible Flüssigkeiten, so ist $\Theta = 0$, und wir erhalten

$$\begin{aligned} \frac{du}{dt} - X &= -\frac{1}{\varrho}\frac{\partial p}{\partial x} + \frac{\mu}{\varrho}\Delta u, \\ \frac{dv}{dt} - Y &= -\frac{1}{\varrho}\frac{\partial p}{\partial y} + \frac{\mu}{\varrho}\Delta v, \\ \frac{dw}{dt} - Z &= -\frac{1}{\varrho}\frac{\partial p}{\partial z} + \frac{\mu}{\varrho}\Delta w, \end{aligned} \tag{81}$$

$$\frac{\partial u}{\partial x} + \frac{\partial v}{\partial y} + \frac{\partial w}{\partial z} = 0. \tag{82}$$

Mit Rücksicht auf die Formeln (89) des fünften Kapitels kann man für (81) auch setzen

$$\begin{aligned} \frac{\partial u}{\partial t} + u\frac{\partial u}{\partial x} + v\frac{\partial u}{\partial y} + w\frac{\partial u}{\partial z} &= X - \frac{1}{\varrho}\frac{\partial p}{\partial x} + \frac{\mu}{\varrho}\Delta u, \\ \frac{\partial v}{\partial t} + u\frac{\partial v}{\partial x} + v\frac{\partial v}{\partial y} + w\frac{\partial v}{\partial z} &= Y - \frac{1}{\varrho}\frac{\partial p}{\partial y} + \frac{\mu}{\varrho}\Delta v, \\ \frac{\partial w}{\partial t} + u\frac{\partial w}{\partial x} + v\frac{\partial w}{\partial y} + w\frac{\partial w}{\partial z} &= Z - \frac{1}{\varrho}\frac{\partial p}{\partial z} + \frac{\mu}{\varrho}\Delta w. \end{aligned} \tag{83}$$

Dieses zuerst von Navier angegebene System von drei partiellen Differentialgleichungen zweiter Ordnung tritt an Stelle der drei Differentialgleichungen erster Ordnung (51)[19].

5. Unstetigkeitswellen. Dynamische Kompatibilitätsbedingungen. Unstetigkeiten zweiter, erster und nullter Ordnung. Wir kehren noch einmal zur Betrachtung ideeller Flüssigkeiten zurück. Von den Grundfestsetzungen der Hydrodynamik (S. 264) und der Annahme, daß die Spannung auf dem Flächenelement senkrecht steht und den Sinn eines Druckes hat, ausgehend, haben wir die Bewegungsgleichungen der Flüsigkeit in der Form (51) abgeleitet. Dort bezeichnen u, v, w, p Funktionen, die stetig, allenfalls abteilungsweise stetig sind und stetige oder mindestens abteilungsweise stetige partielle Ableitungen erster Ordnung haben. Sind u, v, w stetig und gibt es unter den partiellen Ableitungen $\frac{\partial u}{\partial t}, \frac{\partial u}{\partial x}, \ldots, \frac{\partial w}{\partial z}$ welche, die sich an (stetig gekrümmten) Flächen sprungweise ändern, so liegt in der Bezeichnungsweise des sechsten Kapitels eine Unstetigkeit zweiter Ordnung vor. Es sei wie a. a. O. $F(x, y, z, t) = 0$ eine Unstetigkeitsfläche S in $\mathfrak{T}$, und es möge S das Gebiet $\mathfrak{T}$ in die beiden Gebiete $\mathfrak{T}^{(1)}$ und $\mathfrak{T}^{(2)}$ zerfällen. In der Sprachweise der vierdimensionalen Geometrie erfüllen die Weltpunkte (x, y, z, t) ein vierdimensionales Gebiet Θ, das durch die Hyperfläche Σ in die beiden Gebiete $\Theta^{(1)}$ und $\Theta^{(2)}$ zerlegt wird. Offenbar sind die Funktionen u, v, w im Innern und auf dem Rande von Θ stetig, während zugleich ihre partiellen Ableitungen erster Ordnung sich sowohl im Innern und auf dem Rande von $\Theta^{(1)}$ als auch von $\Theta^{(2)}$ stetig verhalten. Wir werden sogleich sehen, daß sich aus dem Erfülltsein der Gleichungen (50) „auf beiden Seiten von Σ“ gewisse neue *dynamische Kompatibilitätsbedingungen* für das Verhalten der obigen partiellen Ableitungen auf Σ ergeben. Aus (50) folgt, da wir X, Y, Z und ϱ als stetig voraussetzen,

$$\left[\frac{du}{dt}\right] = -\frac{1}{\varrho}\left[\frac{\partial p}{\partial x}\right], \quad \left[\frac{dv}{dt}\right] = -\frac{1}{\varrho}\left[\frac{\partial p}{\partial y}\right], \quad \left[\frac{dw}{dt}\right] = -\frac{1}{\varrho}\left[\frac{\partial p}{\partial z}\right]. \tag{84}$$

Da p, wie sich alsbald zeigen wird, auch bei Vorhandensein von Unstetigkeiten zweiter Ordnung stetig bleibt, so kann einem wiederholt gebrauchten allgemeinen Satze zufolge (vgl. S. 23) nur die Normalableitung von p auf S einen Sprung erleiden. Wegen (84) *geht die Tangentialkomponente der Beschleunigung durch S stetig hindurch.*

Ist die Flüssigkeit inkompressibel, so kann, wie wir im sechsten Kapitel (vgl. die Ausführungen auf S. 247) gesehen haben, auch die Normalkomponente der Beschleunigung keine Unstetigkeit erleiden. Hier sind also $\frac{du}{dt}, \frac{dv}{dt}, \frac{dw}{dt}$ stetig, eine (sprungweise) Unstetigkeit kann

---

[19] Die Entwicklung der Theorie ist an die Namen von Navier, Poisson, Saint-Venant und Stokes geknüpft. Bezüglich näherer Angaben sei an die in der Fußnote [14] genannten Encyklopädieartikel von A. E. H. Love verwiesen.

nur bei den partiellen Ableitungen $\frac{\partial u}{\partial t}, \frac{\partial u}{\partial x}, \frac{\partial u}{\partial y}, \frac{\partial u}{\partial z}; \frac{\partial v}{\partial t}, \ldots, \frac{\partial w}{\partial z}$ vorliegen. Es ist leicht zu zeigen, daß es sich um eine *stationäre* Unstetigkeit handelt (vgl. S. 230). In der Tat ist jetzt den Formeln (34) und (35) des sechsten Kapitels gemäß

$$(85)\quad \left[\frac{du}{dt}\right] = -\lambda_1 (G - \mathfrak{u}_n) = 0, \quad \left[\frac{dv}{dt}\right] = -\lambda_2 (G - \mathfrak{u}_n) = 0,$$
$$\left[\frac{dw}{dt}\right] = -\lambda_3 (G - \mathfrak{u}_n) = 0;$$

da nun (S. 239) $\lambda_1^2 + \lambda_2^2 + \lambda_3^2 > 0$ gilt, so muß

$$G - \mathfrak{u}_n = 0$$

sein. Die Unstetigkeit ist stationär. Stationäre Unstetigkeiten sind übrigens, wie wir wissen (vgl. S. 237), mindestens von zweiter Ordnung. *In einer ideellen inkompressiblen Flüssigkeit können nur stationäre Unstetigkeiten (zweiter und höherer Ordnung) existieren.* Die Tangentialableitungen von u, v, w gehen durch S stetig hindurch. Nach[20] (59) VI fällt der die Unstetigkeit charakterisierende Vektor $\lambda_1, \lambda_2, \lambda_3$ in die Tangentialebene von S hinein. Die Unstetigkeit ist „transversal".

Gehen wir jetzt zu kompressiblen Flüssigkeiten (Gasen) über.

Wir nehmen an, daß es sich um eine homogene Flüssigkeit (S. 307) handelt und daß die Temperatur als eine im voraus bekannte Funktion der Dichte aufgefaßt werden kann, demnach die Zustandsgleichung (S. 306 ff.) die Form $p = p(\varrho)$ hat, unter $p(\varrho)$ eine nebst ihrer Ableitung stetige, monoton wachsende Funktion verstanden. Dieser Fall liegt u. a. bei isothermen oder adiabatischen Zustandsänderungen vor. Die Gleichungen (84) kann man jetzt wegen

$$\frac{\partial p}{\partial x} = \frac{dp}{d\varrho}\frac{\partial \varrho}{\partial x}, \quad \left[\frac{\partial p}{\partial x}\right] = \frac{dp}{d\varrho}\left[\frac{\partial \varrho}{\partial x}\right], \quad \left[\frac{\partial p}{\partial y}\right] = \frac{dp}{d\varrho}\left[\frac{\partial \varrho}{\partial y}\right], \ldots, \quad \frac{1}{\varrho}\frac{\partial \varrho}{\partial x} = \frac{\partial \log \varrho}{\partial x} = \frac{\partial \mathrm{P}}{\partial x}, \ldots$$

in der Form

$$(86)\quad \left[\frac{du}{dt}\right] = -\frac{dp}{d\varrho}\left[\frac{\partial \mathrm{P}}{\partial x}\right], \quad \left[\frac{dv}{dt}\right] = -\frac{dp}{d\varrho}\left[\frac{\partial \mathrm{P}}{\partial y}\right], \quad \left[\frac{dw}{dt}\right] = -\frac{dp}{d\varrho}\left[\frac{\partial \mathrm{P}}{\partial z}\right],$$

darum, wenn $G - \mathfrak{u}_n \neq 0$ ist, wegen (34) VI, (35) VI, (43) VI und (54) VI auch in der Gestalt

$$(87)\quad \begin{aligned} \lambda_1 (G - \mathfrak{u}_n) &= \frac{dp}{d\varrho}(\lambda_1 \alpha + \lambda_2 \beta + \lambda_3 \gamma)(G - \mathfrak{u}_n)^{-1}\alpha, \\ \lambda_2 (G - \mathfrak{u}_n) &= \frac{dp}{d\varrho}(\lambda_1 \alpha + \lambda_2 \beta + \lambda_3 \gamma)(G - \mathfrak{u}_n)^{-1}\beta, \\ \lambda_3 (G - \mathfrak{u}_n) &= \frac{dp}{d\varrho}(\lambda_1 \alpha + \lambda_2 \beta + \lambda_3 \gamma)(G - \mathfrak{u}_n)^{-1}\gamma \end{aligned}$$

schreiben. Jetzt kann $\lambda_1\alpha + \lambda_2\beta + \lambda_3\gamma$ nicht verschwinden, da sonst wegen $\lambda_1^2 + \lambda_2^2 + \lambda_3^2 > 0$ augenscheinlich $G - \mathfrak{u}_n = 0$ sein müßte. Aus

---

[20] Durch diese Bezeichnungsweise soll angedeutet werden, daß es sich um eine Formel des sechsten Kapitels handelt.

(87) folgt durch Multiplikation mit α, β und γ und Zusammenfassung

$$(88)\qquad (G - \mathfrak{u}_n)^2 = \frac{dp}{d\varrho}.$$

Diese bemerkenswerte, auf Hugoniot zurückgehende *Formel gibt die Fortpflanzungsgeschwindigkeit einer nichtstationären Welle im Raume a-b-c, wenn der augenblickliche Zustand als der Anfangszustand aufgefaßt wird.*

Vorhin ist $G - \mathfrak{u}_n \neq 0$ vorausgesetzt worden. Ist aber $G - \mathfrak{u}_n = 0$, so verschwinden nach (34) VI und (35) VI die linken Seiten der Gleichungen (86). Aus (53) VI und (54) VI folgt nunmehr

$$\lambda_1 \alpha + \lambda_2 \beta + \lambda_3 \gamma = 0.$$

Es liegt eine stationäre, transversale Unstetigkeit vor. Aus (84) folgt $\left[\frac{\partial p}{\partial x}\right] = \left[\frac{\partial p}{\partial y}\right] = \left[\frac{\partial p}{\partial z}\right] = 0$, darum auch $\left[\frac{\partial \varrho}{\partial x}\right] = \left[\frac{\partial \varrho}{\partial y}\right] = \left[\frac{\partial \varrho}{\partial z}\right] = 0$.

So viel über Unstetigkeiten zweiter Ordnung. In ähnlicher Weise wäre bei Unstetigkeiten dritter und höherer Ordnung vorzugehen, die Gleichungen (50) würde man dabei durch Beziehungen ersetzen, die sich aus (50) durch Differentiation nach x, y, z und t ergeben.

Nun aber Unstetigkeiten erster Ordnung, die, wie wir wissen, nur bei kompressiblen Flüssigkeiten, insb. Gasen, auftreten können und jedenfalls nicht stationär sind.

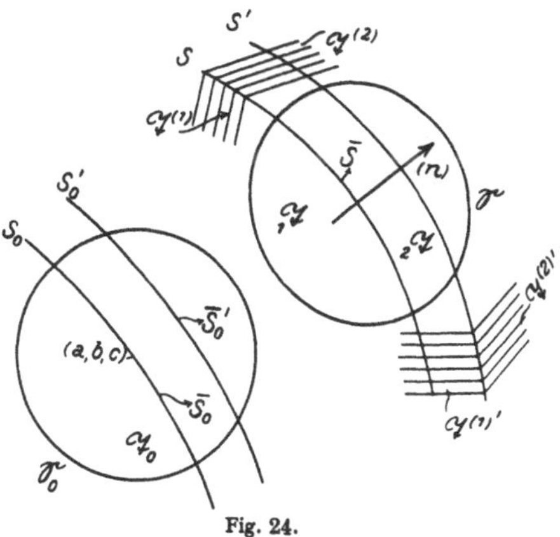

Fig. 24.

Wir nehmen vor allem an, daß wir es mit *einer* bestimmten homogenen oder heterogenen Flüssigkeit zu tun haben, mithin sowohl in $\Theta^{(1)}$ als auch in $\Theta^{(2)}$ dieselbe Zustandsgleichung (118) (vgl. S. 306) gilt. Da, wie wir im sechsten Kapitel (S. 261) gesehen haben, Unstetigkeiten erster Ordnung mit sprungweiser Änderung der Dichte verbunden sind, so müssen wir im allgemeinen sprungweise Änderungen des Druckes p zulassen. Diese Änderungen bestimmen sich aus dem Impulsprinzip.

Wir gehen von der ersten Beziehung (3),

$$(89)\qquad \int_t^{t+t'} dt \left(\int_{\mathfrak{T}} X\, dm + \int_{\mathfrak{S}} X_n\, d\sigma\right) = \int_{\mathfrak{T}_0} (u_{t+t'} - u_t)\, dm,$$

aus, setzen zunächst $t_0 < t$ voraus und wählen als $\mathfrak{T}_0$ einen Kugelkörper von hinreichend kleinem Radius $\mathfrak{r}_0$ um einen Punkt (a, b, c) der Unstetigkeitsfläche S_0 zur Zeit t.[20a] In der Fig. 24 ist, wie ersichtlich,

[20a] Im folgenden bezeichnet $\mathfrak{T} + \mathfrak{S}$ das Bild von $\mathfrak{T}_0 + \mathfrak{S}_0$ zur Zeit t, $\mathfrak{T} + \mathfrak{S}$ aber sein Bild zu einer beliebigen Zeit in $\langle t, t + t' \rangle$.

angenommen worden, daß der in $\mathfrak{T}_0$ enthaltene Teil $\bar{S}_0$ von S_0 in $\mathfrak{T}^{(1)}$ liegt. Des weiteren nehmen wir an, daß G_0 in (a, b, c), darum, falls $\mathfrak{r}_0$ hinreichend klein ist, auf $\bar{S}_0$ von Null verschieden ist. Es sei S_0' die Lage der Unstetigkeitsfläche zur Zeit $t + t'$. Die zugehörige Lage der Unstetigkeitsfläche im Raume x-y-z heiße S'. Ist t', wie wir annehmen dürfen, hinreichend klein, so liegt $\bar{S}_0'$, der in $\mathfrak{T}_0$ enthaltene Teil von S_0', in $\mathfrak{T}^{(1)\prime}$.

Für die rechte Seite der zuletzt hingeschriebenen Impulsgleichung finden wir, wie leicht ersichtlich, den Ausdruck

$$\int_{\mathfrak{T}_0} (u_{t+t'} - u_t)\, dm = t' \int_{\mathfrak{T}} \frac{du}{dt} \varrho\, d\tau - t' \int_{\bar{S}_0} G_0\, \varrho_0\, [u]\, d\sigma_0 + o(t').\text{[20b]} \tag{90}$$

Die linke Seite unserer Ausgangsgleichung, die man wegen $X_n = p \cos(n, x)$ in der Form [20a]

$$\int_t^{t+t'} dt \Big(\int_{\mathfrak{T}} \varrho X\, d\tau + \int_{\mathfrak{S}} p \cos(n, x)\, d\sigma \Big)$$

schreiben kann, läßt sich wie folgt umformen. Vor allem ist, unter $\bar{S}$ das Bild von $\bar{S}_0$ im Raume x-y-z, unter ${}_1\mathfrak{T}$ und ${}_2\mathfrak{T}$ die beiden Gebiete, in die $\mathfrak{T}$ durch $\bar{S}$ zerlegt wird, verstanden,

$$-\int_{\mathfrak{T}} \frac{\partial p}{\partial x} d\tau = -\int_{{}_1\mathfrak{T}} - \int_{{}_2\mathfrak{T}} = \int_{\mathfrak{S}} p \cos(n, x)\, d\sigma + \int_{\bar{S}} [p] \cos(n, x)\, d\sigma,$$

darum

$$\int_{\mathfrak{S}} p \cos(n, x)\, d\sigma = -\int_{\bar{S}} [p] \cos(n, x)\, d\sigma - \int_{\mathfrak{T}} \frac{\partial p}{\partial x} d\tau.$$

Wie man leicht findet, folgt hieraus

$$\begin{aligned} &\int_t^{t+t'} dt \Big(\int_{\mathfrak{T}} \varrho X\, d\tau + \int_{\mathfrak{S}} p \cos(n, x)\, d\sigma \Big) \\ &= t' \int_{\mathfrak{T}} \varrho X\, d\tau - t' \int_{\mathfrak{T}} \frac{\partial p}{\partial x} d\tau - t' \int_{\bar{S}} [p] \cos(n, x)\, d\sigma + o(t'). \end{aligned} \tag{91}$$

Aus (89), (90) und (91) ergibt sich nach Division durch t' und Übergang zur Grenze, $t' \to 0$, wegen (50)

$$\int_{\bar{S}} [p] \cos(n, x)\, d\sigma = \int_{\bar{S}_0} G_0\, \varrho_0\, [u]\, d\sigma_0. \tag{92}$$

[20b] In (90) bezeichnet ϱ_0, wie üblich, die Dichte zur Zeit t_0.

Diese Formel gilt für alle hinreichend kleinen $t - t_0 > 0$. Für $t_0 \to t$ liefert sie, da jetzt (vgl. S. 256) $G_0 = G - \mathfrak{u}_n^{(1)}$ zu setzen ist und $\varrho^{(1)}$ für ϱ_0 eintritt (vgl. S. 257 ff.),

$$\int\limits_{\bar{S}} ([p] \cos(n, x) - (G - \mathfrak{u}_n^{(1)}) \varrho^{(1)} [u]) \, d\sigma = 0,$$

darum

$$(G - \mathfrak{u}_n^{(1)}) \varrho^{(1)} [u] = [p] \cos(n, x)$$

oder in der Schreibweise des sechsten Kapitels (S. 239)

$$(G - \mathfrak{u}_n^{(1)}) \varrho^{(1)} [u] = [p] \alpha. \tag{93}$$

Es sei jetzt $t_0 > t$. Dann liegt S_0 in $\mathfrak{T}^{(2)}$, und eine zu der vorstehenden ganz analoge Betrachtung führt zu dem Schlußergebnis

$$(G - \mathfrak{u}_n^{(2)}) \varrho^{(2)} [u] = [p] \alpha. \tag{94}$$

Aus (93) und (94) folgt, falls in (x, y, z, t) der Sprungwert $[u] \neq 0$ ist, in Bestätigung eines früheren Resultats (S. 260)

$$(G - \mathfrak{u}_n^{(1)}) \varrho^{(1)} = (G - \mathfrak{u}_n^{(2)}) \varrho^{(2)}. \tag{95}$$

Zu denselben Formeln gelangt man, wenn für $t_0 < t$ die Unstetigkeitsfläche S_0 in $\mathfrak{T}^{(2)}$ liegt.

Die vorstehenden Überlegungen versagen, wenn $\bar{S}_0$, wenigstens für alle hinreichend kleinen Werte von $t - t_0$ eines bestimmten Vorzeichens, nicht dauernd in $\mathfrak{T}^{(1)}$ oder in $\mathfrak{T}^{(2)}$ liegt. Sind die beiden Größen $G - \mathfrak{u}_n^{(1)}$ und $G - \mathfrak{u}_n^{(2)}$ in (a, b, c, t) von Null verschieden (S. 260), so gelten darum ganz gewiß unsere Schlüsse. Es sei jetzt in (a, b, c) zur Zeit t demgegenüber $G - \mathfrak{u}_n^{(1)} = G - \mathfrak{u}_n^{(2)} = 0$. Ist (a, b, c, t) eine Häufungsstelle von Raumzeitpunkten, in denen diese beiden Größen nicht verschwinden, so gelten in allen jenen Punkten die Formeln (93) und (94), sie gelten also aus Gründen der Stetigkeit auch im Punkte (a, b, c, t). Ist schließlich in einer vollständigen Umgebung von (a, b, c, t) durchweg $G - \mathfrak{u}_n^{(1)} = G - \mathfrak{u}_n^{(2)} = 0$, so ist daselbst eine Unstetigkeit erster Ordnung eigentlich gar nicht vorhanden, und es gilt $\varrho^{(1)} = \varrho^{(2)}$, $[u] = [p] = 0$. Auch jetzt kann man demnach die Formeln (93) und (94) als erfüllt ansehen.

Durch ganz ähnliche Betrachtungen gelangt man zu den beiden weiteren Formeln

$$\begin{aligned} (G - \mathfrak{u}_n^{(1)}) \varrho^{(1)} [v] &= (G - \mathfrak{u}_n^{(2)}) \varrho^{(2)} [v] = [p] \beta, \\ (G - \mathfrak{u}_n^{(1)}) \varrho^{(1)} [w] &= (G - \mathfrak{u}_n^{(2)}) \varrho^{(2)} [w] = [p] \gamma. \end{aligned} \tag{96}$$

Aus (93) und (96) folgt durch Multiplikation mit α, β, γ und Zusammenfassung

$$\begin{aligned} [p] &= \varrho^{(1)} (G - \mathfrak{u}_n^{(1)}) [u\alpha + v\beta + w\gamma] \\ &= \varrho^{(1)} (G - \mathfrak{u}_n^{(1)}) [\mathfrak{u}_n] = \varrho^{(2)} (G - \mathfrak{u}_n^{(2)}) [\mathfrak{u}_n]. \end{aligned} \tag{97}$$

Es seien α^*, β^*, γ^* die Richtungskosinus einer S in (x, y, z) berührenden Halbgeraden (l). Aus (93) und (96) ergibt sich augenscheinlich

$$\varrho^{(1)}(G - \mathfrak{u}_n^{(1)})\,[u\,\alpha^* + v\,\beta^* + w\,\gamma^*] = [p]\,(\alpha\,\alpha^* + \beta\,\beta^* + \gamma\,\gamma^*) = 0\,,$$

mithin, falls in (a, b, c, t) die Differenz $G - \mathfrak{u}_n^{(1)} \neq 0$ ist,

$$(98) \qquad [u\,\alpha^* + v\,\beta^* + w\,\gamma^*] = 0\,.$$

Hieraus folgt aber, daß die Tangentialkomponente der Geschwindigkeit sich auf Σ stetig ändert. *Die Normalkomponente allein kann einen Sprung erleiden.* Dieser Satz gilt, auch wenn die Voraussetzung $G - \mathfrak{u}_n^{(1)} \neq 0$ also auch $G - \mathfrak{u}_n^{(2)} \neq 0$ in (a, b, c, t) nicht erfüllt ist. Der Beweis läßt sich wieder leicht durch Stetigkeitsbetrachtungen erbringen.

Nun noch einige Worte über Unstetigkeiten *nullter* Ordnung (vgl. S. 261). Es möge zunächst sowohl in $\Theta^{(1)}$ als auch in $\Theta^{(2)}$ dieselbe Zustandsgleichung (118) (S. 306) gelten, d. h. es möge sich um eine im Sinne von Helmholtz „diskontinuierliche" Bewegung *einer* bestimmten homogenen oder heterogenen Flüssigkeit handeln. Die Unstetigkeit ist stationär. Eine zu der vorstehenden analoge Betrachtung (Anwendung der Impulsgleichungen (3)) führt jetzt zu dem Ergebnis, daß *p auch noch auf Σ stetig bleibt.*

Zu dem gleichen Resultat gelangt man, wenn die Zustandsgleichungen in $\Theta^{(1)}$ und $\Theta^{(2)}$ verschieden sind, wenn es sich also um Aneinandergleiten von zwei verschiedenen, sich miteinander nicht mischenden tropfbaren Flüssigkeiten handelt. Insbesondere ist dabei an Systeme von zwei verschiedenen, gleich temperierten, homogenen inkompressiblen Flüssigkeiten zu denken.

Da sich p auf S stetig verhält, so sind die partiellen Ableitungen erster Ordnung von p in den tangentialen Richtungen stetig, während $\frac{\partial p}{\partial n}$ sich im allgemeinen sprungweise ändern wird. Es sei (l) eine beliebige Halbgerade durch (x, y, z) tangential zu S. Es sei weiter $\boldsymbol{w}_l$ die Komponente der Beschleunigung, $\boldsymbol{X}_l$ die Komponente der Einheitskraft in der Richtung von (l). Aus (50) folgt sofort, daß sich $\varrho\,(\boldsymbol{w}_l - \boldsymbol{X}_l)$ beim Passieren von S in der Richtung von (n) stetig verhält. Ist speziell ϱ durchweg stetig, so ist, da für X, Y, Z das gleiche gilt (vgl. S. 263), auch $\boldsymbol{w}_l$ stetig. *Auch jetzt erfährt also nur die Normalkomponente der Beschleunigung einen Sprung auf S.*

Und nun noch zum Schluß einige Bemerkungen über die Unstetigkeiten zweiter Ordnung. Eine naheliegende Anwendung des Impulsprinzips (3) lehrt, daß der Druck p durchweg stetig ist. Handelt es sich um eine inkompressible Flüssigkeit, demnach um eine stationäre Unstetigkeit, so sind $\frac{du}{dt}$, $\frac{dv}{dt}$, $\frac{dw}{dt}$, mithin auch noch $\frac{\partial p}{\partial x}$, $\frac{\partial p}{\partial y}$, $\frac{\partial p}{\partial z}$

stetig. Aus dem Energieprinzip läßt sich mit Leichtigkeit erschließen, daß Unstetigkeiten zweiter und höherer Ordnung mit keinerlei Unstetigkeiten der Temperatur verknüpft sind. Bei Unstetigkeiten erster Ordnung liegen die Verhältnisse anders. Von einem näheren Eingehen auf diese noch nicht völlig geklärten Dinge muß mit Rücksicht auf den verfügbaren Raum abgesehen werden.

6. Grenzbedingungen. Ideelle und zähe Flüssigkeiten. Bei der Ableitung der Gleichungen (20) und (21) haben wir immer nur das Innere von $\boldsymbol{T}$ betrachtet. Da aber alle in (20) und (21) auftretenden Funktionen in $\boldsymbol{T}+\boldsymbol{S}$ stetig, allenfalls abteilungsweise stetig sein sollen, so gelten diese Gleichungen auch noch auf dem Rande von $\boldsymbol{T}$. Der wahre Geltungsbereich der betrachteten Bewegungsgleichungen umfaßt die Gesamtheit der physikalischen Kontinua, von deren Lage, Bewegung und sonstigen physikalischen Daten die Werte der Einheitskräfte X, Y, Z merklich abhängen. Ein solches System wollen wir *abgeschlossen* nennen[21].

Dem dritten Newtonschen Grundgesetze der Mechanik zufolge treten die an den Massenelementen des abgeschlossenen Systems angreifenden Kräfte stets paarweise auf; die zusammengehörigen Paare von Kräften sind entgegengesetzt gleich (Prinzip der Gleichheit der Wirkung und Gegenwirkung). Die Beziehungen $X_{-l}=-X_l$, $Y_{-l}=-Y_l$, $Z_{-l}=-Z_l$ können ebenfalls im Sinne dieses Prinzips gedeutet werden. In der relativistischen Mechanik gilt das dritte Newtonsche Gesetz nicht mehr, oder es bedarf doch gewisser tiefgehender Modifikationen.

Es würde eine mathematisch kaum zu bewältigende Aufgabe bedeuten, wollte man der Dynamik der Kontinua jedesmal ein wirklich abgeschlossenes System zugrunde legen. Glücklicherweise gelingt es in vielen Fällen, von den Differentialgleichungen (20), (21) ausgehend, Bestimmungsstücke für die Bewegung desjenigen Teiles eines abgeschlossenen Systems, auf den sich unser Interesse konzentriert, zu gewinnen, wenn der Bewegungszustand der übrigen Bestandteile mit hinreichender Annäherung als bekannt vorausgesetzt werden kann. Man gelangt so zu den sog. *Grenzbedingungen*, denen die Bewegung des gegebenen, nicht vollständigen Systems zu genügen hat.

Betrachten wir einige Beispiele.

Es möge sich zunächst um eine Flüssigkeitsmasse handeln, die ein nicht notwendig starres Gefäß, das sich in bekannter Weise bewegt, vollkommen erfüllt. Die Aussage, die Bewegung des Gefäßes sei von vornherein bekannt, bedeutet vom physikalischen Standpunkt aus, ähn-

---

[21] Es sei an dieser Stelle wieder einmal darauf hingewiesen, daß die Mechanik der Kontinua Bilder der tatsächlichen Bewegungsvorgänge in der Natur schafft, die nur innerhalb gewisser Grenzen brauchbar sind. Bei der Anwendung auf die Wirklichkeit muß sie sich darum natürlich mit gewissen Annäherungen begnügen, mathematische Behandlung der Mechanik sollte dennoch möglichst streng und lückenlos sein.

lich wie die Bedingungsgleichungen in der Mechanik der Massenpunktsysteme, den Verzicht auf eine lückenlose Behandlung des Bewegungsproblems. Im Grunde genommen ist das Gefäß ebensogut wie die Flüssigkeit ein Teil eines weiteren Systems, das unter Umständen noch andere Bestandteile umfaßt und eigentlich im Zusammenhang behandelt werden sollte. Man weiß indessen in vielen Fällen aus Erfahrung, daß sich das Gefäß angenähert so und nicht anders bewegen wird. Es bedeutet darum eine wesentliche Vereinfachung, wenn man die Bewegung der Hülle von vornherein als bekannt annimmt. So liegen die Verhältnisse z. B., wenn es sich um Gefäße handelt, die aus festen Körpern gefertigt sind und ,,festgehalten werden". Hier würde das abgeschlossene System außer der Flüssigkeit und der Hülle jedenfalls den Erdkörper umfassen müssen. Nun wissen wir aus Erfahrung und könnten dies aus allgemeinen Prinzipien der Mechanik erschließen, daß die Hülle nur ganz geringfügige Ortsänderungen und Deformationen erfahren wird, die eben vernachlässigt werden[22].

Welches ist nun die mathematische Formulierung der Grenzbedingungen in dem soeben betrachteten Spezialfalle?

Es sei T das von der Flüssigkeit zur Zeit t erfüllte Gebiet; sein Rand, der aus einer endlichen Anzahl geschlossener, stetig gekrümmter Flächen bestehen mag, heiße S. Die Bewegung möge sich über das Zeitintervall $\langle t_0, t_1\rangle$ erstrecken. Wenn nun angenommen wird, daß das Gefäß, das die Flüssigkeit erfüllt, sich in bekannter Weise bewegt, so heißt dies, das eine jede Komponente von S durch eine Gleichung von der Form

$$\Phi(x, y, z, t) = 0, \tag{99}$$

oder allgemeiner durch ein System von Gleichungen der Gestalt

$$x = \mathfrak{X}(t, p, q), \quad y = \mathfrak{Y}(t, p, q), \quad z = \mathfrak{Z}(t, p, q) \tag{100}$$

für alle t in $\langle t_0, t_1\rangle$ gegeben ist[23]. Handelt es sich speziell um ein starres

[22] Bei Behandlung spezieller Existenzprobleme könnte man daran denken, aus den Eigenschaften der Differentialgleichungen des Problems selbst ein Urteil darüber zu gewinnen, wie weit die Zerlegung des Gesamtsystems in einzelne Bestandteile und die getrennte Behandlung dieser zulässig ist. Es liegen hier mathematische Probleme einer besonderen Art vor.

[23] Man vergleiche die entsprechenden Ausführungen auf S. 161. Die Funktionen $\mathfrak{X}$, $\mathfrak{Y}$, $\mathfrak{Z}$ sind für alle p, q auf einer Kugel, einem Torus oder auf einer anderen analytischen und regulären „Normalfläche“ (bzw. einem System solcher Flächen), die umkehrbar eindeutig und stetig auf S abbildbar ist, und alle t in $\langle t_0, t_1\rangle$ erklärt und nebst ihren partiellen Ableitungen der beiden ersten Ordnungen stetig. Ferner ist

$$\left(\frac{\partial(\mathfrak{X}, \mathfrak{Y})}{\partial(p, q)}\right)^2 + \left(\frac{\partial(\mathfrak{X}, \mathfrak{Z})}{\partial(p, q)}\right)^2 + \left(\frac{\partial(\mathfrak{Y}, \mathfrak{Z})}{\partial(p, q)}\right)^2 \neq 0.$$

In analoger Weise ist die Funktion Φ in einem vierdimensionalen Gebiete (oder einem System von Gebieten), das $\{S; \langle t_0, t_1\rangle\}$ in seinem Innern enthält, erklärt

Gefäß, d. h. um einen mit einem Hohlraum versehenen starren Körper, der mit einer Flüssigkeit voll erfüllt ist, so hängt Φ in bekannter Weise von sechs Parametern ab, die beliebige nebst ihren Ableitungen erster und zweiter Ordnung stetige Funktionen von t sind. Befindet sich insbesondere das Gefäß in Ruhe, so sind die Funktionen Φ bzw. $\mathfrak{X}$, $\mathfrak{Y}$, $\mathfrak{Z}$ von t unabhängig.

Interessante Beispiele von Bewegungen der soeben betrachteten Art bietet die Himmelsmechanik. Es wird vielfach angenommen, daß im Erdinnern Flüssigkeitsmassen eingeschlossen sind. Nehmen wir zunächst einmal an, die Erde sei durch und durch starr. Ihre Bewegung läßt sich alsdann mit beliebiger Genauigkeit nach den Prinzipien der Mechanik fester Körper bestimmen. Wäre die tatsächliche Bewegung der als starr vorauszusetzenden Erdkruste so, wie sie sich aus jener Rechnung ergibt, so ließe sich die Bewegung der eingeschlossenen Flüssigkeitsmasse im Sinne der vorstehenden Ausführungen aus den hydrodynamischen Gleichungen errechnen. In Wirklichkeit darf freilich die Bewegung der Flüssigkeitsmassen einschließenden Erdkruste nicht ohne weiteres mit der unter der Voraussetzung der Starrheit errechneten identifiziert werden. Man kommt einen Schritt weiter, wenn man die Bewegung der Erdhülle nicht von vornherein als bekannt annimmt, vielmehr unter Zugrundelegung der allgemeinen hydrodynamischen Gleichungen (Kap. X und XI) bestimmt. Eine noch höhere Stufe der Annäherung würde dann eine Berücksichtigung der Elastizität der Erdkruste, der Zähigkeit der Flüssigkeitseinschlüsse usw. erfordern [24].

So viel über die physikalische Bedeutung der vorgeschriebenen Bewegung einer die Flüssigkeit allseitig umschließenden Hülle. Wie wir bereits in der Kinematik (S. 160ff.) gesehen hatten, folgt aus (99) bzw. (100) eine lineare Beziehung für die Geschwindigkeitskomponenten der Flüssigkeit auf S. Sie lautet, wenn eine Gleichung von der Form (99) vorliegt,

$$\frac{\partial \Phi}{\partial t} + \frac{\partial \Phi}{\partial x} u + \frac{\partial \Phi}{\partial y} v + \frac{\partial \Phi}{\partial z} w = 0 \tag{101}$$

oder, was auf dasselbe hinausläuft,

$$\mathfrak{u}_n = -\frac{\partial \Phi}{\partial t}\left\{\left(\frac{\partial \Phi}{\partial x}\right)^2 + \left(\frac{\partial \Phi}{\partial y}\right)^2 + \left(\frac{\partial \Phi}{\partial z}\right)^2\right\}^{-\frac{1}{2}}, \tag{102}$$

---

und nebst ihren partiellen Ableitungen erster und zweiter Ordnung stetig. Schließlich ist

$$\left(\frac{\partial \Phi}{\partial x}\right)^2 + \left(\frac{\partial \Phi}{\partial y}\right)^2 + \left(\frac{\partial \Phi}{\partial z}\right)^2 \neq 0.$$

[24] Man vergleiche hierzu W. Stekloff, Sur le mouvement d'un corps solide ayant une cavité de forme ellipsoïdale remplie par un liquide incompressible et sur les variations des latitudes, Annales de la Faculté des Sciences de Toulouse (3) **1** (1909), S. 1—112.

wo $\mathfrak{u}_n$ die Komponente der Geschwindigkeit des in (x, y, z) auf S befindlichen Teilchens in derjenigen Richtung der Normale, die zu den positiven Φ führt, bezeichnet. Der Ausdruck rechter Hand stellt, wie man leicht sieht, die in der gleichen Richtung genommene Komponente $\bar{\mathfrak{u}}_n$ der augenblicklichen Geschwindigkeit des Punktes (x, y, z) der Hülle dar. Sind nämlich $\bar{u}, \bar{v}, \bar{w}$ die Geschwindigkeitskomponenten des eben genannten Punktes, so ist zunächst

$$(103)\qquad \bar{\mathfrak{u}}_n\left\{\left(\frac{\partial\Phi}{\partial x}\right)^2+\left(\frac{\partial\Phi}{\partial y}\right)^2+\left(\frac{\partial\Phi}{\partial z}\right)^2\right\}^{\frac{1}{2}}=\bar{u}\frac{\partial\Phi}{\partial x}+\bar{v}\frac{\partial\Phi}{\partial y}+\bar{w}\frac{\partial\Phi}{\partial z}.$$

Andererseits muß, da die Koordinaten des betrachteten materiellen Punktes für alle t der Gleichung $\Phi=0$ genügen,

$$(104)\qquad \frac{\partial\Phi}{\partial t}+\frac{\partial\Phi}{\partial x}\bar{u}+\frac{\partial\Phi}{\partial y}\bar{v}+\frac{\partial\Phi}{\partial z}\bar{w}=0$$

sein. Aus (103) und (104) folgt unsere Behauptung. Zieht man noch (102) heran, so findet man endgültig

$$(105)\qquad \mathfrak{u}_n=\bar{\mathfrak{u}}_n,$$

was man auch so deuten kann: die Relativgeschwindigkeit der beiden zur Zeit t koinzidierenden Punkte auf S fällt in die Tangentialebene der Fläche. Ruht das Gefäß, so ist die Normalkomponente der Geschwindigkeit auf S einfach gleich Null, die Geschwindigkeit selbst fällt, sofern sie von Null verschieden ist, in die Tangentialebene hinein. Ist die Gleichung $\Phi=0$ für einen Wert t_0 der Zeit erfüllt, so ist sie für alle $t>t_0$, für die (101) gilt, gewiß von selbst erfüllt. (Vgl. die Ausführungen auf S. 162–170.)

Es ist klar, daß die vorstehenden Ergebnisse sinngemäß gelten, auch wenn es sich um eine in einem offenen Gefäß enthaltene Flüssigkeitsmasse handelt. Es ist dabei zu beachten, daß es nicht immer im voraus bekannt ist, welche Teile der Körperoberfläche im Laufe der Bewegung von der Flüssigkeit berührt werden.

Die Gleichungen (99), (100) sind Folgerungen aus der Tatsache, daß Teilchen, die zur Zeit t_0 der Oberfläche eines Flüssigkeitsgebietes T_0 angehören, sich zur Zeit t auf der Oberfläche des zu T_0 korrespondierenden Gebietes T befinden (vgl. S. 159).

Wird bei Behandlung der Bewegung eines aus flüssigen und festen Körpern bestehenden Systems von dem Bilde einer ideellen Flüssigkeit ausgegangen, so liefert die Gleichung (99) oder die mit ihr äquivalente Beziehung (101) die auf S zu erfüllende *Grenzbedingung*. Handelt es sich um eine zähe Flüssigkeit, wird also ein vollkommeneres Bild angestrebt, so wird darüber hinaus zumeist angenommen, daß die Flüssigkeit an dem von ihr berührten Körper haftet. Die Relativgeschwindigkeit ist also Null,

$$(106)\qquad u=\bar{u},\quad v=\bar{v},\quad w=\bar{w}.$$

Statt einer Bedingung haben wir jetzt deren drei zu erfüllen. Man kommt zu einer Grenzbedingung von einem etwas allgemeineren Charakter, wenn man die Relativgeschwindigkeit in einem Flächenelement $d\sigma_n$ der Flüssigkeit in Berührung mit einem festen Körper der in sie hineinfallenden Komponente des Spannungsvektors in $d\sigma_n$ proportional setzt. Die Komponente der Spannung in der Richtung der Innennormale (n) in $d\sigma_n$ ist

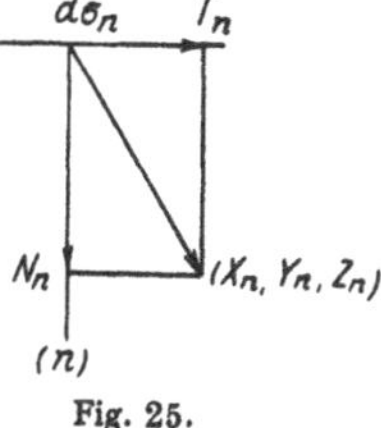

Fig. 25.

(107) $N_n = X_n \cos(n,x) + Y_n \cos(n,y) + Z_n \cos(n,z).$

Man erhält die längs der Koordinatenachsen genommenen Komponenten der Tangentialkomponente des Spannungsvektors, wenn man von X_n, Y_n, Z_n entsprechend $N_n \cos(n,x)$, $N_n \cos(n,y)$, $N_n \cos(n,z)$ subtrahiert (Fig. 25). Die gewonnenen Ausdrücke sind dann $\bar{u}-u$, $\bar{v}-v$, $\bar{w}-w$ proportional zu setzen:

$$
(108)\quad
\begin{aligned}
\Lambda_1 &= X_n - (X_n \cos(n,x) + Y_n \cos(n,y) + Z_n \cos(n,z)) \cos(n,x) \\
&= \mu_*(\bar{u}-u), \\
\Lambda_2 &= Y_n - (X_n \cos(n,x) + Y_n \cos(n,y) + Z_n \cos(n,z)) \cos(n,y) \\
&= \mu_*(\bar{v}-v), \\
\Lambda_3 &= Z_n - (X_n \cos(n,x) + Y_n \cos(n,y) + Z_n \cos(n,z)) \cos(n,z) \\
&= \mu_*(\bar{w}-w),
\end{aligned}
$$

unter μ_* eine von der Natur der Flüssigkeit und des festen Körpers abhängige Konstante verstanden.

Es ist leicht zu sehen, daß aus (108) umgekehrt folgt, daß die Relativgeschwindigkeit in die Tangentialebene des Körpers fällt. In der Tat ist nach (108), wie man sich durch direktes Ausrechnen leicht überzeugt,

$$
(109)\quad \mu_*\{(\bar{u}-u)\cos(n,x) + (\bar{v}-v)\cos(n,y) + (\bar{w}-w)\cos(u,z)\} = 0.
$$

Die Normalkomponenten von u, v, w und $\bar{u}, \bar{v}, \bar{w}$ sind also einander gleich. Darum ist

$$
u_n = -\frac{\partial \Phi}{\partial t}\left\{\left(\frac{\partial \Phi}{\partial x}\right)^2 + \left(\frac{\partial \Phi}{\partial y}\right)^2 + \left(\frac{\partial \Phi}{\partial z}\right)^2\right\}^{-\frac{1}{2}},
$$

also gilt die Gleichung (99), sofern sie für $t = t_0$ erfüllt ist.

Wie ersichtlich, liegen auch diesmal drei Grenzbedingungen vor.

In dem Grenzfall, $\mu_* \to \infty$, geben die Formeln (108) die vorhin angegebenen Gleichungen $\bar{u} = u$, $\bar{v} = v$, $\bar{w} = w$. Für $\mu_* \to 0$ erhält man die Beziehungen

$$
(110)\quad
\begin{aligned}
\Lambda_1 &= X_n - (X_n \cos(n,x) + Y_n \cos(n,y) + Z_n \cos(n,z))\cos(n,x) = 0, \\
\Lambda_2 &= Y_n - (X_n \cos(n,x) + Y_n \cos(n,y) + Z_n \cos(n,z))\cos(n,y) = 0, \\
\Lambda_3 &= Z_n - (X_n \cos(n,x) + Y_n \cos(n,y) + Z_n \cos(n,z))\cos(n,z) = 0,
\end{aligned}
$$

die nicht voneinander unabhängig sind, da der Ausdruck

$$\Lambda_1 \cos(n, x) + \Lambda_2 \cos(n, y) + \Lambda_3 \cos(n, z)$$

identisch gleich Null ist. Wir können etwa die dritte Gleichung (110) als eine Folgerung der beiden ersten auffassen. Diese und die Gleichung (99) oder (100) bilden die drei Grenzbedingungen, die jetzt in Betracht kommen.

Es liegt in diesem Zusammenhang nahe, die Beziehungen zu erörtern, die an der Berührungsfläche zweier aneinander gleitender Flüssigkeitsmassen, präziser ausgedrückt, an Unstetigkeitsflächen nullter Ordnung, gelten. Soweit es sich um ideelle Flüssigkeiten handelt, ist dies bereits auf S. 296 geschehen. Nun die zähen Flüssigkeiten. Vertritt man die Auffassung, daß zähe Flüssigkeiten an festen Körpern haften, so müßte man wohl konsequenterweise die Möglichkeit von Unstetigkeiten nullter Ordnung bei diesen Gebilden leugnen. Andernfalls wären an der Unstetigkeitsfläche Bedingungen zu erfüllen, die zu (108) analog sind, dies ganz gleich, ob die Dichte an der Unstetigkeitsfläche stetig bleibt oder einen Sprung erleidet, d. h. ob es sich um eine einzige (homogene oder heterogene) oder um zwei verschiedene Flüssigkeiten handelt.

Noch einige Bemerkungen über ideelle Flüssigkeiten und die Randbedingung (101), die, wie wir vorhin gefunden haben, auch so gedeutet werden kann: An der Berührungsfläche der Flüssigkeit mit dem festen Körper fällt die relative Geschwindigkeit allemal in die Tangentialebene der Fläche hinein. Eine ganz analoge Fassung pflegt man, wie wir bald sehen werden, der Randbedingung zu geben, wenn es sich um feste oder deformierbare, in einer ideellen Flüssigkeit ganz oder teilweise eingetauchte Körper handelt. Von der Theorie zäher Flüssigkeiten ausgehend ist man neuerdings vielfach zu der Ansicht gekommen, die Randbedingung (101) sei nicht immer diejenige, die zu brauchbaren Bildern der wirklichen Bewegungsvorgänge führt, und müßte deswegen durch eine andere, kompliziertere ersetzt werden[25]. Wir werden auf diesen Gegenstand weiter unten (S. 312—313) zurückkommen.

7. Weiteres über Grenzbedingungen. Wir nehmen jetzt, im vollkommenen Gegensatz zu den vorstehend betrachteten Grenzbedingungen an, die Oberfläche der Flüssigkeit sei „frei“. Dies bedeutet nichts anderes, als daß die Flüssigkeit, auf deren Bewegung sich unser Interesse konzentriert, entweder für sich allein schon ein abgeschlossenes System bildet oder aber allerseits an gasförmige Bestandteile des Systems grenzt, deren Bewegungszustand zwar unbekannt ist, deren Druck längs der gemeinsamen Grenzflächen indessen mit hinreichender

[25] Man vergleiche hierzu die zahlreichen Arbeiten von C. W. Oseen, insbesondere sein kürzlich erschienenes Werk, Neuere Methoden und Ergebnisse in der Hydrodynamik, Leipzig 1927; siehe auch die Bemerkungen von F. Noether, Naturwissenschaften, Jahrgang **16** (1928), S. 558.

Annäherung als bekannt vorausgesetzt werden darf. Beispiele aus der Himmelsmechanik:

I. Eine homogene oder heterogene gravitierende Flüssigkeitsmasse, etwa ein flüssiger Planet, bewegt sich unter der Wirkung der Eigengravitation und der als bekannt vorausgesetzten Anziehungskräfte fremder Himmelskörper. Der Druck der Planetenatmosphäre wird als bekannt aufgefaßt und gleich einer Konstanten gesetzt. Da es, wie leicht zu sehen ist, bei der mathematischen Behandlung auf den Wert dieser Konstanten nicht wesentlich ankommt, so pflegt man in der Theorie der Figur der Himmelskörper meist den Außendruck gleich Null zu setzen[26]. Der flüssige Planet bildet, wie leicht ersichtlich, kein abgeschlossenes System. Zu diesem würden einerseits die Planetenatmosphäre, andererseits zum mindesten die Gesamtheit der übrigen Körper des Sonnensystems gehören.

II. Betrachten wir eine im Weltraum isolierte, d. h. der Wirkung der übrigen Weltmassen entzogen gedachte, homogene oder heterogene, gravitierende Flüssigkeitsmasse. Unter Umständen kann diese Masse, bezogen auf ein in gleichförmiger Rotation begriffenes Koordinatensystem, sich im relativen Gleichgewichte befinden. Die möglichen Gleichgewichtsfiguren sind zu bestimmen. Bezieht man die Lage der Flüssigkeitsteilchen auf das rotierende Achsenkreuz, so sind als Massenkräfte die Gravitations- und Zentrifugalkräfte aufzufassen. Der Außendruck ist gleich Null zu setzen[27].

Handelt es sich allgemeiner um irgendeine Flüssigkeitsmasse, die ein vollständiges System bildet, deren Gesamtrand darum gewiß frei ist, so wird, wie in dem zuletzt betrachteten Beispiele, p auf dem Rande gleich Null gesetzt. Ist weiter der Rand $\boldsymbol{S}$ einer Flüssigkeitsmasse $\boldsymbol{T}$, die kein abgeschlossenes System bildet[28], vollkommen frei, so ist im Sinne der Ausführungen auf S. 302.

$$p = p(\sigma) \geqq 0,$$

unter $p(\sigma)$ eine vorgegebene, stetige Ortsfunktion verstanden.

Es sei (n) die Innennormale im Punkte σ auf $\boldsymbol{S}$. Wir setzen

$$\bar{X}_\sigma = p(\sigma)\cos(n,x), \quad \bar{Y}_\sigma = p(\sigma)\cos(n,y), \quad \bar{Z}_\sigma = p(\sigma)\cos(n,z). \tag{111}$$

[26] Es sei bemerkt, daß Gase sich bei sehr geringem Druck der Behandlung als Kontinua oft entziehen. In der Mechanik tropfbarer Flüssigkeiten ist das Verschwinden des Druckes im Innern einer Flüssigkeitsmasse zumeist ein Zeichen dafür, daß die hydrodynamischen Gleichungen ihre Gültigkeit verlieren, indem stetige Bewegungen aufhören, die tatsächlichen Vorgänge mit hinreichender Genauigkeit darzustellen. Der Zusammenhang der Flüssigkeit wird zerstört.

[27] Im Innern der Flüssigkeitsmasse muß der Druck > 0 sein (s. die vorhergehende Fußnote).

[28] Es möge $\boldsymbol{S}$ etwa aus einer endlichen Anzahl von Flächenstücken mit stetiger Normale bestehen.

Wie leicht zu sehen ist, kann man das Bewegungsproblem der Flüssigkeitsmasse T ohne Benutzung eines von der angrenzenden Gasmasse ausgeübten Druckes formulieren, indem man als vorliegende Kräfte die an den Massenelementen $\varrho\, d\tau$ angreifenden Massenkräfte $\varrho X\, d\tau$, $\varrho Y\, d\tau$, $\varrho Z\, d\tau$ sowie die auf die Oberflächenelemente $d\sigma$ wirkenden Oberflächenkräfte $\overline{X}_\sigma d\sigma$, $\overline{Y}_\sigma d\sigma$, $\overline{Z}_\sigma d\sigma$ einführt; $\overline{X}_\sigma$, $\overline{Y}_\sigma$, $\overline{Z}_\sigma$ wäre als die im Punkte σ wirkende Kraft, auf die Flächeneinheit bezogen, zu bezeichnen.

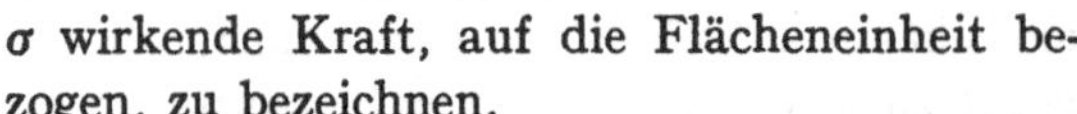

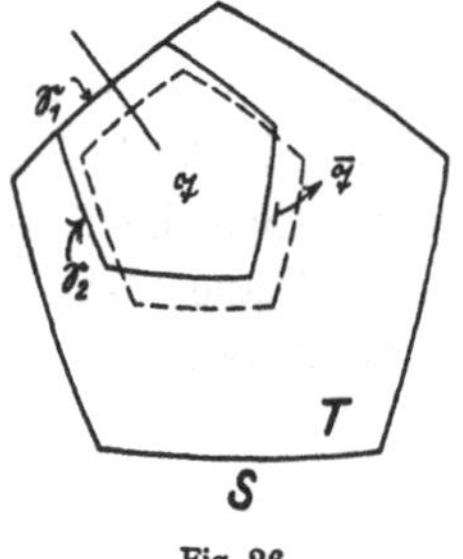

Fig. 26.

Es empfiehlt sich manchmal in Verallgemeinerung dieser Ergebnisse, beliebige Oberflächenkräfte in die Betrachtung einzuführen, ohne sich mit deren Ursprung weiter zu beschäftigen.

Den beiden Postulaten 1. und 2. der Hydromechanik (S. 264) und der die ideellen Flüssigkeiten charakterisierenden Festsetzung, $p_l(\sigma)$ stehe auf $d\sigma_l$ senkrecht, muß man in diesem Falle die folgende weitere Festsetzung hinzufügen.

3. Es sei $\mathfrak{T}$ ein Gebiet in T, dessen Rand $\mathfrak{S}$ mit dem Rande von T Flächenstücke $\mathfrak{S}_1$ gemeinsam hat. Es sei $\mathfrak{S}_2$ der Rest von $\mathfrak{S}$ (Fig. 26). Dann gelten die sechs Gleichungen[29]

$$\int_{\mathfrak{T}} \varrho\left(X - \frac{du}{dt}\right) d\tau + \int_{\mathfrak{S}_1} \overline{X}_\sigma\, d\sigma + \int_{\mathfrak{S}_2} X_n\, d\sigma = 0, \ldots,$$

$$\text{(112)} \quad \int_{\mathfrak{T}} \varrho\left\{\left(X - \frac{du}{dt}\right) y - \left(Y - \frac{dv}{dt}\right) x\right\} d\tau + \int_{\mathfrak{S}_1} (\overline{X}_\sigma y - \overline{Y}_\sigma x)\, d\sigma + \int_{\mathfrak{S}_2} (X_n y - Y_n x)\, d\sigma = 0, \ldots.$$

Durch diese Formeln ist zum Ausdruck gebracht, daß jetzt als „aufgeprägte Kräfte“ neben den Massenkräften auch noch die Oberflächenkräfte $\overline{X}_\sigma d\sigma$, $\overline{Y}_\sigma d\sigma$, $\overline{Z}_\sigma d\sigma$ vorliegen.

Da die Komponenten von $p_l(\sigma)$ für alle (x, y, z) in $T + S$ und alle (l) stetig sind, so gelten gewiß die drei weiteren Formeln[30]

$$\text{(113)} \quad \int_{\mathfrak{T}} \varrho\left(X - \frac{du}{dt}\right) d\tau + \int_{\mathfrak{S}_1} X_n\, d\sigma + \int_{\mathfrak{S}_2} X_n\, d\sigma = 0, \ldots.$$

---

[29] Wir knüpfen an die Gleichungen (5) und (6) an.

[30] Es sei $\overline{\mathfrak{T}}$ (Fig. 26) das Gebiet, das man erhält, wenn man $\mathfrak{T}$ parallel mit sich selbst in der Richtung einer Innennormale zu $\mathfrak{S}_1$ um eine kleine Strecke h verschiebt. Ist der Durchmesser von $\mathfrak{T}$ hinreichend klein, so ist $\overline{\mathfrak{T}} + \overline{\mathfrak{S}}$ ganz im Innern von T gelegen. Für dieses Gebiet gelten gewiß die Formeln (5) und (6). Lassen wir jetzt $h \to 0$ konvergieren. Da alle in Betracht kommenden Funktionen in $T + S$ stetig oder doch abteilungsweise stetig sind, so gelten, wie der angedeutete Grenzübergang lehrt, die Formeln (113).

Es ist also

$$\int_{\mathfrak{S}_1} X_n \, d\sigma = \int_{\mathfrak{S}_1} \overline{X}_\sigma \, d\sigma, \tag{114}$$

und da diese Formel für alle Punkte auf $\mathfrak{S}_1$ gelten soll, so ist

$$X_n = p(\sigma) \cos(n, x) = \overline{X}_\sigma \tag{115}$$

und analog

$$Y_n = p(\sigma) \cos(n, y) = \overline{Y}_\sigma, \qquad Z_n = p(\sigma) \cos(n, z) = \overline{Z}_\sigma. \tag{116}$$

In einer ganz ähnlichen Weise läßt sich der Begriff der Oberflächenkräfte bei beliebigen kontinuierlichen Medien einführen.

Wir haben vorhin den Rand der betrachteten Flüssigkeitsmasse einmal allseitig von zwangläufig bewegten Wänden umgeben, das andere Mal vollkommen frei angenommen. Allgemeiner könnte ein Teil S' des Randes von festen oder nachgiebigen, jedoch in bekannter Weise bewegten Wänden gebildet, der Rest S'' aber frei sein. Auf S' würden dann die Gleichung $\Phi(x, y, z, t) = 0$ bzw. die Gleichungen $x = \mathfrak{X}(t, p, q)$, $y = \mathfrak{Y}(t, p, q)$, $z = \mathfrak{Z}(t, p, q)$, auf S'' die Bedingung $p = p(\sigma) \geqq 0$ gelten. Es sei noch einmal bemerkt, daß es in der Regel zunächst nicht bekannt ist, welcher Teil der Wände des die Flüssigkeit enthaltenden Gefäßes mit dieser tatsächlich in Berührung steht.

Beispiele: 1. Bewegung einer der alleinigen Wirkung der Schwerkraft unterworfenen, kürzer einer schweren Flüssigkeit in einem Bassin. 2. Ozeanbewegung der Ebbe und Flut. Bei dieser handelt es sich im wesentlichen um die Bewegung einer in einem starren Bette befindlichen homogenen, gravitierenden Flüssigkeit unter der Wirkung der Eigengravitation, der Zentrifugalkraft sowie der Anziehung der Sonne und des Mondes. Der Außendruck wird in beiden Fällen als konstant angesehen. 3. Eine schwere Flüssigkeit, in der ein System starrer Körper zwangläufig bewegt wird, in einem Bassin. Die Körper, deren Bewegung also als bekannt vorausgesetzt wird, können ganz oder nur teilweise eintauchen. Hierzu einige Bemerkungen.

Wie schon wiederholt bemerkt, sind starre Körper als Grenzfälle aufzufassen, — alle sogenannten festen Körper sind tatsächlich deformierbar. Die eingetauchten Körper, die wir uns dementsprechend zunächst als elastische Kontinua vorstellen, bilden mitsamt der Flüssigkeit Teile eines abgeschlossenen Systems. An den gemeinsamen Grenzflächen der Flüssigkeit und der eingetauchten Körper sind Spannkräfte anzunehmen, die als die von der Flüssigkeit auf die Körper bzw. von den Körpern auf die Flüssigkeit ausgeübten Druckkräfte bezeichnet werden. Dies alles gilt, auch wenn im Grenzfall die Deformation der Körper gleich Null gesetzt wird, diese also als vollkommen starr angesehen werden.

Wir haben soeben angenommen, die Bewegung der eingetauchten Körper sei im voraus bekannt. Dieser Fall liegt z. B. bei der Bewegung eines bei vollkommener Windstille in einem horizontalen Kanal im

Schlepptau geführten Schiffes angenähert vor. Ein von den bisher betrachteten völlig verschiedenes Problem ergibt sich, wenn die Bewegung der eingetauchten Körper selbst mitbestimmt werden soll. Jeder Körper bewegt sich jetzt unter dem Einfluß der auf ihn wirkenden Massenkräfte sowie der von der Flüssigkeit ausgeübten Druckkräfte wie ein freier Körper[30a]). Was die Flüssigkeit selbst betrifft, so kann ihre die Körper benetzende Oberfläche als frei aufgefaßt werden, wenn man die von den Körpern herrührenden Druckkräfte als äußere Kräfte einführt. Es liegt also der vorhin erörterte Fall gemischter Grenzbedingungen vor, doch *sind weder die Werte der von den eingetauchten Körpern ausgeübten Druckkräfte noch die Lage dieser Körper von vornherein bekannt, beides muß vielmehr erst bestimmt werden.* Die Bewegung fester Körper in einer Flüssigkeit gehört zu den mathematisch interessantesten, zugleich aber auch schwierigsten Problemen der Hydromechanik. Beispiel: Bewegung des Schiffes.

Die Betrachtung starrer Körper hat wie diejenige inkompressibler Flüssigkeiten den Zweck, die mathematische Behandlung zu vereinfachen, da mit Sicherheit anzunehmen ist, daß eine Berücksichtigung der sehr geringfügigen Deformationen die Ergebnisse nur unwesentlich beeinflussen würde. Ein strenger Beweis für diese Tatsache liegt zur Zeit allerdings nicht vor.

In der Hydromechanik (wie in der mathematischen Physik überhaupt) werden nicht selten Bereiche betrachtet, die sich allseitig oder teilweise ins Unendliche erstrecken. Sie haben Flüssigkeitsmassen zu repräsentieren, bei denen gewisse Abmessungen zwar endlich, aber sehr groß sind. Durch den Übergang zu unendlichen Bereichen gewinnt die mathematische Behandlung oft an Übersichtlichkeit und Einfachheit. Um zu mathematisch vollkommen bestimmten Problemen zu kommen, muß man das Erfülltsein geeigneter Bedingungen, die sich auf das Unendliche beziehen und auch hier Grenzbedingungen heißen, fordern. Wir werden später bei Behandlung spezieller Probleme auf diesen Gegenstand näher eingehen und auf die sich darbietenden mathematischen Probleme hinweisen[31].

8. Zustandsgleichung. Im Laufe einer bestimmten Bewegung sind Dichte, Druck und Temperatur bekannte Funktionen der Zeit,

$$\varrho = \varrho(a,b,c;t), \quad p = p(a,b,c;t), \quad \theta = \theta(a,b,c;t). \tag{117}$$

Zwischen ϱ, p, θ wird nun ein Zusammenhang angenommen, in welchen a, b, c (nicht aber auch t) eingehen, etwa

$$F(\varrho, p, \theta; a, b, c) = 0. \tag{118}$$

[30a] Vgl. loc. cit. [13] XI S. 315ff.

[31] Es müßte u. a. gezeigt werden, daß beim Übergang zu unendlichen Bereichen die Bewegung in demjenigen, im Endlichen gelegenen Teile der betrachteten Flüssigkeit, auf den sich unser Interesse konzentriert, keine merkliche Verzerrung erfährt.

Man bezeichnet (118) als die *Zustandsgleichung* des Teilchens (a, b, c). Als Funktion von ϱ, p, θ betrachtet, d. h. bei festgehaltenem (a, b, c), darf F als analytisch und regulär vorausgesetzt werden[32]. In Abhängigkeit von a, b, c wollen wir F als stetig, allenfalls abteilungsweise stetig annehmen[33]. Die Gleichung (118) ist wohl nach ϱ, jedoch nicht notwendig nach p oder θ eindeutig auflösbar[34].

Wie schon einmal erwähnt, unterscheiden sich die mathematischen Bilder, welche die Hydromechanik für physikalische Flüssigkeiten und Gase schafft, nur quantitativ voneinander. Tropfbare Flüssigkeiten sind durch schwache Abhängigkeit der Dichte von Druck und Temperatur, Gase durch eine im Vergleich mit jenen geringe Dichte bei starker Veränderlichkeit mit Druck und Temperatur ausgezeichnet. Ist die Funktion (118) von a, b, c unabhängig,

$$F(\varrho, p, \theta) = 0, \tag{119}$$

d. h. ist der Zusammenhang zwischen ϱ, p und θ bei allen Teilchen einer bestimmten Flüssigkeit oder eines Gases der gleiche, so nennen wir die Flüssigkeit oder das Gas homogen. Auch bei einer als homogen zu bezeichnenden tropfbaren Flüssigkeit oder einem ebensolchen Gase wird sich freilich die Dichte im allgemeinen von Ort zu Ort ändern, doch hängt dies damit zusammen, daß im allgemeinen der Druck, meist auch die Temperatur, sich von Punkt zu Punkt ändern. Sind in einem von einem homogenen Gase erfüllten Bereiche der Druck und die Temperatur konstant, so gilt das gleiche auch für die Dichte. Bei einem inhomogenen Gase ist dies anders[35]. In der Aerodynamik hat man es in der Regel mit homogenen Gasen zu tun, doch sind auch Fälle denkbar, wo man sich gezwungen sieht, zu der allgemeineren Annahme (118) überzugehen, z. B. in der Meteorologie, wenn man etwa den von Ort zu Ort wechselnden Feuchtigkeitsgehalt der Luft berücksichtigen will. Der besonders wichtige Grenzfall einer inkompressiblen Flüssigkeit ordnet sich in das allgemeine Schema ein, indem man F als von p unabhängig voraussetzt,

$$F(\varrho, \theta;\ a, b, c) = 0. \tag{120}$$

---

[32] In der Tat läßt sich jeder empirisch ermittelte Zusammenhang durch analytische und reguläre Funktionen mit beliebiger Genauigkeit wiedergeben.

[33] Man könnte sich übrigens auch hier mit analytischen bzw. abteilungsweise analytischen Funktionen begnügen.

[34] Ein bekanntes Beispiel für dieses Verhalten bietet die Zustandsgleichung destillierten Wassers, wo ϱ bei 760 mm Druck und 4° C, als Funktion von θ aufgefaßt, ein Maximum zeigt.

[35] Ob eine bestimmte Gas- oder Flüssigkeitsmasse als homogen zu betrachten ist, kann freilich nicht unmittelbar auf Grund der Definition erkannt werden, da diese eine Prüfung durch Messung nicht gestattet. Notwendige Kriterien für die Homogenität ergeben sich aus der Übereinstimmung mancher entfernter Folgerungen, die zum Teil auf optischem oder chemischem Gebiete u. dgl. liegen, mit der Beobachtung und dem Experiment.

Hier ist F eine stetige, allenfalls abteilungsweise stetige Funktion von a, b, c. Ist ϱ für einen jeden Wert von θ abteilungsweise konstant, so kommt man zu einem System, das aus mehreren verschiedenen homogenen, inkompressiblen Flüssigkeiten besteht.

Wir werden weiter unten sehen, durch welche speziellen Messungen die Zustandsgleichung einer homogenen Flüssigkeit im Prinzip bestimmt werden kann (S. 333ff). Die Versuchsanordnung wird dabei jedenfalls so getroffen, daß die Flüssigkeit ruht, die Größen ϱ, p und θ in der ganzen untersuchten Flüssigkeitsmasse konstante Werte haben und die Formel (119) sich aus einem Integraleffekt errechnen läßt. Es bedeutet offenbar eine Extrapolation, wenn man das Ergebnis auf Flüssigkeiten anwendet, die sich in Bewegung befinden und in denen ϱ, p, θ im allgemeinen von Punkt zu Punkt variieren können. Die Begründung für dieses Vorgehen liegt, wie schon mehrfach bei ähnlichen Anlässen betont, in der innerhalb gewisser Grenzen tatsächlich vorhandenen Übereinstimmung zwischen den errechneten Resultaten und den Ergebnissen des Experiments und der Beobachtung.

Ist die Temperatur örtlich und zeitlich konstant, so kann man für (120) einfacher schreiben:

$$F(\varrho; a, b, c) = 0. \tag{121}$$

Die Dichte haftet am Flüssigkeitsteilchen. Mit einer Zustandsgleichung dieser Art kann man sich in manchen Fällen begnügen, wenn die Temperaturschwankungen örtlich und zeitlich geringfügig sind. Bei der Kompliziertheit der meisten hydrodynamischen Probleme erscheint es oft als erwünscht, zur Vereinfachung von der Zustandsgleichung (121) auszugehen, um so wenigstens die Hauptumrisse der zu erwartenden Erscheinungen zu entziffern. Eine Berücksichtigung der Temperaturveränderlichkeit würde dann den nächsten Schritt bilden. Es muß natürlich von Fall zu Fall untersucht werden, ob nicht durch Außerachtlassung der Temperaturschwankungen gerade die Hauptzüge der zu beschreibenden Erscheinungen verwischt werden. So erscheint es als angemessen, bei Behandlung des Problems der Gezeiten zur Vereinfachung mit einer homogenen, gleichtemperierten Flüssigkeit ($\varrho = \text{const.}$) zu operieren. Man verzichtet dabei freilich von vornherein auf die Beschreibung der sich der regelmäßigen Flutbewegung überlagernden Strömungen, die mit den Temperaturdifferenzen in verschiedenen Regionen des Weltmeeres zusammenhängen. Das Studium dieser Strömungen ist ein Problem für sich. Hier wird man notwendigerweise von der allgemeinen Zustandsgleichung (119) ausgehen müssen[36].

---

[36] Bei einer ganz allgemeinen Behandlung des Problems müßten die Vorgänge der Wärmestrahlung und Wärmeleitung mit in den Kreis der Betrachtung einbezogen werden.

Es möge sich im folgenden zunächst um eine homogene oder heterogene inkompressible Flüssigkeit, auf die bekannte Kräfte wirken, und um die Grenzbedingung (101) handeln. Die Temperatur möge bei dem Bewegungsvorgang keine merkliche Rolle spielen und sei etwa dauernd konstant. Die Differentialgleichungen (50) der Bewegung, die Kontinuitätsgleichung und die Grenzbedingung (101) genügen, wie sich bald zeigen wird, nicht, um die Bewegung der Flüssigkeit zu bestimmen. Man nimmt darüber hinaus an, daß zur Zeit t_0 die Lage S_0 der Hülle, die Dichte sowie die Komponenten der Geschwindigkeit in jedem Punkte der Flüssigkeitsmasse T_0 bekannt sind, und beschränkt die Betrachtung der Bewegung willkürlich auf die Zeit $t \geqq t_0$[37]. Eine Beschränkung dieser oder ähnlicher Art erscheint als unumgänglich nötig und zwar aus denselben Gründen wie die Einführung der einen oder der anderen Grenzbedingung. Man geht nunmehr weiter und stellt die Behauptung auf, durch die Differentialgleichungen der Bewegung, die Kontinuitätsgleichung, die Grenz- und die Anfangsbedingungen[38] sei die Bewegung der Flüssigkeit vollkommen bestimmt (*Existenz- und Unitätssatz*). Dies besagt, daß es ein und nur ein System von Funktionen $x(a,b,c,t)$, $y(a,b,c,t)$, $z(a,b,c,t)$ gibt, die gewisse, weiter unten (S. 415 ff.) näher präzisierte Stetigkeitseigenschaften haben und eine den Gleichungen (50) gemäß verlaufende Bewegung einer inkompressiblen Flüssigkeit definieren, so daß die vorgegebenen Grenz- und Anfangsbedingungen erfüllt sind.

9. Anfangsbedingungen. Physikalische Bedeutung der Existenz- und Unitätssätze. Abhängigkeit von dem Anfangszustand, den Grenzbedingungen und etwaigen Parametern. Was die Anfangsbedingungen betrifft, so wäre es an sich ja denkbar, daß die Kenntnis von ϱ als Funktion von x, y, z für $t = t_0$ allein schon, und nicht auch noch diejenige von u, v, w, zur Beschreibung der Bewegung genügen würde. Andererseits wäre es aber wiederum denkbar, daß man außer u, v, w auch noch die Werte $\frac{du}{dt}, \frac{dv}{dt}, \frac{dw}{dt}$ für $t = t_0$ bedürfte, um die Bewegung zu bestimmen. Daß die Verhältnisse so wie angegeben und nicht anders liegen, ist der Ausdruck einer Naturgesetzmäßigkeit und zwar in dem Ausmaße, in dem die von uns betrachtete mathematische Bewegung ein Bild eines in der realen Welt sich abspielenden Bewegungsvorganges darstellt. Insofern bedeutet also die Einführung

---

[37] Die Geschwindigkeitskomponenten zur Zeit t_0 werden als stetige Ortsfunktionen, die stetige der H-Bedingung genügende partielle Ableitungen erster Ordnung haben, vorausgesetzt. Sie sollen in T_0 der Kontinuitätsgleichung und auf S_0 der Gleichung (101) genügen. Man vergleiche hierzu die Ausführungen auf S. 415 ff. wo sich eine präzise Fassung der Anfangs- und Grenzbedingungen vorfindet.

[38] Gegebenenfalls auch noch geeignete Festsetzungen über mögliche Unstetigkeiten (vgl. S. 415 ff.).

bestimmter Anfangsbedingungen, und in analoger Weise auch die der Grenzbedingungen, mehr als eine willkürliche Einschränkung des Umfanges unserer Betrachtungen.

Nun ist es klar, welches die physikalische Bedeutung des im Augenblick in Frage kommenden speziellen Existenz- und Unitätsproblems der Hydrodynamik ist. Wüßte man im voraus, daß es einen und nur einen wirklichen Bewegungsvorgang gibt, dessen mathematisches Bild den vorgeschriebenen Grenz- und Anfangsbedingungen genügt, und wüßte man a priori, daß diese mathematische Bewegung den Gleichungen (50) gemäß erfolgen muß, so könnte man von einer mathematischen Behandlung des Existenz- und Unitätssatzes absehen, diese wären „physikalisch evident". Wir haben aber weder die Gewißheit, daß es eine wirkliche Bewegung der erwarteten Art gibt, noch daß diese in der angegebenen Weise vor sich geht. Sind die beiden mathematischen Probleme im bejahenden Sinne gelöst, so ist damit zunächst nur eine *notwendige* Bedingung dafür erfüllt, daß es eine (und nur eine) wirkliche Bewegung der angenommenen Art gibt. Erst der Vergleich der Ergebnisse der Rechnung mit der Beobachtung und dem Experiment kann uns darüber belehren, ob eine hinreichend weitgehende Übereinstimmung zwischen beiden besteht. Was hier an Hand eines speziellen Problems auseinandergesetzt wurde, trifft auch bei anderen Problemen der Hydrodynamik, allgemeiner bei allen Existenzaufgaben der mathematischen Physik überhaupt zu. *Ist in einem bestimmten Falle die Existenz- und Unitätsfrage im bejahenden Sinne beantwortet, so ist damit zugleich auch die eingangs aufgeworfene Frage nach der Verträglichkeit der Grundannahmen erledigt.* In dem besonderen Falle der Grenzbedingungen (101) gilt tatsächlich, wie wir in dem elften Kapitel zeigen werden, der vorhin besprochene Existenz- und Unitätssatz. Bei den meisten Problemen der Dynamik inkompressibler Flüssigkeiten bilden die Existenzbetrachtungen ein noch offenes Problem.

Ist ein Existenzproblem nicht lösbar, so ist damit die Unverträglichkeit der in Aussicht genommenen Gesetzmäßigkeiten von vornherein erwiesen. Eine solche Unverträglichkeit liegt nicht selten bei kompressiblen Flüssigkeiten vor und besagt dort, daß es unter den zugrunde liegenden Anfangs- und Grenzbedingungen überhaupt keine „reguläre" Bewegung gibt, vielmehr im allgemeinen nichtstationäre Unstetigkeiten erster oder zweiter Ordnung zu erwarten sind, was ein mathematisch wie physikalisch neues Problem darstellt[39].

---

[39] Es sei in diesem Zusammenhang ausdrücklich darauf hingewiesen, daß wir bei Behandlung der Unstetigkeiten (vgl. **5.** sowie die Ausführungen des sechsten Kapitels) lediglich kinematische und dynamische Kompatibilitätsbedingungen studiert hatten. Auf die, namentlich bei Unstetigkeiten erster Ordnung, ganz wesentlichen Beziehungen zur Thermodynamik können wir aus Raummangel nicht näher eingehen.

Ist in einem bestimmten Falle das Existenzproblem zwar lösbar, jedoch nicht in einer einzigen Art und Weise, so heißt dies zunächst, daß die Gesamtheit der zugrunde gelegten Beziehungen zur Beschreibung eines Bewegungsvorganges nicht ausreicht, demnach weitere Bestimmungsstücke herangezogen werden müssen. Es wäre aber auch denkbar, daß das ganze in Aussicht genommene System von Relationen verworfen werden müßte.

Soviel über die physikalische Bedeutung der Existenz- und Unitätssätze der Hydrodynamik. Vom mathematischen Standpunkte aus handelt es sich dabei erfahrungsgemäß um wichtige Probleme, die darum besonders anziehend sind, weil sie sowohl mit manchen anderen Fragen der Analysis als auch eben mit grundsätzlichen Fragen der exakten Naturforschung zusammenhängen.

Die in der Hydrodynamik mit Vorliebe betrachteten inkompressiblen Flüssigkeiten stellen, wie wiederholt erwähnt, einen Grenzfall dar. Es möge sich etwa um eine homogene, gleich temperierte, kompressible Flüssigkeit handeln, deren Zustandsgleichung die Form

$$\varrho = \varrho_* + \varepsilon f(p) \tag{122}$$

hat, unter ϱ_* eine Konstante, ε einen reellen Parameter, $f(p)$ eine analytische und reguläre Funktion verstanden. Für $\varepsilon = 0$ ist die Flüssigkeit inkompressibel. Es möge ferner in einem bestimmten Falle vorgegebener Grenz- und Anfangsbedingungen der Existenz- und Unitätssatz gelten, so daß die Flüssigkeit sich für alle hinreichend kleinen ε und alle $t_0 \leqq t \leqq t_1$ in einer ganz bestimmten Weise bewegt. Es liegt dann die Frage nahe, ob der Bewegungszustand der inkompressiblen Flüssigkeit ($\varepsilon = 0$) als Grenzwert des Bewegungszustandes der kompressiblen Flüssigkeit für $\varepsilon \to 0$ aufgefaßt werden kann, mit anderen Worten, ob die Lösungen des betrachteten hydrodynamischen Problems,

$$x = x(a, b, c, t; \varepsilon), \qquad y = y(a, b, c, t; \varepsilon), \qquad z = z(a, b, c, t; \varepsilon),$$

von ε im Punkte $\varepsilon = 0$ stetig abhängen. Daß dem im allgemeinen so ist, wird als wahrscheinlich angenommen. Eine strenge Behandlung des Problems liegt indessen, wie es scheint, in der Literatur nicht vor. — Eine weitere verwandte Fragestellung. Man kann sowohl in den Ausdruck für die Kräfte als auch in denjenigen für die Grenz- und Anfangsbedingungen Parameter einführen und die Lösungen der hydrodynamischen Gleichungen in Abhängigkeit von den Parametern studieren. Auch hier wird angenommen, daß die Lösungen im allgemeinen von den Parametern stetig abhängen, ohne daß ausgeführte Beweise hierfür vorliegen[40]. Die Fragestellung ist von erheblichem physikalischen Interesse, indem nur diejenigen physikalischer Erscheinungen[41] einer Beschreibung

[40] Vgl. indessen die Ausführungen auf S. 440—441.

[41] Und zwar allgemein, nicht nur im Gebiete der Hydromechanik.

durch mathematische Bilder nach Art der im vorstehenden erläuterten fähig sind, bei denen geringen Änderungen der zugrunde liegenden physikalischen Daten (der Kräfte, der Anfangs- und Grenzbedingungen usw.) allemal nur geringfügige Änderungen im Verlauf der untersuchten Erscheinungen entsprechen. In der Tat liefert eine jegliche Messung sowohl für jene physikalischen Daten als auch für die Vorgänge, die der Beobachtung unterliegen, naturgemäß nur approximative Werte. Sollten nun etwa kleine Variationen der Anfangsbedingungen relativ große Änderungen der gewonnenen Lösungen der hydrodynamischen Gleichungen zur Folge haben, so würde die angenommene Gesetzmäßigkeit einer experimentellen Prüfung unzugänglich und darum illusorisch sein. Eine notwendige Bedingung dafür, daß so etwas nicht eintritt, ist, daß die hydrodynamischen Gleichungen (50) eine stetige Abhängigkeit von den Parametern ergeben. Daß die geforderte stetige Abhängigkeit an sich nichts Selbstverständliches ist, folgt daraus, daß es leicht ist, Systeme anzugeben, bei denen sehr kleinen Änderungen der Anfangsparameter sehr große Änderungen der Koordinaten entsprechen. (Unter Umständen tritt hier eine statistische Behandlungsweise in Kraft [42].)

Wir haben bereits früher bemerkt (vgl. S. 285), daß die Bewegungsgleichungen ideeller Flüssigkeiten nebst den zugehörigen Anfangs- und Grenzbedingungen in manchen Fällen nur recht mangelhafte Bilder der tatsächlich beobachteten Bewegungsvorgänge liefern, während eine erheblich bessere Darstellung nicht selten unter Zugrundelegung der Bewegungsgleichungen (83) der zähen Flüssigkeiten nebst zugehörigen Anfangs- und Grenzbedingungen gewonnen wird. Da die Gleichungen (83) für $\mu \to 0$ in die Bewegungsgleichungen ideeller Flüssigkeiten übergehen, so liegt es scheinbar nahe, diese als Grenzfall zäher Flüssigkeiten für gegen Null konvergierendes μ (bei verschwindender Reibung) anzusehen und zu erwarten, daß bei vorgegebenen Kräften ein bestimmter Bewegungszustand einer zähen Flüssigkeit allemal in den „korrespondierenden" Bewegungszustand einer ideellen Flüssigkeit übergeht. Es ist indessen leicht einzusehen, daß dies unter Zugrundelegung der auf S. 302 angegebenen Randbedingungen zum mindesten nicht in dem ganzen von der Flüssigkeit besetzten Raum gleichmäßig der Fall sein kann.

Um die Vorstellungen zu fixieren, wollen wir jetzt speziell an die Bewegung eines Systems denken, das aus einer allseitig unendlich ausgebreiteten Flüssigkeit und einem in diese eingetauchten, mit konstanter Geschwindigkeit geführten starren Körper T_* bei Abwesenheit äußerer die Flüssigkeitsteilchen affizierender Kräfte besteht. Es sei φ diejenige in dem zu T_* komplementären Gebiete (übrigens auch im unendlichen fernen Punkte) reguläre Potentialfunktion, die auf S_* der Bedingung

---

[42] Man vergleiche hierzu die lichtvollen Ausführungen von M. Smoluchowski in dem Planck-Heft der „Naturwissenschaften", Bd. 6 (1918), S. 253 ff.

$\frac{\partial \varphi}{\partial n} = \mathfrak{v}_n$ genügt, unter $\mathfrak{v}_n$ die Komponente der Fortschreitungsgeschwindigkeit in der Richtung der Normale zu der Oberfläche S_* von T_* verstanden[43]. Es gibt, wie wir später sehen werden (vgl. S. 457ff.), eine ganz bestimmte Bewegung einer ideellen Flüssigkeit, bei der die Funktionen $u(x,y,z,t)$, $v(x,y,z,t)$, $w(x,y,z,t)$ den Anfangsbedin-

$$u = \frac{\partial \varphi}{\partial x}, \quad v = \frac{\partial \varphi}{\partial y}, \quad w = \frac{\partial \varphi}{\partial z} \quad \text{für} \quad t = t_0 \tag{123}$$

gungen und den Grenzbedingungen

$$u \cos(n,x) + v \cos(n,y) + w \cos(n,z) = \mathfrak{v}_n, \tag{124}$$

$p = p^0$ (p^0 konstant) auf S_*, $u, v, w = O(R^{-3})$ für $R \to \infty$ und alle $t \geqq t_0$ genügen.

Es gibt aber keine Bewegung einer zähen Flüssigkeit, die auch nur in dem Zeitpunkte $t = t_0$ für $\mu \to 0$ in dem ganzen von der Flüssigkeit besetzten Raume gegen die vorstehende Bewegung gleichmäßig konvergieren würde. In der Tat ist hier auf S_* für alle $\mu > 0$ allemal

$$u^* = \mathfrak{v}_x, \quad v^* = \mathfrak{v}_y, \quad w^* = \mathfrak{v}_z, \tag{125}$$

unter $\mathfrak{v}_x$, $\mathfrak{v}_y$, $\mathfrak{v}_z$, die Komponenten der Fortschreitungsgeschwindigkeit in der Richtung der Koordinatenachsen verstanden. Der Bewegungszustand auf S_* ist offenbar stets von demjenigen der ideellen Flüssigkeit verschieden. Das äußerste, was also erwartet werden könnte, wäre ein nicht gleichmäßiger Grenzübergang folgender Art. Einem jeden Paar von Werten $\delta > 0$ und $\varepsilon > 0$ läßt sich ein Wert $\mu_0 > 0$ zuordnen, so daß für $\mu \leqq \mu_0$ in einem Abstande von S, der größer als ε ist, die Werte

$$|u^* - u|, \quad |v^* - v|, \quad |w^* - w| < \delta \tag{126}$$

ausfallen[44].

---

[43] Der Einfachheit halber wird S_* analytisch und regulär vorausgesetzt; (n) ist die in das Innere der Flüssigkeit gerichtete Normale.

[44] Man vergleiche in diesem Zusammenhang das in der Fußnote [25] S. 302 genannte Werk von C. W. Oseen.

Achtes Kapitel.

Hydrostatik.

1. Gleichgewichtsbedingungen. Wir wenden die Ergebnisse des vorhergehenden Kapitels auf den Fall an, daß keinerlei Bewegung oder doch nur eine gleichförmige Translation des ganzen Systems zustande kommt, die wirkenden Kräfte sich „das Gleichgewicht halten". Da es genügt, das System auf ein mitbewegtes Koordinatensystem zu beziehen, um den Fall gleichförmiger Translation auf denjenigen der Ruhe zurückzuführen, „auf Ruhe zu transformieren", so wollen wir künftig beim Gleichgewicht der Kräfte lediglich an den Ruhezustand denken. Der Temperaturzustand soll stationär, d. h. wenn auch nicht notwendig von dem Ort, so doch von der Zeit unabhängig sein. Ein (stationärer) Wärmestrom kann dabei ganz gut zustande kommen[1]. Wie lauten nun die Gleichgewichtsbedingungen?

Die Koordinaten jedes einzelnen Flüssigkeitsteilchens sind von der Zeit unabhängig, die Eulerschen und die Lagrangeschen Variablen sind identisch. Offenbar ist, wenn T das von der Flüssigkeit zur Zeit t besetzte Gebiet, T_0 sein Bild zur Zeit t_0 bezeichnen, $T = T_0$. Die Dichte ϱ und die Einheitskräfte sind von der Zeit unabhängig. Des weiteren wird vorausgesetzt, daß die Kraftkomponenten X, Y, Z sich in $T + S$ stetig verhalten sowie daß $\varrho, \frac{\partial \varrho}{\partial x}, \frac{\partial \varrho}{\partial y}, \frac{\partial \varrho}{\partial z}$ daselbst stetig, allenfalls abteilungsweise stetig sind. Unsere Betrachtungen umfassen also auch den Fall, daß es sich um ein System handelt, das zwei oder mehr aneinander grenzende verschiedene homogene oder heterogene Flüssigkeiten enthält.

Die Bewegungsgleichungen (50) VII gehen jetzt über in

$$\varrho X = \frac{\partial p}{\partial x}, \quad \varrho Y = \frac{\partial p}{\partial y}, \quad \varrho Z = \frac{\partial p}{\partial z}. \tag{1}$$

Diese drei Gleichungen kann man zu der einen Beziehung

$$\varrho (X\,dx + Y\,dy + Z\,dz) = \frac{\partial p}{\partial x}\,dx + \frac{\partial p}{\partial y}\,dy + \frac{\partial p}{\partial z}\,dz \tag{2}$$

[1] Er müßte freilich durch geeignete Wärmezu- bzw. -abfuhr aufrechterhalten bleiben.

zusammenziehen. Sie besagt, daß die linke Seite von (2) ein vollständiges Differential, dH, ist, mithin ϱ einen integrierenden Faktor des Ausdruckes $X\,dx + Y\,dy + Z\,dz$ darstellt.

Aus (2) folgt, wenn X, Y, Z auch noch stetige oder zum mindesten abteilungsweise stetige Ableitungen erster Ordnung haben, durch Differentiation in bekannter Weise in jedem Stetigkeitsbereiche von $\varrho, \frac{\partial\varrho}{\partial x}, \frac{\partial\varrho}{\partial y}, \frac{\partial\varrho}{\partial z}, \frac{\partial X}{\partial x}, \frac{\partial X}{\partial y}, \ldots, \frac{\partial Z}{\partial z}$

$$\text{(3)}\quad \frac{\partial}{\partial x}(\varrho Y) = \frac{\partial}{\partial y}(\varrho X), \quad \frac{\partial}{\partial x}(\varrho Z) = \frac{\partial}{\partial z}(\varrho X), \quad \frac{\partial}{\partial y}(\varrho Z) = \frac{\partial}{\partial z}(\varrho Y),$$

oder anders geschrieben

$$\text{(4)}\quad \begin{aligned} \varrho\left(\frac{\partial Y}{\partial z} - \frac{\partial Z}{\partial y}\right) &= Z\frac{\partial\varrho}{\partial y} - Y\frac{\partial\varrho}{\partial z}, \\ \varrho\left(\frac{\partial Z}{\partial x} - \frac{\partial X}{\partial z}\right) &= X\frac{\partial\varrho}{\partial z} - Z\frac{\partial\varrho}{\partial x}, \\ \varrho\left(\frac{\partial X}{\partial y} - \frac{\partial Y}{\partial x}\right) &= Y\frac{\partial\varrho}{\partial x} - X\frac{\partial\varrho}{\partial y}. \end{aligned}$$

Wird $\log\varrho = \mathsf{P}$ gesetzt, so kann man für (4) auch schreiben

$$\text{(5)}\quad \begin{aligned} \frac{\partial Y}{\partial z} - \frac{\partial Z}{\partial y} &= Z\frac{\partial\mathsf{P}}{\partial y} - Y\frac{\partial\mathsf{P}}{\partial z}, \\ \frac{\partial Z}{\partial x} - \frac{\partial X}{\partial z} &= X\frac{\partial\mathsf{P}}{\partial z} - Z\frac{\partial\mathsf{P}}{\partial x}, \\ \frac{\partial X}{\partial y} - \frac{\partial Y}{\partial x} &= Y\frac{\partial\mathsf{P}}{\partial x} - X\frac{\partial\mathsf{P}}{\partial y}. \end{aligned}$$

Dies sind drei nichthomogene lineare Gleichungen zur Bestimmung von $\frac{\partial\mathsf{P}}{\partial x}, \frac{\partial\mathsf{P}}{\partial y}, \frac{\partial\mathsf{P}}{\partial z}$. Wie man sich leicht überzeugt, ist die Determinante der Koeffizienten gleich Null, während gewiß nicht alle Unterdeterminanten zweiten Grades verschwinden. Damit also die Gleichungen (5) Lösungen haben, müssen ihre linken Seiten eine lineare Beziehung erfüllen. Man findet diese am einfachsten, indem man die beiden Seiten von (5) entsprechend mit X, Y, Z multipliziert und addiert. Man erhält so

$$\text{(6)}\quad X\left(\frac{\partial Y}{\partial z} - \frac{\partial Z}{\partial y}\right) + Y\left(\frac{\partial Z}{\partial x} - \frac{\partial X}{\partial z}\right) + Z\left(\frac{\partial X}{\partial y} - \frac{\partial Y}{\partial x}\right) = 0.$$

Diese Beziehung, die besagt, daß die Einheitskraft auf ihrem Wirbel senkrecht steht, ist eine für das Gleichgewicht notwendige Bedingung. Ist sie erfüllt, so bedeutet dies, daß die drei Gleichungen (5) nicht voneinander linear unabhängig sind. In der Theorie der partiellen Differentialgleichungen wird gezeigt, daß dann Ortsfunktionen ϱ existieren, die den Gleichungen (4) genügen[2]. In jedem Stetigkeits-

[2] Vgl. bsp. É. Goursat, Leçons sur l'intégration des équations aux derivées partielles du premier ordre, Paris 1921.

gebiete $\mathfrak{T}$ von ϱ gibt es stetige, die Beziehung

$$dH = \varrho\,(X\,dx + Y\,dy + Z\,dz)$$

erfüllende Funktionen H. Aus (2) folgt, daß $H - p$ in jedem Gebiete $\mathfrak{T}$ gleich einer Konstanten ist. Da p stetig sein soll, so muß es möglich sein, indem man zu H eine geeignete abteilungsweise konstante Funktion addiert, zu einer in $T + S$ stetigen Funktion zu gelangen. Insbesondere muß der Sprungwert von H auf einem jeden Kontinuum, das zwei Gebieten $\mathfrak{T}$ gemeinsam ist, konstant sein.

Sind die Beziehung (6) und die eben genannte Bedingung ererfüllt, so gibt es Flüssigkeitsverteilungen, die den Gleichgewichtsbedingungen (1) genügen.

Es sei bemerkt, daß, wenn ϱ ein integrierender Faktor des Differentialausdruckes $X\,dx + Y\,dy + Z\,dz$ ist, offenbar auch $\varrho^* = \varrho f(H)$, unter $f(\varrho)$ eine beliebige, etwa analytische und reguläre Funktion verstanden, dieselbe Eigenschaft hat.

Die betrachtete Flüssigkeitsmasse möge zum Teil von starren, ruhenden Wänden umgeben sein, der Rest ihrer Oberfläche sei frei. Der von starren Wänden gebildete Teil des Randes S von T heiße S', der Rest S''. Wir nehmen an, daß sowohl S' als auch S'' aus einer endlichen Anzahl Stücke von Flächen mit stetiger Normale besteht, die endlich viele Kanten und körperliche Ecken miteinander einschließen können. Auch die Schnittlinien von S' und S'' werden im allgemeinen Kanten von S bilden[3].

Die Randbedingungen sind, ganz gleich, ob es sich um eine ideelle oder eine zähe Flüssigkeit handelt,

$$X_\sigma = p\cos(n,x), \quad Y_\sigma = p\cos(n,y), \quad Z_\sigma = p\cos(n,z) \text{ auf } S'', \tag{7}$$

$$\Phi(x,y,z) = 0 \text{ auf } S'.\,[4] \tag{8}$$

Dabei ist zu bemerken, daß, während die Lage des die Flüssigkeit enthaltenden Gefäßes gegeben ist, es zunächst noch unbekannt bleibt, welcher Teil der gesamten Gefäßwandung von der Flüssigkeit berührt wird, d. h. als S' zu gelten hat. Desgleichen muß, wie sich bald zeigen wird, S'' erst auf Grund der Gleichgewichtsbedingungen bestimmt werden. Darum sind u. a. die S' von S'' trennenden Kanten nicht im voraus als bekannt anzusehen.

---

[3] Man hätte die einzelnen S' bildenden Flächenstücke ebensogut stetig gekrümmt oder analytisch und regulär voraussetzen können. Über den Charakter von S'' ergibt sich Näheres aus den Gleichgewichtsbedingungen selbst.

[4] In dieser Form wird man die Randbedingung ansetzen, wenn S' bsp. eine Fläche mit stetiger Normale ist. Allgemeiner, namentlich wenn Kanten und Ecken vorkommen, wird man sich unter Zuhilfenahme geeigneter Gaußscher Parameter einer Darstellung von der Form $x = \mathfrak{X}(p,q)$, $y = \mathfrak{Y}(p,q)$, $z = \mathfrak{Z}(p,q)$ bedienen.

Zu (1), (7) und (8) kommt noch die Zustandsgleichung hinzu. Im allgemeinsten Falle lautet diese

$$F(\varrho, p, \theta; x, y, z) = 0. \tag{9}$$

Handelt es sich um ein homogenes Gas, so ist dafür $F(\varrho, p, \theta) = 0$ und bei konstanter Temperatur noch einfacher $F(\varrho, p) = 0$ zu setzen. Bei einer inkompressiblen, nicht notwendig homogenen Flüssigkeit geht der Druck in die Zustandsgleichung nicht ein. Es gilt dann $F(\varrho, \theta; x, y, z) = 0$ oder bei konstanter Temperatur einfacher $F(\varrho; x, y, z) = 0$. Grenzen Teile der Flüssigkeitsoberfläche an das Vakuum an (sind sie „vollkommen frei"), so ist der Druck an diesen, nach den auf S. 274 getroffenen Festsetzungen, gleich Null. Aus (1) folgt augenscheinlich

$$p - p^0 = \int_{(x^0, y^0, z^0)}^{(x, y, z)} \varrho(X\,dx + Y\,dy + Z\,dz) = H(x, y, z) - H(x^0, y^0, z^0),$$

unter p^0 den Druck in einem beliebig festgesetzten Punkte (x^0, y^0, z^0) der Flüssigkeitsmasse verstanden[4a].

Die Gleichungen (1), (7), (8) sind für das Gleichgewicht notwendig. Wir nehmen nun an, daß etwa zur Zeit t_0 diese Beziehungen sowie die weiteren die Funktion H betreffenden Festsetzungen[4a] erfüllt sind und die Flüssigkeit ruht. Sie wird dann für alle $t > t_0$ ruhen. Die Relationen (1), (7), (8) sind für das Gleichgewicht auch hinreichend. Der Beweis stützt sich auf den Satz (Unitätssatz), daß durch die vorstehenden Anfangs- und Grenzbedingungen die Bewegung für alle t in einem hinreichend kleinen Zeitintervall $\langle t_0, t_0 + t' \rangle$ vollkommen bestimmt ist[5]. Da nun durch die Gleichungen

$$x = a, \quad y = b, \quad z = c, \quad u = v = w = 0, \quad \frac{d\varrho}{dt} = 0,$$
$$p = p^0 + H(x, y, z) - H(x^0, y^0, z^0)$$

die Bewegungsgleichungen (50) VII oder, falls es sich um eine zähe Flüssigkeit handelt, die Gleichungen (81) VII, sowie die Kontinuitätsgleichung gewiß erfüllt sind, so bleibt die Flüssigkeit tatsächlich in Ruhe.

Es ist indessen zu bemerken, daß der Unitätssatz bislang keinesfalls im vollen Umfange als bewiesen gelten kann. In dem elften Kapitel werden wir in einer Reihe spezieller Fälle den Existenz- und Unitätsbeweis führen.

Liegt speziell eine homogene, inkompressible Flüssigkeit vor und ist die Temperatur konstant, so ist

$$\frac{\partial \varrho}{\partial x} = \frac{\partial \varrho}{\partial y} = \frac{\partial \varrho}{\partial z} = 0,$$

[4a] Den Ausführungen auf S. 316 gemäß nehmen wir an, daß H sich in $T + S$ stetig verhält.

[5] Die Randbedingungen (7) und (8) gelten natürlich nicht nur im Zeitpunkt t_0, sondern geradeso gut für $t > t_0$.

darum nach (4)

$$\frac{\partial Y}{\partial z} = \frac{\partial Z}{\partial y}, \quad \frac{\partial Z}{\partial x} = \frac{\partial X}{\partial z}, \quad \frac{\partial X}{\partial y} = \frac{\partial Y}{\partial x}.$$

Dies sind notwendige und hinreichende Bedingungen dafür, daß ein Potential der Einheitskräfte existiert, d. h. daß es eine Funktion $U = U(x, y, z)$ gibt, so daß

$$X = \frac{\partial U}{\partial x}, \quad Y = \frac{\partial U}{\partial y}, \quad Z = \frac{\partial U}{\partial z} \tag{10}$$

gilt. Natürlich ist U nur bis auf eine additive Konstante bestimmt.

Aus (1) und (10) folgt

$$\varrho \frac{\partial U}{\partial x} = \frac{\partial p}{\partial x}, \quad \varrho \frac{\partial U}{\partial y} = \frac{\partial p}{\partial y}, \quad \varrho \frac{\partial U}{\partial z} = \frac{\partial p}{\partial z}, \tag{11}$$

darum

$$p - p^0 = \varrho (U - U^0), \tag{12}$$

unter U^0 das Potential in (x^0, y^0, z^0) verstanden. Da der Druck p in jedem Flüssigkeitsteilchen einen ganz bestimmten Wert hat, so gilt wegen (12) das gleiche auch für $U - U^0$. Das Potential U ist eine eindeutige Funktion des Ortes. *Das Gleichgewicht ist also nur möglich, wenn ein eindeutiges Potential der Einheitskräfte existiert.*

Zu dem gleichen Ergebnis kommt man bei einer homogenen kompressiblen Flüssigkeit, insbesondere bei einem homogenen Gase, wenn die Temperatur überall konstant ist. In der Tat ist jetzt $\varrho = \varrho(p)$, darum, wenn man

$$\boldsymbol{P} = \int_{p^0}^{p} \frac{dp}{\varrho} \tag{13}$$

setzt,

$$X = \frac{\partial \boldsymbol{P}}{\partial x}, \quad Y = \frac{\partial \boldsymbol{P}}{\partial y}, \quad Z = \frac{\partial \boldsymbol{P}}{\partial z},$$

mithin wieder

$$\frac{\partial Y}{\partial z} = \frac{\partial Z}{\partial y}, \quad \frac{\partial Z}{\partial x} = \frac{\partial X}{\partial z}, \quad \frac{\partial X}{\partial y} = \frac{\partial Y}{\partial x} \tag{14}$$

und

$$X = \frac{\partial U}{\partial x}, \quad Y = \frac{\partial U}{\partial y}, \quad Z = \frac{\partial U}{\partial z}, \tag{15}$$

$$\boldsymbol{P} = U - U^0. \tag{16}$$

Ein Punkt der vorstehenden Betrachtungen bedarf noch einer Erörterung. Während vorhin unter Zugrundelegung einer beliebigen heterogenen Flüssigkeit sich für die Einheitskräfte nur eine Bedingungsgleichung (6) ergab, erhalten wir jetzt in dem besonderen Falle einer homogenen inkompressiblen Flüssigkeit bei konstanter Temperatur deren drei. Der scheinbare Widerspruch löst sich, wenn man beachtet, daß das Problem in den beiden Fällen verschieden gestellt war. Bei einer heterogenen Flüssigkeit handelte es sich vorhin um die Frage, ob es eine Flüssigkeitsverteilung, d. h. eine räumliche Verteilung der Dichte gibt, so daß die Gleichgewichtsbedingungen (1) erfüllt werden können. Es lag sozusagen ein bestimmter Flüssigkeitsvorrat vor, und es war in unsere Gewalt gestellt, sie über den Raum in passender Weise zu verteilen. Das Gleichgewicht kann nur eintreten, wenn die Gleichung (6) erfüllt ist. Jetzt ist demgegenüber die Dichte als Funktion des Ortes von vornherein bekannt, nämlich konstant. Dann müssen aber, damit das Gleichgewicht möglich sei, die drei Gleichungen (1), die übrigens auch (5) nach sich ziehen, befriedigt sein. Wäre bei einer heterogenen Flüssigkeit ϱ als Funktion des Ortes vorgegeben, so hätten wir für X, Y, Z ebenfalls drei Gleichungen, nämlich die Gleichungen (1) erhalten.

Wir kehren jetzt zu den zuletzt durchgeführten Betrachtungen zurück. Es handelt sich also um eine homogene inkompressible oder gleich temperierte kompressible Flüssigkeit, die ideell oder zähe sein kann, und es möge ein eindeutiges Potential der Einheitskräfte, U, vorhanden sein. Bezüglich der Funktion $U(x, y, z)$ ist bis jetzt nur vorausgesetzt worden, daß sie stetige partielle Ableitungen erster und zweiter Ordnung $X, Y, Z; \frac{\partial X}{\partial x}, \ldots, \frac{\partial Z}{\partial z}$ hat. Bei physikalisch wichtigen Problemen ist U meist analytisch und regulär[5a]. Betrachten wir die Niveau- oder Äquipotentialflächen, d. h. die geometrischen Örter

$$U(x, y, z) = c \qquad (c \text{ konstant}). \tag{17}$$

Es sei c_M der größte, c_m der kleinste Wert von c in $T+S$. Wir nehmen zunächst an, daß für keinen Wert von c in dem Intervalle $c_m \leqq c \leqq c_M$ die partiellen Ableitungen

$$\frac{\partial U}{\partial x} = X, \quad \frac{\partial U}{\partial y} = Y, \quad \frac{\partial U}{\partial z} = Z \tag{18}$$

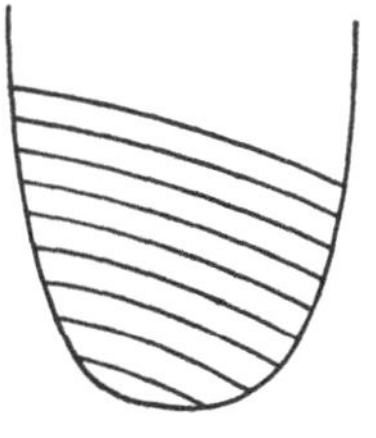

Fig. 27.

gleichzeitig verschwinden, $X^2 + Y^2 + Z^2 \neq 0$. Die Gleichung $U(x, y, z) = c$ ist alsdann gewiß eine Fläche mit stetiger Normale. Durch jeden Punkt in T geht eine und nur eine Niveaufläche: die Äquipotentialflächen verlaufen regelmäßig schichtweise (Fig. 27).

Es möge jetzt weiter für einen der beiden Endpunkte des Intervalls $c_m \leqq c \leqq c_M$, etwa c_M, der Ausdruck $X^2 + Y^2 + Z^2 = 0$, sonst > 0

[5a] Im folgenden genügt es zumeist anzunehmen, daß X, Y, Z schlechthin stetig sind. Übrigens folgt, falls ϱ konstant ist, aus (1) auch unmittelbar (10) und (12).

sein. Die Gleichung $U(x, y, z) = c_M$ wird im allgemeinen keine Fläche mit stetiger Normale mehr darstellen. Wir nehmen zunächst der Einfachheit halber an, daß sie sich auf einen Punkt oder ein (evtl. geschlossenes) Stück einer Kurve mit stetiger Tangente reduziert und daß die Niveauflächen diesen singulären Punkt (bzw. diese singuläre Linie)

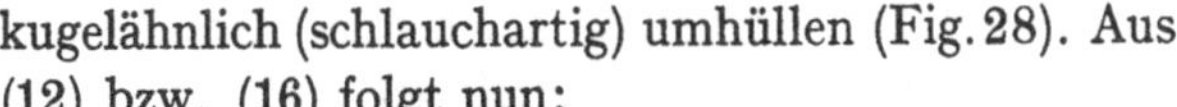
kugelähnlich (schlauchartig) umhüllen (Fig. 28). Aus (12) bzw. (16) folgt nun:

Fig. 28.

Die Flächen gleichen Potentials sind zugleich Flächen gleichen Druckes.

Ist ein Teil der Oberfläche der Flüssigkeit, S'', frei und ist der Außendruck konstant, so muß demnach, damit das Gleichgewicht möglich sei, S'' mit einer Niveaufläche zusammenfallen. Diese Bedingung bestimmt die Gestalt des „*freien Flüssigkeitsspiegels*". Unsere Ergebnisse gelten nach dem Vorstehenden in gleicher Weise für homogene inkompressible wie für homogene kompressible tropfbare Flüssigkeiten und Gase, wobei in allen Fällen die Temperatur in T als konstant vorausgesetzt wird. Sie gelten aber auch, wenn es sich um ein System handelt, das aus mehreren verschiedenen homogenen Flüssigkeiten bei konstanter Temperatur besteht, wenn die folgende Bedingung erfüllt ist: Die Flüssigkeiten können zusammendrückbar oder unzusammendrückbar sein, bilden aber in allen Fällen jede für sich eine endliche Anzahl zusammenhängender Massen. Sie mischen sich also nicht miteinander[6].

Die Gleichungen (10) gelten in jedem Stetigkeitsbereiche der Dichte. Da X, Y, Z nach Voraussetzung stetig sind, so sind auch $\frac{\partial U}{\partial x}, \frac{\partial U}{\partial y}, \frac{\partial U}{\partial z}$ in $T + S$ stetig. Man kann darum auch die Funktion U, die in jedem Stetigkeitsbereiche von ϱ nur bis auf eine belanglose additive Konstante bestimmt ist, in $T + S$ stetig und übrigens eindeutig annehmen.

Es ist nicht schwer zu zeigen, *daß auch die Trennungsflächen Flächen gleichen Potentials und gleichen Druckes sein müssen.*

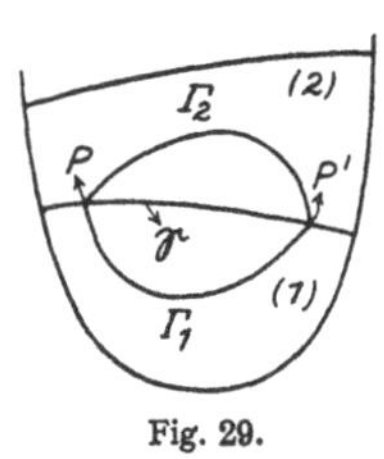

Fig. 29.

Es seien, in der Tat, P und P' zwei Punkte auf einer Fläche $\mathfrak{S}$, die zwei Flüssigkeiten (1) und (2) des Systems, deren Dichten ϱ_1 und ϱ_2 heißen mögen, trennt (Fig. 29). Wir nehmen allgemein an, daß $\mathfrak{S}$ ein Stück einer Jordanschen Fläche darstellt und daß $\mathfrak{S}$ sowohl von (1) aus als auch von (2) aus erreichbar ist. Der Druck ist überall stetig, hat also auf den beiden Seiten der betrachteten Trennungsfläche denselben Wert, p in P, p' in P'.

---

[6] Wegen der Erscheinungen der Diffusion kommen Gase im vorliegenden Falle nicht in Betracht.

Es sei jetzt Γ_1 irgendein P und P' verbindender Weg in (1), der wie folgt beschaffen ist. Jeder abgeschlossene, P und P' nicht enthaltende Bogen von Γ_1 liegt ganz im Innern von (1) und besteht aus endlich vielen geradlinigen Strecken. Bei der Annäherung an P und P' kann die Anzahl der Seiten von Γ_1 ins Unendliche wachsen. Es seien $\overline{P}$ und $\overline{P}'$ zwei Punkte auf Γ_1 in der Nähe von P bzw. P', und es möge $\overline{\Gamma}_1$ der zwischen ihnen enthaltene Bogen von Γ_1 heißen. Der Druck in $\overline{P}$ und $\overline{P}'$ sei $\overline{p}$ und $\overline{p}'$. Es ist, unter $\overline{U}$ und $\overline{U}'$ das Potential in $\overline{P}$ und $\overline{P}'$ verstanden,

$$\overline{p}' - \overline{p} = \int\limits_{\overline{\Gamma}_1} \frac{\partial p}{\partial s} ds = \varrho_1 (\overline{U}' - \overline{U}).$$

Läßt man jetzt $\overline{P}$ und $\overline{P}'$ entsprechend gegen P und P' konvergieren, so findet man

$$p' - p = \varrho_1 (U' - U).$$

Analog gilt

$$p' - p = \varrho_2 (U' - U),$$

darum wegen $\varrho_1 \neq \varrho_2$ wieder

$$U' = U, \quad \text{somit auch} \quad p' = p.$$

Unter den auf S. 319—320 eingeführten Voraussetzungen bezüglich der Lage der Äquipotentialflächen werden sich die Flüssigkeiten schichtweise nebeneinander lagern. Ein Zusammenstoßen von drei oder mehr Flüssigkeiten in einem Punkte oder längs einer Linie, wo jedenfalls $X = Y = Z = 0$ sein wird, kann nur eintreten, wenn die zugehörige singuläre Niveaufläche sich in entsprechender Weise verzweigt[7].

Wir kehren nunmehr zu dem allgemeinen Falle beliebiger inhomogener kompressibler oder nichtkompressibler Flüssigkeiten und einer beliebigen Temperaturverteilung zurück und *setzen* nunmehr *voraus*, daß die Einheitskräfte ein eindeutiges Potential U haben. Die Niveauflächen sollen sich wie vorhin auseinandergesetzt verhalten.

Es gilt jetzt

$$X = \frac{\partial U}{\partial x}, \quad Y = \frac{\partial U}{\partial y}, \quad Z = \frac{\partial U}{\partial z}, \tag{19}$$

mithin

$$\frac{\partial p}{\partial x} = \varrho \frac{\partial U}{\partial x}, \quad \frac{\partial p}{\partial y} = \varrho \frac{\partial U}{\partial y}, \quad \frac{\partial p}{\partial z} = \varrho \frac{\partial U}{\partial z}, \tag{20}$$

demnach

$$dp = \varrho \, dU. \tag{21}$$

---

[7] Es sei daran erinnert, daß wir die Wirkung der „Kapillarkräfte", die sich allemal dann einstellen, wenn zwei oder mehrere Flüssigkeiten zusammenstoßen oder Flüssigkeiten mit festen Körpern in Berührung kommen, außer acht lassen.

Es sei $\hat{S}$ eine Niveaufläche (mit stetiger Normale) $U = \hat{c}$, $c_m < \hat{c} < c_M$. Auf $\hat{S}$ ist $dU = 0$, demnach $dp = 0$, $p = \text{const.}$ Auf einer Niveaufläche ($c_m < \hat{c} < c_M$) hat also der Druck überall denselben Wert,

$$p = \mathfrak{p}(U). \tag{22}$$

Aus (21) folgt für $c_m < \hat{c} < c_M$ weiter

$$\varrho = \frac{d\mathfrak{p}}{dU} = \hat{\varrho}(U). \tag{23}$$

Auch die Dichte ist also auf $\hat{S}$ konstant. Läßt man jetzt $\hat{c}$ gegen c_m bzw. c_M konvergieren, so überzeugt man sich, daß die gleichen Eigenschaften auch für $\hat{c} = c_m$ bzw. $\hat{c} = c_M$ gelten[8].

Niveauflächen sind also Flächen gleichen Druckes und gleicher Dichte.

Ist ein Teil S'' der Oberfläche frei und ist der Außendruck konstant, so muß wie vorhin S'' mit einer Niveaufläche zusammenfallen.

Es möge sich insbesondere um ein in seinen verschiedenen Teilen verschieden temperiertes, homogenes Gas handeln. Darf der Energieverlust durch Leitung und Strahlung innerhalb längerer Zeitintervalle vernachlässigt werden, so ist ein Gleichgewichtszustand, ein „quasistatischer" Zustand möglich[9]. Aus der Zustandsgleichung $F(p, \varrho, \theta) = 0$ ergibt sich sofort die Schlußfolgerung:

Niveauflächen sind Flächen gleichen Druckes, gleicher Dichte und gleicher Temperatur.

Es sei noch einmal hervorgehoben, daß alle diese Ergebnisse an die *Voraussetzung* $X = \frac{\partial U}{\partial x}$, $Y = \frac{\partial U}{\partial y}$, $Z = \frac{\partial U}{\partial z}$ gebunden sind. Diese Voraussetzung ist, wie wir weiter unten sehen werden, in den beiden besonders wichtigen Fällen erfüllt, wenn es sich um schwere bzw. gravitierende Flüssigkeiten und Gase handelt.

Noch eine Schlußbemerkung. Bei Behandlung spezieller Probleme der Hydrostatik hat man allemal zu prüfen, ob es bei vorgegebenem Flüssigkeitsvorrat und bekannten Kräften eine oder mehrere Gleichgewichtskonfigurationen gibt und ob diese „stabil" sind. Dabei ist nicht außer acht zu lassen, daß bei einer Änderung der Flüssigkeitsverteilung sich vielfach auch die Kräfte ändern. Wir werden in dem Folgenden wiederholt Gelegenheit finden, auf diesen Gegenstand näher einzugehen und die verschiedenen sich bietenden Möglichkeiten darzulegen.

2. Unzusammendrückbare, schwere Flüssigkeiten. Das Archimedische Prinzip. Relatives Gleichgewicht rotierender schwerer Flüssigkeiten. In einem ruhenden offenen Gefäß, dessen Abmessungen so klein

---

[8] Der Übergang zur Grenze ist offenbar nur erforderlich, wenn für einen der Werte c_m oder c_M der singuläre Fall $X^2 + Y^2 + Z^2 = 0$ vorliegt.

[9] Man könnte sich aber auch den Gleichgewichtszustand im Prinzip durch geeignete Zu- oder Abfuhr der Wärme aufrechterhalten denken.

sind, daß die Schwerkraft in T der Größe und der Richtung nach als konstant angesehen werden kann, befindet sich eine homogene, gleich temperierte, inkompressible schwere Flüssigkeit. An ihrer freien Oberfläche grenzt die Flüssigkeit an die Luft. Die Diskussion der Gleichgewichtsbedingungen dieses sowie des etwas allgemeineren Systems, das aus mehreren verschiedenen homogenen schweren Flüssigkeiten in einem offenen Gefäß besteht, spielte in der Entwicklung der Hydromechanik eine fundamentale Rolle und trug wesentlich zu der Ausbildung des Begriffes des Flüssigkeitsdruckes bei. In unserer systematischen Darstellung werden durch die folgende Diskussion Mittel geliefert, wie der Druck in einem ruhenden System zu messen ist. Dadurch werden die Grundfestsetzungen des siebenten Kapitels einer experimentellen Prüfung zugänglich. Wie schon früher einmal erwähnt, hat diese Prüfung die weitgehende Brauchbarkeit der in **1.** abgeleiteten Grundgleichungen zur Beschreibung des Verhaltens der Flüssigkeiten im Ruhezustande erwiesen.

Wir nehmen an, daß die Luft in der unmittelbaren Nachbarschaft unserer Flüssigkeit die gleiche Temperatur wie diese hat und sich in Ruhe befindet. Ihre Dichte kann dort als konstant angesehen werden. Wir denken uns die x- und die y-Achse horizontal, die z-Achse vertikal nach unten gerichtet. Es gilt dann

$$X = 0, \quad Y = 0, \quad Z = g, \tag{24}$$

mithin

$$U = gz + C \qquad (C \text{ konstant}), \tag{25}$$

unter g, wie üblich, die Erdbeschleunigung verstanden. Die Niveauflächen sind Horizontalebenen. Da die Temperatur und die Dichte der Luft in allen Punkten des Flüssigkeitsspiegels den gleichen Wert haben, so gilt von dem Druck das gleiche. Aus den in **1.** abgeleiteten Sätzen schließen wir, daß *die Trennungsfläche zwischen der Flüssigkeit und der Luft, d.h. der Flüssigkeitsspiegel in einer Horizontalebene liegen muß.* Liegt insbesondere ein beiderseits offenes U-förmiges Rohr mit Flüssigkeit vor (Fig. 30), so drückt dieser Satz das Prinzip der kommunizierenden Gefäße aus.

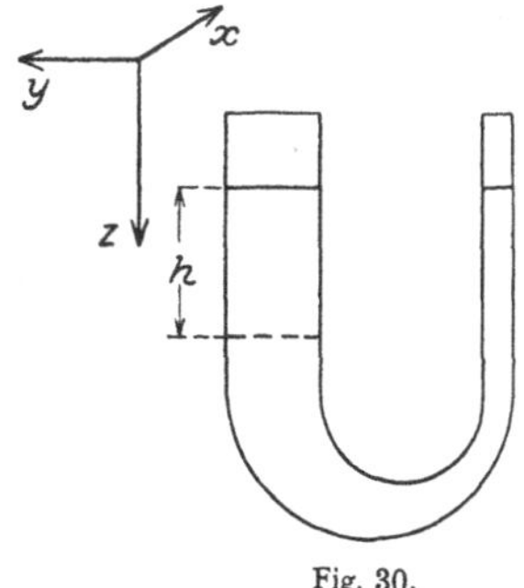

Fig. 30.

Aus (12) und (25) folgt, wenn p^0 der Luftdruck, U^0 das Potential an der Oberfläche der Flüssigkeit bezeichnet,

$$\begin{aligned} p - p^0 &= \varrho(U - U^0) = \varrho g(z - z^0) = \varrho g h, \\ p &= p^0 + \varrho g h. \end{aligned} \tag{26}$$

Der Druck im Abstande h von dem Flüssigkeitsspiegel ist gleich dem Außendruck, vermehrt um das Gewicht einer Flüssigkeitssäule, die einen geraden Zylinder von der Basis 1 und der Höhe h erfüllt. Durch diese Regel bestimmt sich insbesondere der Druck in einem Punkte der Gefäßwand.

Ist das Volumen der zur Verfügung stehenden Flüssigkeit bekannt, so ist die Lage des Flüssigkeitsspiegels vollkommen bestimmt. Es gibt also nur *eine* mögliche Gleichgewichtskonfiguration. Die Frage nach der Existenz der Gleichgewichtsfigur beantwortet sich, wie wir sehen, mit der größten Leichtigkeit. Ganz anders steht es mit dem „Stabilitätsproblem". Dieses ist selbst bei dieser einfachsten Aufgabe der Hydrostatik bis heute in Strenge nicht gelöst (vgl. S. 328—329).

Wir wollen jetzt den klassischen Versuch von Toricelli im Lichte der vorstehenden Theorie betrachten. Es handelt sich um eine homogene, inkompressible, gleich temperierte Flüssigkeit, deren freie Oberfläche teils an die Luft, teils an das Vakuum grenzt (Fig. 31). Die beiden Flüssigkeitsspiegel sind horizontal. Es sei p^0 der Luftdruck in der Umgebung der Barometerschale, H die Höhendifferenz der Flüssigkeitsspiegel, ϱ die Dichte der Flüssigkeit. Nach (26) ist der Druck im Abstande H von der an das Vakuum grenzenden Flüssigkeitsoberfläche, da dort unseren Festsetzungen gemäß der Druck den Wert Null hat, gleich

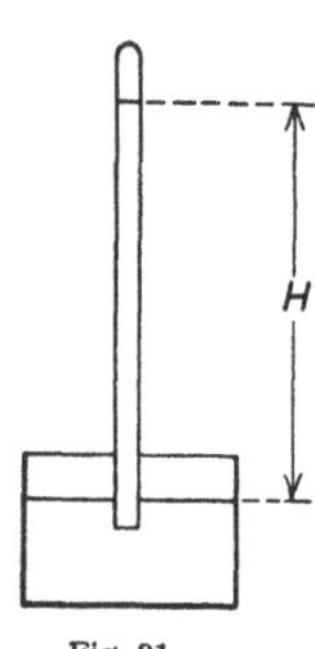

Fig. 31.

$$H g \varrho . \tag{27}$$

Da der untere Spiegel eine Niveaufläche, also auch eine Fläche gleichen Druckes ist, so ist

$$p^0 = H g \varrho . \tag{28}$$

Der Luftdruck ist gleich dem Gewicht der barometrischen Flüssigkeit, die einen geraden Zylinder vom Querschnitt 1 und von der Höhe H erfüllt. Dies ist die klassische Grundlage der Lufdruckmessung.

Die Erfahrung zeigt, daß der Flüssigkeitsspiegel im Barometerrohr nicht ganz horizontal, vielmehr (bei Benutzung von Quecksilber) in der Nähe der Wände, von oben betrachtet, konvex ist. Die Abweichung von der Horizontalebene erweist sich als um so größer, je kleiner der Rohrdurchmesser ist. Man ordnet diese Erscheinung in die Klasse der Kapillarerscheinungen ein und spricht von einer „Wirkung der Kapillarkräfte". Bei manchen feineren Experimentaluntersuchungen ist es daher notwendig, bei der Messung des Luftdruckes den Erscheinungen der Kapillarität Rechnung zu tragen. Wie wir im vorstehenden, von den Grundfestsetzungen des siebenten Kapitels ausgehend, zu der Formel (28) als einer Grundlage der Luftdruckbestimmung gelangt sind, so wird man, wenn man die Kapillarität berücksichtigen will, ein entsprechend erweitertes Schema von Grundannahmen aufstellen und auf den speziellen Fall des Toricellischen Versuchs anwenden.

Es möge jetzt ein U-förmiges Gefäß vorliegen, in dem sich zwei verschiedene homogene, inkompressible schwere Flüssigkeiten *I* und *II* der Dichte ϱ_1 und $\varrho_2 > \varrho_1$ bei konstanter Temperatur befinden. Wir nehmen an, daß jede Flüssigkeit eine einzige zusammenhängende Masse bildet. Der Außendruck $p^0 \geqq 0$ sei wie vorhin konstant. Den Gleichgewichtsbedingungen gemäß ist der Flüssigkeitsspiegel in den beiden Rohrarmen horizontal. Auch die Trennungsfläche der beiden Flüssigkeiten ist eine Horizontalebene. Die drei Ebenen mögen die in der Fig. 32 dargestellte Lage haben. Der Druck in der Trennungsebene, in dem Abstande h_1 von dem Flüssigkeitsspiegel links, bestimmt sich zu $p^0 + h_1\varrho_1 g$. Eine Betrachtung des rechten Armes ergibt für dieselbe Größe den Wert $p^0 + h_2\varrho_2 g$. Wir finden demnach das bekannte Gesetz

$$h_1 \varrho_1 = h_2 \varrho_2 . \tag{29}$$

Wie man sich leicht überzeugt, bestimmt sich der Druck in einem beliebigen Punkte der Flüssigkeit nach derselben Regel wie in dem Falle einer einzigen homogenen Flüssigkeit.

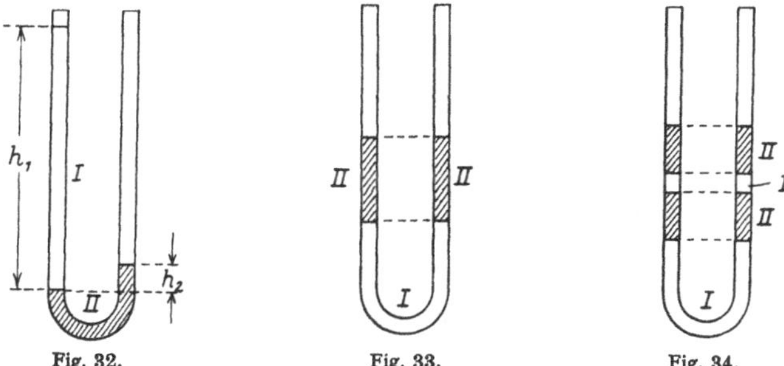

Fig. 32. Fig. 33. Fig. 34.

Es ist leicht einzusehen, daß auch die in der Fig. 33 dargestellte Konfiguration den Gleichgewichtsbedingungen genügt. Die Gesamtmengen der beiden Flüssigkeiten sind die gleichen wie bei der Anordnung der Fig. 32, doch bildet jetzt die Flüssigkeit *II* zwei Einzelmassen. Die Erfahrung lehrt freilich, daß es nicht möglich ist, sie zu verwirklichen. Dies liegt daran, daß sie im Gegensatz zu der vorhin betrachteten Anordnung „instabil" ist. Mit den Fragen der Stabilität, die, wie aus diesem Beispiele ersichtlich, in der Hydrostatik, wie übrigens auch in der eigentlichen Hydrodynamik, eine große Rolle spielen, werden wir uns an dieser Stelle nicht zu beschäftigen haben[10].

Übrigens gibt es, wie sich ohne Mühe zeigen läßt, unendlichviele andere Anordnungen der beiden Flüssigkeiten, die sämtlich den Gleichgewichtsbedingungen genügen und wie in den Fig. 34 dargestellt beschaffen sind. Alle diese Konfigurationen sind instabil. Eine weitere, dies-

[10] Man vergleiche hierzu die Bemerkungen auf S. 328—329.

mal stabile Möglichkeit bietet, wenn die Gesamtmenge der dichteren Flüssigkeit *II* hinreichend klein ist, die folgende Anordnung. Die Flüssigkeit *II* zerfällt in eine Anzahl auf dem Boden des Gefäßes gelagerter, in *I* eingetauchter Tropfen. Hier spielen freilich die Kapillarkräfte eine entscheidende Rolle.

Wir kehren jetzt zur Betrachtung einer homogenen inkompressiblen Flüssigkeit bei konstanter Temperatur in einem offenen Gefäß zurück und denken uns in diese einen starren festgehaltenen Körper $\mathfrak{T}$ ganz eingetaucht (Fig. 35). Zu bestimmen ist die resultierende Kraft und das resultierende Moment der auf den Körper von der Flüssigkeit ausgeübten Druckkräfte. Die Begrenzung $\mathfrak{S}$ des Körpers möge aus einer endlichen Anzahl Stücke von Flächen mit stetiger Normale bestehen, der Außendruck sei gleich Null, $p^0 = 0$. Es sei $d\sigma$ ein Flächenelement im Punkte (x, y, z) von $\mathfrak{S}$; α, β, γ mögen die Winkel bezeichnen, welche die in das Innere von $\mathfrak{T}$ gerichtete Normale mit den Koordinatenachsen einschließt.

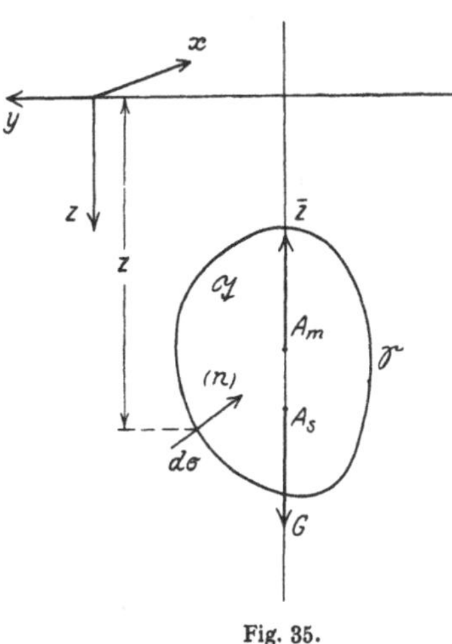

Fig. 35.

Die Komponenten der auf $\mathfrak{T}$ in $d\sigma$ wirkenden Druckkraft für die Flächeneinheit sind

$$X_\sigma = g\varrho z \cos\alpha, \quad Y_\sigma = g\varrho z \cos\beta, \quad Z_\sigma = g\varrho z \cos\gamma. \tag{30}$$

Die Komponenten der Resultierenden sind

$$\begin{aligned} \bar{X} &= \int_{\mathfrak{S}} X_\sigma d\sigma = g\varrho \int_{\mathfrak{S}} z\cos\alpha\, d\sigma = 0, \\ \bar{Y} &= \int_{\mathfrak{S}} Y_\sigma d\sigma = g\varrho \int_{\mathfrak{S}} z\cos\beta\, d\sigma = 0, \\ \bar{Z} &= \int_{\mathfrak{S}} Z_\sigma d\sigma = g\varrho \int_{\mathfrak{S}} z\cos\gamma\, d\sigma = -g\varrho\mathfrak{V}, \end{aligned} \tag{31}$$

worin $\mathfrak{V}$ das Volumen von $\mathfrak{T}$ bezeichnet. In der Tat ist der Formel (15) des zweiten Kapitels zufolge

$$\begin{aligned} &\int_{\mathfrak{S}} z\cos\alpha\, d\sigma = -\int_{\mathfrak{T}} \frac{\partial z}{\partial x} d\tau = 0, \quad \int_{\mathfrak{S}} z\cos\beta\, d\sigma = -\int_{\mathfrak{T}} \frac{\partial z}{\partial y} d\tau = 0, \\ &\int_{\mathfrak{S}} z\cos\gamma\, d\sigma = -\int_{\mathfrak{S}} \frac{\partial z}{\partial z} d\tau = -\mathfrak{V}, \qquad d\tau = dx\,dy\,dz. \end{aligned} \tag{32}$$

Die Resultierende aller Druckkräfte ist demnach vertikal nach oben gerichtet und gleich dem Gewicht der von dem Körper verdrängten Flüssigkeitsmasse.

Nun das resultierende Moment $\overline{L}$, $\overline{M}$, $\overline{N}$. Es ist

$$(33)\quad \begin{gathered} \overline{L} = g\varrho\int\limits_{\mathfrak{S}}(y\cos\gamma - z\cos\beta)z\,d\sigma, \qquad \overline{M} = g\varrho\int\limits_{\mathfrak{S}}(z\cos\alpha - x\cos\gamma)z\,d\sigma, \\ \overline{N} = g\varrho\int\limits_{\mathfrak{S}}(x\cos\beta - y\cos\alpha)\,z\,d\sigma \end{gathered}$$

oder, in Volumintegrale nach (15) II verwandelt,

$$(34)\qquad \overline{L} = -g\varrho\int\limits_{\mathfrak{T}}\left[\frac{\partial(y\,z)}{\partial z} - \frac{\partial(z^2)}{\partial y}\right]d\tau = -g\varrho\int\limits_{\mathfrak{T}} y\,d\tau$$

und analog

$$(35)\qquad \overline{M} = g\varrho\int\limits_{\mathfrak{T}} x\,d\tau, \qquad \overline{N} = 0.$$

Nun sind die Koordinaten des Massenmittelpunktes A_m der verdrängten Flüssigkeit

$$(36)\quad x_0 = \frac{1}{\varrho\mathfrak{V}}\int\limits_{\mathfrak{T}}\varrho\,x\,d\tau = \frac{1}{\mathfrak{V}}\int\limits_{\mathfrak{T}} x\,d\tau, \quad y_0 = \frac{1}{\mathfrak{V}}\int\limits_{\mathfrak{T}} y\,d\tau, \quad z_0 = \frac{1}{\mathfrak{V}}\int\limits_{\mathfrak{T}} z\,d\tau.$$

Denken wir uns die Resultierende $0, 0, -g\varrho\mathfrak{V}$ in (x_0, y_0, z_0) angreifen. Ihr Moment wird dann gerade den Wert

$$-y_0 g\varrho\mathfrak{V} = \overline{L}, \quad x_0 g\varrho\mathfrak{V} = \overline{M}, \quad 0 = \overline{N}$$

haben. Auf den ganz eingetauchten Körper übt also die Flüssigkeit einen „Auftrieb" gleich dem Gewicht der verdrängten Flüssigkeit in ihrem Massenmittelpunkte aus.

Es ist klar, daß dieses Resultat noch gilt, wenn der Körper den Flüssigkeitsspiegel in einzelnen Punkten oder längs ebener Begrenzungsstücke berührt. Da nämlich auf dem Flüssigkeitsspiegel $z = 0$ ist, so geben die Integrale (32) und (33), erstreckt über die ganze Oberfläche des Körpers, auch jetzt noch die Komponenten der resultierenden Kraft bzw. des resultierenden Momentes. Auch ändert sich nichts an dem Endergebnis, wenn der konstante Außendruck $p^0 > 0$ vorausgesetzt wird. Zu den vorhin eingeführten Kräften kommt nämlich jetzt ein über die ganze Oberfläche $\mathfrak{S}$ verteilter Normaldruck vom Betrage p^0 hinzu, dessen resultierende Kraft und resultierendes Moment verschwinden.

Die vorstehenden Ergebnisse gelten nahezu unverändert, wenn der Körper nur zum Teil eintaucht. Die eingetauchte Oberfläche $\mathfrak{S}_1$ begrenzt zusammen mit einem oder mehreren Stücken einer Horizontalebene, $\mathfrak{S}_2$, einen Körper, auf den die zuletzt durchgeführten Überlegungen anwendbar sind. Wir können also allgemein sagen:

Die Flüssigkeit übt auf den eingetauchten Körper einen vertikal aufwärts gerichteten Auftrieb aus, der gleich dem Gewicht der verdrängten Flüssigkeit ist und in ihrem Massenmittelpunkte angreift.

Man überzeugt sich ohne Schwierigkeiten, daß dieser Satz (*das Archimedische Prinzip*) in vollem Umfange gilt, auch wenn es sich nicht um eine homogene Flüssigkeit handelt, vielmehr eine Anzahl verschiedener homogener, gleich temperierter, in Horizontalebenen aneinandergrenzender Flüssigkeiten vorliegt.

Die vorstehenden Betrachtungen bezogen sich auf tropfbare Flüssigkeiten. Sie gelten ungeändert für einen starren Körper in einer Gasatmosphäre, sofern sich diese in einer Umgebung des Körpers im Ruhezustand befindet.

Der eingetauchte starre Körper wird sich offenbar im Gleichgewicht befinden, sobald auf ihn äußere Kräfte einwirken, die sich zu einer einzigen im Massenmittelpunkte der verdrängten Flüssigkeit angreifenden Resultierenden, die dem Auftrieb entgegengesetzt gleich ist, zusammensetzen lassen.

Kehren wir noch einmal zu dem klassischen Archimedischen Modell zurück. Auf den Körper $\mathfrak{T}$ wirkt nach dem Vorstehenden, außer seinem Gewicht G, das im Schwerpunkt A_s angreift, der Auftrieb $\overline{Z}$ im Massenmittelpunkt A_m der verdrängten Flüssigkeit. Der Körper befindet sich im Gleichgewicht, ohne daß weitere Kräfte hierzu benötigt werden, wenn $G = \overline{Z}$ ist, und die beiden Angriffspunkte auf einer Vertikalen liegen. Die Beziehung $G = \overline{Z}$ bestimmt das verdrängte Flüssigkeitsvolumen.

Die zuletzt durchgeführten Betrachtungen lassen sich ohne Schwierigkeiten auf den Gleichgewichtszustand eines Systems ausdehnen, das aus irgendeiner Flüssigkeit und in diese eingetauchten starren Körpern besteht, wenn es sich nicht notwendigerweise mehr um Schwerkräfte, vielmehr um beliebige Kräfte handelt. Damit das Gleichgewicht möglich sei, müssen vor allem die unsere Flüssigkeit affizierenden äußeren Kräfte den in **1.** angegebenen Bedingungen genügen. Sind diese Bedingungen erfüllt, so lassen sich die auf die einzelnen Elemente der Oberfläche des eingetauchten Körpers wirkenden Druckkräfte,

$$p \cos(n, x)\, d\sigma, \qquad p \cos(n, y)\, d\sigma, \qquad p \cos(n, z)\, d\sigma,$$

unter (n) die in das Innere des Körpers gerichtete Normale verstanden, bestimmen. Die Gesamtheit dieser Druckkräfte und die etwaigen an dem Körper angreifenden äußeren Kräfte müssen alsdann die bekannten sechs Gleichgewichtsbedingungen erfüllen.

Man denke sich ein im Gleichgewicht befindliches System einer kleinen Störung, sei es der Anfangs- oder der Grenzbedingungen, sei es der wirkenden Kräfte unterworfen. Bleibt das System dauernd in der „Nachbarschaft" der Gleichgewichtslage, so nennen wir die ursprüngliche Konfiguration *stabil*[10a]. Die Lösung des Stabilitätsprob-

[10a] Wir müssen uns mit diesen allgemeinen Feststellungen begnügen und bemerken nur, daß vor allem der Begriff der „Nachbarschaft" einer Präzisierung bedarf.

lems erfordert die Beurteilung des Verhaltens eines Bewegungszustandes für beliebig große Werte der Zeit, d. h. eine Untersuchung des asymptotischen Verhaltens der Lösungen gewisser Systeme partieller Differentialgleichungen bei gegebenen Grenz- und Anfangsbedingungen für $t \to +\infty$. Diese Aufgabe bietet außerordentliche mathematische Schwierigkeiten dar und ist bis heute nicht einmal in speziellen Fällen streng gelöst. Angesichts dieser Sachlage sieht man sich gezwungen, sich mit provisorischen Stabilitätskriterien zu begnügen. Es mag sich zunächst um einen freien starren Körper handeln, auf den beliebige Kräfte wirken. Man denke sich den Körper aus der Gleichgewichtslage herausgebracht und in der neuen Lage festgehalten. Sind die Kräfte so beschaffen, daß sie den Körper, wenn man ihn losläßt, wie auch die (kleine) Anfangsverrückung beschaffen sei, „nach der Gleichgewichtslage hin" bewegen würden, so betrachtet man diese als stabil. Maßgebend für diese „statische" Stabilität ist nicht der ganze Verlauf der einmal eingeleiteten Bewegung, sondern ihr Anfangsstadium. In dem besonderen Falle eines eingetauchten Körpers liegen nur die beiden vorhin betrachteten Kräfte G und $\bar{Z}$ vor. Das Gleichgewicht ist vorhanden, wenn $G = \bar{Z}$ ist und die Angriffspunkte A_s und A_m auf einer Vertikalen liegen. Ist der Körper ganz eingetaucht, so ist das Gleichgewicht gewiß stabil, wenn der Schwerpunkt A_s unterhalb des Massenmittelpunktes A_m liegt.

Handelt es sich um einen in eine Flüssigkeit teilweise eintauchenden Körper, so wird vor allem die neue Lage des Körpers allemal so gewählt, daß die verdrängte Flüssigkeitsmenge ungeändert bleibt. Die Verhältnisse sind jetzt insofern komplizierter, als der Angriffspunkt des Auftriebes, der Massenmittelpunkt der verdrängten Flüssigkeit, sich mit der Lage des Körpers ändert. Bei der Untersuchung der statischen Stabilität spielt der Begriff des „Metazentrums" eine wichtige Rolle[11].

Die Resultate, zu denen man gelangt, indem man sich, wie vorhin erwähnt, auf die Betrachtung des Anfangsstadiums der Bewegung nach eingetretener Störung beschränkt, haben natürlich nur einen bedingten theoretischen Wert[12]. Ein anderes Mittel, die Aufgabe der Rechnung zugänglich zu machen, dessen man sich auch sonst vielfach bedient, wenn man mit kleinen Bewegungen zu tun hat, besteht darin, in den hydrodynamischen Gleichungen, die ja nichtlinear sind, Glieder höherer Ordnung zu vernachlässigen. Man kommt so unter Umständen zu linearen partiellen Differentialgleichungen, deren Lösungen sich allemal durch Superposition von endlich oder unendlich vielen Partikularlösungen, die einfachen Schwingungen des Systems entsprechen, darstellen lassen. In

---

[11] Bezüglich weiterer Einzelheiten sei auf das in der Fußnote [18] genannte Werk von P. Appell, S. 194—227 verwiesen.

[12] Was natürlich nicht hindert, daß sie eine erhebliche praktische Bedeutung haben können.

dem besonderen Falle eines eingetauchten Körpers besteht das System, dessen mögliche Schwingungszustände untersucht werden sollen, aus dem Körper selbst und der gesamten vorliegenden Flüssigkeitsmasse. Ob freilich diese „Methode der kleinen Schwingungen" tatsächlich hinreichende Stabilitätskriterien liefert, ist eine zur Zeit noch offene Frage.

In der Dynamik eines freien oder an Bedingungsgleichungen gebundenen Massenpunktsystems, auf welches Kräfte wirken, die von einem Potential herrühren, hat Lagrange ein Stabilitätskriterium aufgestellt, das von Lejeune-Dirichlet bewiesen wurde und das heute seinen Namen trägt[13]. Danach ist ein Gleichgewichtszustand sicher stabil, wenn das Potential der Kräfte in der betreffenden Lage des Systems ein Maximum hat. Der Beweis wird durch Betrachtung des Energieintegrals erbracht. In Anlehnung hieran werden in der Hydrodynamik sowohl bei der Untersuchung der Stabilität ruhender Systeme als auch bei der Betrachtung der Stabilität von Gleichgewichtsfiguren rotierender Flüssigkeiten Kriterien benutzt, bei denen die Entscheidung von dem Eintreten oder Nichteintreten eines Extremums gewisser Integralausdrücke abhängig gemacht wird. Auch diese Kriterien, bei denen das Problem auf das Gebiet der Variationsrechnung hinübergespielt wird, sind als provisorisch zu betrachten. In dem uns hier beschäftigenden Falle des Gleichgewichtes eines eingetauchten Körpers führt diese Betrachtungsweise zu dem Resultat, das Gleichgewicht sei stabil, wenn der Schwerpunkt des Gesamtsystems die tiefste aller Lagen hat, die er annehmen kann, wenn man zum Vergleich alle Konfigurationen heranzieht, bei denen dasselbe Flüssigkeitsvolumen verdrängt wird[14].

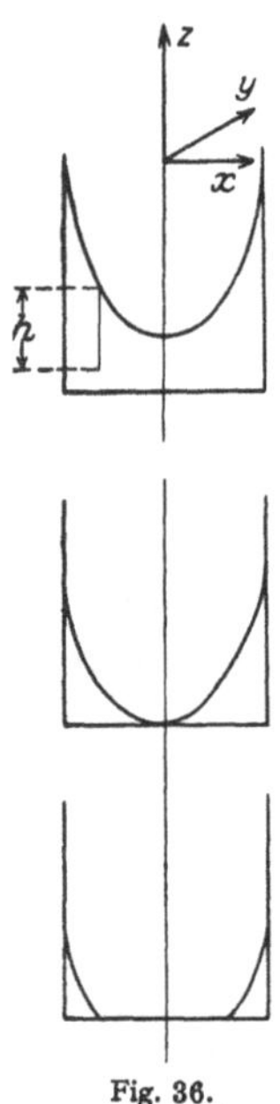

Fig. 36.

Wir betrachten jetzt zum Schluß das relative Gleichgewicht einer schweren, homogenen, inkompressiblen Flüssigkeit, die um eine vertikale Achse gleichförmig rotiert.

Wir beziehen die Lage der Flüssigkeit und des Gefäßes auf ein mitrotierendes Koordinatensystem, dessen x- und y-Achsen horizontal, und dessen z-Achse in die Umdrehungsachse fällt und nach oben gerichtet ist (Fig. 36). Die Temperatur nehmen wir als konstant an. Es sei ϱ die Dichte der Flüssigkeit, p^0 der konstante Außendruck, ω die Winkelgeschwindigkeit. Die auf das Volumelement $d\tau$ wirkenden Kräfte sind: die Schwerkraft $0, 0, -\varrho g d\tau$ und die Zentrifugalkraft $\omega^2 \varrho x d\tau$

[13] Vgl. bsp. P. Appell, Traité de Mécanique rationnelle, Bd. I, dritte Auflage, Paris 1909, S. 324—326.

[14] Vgl. loc. cit. [13], S. 210—224. Es wird dabei stillschweigend angenommen, daß die Flüssigkeit in einem starren, ruhenden Gefäß enthalten ist.

$\omega^2 \varrho y d\tau$, 0. Das Potential der Einheitskräfte ist

$$U = -gz + \frac{\omega^2}{2}(x^2 + y^2) + C \qquad (C \text{ konstant}). \tag{37}$$

Die freie Oberfläche S'' muß eine Niveaufläche sein. Auf S'' ist also

$$U^0 = -gz + \frac{\omega^2}{2}(x^2 + y^2) + C = c \qquad (c \text{ konstant}). \tag{38}$$

Die freie Oberfläche ist ein Rotationsparaboloid. Der Wert c bestimmt sich aus dem als bekannt anzusehenden Gesamtvolumen der Flüssigkeit. Je nachdem wie groß dieses ist, wird der eine oder der andere der drei in der Fig. 36 dargestellten Fälle vorliegen. Die Gesamtheit der Niveauflächen entsteht aus einer von ihnen, z. B. der freien Oberfläche, durch eine Verschiebung parallel zu der z-Achse. Der Druck in einer Tiefe h unter der Oberfläche bestimmt sich aus

$$p - p^0 = \varrho(U - U^0)$$

wegen

$$U - U^0 = gh$$

zu

$$p = p^0 + \varrho g h. \tag{39}$$

Die gleiche Formel haben wir auf S. 323 in dem besonderen Falle $\omega = 0$ gefunden. Dort war freilich die freie Oberfläche horizontal, und der Abstand h bezog sich dementsprechend auf diese Horizontalebene als Bezugsebene.

3. Gravitierende Flüssigkeiten. Erdatmosphäre. Gaskugeln. Es sei K_0 ein starrer, homogener, gravitierender Kugelkörper vom Halbmesser $\mathfrak{r}_0$; sein Mittelpunkt heiße A, seine Dichte sei ϱ_0. Über K_0 sei eine zusammenhängende Schicht einer homogenen Flüssigkeit der Dichte ϱ, deren Teilchen einander nach dem *Newton*schen Gesetze anziehen, ausgebreitet. Wie man leicht sieht, ist bei konstantem Außendruck ein Gleichgewichtszustand möglich, wobei die Flüssigkeit von einer Kugel $\mathfrak{S}$ um A, etwa vom Radius $\mathfrak{r}$, begrenzt ist. In der Tat ist auf $\mathfrak{S}$ das Potential aller Anziehungskräfte konstant.

Ist diese Gleichgewichtskonfiguration die einzig mögliche? Gewiß nicht, wenn $\varrho = \varrho_0$ ist und der Kern festgehalten wird. Denn läßt man die freie Oberfläche der Flüssigkeit ungeändert und verschiebt im Innern den Kern nach Belieben, so behält das Potential der wirkenden Kräfte auf $\mathfrak{S}$ denselben konstanten Wert[15].

Ist $\varrho_0 > \varrho$, so gibt es, wie sich zeigen läßt, keine neue Gleichgewichtskonfiguration in der Nachbarschaft der Kugelschalenanordnung. In

---

[15] Die von der Flüssigkeit auf K_0 ausgeübten Druckkräfte werden dabei im allgemeinen eine von Null verschiedene Resultierende haben. Damit das System in Ruhe beharren kann, muß darum der Kern festgehalten werden. Bei der kugelsymmetrischen Anordnung kann demgegenüber der Kern frei sein.

präziser Fassung: Es läßt sich eine Zahl $\varepsilon > 0$ angeben, so daß es keine Anordnung einer homogenen gravitierenden Flüssigkeit der Dichte ϱ vom Volumen $\frac{4}{3}\pi(\mathfrak{r}^3 - \mathfrak{r}_0^3)$ gibt, deren freie Oberfläche innerhalb der Kugel vom Halbmesser $\mathfrak{r} + \varepsilon$ und zugleich außerhalb einer Kugel vom Halbmesser $\mathfrak{r} - \varepsilon$ um A gelegen wäre und die mit dem (festgehaltenen) Kern K_0 zusammengenommen sich im Gleichgewicht befinden würde[16].

Wir haben vorhin einen kugelförmigen Kern betrachtet. Allgemeiner handelt es sich bei dieser Klasse von Problemen um das Gleichgewicht eines beliebig gestalteten gravitierenden festen Kernes und einer homogenen gravitierenden Flüssigkeit. Von spezieller Wichtigkeit für die Astronomie ist der besondere Fall eines Kernes, dessen Gestalt sich nur wenig von einer Kugel unterscheidet.

Die kugelsymmetrische Anordnung hat die folgende wichtige Eigenschaft. Betrachten wir alle möglichen Anordnungen, bei denen die vorgegebene Flüssigkeitsmasse über eine endliche Anzahl von Körpern T_k, deren Begrenzung aus *Stücken analytischer Flächen* besteht, verteilt ist. Dem System gehört allemal auch der starre (kugelförmige) Körper K_0 an. Die Gravitationsenergie hat den Wert

$$(40)\qquad \mathsf{E} = -\frac{1}{2}\varkappa \int_T\int_T \frac{\varrho_1 \varrho_2}{r_{12}}\, d\tau_1\, d\tau_2 \qquad (T = T_1 + \cdots + T_n + K_0).$$

Die Integration ist über den gesamten von der Flüssigkeit und dem Kern besetzten Bereich erstreckt zu denken; ϱ_1 und ϱ_2 bezeichnen die Dichte in den Volumelementen $d\tau_1$ und $d\tau_2$, die Entfernung dieser heißt r_{12}[16a]. *Es zeigt sich nun, daß der eingangs betrachteten kugelsymmetrischen Anordnung der kleinste Wert der Gravitationsenergie entspricht.*

Die gleichen Sätze gelten für $\mathfrak{r}_0 = 0$. Hier handelt es sich um einen von einer homogenen, gravitierenden, inkompressiblen Flüssigkeit erfüllten Kugelkörper. Dieser Gleichgewichtsfigur entspricht das Minimum der Gravitationsenergie bei vorgegebener Gesamtmasse (also auch bei vorgegebenem Gesamtvolumen). Sie ist übrigens die einzige überhaupt mögliche Gleichgewichtsfigur[16b].

Ein starrer, homogener oder aus homogenen konzentrischen Schalen bestehender ruhender Kugelkörper von den Dimensionen der Erde ist von einem homogenen Gas umgeben. Wir setzen voraus, daß die Gas-

---

[16] Vgl. L. Lichtenstein, Untersuchungen über die Gleichgewichtsfiguren rotierender Flüssigkeiten, deren Teilchen einander nach dem Newtonschen Gesetze anziehen. Zweite Abhandlung. Stabilitätsbetrachtungen. Math. Zeitschr. **7** (1920), S. 218—225, insbes. S. 218—219.

[16a] Man beachte, daß die Dichte in K_0 von derjenigen in $T_1 + \cdots + T_n$ verschieden sein kann.

[16b] Vgl. T. Carleman, Über eine isoperimetrische Aufgabe und ihre physikalischen Anwendungen, Math. Zeitschr. **3** (1919), S. 1—7; L. Lichtenstein, Über eine isoperimetrische Aufgabe der mathematischen Physik, Math. Zeitschr. **3** (1919), S. 8—10.

masse, die ebenfalls ruht, kugelsymmetrisch verteilt ist, d. h. daß auf allen Halbgeraden durch den Mittelpunkt die Verteilung von Druck, Dichte und Temperatur die gleiche ist, und suchen die zwischen diesen Größen notwendigerweise bestehenden Beziehungen zu ermitteln. Man nimmt an, daß bei vollkommener Windstille die in der Nähe der Erdoberfläche befindlichen Luftschichten wie vorstehend angegeben verteilt sind, und benutzt die weiter unten abgeleiteten Formeln (hypsometrische Formeln) zur Bestimmung von Höhendifferenzen[17].

Nach bekannten Sätzen ist die Anziehung unseres Kugelkörpers in allen Punkten seiner Oberfläche sowie allen außerhalb dieser liegenden Punkten genau so groß, wie wenn die Gesamtmasse in dem Mittelpunkt konzentriert wäre (S. 77). Ist R_e der Radius des Kernes, M seine Masse, so ist die Kraft, mit der eine im Abstande $r \geqq 0$ von der Oberfläche befindliche Masseneinheit A angezogen wird, nach dem Kugelmittelpunkt hin gerichtet und gleich

$$g_r = \varkappa \frac{M}{(R_e + r)^2}, \tag{41}$$

auf der Kugel selbst also gleich

$$g = \varkappa \frac{M}{R_e^2}. \tag{42}$$

Aus (41) und (42) folgt

$$g_r = g \frac{R_e^2}{(R_e + r)^2}. \tag{43}$$

Diese Einheitskraft rührt von einem Potential

$$U = C_* + \frac{g R_e^2}{R_e + r} \qquad (C_* \text{ konstant}) \tag{44}$$

her. Wird die Gravitationswirkung der Gasteilchen außer acht gelassen, so ist U das Potential aller wirkenden Kräfte überhaupt. Nach bekannten Sätzen der Potentialtheorie (S. 77) übt nur die zwischen den beiden Kugeln vom Radius R_e und $R_e + r$ enthaltene Gasmasse auf den Punkt A eine Anziehung aus. Die resultierende Wirkung der übrigen Gasmasse ist gleich Null. Für kleine $\frac{r}{R_e}$ kann man darum gewiß die Gravitationswirkung des Gases vernachlässigen. Will man dies nicht tun, so hat man statt (43) als die Gesamtkraft, mit der die Masseneinheit in A nach dem Kugelmittelpunkt hin angezogen wird, anzusetzen

$$g \frac{R_e^2}{(R_e + r)^2} + \varkappa \frac{4\pi}{(R_e + r)^2} \int_{R_e}^{R_e + r} R^2 \varrho(R)\, dR, \tag{45}$$

[17] Die Ergebnisse stimmen bei ganz ruhiger Luft mit der Beobachtung recht gut überein. Ganz anders verhält es sich freilich bei bewegtem Wetter.

unter $\varrho(R)$ die Gasdichte im Abstande R vom Mittelpunkte verstanden. Das Potential der Einheitskraft wird dann

$$U = C_* + \frac{g R_e^2}{R_e + r} - 4\pi\varkappa \int_0^r \frac{dr'}{(R_e + r')^2} \int_{R_e}^{R_e + r'} R^2 \varrho(R)\, dR. \tag{46}$$

Wir beschränken uns zunächst auf die Betrachtung kleiner Werte $\frac{r}{R_e}$ und gehen demgemäß von der Gleichung (44) aus. Es ist nun weiter, unter $\mathfrak{R}$ die Gaskonstante, τ die Temperatur in Celsiusgraden, $\alpha = \frac{1}{273}$ den kubischen Ausdehnungskoeffizienten verstanden,

$$p = \mathfrak{R}\,\theta\,\varrho = q(1 + \alpha\tau)\varrho, \qquad q = 273\,\mathfrak{R}. \tag{47}$$

Diese Zustandsgleichung eines ideellen Gases gilt mit hinreichender Annäherung für die hier in Betracht kommenden Werte des Druckes und der Temperatur.

Wir finden jetzt nach (21), (44) und (47)

$$\frac{dp}{dr} = \varrho \frac{dU}{dr} = -\varrho \frac{g R_e^2}{(R_e + r)^2} = -\frac{p}{q(1 + \alpha\tau)} \frac{g R_e^2}{(R_e + r)^2}, \tag{48}$$

somit

$$\frac{d}{dr} \log p = -\frac{1}{q(1 + \alpha\tau)} \frac{g R_e^2}{(R_e + r)^2}. \tag{49}$$

Es sei τ_0 die Temperatur in der Höhe r_0 über der Erdoberfläche, τ_1 die Temperatur in der Höhe r_1. Für kleine Werte von $\tau_1 - \tau_0$ kann man ohne allzu großen Fehler für τ in (49) kurzerhand $\frac{\tau_0 + \tau_1}{2}$ einführen. Man kann dann die Differentialgleichung (49) integrieren und erhält

$$\log \frac{p_1}{p_0} = \frac{g R_e^2}{q\left(1 + \alpha \frac{\tau_0 + \tau_1}{2}\right)} \left[\frac{1}{R_e + r_1} - \frac{1}{R_e + r_0}\right]. \tag{50}$$

Diese Formel gestattet, wenn g und r_0 bekannt und τ_0, τ_1, p_0, p_1 durch Beobachtung ermittelt sind, die Höhendifferenz $r_1 - r_0$ zu bestimmen[18].

Will man die Gravitationswirkung der Gasmasse selbst berücksichtigen, so wird man von dem Ausdruck (46) für das Gravitationspotential ausgehen. Es ergibt sich dann

$$\frac{1}{\varrho} \frac{dp}{dr} = -\frac{g R_e^2}{(R_e + r)^2} - \frac{4\pi\varkappa}{(R_e + r)^2} \int_{R_e}^{R_e + r} R^2 \varrho(R)\, dR, \tag{51}$$

mithin

$$\frac{q(1 + \alpha\tau)}{p} \frac{dp}{dr} = -\frac{g R_e^2}{(R_e + r)^2} - \frac{4\pi\varkappa}{(R_e + r)^2 q} \int_{R_e}^{R_e + r} R^2 \frac{p(R)}{1 + \alpha\tau(R)}\, dR \tag{52}$$

---

[18] Weitere Einzelheiten finden sich u. a. bei P. Appell, Traité de Mécanique rationnelle. Tome troisième. Équilibre et mouvement des milieux continus. Dritte Auflage, Paris 1921, S. 157—160.

und, nach Multiplikation mit $q(R_e + r)^2$ und Differentiation,

$$\frac{d}{dr}\left(q^2(1+\alpha\tau)(R_e+r)^2\frac{1}{p}\frac{dp}{dr}\right) = -\frac{4\pi\varkappa(R_e+r)^2 p}{1+\alpha\tau}. \tag{53}$$

Wir nehmen diesmal $r_0 = 0$, d. h. die Anfangslage an der Erdoberfläche an. Ist τ in Abhängigkeit von r bekannt, so läßt sich aus dieser nichtlinearen Differentialgleichung zweiter Ordnung p als Funktion von r bestimmen. In dem Ausdruck für p finden sich zwei Integrationskonstanten. Sie bestimmen sich aus den Anfangsbedingungen

$$p = p_0 \quad \text{und} \quad \frac{dp}{dr} = -g\varrho_0 \tag{54}$$

für $r = r_0 = 0$. Der Anfangswert (54) für $\frac{dp}{dr}$ ergibt sich aus (51), wenn man dort $\gamma = 0$ setzt.

Betrachten wir einmal die Erdatmosphäre als Ganzes und sehen wir zunächst von Einflüssen sekundärer Bedeutung wie der Abweichung der Erdgestalt von einer Kugel, unregelmäßiger Verteilung der Massen im Erdinnern, den Luftbewegungen usw. ab. Die Erde wird also, wie vorhin, mit einem homogenen oder doch aus homogenen, konzentrischen Schalen bestehenden Kugelkörper identifiziert. Wird auch noch die Erdrotation sowie die Anziehung durch die Sonne und den Mond außer acht gelassen und die Anordnung als kugelsymmetrisch vorausgesetzt, so hat man von der Differentialgleichung (53) oder, wenn die Gesamtmasse der Atmosphäre gegen diejenige der Erde vernachlässigt wird, von der Gleichung (48) auszugehen.

Eine weitere Behandlung der Gleichungen (53) und (48) wird erst möglich, wenn die Abhängigkeit der Temperatur τ von r auf Grund geeigneter Gesetzmäßigkeiten oder plausibler Annahmen ermittelt ist. Hierzu bedarf es Ansätze, die das Temperaturgleichgewicht der Atmosphäre unter Berücksichtigung der Erd- und Sonneneinstrahlung einerseits, der Wärmeleitung und Wärmeabsorption durch die Luft andererseits betreffen. Bleiben wir zuerst bei der einfacheren Formel

$$\frac{dp}{dr} = -\frac{p}{q(1+\alpha\tau)}\frac{gR_e^2}{(R_e+r)^2}$$

stehen und betrachten wir die spezielle Temperaturverteilung

$$\tau = \tau_0 - \frac{r}{\alpha H_0} \qquad (H_0 > 0). \tag{55}$$

An der Erdoberfläche ist hier $\tau = \tau_0$, in der Höhe $(1+\alpha\tau_0)H_0$ dagegen $\tau = -\frac{1}{\alpha}$, d. h. die Temperatur 0^0 absolut[19]. Es gilt nunmehr

[19] Es ist zu beachten, daß jetzt die Zustandsgleichung (47) auf das ganze Temperaturintervall $\langle -\frac{1}{\alpha}, \tau_0 \rangle$ angewandt wird.

wegen (49)

$$\frac{d}{dr}\log p = -\frac{g R_e^2}{q\,(R_e+r)^2\left(1+\alpha\tau_0-\frac{r}{H_0}\right)}, \tag{56}$$

mithin, wie sich leicht verifizieren läßt, mit $r_0 = 0$, $m = \frac{R_e}{H_0(1+\alpha\tau_0)}$, $\exp x = e^x$

$$\log\frac{p}{p_0} = -\frac{g}{(1+\alpha\tau_0)\,q}\left[-\frac{R_e^2}{m+1}\,\frac{1}{R_e+r} + \frac{m R_e}{(m+1)^2}\log\left(\frac{R_e+r}{R_e-mr}\right)\right]_0^r,$$

$$p = p_0\exp\left\{-\frac{g}{(1+\alpha\tau_0)\,q}\left(-\frac{R_e^2}{m+1}\,\frac{1}{R_e+r} + \frac{m R_e}{(m+1)^2}\log\frac{R_e+r}{R_e-mr} + \frac{R_e}{m+1}\right)\right\}. \tag{57}$$

Man überzeugt sich leicht, daß für

$$r \to \frac{R_e}{m} = H_0(1+\alpha\tau_0)$$

der Druck p gegen Null konvergiert,

$$p \to 0.$$

Bei der Temperaturverteilung (55) wäre also die Höhe der Atmosphäre gleich

$$H_0(1+\alpha\tau_0). \tag{58}$$

Sie könnte aus dem Temperaturgradienten an der Erdoberfläche,

$$\left[-\frac{d\tau}{dr}\right]_{r=0} = \frac{1}{\alpha H_0},$$

zu

$$\frac{\theta_0}{\left[-\frac{d\tau}{dr}\right]_{r=0}} = \frac{\theta_0}{\left[-\frac{d\theta}{dr}\right]_{r=0}} \tag{59}$$

erschlossen werden. Freilich sind die vorstehenden Betrachtungen aus mehr als einem Grunde lediglich als ein Rechenbeispiel aufzufassen, das nur dartun soll, daß diese Höhe sehr wohl endlich sein könnte. Die lineare Temperaturverteilung (55) entspricht nicht einmal in einer ersten Näherung der Wirklichkeit. In den höheren Luftschichten sinkt die absolute Temperatur sehr stark, während sich zugleich der Druck dem Werte Null nähert. Es ist fraglich, ob man sich hierbei überhaupt noch der Grundbegriffe der Hydromechanik bedienen kann, ob nicht vielmehr die Vorstellungen und Methoden der kinetischen Gastheorie zur Anwendung kommen sollten.

Nun noch einige Worte über den besonderen Fall $R_e = 0$, $M = 0$, der einem ruhenden Gasball ohne Kern mit Kugelsymmetrie entspricht. Augenscheinlich hat man jetzt von der Gleichung (53) auszugehen und in dieser vor allem $R_e = 0$ einzusetzen. Wir finden

$$\frac{d}{dr}\left(q^2(1+\alpha\tau)r^2\frac{1}{p}\frac{dp}{dr}\right) = -\frac{4\pi\varkappa r^2 p}{1+\alpha\tau}$$

oder nach einer Umordnung

$$\frac{d}{dr}\left(\frac{1}{p}\frac{dp}{dr}\right) + \frac{2}{r}\left(\frac{1}{p}\frac{dp}{dr}\right) + \frac{\alpha}{p(1+\alpha\tau)}\frac{d\tau}{dr}\frac{dp}{dr} + \frac{4\pi\varkappa}{q^2(1+\alpha\tau)^2}p = 0, \tag{60}$$

unter r diesmal den Abstand von dem Kugelmittelpunkt verstanden. Ist τ in Abhängigkeit von r bekannt, so liefert die nichtlineare Differentialgleichung (60) p als Funktion von r. Ist τ von r unabhängig und wird

$$\varrho = e^v, \quad \text{mithin} \quad \log\varrho = v, \tag{61}$$

gesetzt, so nimmt (60) wegen (47) die elegante Form

$$\frac{d^2v}{dr^2} + \frac{2}{r}\frac{dv}{dr} + \frac{4\pi\varkappa}{q(1+\alpha\tau)}e^v = 0 \tag{62}$$

an[20].

Das Verhalten von v für positive r hängt von der speziellen Wahl der Funktion $\tau(r)$ ab. Eingehende, zum Teil mit Hilfe numerischer Rechnungen durchgeführte Untersuchungen hierüber sind von R. Emden angestellt worden[21]. Bei dem isothermen Zustande, $\tau = \tau_0 =$ Const., ist im Endlichen durchweg $p(r) > 0$. Hier liegt also eine unendliche Gaskugel konstanter Temperatur vor. Es zeigt sich weiter, daß für gewisse Temperaturverteilungen die absolute Temperatur und der Druck p im Endlichen verschwinden. Man hat dann eine ruhende Gaskugel endlichen Durchmessers.

Untersuchungen dieser Art sind von großer Wichtigkeit in der Theorie des Sterngleichgewichtes. Wie Eddington zeigte, spielt hierbei der von uns nicht beachtete Strahlungsdruck eine fundamentale Rolle[22].

Wir haben vorhin angenommen, die Gasmasse sei um den Erdmittelpunkt kugelsymmetrisch verteilt. Wie die vorstehenden Betrachtungen zeigen, läßt sich dann, sofern die Temperatur in jedem Gasteilchen als bekannt angesehen wird, der Druck ohne weiteres bestimmen. Niveauflächen (konzentrische Kugeln) sind Flächen gleichen Druckes und gleicher Temperatur. Ein stationärer Zustand ist,

---

[20] Vgl. R. Emden, Encyklopädie d. math. Wiss. VI 2, 24. Thermodynamik der Himmelskörper (abgeschlossen Ende 1925), S. 405.

[21] Vgl. R. Emden, Gaskugeln. Anwendungen der mechanischen Wärmetheorie auf kosmologische und meteorologische Probleme, Leipzig 1907; siehe ferner loc. cit. [20].

[22] Eine zusammenfassende Darstellung in A. S. Eddington, The internal constitution of the stars, Cambridge 1926; deutsche erweiterte Ausgabe, Berlin bei Julius Springer, 1927.

wie wiederholt betont, natürlich in Strenge nur möglich, wenn die Temperaturverteilung künstlich durch passend regulierte Wärmezu- und -abfuhr aufrechterhalten bleibt. Daß unter diesen Voraussetzungen die kugelsymmetrische Anordnung die einzige mögliche Gleichgewichtsanordnung ist, dürfte sich streng beweisen lassen. Der Unitätssatz gilt sowohl für den zuletzt betrachteten Fall einer freien als auch einer um einen festen Kern verteilten Gasmasse.

Ein wesentlicher Umstand ist bei unseren Betrachtungen (S. 331 ff.) außer acht gelassen worden, die Rotation der Erde. Natürlich kann bei Berücksichtigung dieser nur vom relativen Gleichgewicht in bezug auf ein mitrotierendes Koordinatensystem die Rede sein. Die der Erddrehung entspringenden, der Schwere entgegenwirkenden Zentrifugalkräfte kommen um so stärker zur Geltung, je größer der Abstand von der Erdachse ist. Da die Zentrifugalkraft in bezug auf diese „axialsymmetrisch" verteilt ist, so ist die Kugelsymmetrie, wie wir sie den vorstehenden Überlegungen zugrunde gelegt haben, nicht mehr möglich. Dies bedeutet eine wesentliche Erschwerung der Aufgabe.

Auch Eddington begnügt sich mit der Betrachtung einer ruhenden Gasmasse. Eine systematische Behandlung des Problems des Sterngleichgewichtes unter Berücksichtigung der Zentrifugalkraft bildet eine zur Zeit noch offene Aufgabe[22a].

4. Gleichgewichtsfiguren rotierender homogener, inkompressibler, gravitierender Flüssigkeiten. Untersuchungen über Gleichgewichtsfiguren homogener gravitierender Flüssigkeiten sind für die Theorie der Figur und der Entwicklung von Himmelskörpern von fundamentaler Bedeutung. In der Himmelsmechanik und der Kosmogonie hat man es eigentlich mit nichthomogenen, verschieden temperierten Flüssigkeits- und Gasmassen zu tun, die in Rotation um eine in diesen Körpern selbst gelegene Achse begriffen sind und gleichzeitig um ein fremdes Attraktionszentrum herumlaufen. Sie können darüber hinaus der Attraktionswirkung anderer Himmelskörper ausgesetzt sein. Ein relatives Gleichgewicht in bezug auf ein mitrotierendes Achsenkreuz kann unter diesen Umständen in Strenge nicht bestehen.

Da die Behandlung des vorhin kurz charakterisierten hydrodynamischen Problems in seiner ganzen Allgemeinheit zur Zeit als untunlich erscheint, so sieht man sich gezwungen, sich in erster Linie auf die Betrachtung des einfachsten Falles einer sich selbst überlassenen, gravitierenden, ruhenden oder um eine Achse gleichförmig rotierenden, homogenen, unzusammendrückbaren Flüssigkeit zu beschränken. In den folgenden Zeilen soll nur auf die fundamentalen Sätze von Maclaurin

---

[22a] Man vergleiche in diesem Zusammenhang die Abhandlung von H. v. Zeipel, Zum Strahlungsgleichgewicht der Sterne, Festschrift für Hugo v. Seeliger, Berlin 1924, S. 144—152.

und Jacobi über die Gleichgewichtsellipsoide kurz hingewiesen werden[23].

Das Problem lautet jetzt so: Kann ein Ellipsoid, dessen eine Achse in die Rotationsachse fällt, eine Figur relativen Gleichgewichtes sein?

Wir beziehen die Lage der Flüssigkeit auf ein mitrotierendes Koordinatensystem, dessen z-Achse mit der Umdrehungsachse zusammenfällt. Es sei

$$\frac{x^2}{a^2}+\frac{y^2}{b^2}+\frac{z^2}{c^2}=1 \tag{63}$$

die Gleichung der fraglichen Gleichgewichtsfigur S, und es möge ω die Winkelgeschwindigkeit bezeichnen. Das Potential der Einheitskräfte ist

$$U(x,y,z)=\varkappa\varrho\int\limits_T\frac{d\tau}{\mathfrak{r}}+\frac{\omega^2}{2}(x^2+y^2). \tag{64}$$

Hierin bezeichnen: T das von dem Ellipsoid (63) begrenzte endliche Gebiet, $d\tau$ das Volumelement $d\xi\, d\eta\, d\zeta$, $\mathfrak{r}$ den Abstand der Punkte (x,y,z) und (ξ,η,ζ), $\varkappa$ die Gaußsche Gravitationskonstante. Der erste Summand rechterhand stellt das Potential der Gravitationskräfte dar, der zweite dasjenige der Zentrifugalkräfte, beide auf die Masseneinheit bezogen. Die eingangs gestellte Frage ist mit der Frage gleichbedeutend, ob die Fläche (63) eine Niveaufläche des Potentials $U(x,y,z)$ sein kann. Sie läßt sich mit Leichtigkeit beantworten, wenn man den im dritten Kapitel angegebenen, von Lejeune-Dirichlet abgeleiteten Ausdruck für das Integral

$$V=\int\limits_T\frac{d\tau}{\mathfrak{r}} \tag{65}$$

heranzieht. Wie an der bezeichneten Stelle angegeben worden ist[24], ist im Innern und auf dem Rande von T

$$V=D-(Ax^2+By^2+Cz^2),\quad D=\pi abc\int\limits_0^\infty\frac{du}{\Delta}, \tag{66}$$

$$A=\pi abc\int\limits_0^\infty\frac{du}{(a^2+u)\Delta},\quad B=\pi abc\int\limits_0^\infty\frac{du}{(b^2+u)\Delta},\quad C=\pi abc\int\limits_0^\infty\frac{du}{(c^2+u)\Delta},$$

$$\Delta^2=(a^2+u)(b^2+u)(c^2+u).$$

---

[23] Klassische Ergebnisse der Theorie der Gleichgewichtsfiguren rotierender Flüssigkeiten gibt P. Appell, loc. cit. [18] t. IV, Figures d'équilibre d'une masse liquide homogène en rotation sous l'attraction Newtonienne de ses particules, Paris **1921**. Eine Übersicht der neueren Methoden und Resultate findet sich in meiner Schrift, Astronomie und Mathematik in ihrer Wechselwirkung. Mathematische Probleme in der Theorie der Figur der Himmelskörper, Leipzig bei S. Hirzel, **1923**.

[24] Vgl. die Formel (82) III. Die Bezeichnungen sind jetzt in naheliegender Weise geändert worden.

Die Frage kann offenbar so gefaßt werden: Gibt es eine Konstante H, so daß auf S

$$D\varkappa\varrho - \varkappa\varrho(Ax^2 + By^2 + Cz^2) + \frac{\omega^2}{2}(x^2 + y^2) = H,$$

d. h.

$$x^2\left(\frac{\omega^2}{2} - A\varkappa\varrho\right) + y^2\left(\frac{\omega^2}{2} - B\varkappa\varrho\right) - z^2 C\varkappa\varrho = H - D\varkappa\varrho \tag{67}$$

gilt? Wird aus (63) und (67) die Variable z eliminiert, so erhalten wir eine für alle x und y zu erfüllende Beziehung

$$\left(\left(\frac{\omega^2}{2} - A\varkappa\varrho\right) + \frac{C\varkappa\varrho}{a^2}c^2\right)x^2 + \left(\left(\frac{\omega^2}{2} - B\varkappa\varrho\right) + \frac{C\varkappa\varrho}{b^2}c^2\right)y^2 = H - D\varkappa\varrho + C\varkappa\varrho c^2. \tag{68}$$

Sie hat die weiteren Relationen

$$a^2\left(\frac{\omega^2}{2} - A\varkappa\varrho\right) = b^2\left(\frac{\omega^2}{2} - B\varkappa\varrho\right) = -c^2 C\varkappa\varrho = H - D\varkappa\varrho \tag{69}$$

zur Folge. Die beiden ersten Beziehungen stellen Gleichungen zur Bestimmung der Achsenverhältnisse $a:b:c$ dar. Aus diesen und dem als bekannt vorauszusetzenden Gesamtvolumen der Flüssigkeit erhält man die Werte der Halbachsen a, b, c selbst. Sind diese Größen einmal ermittelt, so liefert die dritte Gleichung (69) den zugehörigen Wert von H. Das ganze Problem reduziert sich also auf eine Diskussion der Gleichungen

$$a^2(\lambda - A) = b^2(\lambda - B) = -c^2 C, \quad \lambda = \frac{\omega^2}{2\varkappa\varrho}. \tag{70}$$

Betrachten wir zunächst den besonderen Fall $a = b$, $A = B$, der auf Rotationsellipsoide führt. Die Rotationsachse des Ellipsoids fällt offenbar mit der Umdrehungsachse der Bewegung zusammen.

Die Gleichungen (70) reduzieren sich auf die eine Gleichung

$$a^2(A - \lambda) = c^2 C. \tag{71}$$

Aus dieser folgt

$$a^2 A - c^2 C = a^2\lambda > 0,$$

mithin wegen (66)

$$\pi a^2 c\left(a^2\int_0^\infty \frac{du}{(a^2+u)^2\sqrt{c^2+u}} - c^2\int_0^\infty \frac{du}{(a^2+u)(c^2+u)\sqrt{c^2+u}}\right)$$
$$= \pi a^2 c(a^2 - c^2)\int_0^\infty \frac{u\,du}{(a^2+u)^2(c^2+u)\sqrt{c^2+u}} > 0,$$

[25] Man vergleiche hierzu etwa P. Appell, loc. cit. [18] S. 176—178 sowie loc. cit. [23] S. 47—56.

demnach $a > c$. Die Rotationsellipsoide sind also abgeplattet. Wie wir schon wissen (vgl. S. 79), lassen sich jetzt die Integrale (66) durch elementare Funktionen auswerten. Es gilt

$$(72)\quad \begin{aligned} A = B &= \frac{\pi}{k^3}((1+k^2)\operatorname{Arctg} k - k), \quad -\frac{\pi}{2} < \operatorname{Arctg} k < \frac{\pi}{2}, \\ C &= 2\pi \frac{1+k^2}{k^3}(k - \operatorname{Arctg} k), \quad k = \sqrt{\frac{a^2}{c^2} - 1}. \end{aligned}$$

Die Formel (71), die jetzt

$$A - \lambda = \frac{C}{1+k^2}$$

lautet, ergibt

$$(73)\quad \frac{\omega^2}{2\varkappa\varrho} = \lambda = \frac{\pi}{k^3}((3+k^2)\operatorname{Arctg} k - 3k).$$

Eine Diskussion dieser Beziehung, auf die an dieser Stelle nicht eingegangen werden soll, führt zu den folgenden Ergebnissen[25].

Die Gleichung (73) hat reelle Wurzeln k, nur wenn

$$(74)\quad \omega \leqq \omega_1 = \sqrt{2\pi\varkappa\varrho \cdot 0{,}2247\ldots}$$

ist. Jedem Werte der Winkelgeschwindigkeit $< \omega_1$ läßt (73) zwei Werte von $\frac{c}{a}$, die sich stetig mit ω ändern, entsprechen. Man spricht mit Poincaré von zwei „linearen Reihen" der Rotationsellipsoide und bezeichnet sie als Maclaurinsche Ellipsoide, da ihre Existenz zuerst von Maclaurin, wenn auch durch Überlegungen, die nicht ganz schlußkräftig sind, dargetan worden ist. Für $\omega \to \omega_1$ gehen die beiden Rotationsellipsoide stetig in das zu $\omega = \omega_1$ gehörige Ellipsoid über, – die beiden linearen Reihen der Maclaurinschen Ellipsoide hängen in dem „Verzweigungspunkte" $\omega = \omega_1$ zusammen. Geht ω gegen Null, so geht das eine Maclaurinsche Ellipsoid stetig in eine Kugel, $a = b = c$, das andere in eine unendlich dünne Kreisfläche von unendlich großem Durchmesser, $c \to 0$, $a = b \to \infty$, über.

Wie Jacobi zur größten Überraschung seiner Zeitgenossen im Jahre 1834 zeigte, können die Gleichungen (69) noch eine reelle Lösung[26] haben, die auf ein dreiachsiges Ellipsoid als Gleichgewichtsfigur führt, $c < b < a$. Dies trifft für alle $\omega < \sqrt{2\pi\varkappa\varrho \cdot 0{,}1871\ldots} = \omega_2 < \omega_1$ zu. Auch diese Jacobischen Ellipsoide ändern sich stetig mit ω, bilden eine „lineare Reihe". Für $\omega \to \omega_2$ geht das Jacobische Ellipsoid stetig in eins derjenigen Maclaurinschen Ellipsoide über, die dem Werte ω_2 der Winkelgeschwindigkeit entsprechen. Auch der Punkt ω_2 ist ein „Verzweigungspunkt",

---

[26] Eine weitere von der obigen nicht wesentlich verschiedene Lösung ergibt sich durch Vertauschung von a und b. Weiteres über Jacobische Ellipsoide vgl. P. Appell, loc. cit. [23] S. 54—85.

– hier hängen die linearen Reihen der Jacobischen und der Maclaurinschen Ellipsoide zusammen. Für $\omega \to 0$ geht das Jacobische Ellipsoid in eine unendlich dünne, unendlich lange Nadel über, $c \to 0$, $b \to 0$, $a \to \infty$.

Auf die sehr schwierigen Fragen der Stabilität kann hier nur hingewiesen werden[26a].

5. Prinzip der virtuellen Verrückungen. Wir werden jetzt aus den Grundgleichungen der Hydrostatik eine Beziehung ableiten, die als sinngemäße Übertragung des in der Statik der Massenpunktsysteme bekannten Prinzips der virtuellen Verrückungen erscheint und als zusammenfassender Ausdruck dieser Grundgleichungen selbst aufgefaßt werden kann.

Es möge sich zunächst um eine kompressible, homogene oder nicht homogene Flüssigkeit und um gemischte Grenzbedingungen handeln. Ein Teil, S'', der Flüssigkeitsoberfläche ist frei, der Rest, S', von festen Wänden umgeben. Auf S'' gilt

$$X_\sigma = p\cos(n,x), \quad Y_\sigma = p\cos(n,y), \quad Z_\sigma = p\cos(n,z). \tag{75}$$

Wie in 1. nehmen wir die Dichte ϱ nebst ihren partiellen Ableitungen erster Ordnung als stetig, allenfalls abteilungsweise stetig, die Einheitskräfte X, Y, Z sowie die Oberflächenkräfte X_σ, Y_σ, Z_σ als stetig an.

Es mögen jetzt ξ, η, ζ drei beliebige in $T+S$ erklärte stetige Ortsfunktionen bezeichnen, die daselbst stetige, allenfalls abteilungsweise stetige partielle Ableitungen erster Ordnung haben, ε sei eine dem absoluten Betrage nach beliebig kleine Zahl. Wir setzen $\delta x = \varepsilon\xi$, $\delta y = \varepsilon\eta$, $\delta z = \varepsilon\zeta$ und fassen δx, δy, δz als Komponenten einer „unendlich kleinen" Verrückung, die man dem Punkte (x, y, z) erteilt, auf.

Durch die Formeln

$$\begin{gathered} x^* = x + \delta x = x + \varepsilon\xi, \quad y^* = y + \delta y = y + \varepsilon\eta, \\ z^* = z + \delta z = z + \varepsilon\zeta \end{gathered} \tag{76}$$

ist für alle hinreichend kleinen $|\varepsilon|$, wie wir wissen (vgl. S. 15), eine umkehrbar eindeutige und stetige Abbildung des Bereiches $T+S$ auf einen Bereich $T^* + S^*$ definiert.

[26a] Es sei in diesem Zusammenhang noch auf das folgende, kürzlich im Anschluß an eine frühere Arbeit von U. Crudeli von W. Nikliborc abgeleitete wichtige Resultat hingewiesen. Die Winkelgeschwindigkeit ω einer in gleichförmiger Rotation begriffenen homogenen, gravitierenden Flüssigkeit erfüllt stets die Ungleichheit $\omega < \sqrt{\pi\varkappa\varrho}$. Eine ältere, von Poincaré herrührende Schranke lautete $\omega \leqq \sqrt{2\pi\varkappa\varrho}$. Vgl. W. Nikliborc, Über die obere Schranke der Winkelgeschwindigkeit der Gleichgewichtsfiguren rotierender, gravitierender Flüssigkeiten, Math. Zeitschr. **30** (1929).

Aus (1) folgt nach Multiplikation mit δx, δy, δz, Zusammenfassung und Integration über T zunächst

$$\int_T \varrho(X\,\delta x + Y\,\delta y + Z\,\delta z)\,d\tau = \int_T \left(\frac{\partial p}{\partial x}\,\delta x + \frac{\partial p}{\partial y}\,\delta y + \frac{\partial p}{\partial z}\,\delta z\right) d\tau$$

oder, nach einer teilweisen Integration rechts, in bekannter Weise

$$\int_T \varrho(X\,\delta x + Y\,\delta y + Z\,\delta z)\,d\tau$$

$$(77) \qquad = -\int_S p\,(\cos(n,x)\,\delta x + \cos(n,y)\,\delta y + \cos(n,z)\,\delta z)\,d\sigma$$

$$-\int_T p\left(\frac{\partial \delta x}{\partial x} + \frac{\partial \delta y}{\partial y} + \frac{\partial \delta z}{\partial z}\right) d\tau.$$

Wird, wie wir es tun wollen, angenommen, daß bei der Verrückung (76) die Masse allemal erhalten bleibt, so errechnet sich die Dichte ϱ^* in (x^*, y^*, z^*) zu

$$\varrho^* = \varrho\,\frac{\partial(x, y, z)}{\partial(x^*, y^*, z^*)}.$$

Wir finden weiter

$$\Delta\varrho = \varrho^* - \varrho = \varrho\left(\frac{\partial(x, y, z)}{\partial(x^*, y^*, z^*)} - 1\right) = -\varrho\left(\frac{\partial \delta x}{\partial x} + \frac{\partial \delta y}{\partial y} + \frac{\partial \delta z}{\partial z}\right) + O(\varepsilon^2),$$

oder mit

$$(78) \qquad \delta\varrho = -\varrho\left(\frac{\partial \delta x}{\partial x} + \frac{\partial \delta y}{\partial y} + \frac{\partial \delta z}{\partial z}\right)$$

kürzer

$$(79) \qquad \Delta\varrho = \delta\varrho + O(\varepsilon^2).$$ [27]

Offenbar ist $\delta\varrho$ der Hauptwert der virtuellen Änderung der Dichte.

Für das zweite Integral rechts in (77) kann man nun setzen

$$(80) \qquad \int_T p\,\frac{\delta\varrho}{\varrho}\,d\tau$$

oder, mit

$$(81) \qquad \mathfrak{W}(\varrho,\theta) = \int_{\varrho^0}^{\varrho} \frac{p(\varrho,\theta)\,d\varrho}{\varrho^2} = -\int_{\varrho^0}^{\varrho} p\,d\frac{1}{\varrho} = -\frac{p}{\varrho} + \frac{p^0}{\varrho^0} + \int_{p^0}^{p} \frac{dp}{\varrho},$$

[27] Es gilt nämlich

$$\frac{\partial(x, y, z)}{\partial(x^*, y^*, z^*)} - 1 = \frac{1}{\dfrac{\partial(x^*, y^*, z^*)}{\partial(x, y, z)}} - 1 = \left\{1 - \frac{\partial(x^*, y^*, z^*)}{\partial(x, y, z)}\right\} \frac{1}{\dfrac{\partial(x^*, y^*, z^*)}{\partial(x, y, z)}}.$$

Der erste Faktor rechts hat, wie sich leicht zeigen läßt, den Wert

$$-\left(\frac{\partial \delta x}{\partial x} + \frac{\partial \delta y}{\partial y} + \frac{\partial \delta z}{\partial z}\right) + O(\varepsilon^2),$$

der zweite den Wert $1 + O(\varepsilon)$.

wegen

$$\frac{\partial \mathfrak{W}}{\partial \varrho} = \frac{p}{\varrho^2}, \qquad \delta \mathfrak{W} = \frac{p}{\varrho^2}\delta\varrho \tag{82}$$

auch

$$\int_T p\frac{\delta\varrho}{\varrho}\,d\tau = \int_T \varrho\,\delta\mathfrak{W}\,d\tau = \delta\int_T \varrho\,\mathfrak{W}\,d\tau.\text{[28]} \tag{83}$$

Bei der Ausführung der Variation ist zu beachten, daß die in einem Volumelement enthaltene Masse $\varrho\,d\tau$ ungeändert bleibt. Auch die absolute Temperatur wird festgehalten.

Wir finden jetzt alles in allem

$$\begin{aligned}(84)\qquad &\int_T \varrho(X\,\delta x + Y\delta y + Z\,\delta z)\,d\tau \\ &+ \int_S p(\cos(n,x)\,\delta x + \cos(n,y)\,\delta y + \cos(n,z)\,\delta z)\,d\sigma = \delta\int_T \varrho\,\mathfrak{W}\,d\tau.\end{aligned}$$

Wir unterwerfen jetzt die Verrückung $\delta x, \delta y, \delta z$, die bis jetzt nur die eingangs genannten Stetigkeitsbedingungen zu erfüllen hatte, der weiteren Einschränkung

$$\delta x\cos(n,x) + \delta y\cos(n,y) + \delta z\cos(n,z) = 0 \tag{85}$$

auf S'. Die Gleichung (85) besagt, wie man leicht sieht, daß die Verrückung $\delta x, \delta y, \delta z$ im Punkte (x, y, z) auf S' in die Tangentialebene fällt. Besteht S' aus einer endlichen Anzahl Stücke von Flächen mit stetiger Normale, so fällt der Vektor $\delta x, \delta y, \delta z$ in etwa vorhandenen Kanten in ihre Tangente hinein, in den körperlichen Ecken ist er gleich Null. Wird von Größen höherer Ordnung in bezug auf ε abgesehen, so liegt auch der Punkt $x + \delta x$, $y + \delta y$, $z + \delta z$ auf S'. Wie in der Mechanik der Massenpunktsysteme werden wir die der Bedingung (85) gemäß gewählten Verrückungen $\delta x, \delta y, \delta z$ als mit den dem System auferlegten Bewegungsbeschränkungen verträglich, als „virtuell“ ansehen. Beachtet man (75) und (85), so kann man wegen (84) für (77) endgültig schreiben

$$\begin{aligned}(86)\qquad \int_T \varrho(X\,\delta x + Y\delta y + Z\,\delta z)\,d\tau &+ \int_{S''}(X_\sigma\,\delta x + Y_\sigma\,\delta y + Z_\sigma\,\delta z)\,d\sigma \\ &= \delta\int_T \varrho\,\mathfrak{W}\,d\tau.\end{aligned}$$

Den Ausdruck $\mathfrak{W}$ bezeichnen wir im Anschluß an P. Duhem als das *innere thermodynamische Potential* für die Masseneinheit im Punkte (x, y, z). Das Integral $\int_T \varrho\mathfrak{W}\,d\tau$ ist also das gesamte innere thermodynamische Potential der betrachteten Flüssigkeitsmasse. In dem besonderen Falle eines homogenen Gases ist p als eine bekannte, von den

---

[28] Handelt es sich um eine nichthomogene, kompressible Flüssigkeit, so hängt $\mathfrak{W}(\varrho, \theta)$ auch noch explizite von x, y, z ab.

Koordinaten (x, y, z) des gerade betrachteten Punktes unabhängige Funktion von ϱ und θ anzusehen. Bei einem ideellen Gase ist $p = \Re\theta\varrho$, darum

$$\mathfrak{W} = \int_{\varrho^0}^{\varrho} \frac{\Re\theta\varrho}{\varrho^2} d\varrho = \Re\theta \log\frac{\varrho}{\varrho^0}.$$

Der in (86) auf der rechten Seite stehende Ausdruck stellt, bis auf Größen höherer Ordnung, die mit der virtuellen Verrückung verbundene Vermehrung des inneren thermodynamischen Potentials dar. Die beiden ersten Summanden geben augenscheinlich den Hauptwert der von den Volum- und Oberflächenkräften, d. h. den äußeren Kräften, gleichzeitig geleistete Arbeit. Die Gleichung (86) besagt, daß bei einer Gleichgewichtskonfiguration kompressibler Flüssigkeiten *die Arbeit der äußeren Kräfte bei allen virtuellen, d. h. mit den vorliegenden Bewegungseinschränkungen verträglichen Verrückungen bis auf Größen höherer Ordnuug der Vermehrung des inneren thermodynamischen Potentials gleich ist.* Dies ist der Inhalt des *Prinzips der virtuellen Verrückungen.*

Will man sich von der Einschränkung, daß die Gleichheit nur bis auf Größen höherer Ordnung statt hat, befreien, so genügt es, in (86) rechts und links durch ε zu dividieren und zur Grenze $\varepsilon \to 0$ überzugehen. In dieser Form wird man, wenn man ε als die Zeit auffaßt, von dem „Prinzip der virtuellen Geschwindigkeiten" sprechen können.

Wir haben vorhin die Verrückungen $\delta x, \delta y, \delta z$ der einzigen Beschränkung auferlegt, auf S' der Gleichung

$$\delta x \cos(n, x) + \delta y \cos(n, y) + \delta z \cos(n, z) = 0 \tag{87}$$

zu genügen. Nimmt man darüber hinaus an, daß die Verrückungskomponenten die Gleichung

$$\frac{\partial \delta x}{\partial x} + \frac{\partial \delta y}{\partial y} + \frac{\partial \delta z}{\partial z} = 0 \tag{88}$$

erfüllen, d. h. daß das Volumen jedes Teilbereiches von $T + S$, bis auf Größen höherer Ordnung, erhalten bleibt, so gilt noch einfacher

$$\int_T \varrho(X\delta x + Y\delta y + Z\delta z)\,d\tau + \int_{S''} (X_\sigma \delta x + Y_\sigma \delta y + Z_\sigma \delta z)\,d\sigma = 0. \tag{89}$$

Solange es sich, wie bis jetzt um eine kompressible tropfbare Flüssigkeit oder ein Gas handelt, braucht die Bedingung (88) von einer virtuellen Verrückung nicht notwendig erfüllt zu sein. Anders ist es, sobald man zu dem Grenzfalle einer inkompressiblen Flüssigkeit übergeht. Virtuelle Verrückungen sind jetzt solche, die den Gleichungen (87) und (88) zugleich genügen. Das Prinzip der virtuellen Verrückungen erhält hier der Gleichung (89) gemäß die Fassung:

Bei einer Gleichgewichtskonfiguration inkompressibler (homogener oder heterogener) Flüssigkeiten ist die Gesamtarbeit der Volum- und Oberflächenkräfte bei allen virtuellen Verrückungen gleich Null.

Bei den vorstehenden Entwicklungen ist stets vorausgesetzt worden, daß $\delta x, \delta y, \delta z$ in T stetig sind und stetige oder doch abteilungsweise stetige partielle Ableitungen erster Ordnung haben. Es mögen jetzt darüber hinaus $\delta x, \delta y, \delta z$ selbst sich in T sprungweise ändern können. Der Einfachheit halber sei angenommen, daß es in T nur eine analytische und reguläre Unstetigkeitsfläche $\mathfrak{S}$ gibt und daß T durch $\mathfrak{S}$ in zwei Gebiete, T_1 und T_2, zerlegt wird. Es seien $\delta x_1 = \varepsilon\xi_1, \delta y_1 = \varepsilon\eta_1, \delta z_1 = \varepsilon\zeta_1$ bzw. $\delta x_2 = \varepsilon\xi_2, \delta y_2 = \varepsilon\eta_2, \delta z_2 = \varepsilon\zeta_2$ die beiden Verrückungen in einem Punkte auf $\mathfrak{S}$. Wir nehmen an, daß für alle hinreichend kleinen $\varepsilon > 0$ die Bilder T_1^*, T_2^* von T_1 und T_2 weder einen inneren Punkt noch einen Randpunkt gemeinsam haben. Hierzu ist gewiß hinreichend, daß der Vektor $\xi_2 - \xi_1, \eta_2 - \eta_1, \zeta_2 - \zeta_1$ auf $\mathfrak{S}$ nirgends verschwindet und in das Innere von T_2 gerichtet ist. Als eine Folge der betrachteten Verrückung entsteht hierbei im Innern der Flüssigkeitsmasse ein Hohlraum. Auch jetzt kann man die Verrückung $\delta x, \delta y, \delta z$ als virtuell, d. h. mit den vorliegenden Bewegungsbeschränkungen verträglich bezeichnen.

Die Beziehung

$$\delta\int_T \varrho\,\mathfrak{W}\,d\tau = -\int_T p\left(\frac{\partial\delta x}{\partial x} + \frac{\partial\delta y}{\partial y} + \frac{\partial\delta z}{\partial z}\right)d\tau,$$

die unverändert gilt, ergibt diesmal nach einer teilweisen Integration und Umformung unter Berücksichtigung von (1) und (7)

$$(90)\quad \int_T \varrho(X\delta x + Y\delta y + Z\delta z)\,d\tau + \int_{S''}(X_\sigma\delta x + Y_\sigma\delta y + Z_\sigma\delta z)\,d\sigma - \delta\int_T \varrho\,\mathfrak{W}\,d\tau$$
$$= \int_{\mathfrak{S}} p((\delta x_1 - \delta x_2)\cos(n_2,x) + (\delta y_1 - \delta y_2)\cos(n_2,y) + (\delta z_1 - \delta z_2)\cos(n_2,z))\,d\sigma,$$

unter (n_2) die in das Innere von T_2 gerichtete Normale zu $\mathfrak{S}$ verstanden. Der Klammerausdruck rechts ist als Komponente des Vektors $\delta x_1 - \delta x_2, \delta y_1 - \delta y_2, \delta z_1 - \delta z_2$ in der Richtung von (n_2) nach Voraussetzung < 0. Da in $T + S$ durchweg $p > 0$ ist[28a], so ist

$$(91)\quad \int_T \varrho(X\delta x + Y\delta y + Z\delta z)\,d\tau$$
$$+ \int_{S''}(X_\sigma\delta x + Y_\sigma\delta y + Z_\sigma\delta z)\,d\sigma - \delta\int_T \varrho\,\mathfrak{W}\,d\tau < 0.$$

[28a] Bei tropfbaren Flüssigkeiten könnte man freilich auf isolierten, in $T + S$ gelegenen Flächen- oder Linienstücken, sowie in isolierten Punkten $p = 0$ als einen Grenzfall zulassen.

In dem besonderen Falle einer inkompressiblen Flüssigkeit gilt

$$(92)\qquad \int\limits_T \varrho(X\delta x + Y\delta y + Z\delta z)\,d\tau + \int\limits_{S''}(X_\sigma\delta x + Y_\sigma\delta y + Z_\sigma\delta z)\,d\sigma < 0$$

für alle Verrückungen, die als virtuell in dem vorhin auseinandergesetzten allgemeineren Sinne anzusehen sind.

Wir gehen jetzt einen Schritt weiter und betrachten ein im Gleichgewicht befindliches System, das aus einer Flüssigkeit und einem in diese eingetauchten starren Körper K besteht. Die Flüssigkeit, die homogen oder inhomogen, zusammendrückbar oder inkompressibel sein kann, sei ihrerseits in einem offenen, starren, festgehaltenen Gefäß enthalten. Die Oberfläche der Flüssigkeit zerfällt jetzt in drei verschiedene Teile: die Wandungen des Gefäßes, S', den benetzten Teil des eintauchenden Körpers, S''', die freie Oberfläche S''. Der nicht benetzte Teil der Oberfläche von K möge $S^{(4)}$ heißen; $S^{(4)}$ kann sich auch auf Null reduzieren. Auf T und K denken wir uns beliebige Volumkräfte, auf S'' und $S^{(4)}$ beliebige Oberflächenkräfte wirken. Wir behaupten, *bei allen virtuellen Verrückungen des Systems ist die Gesamtarbeit der Oberflächen- und Volumkräfte gleich der Änderung des thermodynamischen Potentials,*

$$(93)\qquad \begin{aligned} &\int\limits_T \varrho(X\delta x + Y\delta y + Z\delta z)\,d\tau + \int\limits_{S''}(X_\sigma\delta x + Y_\sigma\delta y + Z_\sigma\delta z)\,d\sigma \\ &+ \int\limits_K \varrho(X\delta x + Y\delta y + Z\delta z)\,d\tau + \int\limits_{S^{(4)}}(X_\sigma\delta x + Y_\sigma\delta y + Z_\sigma\delta z)\,d\sigma \\ &= \delta\int\limits_T \varrho\,\mathfrak{W}\,d\tau . \end{aligned}$$

Ist die Flüssigkeit inkompressibel, so ist $\mathfrak{W} \equiv 0$ zu setzen. Die Komponenten der virtuellen Verrückung $\delta x, \delta y, \delta z$ sind diesmal im Innern und auf dem Rande des Gebietes $T + K$ erklärte stetige Funktionen, die daselbst stetige oder doch abteilungsweise stetige Ableitungen erster Ordnung haben und folgenden Bedingungen genügen.

1. Als Ortsfunktionen in K betrachtet, sind $\delta x, \delta y, \delta z$ Hauptwerte der Komponenten einer beliebigen („virtuellen") Verrückung eines freien starren Körpers. Es gibt nur sechs linear unabhängige virtuelle Verrückungen von K: drei unendlich kleine Verschiebungen χ_1, χ_2, χ_3, parallel zu den Koordinatenachsen, drei infinitesimale Drehungen $\omega_1, \omega_2, \omega_3$ um diese Achsen. Jedes beliebige virtuelle Vektorfeld $\delta x, \delta y, \delta z$ setzt sich linear mit konstanten Koeffizienten aus jenen speziellen Feldern zusammen. In Formeln:

$$(94)\qquad \begin{aligned} &\delta x = c_1\chi_1 + g_2\omega_2 z - g_3\omega_3 y, \quad \delta y = c_2\chi_2 + g_3\omega_3 x - g_1\omega_1 z, \\ &\delta z = c_3\chi_3 + g_1\omega_1 y - g_2\omega_2 x. \end{aligned}$$ [29]

[29] Wir nehmen, der auf S. 342 gegebenen Definition der Größen $\delta x, \delta y, \delta z$ gemäß an, daß $\chi_1, \chi_2, \chi_3, \omega_1, \omega_2, \omega_3$ einen gemeinsamen unendlich kleinen Faktor ε haben.

2. Auf S' ist

$$(95)\qquad \delta x \cos(n, x) + \delta y \cos(n, y) + \delta z \cos(n, z) = 0\,.$$

Handelt es sich speziell um eine inkompressible Flüssigkeit, in welchem Falle, wie vorhin erwähnt, $\mathfrak{W} \equiv 0$ zu setzen ist, so ist

3. in T

$$(96)\qquad \frac{\partial \delta x}{\partial x} + \frac{\partial \delta y}{\partial y} + \frac{\partial \delta z}{\partial z} = 0\,.$$

Bringt man in (93) alles auf die linke Seite, führt für X, Y, Z die Ausdrücke (1) ein, verwandelt ähnlich wie auf S. 343 das erste Volumintegral linkerhand durch teilweise Integration in ein über $S'+S''+S'''$ erstrecktes Oberflächenintegral und berücksichtigt die Beziehungen (7) und (95), so findet man den Ausdruck

$$(97)\qquad J \equiv \int_{S'''} p\,(\cos(n, x)\,\delta x + \cos(n, y)\,\delta y + \cos(n, z)\,\delta z)\,d\sigma$$
$$+ \int_K \varrho\,(X\,\delta x + Y\,\delta y + Z\,\delta z)\,d\tau + \int_{S^{(4)}} (X_\sigma \delta x + Y_\sigma \delta y + Z_\sigma \delta z)\,d\sigma,$$

unter (n) die in das Innere von K gerichtete Normale zu S''' verstanden. Befindet sich das System, wie vorausgesetzt wurde, im Gleichgewicht, so halten die an S''' angreifenden Druckkräfte $p\cos(n, x)\,d\sigma$, $p\cos(n, y)\,d\sigma$, $p\cos(n, z)\,d\sigma$, die Oberflächenkräfte $X_\sigma\,d\sigma$, $Y_\sigma\,d\sigma$, $Z_\sigma\,d\sigma$ an $S^{(4)}$ und die Volumkräfte $\varrho X\,d\tau$, $\varrho Y\,d\tau$, $\varrho Z\,d\tau$ an K sich wie an einem freien starren Körper das Gleichgewicht. Dann ist aber, wie aus der Statik starrer Systeme bekannt ist, die Gesamtarbeit jener Kräfte bei jeder virtuellen Verrückung des Körpers gleich Null. Der Ausdruck (97) stellt aber gerade jene Arbeit dar. Daß sie tatsächlich verschwindet, sieht man, wenn man in (94) bsp. $g_1 = 1$, $g_2 = g_3 = c_1 = c_2 = c_3 = 0$ setzt. Man findet dann

$$\delta x = 0\,,\qquad \delta y = -\,\omega_1 z\,,\qquad \delta z = \omega_1 y\,,$$

$$(98)\qquad J = \omega_1 \int_{S'''} p\,(-\,z\cos(n, y) + y\cos(n, z))\,d\sigma$$
$$+\,\omega_1 \int_{S^{(4)}} (-\,Y_\sigma z + Z_\sigma y)\,d\sigma + \omega_1 \int_K \varrho\,(-\,Yz + Zy)\,d\tau = 0\,,$$

da die Summe der Momente aller vorerwähnten Kräfte in bezug auf die x-Achse gleich Null ist.

6. Prinzip der virtuellen Verrückungen. Fortsetzung. Wir haben in **5.** ein System betrachtet, das aus einer beliebigen Flüssigkeit und aus einem in diese eintauchenden festen Körper besteht, und wir haben bewiesen, daß die Arbeit der äußeren Kräfte bei allen virtuellen Verrückungen des Ganzen verschwindet. Wir werden jetzt sehen, daß man umgekehrt, von der Gleichung (86) ausgehend, die Grundgleichungen der

Hydrostatik (1) und (7) wiedergewinnen kann[29a]. Das Prinzip der virtuellen Verrückungen faßt also in einer kurzen Formel die Gesetze der Hydrostatik zusammen. Einen analogen zusammenfassenden Ausdruck für die eigentliche Hydrodynamik, einen Ausdruck, der das Prinzip der virtuellen Verrückungen als einen speziellen Fall einschließt, werden wir im nächstfolgenden Kapitel in dem *Hamiltonschen Prinzip* kennenlernen. Es mag hier nicht unerwähnt bleiben, daß sich das Prinzip von Hamilton überhaupt in vielen Fällen als das oberste Prinzip der gesamten Physik bewährt.

Der Übersichtlichkeit halber beschränken wir uns im folgenden auf die Betrachtung einer Flüssigkeitsmasse, deren Oberfläche teils frei, teils von starren, festgehaltenen Wänden gebildet wird. Eintauchende starre Körper sind also nicht vorhanden. Es sei $\delta x, \delta y, \delta z$ irgendein System virtueller Verrückungen, und es sei

$$(99)\qquad \int_T \varrho(X\delta x + Y\delta y + Z\delta z)\,d\tau + \int_{S''}(X_\sigma\delta x + Y_\sigma\delta y + Z_\sigma\delta z)\,d\sigma - \delta\int_T \varrho\,\mathfrak{W}\,d\tau = 0;$$

$\mathfrak{W}$, das innere thermodynamische Potential für die Masseneinheit im Punkte (x, y, z), ist, sofern es sich um eine kompressible Flüssigkeit (ein Gas) handelt, eine bis auf eine willkürliche additive Funktion der Temperatur bestimmte, die thermodynamische Natur der Flüssigkeit charakterisierende, für alle $\theta > 0$, $\varrho > 0$ erklärte analytische und reguläre Funktion von θ und ϱ. Ist die betrachtete Flüssigkeit homogen, so hängt $\mathfrak{W}$ nur von ϱ und θ, sonst auch noch von den Koordinaten x, y, z ab. Ferner ist $\frac{\partial\mathfrak{W}}{\partial\varrho} > 0$. Für $\theta > 0$, $\varrho \to 0$ geht $\varrho^2\frac{\partial\mathfrak{W}}{\partial\varrho}$ gegen Null. Ist die Flüssigkeit inkompressibel, so ist $\mathfrak{W} \equiv 0$ zu setzen. Bei dem Übergang zu dem variierten Bereich bleibt die Masse eines jeden Flüssigkeitselementes sowie seine Temperatur ungeändert.

Wir beginnen mit dem einfacheren Falle einer kompressiblen Flüssigkeit und setzen zunächst die Dichte ϱ als stetig voraus. Die Komponenten der virtuellen Verrückung $\delta x, \delta y, \delta z$, die, wie wir wissen, in $T + S$ stetig sind und dort stetige oder zum mindesten abteilungsweise stetige partielle Ableitungen erster Ordnung besitzen, haben alsdann nur die eine Bedingungsgleichung

$$(100)\qquad \delta x\cos(n, x) + \delta y\cos(n, y) + \delta z\cos(n, z) = 0$$

auf S' zu erfüllen.

Es sei $\hat{T}$ irgendein von einer Fläche mit stetiger Normale $\hat{S}$ begrenztes Gebiet, ganz im Innern von T. Wir wählen die Funktionen

[29a] Auch das Verhalten des Druckes auf etwaigen Unstetigkeitsflächen der Dichte (vgl. **1.**) wird sich dabei wiederfinden.

$\delta x, \delta y, \delta z$ speziell so, daß sie in $T - \hat{T}$ verschwinden. Die Gleichung (99) geht dabei über in

$$\int_{\hat{T}} \varrho (X \delta x + Y \delta y + Z \delta z)\, d\tau - \delta \int_{\hat{T}} \varrho \mathfrak{W}\, d\tau = 0. \tag{101}$$

Es ist nun, da weder die Temperatur noch die Masse $\varrho\,\delta\tau$ bei der virtuellen Verrückung eine Änderung erfahren,

$$\delta \int_{\hat{T}} \varrho \mathfrak{W}\, d\tau = \int_{\hat{T}} \varrho\, \delta \mathfrak{W}\, d\tau = \int_{\hat{T}} \varrho \frac{\partial \mathfrak{W}}{\partial \varrho} \delta \varrho\, d\tau,$$

somit wegen

$$\frac{\delta \varrho}{\varrho} = -\left(\frac{\partial \delta x}{\partial x} + \frac{\partial \delta y}{\partial y} + \frac{\partial \delta z}{\partial z}\right) \tag{102}$$

augenscheinlich

$$\delta \int_{\hat{T}} \varrho \mathfrak{W}\, d\tau = -\int_{\hat{T}} \varrho^2 \frac{\partial \mathfrak{W}}{\partial \varrho} \left(\frac{\partial \delta x}{\partial x} + \frac{\partial \delta y}{\partial y} + \frac{\partial \delta z}{\partial z}\right) d\tau. \tag{103}$$

Wir setzen wie vorhin

$$\varrho^2 \frac{\partial \mathfrak{W}}{\partial \varrho} = p, \tag{104}$$

mithin

$$\mathfrak{W} = \int_{\varrho^0}^{\varrho} \frac{p}{\varrho^2}\, d\varrho \qquad (\varrho^0 \text{ konstant}) \tag{105}$$

und erhalten darum

$$\int_{\hat{T}} \varrho (X \delta x + Y \delta y + Z \delta z)\, d\tau + \int_{\hat{T}} p \left(\frac{\partial \delta x}{\partial x} + \frac{\partial \delta y}{\partial y} + \frac{\partial \delta z}{\partial z}\right) d\tau = 0. \tag{106}$$

Ist, wie wir zunächst annehmen wollen, von vornherein bekannt, daß p stetig ist und stetige oder zum mindesten abteilungsweise stetige partielle Ableitungen erster Ordnung hat, so kann man für das zweite Volumintegral, da $\delta x, \delta y, \delta z$ auf $\hat{S}$ verschwinden, nach einer teilweisen Integration auch schreiben

$$-\int_{\hat{T}} \left(\frac{\partial p}{\partial x} \delta x + \frac{\partial p}{\partial y} \delta y + \frac{\partial p}{\partial z} \delta z\right) d\tau.$$

Für (106) erhält man darum

$$\int_{\hat{T}} \left\{\left(\varrho X - \frac{\partial p}{\partial x}\right) \delta x + \left(\varrho Y - \frac{\partial p}{\partial y}\right) \delta y + \left(\varrho Z - \frac{\partial p}{\partial z}\right) \delta z\right\} d\tau = 0. \tag{107}$$

Hieraus folgt nun in bekannter Weise

$$\varrho X = \frac{\partial p}{\partial x}, \quad \varrho Y = \frac{\partial p}{\partial y}, \quad \varrho Z = \frac{\partial p}{\partial z}. \tag{108}$$

Diese Beziehungen gelten überall im Innern von T und, da ϱX, ϱY, ϱZ auch noch auf S stetig sind, in $T+S$. Es ist jetzt weiter

$$(109)\quad \int_T \varrho(X\,\delta x + Y\,\delta y + Z\,\delta z)\,d\tau = \int_T \left(\frac{\partial p}{\partial x}\,\delta x + \frac{\partial p}{\partial y}\,\delta y + \frac{\partial p}{\partial z}\,\delta z\right)d\tau$$

$$= -\int_S p\,(\cos(n,x)\,\delta x + \cos(n,y)\,\delta y + \cos(n,z)\,\delta z)\,d\sigma$$

$$-\int_T p\left(\frac{\partial\,\delta x}{\partial x} + \frac{\partial\,\delta y}{\partial y} + \frac{\partial\,\delta z}{\partial z}\right)d\tau$$

und wie vorhin

$$(110)\quad \delta\int_T \varrho\,\mathfrak{W}\,d\tau = \int_T \varrho\,\frac{\partial\mathfrak{W}}{\partial\varrho}\,\delta\varrho\,d\tau = -\int_T \varrho^2\,\frac{\partial\mathfrak{W}}{\partial\varrho}\left(\frac{\partial\,\delta x}{\partial x} + \frac{\partial\,\delta y}{\partial y} + \frac{\partial\,\delta z}{\partial z}\right)d\tau$$

$$= -\int_T p\left(\frac{\partial\,\delta x}{\partial x} + \frac{\partial\,\delta y}{\partial y} + \frac{\partial\,\delta z}{\partial z}\right)d\tau,$$

darum wegen (99) und (100)

$$(111)\quad \int_{S''} \{(X_\sigma - p\cos(n,x))\,\delta x + (Y_\sigma - p\cos(n,y))\,\delta y$$

$$+ (Z_\sigma - p\cos(n,z))\,\delta z\}\,d\sigma = 0.$$

Da man nun $\delta x, \delta y, \delta z$ auf S'' beliebig annehmen darf, so muß daselbst

$$(112)\quad X_\sigma = p\cos(n,x),\qquad Y_\sigma = p\cos(n,y),\qquad Z_\sigma = p\cos(n,z)$$

sein. Die Beziehungen (108) und (112) sind mit den in **1.** gewonnenen Gleichungen (1) und (7) identisch. Augenscheinlich hat die durch (104) erklärte Funktion p die Bedeutung des Flüssigkeitsdruckes.

Wegen $\frac{\partial\mathfrak{W}}{\partial\varrho} > 0$ ist $p > 0$. Für $\varrho \to 0$ geht $p = \varrho^2\,\frac{\partial\mathfrak{W}}{\partial\varrho}$ gegen Null. Doch ist der Zustand $p = 0$ lediglich als ein Grenzzustand aufzufassen. Bei extrem kleinem Druck versagt die mehr phänomenologische Auffassung der Hydromechanik, und es treten die Methoden der kinetischen Gastheorie in ihre Rechte ein. In dem Grenzzustande einer inkompressiblen, nicht verdampfenden tropfbaren Flüssigkeit erscheint die Behandlung einer mit einer vollkommen freien (d. h. an das Vakuum grenzenden) Oberfläche, mithin die Zulassung von $p = 0$ auf S'' ohne weiteres als möglich.

Vorhin ist vorausgesetzt worden, daß p in $T+S$ stetig ist und stetige (abteilungsweise stetige) Ableitungen erster Ordnung hat. Überdies ist angenommen worden, daß die Dichte ϱ sich stetig verhält. Diese Voraussetzung kann man entbehren, und man kann sich mit den Annahmen $\varrho, \frac{\partial\varrho}{\partial x}, \frac{\partial\varrho}{\partial y}, \frac{\partial\varrho}{\partial z}, p$ seien abteilungsweise stetig, begnügen, wenn man wie folgt überlegt[29a].

Es sei (x_0, y_0, z_0) irgendein Punkt in T, und es mögen jetzt $P_1 = (x_1, y_0, z_0)$ und $P_2 = (x_2, y_0, z_0)$ mit $x_2 > x_0 > x_1$ irgendein Paar weiterer Punkte in T sowie δx eine auf $P_1 P_2$ nebst ihrer Ableitung stetige, für $x = x_1$ und $x = x_2$ verschwindende Funktion von x bezeichnen. Wir behaupten, daß

$$\int\limits_{(x_1, y_0, z_0)}^{(x_2, y_0, z_0)} \left(\varrho X \delta x + p \frac{d\delta x}{dx}\right) dx = 0 \tag{113}$$

gilt. Es möge im Gegensatz zu dieser Behauptung für irgendeine zulässige Funktion $\tilde{\delta} x$ etwa

$$\int\limits_{(x_1, y_0, z_0)}^{(x_2, y_0, z_0)} \left(\varrho X \tilde{\delta} x + p \frac{d\tilde{\delta} x}{dx}\right) dx > 0 \tag{114}$$

sein. Betrachten wir einen geraden Kreiszylinder Π vom Durchmesser 2ν um $P_1 P_2$ als Mittellinie ganz im Innern von T und bestimmen ein System virtueller Verrückungen $\delta x, \delta y, \delta z$ durch folgende Festsetzungen: $\delta y, \delta z$ sind in T gleich Null, δx verschwindet in $T - \Pi$ und hat auf einer jeden Parallelen zu $P_1 P_2$ im Abstande $h \leqq \nu$ den Wert $\frac{\nu - h}{\nu} \tilde{\delta} x$. Man sieht leicht ein, daß das so bestimmte Vektorfeld in der Tat ein System virtueller Verrückungen darstellt. Augenscheinlich ist jetzt

$$\begin{aligned} &\int\limits_T \left\{\varrho (X\delta x + Y\delta y + Z\delta z) + p\left(\frac{\partial\delta x}{\partial x} + \frac{\partial\delta y}{\partial y} + \frac{\partial\delta z}{\partial z}\right)\right\} d\tau \\ &= \int\limits_\Pi \left(\varrho X \delta x + p \frac{d\delta x}{dx}\right) d\tau . \end{aligned} \tag{115}$$

Für hinreichend kleine ν wird der Ausdruck (115), da ϱX und p in der Umgebung der Strecke $P_1 P_2$ abteilungsweise stetig sind, wegen (114) größer als 0 ausfallen, was ausgeschlossen ist. Also gilt in der Tat die Beziehung (113)[29b].

[29a] Daß p stetig ist, $\frac{\partial p}{\partial x}, \frac{\partial p}{\partial y}, \frac{\partial p}{\partial z}$ sich abteilungsweise stetig verhalten, wird sich dabei von selbst ergeben.

[29b] Im Text ist stillschweigend angenommen worden, daß $P_1 P_2$, falls (x_0, y_0, z_0) auf einer Unstetigkeitsfläche liegt, diese nirgends berührt. Auch Parallelen durch (x_0, y_0, z_0) zu der x- und der z-Achse dürfen die Unstetigkeitsfläche in einer Umgebung dieses Punktes nicht berühren. Sollten diese Annahmen zunächst nicht zutreffen, so wird man durch eine passende Drehung des Achsenkreuzes zu einem neuen, den obigen Voraussetzungen genügenden Koordinatensystem übergehen.

Es sei nunmehr

$$(116)\qquad \int_{x_1}^{x} \varrho X\, dx = \Xi, \qquad \varrho X = \frac{d\Xi}{dx}.$$

Für (113) können wir jetzt setzen

$$(117)\qquad \int_{x_1}^{x_2} \left(\frac{d\Xi}{dx}\delta x + p\frac{d\delta x}{dx}\right) dx = 0,$$

mithin nach einer teilweisen Integration, da δx für $x = x_1$ und $x = x_2$ verschwindet,

$$\int_{x_1}^{x_2} (-\Xi + p)\frac{d\delta x}{dx}\, dx = 0.$$

Wir schließen hieraus in bekannter Weise, da

$$\int_{x_1}^{x_2} \frac{d\delta x}{dx}\, dx = 0$$

ist, daß

$$(118)\qquad -\Xi + p = c \qquad (c \text{ konstant})$$

sein muß (Lemma von Du Bois Reymond). Wegen (116) ist Ξ stetig, darum auch p auf $P_1 P_2$ stetig. Offenbar hat p daselbst eine abteilungsweise stetige Ableitung erster Ordnung in bezug auf x, und es gilt

$$(119)\qquad \frac{\partial p}{\partial x} = \frac{d\Xi}{dx} = \varrho X.$$

In analoger Weise gewinnt man die beiden anderen Beziehungen

$$(120)\qquad \frac{\partial p}{\partial y} = \varrho Y, \qquad \frac{\partial p}{\partial z} = \varrho Z.$$

Unser Ziel ist damit erreicht[30].

Es möge sich jetzt um eine inkompressible homogene oder heterogene Flüssigkeit handeln und es möge fürs erste wieder die Dichte ϱ stetig sein. Die Grenzbedingungen sowie die äußeren Kräfte seien wie vorhin beschaffen. Das Problem ist jetzt etwas schwieriger, da das Vektorfeld $\delta x, \delta y, \delta z$ nunmehr die Bedingung

$$(121)\qquad \frac{\partial \delta x}{\partial x} + \frac{\partial \delta y}{\partial y} + \frac{\partial \delta z}{\partial z} = 0$$

[30] Die zuletzt durchgeführte Überlegung (Formeln (116) bis (119)) ist die in der Variationsrechnung wohlbekannte Du Bois Reymondsche Schlußweise. Vgl. bsp. O. Bolza, Vorlesungen über Variationsrechnung, Leipzig und Berlin **1909**, S. **27—31**. Man beachte, daß das Du Bois Reymondsche Lemma anwendbar ist, auch wenn wie im vorliegenden Falle bezüglich der Funktion $-\Xi + p$ zunächst nur bekannt ist, daß sie abteilungsweise stetig ist.

zu erfüllen hat. Zugleich ist $\mathfrak{W} \equiv 0$, so daß für alle virtuellen Verrückungen

$$(122)\quad \int\limits_T \varrho(X\,\delta x + Y\delta y + Z\,\delta z)\,d\tau + \int\limits_{S''} (X_\sigma\delta x + Y_\sigma\delta y + Z_\sigma\delta z)\,d\sigma = 0$$

sein soll. Aus dieser Beziehung pflegt man mit Lagrange die Gleichgewichtsbedingungen abzuleiten, indem man unter Hinweis auf die in der Mechanik der Massenpunktsysteme übliche Verwendung Lagrangescher Multiplikatoren, unter λ eine in $T+S$ stetige Ortsfunktion verstehend, die daselbst stetige oder doch abteilungsweise stetige partielle Ableitungen erster Ordnung hat, die Bedingungen dafür aufstellt, daß

$$(123)\quad \int\limits_T \left\{\varrho\,(X\,\delta x + Y\delta y + Z\,\delta z) + \lambda\left(\frac{\partial\delta x}{\partial x} + \frac{\partial\delta y}{\partial y} + \frac{\partial\delta z}{\partial z}\right)\right\} d\tau + \int\limits_{S''} (X_\sigma\delta x + Y_\sigma\delta y + Z_\sigma\delta z)\,d\sigma = 0$$

gilt[31]. Setzt man hier p für λ, so erhält man im wesentlichen den Ausdruck (86). Die vorhin durchgeführten Überlegungen würden demnach tatsächlich die Grundgleichungen (1) und (7) der Hydrostatik ergeben. Der Lagrangesche Multiplikator λ hat dabei die Bedeutung des Flüssigkeitsdruckes. Daß die Beziehung (123) für das Verschwinden der Arbeit der äußeren Kräfte bei allen virtuellen Verrückungen des Systems *notwendig* ist, läßt sich freilich auf diesem Wege nicht beweisen. Daß dem aber wirklich so ist, läßt sich wie folgt zeigen.

Es sei (x_0, y_0, z_0) irgendein Punkt in T, und es möge K einen Würfel, dessen Kanten die Länge $2h$ haben und zu den Koordinatenachsen parallel sind, um (x_0, y_0, z_0) als Mittelpunkt ganz im Innern von T bezeichnen. Wir nehmen die Funktionen δx, δy, δz, die wie vorhin in $T+S$ stetig sind, in T abteilungsweise stetige Ableitungen erster Ordnung haben und den Gleichungen (121) und (100) genügen, speziell in $T-K$ gleich Null an. Dann muß

$$(124)\quad \int\limits_K \varrho(X\,\delta x + Y\delta y + Z\,\delta z)\,d\tau = 0$$

sein.

Es sei jetzt δx und δy irgendein Paar unendlichkleiner, in der Quadratfläche Q,

$$(125)\quad x_0 - h \leqq x \leqq x_0 + h, \qquad y_0 - h \leqq y \leqq y_0 + h,$$

nebst ihren partiellen Ableitungen erster Ordnung stetiger Funktionen, die den Bedingungen

$$(126)\quad \frac{\partial\delta x}{\partial x} + \frac{\partial\delta y}{\partial y} = 0$$

[31] Vgl. J. L. Lagrange, Mécanique Analytique. Troisième édition. t. I. Paris 1853, S. 179—186; siehe auch bsp. E. Hellinger, Die allgemeinen Ansätze der Mechanik der Kontinua, Encyklopädie der math. Wissenschaften IV 30, S. 601 bis 694, insbes. S. 628.

genügen und auf dem Umfange von Q verschwinden. Wir behaupten, für alle z in

$$z_0 - h \leqq z \leqq z_0 + h \tag{127}$$

ist gewiß

$$\int_Q \varrho (X\,\delta x + Y\,\delta y)\,dx\,dy = 0. \tag{128}$$

Es möge im Gegensatz zu dieser Behauptung für einen Wert z_1 im Innern von (127) und ein bestimmtes Paar den vorstehenden Bedingungen genügender Funktionen $\tilde{\delta} x, \tilde{\delta} y$ etwa

$$\int_Q \varrho (X\,\tilde{\delta} x + Y\,\tilde{\delta} y)\,dx\,dy > 0 \tag{129}$$

sein. Wir wählen dann in dem Intervalle $z_1 - \varepsilon \leqq z \leqq z_1 + \varepsilon$ mit $\varepsilon = \mathrm{Min}\,((z_0 + h) - z_1,\ z_1 - (z_0 - h))$:

$$\delta x = \tilde{\delta} x \left(1 - \frac{|z - z_1|}{\varepsilon}\right), \qquad \delta y = \tilde{\delta} y \left(1 - \frac{|z - z_1|}{\varepsilon}\right),$$

für alle anderen z in (127) dagegen $\delta x = \delta y = 0$. Die vorstehenden Funktionen $\delta x, \delta y$ sowie die Funktion $\delta z = 0$ bilden wegen $\frac{\partial \tilde{\delta} x}{\partial x} + \frac{\partial \tilde{\delta} y}{\partial y} = 0$ ein System virtueller Verrückungen. Für hinreichend kleine ε wird wegen (129)

$$\int_K \varrho (X\,\delta x + Y\,\delta y + Z\,\delta z)\,d\tau > 0,$$

was nicht möglich ist. Also gilt in der Tat die Beziehung (128)[31a].

Die Gleichung (126) ist offenbar die Bedingung dafür, daß es eine im Innern und auf dem Rande von Q nebst ihren partiellen Ableitungen erster Ordnung stetige Funktion Ψ gibt, so daß

$$\delta x = \frac{\partial \Psi}{\partial y}, \qquad \delta y = -\frac{\partial \Psi}{\partial x} \tag{130}$$

gilt. Es sei (x^0, y^0) irgendein Punkt auf dem Rande von Q. Man kann

$$\Psi = \int_{(x^0,\,y^0)}^{(x,\,y)} (-\delta y\,dx + \delta x\,dy) \tag{131}$$

setzen. Wegen (130) ist auf dem Rande von Q, da dort δx und δy verschwinden,

$$\Psi = \frac{\partial \Psi}{\partial x} = \frac{\partial \Psi}{\partial y} = 0. \tag{132}$$

[31a] Auch diesmal ist stillschweigend angenommen worden, daß, falls $P_0 = (x_0, y_0, z_0)$ auf einer Unstetigkeitsfläche von ϱ liegt, die Parallelen zu den Koordinatenachsen durch P_0 die Unstetigkeitsfläche in einer Umgebung von (x_0, y_0, z_0) nicht berühren. Dies läßt sich nötigenfalls durch eine geeignete Drehung des Achsenkreuzes erzwingen.

In (128) eingesetzt, liefert (130)

$$\int_Q \left(\varrho X \frac{\partial \Psi}{\partial y} - \varrho Y \frac{\partial \Psi}{\partial x}\right) dx\, dy = 0 \tag{133}$$

oder, falls ϱX und ϱY stetig sind und auch noch stetige, allenfalls abteilungsweise stetige partielle Ableitungen erster Ordnung haben, nach einer teilweisen Integration wegen (132)

$$\int_Q \left\{\frac{\partial}{\partial y}(\varrho X) - \frac{\partial}{\partial x}(\varrho Y)\right\} \Psi\, dx\, dy = 0. \tag{134}$$

Hieraus folgt aber

$$\frac{\partial}{\partial y}(\varrho X) - \frac{\partial}{\partial x}(\varrho Y) = 0. \tag{135}$$

Wäre nämlich der Klammerausdruck in (134) in einem Punkte (x_1, y_1) im Innern von Q etwa > 0, so könnte man gewiß Ψ, allen vorhin eingeführten Bedingungen genügend, in einer Umgebung von (x_1, y_1) positiv, sonst gleich Null wählen, so daß das Integral positiv ausfallen würde. Es gilt also in K

$$\frac{\partial}{\partial y}(\varrho X) = \frac{\partial}{\partial x}(\varrho Y) \tag{136}$$

und analog

$$\frac{\partial}{\partial z}(\varrho X) = \frac{\partial}{\partial x}(\varrho Z), \quad \frac{\partial}{\partial y}(\varrho Z) = \frac{\partial}{\partial z}(\varrho Y). \tag{137}$$

Da man K in T beliebig wählen kann, so gelten (136) und (137) in jedem Gebiete in T, in dem $\frac{\partial \varrho}{\partial x}, \frac{\partial \varrho}{\partial y}, \frac{\partial \varrho}{\partial z}$ sich stetig verhalten, der Rand allemal mitbegriffen. Da ϱ sich in $T + S$ stetig verhält (S. 353), so gibt es eine in $T + S$ erklärte, bis auf eine additive Konstante bestimmte, stetige Funktion $\bar{p}$, die stetige Ableitungen erster und stetige, allenfalls abteilungsweise stetige Ableitungen zweiter Ordnung hat, so daß

$$\varrho X = \frac{\partial \bar{p}}{\partial x}, \quad \varrho Y = \frac{\partial \bar{p}}{\partial y}, \quad \varrho Z = \frac{\partial \bar{p}}{\partial z} \tag{138}$$

gilt[31b]. Es ist eben $\bar{p} - \bar{p}^0 = \int\limits_{(x_0, y_0, z_0)}^{(x, y, z)} \varrho (X\, dx + Y\, dy + Z\, dz)$. Augenscheinlich hat $\bar{p}$ die Bedeutung eines Flüssigkeitsdruckes.

Die Gleichung (122) geht wegen

$$\int_T \varrho(X\,\delta x + Y\,\delta y + Z\,\delta z) = \int_T \left(\frac{\partial \bar{p}}{\partial x}\delta x + \frac{\partial \bar{p}}{\partial y}\delta y + \frac{\partial \bar{p}}{\partial z}\delta z\right) d\tau \tag{139}$$

$$= -\int_{S''} \bar{p}\,(\delta x \cos(n, x) + \delta y \cos(n, y) + \delta z \cos(n, z))\, d\sigma$$

[31b] Man beachte, daß X, Y, Z von Anfang an als stetig vorausgesetzt werden.

über in

$$(140)\qquad \int\limits_{S''}\{(X_\sigma-\bar p\cos(n,x))\,\delta x+(Y_\sigma-\bar p\cos(n,y))\,\delta y + (Z_\sigma-\bar p\cos(n,z))\,\delta z\}\,d\sigma=0\,.$$

Augenscheinlich folgt aus

$$\int\limits_T\left(\frac{\partial\delta x}{\partial x}+\frac{\partial\delta y}{\partial y}+\frac{\partial\delta z}{\partial z}\right)d\tau=0$$

wegen (85) die weitere Beziehung

$$(141)\qquad \int\limits_{S''}(\delta x\cos(n,x)+\delta y\cos(n,y)+\delta z\cos(n,z))\,d\sigma=0\,.$$

Es möge S'' im Sinne des ersten Kapitels durch Gleichungen von der Form (21) I charakterisiert sein. Der Einfachheit halber nehmen wir an, daß die Funktionen (21) I stetige Ableitungen der vier ersten Ordnungen haben. Es dürfte genügen, vorauszusetzen, daß S'' der Klasse Bh angehört. Es sei $({}^0x, {}^0y, {}^0z)$ irgendein Punkt auf S'', und es möge $\mathfrak{S}''$ denjenigen Teil von S'' bezeichnen, der sich im Innern eines geraden Kreiszylinders von hinreichend kleinem Radius um die Normale in $({}^0x, {}^0y, {}^0z)$ als Mittellinie befindet. Es seien weiter δx, δy, δz irgendwelche Ortsfunktionen auf $\mathfrak{S}''$, die auf dem Rande von $\mathfrak{S}''$ verschwinden, die Beziehung

$$(142)\qquad \int\limits_{\mathfrak{S}''}(\delta x\cos(n,x)+\delta y\cos(n,y)+\delta z\cos(n,z))\,d\sigma=0$$

erfüllen und überdies so beschaffen sind, daß, wenn man sie der Beziehung $\delta x=\delta y=\delta z=0$ gemäß in $S''-\mathfrak{S}''$ fortsetzt, Funktionen der Klasse Bh in S'' gewonnen werden. Es gibt gewiß Systeme (in $T+S$ erklärter) virtueller Verrückungen, die auf $\mathfrak{S}''$ die soeben betrachteten Werte annehmen. Es sei $\mathfrak{T}$ irgendein einfach zusammenhängendes Gebiet in T, dessen Rand $\mathfrak{S}''$ in seinem Innern enthält und wie $\mathfrak{S}''$ beschaffen ist. Man stelle sich jetzt vor, $\mathfrak{T}$ sei ein allseitig abgeschlossenes Gefäß, das mit einer inkompressiblen, zähen, an der Gefäßwand haftenden Flüssigkeit ausgefüllt ist. Der mit $\mathfrak{S}''$ bezeichnete Teil der Wandung vollführe irgendeine Bewegung, so daß das Gesamtvolumen von $\mathfrak{T}$ unverändert bleibt und die Geschwindigkeitskomponenten zur Zeit t_0 die Momentanwerte $\delta x, \delta y, \delta z$ haben. Jedes mögliche augenblickliche Geschwindigkeitsfeld der Flüssigkeit zur Zeit t_0 ergibt eine zulässige virtuelle Verrückung unserer Flüssigkeitsmasse[32]. Wir überzeugen uns also, daß für jedes System

[32] Man vergleiche die Ausführungen des elften Kapitels (S. 493 ff.), woselbst permanente Bewegungen einer zähen Flüssigkeit unter Zugrundelegung der uns jetzt interessierenden Randbedingungen betrachtet werden. Die physikalische Deutung ist dort von derjenigen im Text ein wenig verschieden.

von Ortsfunktionen $\delta x, \delta y, \delta z$, die in $\mathfrak{S}''$ den vorhin auseinandergesetzten Stetigkeitsbedingungen genügen, auf dem Rande von $\mathfrak{S}''$ verschwinden und überdies die Gleichung (142) erfüllen,

$$(143) \qquad \int_{\mathfrak{S}''} \{(X_\sigma - \bar{p}\cos(n,x))\,\delta x + (Y_\sigma - \bar{p}\cos(n,y))\,\delta y + (Z_\sigma - \bar{p}\cos(n,z))\,\delta z\}\, d\sigma = 0$$

ist.

Es möge jetzt $\bar{\delta} x, \bar{\delta} y, \bar{\delta} z$ irgendein System auf $\mathfrak{S}''$ erklärter, wie vorhin beschaffener, auf dem Rande von $\mathfrak{S}''$ verschwindender Funktionen bezeichnen, die nicht notwendig die Beziehung (142) erfüllen. Es sei weiter $\alpha(\sigma)$ irgendeine in S'' erklärte, in $S - \mathfrak{S}''$ verschwindende, in $\mathfrak{S}''$ positive Funktion der Klasse Bh. Augenscheinlich genügen die Funktionen

$$(144) \qquad \delta x = \bar{\delta} x - A\,\alpha(\sigma)\cos(n,x), \quad \delta y = \bar{\delta} y - A\,\alpha(\sigma)\cos(n,y), \quad \delta z = \bar{\delta} z - A\,\alpha(\sigma)\cos(n,z)$$

auf $\mathfrak{S}''$ mit

$$A = \frac{1}{\int_{\mathfrak{S}''} \alpha(\sigma)\, d\sigma} \int_{\mathfrak{S}''} (\bar{\delta} x \cos(n,x) + \bar{\delta} y \cos(n,y) + \bar{\delta} z \cos(n,z))\, d\sigma$$

allen unseren Forderungen. Für (143) kann man nach einer leichten Umformung auch schreiben

$$(145) \qquad \int_{\mathfrak{S}''} \{(X_\sigma - (\bar{p} + \beta)\cos(n,x))\,\bar{\delta} x + (Y_\sigma - (\bar{p} + \beta)\cos(n,y))\,\bar{\delta} y + (Z_\sigma - (\bar{p} + \beta)\cos(n,z))\,\bar{\delta} z\}\, d\sigma = 0,$$

$$(146) \qquad \beta = \frac{1}{\int_{\mathfrak{S}''} \alpha(\sigma)\, d\sigma} \int_{\mathfrak{S}''} \{(X_\sigma - \bar{p}\cos(n,x))\,\alpha(\sigma)\cos(n,x)$$

$$+ (Y_\sigma - \bar{p}\cos(n,y))\,\alpha(\sigma)\cos(n,y) + (Z_\sigma - \bar{p}\cos(n,z))\,\alpha(\sigma)\cos(n,z)\}\, d\sigma.$$

Die Beziehung (145) muß für alle unseren Stetigkeitsforderungen genügenden $\bar{\delta} x, \bar{\delta} y, \bar{\delta} z$ erfüllt sein. Also muß auf $\mathfrak{S}''$

$$(147) \qquad X_\sigma = (\bar{p} + \beta)\cos(n,x), \quad Y_\sigma = (\bar{p} + \beta)\cos(n,y), \quad Z_\sigma = (\bar{p} + \beta)\cos(n,z)$$

gelten. Man überzeugt sich unmittelbar, daß aus (147) sofort auch (143) folgt, der Wert β mithin unbestimmt bleibt. Die Formeln (147) bringen zum Ausdruck, daß der Druck bislang nur bis auf eine additive Konstante bestimmt ist (man vgl. die Ausführungen auf S. 274). Setzt man jetzt $\bar{p} + \beta = p$, so findet man

$$(148) \qquad \varrho X = \frac{\partial p}{\partial x}, \quad \varrho Y = \frac{\partial p}{\partial y}, \quad \varrho Z = \frac{\partial p}{\partial z}$$

und

$$(149) \qquad X_\sigma = p\cos(n,x), \quad Y_\sigma = p\cos(n,y), \quad Z_\sigma = p\cos(n,z)$$

auf S''. Die Formeln (148) und (149) sind die Grundgleichungen der Hydrostatik.

Die Voraussetzungen, daß ϱX, ϱY, ϱZ sich in $T + S$ überall stetig verhalten und überdies stetige oder doch abteilungsweise stetige Ableitungen erster Ordnung haben, kann man entbehren und durch die Annahme, $\varrho X, \varrho Y, \varrho Z$ seien in $T + S$ abteilungsweise stetig, ersetzen, wenn man sich eines Satzes von A. Haar bedient, der folgenden Wortlaut hat[33]:

Es sei F irgendein beschränktes, einfach zusammenhängendes ebenes Gebiet, dessen Begrenzung C eine abteilungsweise stetige Tangente hat. Es seien U und V zwei in $F + C$ stetige Funktionen, und es sei

$$\int\limits_F \left(U \frac{\partial \Phi}{\partial x} + V \frac{\partial \Phi}{\partial y} \right) dx\, dy = 0 \tag{150}$$

für alle Φ, die in $F + C$ stetig sind, auf C verschwinden und in F stetige partielle Ableitungen erster Ordnung haben. Alsdann ist das längs einer beliebigen geschlossenen, stetig gekrümmten Kurve Γ in F erstreckte Integral

$$\int\limits_\Gamma (U dy - V dx) = 0. \tag{151}$$

Es gibt also eine in $F + C$ nebst ihren partiellen Ableitungen erster Ordnung stetige Funktion $\omega(x, y)$, so daß

$$U = \frac{\partial \omega}{\partial y}, \quad V = -\frac{\partial \omega}{\partial x} \tag{152}$$

ist. Dieser Satz gilt, wie weiter unten gezeigt wird, auch noch, wenn bezüglich der Funktionen U und V lediglich vorausgesetzt wird, daß sie in $F + C$ abteilungsweise stetig sind. Wir wollen darum, in Erweiterung der Annahmen auf S. 353, voraussetzen, daß die Dichte ϱ abteilungsweise stetig ist.

Wegen (133) genügt es offenbar für V, U, Φ und ω entsprechend ϱX, $-\varrho Y$, Ψ, $-p$ einzusetzen, um die beiden ersten Beziehungen (1) zu gewinnen und damit die Äquivalenz der Gleichgewichtsbedingungen (1) und (7) und der Aussage des Prinzips der virtuellen Verrückungen unter Zugrundelegung abteilungsweise stetiger ϱX, ϱY, ϱZ darzutun (vgl. den Anhang). Augenscheinlich findet man zugleich, daß sich p in $T + S$ durchaus stetig verhält.

Nun ein einfacher Beweis des Haarschen Hilfssatzes. Es sei Γ eine geschlossene, doppelpunktfreie, stetig gekrümmte Kurve in F, Γ_1 eine zu dieser im Abstande ε parallele Kurve, D das von Γ, D_1 das von Γ_1

---

[33] A. Haar, Über die Variation der Doppelintegrale, Journal für die reine und angewandte Mathematik **149** (1919), S. 1—18.

begrenzte endliche Gebiet. Es möge übrigens Γ in D_1 und zugleich $D_1 + \Gamma_1$ in F liegen. Es sei ferner $\chi(h)$ irgendeine nebst ihrer Ableitung in $\langle 0, \varepsilon\rangle$ stetige Funktion, die folgenden Bedingungen genügt:

$$(153)\quad \chi(0)=1,\ \chi(\varepsilon)=0,\ \chi'(0)=0,\ \chi'(\varepsilon)=0;\ \chi'(h)<0 \text{ für } 0<h<\varepsilon.$$

Wir nehmen Φ gleich 1 in D, gleich Null in $F - D_1$, auf jeder Parallelen Γ_* in $D_1 - D$, deren Abstand von Γ den Wert $h \leqq \varepsilon$ hat, gleich $\chi(h)$. Es seien: (n) eine beliebige nach außen gerichtete Normale zu Γ und α der von (n) mit der x-Achse eingeschlossene Winkel. Es sei schließlich P_* der Schnittpunkt von (n) und Γ_*. Man überzeugt sich fast unmittelbar, daß in P_*

$$(154)\qquad \frac{\partial\Phi}{\partial x} = \chi'(h)\cos\alpha, \qquad \frac{\partial\Phi}{\partial y} = \chi'(h)\sin\alpha$$

ist. Führt man jetzt die Bogenlänge s von Γ und den Abstand h als neue unabhängige Variablen ein, so erhält man wegen (150) für alle hinreichend kleinen ε

$$(155)\qquad \int_\Gamma\int_0^\varepsilon ds\,(U\cos\alpha + V\sin\alpha)\,\chi'(h)\left(1+\frac{h}{\mathfrak{r}}\right)dh = 0,$$

unter $\mathfrak{r}$ den Krümmungsradius der Kurve Γ im Punkte s verstanden. Wegen

$$\sin\alpha = -\frac{dx}{ds},\quad \cos\alpha = \frac{dy}{ds},\quad \left|\int_0^\varepsilon \chi'(h)\,h\,dh\right| < \varepsilon\left|\int_0^\varepsilon \chi'(h)\,dh\right| = \varepsilon$$

gibt (155) für $\varepsilon \to 0$ die gesuchte Formel

$$\int_\Gamma (U\,dy - V\,dx) = 0.$$[34]

---

[34] Die auf S. 353—360 durchgeführten Betrachtungen geben, soweit sie sich auf inkompressible Flüssigkeiten beziehen, die Entwicklungen meiner Note, Bemerkungen über das Prinzip der virtuellen Verrückungen in der Hydrodynamik inkompressibler Flüssigkeiten, Annales de la société polonaise de mathématique **1924**, S. 20—28, in erweiterter Fassung wieder.

Vom rein mathematischen Standpunkte handelt es hier um ein spezielles Problem der Variationsrechnung. Einige weitergehende Entwicklungen in dieser Richtung finden sich in meiner Note, Über ein spezielles Problem der Variationsrechnung, Berichte der Sächsischen Akademie der Wissenschaften **69** (1927), S. 137—144.

Neuntes Kapitel.

Das Hamiltonsche Prinzip.

1. Kompressible Flüssigkeiten. Unstetigkeiten zweiter Ordnung. Sprungweise Änderungen der Dichte. Wir haben mehrmals darauf hingewiesen, daß wir in dem Hamiltonschen Prinzip in geeigneter Formulierung sowie in gewissen damit zusammenhängenden Variationsprinzipen die obersten Grundgesetze zu erblicken haben, die die gesamte Physik, nicht nur die Mechanik allein, beherrschen. In dem vorhergehenden, achten Kapitel haben wir ferner aus den Grundgleichungen der Hydrostatik das Prinzip der virtuellen Verrückungen, das, wie wir sogleich sehen werden, in dem Hamiltonschen Prinzip als Spezialfall enthalten ist, abgeleitet und aus diesem jene Gleichungen zurückgewonnen.

In analoger Weise könnte man aus den allgemeinen Bewegungsgleichungen des siebenten Kapitels das Hamiltonsche Prinzip in der Hydrodynamik ableiten. Wir verzichten auf die tatsächliche Durchführung der keinesfalls schwierigen Rechnungen und stellen uns die umgekehrte Aufgabe, aus dem Hamiltonschen Prinzip als dem einfachsten und kürzesten Ausdruck der Grundgesetze der Hydrodynamik die Bewegungsgleichungen in ihrer vollen Allgemeinheit abzuleiten. Wir legen unseren Betrachtungen eine beliebige, nicht notwendig „reguläre" Bewegung zugrunde, lassen also stationäre oder nichtstationäre Unstetigkeiten verschiedener Ordnungen zu. Die dem System angehörenden Flüssigkeiten können kompressibel oder inkompressibel, homogen oder heterogen, ideell oder zähe sein.

Wir beginnen mit dem einfachsten Falle einer ganz im Endlichen gelegenen, zusammenhängenden Masse einer ideellen, kompressiblen, tropfbaren Flüssigkeit, deren Oberfläche zum Teil von starren, in bekannter Bewegung begriffenen Wänden gebildet wird, zum Teil frei ist. Auf die Massenelemente der Flüssigkeit sowie die Elemente der freien Oberfläche wirken bekannte Kräfte. Der Bewegungsvorgang spielt sich in dem Zeitintervall $\langle t_0, t_1 \rangle$ ab. Es sei T_0 das von der Flüssigkeit zur Zeit t_0 (im Raume a-b-c) besetzte Gebiet, und es seien T und T_1 die korrespondierenden Gebiete zu einer beliebigen Zeit t

bzw. im Zeitpunkt t_1. Der Rand heiße $S_0\,(S, S_1)$. Der von den festen Wänden gebildete Teil möge insbesondere mit S_0', S', S_1', der übrigbleibende (freie) Teil mit S_0'', S'', S_1'' bezeichnet sein. Es wird angenommen, daß S_0, S, S_1 etwa aus einer endlichen Anzahl von analytischen und regulären Flächenstücken bestehen. Und nun die weiteren Voraussetzungen: Die Einheitskräfte X, Y, Z sowie $X_\sigma, Y_\sigma, Z_\sigma$ sind in $\{T+S; \langle t_0, t_1\rangle\}$ bzw. in $\{S''; \langle t_0, t_1\rangle\}$ stetig, die Funktionen $x(a, b, c, t)$, $y(a, b, c, t)$, $z(a, b, c, t)$ sind nebst ihren partiellen Ableitungen erster Ordnung $\frac{dx}{dt}$, $\frac{dy}{dt}$, $\frac{dz}{dt}$ in $\{T+S; \langle t_0, t_1\rangle\}$ stetig, während die partiellen Ableitungen zweiter Ordnung $\frac{d^2x}{dt^2}$, $\frac{d^2y}{dt^2}$, $\frac{d^2z}{dt^2}$ entweder ebenfalls stetig sind oder doch auf einer Hyperfläche Σ sprungweise Änderungen erfahren können. Dies besagt mit anderen Worten, daß es sich um eine Bewegung handelt, bei der möglicherweise Unstetigkeiten zweiter Ordnung vorkommen*.

Was schließlich ϱ, $\frac{\partial\varrho}{\partial x}$, $\frac{\partial\varrho}{\partial y}$, $\frac{\partial\varrho}{\partial z}$ betrifft, so sind diese Funktionen in $\{T+S; \langle t_0, t_1\rangle\}$ stetig, allenfalls abteilungsweise stetig.

Es seien $\delta x, \delta y, \delta z$ im Innern und auf dem Rande von $\{T+S; \langle t_0, t_1\rangle\}$ erklärte stetige, unendlich kleine Funktionen von x, y, z, t, die daselbst stetige oder zum mindesten abteilungsweise stetige partielle Ableitungen erster Ordnung in bezug auf ihre vier Argumente haben, für $t = t_0$ und $t = t_1$ verschwinden und auf S' der Bedingung

$$(1) \qquad \delta x \cos(n, x) + \delta y \cos(n, y) + \delta z \cos(n, z) = 0$$

genügen[1]. In (1) bezeichnet (n) die Innennormale zu S. Die Gleichung (1) besagt, daß der Vektor δx, δy, δz in die Tangentialebene der Fläche S fällt. In etwaigen Kanten ist er tangential zu diesen gerichtet, in körperlichen Ecken gleich Null. Es sei weiter $\mathfrak{W}$ wie auf S. 344 das *innere thermodynamische Potential*, eine bis auf eine willkürliche additive Funktion der Temperatur bestimmte, analytische und reguläre Funktion von θ und ϱ, die, sollte die betrachtete Flüssigkeit nicht homogen sein, auch noch von a, b, c, t abhängt und ihr thermodynamisches Verhalten charakterisiert. Wir erinnern daran, daß $\frac{\partial\mathfrak{W}}{\partial\varrho} \geqq 0$ gilt. Die Gleichung des Hamiltonschen Prinzips, die den folgenden

---

* Bei der in dem sechsten Kapitel (S. 236—237) gegebenen Klassifikation ist freilich die Existenz stetiger oder mindestens abteilungsweise stetiger Ableitungen erster und zweiter Ordnung der Funktionen $x(a, b, c, t)$, y, z in bezug auf alle vier Argumente vorausgesetzt worden.

[1] Dies besagt, daß $\delta x = \varepsilon\xi$, $\delta y = \varepsilon\eta$, $\delta z = \varepsilon\zeta$ gesetzt werden kann, unter ξ, η, ζ stetige Funktionen, die stetige oder sprungweise unstetige Ableitungen erster Ordnung haben, unter ε einen beliebig kleinen Parameter verstanden (vgl. weiter unten S. 363).

Betrachtungen als Grundlage dient, lautet nun

$$(2)\qquad \int_{t_0}^{t_1} dt\Big\{\tfrac{1}{2}\,\delta\int_T \varrho\left(\left(\frac{dx}{dt}\right)^2+\left(\frac{dy}{dt}\right)^2+\left(\frac{dz}{dt}\right)^2\right)d\tau$$

$$+\int_T \varrho(X\delta x+Y\delta y+Z\delta z)\,\delta\tau+\int_{S''}(X_\sigma\delta x+Y_\sigma\delta y+Z_\sigma\delta z)\,d\sigma-\delta\int_T\varrho\,\mathfrak{W}\,d\tau\Big\}=0$$

oder mit

$$(3)\qquad \mathsf{T}=\tfrac{1}{2}\int_T \varrho\left(\left(\frac{dx}{dt}\right)^2+\left(\frac{dy}{dt}\right)^2+\left(\frac{dz}{dt}\right)^2\right)d\tau \quad (\mathsf{T}=\text{kinetische Energie})$$

kürzer

$$(4)\qquad \int_{t_0}^{t_1}(\delta\mathsf{T}+\delta\mathsf{A})\,dt\equiv\int_{t_0}^{t_1}dt\{\delta\mathsf{T}+\int_T\varrho(X\delta x+Y\delta y+Z\delta z)\,d\tau$$

$$+\int_{S''}(X_\sigma\delta x+Y_\sigma\delta y+Z_\sigma\delta z)\,d\sigma-\delta\int_T\varrho\,\mathfrak{W}\,d\tau\}=0\,.$$

In dem besonderen Falle, daß die Volumkräfte ein Potential besitzen, also

$$(5)\qquad X=\frac{\partial}{\partial x}U(x,y,z,t),\qquad Y=\frac{\partial U}{\partial y},\qquad Z=\frac{\partial U}{\partial z}$$

ist, nimmt das zweite Volumintegral in (2) die einfachere Form

$$(6)\qquad \delta\int_T\varrho\,U\,d\tau$$

an.

Hierzu vor allem einige Erläuterungen. Man denke sich vorübergehend die festen Wände in der Lage, die sie zur Zeit t haben, festgehalten. Wegen (1) sind die Verrückungen δx, δy, δz bis auf Größen höherer Ordnung (in bezug auf ε) mit den dem System dann auferlegten Bewegungseinschränkungen verträglich. Durch die Transformation

$$(7)\qquad x^*=x+\delta x,\quad y^*=y+\delta y,\quad z^*=z+\delta z,$$

eine *virtuelle Verrückung*, wird dem Bereiche $T+S$ für alle hinreichend kleinen $|\delta x|$, $|\delta y|$, $|\delta z|$,[2] wie sich leicht zeigen läßt, ein Bereich T^*+S^* umkehrbar eindeutig und stetig zugeordnet[3]. In der Symbolik der Variationsrechnung ist unter $\delta\int_T\varrho\,\mathfrak{W}\,d\tau$ bzw. $\delta\mathsf{T}$ der Hauptwert der Zunahme von $\int_T\varrho\,\mathfrak{W}\,d\tau$ und T beim Übergang von $T+S$ zu T^*+S^* zu verstehen. Bei dieser Transformation sollen korrespondierende Volumina die gleiche Masse fassen, in Formeln, es soll

$$(8)\qquad \delta(\varrho\,d\tau)=0$$

[2] D. h. für hinreichend kleine $|\varepsilon|$.

[3] Man vergleiche die Ausführungen auf S. 15.

sein. Schließlich soll auch die Temperatur in zusammengehörigen Punkten den gleichen Wert haben,

$$\delta\theta = 0\,. \tag{9}$$

Der Ausdruck $\delta\mathsf{T}$ stellt, bis auf Größen höherer Ordnung, die den Übergang von T zu T^* begleitende Änderung der kinetischen Energie, der zweite und der dritte Summand der Klammergröße in (2) die Arbeit der äußeren Kräfte dar. Der Ausdruck $\delta\int\limits_T \mathfrak{W}\varrho\,d\tau$ ist als die Änderung des inneren thermodynamischen Potentials aufzufassen. Das Hamiltonsche Prinzip besagt also, daß bei einer jeden in dem vorhin präzisierten Sinne mit den vorliegenden Bewegungseinschränkungen verträglichen, für $t = t_0$ und $t = t_1$ verschwindenden virtuellen Verrückung das Zeitintegral der Änderung der kinetischen Energie und der Gesamtarbeit der äußeren Kräfte bis auf Größen höherer Ordnung dem Zeitintegral der Zunahme des thermodynamischen Potentials gleich ist. Setzt man

$$\delta x = \varepsilon\xi, \quad \delta y = \varepsilon\eta, \quad \delta z = \varepsilon\zeta$$

und betrachtet statt des Ausdruckes $\int\limits_{t_0}^{t_1}(\delta\mathsf{T} + \delta\mathsf{A})\,dt$ den Grenzwert

$$\lim_{\varepsilon\to 0}\frac{1}{\varepsilon}\int\limits_{t_0}^{t_1}(\delta\mathsf{T} + \delta\mathsf{A})\,dt,$$

so gelangt man, wenn man will, ohne weiteres zu einer Formulierung, die mit Korrektionsgrößen nicht belastet ist.

Wir schalten hier, im Anschluß an das spezielle zuletzt erwähnte Bewegungsproblem, einige allgemeine Bemerkungen über das Hamiltonsche Prinzip ein. Stellt man sich, wie wir es jetzt tun wollen, auf den Standpunkt, daß in dem Hamiltonschen Prinzip das oberste Gesetz der Hydrodynamik zu erblicken ist, so sieht man sich vor drei verschiedene Aufgaben gestellt.

1. Die Aussage des Hamiltonschen Prinzips ist bei bekannten Kräften, Grenz- und Stetigkeitsbedingungen in eine äquivalente, der Rechnung bequem zugängliche Form überzuführen.

2. Es ist festzustellen, ob bzw. wie weit bei vorgegebenen Grenz- und Anfangsbedingungen die verschiedenen zugleich gemachten Stetigkeitsannahmen sich wirklich erfüllen lassen und im Verein mit den aus dem Hamiltonschen Prinzip abgeleiteten und mit ihm äquivalenten Beziehungen die Bewegung vollkommen, d. h. in einer einzigen Art und Weise bestimmen.

3. Es sind die Kräfte, d. h. die in dem Schema des Hamiltonschen Prinzips auftretenden Größen X, Y, Z; $X_\sigma, Y_\sigma, Z_\sigma$, das die thermodynamische Natur der Flüssigkeit charakterisierende Potential $\mathfrak{W}$ sowie die etwaigen weiteren, bei allgemeinen Bewegungsproblemen noch hinzu-

kommenden charakteristischen Funktionen so zu bestimmen, daß die als Lösung der Aufgabe 2. gewonnenen Bewegungen die in der Natur beobachteten Bewegungsvorgänge mit ausreichender Genauigkeit beschreiben. Die zweite und die dritte Aufgabe sind bereits in dem siebenten Kapitel in einem etwas anderen Zusammenhange formuliert worden.

Die folgenden Ausführungen gelten der Erledigung der Aufgabe 1. des obigen Programms, zunächst in dem besonderen eingangs präzisierten Falle.

Wir beginnen mit einer Umformung des Ausdruckes $\delta \mathsf{T}$. Es ist

$$\delta \mathsf{T} = \tfrac{1}{2}\,\delta \int\limits_T \varrho\left(\left(\frac{dx}{dt}\right)^2 + \left(\frac{dy}{dt}\right)^2 + \left(\frac{dz}{dt}\right)^2\right) d\tau \tag{10}$$

$$= \int\limits_T \varrho\left(\frac{dx}{dt}\,\delta\frac{dx}{dt} + \frac{dy}{dt}\,\delta\frac{dy}{dt} + \frac{dz}{dt}\,\delta\frac{dz}{dt}\right) d\tau = \int\limits_T \varrho\left(\frac{dx}{dt}\frac{d\delta x}{dt} + \frac{dy}{dt}\frac{d\delta y}{dt} + \frac{dz}{dt}\frac{d\delta z}{dt}\right) d\tau$$

$$= \int\limits_T \varrho\,\frac{d}{dt}\left(\frac{dx}{dt}\delta x + \frac{dy}{dt}\delta y + \frac{dz}{dt}\delta z\right) d\tau - \int\limits_T \varrho\left(\frac{d^2x}{dt^2}\delta x + \frac{d^2y}{dt^2}\delta y + \frac{d^2z}{dt^2}\,\delta z\right) d\tau.^{3a}$$

Diejenigen Flüssigkeitsteilchen, die zur Zeit t das Volumelement $d\tau$ erfüllen, besetzen zur Zeit t_0 ein Gebiet in T_0, dessen Volumen sinngemäß mit $d\tau_0$ bezeichnet werden soll. Ist ϱ die Dichte in einem beliebig gewählten Punkte in $d\tau$, ϱ_0 die Dichte im korrespondierenden Punkte in $d\tau_0$, so ist bis auf Größen höherer Ordnung

$$\varrho\, d\tau = \varrho_0\, d\tau_0, \tag{11}$$

darum

$$\int\limits_{t_0}^{t_1} dt \int\limits_T \varrho\,\frac{d}{dt}\left(\frac{dx}{dt}\,\delta x + \frac{dy}{dt}\,\delta y + \frac{dz}{dt}\,\delta z\right) d\tau \tag{12}$$

$$= \int\limits_{t_0}^{t_1} dt \int\limits_{T_0} \varrho_0\,\frac{d}{dt}\left(\frac{dx}{dt}\,\delta x + \frac{dy}{dt}\,\delta y + \frac{dz}{dt}\,\delta z\right) d\tau_0$$

$$= \int\limits_{T_0} \varrho_0\, d\tau_0 \int\limits_{t_0}^{t_1} \frac{d}{dt}\left(\frac{dx}{dt}\,\delta x + \frac{dy}{dt}\,\delta y + \frac{dz}{dt}\,\delta z\right) dt = 0,$$

da nach Voraussetzung für $t = t_0$ und $t = t_1$

$$\delta x = \delta y = \delta z = 0$$

ist.

Aus (10) und (12) folgt also

$$\int\limits_{t_0}^{t_1} \delta \mathsf{T}\, dt = -\int\limits_{t_0}^{t_1} dt \int\limits_T \varrho\left(\frac{d^2x}{dt^2}\,\delta x + \frac{d^2y}{dt^2}\,\delta y + \frac{d^2z}{dt^2}\,\delta z\right) d\tau. \tag{13}$$

[3a] In (10) erscheinen δx, δy, δz als Funktionen von a, b, c und t. Wir schreiben demgemäß $\dfrac{d\,\delta x}{dt}$, ...

Setzt man wieder (vgl. S. 350)

$$\varrho^2 \frac{\partial \mathfrak{W}}{\partial \varrho} = p, \tag{14}$$

so findet man wie a. a. O.

$$\delta \int_T \varrho \mathfrak{W} d\tau = \int_T \varrho \delta \mathfrak{W} d\tau = \int_T \varrho \frac{\partial \mathfrak{W}}{\partial \varrho} \delta \varrho d\tau \tag{15}$$

$$= -\int_T \varrho^2 \frac{\partial \mathfrak{W}}{\partial \varrho} \left(\frac{\partial \delta x}{\partial x} + \frac{\partial \delta y}{\partial y} + \frac{\partial \delta z}{\partial z} \right) d\tau = -\int_T p \left(\frac{\partial \delta x}{\partial x} + \frac{\partial \delta y}{\partial y} + \frac{\partial \delta z}{\partial z} \right) d\tau.$$

Wir haben vorhin zugelassen, daß sich ϱ auf gewissen, im allgemeinen mit der Zeit veränderlichen, etwa stetig gekrümmten Flächen sprungweise ändern kann. Der Einfachheit halber sei angenommen, daß in T nur eine Unstetigkeitsfläche $\boldsymbol{S}$ vorliegt und daß T durch $\boldsymbol{S}$ in zwei Gebiete $T^{(1)}$ und $T^{(2)}$ zerlegt wird. Wegen (14) kann auch p auf $\boldsymbol{S}$ einen Sprung erleiden. Notwendig ist dies freilich nicht, denn $\mathfrak{W}$ hängt auch noch von (a, b, c) ab und sprungweisen Änderungen von ϱ kann sehr wohl eine stetige Änderung von p entsprechen. Jedenfalls sind sowohl in $T^{(1)}$ als auch in $T^{(2)}$, der Rand beide Male eingeschlossen, p, $\frac{\partial p}{\partial x}$, $\frac{\partial p}{\partial y}$, $\frac{\partial p}{\partial z}$ stetig.

Wir finden jetzt weiter

$$\delta \int_T \varrho \mathfrak{W} d\tau = -\int_{T_1+T_2} \left\{ \frac{\partial}{\partial x}(p\delta x) + \frac{\partial}{\partial y}(p\delta y) + \frac{\partial}{\partial z}(p\delta z) - \delta x \frac{\partial p}{\partial x} \right. \tag{16}$$

$$\left. - \delta y \frac{\partial p}{\partial y} - \delta z \frac{\partial p}{\partial z} \right\} d\tau = \int_S p(\delta x \cos(n,x) + \delta y \cos(n,y) + \delta z \cos(n,z))\, d\sigma$$

$$+ \int_S [p](\delta x \cos(n,x) + \delta y \cos(n,y) + \delta z \cos(n,z))\, d\sigma + \int_T \left(\delta x \frac{\partial p}{\partial x} + \delta y \frac{\partial p}{\partial y} + \delta z \frac{\partial p}{\partial z} \right) d\tau,$$

darum nach (1) auch

$$\delta \int_T \varrho \mathfrak{W} d\tau = \int_{S''} p(\delta x \cos(n,x) + \delta y \cos(n,y) + \delta z \cos(n,z))\, d\sigma \tag{17}$$

$$+ \int_S [p](\delta x \cos(n,x) + \delta y \cos(n,y) + \delta z \cos(n,z))\, d\sigma + \int_T \left(\delta x \frac{\partial p}{\partial x} + \delta y \frac{\partial p}{\partial y} + \delta z \frac{\partial p}{\partial z} \right) d\tau.$$

In (16) und (17) bezeichnet $[p]$ den Sprung der Funktion p beim Übergang von $T^{(1)}$ zu $T^{(2)}$; (n) ist in dem ersten Integralausdruck rechts die Innennormale, in dem zweiten die von $T^{(1)}$ nach $T^{(2)}$ führende Normale.

Die Gleichung (2) erhält jetzt alles in allem die Gestalt

$$
\begin{aligned}
(18)\quad & \int_{t_0}^{t_1} dt \int_T \Big\{\Big(\varrho X - \varrho \frac{d^2 x}{dt^2} - \frac{\partial p}{\partial x}\Big)\delta x + \Big(\varrho Y - \varrho \frac{d^2 y}{dt^2} - \frac{\partial p}{\partial y}\Big)\delta y \\
& + \Big(\varrho Z - \varrho \frac{d^2 z}{dt^2} - \frac{\partial p}{\partial z}\Big)\delta z\Big\} d\tau + \int_{t_0}^{t_1} dt \int_{S''} (X_\sigma \delta x + Y_\sigma \delta y + Z_\sigma \delta z)\, d\sigma \\
& - \int_{t_0}^{t_1} dt \int_{S''} p(\delta x \cos(n,x) + \delta y \cos(n,y) + \delta z \cos(n,z))\, d\sigma \\
& - \int_{t_0}^{t_1} dt \int_{S} [p](\delta x \cos(n,x) + \delta y \cos(n,y) + \delta z \cos(n,z))\, d\sigma = 0 .
\end{aligned}
$$

Es ist vor allem leicht zu sehen, daß die Koeffizienten von δx, δy, δz in dem Volumintegral für alle $t_0 < t < t_1$ und alle Punkte (x, y, z) in T, in denen ϱ, $\frac{d^2 x}{dt^2}$, $\frac{d^2 y}{dt^2}$, $\frac{d^2 z}{dt^2}$ in Abhängigkeit von x, y, z, t stetig sind, verschwinden müssen. Es sei im Gegensatz hierzu im Punkte $(\bar{x}, \bar{y}, \bar{z}, \bar{t})$ etwa

$$\varrho X - \varrho \frac{d^2 x}{dt^2} - \frac{\partial p}{\partial x} > 0 .$$

Wir nehmen $\delta y = \delta z = 0$ und für alle (x, y, z) in der Kugel

$$(x - \bar{x})^2 + (y - \bar{y})^2 + (z - \bar{z})^2 \leqq h^2$$

und alle t in $\langle \bar{t} - h, \bar{t} + h\rangle$

$$\delta x = \varepsilon (h^2 - (x - \bar{x})^2 - (y - \bar{y})^2 + (z - \bar{z})^2)\Big(1 - \frac{|t - \bar{t}|}{h}\Big)$$

$$(\varepsilon > 0, \; h > 0 \text{ hinreichend klein}),$$

außerhalb dieses vierdimensionalen Bereiches $\delta x = 0$. Augenscheinlich würden wir so auf der linken Seite der Gleichung (18) einen positiven Wert erhalten. Also sind die Koeffizienten von δx, δy, δz in allen vorgenannten Punkten gleich Null,

$$(19)\quad \frac{d^2 x}{dt^2} = X - \frac{1}{\varrho}\frac{\partial p}{\partial x}, \quad \frac{d^2 y}{dt^2} = Y - \frac{1}{\varrho}\frac{\partial p}{\partial y}, \quad \frac{d^2 z}{dt^2} = Z - \frac{1}{\varrho}\frac{\partial p}{\partial z} .$$

Aus Stetigkeitsgründen gelten diese Gleichungen in jedem vierdimensionalen Stetigkeitsbereiche der in (19) eingehenden Funktionen, insbesondere auch auf den beiden Seiten etwaiger Hyperflächen, auf denen ϱ, $\frac{d^2 x}{dt^2}$, ... Unstetigkeiten erleiden.

In ähnlicher Weise überzeugt man sich weiter, daß auf S für alle t in $\langle t_0, t_1\rangle$ der Sprungwert $[p] = 0$ ist, d. h. die Funktion p sich durchaus stetig verhält und daß auf S''

$$(20)\quad X_\sigma = p \cos(n, x), \quad Y_\sigma = p \cos(n, y), \quad Z_\sigma = p \cos(n, z)$$

gilt. Damit haben wir die Gleichungen (50), (115), (116) des siebenten Kapitels wiedergewonnen. Die durch die Beziehung (14) erklärte Größe p ist mit dem Druck der Flüssigkeit identisch. Die Gleichung (14) ist die Zustandsgleichung. Wir überzeugen uns, daß, *sofern keine Unstetigkeiten von der Ordnung < 2 zugelassen werden, die Dichte sich nur dann sprungweise ändern kann, wenn die Zustandsgleichung* (in die im vorliegenden Falle die Lagrangeschen Variablen a, b, c eingehen) *der sprungweise veränderlichen Dichte stetige Werte des Druckes entsprechen läßt.*

Wir haben vorhin ausdrücklich von kompressiblen tropfbaren Flüssigkeiten gesprochen. Erfahrungsgemäß bleiben sprungweise Änderungen der Dichte an der Berührungsfläche zweier verschiedener Gase nicht erhalten, gleichen sich vielmehr durch „Diffusion", gegenseitige Durchdringung beider Stoffarten, aus. Dieser Vorgang der Diffusion läßt sich durch hydrodynamische Gleichungen nach Art der Gleichungen (19) nicht beschreiben. Ist aber die Dichte stetig und das thermodynamische Potential bei festgehaltener Temperatur mit dem Orte nur wenig veränderlich, handelt es sich z. B. um die Bewegung räumlich beschränkter Luftmassen mit wechselndem Feuchtigkeitsgehalt, so gelten die Gleichungen (19) auch jetzt mit oft ausreichender Annäherung.

2. Unstetigkeiten erster und nullter Ordnung. Nehmen wir jetzt im Gegensatz zu den vorstehenden Betrachtungen an, daß auch $\frac{dx}{dt}, \frac{dy}{dt}, \frac{dz}{dt}$ sich an bestimmten, etwa stetig gekrümmten Flächen $\mathbf{S}$ sprungweise ändern können, d. h. daß in der Flüssigkeit (dem Gase) sich auch Unstetigkeiten erster Ordnung ausbreiten können. Wie wir in der Kinematik sahen, sind diese Unstetigkeiten gewiß nicht stationär. Der Allgemeinheit halber wollen wir annehmen, daß auf $\mathbf{S}$ sich auch die Dichte sowie die Funktion p sprungweise ändern können. Wir finden jetzt, wie auf S. 365, zunächst

$$(21)\quad \delta \mathsf{T} = \tfrac{1}{2}\,\delta \int\limits_T \varrho\left(\left(\frac{dx}{dt}\right)^2 + \left(\frac{dy}{dt}\right)^2 + \left(\frac{dz}{dt}\right)^2\right) d\tau = \int\limits_T \varrho\left(\frac{dx}{dt}\frac{d\delta x}{dt} + \frac{dy}{dt}\frac{d\delta y}{dt} + \frac{dz}{dt}\frac{d\delta z}{dt}\right) d\tau$$

$$= \int\limits_T \varrho \frac{d}{dt}\left(\frac{dx}{dt}\delta x + \frac{dy}{dt}\delta y + \frac{dz}{dt}\delta z\right) d\tau - \int\limits_T \varrho\left(\frac{d^2x}{dt^2}\delta x + \frac{d^2y}{dt^2}\delta y + \frac{d^2z}{dt^2}\delta z\right) d\tau.$$

Wie auf S. 365 ist zunächst

$$(22)\quad \int\limits_{t_0}^{t_1} dt \int\limits_T \varrho \frac{d}{dt}\left(\frac{dx}{dt}\delta x + \frac{dy}{dt}\delta y + \frac{dz}{dt}\delta z\right) d\tau$$

$$= \int\limits_{t_0}^{t_1} dt \int\limits_{T_0} \varrho_0 \frac{d}{dt}\left(\frac{dx}{dt}\delta x + \frac{dy}{dt}\delta y + \frac{dz}{dt}\delta z\right) d\tau_0 = \int\limits_{T_0} \varrho_0\, d\tau_0 \int\limits_{t_0}^{t_1} \frac{d}{dt}\left(\frac{dx}{dt}\delta x + \frac{dy}{dt}\delta y + \frac{dz}{dt}\delta z\right) dt,$$

wo der Klammerausdruck sich auf dasjenige Flüssigkeitsteilchen, das zur Zeit t_0 das Volumelement $d\tau_0$ erfüllt, bezieht. Für diejenigen Teilchen, über die in dem Intervalle $\langle t_0, t_1\rangle$ die Unstetigkeitsfläche nicht hinweggleitet, ist

$$\int_{t_0}^{t_1} \frac{d}{dt}\left(\frac{dx}{dt}\delta x + \frac{dy}{dt}\delta y + \frac{dz}{dt}\delta z\right) dt = \left(\frac{dx}{dt}\delta x + \frac{dy}{dt}\delta y + \frac{dz}{dt}\delta z\right)_{t_0}^{t_1} = 0. \tag{23}$$

Betrachten wir jetzt ein Flüssigkeitsteilchen, das zur Zeit t_0 die Lage $d\tau_0$ hat und über welches zur Zeit t die Unstetigkeitswelle hinwegläuft. Jetzt ist

$$\begin{aligned}\int_{t_0}^{t_1} \frac{d}{dt}\left(\frac{dx}{dt}\delta x + \frac{dy}{dt}\delta y + \frac{dz}{dt}\delta z\right) dt &= \left(\left(\frac{dx}{dt}\right)_{t-0} - \left(\frac{dx}{dt}\right)_{t+0}\right)\delta x \\ &+ \left(\left(\frac{dy}{dt}\right)_{t-0} - \left(\frac{dy}{dt}\right)_{t+0}\right)\delta y + \left(\left(\frac{dz}{dt}\right)_{t-0} - \left(\frac{dz}{dt}\right)_{t+0}\right)\delta z,\end{aligned} \tag{24}$$

unter δx, δy, δz die zugehörigen Werte der Komponenten der virtuellen Verrückung verstanden.

Wie wir in der Kinematik gesehen haben, ist eine Unstetigkeit erster Ordnung mit einer sprungweisen Änderung der Dichte verbunden[3a]. Es gilt

$$\varrho^{(1)}(G - \mathfrak{u}_n^{(1)}) = \varrho^{(2)}(G - \mathfrak{u}_n^{(2)}). \tag{25}$$

Hier bezeichnet $\varrho^{(2)}$ die Dichte in einem Punkte der Unstetigkeitsfläche $\boldsymbol{S}$ zur Zeit $t-0$, $\varrho^{(1)}$ den korrespondierenden Wert zur Zeit $t+0$, $\mathfrak{u}_n^{(1)}$ und $\mathfrak{u}_n^{(2)}$ sind die Normalkomponenten der Geschwindigkeit des betrachteten Teilchens, G die Fortpflanzungsgeschwindigkeit der Unstetigkeit im Raume x-y-z.[4] Da das betrachtete Teilchen zur Zeit $t-0$ dem Gebiete $\mathfrak{T}^{(2)}$, zur Zeit $t+0$ aber dem Gebiete $\mathfrak{T}^{(1)}$ angehört, so ist

$$\left(\frac{dx}{dt}\right)_{t-0} - \left(\frac{dx}{dt}\right)_{t+0} = \left[\frac{dx}{dt}\right], \ldots. \tag{26}$$

Es ist weiter, wie die Anschauung lehrt,

$$\varrho^{(1)}(G - \mathfrak{u}_n^{(1)})\,d\sigma\,dt = \varrho^{(2)}(G - \mathfrak{u}_n^{(2)})\,d\sigma\,dt, \tag{27}$$

bis auf die Größen höherer Ordnung, diejenige Flüssigkeitsmasse, die von dem Flächenelement $d\sigma$ von $\boldsymbol{S}$ in dem Zeitintervall $\langle t, t+dt\rangle$ über-

[3a] Wir nehmen von nun an, daß, wie in dem sechsten Kapitel, die Funktionen $x(a, b, c, t)$, $y(a, b, c, t)$, $z(a, b, c, t)$ abteilungsweise stetige Ableitungen der beiden ersten Ordnungen haben.

[4] Um die Vorstellungen zu fixieren, wird angenommen, daß sich die Welle von dem Gebiete $T^{(1)}$ nach dem Gebiete $T^{(2)}$ hin bewegt, mithin sowohl $G - \mathfrak{u}_n^{(1)}$ als auch $G - \mathfrak{u}_n^{(2)}$ positiv sind.

strichen wurde. Es sei $d\tau_0$ der von dieser (unendlich kleinen) Masse zur Zeit t_0 besetzte Raum, ϱ_0 die zugehörige Dichte. Es ist offenbar

$$\varrho_0\, d\tau_0 = \varrho^{(1)}(G - \mathfrak{u}_n^{(1)})\, d\sigma\, dt = \varrho^{(2)}(G - \mathfrak{u}_n^{(2)})\, d\sigma\, dt.$$

Wir finden jetzt wegen (22), (24) und (27)

$$\begin{aligned}(28)\qquad &\int_{t_0}^{t_1} dt \int_T \varrho \frac{d}{dt}\left(\frac{dx}{dt}\delta x + \frac{dy}{dt}\delta y + \frac{dz}{dt}\delta z\right) d\tau \\ &= \int_{T_0} \varrho_0 \left\{\left[\frac{dx}{dt}\right]\delta x + \left[\frac{dy}{dt}\right]\delta y + \left[\frac{dz}{dt}\right]\delta z\right\} d\tau_0 \\ &= \int_{t_0}^{t_1} dt \int_S \varrho^{(1)}(G - \mathfrak{u}_n^{(1)}) \left\{\left[\frac{dx}{dt}\right]\delta x + \left[\frac{dy}{dt}\right]\delta y + \left[\frac{dz}{dt}\right]\delta z\right\} d\sigma.\end{aligned}$$

Die Hamiltonsche Gleichung (2) erhält jetzt die Gestalt

$$\begin{aligned}(29)\qquad &\int_{t_0}^{t_1} dt \int_T \left\{\left(\varrho X - \varrho\frac{d^2x}{dt^2} - \frac{\partial p}{\partial x}\right)\delta x + \left(\varrho Y - \varrho\frac{d^2y}{dt^2} - \frac{\partial p}{\partial y}\right)\delta y\right. \\ &\left. + \left(\varrho Z - \varrho\frac{d^2z}{dt^2} - \frac{\partial p}{\partial z}\right)\delta z\right\} d\tau + \int_{t_0}^{t_1} dt \int_{S''} (X_\sigma \delta x + Y_\sigma \delta y + Z_\sigma \delta z)\, d\sigma \\ &- \int_{t_0}^{t_1} dt \int_{S''} p\,(\delta x \cos(n, x) + \delta y \cos(n, y) + \delta z \cos(n, z))\, d\sigma \\ &- \int_{t_0}^{t_1} dt \int_S [p]\,(\delta x \cos(n, x) + \delta y \cos(n, y) + \delta z \cos(n, z))\, d\sigma \\ &+ \int_{t_0}^{t_1} dt \int_S \varrho^{(1)}(G - \mathfrak{u}_n^{(1)}) \left\{\left[\frac{dx}{dt}\right]\delta x + \left[\frac{dy}{dt}\right]\delta y + \left[\frac{dz}{dt}\right]\delta z\right\} d\sigma = 0.\end{aligned}$$

Außer den Gleichungen (19) und (20) erhalten wir diesmal die für alle (x, y, z) auf S gültigen weiteren Beziehungen

$$(30)\qquad \begin{aligned} [p]\cos(n, x) &= \varrho^{(1)}(G - \mathfrak{u}_n^{(1)})\left[\frac{dx}{dt}\right], \\ [p]\cos(n, y) &= \varrho^{(1)}(G - \mathfrak{u}_n^{(1)})\left[\frac{dy}{dt}\right], \\ [p]\cos(n, z) &= \varrho^{(1)}(G - \mathfrak{u}_n^{(1)})\left[\frac{dz}{dt}\right]. \end{aligned}$$

Sie sind mit den auf anderem Wege gewonnenen Formeln (93) und (96) des siebenten Kapitels identisch[5].

[5] Daß sich die Beziehungen (30) aus dem Hamiltonschen Prinzip ableiten lassen, ist zuerst von G. Zemplén auf Anregung von Hilbert gezeigt worden. Vgl. G. Zemplén, Kriterien für die physikalische Bedeutung der unstetigen Lösungen der hydrodynamischen Bewegungsgleichungen. Math. Annalen **61** (1905), S. 437 bis 499.

Nun aber Unstetigkeiten nullter Ordnung, „diskontinuierliche Flüssigkeitsbewegungen" nach Helmholtz (S. 261). Nehmen wir der Einfachheit halber an, daß es sich nur um zwei dauernd aus denselben Teilchen bestehenden Flüssigkeitsmassen $T^{(1)}$ und $T^{(2)}$ handelt, die längs einer Fläche S: $F(x, y, z, t) = 0$ aneinander gleiten. Wie a. a. O. auseinandergesetzt worden ist, ist die Unstetigkeit stationär, die Normalkomponente der Geschwindigkeit ist auf S stetig, lediglich die Tangentialkomponenten können einen Sprung erleiden. Es gilt jetzt, wenn wir

$$\text{(31)}\qquad \begin{aligned} \mathsf{T}^{(1)} &= \tfrac{1}{2}\int\limits_{T^{(1)}} \varrho \left\{\left(\frac{dx}{dt}\right)^2 + \left(\frac{dy}{dt}\right)^2 + \left(\frac{dz}{dt}\right)^2\right\} d\tau, \\ \mathsf{T}^{(2)} &= \tfrac{1}{2}\int\limits_{T^{(2)}} \varrho \left\{\left(\frac{dx}{dt}\right)^2 + \left(\frac{dy}{dt}\right)^2 + \left(\frac{dz}{dt}\right)^2\right\} d\tau \end{aligned}$$

setzen, da die Unstetigkeit stationär ist,

$$\text{(32)}\qquad \begin{aligned} \int\limits_{t_0}^{t_1} \delta\mathsf{T}\,dt &= \int\limits_{t_0}^{t_1} \delta\mathsf{T}^{(1)}\,dt + \int\limits_{t_0}^{t_1} \delta\mathsf{T}^{(2)}\,dt = -\int\limits_{t_0}^{t_1} dt \int\limits_{T^{(1)}} \varrho\left(\frac{d^2x}{dt^2}\delta x + \frac{d^2y}{dt^2}\delta y + \frac{d^2z}{dt^2}\delta z\right) d\tau \\ &\quad - \int\limits_{t_0}^{t_1} dt \int\limits_{T^{(2)}} = -\int\limits_{t_0}^{t_1} dt \int\limits_{T} \varrho\left(\frac{d^2x}{dt^2}\delta x + \frac{d^2y}{dt^2}\delta y + \frac{d^2z}{dt^2}\delta z\right) d\tau. \end{aligned}$$

Auf S könnten sich ϱ und p sprungweise ändern. Wie auf S. 366 finden wir

$$\text{(33)}\qquad \begin{aligned} \delta \int\limits_{T} \varrho\,\mathfrak{W}\,d\tau &= \int\limits_{S''} p\,(\delta x \cos(n, x) + \delta y \cos(n, y) + \delta z \cos(n, z))\,d\sigma \\ &\quad + \int\limits_{S} [p]\,(\delta x \cos(n, x) + \delta y \cos(n, y) + \delta z \cos(n, z))\,d\sigma \\ &\quad + \int\limits_{T} \left(\delta x \frac{\partial p}{\partial x} + \delta y \frac{\partial p}{\partial y} + \delta z \frac{\partial p}{\partial z}\right) d\tau. \end{aligned}$$

Die Hamiltonsche Gleichung (2) erhält jetzt wieder die Gestalt (18). Der Druck ist darum auch noch auf S stetig; sprungweise Änderungen der Dichte können nur auftreten, wenn diesen durch die Zustandsgleichung (14) stetige Werte des Druckes zugeordnet werden. Bei Gasen sind wegen der Diffusion sprungweise Änderungen der Dichte längs stationärer Unstetigkeitsflächen nullter Ordnung nicht zu erwarten.

3. Ideelle unzusammendrückbare Flüssigkeiten. Unstetigkeiten zweiter und nullter Ordnung. Sprungweise Änderungen der Dichte. Wir gehen nunmehr zu ideellen inkompressiblen Flüssigkeiten über. Hier kann es, wenn wir von diskontinuierlichen Bewegungen zunächst einmal absehen, nur stationäre Unstetigkeiten zweiter Ordnung geben. Auch kann ϱ auf gewissen, im allgemeinen mit der Zeit sich ändernden, etwa stetig gekrümmten Flächen sprungweise Unstetigkeiten erleiden. Im Raume a-b-c entsprechen diesen Flächen natürlich allemal feste Flächen. Jetzt ist $\mathfrak{W} \equiv 0$ zu setzen; die virtuellen Verrückungen sind der Inkompressibilitätsbedingung

$$\frac{\partial \delta x}{\partial x} + \frac{\partial \delta y}{\partial y} + \frac{\partial \delta z}{\partial z} = 0 \tag{34}$$

zu unterwerfen. Die Gleichung (2) nimmt jetzt, wie man leicht sieht, die Gestalt

$$\begin{aligned}\int_{t_0}^{t_1} dt \int_T \Big\{\varrho\Big(X - \frac{d^2x}{dt^2}\Big)\delta x + \varrho\Big(Y - \frac{d^2y}{dt^2}\Big)\delta y + \varrho\Big(Z - \frac{d^2z}{dt^2}\Big)\delta z\Big\} d\tau \\ + \int_{t_0}^{t_1} dt \int_{S''} (X_\sigma \delta x + Y_\sigma \delta y + Z_\sigma \delta z)\, d\sigma = 0\end{aligned} \tag{35}$$

an. Die weiteren Überlegungen verlaufen ähnlich wie in dem achten Kapitel bei Behandlung des Prinzips der virtuellen Verrückungen.

Es sei (x^0, y^0, z^0, t^0) irgendein Punkt, in dem $\varrho, X, Y, Z, \frac{d^2x}{dt^2}, \frac{d^2y}{dt^2}, \frac{d^2z}{dt^2}$ sich stetig verhalten, und es sei K der von einem vierdimensionalen Würfel, dessen Kanten die Länge $2h$ haben und zu den Koordinatenachsen parallel sind, um (x^0, y^0, z^0, t^0) als Mittelpunkt begrenzte Bereich; h wird dabei so klein gewählt, daß $\varrho, X, Y, Z, \frac{d^2x}{dt^2}, \frac{d^2y}{dt^2}, \frac{d^2z}{dt^2}$ in K stetig sind. Wir nehmen $\delta x, \delta y, \delta z$ irgendwie den vorstehenden Bedingungen genügend, dabei aber außerhalb von K gleich Null an und finden

$$\int_{\mathsf{K}} \Big\{\varrho\Big(X - \frac{d^2x}{dt^2}\Big)\delta x + \varrho\Big(Y - \frac{d^2y}{dt^2}\Big)\delta y + \varrho\Big(Z - \frac{d^2z}{dt^2}\Big)\delta z\Big\} d\tau\, dt = 0. \tag{36}$$

Es sei nunmehr $\delta x, \delta y$ irgendein Paar unendlich kleiner in dem Quadrat

$$Q:\ x^0 - h \leqq x \leqq x^0 + h, \quad y^0 - h \leqq y \leqq y^0 + h$$

nebst ihren partiellen Ableitungen erster Ordnung stetiger Funktionen, die der Bedingung

$$\frac{\partial \delta x}{\partial x} + \frac{\partial \delta y}{\partial y} = 0 \tag{37}$$

genügen und auf seinem Umfange verschwinden[6]. Es gilt dann, wie wir jetzt zeigen werden, für alle z in $\langle z^0 - h, z^0 + h\rangle$ und alle t in $\langle t^0 - h, t^0 + h\rangle$

$$\int_Q \Big\{\varrho\Big(X - \frac{d^2x}{dt^2}\Big)\delta x + \varrho\Big(Y - \frac{d^2y}{dt^2}\Big)\delta y\Big\} dx\, dy = 0. \tag{38}$$

---

[6] Man vergleiche die Bemerkungen der Fußnote [1].

Es sei im Gegensatz zu unserer Behauptung für ein Wertsystem $\tilde{z}$ und $\tilde{t}$ in $(z^0 - h, z^0 + h)$, $(t^0 - h, t^0 + h)$ und ein bestimmtes Paar den vorstehenden Bedingungen genügender Funktionen $\tilde{\delta x}$, $\tilde{\delta y}$ etwa

$$\int\limits_Q \left\{\varrho\left(X - \frac{d^2x}{dt^2}\right)\tilde{\delta x} + \varrho\left(Y - \frac{d^2y}{dt^2}\right)\tilde{\delta y}\right\} dx\,dy > 0. \tag{39}$$

Wir wählen dann für alle (x, y) in Q und alle (z, t) in

$\langle\tilde{z} - \varepsilon,\ \tilde{z} + \varepsilon\rangle$, $\langle\tilde{t} - \varepsilon,\ \tilde{t} + \varepsilon\rangle$, $\quad \varepsilon \leqq \operatorname{Min}(h - |\tilde{z} - z^0|,\ h - |\tilde{t} - t^0|)$

$$\begin{aligned} \delta x &= \tilde{\delta x}\left(1 - \frac{|z - \tilde{z}|}{\varepsilon}\right)\left(1 - \frac{|t - \tilde{t}|}{\varepsilon}\right), \\ \delta y &= \tilde{\delta y}\left(1 - \frac{|z - \tilde{z}|}{\varepsilon}\right)\left(1 - \frac{|t - \tilde{t}|}{\varepsilon}\right), \end{aligned} \tag{40}$$

für alle anderen (x, y, z, t) in K dagegen $\delta x = \delta y = 0$[6a]. Die vorstehenden Funktionen δx, δy sowie die Funktion $\delta z = 0$ bilden wegen (37) ein System virtueller Verrückungen. Für hinreichend kleine ε würden wir

$$\int\limits_{\mathsf{K}} \left\{\varrho\left(X - \frac{d^2x}{dt^2}\right)\delta x + \varrho\left(Y - \frac{d^2y}{dt^2}\right)\delta y + \varrho\left(Z - \frac{d^2z}{dt^2}\right)\delta z\right\} d\tau\,dt > 0$$

erhalten, was nicht möglich ist. Also gilt in der Tat die Beziehung (38). Durch eine fast wortgetreue Wiederholung der auf S. 355 ff. gegebenen Überlegungen (insb. Verwendung des Hilfssatzes von A. Haar in seiner ursprünglichen Fassung, d. h. unter Zugrundelegung stetiger Funktionen U und V) gelangt man jetzt zu den Formeln

$$\varrho\left(X - \frac{d^2x}{dt^2}\right) = \frac{\partial p}{\partial x}, \quad \varrho\left(Y - \frac{d^2y}{dt^2}\right) = \frac{\partial p}{\partial y}, \quad \varrho\left(Z - \frac{d^2z}{dt^2}\right) = \frac{\partial p}{\partial z}, \tag{41}$$

unter p eine nebst ihren partiellen Ableitungen erster Ordnung stetige Funktion verstanden.

Aus Gründen der Stetigkeit gelten diese Beziehungen im Innern und auf dem Rande eines jeden Bereiches, in dem $\varrho\left(X - \frac{d^2x}{dt^2}\right)$, $\varrho\left(Y - \frac{d^2y}{dt^2}\right)$, $\varrho\left(Z - \frac{d^2z}{dt^2}\right)$ stetig sind.

Da, wie wir auf S. 360 gesehen haben, der Haarsche Hilfssatz unverändert gilt, auch wenn die dort mit U und V bezeichneten Funktionen lediglich als abteilungsweise stetig vorausgesetzt werden, so erweist sich p in $\{T + S, \langle t_0, t_1\rangle\}$ als durchweg stetig.

[6a] Die Größe ε ist mit der in der Fußnote [1] ebenso bezeichneten Größe nicht zu verwechseln.

Nun der Randteil S''. Setzt man in (35) die Werte (41) ein und integriert teilweise, so findet man

$$\int_{t_0}^{t_1} dt \int_{S''} \{(p\cos(n,x) - X_\sigma)\delta x + (p\cos(n,y) - Y_\sigma)\delta y + (p\cos(n,z) - Z_\sigma)\delta z\} d\sigma = 0. \tag{42}$$

Augenscheinlich folgt aus

$$\int_T \left(\frac{\partial \delta x}{\partial x} + \frac{\partial \delta y}{\partial y} + \frac{\partial \delta z}{\partial z}\right) d\tau = 0$$

die weitere Beziehung

$$\int_{S''} (\delta x \cos(n,x) + \delta y \cos(n,y) + \delta z \cos(n,z)) d\sigma = 0. \tag{43}$$

Das mit der Zeit variable Flächenstück S'' möge im Sinne des ersten Kapitels durch Gleichungen von der Form (21) I charakterisiert sein. Die Funktionen φ_k, ψ_k, χ_k, die diesmal auch von t abhängen, mögen stetige Ableitungen der vier ersten Ordnungen haben. (Es dürfte übrigens genügen, anzunehmen, daß sie stetige, die H-Bedingung erfüllende Ableitungen zweiter Ordnung haben; S'' wäre alsdann für jeden in Betracht kommenden Wert von t eine Fläche der Klasse Bh.) Es sei $({}^0x, {}^0y, {}^0z)$ irgendein Punkt auf S'' zur Zeit ${}^0t$, es sei $({}^0\bar{x}, {}^0\bar{y}, {}^0\bar{z})$ sein Bild zur Zeit t $({}^0t - {}^0\varepsilon \leqq t \leqq {}^0t + {}^0\varepsilon)$, und es möge $\mathfrak{S}''$ denjenigen Teil von S'' bezeichnen, der sich im Innern eines mit der Zeit variablen geraden Kreiszylinders vom hinreichend kleinen, konstanten Radius um die Normale zu S'' in $({}^0\bar{x}, {}^0\bar{y}, {}^0\bar{z})$ als Mittellinie befindet. Es seien weiter δx, δy, δz irgendwelche Ortsfunktionen auf $\mathfrak{S}''$, die auf dem Rande von $\mathfrak{S}''$ verschwinden, die Beziehung

$$\int_{\mathfrak{S}''} (\delta x \cos(n,x) + \delta y \cos(n,y) + \delta z \cos(n,z)) d\sigma = 0 \tag{44}$$

erfüllen und überdies so beschaffen sind, daß, wenn man sie der Beziehung $\delta x = \delta y = \delta z = 0$ gemäß in $S'' - \mathfrak{S}''$ hinein fortsetzt, Funktionen der Klasse Bh gewonnen werden[7]. Es gibt gewiß Systeme (im Innern und auf dem Rande von T und für alle t in $\langle {}^0t - {}^0\varepsilon, {}^0t + {}^0\varepsilon\rangle$ erklärter) virtueller Verrückungen, die auf $\mathfrak{S}''$ die soeben betrachteten Werte annehmen. Man überzeugt sich hiervon durch Betrachtungen, die den auf S. 357 durchgeführten analog verlaufen. Wir sehen dem-

---

[7] Die Funktionen δx, δy, δz hängen wie S'', $\mathfrak{S}''$, ${}^0\bar{x}$, ${}^0\bar{y}$, ${}^0\bar{z}$ auch noch von der Zeit ab.

nach, daß die Beziehung (42) für jedes System von Funktionen $\delta x, \delta y, \delta z$ gilt, die wie vorstehend angegeben beschaffen sind, also insbesondere die Gleichung (44) erfüllen.

Wir behaupten, es muß für alle t in $\langle {}^0t - {}^0\varepsilon, {}^0t + {}^0\varepsilon\rangle$ und immer wieder für alle die angegebenen Bedingungen erfüllenden $\delta x, \delta y, \delta z$ auf $\mathfrak{S}''$

$$\tag{45} \int_{\mathfrak{S}''} \{(p\cos(n,x) - X_\sigma)\,\delta x + (p\cos(n,y) - Y_\sigma)\,\delta y + (p\cos(n,z) - Z_\sigma)\,\delta z\}\,d\sigma = 0$$

sein. Es sei im Gegensatz hierzu zur Zeit $\tilde{t}$ in $({}^0t - {}^0\varepsilon, {}^0t + {}^0\varepsilon)$, sagen wir, $\tilde{\delta} x, \tilde{\delta} y, \tilde{\delta} z$ ein System zulässiger Werte, so daß in $\tilde{t}$ etwa

$$\tag{46} \int_{\mathfrak{S}''} \{(p\cos(n,x) - X_\sigma)\,\tilde{\delta} x + (p\cos(n,y) - Y_\sigma)\,\tilde{\delta} y + (p\cos(n,z) - Z_\sigma)\,\tilde{\delta} z\}\,d\sigma > 0,$$

$$\tag{47} \int_{\mathfrak{S}''} (\tilde{\delta} x\cos(n,x) + \tilde{\delta} y\cos(n,y) + \tilde{\delta} z\cos(n,z))\,d\sigma = 0$$

ist. Aus Gründen der Stetigkeit ließe sich für alle t in $\langle \tilde{t} - \tilde{\varepsilon}, \tilde{t} + \tilde{\varepsilon}\rangle$ ($\tilde{\varepsilon}$ hinreichend klein) ein System von Funktionen $\tilde{\delta} x, \tilde{\delta} y, \tilde{\delta} z$ angeben mit $\tilde{\delta} x = \tilde{\delta} y = \tilde{\delta} z = 0$ für $t = \tilde{t} - \tilde{\varepsilon}$ und $t = \tilde{t} + \tilde{\varepsilon}$, so daß (47) allemal erfüllt ist und zugleich

$$\tag{48} \int_{\tilde{t}-\tilde{\varepsilon}}^{\tilde{t}+\tilde{\varepsilon}} dt \int_{\mathfrak{S}''} \{(p\cos(n,x) - X_\sigma)\,\tilde{\delta} x + (p\cos(n,y) - Y_\sigma)\,\tilde{\delta} y + (p\cos(n,z) - Z_\sigma)\,\tilde{\delta} z\}\,d\sigma > 0$$

gilt. Wir kämen so zu einem Widerspruch.

Jetzt lautet unser Problem aber so: Es sei t irgendein Zeitpunkt in $\langle {}^0t - {}^0\varepsilon, {}^0t + {}^0\varepsilon\rangle$, der nun festgehalten wird. Für alle der Beziehung (44) genügenden, wie vorhin angegeben beschaffenen $\delta x, \delta y, \delta z$ soll (45) verschwinden. Dies ist eine Aufgabe, die wir bereits früher einmal bei Behandlung des Prinzips der virtuellen Verrückungen (vgl. S. 358 ff.) erledigt hatten. Wir finden wie a. a. O., daß

$$\tag{49} (p - \lambda)\cos(n,x) = X_\sigma, \quad (p - \lambda)\cos(n,y) = Y_\sigma, \quad (p - \lambda)\cos(n,z) = Z_\sigma$$

gesetzt werden kann, unter λ einen nicht näher bestimmten Wert verstanden. Es ist klar, daß analoge Beziehungen für alle t in $\langle t_0, t_1\rangle$ und alle (x, y, z) auf S'' gelten. Die Zeitfunktion $\lambda = \lambda(t)$ bleibt unbestimmt.

Es kommt hier abermals zum Ausdruck, daß p nur bis auf eine willkürliche additive Funktion der Zeit bestimmt ist (vgl. S. 358).

Man hätte sogar p auf $\mathbf{S}$ einen beliebigen konstanten Sprungwert erteilen können. Die Funktion p ist eben bislang eine reine Rechnungsgröße. Anders sieht die Sache aus, wenn man die Inkompressibilität als Grenzzustand einer schwachen Zusammendrückbarkeit auffaßt. Bei kompressiblen Flüssigkeiten ist der Druck p mit der Dichte, der Temperatur und ev. noch den Variablen a, b, c durch die Zustandsgleichung verbunden und, außer wenn Unstetigkeiten erster Ordnung vorkommen, stetig. Man wird darum fordern, daß p überall stetig sei.

Es sei bei dieser Gelegenheit wieder einmal betont, daß der Grenzübergang, von dem die Rede ist, nicht in den Differentialgleichungen, sondern von Fall zu Fall in den Lösungen der hydrodynamischen Gleichungen ausgeführt werden müßte, was ein zur Zeit noch offenes Problem darstellt.

Ist indessen die betrachtete Flüssigkeit allseitig von starren oder unter Aufrechterhaltung des eingeschlossenen Volumens deformierbaren Wänden umschlossen, in symbolischer Schreibweise $S = S'$, $S'' = 0$, so bleibt der Druck nur bis auf eine willkürliche additive Funktion der Zeit bestimmt. Die physikalische Bedeutung dieser Aussage ist aber diese. Für die Bestimmung des Druckes sind die Kompressibilität der Flüssigkeit sowie die elastische Nachgiebigkeit der Wände, und seien sie noch so geringfügig, maßgebend. Derselben Erscheinung begegnet man bekanntlich in der Statik der sogenannten statisch unbestimmten Systeme.

So viel über Unstetigkeiten zweiter Ordnung. Unstetigkeiten erster Ordnung können, wie wir wissen, bei inkompressiblen Flüssigkeiten nicht vorkommen. Was schließlich Unstetigkeiten nullter Ordnung, d. h. die „diskontinuierlichen" Bewegungen nach Helmholtz, betrifft, die ja stationär sind, so erhält die Hauptgleichung des Hamiltonschen Prinzips hier, da jetzt wieder[8]

$$\int_{t_0}^{t_1} \delta \mathsf{T}\, dt = \int_{t_0}^{t_1} \delta \mathsf{T}^{(1)}\, dt + \int_{t_0}^{t_1} \delta \mathsf{T}^{(2)}\, dt$$

$$= -\int_{t_0}^{t_1} dt \int_{T^{(1)}} \varrho \left(\frac{d^2 x}{dt^2}\delta x + \frac{d^2 y}{dt^2}\delta y + \frac{d^2 z}{dt^2}\delta z\right) d\tau - \int_{t_0}^{t_1} dt \int_{T^{(2)}} \varrho \left(\frac{d^2 x}{dt^2}\delta x + \frac{d^2 y}{dt^2}\delta y + \frac{d^2 z}{dt^2}\delta z\right) d\tau$$

$$= -\int_{t_0}^{t_1} dt \int_{T} \varrho \left(\frac{d^2 x}{dt^2}\delta x + \frac{d^2 y}{dt^2}\delta y + \frac{d^2 z}{dt^2}\delta z\right) d\tau$$

[8] Wir nehmen der Einfachheit halber wie auf S. 261 an, daß T in zwei Teile, $T^{(1)}$ und $T^{(2)}$, zerfällt, so daß sowohl in $T^{(1)}$ als auch in $T^{(2)}$ die Bewegung stetig verläuft.

gilt, die Gestalt

$$-\int_{t_0}^{t_1} dt \int_T \left(\varrho\left(\frac{d^2x}{dt^2} - X\right)\delta x + \varrho\left(\frac{d^2y}{dt^2} - Y\right)\delta y + \varrho\left(\frac{d^2z}{dt^2} - Z\right)\delta z\right) d\tau$$

$$+ \int_{t_0}^{t_1} dt \int_{S''} (X_\sigma \delta x + Y_\sigma \delta y + Z_\sigma \delta z)\, d\sigma = 0 .$$

Sie gilt für alle, den wiederholt erwähnten Bedingungen genügenden virtuellen Verrückungen δx, δy, δz [9]. Die Dichte ϱ kann sich auf der Unstetigkeitsfläche S sprungweise ändern.

Durch eine fast wortgetreue Wiederholung der auf S. 372 ff. auseinandergesetzten Überlegungen gelangt man jetzt wieder zu den Beziehungen (41), (49), in denen der Druck p als eine durchweg stetige Funktion anzunehmen ist. Auf der Unstetigkeitsfläche erleiden die Normalableitungen des Druckes sprungweise Änderungen, die Tangentialableitungen ändern sich stetig[10].

4. Zähe Flüssigkeiten. Die vorstehenden Betrachtungen betreffen ideelle tropfbare Flüssigkeiten und Gase. Die auf S. 363 gegebene Formulierung des Hamiltonschen Prinzips läßt seinen Zusammenhang mit dem Energieprinzip erkennen. Bei den physikalischen Flüssigkeiten gilt nun das Energieprinzip in Strenge erst, wenn man der thermischen Energieumwandlung, die man mit dem Sammelnamen „Reibung" bezeichnet, Rechnung trägt. Es ist dementsprechend zu erwarten, daß man zu einer verbesserten Fassung der Bewegungsgleichungen kommt, wenn man in die Ausgangsformel des Hamiltonschen Prinzips einen geeigneten Ausdruck für die virtuelle Dissipationsarbeit einführt, die der Energieumwandlung durch Reibung Rechnung trägt.

Wie bereits auf S. 286 erwähnt, gibt die Theorie ideeller Flüssigkeiten eine vorzügliche Übereinstimmung mit der Erfahrung allemal dann, wenn die Flüssigkeit sich wie ein starrer Körper bewegt, also die „Deformationsgeschwindigkeiten"

$$a_{11} = \frac{\partial u}{\partial x}, \quad a_{22} = \frac{\partial v}{\partial y}, \quad a_{33} = \frac{\partial w}{\partial z},$$

$$a_{12} = \frac{1}{2}\left(\frac{\partial u}{\partial y} + \frac{\partial v}{\partial x}\right), \quad a_{13} = \frac{1}{2}\left(\frac{\partial u}{\partial z} + \frac{\partial w}{\partial x}\right), \quad a_{23} = \frac{1}{2}\left(\frac{\partial v}{\partial z} + \frac{\partial w}{\partial y}\right)$$

verschwinden. Dies legt den Gedanken nahe, die Dissipationsfunktion als eine geeignete quadratische Form der „Deformationsgeschwindigkeiten" $a_{11}, \ldots, a_{33}$ anzusetzen.

---

[9] Diesmal können δx, δy, δz auf S einen Sprung erleiden, doch geht die Normalkomponente der virtuellen Verrückung durch S stetig durch.

[10] Man vergleiche hierzu die Ausführungen auf S. 296.

Es möge zunächst eine beliebige kompressible Flüssigkeit (insbes. ein Gas) vorliegen, und es möge einstweilen die Dichte ϱ durchweg stetig sein. Bei einem Gase wird, wie wir schon wissen, durch diese Annahme der Diffusion Rechnung getragen. Wir ersetzen die Formel (4) des Hamiltonschen Prinzips durch

$$\int_{t_0}^{t_1} (\delta \mathsf{T} + \delta \mathsf{A} + \delta \boldsymbol{D})\, dt = 0. \tag{51}$$

In (51) hat $\delta\mathsf{A}$ dieselbe Bedeutung wie auf S. 363. Der Randbedingung entsprechend, daß die Flüssigkeit auf den Wänden haftet, sind $\delta x, \delta y, \delta z$ auf S' gleich Null anzunehmen. Es gilt weiter

$$\begin{aligned}\delta \boldsymbol{D} = -\int_T d\tau \Big[\mu \Big\{&\Big(\frac{\partial u}{\partial y} + \frac{\partial v}{\partial x}\Big)\Big(\frac{\partial \delta x}{\partial y} + \frac{\partial \delta y}{\partial x}\Big) + \Big(\frac{\partial u}{\partial z} + \frac{\partial w}{\partial x}\Big)\Big(\frac{\partial \delta x}{\partial z} + \frac{\partial \delta z}{\partial x}\Big)\\ &+ \Big(\frac{\partial v}{\partial z} + \frac{\partial w}{\partial y}\Big)\Big(\frac{\partial \delta y}{\partial z} + \frac{\partial \delta z}{\partial y}\Big) + 2\Big(\frac{\partial u}{\partial x}\frac{\partial \delta x}{\partial x} + \frac{\partial v}{\partial y}\frac{\partial \delta y}{\partial y} + \frac{\partial w}{\partial z}\frac{\partial \delta z}{\partial z}\Big)\Big\}\\ &+ \lambda\Big(\frac{\partial u}{\partial x} + \frac{\partial v}{\partial y} + \frac{\partial w}{\partial z}\Big)\Big(\frac{\partial \delta x}{\partial x} + \frac{\partial \delta y}{\partial y} + \frac{\partial \delta z}{\partial z}\Big)\Big]\end{aligned} \tag{52}$$

und mit

$$\begin{aligned} X'_x &= -\lambda\Big(\frac{\partial u}{\partial x} + \frac{\partial v}{\partial y} + \frac{\partial w}{\partial z}\Big) - 2\mu\frac{\partial u}{\partial x}, & X_z = Z_x &= -\mu\Big(\frac{\partial u}{\partial z} + \frac{\partial w}{\partial x}\Big),\\ Y'_y &= -\lambda\Big(\frac{\partial u}{\partial x} + \frac{\partial v}{\partial y} + \frac{\partial w}{\partial z}\Big) - 2\mu\frac{\partial v}{\partial y}, & X_y = Y_x &= -\mu\Big(\frac{\partial u}{\partial y} + \frac{\partial v}{\partial x}\Big),\\ Z'_z &= -\lambda\Big(\frac{\partial u}{\partial x} + \frac{\partial v}{\partial y} + \frac{\partial w}{\partial z}\Big) - 2\mu\frac{\partial w}{\partial z}, & Y_z = Z_y &= -\mu\Big(\frac{\partial v}{\partial z} + \frac{\partial w}{\partial y}\Big), \end{aligned} \tag{53}$$

einfacher

$$\begin{aligned}\delta \boldsymbol{D} = \int_T d\tau \Big\{&X_y\Big(\frac{\partial \delta x}{\partial y} + \frac{\partial \delta y}{\partial x}\Big) + Y_z\Big(\frac{\partial \delta y}{\partial z} + \frac{\partial \delta z}{\partial y}\Big) + Z_x\Big(\frac{\partial \delta x}{\partial z} + \frac{\partial \delta z}{\partial x}\Big)\\ &+ X'_x\frac{\partial \delta x}{\partial x} + Y'_y\frac{\partial \delta y}{\partial y} + Z'_z\frac{\partial \delta z}{\partial z}\Big\}.\end{aligned} \tag{54}$$

Eine teilweise Integration ergibt jetzt

$$\begin{aligned}\delta \boldsymbol{D} = -\int_T d\tau \Big\{&\Big(\frac{\partial X'_x}{\partial x} + \frac{\partial Y_x}{\partial y} + \frac{\partial Z_x}{\partial z}\Big)\delta x + \Big(\frac{\partial X_y}{\partial x} + \frac{\partial Y'_y}{\partial y} + \frac{\partial Z_y}{\partial z}\Big)\delta y\\ &+ \Big(\frac{\partial X_z}{\partial x} + \frac{\partial Y_z}{\partial y} + \frac{\partial Z'_z}{\partial z}\Big)\delta z\Big\}\end{aligned} \tag{55}$$

$$\begin{aligned}&-\int_{S''} d\sigma \{(X'_x \cos(n,x) + X_y \cos(n,y) + X_z \cos(n,z))\,\delta x + (Y_x \cos(n,x)\\ &+ Y'_y\cos(n,y) + Y_z\cos(n,z))\,\delta y + (Z_x\cos(n,x) + Z_y\cos(n,y) + Z'_z\cos(n,z))\,\delta z\}.\end{aligned}$$

Des weiteren ist (vgl. die Ausführungen in 1.)

$$(56)\qquad -\delta\int_T \varrho\,\mathfrak{W}\,d\tau = -\int_T\left(\frac{\partial p}{\partial x}\,\delta x + \frac{\partial p}{\partial y}\,\delta y + \frac{\partial p}{\partial z}\,\delta z\right)d\tau$$
$$-\int_{S''} p\,(\cos(n,x)\,\delta x + \cos(n,y)\,\delta y + \cos(n,z)\,\delta z)\,d\sigma,$$

$$(57)\qquad p = \varrho^2\,\frac{\partial\mathfrak{W}}{\partial\varrho}.$$

Aus (51), (55) und (56) folgt nunmehr mit

$$(58)\qquad \begin{aligned} X_x &= p - \lambda\left(\frac{\partial u}{\partial x} + \frac{\partial v}{\partial y} + \frac{\partial w}{\partial z}\right) - 2\mu\frac{\partial u}{\partial x},\\ Y_y &= p - \lambda\left(\frac{\partial u}{\partial x} + \frac{\partial v}{\partial y} + \frac{\partial w}{\partial z}\right) - 2\mu\frac{\partial v}{\partial y},\\ Z_z &= p - \lambda\left(\frac{\partial u}{\partial x} + \frac{\partial v}{\partial y} + \frac{\partial w}{\partial z}\right) - 2\mu\frac{\partial w}{\partial z} \end{aligned}$$

als Ausdruck des Hamiltonschen Prinzips

$$(59)\qquad \int_{t_0}^{t_1}dt\int_T\left\{\left(\varrho X - \varrho\frac{d^2x}{dt^2} - \left(\frac{\partial X_x}{\partial x} + \frac{\partial X_y}{\partial y} + \frac{\partial X_z}{\partial z}\right)\right)\delta x + \left(\varrho Y - \varrho\frac{d^2y}{dt^2}\right.\right.$$
$$\left.\left. - \left(\frac{\partial Y_x}{\partial x} + \frac{\partial Y_y}{\partial y} + \frac{\partial Y_z}{\partial z}\right)\right)\delta y + \left(\varrho Z - \varrho\frac{d^2z}{dt^2} - \left(\frac{\partial Z_x}{\partial x} + \frac{\partial Z_y}{\partial y} + \frac{\partial Z_z}{\partial z}\right)\right)\delta z\right\}d\tau$$
$$+\int_{t_0}^{t_1}dt\int_{S''}\{(X_\sigma - X_x\cos(n,x) - X_y\cos(n,y) - X_z\cos(n,z))\delta x + (Y_\sigma - Y_x\cos(n,x)$$
$$- Y_y\cos(n,y) - Y_z\cos(n,z))\delta y + (Z_\sigma - Z_x\cos(n,x) - Z_y\cos(n,y) - Z_z\cos(n,z))\delta z\}d\sigma = 0.$$

Aus (59) ergeben sich ohne weiteres die Beziehungen

$$(60)\qquad \begin{aligned} \varrho\left(X - \frac{du}{dt}\right) &= \frac{\partial X_x}{\partial x} + \frac{\partial Y_x}{\partial y} + \frac{\partial Z_x}{\partial z},\\ \varrho\left(Y - \frac{dv}{dt}\right) &= \frac{\partial X_y}{\partial x} + \frac{\partial Y_y}{\partial y} + \frac{\partial Z_y}{\partial z},\\ \varrho\left(Z - \frac{dw}{dt}\right) &= \frac{\partial X_z}{\partial x} + \frac{\partial Y_z}{\partial y} + \frac{\partial Z_z}{\partial z} \end{aligned}$$

in T,

$$(61)\qquad \begin{aligned} X_x\cos(n,x) + Y_x\cos(n,y) + Z_x\cos(n,z) &= X_\sigma,\\ X_y\cos(n,x) + Y_y\cos(n,y) + Z_y\cos(n,z) &= Y_\sigma,\\ X_z\cos(n,x) + Y_z\cos(n,y) + Z_z\cos(n,z) &= Z_\sigma \end{aligned}$$

auf S''. Die Gleichungen (60) sind mit den Gleichungen (27) VII sowie (67) VII bis (70) VII identisch; die Formeln (61) ergeben die Randbedingungen auf der freien Oberfläche. Da aus (60) sich die allgemeinen Beziehungen (5), (6) des siebenten Kapitels folgern lassen, so haben die durch (53) und (58) erklärten Größen $X_x, \ldots, Z_z$ die

Bedeutung der Spannungskomponenten in der Flüssigkeitsmasse. In der Regel wird, wie auf S. 289 auseinandergesetzt worden ist, $3\lambda + 2\mu = 0$ angenommen und damit den Bewegungsgleichungen (60) die Form (78) VII, (79) VII erteilt. Die Zustandsgleichung (57) stellt einen Zusammenhang zwischen dem Druck $p = \frac{1}{3}(X_x + Y_y + Z_z)$, der Dichte und der Temperatur dar.

Ist die (tropfbare) Flüssigkeit inkompressibel, so ist $\mathfrak{W} \equiv 0$ zu setzen. Die Hamiltonsche Gleichung erhält jetzt die Form

$$(62)\quad \int_{t_0}^{t_1} dt \int_T \Big\{\Big(\varrho X - \varrho \frac{d^2 x}{dt^2} - \Big(\frac{\partial X'_x}{\partial x} + \frac{\partial X_y}{\partial y} + \frac{\partial X_z}{\partial z}\Big)\Big)\delta x + \Big(\varrho Y - \varrho \frac{d^2 y}{dt^2}$$

$$- \Big(\frac{\partial Y_x}{\partial x} + \frac{\partial Y'_y}{\partial y} + \frac{\partial Y_z}{\partial z}\Big)\Big)\delta y + \Big(\varrho Z - \varrho \frac{d^2 z}{dt^2} - \Big(\frac{\partial Z_x}{\partial x} + \frac{\partial Z_y}{\partial y} + \frac{\partial Z'_z}{\partial z}\Big)\Big)\delta z\Big\} d\tau$$

$$+ \int_{t_0}^{t_1} dt \int_{S''} \{(X_\sigma - X'_x \cos(n,x) - X_y \cos(n,y) - X_z \cos(n,z))\,\delta x$$

$$+ (Y_\sigma - Y_x \cos(n,x) - Y'_y \cos(n,y) - Y_z \cos(n,z))\,\delta y$$

$$+ (Z_\sigma - Z_x \cos(n,x) - Z_y \cos(n,y) - Z'_z \cos(n,z))\,\delta z\}\, d\sigma = 0.$$

Sie gilt für alle δx, δy, δz, die in $\{T + S; \langle t_0, t_1\rangle\}$ stetig sind und in bezug auf die Ortsveränderlichen stetige oder zum mindesten abteilungsweise stetige partielle Ableitungen erster Ordnung haben, auf S' verschwinden und im Innern von $\{T + S; \langle t_0, t_1\rangle\}$ der Bedingungsgleichung

$$(63)\qquad \frac{\partial \delta x}{\partial x} + \frac{\partial \delta y}{\partial y} + \frac{\partial \delta z}{\partial z} = 0$$

genügen. Für $t = t_0$ und $t = t_1$ ist in $T + S$ durchweg $\delta x = \delta y = \delta z = 0$. Wie leicht ersichtlich, führt auch jetzt eine sinngemäße Übertragung des S. 372 ff. eingeschlagenen Weges zu den Gleichungen (78) VII, (79) VII. In den Formeln ist natürlich $\frac{\partial u}{\partial x} + \frac{\partial v}{\partial y} + \frac{\partial w}{\partial z} = 0$ einzusetzen, wodurch sie die Gestalt (81) VII erhalten.

Wir haben bis jetzt stillschweigend vorausgesetzt, daß die Funktionen u, v, w nebst ihren Ableitungen erster Ordnung in $\{T + S; \langle t_0, t_1\rangle\}$ stetig sind. Es möge jetzt im Gegensatz hierzu eine im allgemeinen mit der Zeit sich ändernde, etwa stetig gekrümmte Fläche **S** vorliegen, längs deren diese Funktionen sprungweise Änderungen erleiden können. Wir wollen auch diesmal u, v, w als stetig auffassen, so daß nur sprungweise Unstetigkeiten der Größen $\frac{\partial u}{\partial x}, \frac{\partial u}{\partial y}, \frac{\partial u}{\partial z}, \frac{\partial u}{\partial t}, \ldots, \frac{\partial w}{\partial t}$

in Frage kommen. Der Ausdruck (59) erhält im vorliegenden Falle einen weiteren Summanden

$$-\int_{t_0}^{t_1} dt \int_S \{([X_x]\cos(n,x) + [X_y]\cos(n,y) + [X_z]\cos(n,z))\,\delta x$$
$$+ ([Y_x]\cos(n,x) + [Y_y]\cos(n,y) + [Y_z]\cos(n,z))\,\delta y$$
$$+ ([Z_x]\cos(n,x) + [Z_y]\cos(n,y) + [Z_z]\cos(n,z))\,\delta z\}\,d\sigma,$$

unter $[X_x]$ den Sprung, den X_x beim Übergang von dem Bereiche $T^{(1)}$ zu $T^{(2)}$ erfährt, unter (n) die nach dem Innern von $T^{(2)}$ gerichtete Normale zu S verstanden. Ist die Flüssigkeit zusammendrückbar, so finden wir, daß auf S

(64)
$$[X_x]\cos(n,x) + [X_y]\cos(n,y) + [X_z]\cos(n,z) = 0,$$
$$[Y_x]\cos(n,x) + [Y_y]\cos(n,y) + [Y_z]\cos(n,z) = 0,$$
$$[Z_x]\cos(n,x) + [Z_y]\cos(n,y) + [Z_z]\cos(n,z) = 0$$

sein muß. Für (64) kann man auch, wenn $X_n\,d\sigma$, $Y_n\,d\sigma$, $Z_n\,d\sigma$ die Komponenten der auf ein Flächenelement $d\sigma$ in der Richtung (n) ausgeübten Spannkraft bezeichnen, schreiben:

(65)
$$[X_n] = [Y_n] = [Z_n] = 0.$$

Der Vektor X_n, Y_n, Z_n ändert sich beim Durchgang durch S stetig, Ist die Flüssigkeit inkompressibel, so treten auf der rechten Seite der Gleichungen (64) an Stelle der Null die Ausdrücke

$$p^*\cos(n,x),\quad p^*\cos(n,y),\quad p^*\cos(n,z) \qquad (p^* \text{ auf } S \text{ konstant}),$$

die Komponenten eines in (n) hineinfallenden Vektors vom Betrage p^*, ein. Wie leicht ersichtlich, ändern sich die Bewegungsgleichungen (81) VII nicht, wenn man in $T^{(2)}$ den in X_x, Y_y, Z_z auftretenden „Druck" p durch $p - p^*$ ersetzt. Dabei werden $[X_n]$, $[Y_n]$, $[Z_n]$ auf S stetig. Die Annahme $p^* = 0$ erweist sich als notwendig, wenn man die inkompressible Flüssigkeit als Grenze einer zusammendrückbaren Flüssigkeit auffassen will. Künftig soll stets $p^* = 0$ angenommen werden.

Wir gehen jetzt einen Schritt weiter und betrachten zunächst eine inkompressible Flüssigkeit. Wir legen vorübergehend den Koordinatenursprung in einen Punkt auf S und die z-Achse in die Flächennormale. Alsdann ist im Anfangspunkt

(66)
$$\left[\frac{\partial u}{\partial x}\right] = \left[\frac{\partial u}{\partial y}\right] = \left[\frac{\partial v}{\partial x}\right] = \left[\frac{\partial v}{\partial y}\right] = \left[\frac{\partial w}{\partial x}\right] = \left[\frac{\partial w}{\partial y}\right] = 0.$$

Wegen

(67)
$$\left[\frac{\partial u}{\partial x} + \frac{\partial v}{\partial y} + \frac{\partial w}{\partial z}\right] = 0$$

ist aber auch

(68)
$$\left[\frac{\partial w}{\partial z}\right] = 0.$$

Aus (53) und (58) folgt weiter

$$
(69)\qquad \begin{gathered}
[X_x - p] = 0, \quad [Y_y - p] = 0, \quad [Z_z - p] = 0, \\
[X_y] = 0, \quad \left[X_z + \mu \frac{\partial u}{\partial z}\right] = 0, \quad \left[Y_z + \mu \frac{\partial v}{\partial z}\right] = 0.
\end{gathered}
$$

Die Gleichungen (64) nehmen jetzt wegen $\cos(n, x) = \cos(n, y) = 0$, $\cos(n, z) = 1$ die einfachere Gestalt

$$
(70)\qquad [X_z] = [Y_z] = [Z_z] = 0
$$

an[11].

Aus (69) und (70) folgt mithin

$$
(71)\qquad \left[\frac{\partial u}{\partial z}\right] = \left[\frac{\partial v}{\partial z}\right] = [p] = [X_x] = [Y_y] = 0.
$$

Sämtliche partielle Ableitungen erster Ordnung der Größen u, v, w in bezug auf die Ortsvariablen verhalten sich auf S stetig. Das gleiche gilt für die Größe p. *Bei einer inkompressiblen zähen Flüssigkeit können die Größen* $p, \frac{\partial u}{\partial x}, \frac{\partial u}{\partial y}, \frac{\partial u}{\partial z}, \frac{\partial v}{\partial x}, \ldots, \frac{\partial w}{\partial z}$ *und*, falls, wie wir es annehmen wollen, es sich um eine stationäre Unstetigkeit handelt (vgl. S. 236), *übrigens auch* $\frac{du}{dt}, \frac{dv}{dt}, \frac{dw}{dt}$[12] *auf S keinerlei sprungweise Änderungen erleiden.* Das gleiche Ergebnis gilt, auch wenn die Flüssigkeit kompressibel ist, sobald es sich um stationäre Unstetigkeiten handelt, weil auch jetzt noch $\left[\frac{\partial u}{\partial x} + \frac{\partial v}{\partial y} + \frac{\partial w}{\partial z}\right] = 0$ ist (S. 246). Ist aber die Gleichung (67) nicht notwendig erfüllt, so findet man aus (53) und (66) mit Rücksicht auf die auch jetzt noch geltenden Gleichungen (70)

$$
(72)\qquad \begin{gathered}
\left[\frac{\partial u}{\partial z}\right] = \left[\frac{\partial v}{\partial z}\right] = 0, \quad \left[p - (\lambda + 2\mu)\frac{\partial w}{\partial z}\right] = 0, \\
[X_z] = [X_y] = [Y_z] = 0, \quad [X_x] = [Y_y] = 2\mu\left[\frac{\partial w}{\partial z}\right].
\end{gathered}
$$

---

[11] Man beachte, daß $p^* = 0$ gesetzt worden ist.

[12] Somit auch $\frac{\partial u}{\partial t} = \frac{du}{dt} - u\frac{\partial u}{\partial x} - v\frac{\partial u}{\partial y} - w\frac{\partial u}{\partial z}, \frac{\partial v}{\partial t}, \frac{\partial w}{\partial t}$.

Zehntes Kapitel.

Transformation der Bewegungsgleichungen.

1. Bestimmung der Wirbelkomponenten. Den folgenden Betrachtungen legen wir einen beschränkten vierdimensionalen Bereich $\{T_0 + S_0;\ \langle t_0, t_1 \rangle\}$ in dem Raume der Lagrangeschen Variablen a, b, c, t zugrunde. Im Raume der Eulerschen Variablen x, y, z, t entspricht ihm ein vierdimensionaler Bereich $\{T + S;\ \langle t_0, t_1 \rangle\}$.

Wir haben s. Z. bei der Ableitung der Eulerschen Bewegungsgleichungen (51) VII vorausgesetzt, daß die Funktionen $x(a, b, c, t)$, $y(a, b, c, t)$, $z(a, b, c, t)$ stetig sind[1] und stetige oder höchstens längs gewisser Hyperflächen sprungweise unstetige partielle Ableitungen erster und zweiter Ordnung

$$(1)\qquad \frac{\partial x}{\partial a},\ \frac{\partial x}{\partial b},\ \frac{\partial x}{\partial c},\ \frac{dx}{dt};\ \frac{\partial}{\partial a}\left(\frac{dx}{dt}\right),\ \frac{\partial}{\partial b}\left(\frac{dx}{dt}\right),\ \frac{\partial}{\partial c}\left(\frac{dx}{dt}\right),\ \frac{d^2x}{dt^2};\ \frac{\partial y}{\partial a},\ \ldots,\ \frac{d^2z}{dt^2}$$

haben. Die Funktionen $u(x, y, z, t)$, $v(x, y, z, t)$, $w(x, y, z, t)$ haben alsdann stetige, allenfalls längs gewisser Hyperflächen sprungweise unstetige partielle Ableitungen erster Ordnung

$$(2)\qquad \frac{\partial u}{\partial x},\ \frac{\partial u}{\partial y},\ \frac{\partial u}{\partial z},\ \frac{\partial u}{\partial t};\ \frac{\partial v}{\partial x},\ \ldots,\ \frac{\partial w}{\partial t}.$$

Des weiteren wurde angenommen, daß der Druck p stetig, allenfalls abteilungsweise stetig ist und stetige oder höchstens sprungweise unstetige partielle Ableitungen erster Ordnung $\frac{\partial p}{\partial x}, \frac{\partial p}{\partial y}, \frac{\partial p}{\partial z}$ hat.

Um mit dem Einfachsten anzufangen, wird im folgenden zunächst festgesetzt, daß die Ableitungen (1), darum auch die Funktionen (2) schlechthin stetig sind. In dem betrachteten Zeit-Raum-Gebiet liegt also keine Unstetigkeit erster oder zweiter Ordnung vor. Also ist der Druck p gewiß stetig (S. 291ff.). Wir setzen ferner voraus, daß auch noch die partiellen Ableitungen zweiter Ordnung

$$(3)\qquad \frac{\partial^2 x}{\partial a^2},\ \frac{\partial^2 x}{\partial a\,\partial b},\ \frac{\partial^2 x}{\partial b^2},\ \ldots,\ \frac{\partial^2 z}{\partial c^2}$$

[1] Von Unstetigkeiten nullter Ordnung wird im folgenden abgesehen.

existieren und sich stetig verhalten. Wir beginnen mit der Betrachtung inkompressibler, nicht notwendig homogener Flüssigkeiten,

$$\varrho(x, y, z, t) = \varrho_0 = \varrho_0(a, b, c), \tag{4}$$

und nehmen an, daß die Funktion $\varrho_0(a, b, c)$ stetig ist und stetige Ableitungen erster und zweiter Ordnung $\frac{\partial \varrho_0}{\partial a}, \ldots, \frac{\partial^2 \varrho_0}{\partial c^2}$ hat. Wie man unmittelbar sieht, sind dann auch die partiellen Ableitungen

$$\frac{\partial \varrho}{\partial x} = \frac{\partial \varrho_0}{\partial a}\frac{\partial a}{\partial x} + \frac{\partial \varrho_0}{\partial b}\frac{\partial b}{\partial x} + \frac{\partial \varrho_0}{\partial c}\frac{\partial c}{\partial x} \tag{5}$$

$$= \frac{\partial \varrho_0}{\partial a}\frac{\partial(y, z)}{\partial(b, c)} + \frac{\partial \varrho_0}{\partial b}\frac{\partial(y, z)}{\partial(c, a)} + \frac{\partial \varrho_0}{\partial c}\frac{\partial(y, z)}{\partial(a, b)} = \frac{\partial(\varrho_0, y, z)}{\partial(a, b, c)}, \quad \frac{\partial \varrho}{\partial y}, \quad \frac{\partial \varrho}{\partial z}$$

sowie

$$\frac{\partial^2 \varrho}{\partial x^2}, \ldots, \frac{\partial^2 \varrho}{\partial z^2} \tag{6}$$

vorhanden und stetig.

Die vorstehenden zusätzlichen Annahmen über die partiellen Ableitungen (3) sowie die Ableitungen zweiter Ordnung von ϱ sind lediglich zur Vereinfachung der Rechnungen eingeführt worden. Die Schlußformeln gelten, worauf später noch einmal hingewiesen werden wird, auch wenn nur die Existenz und Stetigkeit der Funktionen (1) sowie der Ableitungen $\frac{\partial \varrho_0}{\partial a}, \frac{\partial \varrho_0}{\partial b}, \frac{\partial \varrho_0}{\partial c}$ feststeht.

Was schließlich die Komponenten der Einheitskraft $X = X(x, y, z, t)$, Y, Z betrifft, so nehmen wir an, daß diese Funktionen stetig sind und stetige Ableitungen erster Ordnung $\frac{\partial X}{\partial x}, \frac{\partial X}{\partial y}, \frac{\partial X}{\partial z}; \frac{\partial Y}{\partial x}, \ldots, \frac{\partial Z}{\partial z}$ haben. Auch als Funktionen von a, b, c aufgefaßt, haben augenscheinlich X, Y, Z stetige Ableitungen erster Ordnung $\frac{\partial X}{\partial a}, \frac{\partial X}{\partial b}, \frac{\partial X}{\partial c}; \frac{\partial Y}{\partial a}, \ldots, \frac{\partial Z}{\partial c}$. Als besonders wichtig wird sich alsbald der Spezialfall erweisen, daß X, Y, Z ein Potential haben,

$$X = \frac{\partial U}{\partial x}, \quad Y = \frac{\partial U}{\partial y}, \quad Z = \frac{\partial U}{\partial z}, \quad U = U(x, y, z, t). \tag{7}$$

Aus den Eulerschen Gleichungen

$$\begin{aligned} \frac{du}{dt} &= \frac{\partial u}{\partial t} + u\frac{\partial u}{\partial x} + v\frac{\partial u}{\partial y} + w\frac{\partial u}{\partial z} = X - \frac{1}{\varrho}\frac{\partial p}{\partial x}, \\ \frac{dv}{dt} &= \frac{\partial v}{\partial t} + u\frac{\partial v}{\partial x} + v\frac{\partial v}{\partial y} + w\frac{\partial v}{\partial z} = Y - \frac{1}{\varrho}\frac{\partial p}{\partial y}, \\ \frac{dw}{dt} &= \frac{\partial w}{\partial t} + u\frac{\partial w}{\partial x} + v\frac{\partial w}{\partial y} + w\frac{\partial w}{\partial z} = Z - \frac{1}{\varrho}\frac{\partial p}{\partial z} \end{aligned} \tag{8}$$

folgt unmittelbar, daß diesmal $\frac{\partial p}{\partial x}, \frac{\partial p}{\partial y}, \frac{\partial p}{\partial z}$ sich in $\{T + S; \langle t_0, t_1\rangle\}$ stetig verhalten.

Wir stellen uns jetzt die Aufgabe, von den Gleichungen (8) ***ausgehend*** *Ausdrücke für die Wirbelkomponenten zu gewinnen.* Man gelangt hierzu durch eine Modifikation des klassischen Verfahrens, das in dem besonderen Falle homogener Flüssigkeiten und von Einheitskräften, die ein Potential haben, zu den berühmten Cauchyschen Formeln für die Wirbelkomponenten führt[2]. Die Cauchyschen Gleichungen, welche die Grundlage der Helmholtzschen Theorie des Flüssigkeitswirbel (vgl. S. 399ff.) bilden, sind als ein Spezialfall in den weiter unten abgeleiteten Formeln enthalten.

Sind, etwa unter Zugrundelegung der alsbald zu gewinnenden Beziehungen, u, v, w in Abhängigkeit von x, y, z, t bestimmt, so liefern die Gleichungen (8) ohne weiteres $\frac{\partial p}{\partial x}, \frac{\partial p}{\partial y}, \frac{\partial p}{\partial z}$ und damit, falls p in einem Punkte (x_0, y_0, z_0) für alle in Betracht kommenden t bekannt ist, aus

$$(9)\qquad p(x, y, z, t) - p(x_0, y_0, z_0, t) = \int\limits_{(x_0, y_0, z_0)}^{(x, y, z)} \frac{\partial p}{\partial x} dx + \frac{\partial p}{\partial y} dy + \frac{\partial p}{\partial z} dz$$

den Wert von p selbst. Es läßt sich aber auch, sofern eine inkompressible Flüssigkeit vorliegt, wie wir später zeigen werden, aus (8) eine partielle Differentialgleichung vom elliptischen Typus für p ableiten, die ebenfalls zur Bestimmung von p dienen kann.

Wir beginnen mit der Betrachtung einer inkompressiblen, nicht notwendig homogenen Flüssigkeit, setzen zur Abkürzung

$$(10)\qquad \begin{gathered} X\frac{\partial x}{\partial a} + Y\frac{\partial y}{\partial a} + Z\frac{\partial z}{\partial a} = A, \quad X\frac{\partial x}{\partial b} + Y\frac{\partial y}{\partial b} + Z\frac{\partial z}{\partial b} = B, \\ X\frac{\partial x}{\partial c} + Y\frac{\partial y}{\partial c} + Z\frac{\partial z}{\partial c} = C \end{gathered}$$

und leiten aus (8) und (10) in naheliegender Weise die weiteren Beziehungen

$$(11)\qquad \begin{aligned} \frac{du}{dt}\frac{\partial x}{\partial a} + \frac{dv}{dt}\frac{\partial y}{\partial a} + \frac{dw}{dt}\frac{\partial z}{\partial a} - A &= -\frac{1}{\varrho}\frac{\partial p}{\partial a}, \\ \frac{du}{dt}\frac{\partial x}{\partial b} + \frac{dv}{dt}\frac{\partial y}{\partial b} + \frac{dw}{dt}\frac{\partial z}{\partial b} - B &= -\frac{1}{\varrho}\frac{\partial p}{\partial b}, \\ \frac{du}{dt}\frac{\partial x}{\partial c} + \frac{dv}{dt}\frac{\partial y}{\partial c} + \frac{dw}{dt}\frac{\partial z}{\partial c} - C &= -\frac{1}{\varrho}\frac{\partial p}{\partial c} \end{aligned}$$

ab. Die Gleichungen (11), die sich nur durch die Schreibweise von den Lagrangeschen Bewegungsgleichungen unterscheiden, sind den Eulerschen Formeln (8) vollkommen gleichwertig und können wiederum in jene übergeführt werden.

---

[2] Vgl. bsp. P. Appell, loc. cit. [58] V, S. **336—341**.

Aus (11) folgt weiter [2a]

$$(12)\quad \begin{aligned}
&\int_{t_0}^{t}\left(\frac{du}{dt}\frac{\partial x}{\partial a}+\frac{dv}{dt}\frac{\partial y}{\partial a}+\frac{dw}{dt}\frac{\partial z}{\partial a}\right)dt-A_1=-\int_{t_0}^{t}\frac{1}{\varrho}\frac{\partial p}{\partial a}dt,\quad A_1=\int_{t_0}^{t}A\,dt,\\
&\cdots\cdots\cdots\cdots\cdots\cdots\cdots\cdots\cdots\cdots\\
&\int_{t_0}^{t}\left(\frac{du}{dt}\frac{\partial x}{\partial c}+\frac{dv}{dt}\frac{\partial y}{\partial c}+\frac{dw}{dt}\frac{\partial z}{\partial c}\right)dt-C_1=-\int_{t_0}^{t}\frac{1}{\varrho}\frac{\partial p}{\partial c}dt,\quad C_1=\int_{t_0}^{t}C\,dt.
\end{aligned}$$

Durch eine teilweise Integration erhalten wir, wenn wir mit u_0, v_0, w_0 die Werte von u, v, w zur Zeit t_0 bezeichnen,

$$(13)\quad \begin{aligned}
&\int_{t_0}^{t}\frac{du}{dt}\frac{\partial x}{\partial a}dt=\int_{t_0}^{t}\left\{\frac{d}{dt}\left(u\frac{\partial x}{\partial a}\right)-u\frac{\partial u}{\partial a}\right\}dt=u\frac{\partial x}{\partial a}-u_0-\frac{1}{2}\frac{\partial}{\partial a}\int_{t_0}^{t}u^2\,dt,\\
&\int_{t_0}^{t}\frac{dv}{dt}\frac{\partial y}{\partial a}dt=v\frac{\partial y}{\partial a}-\frac{1}{2}\frac{\partial}{\partial a}\int_{t_0}^{t}v^2\,dt,\ \ldots,\int_{t_0}^{t}\frac{dw}{dt}\frac{\partial z}{\partial c}dt=w\frac{\partial z}{\partial c}-w_0-\frac{1}{2}\frac{\partial}{\partial c}\int_{t_0}^{t}w^2\,dt,
\end{aligned}$$

ferner

$$\int_{t_0}^{t}\frac{1}{\varrho}\frac{\partial p}{\partial a}dt=\frac{\partial}{\partial a}\int_{t_0}^{t}\frac{1}{\varrho}p\,dt-\int_{t_0}^{t}p\frac{\partial}{\partial a}\left(\frac{1}{\varrho}\right)dt,\ldots,$$

darum, wie man leicht sieht,

$$(14)\quad \begin{aligned}
&u\frac{\partial x}{\partial a}-u_0+v\frac{\partial y}{\partial a}+w\frac{\partial z}{\partial a}-\frac{\partial \boldsymbol{Q}}{\partial a}-A_1-\int_{t_0}^{t}p\frac{\partial}{\partial a}\left(\frac{1}{\varrho}\right)dt=-\frac{\partial}{\partial a}\int_{t_0}^{t}\frac{1}{\varrho}p\,dt,\\
&\cdots\cdots\cdots\cdots\cdots\cdots\cdots\cdots\cdots\cdots\\
&u\frac{\partial x}{\partial c}+v\frac{\partial y}{\partial c}+w\frac{\partial z}{\partial c}-w_0-\frac{\partial \boldsymbol{Q}}{\partial c}-C_1-\int_{t_0}^{t}p\frac{\partial}{\partial c}\left(\frac{1}{\varrho}\right)dt=-\frac{\partial}{\partial c}\int_{t_0}^{t}\frac{1}{\varrho}p\,dt,
\end{aligned}$$

$$\boldsymbol{Q}=\frac{1}{2}\int_{t_0}^{t}(u^2+v^2+w^2)\,dt.$$

Aus diesen Gleichungen folgt augenscheinlich, daß der Ausdruck

$$(15)\quad \begin{aligned}
\boldsymbol{A}\,da+\boldsymbol{B}\,db+\boldsymbol{C}\,dc=&\left(u\frac{\partial x}{\partial a}-u_0+v\frac{\partial y}{\partial a}+w\frac{\partial z}{\partial a}\right)da\\
&+\left(u\frac{\partial x}{\partial b}+v\frac{\partial y}{\partial b}-v_0+w\frac{\partial z}{\partial b}\right)db\\
&+\left(u\frac{\partial x}{\partial c}+v\frac{\partial y}{\partial c}+w\frac{\partial z}{\partial c}-w_0\right)dc-(A_1\,da+B_1\,db+C_1\,dc)\\
&-da\int_{t_0}^{t}p\frac{\partial}{\partial a}\left(\frac{1}{\varrho}\right)dt-db\int_{t_0}^{t}p\frac{\partial}{\partial b}\left(\frac{1}{\varrho}\right)dt-dc\int_{t_0}^{t}p\frac{\partial}{\partial c}\left(\frac{1}{\varrho}\right)dt=-d\int_{t_0}^{t}\frac{1}{\varrho}p\,dt+d\boldsymbol{Q}
\end{aligned}$$

[2a] Durch Integration längs der Bahn des Teilchens (a, b, c).

ein vollständiges Differential darstellt, wofern t festgehalten wird. Eine der drei klassischen Integrabilitätsbedingungen lautet, wenn wir zur Abkürzung

$$2\zeta_0 = \frac{\partial v_0}{\partial a} - \frac{\partial u_0}{\partial b}, \qquad 2\zeta_* = \int_{t_0}^{t} \left\{ \frac{\partial}{\partial b}\left(\frac{1}{\varrho}\right)\frac{\partial p}{\partial a} - \frac{\partial}{\partial a}\left(\frac{1}{\varrho}\right)\frac{\partial p}{\partial b} \right\} dt,$$

$$2\zeta^* = \int_{t_0}^{t} \left(-\frac{\partial X}{\partial b}\frac{\partial x}{\partial a} + \frac{\partial X}{\partial a}\frac{\partial x}{\partial b} - \frac{\partial Y}{\partial b}\frac{\partial y}{\partial a} + \frac{\partial Y}{\partial a}\frac{\partial y}{\partial b} - \frac{\partial Z}{\partial b}\frac{\partial z}{\partial a} + \frac{\partial Z}{\partial a}\frac{\partial z}{\partial b} \right) dt$$

setzen, nach Ausführung der Differentiation und Zusammenziehung wegen

$$\frac{\partial}{\partial b}\left(u\frac{\partial x}{\partial a}\right) - \frac{\partial}{\partial a}\left(u\frac{\partial x}{\partial b}\right) = \frac{\partial u}{\partial b}\frac{\partial x}{\partial a} + u\frac{\partial^2 x}{\partial b\,\partial a} - \frac{\partial u}{\partial a}\frac{\partial x}{\partial b} - u\frac{\partial^2 x}{\partial a\,\partial b} = \frac{\partial u}{\partial b}\frac{\partial x}{\partial a} - \frac{\partial u}{\partial a}\frac{\partial x}{\partial b},$$

$$\frac{\partial}{\partial b}\left(p\frac{\partial}{\partial a}\left(\frac{1}{\varrho}\right)\right) - \frac{\partial}{\partial a}\left(p\frac{\partial}{\partial b}\left(\frac{1}{\varrho}\right)\right) = \frac{\partial p}{\partial b}\frac{\partial}{\partial a}\left(\frac{1}{\varrho}\right) - \frac{\partial p}{\partial a}\frac{\partial}{\partial b}\left(\frac{1}{\varrho}\right),$$

$$\frac{\partial}{\partial b}\left(X\frac{\partial x}{\partial a}\right) - \frac{\partial}{\partial a}\left(X\frac{\partial x}{\partial b}\right) = \frac{\partial X}{\partial b}\frac{\partial x}{\partial a} - \frac{\partial X}{\partial a}\frac{\partial x}{\partial b}, \ldots$$

offenbar

(16) $$\frac{\partial u}{\partial a}\frac{\partial x}{\partial b} - \frac{\partial u}{\partial b}\frac{\partial x}{\partial a} + \frac{\partial v}{\partial a}\frac{\partial y}{\partial b} - \frac{\partial v}{\partial b}\frac{\partial y}{\partial a} + \frac{\partial w}{\partial a}\frac{\partial z}{\partial b} - \frac{\partial w}{\partial b}\frac{\partial z}{\partial a} = 2\zeta_0 + 2\zeta^* + 2\zeta_*.$$

Die beiden Beziehungen $\frac{\partial \boldsymbol{B}}{\partial c} - \frac{\partial \boldsymbol{C}}{\partial b} = 0$ und $\frac{\partial \boldsymbol{A}}{\partial c} - \frac{\partial \boldsymbol{C}}{\partial a} = 0$ führen entsprechend zu den Formeln

(17) $$\begin{aligned} \frac{\partial u}{\partial b}\frac{\partial x}{\partial c} - \frac{\partial u}{\partial c}\frac{\partial x}{\partial b} + \frac{\partial v}{\partial b}\frac{\partial y}{\partial c} - \frac{\partial v}{\partial c}\frac{\partial y}{\partial b} + \frac{\partial w}{\partial b}\frac{\partial z}{\partial c} - \frac{\partial w}{\partial c}\frac{\partial z}{\partial b} &= 2\xi_0 + 2\xi^* + 2\xi_*, \\ \frac{\partial u}{\partial c}\frac{\partial x}{\partial a} - \frac{\partial u}{\partial a}\frac{\partial x}{\partial c} + \frac{\partial v}{\partial c}\frac{\partial y}{\partial a} - \frac{\partial v}{\partial a}\frac{\partial y}{\partial c} + \frac{\partial w}{\partial c}\frac{\partial z}{\partial a} - \frac{\partial w}{\partial a}\frac{\partial z}{\partial c} &= 2\eta_0 + 2\eta^* + 2\eta_* \end{aligned}$$

mit

(18) $$2\xi_0 = \frac{\partial w_0}{\partial b} - \frac{\partial v_0}{\partial c}, \qquad 2\eta_0 = \frac{\partial u_0}{\partial c} - \frac{\partial w_0}{\partial a},$$

$$2\xi^* = \int_{t_0}^{t} \left(\frac{\partial X}{\partial b}\frac{\partial x}{\partial c} - \frac{\partial X}{\partial c}\frac{\partial x}{\partial b} + \frac{\partial Y}{\partial b}\frac{\partial y}{\partial c} - \cdots \right) dt,$$

(19) $$2\eta^* = \int_{t_0}^{t} \left(\frac{\partial X}{\partial c}\frac{\partial x}{\partial a} - \frac{\partial X}{\partial a}\frac{\partial x}{\partial c} + \frac{\partial Y}{\partial c}\frac{\partial y}{\partial a} - \cdots \right) dt,$$

$$2\xi_* = \int_{t_0}^{t} \left\{ \frac{\partial}{\partial c}\left(\frac{1}{\varrho}\right)\frac{\partial p}{\partial b} - \frac{\partial}{\partial b}\left(\frac{1}{\varrho}\right)\frac{\partial p}{\partial c} \right\} dt, \quad 2\eta_* = \int_{t_0}^{t} \left\{ \frac{\partial}{\partial a}\left(\frac{1}{\varrho}\right)\frac{\partial p}{\partial c} - \frac{\partial}{\partial c}\left(\frac{1}{\varrho}\right)\frac{\partial p}{\partial a} \right\} dt.$$

Multipliziert man die beiden Seiten der Gleichungen (16) und (17) entsprechend mit $\frac{\partial x}{\partial c}$, $\frac{\partial x}{\partial a}$, $\frac{\partial x}{\partial b}$ und faßt sie links und rechts zusammen, so erhält man rechts

$$2\,\boldsymbol{\xi}_0 \frac{\partial x}{\partial a} + 2\,\boldsymbol{\eta}_0 \frac{\partial x}{\partial b} + 2\,\boldsymbol{\zeta}_0 \frac{\partial x}{\partial c}$$

mit

$$\boldsymbol{\xi}_0 = \xi_0 + \xi^* + \xi_*, \quad \boldsymbol{\eta}_0 = \eta_0 + \eta^* + \eta_*, \quad \boldsymbol{\zeta}_0 = \zeta_0 + \zeta^* + \zeta_*. \tag{20}$$

Der Ausdruck linkerhand, der zunächst recht kompliziert aussieht, läßt sich ganz erheblich vereinfachen. Fassen wir zunächst die Glieder zusammen, die partielle Ableitungen von w enthalten, und formen wir diese unter Benutzung der Formeln

$$\frac{\partial w}{\partial a} = \frac{\partial w}{\partial x}\frac{\partial x}{\partial a} + \frac{\partial w}{\partial y}\frac{\partial y}{\partial a} + \frac{\partial w}{\partial z}\frac{\partial z}{\partial a}, \ldots$$

um. Wir erhalten

$$\begin{aligned}
&\left(\frac{\partial w}{\partial a}\frac{\partial z}{\partial b} - \frac{\partial w}{\partial b}\frac{\partial z}{\partial a}\right)\frac{\partial x}{\partial c} + \left(\frac{\partial w}{\partial b}\frac{\partial z}{\partial c} - \frac{\partial w}{\partial c}\frac{\partial z}{\partial b}\right)\frac{\partial x}{\partial a} + \left(\frac{\partial w}{\partial c}\frac{\partial z}{\partial a} - \frac{\partial w}{\partial a}\frac{\partial z}{\partial c}\right)\frac{\partial x}{\partial b} \\
&= \frac{\partial x}{\partial c}\left(\frac{\partial w}{\partial x}\frac{\partial x}{\partial a}\frac{\partial z}{\partial b} + \frac{\partial w}{\partial y}\frac{\partial y}{\partial a}\frac{\partial z}{\partial b} + \frac{\partial w}{\partial z}\frac{\partial z}{\partial a}\frac{\partial z}{\partial b} - \frac{\partial w}{\partial x}\frac{\partial x}{\partial b}\frac{\partial z}{\partial a} - \frac{\partial w}{\partial y}\frac{\partial y}{\partial b}\frac{\partial z}{\partial a} - \frac{\partial w}{\partial z}\frac{\partial z}{\partial b}\frac{\partial z}{\partial a}\right) \\
&+ \frac{\partial x}{\partial a}\left(\frac{\partial w}{\partial x}\frac{\partial x}{\partial b}\frac{\partial z}{\partial c} + \frac{\partial w}{\partial y}\frac{\partial y}{\partial b}\frac{\partial z}{\partial c} + \frac{\partial w}{\partial z}\frac{\partial z}{\partial b}\frac{\partial z}{\partial c} - \frac{\partial w}{\partial x}\frac{\partial x}{\partial c}\frac{\partial z}{\partial b} - \frac{\partial w}{\partial y}\frac{\partial y}{\partial c}\frac{\partial z}{\partial b} - \frac{\partial w}{\partial z}\frac{\partial z}{\partial c}\frac{\partial z}{\partial b}\right) \\
&+ \frac{\partial x}{\partial b}\left(\frac{\partial w}{\partial x}\frac{\partial x}{\partial c}\frac{\partial z}{\partial a} + \frac{\partial w}{\partial y}\frac{\partial y}{\partial c}\frac{\partial z}{\partial a} + \frac{\partial w}{\partial z}\frac{\partial z}{\partial c}\frac{\partial z}{\partial a} - \frac{\partial w}{\partial x}\frac{\partial x}{\partial a}\frac{\partial z}{\partial c} - \frac{\partial w}{\partial y}\frac{\partial y}{\partial a}\frac{\partial z}{\partial c} - \frac{\partial w}{\partial z}\frac{\partial z}{\partial a}\frac{\partial z}{\partial c}\right).
\end{aligned} \tag{21}$$

Der Koeffizient von $\frac{\partial w}{\partial y}$ ist hier gleich

$$\frac{\partial x}{\partial a}\left(\frac{\partial y}{\partial b}\frac{\partial z}{\partial c} - \frac{\partial y}{\partial c}\frac{\partial z}{\partial b}\right) + \frac{\partial x}{\partial b}\left(\frac{\partial y}{\partial c}\frac{\partial z}{\partial a} - \frac{\partial y}{\partial a}\frac{\partial z}{\partial c}\right) + \frac{\partial x}{\partial c}\left(\frac{\partial y}{\partial a}\frac{\partial z}{\partial b} - \frac{\partial y}{\partial b}\frac{\partial z}{\partial a}\right).$$

Dies ist aber nichts anderes wie die Jacobische Determinante

$$\frac{\partial(x,y,z)}{\partial(a,b,c)} = \begin{vmatrix} \frac{\partial x}{\partial a} & \frac{\partial y}{\partial a} & \frac{\partial z}{\partial a} \\ \frac{\partial x}{\partial b} & \frac{\partial y}{\partial b} & \frac{\partial z}{\partial b} \\ \frac{\partial x}{\partial c} & \frac{\partial y}{\partial c} & \frac{\partial z}{\partial c} \end{vmatrix}, \tag{22}$$

die, da es sich um eine inkompressible Flüssigkeit handelt, den Wert 1 hat. Der Koeffizient von $\frac{\partial w}{\partial x}$ bestimmt sich zu

$$\frac{\partial x}{\partial a}\left(\frac{\partial x}{\partial b}\frac{\partial z}{\partial c} - \frac{\partial x}{\partial c}\frac{\partial z}{\partial b}\right) + \frac{\partial x}{\partial b}\left(\frac{\partial x}{\partial c}\frac{\partial z}{\partial a} - \frac{\partial x}{\partial a}\frac{\partial z}{\partial c}\right) + \frac{\partial x}{\partial c}\left(\frac{\partial x}{\partial a}\frac{\partial z}{\partial b} - \frac{\partial x}{\partial b}\frac{\partial z}{\partial a}\right). \tag{23}$$

Die Klammerausdrücke sind die algebraischen Komplemente der Elemente der zweiten Spalte in (22) multipliziert mit -1. Nach einem bekannten Satze der Determinantentheorie hat der Ausdruck (23) den Wert Null. Ein Blick auf die Formel (21) lehrt, daß auch der Koeffizient von $\frac{\partial w}{\partial z}$

verschwindet. Alles in allem finden wir demnach für (21) den Wert $\frac{\partial w}{\partial y}$. Faßt man in ähnlicher Weise die Glieder zusammen, die Ableitungen von v enthalten, so erhalten wir als Resultat $-\frac{\partial v}{\partial z}$. Eine Umformung der Glieder mit Ableitungen von u liefert den Wert Null. Als Endergebnis finden wir also wegen

$$2\xi = \frac{\partial w}{\partial y} - \frac{\partial v}{\partial z} \tag{24}$$

einfach

$$\xi = \xi_0 \frac{\partial x}{\partial a} + \eta_0 \frac{\partial x}{\partial b} + \zeta_0 \frac{\partial x}{\partial c}. \tag{25}$$

Hätten wir die beiden Seiten der Gleichungen (16) und (17) statt mit $\frac{\partial x}{\partial c}$, $\frac{\partial x}{\partial a}$, $\frac{\partial x}{\partial b}$ entsprechend mit $\frac{\partial y}{\partial c}$, $\frac{\partial y}{\partial a}$, $\frac{\partial y}{\partial b}$ bzw. $\frac{\partial z}{\partial c}$, $\frac{\partial z}{\partial a}$, $\frac{\partial z}{\partial b}$ multipliziert und im übrigen wie vorhin weiter gerechnet, so würden wir zu den beiden zu (25) analogen Gleichungen

$$\eta = \xi_0 \frac{\partial y}{\partial a} + \eta_0 \frac{\partial y}{\partial b} + \zeta_0 \frac{\partial y}{\partial c}, \qquad \zeta = \xi_0 \frac{\partial z}{\partial a} + \eta_0 \frac{\partial z}{\partial b} + \zeta_0 \frac{\partial z}{\partial c} \tag{26}$$

mit

$$2\eta = \frac{\partial u}{\partial z} - \frac{\partial w}{\partial x}, \qquad 2\zeta = \frac{\partial v}{\partial x} - \frac{\partial u}{\partial y} \tag{27}$$

gelangen. Die Formeln (25), (26) stellen das Endresultat unserer Rechnungen dar. Sie sind, vereint mit der Kontinuitätsgleichung

$$\frac{\partial u}{\partial x} + \frac{\partial v}{\partial y} + \frac{\partial w}{\partial z} = 0 \tag{28}$$

und der in **6.** alsbald zu gewinnenden elliptischen Differentialgleichung für p, den Differentialgleichungen (8) im wesentlichen gleichwertig, da sie jene Gleichungen, wie man sich bei Behandlung weiter Klassen von Existenzproblemen überzeugt, zur Folge haben. Die vorhin durchgeführten Rechnungen, in entgegengesetzter Richtung durchlaufen, führen zunächst von den Gleichungen (25), (26) rückwärts zu den Gleichungen (16), (17). Bezeichnet man nämlich zur Abkürzung die zuletzt genannten Gleichungen mit

$$III_l = III_r, \qquad I_l = I_r, \qquad II_l = II_r, \tag{29}$$

so lauten die Gleichungen (25) und (26) entsprechend

$$\frac{\partial x}{\partial a} I_l + \frac{\partial x}{\partial b} II_l + \frac{\partial x}{\partial c} III_l = \frac{\partial x}{\partial a} I_r + \frac{\partial x}{\partial b} II_r + \frac{\partial x}{\partial c} III_r$$

oder auch, was dasselbe ist,

$$\frac{\partial x}{\partial a}(I_l - I_r) + \frac{\partial x}{\partial b}(II_l - II_r) + \frac{\partial x}{\partial c}(III_l - III_r) = 0 \tag{30}$$

und

$$\begin{aligned} &\frac{\partial y}{\partial a}(I_l - I_r) + \frac{\partial y}{\partial b}(II_l - II_r) + \frac{\partial y}{\partial c}(III_l - III_r) = 0, \\ &\frac{\partial z}{\partial a}(I_l - I_r) + \frac{\partial z}{\partial b}(II_l - II_r) + \frac{\partial z}{\partial c}(III_l - III_r) = 0. \end{aligned} \tag{31}$$

Da nun die Determinante (22) von Null verschieden ist, so folgen aus (30) und (31) in der Tat die Beziehungen

$$I_l - I_r = 0, \quad II_l - II_r = 0, \quad III_l - III_r = 0.$$

Die Gleichungen (16), (17) besagen augenscheinlich, daß $\boldsymbol{A}, \boldsymbol{B}, \boldsymbol{C}$ die partiellen Ableitungen einer in $\{T_0 + S_0;\ \langle t_0, t_1\rangle\}$ erklärten stetigen Funktion in bezug auf a, b und c darstellen. Da $\frac{d\boldsymbol{A}}{dt}, \frac{d\boldsymbol{B}}{dt}, \frac{d\boldsymbol{C}}{dt}$ existieren und sich stetig verhalten, so sind auch sie Ableitungen einer im Raume a-b-c-t erklärten stetigen Funktion nach den Ortsvariablen[2b]. Wir setzen, unter $\boldsymbol{\Phi}$ eine geeignete nebst ihren partiellen Ableitungen erster Ordnung $\frac{\partial \boldsymbol{\Phi}}{\partial a}, \frac{\partial \boldsymbol{\Phi}}{\partial b}, \frac{\partial \boldsymbol{\Phi}}{\partial c}$ stetige Funktion verstanden, die, falls $T_0 + S_0$ mehrfach zusammenhängend ist, von Null verschiedene Periodizitätsmoduln haben könnte,

$$\text{(32)} \quad \begin{gathered} \frac{d\boldsymbol{A}}{dt} = \frac{\partial}{\partial a}\left(\frac{d\boldsymbol{Q}}{dt} - \frac{1}{\varrho}(p - \boldsymbol{\Phi})\right), \quad \frac{d\boldsymbol{B}}{dt} = \frac{\partial}{\partial b}\left(\frac{d\boldsymbol{Q}}{dt} - \frac{1}{\varrho}(p - \boldsymbol{\Phi})\right), \\ \frac{d\boldsymbol{C}}{dt} = \frac{\partial}{\partial c}\left(\frac{d\boldsymbol{Q}}{dt} - \frac{1}{\varrho}(p - \boldsymbol{\Phi})\right) \end{gathered}$$

und erhalten, wenn wir berücksichtigen, daß für $t = t_0$ sowohl $\boldsymbol{A}, \boldsymbol{B}, \boldsymbol{C}$ als auch $\boldsymbol{Q}$ überall in $T_0 + S_0$ verschwinden,

$$\text{(33)} \quad \begin{gathered} \boldsymbol{A} = \frac{\partial}{\partial a}\left(\boldsymbol{Q} - \int_{t_0}^{t} \frac{1}{\varrho}(p - \boldsymbol{\Phi})\,dt\right), \quad \boldsymbol{B} = \frac{\partial}{\partial b}\left(\boldsymbol{Q} - \int_{t_0}^{t} \frac{1}{\varrho}(p - \boldsymbol{\Phi})\,dt\right), \\ \boldsymbol{C} = \frac{\partial}{\partial c}\left(\boldsymbol{Q} - \int_{t_0}^{t} \frac{1}{\varrho}(p - \boldsymbol{\Phi})\,dt\right). \end{gathered}$$

Gelingt es zu beweisen, daß $\boldsymbol{\Phi} \equiv 0$ ist, so findet man, wie man fast unmittelbar sieht, die Gleichungen (14) (vgl. S. 386). Der Übergang zu (8) bietet nicht die geringsten Schwierigkeiten.

2. Fortsetzung. Vereinfachung der Voraussetzungen. Die Formeln von Friedmann. Bei der Ableitung der Formeln (25) und (26) ist von

---

[2b] In der Tat ist, wenn wir vorübergehend

$$\boldsymbol{\Xi} = \int_{(a_0, b_0, c_0)}^{(a, b, c)} \boldsymbol{A}\,da + \boldsymbol{B}\,db + \boldsymbol{C}\,dc$$

setzen, gewiß

$$\frac{d\boldsymbol{\Xi}}{dt} = \int_{(a_0, b_0, c_0)}^{(a, b, c)} \frac{d\boldsymbol{A}}{dt}\,da + \frac{d\boldsymbol{B}}{dt}\,db + \frac{d\boldsymbol{C}}{dt}\,dc,$$

mithin

$$\frac{d\boldsymbol{A}}{dt} = \frac{\partial}{\partial a}\left(\frac{d\boldsymbol{\Xi}}{dt}\right), \quad \frac{d\boldsymbol{B}}{dt} = \frac{\partial}{\partial b}\left(\frac{d\boldsymbol{\Xi}}{dt}\right), \quad \frac{d\boldsymbol{C}}{dt} = \frac{\partial}{\partial c}\left(\frac{d\boldsymbol{\Xi}}{dt}\right).$$

der Existenz und Stetigkeit der Funktionen (3) sowie der partiellen Ableitungen zweiter Ordnung der Dichte Gebrauch gemacht worden. In den Integrabilitätsbedingungen (16) und (17) heben sich indessen, wie wir gesehen haben, die diese Ableitungen enthaltenden Glieder gerade fort. Es ist darum zu vermuten, daß die Beziehungen (16) und (17), mithin auch die Endformeln (25), (26) bestehen bleiben, auch wenn nur die Existenz und Stetigkeit der Funktionen (1) sowie der partiellen Ableitungen erster Ordnung der Dichte feststeht. Daß diese Vermutung das Richtige trifft, wird sich sogleich erweisen.

Es handelt sich also darum, zu zeigen, daß die Beziehungen (16) und (17), die wir uns auf die Form $\mathsf{\Lambda} = 0$, $\mathsf{M} = 0$, $\mathsf{N} = 0$ gebracht denken, erfüllt sind. Es möge im Gegensatz zu unserer Behauptung etwa im Punkte $(\underline{a}, \underline{b}, \underline{c})$, darum aus Gründen der Stetigkeit in einer Umgebung $\mathfrak{T} + \mathfrak{S}$ dieses Punktes $\mathsf{\Lambda} \geqq q > 0$ sein. Es sei $\underline{C}$ ein ganz in $\mathfrak{T}$ enthaltener Kreis um $(\underline{a}, \underline{b}, \underline{c})$ als Mittelpunkt in der Ebene $c = \underline{c}$; die von $\underline{C}$ begrenzte Kreisscheibe heiße $\underline{K}$. Wir zeigen, daß im Widerspruch mit der Tatsache, daß $\boldsymbol{A}\, da + \boldsymbol{B}\, db + \boldsymbol{C}\, dc$ ein vollständiges Differential ist, $\int\limits_{\underline{C}} \boldsymbol{A}\, da + \boldsymbol{B}\, db$ von Null verschieden ausfällt. Also müssen doch die Gleichung (16) und in analoger Weise die beiden Gleichungen (17) gelten.

Es seien $x_n(a, b, c, t)$, $y_n(a, b, c, t)$, $z_n(a, b, c, t)$, $\varrho_n(a, b, c, t)$ vier Folgen analytischer und regulärer Funktionen, die für alle Werte der Zeit in $\langle t_0, t_1 \rangle$, alle (a, b) im Bereiche $\underline{K} + \underline{C}$ und für $c = \underline{c}$ die Funktionen x, y, z, ϱ gleichmäßig approximieren. Zugleich sollen $\frac{\partial x_n}{\partial a}, \frac{\partial x_n}{\partial b}, \frac{\partial y_n}{\partial a}, \ldots, \frac{\partial \varrho_n}{\partial b}$ gegen $\frac{\partial x}{\partial a}, \frac{\partial x}{\partial b}, \frac{\partial y}{\partial a}, \ldots, \frac{\partial \varrho}{\partial b}$ gleichmäßig konvergieren[3]. Wir bezeichnen die Ausdrücke, in die $\boldsymbol{A}$, $\boldsymbol{B}$ und $\mathsf{\Lambda}$ übergehen, wenn man x, y, z, ϱ durch x_n, y_n, z_n, ϱ_n ersetzt, entsprechend mit $\boldsymbol{A}_n$, $\boldsymbol{B}_n$ und $\mathsf{\Lambda}_n$. Für hinreichend große n wird offenbar $\mathsf{\Lambda}_n \geqq q_1 > 0$, darum

$$\left| \int\limits_{\underline{K}} \mathsf{\Lambda}_n \, da\, db \right| = \left| \int\limits_{\underline{K}} \left(\frac{\partial \boldsymbol{A}_n}{\partial b} - \frac{\partial \boldsymbol{B}_n}{\partial a} \right) da\, db \right| = \left| - \int\limits_{\underline{C}} \boldsymbol{A}_n\, da + \boldsymbol{B}_n\, db \right| \geqq q_1 \boldsymbol{K},$$

unter $\boldsymbol{K}$ den Flächeninhalt von $\underline{K}$ verstanden. Geht man jetzt zur Grenze, $n \to \infty$, über, so findet man wegen $\boldsymbol{A}_n \to \boldsymbol{A}$, $\boldsymbol{B}_n \to \boldsymbol{B}$

$$\left| \int\limits_{\underline{C}} \boldsymbol{A}\, da + \boldsymbol{B}\, db \right| \geqq q_1 \boldsymbol{K},$$

im Widerspruch mit der Tatsache, daß $\boldsymbol{A}\, da + \boldsymbol{B}\, db + \boldsymbol{C}\, dc$ ein vollständiges Differential darstellt. Also folgen auch unter den jetzigen Voraussetzungen aus (14) die Formeln (25) und (26). Ganz ähnlich wird gezeigt, daß umgekehrt aus (25) und (26) die Beziehungen (33) folgen. Damit ist unsere Behauptung bewiesen[3a].

Die Schlußformeln (25), (26) *gelten, auch wenn man bezüglich der Funktionen* $x, y, z, u, v, w, \varrho$ *lediglich voraussetzt, daß die in* (1) *zu-*

[3] Bezüglich der Existenz (übrigens unendlich mannigfaltiger) Folgen x_n, y_n, z_n, ϱ_n vgl. L. Tonelli, Sulla rappresentazione analitica delle funzioni di più variabili reali, Rendiconti del Circolo Matematico di Palermo **29** (1910), S. 1—36.

[3a] Vgl. L. Lichtenstein loc. cit. [13] XI S. 208—209.

sammengestellten Ableitungen sowie die Ableitungen $\frac{\partial \varrho}{\partial a}, \frac{\partial \varrho}{\partial b}, \frac{\partial \varrho}{\partial c}$ *existieren und sich stetig verhalten.*

Und nun, wenn die vorstehenden partiellen Ableitungen sich längs gewisser Hyperflächen sprungweise ändern können. Jetzt können auch $\xi_0, \eta_0, \zeta_0; \xi^*, \eta^*, \zeta^*; \xi_*, \eta_*, \zeta_*$ längs der fraglichen Hyperflächen sprungweise Unstetigkeiten erleiden. Die Formeln (25), (26) gelten offenbar in jedem Stetigkeitsbereiche, der Rand allemal eingeschlossen.

Die Bedeutung der Gleichungen (25), (26) ist leicht ersichtlich. Sie drücken die Komponenten des Wirbelvektors zur Zeit t, d. h. die Größen ξ, η, ζ durch ihre Anfangswerte ξ_0, η_0, ζ_0 und die Größen $\xi^*, \eta^*, \zeta^*; \xi_*, \eta_*, \zeta_*$ aus.

Die Tatsache, daß es gelang, die Formeln (25), (26) abzuleiten, ohne die den Betrachtungen des siebenten Kapitels zugrunde liegenden Voraussetzungen betreffend den Stetigkeitscharakter der Funktionen x, y, z, ϱ durch weitergehende Annahmen zu ersetzen, ist von grundsätzlicher Wichtigkeit.

Es ist bemerkenswert, daß die Formeln (14) und damit auch die Schlußformeln (25), (26) sich leicht direkt aus den Grundfestsetzungen der Hydrodynamik inkompressibler Flüssigkeiten, d. h. aus den Beziehungen (3) des siebenten Kapitels *ohne Benutzung der Eulerschen Bewegungsgleichungen* (8) ableiten lassen. *Man braucht dabei die Existenz und Stetigkeit der Beschleunigungskomponenten* $\frac{d^2x}{dt^2} = \frac{du}{dt}$, $\frac{d^2y}{dt^2} = \frac{dv}{dt}$, $\frac{d^2z}{dt^2} = \frac{dw}{dt}$, die in die Formeln (25) und (26) nicht eingehen, *nicht vorauszusetzen.* Wie wir alsbald sehen werden (vgl. S. 394), erweist sich vielmehr die Existenz und Stetigkeit der partiellen Ableitungen $\frac{d^2x}{dt^2}, \frac{d^2y}{dt^2}, \frac{d^2z}{dt^2}$ als *eine Folge* unserer sonstigen Voraussetzungen.

Wir gehen von den drei Gleichungen (3) VII mit

$$X_n = p\cos(n, x), \qquad Y_n = p\cos(n, y), \qquad Z_n = p\cos(n, z)$$

aus und schreiben diese in der Form

$$\text{(34)}\qquad \begin{aligned} \int_{t_0}^{t} dt \int_{\mathfrak{T}} \left(\varrho X - \frac{\partial p}{\partial x}\right) d\tau &= \int_{\mathfrak{T}_0} (u_t - u_{t_0})\, dm, \\ \int_{t_0}^{t} dt \int_{\mathfrak{T}} \left(\varrho Y - \frac{\partial p}{\partial y}\right) d\tau &= \int_{\mathfrak{T}_0} (v_t - v_{t_0})\, dm, \\ \int_{t_0}^{t} dt \int_{\mathfrak{T}} \left(\varrho Z - \frac{\partial p}{\partial z}\right) d\tau &= \int_{\mathfrak{T}} (w_t - w_{t_0})\, dm. \end{aligned}$$

Denken wir uns jetzt den vierdimensionalen Bereich $\{\mathfrak{T}_0 + \mathfrak{S}_0; \langle t_0, t\rangle\}$ mit einem Netz von Hyperebenen parallel zu den Koordinatenachsen a, b, c, t im Abstande h voneinander überzogen. Dieses Netz zerlegt $\{\mathfrak{T}_0 + \mathfrak{S}_0; \langle t_0, t\rangle\}$ in Bereiche, die aus vierdimensionalen Quadern oder Teilen von Quadern bestehen. In dem Raume x-y-z-t entsprechen diesen Quadern in leicht ersichtlicher Weise gewisse vierdimensionale Elementarbereiche. Für jeden Teilbereich gelten drei zu (34) analoge Gleichungen. Schreibt man alle diese Gleichungen hin, multipliziert sie links und rechts entsprechend mit $\frac{\partial x}{\partial a}, \frac{\partial y}{\partial a}, \frac{\partial z}{\partial a}$, faßt zusammen und geht zur Grenze, $h \to 0$, über, so erhält man mit Rücksicht auf (10) sowie

$$d\tau = d\tau_0, \quad \frac{\partial p}{\partial a} = \frac{\partial p}{\partial x}\frac{\partial x}{\partial a} + \frac{\partial p}{\partial y}\frac{\partial y}{\partial a} + \frac{\partial p}{\partial z}\frac{\partial z}{\partial a}, \ldots$$

offenbar

$$\int_{t_0}^{t} dt \int_{\mathfrak{T}_0} \left(\varrho A - \frac{\partial p}{\partial a}\right) d\tau_0 = \int_{\mathfrak{T}_0} \varrho\, d\tau_0 \int_{t_0}^{t} \frac{\partial x}{\partial a} du + \frac{\partial y}{\partial a} dv + \frac{\partial z}{\partial a} dw. \tag{35}$$

Das „Stieltjessche Integral" $\int_{t_0}^{t} \frac{\partial x}{\partial a} du$ ist hierbei einfach der Grenzwert

$$\lim_{h \to 0} \sum \frac{\partial x}{\partial a} (u_{t+h} - u_t). \tag{36}$$

Nach einer teilweisen Integration erhalten wir

$$\int_{t_0}^{t} \frac{\partial x}{\partial a} du = u \frac{\partial x}{\partial a} - u_0 - \int_{t_0}^{t} u \frac{\partial u}{\partial a} dt = u \frac{\partial x}{\partial a} - u_0 - \frac{1}{2} \frac{\partial}{\partial a} \int_{t_0}^{t} u^2 dt. \tag{37}$$

Diese und die beiden hierzu analogen Formeln geben, in (35) eingesetzt,

$$\begin{aligned} \int_{t_0}^{t} dt \int_{\mathfrak{T}_0} \left(\varrho A - \frac{\partial p}{\partial a}\right) d\tau_0 &= \int_{\mathfrak{T}_0} d\tau_0 \int_{t_0}^{t} \left(\varrho A - \frac{\partial p}{\partial a}\right) dt \\ &= \int_{\mathfrak{T}_0} \varrho\, d\tau_0 \left(u \frac{\partial x}{\partial a} - u_0 + v \frac{\partial y}{\partial a} + w \frac{\partial z}{\partial a} - \frac{\partial \boldsymbol{Q}}{\partial a}\right) \end{aligned} \tag{38}$$

und darum

$$\int_{t_0}^{t} \left(\varrho A - \frac{\partial p}{\partial a}\right) dt = \varrho \left(u \frac{\partial x}{\partial a} - u_0 + v \frac{\partial y}{\partial a} + w \frac{\partial z}{\partial a} - \frac{\partial \boldsymbol{Q}}{\partial a}\right) \tag{39}$$

und dies ist, bis auf die Anordnung der Glieder, die erste der Formeln (14). Ebenso erhält man die beiden übrigen Gleichungen.

Aus (14) folgt augenscheinlich, daß

$$u \frac{\partial x}{\partial a} + v \frac{\partial y}{\partial a} + w \frac{\partial z}{\partial a} = \int_{t_0}^{t} \left(A - \frac{1}{\varrho} \frac{\partial p}{\partial a} + \frac{1}{2} \frac{\partial}{\partial a} (u^2 + v^2 + w^2)\right) dt + u_0 = \mathfrak{X}_1 \tag{40}$$

stetige Ableitung in bezug auf t hat. Die gleiche Eigenschaft haben die Funktionen

$$u \frac{\partial x}{\partial b} + v \frac{\partial y}{\partial b} + w \frac{\partial z}{\partial b} = \mathfrak{X}_2 \tag{41}$$

und

$$u\frac{\partial x}{\partial c}+v\frac{\partial y}{\partial c}+w\frac{\partial z}{\partial c}=\mathfrak{X}_3, \tag{41}$$

darum, wie eingangs behauptet, auch

$$u=\mathfrak{X}_1\frac{\partial(y,z)}{\partial(b,c)}+\mathfrak{X}_2\frac{\partial(y,z)}{\partial(c,a)}+\mathfrak{X}_3\frac{\partial(y,z)}{\partial(a,b)}, \tag{42}$$

v und w [4].

Die Formeln (25) und (26) sind auf einem etwas anderen Wege zuerst von A. Friedmann abgeleitet worden[5]. Wir werden uns ihrer in dem nächstfolgenden Kapitel bei Behandlung gewisser Existenzsätze bedienen.

3. Die Formeln von Helmholtz. Cauchysche Relationen. Zu einem anderen System von Gleichungen, die den Beziehungen (25), (26) gleichwertig sind, gelangen wir, indem wir ihre beiden Seiten in bezug auf t differentiieren.

Da die Ausdrücke auf der rechten Seite der Gleichungen (25) und (26) stetige oder zum mindesten abteilungsweise stetige Ableitung nach t haben, so sind auch $\frac{d\xi}{dt}$, $\frac{d\eta}{dt}$, $\frac{d\zeta}{dt}$ vorhanden und stetig bzw. abteilungsweise stetig. Es gilt

$$\begin{aligned}
\frac{d\xi}{dt}&=\xi_0\frac{\partial u}{\partial a}+\eta_0\frac{\partial u}{\partial b}+\zeta_0\frac{\partial u}{\partial c}+\frac{d\xi_0}{dt}\frac{\partial x}{\partial a}+\frac{d\eta_0}{dt}\frac{\partial x}{\partial b}+\frac{d\zeta_0}{dt}\frac{\partial x}{\partial c},\\
\frac{d\eta}{dt}&=\xi_0\frac{\partial v}{\partial a}+\eta_0\frac{\partial v}{\partial b}+\zeta_0\frac{\partial v}{\partial c}+\frac{d\xi_0}{dt}\frac{\partial y}{\partial a}+\frac{d\eta_0}{dt}\frac{\partial y}{\partial b}+\frac{d\zeta_0}{dt}\frac{\partial y}{\partial c},\\
\frac{d\zeta}{dt}&=\xi_0\frac{\partial w}{\partial a}+\eta_0\frac{\partial w}{\partial b}+\zeta_0\frac{\partial w}{\partial c}+\frac{d\xi_0}{dt}\frac{\partial z}{\partial a}+\frac{d\eta_0}{dt}\frac{\partial z}{\partial b}+\frac{d\zeta_0}{dt}\frac{\partial z}{\partial c}.
\end{aligned}\tag{43}$$

Man findet weiter wegen (19), (20)

$$\begin{aligned}
2\frac{d\xi_0}{dt}&=\left(\frac{\partial X}{\partial b}\frac{\partial x}{\partial c}-\frac{\partial X}{\partial c}\frac{\partial x}{\partial b}+\frac{\partial Y}{\partial b}\frac{\partial y}{\partial c}-\cdots\right)+\frac{\partial}{\partial c}\left(\frac{1}{\varrho}\right)\frac{\partial p}{\partial b}-\frac{\partial}{\partial b}\left(\frac{1}{\varrho}\right)\frac{\partial p}{\partial c},\\
2\frac{d\eta_0}{dt}&=\left(\frac{\partial X}{\partial c}\frac{\partial x}{\partial a}-\frac{\partial X}{\partial a}\frac{\partial x}{\partial c}+\frac{\partial Y}{\partial c}\frac{\partial y}{\partial a}-\cdots\right)+\frac{\partial}{\partial a}\left(\frac{1}{\varrho}\right)\frac{\partial p}{\partial c}-\frac{\partial}{\partial c}\left(\frac{1}{\varrho}\right)\frac{\partial p}{\partial a},\\
2\frac{d\zeta_0}{dt}&=\left(\frac{\partial X}{\partial a}\frac{\partial x}{\partial b}-\frac{\partial X}{\partial b}\frac{\partial x}{\partial a}+\frac{\partial Y}{\partial a}\frac{\partial y}{\partial b}-\cdots\right)+\frac{\partial}{\partial b}\left(\frac{1}{\varrho}\right)\frac{\partial p}{\partial a}-\frac{\partial}{\partial a}\left(\frac{1}{\varrho}\right)\frac{\partial p}{\partial b}.
\end{aligned}\tag{44}$$

---

[4] Die vorstehenden Überlegungen berühren sich mit gewissen Betrachtungen von C. W. Oseen. Vgl. C. W. Oseen, Über die Bedeutung der Integralgleichungen in der Theorie der Bewegung einer reibenden, unzusammendrückbaren Flüssigkeit, Arkiv för Matematik, Astronomi och Fysik **6** (1910), Nr. 23.

[5] Vgl. A. Friedmann, Comptes rendus **163** (1916), S. 219—222; Mitteilungen der Math. Ges. Charkow, 6 S. (russisch, abgeschlossen 1915). Man vergleiche meine in der Fußnote [13]XI genannte Arbeit, S. 206—210. Friedmann betrachtet übrigens gleich den allgemeineren Fall einer kompressiblen Flüssigkeit (s. weiter unten S. 396ff.) und macht etwas weitergehende Stetigkeitsvoraussetzungen.

Es ist leicht einzusehen, daß sich umgekehrt aus (43) die Gleichungen (25), (26) gewinnen lassen. In der Tat ergibt eine Integration

$$\int_{t_0}^{t} \frac{d\xi}{dt}\, dt = \xi - \xi_0$$

$$= \mathfrak{x}_0 \frac{\partial x}{\partial a} + \mathfrak{y}_0 \frac{\partial x}{\partial b} + \mathfrak{z}_0 \frac{\partial x}{\partial c} - \left[\mathfrak{x}_0 \frac{\partial x}{\partial a} + \mathfrak{y}_0 \frac{\partial x}{\partial b} + \mathfrak{z}_0 \frac{\partial x}{\partial c}\right]_{t=t_0}.$$

Da nun für $t = t_0$ offenbar

$$\frac{\partial x}{\partial a} = 1, \quad \frac{\partial x}{\partial b} = 0, \quad \frac{\partial x}{\partial c} = 0; \quad \mathfrak{x}_0 = \xi_0, \quad \mathfrak{y}_0 = \eta_0, \quad \mathfrak{z}_0 = \zeta_0$$

ist, so finden wir

$$\xi - \xi_0 = \mathfrak{x}_0 \frac{\partial x}{\partial a} + \mathfrak{y}_0 \frac{\partial x}{\partial b} + \mathfrak{z}_0 \frac{\partial x}{\partial c} - \xi_0,$$

d. h. die Gleichung (25).

Die im vorstehenden abgeleiteten Formeln vereinfachen sich ganz erheblich, wenn man bezüglich der Dichte und der Einheitskräfte geeignete spezielle Annahmen macht.

Es möge sich zuerst um eine *homogene* Flüssigkeit handeln. Jetzt ist $\varrho = \varrho_0$ konstant, darum

$$\xi_* = \eta_* = \zeta_* = 0,$$

mithin

$$(45)\qquad \begin{aligned}
\mathfrak{x}_0 &= \xi_0 + \frac{1}{2}\int_{t_0}^{t}\left(\frac{\partial X}{\partial b}\frac{\partial x}{\partial c} - \frac{\partial X}{\partial c}\frac{\partial x}{\partial b} + \frac{\partial Y}{\partial b}\frac{\partial y}{\partial c} - \cdots\right)dt,\\
\mathfrak{y}_0 &= \eta_0 + \frac{1}{2}\int_{t_0}^{t}\left(\frac{\partial X}{\partial c}\frac{\partial x}{\partial a} - \frac{\partial X}{\partial a}\frac{\partial x}{\partial c} + \frac{\partial Y}{\partial c}\frac{\partial y}{\partial a} - \cdots\right)dt,\\
\mathfrak{z}_0 &= \zeta_0 + \frac{1}{2}\int_{t_0}^{t}\left(\frac{\partial X}{\partial a}\frac{\partial x}{\partial b} - \frac{\partial X}{\partial b}\frac{\partial x}{\partial a} + \frac{\partial Y}{\partial a}\frac{\partial y}{\partial b} - \cdots\right)dt.
\end{aligned}$$

Es mögen jetzt auch noch die Einheitskräfte X, Y, Z ein Potential, U, haben,

$$(46)\qquad X = \frac{\partial}{\partial x} U(x, y, z, t), \quad Y = \frac{\partial U}{\partial y}, \quad Z = \frac{\partial U}{\partial z}.$$

Jetzt gilt

$$(47)\quad 2\xi^* = \int_{t_0}^{t}\left(\frac{\partial X}{\partial b}\frac{\partial x}{\partial c} - \frac{\partial X}{\partial c}\frac{\partial x}{\partial b} + \frac{\partial Y}{\partial b}\frac{\partial y}{\partial c} - \frac{\partial Y}{\partial c}\frac{\partial y}{\partial b} + \cdots\right)dt$$

$$= \int_{t_0}^{t}\left(\frac{\partial}{\partial b}\left(\frac{\partial U}{\partial x}\right)\frac{\partial x}{\partial c} - \frac{\partial}{\partial c}\left(\frac{\partial U}{\partial x}\right)\frac{\partial x}{\partial b} + \cdots\right)dt$$

$$= \int_{t_0}^{t}\left(\frac{\partial^2 U}{\partial x^2}\frac{\partial x}{\partial b}\frac{\partial x}{\partial c} + \frac{\partial^2 U}{\partial x\,\partial y}\frac{\partial y}{\partial b}\frac{\partial x}{\partial c} + \frac{\partial^2 U}{\partial x\,\partial z}\frac{\partial z}{\partial b}\frac{\partial x}{\partial c} - \frac{\partial^2 U}{\partial x^2}\frac{\partial x}{\partial c}\frac{\partial x}{\partial b}\right.$$

$$\left. - \frac{\partial^2 U}{\partial x\,\partial y}\frac{\partial y}{\partial c}\frac{\partial x}{\partial b} - \frac{\partial^2 U}{\partial x\,\partial z}\frac{\partial z}{\partial c}\frac{\partial x}{\partial b} + \cdots\right)dt = 0$$

und ebenso

(48) $$\eta^* = \zeta^* = 0,$$

darum

$$\mathfrak{x}_0 = \xi_0, \quad \mathfrak{y}_0 = \eta_0, \quad \mathfrak{z}_0 = \zeta_0$$

und schließlich

(49) $$\xi = \xi_0 \frac{\partial x}{\partial a} + \eta_0 \frac{\partial x}{\partial b} + \zeta_0 \frac{\partial x}{\partial c}, \quad \eta = \xi_0 \frac{\partial y}{\partial a} + \eta_0 \frac{\partial y}{\partial b} + \zeta_0 \frac{\partial y}{\partial c}, \quad \zeta = \xi_0 \frac{\partial z}{\partial a} + \eta_0 \frac{\partial z}{\partial b} + \zeta_0 \frac{\partial z}{\partial c}.$$

Diese überaus eleganten Formeln sind zuerst von Cauchy in der berühmten Abhandlung, Théorie de la propagation des ondes à la surface d'un fluide pesant d'une profondeur indéfinie, Mém. de l'Acad. roy. des Sciences 1827 (abgeschlossen 1815) abgeleitet worden[6]. Ganz analoge Formeln gelten, wie wir alsbald sehen werden, bei homogenen *kompressiblen* Flüssigkeiten, wenn die Temperatur lediglich Funktion der Dichte ist. Aus der Zustandsgleichung $F(\varrho, p, \theta) = 0$ folgt, daß dann auch die Dichte nur noch von dem Drucke abhängt, $\varrho = \mathfrak{r}(p)$. Dieser Fall liegt u. a. vor, wenn es sich um einen isothermen oder adiabatischen Zustand handelt. Auch diese Formeln, die als eine Verallgemeinerung der Gleichungen (49) angesehen werden können, sind von Cauchy angegeben worden.

Setzt man in (43) für $\mathfrak{x}_0, \mathfrak{y}_0, \mathfrak{z}_0$ die Werte ξ_0, η_0, ζ_0 ein, so erhält man, da nunmehr $\frac{d\xi_0}{dt} = \frac{d\eta_0}{dt} = \frac{d\zeta_0}{dt} = 0$ ist,

(50) $$\frac{d\xi}{dt} = \xi_0 \frac{\partial u}{\partial a} + \eta_0 \frac{\partial u}{\partial b} + \zeta_0 \frac{\partial u}{\partial c}, \quad \frac{d\eta}{dt} = \xi_0 \frac{\partial v}{\partial a} + \eta_0 \frac{\partial v}{\partial b} + \zeta_0 \frac{\partial v}{\partial c}, \quad \frac{d\zeta}{dt} = \xi_0 \frac{\partial w}{\partial a} + \eta_0 \frac{\partial w}{\partial b} + \zeta_0 \frac{\partial w}{\partial c}.$$

Diese Gleichungen sind von Helmholtz in seiner bahnbrechenden, schon früher wiederholt zitierten Arbeit, Über Integrale der hydrodynamischen Gleichungen, welche den Wirbelbewegungen entsprechen,[7] abgeleitet worden. Sie gelten für homogene unzusammendrückbare Flüssigkeiten, wenn die Einheitskräfte ein Potential haben. Sie sind den Cauchyschen Gleichungen (49) vollkommen äquivalent. Wir werden uns später (vgl. S. 399ff.) des näheren mit den Beziehungen (49) und (50) beschäftigen und eine Reihe bemerkenswerter Sätze, die man Helmholtz verdankt, entwickeln. In den folgenden Zeilen sollen zunächst analoge Gleichungen für homogene, kompressible Flüssigkeiten mit $\varrho = \mathfrak{r}(p)$ abgeleitet werden. Die Funktion $\mathfrak{r}(p)$ ist natürlich nur für positive Werte ihres Argumentes erklärt. Sie ist wesentlich positiv,

---

[6] Vgl. auch Cauchy, Œuvres complètes (1) **1**, S. 1—318.

[7] Journal für die reine und angewandte Mathematik **55** (1858), S. 25—55.

$\varrho(p) > 0$, und kann als analytisch und regulär vorausgesetzt werden. Wie früher bezeichnen wir mit ϱ_0 den Wert der Dichte eines Teilchens (a, b, c) zur Zeit t_0. Seine Dichte zur Zeit t ist dann gleich ϱ. Wir setzen nun zur Abkürzung

$$\boldsymbol{P}(\varrho) = \int_{p^0}^{p} \frac{dp}{\varrho} = \int_{p^0}^{p} \frac{dp}{\varrho(p)}, \tag{51}$$

unter p^0 einen beliebigen positiven Wert verstanden. Aus (8) und (51) folgt nunmehr

$$\frac{du}{dt} = \frac{\partial}{\partial x}(U - \boldsymbol{P}), \quad \frac{dv}{dt} = \frac{\partial}{\partial y}(U - \boldsymbol{P}), \quad \frac{dw}{dt} = \frac{\partial}{\partial z}(U - \boldsymbol{P}).$$

Die Funktion $U - P$ ist das „Beschleunigungspotential". Des weiteren ist

$$\frac{\partial \boldsymbol{P}}{\partial a} = \frac{d\boldsymbol{P}}{dp}\frac{\partial p}{\partial a} = \frac{1}{\varrho}\frac{\partial p}{\partial a}$$

und analog

$$\frac{\partial \boldsymbol{P}}{\partial b} = \frac{1}{\varrho}\frac{\partial p}{\partial b}, \qquad \frac{\partial \boldsymbol{P}}{\partial c} = \frac{1}{\varrho}\frac{\partial p}{\partial c}.$$

Die Gleichungen (11) können jetzt auf die Form

$$\begin{aligned}
\frac{du}{dt}\frac{\partial x}{\partial a} + \frac{dv}{dt}\frac{\partial y}{\partial a} + \frac{dw}{dt}\frac{\partial z}{\partial a} - A &= -\frac{1}{\varrho}\frac{\partial p}{\partial a} = -\frac{\partial \boldsymbol{P}}{\partial a}, \\
\frac{du}{dt}\frac{\partial x}{\partial b} + \frac{dv}{dt}\frac{\partial y}{\partial b} + \frac{dw}{dt}\frac{\partial z}{\partial b} - B &= -\frac{1}{\varrho}\frac{\partial p}{\partial b} = -\frac{\partial \boldsymbol{P}}{\partial b}, \\
\frac{du}{dt}\frac{\partial x}{\partial c} + \frac{dv}{dt}\frac{\partial y}{\partial c} + \frac{dw}{dt}\frac{\partial z}{\partial c} - C &= -\frac{1}{\varrho}\frac{\partial p}{\partial c} = -\frac{\partial \boldsymbol{P}}{\partial c}
\end{aligned} \tag{52}$$

gebracht werden. Aus (52) folgt weiter

$$\begin{aligned}
\int_{t_0}^{t}\left(\frac{du}{dt}\frac{\partial x}{\partial a} + \frac{dv}{dt}\frac{\partial y}{\partial a} + \frac{dw}{dt}\frac{\partial z}{\partial a}\right)dt - A_1 &= -\int_{t_0}^{t}\frac{\partial \boldsymbol{P}}{\partial a}dt, \\
\cdots\cdots\cdots\cdots\cdots\cdots & \cdots\cdots\cdots \\
\int_{t_0}^{t}\left(\frac{du}{dt}\frac{\partial x}{\partial c} + \frac{dv}{dt}\frac{\partial y}{\partial c} + \frac{dw}{dt}\frac{\partial z}{\partial c}\right)dt - C_1 &= -\int_{t_0}^{t}\frac{\partial \boldsymbol{P}}{\partial c}dt.
\end{aligned} \tag{53}$$

Diese Gleichungen ergeben sich aus (12), wenn man für ϱ und p entsprechend 1 und $\boldsymbol{P}$ setzt. Durch Umformungen, die den auf S. 386ff. durchgeführten parallel verlaufen, erhalten wir darum jetzt die Beziehungen

$$\begin{aligned}
\frac{\partial u}{\partial a}\frac{\partial x}{\partial b} - \frac{\partial u}{\partial b}\frac{\partial x}{\partial a} + \frac{\partial v}{\partial a}\frac{\partial y}{\partial b} - \frac{\partial v}{\partial b}\frac{\partial y}{\partial a} + \frac{\partial w}{\partial a}\frac{\partial z}{\partial b} - \frac{\partial w}{\partial b}\frac{\partial z}{\partial a} &= 2\zeta_0 + 2\zeta^*, \\
\frac{\partial u}{\partial b}\frac{\partial x}{\partial c} - \frac{\partial u}{\partial c}\frac{\partial x}{\partial b} + \frac{\partial v}{\partial b}\frac{\partial y}{\partial c} - \frac{\partial v}{\partial c}\frac{\partial y}{\partial b} + \frac{\partial w}{\partial b}\frac{\partial z}{\partial c} - \frac{\partial w}{\partial c}\frac{\partial z}{\partial b} &= 2\xi_0 + 2\xi^*, \\
\frac{\partial u}{\partial c}\frac{\partial x}{\partial a} - \frac{\partial u}{\partial a}\frac{\partial x}{\partial c} + \frac{\partial v}{\partial c}\frac{\partial y}{\partial a} - \frac{\partial v}{\partial a}\frac{\partial y}{\partial c} + \frac{\partial w}{\partial c}\frac{\partial z}{\partial a} - \frac{\partial w}{\partial a}\frac{\partial z}{\partial c} &= 2\eta_0 + 2\eta^*.
\end{aligned} \tag{54}$$

[8] Man beachte, daß ξ_*, η_*, ζ_* für $\varrho = 1$ verschwinden.

Auch die weiteren Rechnungen schließen sich eng an die Betrachtungen auf S. 388 an. Diesmal hat indessen die Jacobische Determinante $D=\frac{\partial(x,y,z)}{\partial(a,b,c)}$ den Wert $\frac{\varrho_0}{\varrho}$ und nicht wie a. a. O. den Wert 1. Wir erhalten jetzt darum als Endgebnis die Formeln

$$
\begin{gathered}
D\xi = \mathfrak{x}_0 \frac{\partial x}{\partial a} + \mathfrak{y}_0 \frac{\partial x}{\partial b} + \mathfrak{z}_0 \frac{\partial x}{\partial c}, \quad D\eta = \mathfrak{x}_0 \frac{\partial y}{\partial a} + \mathfrak{y}_0 \frac{\partial y}{\partial b} + \mathfrak{z}_0 \frac{\partial y}{\partial c}, \\
D\zeta = \mathfrak{x}_0 \frac{\partial z}{\partial a} + \mathfrak{y}_0 \frac{\partial z}{\partial b} + \mathfrak{z}_0 \frac{\partial z}{\partial c}
\end{gathered} \tag{55}
$$

mit

$$
\mathfrak{x}_0 = \xi_0 + \xi^*, \quad \mathfrak{y}_0 = \eta_0 + \eta^*, \quad \mathfrak{z}_0 = \zeta_0 + \zeta^*. \tag{56}
$$

Ist insbesondere

$$
X = \frac{\partial}{\partial x} U(x,y,z,t), \quad Y = \frac{\partial U}{\partial y}, \quad Z = \frac{\partial U}{\partial z}, \tag{57}
$$

so ist $\xi^* = \eta^* = \zeta^* = 0$, und wir erhalten die Cauchyschen Formeln

$$
\begin{gathered}
D\xi = \xi_0 \frac{\partial x}{\partial a} + \eta_0 \frac{\partial x}{\partial b} + \zeta_0 \frac{\partial x}{\partial c}, \quad D\eta = \xi_0 \frac{\partial y}{\partial a} + \eta_0 \frac{\partial y}{\partial b} + \zeta_0 \frac{\partial y}{\partial c}, \\
D\zeta = \xi_0 \frac{\partial z}{\partial a} + \eta_0 \frac{\partial z}{\partial b} + \zeta_0 \frac{\partial z}{\partial c},
\end{gathered} \tag{58}
$$

die man auch in der Form

$$
\frac{1}{\varrho}\xi = \frac{1}{\varrho_0}\left(\xi_0 \frac{\partial x}{\partial a} + \eta_0 \frac{\partial x}{\partial b} + \zeta_0 \frac{\partial x}{\partial c}\right), \ldots \tag{59}
$$

schreiben kann. Durch eine Differentiation in bezug auf t folgt hieraus

$$
\frac{d}{dt}\left(\frac{1}{\varrho}\xi\right) = \frac{1}{\varrho_0}\left(\xi_0 \frac{\partial u}{\partial a} + \eta_0 \frac{\partial u}{\partial b} + \zeta_0 \frac{\partial u}{\partial c}\right), \ldots
$$

Es steht nun nichts im Wege, den Zeitpunkt t zum Anfangspunkt der Zeitzählung zu wählen. Für $a, b, c, \varrho_0, \xi_0, \eta_0, \zeta_0$ wird man dann entsprechend $x, y, z, \varrho, \xi, \eta, \zeta$ setzen. Man erhält so endgültig

$$
\begin{aligned}
\frac{d}{dt}\left(\frac{\xi}{\varrho}\right) &= \frac{1}{\varrho}\left(\xi \frac{\partial u}{\partial x} + \eta \frac{\partial u}{\partial y} + \zeta \frac{\partial u}{\partial z}\right), \\
\frac{d}{dt}\left(\frac{\eta}{\varrho}\right) &= \frac{1}{\varrho}\left(\xi \frac{\partial v}{\partial x} + \eta \frac{\partial v}{\partial y} + \zeta \frac{\partial v}{\partial z}\right), \\
\frac{d}{dt}\left(\frac{\zeta}{\varrho}\right) &= \frac{1}{\varrho}\left(\xi \frac{\partial w}{\partial x} + \eta \frac{\partial w}{\partial y} + \zeta \frac{\partial w}{\partial z}\right).
\end{aligned} \tag{60}
$$

Dies sind die allgemeinen Helmholtzschen Wirbelgleichungen.

Ist insbesondere $\varrho = \varrho(p) = \varrho_0$ konstant, handelt es sich also um eine homogene, inkompressible Flüssigkeit, so ist

$$
\boldsymbol{P} = \int_{p^0}^{p} \frac{dp}{\varrho} = \frac{1}{\varrho_0}(p - p^0), \quad D = 1
$$

und die Gleichungen (58) gehen in die Formeln (25) über.

4. Sätze über die Zirkulation. Das Theorem von Lagrange. Die Helmholtzschen Wirbelsätze. Die Umformungen, die im vorhergehenden zu den Formeln (58) führten, lassen sich wie folgt anders interpretieren. Es sei Γ_0 irgendeine (geschlossene) Kurve mit stetiger Tangente im Raume der Variablen a, b, c; ihr Bild im Raume x-y-z heiße Γ. Aus (8) folgt augenscheinlich

$$\int_\Gamma \frac{du}{dt}dx + \frac{dv}{dt}dy + \frac{dw}{dt}dz = \int_\Gamma X\,dx + Y\,dy + Z\,dz - \int_\Gamma \frac{1}{\varrho}\,dp, \tag{61}$$

wofür wir wegen

$$\begin{aligned}\int_\Gamma \frac{du}{dt}dx + \frac{dv}{dt}dy + \frac{dw}{dt}dz &= \int_{\Gamma_0}\left(\frac{du}{dt}\frac{\partial x}{\partial a} + \frac{dv}{dt}\frac{\partial y}{\partial a} + \frac{dw}{dt}\frac{\partial z}{\partial a}\right)da \\ &\quad + \left(\frac{du}{dt}\frac{\partial x}{\partial b} + \frac{dv}{dt}\frac{\partial y}{\partial b} + \frac{dw}{dt}\frac{\partial z}{\partial b}\right)db + \cdots \\ = \frac{d}{dt}\int_{\Gamma_0}&\left(u\frac{\partial x}{\partial a} + v\frac{\partial y}{\partial a} + w\frac{\partial z}{\partial a}\right)da + \left(u\frac{\partial x}{\partial b} + v\frac{\partial y}{\partial b} + w\frac{\partial z}{\partial b}\right)db + \cdots \\ - \int_{\Gamma_0}&\left(u\frac{\partial u}{\partial a} + v\frac{\partial v}{\partial a} + w\frac{\partial w}{\partial a}\right)da + \left(u\frac{\partial u}{\partial b} + v\frac{\partial v}{\partial b} + w\frac{\partial w}{\partial b}\right)db + \cdots \\ &= \frac{d}{dt}\int_\Gamma u\,dx + v\,dy + w\,dz - \int_{\Gamma_0}\frac{1}{2}\,d(u^2+v^2+w^2) \\ &= \frac{d}{dt}\int_\Gamma u\,dx + v\,dy + w\,dz\end{aligned} \tag{62}$$

und

$$\int_\Gamma \frac{1}{\varrho}\,dp = \int_\Gamma d\left(\frac{p}{\varrho}\right) - p\,d\left(\frac{1}{\varrho}\right) = -\int_\Gamma p\,d\left(\frac{1}{\varrho}\right) \tag{63}$$

auch schreiben können

$$\frac{d}{dt}\int_\Gamma u\,dx + v\,dy + w\,dz = \int_\Gamma X\,dx + Y\,dy + Z\,dz + \int_\Gamma p\,d\left(\frac{1}{\varrho}\right). \tag{64}$$

Nach einer Integration in bezug auf t folgt hieraus

$$\begin{aligned}\int_\Gamma u\,dx + v\,dy + w\,dz - \int_{\Gamma_0} u_0\,da + v_0\,db + w_0\,dc \\ = \int_{t_0}^{t} dt\int_\Gamma X\,dx + Y\,dy + Z\,dz + \int_{t_0}^{t} dt\int_\Gamma p\,d\left(\frac{1}{\varrho}\right).\end{aligned} \tag{65}$$

Handelt es sich insbesondere um eine homogene inkompressible Flüssigkeit oder eine homogene zusammendrückbare Flüssigkeit und ist die

Temperatur lediglich von der Dichte abhängig, so ist $\int\limits_{\Gamma} p\,d\left(\frac{1}{\varrho}\right) = 0$. Ist überdies eine eindeutige Kräftefunktion vorhanden, so verschwindet die rechte Seite und wir erhalten

$$\int\limits_{\Gamma} u\,dx + v\,dy + w\,dz = \int\limits_{\Gamma_0} u_0\,da + v_0\,db + w_0\,dc. \tag{66}$$

Die gleiche Formel gilt, auch wenn (in mehrfachen zusammenhängenden Gebieten) eine unendlichvieldeutige Kräftefunktion existiert, falls sich in Γ_0 ein ganz in T_0 enthaltenes Flächenstück mit stetiger Normale einspannen läßt.

Nennen wir, wie in dem fünften Kapitel (S. 192), *Zirkulation* längs einer geschlossenen Kurve Γ zur Zeit t den Wert des Integrals

$$\int\limits_{\Gamma} u\,dx + v\,dy + w\,dz,$$

so besagt die Gleichung (66), daß unter den unseren Betrachtungen zugrunde liegenden Voraussetzungen *der Wert der Zirkulation längs einer aus bestimmten Flüssigkeitsteilchen bestehenden Kurve von der Zeit unabhängig ist.*

Es sei nunmehr Σ_0 irgendein in Γ_0 eingespanntes Flächenstück mit stetiger Normale, sein Bild in dem Raume x-y-z heiße Σ.[9] Nach dem Satze von Stokes ist (66) zufolge in naheliegender Schreibweise

$$\begin{aligned} &\int\limits_{\Sigma} (\xi \cos(n,x) + \eta \cos(n,y) + \zeta \cos(n,z))\,d\sigma \\ &\quad = \int\limits_{\Sigma_0} (\xi_0 \cos(n_0,a) + \eta_0 \cos(n_0,b) + \zeta_0 \cos(n_0,c))\,d\sigma_0. \end{aligned} \tag{67}$$ [9a]

Der Fluß des Wirbelvektors ξ, η, ζ durch ein von bestimmten Massenteilchen der Flüssigkeit gebildetes, von einer Kurve mit stetiger Tangente begrenztes Flächenstück mit stetiger Normale ist von der Zeit unabhängig.

Dieser Satz gilt, wie man sich leicht durch geeignete Zerschneidung überzeugt, auch wenn das betrachtete Flächenstück von mehreren Kurven mit stetiger Tangente begrenzt ist. Auch brauchen die Randkurven nicht notwendig stetige Tangente zu haben. Durch passenden Grenzübergang kann man zu Randkurven mit abteilungsweise stetiger Tangente und selbst zu noch allgemeineren Begrenzungen gelangen.

Es möge speziell Σ_0 ein ebenes, zu der c-Achse senkrechtes Flächen-

---

[9] Es wird stillschweigend angenommen, daß sich in Γ_0 ein ganz in T_0 enthaltenes Flächenstück Σ_0 einspannen läßt. Die Kräftefunktion kann eindeutig sein oder auch nicht.

[9a] Wir führen hier, wie gelegentlich schon früher, ein Achsenkreuz a-b-c ein, das sich natürlich mit dem Achsenkreuz x-y-z deckt.

stück bezeichnen. Nach bekannten Sätzen ist[10]

$$\text{(68)}\qquad \begin{gathered}\cos(n,x)=\frac{1}{\Delta}\frac{\partial(y,z)}{\partial(a,b)},\quad \cos(n,y)=\frac{1}{\Delta}\frac{\partial(z,x)}{\partial(a,b)},\\ \cos(n,z)=\frac{1}{\Delta}\frac{\partial(x,y)}{\partial(a,b)},\end{gathered}$$

$$d\sigma=\Delta\, d\sigma_0,\quad \Delta^2=\left(\frac{\partial(y,z)}{\partial(a,b)}\right)^2+\left(\frac{\partial(z,x)}{\partial(a,b)}\right)^2+\left(\frac{\partial(x,y)}{\partial(a,b)}\right)^2,\quad \Delta>0.\text{[11]}$$

Aus (67) und (68) folgt

$$\text{(69)}\qquad \int\limits_{\Sigma_0}\left(\xi\frac{\partial(y,z)}{\partial(a,b)}+\eta\frac{\partial(z,x)}{\partial(a,b)}+\zeta\frac{\partial(x,y)}{\partial(a,b)}\right)d\sigma_0=\int\limits_{\Sigma_0}\zeta_0\, d\sigma_0,$$

mithin

$$\xi\frac{\partial(y,z)}{\partial(a,b)}+\eta\frac{\partial(z,x)}{\partial(a,b)}+\zeta\frac{\partial(x,y)}{\partial(a,b)}=\zeta_0.$$

Ebenso findet man die beiden hierzu analogen Formeln

$$\xi\frac{\partial(y,z)}{\partial(b,c)}+\eta\frac{\partial(z,x)}{\partial(b,c)}+\zeta\frac{\partial(x,y)}{\partial(b,c)}=\xi_0$$

und

$$\xi\frac{\partial(y,z)}{\partial(c,a)}+\eta\frac{\partial(z,x)}{\partial(c,a)}+\zeta\frac{\partial(x,y)}{\partial(c,a)}=\eta_0.$$

Multipliziert man die beiden Seiten dieser Gleichungen entsprechend mit $\frac{\partial x}{\partial c}$, $\frac{\partial x}{\partial a}$, $\frac{\partial x}{\partial b}$ und faßt zusammen, so findet man

$$D\xi=\xi_0\frac{\partial x}{\partial a}+\eta_0\frac{\partial x}{\partial b}+\zeta_0\frac{\partial x}{\partial c},$$

d. h. die erste der Cauchyschen Formeln (58).

Sind die Voraussetzungen, die den Cauchyschen Formeln (58) zugrunde liegen, nicht erfüllt, so gilt der Satz von der Invarianz der Zirkulation nicht mehr. An Stelle der Formel (66) tritt die allgemeinere Formel (65)[12] ein. Sie gibt Aufschluß über die Änderung der Zirkulation längs einer aus bestimmten Flüssigkeitsteilchen bestehenden Kurve im Laufe der Bewegung.

Die Cauchyschen Formeln (58) enthalten den folgenden Fundamentalsatz von Lagrange:

Sind die den Beziehungen (58) *zugrunde liegenden Voraussetzungen in dem Zeitintervalle* $\langle t_0, t_1\rangle$ *erfüllt und ist in einem Gebiete in* T_0, *also zur Zeit* t_0, *ein Geschwindigkeitspotential vorhanden, so existiert in dem zugehörigen Bildgebiete zu jeder späteren Zeit in* $\langle t_0, t_1\rangle$ *ein Geschwindigkeitspotential.*

---

[10] Wir fassen jetzt x, y, z als Funktionen der Parameter a und b auf.

[11] Durch die vorstehenden Formeln ist diejenige der beiden Richtungen der Normale zu Σ in (x, y, z) bestimmt, die für $t\to t_0$ gegen die positive Richtung der c-Achse konvergiert.

[12] Vgl. L. Lichtenstein, loc. cit. [13]XI S. 311—313.

In der Tat ist nach Voraussetzung

$$\xi_0 = \eta_0 = \zeta_0 = 0,$$

darum nach (58) auch

$$\xi = \eta = \zeta = 0.$$

Diese Voraussetzung des Satzes von Lagrange ist insbesondere erfüllt, wenn der Ausgangszustand ein *Ruhezustand* war. Denn jetzt ist gewiß $u_0 = v_0 = w_0 = 0$, mithin $\xi_0 = \eta_0 = \zeta_0 = 0$.

Wir werden später wiederholt Gelegenheit haben, auf die Bedeutung des Lagrangeschen Satzes näher einzugehen. Im Augenblick nehmen wir im direkten Gegensatz zu dem soeben betrachteten Falle an, in T_0 sei durchweg $\xi_0^2 + \eta_0^2 + \zeta_0^2 > 0$. Zur Zeit t_0 ist also der Wirbelvektor nirgends gleich Null. Aus (58) folgt sogleich, daß in T überall

$$\xi^2 + \eta^2 + \zeta^2 > 0 \tag{70}$$

ist. Wäre nämlich der Ausdruck (70) gleich Null, so müßte, da doch die Determinante D der Koeffizienten von ξ_0, η_0, ζ_0 in (58) von Null verschieden ist, auch $\xi_0^2 + \eta_0^2 + \zeta_0^2$ verschwinden.

Wir hatten bis jetzt vorausgesetzt, daß die Funktionen $x(a, b, c, t)$, $y(a, b, c, t)$, $z(a, b, c, t)$ stetige oder doch abteilungsweise stetige Ableitungen

$$\frac{\partial x}{\partial a}, \frac{\partial x}{\partial b}, \frac{\partial x}{\partial c}, u = \frac{dx}{dt}; \frac{d}{dt}\frac{\partial x}{\partial a}, \frac{d}{dt}\frac{\partial x}{\partial b}, \frac{d}{dt}\frac{\partial x}{\partial c}; \frac{\partial y}{\partial a}, \ldots, \frac{d}{dt}\frac{\partial z}{\partial c}$$

haben. Wie wir auf S. 392ff. gesehen haben, folgt hieraus und aus unseren Voraussetzungen bezüglich ϱ, p, X, Y, Z, daß auch $\frac{d^2x}{dt^2}, \frac{d^2y}{dt^2}, \frac{d^2z}{dt^2}$ existieren und stetig bzw. abteilungsweise stetig sind. Aus vorstehendem folgt, daß auch die partiellen Ableitungen

$$\frac{\partial u}{\partial x}, \frac{\partial u}{\partial y}, \frac{\partial u}{\partial z}; \frac{\partial v}{\partial x}, \ldots, \frac{\partial w}{\partial z}$$

vorhanden und stetig (oder abteilungsweise stetig) sind. Wir nehmen jetzt darüber hinaus an, daß u, v, w, als Funktionen von x, y, z aufgefaßt, für alle in Betracht kommenden t stetige oder höchstens sprungweise unstetige Ableitungen zweiter Ordnung haben.

Wie wir auf S. 190 gesehen haben, geht nunmehr sowohl durch jeden Punkt in T_0 als auch durch jeden Punkt in T je eine ganz bestimmte Wirbellinie. Es sei Γ_0 eine Wirbellinie in T_0, Γ ihr Bild in T. Es mögen, wenn s_0 die Bogenlänge bezeichnet, die Gleichungen von Γ_0 in der Form

$$a = a(s_0), \quad b = b(s_0), \quad c = c(s_0) \tag{71}$$

gegeben sein. Da Γ_0 eine Wirbellinie ist, so gilt

$$\frac{da}{ds_0} = \xi_0(\xi_0^2 + \eta_0^2 + \zeta_0^2)^{-\frac{1}{2}}, \quad \frac{db}{ds_0} = \eta_0(\xi_0^2 + \eta_0^2 + \zeta_0^2)^{-\frac{1}{2}}, \ldots. \tag{72}$$

Die Gleichungen von Γ lauten

$$(73)\quad x = x(a(s_0), b(s_0), c(s_0), t), \qquad y = y(a, b, c, t), \qquad z = z(a, b, c, t).$$

Die Richtungskosinus der Tangente zu Γ im Punkte (x, y, z) sind, wenn mit s die Bogenlänge bezeichnet wird,

$$(74)\quad \begin{aligned} \frac{dx}{ds} = \frac{dx}{ds_0}\frac{ds_0}{ds} &= \left(\frac{\partial x}{\partial a}\frac{da}{ds_0} + \frac{\partial x}{\partial b}\frac{db}{ds_0} + \frac{\partial x}{\partial c}\frac{dc}{ds_0}\right)\frac{ds_0}{ds} \\ &= \left(\xi_0\frac{\partial x}{\partial a} + \eta_0\frac{\partial x}{\partial b} + \zeta_0\frac{\partial x}{\partial c}\right)\frac{ds_0}{ds}(\xi_0^2 + \eta_0^2 + \zeta_0^2)^{-\frac{1}{2}} \\ &= D\xi\frac{ds_0}{ds}(\xi_0^2 + \eta_0^2 + \zeta_0^2)^{-\frac{1}{2}}\ [13] \end{aligned}$$

und analog

$$(75)\quad \frac{dy}{ds} = D\eta\frac{ds_0}{ds}(\xi_0^2 + \eta_0^2 + \zeta_0^2)^{-\frac{1}{2}}, \quad \frac{dz}{ds} = D\zeta\frac{ds_0}{ds}(\xi_0^2 + \eta_0^2 + \zeta_0^2)^{-\frac{1}{2}}.$$

Die Tangente zu Γ hat allemal die Richtung des zugehörigen Wirbelvektors. Also ist Γ eine Wirbellinie im Raume T.

Wirbellinien sind in gewissem Sinne unzerstörbar. Flüssigkeitsteilchen, die einmal eine Wirbellinie bildeten, liegen, solange die eingangs präzisierten Voraussetzungen erfüllt sind, immer wieder auf einer Wirbellinie. Es besteht also eine umkehrbar eindeutige und stetige Zuordnung der Wirbellinien der beiden Räume T_0 und T.[14]

Da Γ eine Wirbellinie ist, so gilt

$$(76)\quad \frac{dx}{ds} = \xi(\xi^2 + \eta^2 + \zeta^2)^{-\frac{1}{2}}, \ldots.$$

Aus (74) und (76) ergibt sich wegen $D = \frac{\varrho_0}{\varrho}$, wenn etwa $\xi \neq 0$ ist,

$$\frac{\varrho_0}{\varrho}\frac{ds_0}{ds}(\xi_0^2 + \eta_0^2 + \zeta_0^2)^{-\frac{1}{2}} = (\xi^2 + \eta^2 + \zeta^2)^{-\frac{1}{2}},$$

mithin

$$(77)\quad \frac{\varrho}{\varrho_0}\frac{ds}{ds_0} = \frac{(\xi^2 + \eta^2 + \zeta^2)^{\frac{1}{2}}}{(\xi_0^2 + \eta_0^2 + \zeta_0^2)^{\frac{1}{2}}}.$$

Hat man es speziell mit einer inkompressiblen Flüssigkeit zu tun, so ist $\varrho = \varrho_0$, darum

$$(78)\quad \frac{(\xi^2 + \eta^2 + \zeta^2)^{\frac{1}{2}}}{(\xi_0^2 + \eta_0^2 + \zeta_0^2)^{\frac{1}{2}}} = \frac{ds}{ds_0}.$$

[13] Wie auf S. 34 gezeigt worden ist, sind die beiden Größen $\frac{ds_0}{ds}$ und $\frac{ds}{ds_0}$ von Null verschieden.

[14] Dieser Satz gilt auch, wenn die Voraussetzungen bezüglich der Existenz und Stetigkeit partieller Ableitungen zweiter Ordnung $\frac{\partial^2 u}{\partial x^2}, \frac{\partial^2 u}{\partial x \partial y}, \ldots, \frac{\partial^2 w}{\partial z^2}$ nicht erfüllt sind. In der Tat sind bei dem vorstehenden Beweise die fraglichen Ableitungen nicht gebraucht worden. Doch wird diesmal nicht notwendig durch einen jeden Punkt in T_0 bzw. T eine einzige Wirbellinie hindurchgehen.

Bei inkompressiblen Flüssigkeiten verhalten sich die Wirbelintensitäten in einem bestimmten Flüssigkeitsteilchen zu verschiedenen Zeiten wie die korrespondierenden Längenelemente der durch das Teilchen bestimmten Wirbellinie.

Es sei (x, y, z) ein Punkt in T und es sei Σ ein ebenes Flächenstück, das (x, y, z) in seinem Innern enthält, auf der Wirbellinie durch (x, y, z) senkrecht steht und von einer Kurve L mit stetiger Tangente begrenzt ist. Betrachten wir die Gesamtheit der durch die Punkte von Σ bestimmten Wirbellinien. Kein Paar durch verschiedene Punkte von Σ gehender Wirbellinien kann in T einen Punkt gemeinsam haben. Wir bezeichnen mit Helmholtz die betrachtete zweiparametrige Schar von Linien als eine *Wirbelröhre,* oder wenn Σ unendlich klein ist, als einen *Wirbelfaden.*

Es sei $(\bar{x}, \bar{y}, \bar{z})$ ein im Abstande l von (x, y, z) gelegener Punkt auf der durch (x, y, z) bestimmten Wirbellinie. Durch Σ, eine weitere Ebene durch $(\bar{x}, \bar{y}, \bar{z})$ normal zur Wirbellinie in diesem Punkte und die durch L gehenden Wirbellinien wird ein Gebiet $\mathfrak{R}$ begrenzt, das bei kleinen Σ und l sich nur wenig von einem Zylinder unterscheidet. Es sei q der Flächeninhalt von Σ, δ sein Durchmesser. Dem Gebiete $\mathfrak{R}$ entspricht in T_0 ein analoges Gebiet $\mathfrak{R}_0$. Seine „Seitenbegrenzung" besteht ebenfalls aus lauter Wirbellinien, doch braucht z. B. die den Punkt (a, b, c) enthaltende „Basisfläche" Σ_0 nicht notwendig auf der Wirbellinie in (a, b, c) senkrecht zu stehen. Wir denken uns jetzt durch (a, b, c) eine Ebene senkrecht zu dem Vektor ξ_0, η_0, ζ_0 gelegt. Sie schneidet $\mathfrak{R}_0$ in einem ebenen Flächenstück. Es sei q_0 sein Flächeninhalt, δ_0 sein Durchmesser. Geht δ gegen Null, so gilt offenbar für δ_0 das gleiche.

Nach (67) ist

$$(79)\qquad \int_{\Sigma} (\xi \cos(n, x) + \eta \cos(n, y) + \zeta \cos(n, z))\, d\sigma$$
$$= \int_{\Sigma_0} (\xi_0 \cos(n_0, a) + \eta_0 \cos(n_0, b) + \zeta_0 \cos(n_0, c))\, d\sigma_0.$$

Aus (79) folgt, wie man leicht sieht,

$$(80)\qquad (\xi^2 + \eta^2 + \zeta^2)^{\frac{1}{2}}\, q = (\xi_0^2 + \eta_0^2 + \zeta_0^2)^{\frac{1}{2}}\, q_0 + o(\delta^2).$$

Nach bekannten Sätzen (vgl. S. 44) ist der Fluß des Wirbelvektors ξ, η, ζ durch die Gesamtbegrenzung von $\mathfrak{R}$ gleich Null. Der Fluß durch die „Mantelfläche" ist augenscheinlich gleich Null, also ist

$$(81)\qquad \int_{\Sigma} (\xi \cos(n, x) + \eta \cos(n, y) + \zeta \cos(n, z))\, d\sigma$$
$$+ \int_{\bar{\Sigma}} (\xi \cos(\bar{n}_i, x) + \eta \cos(\bar{n}_i, y) + \zeta \cos(\bar{n}_i, z))\, d\sigma = 0.$$

In (81) bezeichnet $\bar{\Sigma}$ die $(\bar{x}, \bar{y}, \bar{z})$ enthaltende Basis von $\mathfrak{R}$; $(\bar{n}_i)$ ist die Innennormale in $(\bar{x}, \bar{y}, \bar{z})$. Aus (81) folgt, unter $\bar{q}$ den Flächeninhalt von $\bar{\Sigma}$ verstanden,

$$(82) \qquad (\xi^2 + \eta^2 + \zeta^2)^{\frac{1}{2}} q = (\bar{\xi}^2 + \bar{\eta}^2 + \bar{\zeta}^2)^{\frac{1}{2}} \bar{q} + o(\delta^2).$$

Dieses sowie das vorhin abgeleitete Ergebnis (80) kann man in dem folgenden Satze zusammenfassen:

Bei einer bestimmten Wirbelröhre ist das Produkt aus Wirbelintensität und Röhrenquerschnitt bis auf Größen höherer Ordnung in bezug auf δ^2 von der Lage des Querschnittes und von der Zeit unabhängig.

5. Ein weiterer Beweis der Helmholtzschen Formeln. Die Gleichungen von Weber. Wir sind vorhin, ausgehend von den allgemeinen Resultaten, zu den Cauchyschen Formeln und den Helmholtzschen Wirbelsätzen gelangt, indem wir uns in Anlehnung an Cauchy, Kirchhoff und Friedmann der Lagrangeschen Variablen bedienten. Wie wir jetzt zeigen wollen, kann man auch mit Helmholtz zu den Hauptergebnissen der Theorie unter ausschließlicher Verwendung der Eulerschen Variablen kommen.

Wir gehen von den folgenden Voraussetzungen aus.

1. Die Geschwindigkeitskomponenten u, v, w sind in $\{T + S; \langle t_0, t_1\rangle\}$ stetig und haben stetige Ableitungen erster und zweiter Ordnung.

2. Es existiert eine Kräftefunktion

$$(83) \qquad X = \frac{\partial U}{\partial x}, \quad Y = \frac{\partial U}{\partial y}, \quad Z = \frac{\partial U}{\partial z},$$

unter U eine nebst ihren partiellen Ableitungen erster und zweiter Ordnung stetige Funktion verstanden.

3. Die Dichte ist entweder konstant oder stellt eine etwa analytische und reguläre Funktion des Druckes allein dar.

4. Der Druck p ist stetig und hat stetige partielle Ableitungen erster Ordnung.

Es sei wie auf S. 397 zur Vereinfachung gesetzt:

$$(83') \qquad \boldsymbol{P} = \int_{p'}^{p} \frac{dp}{\varrho},$$

ferner

$$(84) \qquad W^2 = u^2 + v^2 + w^2, \qquad H = \tfrac{1}{2} W^2 + \boldsymbol{P} - U.$$

Die Differentialgleichungen der Bewegung

$$\text{(85)}\qquad \begin{aligned} \frac{1}{\varrho}\frac{\partial p}{\partial x} &= X - u\frac{\partial u}{\partial x} - v\frac{\partial u}{\partial y} - w\frac{\partial u}{\partial z} - \frac{\partial u}{\partial t}, \\ \frac{1}{\varrho}\frac{\partial p}{\partial y} &= Y - u\frac{\partial v}{\partial x} - v\frac{\partial v}{\partial y} - w\frac{\partial v}{\partial z} - \frac{\partial v}{\partial t}, \\ \frac{1}{\varrho}\frac{\partial p}{\partial z} &= Z - u\frac{\partial w}{\partial x} - v\frac{\partial w}{\partial y} - w\frac{\partial w}{\partial z} - \frac{\partial w}{\partial t} \end{aligned}$$

kann man, wie sich leicht verifizieren läßt, in der Form

$$\begin{aligned} \frac{1}{\varrho}\frac{\partial p}{\partial x} &= X - \frac{1}{2}\frac{\partial}{\partial x}(W^2) - 2(w\eta - v\zeta) - \frac{\partial u}{\partial t}, \\ \frac{1}{\varrho}\frac{\partial p}{\partial y} &= Y - \frac{1}{2}\frac{\partial}{\partial y}(W^2) - 2(u\zeta - w\xi) - \frac{\partial v}{\partial t}, \\ \frac{1}{\varrho}\frac{\partial p}{\partial z} &= Z - \frac{1}{2}\frac{\partial}{\partial z}(W^2) - 2(v\xi - u\eta) - \frac{\partial w}{\partial t} \end{aligned}$$

oder auch in der Gestalt

$$\text{(86)}\qquad \begin{aligned} \frac{\partial u}{\partial t} + 2(w\eta - v\zeta) &= -\frac{\partial H}{\partial x}, \\ \frac{\partial v}{\partial t} + 2(u\zeta - w\xi) &= -\frac{\partial H}{\partial y}, \\ \frac{\partial w}{\partial t} + 2(v\xi - u\eta) &= -\frac{\partial H}{\partial z} \end{aligned}$$

schreiben. Diese Formeln besagen, daß bei festgehaltenem t

$$\left(\frac{\partial u}{\partial t} + 2(w\eta - v\zeta)\right)dx + \left(\frac{\partial v}{\partial t} + 2(u\zeta - w\xi)\right)dy + \left(\frac{\partial w}{\partial t} + 2(v\xi - u\eta)\right)dz$$

ein vollständiges Differential ist. Da die Ausdrücke in (86) links stetige Ableitungen erster Ordnung haben, so ist bsp.

$$\frac{\partial^2 w}{\partial y\,\partial t} - \frac{\partial^2 v}{\partial z\,\partial t} + 2\frac{\partial}{\partial y}(v\xi - u\eta) - 2\frac{\partial}{\partial z}(u\zeta - w\xi) = 0$$

oder wegen

$$\frac{\partial^2 w}{\partial y\,\partial t} - \frac{\partial^2 v}{\partial z\,\partial t} = 2\frac{\partial \xi}{\partial t}$$

auch

$$\text{(87)}\qquad \frac{\partial \xi}{\partial t} + v\frac{\partial \xi}{\partial y} + w\frac{\partial \xi}{\partial z} + \xi\left(\frac{\partial v}{\partial y} + \frac{\partial w}{\partial z}\right) - \eta\frac{\partial u}{\partial y} - \zeta\frac{\partial u}{\partial z} - u\left(\frac{\partial \eta}{\partial y} + \frac{\partial \zeta}{\partial z}\right) = 0.$$

Nun ist

$$\frac{\partial \eta}{\partial y} + \frac{\partial \zeta}{\partial z} = -\frac{\partial \xi}{\partial x}$$

sowie

$$\text{(87')}\qquad -\frac{1}{\varrho}\frac{d\varrho}{dt} - \frac{\partial u}{\partial x} = \frac{\partial v}{\partial y} + \frac{\partial w}{\partial z} \quad \text{(Kontinuitätsgleichung)},$$

darum, in (87) eingesetzt,

$$\frac{\partial \xi}{\partial t} + u\frac{\partial \xi}{\partial x} + v\frac{\partial \xi}{\partial y} + w\frac{\partial \xi}{\partial z} - \frac{\xi}{\varrho}\frac{d\varrho}{dt} = \xi\frac{\partial u}{\partial x} + \eta\frac{\partial u}{\partial y} + \zeta\frac{\partial u}{\partial z}$$

oder anders geschrieben

$$\frac{d\xi}{dt} - \frac{\xi}{\varrho}\frac{d\varrho}{dt} = \xi\frac{\partial u}{\partial x} + \eta\frac{\partial u}{\partial y} + \zeta\frac{\partial u}{\partial z},$$

somit schließlich

$$\frac{d}{dt}\left(\frac{\xi}{\varrho}\right) = \frac{1}{\varrho}\left(\xi\frac{\partial u}{\partial x} + \eta\frac{\partial u}{\partial y} + \zeta\frac{\partial u}{\partial z}\right),$$

und analog

$$\frac{d}{dt}\left(\frac{\eta}{\varrho}\right) = \frac{1}{\varrho}\left(\xi\frac{\partial v}{\partial x} + \eta\frac{\partial v}{\partial y} + \zeta\frac{\partial v}{\partial z}\right),$$

$$\frac{d}{dt}\left(\frac{\zeta}{\varrho}\right) = \frac{1}{\varrho}\left(\xi\frac{\partial w}{\partial x} + \eta\frac{\partial w}{\partial y} + \zeta\frac{\partial w}{\partial z}\right).$$

Wie wir auf S. 391ff. gesehen haben, gelten diese Formeln, auch wenn bezüglich der Geschwindigkeitskomponenten u, v, w lediglich vorausgesetzt wird, daß sie stetige partielle Ableitungen erster Ordnung in bezug auf die Ortsvariablen haben. Da in der Formel (87) die Funktionen

$$\frac{\partial \xi}{\partial y} = \frac{1}{2}\left(\frac{\partial^2 w}{\partial y^2} - \frac{\partial^2 v}{\partial y\,\partial z}\right), \ldots$$

auftreten, so dürfte der Beweis sich ohne Heranziehung der Lagrangeschen Variablen wohl nicht durchführen lassen.

Kehren wir noch einmal zu der Gleichung (66),

$$\int_{\Gamma} u\,dx + v\,dy + w\,dz = \int_{\Gamma_0} u_0\,da + v_0\,db + w_0\,dc,$$

die wir auch in der Form

$$(88)\quad \int_{\Gamma_0}\left(u\frac{\partial x}{\partial a} + v\frac{\partial y}{\partial a} + w\frac{\partial z}{\partial a} - u_0\right)da + \left(u\frac{\partial x}{\partial b} + v\frac{\partial y}{\partial b} + w\frac{\partial z}{\partial b} - v_0\right)db$$
$$+ \left(u\frac{\partial x}{\partial c} + v\frac{\partial y}{\partial c} + w\frac{\partial z}{\partial c} - w_0\right)dc = 0$$

schreiben können, zurück. Es sei (a_0, b_0, c_0) ein Punkt in T_0, und es sei

$$(89)\quad F(a, b, c, t) = \int_{L_0}\left(u\frac{\partial x}{\partial a} + v\frac{\partial y}{\partial a} + w\frac{\partial z}{\partial a} - u_0\right)da$$
$$+ \left(u\frac{\partial x}{\partial b} + v\frac{\partial y}{\partial b} + w\frac{\partial z}{\partial b} - v_0\right)db + \left(u\frac{\partial x}{\partial c} + v\frac{\partial y}{\partial c} + w\frac{\partial z}{\partial c} - w_0\right)dc,$$

unter L_0 einen beliebigen (a_0, b_0, c_0) mit (a, b, c) verbindenden Bogen mit stetiger Tangente verstanden. Wegen (88) ist $F(a, b, c, t)$ von dem Integrationswege unabhängig und stellt, wie man leicht sieht, eine in $\{T_0 + S_0;\ \langle t_0, t_1\rangle\}$ erklärte stetige Funktion dar, die stetige partielle Ableitungen

$$\frac{\partial F}{\partial a}, \quad \frac{\partial F}{\partial b}, \quad \frac{\partial F}{\partial c}, \quad \frac{d}{dt}\frac{\partial F}{\partial a}, \quad \frac{d}{dt}\frac{\partial F}{\partial b}, \quad \frac{d}{dt}\frac{\partial F}{\partial c}$$

hat[15]. Ferner ist

$$F(a, b, c, t_0) = 0.$$

Aus (89) folgt

$$u\frac{\partial x}{\partial a} + v\frac{\partial y}{\partial a} + w\frac{\partial z}{\partial a} - u_0 = \frac{\partial F}{\partial a} \tag{90}$$

und nach einer Differentiation in bezug auf t, wie man sich leicht überzeugt,

$$\frac{du}{dt}\frac{\partial x}{\partial a} + \frac{dv}{dt}\frac{\partial y}{\partial a} + \frac{dw}{dt}\frac{\partial z}{\partial a} + \frac{1}{2}\frac{\partial}{\partial a}(W^2) = \frac{\partial}{\partial a}\frac{dF}{dt}. \tag{91}$$

Aus (10) und (11) folgt weiter, wenn man $X = \frac{\partial U}{\partial x}$, $Y = \frac{\partial U}{\partial y}$, $Z = \frac{\partial U}{\partial z}$ setzt,

$$A = \frac{\partial U}{\partial a}, \quad B = \frac{\partial U}{\partial b}, \quad C = \frac{\partial U}{\partial c},$$

$$\frac{du}{dt}\frac{\partial x}{\partial a} + \frac{dv}{dt}\frac{\partial y}{\partial a} + \frac{dw}{dt}\frac{\partial z}{\partial a} = \frac{\partial}{\partial a}(U - \boldsymbol{P}). \tag{92}$$

Aus (91) und (92) ergibt sich unmittelbar

$$\frac{\partial}{\partial a}\left(U - \boldsymbol{P} + \frac{1}{2}W^2 - \frac{dF}{dt}\right) = 0. \tag{93}$$

In analoger Weise erhält man

$$\begin{aligned} \frac{\partial}{\partial b}\left(U - \boldsymbol{P} + \frac{1}{2}W^2 - \frac{dF}{dt}\right) &= 0, \\ \frac{\partial}{\partial c}\left(U - \boldsymbol{P} + \frac{1}{2}W^2 - \frac{dF}{dt}\right) &= 0. \end{aligned} \tag{94}$$

Der Klammerausdruck ist also von a, b, c unabhängig und stellt eine stetige Funktion von t allein dar. Wir setzen

$$U - \boldsymbol{P} + \frac{1}{2}W^2 = \frac{dF}{dt} + \chi(t) = \frac{d\boldsymbol{F}}{dt} \quad \text{mit} \quad \boldsymbol{F} = F + \int_{t_0}^{t} \chi(t)\,dt. \tag{95}$$

Augenscheinlich ist $\boldsymbol{F}(t_0) = 0$. Die Gleichung (90) kann man jetzt in der Form

$$u\frac{\partial x}{\partial a} + v\frac{\partial y}{\partial a} + w\frac{\partial z}{\partial a} - u_0 = \frac{\partial \boldsymbol{F}}{\partial a} \tag{96}$$

schreiben. Offenbar ist weiter

$$\begin{aligned} u\frac{\partial x}{\partial b} + v\frac{\partial y}{\partial b} + w\frac{\partial z}{\partial b} - v_0 &= \frac{\partial \boldsymbol{F}}{\partial b}, \\ u\frac{\partial x}{\partial c} + v\frac{\partial y}{\partial c} + w\frac{\partial z}{\partial c} - w_0 &= \frac{\partial \boldsymbol{F}}{\partial c}. \end{aligned} \tag{97}$$

[15] Ist $T_0 + S_0$ einfach zusammenhängend, so ist F gewiß eindeutig, andernfalls könnte F von Null verschiedene Periodizitätsmoduln haben (vgl. S. 46ff.).

Die Gleichungen (95), (96) und (97), vereinigt mit der Kontinuitätsgleichung (87′) und der Zustandsgleichung $\varrho = \varrho(p)$, bilden ein System von sechs Gleichungen zur Bestimmung der unbekannten Funktionen x, y, z, p, ϱ, F in Abhängigkeit von a, b, c und t. Sie sind von H. Weber[16] angegeben worden.

Nun noch einige Worte über den besonderen Fall einer ebenen Flüssigkeitsbewegung. Der Einfachheit halber beschränken wir uns auf die Betrachtung einer homogenen Flüssigkeit und setzen überdies voraus, daß die Dichte nur von dem Drucke abhängt und daß eine Kräftefunktion $U(x, y, t)$ existiert. Wird angenommen, daß die Ebene der Bewegung die Ebene x-y ist, so wird jetzt

$$\frac{\partial x}{\partial c} = \frac{\partial y}{\partial c} = 0, \quad z = c; \quad w = 0, \quad \frac{\partial u}{\partial z} = \frac{\partial v}{\partial z} = \frac{\partial p}{\partial z} = 0, \quad \xi = \eta = 0$$

und insbesondere für $t = t_0$

$$w_0 = 0, \quad \frac{\partial u_0}{\partial c} = \frac{\partial v_0}{\partial c} = 0, \quad \xi_0 = \eta_0 = 0.$$

Die beiden ersten Cauchyschen Formeln (58) ergeben nunmehr, wie zu erwarten war, $\xi = \eta = 0$. Die dritte Gleichung liefert aber

$$D\zeta = \zeta_0, \quad D = \frac{\partial(x, y)}{\partial(a, b)}. \tag{98}$$

Handelt es sich speziell um eine inkompressible Flüssigkeit, so ist $D = 1$, mithin $\zeta = \zeta_0$. *Der Wirbelvektor, der diesmal auf der Ebene der Bewegung senkrecht steht, ändert sich nicht mit der Zeit. Er haftet am Flüssigkeitsteilchen.*

6. Elliptische Differentialgleichung für den Druck. Durch die Umformungen zu Anfang dieses Kapitels haben wir in denjenigen Fällen, in denen die Voraussetzungen für die Gültigkeit der Cauchyschen Formeln erfüllt sind, aus den hydrodynamischen Gleichungen (8) den Druck eliminiert. Sind unter Zuhilfenahme der Gleichungen (58) und der sonst noch vorliegenden Anfangs- und Grenzbedingungen u, v, w als Funktionen von x, y, z, t bestimmt, so liefern die Beziehungen (8) ohne weiteres $\frac{\partial p}{\partial x}, \frac{\partial p}{\partial y}, \frac{\partial p}{\partial z}$ und damit, falls p in einem Punkte (x_0, y_0, z_0) für alle t in $\langle t_0, t_0 + t^*\rangle$ bekannt ist, den Wert

$$p(x,y,z,t) = p(x_0, y_0, z_0, t) + \int_{(x_0, y_0, z_0)}^{(x, y, z)} \frac{\partial p}{\partial x} dx + \frac{\partial p}{\partial y} dy + \frac{\partial p}{\partial z} dz. \tag{99}$$

Liegt, wie wir jetzt annehmen wollen, eine inkompressible Flüssigkeit vor, so kann man, wie nunmehr gezeigt werden soll, für den Druck eine partielle Differentialgleichung zweiter Ordnung vom elliptischen Typus ableiten, aus der er sich ebenfalls ermitteln läßt.

[16] Vgl. H. Weber, Journal für die reine und angewandte Mathematik **68** (1868).

Wir nehmen zunächst an, daß die Funktionen $u(x, y, z, t)$, $v(x, y, z, t)$, $w(x, y, z, t)$ stetig sind und stetige partielle Ableitungen erster Ordnung

$$\frac{\partial u}{\partial x}, \frac{\partial u}{\partial y}, \frac{\partial u}{\partial z}, \frac{\partial u}{\partial t}; \frac{\partial v}{\partial x}, \ldots, \frac{\partial w}{\partial t} \tag{100}$$

haben, sowie ferner, daß die Funktionen (100) ihrerseits stetige Ableitungen erster Ordnung in bezug auf die Ortsvariablen,

$$\frac{\partial^2 u}{\partial x^2}, \frac{\partial^2 u}{\partial x \partial y}, \ldots, \frac{\partial^2 w}{\partial z^2}; \frac{\partial^2 u}{\partial x \partial t}, \frac{\partial^2 u}{\partial y \partial t}, \frac{\partial^2 u}{\partial z \partial t}, \ldots, \frac{\partial^2 w}{\partial z \partial t}, \tag{101}$$

besitzen. Aus (8) folgt sofort, daß dann die partiellen Ableitungen $\frac{\partial}{\partial x}\left(\frac{1}{\varrho}\frac{\partial p}{\partial x}\right)$, $\frac{\partial}{\partial y}\left(\frac{1}{\varrho}\frac{\partial p}{\partial y}\right)$, $\frac{\partial}{\partial z}\left(\frac{1}{\varrho}\frac{\partial p}{\partial z}\right)$ existieren und sich stetig verhalten. Da nach Voraussetzung (vgl. S. 384) $\frac{\partial \varrho}{\partial x}, \frac{\partial \varrho}{\partial y}, \frac{\partial \varrho}{\partial z}$ vorhanden und stetig sind[16a], so gilt für $\frac{\partial^2 p}{\partial x^2}, \frac{\partial^2 p}{\partial y^2}, \frac{\partial^2 p}{\partial z^2}$ das gleiche. Durch Differentiation und Zusammenfassung ergibt sich, wie man leicht verifiziert,

$$\begin{aligned}\frac{\partial}{\partial x}\left(\frac{1}{\varrho}\frac{\partial p}{\partial x}\right) + \frac{\partial}{\partial y}\left(\frac{1}{\varrho}\frac{\partial p}{\partial y}\right) + \frac{\partial}{\partial z}\left(\frac{1}{\varrho}\frac{\partial p}{\partial z}\right) &= \frac{\partial X}{\partial x} + \frac{\partial Y}{\partial y} + \frac{\partial Z}{\partial z} \\ &- \frac{\partial}{\partial t}\left(\frac{\partial u}{\partial x} + \frac{\partial v}{\partial y} + \frac{\partial w}{\partial z}\right) - \left(u\frac{\partial}{\partial x} + v\frac{\partial}{\partial y} + w\frac{\partial}{\partial z}\right)\left(\frac{\partial u}{\partial x} + \frac{\partial v}{\partial y} + \frac{\partial w}{\partial z}\right) \\ &- \left\{\left(\frac{\partial u}{\partial x}\right)^2 + \left(\frac{\partial v}{\partial y}\right)^2 + \left(\frac{\partial w}{\partial z}\right)^2 + 2\frac{\partial u}{\partial y}\frac{\partial v}{\partial x} + 2\frac{\partial u}{\partial z}\frac{\partial w}{\partial x} + 2\frac{\partial v}{\partial z}\frac{\partial w}{\partial y}\right\},\end{aligned}$$

und da nun

$$\frac{\partial u}{\partial x} + \frac{\partial v}{\partial y} + \frac{\partial w}{\partial z} = 0 \tag{102}$$

ist, einfacher

$$\begin{aligned}\frac{\partial}{\partial x}\left(\frac{1}{\varrho}\frac{\partial p}{\partial x}\right) + \frac{\partial}{\partial y}\left(\frac{1}{\varrho}\frac{\partial p}{\partial y}\right) + \frac{\partial}{\partial z}\left(\frac{1}{\varrho}\frac{\partial p}{\partial z}\right) &= \frac{\partial X}{\partial x} + \frac{\partial Y}{\partial y} + \frac{\partial Z}{\partial z} \\ &- \left\{\left(\frac{\partial u}{\partial x}\right)^2 + \left(\frac{\partial v}{\partial y}\right)^2 + \left(\frac{\partial w}{\partial z}\right)^2 + 2\frac{\partial u}{\partial y}\frac{\partial v}{\partial x} + 2\frac{\partial u}{\partial z}\frac{\partial w}{\partial x} + 2\frac{\partial v}{\partial z}\frac{\partial w}{\partial y}\right\}.\end{aligned} \tag{103}$$

Dies ist eine partielle Differentialgleichung zweiter Ordnung vom elliptischen Typus, die zur Bestimmung von p herangezogen werden kann. Ist insbesondere $\varrho = \varrho_0$ konstant, liegt also eine homogene, unzusammendrückbare Flüssigkeit vor, so gilt noch einfacher

$$\begin{aligned}\frac{1}{\varrho_0}\Delta p &= \frac{\partial X}{\partial x} + \frac{\partial Y}{\partial y} + \frac{\partial Z}{\partial z} \\ &- \left\{\left(\frac{\partial u}{\partial x}\right)^2 + \left(\frac{\partial v}{\partial y}\right)^2 + \left(\frac{\partial w}{\partial z}\right)^2 + 2\frac{\partial u}{\partial y}\frac{\partial v}{\partial x} + 2\frac{\partial u}{\partial z}\frac{\partial w}{\partial x} + 2\frac{\partial v}{\partial z}\frac{\partial w}{\partial y}\right\}.\end{aligned} \tag{104}$$

[16a] Es wird diesmal angenommen, daß die Funktionen $\frac{\partial x}{\partial a}, \frac{\partial x}{\partial b}, \ldots, \frac{\partial z}{\partial c}$ durchweg stetig sind.

Ist eine Kräftefunktion, U, vorhanden, so ist

(105) $$\frac{\partial X}{\partial x}+\frac{\partial Y}{\partial y}+\frac{\partial Z}{\partial z}=\Delta U,$$

mithin

(106) $$\Delta\left(\frac{1}{\varrho_0}p-U\right)$$
$$=-\left\{\left(\frac{\partial u}{\partial x}\right)^2+\left(\frac{\partial v}{\partial y}\right)^2+\left(\frac{\partial w}{\partial z}\right)^2+2\frac{\partial u}{\partial y}\frac{\partial v}{\partial x}+2\frac{\partial u}{\partial z}\frac{\partial w}{\partial x}+2\frac{\partial v}{\partial z}\frac{\partial w}{\partial y}\right\}.$$

Dem Klammerausdruck rechts kann man noch eine andere Form geben. Aus (102) folgt nämlich durch Quadrieren

$$\left(\frac{\partial u}{\partial x}\right)^2+\left(\frac{\partial v}{\partial y}\right)^2+\left(\frac{\partial w}{\partial z}\right)^2=-2\left(\frac{\partial u}{\partial x}\frac{\partial v}{\partial y}+\frac{\partial u}{\partial x}\frac{\partial w}{\partial z}+\frac{\partial v}{\partial y}\frac{\partial w}{\partial z}\right),$$

mithin

$$\left\{\left(\frac{\partial u}{\partial x}\right)^2+\left(\frac{\partial v}{\partial y}\right)^2+\left(\frac{\partial w}{\partial z}\right)^2+2\frac{\partial u}{\partial y}\frac{\partial v}{\partial x}+2\frac{\partial u}{\partial z}\frac{\partial w}{\partial x}+2\frac{\partial v}{\partial z}\frac{\partial w}{\partial y}\right\}$$
$$=-2\left(\frac{\partial(u,v)}{\partial(x,y)}+\frac{\partial(u,w)}{\partial(x,z)}+\frac{\partial(v,w)}{\partial(y,z)}\right).$$

Die Gleichung (106) nimmt darum die Gestalt

(107) $$\Delta\left(\frac{1}{\varrho_0}p-U\right)=2\left(\frac{\partial(u,v)}{\partial(x,y)}+\frac{\partial(u,w)}{\partial(x,z)}+\frac{\partial(v,w)}{\partial(y,z)}\right)$$

an. Handelt es sich speziell um eine ebene Flüssigkeitsbewegung, so gilt einfacher

(108) $$\Delta\left(\frac{1}{\varrho_0}p-U\right)=2\frac{\partial(u,v)}{\partial(x,y)}.$$

Unter geeigneten Rand- und Stetigkeitsbedingungen ist, wie später des näheren auseinandergesetzt werden wird (vgl. S. 427ff., 483ff.), p durch die Gleichung (103) bzw. (104) vollkommen bestimmt, sobald u, v, w bekannt sind. Betrachten wir z. B. eine in einem starren, ruhenden, von einer analytischen und regulären Fläche begrenzten Gefäß enthaltene Flüssigkeit und nehmen wir an, daß ihr Anfangszustand, d. h. die Verteilung der Dichte und der Geschwindigkeit zur Zeit t_0, bekannt sind. Dann ist der Druck zur selben Zeit, wie wir in dem nächsten Kapitel erkennen werden, bis auf eine willkürliche additive Konstante bestimmt. Durch das Geschwindigkeitsfeld ist also der Druck im wesentlichen mitbestimmt. Dieses Resultat läßt sich nicht aus den Eulerschen Gleichungen (8) direkt erschließen. Sie liefern nämlich $\frac{\partial p}{\partial x}, \frac{\partial p}{\partial y}, \frac{\partial p}{\partial z}$ erst, wenn außer u, v, w auch noch $\frac{\partial u}{\partial t}, \frac{\partial v}{\partial t}, \frac{\partial w}{\partial t}$ zur Zeit t_0 bekannt sind.

Wie werden nunmehr zeigen, daß die vorstehenden Resultate ihre Gültigkeit behalten, auch wenn bezüglich der Existenz der partiellen

Ableitungen zweiter Ordnung nichts bekannt ist, sobald es nur feststeht, daß die Funktionen

$$(109)\quad \frac{\partial u}{\partial x}, \frac{\partial u}{\partial y}, \frac{\partial u}{\partial z}; \frac{\partial v}{\partial x}, \ldots, \frac{\partial w}{\partial z}; \frac{\partial \varrho}{\partial x}, \frac{\partial \varrho}{\partial y}, \frac{\partial \varrho}{\partial z}; \frac{\partial X}{\partial x} + \frac{\partial Y}{\partial y} + \frac{\partial Z}{\partial z} = \mathsf{M}$$

für alle (x, y, z, t) in $\{T + S; \langle t_0, t_1\rangle\}$ einer H-Bedingung von der Form

$$(110)\quad \left|\frac{\partial}{\partial x} u(x, y, z) - \frac{\partial}{\partial x} u(\breve{x}, \breve{y}, \breve{z})\right|, \ldots, \left|\frac{\partial}{\partial z} w(x, y, z) - \frac{\partial}{\partial z} w(\breve{x}, \breve{y}, \breve{z})\right| \leqq \alpha_1 \breve{D}^\lambda;$$

$$(111)\quad \left|\mathsf{M}(x, y, z) - \mathsf{M}(\breve{x}, \breve{y}, \breve{z})\right|, \left|\frac{\partial}{\partial x} \varrho(x, y, z) - \frac{\partial}{\partial x} \varrho(\breve{x}, \breve{y}, \breve{z})\right|, \ldots \leqq \alpha_2 \breve{D}^\lambda,$$

$$D^2 = (x - \breve{x})^2 + (y - \breve{y})^2 + (z - \breve{z})^2, \quad 0 < \lambda < 1 \; (\alpha_1, \alpha_2 \text{ konstant})$$

genügen. Der Kürze halber wollen wir künftig die Gesamtheit der vorstehenden Voraussetzungen als die Voraussetzungen A bezeichnen.

Wir beweisen nunmehr, daß in $\{T; \langle t_0, t_1\rangle\}$ die partiellen Ableitungen zweiter Ordnung

$$(112)\quad \frac{\partial^2 p}{\partial x^2}, \frac{\partial^2 p}{\partial x \partial y}, \ldots, \frac{\partial^2 p}{\partial z^2}$$

existieren und sich stetig verhalten und der Druck p der Differentialgleichung (103) genügt. Mehr als dies, — es zeigt sich, daß auch die Funktionen (112) einer H-Bedingung mit dem Exponenten λ,

$$(113)\quad \left|\frac{\partial^2}{\partial x^2} p(x, y, z) - \frac{\partial^2}{\partial x^2} p(\breve{x}, \breve{y}, \breve{z})\right|, \ldots \leqq \alpha_3 \breve{D}^\lambda \qquad (\alpha_3 \text{ konstant})$$

genügen. Wie sich später bei Behandlung der Existenzsätze erweisen wird, genügt übrigens anzunehmen, daß die auf die partiellen Ableitungen der Geschwindigkeitskomponenten und der Dichte bezüglichen Bedingungen, sagen wir, für $t = t_0$ gelten, — sie gelten dann gewiß für alle hinreichend kleinen Werte von $t - t_0$.

Es sei $(\bar{x}, \bar{y}, \bar{z})$ ein Punkt im Innern von T, und es mögen $\bar{T}$ und T^* Kugelkörper um $(\bar{x}, \bar{y}, \bar{z})$ als Mittelpunkt mit den Radien $\bar{\mathfrak{r}}$ und $\mathfrak{r}^* > \bar{\mathfrak{r}}$ ganz im Innern von T bezeichnen. Ihre Oberflächen heißen $\bar{S}$ und S^*. Setzt man in die Identität[17]

$$(114)\quad \int\limits_{T^*-\bar{T}} \frac{1}{\varrho}\left(\frac{\partial U}{\partial x}\frac{\partial V}{\partial x} + \frac{\partial U}{\partial y}\frac{\partial V}{\partial y} + \frac{\partial U}{\partial z}\frac{\partial V}{\partial z}\right) d\tau$$

$$= -\int\limits_{S^*+\bar{S}} \frac{1}{\varrho} U \frac{\partial V}{\partial n} d\sigma - \int\limits_{T^*-\bar{T}} U\left\{\frac{\partial}{\partial x}\left(\frac{1}{\varrho}\frac{\partial V}{\partial x}\right) + \frac{\partial}{\partial y}\left(\frac{1}{\varrho}\frac{\partial V}{\partial y}\right) + \frac{\partial}{\partial z}\left(\frac{1}{\varrho}\frac{\partial V}{\partial z}\right)\right\} d\tau$$

---

[17] Man gewinnt sie durch eine teilweise Integration des über $T^* - \bar{T}$ erstreckten Integrals rechterhand. Man vergleiche hierzu die sich an die Formel (20) anschließenden ganz analogen Betrachtungen auf S. 41.

für U und V entsprechend $p(x, y, z)$ und $\mathfrak{K}^*(\bar{x}, \bar{y}, \bar{z}; x, y, z)$ ein, unter $\mathfrak{K}^*$ die in $(\bar{x}, \bar{y}, \bar{z})$ wie $\varrho(\bar{x}, \bar{y}, \bar{z})\,[(x-\bar{x})^2 + (y-\bar{y})^2 + (z-\bar{z})^2]^{-\frac{1}{2}}$ unstetige, auf S^* verschwindende Greensche Funktion der Differentialgleichung

$$\frac{\partial}{\partial x}\left(\frac{1}{\varrho}\frac{\partial U}{\partial x}\right) + \frac{\partial}{\partial y}\left(\frac{1}{\varrho}\frac{\partial U}{\partial y}\right) + \frac{\partial}{\partial z}\left(\frac{1}{\varrho}\frac{\partial U}{\partial z}\right) = 0 \tag{115}$$

verstanden[18], so erhält man durch Betrachtungen, die zu denjenigen auf S. 75 durchgeführten ganz analog sind[19], die Formel

$$p(\bar{x}, \bar{y}, \bar{z}) = \frac{1}{4\pi}\int\limits_{T^*}\frac{1}{\varrho}\left(\frac{\partial \mathfrak{K}^*}{\partial x}\frac{\partial p}{\partial x} + \frac{\partial \mathfrak{K}^*}{\partial y}\frac{\partial p}{\partial y} + \frac{\partial \mathfrak{K}^*}{\partial z}\frac{\partial p}{\partial z}\right)d\tau + \frac{1}{4\pi}\int\limits_{S^*}\frac{1}{\varrho}\,p\,\frac{\partial \mathfrak{K}^*}{\partial n}\,d\sigma$$

und wegen (8)

$$\begin{aligned} p(\bar{x}, \bar{y}, \bar{z}) = &-\frac{1}{4\pi}\int\limits_{T^*}\left\{\frac{\partial \mathfrak{K}^*}{\partial x}\left(\frac{\partial u}{\partial t} + u\frac{\partial u}{\partial x} + v\frac{\partial u}{\partial y} + w\frac{\partial u}{\partial z}\right) + \cdots\right\}d\tau \\ &+ \frac{1}{4\pi}\int\limits_{T^*}\left(\frac{\partial \mathfrak{K}^*}{\partial x}X + \frac{\partial \mathfrak{K}^*}{\partial y}Y + \frac{\partial \mathfrak{K}^*}{\partial z}Z\right)d\tau + \frac{1}{4\pi}\int\limits_{S^*}\frac{1}{\varrho}\,p\,\frac{\partial \mathfrak{K}^*}{\partial n}\,d\sigma. \end{aligned} \tag{116}$$

Es mögen zunächst die partiellen Ableitungen (101) vorhanden und stetig sein. Dann ist, wie eine teilweise Integration lehrt, wegen $\frac{\partial u}{\partial x} + \frac{\partial v}{\partial y} + \frac{\partial w}{\partial z} = 0$, da $\mathfrak{K}^*$ auf S^* verschwindet,

$$\int\limits_{T^*}\left(\frac{\partial \mathfrak{K}^*}{\partial x}\frac{\partial u}{\partial t} + \frac{\partial \mathfrak{K}^*}{\partial y}\frac{\partial v}{\partial t} + \frac{\partial \mathfrak{K}^*}{\partial z}\frac{\partial w}{\partial t}\right)d\tau = -\int\limits_{T^*}\mathfrak{K}^*\frac{\partial}{\partial t}\left(\frac{\partial u}{\partial x} + \frac{\partial v}{\partial y} + \frac{\partial w}{\partial z}\right)d\tau = 0,$$

$$\begin{aligned} &\int\limits_{T^*}\left(\frac{\partial \mathfrak{K}^*}{\partial x}u\frac{\partial u}{\partial x} + \frac{\partial \mathfrak{K}^*}{\partial y}u\frac{\partial v}{\partial x} + \frac{\partial \mathfrak{K}^*}{\partial z}u\frac{\partial w}{\partial x}\right)d\tau \\ &\qquad = -\int\limits_{T^*}\mathfrak{K}^*\left(\frac{\partial}{\partial x}\left(u\frac{\partial u}{\partial x}\right) + \frac{\partial}{\partial y}\left(u\frac{\partial v}{\partial x}\right) + \frac{\partial}{\partial z}\left(u\frac{\partial w}{\partial x}\right)\right)d\tau, \end{aligned}$$

. . . .

Alles in allem finden wir nach einer leichten Umformung

$$\begin{aligned} p(\bar{x}, \bar{y}, \bar{z}) = \frac{1}{4\pi}\int\limits_{T^*}\mathfrak{K}^*(\bar{x}, \bar{y}, \bar{z};\ x, y, z)&\left\{\left(\frac{\partial u}{\partial x}\right)^2 + \left(\frac{\partial v}{\partial y}\right)^2 + \left(\frac{\partial w}{\partial z}\right)^2\right. \\ + 2\frac{\partial u}{\partial y}\frac{\partial v}{\partial x} + 2\frac{\partial u}{\partial z}\frac{\partial w}{\partial x} + 2\frac{\partial v}{\partial z}\frac{\partial w}{\partial y}\Bigg\}d\tau &- \frac{1}{4\pi}\int\limits_{T^*}\mathfrak{K}^*\left(\frac{\partial X}{\partial x} + \frac{\partial Y}{\partial y} + \frac{\partial Z}{\partial z}\right)d\tau + \frac{1}{4\pi}\int\limits_{S^*}\frac{1}{\varrho}\,p\,\frac{\partial \mathfrak{K}^*}{\partial n}\,d\sigma. \end{aligned} \tag{117}$$

---

[18] Man beachte, daß $\frac{\partial \mathfrak{K}^*}{\partial x}$, $\frac{\partial \mathfrak{K}^*}{\partial y}$, $\frac{\partial \mathfrak{K}^*}{\partial z}$ auch noch auf $\bar{S}$ und S^* stetig sind, so daß die Formel (114) anwendbar ist. Näheres über partielle Differentialgleichungen zweiter Ordnung vom elliptischen Typus findet sich bsp. in meinem Encyklopädieartikel II C 12, Neuere Entwicklung der Theorie partieller Differentialgleichungen zweiter Ordnung vom elliptischen Typus, S. 1277—1334.

[19] Durch den Grenzübergang $\bar{\tau} \to 0$.

Diese Formel gilt, auch wenn bezüglich der Existenz der partiellen Ableitungen zweiter Ordnung (101) nichts bekannt ist. Man erkennt dies, ähnlich wie auf S. 391, indem man $u, v, w, p, \frac{\partial u}{\partial x}, \ldots, \frac{\partial w}{\partial z}$ durch geeignete analytische und reguläre Funktionen $u_n, v_n, w_n, p_n, \frac{\partial u_n}{\partial x}, \ldots, \frac{\partial w_n}{\partial z}$ approximiert[20].

In der Theorie der partiellen Differentialgleichungen zweiter Ordnung vom elliptischen Typus wird dargetan, daß es, sofern die obigen Voraussetzungen betreffend den Stetigkeitscharakter der Funktionen (109) erfüllt sind, eine und nur eine in $T^* + S^*$ stetige, in T^* reguläre Lösung[20a] p der partiellen Differentialgleichung (103) gibt, die auf S die Werte $p(\sigma)$ annimmt. Im Innern von T^* erfüllen $\frac{\partial^2 p}{\partial x^2}, \frac{\partial^2 p}{\partial x \partial y}, \ldots, \frac{\partial^2 p}{\partial z^2}$ eine H-Bedingung. Für die fragliche Lösung erhält man gerade den Ausdruck (117). Damit ist unsere Behauptung vollständig bewiesen.

Ist also bekannt, daß die partiellen Ableitungen erster Ordnung (109) der H-Bedingung genügen, so sind $\frac{\partial^2 p}{\partial x^2}, \ldots, \frac{\partial^2 p}{\partial z^2}$ für alle t in $\langle t_0, t_1 \rangle$ und alle (x, y, z) in T vorhanden und stetig und genügen ihrerseits einer H-Bedingung. Aus (8) folgt jetzt unmittelbar, daß unter den gleichen Voraussetzungen auch die partiellen Ableitungen

$$\frac{\partial}{\partial x}\frac{du}{dt}, \quad \frac{\partial}{\partial y}\frac{du}{dt}, \quad \frac{\partial}{\partial z}\frac{du}{dt}; \quad \frac{\partial}{\partial x}\frac{dv}{dt}, \ldots, \frac{\partial}{\partial z}\frac{dw}{dt}$$

existieren und einer H-Bedingung genügen[21].

---

[20] Vgl. L. Lichtenstein, loc. cit.[13] XI, S. 211—218, wo sich ähnliche Betrachtungen finden.

[20a] D. h. nebst ihren partiellen Ableitungen erster und zweiter Ordnung stetige.

[21] Wir nehmen diesmal freilich an, daß $\frac{\partial X}{\partial x}, \frac{\partial X}{\partial y}, \ldots, \frac{\partial Z}{\partial z}$ die H-Bedingung erfüllen.

Elftes Kapitel.

Existenzsätze.

1. Eine inkompressible, nicht notwendig homogene, den Gesamtraum erfüllende ideelle Flüssigkeit. Stationäre Unstetigkeiten zweiter Ordnung. Der fundamentale Existenz- und Unitätssatz. Problemstellung. Wir haben uns bereits im siebenten Kapitel über die Bedeutung der Existenzsätze unterhalten. Wir sind an jener Stelle von gewissen Grundfestsetzungen ausgegangen und haben die Euler-Lagrangeschen Bewegungsgleichungen abgeleitet. Diese Gleichungen sollen, wie des weiteren postuliert worden ist, unter Zugrundelegung geeigneter Stetigkeits-, Grenz- und Anfangsbedingungen die Bewegung vollkommen bestimmen. In dem Umfange als dies zutrifft und die sich ergebenden mathematischen Bewegungen als Bilder gewisser in der Natur beobachteten Bewegungserscheinungen aufgefaßt werden können, liegen in den Euler-Lagrangeschen Formeln nebst den ergänzenden Nebenbedingungen *Gesetzmäßigkeiten* der Natur vor.

Obwohl die erkenntnistheoretische Bedeutung der Existenzsätze augenscheinlich ganz erheblich ist, hat man sich doch erst in den letzten Jahren mit diesem Gegenstand systematisch beschäftigt. Eine lückenlose Durchführung der erforderlichen Konvergenzbeweise bedingt nämlich in den meisten Fällen einen sehr erheblichen mathematischen Apparat, dies trotzdem es sich in der Regel nur um Existenzsätze „im kleinen" handelt, d. h. um Behauptungen, die sich lediglich auf ein „hinreichend kleines" Zeitintervall beziehen. Manche Existenzsätze, darunter die wichtigsten, bilden übrigens auch heute noch ein Desideratum.

In dem vorliegenden Kapitel werden zunächst die allgemeinen Existenzsätze der Theorie inkompressibler ideeller sowie zäher Flüssigkeiten, soweit sie heute streng bewiesen werden können, sorgfältig formuliert. Sodann werden die mathematischen Ansätze des Verfahrens der sukzessiven Approximationen, das die Lösung liefert, vorgetragen und damit die Grundgedanken der Methode klargelegt. Von einer vollständigen Durchführung der ziemlich umständlichen Konvergenzbeweise mußte mit Rücksicht auf den verfügbaren Raum abgesehen werden[1].

---

[1] Selbstverständlich wird im Text allemal auf die in Betracht kommenden Originalabhandlungen verwiesen.

Wir beginnen mit der Betrachtung einer inkompressiblen, nicht notwendig homogenen Flüssigkeit und legen den folgenden Ausführungen den einfachsten Fall einer den Gesamtraum lückenlos ausfüllenden, „im Unendlichen ruhenden" Flüssigkeitsmasse zugrunde.

Vor allem einige Festsetzungen über den allgemeinen Stetigkeitscharakter der Bewegung. Wir nehmen an, daß in der betrachteten Flüssigkeitsmasse stationäre Unstetigkeiten zweiter Ordnung bestehen können, und denken uns dementsprechend in dem Raume a-b-c eine Anzahl $n \geqq 1$ beschränkter Flächen der Klasse Ah, die einander weder schneiden noch berühren und deren Gesamtheit kurz mit S_0 bezeichnet werden soll, gegeben (Fig. 37). Durch S_0 wird der Raum a-b-c in $n+1$ Gebiete $T_{01}, \ldots, T_{0n+1}$ zerlegt, von denen eines den unendlich fernen Punkt enthält. Der Gesamtrand von T_{0i} heiße S^{0i}. Die Flächen S_0 sind Unstetigkeitsflächen im Raume a-b-c. Wir nehmen demgemäß an, daß die überall stetigen Funktionen $x(a, b, c, t)$, $y(a, b, c, t)$, $z(a, b, c, t)$ in jedem vierdimensionalen Bereiche $\{T_{0i} + S^{0i};\ \langle t_0, t_1\rangle\}$ stetige Ableitungen erster Ordnung haben. Beim Durchgang durch S^{0i} können $\frac{\partial x}{\partial a}, \frac{\partial x}{\partial b}, \frac{\partial x}{\partial c}; \frac{\partial y}{\partial a}, \ldots, \frac{\partial z}{\partial c}$ sprungweise Unstetigkeiten erleiden, während $u = \frac{dx}{dt}$, $v = \frac{dy}{dt}$, $w = \frac{dz}{dt}$ sich auch noch auf S^{0i} stetig verhalten. Natürlich sind die Tangentialableitungen der Funktionen x, y, z auf S^{0i} stetig. Es bestehen nun für alle (a, b, c) und alle t in $\langle t_0, t_1\rangle$ Ungleichheiten von der Form

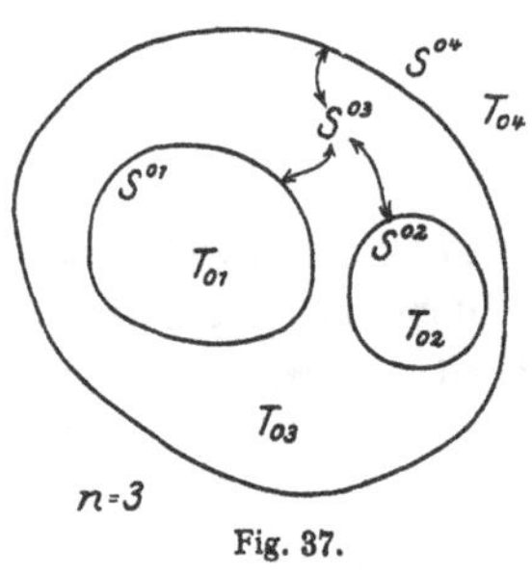

Fig. 37.

$$
\begin{aligned}
&|x-a|,\ |y-b|,\ |z-c| \leqq \mathfrak{k}_1 (1+R_0)^{-1},\\
(1)\qquad &\left|\frac{\partial x}{\partial a}-1\right|,\ \left|\frac{\partial x}{\partial b}\right|, \ldots, \left|\frac{\partial z}{\partial c}-1\right| \leqq \mathfrak{k}_2 (1+R_0)^{-2},\\
&|u|,\ |v|,\ |w| \leqq \mathfrak{k}_3 (1+R_0)^{-1}, \text{[2]}
\end{aligned}
$$

ferner für alle in einem und demselben Bereiche $T_{0i} + S^{0i}$ gelegenen (a, b, c), $(\breve{a}, \breve{b}, \breve{c})$ Beziehungen der Gestalt

$$
(2)\quad \left|\frac{\partial x}{\partial a}(a,b,c,t) - \frac{\partial x}{\partial a}(\breve{a},\breve{b},\breve{c},t)\right|, \ldots \leqq \mathfrak{k}_4 \{(1+R_0)^{-2-\lambda} + (1+\breve{R}_0)^{-2-\lambda}\} \breve{d}^{\lambda},
$$

$$
R_0^2 = a^2 + b^2 + c^2, \qquad \breve{R}_0^2 = \breve{a}^2 + \breve{b}^2 + \breve{c}^2,
$$

$$
\breve{d}^2 = (\breve{a}-a)^2 + (\breve{b}-b)^2 + (\breve{c}-c)^2, \qquad 0 < \lambda < 1.
$$

[2] In (1) bezeichnen $\mathfrak{k}_1, \mathfrak{k}_2, \mathfrak{k}_2$ Konstanten ebenso wie später $\mathfrak{k}_4, \ldots$ Es ist leicht einzusehen, daß sich für alle t in $\langle t_0, t_1\rangle$ aus den Ungleichheiten in der dritten Zeile der Formeln (1) durch Integration die Beziehungen der ersten Zeile mit $\mathfrak{k}_1 = \mathfrak{k}_3 |t_1 - t_0|$ ergeben.

In jedem Bereiche $T_{0i} + S^{0i}$, der Rand inbegriffen, erfüllen also $\frac{\partial x}{\partial a}, \frac{\partial x}{\partial b}, \frac{\partial x}{\partial c}; \frac{\partial y}{\partial a}, \ldots, \frac{\partial z}{\partial c}$ eine H-Bedingung mit dem Exponenten λ.[3]

Wir nehmen des weiteren an, daß auch die partiellen Ableitungen

$$\frac{\partial u}{\partial a} = \frac{\partial}{\partial a}\frac{dx}{dt}, \frac{\partial u}{\partial b}, \frac{\partial u}{\partial c}; \frac{\partial v}{\partial a}, \ldots, \frac{\partial w}{\partial c} \tag{5}$$

existieren und sich in jedem Bereiche $T_{0i} + S^{0i}$ stetig verhalten. Für alle (a, b, c) ist

$$\left|\frac{\partial u}{\partial a}\right|, \ldots, \left|\frac{\partial w}{\partial c}\right| \leqq \mathfrak{k}_5 (1 + R_0)^{-2}, \tag{6}$$

für alle (a, b, c) und $(\breve{a}, \breve{b}, \breve{c})$ in einem und demselben Bereiche $T_{0i} + S^{0i}$ ist

$$\left|\frac{\partial u}{\partial a}(a, b, c, t) - \frac{\partial u}{\partial a}(\breve{a}, \breve{b}, \breve{c}, t)\right|, \ldots \leqq \mathfrak{k}_6 \{(1 + R_0)^{-2-\lambda} + (1 + \breve{R}_0)^{-2-\lambda}\} \breve{d}^{\lambda}. \tag{7}$$

Auch die Funktionen (6) erfüllen in jedem Bereiche $T_{0i} + S^{0i}$, der Rand inbegriffen, eine H-Bedingung. Der Höldersche Koeffizient verschwindet im Unendlichen wie $R_0^{-2-\lambda} + \breve{R}_0^{-2-\lambda}$.[4]

Nach (1) verschwinden u, v, w für $R_0 \to \infty$, im Unendlichen „ruht" die Flüssigkeit.

Den Flächen S_0 werden durch Vermittlung der Funktionen $x(a, b, c, t)$, $y(a, b, c, t)$, $z(a, b, c, t)$ gewisse n Flächen der Klasse Ah, deren Gesamtheit mit S bezeichnet werden soll, zugeordnet. Durch S wird der Raum x-y-z in $n + 1$ Gebiete $T_1, \ldots, T_{n+1}$ zerlegt. Die Gesamtbegrenzung von T_i heiße S^i. Da es sich um eine inkompressible Flüssigkeit handelt, so ist $\frac{\partial(x, y, z)}{\partial(a, b, c)} = 1$, mithin auch

$$\frac{\partial u}{\partial x} + \frac{\partial v}{\partial y} + \frac{\partial w}{\partial z} = 0. \tag{8}$$

---

[3] Offenbar ist wegen (1)

$$\left|\frac{\partial}{\partial a}(x - a)\right| < \mathfrak{k}_2, \qquad \left|\frac{\partial}{\partial a}(x - a)\right| < \mathfrak{k}_2 R_0^{-2}. \tag{3}$$

Also ist $\frac{\partial}{\partial a}(x - a)$ beschränkt und verschwindet im Unendlichen wie R_0^{-2}. Wegen (2) ist ferner

$$\left|\frac{\partial x}{\partial a}(a, b, c, t) - \frac{\partial x}{\partial a}(\breve{a}, \breve{b}, \breve{c}, t)\right| < \begin{cases} 2\,\mathfrak{k}_4 \breve{d}^{\lambda}, \\ \mathfrak{k}_4 (R_0^{-2-\lambda} + \breve{R}_0^{-2-\lambda}) \breve{d}^{\lambda}. \end{cases} \tag{4}$$

Der Höldersche Koeffizient ist beschränkt und verschwindet im Unendlichen wie $R_0^{-2-\lambda} + \breve{R}_0^{-2-\lambda}$. Wie sich ohne Schwierigkeiten zeigen läßt, sind Ungleichheiten von der Form (2) gewiß erfüllt, wenn $\frac{\partial}{\partial a}(x - a), \ldots$ stetige, im Unendlichen wie R_0^{-3} verschwindende Ableitungen erster Ordnung haben. (Vgl. L. Lichtenstein, Über einige Hilfssätze der Potentialtheorie. III. Berichte der sächsischen Akademie der Wissenschaften 78 (1926), S. 213—239, insb. S 213—214, S. 230—231.)

[4] Offenbar folgen aus (7) und (6) durch Integration die Beziehungen (2) sowie die Beziehungen der zweiten Zeile in (1) mit $\mathfrak{k}_4 = \mathfrak{k}_6 |t_1 - t_0|$, $\mathfrak{k}_2 = \mathfrak{k}_5 |t_1 - t_0|$.

Für $t = t_0$ folgt hieraus insbesondere

$$\frac{\partial u_0}{\partial a} + \frac{\partial v_0}{\partial b} + \frac{\partial w_0}{\partial c} = 0, \tag{9}$$

unter u_0, v_0, w_0 wie auf S. 386 die Komponenten der Geschwindigkeit zur Zeit t_0 verstanden, die als vorgegeben anzusehen sind und die „Anfangsbedingungen“ des Problems (S. 309ff.) darstellen. Augenscheinlich genügen $u_0, v_0, w_0, \frac{\partial u_0}{\partial a}, \ldots, \frac{\partial w_0}{\partial c}$ den Ungleichheiten (6) und (7) sowie den Beziehungen der dritten Zeile in (1).

Wegen

$$\frac{\partial a}{\partial x} = \frac{\partial (y, z)}{\partial (b, c)}, \quad \ldots, \quad \frac{\partial c}{\partial z} = \frac{\partial (x, y)}{\partial (a, b)} \tag{10}$$

haben auch die inversen Funktionen $a = a(x, y, z, t), b = b(x, y, z, t)$, $c = c(x, y, z, t)$ in jedem vierdimensionalen Bereiche $\{T_i + S^i; \langle t_0, t_1\rangle\}$ stetige Ableitungen erster Ordnung. Beim Passieren der Flächen S können $\frac{\partial a}{\partial x}, \ldots, \frac{\partial c}{\partial z}$ sprungweise Unstetigkeiten erleiden, und es gibt unter den Funktionen (10) gewiß welche, bei denen dies zutrifft[5].

Offenbar ist

$$\left|\frac{\partial a}{\partial x} - 1\right|, \left|\frac{\partial a}{\partial y}\right|, \ldots, \left|\frac{\partial c}{\partial z} - 1\right| \leqq \mathfrak{k}_7 (1 + R_0)^{-2}. \tag{11}$$

Wegen (10), (2) und (1) ist, wie man fast unmittelbar sieht, bsp.

$$\left|\frac{\partial a}{\partial x}(x, y, z, t) - \frac{\partial a}{\partial x}(\breve{x}, \breve{y}, \breve{z}, t)\right|, \ldots \leqq \mathfrak{k}_8 \{(1 + R_0)^{-2-\lambda} + (1 + \breve{R}_0)^{-2-\lambda}\} \breve{d}^\lambda. \tag{12}$$

Nach einer früheren Bemerkung (vgl. S. 34) bleibt das Verhältnis

$$\frac{\breve{d}}{\breve{D}} \quad \text{mit} \quad \breve{D}^2 = (x - \breve{x})^2 + (y - \breve{y})^2 + (z - \breve{z})^2$$

für alle t in $\langle t_0, t_1\rangle$ gewiß zwischen zwei positiven Schranken enthalten,

$$\frac{1}{q} < \frac{\breve{d}}{\breve{D}} < q.\text{[6]} \tag{13}$$

Für (12) können wir darum schreiben

$$\left|\frac{\partial a}{\partial x}(x, y, z, t) - \frac{\partial a}{\partial x}(\breve{x}, \breve{y}, \breve{z}, t)\right|, \ldots \leqq \mathfrak{k}_9 \{(1 + R_0)^{-2-\lambda} + (1 + \breve{R}_0)^{-2-\lambda}\} \breve{D}^\lambda. \tag{14}$$

---

[5] Wären alle Funktionen (10) auf S stetig, so wären auch $\frac{\partial x}{\partial a}, \ldots, \frac{\partial z}{\partial c}$, mithin $\frac{\partial u}{\partial a} = \frac{d}{dt}\frac{\partial x}{\partial a}, \ldots, \frac{\partial w}{\partial c}$ auf S_0, darum auch $\frac{\partial u}{\partial x}, \ldots, \frac{\partial w}{\partial z}$ auf S stetig. Wir hätten dann in Wirklichkeit keinerlei Unstetigkeit zweiter Ordnung.

[6] Der Wert q hängt nur von $t_1 - t_0$ und $\mathfrak{k}_5$ ab.

Wie man sich leicht überzeugt, ist

$$\lim_{R_0 \to \infty} \frac{R}{R_0} = 1.^{7} \tag{15}$$

Für alle $R_0 > N_0$, unter N_0 eine hinreichend große Zahl verstanden, ist darum

$$\frac{R}{R_0} = 1 + k, \qquad |k| \leqq \varepsilon_0 < 1,$$

folglich

$$1 + R = 1 + R_0(1+k), \quad \frac{1+R}{1+R_0} = 1 + k\frac{R_0}{1+R_0} = 1 + l, \quad |l| < \varepsilon_0.$$

Aus Gründen der Stetigkeit ist ferner für alle $R_0 \leqq N_0$

$$\frac{1+R}{1+R_0} \leqq N_1 \qquad (N_1 \text{ konstant}).$$

Für alle R_0 ist also, alles in allem,

$$\frac{1+R}{1+R_0} \leqq N_2, \quad (1+R_0)^{-2-\lambda} \leqq N_2^{2+\lambda}(1+R)^{-2-\lambda} \tag{16}$$

und analog

$$(1+\breve{R}_0)^{-2-\lambda} \leqq N_2^{2+\lambda}(1+\breve{R})^{-2-\lambda}. \tag{17}$$

Aus (14), (16) und (17) ergibt sich nunmehr endgültig

$$\left|\frac{\partial a}{\partial x}(x, y, z, t) - \frac{\partial a}{\partial x}(\breve{x}, \breve{y}, \breve{z}, t)\right|, \ldots \leqq \mathfrak{k}_{10}\{(1+R)^{-2-\lambda} + (1+\breve{R})^{-2-\lambda}\}\breve{D}^{\lambda}. \tag{18}$$

Beachtet man jetzt die Formel

$$\frac{\partial u}{\partial x} = \frac{\partial u}{\partial a}\frac{\partial a}{\partial x} + \frac{\partial u}{\partial b}\frac{\partial b}{\partial x} + \frac{\partial u}{\partial c}\frac{\partial c}{\partial x}$$

sowie die Ungleichheiten (6), (7), (11), (16), (18), so findet man für alle (x, y, z)

$$\left|\frac{\partial u}{\partial x}\right| \leqq \mathfrak{k}_{11}(1+R)^{-2}, \ldots, \tag{19}$$

ferner für alle in einem und demselben Bereiche $T_i + S^i$ gelegenen (x, y, z) und $(\breve{x}, \breve{y}, \breve{z})$

$$\left|\frac{\partial u}{\partial x}(x, y, z, t) - \frac{\partial u}{\partial x}(\breve{x}, \breve{y}, \breve{z}, t)\right|, \ldots \leqq \mathfrak{k}_{12}\{(1+R)^{-2-\lambda} + (1+\breve{R})^{-2-\lambda}\}\breve{D}^{\lambda}. \tag{20}$$

---

[7] In der Tat ist

$$R^2 = R_0^2 + 2\{a(x-a) + b(y-b) + c(z-c)\} + (x-a)^2 + (y-b)^2 + (z-c)^2,$$

darum wegen (1)

$$\lim \frac{R^2}{R_0^2} = 1.$$

Analoge Ungleichheiten gelten für $\frac{\partial u}{\partial y}, \frac{\partial u}{\partial z}, \frac{\partial v}{\partial x}, \ldots, \frac{\partial w}{\partial z}$. Diese Ableitungen genügen also in jedem Bereiche $T_i + S^i$ einer H-Bedingung mit dem Exponenten λ. Es ist einleuchtend, daß auch die Wirbelkomponenten

$$(21)\quad \xi = \frac{1}{2}\left(\frac{\partial w}{\partial y} - \frac{\partial v}{\partial z}\right), \quad \eta = \frac{1}{2}\left(\frac{\partial u}{\partial z} - \frac{\partial w}{\partial x}\right), \quad \zeta = \frac{1}{2}\left(\frac{\partial v}{\partial x} - \frac{\partial u}{\partial y}\right)$$

in jedem Bereiche $T_i + S^i$ stetig sind und einer H-Bedingung genügen. Wir finden

$$(22)\qquad |\xi|, |\eta|, |\zeta| \leqq \mathfrak{k}_{13}(1+R)^{-2},$$

$$|\xi(x,y,z,t) - \xi(\breve{x},\breve{y},\breve{z},t)|, \ldots \leqq \mathfrak{k}_{14}\{(1+R)^{-2-\lambda} + (1+\breve{R})^{-2-\lambda}\}\breve{D}^{\lambda}.$$

Auf S^i können ξ, η, ζ sprungweise Änderungen erfahren, doch bleibt die Normalkomponente des Wirbelvektors gewiß auch beim Passieren von S^i stetig (vgl. S. 200).

Was nun die Dichte betrifft, so nehmen wir an, daß $\varrho_0(a,b,c)$, die Dichtefunktion im Raume a-b-c, stetig ist und in jedem Bereiche $T_{0i} + S^{0i}$ stetige, der H-Bedingung genügende partielle Ableitungen erster Ordnung hat. Es gelten Ungleichheitsbeziehungen von der Form

$$(23)\qquad \left|\frac{\partial \varrho_0}{\partial a}\right|, \left|\frac{\partial \varrho_0}{\partial b}\right|, \left|\frac{\partial \varrho_0}{\partial c}\right| \leqq \mathfrak{k}_{15}(1+R_0)^{-2},$$

$$\left|\frac{\partial \varrho_0}{\partial a}(a,b,c) - \frac{\partial \varrho_0}{\partial a}(\breve{a},\breve{b},\breve{c})\right|, \ldots \leqq \mathfrak{k}_{16}\{(1+R_0)^{-2-\lambda} + (1+\breve{R}_0)^{-2-\lambda}\}\breve{d}^{\lambda}.$$

Augenscheinlich konvergiert ϱ_0 für $R \to \infty$ gegen einen bestimmten Wert ϱ_∞. Man stellt ferner ohne Mühe fest, daß

$$(24)\quad |\varrho_0 - \varrho_\infty| = \left|\int_\infty^{(a,b,c)} \frac{\partial \varrho_0}{\partial a}\,da + \frac{\partial \varrho_0}{\partial b}\,db + \frac{\partial \varrho_0}{\partial c}\,dc\right| \leqq \mathfrak{k}_{17}(1+R_0)^{-1}$$

ist. Als Ortsfunktion im Raume x-y-z aufgefaßt, ist die Dichte $\varrho = \varrho(x,y,z,t)$ stetig und hat in jedem Bereiche $T_i + S^i$ stetige, der H-Bedingung genügende partielle Ableitungen erster Ordnung. Wie man sich leicht überzeugt, ist

$$(25)\qquad \left|\frac{\partial \varrho}{\partial x}\right|, \left|\frac{\partial \varrho}{\partial y}\right|, \ldots \leqq \mathfrak{k}_{18}(1+R)^{-2},$$

$$\left|\frac{\partial \varrho}{\partial x}(x,y,z,t) - \frac{\partial \varrho}{\partial x}(\breve{x},\breve{y},\breve{z},t)\right|, \ldots \leqq \mathfrak{k}_{19}\{(1+R)^{-2-\lambda} + (1+\breve{R})^{-2-\lambda}\}\breve{D}^{\lambda}.$$

Soviel über die Dichte und die Komponenten der Geschwindigkeit. Was jetzt den Flüssigkeitsdruck anlangt, so wird im Einklang mit den Ergebnissen des siebenten Kapitels angenommen, daß der Druck sich nebst seinen partiellen Ableitungen erster Ordnung überall stetig verhält[8]. Das Verhalten im Unendlichen wird durch die folgenden Beziehungen gekennzeichnet:

$$(26)\qquad \left|\frac{\partial p}{\partial x}\right|,\ \left|\frac{\partial p}{\partial y}\right|,\ldots \leqq \mathfrak{k}_{20}(1+R)^{-2},$$

$$\left|\frac{\partial p}{\partial x}(x,y,z,t)-\frac{\partial p}{\partial x}(\breve{x},\breve{y},\breve{z},t)\right|,\ldots \leqq \mathfrak{k}_{21}\{(1+R)^{-2-\lambda}+(1+\breve{R})^{-2-\lambda}\}\breve{D}^{\lambda}.$$

Aus (26) folgt, daß p für $R\to\infty$ gegen einen bestimmten Wert konvergiert. Wir setzen

$$(27)\qquad \lim_{R\to\infty} p = p_\infty,$$

unter p_∞ eine vorgegebene stetige Funktion der Zeit verstanden.

Was schließlich die auf die Flüssigkeit wirkenden Kräfte betrifft, so wollen wir hierüber folgende Annahmen machen. Die Komponenten der Einheitskräfte X, Y, Z, die nicht notwendig eine Kräftefunktion haben müssen und übrigens auch von der Zeit abhängen können,

$$(28)\qquad X=X(x,y,z,t),\quad Y=Y(x,y,z,t),\quad Z=Z(x,y,z,t),$$

sind stetig und haben stetige partielle Ableitungen der beiden ersten Ordnungen in bezug auf die Ortsvariablen, $\frac{\partial X}{\partial x},\ldots,\frac{\partial^2 Z}{\partial z^2}$. Ihr Verhalten im Unendlichen wird durch die folgenden Ungleichheiten charakterisiert:

$$(29)\qquad |X|,\ldots \leqq \mathfrak{k}_{22}(1+R)^{-3};\quad \left|\frac{\partial X}{\partial x}\right|,\ldots \leqq \mathfrak{k}_{23}(1+R)^{-4};$$

$$\left|\frac{\partial^2 X}{\partial x^2}\right|,\ldots \leqq \mathfrak{k}_{24}(1+R)^{-5};$$

$$\left|\frac{\partial^2 X}{\partial x^2}(x,y,z,t)-\frac{\partial^2 X}{\partial x^2}(\breve{x},\breve{y},\breve{z},t)\right|,\ldots \leqq \mathfrak{k}_{25}\{(1+R)^{-5-\lambda}+(1+\breve{R})^{-5-\lambda}\}\breve{D}^{\lambda}.$$

Haben die Einheitskräfte ein Potential, $U(x,y,z,t)$, so genügt es vorauszusetzen, daß U sowie seine partiellen Ableitungen der beiden ersten Ordnungen in bezug auf x, y, z stetig sind und daß $\frac{\partial^2 U}{\partial x^2},\ldots,\frac{\partial^2 U}{\partial z^2}$ einer H-Bedingung genügen. Des weiteren ist

$$(30)\qquad |U|\leqq \mathfrak{k}_{26}(1+R)^{-1};\quad \left|\frac{\partial U}{\partial x}\right|,\ldots \leqq \mathfrak{k}_{27}(1+R)^{-2};$$

$$\left|\frac{\partial^2 U}{\partial x^2}\right|,\ldots \leqq \mathfrak{k}_{28}(1+R)^{-3};$$

$$\left|\frac{\partial^2 U}{\partial x^2}(x,y,z,t)-\frac{\partial^2 U}{\partial x^2}(\breve{x},\breve{y},\breve{z},t)\right|,\ldots \leqq \mathfrak{k}_{29}\{(1+R)^{-3-\lambda}+(1+\breve{R})^{-3-\lambda}\}\breve{D}^{\lambda}.$$

[8] Man beachte, daß es sich im vorliegenden Falle um eine (stationäre) Unstetigkeit zweiter Ordnung handelt, $\frac{du}{dt}$, $\frac{dv}{dt}$, $\frac{dw}{dt}$ sich demnach stetig verhalten. Aus den Eulerschen Gleichungen (50) VII ersieht man, daß durchgängige Stetigkeit der partiellen Ableitungen $\frac{\partial p}{\partial x}$, $\frac{\partial p}{\partial y}$, $\frac{\partial p}{\partial z}$ gefordert werden muß.

Wir haben vorhin angenommen, daß in der Flüssigkeitsmasse (stationäre) Unstetigkeiten zweiter Ordnung bestehen. Die vorstehenden Aussagen sind in naheliegender Weise zu modifizieren, wenn $\frac{\partial u}{\partial a}, \frac{\partial u}{\partial b}, \frac{\partial u}{\partial c}; \frac{\partial v}{\partial a}, \ldots, \frac{\partial w}{\partial c}$, darum auch $\frac{\partial x}{\partial a}, \ldots, \frac{\partial z}{\partial c}; \frac{\partial u}{\partial x}, \ldots, \frac{\partial w}{\partial z}$ überall stetig sind, mithin keinerlei Unstetigkeiten zweiter Ordnung vorliegen.

Unsere Festsetzungen, als deren analytischen Ausdruck die Formeln (1) bis (30) anzusehen sind, sind, wie man sich leicht überzeugt, durchaus im Einklang mit den allgemeinen Ergebnissen des siebenten und des zehnten Kapitels, wenn auch dort von dem Erfülltsein gewisser Hölderschen Bedingungen noch nicht die Rede war.

Nun der **fundamentale Existenz- und Unitätssatz.**

Es mögen die Einheitskräfte und die Dichtefunktion $\varrho_0(a, b, c)$ *die zuletzt angegebenen Bedingungen befriedigen. Es möge das Geschwindigkeitsfeld in dem Zeitpunkt* t_0 *den Ungleichheiten* (1)[9], (6) *und* (7) *genügen. Alsdann gibt es für alle* t *in einem hinreichend kleinen Zeitintervalle* $\langle t_0, t_1\rangle$ *eine und nur eine Bewegung, die den im vorstehenden dargelegten Charakter hat und den fraglichen Anfangsbedingungen genügt. Durch die Anfangsbedingungen und das Verhalten im Unendlichen ist die Bewegung vollkommen bestimmt.*

Gibt es unter den Größen $\frac{\partial u_0}{\partial a}, \frac{\partial u_0}{\partial b}, \frac{\partial u_0}{\partial c}; \frac{\partial v_0}{\partial a}, \ldots, \frac{\partial w_0}{\partial c}$ welche, die sich auf S_0 sprungweise ändern, so sind gewiß nicht alle Funktionen $\frac{\partial x}{\partial a}, \frac{\partial x}{\partial b}, \frac{\partial x}{\partial c}; \ldots; \frac{\partial u}{\partial a}, \ldots, \frac{\partial w}{\partial c}$ auf S_0 stetig. In der Flüssigkeit besteht eine stationäre Unstetigkeit zweiter Ordnung; S_0 sind die Unstetigkeitsflächen. *Andere Unstetigkeitsflächen können sich in dem Zeitintervall* $\langle t_0, t_1\rangle$ *nicht ausbilden.* Sind insbesondere $\frac{\partial u_0}{\partial a}, \frac{\partial u_0}{\partial b}, \ldots, \frac{\partial w_0}{\partial c}$ durchweg stetig, so liegt eine Unstetigkeit zweiter Ordnung überhaupt nicht vor.

Noch eine Bemerkung. Bei der Ableitung der Cauchy-Helmholtzschen Gleichungen war es nicht erforderlich, das Erfülltsein der Hölderschen Bedingungen (7) vorauszusetzen[10]. Hingegen scheint es, als ob für die Unität der Lösung, ja die Gültigkeit des Existenzsatzes selbst das Vorhandensein schlechthin stetiger oder abteilungsweise stetiger Ableitungen (6) für $t = t_0$ nicht ausreichen würde, — eine zusätzliche Bedingung nach Art der Ungleichheiten (7) dürfte sich dabei als notwendig erweisen.

---

[9] Es handelt sich um die dritte Beziehung (1).

[10] Bei Behandlung der Helmholtzschen Wirbelsätze ist freilich (S. 402) die Existenz stetiger Ableitungen zweiter Ordnung vorausgesetzt worden, doch hätte man diese Annahme auch entbehren können (vgl. die Ausführungen der Fußnote [14] des zehnten Kapitels).

2. Die Integro-Differentialgleichungen des Problems. Vereinfachungen in dem besonderen Falle einer homogenen Flüssigkeit und konservativer Kräfte. Wir greifen jetzt auf die in dem vorhergehenden Kapitel aufgestellten Formeln von Friedmann sowie die Formeln des dritten Kapitels zurück. Die den Beziehungen (25) X, (26) X zugrunde liegenden Voraussetzungen sind, sofern es eine Bewegung der festgesetzten Art gibt, sämtlich als erfüllt anzusehen. Bei der Entwicklung der Formeln des dritten Kapitels wurde indessen angenommen, daß ξ, η, ζ stetige Ableitungen erster Ordnung haben, während diesmal lediglich feststeht, daß diese Funktionen eine H-Bedingung befriedigen. Es wird darum notwendig sein, nachträglich zu zeigen, daß die Beziehungen (119) III und (137) III auch jetzt noch vollkommen gleichwertig sind (vgl. S. 486, insbes. die Fußnote 74).

Aus (25) X, (26) X folgt jetzt also

$$
\begin{aligned}
u(x,y,z,t) &= -\frac{1}{2\pi}\int\limits_{\infty}\frac{\partial}{\partial z}\left(\frac{1}{r}\right)\eta'\,d\tau' + \frac{1}{2\pi}\int\limits_{\infty}\frac{\partial}{\partial y}\left(\frac{1}{r}\right)\zeta'\,d\tau',\\
v(x,y,z,t) &= -\frac{1}{2\pi}\int\limits_{\infty}\frac{\partial}{\partial x}\left(\frac{1}{r}\right)\zeta'\,d\tau' + \frac{1}{2\pi}\int\limits_{\infty}\frac{\partial}{\partial z}\left(\frac{1}{r}\right)\xi'\,d\tau',\\
w(x,y,z,t) &= -\frac{1}{2\pi}\int\limits_{\infty}\frac{\partial}{\partial y}\left(\frac{1}{r}\right)\xi'\,d\tau' + \frac{1}{2\pi}\int\limits_{\infty}\frac{\partial}{\partial x}\left(\frac{1}{r}\right)\eta'\,d\tau';
\end{aligned} \tag{31}
$$

$$
\begin{aligned}
\xi &= (\xi_0+\xi^*+\xi_*)\frac{\partial x}{\partial a} + (\eta_0+\eta^*+\eta_*)\frac{\partial x}{\partial b} + (\zeta_0+\zeta^*+\zeta_*)\frac{\partial x}{\partial c},\\
\eta &= (\xi_0+\xi^*+\xi_*)\frac{\partial y}{\partial a} + (\eta_0+\eta^*+\eta_*)\frac{\partial y}{\partial b} + (\zeta_0+\zeta^*+\zeta_*)\frac{\partial y}{\partial c},\\
\zeta &= (\xi_0+\xi^*+\xi_*)\frac{\partial z}{\partial a} + (\eta_0+\eta^*+\eta_*)\frac{\partial z}{\partial b} + (\zeta_0+\zeta^*+\zeta_*)\frac{\partial z}{\partial c};
\end{aligned} \tag{32}
$$

$$\xi' = \xi\,(x',y',z'),\ldots,\quad r^2 = (x-x')^2+(y-y')^2+(z-z')^2,\quad d\tau' = dx'\,dy'\,dz'.$$

Die Integrationen sind über den ganzen Raum der Variablen x', y', z' erstreckt zu denken, was durch das Zeichen ∞ angedeutet werden soll. Da nun $\frac{\partial(x,y,z)}{\partial(a,b,c)} = 1$ ist, so kann man für (31) auch setzen

$$u(x,y,z,t) = -\frac{1}{2\pi}\int\limits_{\infty_0}\frac{\partial}{\partial z}\left(\frac{1}{r}\right)\eta'\,d\tau_0' + \frac{1}{2\pi}\int\limits_{\infty_0}\frac{\partial}{\partial y}\left(\frac{1}{r}\right)\zeta'\,d\tau_0',\quad d\tau_0' = da'\,db'\,dc', \tag{33}$$

. . . .

Hier wird über den Gesamtraum der Variablen a, b, c integriert. Die Ausdrücke $\frac{\partial}{\partial z}\left(\frac{1}{r}\right)\eta',\ldots$ sind als Funktionen von (a, b, c), (a', b', c') aufzufassen. Man kann übrigens wegen $x = a + \int\limits_{t_0}^{t} u\,dt,\ldots$

auch schreiben

$$(34)\quad x = a + \int_{t_0}^{t} dt \left\{ -\frac{1}{2\pi} \int_{\infty_0} \frac{\partial}{\partial z}\left(\frac{1}{r}\right) \eta' \, d\tau_0' + \frac{1}{2\pi} \int_{\infty_0} \frac{\partial}{\partial y}\left(\frac{1}{r}\right) \zeta' \, d\tau_0' \right\}, \ldots$$

Die Beziehungen (32) bis (34) sowie die alsbald anzugebende Differentialgleichung für p sind Integro-Differentialgleichungen, die den Existenz- und Unitätsbetrachtungen zugrunde gelegt werden können.

Handelt es sich speziell um eine homogene Flüssigkeit und haben die Einheitskräfte ein Potential, $U(x, y, z, t)$, so ist nach Cauchy, wie wir wissen,

$$(35)\quad \begin{gathered} \xi = \xi_0 \frac{\partial x}{\partial a} + \eta_0 \frac{\partial x}{\partial b} + \zeta_0 \frac{\partial x}{\partial c}, \qquad \eta = \xi_0 \frac{\partial y}{\partial a} + \eta_0 \frac{\partial y}{\partial b} + \zeta_0 \frac{\partial y}{\partial c}, \\ \zeta = \xi_0 \frac{\partial z}{\partial a} + \eta_0 \frac{\partial z}{\partial b} + \zeta_0 \frac{\partial z}{\partial c}. \end{gathered}$$

Die Integrationen sind über diejenigen Teile des Raumes a-b-c erstreckt zu denken, in denen $\xi_0^2 + \eta_0^2 + \zeta_0^2 > 0$ ist. Von besonderem Interesse ist dabei der Spezialfall, daß zur Zeit t_0 alle Wirbellinien geschlossen sind und eine einzige Wirbelröhre $T_0 + S_0$ bilden, deren Begrenzung S_0 eine Fläche der Klasse Ah vom topologischen Typus der Kreisringfläche darstellt. Außerhalb von T_0 ist die Bewegung zur Zeit t_0 wirbellos. Die Tangentialkomponente des Wirbelvektors kann auf S_0 sprungweise Unstetigkeiten erleiden, seine Normalkomponente ist auch noch auf S_0 stetig[11].

Außerhalb von T_0 ist zur Zeit t_0 ein Geschwindigkeitspotential vorhanden,

$$u_0 = \frac{\partial \varphi_0}{\partial a}, \quad v_0 = \frac{\partial \varphi_0}{\partial b}, \quad w_0 = \frac{\partial \varphi_0}{\partial c}.$$

Wegen

$$\frac{\partial u_0}{\partial a} + \frac{\partial v_0}{\partial b} + \frac{\partial w_0}{\partial c} = 0$$

ist $\Delta \varphi_0 = 0$. Also ist auch $\Delta u_0 = \Delta v_0 = \Delta w_0 = 0$. In dem Außengebiete Θ_0 einer beliebigen Kugel, die $T_0 + S_0$ umschließt, ist φ_0 gewiß eindeutig. Ist nämlich Γ_0 irgendeine geschlossene, doppelpunktlose Kurve mit stetiger Tangente in Θ_0, in die ein Stück einer Fläche mit stetiger Normale, Σ_0, eingespannt ist, so ist

$$\int_{\Gamma_0} d\varphi_0 = \int_{\Gamma_0} u_0 \, da + v_0 \, db + w_0 \, dc$$

gleich dem Gesamtfluß des Wirbelvektors durch Σ_0, d. h. gleich Null,

[11] Natürlich können ξ_0, η_0, ζ_0 bei der Annäherung an S_0 von T_0 aus auch stetig in den Wert Null übergehen. Alsdann sind ξ_0, η_0, ζ_0 überall stetig, eine (stationäre) Unstetigkeit zweiter Ordnung liegt, wie sich an Hand der Formeln (31) leicht zeigen läßt, in Wirklichkeit nicht mehr vor.

da diesmal sich alle Wirbelfäden in $T_0 + S_0$ schließen. Wird jetzt wie auf S. 416 $u_0, v_0, w_0 = O(R_0^{-1})$ vorausgesetzt, so finden wir $\frac{\partial \varphi_0}{\partial a}, \frac{\partial \varphi_0}{\partial b}, \frac{\partial \varphi_0}{\partial c} = O(R_0^{-1})$, mithin $\varphi_0 = O(\log R_0)$.

Den Ausführungen auf S. 65 gemäß folgt hieraus, daß φ_0 für $R_0 \to \infty$ gegen einen bestimmten Wert konvergiert und $D_1 \varphi_0 = O(R_0^{-2})$, $D_2 \varphi_0 = O(R_0^{-3})$ gesetzt werden kann.

Wir finden also

$$u_0, v_0, w_0 = O(R^{-2}); \quad \frac{\partial u_0}{\partial a}, \ldots, \frac{\partial w_0}{\partial c} = O(R^{-3}). \tag{36}$$

Man wird jetzt sinngemäß die Beziehungen

$$\begin{gathered} |x - a|, \quad |y - b|, \quad |z - c| = O(R_0^{-2}); \\ \left|\frac{\partial x}{\partial a} - 1\right|, \left|\frac{\partial x}{\partial b}\right|, \ldots, \left|\frac{\partial z}{\partial c} - 1\right| = O(R_0^{-3}); \\ u, v, w = O(R^{-2}); \quad \frac{\partial u}{\partial x}, \ldots, \frac{\partial w}{\partial z} = O(R^{-3}) \end{gathered} \tag{37}$$

erwarten dürfen. Es genügt jetzt ferner ausdrücklich vorauszusetzen, daß die partiellen Ableitungen $\frac{\partial u_0}{\partial a}, \ldots, \frac{\partial w_0}{\partial c}$ in $T_0 + S_0$ einer H-Bedingung mit dem Exponenten λ $(0 < \lambda < 1)$ genügen. Da in dem Komplementärgebiete u_0, v_0, w_0 reguläre Potentialfunktionen sind, so sind die Ungleichheiten (7) von selbst erfüllt[12].

Was die Kräftefunktion $U(x, y, z, t)$ betrifft, so genügt diesmal vorauszusetzen, daß $\frac{\partial U}{\partial x}, \frac{\partial U}{\partial y}, \frac{\partial U}{\partial z} = O(R^{-2})$ gilt.

Es ist jetzt

$$x = a + \int_{t_0}^{t} dt \left\{- \frac{1}{2\pi} \int_{T_0} \frac{\partial}{\partial z}\left(\frac{1}{r}\right) \eta' d\tau_0' + \frac{1}{2\pi} \int_{T_0} \frac{\partial}{\partial y}\left(\frac{1}{r}\right) \zeta' d\tau_0'\right\}, \tag{38}$$

. . . .

Eine ganz analoge Formel gilt, wenn in der Flüssigkeit zur Zeit t_0 mehrere geschlossene Ringe vorliegen.

Wir kehren jetzt zu den eingangs eingeführten allgemeineren Voraussetzungen zurück und fassen die bisherigen Ergebnisse zusammen. Es handelt sich um den Existenzbeweis der vorhin bezüglich ihrer Stetigkeitseigenschaften und ihres Verhaltens im Unendlichen charakterisierten Funktionen $x(a, b, c, t)$, $y(a, b, c, t)$, $z(a, b, c, t)$, die den Anfangsbedingungen

$$x(a, b, c, t_0) = a, \quad y(a, b, c, t_0) = b, \quad z(a, b, c, t_0) = c \tag{39}$$

---

[12] Man vergleiche die Ausführungen der Fußnote [3].

und den folgenden weiteren Beziehungen genügen:

$$\frac{dx}{dt} = u(x, y, z, t), \quad \frac{dy}{dt} = v(x, y, z, t), \quad \frac{dz}{dt} = w(x, y, z, t),$$

$$(40) \quad \begin{aligned} u &= -\frac{1}{2\pi}\int_\infty \frac{\partial}{\partial z}\left(\frac{1}{r}\right)\eta' d\tau' + \frac{1}{2\pi}\int_\infty \frac{\partial}{\partial y}\left(\frac{1}{r}\right)\zeta' d\tau', \\ v &= -\frac{1}{2\pi}\int_\infty \frac{\partial}{\partial x}\left(\frac{1}{r}\right)\zeta' d\tau' + \frac{1}{2\pi}\int_\infty \frac{\partial}{\partial z}\left(\frac{1}{r}\right)\xi' d\tau', \\ w &= -\frac{1}{2\pi}\int_\infty \frac{\partial}{\partial y}\left(\frac{1}{r}\right)\xi' d\tau' + \frac{1}{2\pi}\int_\infty \frac{\partial}{\partial x}\left(\frac{1}{r}\right)\eta' d\tau'. \end{aligned}$$

Für die Wirbelkomponenten ξ, η, ζ fanden wir in dem zehnten Kapitel die Friedmannschen Ausdrücke

$$(41) \quad \begin{gathered} \xi = \mathfrak{x}_0 \frac{\partial x}{\partial a} + \mathfrak{y}_0 \frac{\partial x}{\partial b} + \mathfrak{z}_0 \frac{\partial x}{\partial c}, \quad \eta = \mathfrak{x}_0 \frac{\partial y}{\partial a} + \mathfrak{y}_0 \frac{\partial y}{\partial b} + \mathfrak{z}_0 \frac{\partial y}{\partial c}, \\ \zeta = \mathfrak{x}_0 \frac{\partial z}{\partial a} + \mathfrak{y}_0 \frac{\partial z}{\partial b} + \mathfrak{z}_0 \frac{\partial z}{\partial c} \end{gathered}$$

mit

$$(42) \quad \mathfrak{x}_0 = \xi_0 + \xi^* + \xi_*, \quad \mathfrak{y}_0 = \eta_0 + \eta^* + \eta_*, \quad \mathfrak{z}_0 = \zeta_0 + \zeta^* + \zeta_*,$$

$$(43) \quad 2\xi_0 = \frac{\partial w_0}{\partial b} - \frac{\partial v_0}{\partial c}, \quad 2\eta_0 = \frac{\partial u_0}{\partial c} - \frac{\partial w_0}{\partial a}, \quad 2\zeta_0 = \frac{\partial v_0}{\partial a} - \frac{\partial u_0}{\partial b},$$

$$(44) \quad \begin{aligned} 2\xi^* &= \int_{t_0}^{t} \left\{ \frac{\partial X}{\partial b}\frac{\partial x}{\partial c} - \frac{\partial X}{\partial c}\frac{\partial x}{\partial b} + \frac{\partial Y}{\partial b}\frac{\partial y}{\partial c} - \frac{\partial Y}{\partial c}\frac{\partial y}{\partial b} + \frac{\partial Z}{\partial b}\frac{\partial z}{\partial c} - \frac{\partial Z}{\partial c}\frac{\partial z}{\partial b} \right\} dt, \\ 2\eta^* &= \int_{t_0}^{t} \left\{ \frac{\partial X}{\partial c}\frac{\partial x}{\partial a} - \frac{\partial X}{\partial a}\frac{\partial x}{\partial c} + \frac{\partial Y}{\partial c}\frac{\partial y}{\partial a} - \frac{\partial Y}{\partial a}\frac{\partial y}{\partial c} + \frac{\partial Z}{\partial c}\frac{\partial z}{\partial a} - \frac{\partial Z}{\partial a}\frac{\partial z}{\partial c} \right\} dt, \\ 2\zeta^* &= \int_{t_0}^{t} \left\{ \frac{\partial X}{\partial a}\frac{\partial x}{\partial b} - \frac{\partial X}{\partial b}\frac{\partial x}{\partial a} + \frac{\partial Y}{\partial a}\frac{\partial y}{\partial b} - \frac{\partial Y}{\partial b}\frac{\partial y}{\partial a} + \frac{\partial Z}{\partial a}\frac{\partial z}{\partial b} - \frac{\partial Z}{\partial b}\frac{\partial z}{\partial a} \right\} dt, \end{aligned}$$

$$(45) \quad \begin{aligned} 2\xi_* &= \int_{t_0}^{t} \left\{ \frac{\partial}{\partial c}\left(\frac{1}{\varrho}\right)\frac{\partial p}{\partial b} - \frac{\partial}{\partial b}\left(\frac{1}{\varrho}\right)\frac{\partial p}{\partial c} \right\} dt, \\ 2\eta_* &= \int_{t_0}^{t} \left\{ \frac{\partial}{\partial a}\left(\frac{1}{\varrho}\right)\frac{\partial p}{\partial c} - \frac{\partial}{\partial c}\left(\frac{1}{\varrho}\right)\frac{\partial p}{\partial a} \right\} dt, \\ 2\zeta_* &= \int_{t_0}^{t} \left\{ \frac{\partial}{\partial b}\left(\frac{1}{\varrho}\right)\frac{\partial p}{\partial a} - \frac{\partial}{\partial a}\left(\frac{1}{\varrho}\right)\frac{\partial p}{\partial b} \right\} dt. \end{aligned}$$

Aus (39) und (40) folgt (vgl. S. 424)

$$
(46)\qquad
\begin{aligned}
x &= a + \int_{t_0}^{t} dt\left\{-\frac{1}{2\pi}\int_{\infty}\frac{\partial}{\partial z}\left(\frac{1}{r}\right)\eta' d\tau' + \frac{1}{2\pi}\int_{\infty}\frac{\partial}{\partial y}\left(\frac{1}{r}\right)\zeta' d\tau'\right\},\\
y &= b + \int_{t_0}^{t} dt\left\{-\frac{1}{2\pi}\int_{\infty}\frac{\partial}{\partial x}\left(\frac{1}{r}\right)\zeta' d\tau' + \frac{1}{2\pi}\int_{\infty}\frac{\partial}{\partial z}\left(\frac{1}{r}\right)\xi' d\tau'\right\},\\
z &= c + \int_{t_0}^{t} dt\left\{-\frac{1}{2\pi}\int_{\infty}\frac{\partial}{\partial y}\left(\frac{1}{r}\right)\xi' d\tau' + \frac{1}{2\pi}\int_{\infty}\frac{\partial}{\partial x}\left(\frac{1}{r}\right)\eta' d\tau'\right\}.
\end{aligned}
$$

Wie in dem vorhergehenden Kapitel gezeigt worden ist, hat der Druck p, der nach Voraussetzung überall (insbesondere auch auf S) stetige partielle Ableitungen erster Ordnung besitzt, im Innern eines jeden Gebietes T^i gewiß stetige, der H-Bedingung genügende Ableitungen zweiter Ordnung[13]. Ferner genügt p der partiellen Differentialgleichung vom elliptischen Typus

$$
(47)\qquad
\begin{aligned}
&\frac{\partial}{\partial x}\left(\frac{1}{\varrho}\frac{\partial p}{\partial x}\right) + \frac{\partial}{\partial y}\left(\frac{1}{\varrho}\frac{\partial p}{\partial y}\right) + \frac{\partial}{\partial z}\left(\frac{1}{\varrho}\frac{\partial p}{\partial z}\right) = \frac{\partial X}{\partial x} + \frac{\partial Y}{\partial y} + \frac{\partial Z}{\partial z}\\
&\quad - \left\{\left(\frac{\partial u}{\partial x}\right)^2 + \left(\frac{\partial v}{\partial y}\right)^2 + \left(\frac{\partial w}{\partial z}\right)^2 + 2\frac{\partial u}{\partial y}\frac{\partial v}{\partial x} + 2\frac{\partial u}{\partial z}\frac{\partial w}{\partial x} + 2\frac{\partial v}{\partial z}\frac{\partial w}{\partial y}\right\}.
\end{aligned}
$$

Durch diese Differentialgleichung und die weitere Bedingung

$$
(48)\qquad \lim_{R\to\infty} p = p_\infty
$$

ist p, wie sich zeigen läßt, vollkommen bestimmt. Die Ungleichheiten (26) sowie das in der Fußnote [13] charakterisierte Verhalten der Ableitungen zweiter Ordnung erweisen sich als Folgerungen aus der Voraussetzung (48) und den übrigen Annahmen des Problems.

Die Differentialgleichung (47) und die Randbedingung (48) sind, worauf an dieser Stelle nicht näher eingegangen werden kann, der Integro-Differentialgleichung

$$
(49)\qquad
\begin{aligned}
4\pi\left(\frac{p}{\varrho} - \frac{p_\infty}{\varrho_\infty}\right) &= -\int_{\infty}\frac{1}{r}\left(\frac{\partial X'}{\partial x'} + \frac{\partial Y'}{\partial y'} + \frac{\partial Z'}{\partial z'}\right)d\tau' +\\
&+ \int_{\infty} p'\left\{\frac{\partial}{\partial x'}\left(\frac{1}{r}\right)\frac{\partial}{\partial x'}\left(\frac{1}{\varrho'}\right) + \frac{\partial}{\partial y'}\left(\frac{1}{r}\right)\frac{\partial}{\partial y'}\left(\frac{1}{\varrho'}\right) + \frac{\partial}{\partial z'}\left(\frac{1}{r}\right)\frac{\partial}{\partial z'}\left(\frac{1}{\varrho'}\right)\right\}d\tau'\\
&+ \int_{\infty}\frac{1}{r}\left\{\left(\frac{\partial u'}{\partial x'}\right)^2 + \left(\frac{\partial v'}{\partial y'}\right)^2 + \left(\frac{\partial w'}{\partial z'}\right)^2 + 2\frac{\partial u'}{\partial y'}\frac{\partial v'}{\partial x'} + 2\frac{\partial u'}{\partial z'}\frac{\partial w'}{\partial x'} + 2\frac{\partial v'}{\partial z'}\frac{\partial w'}{\partial y'}\right\}d\tau'
\end{aligned}
$$

---

[13] Übrigens sind die partiellen Ableitungen $\frac{\partial^2 p}{\partial x^2}, \ldots, \frac{\partial^2 p}{\partial z^2}$ sogar in jedem Bereiche $T_i + S^i$ stetig und erfüllen daselbst eine H-Bedingung. Man vergleiche hierzu die Ausführungen meiner Arbeit, Über einige Existenzprobleme der Hydrodynamik. Zweite Abhandlung. Math. Zeitschr. **26** (1927), S. 196—323, insbes. S. 196—269.

vollkommen gleichwertig[14]. Handelt es sich speziell um eine homogene Flüssigkeit, ϱ_0 konstant, so ist, wenn wir zur Abkürzung die rechte Seite der Gleichung (47) mit $\Pi(x, y, z)$ bezeichnen

$$\frac{1}{\varrho_0}\left(\frac{\partial^2 p}{\partial x^2}+\frac{\partial^2 p}{\partial y^2}+\frac{\partial^2 p}{\partial z^2}\right)=\Pi, \tag{50}$$

darum den Ergebnissen des dritten Kapitels (vgl. S. 83) zufolge

$$\frac{4\pi}{\varrho_0}(p-p_\infty)=-\int\limits_\infty \frac{1}{r}\,\Pi'\,d\tau', \tag{51}$$

was sich auch sofort wegen $\frac{\partial}{\partial x'}\left(\frac{1}{\varrho'}\right)=\frac{\partial}{\partial y'}\left(\frac{1}{\varrho'}\right)=\frac{\partial}{\partial z'}\left(\frac{1}{\varrho'}\right)=0$ aus (49) ergibt. Ist insbesondere eine den Beziehungen (30) genügende Kräftefunktion U vorhanden, so ist wegen

$$-\int\limits_\infty \frac{1}{r}\left(\frac{\partial X'}{\partial x'}+\frac{\partial Y'}{\partial y'}+\frac{\partial Z'}{\partial z'}\right)d\tau'=-\int\limits_\infty \frac{1}{r}\,\Delta U'\,d\tau'=4\pi\, U(x,y,z)$$

noch einfacher (vgl. S. 411)

$$\begin{aligned}\frac{4\pi}{\varrho_0}(p-p_\infty)-4\pi U \\ =\int\limits_\infty \frac{1}{r}\left\{\left(\frac{\partial u'}{\partial x'}\right)^2+\left(\frac{\partial v'}{\partial y'}\right)^2+\left(\frac{\partial w'}{\partial z'}\right)^2+2\frac{\partial u'}{\partial y'}\frac{\partial v'}{\partial x'}+2\frac{\partial u'}{\partial z'}\frac{\partial w'}{\partial x'}+2\frac{\partial v'}{\partial z'}\frac{\partial w'}{\partial y'}\right\}d\tau' \\ =-2\int\limits_\infty \frac{1}{r}\left\{\frac{\partial(u',v')}{\partial(x',y')}+\frac{\partial(u',w')}{\partial(x',z')}+\frac{\partial(v',w')}{\partial(y',z')}\right\}d\tau'.\end{aligned} \tag{52}$$

Die Gleichungen (46), (41) bis (45), (47) und (48) (oder statt dessen (49)) bilden ein System von Integro-Differentialgleichungen zur Bestimmung von $x\,(a, b, c, t)$, $y\,(a,b,c,t)$, $z\,(a, b, c, t)$ und p. Da der Druck nur bis auf eine willkürliche additive Konstante bestimmt ist, so können wir unbeschadet der Allgemeinheit $p_\infty = 0$ voraussetzen.

3. Sukzessive Approximationen. Der Existenzbeweis der Lösung wird durch *sukzessive Approximationen* erbracht.

Wir setzen in einer ersten Näherung für die Geschwindigkeitskomponenten des Teilchens (a, b, c) die Werte

$$u_1 = u_0, \quad v_1 = v_0, \quad w_1 = w_0. \tag{53}$$

Zur Zeit t wird das betrachtete Teilchen die Koordinaten x_1, y_1, z_1 mit

$$x_1 = a + u_1 t, \qquad y_1 = b + v_1 t, \qquad z_1 = c + w_1 t \tag{54}$$

haben. Für hinreichend kleine $t - t_0$ wird durch die Gleichungen (54) eine topologische Abbildung des Raumes a-b-c auf den mit t variablen Raum x_1-y_1-z_1 erklärt[15]. Den Flächen S_0 entsprechen da-

[14] Vgl. loc. cit. [18] S. 211—218.

[15] Dies folgt unmittelbar aus den auf S. 15 zusammengestellten Ergebnissen.

bei Flächen S_1 von demselben topologischen und Stetigkeitscharakter (vgl. S. 20).

Bei einer inkompressiblen Flüssigkeit bleibt die Dichte eines Flüssigkeitsteilchens im Laufe der Bewegung unverändert, — sie haftet am Flüssigkeitsteilchen. Wir setzen dementsprechend die Dichte im Punkte (x_1, y_1, z_1) (zur Zeit t), die wir mit $\varrho_1 = \varrho_1(x_1, y_1, z_1)$ bezeichnen, gleich ϱ, in Formeln:

$$\varrho_1(x_1, y_1, z_1) = \varrho_0(a, b, c).\text{[16]} \tag{55}$$

Es wird schließlich angenommen, daß in (x_1, y_1, z_1) Einheitskräfte

$$X_1 = X(x_1, y_1, z_1, t),\quad Y_1 = Y(x_1, y_1, z_1, t),\quad Z_1 = Z(x_1, y_1, z_1, t) \tag{56}$$

wirken.

Betrachten wir jetzt die Differentialgleichung

$$\begin{aligned}\frac{\partial}{\partial x_1}\left(\frac{1}{\varrho_1}\frac{\partial p_1}{\partial x_1}\right) + \frac{\partial}{\partial y_1}\left(\frac{1}{\varrho_1}\frac{\partial p_1}{\partial y_1}\right) + \frac{\partial}{\partial z_1}\left(\frac{1}{\varrho_1}\frac{\partial p_1}{\partial z_1}\right) = \frac{\partial X_1}{\partial x_1} + \frac{\partial Y_1}{\partial y_1} + \frac{\partial Z_1}{\partial z_1}\\ - \left\{\left(\frac{\partial u_1}{\partial x_1}\right)^2 + \left(\frac{\partial v_1}{\partial y_1}\right)^2 + \left(\frac{\partial w_1}{\partial z_1}\right)^2 + 2\frac{\partial u_1}{\partial y_1}\frac{\partial v_1}{\partial x_1} + 2\frac{\partial u_1}{\partial z_1}\frac{\partial w_1}{\partial x_1} + 2\frac{\partial v_1}{\partial z_1}\frac{\partial w_1}{\partial y_1}\right\}.\end{aligned} \tag{57}$$

Diese Gleichung hat eine ganz bestimmte, für $R_1 \to \infty$ verschwindende, nebst ihren partiellen Ableitungen erster Ordnung überall (also auch auf S_1) stetige Lösung $p_1(x_1, y_1, z_1)$. Das Verhalten der partiellen Ableitungen erster Ordnung im Unendlichen ist dabei so, wie es auf S. 421 auseinandergesetzt worden ist. Die Lösung $p_1(x_1, y_1, z_1)$ fassen wir als die erste Näherung des Druckes auf.

Als Funktion von a, b, c vermöge (54) und (53) aufgefaßt, hat p_1 in jedem Bereiche $T_{0i} + S^{0i}$ stetige, der H-Bedingung genügende Ableitungen erster Ordnung $\frac{\partial p_1}{\partial a}$, $\frac{\partial p_1}{\partial b}$, $\frac{\partial p_1}{\partial c}$. Beim Passieren von S_0 können sich freilich $\frac{\partial p_1}{\partial a}, \ldots$ sprungweise ändern, da $\frac{\partial x_1}{\partial a}, \ldots$ diese Eigenschaft haben.

Wir gehen jetzt zu der zweiten Approximation über und setzen, indem wir X_1, Y_1, Z_1 diesmal als Funktionen von a, b, c und t auffassen,

$$\begin{aligned}2\xi_1^* &= \int_{t_0}^{t}\left\{\frac{\partial X_1}{\partial b}\frac{\partial x_1}{\partial c} - \frac{\partial X_1}{\partial c}\frac{\partial x_1}{\partial b} + \frac{\partial Y_1}{\partial b}\frac{\partial y_1}{\partial c} - \frac{\partial Y_1}{\partial c}\frac{\partial y_1}{\partial b} + \frac{\partial Z_1}{\partial b}\frac{\partial z_1}{\partial c} - \frac{\partial Z_1}{\partial c}\frac{\partial z_1}{\partial b}\right\}dt,\\ 2\eta_1^* &= \int_{t_0}^{t}\left\{\frac{\partial X_1}{\partial c}\frac{\partial x_1}{\partial a} - \frac{\partial X_1}{\partial a}\frac{\partial x_1}{\partial c} + \frac{\partial Y_1}{\partial c}\frac{\partial y_1}{\partial a} - \frac{\partial Y_1}{\partial a}\frac{\partial y_1}{\partial c} + \frac{\partial Z_1}{\partial c}\frac{\partial z_1}{\partial a} - \frac{\partial Z_1}{\partial a}\frac{\partial z_1}{\partial c}\right\}dt,\\ &\ldots\ldots\ldots\ldots\ldots\ldots\end{aligned} \tag{58}$$

---

[16] Man beachte, daß x_1, y_1, z_1 wegen (54) von t abhängen.

$$
(59) \qquad \begin{aligned}
2\xi_{*1} &= \int_{t_0}^{t} \left\{ \frac{\partial}{\partial c}\left(\frac{1}{\varrho_0}\right)\frac{\partial p_1}{\partial b} - \frac{\partial}{\partial b}\left(\frac{1}{\varrho_0}\right)\frac{\partial p_1}{\partial c} \right\} dt, \\
2\eta_{*1} &= \int_{t_0}^{t} \left\{ \frac{\partial}{\partial a}\left(\frac{1}{\varrho_0}\right)\frac{\partial p_1}{\partial c} - \frac{\partial}{\partial c}\left(\frac{1}{\varrho_0}\right)\frac{\partial p_1}{\partial a} \right\} dt, \ \ldots .
\end{aligned}
$$

Wir bilden weiter die Ausdrücke

$$
(60) \quad \mathfrak{x}_{01} = \xi_0 + \xi_1^* + \xi_{*1}, \quad \mathfrak{y}_{01} = \eta_0 + \eta_1^* + \eta_{*1}, \quad \mathfrak{z}_{01} = \zeta_0 + \zeta_1^* + \zeta_{*1}
$$

$$
(61) \qquad \begin{aligned}
\xi_1 &= \mathfrak{x}_{01}\frac{\partial x_1}{\partial a} + \mathfrak{y}_{01}\frac{\partial x_1}{\partial b} + \mathfrak{z}_{01}\frac{\partial x_1}{\partial c}, \\
\eta_1 &= \mathfrak{x}_{01}\frac{\partial y_1}{\partial a} + \mathfrak{y}_{01}\frac{\partial y_1}{\partial b} + \mathfrak{z}_{01}\frac{\partial y_1}{\partial c}, \\
\zeta_1 &= \mathfrak{x}_{01}\frac{\partial z_1}{\partial a} + \mathfrak{y}_{01}\frac{\partial z_1}{\partial b} + \mathfrak{z}_{01}\frac{\partial z_1}{\partial c}
\end{aligned}
$$

und setzen in der *zweiten Annäherung*

$$
(62) \qquad x_2 = a + \int_{t_0}^{t} u_2\,dt, \qquad y_2 = b + \int_{t_0}^{t} v_2\,dt, \qquad z_2 = c + \int_{t_0}^{t} w_2\,dt,
$$

$$
(63) \qquad \begin{aligned}
u_2 &= -\frac{1}{2\pi}\int_{\infty_1} \frac{\partial}{\partial z_1}\left(\frac{1}{r_1}\right)\eta_1'\,d\tau_1' + \frac{1}{2\pi}\int_{\infty_1} \frac{\partial}{\partial y_1}\left(\frac{1}{r_1}\right)\zeta_1'\,d\tau_1', \\
&\ldots\ldots\ldots\ldots\ldots\ldots\ldots\ldots\ldots\ldots \\
w_2 &= -\frac{1}{2\pi}\int_{\infty_1} \frac{\partial}{\partial y_1}\left(\frac{1}{r_1}\right)\xi_1'\,d\tau_1' + \frac{1}{2\pi}\int_{\infty_1} \frac{\partial}{\partial x_1}\left(\frac{1}{r_1}\right)\eta_1'\,d\tau_1'; \\
r_1^2 &= (x_1 - x_1')^2 + (y_1 - y_1')^2 + (z_1 - z_1')^2;
\end{aligned}
$$

u_2, v_2, w_2 haben in jedem der durch S_1 bestimmten Bereiche, der Rand eingeschlossen, stetige, der H-Bedingung genügende partielle Ableitungen erster Ordnung in bezug auf x_1, y_1, z_1. Beim Passieren von S_1 können diese Ableitungen sprungweise Änderungen erleiden.

Wir fassen in der zweiten Approximation u_2, v_2, w_2 als Geschwindigkeitskomponenten des Teilchens (a, b, c) zur Zeit t und x_2, y_2, z_2 als seine Koordinaten zur selben Zeit auf[17].

Durch die Gleichungen (62), (63) wird für hinreichend kleine $t - t_0$ eine topologische Abbildung des Raumes a-b-c auf den mit der Zeit variablen Raum x_2-y_2-z_2 erklärt. Den Flächen S_0 entsprechen dabei Flächen S_2, die sich sowohl topologisch als auch hinsichtlich ihrer Stetigkeitseigenschaften wie S_0 verhalten. Wir schreiben jetzt dem zur Zeit t im Punkte (x_2, y_2, z_2) befindlichen Teilchen (a, b, c) die

[17] Es werden hierbei u_2, v_2, w_2 als Funktionen von a, b, c, t betrachtet.

Dichte $\varrho_2 = \varrho_2(x_2, y_2, z_2)$ zu und setzen diese gleich ϱ_0,

(64) $$\varrho_2(x_2, y_2, z_2) = \varrho_0(a, b, c).$$

Wir nehmen schließlich an, daß in (x_2, y_2, z_2) die Einheitskräfte X_2, Y_2, Z_2 wirken,

(65) $$X_2 = X(x_2, y_2, z_2, t), \quad Y_2 = Y(x_2, y_2, z_2, t), \quad Z_2 = Z(x_2, y_2, z_2, t).$$

Um den Druck in der zweiten Näherung, p_2, zu bestimmen, betrachten wir die Differentialgleichung

(66) $$\begin{aligned}\frac{\partial}{\partial x_2}\left(\frac{1}{\varrho_2}\frac{\partial p_2}{\partial x_2}\right) + \frac{\partial}{\partial y_2}\left(\frac{1}{\varrho_2}\frac{\partial p_2}{\partial y_2}\right) + \frac{\partial}{\partial z_2}\left(\frac{1}{\varrho_2}\frac{\partial p_2}{\partial z_2}\right) = \frac{\partial X_2}{\partial x_2} + \frac{\partial Y_2}{\partial y_2} + \frac{\partial Z_2}{\partial z_2} \\ - \left\{\left(\frac{\partial u_2}{\partial x_2}\right)^2 + \left(\frac{\partial v_2}{\partial y_2}\right)^2 + \left(\frac{\partial w_2}{\partial z_2}\right)^2 + 2\frac{\partial u_2}{\partial y_2}\frac{\partial v_2}{\partial x_2} + 2\frac{\partial u_2}{\partial z_2}\frac{\partial w_2}{\partial x_2} + 2\frac{\partial v_2}{\partial z_2}\frac{\partial w_2}{\partial y_2}\right\}.\end{aligned}$$

Sie hat eine ganz bestimmte, in dem ganzen Raume x_2-y_2-z_2 nebst ihren partiellen Ableitungen erster Ordnung stetige, im Unendlichen verschwindende Lösung $p_2(x_2, y_2, z_2)$[17a]. Das Verhalten der partiellen Ableitungen erster Ordnung im Unendlichen entspricht ganz den Ausführungen auf S. 421. Die Lösung $p_2(x_2, y_2, z_2)$ fassen wir als die zweite Näherung des Druckes auf. Sie hat, durch Vermittelung von (62) und (63) als Funktion von a, b, c aufgefaßt, in jedem Bereiche $T_{0i} + S^{0i}$ stetige, der H-Bedingung genügende Ableitungen erster Ordnung $\frac{\partial p_2}{\partial a}$, $\frac{\partial p_2}{\partial b}$, $\frac{\partial p_2}{\partial c}$.

Jetzt werden die zu (58) bis (61) analogen Ausdrücke gebildet,

(67) $$\begin{aligned}2\xi_2^* &= \int_{t_0}^{t}\left\{\frac{\partial X_2}{\partial b}\frac{\partial x_2}{\partial c} - \frac{\partial X_2}{\partial c}\frac{\partial x_2}{\partial b} + \frac{\partial Y_2}{\partial b}\frac{\partial y_2}{\partial c} - \frac{\partial Y_2}{\partial c}\frac{\partial y_2}{\partial b} + \frac{\partial Z_2}{\partial b}\frac{\partial z_2}{\partial c} - \frac{\partial Z_2}{\partial c}\frac{\partial z_2}{\partial b}\right\}dt, \\ 2\eta_2^* &= \int_{t_0}^{t}\left\{\frac{\partial X_2}{\partial c}\frac{\partial x_2}{\partial a} - \frac{\partial X_2}{\partial a}\frac{\partial x_2}{\partial c} + \frac{\partial Y_2}{\partial c}\frac{\partial y_2}{\partial a} - \frac{\partial Y_2}{\partial a}\frac{\partial y_2}{\partial c} + \frac{\partial Z_2}{\partial c}\frac{\partial z_2}{\partial a} - \frac{\partial Z_2}{\partial a}\frac{\partial z_2}{\partial c}\right\}dt,\end{aligned}$$ [18]

. . . .

(68) $$\begin{aligned}2\xi_{*2} &= \int_{t_0}^{t}\left\{\frac{\partial}{\partial c}\left(\frac{1}{\varrho_0}\right)\frac{\partial p_2}{\partial b} - \frac{\partial}{\partial b}\left(\frac{1}{\varrho_0}\right)\frac{\partial p_2}{\partial c}\right\}dt, \\ 2\eta_{*2} &= \int_{t_0}^{t}\left\{\frac{\partial}{\partial a}\left(\frac{1}{\varrho_0}\right)\frac{\partial p_2}{\partial c} - \frac{\partial}{\partial c}\left(\frac{1}{\varrho_0}\right)\frac{\partial p_2}{\partial a}\right\}dt, \ldots\end{aligned}$$

(69) $$\mathfrak{z}_{02} = \xi_0 + \xi_2^* + \xi_{*2}, \quad \eta_{02} = \eta_0 + \eta_2^* + \eta_{*2}, \quad \zeta_{02} = \zeta_0 + \zeta_2^* + \zeta_{*2};$$

(70) $$\begin{aligned}\xi_2 &= \mathfrak{z}_{02}\frac{\partial x_2}{\partial a} + \eta_{02}\frac{\partial x_2}{\partial b} + \zeta_{02}\frac{\partial x_2}{\partial c}, \quad \eta_2 = \mathfrak{z}_{02}\frac{\partial y_2}{\partial a} + \eta_{02}\frac{\partial y_2}{\partial b} + \zeta_{02}\frac{\partial y_2}{\partial c}, \\ \zeta_2 &= \mathfrak{z}_{02}\frac{\partial z_2}{\partial a} + \eta_{02}\frac{\partial z_2}{\partial b} + \zeta_{02}\frac{\partial z_2}{\partial c}.\end{aligned}$$

[17a] Ihre partiellen Ableitungen zweiter Ordnung sind abteilungsweise stetig.

[18] In (67) werden $X_2 = X(x_2, y_2, z_2, t)$, Y_2, Z_2 als Funktionen von a, b, c und t aufgefaßt.

Wir schreiben in einer dritten Näherung

$$(71)\qquad x_3 = a + \int_{t_0}^{t} u_3\,dt, \qquad y_3 = b + \int_{t_0}^{t} v_3\,dt, \qquad z_3 = c + \int_{t_0}^{t} w_3\,dt,$$

$$(72)\qquad \begin{aligned} u_3 &= -\frac{1}{2\pi}\int_{\infty_2} \frac{\partial}{\partial z_2}\left(\frac{1}{r_2}\right)\eta_2'\,d\tau_2' + \frac{1}{2\pi}\int_{\infty_2} \frac{\partial}{\partial y_2}\left(\frac{1}{r_2}\right)\zeta_2'\,d\tau_2', \\ &\ldots\ldots\ldots\ldots\ldots\ldots\ldots\ldots \\ w_3 &= -\frac{1}{2\pi}\int_{\infty_2} \frac{\partial}{\partial y_2}\left(\frac{1}{r_2}\right)\xi_2'\,d\tau_2' + \frac{1}{2\pi}\int_{\infty_2} \frac{\partial}{\partial x_2}\left(\frac{1}{r_2}\right)\eta_2'\,d\tau_2'; \\ r_2^2 &= (x_2 - x_2')^2 + (y_2 - y_2')^2 + (z_2 - z_2')^2; \end{aligned}$$

u_3, v_3, w_3 haben in jedem beschränkten Bereiche, der keinen Punkt von S_2 in seinem Innern enthält, der Rand eingeschlossen, stetige, der H-Bedingung genügende partielle Ableitungen erster Ordnung in bezug auf x_2, y_2, z_2. Beim Passieren von S_2 können diese Ableitungen sprungweise Änderungen erleiden. Wir fassen u_3, v_3, w_3 als die Komponenten der Geschwindigkeit des Teilchens (a, b, c) zur Zeit t in der dritten Näherung[19], x_3, y_3, z_3 als seine Koordinaten zur selben Zeit auf.

Den vorstehenden Iterationsprozeß kann man, wenn $t - t_0$ hinreichend klein ist, beliebig weit fortsetzen. Man erhält so eine Folge von Annäherungswerten u_n, v_n, w_n $(n = 1, 2, \ldots)$ für die Geschwindigkeitskomponenten des Teilchens (a, b, c) und die zugehörigen Werte seiner kartesischen Koordinaten

$$(73)\quad x_n = a + \int_{t_0}^{t} u_n\,dt, \qquad y_n = b + \int_{t_0}^{t} v_n\,dt, \qquad z_n = c + \int_{t_0}^{t} w_n\,dt;$$

u_n, v_n, w_n sind hier als Funktionen von a, b, c und t aufzufassen. Wie sich zeigen läßt, konvergieren die Reihen

$$(74)\quad u_1 + \sum_{n=2}^{\infty}(u_n - u_{n-1}), \ldots; \qquad \frac{\partial u_1}{\partial a} + \sum_{n=2}^{\infty}\frac{\partial}{\partial a}(u_n - u_{n-1}), \ldots$$

in jedem beschränkten Bereiche des Raumes a-b-c für alle hinreichend kleinen Werte von $t - t_0$, etwa alle t in $\langle t_0, t_1\rangle$, wie geometrische Reihen mit dem Quotienten $\frac{1}{2}$.[20] Der Beweis stützt sich auf gewisse neuere Hilfssätze der Potentialtheorie und ist ziemlich umständlich[21]. Augenscheinlich konvergieren auch die Reihen

$$(75)\qquad x_1 + \sum_{n=2}^{\infty}(x_n - x_{n-1}), \quad \ldots, \quad z_1 + \sum_{n=2}^{\infty}(z_n - z_{n-1})$$

[19] Hierbei erscheinen u_3, v_3, w_3 als Funktionen von a, b, c und t.

[20] Dabei ist t_1 von der Wahl des zugrunde gelegten Bereiches unabhängig.

[21] Vgl. meine in der Fußnote [18] genannte Abhandlung, insbes. S. 196—269.

wie geometrische Reihen mit dem Quotienten $\frac{1}{2}$. Es sei

(76) $$x = x_1 + \sum_{n=2}^{\infty}(x_n - x_{n-1}), \ldots, \quad z = z_1 + \sum_{n=2}^{\infty}(z_n - z_{n-1}),$$

(77) $$u = u_1 + \sum_{n=2}^{\infty}(u_n - u_{n-1}), \ldots, \quad w = w_1 + \sum_{n=2}^{\infty}(w_n - w_{n-1}).$$

Offenbar haben die Funktionen $x(a, b, c, t)$, $y(a, b, c, t)$, $z(a, b, c, t)$ für alle t in $\langle t_0, t_1\rangle$ und alle (a, b, c) in jedem Bereiche $T_{0t} + S^{0t}$ stetige partielle Ableitungen erster Ordnung.

Es gilt

(78) $$\frac{dx}{dt} = u, \quad \frac{dy}{dt} = v, \quad \frac{dz}{dt} = w.$$

Auch die partiellen Ableitungen $\frac{\partial}{\partial a}\frac{dx}{dt} = \frac{\partial u}{\partial a}, \ldots, \frac{\partial}{\partial c}\frac{dz}{dt} = \frac{\partial w}{\partial c}$ sind in jedem der obigen Bereiche vorhanden und stetig. Sie erfüllen daselbst ferner eine H-Bedingung. Man kann natürlich u, v, w auch als Funktionen von x, y, z, t betrachten und schreiben

(79) $$u = u(x, y, z, t), \quad v = v(x, y, z, t), \quad w = w(x, y, z, t).$$

Die Funktionen $x(a, b, c, t)$, $y(a, b, c, t)$, $z(a, b, c, t)$; $u(x, y, z, t)$, $v(x, y, z, t)$, $w(x, y, z, t)$ zeigen das im vorstehenden (S. 416ff.) charakterisierte Verhalten im Unendlichen und erfüllen die Gesamtheit der Beziehungen (39) bis (49) mit $p_\infty = 0$.

Aus (40) folgt durch Differentiation

(80) $$\frac{\partial u}{\partial x} + \frac{\partial v}{\partial y} + \frac{\partial w}{\partial z} = 0.$$

Durch die Gleichungen

(81) $$x = x(a, b, c, t), \quad y = y(a, b, c, t), \quad z = z(a, b, c, t)$$

ist also eine Bewegung einer *inkompressiblen* Flüssigkeit erklärt. Finden sich unter den partiellen Ableitungen $\frac{\partial u}{\partial a}, \frac{\partial u}{\partial b}, \ldots, \frac{\partial w}{\partial c}$ welche, die auf S_0 sprungweise Änderungen erfahren, so besteht in der Flüssigkeit eine (stationäre) Unstetigkeit zweiter Ordnung.

Aus (40) folgt, wie durch eine besondere Überlegung gezeigt wird[22],

(82) $$2\xi = \frac{\partial w}{\partial y} - \frac{\partial v}{\partial z}, \quad 2\eta = \frac{\partial u}{\partial z} - \frac{\partial w}{\partial x}, \quad 2\zeta = \frac{\partial v}{\partial x} - \frac{\partial u}{\partial y}.$$

Wie eine nähere Untersuchung der Gleichungen (40) lehrt[23], sind weiter für alle t in $\langle t_0, t_1\rangle$ die Beschleunigungskomponenten $\frac{du}{dt}, \frac{dv}{dt}, \frac{dw}{dt}$ vorhanden und überall stetig. Sie verschwinden im Unendlichen min-

[22] Vgl. loc. cit. [13] S. 262—265.
[23] Vgl. loc. cit. [13] S. 265.

destens wie R_0^{-1}. Des weiteren sind die Funktionen $\frac{\partial}{\partial x}\left(\frac{du}{dt}\right), \ldots, \frac{\partial}{\partial z}\left(\frac{dw}{dt}\right)$ vorhanden und abteilungsweise stetig.

Die Gleichungen

$$(83)\quad \begin{aligned} 2\xi &= \frac{\partial w}{\partial y} - \frac{\partial v}{\partial z} = 2\,\mathfrak{x}_0\frac{\partial x}{\partial a} + 2\,\mathfrak{y}_0\frac{\partial x}{\partial b} + 2\,\mathfrak{z}_0\frac{\partial x}{\partial c}, \\ &\cdots\cdots\cdots\cdots\cdots \\ 2\zeta &= \frac{\partial v}{\partial x} - \frac{\partial u}{\partial y} = 2\,\mathfrak{x}_0\frac{\partial z}{\partial a} + 2\,\mathfrak{y}_0\frac{\partial z}{\partial b} + 2\,\mathfrak{z}_0\frac{\partial z}{\partial c} \end{aligned}$$

ergeben nach Auflösung in bezug auf $2\mathfrak{x}_0$, $2\mathfrak{y}_0$, $2\mathfrak{z}_0$ nach einer einfachen Umformung die weiteren Beziehungen (vgl. S. 387).

$$(84)\quad \begin{aligned} \frac{\partial u}{\partial b}\frac{\partial x}{\partial c} - \frac{\partial u}{\partial c}\frac{\partial x}{\partial b} + \frac{\partial v}{\partial b}\frac{\partial y}{\partial c} - \frac{\partial v}{\partial c}\frac{\partial y}{\partial b} + \frac{\partial w}{\partial b}\frac{\partial z}{\partial c} - \frac{\partial w}{\partial c}\frac{\partial z}{\partial b} &= 2\,\mathfrak{x}_0 = 2\,\xi_0 + 2\,\xi^* + 2\,\xi_*, \\ \frac{\partial u}{\partial c}\frac{\partial x}{\partial a} - \frac{\partial u}{\partial a}\frac{\partial x}{\partial c} + \frac{\partial v}{\partial c}\frac{\partial y}{\partial a} - \frac{\partial v}{\partial a}\frac{\partial y}{\partial c} + \frac{\partial w}{\partial c}\frac{\partial z}{\partial a} - \frac{\partial w}{\partial a}\frac{\partial z}{\partial c} &= 2\,\mathfrak{y}_0 = 2\,\eta_0 + 2\,\eta^* + 2\,\eta_*, \\ \frac{\partial u}{\partial a}\frac{\partial x}{\partial b} - \frac{\partial u}{\partial b}\frac{\partial x}{\partial a} + \frac{\partial v}{\partial a}\frac{\partial y}{\partial b} - \frac{\partial v}{\partial b}\frac{\partial y}{\partial a} + \frac{\partial w}{\partial a}\frac{\partial z}{\partial b} - \frac{\partial w}{\partial b}\frac{\partial z}{\partial a} &= 2\,\mathfrak{z}_0 = 2\,\zeta_0 + 2\,\zeta^* + 2\,\zeta_*. \end{aligned}$$

Sie besagen, daß der Ausdruck

$$(85)\quad \begin{aligned} \boldsymbol{A}\,da + \boldsymbol{B}\,db + \boldsymbol{C}\,dc &= \left(u\frac{\partial x}{\partial a} - u_0 + v\frac{\partial y}{\partial a} + w\frac{\partial z}{\partial a}\right)da \\ &+ \left(u\frac{\partial x}{\partial b} + v\frac{\partial y}{\partial b} - v_0 + w\frac{\partial z}{\partial b}\right)db + \left(u\frac{\partial x}{\partial c} + v\frac{\partial y}{\partial c} + w\frac{\partial z}{\partial c} - w_0\right)dc \\ &- (A_1\,da + B_1\,db + C_1\,dc) \\ &- \left(da\int_{t_0}^{t} p\frac{\partial}{\partial a}\left(\frac{1}{\varrho}\right)dt + db\int_{t_0}^{t} p\frac{\partial}{\partial b}\left(\frac{1}{\varrho}\right)dt + dc\int_{t_0}^{t} p\frac{\partial}{\partial c}\left(\frac{1}{\varrho}\right)dt\right) \end{aligned}$$

das vollständige Differential einer Funktion von a, b, c ist. Es sei in der Tat $\tilde{\Gamma}$ irgendeine geschlossene, etwa stetig gekrümmte Raumkurve, die mit S_0 keinen Punkt gemeinsam hat und so beschaffen ist, daß gewiß ein von $\tilde{\Gamma}$ umspanntes doppelpunktfreies, stetig gekrümmtes Flächenstück $\tilde{\Lambda}$ in dem Raume der Variablen a, b, c existiert, das S_0 weder trifft noch berührt. Bei geeigneter Wahl des Fortschreitungssinnes auf $\tilde{\Gamma}$ ist

$$(86)\quad \begin{aligned} &\int_{\tilde{\Gamma}} \boldsymbol{A}\,da + \boldsymbol{B}\,db + \boldsymbol{C}\,dc \\ &= \int_{\tilde{\Lambda}} [(Q_1 - 2\,\xi_0)\cos\tilde{\alpha} + (Q_2 - 2\,\eta_0)\cos\tilde{\beta} + (Q_3 - 2\,\zeta_0)\cos\tilde{\gamma}]\,d\tilde{\sigma}, \end{aligned}$$

unter $\cos\tilde{\alpha}$, $\cos\tilde{\beta}$, $\cos\tilde{\gamma}$ die Richtungskosinus der Normale zu $\tilde{\Lambda}$ verstanden[24]. Die Formel (86) ergibt sich unmittelbar aus dem Stokesschen

[24] In (86) bezeichnen Q_1, Q_2, Q_3 die Ausdrücke, die man in (84) linkerhand vorfindet, wenn man $2\xi^* + 2\xi_*$, $2\eta^* + 2\eta_*$, $2\zeta^* + 2\zeta_*$ nach links schafft.

Satze, falls die Funktionen x, y, z, ϱ in jedem Bereiche $T_{0i} + S^{0i}$ auch noch stetige partielle Ableitungen zweiter Ordnung in bezug auf die Ortsvariablen haben. Die Ausdrücke $Q_1 - 2\xi_0$, $Q_2 - 2\eta_0$, $Q_3 - 2\zeta_0$ sind nämlich, wie man leicht verifiziert, einfach die Komponenten des Wirbels des Vektors $\boldsymbol{A}, \boldsymbol{B}, \boldsymbol{C}$. Ist, wie im vorliegenden Falle, über die Existenz der obigen Ableitungen nichts bekannt, so gelangt man zu der Gleichung (86), indem man x, y, z, ϱ durch analytische Funktionen approximiert und zur Grenze übergeht (vgl. S. 391, wo sich analoge Betrachtungen finden). Wegen (84) ist

$$\int_{\bar{\Gamma}} \boldsymbol{A}\,da + \boldsymbol{B}\,db + \boldsymbol{C}\,dc = 0,$$

womit unsere Behauptung bewiesen ist.

Offenbar ist auch der Ausdruck

$$(87)\quad \left(u\frac{\partial x}{\partial a} - u_0 + v\frac{\partial y}{\partial a} + w\frac{\partial z}{\partial a}\right)da + \left(u\frac{\partial x}{\partial b} + v\frac{\partial y}{\partial b} - v_0 + w\frac{\partial z}{\partial b}\right)db$$
$$+ \left(u\frac{\partial x}{\partial c} + v\frac{\partial y}{\partial c} + w\frac{\partial z}{\partial c} - w_0\right)dc - d\int_{t_0}^{t}\frac{1}{2}(u^2+v^2+w^2)\,dt - (A_1\,da + B_1\,db + C_1\,dc)$$
$$- da\int_{t_0}^{t} p\frac{\partial}{\partial a}\left(\frac{1}{\varrho}\right)dt - db\int_{t_0}^{t} p\frac{\partial}{\partial b}\left(\frac{1}{\varrho}\right)dt - dc\int_{t_0}^{t} p\frac{\partial}{\partial c}\left(\frac{1}{\varrho}\right)dt,$$

mithin auch der durch Differentiation in bezug auf t gewonnene Ausdruck

$$(88)\quad \left(\frac{du}{dt}\frac{\partial x}{\partial a} + \frac{dv}{dt}\frac{\partial y}{\partial a} + \frac{dw}{dt}\frac{\partial z}{\partial a}\right)da + \left(\frac{du}{dt}\frac{\partial x}{\partial b} + \frac{dv}{dt}\frac{\partial y}{\partial b} + \frac{dw}{dt}\frac{\partial z}{\partial b}\right)db$$
$$+ \left(\frac{du}{dt}\frac{\partial x}{\partial c} + \frac{dv}{dt}\frac{\partial y}{\partial c} + \frac{dw}{dt}\frac{\partial z}{\partial c}\right)dc - (A\,da + B\,db + C\,dc) - p\,d\left(\frac{1}{\varrho_0}\right)$$

ein vollständiges Differential[24a]. Es sei jetzt

$$(89)\quad \frac{1}{\varrho_0}F = -\int_{(a_0, b_0, c_0)}^{(a, b, c)} da\left[\frac{du}{dt}\frac{\partial x}{\partial a} + \frac{dv}{dt}\frac{\partial y}{\partial a} + \frac{dw}{dt}\frac{\partial z}{\partial a} - A - p\frac{\partial}{\partial a}\left(\frac{1}{\varrho_0}\right)\right]$$
$$+ db\left[\frac{du}{dt}\frac{\partial x}{\partial b} + \cdots - p\frac{\partial}{\partial b}\left(\frac{1}{\varrho_0}\right)\right] + dc\left[\frac{du}{dt}\frac{\partial x}{\partial c} + \cdots - p\frac{\partial}{\partial c}\left(\frac{1}{\varrho_0}\right)\right].$$ [24b]

[24a] Man beachte, daß $\varrho = \varrho_0$ ist; t ist hierbei als ein Parameter aufzufassen. Man vergleiche ferner die Ausführungen auf S. 390.

[24b] Wie man leicht sieht, kann in (89) die zu integrierende Funktion in der Form

$$(89^*)\quad \left(\frac{du}{dt} - X\right)dx + \left(\frac{dv}{dt} - Y\right)dy + \left(\frac{dw}{dt} - Z\right)dz - p\,d\left(\frac{1}{\varrho_0}\right)$$

geschrieben werden.

Da, wie soeben bewiesen, (88) in jedem Bereiche $T_{0i} + S^{9i}$ ein vollständiges Differential darstellt und das Integral über dem Ausdruck (89*), erstreckt über ein beliebiges Kurvenstück mit stetiger Tangente auf S^{9i} „auf beiden Seiten von S^{9i}" den gleichen Wert hat, so ist $\frac{1}{\varrho_0}F$ eine (eindeutige) überall stetige Funktion.

Aus dem, was wir über das Verhalten der verschiedenen in (89) unter dem Integralzeichen auftretenden Funktionen bereits wissen, folgt, daß $\frac{1}{\varrho_0} F$ für $R_0 \to \infty$ höchstens wie $\log R_0$ unendlich wird. Aus (89) folgt augenscheinlich

$$(90)\quad \begin{aligned} &\frac{du}{dt}\frac{\partial x}{\partial a} + \frac{dv}{dt}\frac{\partial y}{\partial a} + \frac{dw}{dt}\frac{\partial z}{\partial a} - A - p\frac{\partial}{\partial a}\left(\frac{1}{\varrho_0}\right) = -\frac{\partial}{\partial a}\left(\frac{1}{\varrho_0}F\right),\\ &\frac{du}{dt}\frac{\partial x}{\partial b} + \frac{dv}{dt}\frac{\partial y}{\partial b} + \frac{dw}{dt}\frac{\partial z}{\partial b} - B - p\frac{\partial}{\partial b}\left(\frac{1}{\varrho_0}\right) = -\frac{\partial}{\partial b}\left(\frac{1}{\varrho_0}F\right),\\ &\dots\dots\dots\dots\dots\dots\dots\dots\dots\dots \end{aligned}$$

oder, anders geschrieben,

$$(91)\quad \begin{aligned} &\left(\frac{du}{dt} - X\right)\frac{\partial x}{\partial a} + \left(\frac{dv}{dt} - Y\right)\frac{\partial y}{\partial a} + \left(\frac{dw}{dt} - Z\right)\frac{\partial z}{\partial a} + \frac{1}{\varrho_0}\frac{\partial p}{\partial a}\\ &\qquad = \frac{\partial}{\partial a}\left(\frac{1}{\varrho_0}(p - F)\right),\\ &\left(\frac{du}{dt} - X\right)\frac{\partial x}{\partial b} + \left(\frac{dv}{dt} - Y\right)\frac{\partial y}{\partial b} + \left(\frac{dw}{dt} - Z\right)\frac{\partial z}{\partial b} + \frac{1}{\varrho_0}\frac{\partial p}{\partial b}\\ &\qquad = \frac{\partial}{\partial b}\left(\frac{1}{\varrho_0}(p - F)\right),\\ &\dots\dots\dots\dots\dots\dots\dots\dots\dots\dots \end{aligned}$$

und nach Auflösung in bezug auf $\frac{du}{dt} - X$, $\frac{dv}{dt} - Y$, $\frac{dw}{dt} - Z$ und einer leichten Umformung

$$(92)\quad \begin{aligned} \frac{du}{dt} - X + \frac{1}{\varrho}\frac{\partial p}{\partial x} &= -\frac{\partial}{\partial x}\left(\frac{1}{\varrho}F - \frac{1}{\varrho}p\right),\\ \frac{dv}{dt} - Y + \frac{1}{\varrho}\frac{\partial p}{\partial y} &= -\frac{\partial}{\partial y}\left(\frac{1}{\varrho}F - \frac{1}{\varrho}p\right),\\ \frac{dw}{dt} - Z + \frac{1}{\varrho}\frac{\partial p}{\partial z} &= -\frac{\partial}{\partial z}\left(\frac{1}{\varrho}F - \frac{1}{\varrho}p\right). \end{aligned}$$ [25]

Aus (92) folgt nach Differentiation und Zusammenfassung, da, wie wir wissen, $\frac{du}{dt}, \dots, \frac{\partial p}{\partial x}, \dots$ in jeden Bereiche $T_i + S^i$ stetige partielle Ableitungen erster Ordnung haben, mit Rücksicht auf (47)

$$(93)\quad \Delta\left\{\frac{1}{\varrho}(F - p)\right\} = 0.$$ [25a]

---

[25] Daß die Gleichungen (92) den Gleichungen (91) äquivalent sind, sieht man am einfachsten, wenn man die beiden Seiten von (92) entsprechend mit $\frac{\partial x}{\partial a}, \frac{\partial y}{\partial a}, \frac{\partial z}{\partial a}$; $\frac{\partial x}{\partial b}, \frac{\partial y}{\partial b}, \frac{\partial z}{\partial b}$; $\frac{\partial x}{\partial c}, \frac{\partial y}{\partial c}, \frac{\partial z}{\partial c}$ multipliziert und addiert.

[25a] Wegen (92) hat die Funktion $\frac{1}{\varrho}(F - p)$ überall stetige partielle Ableitungen erster Ordnung. Hieraus und aus (93) folgt, wie sich ohne Mühe zeigen läßt, daß sie eine überall, also auch auf allen Unstetigkeitsflächen S^i, reguläre Potentialfunktion darstellt.

Im Unendlichen wird $\frac{1}{\varrho}(F - p)$ höchstens wie $\log R$ unendlich. Nach bekannten Sätzen (vgl. S. 65) ist

$$\frac{1}{\varrho}(F - p) = \text{Const.} \tag{94}$$

Die Gleichungen (92) nehmen nunmehr die Gestalt

$$\frac{du}{dt} = X - \frac{1}{\varrho}\frac{\partial p}{\partial x}, \quad \frac{dv}{dt} = Y - \frac{1}{\varrho}\frac{\partial p}{\partial y}, \quad \frac{dw}{dt} = Z - \frac{1}{\varrho}\frac{\partial p}{\partial z} \tag{95}$$

an. Sie bilden, vereint mit der Kontinuitätsgleichung (80), die Eulerschen hydrodynamischen Gleichungen des Problems. Aus (95) folgt jetzt unmittelbar, daß $\frac{du}{dt}, \ldots$ im Unendlichen wie R^{-2} verschwinden.

Wir haben vorhin $p_\infty = 0$ vorausgesetzt; die aus der Differentialgleichung (47) sich errechnenden Werte von p können dabei positiv oder negativ ausfallen. Es ist einleuchtend, daß, wenn man demgegenüber p_∞ positiv und zwar hinreichend groß voraussetzt, p durchweg > 0 herauskommen, die Bewegung darum „realisierbar" wird.

4. Homogene Flüssigkeiten und konservative Kräfte. Helmholtzsche Wirbelröhren. Stetige Abhängigkeit der Lösung von den Anfangsbedingungen. Wie wir bereits vorhin gesehen haben (vgl. S. 395ff.), vereinfachen sich die Formeln ganz wesentlich, wenn die inkompressible Flüssigkeit homogen ist und die Einheitskräfte ein Potential haben, d. h. wenn die Voraussetzungen der Helmholtzschen Theorie erfüllt sind. Jetzt ist nämlich

$$\xi^* = \xi_* = \eta^* = \eta_* = \zeta^* = \zeta_* = 0,$$

mithin

$$\begin{aligned} \xi &= \xi_0 \frac{\partial x}{\partial a} + \eta_0 \frac{\partial x}{\partial b} + \zeta_0 \frac{\partial x}{\partial c}, \\ \eta &= \xi_0 \frac{\partial y}{\partial a} + \eta_0 \frac{\partial y}{\partial b} + \zeta_0 \frac{\partial y}{\partial c}, \\ \zeta &= \xi_0 \frac{\partial z}{\partial a} + \eta_0 \frac{\partial z}{\partial b} + \zeta_0 \frac{\partial z}{\partial c}. \end{aligned} \tag{96}$$

Sind insbesondere zur Zeit t_0 alle Wirbellinien geschlossen und bilden sie eine einzige Wirbelröhre $T_0 + S_0$, deren Begrenzung eine Fläche der Klasse Ah vom Typus einer Kreisringfläche darstellt, so gilt (vgl. die Ausführungen auf S. 432)

$$\begin{aligned} x_n &= a + \int_{t_0}^{t} u_n\,dt, \quad y_n = b + \int_{t_0}^{t} v_n\,dt, \ldots \\ u_n &= -\frac{1}{2\pi}\int\limits_{T_{n-1}} \frac{\partial}{\partial z_{n-1}}\left(\frac{1}{r_{n-1}}\right)\left(\xi_0' \frac{\partial y_{n-1}'}{\partial a'} + \eta_0' \frac{\partial y_{n-1}'}{\partial b'} + \zeta_0' \frac{\partial y_{n-1}'}{\partial c'}\right) d\tau_{n-1}' \\ &\quad + \frac{1}{2\pi}\int\limits_{T_{n-1}} \frac{\partial}{\partial y_{n-1}}\left(\frac{1}{r_{n-1}}\right)\left(\xi_0' \frac{\partial z_{n-1}'}{\partial a'} + \eta_0' \frac{\partial z_{n-1}'}{\partial b'} + \zeta_0' \frac{\partial z_{n-1}'}{\partial c'}\right) d\tau_{n-1}', \ldots \end{aligned} \tag{97}$$

In (97) bezeichnet T_{n-1} das Bild von T_0 im Raume der Variablen $x_{n-1}, y_{n-1}, z_{n-1}$.

Wie ersichtlich, erweist es sich diesmal als überflüssig, bei den einzelnen Approximationen den Annäherungswert des Druckes zu ermitteln. In den Gleichungen (97), die jetzt den sukzessiven Approximationen zugrunde liegen, kommen eben weder der Druck noch die Kräftefunktion mehr vor. Die rein kinematischen Anfangsbedingungen bestimmen die Bewegung vollständig. Ist diese einmal bekannt, so findet sich der Druck wegen (52), da wir $p_\infty = 0$ angenommen haben, gleich

$$(98) \qquad p = \varrho_0 U - \frac{\varrho_0}{2\pi} \int\limits_{\infty} \frac{1}{r} \left(\frac{\partial(u', v')}{\partial(x', y')} + \frac{\partial(u', w')}{\partial(x', z')} + \frac{\partial(v', w')}{\partial(y', z')} \right) d\tau'. \text{ [26]}$$

Im Einklang mit den im zehnten Kapitel vorgetragenen Helmholtzschen Sätzen bilden diejenigen Flüssigkeitsteilchen, die zur Zeit t_0 die Wirbelröhre $T_{0i} + S^{0i}$ erfüllten, in jedem späteren Zeitpunkt t in $\langle t_0, t_1 \rangle$ wieder eine Wirbelröhre, $T + S$. [27]

---

[26] Man vergleiche meine Abhandlung, Über einige Existenzprobleme der Hydrodynamik homogener, unzusammendrückbarer, reibungsloser Flüssigkeiten und die Helmholtzschen Wirbelsätze, Math. Zeitschr. **23** (1925), S. 89—154; 310—316. Hier findet man auf S. 89—116 den Existenzbeweis in allen Einzelheiten durchgeführt.

[27] Es sei an dieser Stelle auf die in den letzten sechs Jahren erschienenen Arbeiten von N. M. Günther zur Hydrodynamik hingewiesen. Vgl. N. M. Günther, Sur un problème d'hydrodynamique, C. R. **177** (1923), S. 865—867, (vorläufige Mitteilung); Über ein Hauptproblem der Hydrodynamik, Math. Zeitschr. **24** (1925), S. 448—499 sowie die 1926 unter dem gleichen Titel in russischer Sprache erschienene ausführliche Fassung derselben Arbeit, Berichte des Stekloffschen mathematisch-physikalischen Instituts (имени В. А. Стеклова) Bd. II. Es handelt sich dort um homogene, den Gesamtraum der Variablen x, y, z erfüllende Flüssigkeiten und um konservative Kräfte. Günther geht von den Gleichungen (95) und (98) aus und gelangt zu einem Konvergenzbeweis, ohne potentialtheoretische Hilfssätze von der Art der von mir gebrauchten anzuwenden. Die Entwicklungen werden dadurch freilich umständlicher, auch wird nicht gezeigt, daß die durch sukzessive Näherungen gewonnenen Reihen wie geometrische Reihen konvergieren.

In der ersten Näherung nimmt Günther

$$(99) \qquad u_1 = u_0, \quad v_1 = v_0, \quad w_1 = w_0; \quad x_1 = a + u_0 t, \quad y_1 = b + v_0 t, \quad z_1 = c + w_0 t$$

an und setzt den zugehörigen Annäherungswert des Druckes in dem Flüssigkeitsteilchen (a, b, c), das sich zur Zeit t in (x_1, y_1, z_1) befindet, gleich

$$(100) \quad p_1(x_1, y_1, z_1, t) = \varrho_0 U(x_1, y_1, z_1, t) - \frac{\varrho_0}{2\pi} \int\limits_{\infty_1} \frac{1}{r_1} \left(\frac{\partial(u_1', v_1')}{\partial(x_1', y_1')} + \frac{\partial(u_1', w_1')}{\partial(x_1', z_1')} + \frac{\partial(v_1', w_1')}{\partial(y_1', z_1')} \right) d\tau_1'.$$

In der zweiten Approximation werden die Komponenten der Beschleunigung des betrachteten Teilchens gleich

$$(101) \quad \frac{du_2}{dt} = X(x_1, y_1, z_1, t) - \frac{1}{\varrho_0} \frac{\partial p_1}{\partial x_1}, \quad \frac{dv_2}{dt} = Y(x_1, y_1, z_1, t) - \frac{1}{\varrho_0} \frac{\partial p_1}{\partial y_1}, \ldots,$$

(Fortsetzung der Fußnote siehe nächste Seite.)

Die im vorstehenden dargelegten Resultate lassen sich in einer Hinsicht erweitern. Wie erinnerlich, haben wir eingangs vorausgesetzt, daß u_0, v_0, w_0, die Geschwindigkeitskomponenten zur Zeit t_0, stetig sind und in jedem Bereiche $T_{0i} + S^{0i}$ stetige, der H-Bedingung genügende partielle Ableitungen erster Ordnung haben. Es zeigte sich, daß u, v, w, die Komponenten der Geschwindigkeit zur Zeit t, ganz analoge Eigenschaften haben. Wird nun angenommen, daß die Funktionen u_0, v_0, w_0 angemessenen weiteren Stetigkeitsbedingungen genügen und gilt auch für die Unstetigkeitsflächen S_0 das gleiche, so haben auch u, v, w gewisse weitere Stetigkeitseigenschaften. Betrachten wir zwecks einer näheren Erläuterung wieder das zuletzt diskutierte spezielle Problem. Es möge sich also wieder um eine homogene Flüssigkeit, die unter der Wirkung konservativer Kräfte steht, handeln. Alle Wirbellinien sind geschlossen und bilden eine einzige Wirbelröhre, deren Begrenzung eine Fläche S_0 vom topologischen Typus eines Torus bildet. Diesmal soll aber S_0 eine Fläche der Klasse Bh sein, auch sollen u_0, v_0, w_0 in $T_0 + S_0$ auch noch stetige, der H-Bedingung genügende partielle

---

mithin

$$(102)\quad u_2 = u_0 - \int_{t_0}^{t} \left(\frac{1}{\varrho_0}\frac{\partial p_1}{\partial x_1} - X(x_1, y_1, z_1, t)\right) dt, \quad x_2 = a + u_0 t - \int_{t_0}^{t} dt \int_{t_0}^{t} \left(\frac{1}{\varrho_0}\frac{\partial p_1}{\partial x_1} - X(x_1, y_1, z_1, t)\right) dt$$

. . . .

angenommen. In (101) und (102) sind die Variablen x_1, y_1, z_1 rechterhand durch a, b, c, t auszudrücken. Der Druck in der zweiten Näherung bestimmt sich aus der Formel

$$(103)\quad p_2(x_2, y_2, z_2, t) = \varrho_0 U(x_2, y_2, z_2, t) - \frac{\varrho_0}{2\pi}\int_{\infty_2} \frac{1}{r_2}\left(\frac{\partial(u_2', v_2')}{\partial(x_2', y_2')} + \frac{\partial(u_2', w_2')}{\partial(x_2', z_2')} + \frac{\partial(v_2', w_2')}{\partial(y_2', z_2')}\right) d\tau_2'.$$

In der dritten Näherung wird

$$(104)\quad u_3 = u_0 - \int_{t_0}^{t} \left(\frac{1}{\varrho_0}\frac{\partial p_2}{\partial x_2} - X(x_2, y_2, z_2, t)\right) dt, \quad x_3 = a + \int_{t_0}^{t} u_3\, dt, \ldots$$

gesetzt. Hier sind x_2, y_2, z_2 als Funktionen von a, b, c, t aufzufassen. Zugleich gilt

$$(105)\quad p_3(x_3, y_3, z_3, t) = \varrho_0 U(x_3, y_3, z_3, t) - \frac{\varrho_0}{2\pi}\int_{\infty_3} \frac{1}{r_3}\left(\frac{\partial(u_3', v_3')}{\partial(x_3', y_3')} + \frac{\partial(u_3', w_3')}{\partial(x_3', z_3')} + \frac{\partial(v_3', w_3')}{\partial(y_3', z_3')}\right) d\tau_3'.$$

Den angedeuteten Iterationsprozeß kann man, wenn $t - t_0$ hinreichend klein ist, beliebig weit fortsetzen. Man erhält eine Folge von Annäherungswerten u_n, v_n, w_n $(n = 1, 2, \ldots)$ für die Geschwindigkeitskomponenten des Teilchens (a, b, c); die zugehörigen Werte seiner kartesischen Koordinaten sind

$$(106)\quad x_n = a + \int_{t_0}^{t} u_n\, dt, \qquad y_n = b + \int_{t_0}^{t} v_n\, dt, \qquad z_n = c + \int_{t_0}^{t} w_n\, dt;$$

u_n, v_n, w_n sind hierbei als Funktionen von a, b, c, t aufzufassen.

Ableitungen zweiter Ordnung $\frac{\partial^2 u_0}{\partial a^2}, \frac{\partial^2 u_0}{\partial a \partial b}, \ldots, \frac{\partial^2 w_0}{\partial c^2}$ haben. Wie aus den Sätzen des dritten Kapitels an Hand der Formeln (38) sich erschließen läßt, gilt in dem Außenbereiche von T_0 das gleiche.

Durch eine sinngemäße Erweiterung des auf S. 428ff. angedeuteten Verfahrens der sukzessiven Approximationen läßt sich zeigen, daß nunmehr S, die Unstetigkeitsfläche im Raume x-y-z, der Klasse Bh angehört und die Funktionen $u(x, y, z, t)$, $v(x, y, z, t)$, $w(x, y, z, t)$ in $T + S$ stetige, der H-Bedingung genügende Ableitungen zweiter Ordnung $\frac{\partial^2 u}{\partial x^2}, \frac{\partial^2 u}{\partial x \partial y}, \ldots, \frac{\partial^2 w}{\partial z^2}$ haben[28]. Dieses Resultat, das besagt, daß das Geschwindigkeitsfeld zur Zeit $t > t_0$ denselben Charakter wie zur Zeit t_0 hat, läßt sich in naheliegender Weise verallgemeinern.

Die Flüssigkeitsbewegung, deren Existenz durch das auf S. 428ff. dargelegte Verfahren der sukzessiven Approximationen bewiesen werden kann, ist die *einzige*, die den eingangs auseinandergesetzten Bedingungen genügt. Ist also $\bar{x}(a, b, c, t)$, $\bar{y}(a, b, c, t)$, $\bar{z}(a, b, c, t)$ irgendein System von Funktionen, die in $\langle t_0, t_1\rangle$ erklärt sind, dieselben Stetigkeitseigenschaften wie x, y, z haben und die vorhin zusammengestellten Integro-Differentialgleichungen erfüllen, so ist $\bar{x} = x$, $\bar{y} = y$, $\bar{z} = z$. Zum Beweis werden die Differenzen $\bar{x} - x_n$, $\bar{y} - y_n$, $\bar{z} - z_n$ betrachtet, und es wird gezeigt, daß sie für $n \to \infty$ gegen Null konvergieren[29]. *Die Lösung hängt in einem sogleich näher zu präzisierenden Sinne stetig von den Anfangs- und Grenzbedingungen ab.*

Der Einfachheit halber beschränken wir uns wieder einmal auf die Betrachtung des soeben diskutierten Spezialfalles. Wir ändern die Anfangsbedingungen, indem wir u_0, v_0, w_0 durch ähnlich beschaffene Funktionen $\check{u}_0$, $\check{v}_0$, $\check{w}_0$, zugleich S_0, T_0 entsprechend durch $\check{S}_0$ und $\check{T}_0$ ersetzen.

Wir denken uns $\check{T}_0$ durch Gleichungen von der Form

$$\check{a} = a + \mathfrak{A}(a, b, c), \quad \check{b} = b + \mathfrak{B}(a, b, c), \quad \check{c} = c + \mathfrak{C}(a, b, c) \tag{107}$$

topologisch auf T_0 abgebildet und nehmen an, daß die Funktionen $\mathfrak{A}$, $\mathfrak{B}$, $\mathfrak{C}$ nebst ihren partiellen Ableitungen erster Ordnung in $T_0 + S_0$ stetig sind und daß $\frac{\partial \mathfrak{A}}{\partial a}, \ldots, \frac{\partial \mathfrak{C}}{\partial c}$ einer H-Bedingung genügen. Es gelten ferner Ungleichheitsbeziehungen von der Form

$$\begin{gathered}
|\mathfrak{A}|, \ldots; \left|\frac{\partial \mathfrak{A}}{\partial a}\right|, \ldots \leqq \mho, \quad \left|\left(\frac{\partial \mathfrak{A}}{\partial a}\right)^{(1)} - \left(\frac{\partial \mathfrak{A}}{\partial a}\right)^{(2)}\right|, \ldots \leqq \mho\, d_{12}^{\lambda}, \\
|\check{u}_0 - u_0|, \ldots \leqq \mho, \qquad \left|\frac{\partial \check{u}_0}{\partial \check{a}} - \frac{\partial u_0}{\partial a}\right|, \ldots \leqq \mho, \\
\left|\left(\frac{\partial \check{u}_0}{\partial \check{a}} - \frac{\partial u_0}{\partial a}\right)^{(1)} - \left(\frac{\partial \check{u}_0}{\partial \check{a}} - \frac{\partial u_0}{\partial a}\right)^{(2)}\right|, \ldots \leqq \mho\, d_{12}^{\lambda},
\end{gathered} \tag{108}$$

[28] Vgl. loc. cit. [26]. Den Betrachtungen dieser Arbeit liegen die im Text zuletzt genannten Voraussetzungen zugrunde.

[29] Vgl. loc. cit. [26] S. 113—116 sowie loc. cit. [18] S. 269.

unter $\mho$ einen hinreichend kleinen Wert, etwa $\mho \leqq \mho^*$ verstanden[30].

Es mögen $\check{x}, \check{y}, \check{z}$ die Koordinaten des Teilchens $(\check{a}, \check{b}, \check{c})$ zur Zeit t bezeichnen, seine Geschwindigkeitskomponenten seien $\check{u}, \check{v}, \check{w}$.

Durch passende Wahl von $\mho^*$ läßt sich nun erreichen, daß für alle t in $\langle t_0, t_1\rangle$ Ungleichheiten von der Form

$$(109)\quad \begin{gathered} |\check{x} - x|, \ldots \leqq \Omega; \quad \left|\frac{\partial \check{x}}{\partial \check{a}} - \frac{\partial x}{\partial a}\right|, \ldots \leqq \Omega; \\ \left|\left(\frac{\partial \check{x}}{\partial \check{a}} - \frac{\partial x}{\partial a}\right)^{(1)} - \left(\frac{\partial \check{x}}{\partial \check{a}} - \frac{\partial x}{\partial a}\right)^{(2)}\right|, \ldots \leqq \Omega\, d_{12}^{\lambda}; \\ |\check{u} - u|, \ldots \leqq \Omega; \quad \left|\frac{\partial \check{u}}{\partial \check{x}} - \frac{\partial u}{\partial x}\right|, \ldots \leqq \Omega; \\ \left|\left(\frac{\partial \check{u}}{\partial \check{x}} - \frac{\partial u}{\partial x}\right)^{(1)} - \left(\frac{\partial \check{u}}{\partial \check{x}} - \frac{\partial u}{\partial x}\right)^{(2)}\right|, \ldots \leqq \Omega\, d_{12}^{\lambda} \end{gathered}$$

bestehen. In (109) bezeichnet Ω eine beliebige hinreichend kleine Zahl, etwa $\Omega \leqq \Omega^*$.

Die Ungleichheiten (109) gelten für alle den Ungleichheiten (108) genügenden $\mathfrak{A}, \mathfrak{B}, \mathfrak{C}$; $\check{u}_0, \check{v}_0, \check{w}_0$ gleichmäßig. Dies ist die präzise Fassung unseres Satzes über die stetige Abhängigkeit des Bewegungszustandes von den Anfangsdaten bei dem hier betrachteten speziellen Bewegungsproblem[31].

5. Zweidimensionale Bewegungen. Die vorstehenden Ergebnisse lassen sich sinngemäß auf den besonderen Fall einer zweidimensionalen Bewegung übertragen. Der Einfachheit halber begnügen wir uns mit der Betrachtung einer homogenen Flüssigkeit und setzen ferner voraus, daß eine Kräftefunktion $U(x, y, t)$ existiert, dagegen sollen auch diesmal (stationäre) Unstetigkeiten zweiter Ordnung zugelassen werden. Dementsprechend denken wir uns in der Ebene a-b eine Anzahl $n \geqq 1$ Kurven der Klasse Ah, die einander weder schneiden noch berühren und deren Gesamtheit mit S_0 bezeichnet werden soll, gegeben. Die Kurven S_0 teilen die Gesamtebene a-b in $n+1$ Gebiete $T_{01}, \ldots, T_{0,n+1}$, von denen eins den unendlich fernen Punkt enthält. Der Gesamtrand von T_{0i} heiße S^{0i}. Die Kurven S_0 sind

[30] In (108) bezeichnen $\left(\frac{\partial u_0}{\partial a}\right)^{(1)}$ und $\left(\frac{\partial u_0}{\partial a}\right)^{(2)}$ die Werte von $\frac{\partial u_0}{\partial a}$ in den Punkten (a_1, b_1, c_1) und (a_2, b_2, c_2) in $T_0 + S_0$; $\left(\frac{\partial \check{u}_0}{\partial \check{a}}\right)^{(1)}$ und $\left(\frac{\partial \check{u}_0}{\partial \check{a}}\right)^{(2)}$ sind die Werte von $\frac{\partial \check{u}_0}{\partial \check{a}}$ in $(\check{a}_1, \check{b}_1, \check{c}_1)$ bzw. $(\check{a}_2, \check{b}_2, \check{c}_2)$ $(\check{a}_1 = a_1 + \mathfrak{A}(a_1, b_1, c_1), \ldots)$. Daß die Bereiche T_0 und $\check{T}_0$ aufeinander umkehrbar eindeutig und stetig bezogen sind, folgt, falls, wie vorausgesetzt wird, $\mho$ hinreichend klein ist, bereits aus dem Bestehen der Ungleichheiten

$$\left|\frac{\partial \mathfrak{A}}{\partial a}\right|, \ldots, \left|\frac{\partial \mathfrak{C}}{\partial c}\right| \leqq \mho\,.$$

[31] Man vergleiche hierzu loc. cit.[18] S. 319—323.

Unstetigkeitslinien in der Ebene a-b. Wie auf S. 416 nehmen wir demgemäß an, daß die überall stetigen Funktionen $x(a,b,t)$, $y(a,b,t)$ in jedem dreidimensionalen Bereiche $\{T_{0i}+S^{0i};(t_0,t_1)\}$ stetige Ableitungen erster Ordnung haben. Beim Passieren von S^{0i} können $\frac{\partial x}{\partial a}$, $\frac{\partial x}{\partial b}$; $\frac{\partial y}{\partial a}$, $\frac{\partial y}{\partial b}$ sprungweise Unstetigkeiten erleiden, während $u=\frac{dx}{dt}$, $v=\frac{dy}{dt}$ sich auch noch auf S^{0i} stetig verhalten. Natürlich ist die Tangentialableitung der Funktionen x und y auf S^{0i} stetig. Es bestehen nun die zu (1), (2) analogen Ungleichheiten

$$\begin{gathered}|x-a|,\ |y-b|\leqq \mathfrak{k}^{(1)}(1+R_0)^{-1};\\ \left|\frac{\partial x}{\partial a}-1\right|,\ \left|\frac{\partial x}{\partial b}\right|,\ \left|\frac{\partial y}{\partial a}\right|,\ \left|\frac{\partial y}{\partial b}-1\right|\leqq \mathfrak{k}^{(2)}(1+R_0)^{-2};\\ |u|,\ |v|\leqq \mathfrak{k}^{(3)}(1+R_0)^{-1};\\ \left|\frac{\partial x}{\partial a}(a,b,t)-\frac{\partial x}{\partial a}(\breve{a},\breve{b},t)\right|,\ \ldots\leqq \mathfrak{k}^{(4)}\{(1+R_0)^{-2-\lambda}+(1+\breve{R}_0)^{-2-\lambda}\}\breve{d}^{\lambda};\\ R_0^2=a^2+b^2,\quad \breve{R}_0^2=\breve{a}^2+\breve{b}^2,\quad \breve{d}^2=(\breve{a}-a)^2+(\breve{b}-b)^2,\quad 0<\lambda<1.\end{gathered}\tag{110}$$

Wir nehmen ferner an, daß auch die partiellen Ableitungen

$$\frac{\partial u}{\partial a}=\frac{\partial}{\partial a}\frac{dx}{dt},\ \ldots,\ \frac{\partial v}{\partial b}=\frac{\partial}{\partial b}\frac{dy}{dt}$$

existieren und sich in jedem Bereiche $T_{0i}+S^{0i}$ stetig verhalten. Es ist

$$\begin{gathered}\left|\frac{\partial u}{\partial a}\right|,\ \ldots,\ \left|\frac{\partial v}{\partial b}\right|\leqq \mathfrak{k}^{(5)}(1+R_0)^{-2};\\ \left|\frac{\partial u}{\partial a}(a,b,t)-\frac{\partial u}{\partial a}(\breve{a},\breve{b},t)\right|,\ \ldots\leqq \mathfrak{k}^{(6)}\{(1+R_0)^{-2-\lambda}+(1+\breve{R}_0)^{-2-\lambda}\}\breve{d}^{\lambda}.\end{gathered}\tag{111}$$

Wie in **1.** folgen aus (110), (111) die weiteren Ungleichheiten

$$\begin{gathered}\left|\frac{\partial u}{\partial x}\right|,\ \ldots,\ \left|\frac{\partial v}{\partial y}\right|\leqq \mathfrak{k}^{(7)}(1+R)^{-2},\\ \left|\frac{\partial u}{\partial x}(x,y,t)-\frac{\partial u}{\partial x}(\breve{x},\breve{y},t)\right|,\ \ldots\leqq \mathfrak{k}^{(8)}\{(1+R)^{-2-\lambda}+(1+\breve{R})^{-2-\lambda}\}\breve{D}^{\lambda},\\ R^2=x^2+y^2,\quad \breve{R}^2=\breve{x}^2+\breve{y}^2,\quad \breve{D}^2=(\breve{x}-x)^2+\breve{y}-y)^2,\end{gathered}\tag{112}$$

$$\begin{gathered}|\zeta|\leqq \mathfrak{k}^{(9)}(1+R)^{-2};\\ |\zeta(x,y,t)-\zeta(\breve{x},\breve{y},t)|\leqq \mathfrak{k}^{(10)}\{(1+R)^{-2-\lambda}+(1+\breve{R})^{-2-\lambda}\}\breve{D}^{\lambda}.\end{gathered}\tag{113}$$

Auf S^i dem Bild von S^{0i} wird ζ sich im allgemeinen sprungweise ändern.

Was die Kräftefunktion $U(x,y,t)$ und den Druck p betrifft, so wird ihr Verhalten durch gewisse zu (26), (30) analoge Ungleichheiten charakterisiert. Ist außerhalb einer Kreisfläche von hinreichend großem Halbmesser $\zeta=0$, mithin die Bewegung wirbelfrei, so genügt es, wie auf S. 425 vorauszusetzen, daß

$$(114)\qquad |u_0|,\ |v_0| = O(R_0^{-1});\qquad \left|\frac{\partial U}{\partial x}\right|,\ \left|\frac{\partial U}{\partial y}\right| = O(R^{-2})$$

ist und daß $\frac{\partial u_0}{\partial a}, \ldots, \frac{\partial v_0}{\partial b}$ in demjenigen (beschränkten) Bereiche, in dem $\zeta \neq 0$ ist, einer H-Bedingung genügen. Im Gegensatz zu den früheren in den Formeln (36) zum Ausdruck kommenden Ergebnissen läßt sich in dem jetzt betrachteten speziellen Falle einer zweidimensionalen Flüssigkeitsbewegung aus (114) nicht mehr das Bestehen schärferer Ungleichheiten folgern.

Was den Existenz- und Unitätssatz anlangt, so braucht zu dem auf S. 423ff. Gesagten nichts Wesentliches hinzugefügt zu werden. Wie wir auf S. 409 fanden, besagen die Cauchyschen Formeln (96) in dem uns jetzt interessierenden Falle, daß der Wirbelvektor zeitlich unveränderlich ist, — an dem Flüssigkeitsteilchen haftet,

$$(115)\qquad \zeta = \zeta_0 .$$

Die Formeln des fünften Kapitels (vgl. S. 215 insb. die Formel (273) V) ergeben

$$(116)\qquad \begin{aligned} u(x, y) &= \frac{1}{\pi}\int\limits_{\infty} \zeta' \frac{\partial}{\partial y}\left(\log\frac{1}{r}\right) d\tau', \\ v(x, y) &= -\frac{1}{\pi}\int\limits_{\infty} \zeta' \frac{\partial}{\partial x}\left(\log\frac{1}{r}\right) d\tau', \qquad d\tau' = dx'\,dy'. \end{aligned}$$

Ist insbesondere außerhalb einer Kreisfläche von hinreichend großem Radius $\zeta = \zeta_0 = 0$, so kann einfacher

$$(117)\qquad u(x, y) = \frac{\partial \psi}{\partial y},\qquad v = -\frac{\partial \psi}{\partial x},\qquad \psi = \frac{1}{\pi}\int\limits_{\mathfrak{T}} \zeta' \log\frac{1}{r}\, d\tau'$$

gesetzt werden, unter $\mathfrak{T}$ dasjenige beschränkte Gebiet, in dem $\zeta \neq 0$ ist, verstanden; ψ ist augenscheinlich eine Strömungsfunktion (vgl. S. 215).

6. Ein Wirbelring mit kreisförmiger Leitlinie in einer unbegrenzten homogenen Flüssigkeit. Exakte Behandlung. Von besonderem Interesse sind diejenigen Fälle, in denen sich eine Flüssigkeitsbewegung über beliebig lange Zeiträume verfolgen läßt, insbesondere permanente und periodische Bewegungen. Auf den folgenden Seiten beschäftigen wir uns mit der kräftelosen Bewegung einer kreisringförmigen Wirbelröhre von annähernd kreisförmigem Querschnitt in einer unbegrenzten homogenen Flüssigkeit und zeigen, daß bei geeigneter Formgebung des Röhrenquerschnittes die Flüssigkeitsbewegung, bezogen auf ein geeignetes, in einer gleichförmigen Translation begriffenes Achsenkreuz, als permanent aufgefaßt werden kann. Mit diesem Problem, oder vielmehr mit einem Grenzfall dieses Problems hat sich bereits Helmholtz beschäftigt[32]. Helmholtz betrachtet die Bewegung einer homogenen unbegrenzten Flüssigkeit, in der sich in einem bestimmten Augenblick eine einzige geschlossene Wirbelröhre befindet, die wie folgt beschaffen ist. Die Wirbellinien sind Kreise in den Ebenen $z =$ konst., ihre Mittelpunkte liegen auf der Geraden $x = y = 0$. Die Wirbelstärke ist räumlich konstant, der Querschnitt der Wirbelröhre ist unendlich klein. Helmholtz zeigt, indem er sich mit einer ersten Annäherung begnügt, daß unter geeigneten Voraussetzungen bezüglich des Verhaltens im Unendlichen[33] die Wirbelröhre mit konstanter Geschwindigkeit in der Richtung der z-Achse fortschreitet.

Um zu exakten Ergebnissen zu kommen, werden wir das Problem wie folgt wenden. Betrachten wir eine unbegrenzte, homogene, inkompressible Flüssigkeitsmasse, und es möge das Geschwindigkeitsfeld in einem bestimmten Augenblick eine Rotationssymmetrie haben, mit der z-Achse als Symmetrieachse. Die (notwendigerweise geschlossenen) Wirbellinien bilden eine einzige Wirbelröhre T_1, die offenbar von einer Rotationsfläche S_1 um die z-Achse begrenzt ist. Die Wirbelstärke sei im Innern von T_1 konstant, gleich J, — außerhalb von T_1 ist sie natürlich gleich Null. *Gibt es eine Meridiankurve Σ_1, so daß, unter passenden Voraussetzungen bezüglich des Verhaltens im Unendlichen, die Bewegung der Flüssigkeit, bezogen auf ein Achsenkreuz, das mit einer geeigneten Geschwindigkeit in der Richtung der z-Achse fortschreitet, permanent ist?*

Es sei $2\hat{L}$ der Durchmesser des Kreises, der die Schwerpunkte aller Meridianschnitte trägt, es sei ferner $\hat{D}$ der Durchmesser (vgl. S. 2) eines Meridianschnittes. *Es läßt sich zeigen, daß es für alle hinreichend kleinen $\frac{\hat{D}}{\hat{L}}$ eine Meridiankurve Σ_1 gibt, die die verlangten Eigenschaften hat. Sie unterscheidet sich nur wenig von einem Kreise und hat eine auf der z-Achse senkrechte Symmetrieachse*[34]. Der Beweis hängt mit der Auflösung einer nichtlinearen Integro-Differentialgleichung zusammen, die mit einer Integro-Differentialgleichung in der Theorie der Gleichgewichtsfiguren rotierender Flüssigkeiten nahe verwandt ist. Das Problem, mit dem wir uns augenblicklich beschäftigen, hat nämlich eine starke formale Ähnlichkeit mit der Aufgabe der Bestimmung ringförmiger Gleichgewichtsfiguren rotierender gravitierender Flüssigkeit

---

[32] Vgl. H. v. Helmholtz, Über Integrale der hydrodynamischen Gleichungen, welche den Wirbelbewegungen entsprechen. Journal für Mathematik **55** (1858), S. 25—55.

[33] Auf die freilich a. a. O. nicht näher eingegangen wird.

[34] Vgl. meine in der Fußnote [26] genannte Abhandlung, S. 138—154.

ohne Zentralkörper[35]. Mit Rücksicht auf den verfügbaren Raum müssen wir uns damit begnügen, in dem Folgenden die Grundlinien des ziemlich komplizierten Beweisganges anzudeuten.

Wir beginnen mit einigen vorbereitenden Betrachtungen. Wir denken uns den gesamten Raum mit einer homogenen, inkompressiblen Flüssigkeit erfüllt und nehmen an, daß das Geschwindigkeitsfeld in einem bestimmten Augenblick von einem einzigen Kreiswirbel in der Ebene $z = z_0$ mit dem Mittelpunkt auf der z-Achse herrührt (Fig. 38). Außer auf dem Kreise $z = z_0$, $x^2 + y^2 = l^2$, der eine singuläre Linie darstellt, ist die Bewegung wirbellos. Die Geschwindigkeitskomponenten wie auch ihre Ableitungen erster und zweiter Ordnung konvergieren für $R \to \infty$ gegen Null. Der Radius des Wirbels ist l, seine als konstant vorausgesetzte „Stärke" sei J.[35a] Hat das Geschwindigkeitsfeld, wie im vorliegenden Falle, Rotationssymmetrie um die z-Achse, so existiert eine Stokessche Strömungsfunktion, $\hat{\mathfrak{B}}\,(x, z; l, z_0)$ (vgl. S. 226). Die Geschwindigkeitskomponenten im Punkte $(x, 0, z)$ der Ebene $y = 0$ $(x \neq 0)$ lassen sich in der Form

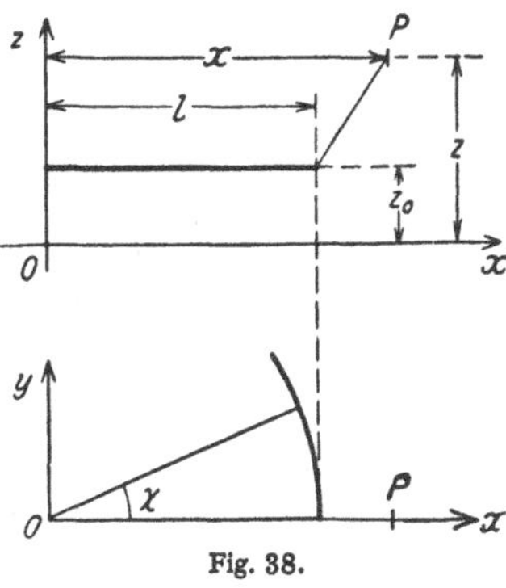

Fig. 38.

$$\frac{1}{x}\frac{\partial \hat{\mathfrak{B}}}{\partial z}, \quad 0, \quad -\frac{1}{x}\frac{\partial \hat{\mathfrak{B}}}{\partial x} \tag{118}$$

mit

$$\hat{\mathfrak{B}} = \hat{\mathfrak{B}}(x, z; l, z_0) = -\frac{J\,l\,x}{2\pi}\int_0^{2\pi} \frac{\cos\chi\, d\chi}{\sqrt{(z - z_0)^2 + (x - l\cos\chi)^2 + l^2\sin^2\chi}} \tag{119}$$

darstellen.

Das Geschwindigkeitsfeld der Flüssigkeit möge nunmehr von einem System paralleler Kreiswirbel konstanter Stärke J, die einen Kreisringkörper T voll erfüllen, herrühren. Die Symmetrielinie des Systems sei wie vorhin die z-Achse, der Radius des Meridiankreises Σ sei R, der Halbmesser des in der Ebene $z = 0$ gelegenen Kreises, der die Schwerpunkte aller Σ trägt, sei L (Fig. 39)[35b, 35c]. Wegen der Symmetrie

[35] Vgl. L. Lichtenstein, Untersuchungen über die Gestalt der Himmelskörper. Dritte Abhandlung. Ringförmige Gleichgewichtsfiguren ohne Zentralkörper. Math. Zeitschr. **13** (1922), S. 82—118.

[35a] Vgl. die Ausführungen der Fußnote [96] V.

[35b] In den Entwicklungen zu Beginn dieses Kapitels bezeichnete R den Ausdruck $(x^2 + y^2 + z^2)^{1/2}$. Die Gefahr einer Verwechselung liegt im folgenden nicht vor.

[35c] In der Bezeichnungsweise des zehnten Kapitels (vgl. S. 404) handelt es sich jetzt um eine Wirbelröhre. Alle Wirbellinien sind Kreise, die Wirbelstärke ist konstant und gleich J.

des Systems genügt es, die Verhältnisse in der Ebene $y = 0$ zu betrachten. Zur Vereinfachung führen wir ein Koordinatensystem $\mathfrak{x}$, $\mathfrak{y}$ durch die Formeln

$$x = L + \mathfrak{x}, \quad z = \mathfrak{z} \tag{120}$$

ein. Es sei S die Oberfläche von T und $\mathfrak{K}$ der Meridianschnitt $y = 0$. Der Wert der Stokesschen Strömungsfunktion in dem Punkte $(\mathfrak{X}, \mathfrak{Z})$ von Σ ist augenscheinlich

$$\hat{\mathfrak{W}}(\mathfrak{X}, \mathfrak{Z}) = \int_{\mathfrak{K}} \hat{\mathfrak{B}}(L + \mathfrak{X}, \mathfrak{Z}; L + \alpha, \gamma)\, d\alpha\, d\gamma. \tag{121}$$

Nach einigen Umformungen erhält man (vgl. loc. cit.[26] S. 142—143)

$$\hat{\mathfrak{W}}(\mathfrak{X}, \mathfrak{Z}) = -\frac{JL}{2\pi}\left(\frac{\hat{B}_0}{2} + \hat{B}_1 \cos\psi + \hat{B}_2 \cos 2\psi + \hat{\mathfrak{B}}(\mathfrak{X}, \mathfrak{Z})\right), \quad \cos\psi = \frac{\mathfrak{X}}{R} \tag{122}$$

$$\begin{aligned} \frac{\hat{B}_0}{2} &= \pi R^2 \left\{\left(2 + \frac{3}{8}\frac{R^2}{L^2}\right) \log \frac{8L}{R} - 4\right\} + O\left(\frac{R^2}{L^2}\right), \\ \hat{B}_1 &= \pi \frac{R^3}{L}\left\{\log \frac{8L}{R} - 1\right\} + O\left(\frac{R^2}{L^2}\right), \\ \hat{B}_2 &= -\frac{\pi}{8}\frac{R^4}{L^2} \log \frac{8L}{R} + O\left(\frac{R^2}{L^2}\right), \\ \hat{\mathfrak{B}}(\mathfrak{X}, \mathfrak{Z}) &= \sum_{n=3}^{\infty} \hat{B}_n \cos n\psi = O\left(\frac{R^2}{L^2}\right). \end{aligned} \tag{123}$$

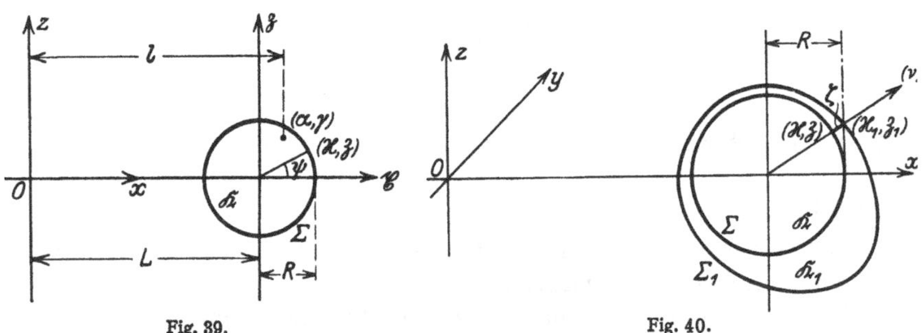

Fig. 39. Fig. 40.

Es sei weiter S_1 eine Rotationsfläche um die z-Achse in einer Nachbarschaft erster Ordnung von S (Fig. 40)[36]. Der von S_1 begrenzte Körper heiße T_1. Der nächste Schritt ist die Bestimmung der Stokesschen Strömungsfunktion, wenn das Geschwindigkeitsfeld von einem System paralleler Kreiswirbel konstanter Stärke J herrührt, die T_1 erfüllen, und zwar in einem Punkte von S_1.[35c]

Es möge (ν) die nach außen gerichtete Normale im Punkte P bezeichnen. Da S_1 in einer Umgebung erster Ordnung von S liegt, so

[36] Wir wollen damit sagen, daß S_1 auf S derart topologisch abgebildet werden kann, daß sowohl der Abstand korrespondierender Punkte als auch der von den zugehörigen Normalen eingeschlossene Winkel hinreichend klein ausfallen.

wird S_1 von (ν) nur in einem Punkte, P_1, getroffen[37]. Die Strecke $P P_1$, positiv in der positiven Richtung von (ν) gerechnet, bezeichnen wir mit ζ; ζ ist eine nebst ihrer Ableitung erster Ordnung stetige Funktion der Bogenlänge s oder des Zentriwinkels ψ. Es sei, wie vorhin, $\hat{\mathfrak{W}}(\mathfrak{X}, \mathfrak{Z})$ die Strömungsfunktion des vorhin betrachteten, T erfüllenden Wirbelsystems im Punkte $(\mathfrak{X}, \mathfrak{Z})$. Es seien $\mathfrak{X}_1, \mathfrak{Z}_1$ die Koordinaten des Punktes P_1,

$$\mathfrak{X}_1 = \mathfrak{X}\left(1 + \frac{\zeta}{R}\right), \qquad \mathfrak{Z}_1 = \mathfrak{Z}\left(1 + \frac{\zeta}{R}\right), \tag{124}$$

und es möge $\hat{\mathfrak{W}}_1(\mathfrak{X}_1, \mathfrak{Z}_1)$ die zu bestimmende Strömungsfunktion des T_1 erfüllenden Wirbelsystems in P_1 bezeichnen. Für die Differenz $\hat{\mathfrak{W}}_1(\mathfrak{X}_1, \mathfrak{Z}_1) - \hat{\mathfrak{W}}(\mathfrak{X}, \mathfrak{Z})$ ergibt sich, wie an dieser Stelle nicht bewiesen werden kann, die Formel

$$\begin{aligned}\hat{\mathfrak{W}}_1(\mathfrak{X}_1, \mathfrak{Z}_1) - \hat{\mathfrak{W}}(\mathfrak{X}, \mathfrak{Z}) = -\frac{JL}{2\pi}\Big[-2\pi R\zeta + 2\int_{\Sigma} \zeta' \log\frac{R}{r}\, ds' \\ + 2\Theta^* \log\frac{8L}{R} - 4\Theta^* + 2\Theta^* \frac{\mathfrak{X}}{L}\log\frac{8L}{R} - 4\frac{\mathfrak{X}}{L}\Theta^* + \Omega_{*7}\{\zeta\}\Big].\end{aligned} \tag{125}$$ [38]

Mit Θ^* ist hierbei der Flächeninhalt des von Σ und Σ_1 begrenzten Flächenstückes, mit $\Omega_{*7}\{\zeta\}$ eine bestimmte, explizit angebbare unendliche Reihe, deren Glieder gewisse von ζ und $\frac{d\zeta}{ds}$ abhängige Integralausdrücke darstellen, bezeichnet. Ferner ist r der Abstand der beiden Punkte s und s' auf Σ. Ist etwa

$$|\zeta|, \quad \left|\frac{d\zeta}{ds}\right| \leqq \varepsilon_2; \quad \left|\frac{R}{L}\right| \leqq h_2, \tag{126}$$

unter h_2 und ε_2 hinreichend kleine positive Werte verstanden, so gelten Ungleichheiten von der Form

$$|\Omega_{*7}\{\zeta\}|, \quad \left|\frac{d}{ds}\Omega_{*7}\{\zeta\}\right| \leqq \alpha_7\left(\varepsilon_2^2 + \varepsilon_2\left|\frac{R}{L}\log\frac{8L}{R}\right|\right); \quad (\alpha_7 \text{ konstant}). \tag{127}$$

Die in $\Omega_{*7}\{\zeta\}$ zusammengefaßten Glieder der Entwicklung von $\hat{\mathfrak{W}}_1(\mathfrak{X}_1, \mathfrak{Z}_1) - \hat{\mathfrak{W}}(\mathfrak{X}, \mathfrak{Z})$ sind in bezug auf ζ, $\frac{d\zeta}{ds}$, $\frac{R}{L}$ von höherer als der ersten Ordnung.

Wir nehmen jetzt an, daß der Flüssigkeitskörper T_1 sich in der Richtung der z-Achse mit konstanter[38a] Geschwindigkeit $\frac{JL}{2\pi}c$ bewegt. Wir führen ein System mit T_1 fest verbundener, zu x, y, z paralleler Achsen $\underline{x}, \underline{y}, \underline{z}$ ein und nehmen an, daß in dem gerade betrachteten Augen-

---

[37] Sobald, wie vorausgesetzt werden soll, die Umgebung hinreichend nahe ist.

[38] Vgl. loc. cit. [26] S. 144—148. Um den Vergleich mit der Originalarbeit zu erleichtern, benutzen wir hier die an jener Stelle eingeführten Bezeichnungen.

[38a] Zunächst noch nicht bekannter.

blick die beiden Achsenkreuze zusammenfallen. Wir bezeichnen die Geschwindigkeitskomponenten des Flüssigkeitsteilchens $(x, 0, z)$ in der Ebene $y = 0$, auf die festen bzw. bewegten Achsen bezogen, mit $u, 0, w$ und $\underline{u}, \underline{0}, \underline{w}$. Offenbar ist

$$\underline{u} = u, \qquad \underline{w} = w - \frac{JL}{2\pi} c. \tag{128}$$

Die Stokessche Strömungsfunktion im Punkte $(x, 0, z)$ möge $\Psi(x, z)$ heißen[39]. Ist $x \neq 0$, so lassen sich die Geschwindigkeitskomponenten u, w in der Form

$$u = \frac{1}{x} \frac{\partial \Psi}{\partial z}, \qquad w = -\frac{1}{x} \frac{\partial \Psi}{\partial x} \tag{129}$$

darstellen. Die Gleichung

$$\Psi(x, z) = c_* \qquad (c_* \text{ konstant}) \tag{130}$$

gibt die Schar der Stromlinien in der Ebene $y = 0$. Die auf die bewegten Achsen bezogene (relative) Stokessche Strömungsfunktion ist, wie man leicht sieht,

$$\underline{\Psi}(\underline{x}, \underline{z}) = \Psi(x, z) + \frac{JL}{2\pi} c \frac{x^2}{2}. \tag{131}$$

In der Tat ist

$$\underline{u} = \frac{1}{\underline{x}} \frac{\partial \underline{\Psi}}{\partial \underline{z}} = u, \qquad \underline{w} = -\frac{1}{\underline{x}} \frac{\partial \underline{\Psi}}{\partial \underline{x}} = w - \frac{JL}{2\pi} c. \tag{132}$$

Bei einer jeden permanenten Bewegung sind die Bahnlinien der Flüssigkeitsteilchen zugleich Stromlinien. Dieser Satz gilt, wie man sich mit Leichtigkeit überzeugt, auch wenn es sich, wie im vorliegenden Falle, um die Bewegung, beurteilt von dem mitbewegten Achsenkreuz $\underline{x}, \underline{y}, \underline{z}$ aus, handelt. Die Meridiankurve Σ_1, die den allgemeinen Sätzen der Helmholtzschen Theorie zufolge stets aus denselben Flüssigkeitsteilchen besteht, ist also eine (relative) Bahnkurve, also auch eine (relative) Stromlinie[39a].

Soll die Flüssigkeitsbewegung, bezogen auf die mitbewegten Achsen, permanent sein, so muß also Σ_1 eine relative Stromlinie bilden.

Diese notwendige Bedingung ist zugleich hinreichend. Es möge Σ_1 der vorstehenden Bedingung gemäß beschaffen sein. Durch die Stromfunktion $\underline{\Psi}(\underline{x}, \underline{z})$ ist ein bestimmtes Geschwindigkeitsfeld gegeben. Betrachten wir diejenige in bezug auf das Achsenkreuz $(\underline{x}, \underline{y}, \underline{z})$ permanente Flüssigkeitsbewegung, die dieses Feld zum Geschwindigkeitsfeld

---

[39] In einem Punkte $(x, 0, z)$ von Σ_1 ist augenscheinlich $\Psi(x, z) = \hat{\mathfrak{W}}_1(\mathfrak{X}_1, \mathfrak{Z}_1)$.

[39a] Die $T_1 + S_1$ in einem bestimmten Augenblick füllenden Flüssigkeitsteilchen bleiben dauernd in $T_1 + S_1$ (vgl. S. 403). Aus Gründen der Symmetrie bleiben die einmal auf $\mathfrak{R}_1 + \Sigma_1$ befindlichen Teilchen dauernd in $\mathfrak{R}_1 + \Sigma_1$. Aus allgemeinen Sätzen über topologische Abbildung (S. 128) folgt nunmehr, daß die Teilchen, die sich einmal auf Σ_1 befanden, dauernd auf Σ_1 verbleiben.

hat. Die auf S_1 befindlichen Teilchen werden dauernd auf S_1 bleiben, die in T_1 liegenden Teilchen bleiben dauernd in T_1. Auf das System $(\underline{x}, \underline{y}, \underline{z})$ bezogen, hat die Wirbelstärke in T_1 dauernd den Wert J, außerhalb von T_1 den Wert Null. Die fragliche Bewegung erfüllt alle Forderungen des Problems. Alles in allem muß also auf Σ_1

$$(133)\quad \Psi + \frac{JL}{2\pi} c \frac{x^2}{2} = \hat{\mathfrak{W}}_1(\mathfrak{X}_1, \mathfrak{Z}_1) + \frac{c}{2}\frac{JL}{2\pi}\left\{L + \mathfrak{X}\left(1 + \frac{\zeta}{R}\right)\right\}^2 = \frac{JL}{2\pi} c_*$$

$(c_*$ konstant)

sein. Aus (133) folgt wegen (122), (123) und (125) nach einer Umordnung

$$(134)\quad \begin{aligned} 2\pi R\zeta - 2\int_{\Sigma} \zeta' \log\frac{R}{r}\, ds' &= c_* + \frac{\hat{B}_0}{2} + \hat{B}_1 \cos\psi + \hat{B}_2 \cos 2\psi \\ &+ \hat{\mathfrak{B}}(\mathfrak{X}, \mathfrak{Z}) + 2\Theta^* \log\frac{8L}{R} - 4\Theta^* + 2\Theta^* \frac{\mathfrak{X}}{L}\log\frac{8L}{R} - 4\frac{\mathfrak{X}}{L}\Theta^* \\ &- \frac{c}{2}\left\{L^2 + 2L\mathfrak{X} + 2L\mathfrak{X}\frac{\zeta}{R} + \mathfrak{X}^2\left(1 + \frac{\zeta}{R}\right)^2\right\} + \Omega_{*7}\{\zeta\}. \end{aligned}$$

In dem Ausdruck $\Omega_{*7}\{\zeta\}$ erscheinen, wie bereits auf S. 447 bemerkt, ζ und $\frac{d\zeta}{ds}$ unter dem Integralzeichen. Die Beziehung (134) ist als eine Integro-Differentialgleichung, und zwar als eine nichtlineare Integro-Differentialgleichung zu bezeichnen. Sie läßt sich, sofern $\frac{R}{L}$ hinreichend klein angenommen und der Fortschreitungsgeschwindigkeit $\frac{JL}{2\pi} c$ ein passender Wert erteilt wird, durch sukzessive Approximationen auflösen. Man findet[40]

$$(135)\quad \frac{JL}{2\pi} c = \frac{JR^2}{2L}\left\{\log\frac{8L}{R} - 1\right\} + O\left(\frac{R^2}{L^2}\right),$$

$$(136)\quad \zeta = -\frac{3}{32}\frac{R^3}{L^2}\log\frac{8L}{R}\cos 2\psi + O\left(\frac{R^2}{L^2}\right).$$

Die Meridiankurve ist in bezug auf die Ebene $z = 0$ symmetrisch. Sieht man von den Gliedern höherer Ordnung ab, so hat der Wirbelquerschnitt die Gestalt einer in der Richtung der Bewegung abgeplatteten Ellipse. Da L gewiß $> R$ ist, so ist $\log\frac{8L}{R} > \log 8 > 2$, somit, wie zu erwarten war, $\frac{JL}{4\pi} c > 0$ für $J > 0$.

Die Formel (52) gibt für den Druck, da jetzt U identisch verschwindet, wenn mit ϱ_0 die Flüssigkeitsdichte, mit p_∞ der Druck im Unendlichen bezeichnet wird, den Wert

$$(137)\quad p = p_\infty - \frac{\varrho_0}{2\pi}\int_{\infty} \frac{1}{r}\left(\frac{\partial(u', v')}{\partial(x', y')} + \frac{\partial(u', w')}{\partial(x', z')} + \frac{\partial(v', w')}{\partial(y', z')}\right) d\tau'.$$

Ist $p_\infty > 0$ hinreichend groß, so ist gewiß überall $p > 0$.

[40] Vgl. loc. cit. [26] S. 149—154.

7. Parallele Wirbelzylinder in einer unbegrenzten homogenen Flüssigkeit. Exakte Behandlung. In seiner wiederholt genannten fundamentalen Abhandlung[41] behandelt Helmholtz u. a. die Bewegung einer unbegrenzten Masse homogener, inkompressibler, reibungsloser Flüssigkeit, in der sich in einem bestimmten Augenblick zwei gleiche, beiderseits unbegrenzte, parallele, geradlinige Wirbelfäden konstanter Wirbelstärke und unendlich kleinen Querschnitts T_1 und T_2 befinden, während außerhalb dieser das Geschwindigkeitsfeld wirbelfrei ist. Helmholtz zeigt, indem er sich mit einer ersten Näherung begnügt, daß, unter geeigneten Voraussetzungen im Unendlichen[42], wenn die wirkenden Kräfte konservativ sind, die beiden Wirbelfäden um ihren Schwerpunkt gleichförmig rotieren und die Bewegung der Flüssigkeit, bezogen auf ein System mitrotierender Achsen, permanent ist. Dieser Satz besagt eigentlich folgendes: Ist der Querschnitt der Wirbelfäden beliebig, so wird sich der Bewegungszustand der Flüssigkeit wohl mit der Zeit ändern, doch wird diese Änderung, von einem in geeigneter Weise bewegten Achsenkreuz aus beurteilt, um so kleiner ausfallen, je kleiner der Durchmesser von T_1 und T_2 ist.

Man kann auch im vorliegenden Falle zu einem völlig strengen Resultat kommen, wenn man die Form der Wirbelröhren nicht als von vornherein gegeben auffaßt, sondern sie so zu bestimmen sucht, daß der Bewegungszustand, immer wieder auf geeignete rotierende Achsen bezogen, zeitlich unverändert bleibt. Wir wollen das Problem wie folgt näher präzisieren. Die Querschnitte der Wirbelröhren, T_1 und T_2, sind einfach zusammenhängende, von je einer Kurve S_1 und S_2 mit stetiger Normale, die sich wenig von einer Kreislinie unterscheiden, begrenzte ebene Gebiete (Fig. 41); T_2 geht aus T_1 durch eine Drehung um den Winkel von 180^0 um den gemeinsamen Schwerpunkt der beiden Gebiete hervor. Es sei M_1 der Schwerpunkt von T_1, M_2 derjenige von T_2. Jedes der beiden Gebiete hat die Verbindungsgerade $M_1 M_2$ zur Symmetrielinie. Es sei D der Durchmesser von S_1, L der Abstand $M_1 M_2$, J die als konstant vorausgesetzte Wirbelstärke in T_1 und T_2. Wir beziehen die Lage der Flüssigkeit auf ein mit konstanter Winkelgeschwindigkeit ω um seine z-Achse rotierendes kartesisches Achsenkreuz x-y-z und legen die z-Achse durch den gemeinsamen Schwerpunkt von T_1 und T_2 parallel zu den Wirbelfäden.

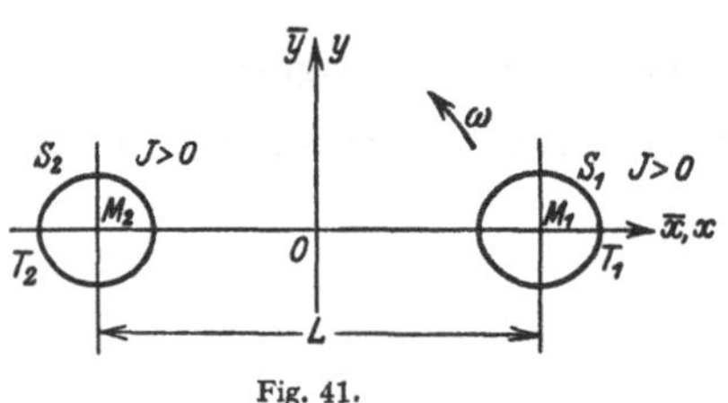

Fig. 41.

[41] Vgl. loc. cit. [32].

[42] Auf die übrigens nicht näher eingegangen wird.

Wir behaupten, *daß für alle hinreichend kleinen Werte von* $\frac{D}{L}$ *sich die Form der Kurven* S_1 *und* S_2 *und die Winkelgeschwindigkeit* ω *so bestimmen lassen, daß der Bewegungszustand, von dem rotierenden Achsenkreuz aus beurteilt, permanent wird.* Der Beweis hängt, wie bei dem analogen auf S. 443ff. behandelten Problem, mit der Auflösung einer nichtlinearen Integro-Differentialgleichung zusammen. Auch diese Integro-Differentialgleichung hat ein Gegenstück in der Theorie der Gleichgewichtsfiguren rotierender gravitierender Flüssigkeiten, und zwar speziell beiderseits unbegrenzter Flüssigkeitszylinder. Die Analogie, die diesmal wesentlich enger ist und sich bei manchen ähnlichen zweidimensionalen Bewegungsproblemen wiederfindet, gestattet, wie wir bald sehen werden, Sätze aus der Theorie rotierender Flüssigkeitszylinder auf gewisse ebene Flüssigkeitsbewegungen sinngemäß zu übertragen.

Soll die Flüssigkeitsbewegung, bezogen auf die mitrotierenden Achsen, permanent sein, so müssen S_1 und S_2 relative Stromlinien bilden. Diese notwendige Bedingung ist auch hinreichend. Daß dem so ist, davon kann man sich durch eine Überlegung, die der auf S. 448 durchgeführten parallel verläuft, überzeugen.

Es sei $\bar{x}$-$\bar{y}$-$\bar{z}$ irgendein im Raume festes kartesisches Achsenkreuz, dessen Ursprung mit demjenigen unseres rotierenden Achsenkreuzes und dessen $\bar{z}$-Achse mit der z-Achse dieses Systems zusammenfällt. Der Einfachheit halber betrachten wir den Bewegungszustand der Flüssigkeit in einem Augenblick, in dem die beiden Achsenkreuze vollends zusammenfallen, und zwar sollen sich unsere Überlegungen zunächst auf die festen Achsen $\bar{x}$, $\bar{y}$, $\bar{z}$ beziehen. Die einzelnen Größen, wie Geschwindigkeitskomponenten usw. wollen wir dementsprechend mit einem horizontalen Strich oben kennzeichnen.

Wie wir auf S. 214 gesehen haben, folgt aus der Kontinuitätsgleichung

$$\frac{\partial \bar{u}}{\partial \bar{x}} + \frac{\partial \bar{v}}{\partial \bar{y}} = 0 \tag{138}$$

die Existenz einer bis auf eine additive Konstante bestimmten, in der ganzen Ebene stetigen, eindeutigen Strömungsfunktion

$$\bar{\psi}(\bar{x}, \bar{y}) = \int_{(0,0)}^{(\bar{x},\bar{y})} (\bar{v}\, d\bar{x} - \bar{u}\, d\bar{y}). \tag{139}$$ [43]

Aus (139) folgt

$$\bar{v} = \frac{\partial \bar{\psi}}{\partial \bar{x}}, \qquad \bar{u} = -\frac{\partial \bar{\psi}}{\partial \bar{y}}, \tag{140}$$

[43] Im Unendlichen wird $\bar{\psi}$ höchstens wie $\log \bar{R}$ unendlich, falls, wie vorausgesetzt werden soll, $\bar{u}$ und $\bar{v}$ dort wie $O\left(\bar{R}^{-1}\right)$ verschwinden $(\bar{R}^2 = \bar{x}^2 + \bar{y}^2)$. In V **18.** ist $-\bar{\psi}$ als eine Strömungsfunktion bezeichnet worden. Eine Änderung der Bezeichnung an dieser Stelle war notwendig, um ein Zurückgreifen auf die loc. cit. [26] genannte Originalabhandlung zu erleichtern.

Die Kurvenschar $\overline{\psi}(\bar{x}, \bar{y}) = \bar{c}$ ($\bar{c}$ konstant) stellt das System der Stromlinien dar (vgl. S. 215). Es gilt nun weiter in T_1 und T_2

$$(141)\qquad -\frac{\partial \bar{u}}{\partial \bar{y}} + \frac{\partial \bar{v}}{\partial \bar{x}} = \frac{\partial^2 \overline{\psi}}{\partial \bar{x}^2} + \frac{\partial^2 \overline{\psi}}{\partial \bar{y}^2} = 2J.$$

Außerhalb von T_1 und T_2 ist

$$(142)\qquad \frac{\partial^2 \overline{\psi}}{\partial \bar{x}^2} + \frac{\partial^2 \overline{\psi}}{\partial \bar{y}^2} = 0.$$

Nimmt man an, daß im Unendlichen die Flüssigkeit ruht, genauer, daß $\bar{u}$ und $\bar{v}$ für $\bar{R} \to \infty$ wie $O(\bar{R}^{-1})$ verschwinden, so findet man aus (141) und (142), bis auf eine willkürliche, für alles weitere belanglose additive Konstante (vgl. S. 69ff.)

$$(143)\qquad \overline{\psi}(\bar{x}, \bar{y}) = -\frac{J}{\pi} \int\limits_{T_1+T_2} \log \frac{\bar{r}_*}{\bar{r}}\, d\bar{x}_0\, d\bar{y}_0, \qquad (\bar{r}_* \text{ konstant}),$$

$$(144)\qquad \bar{r}^2 = (\bar{x} - \bar{x}_0)^2 + (\bar{y} - \bar{y}_0)^2.$$

Wir nehmen, um die Vorstellungen zu fixieren, $J > 0$ an. Wie sich alsdann zeigt, muß auch $\omega > 0$ angenommen werden.

Die Relativgeschwindigkeit desjenigen Teilchens, das sich im betrachteten Augenblick im Punkte (x, y) befindet ($x = \bar{x}$, $y = \bar{y}$), ist offenbar

$$(145)\qquad u = \bar{u} + \omega \bar{y} = \bar{u} + \omega y, \qquad v = \bar{v} - \omega \bar{x} = \bar{v} - \omega x.$$

Wegen (138) ist

$$(146)\qquad \frac{\partial u}{\partial x} = -\frac{\partial v}{\partial y},$$

also ist

$$(147)\qquad \psi(x, y) = \int\limits_{(0,0)}^{(x,y)} v\, dx - u\, dy$$

eine in der ganzen x-y-Ebene bestimmte stetige Funktion[44]. Die Kurvenschar $\psi(x, y) = c$ (c konstant) stellt die relativen Stromlinien dar. In der Tat ist die Differentialgleichung dieser Kurven

$$(148)\qquad dx : dy = u : v.$$

Auf einer relativen Stromlinie ist mithin

$$(149)\qquad d\psi = \frac{\partial \psi}{\partial x} dx + \frac{\partial \psi}{\partial y} dy = v\, dx - u\, dy = 0.$$

Es ist nun weiter wegen (139) und (145)

$$(150)\qquad \psi = \overline{\psi} - \omega \int\limits_{(0,0)}^{(x,y)} (x\, dx + y\, dy) = \overline{\psi} - \frac{\omega}{2} R^2, \qquad R^2 = x^2 + y^2,$$

[44] Im Unendlichen verhält sich ψ wie R^2.

darum

$$\psi = -\frac{J}{\pi} \int\limits_{T_1+T_2} \log \frac{r_*}{r}\, dx_0\, dy_0 - \frac{\omega}{2} R^2 \qquad (r_* \text{ konstant}), \tag{151}$$

$$r^2 = (x - x_0)^2 + (y - y_0)^2. \tag{152}$$

Die Form der Randkurven S_1 und S_2 ist demnach so zu bestimmen, daß

$$\frac{J}{\pi} \int\limits_{T_1+T_2} \log \frac{r_*}{r}\, dx_0\, dy_0 + \frac{\omega}{2} R^2 \tag{153}$$

auf S_1 und S_2 einen konstanten Wert erhält[45].

Auf eine ganz analoge Beziehung führt das folgende Problem in der Theorie der Gleichgewichtsfiguren rotierender gravitierender Flüssigkeiten (vgl. VIII 4.). Denken wir uns die beiden unbegrenzten Zylinder mit homogener, gravitierender Flüssigkeit der Dichte f erfüllt, und es möge das ganze System wie ein starrer Körper um die z-Achse mit konstanter Winkelgeschwindigkeit $\tilde{\omega}$ rotieren. Soll sich das System im relativen Gleichgewicht befinden, so muß auf S_1 und S_2 das Gesamtpotential der wirkenden Kräfte je einen konstanten Wert haben. Was zunächst das Potential der Gravitationskräfte, V, betrifft, so erhält man dieses, wenn man sich lediglich die Flächenstücke T_1 und T_2 mit Masse belegt denkt, der Kraftwirkung indessen das logarithmische Potential $2f\varkappa \log \frac{r_*}{r}$ zugrunde legt. Es ist also

$$V = 2f\varkappa \int\limits_{T_1+T_2} \log \frac{r_*}{r}\, dx_0\, dy_0 \qquad \left(\begin{array}{l}\varkappa \text{ die Gaußsche Gra-}\\ \text{vitationskonstante.}\end{array}\right) \tag{154}$$

Da das Potential der Zentrifugalkräfte den Wert $\frac{\tilde{\omega}^2 R^2}{2}$ hat, so lautet demnach die Gleichgewichtsbedingung

$$2f\varkappa \int\limits_{T_1+T_2} \log \frac{r_*}{r}\, dx_0\, dy_0 + \frac{\tilde{\omega}^2 R^2}{2} = \tilde{c} \qquad (\tilde{c} \text{ konstant}) \tag{155}$$

auf S_1 und S_2[46]. Diese Gleichung wird mit der vorstehend abgeleiteten identisch, wenn man

$$\tilde{\omega}^2 = 2\pi \frac{\omega f \varkappa}{J} \tag{156}$$

setzt.

Mit den Funktionalgleichungen von der Form (155) habe ich mich in meinen auf S. 339 genannten Arbeiten zur Theorie der Gestalt der

---

[45] Aus Gründen der Symmetrie nimmt (153) auf S_1 und S_2 denselben Wert an.

[46] Auch jetzt nimmt aus Gründen der Symmetrie der Ausdruck (155) auf S_1 und S_2 denselben Wert an.

Himmelskörper wiederholt beschäftigt. Insbesondere kommt in der zweiten Abhandlung dieser Reihe[47] eine zu (155) völlig analoge Beziehung im dreidimensionalen Raume vor. Dort handelt es sich um die Bestimmung einer Gleichgewichtsfigur homogener, inkompressibler, gravitierender Flüssigkeit, die aus zwei getrennten, um eine durch den gemeinsamen Schwerpunkt hindurchgehende Achse rotierenden Massen besteht. Es wird vorausgesetzt, daß die gesuchte Gleichgewichtsfigur eine durch die Rotationsachse hindurchgehende sowie eine auf dieser senkrecht stehende Symmetrieebene hat. Es wird weiter angenommen, daß die beiden Einzelkörper sich nur wenig von Kugeln unterscheiden. Wie an der angegebenen Stelle gezeigt wird, gibt es für alle hinreichend kleinen Werte des Quotienten: Volumen der Flüssigkeit/Abstand der Schwerpunkte der beiden Einzelkörper eine und nur eine Gleichgewichtsfigur, die den vorstehenden Bedingungen genügt und vorgegebene Volumina einschließt. Die Winkelgeschwindigkeit erhält dabei einen ganz bestimmten kleinen Wert. Das Problem wird auf die Auflösung eines Systems nichtlinearer Integro-Differentialgleichungen zurückgeführt und diese durch sukzessive Approximationen geleistet. In dem besonderen Falle, daß die beiden Volumina gleich groß sind, tritt eine Vereinfachung ein. Jetzt gehen die beiden Körper durch eine Drehung um die Rotationsachse durch den Winkel von 180^0 ineinander über. Die Gleichungen des Problems können auf eine einzige Integro-Differentialgleichung zurückgeführt werden.

Durch die an jener Stelle durchgeführten Betrachtungen ist auch unser Problem als erledigt zu betrachten. Für alle hinreichend kleinen Werte von $\frac{D}{L}$ lassen sich die Form der Kurven S_1 und S_2 und die Winkelgeschwindigkeit ω tatsächlich so bestimmen, daß der Bewegungszustand der Flüssigkeit, von dem rotierenden Achsenkreuz aus beurteilt, permanent wird. Die Kurven S_1 und S_2 sind in einer ersten Näherung schwach abgeplattete Ellipsen, deren große Achsen nach dem Koordinatenursprung hin gerichtet sind.

Wir haben vorhin auseinandergesetzt, daß die beiden Kurven S_1 und S_2 (die in bezug auf M_1M_2 symmetrisch sind) den gemeinsamen Schwerpunkt zum Symmetriezentrum haben. Es hätte übrigens genügt, vorauszusetzen, daß die Flächeninhalte von T_1 und T_2 einander gleich sind. Hieraus und aus den weiteren Annahmen, daß S_1 und S_2 sich nur wenig von Kreisen unterscheiden und die Gerade M_1M_2 zur Symmetrieachse haben, folgt bereits, daß S_2 aus S_1 durch eine Drehung um den Winkel von 180^0 um die Umdrehungsachse hervorgeht. Sind die Flächeninhalte von T_1 und T_2 voneinander verschieden, so

[47] Untersuchungen über die Gestalt der Himmelskörper. Zweite Abhandlung. Eine aus zwei getrennten Massen bestehende Gleichgewichtsfigur rotierender Flüssigkeit, Math. Zeitschr. **12** (1922), S. 201—218.

gilt, den vorgenannten Ergebnissen meiner vorhin zitierten Abhandlung gemäß, ein ähnliches Resultat. Die beiden Wirbelröhren T_1 und T_2 rotieren auch jetzt noch mit konstanter Winkelgeschwindigkeit um eine durch den gemeinsamen Schwerpunkt von T_1 und T_2 hindurchgehende Achse. Die Randkurven S_1 und S_2 sind freilich nicht mehr kongruent. Auch lassen sich die beiden Integro-Differentialgleichungen des Problems nicht mehr ohne weiteres auf eine einzige zurückführen. Ähnlich liegt die Sache, wenn die Wirbelstärke zwar überall in T_1 sowie in T_2 konstant, gleich $J_1 > 0$ bzw. $J_2 > 0$ ist, jedoch entgegen der ursprünglichen Annahme $J_1 \gtrless J_2$ gilt. Bei dem analogen Problem in der Theorie der Gleichgewichtsfiguren rotierender Flüssigkeiten würde diesmal die Dichte der Flüssigkeit in den beiden Einzelmassen verschieden sein.

Helmholtz betrachtet auch noch den Fall $J_1 = -J_2$ und postuliert den Satz, daß die beiden Wirbelröhren unendlich kleinen Querschnittes sich diesmal mit konstanter Geschwindigkeit in der Richtung senkrecht zu ihrer Ebene bewegen.

In der hier vertretenen Auffassung schließt die Helmholtzsche Behauptung die Aufgabe in sich, *den Querschnitt der beiden Wirbelröhren so zu bestimmen, daß die Bewegung des Systems, bezogen auf ein geeignetes mit konstanter Geschwindigkeit fortschreitendes Achsenkreuz, permanent bleibt*. Wir nehmen an, daß die beiden Wirbelröhren in bezug auf die Schwerachse des Gesamtsystems symmetrisch liegen, und daß ihre Querschnitte T_1 und T_2, die sich nur wenig von Kreisflächen unterscheiden sollen, eine Symmetriegerade haben (Fig. 42).

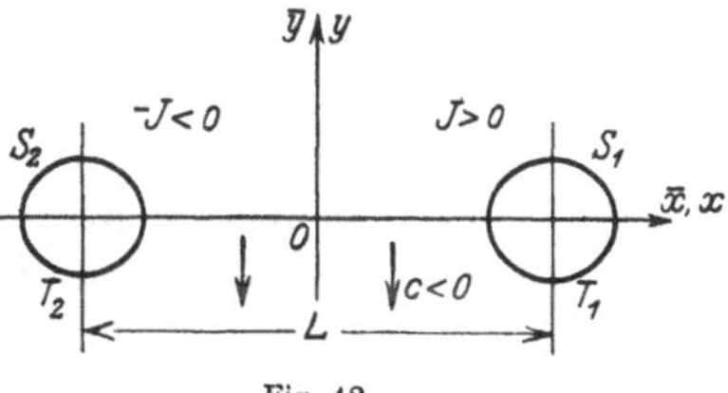

Fig. 42.

Wir wählen die Ebene der Schwerachsen der beiden Wirbelröhren, die Symmetrieebene des Systems, zur Ebene x-z und legen den Koordinatenursprung in den gemeinsamen Schwerpunkt von T_1 und T_2 hinein. Die Wirbelstärke in T_1 sei $J_1 = J > 0$, diejenige in T_2 dagegen $J_2 = -J < 0$. Das Achsenkreuz x-y-z möge sich nun mit einer zunächst noch nicht bekannten Geschwindigkeit c in der Richtung der positiven y-Achse bewegen. Wir führen wie auf S. 447 ein im Raume festes Achsenkreuz $\bar{x}$-$\bar{y}$-$\bar{z}$ ein, das in dem gerade betrachteten Augenblick mit dem Achsenkreuz x-y-z zusammenfällt. Indem wir die beiden Stromfunktionen wieder mit $\bar{\psi}(\bar{x}, \bar{y})$ und $\psi(x, y)$ bezeichnen, finden wir

$$(157) \qquad \bar{\psi}(\bar{x}, \bar{y}) = -\frac{J}{\pi}\int\limits_{T_1} \log\frac{\bar{r}_*}{\bar{r}}\, d\bar{x}_0\, d\bar{y}_0 + \frac{J}{\pi}\int\limits_{T_2} \log\frac{\bar{r}_*}{\bar{r}}\, d\bar{x}_0\, d\bar{y}_0$$

und

$$(158) \qquad \psi(x, y) = \bar{\psi}(\bar{x}, \bar{y}) - c\,x\,,$$

oder, was dasselbe bedeutet,

$$(159)\qquad \psi(x, y) = -\frac{J}{\pi}\int\limits_{T_1}\log\frac{r_*}{r}\,dx_0\,dy_0 + \frac{J}{\pi}\int\limits_{T_2}\log\frac{r_*}{r}\,dx_0\,dy_0 - cx.$$

Auf S_1 und S_2 muß

$$(160)\qquad -\frac{J}{\pi}\int\limits_{T_1}\log\frac{r_*}{r}\,dx_0\,dy_0 + \frac{J}{\pi}\int\limits_{T_2}\log\frac{r_*}{r}\,dx_0\,dy_0 - cx = C$$

sein, unter C eine Ortsfunktion verstanden, die auf S_1 und S_2 je einen konstanten Wert, C_1 und C_2, annimmt. Aus Gründen der Symmetrie ist

$$(161)\qquad C_2 = -C_1.$$

Die Weiterbehandlung der Gleichung (160) ist von derjenigen der Gleichung (155) nicht wesentlich verschieden: auch hier kommt man auf eine nichtlineare Integro-Differentialgleichung. Es hätte übrigens genügt, vorauszusetzen, daß die Flächeninhalte der beiden Querschnitte T_1 und T_2 einander gleich sind, sowie das S_1 und S_2 eine (auf der Fortschreitungsrichtung senkrecht stehende) Symmetrieebene haben. Hieraus und aus der weiteren Annahme, daß S_1 und S_2 sich nur wenig von Kreisen unterscheiden, läßt sich bereits folgern, daß S_2 aus S_1 durch eine Drehung um den Winkel von 180^0 um die Schwerachse des Gesamtsystems hervorgeht. Auf das eben betrachtete Problem läßt sich, worauf schon Helmholtz hingewiesen hatte, das weitere Problem der Bewegung eines Wirbelzylinders konstanter Stärke J in einer homogenen Flüssigkeit, die von einer unendlichen ebenen Wand parallel zur Wirbelachse begrenzt ist, zurückführen[48]. Es genügt, die gegebene Wirbelröhre an der festen Wand zu spiegeln und das Spiegelbild mit der Wirbelstärke $-J$ zu besetzen (Fig. 43). Durch die vorstehend skizzierten Betrachtungen ist das Bewegungsproblem als erledigt zu betrachten, sofern der Durchmesser der Wirbelröhre als hinreichend klein gegenüber dem Abstande ihrer Schwerachse von der Wand aufgefaßt werden kann.

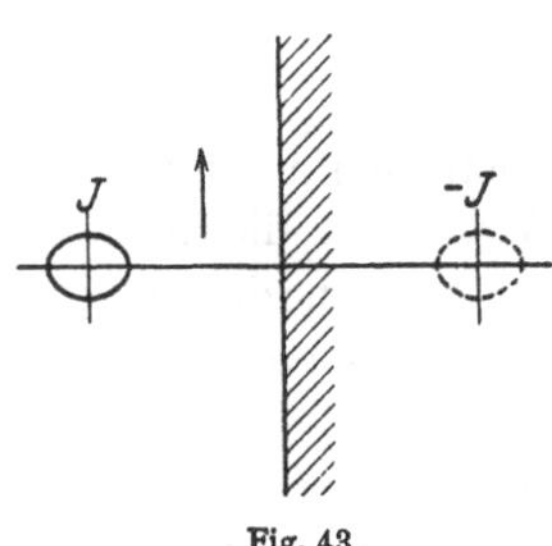

Fig. 43.

Eine analoge Behandlung gestattet die weitere Möglichkeit: $J_1 > 0$, $J_2 < 0$, $|J_2| \neq |J_1|$. Hier rotiert das System bei geeigneter Formgebung der beiden Querschnitte um die gemeinsame Schwerachse, die diesmal außerhalb des von den Schwerachsen der beiden Wirbelröhren gebildeten Parallelstreifens verläuft.

Es war bis jetzt stets von einer allseitig unbegrenzten Flüssigkeit, mithin von unbegrenzten Wirbelzylindern die Rede. Alle Ergebnisse

---

[48] Vgl. loc. cit. [32].

gelten unverändert, auch wenn die Flüssigkeit von zwei Ebenen senkrecht zu den Erzeugenden der Wirbelzylinder begrenzt ist.

Ist der Druck im Unendlichen positiv und hinreichend groß, so wird gewiß $p > 0$ ausfallen.

8. Eine ein abgeschlossenes Gefäß voll erfüllende homogene Flüssigkeit. Potentialströmung. Ein geschlossener Wirbelring ganz im Innern der Flüssigkeit. Zweidimensionale Bewegung. Wir haben uns in **1.** bis **4.** mit der Bewegung einer den gesamten Raum der Variablen x, y, z erfüllenden Masse einer nicht notwendig homogenen, inkompressiblen, ideellen Flüssigkeit beschäftigt. Im direkten Gegensatz hierzu wird im folgenden vorausgesetzt, daß die wie vorhin inkompressible, ideelle Flüssigkeit, die homogen sein kann oder auch nicht, und ein Gefäß Θ voll ausfüllt, das sich in vorgeschriebener Weise bewegt und das wir der Einfachheit halber zunächst als einfach zusammenhängend und von einer einzigen Wandfläche begrenzt annehmen. Ist (x, y, z) ein Punkt auf der Innenseite Σ der Gefäßwand, so gilt für alle t in einem Intervall $\langle t_0, t_0 + t^* \rangle$ eine Gleichung

$$\Psi(x, y, z, t) = 0, \tag{162}$$

unter Ψ eine gegebene, etwa analytische und reguläre Funktion ihrer vier Argumente für alle t in $\langle t_0, t_0 + t^* \rangle$ und alle x, y, z in einem dreidimensionalen Bereiche, der die Innenseite Σ_0 der Gefäßwand zur Zeit t_0 ganz in seinem Innern enthält, verstanden[49]. Wir nehmen an, daß

$$\left(\frac{\partial \Psi}{\partial x}\right)^2 + \left(\frac{\partial \Psi}{\partial y}\right)^2 + \left(\frac{\partial \Psi}{\partial z}\right)^2 > 0 \tag{164}$$

ist. Ist das Gefäß starr, so hängt Ψ in bekannter Weise von sechs Parametern ab, die vorgeschriebene Funktionen der Zeit sind. Ruht das Gefäß, so ist Ψ von t unabhängig. Aus (162) folgt, wie wir wissen, für alle (x, y, z) auf Σ die Beziehung

$$\frac{\partial \Psi}{\partial t} + \frac{\partial \Psi}{\partial x} u + \frac{\partial \Psi}{\partial y} v + \frac{\partial \Psi}{\partial z} w = 0 \tag{165}$$

oder, wenn mit $\mathfrak{u}_n$ die Komponente der Geschwindigkeit in der Richtung

---

[49] Statt durch eine Gleichung (162) kann die Bewegung der Gefäßwand natürlich auch durch Beziehungen von der Form

$$x = \mathfrak{x}(p, q, t), \quad y = \mathfrak{y}(p, q, t), \quad z = \mathfrak{z}(p, q, t) \tag{163}$$

gegeben sein. Hierbei bezeichnen in der üblichen Weise p, q ein geeignetes System auf Σ_0 erklärter Gaußscher Parameter; $\mathfrak{x}, \mathfrak{y}, \mathfrak{z}$ sind analytische und reguläre Funktionen ihrer Argumente für alle p, q auf Σ_0 und alle t in $\langle t_0, t_0 + t^* \rangle$. Die weiteren Betrachtungen würden durch Einführung der Beziehungen (163) an Stelle der Gleichung (162) nur eine unwesentliche Modifikation erfahren. Übrigens kann die Voraussetzung, daß Ψ analytisch ist, durch die weniger einschränkende Voraussetzung ersetzt werden, daß Ψ stetige Ableitungen bis zu einer gewissen hinreichend hohen Ordnung hat (vgl. S. 459).

der Innennormale zu Σ bezeichnet wird,

$$(166)\qquad \mathfrak{u}_n = -\frac{\partial \Psi}{\partial t}\left[\left(\frac{\partial \Psi}{\partial x}\right)^2+\left(\frac{\partial \Psi}{\partial y}\right)^2+\left(\frac{\partial \Psi}{\partial z}\right)^2\right]^{-\frac{1}{2}}.$$ [50]

Da das Gefäß von einer inkompressiblen Flüssigkeit voll erfüllt bleibt, sein Gesamtvolumen sich demnach im Laufe der Bewegung nicht ändert, so muß

$$(167)\qquad \int\limits_{\Sigma} \mathfrak{u}_n\, d\sigma = 0,$$

demnach

$$(168)\qquad \int\limits_{\Sigma} \frac{\partial \Psi}{\partial t}\left[\left(\frac{\partial \Psi}{\partial x}\right)^2+\left(\frac{\partial \Psi}{\partial y}\right)^2+\left(\frac{\partial \Psi}{\partial z}\right)^2\right]^{-\frac{1}{2}} d\sigma = 0$$

sein.

Es sei Θ_0 das von der Flüssigkeit zur Zeit t_0 besetzte Gebiet, sein Rand heiße, wie vorhin, Σ_0. Wir beginnen mit dem folgenden besonders einfachen Spezialfall. Die Flüssigkeit sei homogen, die Massenkräfte haben eine Kräftefunktion, und es möge zur Zeit t_0 ein Geschwindigkeitspotential existieren,

$$(169)\qquad u_0 = \frac{\partial \varphi_0}{\partial a},\quad v_0 = \frac{\partial \varphi_0}{\partial b},\quad w_0 = \frac{\partial \varphi_0}{\partial c}.$$

Wegen

$$(170)\qquad \frac{\partial u_0}{\partial a}+\frac{\partial v_0}{\partial b}+\frac{\partial w_0}{\partial c} = 0$$

ist $\Delta\varphi_0 = 0$. Auch u_0, v_0, w_0 sind demnach in Θ_0 reguläre Potentialfunktionen. Wir nehmen an, daß u_0, v_0, w_0 auch noch auf Σ_0 stetig sind und daß

$$(171)\qquad \frac{\partial \Psi_0}{\partial t}+\frac{\partial \Psi_0}{\partial a}u_0+\frac{\partial \Psi_0}{\partial b}v_0+\frac{\partial \Psi_0}{\partial c}w_0 = 0,\quad \Psi_0 = \Psi(a, b, c, t_0)$$

ist. Durch die Bedingung (171), die man auch in der Form

$$(172)\qquad \frac{\partial \varphi_0}{\partial n_0} = -\frac{\partial \Psi_0}{\partial t}\left\{\left(\frac{\partial \Psi_0}{\partial a}\right)^2+\left(\frac{\partial \Psi_0}{\partial b}\right)^2+\left(\frac{\partial \Psi_0}{\partial c}\right)^2\right\}^{-\frac{1}{2}}$$

schreiben kann, ist, da wegen (168)[50a]

$$(173)\qquad \int\limits_{\Sigma_0} \frac{\partial \varphi_0}{\partial n}\, d\sigma = 0$$

gilt, wie wir wissen, φ_0 bis auf eine willkürliche, für das weitere belanglose additive Konstante bestimmt. Ist, wie wir vorhin sagten, Ψ analytisch und regulär, so ist φ_0 in $\Theta_0+\Sigma_0$ analytisch und regulär. Wird bezüglich der

[50] Ebenso groß ist die Normalkomponente der Geschwindigkeit des Punktes (x, y, z) der Gefäßwand.

[50a] Für $t = t_0$.

Funktion Ψ lediglich vorausgesetzt, daß sie stetige Ableitungen erster und zweiter Ordnung hat und die Ableitungen zweiter Ordnung einer H-Bedingung genügen, so hat $\frac{\partial \varphi_0}{\partial n_0}$, als Ortsfunktion auf Σ_0 aufgefaßt, stetige, der H-Bedingung genügende Ableitungen erster Ordnung. Den in III 3. angegebenen Sätzen zufolge hat φ_0 in $\Theta_0 + \Sigma_0$ stetige Ableitungen zweiter Ordnung, die der H-Bedingung genügen, u_0, v_0, w_0 haben demgemäß in $\Theta_0 + \Sigma_0$ stetige, die H-Bedingung erfüllende Ableitungen erster Ordnung.

Dem Fundamentalsatze von Lagrange zufolge ist für $t > t_0$, falls es eine Flüssigkeitsbewegung der betrachteten Art gibt, allemal ein Geschwindigkeitspotential $\varphi(x, y, z, t)$ vorhanden. Dieses Potential bestimmt sich aus der zu (172) analogen Randbedingung

$$\frac{\partial \varphi}{\partial n} = -\frac{\partial \Psi}{\partial t}\left\{\left(\frac{\partial \Psi}{\partial x}\right)^2 + \left(\frac{\partial \Psi}{\partial y}\right)^2 + \left(\frac{\partial \Psi}{\partial z}\right)^2\right\}^{-\frac{1}{2}}. \tag{174}$$

Die Geschwindigkeitskomponenten $u = \frac{\partial \varphi}{\partial x}$, $v = \frac{\partial \varphi}{\partial y}$, $w = \frac{\partial \varphi}{\partial z}$ sind in $\Theta + \Sigma$ stetige, in Θ reguläre Potentialfunktionen; die partiellen Ableitungen $\frac{\partial u}{\partial x}, \ldots, \frac{\partial w}{\partial z}$ sind auch noch auf Σ stetig und genügen in $\Theta + \Sigma$ einer H-Bedingung[51]. Damit ist das Geschwindigkeitsfeld für alle t in $\langle t_0, t_0 + t^*\rangle$ bestimmt. Wie wir in V 10. gesehen haben, lassen sich die Funktionen $x = x(a, b, c, t)$, $y = y(a, b, c, t)$, $z = z(a, b, c, t)$ für alle (a, b, c) in $T_0 + S_0$ und alle t in $\langle t_0, t_0 + t^*\rangle$ durch Auflösung eines Systems gewöhnlicher Differentialgleichungen ermitteln. Damit ist unser Problem erledigt. Ist die Bewegung des Gefäßes, oder vielmehr seiner Innenwand, bekannt, so ist auch die Bewegung der eingeschlossenen Flüssigkeit, sofern sie eine Potentialbewegung ist, bekannt. Befindet sich das Gefäß in Ruhe, so ist $\frac{\partial \varphi}{\partial n} = 0$, somit, falls, wie vorausgesetzt wurde, das Gefäß einfach zusammenhängend ist, φ konstant, $u = v = w = 0$. Die Flüssigkeit ruht. Dieses Resultat ist bereits früher S. 193 abgeleitet worden.

Nun der Druck $p(x, y, z, t)$. Dieser ist durch die Daten des Problems nur bis auf eine additive Zeitfunktion bestimmt. Ist (x^0, y^0, z^0) ein Punkt der Innenwand, so ist

$$\frac{1}{\varrho_0} p(x, y, z, t) = \frac{1}{\varrho_0} p(x^0, y^0, z^0, t) - \int\limits_{(x^0, y^0, z^0)}^{(x, y, z)} \frac{du}{dt} dx + \frac{dv}{dt} dy + \frac{dw}{dt} dz + (U - U^0) \tag{175}$$

$$(\varrho = \varrho_0 = \text{Dichte}, \quad U^0 = U(x^0, y^0, z^0, t)).$$

---

[51] Die Fläche Σ ist diesmal eine Fläche der Klasse Bh.

Man kann sich aber zur Bestimmung des Druckes der auch in X 6. abgeleiteten Differentialgleichung

$$(176)\qquad \Delta\left(\frac{1}{\varrho_0}p - U\right) = 2\left(\frac{\partial(u,v)}{\partial(x,y)} + \frac{\partial(u,w)}{\partial(x,z)} + \frac{\partial(v,w)}{\partial(y,z)}\right)$$

und der Randbedingung

$$(177)\qquad \frac{\partial p}{\partial n} = \frac{\partial p}{\partial x}\cos(n,x) + \frac{\partial p}{\partial y}\cos(n,y) + \frac{\partial p}{\partial z}\cos(n,z)$$

$$= -\varrho_0\left(\frac{du}{dt}\cos(n,x) + \frac{dv}{dt}\cos(n,y) + \frac{dw}{dt}\cos(n,z)\right) + \varrho_0\frac{\partial U}{\partial n}$$

bedienen. Der Klammerausdruck rechts ist die Normalableitung der Beschleunigung.

Was bedeutet aber, daß $p(x, y, z, t)$ nur bis auf eine additive Zeitfunktion bestimmt ist? Um die Vorstellungen zu fixieren, nehmen wir an, daß es sich um ein starres, zwangläufig bewegtes Gefäß mit freier Außenfläche handelt. Um die Bewegung des Gefäßes zustande zu bringen, muß man auf dieses geeignete Kräfte wirken lassen. Diese lassen sich, da der Geschwindigkeitszustand des Gefäßes für alle t in $\langle t_0, t_0 + t^*\rangle$ bekannt ist, leicht ermitteln, wenn man die Resultierende und das resultierende Moment der von der Flüssigkeit auf Σ ausgeübten Druckkräfte bestimmt. Ein zusätzlicher auf Σ wirkender Normaldruck von überall gleichem Betrage hat, wie man weiß, zur resultierenden Kraft und zum resultierenden Moment den Wert Null, würde also keine Änderung der auf das Gefäß wirkenden Außenkräfte bedingen. Man sieht also, daß sich aus den Daten des Problems der Druck in Θ nicht restlos bestimmen läßt. Anders liegt die Sache, wenn man annimmt, das Gefäß sei elastisch deformierbar und auch die Flüssigkeit sei kompressibel. Das Problem wird dann freilich ein ganz anderes.

Wir haben vorhin angenommen, das Gefäß sei einfach zusammenhängend. Es möge jetzt Θ nach wie vor von einer einzigen Randfläche Σ begrenzt sein, diese Fläche indessen einen mehrfachen Zusammenhang haben. Der Übersichtlichkeit halber sei Θ einem Kreisringkörper topologisch äquivalent. Wieder möge zur Zeit t_0, darum auch für $t > t_0$ ein Geschwindigkeitspotential existieren. Jetzt ist das Geschwindigkeitsfeld zur Zeit t_0 durch die Randbedingung (172) allein nicht vollkommen bestimmt. Dies wird erst der Fall sein, wenn bsp. die Zirkulation längs einer geschlossenen Kurve Γ_0 mit stetiger Tangente, die sich nicht durch stetige Deformation auf einen Punkt zurückführen läßt,

$$(178)\qquad \int_{\Gamma_0} u_0\,da + v_0\,db + w_0\,dc,$$

bekannt ist. Wie man weiß, hat der Integralausdruck (178) für alle Γ_0

denselben Wert, sagen wir c_0. Durch die Randbedingung (172) und durch die weitere Bedingung

$$\int_{\Gamma_0} d\varphi_0 = c_0 \tag{179}$$

ist nunmehr φ_0 bis auf eine additive Konstante bestimmt (vgl. S. 108). Es sei Γ das Bild von Γ_0 zur Zeit t. Bekanntlich ist[51a]

$$\int_{\Gamma} d\varphi = \int_{\Gamma_0} d\varphi_0 = c_0 \tag{180}$$

(vgl. S. 400). Das Geschwindigkeitspotential zur Zeit t ist durch die Randbedingung (174) und die Beziehung (180), bis auf eine additive Zeitfunktion, festgelegt. Das Problem kann als erledigt gelten. Die Verhältnisse liegen ganz analog, wenn die Zusammenhangszahl von Θ größer als zwei ist.

Wir gehen einen Schritt weiter und nehmen jetzt an, daß sich zur Zeit t_0 ganz im Innern der Flüssigkeitsmasse eine geschlossene Wirbelröhre befindet. Es wird demgemäß vorausgesetzt, daß im Innern von Θ_0 eine Unstetigkeitsfläche S_0 der Klasse Ah, die einer Torusfläche topologisch äquivalent ist, vorliegt. Die Komponenten der Anfangsgeschwindigkeit u_0, v_0, w_0 sind in $\Theta_0 + \Sigma_0$ stetig und haben in jedem der beiden Gebiete, in die Θ_0 durch S_0 geteilt wird, der Rand eingeschlossen, stetige, der H-Bedingung genügende Ableitungen erster Ordnung. Auf Σ_0 ist

$$\frac{\partial \Psi_0}{\partial t} + \frac{\partial \Psi_0}{\partial a} u_0 + \frac{\partial \Psi_0}{\partial b} v_0 + \frac{\partial \Psi_0}{\partial c} w_0 = 0, \quad \Psi_0 = \Psi(a, b, c, t_0). \tag{181}$$

Die Wirbelkomponenten ξ_0, η_0, ζ_0 sind in dem von S_0 begrenzten, wie ein Kreisringkörper beschaffenen Bereiche $T_0 + S_0$ stetig und genügen einer H-Bedingung; außerhalb von T_0 ist $\xi_0^2 + \eta_0^2 + \zeta_0^2 = 0$. Es wird schließlich angenommen, daß die Wirbellinien sich alle schließen. Insbesondere besteht S_0 aus lauter Wirbellinien. Die auf die Flüssigkeit wirkenden Kräfte haben eine Kräftefunktion, $U(x, y, z, t)$.

Wir behaupten, *daß durch die vorstehenden Anfangs- und Grenzbedingungen auch jetzt noch die Bewegung in einem gewissen Zeitintervalle* $\langle t_0, t_0 + t^* \rangle$ *vollkommen gegeben ist*[52]. Was den Druck betrifft, so ist er auch diesmal nur bis auf eine willkürliche additive Funktion der Zeit bestimmt.

Die Integro-Differentialgleichungen (38) sind im vorliegenden Falle durch die folgenden Gleichungen zu ersetzen:

$$x = a + \int_{t_0}^{t} u\,dt, \quad y = b + \int_{t_0}^{t} v\,dt, \quad z = c + \int_{t_0}^{t} w\,dt, \tag{182}$$

[51a] Falls, wie wir annehmen wollen, die Kräftefunktion $U(x, y, z, t)$ eindeutig ist.

[52] Die unmittelbar folgenden Betrachtungen geben die Entwicklungen meiner in der Fußnote [26] genannten Arbeit, S. 116—121 wieder.

$$(183)\quad \begin{aligned} u &= -\frac{1}{2\pi}\frac{\partial}{\partial z}\int_T \frac{1}{r}\eta' d\tau' + \frac{1}{2\pi}\frac{\partial}{\partial y}\int_T \frac{1}{r}\zeta' d\tau' + \frac{\partial \overset{+}{\varphi}}{\partial x} = \overset{+}{u} + \frac{\partial \overset{+}{\varphi}}{\partial x},\\ &\cdots\cdots\cdots\cdots\cdots\cdots\\ w &= -\frac{1}{2\pi}\frac{\partial}{\partial y}\int_T \frac{1}{r}\xi' d\tau' + \frac{1}{2\pi}\frac{\partial}{\partial x}\int_T \frac{1}{r}\eta' d\tau' + \frac{\partial \overset{+}{\varphi}}{\partial z} = \overset{+}{w} + \frac{\partial \overset{+}{\varphi}}{\partial z}. \end{aligned}$$

$$(184)\quad \begin{aligned} \xi &= \xi_0\frac{\partial x}{\partial a} + \eta_0\frac{\partial x}{\partial b} + \zeta_0\frac{\partial x}{\partial c},\\ &\cdots\cdots\cdots\cdots\\ \zeta &= \xi_0\frac{\partial z}{\partial a} + \eta_0\frac{\partial z}{\partial b} + \zeta_0\frac{\partial z}{\partial c}. \end{aligned}$$

In (183) bezeichnet $\overset{+}{\varphi}$ eine in $\Theta + \Sigma$ nebst ihrer Normalableitung stetige, in Θ reguläre Potentialfunktion, die auf Σ der Bedingung

$$(185)\quad \frac{\partial \Psi}{\partial t} + \frac{\partial \Psi}{\partial x}\frac{\partial \overset{+}{\varphi}}{\partial x} + \frac{\partial \Psi}{\partial y}\frac{\partial \overset{+}{\varphi}}{\partial y} + \frac{\partial \Psi}{\partial z}\frac{\partial \overset{+}{\varphi}}{\partial z} + \frac{\partial \Psi}{\partial x}\overset{+}{u} + \frac{\partial \Psi}{\partial y}\overset{+}{v} + \frac{\partial \Psi}{\partial z}\overset{+}{w} = 0$$

oder, anders geschrieben,

$$(186)\quad \begin{aligned} \frac{\partial \overset{+}{\varphi}}{\partial n} &= -\overset{+}{\mathfrak{u}}_n - \frac{\partial \Psi}{\partial t}\left[\left(\frac{\partial \Psi}{\partial x}\right)^2 + \left(\frac{\partial \Psi}{\partial y}\right)^2 + \left(\frac{\partial \Psi}{\partial z}\right)^2\right]^{-\frac{1}{2}},\\ \overset{+}{\mathfrak{u}}_n &= \overset{+}{u}\cos(n, x) + \overset{+}{v}\cos(n, y) + \overset{+}{w}\cos(n, z) \end{aligned}$$

genügt.

In der Tat ist zunächst wegen (183) und (186) gewiß die Randbedingung (166) erfüllt. Aus (183) und der Kontinuitätsgleichung $\frac{\partial u}{\partial x} + \frac{\partial v}{\partial y} + \frac{\partial w}{\partial z} = 0$ folgen ferner, wie wir wissen, die Beziehungen (21) (vgl. S. 433).

Die Bestimmung der Funktion $\overset{+}{\varphi}$ ist stets möglich, da

$$(187)\quad -\int_\Sigma \frac{\partial \overset{+}{\varphi}}{\partial n} d\sigma = \int_\Sigma \frac{\partial \Psi}{\partial t}\left[\left(\frac{\partial \Psi}{\partial x}\right)^2 + \left(\frac{\partial \Psi}{\partial y}\right)^2 + \left(\frac{\partial \Psi}{\partial z}\right)^2\right]^{-\frac{1}{2}} d\sigma + \int_\Sigma \overset{+}{\mathfrak{u}}_n\, d\sigma = 0$$

ist. Der erste Summand ist tatsächlich nach (168) gleich Null. Andererseits ist wegen

$$(188)\quad \frac{\partial \overset{+}{u}}{\partial x} + \frac{\partial \overset{+}{v}}{\partial y} + \frac{\partial \overset{+}{w}}{\partial z} = 0$$

auch

$$(189)\quad \int_\Sigma \overset{+}{\mathfrak{u}}_n\, d\sigma = 0.$$

Ist Θ einfach zusammenhängend, so ist $\overset{+}{\varphi}$ durch die vorstehenden Beziehungen bis auf eine additive Funktion der Zeit bestimmt. Ist Θ, sagen wir, zweifach zusammenhängend und ist c_0 die Zirkulation längs einer in Θ_0 gelegenen Kurve Γ_0 mit stetiger Tangente, so ist nach bekannten Sätzen, sofern die Kräftefunktion, wie angenommen werden soll, eindeutig ist, (S. 400)

$$\begin{aligned}\int_\Gamma u\,dx + v\,dy + w\,dz &= \int_\Gamma \overset{+}{u}\,dx + \overset{+}{v}\,dy + \overset{+}{w}\,dz + \int_\Gamma d\overset{+}{\varphi} = c_0, \\ \int_\Gamma d\overset{+}{\varphi} &= c_0 - \int_\Gamma \overset{+}{u}\,dx + \overset{+}{v}\,dy + \overset{+}{w}\,dz.\end{aligned} \tag{190}$$

Die zusätzliche Beziehung (190) gestattet auch jetzt, $\overset{+}{\varphi}$ bis auf einen belanglosen willkürlichen Summanden zu bestimmen.

Die Auflösung der Gleichungen (182) bis (186) kann durch sukzessive Approximationen ganz wie auf S. 437 erfolgen. Als erste Näherung setzen wir für alle (a, b, c) in $T_0 + S_0$

$$x_1 = a + \int_{t_0}^{t} u_1 dt, \quad y_1 = b + \int_{t_0}^{t} v_1 dt, \quad z_1 = c + \int_{t_0}^{t} w_1 dt, \quad u_1 = u_0, v_1 = v_0, w_1 = w_0. \tag{191}$$

Als zweite Annäherung setzen wir, wieder nur für die Punkte in $T_0 + S_0$,

$$\begin{aligned} x_2 &= a + \int_{t_0}^{t} dt \left[-\frac{1}{2\pi}\frac{\partial}{\partial z_1}\int_{T_1}\frac{1}{r_1}\eta_1' d\tau_1' + \frac{1}{2\pi}\frac{\partial}{\partial y_1}\int_{T_1}\frac{1}{r_1}\zeta_1' d\tau_1' + \frac{\partial\overset{+}{\varphi}_2}{\partial x_1}\right] \\ &= a + \int_{t_0}^{t}\left(\overset{+}{u}_2 + \frac{\partial\overset{+}{\varphi}_2}{\partial x_1}\right) dt, \\ &\cdots\cdots\cdots\cdots\cdots\cdots\cdots\cdots \\ z_2 &= c + \int_{t_0}^{t} dt \left[-\frac{1}{2\pi}\frac{\partial}{\partial y_1}\int_{T_1}\frac{1}{r_1}\xi_1' d\tau_1' + \frac{1}{2\pi}\frac{\partial}{\partial x_1}\int_{T_1}\frac{1}{r_1}\eta_1' d\tau_1' + \frac{\partial\overset{+}{\varphi}_2}{\partial z_1}\right] \\ &= c + \int_{t_0}^{t}\left(\overset{+}{w}_2 + \frac{\partial\overset{+}{\varphi}_2}{\partial z_1}\right) dt; \end{aligned} \tag{192}$$

$$\begin{aligned} \xi_1 &= \xi_0\frac{\partial x_1}{\partial a} + \eta_0\frac{\partial x_1}{\partial b} + \zeta_0\frac{\partial x_1}{\partial c}, \\ &\cdots\cdots\cdots\cdots\cdots \\ \zeta_1 &= \xi_0\frac{\partial z_1}{\partial a} + \eta_0\frac{\partial z_1}{\partial b} + \zeta_0\frac{\partial z_1}{\partial c}. \end{aligned} \tag{193}$$

Hierbei bezeichnet $\overset{+}{\varphi}_2$ eine in $\Theta + \Sigma$ nebst ihrer Normalableitung stetige, in Θ reguläre Potentialfunktion, die auf Σ die Bedingung

$$\begin{aligned} \frac{\partial\overset{+}{\varphi}_2}{\partial n} &= -\overset{+}{\mathfrak{u}}_{n2} - \frac{\partial\Psi_1}{\partial t}\left[\left(\frac{\partial\Psi_1}{\partial x_1}\right)^2 + \left(\frac{\partial\Psi_1}{\partial y_1}\right)^2 + \left(\frac{\partial\Psi_1}{\partial z_1}\right)^2\right]^{-\frac{1}{2}}, \\ \Psi_1 &= \Psi(x_1, y_1, z_1, t) \end{aligned} \tag{194}$$

erfüllt[53]; $\mathfrak{u}_{n2}$ ist die Normalkomponente des Vektors $\overset{+}{u}_2, \overset{+}{v}_2, \overset{+}{w}_2$.[53a] Ist

---

[53] Man beachte, daß die laufenden Koordinaten jetzt x_1, y_1, z_1 heißen; Σ ist die Innenwand des Gefäßes zur Zeit t.

[53a] Der durch die Formeln (192) natürlich in dem ganzen Bereiche $\Theta + \Sigma$ erklärt ist.

Θ zweifach zusammenhängend, so tritt als zusätzliche Bedingung

$$\int_{\Gamma_1} d\overset{+}{\varphi}_2 = c_0 - \int_{\Gamma_1} \overset{+}{u}_2\, dx_1 + \overset{+}{v}_2\, dy_1 + \overset{+}{w}_2\, dz_1 \tag{195}$$

hinzu. Hier bezeichnet Γ_1 das Bild von Γ_0 im Raume der Variablen x_1, y_1, z_1 zur Zeit t.

In analoger Weise werden x_3, y_3, z_3 usw. gebildet. Es läßt sich zeigen, daß die Folgen x_n, y_n, z_n $(n = 1, 2, \ldots)$ für alle (a, b, c) in $T_0 + S_0$ und alle hinreichend kleinen $t - t_0$ gleichmäßig konvergieren. Die Grenzfunktionen

$$x(a, b, c, t) = \lim x_n, \quad y(a, b, c, t) = \lim y_n, \quad z(a, b, c, t) = \lim z_n \tag{196}$$

sind in $T_0 + S_0$ stetig und haben stetige, der H-Bedingung genügende partielle Ableitungen

$$u = \frac{dx}{dt}, \ v = \frac{dy}{dt}, \ w = \frac{dz}{dt}; \ \frac{\partial x}{\partial a}, \frac{\partial x}{\partial b}, \ldots, \frac{\partial z}{\partial c}; \ \frac{\partial u}{\partial a}, \frac{\partial u}{\partial b}, \ldots, \frac{\partial w}{\partial c}. \tag{197}$$

Nachdem so die Bahnen der $T_0 + S_0$ füllenden Flüssigkeitsteilchen bestimmt worden sind, liefern die Gleichungen (183), (184) das Geschwindigkeitsfeld für alle (x, y, z) in $\Theta + \Sigma$. Geht man jetzt in bekannter Weise von den Eulerschen zu den Lagrangeschen Variablen über (S. 158 ff.), so erhält man die Bahnen der außerhalb $T_0 + S_0$ gelegenen Flüssigkeitsteilchen.

Was schließlich den Druck betrifft, so bestimmt sich dieser auch jetzt noch aus den Formeln (175) oder (176) und (177).

Ganz analoge Beziehungen gelten in dem besonderen Falle einer zweidimensionalen Bewegung. Im Einklang mit den auf S. 441 gebrauchten Bezeichnungen bedeutet im folgenden Σ_0 die Begrenzung des von der Flüssigkeit in der Ebene a-b besetzten Gebietes Θ_0; S_0 ist die Unstetigkeitskurve, T_0 das von S_0 begrenzte Gebiet; Σ_0 ist eine Kurve der Klasse Bh, S_0 gehört der Klasse Ah an. Übrigens ist Θ_0 einfach zusammenhängend, da Σ_0 aus einem einzigen Linienzuge besteht. Es ist jetzt

$$w = 0, \quad \frac{\partial u}{\partial z} = \frac{\partial v}{\partial z} = 0, \quad \xi = \eta = 0, \tag{198}$$

$$\frac{\partial \Psi}{\partial t} + \frac{\partial \Psi}{\partial x} u + \frac{\partial \Psi}{\partial y} v = 0, \quad \int_{\Sigma} \frac{\partial \Psi}{\partial t} \left[\left(\frac{\partial \Psi}{\partial x}\right)^2 + \left(\frac{\partial \Psi}{\partial y}\right)^2\right]^{-\frac{1}{2}} d\sigma = 0. \tag{199}$$

Die Formeln (183), (184) und (186) sind nunmehr durch

$$\begin{aligned} u &= \frac{1}{\pi} \frac{\partial}{\partial y} \int_T \zeta' \log \frac{1}{r}\, d\tau' + \frac{\partial \overset{+}{\varphi}}{\partial x} = \overset{+}{u} + \frac{\partial \overset{+}{\varphi}}{\partial x}, \quad d\tau' = dx'\, dy' \\ v &= -\frac{1}{\pi} \frac{\partial}{\partial x} \int_T \zeta' \log \frac{1}{r}\, d\tau' + \frac{\partial \overset{+}{\varphi}}{\partial y} = \overset{+}{v} + \frac{\partial \overset{+}{\varphi}}{\partial y}, \end{aligned} \tag{200}$$

$$(201) \qquad \frac{\partial \overset{+}{\varphi}}{\partial n} = -\overset{+}{u}_n - \frac{\partial \Psi}{\partial t}\left[\left(\frac{\partial \Psi}{\partial x}\right)^2 + \left(\frac{\partial \Psi}{\partial y}\right)^2\right]^{-\frac{1}{2}}, \qquad \zeta(x, y, t) = \zeta_0(a, b)$$

zu ersetzen.

Es sei $\overset{+}{\psi}$ eine zu $\overset{+}{\varphi}$ konjugierte Potentialfunktion,

$$(202) \qquad \frac{\partial \overset{+}{\varphi}}{\partial x} = \frac{\partial \overset{+}{\psi}}{\partial y}, \qquad \frac{\partial \overset{+}{\varphi}}{\partial y} = -\frac{\partial \overset{+}{\psi}}{\partial x}.$$

Für (200) können wir augenscheinlich schreiben

$$(203) \qquad u = \frac{\partial \psi}{\partial y}, \qquad v = -\frac{\partial \psi}{\partial x}, \qquad \psi = \frac{1}{\pi}\int\limits_T \zeta' \log\frac{1}{r}\, d\tau' + \overset{+}{\psi}.$$

Offenbar ist ψ eine *Strömungsfunktion* (S. 215).

9. Permanente Bewegung einer in einem unbegrenzten zylindrischen Gefäß eingeschlossenen homogenen Flüssigkeit bei Vorhandensein eines Wirbelringes. Einige Beispiele permanenter zweidimensionaler Bewegungen. Wir sind nunmehr in der Lage, den Existenzbeweis gewisser permanenter Bewegungen einer homogenen, inkompressiblen, reibungslosen Flüssigkeit, die in ein kreiszylindrisches Gefäß eingeschlossen ist, zu führen.

Betrachten wir ein ruhendes, beiderseits unbegrenztes, starres, kreiszylindrisches Gefäß $\mathfrak{T}$, das mit homogener, unzusammendrückbarer, ideeller Flüssigkeit erfüllt ist (Fig. 44). In einem bestimmten Augenblick befindet sich ganz im Innern von $\mathfrak{T}$ ein Wirbelring $T_1 + S_1$. Alle Wirbellinien in $T_1 + S_1$ sind Kreise in Ebenen normal zur Mantelfläche des Zylinders. Ihre Mittelpunkte liegen auf der Zylinderachse. Die Meridiankurve Σ_1 von S_1 ist von einem Kreise nur wenig verschieden und hat eine auf der Zylinderachse senkrechte Symmetrielinie. Außerhalb von $T_1 + S_1$ ist die Bewegung wirbellos. Es wird vorausgesetzt, daß der Durchmesser von Σ_1 klein gegenüber dem Durchmesser von S_1 ist und dieser wiederum als klein gegenüber dem Durchmesser D der Innenwand $\mathfrak{S}$ von $\mathfrak{T}$ betrachtet werden kann. Wir behaupten, *daß man Σ_1 so bestimmen kann, daß sich der Wirbelring längs der Gefäßachse mit konstanter Geschwindigkeit bewegt.* In bezug auf ein System mitbewegter Achsen ist die Bewegung der Flüssigkeit permanent und hat Rotationssymmetrie um die Zylinderachse.

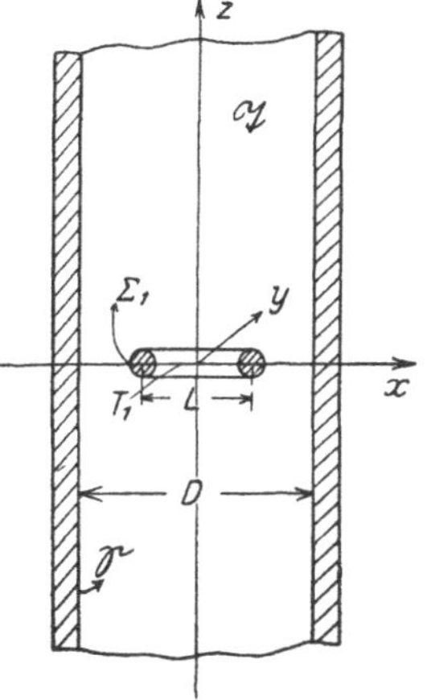

Fig. 44.

Die notwendige und hinreichende Bedingung dafür, daß dies zutrifft, lautet jetzt wie auf S. **498**. Auf S_1 muß die (relative) Stokessche Strömungsfunktion einen konstanten Wert haben.

Wir gehen von den Gleichungen (182) bis (186), in denen diesmal T durch T_1 zu ersetzen ist, aus[54]; $\overset{+}{\varphi}$ ist eine in $\mathfrak{T}$ reguläre, auf $\mathfrak{S}$ stetige Potentialfunktion, deren Normalableitung $\frac{\partial \overset{+}{\varphi}}{\partial n}$ auf $\mathfrak{S}$ den Wert

$$(204)\quad \frac{\partial \overset{+}{\varphi}}{\partial n} = -\left(\overset{+}{u}\cos(n,x) + \overset{+}{v}\cos(n,y) + \overset{+}{w}\cos(n,z)\right) = \overset{+}{u}\left(\frac{D}{2}, 0, z\right)$$

hat, unter D den Innendurchmesser des Gefäßes verstanden[55]. Wie sich zeigen läßt, ist $\overset{+}{\varphi}$ diejenige, bis auf eine belanglose additive Konstante bestimmte Funktion, die dem Integral

$$(205)\quad \int\limits_{\mathfrak{T}} \left\{\left(\frac{\partial \overset{+}{\varphi}}{\partial x} + \overset{+}{u}\right)^2 + \left(\frac{\partial \overset{+}{\varphi}}{\partial y} + \overset{+}{v}\right)^2 + \left(\frac{\partial \overset{+}{\varphi}}{\partial z} + \overset{+}{w}\right)^2\right\} d\tau$$

den kleinsten Wert erteilt. Das Geschwindigkeitsfeld $\frac{\partial \overset{+}{\varphi}}{\partial x}, \frac{\partial \overset{+}{\varphi}}{\partial y}, \frac{\partial \overset{+}{\varphi}}{\partial z}$ hat die z-Achse zur Symmetrieachse. Die zugehörige Stokessche Strömungsfunktion $\overset{+}{\psi}(x, z)$ (vgl. S. 221) bestimmt sich aus den Gleichungen

$$(206)\quad \frac{1}{x}\frac{\partial \overset{+}{\psi}}{\partial z} = \frac{\partial \overset{+}{\varphi}}{\partial x}(x, 0, z), \qquad -\frac{1}{x}\frac{\partial \overset{+}{\psi}}{\partial x} = \frac{\partial \overset{+}{\varphi}}{\partial z}(x, 0, z) \qquad (x \neq 0),$$

zu

$$(207)\quad \overset{+}{\psi}(x, z) = \int\limits_{\left(\frac{L}{2}, 0\right)}^{(x, z)} x\left(-\frac{\partial \overset{+}{\varphi}}{\partial z} dx + \frac{\partial \overset{+}{\varphi}}{\partial x} dz\right).$$ [56]

Es ist leicht zu sehen, daß die Integrabilitätsbedingung

$$(208)\quad \frac{\partial}{\partial x}\left(x \frac{\partial \overset{+}{\varphi}}{\partial x}\right) = -\frac{\partial}{\partial z}\left(x \frac{\partial \overset{+}{\varphi}}{\partial z}\right),$$

d. h.

$$(209)\quad \frac{\partial^2 \overset{+}{\varphi}}{\partial x^2} + \frac{\partial^2 \overset{+}{\varphi}}{\partial z^2} + \frac{1}{x}\frac{\partial \overset{+}{\varphi}}{\partial x} = 0$$

in der Ebene $y = 0$ erfüllt ist, denn $\overset{+}{\varphi}$ hat ja die z-Achse zur Symmetrieachse (vgl. S. 220).

---

[54] T_1 bezeichnet jetzt die zu bestimmende Wirbelröhre und ist mit dem auf S. 463 ebenso bezeichneten Gebiet nicht zu verwechseln. Auch sonst sind jetzt die Bezeichnungen zum Teil anders als a. a. O. gewählt worden. So bedeutet $\mathfrak{T}$ und $\mathfrak{S}$ das, was früher Θ und Σ hieß. Die Formeln (182) bis (186) beziehen sich, wohlbemerkt, auf feste Achsen.

[55] Man beachte, daß die z-Achse die „Symmetrieachse" des Systems darstellt und in dem Punkte $\left(\frac{D}{2}, 0, z\right)$ gewiß $\cos(n, x) = -1$, $\cos(n, y) = \cos(n, z) = 0$ ist.

[56] Wir haben $\overset{+}{\psi}$ der Beziehung $\overset{+}{\psi}\left(\frac{L}{2}, 0\right) = 0$ gemäß normiert.

Führt man in die Beziehung

(210) $$\frac{\partial}{\partial z}\left(\frac{\partial \overset{+}{\varphi}}{\partial x}(x, 0, z)\right) = \frac{\partial}{\partial x}\left(\frac{\partial \overset{+}{\varphi}}{\partial z}(x, 0, z)\right)$$

die Ausdrücke (206) ein, so findet man, daß $\overset{+}{\psi}(x, z)$ der Differentialgleichung

(211) $$\frac{\partial}{\partial z}\left(\frac{1}{x}\frac{\partial \overset{+}{\psi}}{\partial z}\right) + \frac{\partial}{\partial x}\left(\frac{1}{x}\frac{\partial \overset{+}{\psi}}{\partial x}\right) = 0,$$

d. h.

(212) $$\frac{\partial^2 \overset{+}{\psi}}{\partial x^2} + \frac{\partial^2 \overset{+}{\psi}}{\partial z^2} - \frac{1}{x}\frac{\partial \overset{+}{\psi}}{\partial x} = 0$$

genügt.

Wegen (206) ist

(213) $$\frac{\partial}{\partial z}\overset{+}{\psi}\left(\frac{D}{2}, z\right) = -\frac{D}{2}\frac{\partial \overset{+}{\varphi}}{\partial n} = -\frac{D}{2}\overset{+}{u}\left(\frac{D}{2}, 0, z\right),$$

mithin

(214) $$\overset{+}{\psi}\left(\frac{D}{2}, z\right) = \frac{D}{2}\int_z^\infty \overset{+}{u}\left(\frac{D}{2}, 0, z\right) dz.$$

Wie man sich leicht überzeugt, verhält sich $\overset{+}{u}$ im Unendlichen wie z^{-2}, so daß das Integral (214) gewiß konvergiert. Die an sich willkürliche obere Grenze ist so gewählt, daß $\overset{+}{\psi}\left(\frac{D}{2}, z\right)$ für $z \to +\infty$ verschwindet und zwar wie z^{-1}. Da $\overset{+}{u}\left(\frac{D}{2}, 0, -z\right) = -\overset{+}{u}\left(\frac{D}{2}, 0, z\right)$ ist[56a], so ist auch, wie man leicht verifiziert, $\overset{+}{\psi}\left(\frac{D}{2}, -z\right) = \overset{+}{\psi}\left(\frac{D}{2}, z\right)$, insbesondere

(215) $$\lim_{z \to -\infty} \overset{+}{\psi}\left(\frac{D}{2}, z\right) = 0.$$

Natürlich hängt $\overset{+}{\psi}$ von der zunächst noch nicht bekannten Form der Meridiankurve Σ_1, d. h. von der Funktion, die wir auf S. **447** mit ζ bezeichnet haben, ab.

Wir sind jetzt in der Lage, die Integro-Differentialgleichung des Problems anzugeben. Die Formeln (206) und (207) geben den Anteil der Strömungsfunktion $\hat{\mathfrak{W}}_1(\mathfrak{X}_1, \mathfrak{Z}_1)$, der dem Geschwindigkeitsfelde $\overset{+}{u}, \overset{+}{v}, \overset{+}{w}$ entspricht. Führt man wie auf S. **447** ein mitbewegtes Achsenkreuz ein und trägt dem neuen Summanden $\overset{+}{\psi}$ Rechnung, so er-

[56a] Man beachte, daß $\overset{+}{u}, \overset{+}{v}, \overset{+}{w}$ dasjenige (auf das mitbewegte Achsenkreuz bezogene) Geschwindigkeitsfeld bezeichnet, das von dem in einer allseitig unbegrenzt gedachten Flüssigkeit befindlichen Wirbelring $T_1 + S_1$ herrührt. Es gilt allgemein

$$\overset{+}{u}(x, 0, -z) = -\overset{+}{u}(x, 0, z), \quad \overset{+}{w}(x, 0, -z) = \overset{+}{w}(x, 0, z).$$

hält man zur Bestimmung von ζ die Beziehung

$$\begin{aligned} &2\pi R\zeta - 2\int_{\Sigma}\zeta' \log\frac{R}{r}\,ds' = c_* + \frac{\hat{B}_0}{2} + \hat{B}_1\cos\psi + \hat{B}_2\cos 2\psi \\ (216)\quad &+ \hat{\mathfrak{B}}(\mathfrak{X},\mathfrak{Z}) + 2\Theta^*\log\frac{8L}{R} - 4\Theta^* + 2\Theta^*\frac{\mathfrak{X}}{L}\log\frac{8L}{R} - 4\frac{\mathfrak{X}}{L}\Theta^* \\ &- \frac{c}{2}\left\{L^2 + 2L\mathfrak{X} + 2L\mathfrak{X}\frac{\zeta}{R} + \mathfrak{X}^2\left(1+\frac{\zeta}{R}\right)^2\right\} + \Omega_{*7}\{\zeta\} - \frac{2\pi}{JL}\overset{+}{\psi}. \end{aligned}$$

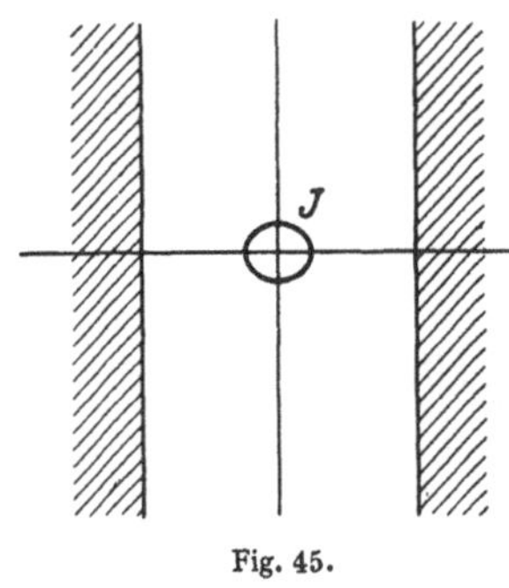

Fig. 45.

Auf die weitere Behandlung der Integro-Differentialgleichung (216) durch sukzessive Approximationen kann an dieser Stelle nicht näher eingegangen werden.

Die Entwicklungen und Ergebnisse dieses und des vorhergehenden Abschnittes lassen sich sinngemäß auf zweidimensionale Flüssigkeitsbewegungen übertragen. Im folgenden betrachten wir einige Beispiele ebener Bewegungen, die sich auf dem vorhin skizzierten Wege behandeln lassen.

1. Ein Wirbelzylinder konstanter Stärke J in einer von zwei unter sich und zu den Wirbelfäden parallelen unendlichen Wänden begrenzten homogenen Flüssigkeitsmasse (Fig. 45). Es wird vorausgesetzt, daß der Querschnitt T der Wirbelröhre eine auf den Wänden normale Symme-

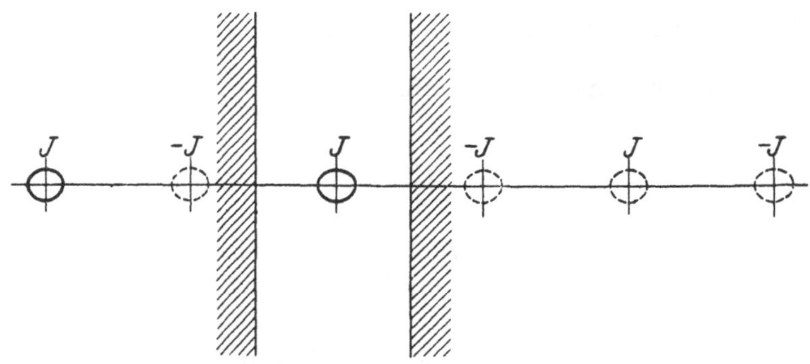

Fig. 46.

triegerade hat und sich nur wenig von einem Kreise unterscheidet. Der Schwerpunkt von T liegt in der Mittelebene des Systems. Sein Durchmesser ist klein im Verhältnis zu dem Abstande der Wände. Die Randkurve S von T ist so zu bestimmen, daß die Bewegung in bezug auf ein *festes* Achsenkreuz permanent wird. Es zeigt sich, daß T auch noch eine zu den Wänden parallele Symmetriegerade hat. Die vorliegende Aufgabe kann man auch, wie folgt, anders fassen. In einer unbegrenzten homogenen Flüssigkeitsmasse befindet sich eine unendliche Folge kongruenter Wirbelröhren. Ihre Achsen sind parallel, liegen sämtlich in einer Ebene und sind paarweise gleich weit voneinander entfernt (Fig. 46). Die Wirbelstärke ist in einer jeden Röhre konstant und beträgt abwechselnd J und $-J$. Man gelangt zu dieser Fassung durch eine unendliche Folge von Spiegelungen an den beiden Gefäßwänden.

2. Ein Wirbelzylinder konstanter Stärke J in einer homogenen Flüssigkeitsmasse, die in ein unbegrenztes prismatisches Gefäß quadratischen Querschnittes eingeschlossen ist. Es wird vorausgesetzt, daß die Wirbelröhre zwei auf den Wänden senkrecht stehende Symmetrieebenen hat und ihre Schwerachse mit der Gefäßachse zusammenfällt. Der (von einer Kreisfläche wenig verschiedene) Querschnitt der Röhre ist so zu bestimmen, daß die Flüssigkeitsbewegung in bezug auf ein *festes* Achsenkreuz permanent wird (Fig. 47). Es wird dabei, wie vorhin, vorausgesetzt, daß der Durchmesser der Wirbelröhre klein gegenüber allen Abmessungen des Gefäßes ist. Auch die beiden Diagonalebenen des Prismas erweisen sich als Symmetrieebenen des Systems.

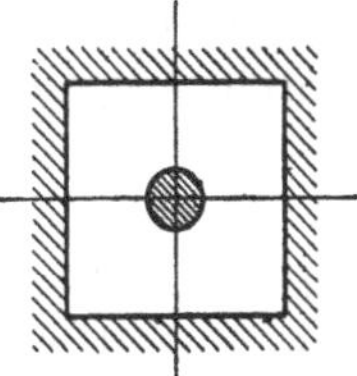

Fig. 47.

Durch fortgesetzte Spiegelungen gelangt man von hier aus zu einer ebenen Bewegung in einer unbegrenzten homogenen Flüssigkeitsmasse, die durch eine doppelt unendliche Folge kongruenter Wirbelröhren konstanter Stärke $\pm J$ charakterisiert ist (Fig. 48).

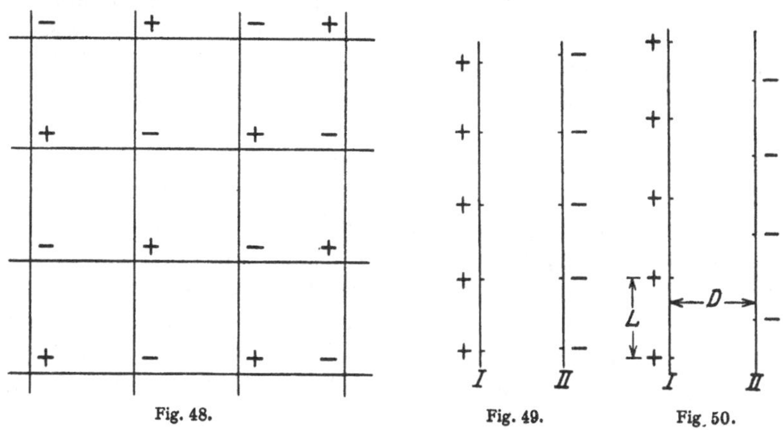

Fig. 48. Fig. 49. Fig. 50.

3. Zwei Wirbelstraßen nach Fig. 49 und 50. In einer allseitig unbegrenzten, homogenen Flüssigkeit sind zwei unendliche Folgen paralleler zylindrischer Wirbel untergebracht. Die Schwerachsen liegen in zwei parallelen Ebenen und sind in diesen paarweise gleich weit voneinander entfernt. Die Wirbelstärke ist konstant, und zwar gleich $\pm J$. Mit Wirbelstraßen dieser Art hat sich Th. von Kármán in seinen be-

kannten Untersuchungen über den Flüssigkeitswiderstand beschäftigt[57]; er nimmt mit Helmholtz den Querschnitt der Wirbelröhren als unendlich klein, die Gesamtwirbelstärke einer Wirbelröhre gleich J bzw. $-J$ an und findet, daß die Flüssigkeitsbewegung in bezug auf ein in der Richtung der Wirbelstraßen mit geeigneter konstanter Geschwindigkeit fortschreitendes Achsenkreuz permanent ist. Auch hier erscheint es natürlich, zu fragen, ob der Querschnitt der Wirbelzylinder, den wir zwar als endlich, jedoch klein im Verhältnis zu dem Minimalabstand zweier Wirbelzylinder annehmen wollen, sich so bestimmen läßt, daß das vorstehende Ergebnis exakt zutrifft. Wir führen die folgenden weiteren Voraussetzungen ein. Die Wirbelzylinder der Straße I einerseits, diejenigen der Straße II andererseits sind unter sich kongruent und gehen durch Spiegelung an der Mittelebene des Systems, im Falle der Fig. 50 begleitet von einer geeigneten Translation, ineinander über. Jeder Wirbelzylinder hat eine Symmetrieebene senkrecht zur Fortschreitungsrichtung. Die Beantwortung unserer Frage hängt mit der Auflösung einer nichtlinearen Integro-Differentialgleichung, auf die man durch konsequente Verfolgung des in **7.** angedeuteten Weges kommt, zusammen. Die Antwort lautet auch hier bejahend.

10. Eine allseitig unendlich ausgedehnte homogene Flüssigkeitsmasse, in der starre oder in vorgeschriebener Weise deformierbare Körper zwangläufig bewegt werden. Potentialströmung. Permanente Bewegung. Das d'Alembertsche Paradoxon. Wir haben uns in **8.** mit einigen Spezialfällen der Bewegung einer in einem ruhenden oder in vorgeschriebener Weise bewegten Gefäße eingeschlossenen Flüssigkeitsmasse beschäftigt. Das Geschwindigkeitsfeld zur Zeit t_0 war dabei von besonders einfacher Beschaffenheit. Es würde das nächstliegende sein, jetzt die Anfangsbedingungen allgemeiner zu fassen. Wir werden indessen den allgemeinen Existenzsatz später bringen und wollen jetzt im unmittelbaren Anschluß an die vorstehenden Betrachtungen die Bewegung einer allseitig unendlich ausgedehnten Masse homogener, inkompressibler, reibungsloser Flüssigkeit behandeln, in der in dem Zeitintervall $\langle t_0, t_1\rangle$ ein starrer oder in vorgegebener Weise unter Aufrechterhaltung seines Volumens sich deformierender Körper $\mathfrak{T}$ zwangläufig bewegt wird. Es wird angenommen, daß die auf die Flüssigkeit wirkenden Kräfte eine eindeutige Kräftefunktion U haben, und fürs erste, daß zur Zeit t_0 ein Geschwindigkeitspotential existiert. Auf dem Rande $\mathfrak{S}$ von $\mathfrak{T}$ ist

$$\frac{\partial \Psi}{\partial t} + \frac{\partial \Psi}{\partial x} u + \frac{\partial \Psi}{\partial y} v + \frac{\partial \Psi}{\partial z} w = 0. \tag{217}$$ [58]

---

[57] Vgl. Th. v. Kármán, Über den Mechanismus des Widerstandes, den ein bewegter Körper in einer Flüssigkeit erfährt. Gött. Nachr. **1911**, S. **509—517**.

[58] Es wird auch jetzt vorausgesetzt, daß die Gleichung von $\mathfrak{S}$ in der Form

Was das Verhalten im Unendlichen betrifft, so nehmen wir wie in **1.** an, daß u, v, w für alle in Betracht kommenden Zeiten wie R^{-2} verschwinden und daß $\lim\limits_{R\to\infty} p = p_\infty$ existiert und einen vorgeschriebenen Wert hat [59]. Es gilt schließlich

$$\int\limits_{\mathfrak{S}} \frac{\partial \Psi}{\partial t}\left[\left(\frac{\partial \Psi}{\partial x}\right)^2+\left(\frac{\partial \Psi}{\partial y}\right)^2+\left(\frac{\partial \Psi}{\partial z}\right)^2\right]^{-\frac{1}{2}} d\sigma = 0. \tag{218}$$

Dem Fundamentalsatze von Lagrange zufolge ist für alle $t > t_0$ ein Geschwindigkeitspotential $\varphi(x, y, z, t)$ vorhanden. Dieses Potential ist, falls $\mathfrak{S}$ einfach zusammenhängend ist, durch die Randbedingung

$$\frac{\partial \varphi}{\partial n} = -\frac{\partial \Psi}{\partial t}\left[\left(\frac{\partial \Psi}{\partial x}\right)^2+\left(\frac{\partial \Psi}{\partial y}\right)^2+\left(\frac{\partial \Psi}{\partial z}\right)^2\right]^{-\frac{1}{2}} \text{ [60]} \tag{219}$$

und die Eigenschaft, daß $\frac{\partial \varphi}{\partial x}, \frac{\partial \varphi}{\partial y}, \frac{\partial \varphi}{\partial z}$ sich im Unendlichen wie R^{-2} verhalten, bis auf eine belanglose additive Funktion der Zeit bestimmt.

Ist aber $\mathfrak{S}$ und darum auch der von der Flüssigkeit erfüllte Raum mehrfach zusammenhängend, so bedarf es zur vollständigen Bestimmung von φ noch der Kenntnis der Zirkulation längs geeigneter geschlossener Kurven. Es möge etwa $\mathfrak{S}$ einer Kreisringfläche topologisch äquivalent sein. Es sei Γ_0 eine geschlossene Kurve mit stetiger Tangente im Raume a-b-c, die sich nicht durch eine stetige Deformation auf einen Punkt zurückführen läßt. Ihr Bild im Raume x-y-z heiße Γ. Wie wir wissen, ist

$$\int\limits_{\Gamma} d\varphi = \int\limits_{\Gamma} u\,dx + v\,dy + w\,dz = \int\limits_{\Gamma_0} u_0\,da + v_0\,db + w_0\,dc = \int\limits_{\Gamma_0} d\varphi_0. \tag{220}$$

Wegen (218) ist $\int\limits_{\mathfrak{S}} \frac{\partial \varphi}{\partial n} d\sigma = 0$. Nach bekannten Sätzen folgt hieraus, daß φ auch noch im Unendlichen regulär ist, d. h. $\frac{\partial \varphi}{\partial x}, \frac{\partial \varphi}{\partial y}, \frac{\partial \varphi}{\partial z}$ im Unendlichen wie R^{-3} verschwinden. Damit ist das Geschwindigkeitsfeld u, v, w für alle t in $\langle t_0, t_1\rangle$ gefunden. Die Funktionen $x = x(a, b, c, t)$, $y = y(a, b, c, t)$, $z = z(a, b, c, t)$ lassen sich hernach für alle (a, b, c)

$\Psi(x, y, z, t) = 0$ gegeben ist und daß $\Psi(x, y, z, t)$ sich ganz wie die auf S. 457 ebenso bezeichnete Funktion verhält. Insbesondere nimmt also Ψ im Innern von $\mathfrak{T}$ in einer Nachbarschaft von $\mathfrak{S}$ lauter positive Werte an.

[59] Der Grenzwert $p_\infty = p_\infty(t)$ ist also eine vorgegebene, stetige Funktion der Zeit.

[60] Das Symbol $\frac{\partial}{\partial n}$ bezeichnet diesmal die Ableitung in der in das Innere von $\mathfrak{T}$ hinein weisenden Richtung. Der Ausdruck (219) rechts stellt den Entwicklungen auf S. 457–458 gemäß die Komponente der Geschwindigkeit in eben dieser Richtung dar.

in dem zu $\mathfrak{T}_0$ komplementären Bereiche[61] und alle t in $\langle t_0, t_1\rangle$ durch Auflösung der Differentialgleichungen

$$(221)\qquad \frac{dx}{dt} = u(x,y,z,t),\quad \frac{dy}{dt} = v(x,y,z,t),\quad \frac{dz}{dt} = w(x,y,z,t)$$

ermitteln. Der Druck bestimmt sich aus der Gleichung

$$(222)\qquad p(x,y,z,t) = p_\infty - \varrho_0 \int\limits_\infty^{(x,y,z)} \frac{du}{dt}dx + \frac{dv}{dt}dy + \frac{dw}{dt}dz + \varrho_0(U - U_\infty)$$

oder wie auf S. 460 aus den Formeln (176) und (177). Man kann p_∞ gewiß so groß wählen, daß $p(x,y,z,t) > 0$ wird, mithin eine notwendige Bedingung dafür, daß sich die betrachtete Bewegung realisieren läßt, erfüllt ist. Wie weit die fragliche Potentialströmung tatsächlich als Bild eines Bewegungsvorganges der Natur aufgefaßt werden kann, werden wir später sehen.

Übrigens braucht das Volumen des eingetauchten Körpers nicht notwendig unveränderlich zu sein. Ist

$$\int\limits_{\mathfrak{S}} \frac{\partial \Psi}{\partial t}\left[\left(\frac{\partial \Psi}{\partial x}\right)^2 + \left(\frac{\partial \Psi}{\partial y}\right)^2 + \left(\frac{\partial \Psi}{\partial z}\right)^2\right]^{-\frac{1}{2}} d\sigma \neq 0,$$

so wird freilich φ nicht mehr im Unendlichen regulär sein, und es gilt nur noch $\frac{\partial\varphi}{\partial x}, \frac{\partial\varphi}{\partial y}, \frac{\partial\varphi}{\partial z} = O(R^{-2})$.

In einer ganz analogen Weise erledigt sich die allgemeinere Aufgabe, die Bewegung zu bestimmen, wenn in der Flüssigkeit mehrere starre oder in bekannter Weise deformierbare, zwangläufig bewegte Körper $\mathfrak{T}_1, \mathfrak{T}_2, \ldots, \mathfrak{T}_n$ eingetaucht sind. Das Potential φ ist im Unendlichen regulär, wenn das Gesamtvolumen der eingetauchten Körper sich im Laufe der Bewegung nicht ändert.

Mit dem uns jetzt interessierenden Problem haben wir uns bereits in dem fünften Kapitel vom Standpunkte der Kinematik aus beschäftigt. Wir haben dort u. a. gesehen, daß, wenn $\mathfrak{T}_1, \ldots, \mathfrak{T}_n$ starr sind, die Bestimmung der Potentialfunktion φ sich auf die Bestimmung einer Anzahl Potentialfunktionen mit gewissen einfachen, von der Art der Bewegung vollkommen unabhängigen Randbedingungen zurückführen läßt.

Betrachten wir den speziellen Fall $n = 1$ etwas näher. Wir nehmen an, daß der eingetauchte Körper $\mathfrak{T}$ starr und von einer Rotationsfläche $\mathfrak{S}$ der Klasse Bh begrenzt ist. Wir setzen des weiteren voraus, daß $\mathfrak{S}$ eine auf der Rotationsachse senkrechte Symmetrieebene hat und daß $\mathfrak{T}$ in der Richtung der Umdrehungsachse mit konstanter Ge-

[61] Wir bezeichnen mit $\mathfrak{T}_0$ das Bild von $\mathfrak{T}$ im Raume a-b-c.

schwindigkeit c „geschleppt" wird. Wird die im vorstehenden betrachtete permanente Potentialströmung der Flüssigkeit auf ein im Körper festes Achsenkreuz x-y-z (Fig. 51) bezogen, so genügt das (relative) Strömungspotential φ den Bedingungen

(223)
$$\begin{gathered} \Delta\varphi = 0 \text{ im Außengebiete } \mathfrak{T}_a \text{ von } \mathfrak{T}, \quad \frac{\partial\varphi}{\partial n} = 0 \text{ auf } \mathfrak{S}, \\ \frac{\partial\varphi}{\partial x}, \frac{\partial\varphi}{\partial y}, \frac{\partial\varphi}{\partial z} + c = O(R^{-3}) \quad \text{für} \quad R^2 = x^2 + y^2 + z^2 \to \infty. \end{gathered}$$ [62a]

Durch die vorstehenden Beziehungen und die weitere Forderung $\varphi + cz \to 0$ für $R \to \infty$ ist φ vollkommen bestimmt.

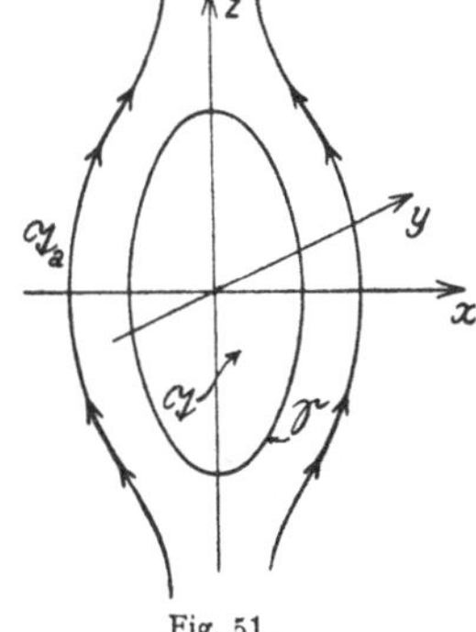

Fig. 51.

Es sei

(224) $$\varphi_1(x, y, z) = \varphi(x, y, -z)$$

gesetzt. Die Funktion φ_1 erfüllt augenscheinlich die Beziehungen

(225)
$$\begin{gathered} \Delta\varphi_1 = 0 \text{ in } \mathfrak{T}_a, \quad \frac{\partial\varphi_1}{\partial n} = 0 \text{ auf } \mathfrak{S}, \\ \frac{\partial\varphi_1}{\partial x}, \frac{\partial\varphi_1}{\partial y}, \frac{\partial\varphi_1}{\partial z} - c = O(R^{-3}), \\ \varphi_1 - cz \to 0 \text{ für } R \to \infty. \end{gathered}$$

Hierdurch ist φ_1 vollkommen bestimmt. Aus (223) und (225) folgt augenscheinlich $\varphi_1(x, y, z) = -\varphi(x, y, z)$, mithin wegen (224)

$$\varphi(x, y, -z) = -\varphi(x, y, z),$$

darum

(226)
$$\begin{gathered} u(x, y, -z) = -u(x, y, z), \quad v(x, y, -z) = -v(x, y, z), \\ w(x, y, -z) = w(x, y, z). \end{gathered}$$

Wie man leicht sieht, hat das Geschwindigkeitsfeld die z-Achse zur Symmetriegeraden, in Formeln

(227)
$$\begin{gathered} u(-x, -y, z) = -u(x, y, z), \quad v(-x, -y, z) = -v(x, y, z), \\ w(-x, -y, z) = w(x, y, z). \end{gathered}$$

Es ist jetzt nicht schwer zu zeigen, daß, wenn die Flüssigkeit selbst durch keinerlei äußeren Kräfte affiziert ist, sowohl die Resultierende aller von der Flüssigkeit auf $\mathfrak{T}$ ausgeübten Druckkräfte als auch das zugehörige resultierende Moment verschwinden, *der eingetauchte Körper bei seiner Bewegung von seiten der Flüssigkeit keinerlei Widerstand erfährt*, die Bewegung also kräftelos vor sich geht.

[62a] Der Fig. 51 liegt die Voraussetzung $c < 0$ zugrunde. Der Körper wird in der Richtung der negativen z-Achse geschleppt.

In der Tat ist wegen (226) (vgl. das Strömungsbild der Fig. 51)

$$\frac{d}{dt}u(x,y,z) = \frac{d}{dt}u(x,y,-z), \quad \frac{d}{dt}v(x,y,z) = \frac{d}{dt}v(x,y,-z),$$

$$\frac{d}{dt}w(x,y,z) = -\frac{d}{dt}w(x,y,-z),$$

mithin nach (222), da doch diesmal $U \equiv U_\infty$ ist,

$$p(x,y,z) = p(x,y,-z). \tag{228}$$

Aus (227) folgt des weiteren (Fig. 51)

$$\frac{d}{dt}u(x,y,z) = -\frac{d}{dt}u(-x,-y,z), \quad \frac{d}{dt}v(x,y,z) = -\frac{d}{dt}v(-x,-y,z),$$

$$\frac{d}{dt}w(x,y,z) = \frac{d}{dt}w(-x,-y,z),$$

darum nach (222)

$$p(x,y,z) = p(-x,-y,z).\,^{61a} \tag{229}$$

Damit ist aber unsere Behauptung endgültig bewiesen. Insbesondere gilt die bewiesene Eigenschaft für einen starren Kugel- oder Ellipsoidkörper[62].

Übrigens verhalten sich die partiellen Ableitungen $\frac{\partial u}{\partial x}, \ldots, \frac{\partial w}{\partial z}$ im Unendlichen wie R^{-4}, darum ist bsp.

$$\frac{du}{dt} = u\frac{\partial u}{\partial x} + v\frac{\partial u}{\partial y} + w\frac{\partial u}{\partial z} = O(R^{-4}).$$

Aus (222) folgt, daß sich für $|p(x,y,z) - p_\infty|$ gewiß eine für alle (x,y,z) gleichmäßig geltende Schranke angeben läßt. Hat also der Druck im Unendlichen einen hinreichend hohen Wert, so ist $p(x,y,z)$ sicher überall positiv.

Da, wie die tägliche Beobachtung lehrt, eine kräftelose, gleichförmig fortschreitende Bewegung eines Kugelkörpers in einer „ruhenden" Flüssigkeit nicht möglich ist, so spricht man im Hinblick auf das vorhin abgeleitete Resultat vom *d'Alembertschen Paradoxon*. Die Komponente der Resultierenden aller Druckkräfte, welche die Flüssigkeit auf den eingetauchten Körper ausübt, in der Richtung der Bewegung verschwindet, wie aus den vorstehenden Entwicklungen ohne weiteres hervorgeht, allemal, wenn $\mathfrak{S}$ eine auf der Fortschreitungsrichtung senkrechte Symmetrieebene hat. Auch diesmal wird also die Bewegung

---

[61a] Die Formel (222) gilt, wie die Euler-Lagrangeschen hydrodynamischen Gleichungen überhaupt, auch wenn es sich, wie im vorliegenden Falle, um eine Flüssigkeitsbewegung, bezogen auf ein System in gleichförmiger Translation begriffener Koordinatenachsen handelt.

[62] Vgl. H. Lamb, Hydrodynamics, fünfte Auflage, Cambridge 1924, S. 115 und 145. Man findet hier explizite Formeln für das Geschwindigkeitsfeld, welche die Behauptungen des Textes zu verifizieren gestatten.

ohne Aufwand der Energie vor sich gehen[63]. Wir werden weiter unten sehen, daß man zu ähnlichen Ergebnissen unter Umständen auch dann gelangen kann, wenn der Wirbelvektor nicht überall gleich Null ist (vgl. S. 480ff.).

Die Erfahrung zeigt nirgends etwas Ähnliches. Immerhin beziehen sich unsere Resultate auf eine allseitig unendlich ausgedehnte Flüssigkeitsmasse, sind also einer experimentellen Prüfung nicht unmittelbar zugänglich. Es ist aber leicht, ein Beispiel anzugeben, bei dem es sich um eine ein geschlossenes Gefäß voll erfüllende Flüssigkeitsmasse handelt und bei dem der Widerspruch bestehen bleibt.

Betrachten wir einen mit einer ruhenden homogenen, inkompressiblen, ideellen Flüssigkeit, die von keinerlei Außenkräften affiziert wird, erfüllten Hohlraum, der die Gestalt eines Torus hat und wie die Flüssigkeit ruht (Fig. 52), und im Innern der Flüssigkeit einen starren Kugelkörper $\mathfrak{T}$. Jetzt lassen wir $\mathfrak{T}$, durch geeignete äußere Kräfte angetrieben, um die Achse des Torus umlaufen, wie wenn die beiden starr verbunden wären. Dem Lagrangeschen Theorem zufolge wird die Bewegung der Flüssigkeit eine azyklische Potentialströmung sein. Hat $\mathfrak{T}$ nach einer Periode beschleunigter Bewegung, wie wir weiter annehmen wollen, eine konstante Winkelgeschwindigkeit erlangt, so wird die Bewegung der Flüssigkeit, von einem mitrotierenden Achsenkreuz aus beurteilt, permanent sein.

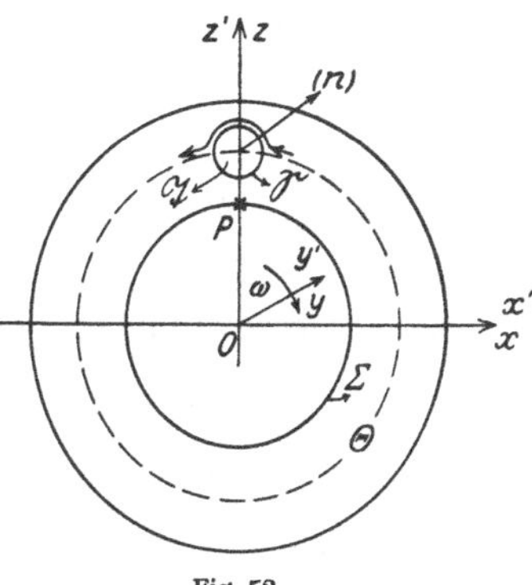

Fig. 52.

Das Geschwindigkeitspotential φ, auf das feste Achsenkreuz x-y-z bezogen[63a], bestimmt sich aus den Beziehungen

$$\Delta\varphi = 0 \text{ in } \Theta, \qquad \frac{\partial\varphi}{\partial n} = 0 \text{ auf } \Sigma, \qquad \frac{\partial\varphi}{\partial n} = R\,\omega\cos(n, \nu) \text{ auf } \mathfrak{S}$$

(ω = Winkelgeschwindigkeit, $R^2 = x^2 + z^2$, (ν) die Richtung der Geschwindigkeit des Punktes (x, y, z) auf $\mathfrak{S}$ in seiner Umlaufbewegung um die y-Achse). Wird, um die Vorstellungen zu fixieren, festgesetzt,

[63] Man vergleiche die Entwicklungen des Textes mit den Ausführungen von H. Villat in seinen Aperçus théoriques sur la résistance des fluides, Sammlung Scientia Nr. 38, Paris 1920, S. 20—29. A. a. O. finden sich die Resultate des Textes sowie gewisse allgemeinere Ergebnisse unter Hinweis auf U. Cisotti und M. Brillouin auf einem wesentlich verschiedenen Wege abgeleitet. Villat gibt allerdings nicht die näheren Voraussetzungen für die Gültigkeit seiner Sätze und begnügt sich in allen Fällen mit der Feststellung, daß die Komponente der Resultierenden aller Druckkräfte in der Richtung der Bewegung verschwindet.

[63a] Wir nehmen augenscheinlich an, daß der Mittelpunkt von $\mathfrak{T}$ sich in dem gerade betrachteten Augenblick auf der z-Achse befindet.

daß φ in P verschwindet, so gilt

$$\varphi(-x, y, z) = -\varphi(x, y, z).$$

Setzt man nämlich

$$\varphi(-x, y, z) = \varphi_1(x, y, z),$$

so erfüllt φ_1 die Beziehungen

$$\Delta\varphi_1 = 0 \text{ in } \Theta, \quad \frac{\partial\varphi_1}{\partial n} = 0 \text{ auf } \Sigma, \quad \frac{\partial\varphi_1}{\partial n} = -R\omega\cos(n, \nu) \text{ auf } \mathfrak{S}.$$

Da in P überdies $\varphi_1 = 0$ ist, so gilt offenbar $\varphi_1 = -\varphi$, mithin in der Tat

$$\varphi(-x, y, z) = -\varphi(x, y, z).$$

Hieraus folgt, wie man leicht sieht,

$$u(-x, y, z) = u(x, y, z), \quad v(-x, y, z) = -v(x, y, z),$$
$$w(-x, y, z) = -w(x, y, z).$$

Es sei jetzt x'-y'-z' ein mit $\mathfrak{T}$ starr verbundenes Achsenkreuz. Die Geschwindigkeitskomponenten eines Punktes (x', y', z') auf $\mathfrak{S}$, als zu $\mathfrak{T}$ gehörig aufgefaßt, sind $\omega z'$, 0, $-\omega x'$. Die Komponenten der Relativgeschwindigkeit des Flüssigkeitsteilchens (x', y', z') sind darum

$$u'(x', y', z') = u(x', y', z') - \omega z', \quad v' = v, \quad w' = w + \omega x'.$$

Augenscheinlich ist daher

$$u'(-x', y', z') = u'(x', y', z'), \quad v'(-x', y', z') = -v'(x', y', z'),$$
$$w'(-x', y', z') = -w'(x', y', z').$$

Beachtet man das (relative) Strömungsbild, so findet man wie auf S. 474

$$\frac{d}{dt}u'(-x', y', z') = -\frac{d}{dt}u'(x', y', z'), \quad \frac{d}{dt}v'(-x', y', z') = \frac{d}{dt}v'(x', y', z'),$$
$$\frac{d}{dt}w(-x', y', z') = \frac{d}{dt}w(x', y', z'),$$

somit, wie man sich ohne Mühe überzeugt, auch

$$\frac{d}{dt}u(-x, y, z) = -\frac{d}{dt}u(x, y, z), \quad \frac{d}{dt}v(-x, y, z) = \frac{d}{dt}v(x, y, z),$$
$$\frac{d}{dt}w(-x, y, z) = \frac{d}{dt}w(x, y, z).$$ [63b]

Zur Bestimmung des Druckes kann man sich wieder der Gleichung (175) bedienen. Man findet

$$p(-x, y, z) = p(x, y, z).$$

[63b] Man beachte, daß bei dem Übergang von dem Achsenkreuz x'-y'-z' zu dem Achsenkreuz x-y-z die Beschleunigung von Coriolis berücksichtigt werden muß.

Offenbar sind die Komponenten der Resultierenden aller von der Flüssigkeit auf $\mathfrak{T}$ ausgeübten Druckkräfte in der x-Richtung gleich Null. *Die Bewegung geht ohne Energieaufwand vor sich.* Übrigens sind auch die Komponenten des resultierenden Momentes in bezug auf die y- und z-Achse gleich Null.

Man gelangt zu dem gleichen Resultat, auch wenn es sich nicht gerade um eine Kugel handelt. Es genügt, wenn $\mathfrak{T}$ eine durch die Rotationsachse hindurchgehende Symmetrieebene hat. Auch braucht die Meridiankurve von Θ nicht notwendig ein Kreis zu sein. Haben, wie in dem vorhin betrachteten besonderen Fall, $\mathfrak{S}$ und Σ je eine auf der Rotationsachse senkrechte Symmetrieebene und fallen diese Ebenen zusammen, so sind auch, wie sich durch weitere Symmetriebetrachtungen zeigen läßt, die Komponenten der Resultierenden in der y-Richtung sowie die Komponente des resultierenden Momentes in bezug auf die x-Achse gleich Null. Die Druckkräfte haben demnach eine in die z-Achse fallende Resultierende F. Die gesamte zur Aufrechterhaltung der Bewegung nötige äußere Kraft erhält man, indem man $-F$ mit der nach O hin gerichteten Zentripetalkraft zusammensetzt.

Übrigens folgt bereits aus dem Energieprinzip (S. 283ff.), daß bei dem im vorstehenden behandelten Falle ebenso wie bei der auf S. 473 betrachteten Bewegung die Bewegung des eingetauchten Körpers ohne Energieaufwand vor sich gehen wird. In der Tat ist die gesamte kinetische Energie des Systems[64] zeitlich konstant. Da nun auf die Flüssigkeit selbst keinerlei Kräfte wirken, so muß auch die Arbeit der auf den eingetauchten Körper wirkenden äußeren Kräfte gleich Null sein.

Unsere Resultate stehen, wie gesagt, mit der Erfahrung im Widerspruch. Die im vorstehenden betrachteten permanenten Bewegungen einer mathematischen Flüssigkeit, um uns wieder einmal dieses Terminus zu bedienen, können demnach nicht als Bilder gewisser, oft beobachteter Bewegungsvorgänge der Natur angesehen werden.

Die Frage, welches die Bilder sind, die tatsächlich herangezogen werden sollen, ist vielfach untersucht worden, kann aber keinesfalls als geklärt gelten[65]. Man hat versucht, für das Auftreten eines Bewegungswiderstandes Diskontinuitätsflächen in der Flüssigkeitsmasse verantwortlich zu machen. Es ist aber einleuchtend, daß, solange es sich um eine endliche Flüssigkeitsmasse handelt, darum auch die Diskontinuitätsfläche beschränkt ist und *tatsächlich eine permanente Be-*

[64] Die auch bei der auf der Fig. 51 veranschaulichten Bewegung wegen $u, v, w + c = O(R^{-3})$ einen bestimmten Wert hat; $u, v, w + c$ sind die Komponenten der Geschwindigkeit, bezogen auf ein im Raume ruhendes Achsenkreuz.

[65] Man vergleiche die neuesten Ausführungen von M. Roy und P. Painlevé zum d'Alembertschen Paradoxon, M. Roy, Note sur le paradoxe de d'Alembert. Journal de l'École polytechnique, II serie, 26. cahier, 1927, S. 45—64; P. Painlevé, Les resistances d'un liquide au mouvement d'un solide, ebenda S. 165—182.

wegung vorliegt, immer wieder das Energieprinzip eine widerstandslose Bewegung ergeben wird[66]. Das gleiche gilt, auch wenn man Wirbelbewegungen zuläßt oder die Randbedingungen beliebig abändert, aber immer wieder der Betrachtung eine permanente Bewegung einer ganz im Endlichen befindlichen Flüssigkeitsmasse zugrunde legt.

Anders wird die Sache, sobald man zu zähen Flüssigkeiten übergeht. In **13.** wird eine permanente Bewegung einer ein geschlossenes starres Gefäß voll erfüllenden zähen Flüssigkeit behandelt. Hier ergibt sich in der Tat ein wohlbestimmter Bewegungswiderstand. Eine in sich abgeschlossene Theorie müßte freilich der Umwandlung kinetischer Energie in Wärme Rechnung tragen.

Man gelangt ebenfalls zu einem Bewegungswiderstand, wenn man die gewohnten Bilder der rationellen Mechanik grundsätzlich aufgibt und „Stoßvorgänge", „Turbulenz", „Ablösung der Oberflächenschichten" in den Kreis der Betrachtung zieht. Eine mathematisch befriedigende Theorie dieser Erscheinungen liegt zur Zeit noch nicht vor[67].

11. In der Flüssigkeitsmasse befinden sich eine oder mehrere geschlossene Wirbelröhren. Permanente Bewegung. Das d'Alembertsche Paradoxon. Es mögen jetzt, in Abänderung der bisherigen Annahmen, zur Zeit t_0 im Innern der den Gesamtraum erfüllenden, der Wirkung konservativer Kräfte ausgesetzten Flüssigkeitsmasse ein oder mehrere geschlossene Wirbelringe existieren; außerhalb dieser soll dagegen die Bewegung wirbellos sein. Wie zuletzt mögen ferner in der Flüssigkeit $n \geqq 1$ starre oder deformierbare, in bekannter Weise bewegte Körper $\mathfrak{T}_1, \ldots, \mathfrak{T}_n$ eingetaucht sein. Die einfach oder mehrfach zusammenhängenden Begrenzungsflächen der Körper, $\mathfrak{S}_1, \ldots, \mathfrak{S}_n$, sind analytisch regulär oder gehören zum mindesten der Klasse Bh an. Die Geschwindigkeitskomponenten u, v, w sollen im Unendlichen wie $O(R^{-2})$ verschwinden.

Die Grundgleichungen des Problems sind den Betrachtungen auf S. 461 gemäß die Gleichungen (182) bis (186). Dabei bezeichnet $\overset{+}{\varphi}$ diejenige, bis auf eine additive stetige Funktion der Zeit bestimmte, Potentialfunktion, die auf dem Gesamtrande $\mathfrak{S}$ von $\mathfrak{T}_1, \ldots, \mathfrak{T}_n$ der Gleichung (186) genügt, während im Unendlichen $\frac{\partial \overset{+}{\varphi}}{\partial x}, \frac{\partial \overset{+}{\varphi}}{\partial y}, \frac{\partial \overset{+}{\varphi}}{\partial z}$ wie R^{-2} verschwinden[68].

---

[66] Die Existenz einer Bewegung dieser Art müßte erst freilich bewiesen werden.

[67] Vgl. Handbuch der Physik Bd. VII, Artikel von M. Lagally, Ideale Flüssigkeiten, und L. Hopf, Zähe Flüssigkeiten. Dort findet sich auch die weitere Literatur angegeben.

[68] Das Symbol $\frac{\partial}{\partial n}$ bezeichnet die Ableitung in der in das Innere von $\mathfrak{T}_1, \ldots, \mathfrak{T}_n$ hinein weisenden Richtung (n) (vgl. die Ausführungen der Fußnote[60]).

Sind nicht alle $\mathfrak{S}_k$ $(k = 1, \ldots, n)$ einfach zusammenhängend, so muß man zur Ermittelung von $\overset{+}{\varphi}$ auch noch die Werte der Zirkulation längs geeigneter geschlossener Kurven heranziehen. Wie man diese Werte bestimmt, ist auf S. **460** des näheren auseinandergesetzt worden. Ist das Gesamtvolumen von $\mathfrak{T}_1, \mathfrak{T}_2, \ldots, \mathfrak{T}_n$ konstant, so ist

$$(230)\quad \int\limits_{\mathfrak{S}} \frac{\partial \overset{+}{\varphi}}{\partial n}\, d\sigma = -\int\limits_{\mathfrak{S}} \frac{\partial \Psi}{\partial t}\left[\left(\frac{\partial \Psi}{\partial x}\right)^2 + \left(\frac{\partial \Psi}{\partial y}\right)^2 + \left(\frac{\partial \Psi}{\partial z}\right)^2\right]^{-\frac{1}{2}} d\sigma - \int\limits_{\mathfrak{S}} \overset{+}{\mathfrak{u}}_n\, d\sigma = 0.$$

Jetzt ist also $\overset{+}{\varphi}$ im Unendlichen regulär. Was die Geschwindigkeitskomponenten u, v, w selbst betrifft, so werden sie, wie aus (183) folgt, im Unendlichen im allgemeinen doch nur wie $O(R^{-2})$ verschwinden.

Der Existenzbeweis der Lösung wird, ausgehend von den Formeln (182) bis (186), mutatis mutandis wie auf S. **463** ff. durch sukzessive Approximationen geführt. Für alle hinreichend kleinen Werte von $t - t_0$ ist die Lösung vorhanden und auf eine einzige Art und Weise bestimmt. Der Druck berechnet sich auch diesmal aus der Formel (175).

Die vorstehenden Ausführungen gelten sinngemäß auch für zweidimensionale Flüssigkeitsbewegungen.

Einige weitere Beispiele permanenter Bewegungen.

Wir haben in **9.** permanente Bewegung einer in einem beiderseits unbegrenzten kreiszylindrischen Gefäß eingeschlossenen homogenen, inkompressiblen, reibungslosen Flüssigkeit betrachtet, in der sich ein Wirbelring T_1 mit Rotationssymmetrie befindet, dessen Achse mit der Zylinderachse zusammenfällt. Wenn die Randkurve Σ_1 eines Meridianschnittes Θ_1 der Wirbelröhre passend gewählt ist, und der Durchmesser von Σ_1 gegenüber dem Durchmesser von T_1, dieser wiederum gegenüber dem Durchmesser der inneren Gefäßwand hinreichend klein ist, so haben wir gesehen, daß dann die Bewegung der Flüssigkeit in bezug auf ein Achsenkreuz, das mit einer ganz bestimmten Geschwindigkeit in der Richtung der Gefäßwand gleichförmig fortschreitet, permanent ist.

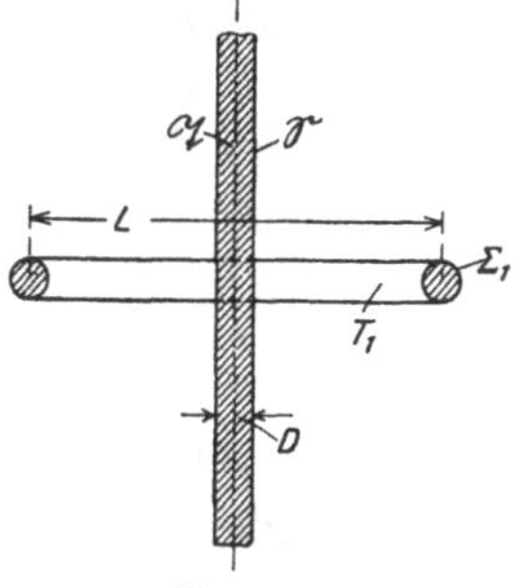

Fig. 53.

Betrachten wir jetzt eine *außerhalb* eines beiderseits unbegrenzten Kreiszylinders befindliche, sich allseitig ins Unendliche erstreckende, homogene, inkompressible, reibungslose Flüssigkeitsmasse, und es möge sich in der Flüssigkeit zur Zeit t_0 ein so wie vorhin beschaffener Wirbelring (Fig. 53) befinden. Sind die auf die Flüssigkeit wirkenden Kräfte konservativ, so wird bei geeigneter Formgebung des Wirbelquerschnittes der Wirbelring sich mit konstanter Geschwindigkeit in der Richtung der Zylinderachse bewegen. In bezug auf ein mitbewegtes Achsenkreuz wird die Bewegung der Flüssigkeit permanent sein. Der Beweis ist durch sinngemäße Modifikation des auf S. 463ff. skizzierten Gedankenganges zu führen. Es wird dabei vorausgesetzt, daß sowohl der Durchmesser D des ruhenden Zylinderkörpers als auch derjenige der Meridiankurve des Wirbelringes Σ_1 als klein gegenüber dem Durchmesser L seiner Leitlinie aufgefaßt werden kann.

Wir gehen jetzt einen Schritt weiter und denken uns den beiderseits unbegrenzten Kreiszylinder durch einen Kugelkörper ersetzt. Es handelt sich also um eine homogene, inkompressible, übrigens diesmal einer Wirkung äußerer Kräfte überhaupt nicht ausgesetzte, ideelle Flüssigkeitsmasse, die sich nach allen Richtungen hin ins Unendliche erstreckt und in die ein starrer Kugelkörper eingetaucht ist. Zur Zeit t_0 befindet sich in der Flüssigkeit ein Wirbelring T_1, dessen Achse durch den Mittelpunkt der Kugel hindurchgeht. Der Meridianschnitt $\mathfrak{K}_1$ des Ringes ist nur wenig von einer Kreisfläche verschieden und hat eine den Mittelpunkt der Kugel enthaltende, auf der Wirbelachse senkrechte Symmetrieebene. Die Wirbelstärke ist in T_1 konstant $= J$, außerhalb von T_1 dagegen gleich Null. Wir nehmen an, daß sowohl der Durchmesser der Kugel als auch derjenige von $\mathfrak{K}_1$ klein gegenüber dem Durchmesser der Leitlinie des Wirbelringes ist. Durch Betrachtungen, die den auf S. 465 ff. durchgeführten analog verlaufen (Auflösung einer nichtlinearen Integro-Differentialgleichung), läßt sich zeigen, daß bei geeigneter Formgebung von $\mathfrak{K}_1$ der Wirbelring sich ohne Formänderung mit konstanter Geschwindigkeit c in der Richtung seiner Achse fortbewegen wird, falls dem Kugelkörper durch geeignete äußere Kräfte die gleiche Bewegung aufgezwungen wird. In bezug auf ein mitbewegtes Achsenkreuz ist auch jetzt die Bewegung der Flüssigkeit permanent. Dieses Resultat gestattet die folgende Deutung. Unter geeigneten Anfangsbedingungen kann eine in einer unbegrenzten, homogenen, inkompressiblen ideellen Flüssigkeit gleichförmig fortschreitende („geschleppte") Kugel zu einer permanenten[69], von einem Wirbelring herrührenden Flüssigkeitsbewegung Veranlassung geben.

Wir werden jetzt zeigen, daß die betrachtete Bewegung *kräftelos* vor sich geht.

Das Geschwindigkeitsfeld ist in bezug auf die Achse des Wirbelringes symmetrisch. Des weiteren ist, wie wir sogleich zeigen werden,

$$u(x, y, z) = -u(x, y, -z), \quad v(x, y, z) = -v(x, y, -z), \quad w(x, y, z) = w(x, y, -z). \tag{231}$$

Aus der Formel (175), der ohne weiteres das mitbewegte Achsenkreuz zugrunde gelegt werden kann, folgt jetzt leicht, wenn man $U \equiv 0$

[69] Genauer, permanenten in bezug auf das mitbewegt zu denkende Achsenkreuz x-y-z.

beachtet, daß der Flüssigkeitsdruck in bezug auf die x-y-Ebene symmetrisch verteilt ist. In der Tat ist wegen (231) (man vergleiche das Strömungsbild der Fig. 54)[69a]

$$(232)\quad \frac{d}{dt}u(x, y, z) = \frac{d}{dt}u(x, y, -z), \qquad \frac{d}{dt}v(x, y, z) = \frac{d}{dt}v(x, y, -z),$$

$$\frac{d}{dt}w(x, y, z) = -\frac{d}{dt}w(x, y, -z),$$

darum

$$(233)\qquad p(x, y, z) = p(x, y, -z).$$

Augenscheinlich ist weiter, da das Geschwindigkeitsfeld die z-Achse zur Symmetrieachse hat,

$$u(x, y, z) = -u(-x, -y, z), \quad v(x, y, z) = -v(-x, -y, z),$$

$$w(x, y, z) = w(-x, -y, z),$$

mithin (Fig. 54)

$$\frac{d}{dt}u(x, y, z) = -\frac{d}{dt}u(-x, -y, z), \quad \frac{d}{dt}v(x, y, z) = -\frac{d}{dt}v(-x, -y, z),$$

$$\frac{d}{dt}w(x, y, z) = \frac{d}{dt}w(-x, -y, z)$$

und wegen (175)

$$(234)\quad p(x, y, z) = p(-x, -y, z).$$

Der Flüssigkeitsdruck ist auch in bezug auf die z-Achse symmetrisch verteilt.

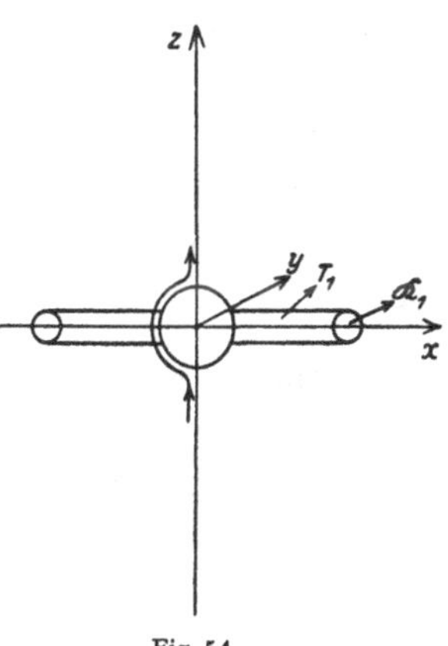

Fig. 54.

Aus (233) und (234) folgt aber, daß, ganz wie in dem auf S. **473** ff. betrachteten Falle einer reinen Potentialströmung, *die Kugel von seiten der Flüssigkeit keinerlei Widerstand* erfährt. Der Geschwindigkeitszustand der Flüssigkeit kann ohne Energieaufwand aufrechterhalten werden.

Nun noch der Nachweis der Beziehungen (231). Aus der Integro-Differentialgleichung, der die (relative) Strömungsfunktion ψ genügt, folgt, wie an dieser Stelle nicht näher ausgeführt werden kann, daß ψ in bezug auf die Ebene x-y symmetrisch ist, in Formeln

$$(235)\qquad \psi(x, -z) = \psi(x, z).$$

Für die Komponenten der Geschwindigkeit in der Ebene $y = 0$ gelten nun die Beziehungen

$$(236)\qquad u(x, 0, z) = \frac{1}{x}\frac{\partial\psi}{\partial z}, \qquad w(x, 0, z) = -\frac{1}{x}\frac{\partial\psi}{\partial x}.$$

[69a] Der Figur 54 liegt die Voraussetzung $c < 0$ zugrunde. Die Kugel wird in der Richtung der negativen z-Achse geschleppt.

Aus (235) und (236) folgt unmittelbar

$$(237)\quad u(x, 0, -z) = -u(x, 0, z), \quad w(x, 0, -z) = w(x, 0, z).$$

Beachtet man, daß das Geschwindigkeitsfeld die z-Achse zur Symmetriegeraden hat, so findet man schließlich die gesuchten Formeln (231).

12. Eine ein abgeschlossenes Gefäß voll erfüllende, nicht notwendig homogene, inkompressible Flüssigkeit. Die allgemeine Problemstellung. Sukzessive Approximationen. Der fundamentale Existenzsatz. Wir kehren zur Betrachtung einer in einem Gefäß eingeschlossenen Flüssigkeitsmasse zurück. Nachdem vorhin schon einige wichtige Spezialfälle erledigt worden sind, wollen wir uns jetzt allgemeiner mit einer nicht notwendig homogenen Flüssigkeit beschäftigen. Es soll nicht mehr vorausgesetzt werden, daß die Kräfte von einem Potential herrühren und daß das Geschwindigkeitsfeld zur Zeit t_0 in einer gewissen Umgebung der inneren Gefäßwand wirbelfrei ist. Die Wirbellinien *können* im Gegenteil *an der Gefäßwand endigen.* Doch sollen diesmal $\frac{\partial u_0}{\partial a}, \frac{\partial u_0}{\partial b}, \ldots, \frac{\partial w_0}{\partial c}$, mithin auch ξ_0, η_0, ζ_0 in Θ_0 stetig sein. Sprungweise Änderungen der Wirbelkomponenten sind demnach ausgeschlossen[69b].

Wir treffen demgemäß folgende Festsetzungen. Die Innenwand Σ des Gefäßes sei eine für alle t in einem Intervalle $\langle t_0, t_0 + \hat{t}\rangle$ erklärte analytische und reguläre Fläche,

$$(238)\qquad \Psi(x, y, z, t) = 0.$$

Die Dichte ϱ_0 im Raume a-b-c wird als eine stetige Funktion, die stetige, der H-Bedingung genügende partielle Ableitungen erster Ordnung $\frac{\partial \varrho_0}{\partial a}, \frac{\partial \varrho_0}{\partial b}, \frac{\partial \varrho_0}{\partial c}$ hat, vorausgesetzt. Es wird weiter angenommen, daß u_0, v_0, w_0, die Komponenten der Geschwindigkeit zur Zeit t_0, in $\Theta_0 + \Sigma_0$ stetig sind und dort stetige, der H-Bedingung genügende partielle Ableitungen erster Ordnung haben. Auf Σ_0 ist natürlich

$$(239)\quad \frac{\partial \Psi_0}{\partial t} + \frac{\partial \Psi_0}{\partial a} u_0 + \frac{\partial \Psi_0}{\partial b} v_0 + \frac{\partial \Psi_0}{\partial c} w_0 = 0, \qquad \Psi_0 = \Psi(a, b, c, t_0).$$

Desgleichen wird angenommen, daß $\frac{\partial u}{\partial x}, \frac{\partial u}{\partial y}, \ldots, \frac{\partial w}{\partial z}$ in $\Theta + \Sigma$ stetig sind und der H-Bedingung genügen.

Was schließlich die Komponenten der Einheitskräfte X, Y, Z betrifft, die auf die Flüssigkeitsteilchen wirken, so wird diesbezüglich vorausgesetzt, daß X, Y, Z, die von x, y, z und t abhängen, in einem Bereich erklärt sind, der $\Theta_0 + \Sigma_0$ ganz in seinem Innern enthält, und sich daselbst nebst ihren partiellen Ableitungen der beiden ersten Ord-

---

[69b] Natürlich kann in einem Teil von Θ_0 oder auch überall in Θ_0 ein Geschwindigkeitspotential existieren.

nungen stetig verhalten sowie daß $\frac{\partial^2 X}{\partial x^2}, \ldots, \frac{\partial^2 Z}{\partial z^2}$ einer H-Bedingung genügen.

Wir beginnen mit der Bestimmung des Flüssigkeitsdruckes p. Wie in X 6. gezeigt worden ist, hat p in Θ stetige, der H-Bedingung genügende Ableitungen zweiter Ordnung und genügt der Differentialgleichung

$$(240)\quad L\{p\} = \frac{\partial}{\partial x}\left(\frac{1}{\varrho}\frac{\partial p}{\partial x}\right) + \frac{\partial}{\partial y}\left(\frac{1}{\varrho}\frac{\partial p}{\partial y}\right) + \frac{\partial}{\partial z}\left(\frac{1}{\varrho}\frac{\partial p}{\partial z}\right) = \frac{\partial X}{\partial x} + \frac{\partial Y}{\partial y} + \frac{\partial Z}{\partial z}$$
$$- \left\{\left(\frac{\partial u}{\partial x}\right)^2 + \left(\frac{\partial v}{\partial y}\right)^2 + \left(\frac{\partial w}{\partial z}\right)^2 + 2\frac{\partial u}{\partial y}\frac{\partial v}{\partial x} + 2\frac{\partial u}{\partial z}\frac{\partial w}{\partial x} + 2\frac{\partial v}{\partial z}\frac{\partial w}{\partial y}\right\}$$
$$= Q\{X, Y, Z;\ u, v, w\}.$$ [70]

Auf Σ ist ferner, wenn mit α, β, γ die von der Innennormale (n) mit den Koordinatenachsen eingeschlossenen Winkel bezeichnet werden,

$$(241)\qquad \frac{1}{\varrho}\frac{\partial p}{\partial n} = \frac{1}{\varrho}\left(\frac{\partial p}{\partial x}\cos\alpha + \frac{\partial p}{\partial y}\cos\beta + \frac{\partial p}{\partial z}\cos\gamma\right)$$
$$= (X\cos\alpha + Y\cos\beta + Z\cos\gamma) - \left(\frac{du}{dt}\cos\alpha + \frac{dv}{dt}\cos\beta + \frac{dw}{dt}\cos\gamma\right).$$

Auf der rechten Seite dieser Gleichung steht als Minuend die Normalkomponente der Einheitskraft, als Subtrahend die Normalkomponente der Beschleunigung.

Diese Randbedingung läßt sich auf eine andere Form bringen. Wie wir wissen (vgl. S. 458), ist

$$(242)\quad u\cos\alpha + v\cos\beta + w\cos\gamma = -\frac{\partial\Psi}{\partial t}\left\{\left(\frac{\partial\Psi}{\partial x}\right)^2 + \left(\frac{\partial\Psi}{\partial y}\right)^2 + \left(\frac{\partial\Psi}{\partial z}\right)^2\right\}^{-\frac{1}{2}},$$

darum

$$\frac{du}{dt}\cos\alpha + \frac{dv}{dt}\cos\beta + \frac{dw}{dt}\cos\gamma + u\frac{d}{dt}\cos\alpha + v\frac{d}{dt}\cos\beta + w\frac{d}{dt}\cos\gamma$$
$$= -\left(\frac{\partial}{\partial t} + u\frac{\partial}{\partial x} + v\frac{\partial}{\partial y} + w\frac{\partial}{\partial z}\right)\frac{\partial\Psi}{\partial t}\left\{\left(\frac{\partial\Psi}{\partial x}\right)^2 + \left(\frac{\partial\Psi}{\partial y}\right)^2 + \left(\frac{\partial\Psi}{\partial z}\right)^2\right\}^{-\frac{1}{2}}$$

und

$$(243)\quad \frac{du}{dt}\cos\alpha + \frac{dv}{dt}\cos\beta + \frac{dw}{dt}\cos\gamma = -u\frac{d}{dt}\cos\alpha - v\frac{d}{dt}\cos\beta - w\frac{d}{dt}\cos\gamma$$
$$- \left(\frac{\partial}{\partial t} + u\frac{\partial}{\partial x} + v\frac{\partial}{\partial y} + w\frac{\partial}{\partial z}\right)\frac{\partial\Psi}{\partial t}\left\{\left(\frac{\partial\Psi}{\partial x}\right)^2 + \left(\frac{\partial\Psi}{\partial y}\right)^2 + \left(\frac{\partial\Psi}{\partial z}\right)^2\right\}^{-\frac{1}{2}}$$

mit etwa

$$(244)\quad \frac{d}{dt}\cos\alpha = \left(\frac{\partial}{\partial t} + u\frac{\partial}{\partial x} + v\frac{\partial}{\partial y} + w\frac{\partial}{\partial z}\right)\frac{\partial\Psi}{\partial x}\left\{\left(\frac{\partial\Psi}{\partial x}\right)^2 + \left(\frac{\partial\Psi}{\partial y}\right)^2 + \left(\frac{\partial\Psi}{\partial z}\right)^2\right\}^{-\frac{1}{2}}.$$

---

[70] Man vergleiche hierzu die Ausführungen der Fußnote [18] X. Es hätte übrigens genügt, Σ von der Klasse Bh vorauszusetzen.

Aus (241) und (243) folgt also

$$(245)\quad \frac{1}{\varrho}\frac{\partial p}{\partial n} = X\cos\alpha + Y\cos\beta + Z\cos\gamma + u\frac{d}{dt}\cos\alpha + v\frac{d}{dt}\cos\beta$$
$$+ w\frac{d}{dt}\cos\gamma + \left(\frac{\partial}{\partial t} + u\frac{\partial}{\partial x} + v\frac{\partial}{\partial y} + w\frac{\partial}{\partial z}\right)\frac{\partial\Psi}{\partial t}\left\{\left(\frac{\partial\Psi}{\partial x}\right)^2 + \left(\frac{\partial\Psi}{\partial y}\right)^2 + \left(\frac{\partial\Psi}{\partial z}\right)^2\right\}^{-\frac{1}{2}}$$
$$= R\{X, Y, Z; u, v, w\}.$$

Sowohl in $Q\{X, Y, Z; u, v, w\}$ als auch in $R\{X, Y, Z; u, v, w\}$ treten nur noch die Komponenten der Geschwindigkeit und ihre partiellen Ableitungen erster Ordnung in bezug auf die Ortsvariablen auf.

Die homogene Differentialgleichung

$$\frac{\partial}{\partial x}\left(\frac{1}{\varrho}\frac{\partial U}{\partial x}\right) + \frac{\partial}{\partial y}\left(\frac{1}{\varrho}\frac{\partial U}{\partial y}\right) + \frac{\partial}{\partial z}\left(\frac{1}{\varrho}\frac{\partial U}{\partial z}\right) = 0$$

hat eine nicht identisch verschwindende, der Randbedingung $\frac{\partial U}{\partial n} = 0$ und der Normierungsbedingung $\frac{1}{D_*}\int\limits_{\Sigma} U\,d\sigma = 1$ (D_* = Gesamtflächeninhalt von Σ) genügende Lösung, nämlich die Lösung $U = 1$. Für die Lösbarkeit des nichthomogenen Problems (240), (245) ist, wie die Theorie der elliptischen Differentialgleichungen lehrt[71], notwendig und hinreichend, daß

$$(246)\quad \int\limits_{\Theta} Q\{X, Y, Z; u, v, w\}\,d\tau = -\int\limits_{\Sigma} R\{X, Y, Z; u, v, w\}\,d\sigma$$

gilt. Diese Bedingung ist im vorliegenden Falle erfüllt.

Man überzeugt sich hiervon, indem man, unter Benutzung analytischer Funktionen, die u, v, w und ihre partiellen Ableitungen erster Ordnung gleichmäßig approximieren, wie wiederholt früher (vgl. bsp. S. **391**), zeigt, daß

$$(247)\quad \int\limits_{\Theta}\left\{\left(\frac{\partial u}{\partial x}\right)^2 + \left(\frac{\partial v}{\partial y}\right)^2 + \left(\frac{\partial w}{\partial z}\right)^2 + 2\frac{\partial u}{\partial y}\frac{\partial v}{\partial x} + \cdots\right\}d\tau$$
$$= -\int\limits_{\Sigma}\left\{\frac{du}{dt}\cos\alpha + \frac{dv}{dt}\cos\beta + \frac{dw}{dt}\cos\gamma\right\}d\sigma$$

ist. Das Integral rechts wird jetzt nach (243) umgeformt, so daß sich wegen

$$(248)\quad \int\limits_{\Sigma}\{X\cos\alpha + Y\cos\beta + Z\cos\gamma\}\,d\sigma = -\int\limits_{\Theta}\left\{\frac{\partial X}{\partial x} + \frac{\partial Y}{\partial y} + \frac{\partial Z}{\partial z}\right\}d\tau$$

die zu beweisende Beziehung ergibt[72].

---

[71] Die in Betracht kommenden Existenzsätze unter den Stetigkeitsvoraussetzungen des Textes ergeben sich beispielsweise aus den Ausführungen meiner Note, Neue Beiträge zur Theorie der linearen partiellen Differentialgleichungen zweiter Ordnung vom elliptischen Typus, Math. Zeitschr. **20** (1924), S. 194—212, insbes. S. 194—196.

[72] Vgl. loc. cit. [13] S. 277 und namentlich S. 273—275, wo sich die benötigten Grenzübergänge in allen Einzelheiten ausgeführt finden.

Aus (245) folgt, daß $\frac{\partial p}{\partial n}$, als Ortsfunktion auf Σ aufgefaßt, stetige, der H-Bedingung genügende Ableitungen erster Ordnung hat. Hieraus folgt aber, daß $\frac{\partial^2 p}{\partial x^2}, \frac{\partial^2 p}{\partial x \partial y}, \ldots$ auch noch auf Σ existieren und in $\Theta + \Sigma$ einer H-Bedingung genügen.

Wir wenden nunmehr die in dem zehnten Kapitel abgeleiteten Gleichungen an und setzen zunächst einmal voraus, daß Σ einfach zusammenhängend ist. Den Ausführungen auf S. 67 gemäß gibt es eine, bis auf eine additive Konstante bestimmte, in dem zu Θ komplementären Bereiche $\Theta_a + \Sigma$ (übrigens auch im unendlich fernen Punkte) reguläre, auf Σ nebst ihrer Normalableitung stetige Potentialfunktion $\psi(x, y, z)$, die daselbst der Bedingung

$$\frac{\partial \psi}{\partial n} = \xi \cos\alpha + \eta \cos\beta + \zeta \cos\gamma = \Xi_n \tag{249}$$

genügt. Erfüllt Ξ_n, wie dies unseren Annahmen entspricht, auf Σ eine H-Bedingung, so hat ψ im Innern und auf dem Rande von $\Theta_a + \Sigma$ stetige, der H-Bedingung genügende partielle Ableitungen erster Ordnung. Wir denken uns die Ortsfunktionen ξ, η, ζ den Gleichungen

$$\xi = \frac{\partial \psi}{\partial x}, \quad \eta = \frac{\partial \psi}{\partial y}, \quad \zeta = \frac{\partial \psi}{\partial z} \tag{250}$$

gemäß über Σ hinaus fortgesetzt. Der nunmehr in dem Gesamtraume erklärte Vektor ξ, η, ζ erleidet im allgemeinen auf Σ eine sprungweise Unstetigkeit, doch ändert sich seine Normalkomponente stetig. Im Unendlichen verhalten sich ξ, η, ζ wie R^{-3}.

Wie auf S. 212 setzen wir jetzt

$$\begin{aligned}
\hat{u}(x, y, z, t) &= -\frac{1}{2\pi}\int_\infty \frac{\partial}{\partial z}\left(\frac{1}{r}\right)\eta'\,d\tau' + \frac{1}{2\pi}\int_\infty \frac{\partial}{\partial y}\left(\frac{1}{r}\right)\zeta'\,d\tau',\\
\hat{v}(x, y, z, t) &= -\frac{1}{2\pi}\int_\infty \frac{\partial}{\partial x}\left(\frac{1}{r}\right)\zeta'\,d\tau' + \frac{1}{2\pi}\int_\infty \frac{\partial}{\partial z}\left(\frac{1}{r}\right)\xi'\,d\tau',\\
\hat{w}(x, y, z, t) &= -\frac{1}{2\pi}\int_\infty \frac{\partial}{\partial y}\left(\frac{1}{r}\right)\xi'\,d\tau' + \frac{1}{2\pi}\int_\infty \frac{\partial}{\partial x}\left(\frac{1}{r}\right)\eta'\,d\tau',
\end{aligned} \tag{251}$$

wo die Integrationen über den gesamten Raum der Variablen x, y, z erstreckt zu denken sind. Es möge weiter φ diejenige, bis auf eine willkürliche additive Funktion der Zeit bestimmte, in Θ reguläre, auch noch auf Σ nebst ihrer Normalableitung stetige Potentialfunktion bezeichnen, die auf Σ der Bedingung

$$\begin{aligned}
\frac{\partial \varphi}{\partial n} = &-\frac{\partial \Psi}{\partial t}\left[\left(\frac{\partial \Psi}{\partial x}\right)^2 + \left(\frac{\partial \Psi}{\partial y}\right)^2 + \left(\frac{\partial \Psi}{\partial z}\right)^2\right]^{-\frac{1}{2}}\\
&-(\hat{u}\cos(n, x) + \hat{v}\cos(n, y) + \hat{w}\cos(n, z))
\end{aligned} \tag{252}$$

genügt[73].

---

[73] Man vergleiche die Ausführungen auf S. 213. Dort ist zunächst voraus-

Für u, v, w finden wir die Beziehungen (vgl. S. 212)

$$
\begin{aligned}
u(x,y,z,t) &= -\frac{1}{2\pi}\int_{\infty}\frac{\partial}{\partial z}\left(\frac{1}{r}\right)\eta'\,d\tau' + \frac{1}{2\pi}\int_{\infty}\frac{\partial}{\partial y}\left(\frac{1}{r}\right)\zeta'\,d\tau' + \frac{\partial\varphi}{\partial x},\\
v(x,y,z,t) &= -\frac{1}{2\pi}\int_{\infty}\frac{\partial}{\partial x}\left(\frac{1}{r}\right)\zeta'\,d\tau' + \frac{1}{2\pi}\int_{\infty}\frac{\partial}{\partial z}\left(\frac{1}{r}\right)\xi'\,d\tau' + \frac{\partial\varphi}{\partial y},\\
w(x,y,z,t) &= -\frac{1}{2\pi}\int_{\infty}\frac{\partial}{\partial y}\left(\frac{1}{r}\right)\xi'\,d\tau' + \frac{1}{2\pi}\int_{\infty}\frac{\partial}{\partial x}\left(\frac{1}{r}\right)\eta'\,d\tau' + \frac{\partial\varphi}{\partial z},
\end{aligned}
\tag{253}
$$

die sich auch in der für das Folgende etwas bequemeren Form

$$
\begin{aligned}
u(x,y,z,t) &= -\frac{1}{2\pi}\int_{\Theta}\frac{\partial}{\partial z}\left(\frac{1}{r}\right)\eta'\,d\tau' + \frac{1}{2\pi}\int_{\Theta}\frac{\partial}{\partial y}\left(\frac{1}{r}\right)\zeta'\,d\tau'\\
&\quad + \frac{1}{2\pi}\int_{\Sigma}\frac{1}{r}\left(\frac{\partial\psi'}{\partial y'}\cos(n',z') - \frac{\partial\psi'}{\partial z'}\cos(n',y')\right)d\sigma' + \frac{\partial\varphi}{\partial x},\\
v(x,y,z,t) &= -\frac{1}{2\pi}\int_{\Theta}\frac{\partial}{\partial x}\left(\frac{1}{r}\right)\zeta'\,d\tau' + \frac{1}{2\pi}\int_{\Theta}\frac{\partial}{\partial z}\left(\frac{1}{r}\right)\xi'\,d\tau'\\
&\quad + \frac{1}{2\pi}\int_{\Sigma}\frac{1}{r}\left(\frac{\partial\psi'}{\partial z'}\cos(n',x') - \frac{\partial\psi'}{\partial x'}\cos(n',z')\right)d\sigma' + \frac{\partial\varphi}{\partial y},\\
w(x,y,z,t) &= -\frac{1}{2\pi}\int_{\Theta}\frac{\partial}{\partial y}\left(\frac{1}{r}\right)\xi'\,d\tau' + \frac{1}{2\pi}\int_{\Theta}\frac{\partial}{\partial x}\left(\frac{1}{r}\right)\eta'\,d\tau'\\
&\quad + \frac{1}{2\pi}\int_{\Sigma}\frac{1}{r}\left(\frac{\partial\psi'}{\partial x'}\cos(n',y') - \frac{\partial\psi'}{\partial y'}\cos(n',x')\right)d\sigma' + \frac{\partial\varphi}{\partial z}
\end{aligned}
\tag{254}
$$

schreiben lassen (vgl. S. 106). Dabei ist wie auf S. 426 in $\Theta + \Sigma$

$$
\begin{aligned}
\xi &= (\xi_0 + \xi^* + \xi_*)\frac{\partial x}{\partial a} + (\eta_0 + \eta^* + \eta_*)\frac{\partial x}{\partial b} + (\zeta_0 + \zeta^* + \zeta_*)\frac{\partial x}{\partial c},\\
\eta &= (\xi_0 + \xi^* + \xi_*)\frac{\partial y}{\partial a} + (\eta_0 + \eta^* + \eta_*)\frac{\partial y}{\partial b} + (\zeta_0 + \zeta^* + \zeta_*)\frac{\partial y}{\partial c},\\
\zeta &= (\xi_0 + \xi^* + \xi_*)\frac{\partial z}{\partial a} + (\eta_0 + \eta^* + \eta_*)\frac{\partial z}{\partial b} + (\zeta_0 + \zeta^* + \zeta_*)\frac{\partial z}{\partial c}.
\end{aligned}
\tag{255}
$$
[74]

Die Bedeutung der einzelnen in diesen Formeln auftretenden Größen ist diese: ξ_0, η_0, ζ_0 sind die Wirbelkomponenten im Flüssigkeitsteilchen

---

gesetzt worden, daß das Gefäß ruht, dann, daß es sich unter Aufrechterhaltung seines Volumens in bekannter Weise bewegt. Die Gleichungen von Σ sind in der Form $x = \mathfrak{X}(t, p, q)$, $y = \mathfrak{Y}(t, p, q)$, $z = \mathfrak{Z}(t, p, q)$ angesetzt worden.

[74] Bei der Entwicklung der Formeln (254) und (255) wurde seiner Zeit freilich angenommen, daß ξ, η, ζ stetige Ableitungen erster Ordnung haben, während diesmal lediglich feststeht, daß diese Funktionen eine H-Bedingung erfüllen. Es wird darum notwendig sein, nachträglich zu zeigen, daß die Beziehungen (254) und (255), verbunden mit den Formeln (240) und (245), den Euler-Lagrangeschen Gleichungen vollkommen gleichwertig sind. Vgl. loc. cit. [13] S. 305—309.

(a, b, c) zur Zeit t_0; $\xi^*, \eta^*, \ldots, \zeta_*$ sind durch die Gleichungen (44) und (45) erklärt.

Die Beziehungen (240), (245), (254) und (255) bilden im Verein mit den Gleichungen

$$u = \frac{dx}{dt}, \quad v = \frac{dy}{dt}, \quad w = \frac{dz}{dt} \tag{256}$$

ein System von Integro-Differentialgleichungen, das den Existenz- und Unitätsbetrachtungen zugrunde gelegt werden kann.

Handelt es sich speziell um eine homogene Flüssigkeit und haben die Einheitskräfte ein Potential, so ist nach Cauchy, wie wir wissen,

$$\begin{gathered} \xi = \xi_0 \frac{\partial x}{\partial a} + \eta_0 \frac{\partial x}{\partial b} + \zeta_0 \frac{\partial x}{\partial c}, \quad \eta = \xi_0 \frac{\partial y}{\partial a} + \eta_0 \frac{\partial y}{\partial b} + \zeta_0 \frac{\partial y}{\partial c}, \\ \zeta = \xi_0 \frac{\partial z}{\partial a} + \eta_0 \frac{\partial z}{\partial b} + \zeta_0 \frac{\partial z}{\partial c}. \end{gathered} \tag{257}$$

Der Existenzbeweis der Lösung wird, wie bei dem in **1.** bis **3.** betrachteten Problem, durch sukzessive Approximationen erbracht.

Es sei $\Theta^* + \Sigma^*$ irgendein Bereich, der alle zu einem Zeitintervall $\langle t_0, t_0 + \underline{t}\rangle$ $(0 < \underline{t} \leqq \hat{t})$ gehörigen Bereiche $\Theta + \Sigma$, insbesondere $\Theta_0 + \Sigma_0$, ganz in seinem Innern enthält. Um zu einer ersten Approximation zu gelangen, denken wir uns vor allem die Funktionen u_0, v_0, w_0, die Komponenten der Geschwindigkeit zur Zeit t_0, die ursprünglich nur in $\Theta_0 + \Sigma_0$ erklärt waren, irgendwie über Σ_0 hinaus nach $\Theta^* - \Theta_0$ stetig fortgesetzt, so daß $\frac{\partial u_0}{\partial a}, \ldots, \frac{\partial w_0}{\partial c}$ sich in jedem der beiden Gebiete, in die Θ^* durch Σ_0 zerlegt wird (die Randflächen allemal eingeschlossen) stetig verhalten und der H-Bedingung genügen. Für hinreichend kleine $\underline{t}$ kann man für Θ^* beispielsweise ein von einer Parallelfläche zu Σ_0 begrenztes Gebiet annehmen. Es sei P_0 ein Punkt auf Σ_0, und es sei P ein beliebiger Punkt außerhalb von Θ_0 auf der Normale zu Σ_0 in P_0. Wir setzen etwa

$$u_0(P) = u_0(P_0), \quad v_0(P) = v_0(P_0), \quad w_0(P) = w_0(P_0). \tag{258}$$

Beim Passieren von Σ_0 werden die Normalableitungen von u_0, v_0, w_0 im allgemeinen einen Sprung erleiden. Wir setzen nun

$$\begin{gathered} u_1(x, y, z, t) = u_0(x, y, z), \quad v_1(x, y, z, t) = v_0(x, y, z), \\ w_1(x, y, z, t) = w_0(x, y, z). \end{gathered} \tag{259}$$

Das Geschwindigkeitsfeld u_1, v_1, w_1 genügt im allgemeinen nicht der Grenzbedingung

$$\frac{\partial \Psi}{\partial t} + \frac{\partial \Psi}{\partial x} u + \frac{\partial \Psi}{\partial y} v + \frac{\partial \Psi}{\partial z} w = 0, \tag{260}$$

auch wird in Θ^*, außerhalb von Θ_0, die Kontinuitätsgleichung im allgemeinen nicht erfüllt sein.

Durch (259) ist das Geschwindigkeitsfeld in einer ersten Approximation bestimmt. Die die Lage des Teilchens (a, b, c) zur Zeit t bestimmenden Funktionen $x_1(a, b, c, t)$, $y_1(a, b, c, t)$, $z_1(a, b, c, t)$ werden wie folgt festgelegt. Es sei $\Pi(x, y, z, t)$ diejenige in Θ reguläre, auf Σ nebst ihrer Normalableitung stetige Potentialfunktion, die der Randbedingung

$$\frac{\partial \Pi}{\partial n} = -\frac{\partial \Psi}{\partial t}\left[\left(\frac{\partial \Psi}{\partial x}\right)^2 + \left(\frac{\partial \Psi}{\partial y}\right)^2 + \left(\frac{\partial \Psi}{\partial z}\right)^2\right]^{-\frac{1}{2}} \tag{261}$$

genügt. Wegen

$$\int_{\Sigma} \frac{\partial \Psi}{\partial t}\left[\left(\frac{\partial \Psi}{\partial x}\right)^2 + \left(\frac{\partial \Psi}{\partial y}\right)^2 + \left(\frac{\partial \Psi}{\partial z}\right)^2\right]^{-\frac{1}{2}} d\sigma = 0 \tag{262}$$ [75]

ist Π gewiß vorhanden und bis auf eine willkürliche additive Konstante bestimmt. Wir setzen

$$\begin{gathered} \frac{dx_1}{dt} = \frac{\partial}{\partial x_1}\Pi(x_1, y_1, z_1, t) = u^0(x_1, y_1, z_1, t), \\ \frac{dy_1}{dt} = \frac{\partial \Pi}{\partial y_1} = v^0, \quad \frac{dz_1}{dt} = \frac{\partial \Pi}{\partial z_1} = w^0, \\ x_1 = a, \quad y_1 = b, \quad z_1 = c \quad \text{für} \quad t = t_0. \end{gathered} \tag{263}$$

Offenbar ist durch (263) diejenige Potentialströmung unserer Flüssigkeit gegeben, die durch die Grenzbedingung (261) bestimmt ist (vgl. S. 457ff.). Durch die Funktionen $x_1(a, b, c, t)$, $y_1(a, b, c, t)$, $z_1(a, b, c, t)$ ist eine topologische Abbildung des Bereiches $\Theta_0 + \Sigma_0$ auf den Bereich $\Theta + \Sigma$ des Raumes x_1-y_1-z_1 erklärt. Wie wir wissen, sind $x_1(a, b, c, t)$, $y_1(a, b, c, t)$, $z_1(a, b, c, t)$ für alle t in $\langle t_0, t_0 + \hat{t}\rangle$ und alle (a, b, c) in $\Theta_0 + \Sigma_0$ analytisch und regulär.

Für alle (a, b, c) auf Σ_0 ist die Bedingung $\Psi(x_1, y_1, z_1, t) = 0$ erfüllt[76]. Handelt es sich speziell um ein starres, ruhendes Gefäß, so ist Π konstant, darum

$$x_1 = a, \quad y_1 = b, \quad z_1 = c.$$

Dem Punkte (x_1, y_1, z_1), dem Bilde des Teilchens (a, b, c) zur Zeit t in der ersten Annäherung, ordnen wir den Wert

$$\varrho_1(x_1, y_1, z_1) = \varrho(a, b, c) \tag{264}$$

---

[75] Das von Σ begrenzte Volumen, das ja von einer inkompressiblen Flüssigkeit erfüllt ist, ändert sich im Laufe der Bewegung nicht.

[76] Man vergleiche hierzu die Ausführungen auf S. 162—170. Die Voraussetzung, daß Ψ analytisch und regulär ist, ist für die Durchführbarkeit der im Text angedeuteten Überlegungen nicht erforderlich. Es hätte bereits genügt, vorauszusetzen, daß Ψ stetige Ableitungen erster und stetige, der H-Bedingung genügende Ableitungen zweiter Ordnung $\frac{\partial^2 \Psi}{\partial t^2}, \frac{\partial^2 \Psi}{\partial x \partial t}, \ldots, \frac{\partial^2 \Psi}{\partial z^2}$ hat.

der Dichte zu. Ferner nehmen wir an, daß in (x_1, y_1, z_1) die Einheitskraft (X_1, Y_1, Z_1) wirkt,

$$\begin{aligned} X_1 = X_1(x_1, y_1, z_1, t), \qquad Y_1 = Y_1(x_1, y_1, z_1, t), \\ Z_1 = Z_1(x_1, y_1, z_1, t). \end{aligned} \tag{265}$$

Den Wert des Druckes in der ersten Approximation bestimmen wir aus der Differentialgleichung

$$\begin{aligned} \frac{\partial}{\partial x_1}\left(\frac{1}{\varrho_1}\frac{\partial p_1}{\partial x_1}\right) + \frac{\partial}{\partial y_1}\left(\frac{1}{\varrho_1}\frac{\partial p_1}{\partial y_1}\right) + \frac{\partial}{\partial z_1}\left(\frac{1}{\varrho_1}\frac{\partial p_1}{\partial z_1}\right) = \frac{\partial X_1}{\partial x_1} + \frac{\partial Y_1}{\partial y_1} + \frac{\partial Z_1}{\partial z_1} \\ - \left\{\left(\frac{\partial u_1}{\partial x_1}\right)^2 + \left(\frac{\partial v_1}{\partial y_1}\right)^2 + \left(\frac{\partial w_1}{\partial z_1}\right)^2 + 2\frac{\partial u_1}{\partial y_1}\frac{\partial v_1}{\partial x_1} + 2\frac{\partial u_1}{\partial z_1}\frac{\partial w_1}{\partial x_1} + 2\frac{\partial v_1}{\partial z_1}\frac{\partial w_1}{\partial y_1}\right\} \\ = Q\{X_1, Y_1, Z_1;\, u_1, v_1, w_1\} \end{aligned} \tag{266}$$

und der Randbedingung

$$\begin{aligned} \frac{1}{\varrho_1}\frac{\partial p_1}{\partial n_1} = X_1 \cos\alpha_1 + \cdots + u_1 \frac{d}{dt_1}\cos\alpha_1 + \cdots \\ + \left(\frac{\partial}{\partial t} + u_1\frac{\partial}{\partial x_1} + v_1\frac{\partial}{\partial y_1} + w_1\frac{\partial}{\partial z_1}\right)\frac{\partial \Psi_1}{\partial t}\left[\left(\frac{\partial \Psi_1}{\partial x_1}\right)^2 + \left(\frac{\partial \Psi_1}{\partial y_1}\right)^2 + \left(\frac{\partial \Psi_1}{\partial z_1}\right)^2\right]^{-\frac{1}{2}} + C_1 \\ = \boldsymbol{P}_1(x_1, y_1, z_1, t) + C_1 \end{aligned} \tag{267}$$

mit

$$\begin{aligned} C_1 = -\frac{1}{D_*}\int\limits_{\Sigma} \boldsymbol{P}_1(x_1, y_1, z_1, t)\,d\sigma_1 - \frac{1}{D_*}\int\limits_{\Theta}\left(\frac{\partial X_1}{\partial x_1} + \cdots\right)d\tau_1 \\ + \frac{1}{D_*}\int\limits_{\Theta}\left\{\left(\frac{\partial u_1}{\partial x_1}\right)^2 + \cdots + 2\frac{\partial v_1}{\partial z_1}\frac{\partial w_1}{\partial y_1}\right\}d\tau_1 \end{aligned} \tag{268}$$ [77]

$(D_* = \text{Flächeninhalt von } \Sigma)$

nebst einer Normierungsbedingung $\int\limits_{\Sigma} p_1\, d\sigma_1 = D_* p_0$ $(p_0 > 0$ konstant).

Wir gehen jetzt zu der zweiten Approximation über und bilden hierzu, wie auf S. 429ff., zunächst die Funktionen

---

[77] In (267) bezeichnet bsp. α_1 den von der Innennormale (n_1) in (x_1, y_1, z_1) auf Σ mit der x_1-Achse eingeschlossenen Winkel. Es ist weiter zur Abkürzung

$$\psi_1 = \psi(x_1, y_1\ z_1, t),$$

$$\frac{d}{dt_1}\cos\alpha_1 = \left(\frac{\partial}{\partial t} + u_1\frac{\partial}{\partial x_1} + v_1\frac{\partial}{\partial y_1} + w_1\frac{\partial}{\partial z_1}\right)\frac{\partial \Psi_1}{\partial x_1}\left[\left(\frac{\partial \Psi_1}{\partial x_1}\right)^2 + \left(\frac{\partial \Psi_1}{\partial y_1}\right)^2 + \left(\frac{\partial \Psi_1}{\partial z_1}\right)^2\right]^{-\frac{1}{2}}$$

gesetzt worden. Man beachte, daß die vorhin für die Lösbarkeit der Differentialgleichung (266) unter Zugrundelegung der Randbedingung $\frac{1}{\varrho_1}\frac{\partial p_1}{\partial n_1} = \boldsymbol{P}_1(x_1, y_1, z_1, t)$ angegebene notwendige und hinreichende Bedingung nicht erfüllt ist. Die Randbedingung (267) erfüllt dagegen die Lösbarkeitsbedingung. Übrigens sind $\frac{\partial^2 p_1}{\partial x_1^2}, \ldots, \frac{\partial^2 p_1}{\partial z_1^2}$ im Innern von Θ nur abteilungsweise stetig. Man vergleiche die näheren Ausführungen in der in der Fußnote [18] genannten Abhandlung, S. 281ff.

$$2\xi_1^* = \int_{t_0}^{t} \left\{ \frac{\partial X_1}{\partial b}\frac{\partial x_1}{\partial c} - \frac{\partial X_1}{\partial c}\frac{\partial x_1}{\partial b} + \frac{\partial Y_1}{\partial b}\frac{\partial y_1}{\partial c} - \frac{\partial Y_1}{\partial c}\frac{\partial y_1}{\partial b} + \frac{\partial Z_1}{\partial b}\frac{\partial z_1}{\partial c} - \frac{\partial Z_1}{\partial c}\frac{\partial z_1}{\partial b} \right\} dt,$$

(269) $$\cdots\cdots\cdots\cdots\cdots\cdots\cdots\cdots\cdots$$

$$2\zeta_1^* = \int_{t_0}^{t} \left\{ \frac{\partial X_1}{\partial a}\frac{\partial x_1}{\partial b} - \frac{\partial X_1}{\partial b}\frac{\partial x_1}{\partial a} + \frac{\partial Y_1}{\partial a}\frac{\partial y_1}{\partial b} - \frac{\partial Y_1}{\partial b}\frac{\partial y_1}{\partial a} + \frac{\partial Z_1}{\partial a}\frac{\partial z_1}{\partial b} - \frac{\partial Z_1}{\partial b}\frac{\partial z_1}{\partial a} \right\} dt,$$

$$2\xi_{*1} = \int_{t_0}^{t} \left\{ \frac{\partial}{\partial c}\left(\frac{1}{\varrho}\right)\frac{\partial p_1}{\partial b} - \frac{\partial}{\partial b}\left(\frac{1}{\varrho}\right)\frac{\partial p_1}{\partial c} \right\} dt,$$

(270) $$\cdots\cdots\cdots\cdots\cdots\cdots$$

$$2\zeta_{*1} = \int_{t_0}^{t} \left\{ \frac{\partial}{\partial b}\left(\frac{1}{\varrho}\right)\frac{\partial p_1}{\partial a} - \frac{\partial}{\partial a}\left(\frac{1}{\varrho}\right)\frac{\partial p_1}{\partial b} \right\} dt.$$

Wir bilden weiter die Ausdrücke

$$\mathfrak{x}_{01} = \xi_0 + \xi_1^* + \xi_{*1}, \;\ldots,\quad \mathfrak{z}_{01} = \zeta_0 + \zeta_1^* + \zeta_{*1},$$

(271)
$$\begin{aligned}
\xi_1 &= \mathfrak{x}_{01}\frac{\partial x_1}{\partial a} + \mathfrak{y}_{01}\frac{\partial x_1}{\partial b} + \mathfrak{z}_{01}\frac{\partial x_1}{\partial c},\\
\eta_1 &= \mathfrak{x}_{01}\frac{\partial y_1}{\partial a} + \mathfrak{y}_{01}\frac{\partial y_1}{\partial b} + \mathfrak{z}_{01}\frac{\partial y_1}{\partial c},\\
\zeta_1 &= \mathfrak{x}_{01}\frac{\partial z_1}{\partial a} + \mathfrak{y}_{01}\frac{\partial z_1}{\partial b} + \mathfrak{z}_{01}\frac{\partial z_1}{\partial c}.
\end{aligned}$$

Die Funktionen ξ_1, η_1, ζ_1 sind, als Funktionen von a, b, c, t aufgefaßt, in $\Theta_0 + \Sigma_0$ stetig und erfüllen daselbst gewiß eine H-Bedingung.

Es sei jetzt, unter (x_1, y_1, z_1) einen beliebigen Punkt in Θ_a verstanden, Ψ_1 diejenige in Θ_a (außer im unendlich fernen Punkte) reguläre, auf Σ nebst ihrer Normalableitung stetige Potentialfunktion, die der Randbedingung

$$\frac{\partial \psi_1}{\partial n_1} = \xi_1 \cos(n_1, x_1) + \eta_1 \cos(n_1, y_1) + \zeta_1 \cos(n_1, z_1)$$

genügt und im Unendlichen wie R_1^{-1} $(R_1^2 = x_1^2 + y_1^2 + z_1^2)$ verschwindet. Die partiellen Ableitungen $\frac{\partial \psi_1}{\partial x_1}$, $\frac{\partial \psi_1}{\partial y_1}$, $\frac{\partial \psi_1}{\partial z_1}$ verhalten sich im Unendlichen wie R_1^{-2}. Sie sind übrigens in $\Theta_a + \Sigma$ stetig und erfüllen daselbst eine H-Bedingung.

Es sei weiter

(272)
$$\begin{aligned}
\hat{u}_2(x_1, y_1, z_1, t) = &-\frac{1}{2\pi}\int_{\Theta} \frac{\partial}{\partial z_1}\left(\frac{1}{r_1}\right)\eta_1' \, d\tau_1' + \frac{1}{2\pi}\int_{\Theta} \frac{\partial}{\partial y_1}\left(\frac{1}{r_1}\right)\zeta_1' \, d\tau_1'\\
&+ \frac{1}{2\pi}\int_{\Sigma} \frac{1}{r_1}\left(\frac{\partial \psi_1'}{\partial y_1'}\cos(n_1', z_1') - \frac{\partial \psi_1'}{\partial z_1'}\cos(n_1', y_1')\right) d\sigma_1',
\end{aligned}$$

(272)
$$\hat{v}_2(x_1, y_1, z_1, t) = -\frac{1}{2\pi}\int_\Theta \frac{\partial}{\partial x_1}\left(\frac{1}{r_1}\right)\zeta_1' d\tau_1' + \frac{1}{2\pi}\int_\Theta \frac{\partial}{\partial z_1}\left(\frac{1}{r_1}\right)\xi_1' d\tau_1'$$
$$+ \frac{1}{2\pi}\int_\Sigma \frac{1}{r_1}\left(\frac{\partial \psi_1'}{\partial z_1'}\cos(n_1', x_1') - \frac{\partial \psi_1'}{\partial x_1'}\cos(n_1', z_1')\right) d\sigma_1',$$
$$\hat{w}_2(x_1, y_1, z_1, t) = -\frac{1}{2\pi}\int_\Theta \frac{\partial}{\partial y_1}\left(\frac{1}{r_1}\right)\xi_1' d\tau_1' + \frac{1}{2\pi}\int_\Theta \frac{\partial}{\partial x_1}\left(\frac{1}{r_1}\right)\eta_1' d\tau_1'$$
$$+ \frac{1}{2\pi}\int_\Sigma \frac{1}{r_1}\left(\frac{\partial \psi_1'}{\partial x_1'}\cos(n_1', y_1') - \frac{\partial \psi_1'}{\partial y_1'}\cos(n_1', x_1')\right) d\sigma_1'.$$

Aus (272) folgt unmittelbar
$$\frac{\partial \hat{u}_2}{\partial x_1} + \frac{\partial \hat{v}_2}{\partial y_1} + \frac{\partial \hat{w}_2}{\partial z_1} = 0,$$ [78]
mithin

(273) $$\int_\Sigma (\hat{u}_2 \cos(n_1, x_1) + \hat{v}_2 \cos(n_1, y_1) + \hat{w}_2 \cos(n_1, z_1))\, d\sigma_1 = 0.$$

Es möge jetzt $\varphi_2(x_1, y_1, z_1)$ diejenige in Θ reguläre, auch noch auf Σ nebst ihrer Normalableitung stetige Potentialfunktion bezeichnen, die der Randbedingung

(274)
$$\frac{\partial \varphi_2}{\partial n_1} = -\frac{\partial \Psi_1}{\partial t}\left[\left(\frac{\partial \Psi_1}{\partial x_1}\right)^2 + \left(\frac{\partial \Psi_1}{\partial y_1}\right)^2 + \left(\frac{\partial \Psi_1}{\partial z_1}\right)^2\right]^{-\frac{1}{2}}$$
$$- (\hat{u}_2 \cos(n_1, x_1) + \hat{v}_2 \cos(n_1, y_1) + \hat{w}_2 \cos(n_1, z_1))$$

und der Normierungsbedingung $\int_\Sigma \varphi_2\, d\sigma_1 = 0$ genügt. Aus (168) und (273) ergibt sich
$$\int_\Sigma \frac{\partial \varphi_2}{\partial n_1} d\sigma_1 = 0.$$

Die Potentialfunktion φ_2 existiert und ist vollkommen bestimmt.

Nach bekannten Sätzen sind, da die rechte Seite der Formel (274) als Ortsfunktion auf Σ aufgefaßt, stetige, der H-Bedingung genügende Ableitungen erster Ordnung hat, $\frac{\partial^2 \varphi_2}{\partial x_1^2}, \ldots, \frac{\partial^2 \varphi_2}{\partial z_1^2}$ in $\Theta + \Sigma$ vorhanden und stetig und erfüllen daselbst eine H-Bedingung.

In der zweiten Approximation wird das Geschwindigkeitsfeld durch die Gleichungen

(275) $$u_2 = \hat{u}_2 + \frac{\partial \varphi_2}{\partial x_1}, \quad v_2 = \hat{v}_2 + \frac{\partial \varphi_2}{\partial y_1}, \quad w_2 = \hat{w}_2 + \frac{\partial \varphi_2}{\partial z_1}$$

festgelegt. Offenbar haben u_2, v_2, w_2 in $\Theta + \Sigma$ stetige, der H-Bedingung

---

[78] Man beachte, daß den Entwicklungen auf S. 106 gemäß die Formeln (253) und (254) gleichwertig sind.

genügende Ableitungen erster Ordnung. Wegen (274) ist auf Σ

$$(276)\qquad u_2\cos(n_1, x_1) + v_2\cos(n_1, y_1) + w_2\cos(n_1, z_1) = -\frac{\partial \Psi_1}{\partial t}\left\{\left(\frac{\partial \Psi_1}{\partial x_1}\right)^2 + \left(\frac{\partial \Psi_1}{\partial y_1}\right)^2 + \left(\frac{\partial \Psi_1}{\partial z_1}\right)^2\right\}^{-\frac{1}{2}}.$$

Die die Lage des Teilchens (a, b, c) zur Zeit t in der zweiten Approximation ergebenden Funktionen $x_2(a, b, c, t)$, $y_2(a, b, c, t)$, $z_2(a, b, c, t)$ bestimmen sich durch Auflösung der Differentialgleichungen

$$(277)\qquad \frac{dx}{dt} = u_2(x, y, z, t), \quad \frac{dy}{dt} = v_2(x, y, z, t), \quad \frac{dz}{dt} = w_2(x, y, z, t)$$

den Anfangsbedingungen

$$(278)\qquad x = a, \quad y = b, \quad z = c \quad \text{für} \quad t = t_0$$

gemäß. Die Funktionen $x_2(a, b, c, t), \ldots$ existieren für alle (a, b, c) in $\Theta_0 + \Sigma_0$ und alle t in $\langle t_0, t_0 + \underline{t}\rangle$ und verhalten sich in bezug auf ihre vier Argumente stetig. Die partiellen Ableitungen $\frac{\partial x_2}{\partial a}, \frac{\partial x_2}{\partial b}, \ldots, \frac{\partial z_2}{\partial c}$; $\frac{dx_2}{dt}, \frac{dy_2}{dt}, \frac{dz_2}{dt}$ sind in $\Theta_0 + \Sigma_0$ vorhanden und stetig und erfüllen daselbst eine H-Bedingung[79]. Für alle (a, b, c) auf Σ_0 ist $\Psi(x_2, y_2, z_2, t) = 0$, (x_2, y_2, z_2) liegt auf Σ.

Dem Punkte (x_2, y_2, z_2), dem Bilde des Teilchens (a, b, c) zur Zeit t in der zweiten Näherung, ordnen wir den Wert

$$\varrho_2(x_2, y_2, z_2) = \varrho(a, b, c)$$

der Dichte zu. Ferner nehmen wir an, daß in (x_2, y_2, z_2) die Einheitskraft (X_2, Y_2, Z_2) wirkt,

$$X_2 = X(x_2, y_2, z_2, t), \quad Y_2 = Y(x_2, y_2, z_2, t), \quad Z_2 = Z(x_2, y_2, z_2, t).$$

Der Druck in der zweiten Approximation bestimmt sich aus den Formeln, in die (266) bis (268) übergehen, wenn man dort den Zeiger 1 durchweg durch 2 ersetzt. In analoger Weise gelangt man zu der dritten und den weiteren Approximationen.

Der Konvergenzbeweis ist, wie übrigens auch bei dem in **1.** bis **3.** behandelten Existenzsatze, durch Untersuchung der Differenzen $x_{n+1} - x_n$, $y_{n+1} - y_n$, $z_{n+1} - z_n$ zu führen[80]. Es tritt jetzt insofern eine Vereinfachung ein, als das Verhalten in dem unendlich fernen Punkte nicht gesondert betrachtet zu werden braucht. Dafür sind die Ausdrücke (254) für u, v, w komplizierter als die entsprechenden Ausdrücke in **1** bis **3**.

---

[79] Vgl. loc. cit. [13] S. **293**.
[80] Vgl. loc. cit. [13] S. **291** ff.

Man findet, daß die unendlichen Reihen

$$(279)\qquad u_2+\sum_{n=3}^{\infty}(u_n-u_{n-1}),\qquad \frac{\partial u_2}{\partial a}+\sum_{n=3}^{\infty}\frac{\partial}{\partial a}(u_n-u_{n-1}),\ldots$$

für alle t in einem hinreichend kleinen Intervall $\langle t_0,\ t_0+\tilde{t}\rangle$ $(\tilde{t}\leqq\hat{t})$ wie geometrische Reihen konvergieren. Auch die Reihen

$$(280)\qquad x_2+\sum_{n=3}^{\infty}(x_n-x_{n-1}),\ \ldots,\ z_2+\sum_{n=3}^{\infty}(z_n-z_{n-1})$$

konvergieren wie geometrische Reihen. Die Funktionen

$$(281)\qquad x=x_2+\sum_{n=3}^{\infty}(x_n-x_{n-1}),\ \ldots,\ z=z_2+\sum_{n=3}^{\infty}(z_n-z_{n-1})$$

haben stetige Ableitungen erster Ordnung in bezug auf t und stetige, der H-Bedingung genügende erste Ableitungen in bezug auf die Ortsvariablen. Die Funktionen

$$(282)\qquad \frac{dx}{dt}=u=u_2+\sum_{n=3}^{\infty}(u_n-u_{n-1}),\ldots,\ \frac{dz}{dt}=w=w_2+\sum_{n=3}^{\infty}(w_n-w_{n-1})$$

haben in $\Theta_0+\Sigma_0$ stetige, der H-Bedingung genügende Ableitungen erster Ordnung $\frac{\partial u}{\partial a},\ldots,\frac{\partial w}{\partial c}$. Schließlich sind auch die Reihen

$$(283)\qquad p_2+(p_3-p_2)+\cdots,\ \frac{\partial p_2}{\partial a}+\left(\frac{\partial p_3}{\partial a}-\frac{\partial p_2}{\partial a}\right)+\cdots,\ \ldots$$

gleichmäßig konvergent. Die Funktion

$$(284)\qquad p=p_2+\sum_{n=3}^{\infty}(p_n-p_{n-1})$$

hat, als Funktion von (x,y,z) aufgefaßt, gewiß in $\Theta+\Sigma$ stetige, der H-Bedingung genügende Ableitungen erster Ordnung. Die Funktionen x, y, z, u, v, w, p erfüllen die Euler-Lagrangeschen Gleichungen nebst den vorgeschriebenen Grenz- und Anfangsbedingungen[81].

13. Permanente Bewegung einer homogenen, inkompressiblen, zähen Flüssigkeit. Es sei eine in einem ganz im Endlichen befindlichen starren Gefäß eingeschlossene und dieses lückenlos erfüllende Masse einer homogenen, inkompressiblen, *mit innerer Reibung behafteten* Flüssigkeit, in die auch feste Körper eingetaucht sein können, vorgelegt. Die Innen-

[81] Die Ausführungen in **12.** reproduzieren, bis auf unwesentliche Änderungen, einen Teil des zweiten Kapitels meiner in der Fußnote [13] genannten Arbeit. Mit dem Obigen identische Ansätze sind seitdem in dem besonderen Falle einer homogenen Flüssigkeit und konservativer Kräfte von N. M. Günther in der in russischer Sprache abgefaßten Abhandlung, Über die Bewegung einer Flüssigkeit, die in einem in bekannter Weise bewegten Gefäße eingeschlossen ist, Bulletin de l'Académie des Sciences de l'URSS, 1926, S. 1323—1348; 1503—1532; 1927, S. 621—650; 735—756; 1139—1162; 1928, S. 9—30 veröffentlicht worden. Bezüglich des Konvergenzbeweises gilt das in der Fußnote [27] Bemerkte.

Weitergehende Entwicklungen, die die Bewegung *freier* in eine Flüssigkeit eingetauchter starrer Körper zum Gegenstand haben, finden sich in meiner soeben zitierten Arbeit auf S. 315—318.

wand des Gefäßes sowie die Oberfläche etwa eingetauchter Körper mögen der Einfachheit halber aus geschlossenen analytischen und regulären Flächen bestehen. Es handelt sich um eine *permanente* Flüssigkeitsbewegung, — das von der Flüssigkeit erfüllte Gebiet ändert sich demnach nicht mit der Zeit. Entweder hat man sich also das Gefäß und die eingetauchten Körper als im Raume festgehalten vorzustellen, oder aber sie sind von Rotationsflächen begrenzt und können in gleichförmiger Rotation begriffen sein[82].

Die Differentialgleichungen der Bewegung (vgl. S. 290) schreiben wir in der Form

$$\begin{aligned} -\frac{\partial \mathfrak{p}}{\partial x} + \nu \Delta u + X &= u\frac{\partial u}{\partial x} + v\frac{\partial u}{\partial y} + w\frac{\partial u}{\partial z}, \\ -\frac{\partial \mathfrak{p}}{\partial y} + \nu \Delta v + Y &= u\frac{\partial v}{\partial x} + v\frac{\partial v}{\partial y} + w\frac{\partial v}{\partial z}, \\ -\frac{\partial \mathfrak{p}}{\partial z} + \nu \Delta z + Z &= u\frac{\partial w}{\partial x} + v\frac{\partial w}{\partial y} + w\frac{\partial w}{\partial z}, \end{aligned} \tag{285}$$

$$\frac{\partial u}{\partial x} + \frac{\partial v}{\partial y} + \frac{\partial w}{\partial z} = 0, \quad \mathfrak{p} = \frac{1}{\varrho} p, \quad \nu = \frac{1}{\varrho} \mu. \tag{286}$$

Setzt man, wie wir es tun wollen, voraus, daß die Flüssigkeit an starren Körpern haftet, so sind die Geschwindigkeitskomponenten u, v, w am Rande als bekannt anzusehen. Sie sind entweder gleich Null oder haben bestimmte, leicht angebbare Werte. Es erweist sich indessen als zweckmäßig, u, v, w allgemeiner, und zwar den folgenden Bedingungen gemäß anzunehmen. Sie sind in dem von der Flüssigkeit besetzten Bereiche $T + S$ stetig und haben in T stetige partielle Ableitungen der drei ersten Ordnungen. Bei der Annäherung an S gehen u, v, w in vorgeschriebene Ortsfunktionen $\varphi(\sigma)$, $\psi(\sigma)$, $\chi(\sigma)$ über; φ, ψ, χ sind stetig, haben, als Funktionen geeigneter Gaußscher Parameter der Fläche (vgl. die Ausführungen auf S. 24) aufgefaßt, stetige Ableitungen erster sowie stetige, eine H-Bedingung erfüllende Ableitungen zweiter Ordnung und genügen der Gleichung

$$\int_S (\varphi \cos(n, x) + \psi \cos(n, y) + \chi \cos(n, z))\, d\sigma = 0. \tag{287}$$

[82] Man vergleiche meine Abhandlung, Über einige Existenzsätze der Hydrodynamik. Dritte Abhandlung. Permanente Bewegung einer homogenen, inkompressiblen, zähen Flüssigkeit, Math. Zeitschr. **28** (1928), S. 387—415, wo sich die im folgenden angedeuteten Betrachtungen vollständig durchgeführt finden. Diese Arbeit ist durch zwei Noten von U. Crudeli angeregt worden. Vgl. U. Crudeli, Metodo di risoluzione di un problema fondamentale nella teoria del moto lento stazionario dei liquidi viscosi, Rendiconti delle R. Accademia Nazionale dei Lincei (6) **2** (1925), S. 247—291; Sopra un problema fondamentale nella teoria del moto lento stazionario dei liquidi viscosi, Rivista di Matematica e Fisica (Circolo Matematico-Fisico di Messina) 1925. Crudeli betrachtet eine unendlich langsame permanente Bewegung einer zähen Flüssigkeit und benutzt ein in geeigneter Weise modifiziertes Verfahren, das ich vor einiger Zeit für die Auflösung der ersten Randwertaufgabe der Potentialtheorie angegeben habe. Vgl. L. Lichtenstein, Über die erste Randwertaufgabe der Elastizitätstheorie, Math. Zeitschr. **20** (1924), S. 21—28.

Hierin bezeichnet (n) die Innennormale zu S im Punkte $(x, y, z) = \sigma$ auf S. Wir denken uns also, daß durch passend angeordnete „Quellen" und „Senken" die Randwerte der Geschwindigkeitskomponenten vorgeschriebene Werte erhalten.

Die Komponenten der Einheitskraft X, Y, Z sind in $T+S$ stetig und haben daselbst stetige Ableitungen erster sowie stetige, der H-Bedingung genügende Ableitungen zweiter Ordnung. Wir nehmen an, daß die Funktionen X, Y, Z; φ, ψ, χ den Ungleichheiten

$$(288)\qquad |X|, |Y|, |Z|; \quad \left|\frac{\partial X}{\partial x}\right|, \ldots, \left|\frac{\partial^2 Z}{\partial z^2}\right| \leqq \delta_0; \quad \left|\left(\frac{\partial^2 X}{\partial x^2}\right)^{(1)} - \left(\frac{\partial^2 X}{\partial x^2}\right)^{(2)}\right|, \ldots \leqq \delta_0 d_{12}^{\lambda};$$

$$|\varphi|, |\psi|, |\chi|; \quad \left|\frac{\partial \varphi}{\partial l}\right|, \ldots; \quad \left|\frac{\partial^2 \varphi}{\partial l\, \partial m}\right|, \ldots \leqq \delta_0; \quad \left|\left(\frac{\partial^2 \varphi}{\partial l\, \partial m}\right)^{(1)} - \left(\frac{\partial^2 \varphi}{\partial l\, \partial m}\right)^{(2)}\right|, \ldots \leqq \delta_0 d_{12}^{\lambda}$$

genügen. Hierin bezeichnen (l) und (m) zwei beliebige an S tangentiale Richtungen, δ_0 ist eine hinreichend kleine Zahl, d_{12} bezeichnet die Entfernung der Punkte (x_1, y_1, z_1), (x_2, y_2, z_2). Schließlich ist bsp. $\left(\frac{\partial^2 X}{\partial x^2}\right)^{(1)} = \frac{\partial^2}{\partial x^2} X(x_1, y_1, z_1)$. Durch die vorstehenden Ungleichheiten wird zum Ausdruck gebracht, daß es sich um langsame (freilich *endliche*) Bewegungen handelt.

Was endlich den Druck p betrifft, so wird festgesetzt, daß p in $T+S$ stetig ist, in T stetige Ableitungen erster sowie stetige, der H-Bedingung genügende Ableitungen zweiter Ordnung besitzt und in einem beliebig gewählten, dann aber festzuhaltenden Punkte auf S einen vorgeschriebenen Wert hat. Hieraus folgt schon, wie sich zeigen läßt, daß $\frac{\partial p}{\partial x}, \frac{\partial p}{\partial y}, \frac{\partial p}{\partial z}$ in $T+S$ stetig sind und daselbst eine H-Bedingung erfüllen.

Aus (285) und (286) folgt durch Differentiation, nach einer leichten Umformung, für alle (x, y, z) in T

$$(289)\qquad \begin{aligned} \Delta \boldsymbol{p} &= \frac{\partial X}{\partial x} + \frac{\partial Y}{\partial y} + \frac{\partial Z}{\partial z} - \Pi, \\ \Pi &= \left(\frac{\partial u}{\partial x}\right)^2 + \left(\frac{\partial v}{\partial y}\right)^2 + \left(\frac{\partial w}{\partial z}\right)^2 + 2\left(\frac{\partial u}{\partial y}\frac{\partial v}{\partial x} + \frac{\partial u}{\partial z}\frac{\partial w}{\partial x} + \frac{\partial v}{\partial z}\frac{\partial w}{\partial y}\right). \end{aligned}$$

Für (285) kann man, wie sich leicht verifizieren läßt, mit Rücksicht auf (289) auch schreiben

$$(290)\qquad \begin{aligned} X + \frac{1}{2}x\left(\frac{\partial X}{\partial x} + \frac{\partial Y}{\partial y} + \frac{\partial Z}{\partial z} - \Pi\right) + \Delta\left(\nu u - \frac{1}{2}x\boldsymbol{p}\right) &= u\frac{\partial u}{\partial x} + v\frac{\partial u}{\partial y} + w\frac{\partial u}{\partial z}, \\ Y + \frac{1}{2}y\left(\frac{\partial X}{\partial x} + \frac{\partial Y}{\partial y} + \frac{\partial Z}{\partial z} - \Pi\right) + \Delta\left(\nu v - \frac{1}{2}y\boldsymbol{p}\right) &= u\frac{\partial v}{\partial x} + v\frac{\partial v}{\partial y} + w\frac{\partial v}{\partial z}, \\ Z + \frac{1}{2}z\left(\frac{\partial X}{\partial x} + \frac{\partial Y}{\partial y} + \frac{\partial Z}{\partial z} - \Pi\right) + \Delta\left(\nu w - \frac{1}{2}z\boldsymbol{p}\right) &= u\frac{\partial w}{\partial x} + v\frac{\partial w}{\partial y} + w\frac{\partial w}{\partial z} \end{aligned}$$

und darum, unter $G(\tau, \tau') \equiv G(x, y, z; x', y', z')$ die zu T gehörige klassische Greensche Funktion verstehend,

$$4\pi\left(\nu u - \frac{1}{2}x p\right) = \int\limits_T G(\tau, \tau')\left(X' + \frac{1}{2}x'\left(\frac{\partial X'}{\partial x'} + \frac{\partial Y'}{\partial y'} + \frac{\partial Z'}{\partial z'} - \Pi'\right)\right.$$

$$\left.-\left(u'\frac{\partial u'}{\partial x'} + v'\frac{\partial u'}{\partial y'} + w'\frac{\partial u'}{\partial z'}\right)\right) d\tau' + \nu\int\limits_S \frac{\partial}{\partial n'} G(\tau, \sigma')\, u'\, d\sigma' - \frac{1}{2}\int\limits_S \frac{\partial}{\partial n'} G(\tau, \sigma')\, x' p'\, d\sigma',$$

(291)

$$4\pi\left(\nu v - \frac{1}{2}y p\right) = \int\limits_T G(\tau, \tau')\left(Y' + \frac{1}{2}y'\left(\frac{\partial X'}{\partial x'} + \frac{\partial Y'}{\partial y'} + \frac{\partial Z'}{\partial z'} - \Pi'\right)\right.$$

$$\left.-\left(u'\frac{\partial v'}{\partial x'} + v'\frac{\partial v'}{\partial y'} + w'\frac{\partial v'}{\partial z'}\right)\right) d\tau' + \nu\int\limits_S \frac{\partial}{\partial n'} G(\tau, \sigma')\, v'\, d\sigma' - \frac{1}{2}\int\limits_S \frac{\partial}{\partial n'} G(\tau, \sigma')\, y' p'\, d\sigma',$$

$$4\pi\left(\nu w - \frac{1}{2}z p\right) = \int\limits_T G(\tau, \tau')\left(Z' + \frac{1}{2}z'\left(\frac{\partial X'}{\partial x'} + \frac{\partial Y'}{\partial y'} + \frac{\partial Z'}{\partial z'} - \Pi'\right)\right.$$

$$\left.-\left(u'\frac{\partial w'}{\partial x'} + v'\frac{\partial w'}{\partial y'} + w'\frac{\partial w'}{\partial z'}\right)\right) d\tau' + \nu\int\limits_S \frac{\partial}{\partial n'} G(\tau, \sigma')\, w'\, d\sigma' - \frac{1}{2}\int\limits_S \frac{\partial}{\partial n'} G(\tau, \sigma')\, z' p'\, d\sigma'.$$

Das Symbol $\frac{\partial}{\partial n'} G(\tau, \sigma')$ bezeichnet die Ableitung in der Richtung der Innennormale im Punkte $\sigma' = (x', y', z')$ auf S. Zur Abkürzung ist in (291) für $\Pi(x', y', z')$, $X(x', y', z')$, ... entsprechend Π', X', ... geschrieben worden.

Aus (289) folgt weiter

$$(292)\quad 4\pi p = -\int\limits_T G(\tau, \tau')\left(\frac{\partial X'}{\partial x'} + \frac{\partial Y'}{\partial y'} + \frac{\partial Z'}{\partial z'} - \Pi'\right) d\tau' + \int\limits_S p' \frac{\partial}{\partial n'} G(\tau, \sigma')\, d\sigma',$$

darum

$$(293)\quad 4\pi x p = -\int\limits_T G(\tau, \tau')\, x\left(\frac{\partial X'}{\partial x'} + \frac{\partial Y'}{\partial y'} + \frac{\partial Z'}{\partial z'} - \Pi'\right) d\tau' + \int\limits_S x p' \frac{\partial}{\partial n'} G(\tau, \sigma')\, d\sigma'.$$

Aus dieser Gleichung und aus der ersten der Gleichungen (291) ergibt sich

$$(294)\quad u = \frac{1}{4\pi}\int\limits_S \frac{\partial}{\partial n'} G(\tau, \sigma')\, u'\, d\sigma' + \frac{1}{8\pi\nu}\int\limits_S \frac{\partial}{\partial n'} G(\tau, \sigma')\, p'\,(x - x')\, d\sigma'$$

$$+ \frac{1}{8\pi\nu}\int\limits_T G(\tau, \tau')\left\{2X' + (x' - x)\left(\frac{\partial X'}{\partial x'} + \frac{\partial Y'}{\partial y'} + \frac{\partial Z'}{\partial z'} - \Pi'\right)\right.$$

$$\left.-2\left(u'\frac{\partial u'}{\partial x'} + v'\frac{\partial u'}{\partial y'} + w'\frac{\partial u'}{\partial z'}\right)\right\} d\tau'.$$

In ähnlicher Weise gewinnt man die hierzu analogen Formeln

$$(295)\quad v = \frac{1}{4\pi}\int\limits_S \frac{\partial}{\partial n'} G(\tau, \sigma') v' d\sigma' + \frac{1}{8\pi\nu}\int\limits_S \frac{\partial}{\partial n'} G(\tau, \sigma') \boldsymbol{p}'(y - y') d\sigma'$$

$$+ \frac{1}{8\pi\nu}\int\limits_T G(\tau, \tau')\Big\{2Y' + (y' - y)\Big(\frac{\partial X'}{\partial x'} + \frac{\partial Y'}{\partial y'} + \frac{\partial Z'}{\partial z'} - \Pi'\Big)$$

$$- 2\Big(u'\frac{\partial v'}{\partial x'} + v'\frac{\partial v'}{\partial y'} + w'\frac{\partial v'}{\partial z'}\Big)\Big\} d\tau'$$

und

$$(296)\quad w = \frac{1}{4\pi}\int\limits_S \frac{\partial}{\partial n'} G(\tau, \sigma') w' d\sigma' + \frac{1}{8\pi\nu}\int\limits_S \frac{\partial}{\partial n'} G(\tau, \sigma') \boldsymbol{p}'(z - z') d\sigma'$$

$$+ \frac{1}{8\pi\nu}\int\limits_T G(\tau, \tau')\Big\{2Z' + (z' - z)\Big(\frac{\partial X'}{\partial x'} + \frac{\partial Y'}{\partial y'} + \frac{\partial Z'}{\partial z'} - \Pi'\Big)$$

$$- 2\Big(u'\frac{\partial w'}{\partial x'} + v'\frac{\partial w'}{\partial y'} + w'\frac{\partial w'}{\partial z'}\Big)\Big\} d\tau'.$$

Aus (294), (295) und (296) erhält man durch Differentiation und Zusammenfassung mit Rücksicht auf (286)

$$(297)\qquad 2\nu\int\limits_S\Big(u'\frac{\partial^2 G(\tau, \sigma')}{\partial x\,\partial n'} + v'\frac{\partial^2 G}{\partial y\,\partial n'} + w'\frac{\partial^2 G}{\partial z\,\partial n'}\Big) d\sigma'$$

$$+\int\limits_S \boldsymbol{p}'\Big\{\frac{\partial}{\partial x}\Big((x - x')\frac{\partial G(\tau, \sigma')}{\partial n'}\Big) + \frac{\partial}{\partial y}\Big((y - y')\frac{\partial G}{\partial n'}\Big) + \frac{\partial}{\partial z}\Big((z - z')\frac{\partial G}{\partial n'}\Big)\Big\} d\sigma'$$

$$+ 2\int\limits_T\Big\{\frac{\partial G(\tau, \tau')}{\partial x}\Big(X' - u'\frac{\partial u'}{\partial x'} - v'\frac{\partial u'}{\partial y'} - w'\frac{\partial u'}{\partial z'}\Big)$$

$$+ \frac{\partial G}{\partial y}\Big(Y' - u'\frac{\partial v'}{\partial x'} - v'\frac{\partial v'}{\partial y'} - w'\frac{\partial v'}{\partial z'}\Big) + \frac{\partial G}{\partial z}\Big(Z' - u'\frac{\partial w'}{\partial x'} - v'\frac{\partial w'}{\partial y'} - w'\frac{\partial w'}{\partial z'}\Big)\Big\} d\tau'$$

$$+ \int\limits_T\Big\{\frac{\partial}{\partial x}(G(\tau, \tau')(x' - x)) + \frac{\partial}{\partial y}(G(y' - y))$$

$$+ \frac{\partial}{\partial z}(G(z' - z))\Big\}\Big(\frac{\partial X'}{\partial x'} + \frac{\partial Y'}{\partial y'} + \frac{\partial Z'}{\partial z'} - \Pi'\Big) d\tau' = 8\pi\nu\Big(\frac{\partial u}{\partial x} + \frac{\partial v}{\partial y} + \frac{\partial w}{\partial z}\Big) = 0.$$

Es gilt nun

$$(298)\qquad \frac{\partial}{\partial x}\Big((x - x')\frac{\partial G}{\partial n'}\Big) + \frac{\partial}{\partial y}\Big((y - y')\frac{\partial G}{\partial n'}\Big) + \cdots$$

$$= 3\frac{\partial G}{\partial n'} + (x - x')\frac{\partial^2 G}{\partial x\,\partial n'} + (y - y')\frac{\partial^2 G}{\partial y\,\partial n'} + (z - z')\frac{\partial^2 G}{\partial z\,\partial n'}$$

sowie

$$(298')\qquad \frac{\partial}{\partial x}(G(x' - x)) + \frac{\partial}{\partial y}(G(y' - y)) + \cdots$$

$$= - 3G + (x' - x)\frac{\partial G}{\partial x} + (y' - y)\frac{\partial G}{\partial y} + (z' - z)\frac{\partial G}{\partial z}.$$

Beachtet man diese Beziehungen sowie die Gleichung (292), so gewinnt man aus (297) die weitere Formel

$$(299)\qquad 12\pi p + 2\nu \int_S \left(u' \frac{\partial^2 G(\tau,\sigma')}{\partial x\,\partial n'} + v' \frac{\partial^2 G}{\partial y\,\partial n'} + w' \frac{\partial^2 G}{\partial z\,\partial n'}\right) d\sigma'$$

$$+ \int_S p' \left((x-x') \frac{\partial^2 G(\tau,\sigma')}{\partial x\,\partial n'} + (y-y') \frac{\partial^2 G}{\partial y\,\partial n'} + (z-z') \frac{\partial^2 G}{\partial z\,\partial n'}\right) d\sigma'$$

$$+ 2 \int_T \left\{ \frac{\partial G(\tau,\tau')}{\partial x} \left(X' - u' \frac{\partial u'}{\partial x'} - v' \frac{\partial u'}{\partial y'} - w' \frac{\partial u'}{\partial z'}\right)\right.$$

$$\left. + \frac{\partial G}{\partial y} \left(Y' - u' \frac{\partial v'}{\partial x'} - v' \frac{\partial v'}{\partial y'} - w' \frac{\partial v'}{\partial z'}\right) + \cdots \right\} d\tau'$$

$$+ \int_T \left\{ (x'-x) \frac{\partial G(\tau,\tau')}{\partial x} + (y'-y) \frac{\partial G}{\partial y} + \cdots \right\} \left(\frac{\partial X'}{\partial x'} + \frac{\partial Y'}{\partial y'} + \frac{\partial Z'}{\partial z'} - \Pi'\right) d\tau' = 0.$$

Der erste Integralausdruck links ist, wie man leicht sieht, gleich

$$(300)\qquad 8\pi\nu \left(\frac{\partial U}{\partial x} + \frac{\partial V}{\partial y} + \frac{\partial W}{\partial z}\right),$$

unter U, V, W diejenigen in T regulären Potentialfunktionen verstanden, die auf S entsprechend die Werte φ, ψ, χ annehmen. Im vorliegenden Falle ist der Ausdruck (300) in $T+S$ vorhanden und stetig und hat daselbst stetige, eine H-Bedingung erfüllende partielle Ableitungen erster Ordnung.

Lassen wir jetzt den Punkt (x, y, z) gegen einen Punkt $\sigma^* = (x^*, y^*, z^*)$ auf S konvergieren.

Bezeichnet man zur Abkürzung den von τ nach σ' hinweisenden Vektor, ebenso wie seinen Betrag, mit $\mathfrak{r}$, so findet man wegen

$$(301)\qquad (x-x') \frac{\partial}{\partial x} + (y-y') \frac{\partial}{\partial y} + (z-z') \frac{\partial}{\partial z} = -\mathfrak{r} \frac{\partial}{\partial \mathfrak{r}}$$

$$(\mathfrak{r}^2 = (x-x')^2 + (y-y')^2 + (z-z')^2)$$

für den zweiten Integralausdruck in (299) den Wert

$$(302)\qquad -\int_S p' \mathfrak{r} \frac{\partial^2 G(\tau,\sigma')}{\partial \mathfrak{r}\,\partial n'} d\sigma'.$$

Um das Verhalten der Funktion $\mathfrak{r} \frac{\partial^2 G}{\partial \mathfrak{r}\,\partial n'}$ übersichtlich darzustellen, bedienen wir uns vorübergehend mit P. Lévy eines kartesischen Koordinatensystems $\mathfrak{x}, \mathfrak{y}, \mathfrak{z}$, dessen positive $\mathfrak{z}$-Achse die Richtung der Innennormale (n') im Punkte σ' hat, während die $\mathfrak{x}$- und die $\mathfrak{y}$-Achse die Krümmungslinien in σ' berührt[83]. Die

[83] Vgl. P. Lévy, Sur l'allure des fonctions de Green et de Neumann dans le voisinage du contour, Acta mathematica **42** (1919), S. 207—267, insbes. S. 242—262 S. (255—257).

Gleichung von S kann man in einer gewissen Umgebung von σ' in der Form

$$\mathfrak{z} = \frac{1}{2}(a_1 \mathfrak{x}^2 + a_2 \mathfrak{y}^2) + \frac{1}{6}(b_0 \mathfrak{x}^3 + b_1 \mathfrak{x}^2 \mathfrak{y} + b_2 \mathfrak{x} \mathfrak{y}^2 + b_3 \mathfrak{y}^3) + \cdots \tag{303}$$

darstellen; $\frac{1}{a_1}$ und $\frac{1}{a_2}$ sind die Hauptkrümmungsradien in σ'. Dann gilt nach P. Lévy

$$\frac{\partial}{\partial n'} G(\mathfrak{x}, \mathfrak{y}, \mathfrak{z}; \sigma') = \frac{2\mathfrak{z}}{\mathfrak{r}^3} - \frac{a_1 + a_2}{2} \frac{1}{\mathfrak{r}} - \frac{a_1 - a_2}{2} \frac{\mathfrak{x}^2 - \mathfrak{y}^2}{\mathfrak{r}(\mathfrak{r} + \mathfrak{z})^2} + Q(\mathfrak{x}, \mathfrak{y}, \mathfrak{z}; \sigma') \tag{304}$$

$$(\mathfrak{r}^2 = \mathfrak{x}^2 + \mathfrak{y}^2 + \mathfrak{z}^2).$$

Die Funktion Q hat, außer in σ' selbst, stetige partielle Ableitungen erster Ordnung in bezug auf $\mathfrak{x}$, $\mathfrak{y}$, $\mathfrak{z}$. Diese werden bei der Annäherung an σ' wie $\frac{1}{\mathfrak{r}}$ unendlich.

Für

$$\mathfrak{r}\frac{\partial^2 G}{\partial \mathfrak{r}\, \partial n'} = \mathfrak{r}\frac{\partial^2 G(\mathfrak{x}, \mathfrak{y}, \mathfrak{z}; \sigma')}{\partial \mathfrak{r}\, \partial n'} \tag{305}$$

erhält man leicht den Ausdruck

$$\mathfrak{r}\frac{\partial^2 G}{\partial \mathfrak{r}\, \partial n'} = \frac{4\mathfrak{z}}{\mathfrak{r}^3} + Q_1(\mathfrak{x}, \mathfrak{y}, \mathfrak{z}; \sigma') = 4\frac{\partial}{\partial n'}\left(\frac{1}{\mathfrak{r}}\right) + Q_1(\mathfrak{x}, \mathfrak{y}, \mathfrak{z}; \sigma'). \tag{306}$$

Die Funktion Q_1 wird für $\mathfrak{r} \to 0$ wie $\frac{1}{\mathfrak{r}}$ unendlich.

Betrachten wir jetzt den Ausdruck

$$P(\tau) = \int_S \frac{\partial}{\partial n'}\left(\frac{1}{\mathfrak{r}}\right) \boldsymbol{p}'\, d\sigma'. \tag{307}$$

Nach bekannten Sätzen (vgl. S. 86) ist

$$P(\sigma^*) = 2\pi \boldsymbol{p}(\sigma^*) + \int_S \frac{\partial}{\partial n'}\left(\frac{1}{\mathfrak{r}^*}\right) \boldsymbol{p}'\, d\sigma'. \tag{308}$$

Aus (306) und (308) folgt leicht, wenn man das Verhalten der Funktion Q_1 beachtet,

$$\lim_{\tau \to \sigma^*}\left(-\int_S \boldsymbol{p}'\, \mathfrak{r}\frac{\partial^2 G}{\partial \mathfrak{r}\, \partial n'}\, d\sigma'\right) = -8\pi \boldsymbol{p}(\sigma^*) - \int_S \boldsymbol{p}'\, \mathfrak{r}^* \frac{\partial^2 G}{\partial \mathfrak{r}^*\, \partial n'}\, d\sigma'. \tag{309}$$

Die Formel (299) liefert nunmehr nach einer leichten Umrechnung die weitere Beziehung

$$\boldsymbol{p}(\sigma^*) - \frac{1}{4\pi}\int_S \mathfrak{r}^* \frac{\partial^2 G}{\partial \mathfrak{r}^*\, \partial n'} \boldsymbol{p}'\, d\sigma' = \Phi(\sigma^*), \tag{310}$$

wo zur Abkürzung $\Phi(\sigma^*)$ den Ausdruck

$$(311)\quad \Phi(\sigma^*) = -\frac{1}{2\pi}\int\limits_T \left\{\frac{\partial}{\partial x^*} G(\sigma^*, \tau')\left(X' - u'\frac{\partial u'}{\partial x'} - v'\frac{\partial u'}{\partial y'} - w'\frac{\partial u'}{\partial z'}\right)\right.$$

$$\left. + \frac{\partial}{\partial y^*} G(\sigma^*, \tau')\left(Y' - u'\frac{\partial v'}{\partial x'} - v'\frac{\partial v'}{\partial y'} - w'\frac{\partial v'}{\partial z'}\right) + \cdots\right\} d\tau'$$

$$- \frac{1}{4\pi}\int\limits_T \left\{(x' - x^*)\frac{\partial}{\partial x^*} G(\sigma^*, \tau') + (y' - y^*)\frac{\partial}{\partial y^*} G(\sigma^*, \tau') + \cdots\right\}$$

$$\left(\frac{\partial X'}{\partial x'} + \frac{\partial Y'}{\partial y'} + \frac{\partial Z'}{\partial z'} - \Pi'\right) d\tau' - 2\nu\left(\frac{\partial U(\sigma^*)}{\partial x^*} + \frac{\partial V(\sigma^*)}{\partial y^*} + \frac{\partial W(\sigma^*)}{\partial z^*}\right)$$

bezeichnet.

Die Beziehung (311) bildet, wenn man $\Phi(\sigma^*)$ als bekannt ansieht, eine der Fredholmschen Theorie zugängliche Integralgleichung[84]. Der Kern $\mathfrak{r}^* \frac{\partial^2 G}{\partial \mathfrak{r}^* \partial n'}$ wird für $\sigma^* \rightarrow \sigma'$ wie $(\mathfrak{r}^*)^{-1}$ unendlich.

Die Beziehungen (294), (295), (296), (310) und (311) bilden ein System von Integro-Differentialgleichungen, das den Gleichungen (285) und (286) nebst den eingangs genannten Randbedingungen vollkommen äquivalent ist. Wie an dieser Stelle nicht näher ausgeführt werden kann, lassen sich unsere Integro-Differentialgleichungen, sofern die in den Ungleichheiten (288) auftretende Größe δ_0 hinreichend klein ist, durch sukzessive Approximationen, die ähnlich wie die sukzessiven Näherungen in **3.** und **12.** anzusetzen sind, auflösen[85]. Damit ist die Existenz langsamer (*endlicher*) permanenter Bewegungen einer zähen Flüssigkeit gesichert.

Sind einmal die Funktionen u, v, w, p bestimmt, so lassen sich den Formeln (73) des VII. Kapitels gemäß die Spannungskomponenten auf S und damit auch die von der Flüssigkeit auf die etwa eingetauchten Körper ausgeübten Kräfte mit beliebiger Annäherung ermitteln. Man findet so den Flüssigkeitswiderstand.

---

[84] Vgl. bsp. E. Hellinger und O. Toeplitz, Integralgleichungen und Gleichungen mit unendlich vielen Unbekannten, Encyklopädie der mathematischen Wissenschaften, II C 13, S. 1335—1648, insbes. S. 1386. Auf S. 1338 bis 1339 finden sich dort Lehrbücher und Monographien über Integralgleichungen angegeben.

[85] Vgl. meine in der Fußnote [82] genannte Abhandlung.

Anhang.

Setzt man, wie auf S. 359 angegeben worden ist, in (151) für U und V entsprechend $-\varrho Y$ und ϱX ein, so findet man

$$\int_{\Gamma} \varrho\,(X\,dx + Y\,dy) = 0\,,$$

wofür man, da Γ in der Ebene x-y liegt, auch

$$\int_{\Gamma} \varrho\,(X\,dx + Y\,dy + Z\,dz) = 0$$

setzen kann. Da wegen der Kovarianz der Ausdrücke

$$X\,dx + Y\,dy + Z\,dz \quad \text{und} \quad \frac{\partial\,\delta x}{\partial x} + \frac{\partial\,\delta y}{\partial y} + \frac{\partial\,\delta z}{\partial z}$$

jede Ebene durch Koordinatentransformation zur Ebene x-y gemacht werden kann, so verschwindet das Integral $\int_{\Gamma} \varrho\,(X\,dx + Y\,dy + Z\,dz)$, erstreckt über eine beliebige (geschlossene) stetig gekrümmte ebene Kurve, wofern der don Γ begrenzte endliche Bereich ganz im Innern von T enthalten ist. Wie es sich ohne Schwierigkeiten zeigen läßt, folgt aus diesem Resultat, daß das Integral $\int \varrho\,(X\,dx + Y\,dy + Z\,dz)$, erstreckt über eine beliebige (geschlossene) Raumkurve mit abteilungsweise stetiger Tangente Γ in T, die sich durch eine stetige Deformation in T auf einen Punkt zusammenziehen läßt, verschwindet. Ist $T+S$ einfach zusammenhängend, so heißt dies, daß es eine in $T+S$ stetige Funktion p gibt, die daselbst stetige oder zum mindesten abteilungsweise stetige partielle Ableitungen erster Ordnungen hat, so daß

$$\varrho X = \frac{\partial p}{\partial x}\,, \qquad \varrho Y = \frac{\partial p}{\partial y}\,, \qquad \varrho Z = \frac{\partial p}{\partial z}$$

gilt.

Es möge jetzt $T+S$ beschränkt, zweifach zusammenhängend sein und etwa der Klasse Bh angehören (Fig. 1 S. 47). Alsdann wäre es denkbar, daß $\int_{\Gamma_2} \varrho\,(X\,dx + Y\,dy + Z\,dz)$ einen von Null verschiedenen Wert c haben könnte. Auch das ist indessen nicht möglich. Wie wir wissen, gibt es eine bis auf eine additive Konstante bestimmte in $T+S$ stetige, in T reguläre Potentialfunktion Φ, die auf S der Bedingung $\frac{\partial \Phi}{\partial n} = 0$ genügt und einen von Null verschiedenen Periodizitätsmodul C hat (S. 108). Augenscheinlich bilden die Funktionen

$$\delta x = \varepsilon \frac{\partial \Phi}{\partial x}, \qquad \delta y = \varepsilon \frac{\partial \Phi}{\partial y}, \qquad \delta z = \varepsilon \frac{\partial \Phi}{\partial z}$$

ein System virtueller Verrückungen. Es sei F irgendein Querschnitt, der $T+S$ einfach zusammenhängend macht (Fig. 1 S. 47). Wir finden

$$\int\limits_T \varrho (X\delta x + Y\delta y + Z\delta z)\, d\tau = \varepsilon \int\limits_T \left(\frac{\partial p}{\partial x}\frac{\partial \Phi}{\partial x} + \frac{\partial p}{\partial y}\frac{\partial \Phi}{\partial y} + \frac{\partial p}{\partial z}\frac{\partial \Phi}{\partial z} \right) d\tau$$

$$= \varepsilon \int\limits_T \left\{ \frac{\partial}{\partial x}\left(p \frac{\partial \Phi}{\partial x}\right) + \frac{\partial}{\partial y}\left(p \frac{\partial \Phi}{\partial y}\right) + \frac{\partial}{\partial z}\left(p \frac{\partial \Phi}{\partial z}\right) \right\} d\tau - \varepsilon \int\limits_T p\, \Delta\Phi\, d\tau,$$

und wegen $\Delta\Phi = 0$ sowie $\frac{\partial \Phi}{\partial n} = 0$ auf S, wie man leicht sieht, gleich

$$-\varepsilon c \int\limits_F \frac{\partial \Phi}{\partial n}\, d\sigma.$$

Der Integralausdruck, der den Fluß des Vektors $\frac{\partial \Phi}{\partial x}, \frac{\partial \Phi}{\partial y}, \frac{\partial \Phi}{\partial z}$ durch F bedeutet, ist gewiß von Null verschieden. Es gilt nämlich, wie eine teilweise Integration lehrt,

$$\int\limits_T \left\{ \left(\frac{\partial \Phi}{\partial x}\right)^2 + \left(\frac{\partial \Phi}{\partial y}\right)^2 + \left(\frac{\partial \Phi}{\partial z}\right)^2 \right\} d\tau = -C \int\limits_F \frac{\partial \Phi}{\partial n}\, d\sigma.$$

Wäre $\int\limits_F \frac{\partial \Phi}{\partial n}\, d\sigma = 0$, so wäre in $T+S$

$$\frac{\partial \Phi}{\partial x} = \frac{\partial \Phi}{\partial y} = \frac{\partial \Phi}{\partial z} = 0, \quad \Phi \text{ konstant},$$

was ausgeschlossen ist. Wir finden demnach

$$\int\limits_T \varrho (X\delta x + Y\delta y + Z\delta z)\, d\tau \neq 0.$$

Da andererseits wegen $\frac{\partial \Phi}{\partial n} = 0$ auf S

$$\int\limits_{S''} \left(X_\sigma \frac{\partial \Phi}{\partial x} + Y_\sigma \frac{\partial \Phi}{\partial y} + Z_\sigma \frac{\partial \Phi}{\partial z} \right) d\sigma = \int\limits_{S''} p \frac{\partial \Phi}{\partial n}\, d\sigma = 0$$

ist, so wäre, im Widerspruch mit dem Prinzip der virtuellen Verrückungen,

$$\int\limits_T \varrho (X\delta x + Y\delta y + Z\delta z)\, d\tau + \int\limits_{S''} (X_\sigma \delta x + Y_\sigma \delta y + Z_\sigma \delta z)\, d\sigma \neq 0.$$

Demnach ist $c = 0$, p ist in $T+S$ eindeutig.

Literaturverzeichnis[1].

Love, A. E. H.: Hydrodynamik: I. Physikalische Grundlagen; II. Theoretische Ausführungen. Encyklopädie der mathematischen Wissenschaften mit Einschluß ihrer Anwendungen. Bd. IV. 3., Art. 15—16, S. 50—85, 86—149. (Abgeschlossen 1901.)

Love, A. E. H., P. Appell, H. Beghin: Hydrodynamique (partie élémentaire). Encyclopédie des sciences mathématiques pures et appliquées. Bd. IV. 5., Art. 17, S. 61—101 (1912).

Love, A. E. H., P. Appell, H. Beghin, H. Villat: Développements concernant l'hydrodynamique. Encyclopédie des sciences mathématiques pures et appliquées, Bd. IV. 5., Art. 18, S. 102—208 (1914).

Zemplén. G.: Besondere Ausführungen über unstetige Bewegungen in Flüssigkeiten. Encyklopädie der mathematischen Wissenschaften. Bd. IV. 3., Art. 19, S. 282—323. (Abgeschlossen 1905.)

Hellinger, E.: Die allgemeinen Ansätze der Mechanik der Kontinua. Enc. d. math. Wiss. Bd. IV. 4., Art. 30. S. 601—694. (Abgeschlossen 1913.)

Hadamard, J.: Leçons sur la propagation des ondes et les équations de l'hydrodynamique. Paris 1903, XIII u. 375 S.

Appell, P.: Traité de mécanique rationnelle. Tome troisième. Équilibre et mouvement des milieux continus. Troisième édition. Paris 1921, VII u. 673 S.

Villat, H.: Aperçus théoriques sur la résistence des fluides, Scientia Nr. 38. Paris 1920, 101 S.

Lamb, H.: Hydrodynamics, Fifth edition. Cambridge 1924, XVI u. 687 S.

Cisotti, U.: Idromeccanica piana. Parte prima. VIII u. 152 S.; Parte seconda. VII u. 221 S. Milano 1921—1922.

Hamel, G.: Die Axiome der Mechanik. Handbuch der Physik. Herausgegeben von H. Geiger und K. Scheel. Bd. V, S. 1—42. Berlin 1927.

Lagally, M.: Ideale Flüssigkeiten. Handbuch der Physik. Herausgegeben von H. Geiger und K. Scheel. Bd. VII, S. 1—90. Berlin 1927.

Hopf, L.: Zähe Flüssigkeiten. Handbuch der Physik. Herausgegeben von H. Geiger und K. Scheel. Bd. VII, S. 91—172. Berlin 1927.

v. Kármán, Th.: Ideale Flüssigkeiten. Die Differential- und Integralgleichungen der Mechanik und Physik, herausgegeben von Ph. Frank und R. v. Mises, Bd. II, S. 734—810. Braunschweig 1927.

Faxén, H. und C. W. Oseen: Flüssigkeitsbewegung mit Reibung. Die Differential- und Integralgleichungen der Mechanik und Physik, herausgegeben von Ph. Frank und R. v. Mises, Bd. II, S. 811—854. Braunschweig 1927.

Oseen, C. W.: Neue Methoden und Ergebnisse in der Hydrodynamik. Leipzig 1927, XXIV u. 337 S.

---

[1] Die ältere Literatur findet sich in den ersten drei Veröffentlichungen angegeben.

Namen- und Sachverzeichnis.

Offsetdruck: Werk-und Feindruckerei Dr. Alexander Krebs, Weinheim/Bergstr. und Bad Homburg v. d. H.

Die Grundlehren der mathematischen Wissenschaften in Einzeldarstellungen mit besonderer Berücksichtigung der Anwendungsgebiete

Lieferbare Bände:

2. Knopp: Theorie und Anwendung der unendlichen Reihen. DM 48,—; US $ 12.00
3. Hurwitz: Vorlesungen über allgemeine Funktionentheorie und elliptische Funktionen. DM 49,—; US $ 12.25
4. Madelung: Die mathematischen Hilfsmittel des Physikers. DM 49,70; US $ 12.45
10. Schouten: Ricci-Calculus. DM 58,60; US $ 14.65
14. Klein: Elementarmathematik vom höheren Standpunkt aus. 1. Band: Arithmetik. Algebra. Analysis. DM 24,—; US $ 6.00
15. Klein: Elementarmathematik vom höheren Standpunkt aus. 2. Band: Geometrie. DM 24,—; US $ 6.00
16. Klein: Elementarmathematik vom höheren Standpunkt aus. 3. Band: Präzisions- und Approximationsmathematik. DM 19,80; US $ 4.95
19. Pólya/Szegö: Aufgaben und Lehrsätze aus der Analysis I: Reihen, Integralrechnung, Funktionentheorie. DM 34,—; US $ 8.50
20. Pólya/Szegö: Aufgaben und Lehrsätze aus der Analysis II: Funktionentheorie, Nullstellen, Polynome, Determinanten, Zahlentheorie. DM 38,—; US $ 9.50
22. Klein: Vorlesungen über höhere Geometrie. DM 28,—; US $ 7.00
26. Klein: Vorlesungen über nicht-euklidische Geometrie. DM 24,—; US $ 6.00
27. Hilbert/Ackermann: Grundzüge der theoretischen Logik. DM 38,—; US $ 9.50
30. Lichtenstein: Grundlagen der Hydromechanik. Nachdruck in Vorbereitung.
31. Kellogg: Foundations of Potential Theory. DM 32,—; US $ 8.00
32. Reidemeister: Vorlesungen über Grundlagen der Geometrie. DM 18,—; US $ 4.50
38. Neumann: Mathematische Grundlagen der Quantenmechanik. DM 28,—; US $ 7.00
52. Magnus/Oberhettinger/Soni: Formulas and Theorems for the Special Functions of Mathematical Physics. DM 66,—; US $ 16.50
57. Hamel: Theoretische Mechanik. DM 84,—; US $ 21.00
58. Blaschke/Reichardt: Einführung in die Differentialgeometrie. DM 24,—; US $ 6.00
59. Hasse: Vorlesungen über Zahlentheorie. DM 69,—; US $ 17.25
60. Collatz: The Numerical Treatment of Differential Equations. DM 78,—; US $ 19.50
61. Maak: Fastperiodische Funktionen. DM 38,—; US $ 9.50
62. Sauer: Anfangswertprobleme bei partiellen Differentialgleichungen. DM 41,—; US $ 10.25
64. Nevanlinna: Uniformisierung. DM 49,50; US $ 12.40
65. Tóth: Lagerungen in der Ebene, auf der Kugel und im Raum. DM 27,—; US $ 6.75
66. Bieberbach: Theorie der gewöhnlichen Differentialgleichungen. DM 58,50; US $ 14.60
68. Aumann: Reelle Funktionen. DM 59,60; US $ 14.90
69. Schmidt: Mathematische Gesetze der Logik I. DM 79,—; US $ 19.75
71. Meixner/Schäfke: Mathieusche Funktionen und Sphäroidfunktionen mit Anwendungen auf physikalische und technische Probleme. DM 52,60; US $ 13.15
73. Hermes: Einführung in die Verbandstheorie. DM 46,—; US $ 11.50

74. Boerner: Darstellungen von Gruppen. DM 58,—; US $ 14.50
75. Rado/Reichelderfer: Continuous Transformations in Analysis, with an Introduction to Algebraic Topology. DM 59,60; US $ 14.90
76. Tricomi: Vorlesungen über Orthogonalreihen. DM 37,60; US $ 9.40
77. Behnke/Sommer: Theorie der analytischen Funktionen einer komplexen Veränderlichen. DM 79,—; US $ 19.75
79. Saxer: Versicherungsmathematik. 1. Teil. DM 39,60; US $ 9.90
80. Pickert: Projektive Ebenen. DM 48,60; US $ 12.15
81. Schneider: Einführung in die transzendenten Zahlen. DM 24,80; US $ 6.20
82. Specht: Gruppentheorie. DM 69,60; US $ 17.40
83. Bieberbach: Einführung in die Theorie der Differentialgleichungen im reellen Gebiet. DM 32,80; US $ 8.20
84. Conforto: Abelsche Funktionen und algebraische Geometrie. DM 41,80; US $ 10.45
85. Siegel: Vorlesungen über Himmelsmechanik. DM 33,—; US $ 8.25
86. Richter: Wahrscheinlichkeitstheorie. DM 68,—; US $ 17.00
87. van der Waerden: Mathematische Statistik. DM 49,60; US $ 12.40
88. Müller: Grundprobleme der mathematischen Theorie elektromagnetischer Schwingungen. DM 52,80; US $ 13.20
89. Pfluger: Theorie der Riemannschen Flächen. DM 39,20; US $ 9.80
90. Oberhettinger: Tabellen zur Fourier Transformation. DM 39,50; US $ 9.90
91. Prachar: Primzahlverteilung. DM 58,—; US $ 14.50
92. Rehbock: Darstellende Geometrie. DM 29,—; US $ 7.25
93. Hadwiger: Vorlesungen über Inhalt, Oberfläche und Isoperimetrie. DM 49,80; US $ 12.45
94. Funk: Variationsrechnung und ihre Anwendung in Physik und Technik. DM 98,—; US $ 24.50
95. Maeda: Kontinuierliche Geometrien. DM 39,—; US $ 9.75
97. Greub: Linear Algebra. DM 39,20; US $ 9.80
98. Saxer: Versicherungsmathematik. 2. Teil. DM 48,60; US $ 12.15
99. Cassels: An Introduction to the Geometry of Numbers. DM 69,—; US $ 17.25
100. Koppenfels/Stallmann: Praxis der konformen Abbildung. DM 69,—; US $ 17.25
101. Rund: The Differential Geometry of Finsler Spaces. DM 59,60; US $ 14.90
103. Schütte: Beweistheorie. DM 48,—; US $ 12.00
104. Chung: Markov Chains with Stationary Transition Probabilities. DM 56,—; US $ 14.00
105. Rinow: Die innere Geometrie der metrischen Räume. DM 83,—; US $ 20.75
106. Scholz/Hasenjaeger: Grundzüge der mathematischen Logik. DM 98,—; US $ 24.50
107. Köthe: Topologische Lineare Räume I. DM 78,—; US $ 19.50
108. Dynkin: Die Grundlagen der Theorie der Markoffschen Prozesse. DM 33,80; US $ 8.45
109. Hermes: Aufzählbarkeit, Entscheidbarkeit, Berechenbarkeit. DM 49,80; US $ 12.45
110. Dinghas: Vorlesungen über Funktionentheorie. DM 69,—; US $ 17.25
111. Lions: Equations différentielles opérationnelles et problèmes aux limites. DM 64,—; US $ 16.00
112. Morgenstern/Szabó: Vorlesungen über theoretische Mechanik. DM 69,—; US $ 17.25
113. Meschkowski: Hilbertsche Räume mit Kernfunktion. DM 58,—; US $ 14.50
114. MacLane: Homology. DM 62,—; US $ 15.50

115. Hewitt/Ross: Abstract Harmonic Analysis. Vol. 1: Structure of Topological Groups. Integration Theory. Group Representations. DM 76,—; US $ 19.00

116. Hörmander: Linear Partial Differential Operators. DM 42,—; US $ 10.50

117. O'Meara: Introduction to Quadratic Forms. DM 48,—; US $ 12.00

118. Schäfke: Einführung in die Theorie der speziellen Funktionen der mathematischen Physik. DM 49,40; US $ 12.35

119. Harris: The Theory of Branching Processes. DM 36,—; US $ 9.00

120. Collatz: Funktionalanalysis und numerische Mathematik. DM 58,—; US $ 14.50

121.}
122.} Dynkin: Markov Processes. DM 96,—; US $ 24.00

123. Yosida: Functional Analysis. DM 66,—; US $ 16.50

124. Morgenstern: Einführung in die Wahrscheinlichkeitsrechnung und mathematische Statistik. DM 34,50; US $ 8.60

125. Itô/McKean: Diffusion Processes and Their Sample Paths. DM 58,—; US $ 14.50

126. Lehto/Virtanen: Quasikonforme Abbildungen. DM 38,—; US $ 9.50

127. Hermes: Enumerability, Decidability, Computability. DM 39,—; US $ 9.75

128. Braun/Koecher: Jordan-Algebren. DM 48,—; US $ 12.00

129. Nikodým: The Mathematical Apparatus for Quantum-Theories. DM 144,—; US $ 36.00

130. Morrey: Multiple Integrals in the Calculus of Variations. DM 78,—; US $ 19.50

131. Hirzebruch: Topological Methods in Algebraic Geometry. DM 38,—; US $ 9.50

132. Kato: Perturbation theory for linear operators. DM 79,20; US $ 19.80

133. Haupt/Künneth: Geometrische Ordnungen. DM 68,—; US $ 17.00

134. Huppert: Endliche Gruppen I. DM 156,—; US $ 39.00

135. Handbook for Automatic Computation. Vol. 1/Part a: Rutishauser: Description of ALGOL 60. DM 58,—; US $ 14.50

136. Greub: Multilinear Algebra. DM 32,—; US $ 8.00

137. Handbook for Automatic Computation. Vol. 1/Part b: Grau/Hill/Langmaack: Translation of ALGOL 60. DM 64,—; US $ 16.00

138. Hahn: Stability of Motion. DM 72,—; US $ 18.00

139. Mathematische Hilfsmittel des Ingenieurs. Herausgeber: Sauer/Szabó. 1. Teil. DM 88,—; US $ 22.00

141. Mathematische Hilfsmittel des Ingenieurs. Herausgeber: Sauer/Szabó. 3. Teil. Etwa DM 98,—; etwa US $ 24.50

143. Schur/Grunsky: Vorlesungen über Invariantentheorie. DM 32,—; US $ 8.00

144. Weil: Basic Number Theory. DM 48,—; US $ 12.00

145. Butzer/Berens: Semi-Groups of Operators and Approximation. Approx. DM 56,—; approx. US $ 14.00

146. Treves: Locally Covex Spaces and Linear Partial Differential Equations. DM 36,—; US $ 9.00

147. Lamotke: Semisimpliziale algebraische Topologie. DM 48,—; US $ 12.00

148. Introduction to Analytic Number Theory. In Vorbereitung

Zeitfracht Medien GmbH
Ferdinand-Jühlke-Straße 7
99095 Erfurt, Deutschland
produktsicherheit@kolibri360.de